土木工程检测鉴定与加固改造

——第十四届全国建筑物鉴定与加固改造学术会议论文集

主　编　张　鑫

副主编　王　琴　岳庆霞　闫　凯

U0283728

中国建材工业出版社

图书在版编目（CIP）数据

土木工程检测鉴定与加固改造：第十四届全国建筑物鉴定与加固改造学术会议论文集 / 张鑫主编. —北京：中国建材工业出版社，2018.9

ISBN 978-7-5160-2365-5

Ⅰ. ①土… Ⅱ. ①张… Ⅲ. ①土木工程 – 工程结构 – 检测 – 文集 ②土木工程 – 加固 – 文集 Ⅳ. ① TU317-53

中国版本图书馆 CIP 数据核字（2018）第 187521 号

土木工程检测鉴定与加固改造

——第十四届全国建筑物鉴定与加固改造学术会议论文集

张　鑫　主编

王　琴　岳庆霞　闫　凯　副主编

出版发行：中国建材工业出版社

地　　址：北京市海淀区三里河路 1 号

邮　　编：100044

经　　销：全国各地新华书店

印　　刷：北京雁林吉兆印刷有限公司

开　　本：787mm × 1092mm　1/16

印　　张：53.25

字　　数：1654 千字

版　　次：2018 年 9 月第 1 版

印　　次：2018 年 9 月第 1 次

定　　价：**200.00 元**

本社网址：www.jccbs.com　　微信公众号：zgjcgycbs

第十四届全国建筑物鉴定与加固改造学术会议

学术委员会主任委员：王德华

学术委员会副主任委员：

吴 体	刘西拉	顾祥林	邸小坛	岳清瑞
王元清	梁 爽	张 鑫		

学 术 委 员 会（以姓氏汉语拼音排序）

毕 琼	陈大川	陈 宙	邸小坛	董振平
弓俊青	顾祥林	韩继云	惠云玲	雷宏刚
梁 爽	刘西拉	林文修	卢亦焱	苗启松
王凤来	完海鹰	张 鑫	吴善能	吴 体
王德华	王元清	岳清瑞	朱 虹	朱万旭

论 文 集 编 委 会：

主 编：张 鑫

副主编：王 琴　　岳庆霞　　闫 凯

编 委：李 莹　　王 恒　　徐伟娜

组 织 委 员 会：

主任委员：张 鑫

副主任委员：李 莹　　郭 东　　王 琴

委 员：王 靓　　任 丹　　李 鹤

前　　言

　　目前我国既有建筑面积已超过 600 亿平方米，由于勘察、设计、施工、使用及自然灾害等方面的原因，大量的既有建筑出现安全性降低或功能衰退，存在安全隐患或不能满足人们日益发展的生活需求。同时，我国又是一个建筑遗产极其丰富的国家，在大规模旧城改造及城镇化进程中，大量优秀历史建筑的拆除与保护利用之间矛盾突出。长期以来，我们重新建轻维护，大量房屋面临拆除重建与修复、提升功能、绿色改造等问题。

　　世界发达国家的工程建设大体经历了三个阶段，大规模新建、新建与加固改造并举和重点转向既有建筑的加固改造。发达国家从 1920～30 年代就已开始建筑结构鉴定加固与改造技术的研究，1970 年代后逐步进入以既有建筑加固改造为主阶段。美国混凝土学会（ACI）2001 年调查，5 年内需投入 13000 亿美元改善基础设施的不安全状态。日本建设省从 1981 年至 1984 年组织进行了提高建筑物使用寿命的技术开发项目，并制定了一系列法令和标准。

　　我国从 19 世纪 50～60 年代开始这方面的研究，对加固结构的二次受力等关键问题进行了相关研究，并形成了一系列结构加固改造的基本方法体系。随着社会经济的发展，结构加固改造出现了新的需求，如建筑物移位和纠倾、既有建筑地下空间开发以及新技术、新材料的应用，对既有建筑的加固改造提出了更高、更综合的要求。另外在结构构件加固改造的基础上，对基于结构体系的消能减震等关键技术提出了更高的技术需求。

　　为展现本领域的新成果、新经验和科研动态，中国工程建设标准化协会鉴定与加固专业委员会定期举办学术交流大会。由中国工程建设标准化协会鉴定与加固专业委员会主办，山东建筑大学承办的"第十四届全国建筑物鉴定与加固改造学术交流会议"于 2018 年 9 月在青岛召开。发出征文以来，全国的高等院校、科研院所、加固设计及施工单位、材料仪器设备供应商等同仁踊跃投稿，经筛选本论文集共收录论文 160 篇左右。大会邀请了行业专家作大会报告，各位同仁畅所欲言，开展交流与合作，为促进行业健康稳定发展共同努力。

主编

2018 年 8 月

目　　录

第1篇　综述和动态

第2篇　理论与试验研究

第3篇　计算与分析

第 4 篇　检测与鉴定

第5篇　加固改造与施工

第6篇　新技术与原材料

第 1 篇
综述和动态

沿着改革、创新大道砥砺奋进
迎接中国工程标准新时代

王德华　梁　爽

全国建筑物鉴定与加固标准技术委员会，四川成都，610081

今年是贯彻落实党的十九大精神伊始之年，也是决胜全面建成小康社会、实施"十三五"规划承上启下的关键一年。在习近平新时代社会主义思想引领下，当前的工程建设标准化工作，正在以新发展的理念，坚定地实施新发布的国家标准化法和国务院《深化标准工作改革方案》，持续而有力地推进工程标准体制的改革，决心以新的改革成果迎接中国工程标准新时代的到来。

新时代中国工程标准的行动目标，是建立国际化的中国工程建设标准规范体系，其主要内涵：

一是以技术立法为准则，建立"结果控制"的强制性工程规范新体系，在保障人民生命财产安全、人身健康、工程安全、生态环境安全和公共利益，以及促进能源资源节约利用、满足社会经济管理等方面明确控制性底线要求，以作为政府依法治理、依法履职的技术依据。

二是全面改革现行标准规范体系，通过清理和转化，建立与强制性工程规范相配套、能起到良好技术支撑作用的推荐性标准体系。其主导方向是鼓励和发展团体标准、企业标准，推动社会团体和企业成为工程标准有效供给主体，从而起到充实、调整工程标准供给结构的重要作用。

三是大力推进中国工程标准国际化，当前主要是做好下列基础性工作：①组织开展国际化课题的调研活动；②加快中外工程标准的比对研究；③支持企业界参与国际标准化活动；④加强与"一带一路"倡议参与国的双边或多边工程标准交流合作。

在取得上述各项成功经验的过程中，努力推动中国工程标准"走出去"，使中国工程标准逐步转化为国际或区域性标准。

综上所述可以看出：团体标准作为新时代我国新型工程标准体系的重要组织部分，将迎来前所未有的发展机遇，我们协会及其专业委员会作为原国家计委开展团体标准试点工作最早的社会团体，一定要站在这一历史新起点上，做好团体标准改革发展的领跑者。为此，我们应当在以下几个方面多下功夫：

一是要重视提高协会标准的技术含量和内在质量。十九大报告指出，我国建设要从高速发展转为高质量发展，而要确保高质量发展，工程标准是它的基础与核心。因此，只有标准技术含量和内在质量提高了，才能起到标准有效供给、满足社会需求、支撑经济社会可持续发展的重要作用。

二是要继续发挥专业委员会对标准化工作的智力支撑作用。因为工程标准是工程建设事业发展的重要基础，而智库是它的重要技术支撑。我们专业委员会的最大优势，就是拥有众多的技术精英和成功的企业家，他们在相关行业中都拥有较大影响力的话语权，这对制、修订具有创新性的团体标准而言十分重要。因此，一定要发挥专业委员会联系专家和行业的优势，当好智库，推动行业发展。

三是要服务好行业和企业的创新发展，在市场化程度高、创新活跃和技术发展较成熟的领域，应组织制订严于国家标准和行业标准的团体标准，为提升行业技术发展水平和企业在国际市场的竞争能力提供技术支撑。

四是要提高专业委员会对科研成果转化为生产力的意识，善于运用团体标准的创新性，将自主研发的创新技术纳入推荐性标准，以提高我国的国际地位和话语权，并取得实实在在的技术经济效益。为此，应鼓励专业委员会的专家、学者积极承担来自工程实际的攻关课题，并写出具有量化指标和中

作者简介：王德华（1964—），男，高级工程师，成都人，四川省建筑科学研究院院长、全国建筑物鉴定与加固标准技术委员会主任委员，主要从事建筑地基基础及结构。

肯结论的研究报告和学术论文，为开发新技术、制订新时代标准奠定坚实的基础，也为我国工程标准国际化创造积累自身的技术储备。

总而言之，我们作为新型团体标准的实践者，应当在中国工程标准新时代来临之际，牢记习近平总书记所说的"标准助推创新发展，标准引领时代进步"这句话。不忘初心，牢记使命，去攻坚克难，为新时代工程标准化工作再创佳绩，谱写新篇章！

碳纤维增强复合材料提升钢结构
疲劳性能的研究进展

顾祥林　余倩倩　陈　涛

工程结构服役性能演化和控制教育部重点实验室，上海，200092
同济大学土木工程学院建筑工程系，上海，200092

摘　要： 近年来，采用碳纤维增强复合材料（CFRP）修复钢结构已成为一大研究热点。该文介绍了课题组近年来在 CFRP 提升钢结构疲劳性能方面的研究，包括 CFRP- 钢粘结性能，CFRP 补强钢板、钢梁和焊接接头疲劳性能的试验研究、数值模拟及理论分析。分析了两个常用 CFRP- 钢界面极限承载力计算模型不确定性，将模型系数对输入参数的依赖性分离。探明了养护期间海洋大气环境和疲劳荷载对 CFRP- 钢界面性能的影响。关注在裂纹扩展不同阶段施加补强措施的疲劳性能提升效率，发现随着初始损伤程度增加，补强试件残余疲劳寿命的延长更为明显。CFRP 补强焊接接头疲劳试验中，疲劳裂纹从焊趾处萌发扩展。数值分析表明 CFRP 补强能够有效缓解焊趾处应力集中，降低裂纹尖端应力强度因子，从而提升疲劳性能。比较化学粘结和机械锚固体系对含损伤钢梁疲劳性能的不同影响，提出了工程应用建议，明确了局部粘结失效和裂纹张开位移约束效应对裂纹扩展存在重要影响。采用边界元方法实现了粘贴 CFRP 补强含缺陷钢板和焊接接头疲劳裂纹扩展全过程模拟。基于线弹性断裂力学方法，考虑补强体系中 CFRP 降低试件应力场并对裂纹表面张开应力不均匀程度产生修正作用，提出粘贴 CFRP 补强钢板裂纹尖端应力强度因子半解析法。最后对 CFRP 提升钢结构疲劳性能技术的未来研究方向和应用前景进行了展望。

关键词： 碳纤维增强复合材料，疲劳，补强，钢结构，粘结，裂纹扩展

Progress in Study on Fatigue Strengthening of
Metallic Structures Using Cfrp Materials

Gu Xianglin　Yu Qianqian　Chen Tao

（Key Laboratory of Performance Evolution and Control for Engineering Structures，Shanghai，200092，China；Department of Structural Engineering，College of Civil Engineering，Tongji University，Shanghai，200092，China）

Abstract： Recently，application of CFRP in strengthening of steel structures has attracted much attention. This paper presents recent progress in study on fatigue repair of steel structures using carbon fiber-reinforced polymer（CFRP），including CFRP-to-steel interfacial behavior，fatigue behavior of cracked steel plates，steel beams and welded joints with CFRP attachment. The uncertainty of two frequently used bond strength models of adhesively bonded CFRP-to-steel joints was critically characterized. A systematic part was introduced to remove the dependency of the model factor on input parameters. The effects of environmental exposure at the curing stage and fatigue loading on the CFRP-steel interfacial behavior were carefully examined. The results indicated that it was necessary to pay attention to the environmental condition at

基金项目：国家自然科学基金（50808139，51508406，51678440），上海市晨光计划

作者简介：顾祥林（1963—），男，教授。
　　　　　余倩倩（1987—），女，副研究员，通讯作者。
　　　　　陈　涛（1980—），男，副教授。

the curing stage for rehabilitated structures to ensure their strength and resilience over time. In terms of the effect of initial damage degree on the retrofitting efficiency, the experimental study showed that the fatigue life decreased dramatically as the initial damage degree increased whereas the improvement of the remaining fatigue life appeared more pronounced when retrofitting was applied to specimens with higher damage degrees. Tests on the fatigue behavior of non-load-carrying cruciform welded joints and out-of-plane gusset welded joints indicated that cracks emanated from the weld toe. CFRP strengthening was beneficial to reduce the stress concentration at the weld toe and stress intensity factor (SIF) at the crack tip, therefore improving the fatigue behavior. Different repair schemes for repair of cracked steel beams, i.e., adhesive bonding, mechanical anchorage, and both, were compared. Useful suggestions were provided for the strengthening method. It was implied that local debonding and constraint effect on the crack mouth opening displacement had significant influence on the crack propagation of steel beams. The boundary element method was successfully adopted to predict the fatigue life and crack propagation of CFRP retrofitted steel structures. An analytical approach was proposed using linear elastic fracture mechanics to evaluate the SIF value at the crack tip of CFRP bonded steel plates. The variation of the remote stress and geometry correction factor F_G attributed to CFRP was emphasized. Future research topics have also been identified, such as the as fatigue bond-slip relationship, interaction between debonding and fatigue crack propagation, fatigue resistance of the strengthening system when subjected to harsh environmental conditions and effect of variable amplitude fatigue loading.

Keywords: carbon fiber-reinforced polymer (CFRP), fatigue, strengthening, steel structure, interfacial behavior, crack propagation

0　前言

英国建筑业研究与信息协会（Construction Industry Research and Information Association-CIRIA）[1]报告指出，世界范围内存有大量建于 19 世纪末 20 世纪初的钢结构基础设施，包括工业建筑、桥梁和地铁等。根据美国联邦公路管理局统计数据，截至 2016 年末，美国共有高架桥 614387 座，平均服役时间为 43 年，40% 已超过 50 年。其中，含结构性缺陷的多达 56007 座，一半以上为钢结构桥梁（29233 座）；所有含结构性缺陷桥梁每日通行量达 1.88 亿次，全部修复预计需要 1230 亿美元[2][3]。欧洲许多国家的基础设施也正在逐步达到设计使用年限。据对欧洲超过 220000 座铁路桥梁调查显示：35% 已经服役超过 100 年，服役 10 年以下的仅占 11%；其中钢结构和钢 - 混凝土组合结构桥梁占 36%[4]。在日本，现存超过 150000 座公路桥梁，一半为钢 - 混凝土组合桥[5]；其中服役 50 年以上的从 2006 年的 6% 增加到 2016 年的 20%，预期到 2026 年将达 47%[6]。我国正处于基础设施高速建设时期，目前有公路桥梁 80.53 万座，高速公路 13.10 万公里，高速铁路 2.50 万公里[7]，其中也包括大量的钢结构构件。

对于大部分金属结构基础设施，疲劳破坏是引起结构破坏的最主要原因之一，所占比例高达 50～90%[8]。年久失修、环境锈蚀和使用荷载增加等多种荷载和环境因素都会引起结构性能退化，产生损伤累积。疲劳裂纹将在应力集中处萌生，引起截面开裂，裂纹扩展导致构件断裂，甚至造成结构垮塌等灾难性事故[9][10]。大量的基础设施（如桥梁结构、风机基础、海工结构等）在其服役寿命中，都长期处于疲劳荷载作用下。为了保证结构的安全性能，对损伤钢结构进行修复补强，已经成为国内外工程领域亟待解决的重大问题。

若采用传统方法修复钢结构的疲劳损伤，如机械补强法、止裂孔法，往往存在以下问题[11]：机械补强法中新增或替换的钢板仍然存在因环境因素而导致腐蚀的风险，施工过程中引入的螺孔或焊缝，易成为新的疲劳源，同时这种方法操作不便，对现场设备要求高、劳动力需求大；止裂孔法则会削弱构件截面，可能引起承载力不足，同时开孔产生新的应力集中，易成为新的疲劳源。

碳纤维增强复合材料（carbon fiber-reinforced polymer，CFRP），作为继钢材和混凝土后的第三大现代结构材料，具有轻质高强、耐腐蚀和疲劳、施工方便和对原结构影响较小等特点[12]，在混凝土结构修复补强领域得到了广泛应用[13]。近年来，采用 CFRP 材料修复钢结构已成为一大研究热点[14][15]，并形成初步的技术规程[1][16][17]。

在改善钢构件疲劳性能领域，已有研究表明，使用 CFRP 材料进行钢结构补强能够有效降低局部应力；尤其能够改善构件疲劳性能，具有其他方法所不能比拟的优点，即不需在损伤部位钻孔，避免产生新的应力集中区域[18][19]；对提高钢构件的疲劳寿命具有很高的研究和使用价值，是未来钢结构补强技术发展的新趋势、新方向。本文介绍了课题组近年来在 CFRP 提升钢结构疲劳性能方面的研究，包括建立 CFRP- 钢界面性能数据库，标定常用粘结极限承载力预测模型不确定性；展开养护阶段环境作用和疲劳荷载对 CFRP- 钢界面性能影响研究；通过 CFRP 补强含不同程度初始损伤钢板、钢梁及焊接接头试验研究，探究疲劳性能提升机理；采用数值分析和线弹性断裂力学，实现补强后疲劳性能预测。最后对 CFRP 提升钢结构疲劳性能技术的未来研究方向和应用前景进行了展望。

1 CFRP- 钢粘结性能

1.1 CFRP- 钢粘结模型不确定性分析

CFRP 补强体系中，一般依赖 CFRP 和基底材料粘结以传递荷载，或 CFRP 环绕产生约束作用。前者和界面粘结性能密切相关。相较 CFRP- 混凝土界面粘结性能，CFRP- 钢界面粘结性能研究起步较晚。Hart-Smith[20] 于 1973 年基于 CFRP 在航空航天领域的研究，提出双面搭接节点极限承载力计算公式，可应用于 CFRP- 钢界面分析。最早的 CFRP- 钢界面粘结滑移关系由 Xia 和 Teng 提出[21]，参考 CFRP- 混凝土界面性能，取为双折线模型。后又根据结构粘胶力学性能分为双折线（线性结构粘胶）和三折线（非线性结构粘胶）模型[22][23]。

作者及其合作者收集了 402 组 CFRP- 钢单 / 双剪搭接接头试验数据，对常用的 2 个节点极限承载力模型：Hart-Smith 模型[20] 和 Xia and Teng 模型[21] 进行了标定。需要说明的是，Hart-Smith 模型最初适用于双面搭接节点、胶层内破坏；Xia and Teng 模型由单面搭接节点推导而来，适用于胶层破坏，粘结长度远大于有效粘结长度。在后续分析中，发现分组考虑时模型系数的变异性变化不大，因此在这里统一考虑[24]，同时考察模型对所有工况的适用性。

采用式（1）定义模型系数 ε，进一步绘制模型系数直方图（图 1）。可以看到，从平均意义上来说，Xia and Teng 模型预测结果更好，ε 平均值更接近 1。然而两个模型系数的变异系数均较大，大于 0.4，明显超过一般可接受的范围 0.2 ～ 0.3。

$$P_u^m = \varepsilon \times P_u^c \tag{1}$$

式中，P_u^m 为试验节点极限承载力，P_u^c 为模型预测节点极限承载力，ε 为模型系数。

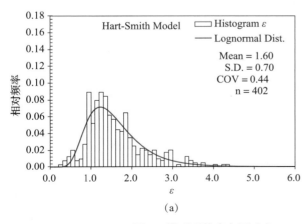
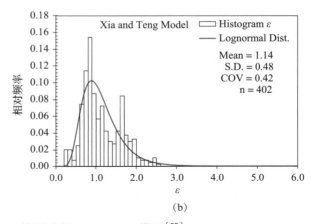

图 1 模型系数直方图（a）Hart-Smith 模型（b）Xia and Teng 模型[25]

Figure 1 Histograms of ε of 402 data points for the two models：（a）Hart-Smith model and（b）Xia and Teng model.

进一步分析发现，模型系数和输入参数呈现明显相关性。以图 2 为例，经过 Spearman 相关性分析，Hart-Smith 模型系数相对于结构粘胶抗拉强度，和 Xia and Teng 模型系数相对于粘结长度比值，显著性值均为 0（小于 5%），相关性系数分别为 –0.354 和 –0.442，表明二者明显相关。

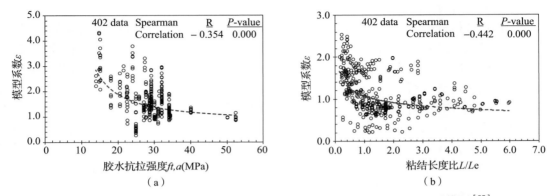

图 2　模型系数和输入参数相关性（a）Hart-Smith 模型（b）Xia and Teng 模型 [25]

Figure 2　Dependence of model factor to input parameters：（a）Hart-Smith model and（b）Xia and Teng model.

基于此，采用 402 组中的 317 组数据进行多元回归，将模型系数中和输入参数相关的部分分离（式 2），剩余 85 组数据用于验证残余模型系数 ε^* 的随机性。回归得到的 Hart-Smith 和 Xia and Teng 模型系数表达式如式 3（a）和 3（b）所示。

$$\varepsilon = f \times \varepsilon^* \tag{2}$$

$$\varepsilon = e^{-0.859} \times e^{-0.475\ln f_{t,a}} \times e^{0.291/v_a} \times e^{-0.013/t_s} \times e^{0.485\ln b_s} \times e^{275.7/(E_a t_a)} \times e^{-17.211/(E_p t_p)} \times \varepsilon^* \tag{3a}$$

$$\varepsilon = e^{-3.346} \times e^{0.152\ln f_{t,a}} \times e^{0.197/v_a} \times e^{47.716/E_p} \times e^{-0.106/t_p} \times e^{6.660/b_p} \tag{3e}$$
$$\times e^{-0.023/t_s} \times e^{0.655\ln b_s} \times e^{0.189/(L/L_e)} \times e^{-0.086\ln(E_a t_a)} \times \varepsilon^*$$

式中，$f_{t,a}$ 为结构粘胶抗拉强度；v_a 为结构粘胶泊松比；E，t，b 分别为弹性模量，厚度和宽度；下表 s，a，p 分别代表钢板，结构粘胶和 CFRP；L 和 L_e 分别为粘结长度和有效粘结长度。

考虑修正后的模型系数，重新绘制直方图如图 3 所示。Hart-Smith 模型和 Xia and Teng 的模型系数平均值分别为 1.06 和 1.05，变异系数分别为 0.32 和 0.29。表明提出模型系数对输入参数的相关性后，模型预测准确性明显提高。

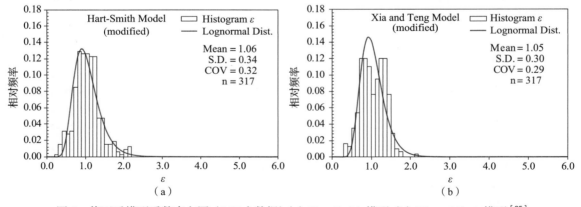

图 3　修正后模型系数直方图（317 个数据）（a）Hart-Smith 模型（b）Xia and Teng 模型 [25]

Figure 3　Histogram of ε^* for 317 data points after modification：（a）Hart-Smith model and（b）Xia and Teng model.

继而进行可靠度分析，比较不考虑模型系数、考虑不修正的模型系数、考虑修正后的模型系数三种工况，标定了相同可靠度指标下的折减系数（表 1）。当考虑修正后的模型系数，不同模型的不确定性维持在同一水准，采用相同的折减系数即可达到同一可靠度指标，对设计规范或准则具有重要的指导意义。

表 1　标定折减系数 ψT（目标可靠度 $\beta T = 3.5$）

Table 1　Calibrated resistance factor ψT for the models under the criteria of βT equal to 3.5.

工况	Hart-Smith 模型	Xia and Teng 模型
不考虑模型系数 ε	0.55	0.65
考虑未修正的模型系数 ε	0.40	0.25
考虑未修正的模型系数 ε^*	0.50	0.50

1.2　海洋大气环境和疲劳荷载作用下 CFRP- 钢粘结性能

随着研究的深入，国内外学者逐渐开始关注环境因素对补强钢结构体系的作用。如温度、湿度、海水、冻融循环和 UV 射线等，可能影响用于补强的纤维增强复合材料和粘结材料的力学性能，以及相应的复合材料 - 钢界面粘结性能。然而，大部分的研究在试验过程中首先将试件在实验室室内条件中养护两周，继而暴露于各种恶劣环境，观察其性能退化[26]-[32]。养护过程中环境作用对粘结性能的影响未作考虑。以 CFRP- 钢补强体系中常用的 Araldite 420 胶水为例，根据厂家说明，组份 A 和 B 在 25° C 条件下 3 ～ 4 小时候形成凝胶，5 小时后强度逐渐形成可供移动试件，4-5 天后达到预定强度的 90%，室内条件两周后强度完全发展。此外，大多实验室加速试验均采用盐水模拟海洋环境，而对跨海大桥等常遇的盐雾环境涉及较少。

作者及其合作者设计了 40 个 CFRP- 钢双面搭接节点试件，如图 4 所示。采用一层普通弹性模量 CFRP 板 / 三层普通弹性模量 CFRP 布 / 一层高弹性模量 CFRP 布三种材料粘贴，在海洋大气环境（5% NaCl 溶液盐雾喷洒，35° C）/ 高湿环境（$R_H = 80\%$，35° C）中养护两周，继而进行静力或疲劳加载。

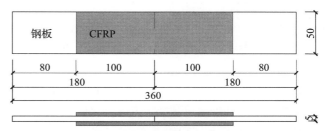

图 4　CFRP- 钢双面搭接节点试件（单位：mm）[33]

Figure 4　Specimen geometry of CFRP-to-steel double-lap joints（dimensions in millimeters，not to scale）

静力加载过程中，发现节点极限承载力相较室内养护试件降低 2% ～ 17%，一层高弹性模量试件在高湿环境中退化最为明显。疲劳加载过程中，选取静力极限荷载的 20% 和 50% 作为循环荷载最大值，荷载比取为 0.1，加载 200 或 600 万次，如未破坏则采用静力加载至破坏。试验结果发现，所有 CFRP 板粘贴试件能够承受 600 万次较高循环荷载，而 CFRP 布粘贴试件只能承受 200 万次较低循环荷载。经历预定次数疲劳荷载的试件残余静力极限承载力降低 1% ～ 11%。试验结果表明，环境侵蚀和疲劳荷载均会对 CFRP- 钢界面粘结性能造成损伤。而采用合理的硅烷表面处理，则可以有效提高界面性能，维持节点强度和刚度。

除了节点试件，还制作了 30 个 Araldite 420 材性试件，在不同条件下养护后测试其力学性能。发现在海洋大气环境或高湿环境养护两周，对比室内环境养护，试件抗拉强度基本不变，而弹性模量降低 18%，极限应变增加 35% ～ 54%，如图 5 所示。这种软化特性和粘胶首先在室内养护 2 周而后长期暴露在恶劣环境中的情况类似[28]，表明有必要关注养护阶段环境作用对此类结构体系的影响。

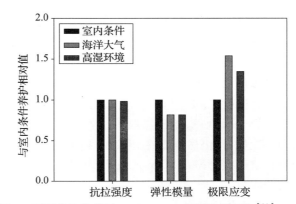

图 5　不同养护条件下 Araldite 420 力学性能变化[33]

Figure 5　Normalized mechanical properties of adhesive coupons cured in different conditions.

2　CFRP 补强钢板疲劳性能

2.1　CFRP 补强钢板试验研究

已有学者对采用钢板试件对 CFRP 补强体系

展开大量研究[34]-[51]。相较梁构件、焊接接头构件，钢板试件代表了理想边界条件的受拉构件，较适用于基础研究。一般采用机械加工引入预制裂纹，如中心圆孔，线切割裂纹，边缘缺口等，且预制裂纹长度固定，少有针对含不同程度初始损伤构件的研究。而实际需要补强的构件，损伤程度千差万别。因此，采用 CFRP 材料补强时，需要考虑不同程度初始损伤对补强构件疲劳性能的影响。JONES 等[35]采用边缘含 V 型缺口的钢板试件，比较裂纹扩展前后进行补强的不同疲劳性能，发现若在疲劳裂纹扩展到约试件宽度 1/4 时采取补强措施，残余疲劳寿命仍可延长 170%。

作者及其合作者制作了 20 块含中心损伤钢板试件，采用 CFRP 补强，主要考察初始损伤程度、CFRP 粘贴方式和 CFRP 弹性模量对试件疲劳性能的影响。定义预制裂纹长度和钢板半宽之比为初始损伤程度 β[52]，共设计 5 个级别，分别为 2%、10%、20%、30% 和 40%，如图 6 所示。

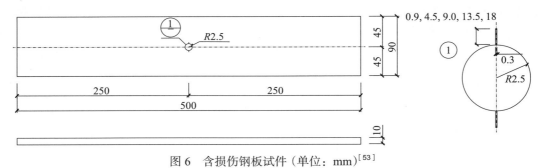

图 6　含损伤钢板试件（单位：mm)[53]

Figure 6　Geometry and dimensions of cracked steel plates（dimensions in millimeters，not to scale）

试验过程中采用沙滩纹方法记录疲劳裂纹扩展[42]，观察到不同弹性模量 CFRP 补强试件破坏模式不同（图 7），普通弹性模量 CFRP 板补强的试件，发生粘结层内破坏，并伴有 CFRP 板纤维层离，CFRP 板在多处沿着纤维方向劈裂。对于高弹性模量 CFRP 板补强的试件，CFRP 板断裂成为主要的破坏模式，同时伴有 CFRP 板纤维层离。这主要是由于不同弹性模量 CFRP 材料极限应变不同导致的，和 LIU 等[42]中采用不同弹性模量 CFRP 布补强钢板试件疲劳破坏模式不同类似。

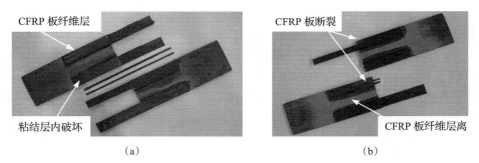

（a）　　　　　　　　　　　　　（b）

图 7　钢板两侧粘贴 CFRP 试件破坏模式（a）普通弹性模量 CFRP 板（b）高弹性模量 CFRP 板[53]

Figure 7　Failure modes of specimens with CFRP locally attached（a）normal modulus CFRP laminate and（b）high modulus CFRP laminate

试验结果表明，钢板试件疲劳寿命随着初始损伤程度的增加而显著减少。但不论初始损伤程度的大小，通过 CFRP 板补强后，试件疲劳性能均得到明显改善，而且随着初始损伤程度增加而愈加明显，残余寿命延长 1.8 ～ 29.4 倍。但是考虑到试件总体疲劳寿命（计入初始扩展到指定长度裂纹的荷载循环次数），仍然推荐在裂纹扩展初期采取补强措施，如图 8 所示。图中，Np-CFRP 代表 CFRP 补强钢板试件疲劳寿命，Np-plate 代表相应未补强钢板试件疲劳寿命，Ni 为预制裂纹长度对应的疲劳荷载循环次数。

CFRP 补强粘贴方式对试件疲劳性能有重大影响。当试件疲劳裂纹长度扩展到约为钢板宽度的 40% 左右时，采用普通弹性模量 CFRP 补强，粘贴整个开裂钢板表面和仅粘贴未开裂的钢板表面，残余疲劳寿命分别延长 29.4 倍和 5.3 倍。

提高补强材料弹性模量有利于提高补强效率。试验数据表明，采用高弹性模量 CFRP 板补强的钢板试件疲劳寿命延长程度约为普通弹性模量 CFRP 板补强钢板试件的 1.8 倍。

针对不同初始损伤对补强构件疲劳性能的影响，也有相关文献进行了后续研究[48][49]。

为了考虑复杂应力作用下的裂纹扩展，除了 I 型裂纹，也有针对 CFRP 补强含 I、II 型复合裂纹钢板疲劳性能的研究[49][50][51]。作者制作倾斜角度为 0°、15°、30°、45° 和 60° 的中心斜裂纹钢板。所有初始斜裂纹在垂直荷载方向上的投影长度相等。设计了一套可同时张拉钢板两侧 CFRP 的张拉装置。监测显示，采用该装置超张拉 CFRP，可实现目标预应力水平为 30.7%。通过比较疲劳寿命、裂纹长度、裂纹形状和破坏模式，研究了三种补强形式、三种 CFRP 类型、两种结构胶对补强效果的影响。主要结论如下：单面补强可提高疲劳寿命 37%，双面补强可提高 190%，10% 预应力 CFRP 补强可提高 7.66 倍，30% 预应力 CFRP 补强可提高 25.0 倍；疲劳寿命主要由初始斜裂纹于垂直荷载方向上的投影长度决定，而对倾斜角度变化不敏感；若 CFRP 抗拉刚度相同，则补强效果相近；在不发生脱胶的情况下，胶层剪切刚度越大，则补强效果越好[54]。

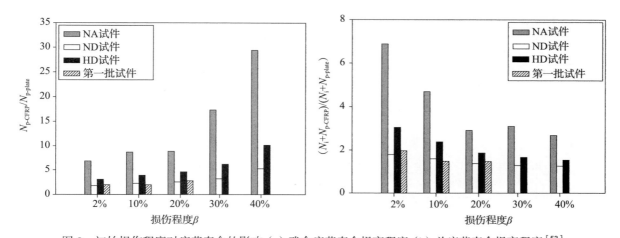

图 8　初始损伤程度对疲劳寿命的影响（a）残余疲劳寿命提高程度（b）总疲劳寿命提高程度[53]

Figure 8　Effect of initial damage degrees on the fatigue life：（a）improvement of residual fatigue life and （b）improvement of total fatigue life

2.2　CFRP 补强钢板疲劳性能预测

粘贴 CFRP 补强含损伤钢板的疲劳性能预测，主要基于断裂力学展开。已有大量文献对 CFRP 材料粘贴含缺陷钢板裂纹尖端应力强度因子进行分析，考虑补强材料粘贴位置、尺寸、力学性能等因素的影响[55]-[62]。

目前的研究内容主要集中在一定裂纹长度对应的裂纹尖端应力强度因子，对疲劳裂纹扩展全过程的模拟较为有限。尽管有部分有限元方面的研究成果[63]-[66]，但采用这种方法往往需要对三维实体单元划分网格，在疲劳裂纹扩展分析中比较复杂且费时。相比有限元方法，边界元方法更适用于疲劳裂纹扩展全过程模拟分析[67]-[69]。

作者及其合作者根据试验研究中的试件尺寸建立含中心缺陷和边缘缺陷钢板的三维边界元模型（图 9）。钢板表面和 CFRP 板表面采用四边形缩减二次单元模拟，粘结层采用连续均布的线性弹簧单元模拟。弹簧刚度值，以局部坐标的法向和切向定义，根据粘结材料的力学性能和试件实测粘结层厚度计算。在模型两端施加均布拉伸荷载，中间施加弱弹簧边界条件以提供刚性体约束，同时，在模型对称平面施加对称边界条件。选取疲劳裂纹扩展模型 Nasgro 3 Law。

边界元方法预测得到的含中心／边缘缺陷钢板试件的疲劳寿命和试验结果比较于图 10。图中横坐标 N_e 代表在试验过程中试件发生断裂时记录的疲劳荷载循环次数，纵坐标 N_p 代表 BEASY 软件计算得到的疲劳荷载循环次数。可以看到，两者吻合非常好。除此之外，与沙滩纹方法记录的疲劳裂纹随荷载循环次数的扩展过程也对比良好。

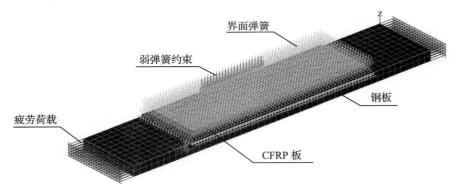

图 9　典型的 CFRP 补强含损伤钢板边界元模型[70]

Figure 9　Typical boundary element model of cracked steel plates retrofitted by CFRP

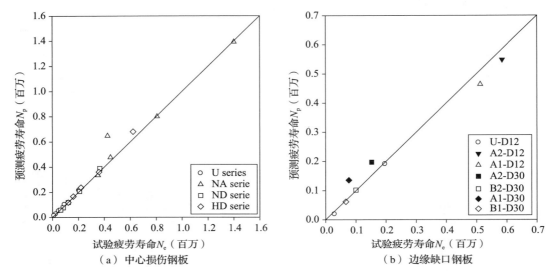

（a）中心损伤钢板　　　　　　　　　　（b）边缘缺口钢板

图 10　试验疲劳寿命和边界元预测疲劳寿命对比（a）中心损伤钢板[71]（b）边缘缺口钢板[70]

Figure 10　Comparison between test fatigue life and predicted fatigue life：（a）center cracked steel plate and （b）edge cracked steel plate

此外，还对中心含斜裂纹采用预应力 CFRP 补强钢板进行边界元建模分析，主要考虑了预应力水平和裂纹角度对补强体系的影响。预应力水平越高，补强效果越好，当预应力水平低于 10%CFRP 极限强度时，补强效果基本和无预应力体系一致[72]。

2.3　CFRP 补强钢板裂纹尖端应力强度因子半理论解

除了数值模拟，也有部分针对裂纹尖端应力强度因子计算的理论成果。在未补强试件裂纹尖端应力强度因子经典解法的基础上，引入相关修正系数，一般基于试验数据或数值结果回归得到，如有关 CFRP 材料力学性能、粘结宽度和粘贴位置的影响作用等[73][74][75]，普适性与回归样本密切相关。

断裂力学中，对于未补强钢板试件，裂纹尖端应力强度因子已有经典解（式 4）[76]。若钢板含中心缺陷，由于几何尺寸和边界条件的对称性，可以只考虑一半模型，因此中心预制裂纹成为边缘裂纹，F_E 等于 1.0，F_S 等于 1.12，F_W 可以用式（5）计算[77]。

$$K = F(a)\sigma\sqrt{\pi a} \tag{4}$$

式中，$F = F_E F_S F_W F_G$，F_E、F_S、F_W 和 F_G 为修正系数，分别代表椭圆形裂纹、裂纹自由面、有限宽度、以及不均匀张开应力效应。

$$F_W = (1 - 0.025\lambda^2 + 0.06\lambda^4)\sqrt{\sec(\pi\lambda/2)} \tag{5}$$

这里，$1 = a/W$。a 为裂纹半长（不包括圆孔半径），W 为钢板半宽。

修正系数 F_G 表征构件中由于局部结构细节引起的裂纹表面不均匀张开应力对裂纹尖端应力强度

因子的影响，例如结构几何形状的不连续性。因此，F_G 也被称为几何修正系数。在含中心缺陷的未补强钢板试件中，钢板中心圆孔附近区域存在应力集中现象。当裂纹长度远小于中心圆孔半径时，认为 F_G 等于中心圆孔引起的应力集中系数 3。随着裂纹长度增长到一定程度，直至超过中心圆孔引起的应力集中范围之外，F_G 值逐渐降低到 1.0。

　　和未补强钢板试件相比，对于 CFRP 补强试件而言，式（4）其中有两个重要参数发生改变，它们分别是钢板应力 σ 和几何修正系数 F_G。对于钢板应力 σ，当粘贴 CFRP 材料补强后，通过粘结层传递，CFRP 材料能够帮助分担远端荷载。随着裂纹扩展，钢板净截面积减小，CFRP 材料分担的荷载比例增加。因此，钢板应力不再等于远端荷载。除此之外，粘贴 CFRP 材料补强之后，钢板中心圆孔附近的应力场改变，应力集中程度下降，即几何修正系数 F_G 也随之改变。

　　根据图 11，基于截面受力分析，采用式（6）计算远端荷载变化

$$\sigma_s = \frac{E_s t_s}{E_s t_s + 2 b_f / (b_f - 2r - 2a) \cdot (E_t t_f + E_a t_a)} \sigma_0 \qquad (6)$$

式中，σ_0 为未补强试件钢板截面上名义应力，E、b 和 t 分别代表弹性模量、宽度和厚度，下标 p、s、a 和 f 分别代表 CFRP 补强钢板试件的钢板，粘结层和 CFRP 材料。

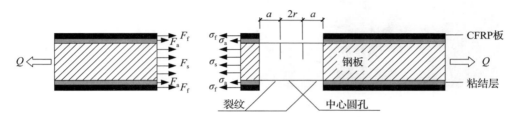

图 11　补强钢板试件截面应力分析 [78]

Figure 11　Stress components of the steel plate model

粘贴补强材料后，几何修正系数 F_G 随着中心圆孔附近应力场的改变而改变，按以下步骤计算 [76]：

　　a）采用有限元方等各种方法建立和目标模型完全一致的数值模型，但不含裂纹。

　　b）计算无裂纹模型中对应于裂纹位置的实际应力。

　　c）在模型中插入指定长度的裂纹，采用式（7）根据步骤 b）中得到的应力结果计算 F_G 值。

$$F_G = \frac{2}{\pi} \sum_{i=1}^{n} \frac{\sigma_{b_i}}{\sigma} \left(\arcsin \frac{b_{i+1}}{a} - \arcsin \frac{b_i}{a} \right) \qquad (7)$$

式中，s_b 为步骤 b）中数值计算中得到的沿着裂纹位置的应力。

　　采用 ABAQUS 软件，建立有限元模型，计算几何修正系数 F_G 值。根据试验试件几何尺寸建立三维含中心缺陷钢板试件模型。首先，利用未补强钢板试件裂纹尖端应力强度因子经典解来验证半钢板计算模型，继而采用文献中相关试验数据验证，共搜集了 183 个应力强度因子值。模型计算结果和试验数据比较如图 12 所示，发现通过这种分析方法得到的应力强度因子和试验结果吻合良好。且大部分数据位于 45 度斜线上方，表明结果偏于保守。

3　CFRP 补强钢梁疲劳性能

3.1　CFRP 补强钢梁试验研究

　　有关 CFRP 补强钢梁疲劳性能的研究，一般采用工

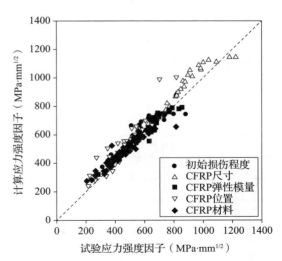

图 12　CFRP 补强钢板裂纹尖端应力强度因子模型计算数据和试验结果比较 [78]

Figure 12　Comparison of the stress intensity factor between model prediction and test results

字梁试件在下翼缘布置补强材料，已有研究大部分基于粘结体系展开[79]-[85]。考虑到粘结体系行为复杂，破坏时呈现脆性，同时存在受环境作用侵蚀的风险，也有关于无粘结预应力补强体系的开发[86][87]。

作者及其合作者共制作了 13 根工字梁，预制线切割裂纹贯穿下翼缘和部分腹板。补强体系中考虑应力幅、补强材料、补强体系等多个变量。采用 DIC 测量系统记录疲劳加载过程中裂纹扩展及补强材料表面应变分布情况，试验布置如图 13 所示。试验中采用了普通弹性模量 CFRP 板，两种典型的线性和非线性结构粘胶，即 Sikadur 30 和 Araldite 420。设计了刚性 / 柔性两种机械锚固装置，即 Anchor A 和 Anchor B。

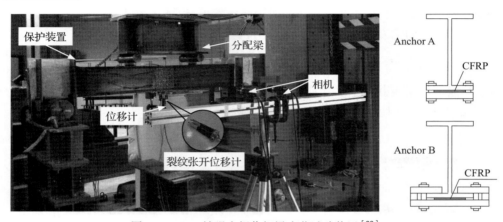

图 13　CFRP 补强含损伤钢梁疲劳试验装置[88]

Figure 13　Fatigue test set-up of cracked steel beams retrofitted by CFRP

试验中比较了仅采用化学粘结、仅采用机械锚固和化学粘结并机械锚固三种工况下的不同性能，试验结果总结于表 2。试验过程中发现采用各类补强装置均可有效延滞疲劳裂纹扩展，减小裂纹张开位移，延长损伤钢梁疲劳寿命。将试验结果按对数坐标绘制于图 14，可以清楚比较各类补强体系效果。对三类补强体系，给出如下建议：

a）当仅采用化学粘结体系，发生界面粘结失效。相比 Sikadur 30，Araldite 420 由于界面破坏能较大，在相同疲劳荷载作用下粘结失效发展扩展缓慢，补强效果更佳。

b）当仅采用机械锚固体系，Anchor B 中螺栓数量为 Anchor A 的两倍，提供更多的压应力，补强效果更加。

c）当同时采用化学粘结和机械锚固，发生界面粘结失效后，虽然 Sikadur 30 界面摩擦系数大于 Araldite 420，可以提供较大的摩擦力；但在较柔的 Anchor B 体系中摩擦产生热量，反而对补强体系不利，推荐使用 Araldite 420 配合 Anchor B。

表 2　钢梁疲劳补强试验结果

Table 2 Summery of fatigue test of retrofitted steel beams

试件	疲劳荷载（kN）	补强材料	结构粘胶	机械锚固	疲劳寿命	破坏模式
Beam 1	2 ～ 20	N/A	N/A	N/A	71259	钢梁断裂
Beam 2	3.5 ～ 35	N/A	N/A	N/A	16700	钢梁断裂
Beam 3	2 ～ 20	CFRP	Araldite 420	N/A	≥ 1350000	裂纹停止扩展
Beam 4	3.5 ～ 35	CFRP	Araldite 420	N/A	≥ 2000000	200 万次未破坏
Beam 5	3.5 ～ 35	CFRP	Sikadur 30	N/A	121406	粘结失效，钢梁断裂
Beam 6	3.5 ～ 35	CFRP	N/A	Anchor A	263259	螺栓断裂，钢梁断裂
Beam 7	3.5 ～ 35	CFRP	N/A	Anchor B	≥ 2000000	200 万次未破坏
Beam 8	7 ～ 70	CFRP	Araldite 420	N/A	71736	粘结失效，钢梁断裂

续表

试件	疲劳荷载（kN）	补强材料	结构粘胶	机械锚固	疲劳寿命	破坏模式
Beam 9	7～70	CFRP	Sikadur 30	N/A	8776	粘结失效，钢梁断裂
Beam 10	7～70	CFRP	Araldite 420	Anchor A	104599	CFRP 断裂，钢梁断裂
Beam 11	7～70	CFRP	Sikadur 30	Anchor A	183182	CFRP 断裂，钢梁断裂
Beam 12	7～70	CFRP	Araldite 420	Anchor B	1641121	CFRP 断裂，钢梁断裂
Beam 13	7～70	CFRP	Sikadur 30	Anchor B	493508	CFRP 断裂，钢梁断裂

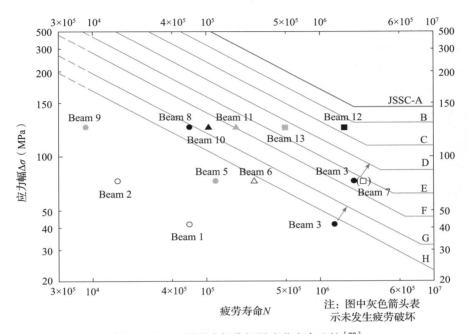

图 14　CFRP 补强含损伤钢梁疲劳寿命比较[89]

Figure 14　Fatigue life comparison of cracked steel beams strengthened with CFRP

　　疲劳加载过程中，一定荷载循环次数后进行静力加载，采用 DIC 测量系统记录 CFRP 表面应变场，获取经历疲劳荷载循环的 CFRP- 钢界面粘结滑移关系（图 15）。和已有静力荷载作用下的粘结滑移关系类似，非线性和线性结构粘胶所对应的界面剪应力 - 相对滑移仍然呈现三折现和两折线关系[22][23]。

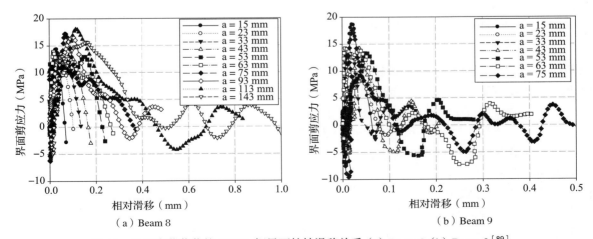

（a）Beam 8　　　　　　　　　　　　　　　（b）Beam 9

图 15　经历疲劳荷载的 CFRP- 钢界面粘结滑移关系（a）Beam 8（b）Beam 9[89]

Figure 15 Bond slip relationship of CFRP-steel interface with fatigue cycles（a）Beam 8 and（b）Beam 9

除了工字梁，还对三种不同初始缺陷深度（3mm、10mm、30mm），采用不同预应力水平和弹性模量的 CFRP 修复的损伤方钢管梁进行疲劳试验，研究 CFRP 修复损伤方钢管梁在受弯疲劳荷载作用下的性能。试验结果表明：直接在梁底粘贴 20mm 宽普通 CFRP 板修复的钢梁的疲劳寿命是未修复钢梁的 3～4 倍。采用 22% 预应力 CFRP 板修复的钢梁的疲劳寿命是直接粘贴 CFRP 板修复梁的 2～7 倍不等。说明预先在方钢管梁的受拉区建立预压应力能够有效地提高方钢管梁的疲劳寿命。直接在梁底粘贴 20mm 宽的高弹性模量的 CFRP 板也能够有效提高方钢管梁的疲劳寿命，其寿命是未加固梁的 3～14 倍。直接粘贴 CFRP 板、施加预应力或者高弹性模量 CFRP 板三种修复方式都能够延缓方钢管梁的裂纹扩展速率，预应力水平越大，钢梁疲劳裂纹扩展速率越小。相对于未修补梁来说，上述三种修复方式都能够延缓方钢管梁跨中位移的增加和钢梁刚度的退化过程[90]。

3.2 CFRP 补强钢梁疲劳性能预测

类同 CFRP 补强含损伤钢板，CFRP 补强含损伤钢梁的疲劳性能分析也多基于断裂力学展开，通过数值模拟或理论分析求解裂纹尖端应力强度因子，进而预测裂纹扩展和疲劳寿命[91][92][93]。已有研究表明在粘结补强体系中，由于裂纹尖端附近应力集中，存在局部粘结失效，影响 CFRP 应力水平[83][94][95]。

前文试验研究中观察到，不同结构粘胶补强体系界面性能差异显著，相同裂纹长度/相同荷载循环次数时，粘结失效区域尺寸差别很大。不适用于基于裂纹长度假定粘结失效区域[83]。通过数值分析手段，进一步研究了粘结失效长度对裂纹尖端强度因子的影响。建模计算过程中引入试验过程中观察到的粘结失效尺寸，计算裂纹尖端应力强度，预测试件疲劳裂纹扩展全过程，和试验结果吻合良好（图 16）。

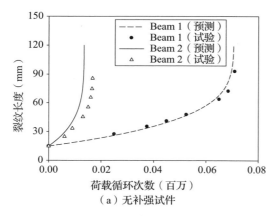 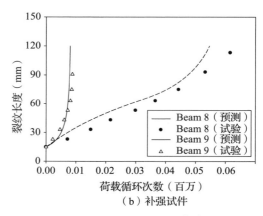

（a）无补强试件　　　　　　　　　　　　　　（b）补强试件

图 16　CFRP 补强含损伤钢梁疲劳裂纹扩展模拟 (a) 无补强试件 (b) 补强试件[96]

Figure 16　Crack propagation prediction of cracked steel beams retrofitted by CFRP: (a) unstrengthened beams and (b) strengthened beams

基于开裂工字梁裂纹尖端应力强度因子经典解，将 CFRP 上的力作为外荷载施加在钢梁上，计算补强钢梁裂纹尖端应力强度因子（式 8）[97]。

$$K_{\mathrm{I}} = (M - N \cdot (y + t/2)) \sqrt{\frac{\beta_{\mathrm{M}}}{I_{\mathrm{s}} \cdot t_{\mathrm{w}}} \left(\frac{I_{\mathrm{s}}}{I_{\mathrm{cr}}} - 1 \right)} - N \sqrt{\frac{\beta_{\mathrm{N}}}{A_{\mathrm{s}} \cdot t_{\mathrm{w}}} \left(\frac{A_{\mathrm{s}}}{A_{\mathrm{cr}}} - 1 \right)} \qquad (8)$$

式中，M 为外荷载作用在截面上的弯矩，N 为作用在开裂截面 CFRP 上的荷载，y 为补强材料到开裂截面中和轴的距离，t 为补强材料厚度，A_{s} 和 A_{cr} 分别为开裂和开裂截面面积，I_{s} 和 I_{cr} 分别为开裂和开裂截面惯性矩，t_{w} 为钢梁腹板厚度，β_{M} 和 β_{N} 为无量纲常数。

作者及其合作者研究发现，CFRP 补强作用除了考虑为作用在钢梁下翼缘的外荷载之外[97]，还需要考虑其对裂纹张开位移的约束作用。而不同补强体系对裂纹张开位移的约束程度不同，需要分别考虑。采用有限元分析考虑两种极端裂纹边界条件下的裂纹尖端应力强度因子，如图 17。图中所示为表 2 中 Beam 6，即采用 Anchor A 将 CFRP 板锚固在钢梁下翼缘。比较发现，如仅在理论分析中考虑

CFRP 对外荷载的分担作用，所得应力强度因子更接近于裂纹张开位移完全没有约束的情况，与试验结果明显不符。有必要对加载过程中粘结失效和裂纹扩展的耦合关系以及 CFRP 对裂纹表面张开位移约束效应做进一步探讨。

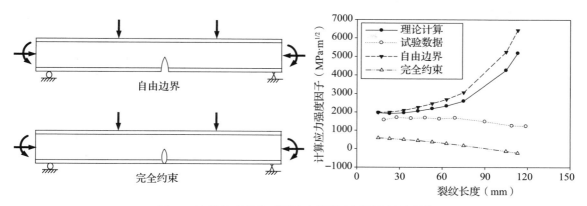

图 17　边界约束条件对裂纹尖端强度因子的影响[98]

Figure 17　Effect of boundary condition to the stress intensity factor of the cracked steel beam

4　CFRP 补强焊接接头疲劳性能

4.1　CFRP 补强焊接接头试验研究

在实际工程中，疲劳裂纹通常出现在焊接接头处，焊缝中的钢材通常会存在一些先天的细小缺陷，成为疲劳裂纹的起裂处。作者及其合作者分别对 CFRP 补强非承重十字型焊接接头和平面外纵向焊接接头展开试验研究。

非承重十字型焊接接头试件如图 18 所示。一共对 5 个试件进行疲劳试验，其中 3 个为 CFRP 布双面补强试件，2 个为未补强对比试件。

通过比较 2×10^6 荷载循环次数对应的疲劳强度，发现补强后焊接接头试件疲劳强度提高 16.2%～29.1%，表明粘贴 CFRP 材料能够改善非承重十字型焊接接头的疲劳性能，延缓疲劳裂纹扩展。试验设计中采用 1 层和 3 层 CFRP 布粘贴，以考察补强率对试件补强后疲劳性能的影响，但由于焊趾处几何参数的离散性引起试件疲劳性能离散型，有限的试验结果未能体现提高补强率带来的预期效果。

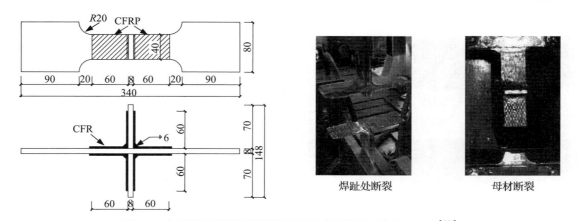

图 18　非承重十字型焊接接头试件及破坏模式（单位：mm）[99]

Figure 18　Non-load-carrying cruciform welded joint and failure mode（dimensions in millimeters, not to scale）

制作了 21 个平面外纵向焊接接头试件进行疲劳试验（图 19），其中 5 个为未补强对比试件，16 个为 CFRP 材料补强试件。试验方案中主要考虑不同应力幅和不同补强材料形式对补强焊接接头试件疲劳性能的影响。试验结果表明，采用 CFRP 布或 CFRP 板粘贴平面外纵向焊接接头能在一定程度上改善疲劳性能，疲劳寿命最多可延长至 135%，但数据较为离散。主要是由于焊趾几何参数的离散性，试件初始疲劳寿命差异较大。补强试件和对比试件初始条件不同，无法得出系统的补强试验结果。通过沙滩纹加载方式，可以观测到疲劳裂纹在焊趾处萌发（图20），继而向钢板深度和宽度方向不断扩展，最终试件断裂，伴随着钢板和粘结层界面粘结失效，未观察到 CFRP 材料破坏。裂纹在扩展过程中基本保持半椭圆形。

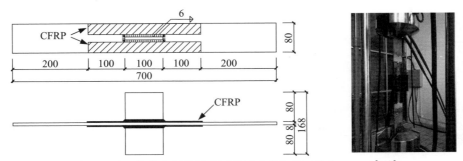

图 19　平面外纵向焊接接头试件及疲劳加载（单位：mm）[100]

Figure 19　Out-of-plane gusset welded joint and fatigue test set-up（dimensions in millimeters，not to scale）

图 20　平面外纵向焊接接头焊趾处裂纹萌生和扩展

Figure 20　Crack initiation and propagation of out-of-plane gusset welded joint

　　继而在焊趾处采用机械加工，制作类似钢板试件中的中心圆孔和线裂纹初始损伤，用以引导裂纹扩展，统一试件初始性能。共进行了 8 个试件的疲劳试验，主要考虑应力幅、单 / 双面补强和 CFRP 弹性模量的影响。试验发现，两侧焊趾处的裂纹几乎同时扩展，最终试件在一侧断裂。高弹性模量 CFRP 双面补强试件疲劳性能改善最为明显，延长至 8.17 倍。图 21 为试件断面沙滩纹和裂纹扩展 N–a 曲线。

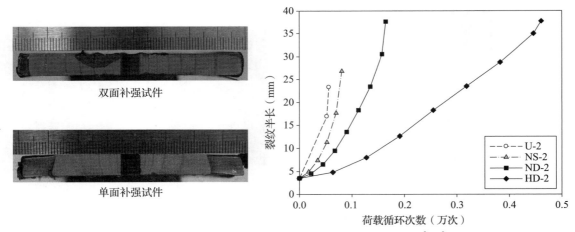

图 21　试件断裂截面沙滩纹和疲劳裂纹扩展 N–a 曲线[100]

Figure 21　Beach marks on the crack surfaces and crack propagation N–a curves

4.2　CFRP 补强焊接接头疲劳性能预测

　　对 CFRP 补强非承重十字型焊接接头和平面外纵向焊接接头试件进行有限元建模分析，分别计算了焊趾处应力集中系数和裂纹尖端应力强度因子，参数分析考察了 CFRP 粘贴此类焊接接头补强体系中的各种影响因素，包括焊趾半径、裂纹深度、补强率、粘贴方式、CFRP 布弹性模量和粘结层弹性模量[99][101]。结果表明：

a）焊趾处存在明显的应力集中现象，粘贴 CFRP 材料能够明显减缓应力集中程度，降低板内应力值，减小裂纹尖端应力强度因子，从而延长试件疲劳寿命。裂纹尖端应力强度因子的降低程度随着裂纹扩展而愈加明显。

b）焊趾半径是影响焊接接头疲劳性能的重要影响参数，试件焊趾几何参数的离散性直接导致了疲劳试验结果的离散性。

c）提高补强率能够有效降低焊趾处应力集中系数和裂纹尖端应力强度因子，能够有效改善试件疲劳性能。采用高弹性模量补强材料能够降低焊趾附近应力集中系数，但是效果有限；对于裂纹尖端应力强度因子，提高补强材料弹性模量效果更为明显。

建立边界元模型，对非承重十字型焊接接头和平面外纵向焊接接头的裂纹扩展全过程进行了模拟（图 22 和图 23）。结果表明，边界元方法能够准确预测 CFRP 补强非承重十字型焊接接头和平面外纵向焊接接头补强后的疲劳寿命和疲劳裂纹扩展过程，数值结果同时能够体现疲劳裂纹沿着钢板厚度方向的不均匀扩展情况。

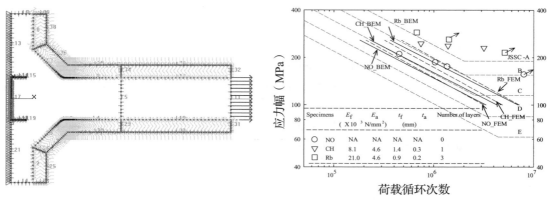

图 22　非承重十字型焊接接头边界元模拟[102]

Figure 22　Boundary element modeling of non-load-carrying cruciform welded joints

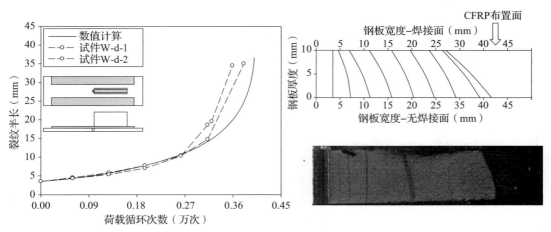

图 23　平面外焊接接头裂纹扩展全过程预测[103]

Figure 23　Prediction of fatigue crack propagation of out-of-plane gusset welded joint

5　结论和展望

本文介绍了课题组近年来在 CFRP 材料提升钢结构疲劳性能方面的研究，对 CFRP- 钢界面粘结性能，CFRP 补强含损伤钢板、钢梁和焊接接头开展了系统性的研究。揭示了钢结构疲劳性能补强机理，提出了粘贴 CFRP 补强钢构件疲劳性能分析方法，能够有效模拟疲劳裂纹扩展，预测补强试件疲劳寿命，提供了工程应用建议。

但作为一种新材料应用，仍有许多亟待研究的问题，主要包括：

（1）目前对于静力荷载作用下的 CFRP- 钢界面粘结滑移关系已有较清楚的认识，而对于疲劳荷载作用下的界面性能还缺乏研究；

（2）已经认识到粘结体系中存在裂纹尖端局部失效，会对补强体系疲劳性能产生重要影响，但尚未能厘清裂纹扩展和粘结失效的耦合作用；

（3）已有关于环境因素对补强体系的研究，大多集中在材料层次，而对补强体系的疲劳性能等涉及较少；

（4）既有关于 CFRP 补强钢结构疲劳性能分析的研究成果主要集中在常幅疲劳荷载下的情况，未能深入考虑实际工程中变幅疲劳荷载作用下荷载交互作用对 CFRP- 钢界面粘结性能和裂纹扩展的影响。

目前采用 CFRP 提升钢结构疲劳性能的工程应用较少，在桥梁结构、风机基础等海洋结构及海洋中金属管道的补强应用值得关注。

参考文献

［1］ CADEI J M C，STRATFORD T J，HOLLAWAY L C，et al. Strengthening metallic structures using externally bonded fibre-reinforced composites［R］. London：Construction Industry Research & Information Association（CIRIA），2004.

［2］ U. S. Department of Transportation Federal Highway Administration Bridge & Structures. Bridges & Structures［EB/OL］. https：//www. fhwa. dot. gov/bridge/.

［3］ American Society of Civil Engineers（ASCE）. ASCE's 2017 Infrastructure Report Card：Bridges［EB/OL］. https：//www. infrastructurereportcard. org/cat-item/bridges/.

［4］ OLOFSSON I，ELFGREN L，BELL B，et al. Assessment of European railway bridges for future traffic demands and longer lives-EC project 'Sustainable Bridges'［J］. Structure and Infrastructure Engineering，2005，1（2）：93-100.

［5］ YAMADA K，ISHIKAWA T，KAKIICHI T. Rehabilitation and improvement of fatigue life of welded joints by ICR treatment［J］. Advanced Steel Construction，2015，11（3）：294-304.

［6］ LIN W W，TANIGUCHI N，YODA T. Novel method for retrofitting superstructures and piers in aged steel railway bridges［J］. Journal of Bridge Engineering，2017，22（11）：05017009.

［7］ 中华人民共和国交通运输部. 2016 年交通运输行业发展统计公报［EB/OL］.［2017-04-17］. http：//zizhan. mot. gov. cn/zfxxgk/bnssj/zhghs/201704/t20170417_2191106. html.

［8］ STEPHENS R I，FATEMI A，STEPHENS R R，et al. Metal fatigue in engineering［M］. New York：John Wiley & Sons，2001.

［9］ XIAO Z G，YAMADA K，INOUE J，et al. Fatigue cracks in longitudinal ribs of steel orthotropic deck［J］. International Journal of Fatigue，2006，28（4）：409-416.

［10］ FISHER J W，KAUFMANN E J，WRIGHT W，et al. Hoan bridge forensic investigation failure analysis final report［R］. Madison：Wisconsin Department of Transportation and the Federal Highway Administration，2001.

［11］ TENG J G，YU T，FERNANDO D. Strengthening of steel structures with fiber-reinforced polymer composites［J］. Journal of Constructional Steel Research，2012，78：131-143.

［12］ ZHAO X L. FRP-strengthened metallic structures［M］. Boca Raton：CRC Press，2013.

［13］ TENG J G，CHEN J F，SMITH S T，et al. FRP strengthened RC structures［M］. Hoboken：John Wiley & Sons，2001.

［14］ 郑云，叶列平，岳清瑞. FRP 加固钢结构的研究进展［J］. 工业建筑，2005，38（8）：20-25.

［15］ 卢亦焱，黄银燊，张号军，等. FRP 加固技术研究新进展［J］. 中国铁道科学，2006，27（3）：34-42.

［16］ DNV GL. DNVGL-RP-C301 Design, fabrication, operation and qualification of bonded repair of steel structures［M］. Norway，2015.

［17］ YB/T 4558-2016. 纤维增强复合材料加固修复钢结构技术规程［S］. 北京：中华人民共和国工业和信息化部，2016.

［18］ 郑云. CFRP 加固钢结构疲劳性能的试验和理论研究［D］. 北京：清华大学，2007.

［19］ 程璐，冯鹏，徐善华，等. CFRP 加固钢结构抗疲劳技术研究综述［J］. 玻璃钢／复合材料，2013，4：58-62.

［20］ HART-SMITH L J. Adhesive-bonded double-lap joints［R］. Long Beach：National Aeronautics and Space Administration，1973.

［21］ XIA S H，TENG J G. Behaviour of FRP-to-steel bonded joints. In：Chen JF，Teng JG，editors. Proceedings of the International Symposium on Bond Behaviour of FRP in Structures. Hong Kong：International Institute for FRP in Construction；2005［C］.

［22］ YU T，FERNANDO D，TENG J G，et al. Experimental study on CFRP-to-steel bonded interfaces［J］. Composites：Part B，2012，43：2279-2289.

［23］ FERNANDO D，YU T，TENG J G. Behavior of CFRP laminates bonded to a steel substrate using a ductile adhesive［J］. Journal of Composites for Construction，2014，18（2）：04013040

［24］ YU Q Q，ZHANG D M，GU X L，et al. Model uncertainty of externally bonded CFRP-to-steel joints：CICE 2018：proceedings of the 9th International Conference on Fibre-Reinforced Polymer（FRP）Composites in Civil Engineering，Paris，July 17-19，2018［C］.

［25］ YU Q Q，GU X L，ZHAO X L，et al. Characterization of model uncertainty of adhesively bonded CFRP-to-steel joints［J］. Submitted to Composite Structures. 2018.

［26］ DAWOOD M，RIZKALLA S. Environmental durability of a CFRP system for strengthening steel structures［J］. Construction and Building Materials，2010，24：1682-1689.

［27］ NGUYEN T C，BAI Y，ZHAO X L，et al. Durability of steel/CFRP double strap joints exposed to sea water，cyclic temperature and humidity［J］. Composite Structures，2012，94（5）：1834-1845.

［28］ BORRIE D，LIU H B，ZHAO X L，et al. Bond durability of fatigued CFRP-steel double-lap joints pre-exposed to marine environment［J］. Composite Structures，2015，131：799-809.

［29］ HESHMATI M，HAGHANI R，Al-EMRANI M. Durability of bonded FRP-to-steel joints：Effects of moisture，de-icing salt solution，temperature and FRP type［J］. Composites Part B：Engineering 2017，119：153-167.

［30］ AGARWAL A，FOSTER S J，HAMED E. Wet thermo-mechanical behavior of steel-CFRP joints-An experimental study［J］. Composites Part B：Engineering，2015，83：284-296.

［31］ NGUYEN T C，BAI Y，ZHAO X L，et al. Effects of ultraviolet radiation and associated elevated temperature on mechanical performance of steel/CFRP double strap joints［J］. Composite Structures，2012，94（12）：3563-3573.

［32］ WANG Y，LI J H，DENG J，et al. Bond behaviour of CFRP/steel strap joints exposed to overloading fatigue and wetting/drying cycles［J］. Engineering Structures，2018，172：1-12.

［33］ YU Q Q，GAO R X，GU X L，et al. Bond behavior of CFRP-steel double-lap joints exposed to marine atmosphere and fatigue loading［J］. Engineering Structures，2018（in press）.

［34］ COLOMBI P，BASSETTI A，NUSSBAUMER A. Analysis of cracked steel members reinforced by pre-stress composite patch［J］. Fatigue Fracture of Engineering Materials Structures，2003，26：59-66.

［35］ JONES S C，CIVJAN S A. Application of fiber reinforced polymer overlays to extend steel fatigue life［J］. Journal of Composites for Construction，2003，7（4）：331-338.

［36］ SUZUKI H. Experimental study on repair of cracked steel member by CFRP strip and stop hole：proceedings of the 11th European conference on composites materials，Rhodes，May 31-June 3. 2004［C］.

［37］ WANG Z Y，WANG Q Y，LI L H，et al. Fatigue behaviour of CFRP strengthened open-hole steel plates［J］. Thin-Walled Structures，2017，115：176-187.

［38］ 蔡洪能，陆玉姣，王雅生，等. FRP 补强疲劳损伤钢结构裂纹扩展研究［J］. 材料工程，2006，Z1：378-381.

［39］ 郑云，叶列平，岳清瑞. CFRP 板加固含裂纹受拉钢板的疲劳性能研究［J］. 工程力学，2007，24（6）：91-97.

［40］ HU L L, ZHAO X L, FENG P. Fatigue behavior of cracked high-strength steel plates strengthened by CFRP sheets［J］. Journal of Composites for Construction, 2016, 20（6）: 04016043.

［41］ WANG H T, WU G, JIANG J B. Fatigue behavior of cracked steel plates strengthened with different CFRP systems and configurations［J］. Journal of Composites for Construction, 2016, 20（3）: 1-9.

［42］ LIU H B, AL-MAHAIDI R, ZHAO X L. Experimental study of fatigue crack growth behaviour in adhesively reinforced steel structures［J］. Composite Structures, 2009, 90（1）: 12-20.

［43］ WU C, ZHAO X L, AL-MAHAIDI R, et al. Fatigue tests of cracked steel plates strengthened with UHM CFRP plates［J］. Advances in Structural Engineering, 2012, 15（10）: 1801-1816.

［44］ TÄLJSTEN B, HANSEN C S, SCHMIDT J W. Strengthening of old metallic structures in fatigue with prestressed and non-prestressed CFRP laminates［J］. Construction and Building Materials, 2009, 23（4）: 1665-1677.

［45］ HUAWEN Y, KÖNIG C, UMMENHOFER T, et al. Fatigue performance of tension steel plates strengthened with prestressed CFRP laminates［J］. Journal of Composites for Construction, 2010, 14（5）: 609-615.

［46］ GHAFOORI E, MOTAVALLI M, BOTSIS J, et al. Fatigue strengthening of damaged steel beams using unbonded and bonded prestressed CFRP plates［J］. International Journal of Fatigue, 2012, 44: 303-315.

［47］ HOSSEINI A, GHAFOORI E, MOTAVALLI M, et al. Mode I fatigue crack arrest in tensile steel members using prestressed CFRP plates［J］. Composite Structures, 2017, 178: 119-134.

［48］ COLOMBI P, FAVA G, SONZOGNI L. Effect of initial damage level and patch configuration on the fatigue behaviour of reinforced steel plates［J］. Fatigue & Fracture of Engineering Materials & Structures, 2015, 38（3）: 368-378.

［49］ ALJABAR N J, ZHAO X L, AL-MAHAIDI R, et al. Fatigue tests on UHM-CFRP strengthened steel plates with central inclined cracks under different damage degrees［J］. Composite Structures, 2017, 160: 995-1006.

［50］ ALJABAR N J, ZHAO X L, AL-MAHAIDI R, et al. Experimental investigation on the CFRP strengthening efficiency of steel plates with inclined cracks under fatigue loading［J］. Engineering Structures, 2018, 172: 877-890.

［51］ ALJABAR, N J, ZHAO X L, AL-MAHAIDI R, et al. Effect of crack orientation on fatigue behavior of CFRP-strengthened steel plates［J］. Composite Structures, 2016, 152: 295-305.

［52］ YU Q Q, CHEN T, GU X L, et al. Fatigue behaviour of CFRP strengthened steel plates with different degrees of damage［J］. Thin-Walled Structures, 2013（69）: 10-17.

［53］ YU Q Q, ZHAO X L, Al-MAHAIDI R, et al. Tests on cracked steel plates with different damage levels strengthened by CFRP laminates［J］. International Journal of Structural Stability and Dynamics, 2014, 14（6）: 1450018.

［54］ CHEN, T, LI L Z, ZHANG N X, et al. Fatigue performance test on inclined central cracked steel plates repaired with CFRP strand sheets［J］. Thin-Walled Structures, 2018, 130C: 414-423.

［55］ UMAMAHESWAR T V R S, SINGH R. Modelling of a patch repair to a thin cracked sheet［J］. Engineering Fracture Mechanics, 1999, 62（2-3）: 267-289.

［56］ KADDOURI K, OUINAS D, BACHIR BOUIADJRA B. FE analysis of the behaviour of octagonal bonded composite repair in aircraft structures［J］. Computational Materials Science, 2008, 43（4）: 1109-1111.

［57］ BOUIADJRA B B, BELHOUARI M, SERIER B. Computation of the stress intensity factors for repaired cracks with bonded composite patch in mode I and mixed mode［J］. Composite Structures, 2002, 56（4）: 401-406.

［58］ 郑云, 叶列平, 岳清瑞, 等. CFRP 加固含疲劳裂纹钢板的有限元参数分析［J］. 工业建筑, 2006, 36（6）: 99-103.

［59］ 彭福明, 岳清瑞, 杨勇新, 等. FRP 加固金属裂纹板的断裂力学分析［J］. 力学与实践, 2006, 28（3）: 34-39.

［60］ GU L X, KASAVAIJHALA A R M, ZHAO S J. Finite element analysis of cracks in aging aircraft structures with bonded composite-patch repairs［J］. Composite Part B: Engineering, 2011, 42（3）: 505-510.

［61］ ZACHAROPOULOS D A. Arrestment of cracks in plane extension by local reinforcements［J］. Theoretical and Applied Fracture Mechanics, 1999, 32（3）: 177-188.

［62］ WANG H T, WU G, WU Z S. Effect of FRP configurations on the fatigue repair effectiveness of cracked steel plates［J］.

Journal of Composites for Construction，2014，18（1）：04013023

［63］ WELLS G N，SLUYS L J．A new method for modelling cohesive cracks using finite elements［J］．International Journal for Numerical Methods in Engineering，2001，50（12）：2667-2682.

［64］ DHONDT G，CHERGUI A，BUCHHOLZ F G．Computational fracture analysis of different specimens regarding 3D and mode coupling effects［J］．Engineering Fracture Mechanics，2001，68（1）：383-401.

［65］ LEE W Y，LEE J J．Successive 3D FE analysis technique for characterization of fatigue crack growth behavior in composite-repaired aluminum plate［J］．Composite Structures，2004，66（1-4）：513-520.

［66］ ELLYIN F，OZAH F，XIA Z H．3-D modelling of cyclically loaded composite patch repair of a cracked plate［J］．Composite Structures，2007，78（4）：486-494.

［67］ YOUNG A，ROOKE D P．Analysis of patched and stiffened cracked panels using the boundary element method［J］．International Journal of Solids and Structures，1992，29（17）：2201-2216.

［68］ WEN P H，ALIABADI M H，YOUNG A．Boundary element analysis of flat cracked panels with adhesively bonded patches［J］．Engineering Fracture Mechanics，2012，69（18）：2129-2146.

［69］ LIU H B，ZHAO X L，AL-MAHAIDI R．Boundary element analysis of CFRP reinforced steel plates［J］．Composite Structural，2009，91（1）：74-83.

［70］ YU Q Q，CHEN T，GU X L，et al．Boundary element analysis of edge cracked steel plates strengthened by CFRP laminates［J］．Thin-Walled Structures，2016，100：147-157.

［71］ YU Q Q，ZHAO X L，CHEN T，et al．Crack propagation prediction of CFRP retrofitted steel plates with different degrees of damage using BEM［J］．Thin-Walled Structures，2014，82：145-158.

［72］ CHEN T，HU L，ZHANG N X，et al．Boundary element analysis of fatigue behavior for CFRP-strengthened steel plates with center inclined cracks［J］．Thin-Walled Structures，2018，125：164-171.

［73］ SHEN H，HOU C．SIFs of CCT plate repaired with single-sided composite patch［J］．Fatigue & Fracture of Engineering Materials & Structures，2011，34（9）：728-733.

［74］ WU C，ZHAO X L，AL-MAHAIDI R，et al．Mode I stress intensity factor of center-cracked tensile steel plates with CFRP reinforcement［J］．International Journal of Structural Stability and Dynamics，2013，13（1）：1350005.

［75］ WU C，ZHAO X L，AL-MAHAIDI R，et al．Effects of CFRP bond locations on the Mode I stress intensity factor of centre-cracked tensile steel plates［J］．Fatigue & Fracture of Engineering Materials & Structures，2013，36（2）：154-167.

［76］ ALBRECHT P，YAMADA K．Rapid calculation of stress intensity factors［J］．Journal of the Structural Division，1977，103（2）：377-389.

［77］ Japan Society of Steel Construction（JSSC）．Fatigue design recommendations for steel structures［M］．Tokyo：Japan Society of Steel Construction，1995.

［78］ YU Q Q,ZHAO X L,XIAO Z G,et al．Analytical evaluation of stress intensity factor for CFRP bonded steel plates［J］．Advances in Structural Engineering，2014，17（12）：1729-1746.

［79］ WU G，WANG H T，WU Z S，et al．Experimental study on the fatigue behavior of steel beams strengthened with different fiber-reinforced composite plates［J］．Journal of Composites for Construction，2012，16（2）：127-137.

［80］ KIM Y J，HARRIES K A．Fatigue behavior of damaged steel beams repaired with CFRP strips［J］．Engineering Structures，2011，33（5）：1491-1502.

［81］ FAM A，MACDOUGALL C，SHAAT A．Upgrading steel-concrete composite girders and repair of damaged steel beams using bonded CFRP laminates［J］．Thin-Walled Structures，2009，47（10）：1122-1135.

［82］ KIANMOFRAD F，GHAFOORI E，ELYASI M M，et al．Strengthening of metallic beams with different types of prestressed un-bonded retrofit systems［J］．Composite Structures，2017，159：81-95

［83］ COLOMBI P，FAVA G．Experimental study on the fatigue behaviour of cracked steel beams repaired with CFRP plates［J］．Engineering Fracture Mechanics，2015，145：128-142.

［84］ JIAO H，MASHIRI F，ZHAO X L． A comparative study on fatigue behaviour of steel beams retrofitted with welding，pultruded CFRP plates and wet layup CFRP sheets［J］．Thin-Walled Structure，2012，59：144-152.

［85］ TAVAKKOLIZADEH M，SAADATMANESH H． Fatigue strength of steel girders strengthened with carbon fiber reinforced polymer patch［J］．Journal of Structural Engineering，2003，129（2）：186-196.

［86］ HOSSEINI A，GHAFOORI E，MOTAVALLI M，et al．Flat prestressed unbonded retrofit system for strengthening of existing metallic I-girders［J］．Composites Part B，2018（in press）

［87］ GHAFOORI E，MOTAVALLI M． Innovative CFRP-prestressing system for strengthening metallic structures［J］．Journal of Composites for Construction，2015，19（6）：04015006

［88］ YU Q Q，WU Y F． Fatigue Strengthening of cracked steel beams with different configurations and materials［J］．Journal of Composites for Construction，2017，21（2）：04016093.

［89］ YU Q Q，WU Y F． Fatigue retrofitting of cracked steel beams with CFRP laminates［J］．Composite Structures，2018，185，786-806.

［90］ CHEN T，WANG X，QI M． Fatigue improvements of cracked rectangular hollow section steel beams strengthened with CFRP plates［J］．Thin-Walled Structures 2018，122C：371-377.

［91］ GHAFOORI E，MOTAVALLI M，NUSSBAUMER A，et al．Determination of minimum CFRP pre-stress levels for fatigue crack prevention in retrofitted metallic beams［J］．Engineering Structures，2015，84：29-41.

［92］ HMIDAN A，KIM Y J，YAZDANI S． Stress intensity factors for cracked steel girders strengthened with CFRP sheets［J］．Journal of Composites for Construction，2015，19（5）：04014085.

［93］ WANG H T，WU G．Crack propagation prediction of double-edged cracked steel beams strengthened with FRP plates［J］．Thin-Walled Structures，2018，127：459-468.

［94］ ZHENG B，DAWOOD M，Debonding of carbon fiber-reinforced polymer patches from cracked steel elements under fatigue loading［J］．Journal of Composites for Construction，2016，20（6）：04016038.

［95］ HU L L，FENG P，ZHAO X L． Fatigue design of CFRP strengthened steel members［J］．Thin-Walled Structures，2017，119：482-298.

［96］ YU Q Q，WU Y F． Fatigue behaviour of cracked steel beams retrofitted with CFRP laminates［J］．Advances in Structural Engineering，2018，21（8）：1148-1161.

［97］ COLOMBI P，FAVA G． Fatigue crack growth in steel beams strengthened by CFRP strips［J］．Theoretical and Applied Fracture Mechanics，2016，85：173-182.

［98］ Yu Q Q，Wu Y F． Fatigue durability of cracked steel beams retrofitted with high strength materials［J］．Construction and Building Materials，2017，155，1188-1197.

［99］ CHEN T，YU Q Q，GU X L，et al． Study on fatigue behavior of strengthened non-load-carrying cruciform welded joints using carbon fiber sheets［J］．International Journal of Structural Stability and Dynamics，2012，12（1）：179-194.

［100］ YU Q Q，CHEN T，GU X L，et al． Fatigue behaviour of CFRP strengthened out-of-plane gusset welded joints with double cracks［J］．Polymers，2015，7（9）：1617-1637.

［101］ CHEN T，YU Q Q，GU X L，et al． Stress intensity factors（KI）of cracked non-load-carrying cruciform welded joints repaired with CFRP materials［J］．Composites Part B，2013（45）：1629-1635.

［102］ CHEN T，ZHAO X L，GU X L，et al． Numerical analysis on fatigue crack growth life of non-load-carrying cruciform welded joints repaired with FRP materials［J］．Composites Part B，2014，56：171-177.

［103］ YU Q Q，CHEN T，GU X L，et al． Boundary element analysis of fatigue crack growth for CFRP strengthened steel plates with longitudinal weld attachment［J］．Journal of Composites for Construction，2015，19（2）：04014044.

某高铁站屋盖预应力桁架施工监测与模拟

黄爱萍

四川省建筑科学研究院，四川成都，6100081

摘　要： 本文以某高铁站部分屋盖结构预应力钢筋混凝土桁架张拉施工为背景，通过对张拉施工模拟，对施工模拟方法进行阐述。最后，将施工模拟结果与现场应力监测、变形监测结果进行了对比分析。结果表明，施工模拟与工程实测应力发展趋势基本一致，两者基本吻合。

关键词： 预应力桁架，施工监测，施工模拟，屋盖结构

Construction Monitoring and Simulation of Prestressed Concrete Truss on the Roof of a High-speed Rail Station

Huang Aiping

Sichuan Institute of Building Research，Chengdu 610081

Abstract： The investigation in this paper was based on the construction of prestressed concrete tuss on the roof of a high-speed rail station. Firstly，general situation was in introduced. Specifically，the prestressed construction procedure and monitoring plan was briefly introduced. Then，the method of construction simulation was introduced. Finally，the result by simulation was compared and analyzed with the monitoring result，which is manifested that simulation matched well with the monitoring result.

Keywords： prestressed truss，construction monitoring，construction simulation，roof structure

1　工程背景

　　某高铁站站房部分屋盖结构采用了预应力钢筋混凝土桁架结构。本工程预应力桁架位于 5 ～ 16 轴，跨度为 34.8m，在预应力实施过程中分别对 9/B ～ F 轴（桁架三）、10/B ～ F 轴（桁架四）、13/B ～ F 轴（桁架二）、14/B ～ F 轴（桁架一）混凝土预应力桁架张拉时混凝土应力进行了现场监测。现场照片如图 1 所示。

图 1　高铁站站房屋盖预应力钢筋混凝土桁架结构现场照片
Fig 1　photo of Prestressed Concrete Truss on the Roof of a High-speed Rail Station

　　作者简介：黄爱萍（1986.9），女，工程师。

2　预应力桁架张拉施工监测内容

2.1　监测主要内容

本文主要对钢筋混凝土桁架施加预应力过程中的关键受力位置应力及变形进行监测，目的主要是监测预应力施工期间屋盖桁架结构的应力分布水平及变形情况，保证施工期间结构安全度及施工精度。

本文选取 9/B ～ F 轴、10/B ～ F 轴混凝土预应力桁架张拉时的监测结果进行介绍。屋面桁架结构平面图如图 2 所示。桁架一、二、三、四结构详图见图 3。

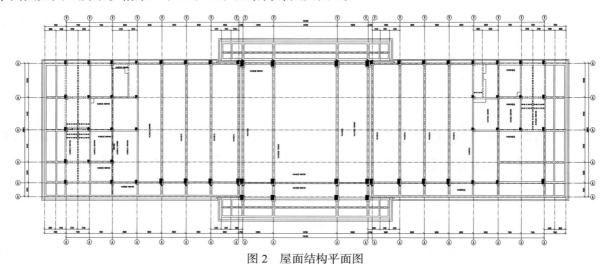

图 2　屋面结构平面图

Fig 2　plan of roof structure

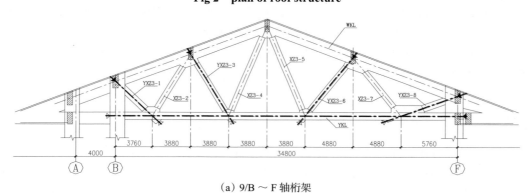

（a）9/B ～ F 轴桁架

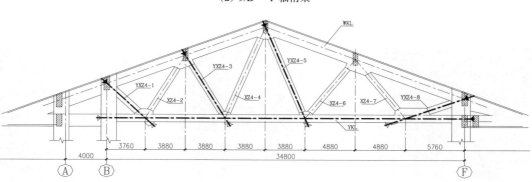

（b）10/B ～ F 轴桁架

图 3　桁架结构详图

Fig 3　drawing of truss structure

2.2　预应力桁架测点布置方案

根据监测方案，现场采用混凝土表面式电阻应变计对 9/B ～ F 轴、10/B ～ F 轴桁架、下弦及腹杆进行了测点布置，预应力张拉步骤为：

9/B ～ F 轴桁架：经查阅图纸，该桁架下弦 YKL 的预应力钢筋配筋为 $4 \times 7\phi s15.2$（设计变更），腹杆 YXZ3-1 的预应力钢筋配筋 $2 \times 11\phi s15.2$，腹杆 YXZ3-8 的预应力钢筋配筋为 $1 \times 7\phi s15.2$，腹杆 YXZ3-6 的预应力钢筋配筋 $1 \times 7\phi s15.2$，腹杆 YXZ3-3 的预应力钢筋配筋线 $3 \times 11\phi s15.2$。现场张拉时采用一端张拉的方式进行张拉。

10/B ～ F 轴桁架：经查阅图纸，该桁架下弦 YKL 的预应力钢筋配筋为 $4 \times 8\phi s15.2$（设计变更），腹杆 YXZ4-1 的预应力钢筋配筋为 $2 \times 11\phi s15.2$，腹杆 YXZ4-8 的预应力钢筋配筋为 $3 \times 14\phi s15.2$，腹杆 YXZ4-5 的预应力钢筋配筋为 $1 \times 7\phi s15.2$，腹杆 YXZ4-3 的预应力钢筋配筋为 $1 \times 7\phi s15.2$。现场张拉时采用一端张拉的方式进行张拉。

应力测点布置如图 4 所示。位移测点布置见图 5。

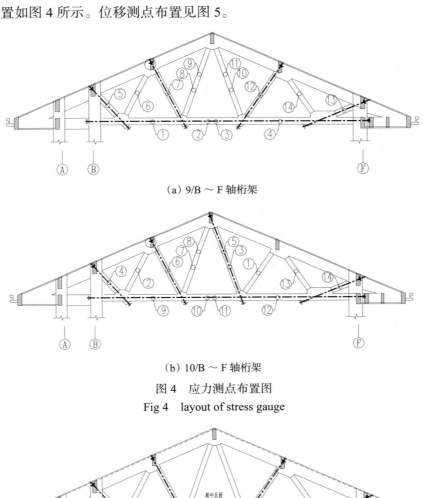

(a) 9/B ～ F 轴桁架

(b) 10/B ～ F 轴桁架

图 4　应力测点布置图

Fig 4　layout of stress gauge

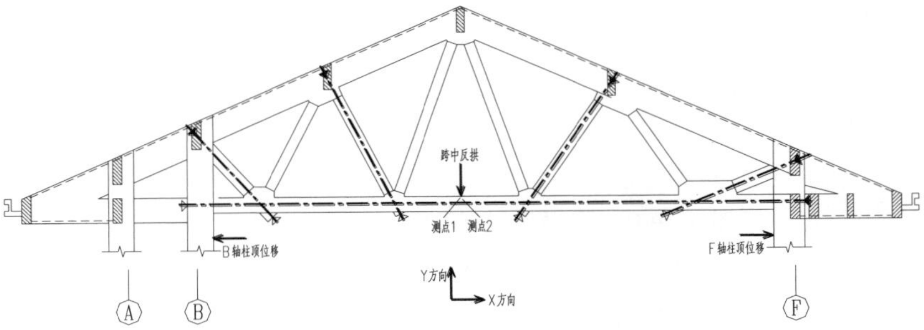

图 5　变形测点布置示意

Fig 5　layout of deformation measure points

3　预应力桁架监测分析及施工模拟

3.1　概述

在对预应力结构进行设计时无法考虑逐步施加预应力荷载对结构受力的影响。在预应力施工过程中，各预应力构件的张拉顺序对其实际受力影响很大。同时，在预应力张拉过程中，构件的内力及变形是各施工阶段不断累积的总和。因此，杆件实际受力与原设计有很大区别，有必要根据施工步骤进行全过程施工模拟。

在对施工过程进行模拟时，基于有限元理论模拟结构参数时变的计算方法主要包括生死单元法和分步建模法两种。本文采用 SAP2000 对该连廊结构吊装过程进行了施工模拟。SAP2000 中采用分步建模法来考虑分阶段预应力施工加载。通过定义不同的施工阶段来模拟结构在施工过程中的结构刚度、质量、荷载等的不断变化过程。对每个定义的施工阶段分析一次，每次分析都是在上一次分析的结果基础上进行的，因此该分析是一种静力非线性分析过程。

在对预应力张拉施工过程的监测以及分析过程中，共分为 5 个施工步。

9/B ～ F 轴桁架，张拉步骤为：

①下弦 YKL 张拉→②腹杆 YXZ3-1 张拉→③腹杆 YXZ3-8 张拉→④腹杆 YXZ3-6 张拉→⑤腹杆 YXZ3-3 张拉。

10/B ～ F 轴桁架，张拉步骤为：

①下弦 YKL 张拉→②腹杆 YXZ4-1 张拉→③腹杆 YXZ4-8 张拉→④腹杆 YXZ4-5 张拉→⑤腹杆 YXZ4-3 张拉。

3.2　应力监测结果与计算结果对比

图 6 为 9/B ～ F 轴桁架杆件应力实测结果与计算结果对比。图 7 为 10/B ～ F 轴桁架杆件应力实测结果与计算结果对比。

图 8 为 9/B ～ F 轴、10/B ～ F 轴桁架杆件弯矩图。图 9 为 9/B ～ F 轴、10/B ～ F 轴桁架杆件轴力图。图 10 为 9/B ～ F 轴、10/B ～ F 轴桁架杆件应力分布。

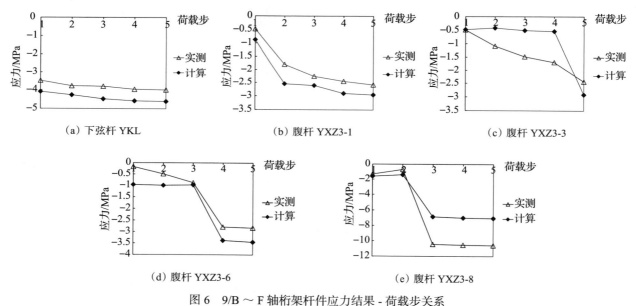

(a) 下弦杆 YKL　　　　　　(b) 腹杆 YXZ3-1　　　　　　(c) 腹杆 YXZ3-3

(d) 腹杆 YXZ3-6　　　　　　(e) 腹杆 YXZ3-8

图 6　9/B ～ F 轴桁架杆件应力结果 - 荷载步关系

Fig 6　stress-step relationship of truss in 9/B ～ F

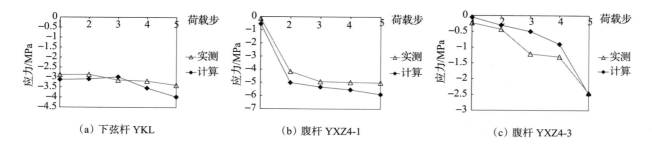

(a) 下弦杆 YKL　　　　　　(b) 腹杆 YXZ4-1　　　　　　(c) 腹杆 YXZ4-3

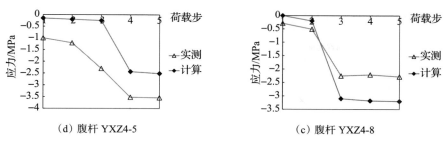

（d）腹杆 YXZ4-5　　　　　　　（c）腹杆 YXZ4-8

图 7　10/B ～ F 轴桁架杆件应力结果 - 荷载步关系

Fig 7　stress-step relationship of truss in 10/B ～ F

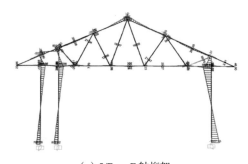

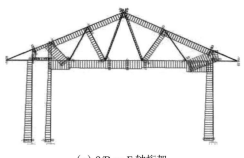

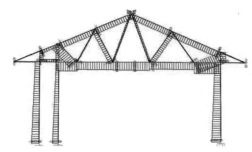

（a）9/B ～ F 轴桁架　　　　　　　（b）10/B ～ F 轴桁架

图 8　桁架杆件弯矩分布

Fig 8　bending moment of truss

（a）9/B ～ F 轴桁架　　　　　　　（b）10/B ～ F 轴桁架

图 9　桁架杆件轴力分布

Fig 9　axial compression load of truss

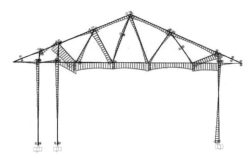

（a）9/B ～ F 轴桁架　　　　　　　（b）10/B ～ F 轴桁架

图 10　桁架杆件应力分布

Fig 10　stress distribution of truss

3.3　位移监测结果与计算结果对比

图 11 为 9/B ～ F 轴桁架跨中反拱变形实测结果与计算结果对比，可以看到计算结果与实测结果

基本吻合。图 12 为 9/B ～ F 轴、10/B ～ F 轴桁架整体变形计算结果。

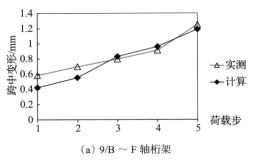

(a) 9/B ～ F 轴桁架

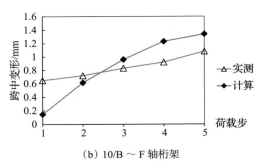

(b) 10/B ～ F 轴桁架

图 11　桁架跨中反拱变形 - 荷载步关系

Fig 11　midspan cross-section deflections-step relationship of truss in 10/B ～ F

(a) 9/B ～ F 轴桁架

(b) 10/B ～ F 轴桁架

图 12　桁架整体变形示意（放大 500 倍）

Fig 10　deformation of truss by calculation

4　结语

　　本文以某高铁站屋盖预应力桁架结构张拉施工为例，介绍了张拉过程与主要施工流程，并采用 SAP2000 软件针对该施工过程进行了分步骤施工模拟。将计算分析结果与现场应力监测、变形监测结果进行了对比分析。本文表明：将有限元施工模拟与结构实时监测手段结合，对具有复杂性、特殊性的工程进行施工，能够有效地保证施工过程的安全性与施工精度。本文涉及的施工技术可为今后类似工程提供借鉴和参考。

参考文献

[1] 刘学武. 大型复杂钢结构施工力学分析及应用研究 [D]. 清华大学，2008.

[2] 陈亮. 大型复杂结构施工全过程模拟分析 [D]. 长安大学，2009.

[3] 吴丽华. 大跨度、大吨位预应力桁架拉索预应力张拉模拟过程分析研究 [J]. 建筑钢结构进展，2014，16（4）：51-57.

[4] 杨海军. 多索预应力桁架结构优化设计 [J]. 建筑结构，2007，37（8）：94-96.

[5] 余流，张嗣谦. 大跨度体内预应力桁架结构关键施工技术 [J]. 施工技术，2013，42（20）：17-20.

概念设计在工业建筑改造加固中的应用实践

徐　丽

贵阳铝镁设计研究院有限公司，贵州贵阳，550001

摘　要： 工业建筑改造加固是工程建设一个重要的组成部分，其在功能性、实施条件和经济效益等方面具有的特殊性，对结构设计工作提出了更高的要求，形成了对概念设计的需求。在概念设计过程中，需要运用结构的基本概念，在原理性分析的基础上，综合相关多方面的因素，确定重大技术方案和实施方法，指导后续的具体工作。工程实践证明，在正确的概念设计指导下，加固改造设计在满足功能性要求的同时，实现了安全可靠、施工简便、效益明显的目标。与此同时，概念设计得到了更为广泛的应用，其技术水平不断提高，并成为衡量设计者技术水平的一项重要内容。

关键词： 概念设计，工业建筑，加固改造

Application of ConceptualDesign in Reconstruction and Reinforcement Projects of Industrial Buildings

Xu Li

Guiyang Aluminum Magnesium Design And Research Institute Co.，Ltd.，Guiyang，Guiyang 550081，China

Abstract： Conceptualdesign is an important part of engineering design. Its approach lies in the systematic mastery and application of structural knowledge and principles. It addresses key technical difficulties，due toa comprehensive and clear understanding of the performance of various structural systems. It analyzes the principles and related factors. In the analysis process，the breakthrough point of the technology was found and the suitability was evaluated correctly to form a basic plan finally. For the complex and special requirements and difficulties in the reconstruction and reinforcement of industrial buildings，this role and effect ofconceptual design has been fully demonstrated in practice，making the reconstruction and reinforcement smoothly implemented to meet the requirements of use，and achieving a safe and reliable structure，easy construction，quality assurance，and obvious economic benefits at the same time. Conceptual design is being mastered by more designers，it is also more widely applied，and the level of technology is constantly improving.

Keywords： conceptual design，industrial buildings，reinforcement and renovation

0　前言

在结构设计水平和手段快速发展的今天，概念设计的作用越来越被人们所认识，并在实践中发挥着重要的作用。工业建筑加固改造，是结构设计的一个重要内容，运用好这一有效工具，对于解决所遇的技术问题，有着不可替代的作用。

1　工业建筑改造加固设计的特点

与通常的民用建筑结构改造加固相比较，除了安全性要求高、施工难度大等相同点之外，工业建筑改造加固有着以下特点：

作者简介：徐丽，1967 年出生，女，高级工程师，国家一级注册结构师。

1.1　工作的频度大

产品、工艺和设备的更新是生产企业的一项经常性工作，尤其是早期建设的大型生产企业，由于历史的原因，技术改造任务更为繁重，带来对建筑结构新的概念功能性要求。结构改造加固已成为工业建筑设计的重要内容。

1.2　功能性复杂

由于生产系统的过程长，工艺条件变化各异，使得建筑改造类型繁多，主要以下因素：

（1）改变结构。加大厂房高度、跨度，抽梁拔柱而改变结构体系，等等。

（2）改变使用条件。如荷载加大、位置改变、荷载动力特性改变，等等。

（3）结构自身变化。由于使用年限和腐蚀等环境原因，材料强度下降，构件开裂、锈蚀，等等。

实际工作中，最多的是三种类型的组合。再结合各项改造具体情况，使得加固改造工作几乎没有相近的案例可供借鉴。

1.3　工期要求高

与民用建筑加固改造的成本主要为工程直接费用有很大的不同，由于生产连续性的特点，产品数量大以及价格变化因素，停工与否以及时间长短，对企业经济效益有着直接而重大的影响。为此要求工期短，或不停产，这一要求能否实现，直接关乎改造的成功与否。

1.4　改造工程量大

生产的系统性和长流程，使得改造加固的构件数量大，牵一发而动全身，上千米的生产线带来上百以至几百个构件加固量，对于工期、质量和造价都提出了更高的要求。

1.5　实施条件困难

由于早期设计标准较低，以及使用年限和环境等因素，致使既有结构性能较差。同时改造加固在既有生产车间与设施现场进行，场地条件给运输、吊装、混凝土工程和钢结构的焊接施工增加了诸多具体困难，对质量、工期、成本等产生相应的不利影响。

基于上述特点，工业建筑改造加固对设计提出了更高的要求，需要进行一项重要的技术前导性工作——概念设计，综合多方面因素，确定基本方案和实施方法，为后续工作的顺利开展打下基础。

2　概念设计的涵义与特点

2.1　概念设计的涵义

概念设计是指在工程设计中，运用结构的基本概念，在原理性分析的基础上，综合功能性、安全性、经济性等多方面的因素，确定重大技术方案和实施方法，指导后续的具体工作，在满足功能性要求的同时，实现安全可靠、施工简便、效益明显的目标。

2.2　概念设计的特点

（1）基本的着眼点

根据使用要求，形成清晰的工作目标。工艺要求的实现是最终目的，对其要有详尽的了解，尤其是原理性的理解，这样才能够从多方面调动技术方法去实现，包括通过非结构的方式解决结构问题，避免陷入头痛医头、脚痛医脚的局限。

（2）结构深刻的认识

在这一过程中，结构知识原理的掌握和运用，是重要的基础。需要确立正确的设计理念，针对关键性技术难点，根据对各类结构体系性能全面清晰的了解，从对原理性分析和相关因素的分析过程中，寻找到技术的突破点，并对适宜性做出正确的评估，从而确定基本方案。

（3）全面综合的考虑

在解决关键技术问题的同时，很好地兼顾到其他方面。上述工作的基础上，通盘考虑施工、时间、费用和环境等因素，其中尤其是施工的可实施性，需要了解实施的具体环境条件，对所涉及问题的解决有确定的把握，从而取得技术工作的主动权，取得良好的经济效益和社会效益。

（4）概念设计对于详细设计有着重要的指导作用，这一点在工业建筑改造加固中越发凸显。实际中时有发生的情形是，工作的步骤从对诸多加固方法的选择开始，这样就严重限制了对解决问题途径的寻找。有了概念设计这一重要基础工作，会在山重水复时找到出路，在错综复杂时少走弯路，工程实践向我们生动地说明了这一点。

3 生产全系列吊车梁加固

3.1 基本情况

某铝电解生产车间，20 世纪 80 年代末建成投产，总长度约 1600m。

配置电解槽 208 台，生产最主要设备为多功能吊车，共 8 台，其承担着生产流程的全部关键操作。吊车最大轮压 350kN，如图 1、图 2 所示。

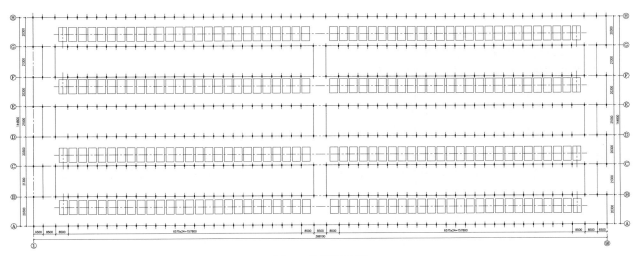

图 1 车间平面图

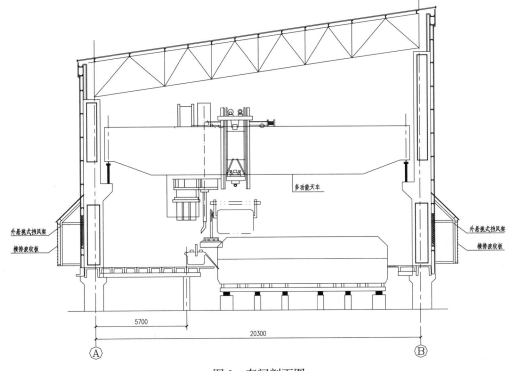

图 2 车间剖面图

投产近 30 年后，发现总量近 500 根的预应力混凝土吊车梁，因初期施工养护和后期环境温度等原因影响，不同程度出现结构性裂缝。经专门机构监测和抽样进行结构试验，提出了检验意见：抗弯承载力较原设计值下降约 15%，（表 1），必须进行加固，并提出了建议方案。

3.2　加固的难点

铝电解车间的最重要特点就是全系统连续生产，不停产进行施工是本次加固的直接障碍。也就是说，要在吊车频繁运行的条件下完成加固。为此，对初期的建议加固方案进行了专项评估。

（1）包钢或碳纤维加固

此类方法对提高吊车梁的抗弯能力是有效的，关键是实施条件。场地十分紧凑，吊车频繁运行，留给加固施工的时间和空间十分有限。工效低下，又面对巨大的工程量，进度和质量都是难以保证。

（2）钢结构替换

制作钢吊梁，将原吊车梁换下，安装新梁。首先，制作大量新梁成本高昂。而更重要的是实施的可行性。拆装吊车梁时，还需拆装轨道和管道支架等附属设施，这些工作需要在吊车运行间隙见缝插针地进行，同时场地满足运输吊装要求，这几乎成为不可能的事情。

3.3　用非结构的方法解决结构承载力问题

在上述方案讨论的过程中，结构设计者将关注度投向了吊车梁的设计过程。鉴于吊车梁竖向荷载效应为两台吊车最近距离状态下的最不利位置之效应，如图 2（a）所示。提出了基于吊车梁既有承载能力，对使用条件进行适应性改造的设想。即在满足生产的前提下，加大两台吊车距离，降低吊车梁的荷载效应，如图 3 所示。

根据计算结果，将相邻两台吊车的最小间距由 1500mm 改为 3000mm 时，吊车梁实际承载能力为最大工作弯矩设计值的 1.109，满足要求。见表 1。

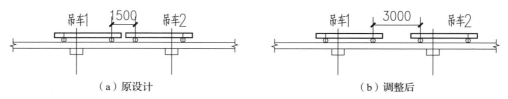

（a）原设计　　　　　　　　　　　　　（b）调整后

图 3　吊车荷载位置图

表 1　吊车梁承载能力

承载力类别	原设计承载力设计值（kN·m）	构件试验承载力（kN·m）	相邻间距调整后弯矩设计值（N·m）
数值	950	810	730
备注	构件试验承载力 / 原设计承载力 = 0.853 构件试验承载力 / 调整后弯矩值 = 1.109		

此方案提出后得到了工艺设计和生产方的积极配合，在每台吊车两端加装了限位装置，可靠地保证了吊车对相邻距离的限定，同时实施简单快捷，所用材料其少。

同时，根据检测报告中裂缝已稳定的情况，对吊车梁重要区域的裂缝进行封闭。整个加固工程即告完成。

该项目实施上述加固处理后，正常使用已达 8 年以上，吊车梁状况正常。

在设计的原理的指导下，采用简单的非结构方法，是解决结构承载力问题的有效手段之一。

4　50 年框排架厂房整体改造

4.1　基本情况

某厂房建于 20 世纪 50 年代末，主厂房为框排架结构，平面尺寸为 65m×33m，总建筑面积 6500m²，主要荷载为大型罐体，配置在标高 13.900 楼层上，如图 4 所示。

50 年后的 2008 年，进行工艺升级改造，产能提高 50%，其中大型罐体设备整体更新，荷载增加 30%。

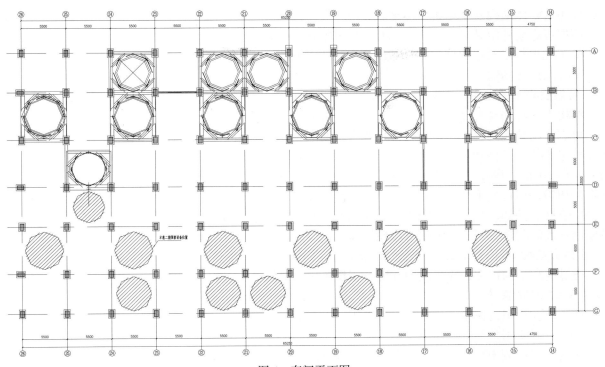

图 4　车间平面图

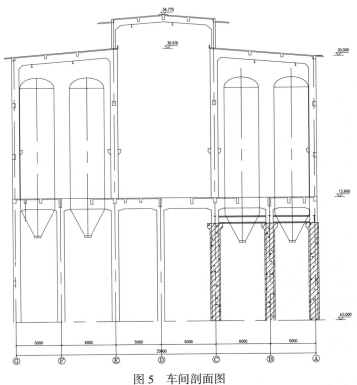

图 5　车间剖面图

4.2　厂房现状

该厂房是典型高温、高湿生产车间，生产中跑冒滴漏现象严重，各构件不同程度地受到了强碱 (NaOH) 的腐蚀及损伤。经检测机构检测，该车间大部分厂房结构处于 C 级、D 级，部分结构是 A 级、B 级。标高 13.90m 以下柱、基础、部分梁板受到的腐蚀比较严重，多数梁板柱均有长短不一裂缝且保护层脱落，露筋情况严重。该厂房综合评定为三级，其可靠性不满足国家现行规范要求，厂房无论是构件还是整体结构安全度明显不足。

根据可靠性评定结果，厂房在原有条件下继续使用，必须进行改造加固。

由于此次技术改造致使结构荷载的明显加大，将对现有结构整体安全造成重大影响。为此，业主提出了拆除重建的建议。

4.3　可靠度概念的运用

结构工程师们没有停下思考的步伐，在对可靠度理论的深入理解中找到了途径。

可靠度由结构构件和与构件可靠度相关的材料等诸多因素组成。对于一个既定的结构，其可靠度是在特定的使用条件和环境下设计的结构特性而形成的。也就是说，可靠度是由外部环境和自身性能两方面形成的。因此，结构可靠度的改变同样来自这两个方面。这种改变一般情况下随时间等因素而下降，如当结构特性不变，使用环境恶化，可靠度下降。但是还应该认识到：可靠性的变化具有双向性，可逆性。例如，当使用环境不变，结构特性加强时，意味着可靠性在提高。或结构特性不变，通过使用环境的改善，同样可以使可靠性提高。

因此，我们可以在对结构可靠性的正确认识下，从多个视角出发，充分利用现有成熟的技术手段，通过提高结构特性，改善使用环境，实现结构改造的目标。

4.4　改造加固的实施

基于以上认识，在本结构改造中，采用了以下措施：

（1）改善使用条件，提高原设备层梁板可靠度。

原设备层混凝土梁，由于存在较严重的缺陷，即使经过加固也只能恢复到原设计承载力的60%，更无法支承大于原荷载30%的设备重量。故考虑采用脱换方式，新增钢梁用以支承新设备，并将荷载直接传至原厂房柱，从而卸除原设备层结构梁的主要荷载而提高安全度。

楼板上面层采用迭合板方式加固，继续使用以承受一般操作荷载。

原有梁板进行裂缝封闭处理，提高耐久性。

（2）加强结构特性，提高设备层以下柱和柱基础的可靠度。

采用常规方法，加大柱和基础截面，以适应上部荷载加大的要求。与此同时，消除构件的腐蚀性损伤，同时提高承载能力和正常使用性能。

考虑到加固后厂房柱新老混凝土结合的应力滞后及强度差等影响，对其压弯状态下的承载力计算，与院校开展了专项研究和针对性实验，为加固提供了有力的技术支撑。

（3）常规维护。对屋面梁板、吊车梁，屋面防水等等，进行常规维护，保证继续使用的要求。

此方案顺利实现，在可靠度有效保证的前提下，避免了拆除重建，综合经济效益明显。

对既有结构而言，它在使用50年后，又开始一个新的正常使用周期，这无疑是结构设计的最大成功。

4　结语

在对上述实例进行总结回顾时，看起来道理和方法都简单，但在形成过程中均无一不是经过反复思考与斟酌比较而形成，鉴于篇幅所限，其过程包括结构分析、构造设计和施工方法以及经济效益，本文未加以赘述。如果用一句话来表述的话，可以这样说：用简单的方法处理复杂结构问题，是一种追求。

概念设计在工程实践中发挥了重要的作用，它与日益丰富的加固技术手段结合，有力地推动了结构设计水平的提高。与之相对应，概念设计业已成为结构工程师技术水平和能力的重要内容。它难以用简单的学术指标或数据来量化，更多的是一种职业感悟和造诣，且将随着实践的积累而深化，使得我们成为在结构设计的领域中的智者和战略家。

参考文献

[1]　林同炎. 结构概念设计［M］. 高立人，方鄂华，钱稼茹，译. 北京：建筑工业出版社，1999.

[2]　罗福午. 建筑结构概念体系与估算［M］. 北京：清华大学出版社，1996.

[3]　刘大海，杨翠如. 高层建筑结构方案优化［M］. 北京：建筑工业出版社，1996.

磷酸盐路面修补材料的研究进展

徐创霞　刘　洋　张　伟　杨　晋

四川省建筑科学研究院，四川成都，610081

摘　要：磷酸盐水泥是一种特种无机凝胶材料，它具有凝结时间短、硬化快、早期强度高、粘结强度高、体积稳定性好等特征，适用于混凝土路面快速修补，应用前景十分广阔。本文主要介绍了磷酸盐特种水泥基修补材料的性能参数及研究现状。

关键词：磷酸盐水泥，快速修补，性能参数，研究现状

Research Development of Phosphate Cement Based Pavement Patching Materials

Xu Chuangxia　　Liu Yang　　Zhang Wei　　Yang Jin

Sichuan Institute of Building Research，Chengdu 610081，China

Abstract：Phosphate cement，a type of inorganic sol-gel materials，have the characteristics of short coagulation time，fast hardening，early strength，strong adhesion，good volume stability. It applies to rapid repairing cement bound roads with wide prospect of application. This paper introduces performance parameters and research status of phosphate cement based patchingmaterial.

Keywords：Phosphate cement，Rapid repair，Performance parameters，Research status

0　引言

随着社会经济不断发展，我国民用基础设施及建筑蓬勃发展，目前我国道路主要采用水泥混凝土。混凝土路面具有刚性大、稳定性好、承载力大的优点，然而随着使用时间的增长、周围环境的影响，路面会出现裂缝、断板、碎裂等不同程度的损伤和破坏[1-4]，截止 2017 年底，我国公路总里程达到 477.35 万公里，其中公路养护里程达 467.46 万公里，占公路总里程的 97.9%，从数据上可以看到，道路的维修改造成为了工程建设的重点，因此如何实现快速修补路面亟待解决。

目前常用的修补材料可以分为三类：一是无机修补材料，又可以按照材料性能分为普通硅酸盐水泥和特种水泥两种。其优点是成本低、施工简单、与旧混凝土相容性好，缺点是粘接强度低、养护时间长[5]。二是有机高分子修补材料如聚氨酯、环氧树脂等，这类材料具有早快硬、抗渗性好、抗腐蚀性能强的优点，但是易老化、与混凝土膨胀系数差异大，后期固化后易产生裂纹且成本高[6]。三是无机与有机复合修补材料，也就是将使用有机聚合物对无机材料进行改性，融合二者的优点，这类材料既具有聚合物带来的粘结性好、韧性强、抗渗性好的优点，又改善了与混凝土的膨胀系数的差异大的问题。但是其耐热性不好，有毒性且价格昂贵不适用于大规模的修补[7-11]。

磷酸盐水泥属于无机修补材料中的特种水泥修补材料，主要研究的是磷酸钙和磷酸镁水泥，其中磷酸钙水泥适用于生物医疗领域[12]，磷酸镁水泥具有凝结快、强度高、粘结性好的优点，适用于混凝土路面的快速修补，应用前期非常广阔[13]。

作者简介：徐创霞（1979-），男，四川省建筑科学研究院，高级工程师，硕士。E-mail：5672849@qq.com。通讯地址：四川省成都市一环路北三段 55 号。

1 磷酸盐水泥的性质

1939 年 Prosen 最早合成了磷酸盐水泥（MPCs）用于牙科和耐火材料方面的应用[14]，之后 Cassidy J E 等人[15]制备了具有快凝性质的磷酸盐胶结材料用于土木工程的修补。到 80 年代美国等国家将它使用于桥面、公路、飞机跑道等路面修复上。Sugama 和 Kukacka 研究了磷酸盐材料的水化机理、水化物质、显微结构及缓凝机制[16]。Abdelrazig 和 Sharp 对磷酸盐材料的孔结构、强度、水化产物等进行了相关研究[17]。国内对于磷酸盐水泥的研究始于 80 年代，胡佳山、李仕群教授经过 30 年坚持不懈的努力发明了磷酸盐系统特种凝胶材料[18]。

磷酸盐材料是由磷酸盐（P）、氧化镁（M）、缓凝剂组成，反应式（1）如下：

$$MgO+KH_2PO_4+5H_2O \longrightarrow MgKPO_4 \cdot 6H_2O+Q_热 \tag{1}$$

其反应实质是氧化镁与磷酸盐发生酸碱反应，KH_2PO_4 是最常用的磷酸盐，这是因为使用 KH_2PO_4 不会产生氨气，强度高，并且由于磷酸根的解离反应会对溶液的 pH 值的变化起缓冲作用，延缓凝结时间[19]，见反应式（2）～（4）：

$$KH_2PO_4 === K^+ + H_2PO_4^- \tag{2}$$

$$H_2PO_4^- === H^+ + HPO_4^{2-} \tag{3}$$

$$HPO_4^{2-} === H^+ + PO_4^{3-} \tag{4}$$

相比于普通硅酸盐水泥，磷酸盐水泥具有：快硬性，高粘性，强耐磨性，良好的体积稳定性，宽泛的温度适应性。由于反应本质上为放热反应加速了凝结速度，因此即使是在 -20℃ 的温度下也能够快速凝结成型[20]，硬化机理为 P＝O 双键与许多阳离子及阴离子反应生成主要水化产物鸟粪石能够在磷酸镁周围产生紧密结构，其性质稳定，能够有效阻止外界离子的侵入，从而增强强度及耐久性，如表 1 所示，磷酸盐水泥砂浆和磷酸盐水泥混凝土的耐磨度分别是 7.12 和 7.87，而强度相近的 OPC 混凝土的耐磨度只有 3.92，说明磷酸盐材料混凝土的耐磨性远高于普通的混凝土[21]。此外，磷酸镁水泥砂浆可以与普通水泥砂浆中未水化物质发生水化反应，粘结处不仅包括物理作用还包括化学作用，因此提高了粘结处的强度。由于磷酸镁水泥和普通水泥具有相似的物理性能，如表 2 所示，磷酸镁水泥砂浆和普通混凝土砂浆有相似的热膨胀系数，且收缩率低，因此两者有很好的体积相容性[22]。

表 1　不同种类材料的耐磨性对比

材料种类	磷酸盐水泥	硅酸盐水泥	OPC
抗压强度（MPa）	69.8	57.8	56.9
耐磨度	7.12	7.87	3.92

表 2　不同种类材料的热膨胀及收缩率的对比

材料种类	膨胀系数（$\times 10^{-6} \cdot ℃^{-1}$）	收缩率（$\times 10^{-4} \cdot ℃^{-1}$）
磷酸镁水泥砂浆	9.6	0.34
磷酸镁水泥混凝土	8.2	0.25
普通水泥砂浆	10～20	30～50
普通混凝土	7～14	6～9

2 磷酸盐水泥的影响因素

为了满足不同工程修补需求，往往需要对磷酸盐水泥的凝结时间进行适当调整，方法有：硼砂、硼酸等缓凝剂的加入；降低氧化镁的活性；使用 K_2HPO_4 或是 $Na_2HPO_4 \cdot 12H_2O$ 提升溶液 pH 值；使用粉煤灰、煤渣等矿物质对反应体系进行稀释。研究人员对此进行了大量实验来探讨添加物质对缓凝时间、抗压强度以及耐久性等各方面的影响。Xu 等人[23]认为粉煤灰的使用能够减少水化反应前期产生的热量，提高混合物的可加工性，提升强度，同时可以降低成本。该课题组探讨了不同含量粉煤灰对磷酸镁水泥强度的影响，从图 1 可以看到，粉煤灰的掺入确实能够降低反应产生的热量，且随着粉煤灰掺入量的增加，温度降低更明显。当粉煤灰掺入量为 50% 时，磷酸镁水泥的抗压强度以及耐水性达到最高，70% 的掺入量为极限值，之后抗压强度会随着掺入量的增高而迅速降低。而 90% 的粉煤灰的掺入会生成副产物 $MgKPO_4 \cdot 6H_2O$ 以及不稳定产物 $Mg_3(PO_4)_2 \cdot 22H_2O$，这也是导致耐水性差，强度低的主要原因。

Xing 等人[24]研究了不同煅烧时间温度，水灰比以及反应物质量比对磷酸镁水泥的影响。如图 2 所示，氧化镁的活性随着煅烧温度以及煅烧时间的增加而降低，在相同煅烧时间煅烧温度以及反应物质量比的条件下，磷酸盐水泥的强度反而随着水灰比的升高而降低，在保持煅烧温度时间以及水灰比不变的条件下，磷酸盐水泥的强度随着反应物质量比的增加先升高后降低。研究表明，最佳煅烧温度为 1100℃，煅烧时间为 1h，凝结时间为 39 分钟，抗压强度可达到 53MPa。当水灰比为 0.2，反应物质量比为 2∶1 时，磷酸盐水泥强度最高。

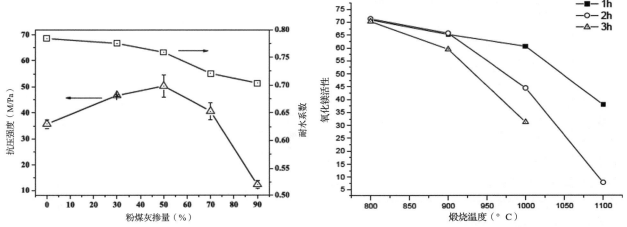

图 1　粉煤灰掺入量与抗压强度及耐水系数的关系　　　　图 2　不同煅烧温度及时间对氧化镁活性的影响

Jiang 等人[25]在磷酸盐水泥中加入不同的矿物质并研究了其对体积稳定性的影响。该课题组通过 XRD 以及 SEM 实验对比研究了粉煤灰，硅粉，超细粉煤灰对磷酸盐水泥体积稳定性影响的机理，结果表明磷酸氢二钾的加入会使磷酸镁水泥样本体积发生膨胀，而矿物质的加入会明显影响 MPC 的体积稳定性，一定量的粉煤灰和硅粉的掺入会提高 MPC 样本的膨胀值，超细粉煤灰的加入则会降低 MPC 样本的膨胀值，提高体积稳定性。实验数据表明，5% 硅粉和 10% 粉煤灰掺入后的 MPC 样本的 105 天时的膨胀值是掺入 10% 粉煤灰的 MPC 样本膨胀值的 64.1%，10% 超细粉煤灰和 5% 硅粉掺入后的 MPC 样本的 105 天时的膨胀值曲线明显小于 5% 硅粉掺入的 MPC 样本膨胀值，而加入 10% 超细粉煤灰的 MPC 样本的膨胀值更是低至将近十倍，也就说明超细粉煤灰是提升磷酸镁水泥体积稳定性效果最佳的添加剂。此外，作者研究了磷酸氢二钾引起水泥膨胀的原因，猜测是由于水化产物之一的氢氧化钾的中和反应会产生氯化钾，并通过 XRD 分析验证了产物的生成，此外 Jiang 等人还研究了氯化钾生成量与膨胀值的关系。磷酸氢二钾掺入会导致 MPC 试样产生许多微小裂缝，只有超细粉煤灰的加入能够修复裂缝，实验结果显示 20% 超细粉煤灰的掺入会使裂缝明显减少。总的来说，超细粉煤灰的加入能够减少氯化钾晶体的生成并且能够修复微小裂缝，从而增强磷酸镁水泥的体积稳定性。

Wen 等人[26]发现硼砂的使用能够延缓凝结时间，且随着硼砂用量的增加，凝结时间的延缓更加明显，当硼砂用量达到 12.5% 时，相比于未加入硼砂的磷酸镁水泥的凝结时间增长至 2.148 倍。然而过多的硼砂的使用会影响磷酸镁水泥的机械性能及耐久性能，这是因为随着硼砂用量的增加，抗压强度及粘合强度均降低，且干燥收缩率会升高（图 4）。此外，硼砂的加入方法及用量也会在很大程度上影响磷酸镁水泥的 pH 值变化。相对于在加入氧化镁之前加入硼砂，氧化镁和硼砂同时加入的体系的 pH 值更大且拐点提前。硼砂用量的增加会减小体系的 pH 值，pH 值的上升速率也会降低，因此达到最终稳定的 pH 值的时间也就更长，体系反应时间也就相应延长。

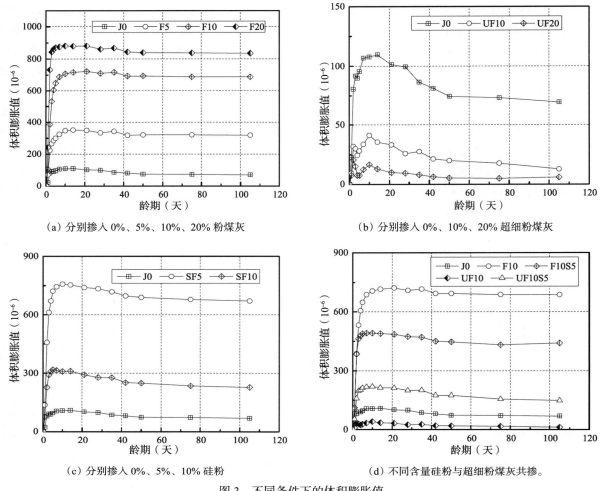

（a）分别掺入 0%、5%、10%、20% 粉煤灰　　　　（b）分别掺入 0%、10%、20% 超细粉煤灰

（c）分别掺入 0%、5%、10% 硅粉　　　　（d）不同含量硅粉与超细粉煤灰共掺。

图 3　不同条件下的体积膨胀值

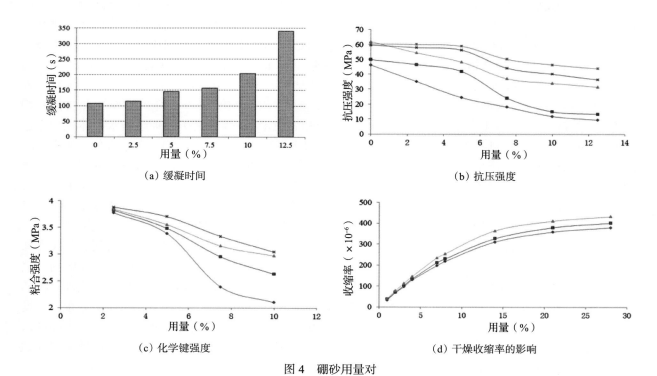

（a）缓凝时间　　　　（b）抗压强度

（c）化学键强度　　　　（d）干燥收缩率的影响

图 4　硼砂用量对

3　磷酸盐水泥的应用

基于磷酸盐水泥优良的化学性质以及可以根据需求进行性能调整等优点，能够广泛应用于：（1）国防军用建筑工程，包括对边境隧道工程、道路、军事基地、军事设施等的快速修建、抢建；（2）其高强度使其可以应用于海陆建筑工程，包括桥柱、箱量等结构件；（3）耐久性及高粘性决定其能够应用于混凝土表面防腐、耐磨材料以及防渗漏材料；（4）可用作核电工程混凝土基础，防止核废料泄露；（5）早强快硬的性质可适用于路面的快速抢修；（6）3D 打印技术中的应用。磷酸镁水泥是磷酸盐材料中用于路面快速修补最为常用的一种，早在 1945 年就被用做建筑材料，具有快硬早强、粘合强度高、耐久性好、施工方便、易于调整参数等特点，是用于快速抢修道路路面的一种理想材料。20 世纪 80 年代，美国等发达国家就将它使用于桥面、公路、飞机跑道等路面修复工程中。磷酸盐材料的特殊功能和属性，使其可以作为无机水硬性防腐涂料，磷酸镁水泥有较好的的抗硫酸盐及 Mg^{2+} 侵蚀，因此可以作为海边工程材料；化学吸附无机胶凝材料；电磁屏蔽材料，有文献指出，利用磷酸镁胶凝材料已成功的屏蔽了一卷被放射性污染的金属线，并使辐射级别由每分钟分裂 700 瓦解降到 150 瓦解，这个程度是可以满足有关存放和运输等工序的安全标准；废物固化材料，作为农肥缓释材料，Harhottle 等人利用硅酸盐水泥和磷酸盐水泥灌浆，发现水泥灌浆导致细菌数量的大幅度减少，并且在稳定固化土壤系统中可以发生污染物降解，为污染土地提供了短期和长期的污染控制。目前我国对磷酸盐材料的应用研究大多集中在修补材料方面，而在处理有害物质及放射性废料、综合利用工业废料以及人造板粘结剂等方面的研究较少。

4　结论与展望

磷酸镁材料本身的可调节性决定了其具有广阔的应用前景。虽然目前对磷酸盐各方面性质的理论研究有很多，但是对使用磷酸镁水泥快速修补路面的实际研究应用还很少。基于对磷酸镁水泥的的性质研究，我们应该致力于提升材料的抗腐蚀性以及耐久性，降低磷酸镁材料的制作成本以便扩大路面修复应用范围，同时可以对磷酸盐材料在固化废物、利用废物等方面进行拓展研究。对于磷酸镁材料进行路面修复，则应该综合研究各方面性质而不是单一的研究某一性质，并对实际工程配制适合的磷酸镁材料，包括强度，缓凝时间，黏结性，体积稳定性，收缩率等，提出适合的修补方案，将理论研究投入实际应用。

参考文献

［1］邓学钧，黄晓明. 路面设计原理与方法［M］. 北京：人民交通出版社，2007.

［2］李华，缪昌文等. 水泥混凝土路面修补技术［M］. 人民交通出版社，1998. 4.

［3］代新祥，文梓芸. 水泥混凝土路面损坏原因分析及修补材料的选择［J］. 公路，2000，11：2-. 5.

［4］韩本胜. 破损水泥混凝土路面修复技术研究［D］. 吉林大学. 2006 年硕士学位论文.

［5］汪宏涛，曹巨辉，薛明等. 新型超快硬磷酸盐水泥修补材料的研究［J］. 新型建筑材料，2009，7：49-51

［6］李小燕，高培伟，耿飞. 混凝土道面裂缝修补材料研究现状及展望［J］. 江苏建材，2007，4：21-22

［7］曹瑞军，梅冬，原建安. 水泥混凝土路面的快速修补材料的研制［J］. 西安交通大学学报，1998，1：2-3

［8］Fowler D W. Polymer in concrete：a vision for the 21th century［C］. Cement and Concrete Composites，1999，21：5-6.

［9］Ohama Y. Polymer-based admixtures［J］. Cement and Concrete Composites，1998，20：189-212.

［10］Yang Q B，Wu X L. Factors influencing properties of phosphate cement-based binder for rapid repair of concrete［J］. Cementand Concrete Research，1999，29：389-396.

［11］张雪华，艾军，姜正平. 水泥混凝土路面快速修补技术的研究与应用［J］. 森林工程，2001，6：2-6.

［12］Vallet R，lacute M. Evolution of bioceramics within the field of biomaterials［J］. Comptes Rendus-chimie，2010，13：174-185.

［13］Sugama T，Kukacka L E. Magnesium monophosphate cement derived from diammonium phosphate solutions［J］. Cement & Concrete Research，1983，13：407-416.

［14］ Prosen E M，Dental investment or refractory material，Google Patents，1939.

［15］ Roy D M. New strong cement materials：chemically bonded ceramics［J］. Sience，1987，23：651-658.

［16］ Sugama T，Kukacka L E. Magnesium MonoPhosphate Cement Derived From Diammonium Phosphate Solutions［J］. Cement and Concrete Research，1983，13：407-416..

［17］ Abdelrazig B E I，Sharp J H，EI-Jazairi B. Microstructure and mechanical Properties of mortars made from magnesia-phosphate cement［J］. Cement and Concrete Research，1989，19：247-258.

［18］ LiS Q,Hu J S,Liu B,et al. Novels patterns of hydration and new compounds in the ternary system of CaO-Al$_2$O$_3$-P$_2$O$_5$［J］. Materials Research Innovations，1998，2：110-114.

［19］ Qian C X，Yang J M，Effect of disodium hydrogen phosphate on hydration and hardening of magnesium potassium phosphate cement［J］，J. Mater. Civ. Eng. 2011，23：1405–1411.

［20］ Sarkar A K.，Hydration/dehydration characteristics of struvite and dittmarite pertaining to magnesium ammonium phosphate cement system［J］，J. Mater. Sci. 1991，26：2514–2518.

［21］ Yang Q，Zhu B，Wu X. Characteristics and durability test of magnesium phosphate cement-based material for rapid repair of concrete［J］. Mater Struct，2000，33：229-234.

［22］ 来源，桑宝岩，胡功笠，等. 磷酸盐材料在机场道面修补中的应用［C］//崔京浩. 第14届全国结构工程学术会议论文集（第三册）. 北京：清华大学出版社，2005..

［23］ Xu B W，Lothenbach B，Ma H. Properties of fly ash blended magnesium potassium phosphate mortars：Effect of the ratio between fly ash and magnesia［J］. Cement and Concrete Composites. 2018，90：169–177.

［24］ Xing S，Wu C. Preparation of Magnesium Phosphate Cement and Application in Concrete Repair［J］. ICMAE2017，doi：10. 1051/matecconf/201814202007.

［25］ Jiang Z，Qian C，Chen Q. Experimental investigation on the volume stability of magnesium phosphate cement with different types of mineral admixtures［J］. Construction and Building Materials. 2017，157：10–17.

［26］ Wen J B，Zhang L X，Tang X S，and et al. Effect of Borax on Properties of Potassium Magnesium Phosphate Cement［J］. Materials Science Forum. 2018，914：160-167.

传统木结构民居结构性能评价及
性能提升研究综述

吴宇环　赵大星

四川省建筑科学研究院，四川成都，610081

摘　要：木结构是一种独特的结构形式，其特殊的营造技术及较小的自重使得木结构在地震作用下具有良好的结构性能，这是木结构建筑历经千百年保存至今的重要原因。本文从构造及性能、安全性能评价、性能提升等几个方面介绍了木结构民居的研究现状，并指出了目前研究存在的问题及研究展望，为木结构民居的进一步研究提供参考。

关键词：木结构，民居，性能，综述

Research Review on Performance Evaluation and Improvement Oftraditional Timber Structure Residence

Wu Yuhuan　Zhao Daxing

Sichuan Institute of Building Research，Chengdu 610081，China

Abstract：Timber structure is a unique structure type. The timber structure possesses good structural performance because of its special construction technology and less dead weight，which makes great contributions to the existence for more than one thousand years of the timber structure. This paper summarizes the research status of traditional timber structure residence in the following fields：constructional measures and structural performance；evaluation of safety performance；performance improvement. Meanwhile the paper provides the existing problems and the research prospect after summarizing the research status，which can be reference material for the further research of timber structure residence.

Keywords：timber structure，residence，constructional measures，performance，research review

0　前言

木结构建筑作为一种独特的结构形式具有重要的历史价值和科学价值，现存年代最为久远的木结构建筑可追溯到唐宋时期兴建的山西五台山南禅寺和佛光寺、山西应县木塔等古建筑，这是人类物质文明和精神文明的结晶，确保其能长时间保存，是建筑结构工作者应当承担的重任。

自民国起，国内学者就从建筑学角度对木结构建筑进行系统研究，开展了大规模的古建筑勘探调查工作，搜集到了大量的珍贵数据。自20世纪六七十年代开始，逐渐有学者开始研究木结构建筑结构性能，并取得了一些成果。20世纪90年代以来，民用建筑的可靠性、安全性评价体系逐渐建立，国家相继制定、颁布了一系列标准及技术规范，使得木结构建筑的安全性评定有了相应的参照方法。但由于木结构建筑独特的营造技术和构造特点使得其力学机制复杂，很多研究尚停留在定性层面上，进一步的研究仍然非常必要。本文从构造及性能、安全性能评价、性能提升等几个方面介绍了木结构民居

基金项目：成都市科技惠民项目（2015-HM01-00569-SF）。
作者简介：吴宇环（1985.03—），男，四川人，高级工程师，硕士，主要从事检测鉴定加固工作。E-mail：22982148@qq.com。
　　　　　赵大星（1989.09—），男，四川人，硕士，主要从事检测鉴定加固工作。E-mail：981109076@qq.com。

的研究现状，并指出了目前研究的问题及研究展望。

1　传统木结构构造及性能研究现状

1.1　传统木结构构造

宋代的《营造法式》[1]是我国古代最完整的建筑技术书籍，编者以其自身修建工程的丰富经验为基础，对木结构建筑的营造工艺、构件形制、建筑用料、加工方法等进行了详细叙述，是研究唐、宋、元时期古建筑的重要文献。

近代时期，1930年中国营造学社在北平正式成立，以梁思成和刘敦祯[2, 3]为代表的学者们开始对中国古建筑进行系统研究，并开展了大规模的古建筑勘探调查工作，搜集到了大量的珍贵数据。他们从建筑学的角度出发，对中国古建筑木结构的建筑艺术和构造进行了深入的探讨和研究。

图1　传统木结构民居

从解放后至改革开放，关于传统木结构构造的相关研究进一步发展。20世纪50年代，刘致平[4]论述了古代建筑大木作的发展演变、使用功能、构造和施工技术。其后在20世纪90年代，马炳坚[5]等人对中国木结构建筑的构造、设计方法和营造施工技术等方面进行了系统介绍。

王天[6]首次从结构力学的角度对古建筑木结构进行研究，对古建筑的材份制、荷载、构件（柱、梁、檩、椽、斗拱、铺作等)、连接节点和构架整体性进行了细致分析，系统研究了其结构构件在静力荷载及地震作用下的力学性能，填补了古建筑木结构在结构力学方面研究的空白。

1.2　传统木结构性能

木材是典型的各向异性材料，尹思慈[7]对木材物理力学性能及缺陷进行了系统总结，刘锡光[8]等人通过材性试验研究了7种木材的弹性模型、横向弯曲强度、抗剪强度以及顺纹抗拉强度、抗压强度，现行的《木结构设计规范》(GB 50005)[9]对结构用木材的种类、强度设计值、弹性模量进行了明确规定。针对复杂应力状态下木材的力学性能，陈志勇[1]等人采用有限元软件建立了反映木材正交异性、拉压强度不等、受拉或受剪发生脆性破坏、受压发生塑性变形等特性的本构模型。为研究旧木材力学指标，徐明刚、李瑜[2, 3]等人通过木材腐朽试验、新旧木材物理性能对比试验得出了旧木材各项力学指标的变化趋势，并进一步研究了基于累积损伤理论木结构的寿命延续。

随着力学理论及结构工程专业领域的发展以及试验手段、计算技术的进步，关于传统木结构性能的研究也越来越深入和细致化。传统木结构建筑传力体系简单明确，而其最显著的特点之一是构件之间的榫卯连接，因此，榫卯节点性能研究成为近二十多年来木结构研究的重点。

西安交通大学俞茂宏、赵均海等人[4]对中国古代木结构建筑的结构特性进行了深入研究，分析其受力特点和结构特性，提出了合理的古建筑木结构的计算模型。方东平、俞茂宏等人[5, 6]在对西安北门箭楼模型进行实验研究的基础上，引入了反映古建筑木结构榫卯节点特性的半刚性节点单元，建立了有限元模型并进行了结构动力分析。

西安建筑科技大学赵鸿铁、薛建阳及其团队[7, 8]根据营造法式中殿堂式木构架建筑建立缩尺模型，通过振动台试验，得出了柱架在三种地震波作用下的动力性能以及响应曲线，指出榫卯连接的柔性及挤压变形对结构耗能减震的作用。

西安建筑科技大学姚侃、葛鸿鹏等人[18, 9, 10]、北京工业大学周乾、闫维明等人[21]、昆明理工大学王俊鑫、徐彬等人[11]、东南大学徐明刚、邱洪兴等人[12]分别对木构件的燕尾榫节点和直榫（包括半榫和透榫）节点进行了试验研究，对榫卯节点的工作机理、破坏模式和抗震性能进行了详细的分析和总结。

国外方面，日本京都大学铃木教授及其团队[24]以及韩国学者 Seo 等人[25]分别通过木结构模型静力和往复加载试验对古建筑木结构榫卯节点的抗震性能进行了分析。研究结果表明，其结构在水平反复荷载作用下呈现出典型非线性和塑性变形特征，榫卯节点的滑移和限位转动使得节点产生一定的挤压变形而具有明显的滞回耗能减震作用[26]。

2008 年 5 月 12 日和 2013 年 4 月 20 日，四川省汶川县、芦山县分别发生了里氏 8.0 级和 7.0 级强烈地震，灾区许多建筑物受到严重破坏，但穿斗式木结构民居却整体体现出了较好的抗震性能[27]，在地震中受损相对轻微，这也引发了国内大批学者对传统木结构民居抗震性能进行研究，为进一步确立木结构民居抗震性能评价体系提供了许多宝贵的基础资料。

孙柏涛、张昊宇[13]对四川省芦山 7.0 级强烈地震中川西地区穿斗木构架民居房屋的震害情况进行了详细调查及分析。滕睿、曲哲[14]介绍了穿斗式木构架民居在芦山地震中的震害特征，分析了典型穿斗式木构架民居的抗震结构体系，并选取 3 栋有代表性的川南地区木构架民居，通过现场脉动测试识别了其基本周期等动力特性。

综上可知，国内外对于传统木结构性能，尤其是榫卯节点性能的研究已经取得了较多的成果。相对而言，专门针对传统木结构民居的结构性能方面的研究还比较少。国内一些高等院校的学者、团队针对一些地区的特色传统民居结构进行了一系列研究，例如：

合肥工业大学王建国、汪兴毅等人[30, 31]对徽州民居中穿斗式木构架的结构构件及连接构造等进行了研究和总结，并引入反映木结构榫卯连接的半刚性单元，建立了徽州木结构古民居的三维有限元计算模型，获得了其内力、应力和位移。

安徽建筑大学沈小璞等人[30, 34]依据典型徽派古民居的结构形式建立三维有限元模型，通过对整体结构的理论分析及数值模拟，分析单调位移荷载作用下木构架应力以及拔榫破坏情况，得出结构的受力形式和破坏形态。

郑州大学童丽萍及其团队[33, 34]对豫中地区的一处典型古民居宅院（秦氏旧宅）进行实地调研，对其结构特点进行理论分析与有限元数值模拟，得到结构在不同工况下的变形规律及受力特点，探讨了结构及抗震性能，分析了结构的薄弱部位，并简单提出修缮方法。

湖南大学王海东、尚守平等人[18, 19]通过穿斗式木构架结构和轻型木结构模型的振动台试验，对这两种结构的抗震性能进行了研究，研究表明，穿斗式木构架结构柱脚做法及榫卯节点均有明显的减震耗能效果。

昆明理工大学陶忠等人[20]以云南传统民居"一颗印"及《营造法式》为背景，选择四种节点类型以研究摩擦因素对于木结构节点区耗能的影响，为考虑摩擦因素后传统木结构节点区恢复力模型的建立提供基础。

2　传统木结构民居结构安全性能评价研究现状

传统木结构安全性评定的核心工作是确定各种作用在结构中产生的荷载效应与结构本身抗力的相对大小关系。进行安全性评价时，需要考虑作用效应和结构抗力的不确定性、检测方法的局限性以及计算模型与真实结构的差异。目前主要的安全性评定方法有三种，分别为传统经验法、实用鉴定法和基于可靠度理论的概率法。

20 世纪 90 年代以来，我国建筑结构的检测鉴定行业开始发展，民用建筑的可靠性、安全性评价体系逐渐建立。随着国家相关规范、标准的制定、改版，现存木结构及构件的安全鉴定、评价工作也有了相应的参照方法。例如：《民用建筑可靠性鉴定标准》（GB 50292）按承载能力、构造、不适于承载的位移或变形、裂缝以及危险性的腐朽和虫蛀等六个检查项目，对木构件的安全性等级进行确定[38]；《古建筑木结构维护与加固技术规范》（GB 50165）根据承重结构中出现的残损点数量、分布、恶化程度及对结构局部或整体可能造成的破坏和后果对木结构古建筑的安全性进行评估[39]；《危险房屋鉴定标准》（JGJ 125）要求木结构构件的危险性鉴定应包括承载能力、构造与连接、裂缝和变形等内容，重点检查腐朽、虫蛀、木材缺陷、构造缺陷、结构构件变形、失稳状况等，并评定出危险点，再根据隶属函数计算得出房屋的危险性等级[40]。

国内一些学者参考国家相关规范对于木结构构件安全性能的评判思路，结合工程项目实例，提出了一些传统木结构民居安全性评价的方法和建议，例如：

杨震[41]以清代扬州园林（何园东三楼）为研究对象，以"残损点法"为基础对其进行检测鉴定，分析其损坏的主要原因，并建立木构件三维有限元计算模型进行了静力和动力分析，最后提出了维修加固方案。

何雯[42]通过以"残损点"法为基础的构件评价，结合隶属度函数对结构整体进行综合安全性评价，制定了针对徽州古祠堂木结构的安全性评价方法，并选取典型单体结构建立三维有限元模型进行静力分析，根据计算结果对比规范得出其安全性，并提出维修加固方案和施工建议。

秦岭等人[43]对古建木结构的受力特性进行了理论研究，提出古建木结构大自重、大刚度的屋顶对其整体性及稳定性的关键作用，为古建木结构检测、鉴定时确定重点检查的部位提供了理论基础。

3　木结构民居结构性能提升研究现状

我国对于木结构建筑的加固研究，最早都集中在针对历史文物古建筑的维护及加固上。比较有代表性的是北京工业大学周乾等人[25]、西安建筑科技大学薛建阳、谢启芳等人[45, 46]对趴钉、碳纤维布、扁钢等材料对古建木结构（殿堂式）的加固技术及加固效果进行了研究比对，得出了各种加固方式的特点，并提出了加固方面的相关建议。时至今日，国内外更多的学者对碳纤维布、扁钢等加固榫卯节点的性能已经开展了大批的数值及试验研究，积累了丰富的研究成果。

对于传统木结构民居加固的相关研究起步较晚，但在近年来也逐渐引起了政府及学者们的重视，研究也随之深入开展。

申世元[47]通过对已加载至破损后的榫卯节点进行加固，并再次做拟静力试验来研究震损加固后节点的抗震性能，通过对试验的分析，得出了各种加固措施参与抵抗地震力、耗能、刚度退化等方面的特性。

黄曙[48]通过1∶2穿斗木结构原型模型振动台试验研究其地震反应及抗震性能，再采用斜板墙增加其抗侧刚度并再次进行振动台试验，证实其柱顶和柱底的位移差得到有效控制，加固效果明显。

左德亮[49]采用节点增设扁铁、设置剪刀撑、土坯墙内设置配筋砂浆带等方式对某木结构传统民居进行抗震加固，并通过1/2缩尺模型进行加固后的振动台试验研究，证明了其加固措施简单有效。

付高攀[50]通过实地调研、震害分析等对传统民居木构架加固改造进行研究，总结了木结构民居破坏形式及原因，整理了传统民居木构架加固改造方式，并通过对加固前后节点的低周往复试验分析了其破坏形式、滞回曲线等抗震性能，提出了相关加固建议。

谢启芳[51]通过实地调研，根据古建筑木结构在汶川地震中的震害，分析了木结构建筑震害轻微的原因，借鉴木结构建筑的抗震机理，提出了灾后重建的建议。

黄舜、傅宇光[52]对穿斗式木构架结构的部件组成、房屋结构尺寸设计、施工工艺、结构受力等进行了分析，并在此基础上建立了穿斗式木构架房屋的抗震计算模型，通过结构动力时程分析研究其抗震性能，为穿斗木结构房屋的建造和维护加固提供参考。

4　存在问题及研究展望

虽然国内外学者已对木结构建筑的结构性能、性能评价、性能提升进行了大量的研究，取得了不少成果，但由于木结构建筑独特的营造技术和构造特点使得其力学机制复杂，目前尚未形成完整的研究理论，有大量研究工作仍需进一步深入开展。

4.1　存在的问题

（1）对木结构建筑结构性能的研究，多数试验模型所用材料均为新材料，未考虑木材腐朽、开裂、损伤积累等情况对试验结果的影响，上述研究成果若直接用于木结构建筑的性能评价会偏于不安全。

（2）对木结构建筑地震作用下的结构性能的安全评估，多参照现行的《建筑抗震设计规范》和《古建筑木结构维护与加固技术规范》等规范，没有专门针对性的抗震鉴定规范、规程及计算理论，且上述规范对木材性能退化没有明确的规定。

（3）目前对木结构建筑的修复和保护主要按照"修旧如旧"的指导思路进行，仅对发生损坏的构件进行处理，这种方式成本很高，只能用于极为重要的古建筑木结构。对于传统木结构民居，应深入研究影响结构性能的关键因素、关键部位和构件，通过对关键部位和构件进行加固，从整体上改善结构性能并达到节约成本的目的。

（4）已有的研究成果主要集中于木结构古建筑（如殿堂、庙宇等），而对于分布广泛且数量众多的传统木结构民居的理论研究与试验研究的成果则相对少很多。当前传统民居逐渐成为日益兴起的乡村旅游的重要组成部分，在此背景下加大传统民居结构性能、性能评价、性能提升的研究力度显得非常必要。

（5）相当数量的传统木结构民居分布于地震设防区域（如广泛分布于川西平原的川西民居），在地震作用下木结构民居已被证明具有较好的抗震性能，因此有必要对木结构民居的抗震性能进行深入研究（尤其是地震作用下榫卯节点与结构抗震性能的关系）并形成一套完整的理论，从而有助于木结构民居的修缮与保护。

4.2　研究展望

（1）关于榫卯节点刚度变化规律仍难以定量描述，未提出准确合理的刚度理论计算公式，因此建立符合实际情况的榫卯节点刚度理论将有助于木结构建筑结构性能尤其是地震作用下的结构性能的研究。

（2）关于木结构建筑性能评估的研究成果较少，已有的方法操作性不强。参照新建建筑抗震性能化设计的思路对木结构建筑采取基于性能的安全评估应当是一个可行的研究方向。

（3）增加实地调查，建立木材性能退化、节点松动变形、构件截面削弱以及损伤等情况的量化标准，并提出相应的理论计算公式。

（4）随着特色小镇乡村旅游的兴起，如何将传统民居性能提升与风貌改造、空间拓展等相结合是值得深入研究的课题。

参考文献

[1] 宋·李诫. 营造法式［M］. 北京：中国书局，2006.

[2] 梁思成. 清式营造则例［M］. 北京：清华大学出版社，2006.

[3] 刘敦桢. 中国古代建筑史［M］. 北京：中国建筑工业出版社，1984.

[4] 刘致平. 中国建筑类型及结构［M］. 北京：中国建筑工业出版社，1987.

[5] 马炳坚. 中国古建筑木作营造技术［M］. 北京：科学出版社，2003.

[6] 王天. 古代大木作静力初探［M］. 北京：文物出版社，1992.

[7] 尹思慈. 木材学［M］. 北京：中国林业出版社，1996.

[8] 刘锡光，李世温. 山西省关帝山林区七种主要木材力学性能试验结果报告［J］. 太原理工大学学报，1960，1（1）：1-6.

[9] GB 50005—2003，木结构设计规范［S］. 北京：中国建筑工业出版社，2003.

[10] 陈志勇，祝恩淳，潘景龙. 复杂应力状态下木材力学性能的数值模拟［J］. 计算力学学报，2011，28（4）：629-635.

[11] 徐明刚，邱洪兴. 古建筑旧木材材料性能试验研究［J］. 工程抗震与加固改造，2011，33（4）：53-56.

[12] 李瑜，瞿伟廉，李百浩. 古建筑木构件基于累积损伤的剩余寿命评估［J］. 武汉理工大学学报，2008，30（8）：173-177.

[13] 赵均海. 中国古代木结构的结构特性研究［D］. 西安交通大学，1998.

[14] 方东平，俞茂宏. 木结构古建筑结构特性的实验研究［J］. 工程力学，2000，17（2）：75-83.

［15］　方东平，俞茂宏. 木结构古建筑结构特性的计算研究［J］. 工程力学，2001，18（1）：137-144.

［16］　薛建阳，赵鸿铁. 中国古建筑木结构模型的振动台试验研究［J］. 土木工程学报，2004，37（6）：6-11.

［17］　薛建阳，张鹏程. 古建木结构抗震机理的探讨［J］. 西安建筑科技大学学报，2000，32（1）：8-11.

［18］　姚侃，赵鸿铁. 古建木结构榫卯连接特性的试验研究［J］. 工程力学，2006，23（10）：168-173.

［19］　葛鸿鹏. 中国古代木结构建筑榫卯加固抗震试验研究［D］. 西安建筑科技大学，2005.

［20］　龚羡. 中国古代木构耗能减震机理与动力特性分析［D］. 西安建筑科技大学，2009.

［21］　周乾，闫维明. 古建筑木构架抗震性能试验［J］. 灾害学，2010，25（增刊1）：195-200.

［22］　王俊鑫. 榫卯连接木结构的静力与动力分析研究［D］. 昆明理工大学，2008.

［23］　徐明刚，邱洪兴. 中国古代木结构建筑榫卯节点抗震试验研究［J］. 建筑结构学报，2010，31（增刊2）：345-349.

［24］　Suzuki Y，Maeno M. Structural mechanism of traditional wooden frames by dynamic and static tests［J］. Structural Control and Health Monitoring，2006，13（1）：508-522.

［25］　Seo J，Choi I，Lee J. Static and cyclic behavior of wooden frames with tenon joints under lateral load［J］. Journal of Structural Engineering，1999，125（3）：344-349.

［26］　赵鸿铁，张风亮. 古建筑木结构的结构性能研究综述［J］. 建筑结构学报，2012，33（8）：1-10.

［27］　同济大学土木工程防灾国家重点实验室. 汶川地震震害研究［M］. 上海：同济大学出版社，2011.

［28］　孙柏涛，张昊宇. 芦山7.0级地震穿斗木构架房屋震害特点及原因简析［J］. 土木工程学报，2014，47（3）：1-11.

［29］　滕睿，曲哲. 川南地区穿斗式木构架民居的动力特性［J］. 世界地震工程，2014，30（3）：229-234.

［30］　汪兴毅，汪传灿. 徽州古民宅中穿斗式木构架的结构与构造［J］. 合肥工业大学学报（自然科学版），2010（3）：309-403.

［31］　汪兴毅. 徽州木结构古民宅的结构特性研究［D］. 合肥工业大学，2008.

［32］　岳元元. 徽派木结构古民居弹塑性有限元分析［D］. 安徽建筑大学，2013.

［33］　王超级. 传统民居木构架体系结构性能研究［D］. 郑州大学，2014.

［34］　魏仁杰. 荥阳秦氏旧宅堂楼结构及抗震性能研究［D］. 郑州大学，2014.

［35］　王海东，尚守平. 穿斗式木构架结构与轻型木结构抗震性能振动台试验研究［J］. 建筑结构学报，2012，33（6）：138-143.

［36］　黄曙. 农村典型木结构房屋的抗震性能及加固措施研究［D］. 湖南大学，2009.

［37］　王丹. 传统木结构节点区摩擦耗能机理及力学模型化试验研究［D］. 昆明理工大学，2014.

［38］　GB 50292—2015，民用建筑可靠性鉴定标准［S］. 北京：中国建筑工业出版社，2015.

［39］　GB 50165—92，古建筑木结构维护与加固技术规范［S］. 北京：中国建筑工业出版社，1992.

［40］　JGJ 125—99，危险房屋鉴定标准（2004年版）［S］. 北京：中国建筑工业出版社，2004.

［41］　杨震. 扬州园林古建筑鉴定与维修加固研究［D］. 扬州大学，2009.

［42］　何雯. 徽州古祠堂安全性评价与维修加固研究［D］. 合肥：安徽建筑大学，2013.

［43］　秦岭，熊军. 古建木结构受力性能探讨［J］. 四川建筑科学研究，2013，39（5）：7-10.

［44］　周乾，闫维明. 古建筑木结构加固方法研究［J］. 工程抗震与加固改造，2009，31（1）：84-90.

［45］　谢启芳. 中国木结构古建筑加固的试验研究及理论分析［D］. 西安建筑科技大学，2007.

［46］　薛建阳，张风亮. 碳纤维布加固古建筑木结构模型振动台试验研究［J］. 土木工程学报，2012，45（11）：95-104.

［47］　申世元. 农村木构架承重土坯围护墙结构振动台试验研究［D］. 中国建筑科学研究院，2006.

［48］　黄曙. 农村典型木结构房屋的抗震性能及加固措施研究［D］. 湖南大学，2009.

［49］　左德亮. 木结构传统民居抗震加固试验研究［D］. 西安建筑科技大学，2015.

［50］　付高攀. 传统民居木构架加固改造技术研究［D］. 昆明理工大学，2016.

［51］　谢启芳，赵鸿铁. 汶川地震中木结构建筑震害分析与思考［J］. 西安建筑科技大学学报（自然科学版），2008，40（5）：658-661.

［52］　黄舜，傅宇光. 穿斗式木构架抗震特性分析［J］. 结构工程师，2014，30（1）：107-112.

"国术场"土质看台文物修缮工程技术研究

李今保　李碧卿　姜　涛　谢　芬

江苏东南特种技术工程有限公司，江苏南京，210008

摘　要：文物建筑的保护是人类历史文明的传承，其存在代表着某一时代的社会水平和生产方式。随着社会的不断进步和发展，古文化的遗留产物逐渐消退，因而对古建筑的保护加固工程显得尤为重要。中央体育场建于 1930 年，国术场为其旧址。国术场主要组成部分为土质看台，整体形态基本维持八边形轮廓。因长时间风化剥蚀和水土流失破坏下缺少维护及修缮，看台座阶、进出场通道、内场及外场等结构均湮灭不存，原有结构严重糟朽。为了恢复国术场原貌，响应百年大计设计方针，在传统的设计加固理念基础上，运用新型材料及技术即高性能混凝土和玻璃纤维筋对其进行修缮加固，恢复其历史面貌，满足其使用要求。该研究为近现代文物修缮工作提供了新思路，对结构的耐久性、耐腐性的提高提供了新理念。

关键词：文物修缮，结构加固，玻璃纤维筋，高性能混凝土

The Application of New Materials in the Restoration of Ancient Buildings

Li Jinbao　Li Biqing　Jiang Tao　Xie Fen

Jiangsu southeast special technology Engineering Co.，Ltd.，Nanjing 210008，China

Abstract： The preservation of ancient architectural relics is the heritage of human history and civilization, and its existence represents the social level and mode of production in an era. With the progress and development of the society, the legacy products of ancient culture gradually fade away, so it is very important to protect and reinforce the ancient architectural relics. The central stadium was built in 1930 for its former site of Martial arts field. The main part of the Martial arts field is the soil stand, and the whole form basically maintains the octagonal contour. Due to the lack of maintenance and repair during long weathering and erosion, the structure of the terraces, entrance and exit channels, inner field and outfield are all annihilated, and the original structure is badly damaged. In order to restore the original state with responding to design guidelines of one hundred plan, the new material is skillfully applied on the basis of the traditional reinforcement design. Such as the high performance concrete and glass fiber-reinforced polymer can be repaired and reinforced to restore its historical appearance and meet its use requirements. The research has created new ideas for the renovation of modern cultural relics, and provided new ideas for the durability and corrosion resistance of the structure.

Keywords： Ancient buildings，Repair，GFRP，High performance concrete

1　工程概况

中央体育场建于 1930 年，2006 年被列为第六批全国重点文物保护单位。国术场位于中央体育场的西南方向，在建国后因整个地块的功能转换（由体育场转变为教育院校），逐渐被荒废。20 世纪 50

作者简介：李今保，教授级高级工程师。主要研究方向：结构加固。E-mail：ljb1958@163.com。

至 70 年代，原有的土质看台上的预制钢筋混凝土缘石座阶、环场通道、八条出入场台阶通道均遭到人为严重破坏。失去缘石维护的土坡随之出现水土流失现象，杂草杂树也自始滋生。90 年代，为丰富业余生活，将原八角形黄土内场改为长矩形的网球场。国术场平面呈正八角形，暗合中国传统的八卦图案，主要由附属建筑（武器陈列台）、内场和土质看台三个部分组成。本次研究仅讨论土质看台及内场的修缮保护。

土质看台：国术场除了北侧一边为附属建筑占据之外，其余七边均为土质看台，整个场地形似一个盆地。该看台充分利用原有地形设置，占地约 4126m²。正八角形的布局。

土质看台内侧设有预制钢筋混凝土缘石座阶，可容纳观众 5400 余人，外侧为斜坡状草坪。土质看台最高处设有一圈正八角形环场通道，环绕矮绿篱一道。

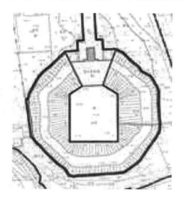

图 1　现状图

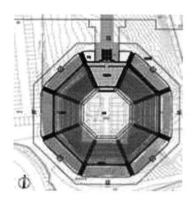

图 2　修缮后设计图

看台的八角均设有进出口通道。场外设置一圈正八角形环道。四周设有四座正方形木构售票亭。

内场：为主要的比赛和表演场地，占地面积约 947m²，呈正八角形，北侧设台阶与附属建筑相连接。内场与周边看台之间设有一路环道分隔，其标高高于环道约 80cm。

2　修缮原则及思路

（1）根据国家文物保护局下达的百年大计设计原则，本工程设计使用年限为 100 年，本工程为百年大计重点工程。

（2）对保护区域，必须遵守《中华人民共和国文物保护法》等相关法律法规实施，如原有建筑风格、结构、看台形式等；在保留原有外观现存的特征元素基础上，对外立面的缺失和损坏进行修复加固，恢复其历史面貌。坚持"修旧如故、恢复原貌"的指导思想。针对本工程的现存现状和保护要求，确定本工程的保护修缮应做到如下几点：[1]

a. 现场追踪观察，保留原有看台的大体走向、布置，有针对性地对现状看台特色装饰进行复原。

b. 对已遗失、缺损的石材踏步、座阶、环道等材料、做法、外观等依据历史资料，用同种规格、相似材质及工艺尽可能恢复原有风貌。

c. 设计做到科学严谨，对材料强度、抗腐蚀性、耐热耐冻性能等充分考虑，使设计使用年限均达到 100 年。

（3）对非重点保护空间，仍主动进行符合周侧建筑和原有设计风格、文化内涵的延展性设计。在此基础上，努力发掘建筑内在的文物内涵，丰富并完善整体文物风格。在风格、色调上参照现存完整性的既有建筑，并进行协调性延伸。[2][3]

3　选用的新型材料性能分析

3.1　高性能混凝土

国术场所在区域属于二类环境，常规混凝土结构构件仅能满足设计使用年限小于 50 年的设计要求。而国术场修缮工程属于国家百年大计重点项目，要求设计使用年限为 100 年，需采用耐久性强的高性能混凝土，同时采取相应的措施尽可能提高耐久性。

高性能混凝土是一种新型高科技混凝土，以耐久性和可持续发展为基本要求，具有高耐久性、高工作性和高体积稳定性的混凝土，在配比上采用低用水量（水与凝胶材料总量之比低于 0.4），较低的水泥用量，并掺入化学外加剂和矿物掺合料作为水泥、水、砂、石之外的必须组分。高性能混凝土强度等级不低于 C45。

同时，为了有效提升结构耐久性，混凝土中筋保护层厚度综合考虑，选用厚于常规混凝土厚度。板保护层厚度 30mm，柱、梁、杆等保护层厚度 40mm。通过此措施来提升混凝土结构构件的耐腐蚀性。

3.2　纤维增强复合材料（GFRP）玻璃纤维筋

纤维增强复合材料（GFRP），采用玻璃纤维筋，是一种有机非金属跟无机非金属复合的塑料基复合材料，耐腐蚀性能是其相比于普通钢材的一大突出优势，GFRP 筋被视为在极端腐蚀性环境下替代易锈蚀钢筋的理想材料，可以在酸、碱、氯盐和潮湿的环境中长期使用。钢筋锈蚀膨胀导致混凝土开裂，这是一个不温和的破坏过程，结构整体性能会发生急剧破坏，是一种工程上的"癌症"问题。而GFRP 筋则不会造成这种情况。虽然 GFRP 随着服役期的增长也会发生退化，但是，这种退化是温和的，是可设计的，可以通过放大材料强度折减率等方式进行耐久性设计。本工程采用的结构受力构件均为 GFRP 筋配合高强度混凝土，以提高结构构件的耐腐蚀性，并达到 100 年设计使用年限。

4　土质看台修缮方案及新材料的应用

4.1　土质看台现状及与原状模型的三维叠合

（1）土质看台现状：20 世纪 50 ～ 70 年代，原有的土质看台上的预制钢筋混凝土缘石座阶、环场通道、八条出入场台阶通道均遭到人为严重破坏。土质看台内侧原可容纳 5400 观众的混凝土缘石座阶，全部湮灭不存。土质看台的原有土质基层因后期改造取土、自然水土流失，标高和形态上与历史原貌有较大改变。建国后土质基层上生长出大量杂草及杂树、灌木，多年未得到修剪和整治。土质看台上原八边形环场通道今已湮灭不存。土质看台上原八处进出场水泥台阶通道今已湮灭不存。土质看台原外侧步行环道今已湮灭不存。

（2）现状与原先模型的三维叠合：现有土台的三维形态已和原先的土质看台发生了较大的改变。首先通过一轮精细的现状地面标高勘测，得到一套较为细致准确的现状地形标高数据点阵，生成一个精准的现状地形三维数字模型。最后将此现状地形三维数字模型，与湮没前的土质看台三维数字模型进行比对分析。最终的分析结果，发现现状土台的总土方量，与原先土质看台的总土方量之间，仅有两百多立方米的差距（1% 左右），这说明现状土台总的土方数量和历史土质看台的土方数量是基本平衡的。此数字化分析也清晰地表明，原预制混凝土缘石座阶的缺失造成的水土自然流失，以及后期网球场改造，是整个土台土方形态发生变化的主要原因。

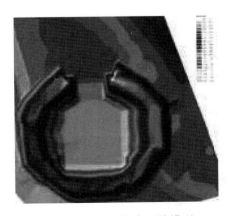

图 3　现状地形标高三维模型

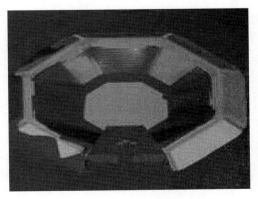

图 4　原状地形标高三维模型

4.2 土质看台修缮方案

（1）形状和格局：在总土方数量基本平衡的理论数据支撑下，通过小型施工机械进行局部调整土方的方式，将现状土台恢复其原有的正八边形格局和设计标高。

（2）环场通道：恢复土台顶部的正八边形环场通道，外围衬以低矮绿篱。面层按原始状态恢复500mm×500mm 预制水泥块错缝铺设。基础结构从上到下采用：200mmGFRP 筋高性能混凝土 +500mm 三合土分层压实 + 原状土清表整平。地基加固措施采用树根排桩复合地基。

（3）进出场台阶：恢复八个角部位置的露天水泥进出场台阶。台阶基础结构采用：200mmGFRP 筋高性能混凝土 +500mm 三合土分层压实 + 原状土清表整平。地基加固措施采用树根排桩复合地基。

（4）看台座阶：恢复部分看台座阶。恢复的看台座阶原则上控制在每个独立看台总面积的 1/3 左右，且靠近内场设置。为强化整个看台场所上的方向感和仪式感，建议在正南、正东和正西三个独立看台区域，适当多恢复一些看台座阶，但也不应超过总面积的 1/2。缘石座阶之间，建议铺5cm 粒径的白色卵石，加强纪念性效果和增加实

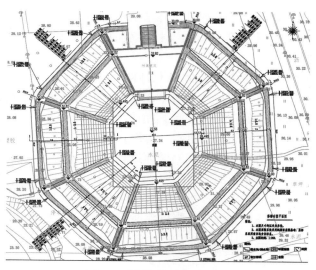

图 5　看台修缮平面布置图

际使用的方便性。座阶底部结构采用：200mmGFRP 筋高性能混凝土 +500mm 三合土分层压实 + 原状土清表整平。地基加固措施采用树根排桩复合地基。

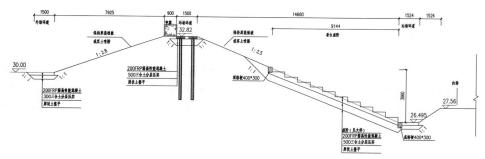

图 6　看台修缮标准断面布置图

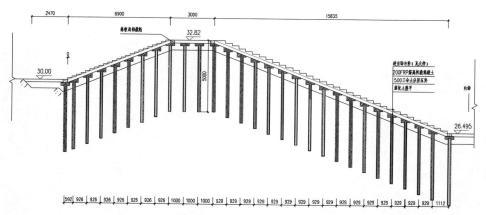

图 7　进出场台阶修缮标准断面布置图

（5）绿植梳理：土台上的绿植虽然都是建国后陆续生长而成，考虑到国术场仍属于旅游风景区的

现实情况，建议保留胸径 10 ～ 15cm 以上的所有乔木（树形需要在现场进行修剪整理），梳理清除所有杂草和灌木，代以耐寒易生的常绿草皮。对进入内场范围的树进行移除处理。这样的绿植处理，即可在日常人员活动的范围内获得较好的视线通透性和景观效果，也可利用现有高大乔木作为局部恢复看台座阶范围的自然遮阳。

复合地基设计：考虑到百年大计设计使用年限，通过模拟土台的形态及受力条件，估算百年后该土台人行荷载处（通道及进出场台阶）沉降差异约 0.364m，根据市政管道能承受的沉降限值，该沉降大于 0.1m，故采取地基加固措施。采用树根桩复合地基，在环场环道及进出场台阶设置长 5m、直径 200mm、间距 1m 左右的钢管树根桩，上部基础结构层作为厚垫层共同承担受力。验算得到，加固后地基沉降 0.033m，满足规范要求。

4.3　采用的新工艺和新材料

新材料、新工艺的使用是为了补强当前设计空白，并体现出一般工艺和材料不能触及的性能特点，从而更能吻合本工程特性。方案设计中，采用了信息化三维数字模拟，选取了 GFRP 筋和耐久性强的高性能混凝土新型工艺和材料。

信息化三维数字模拟：虚拟与现实技术融合了数字图像处理、计算机图形学、人工智能及多媒体技术，在土方工程中不仅展示了其对地形整体外貌及细部特质的形象生动，且在精度方面打破了平面二维理念的限制性。本次运用三维数字模型，直观地展示了现状看台地形地貌，并在此基础上进行地形改造以及快速高效的运用体积法计算土方量。

GFRP 筋的采用，实现了百年大计结构的稳定性和耐久性。GFRP 筋本身采用玻璃纤维增强复合材料，具有强度高、质量轻和耐腐蚀性能强的特点。巧妙地将 GRP 筋运用到看台设计中，对座阶、环道等结构受力部位布设 GFRP 筋混凝土板，能够提高露天看台在湿润及冷热交替大环境下的耐久性和稳定性。[5]

混凝土作为结构的主体材料，长期暴露在空气、水、土壤中不断侵蚀劣化，强度急剧降低，不能满足设计需求的耐久性和强度。[4]本次设计采用高性能混凝土，强度采用不低于 C45。从材料本身性质来讲，耐腐蚀高性能混凝土掺入 LJ513 耐腐蚀剂后的结构更加密实，抗渗性优于普通混凝土，且其具有较强的耐酸腐蚀性，较为稳定。[6]

5　结论

国术场修缮工程在方案选择上，遵循极大限度地恢复其原貌、设计使用年限 100 年的原则。修缮方案主要分为通道、看台座阶、进出场通道的面层、基础结构层以及地基的修缮保护措施。面层采用与原状相同或类似的材料，基础结构采用 GFRP 筋配合高性能混凝土层＋三合土压密层＋清表，地基主要在行人活载处采用树根桩复合地基进行加固。方案设计中引用了新型材料（高性能混凝土及玻璃纤维筋）和新型技术（信息化三维数字模拟）对土质看台进行修缮保护，既延长了文物保护建筑的使用寿命，还传承了历史文化。

参考文献

[1] 石会，雍振华. 古建筑修缮技术研究. 苏州科技学院学报［J］，2014，4.

[2] 何钧. 古建筑修缮复新的讨论［J］. 浙江建筑，2009，7.

[3] 李今保. 阿炳故居砖砌体注浆绑结加固技术［J］. 建筑结构，2007，S1.

[4] 唐建华，蔡基伟，周明凯. 高性能混凝土的研究与发展现状［J］. 国外建材科技，2006，3.

[5] 周洪，刘军，宋旱云. 玻璃纤维筋拉伸力学性能试验研究. 北京建筑工业学院学报［J］. 2013，3.

[6] 陈翠红，王元等. 耐腐蚀高性能混凝土的研究与应用. 生态环境与混凝土技术国际学术研讨会［N］. 中国建材报，2011.

[7] 李今保，姜涛，李碧卿，朱礼强，等. 南京某文保建筑物临时加固技术. 苏州科技大学：工程技术版. 2017，A01.

绿色生态节能技术在建筑改造中的应用研究

摆健超

四川省建筑科学研究院，四川成都，610081

摘　要：当今时代是一个积极提倡节能、绿色、生态、环保的新时代，绿色生态节能技术在建筑改造中的应用范围正在不断增大，已经成为既有建筑改造过程中不可或缺的设计因素之一。随着社会经济的发展和人们对资源的大量开发和利用，自然能源的消耗量逐年增大，特别是建筑行业的迅猛发展加速了能源消耗。因此，对建筑物进行绿色生态节能改造技术的应用进行详细的分析和讨论是非常必要的。

关键词：绿色生态节能技术，建筑改造

Application of Green Ecological Energy Saving Technology in Building Renovation

Bai Jianchao

Sichuan Institute of building research, Chengdu 610081,China

Abstract：today's era is a new era of energy saving，green，ecological and environmental protection. The application of green ecological energy saving technology in building reconstruction is increasing，and it has become one of the indispensable design factors in the process of building reconstruction. With the development of social economy and the development and utilization of resources，the consumption of natural energy has increased year by year，especially the rise of the construction industry has accelerated the consumption of energy. Therefore，it is very necessary to carry out detailed analysis and Discussion on the application of green ecological energy saving technology in buildings.

Keywords：green ecological energy-saving technology，building transformation

1　前言

我国建筑行业发展迅猛，建筑物的数量和规模正在发生前所未有的变化，其中高耗能建筑数量占全国总建筑物数量的 90% 以上，建筑物高耗能和高污染问题已经成为整个社会急需解决的问题。只有不断地将新技术、新思路、新方法应用到建筑改造的过程中，才能有效地推进建筑节能环保事业的发展。

2　绿色生态节能技术概念

如何科学有效地利用现有的、有限的资源进行建筑物的建造，并且最大程度地减少对环境的影响和破坏，是建筑业普遍关心的问题，绿色建筑的概念应运而生。绿色建筑指的是在整个建筑的全寿命使用周期内尽最大努力节约资源、减少对环境的破坏，为人类提供一个与大自然和谐相处的、健康的建筑。绿色建筑的核心内容就是降低对能源的消耗、减少对环境的影响。在绿色建筑的建造过程中使用绿色节能技术的概念，指的是在建筑工程建造的过程中通过使用科学化的建筑整体设计，将高新技术（绿色配置、新能源利用、智能控制等）加持在设计之中，使得建筑物具有建筑选址规划合理、资源利用高效循环、生活环境健康舒适等特点。绿色节能技术能够将建筑物建造成一个适宜人们生活的

良好环境，并且能够最大程度地减少对能源和资源的消耗。

3　绿色生态节能技术在建筑改造中的意义

3.1　节约资源

建筑物的建造过程是一个对资源和能源巨大消耗的过程，据统计，全球范围内与建筑相关的能源消耗量占全球消耗总量的百分之五十左右。与此同时，全球范围内能源利用率低、人均资源占有严重不足和环境问题一直影响着人们的正常生活。我国对建筑的需求量逐年上升，对既有建筑进行绿色生态节能技术的改造已经是迫在眉睫的大事。节能技术在既有建筑改造中的应用，能够有效地降低对资源的消耗，符合可持续发展战略。

3.2　保护环境

建筑物在建造过程中会产生大量的建筑垃圾，并且许多建筑垃圾无法进行回收和降解，严重影响着周围的环境。而对既有建筑物进行绿色生态节能改造所使用的建筑材料都是可以回收的，这些材料都是利用新能源和可再生资源产生的无污染的材料。在进行新技术的应用的工程中通常都会制定相关的保护环境的施工措施，将有可能对环境产生污染的因素进行排除，对产生的建筑垃圾进行合理的收集和处理，并且垃圾的处理过程不能产生二次污染。

3.3　利于人体健康

建筑物是人们生活和学习的重要场所之一，如果建筑物的室内通风条件不良，采光面积不大，或者是建筑材料经过长年使用之后散发出有害的气体都会严重的影响人们的身体健康。因此绿色生态节能技术的应用就可以将建筑室内改造成一个适宜生活的健康环境，这就需要满足以下几点要求：

①在进行既有建筑物的节能环保改造过程中需要使用无污染无毒害的建筑材料，以防在使用过程中经过自然环境的影响产生不良的气体；

②对房屋内部进行改造，使得房屋内部通风条件良好；

③既有建筑的额改造还要尽量多使用新能源，例如使用太阳能进行发电和发热，减少对不可再生资源的使用。因此可以总结出绿色生态节能技术在建筑物的改造过程中可以有利于人体健康。

4　绿色生态节能技术在建筑改造过程中的应用分析

4.1　外墙改造

现阶段我国现存的既有建筑物的建造时间大部分都是上世纪八九十年代，这些建筑物外墙的保温隔热性能比较差，不满足我国现行的建筑节能规范要求。对既有建筑物的外墙改造的措施有以下几个方面：

4.1.1　双层皮幕墙技术

双层皮幕墙技术是绿色生态节能技术在既有建筑物改造过程中常用技术形式之一，该技术主要应用于对既有建筑物玻璃幕墙高耗能的改造。它是通过使用双层体系作为家住外立面的围护结构，充分利用玻璃对阳光的通透性在冬天吸收大量的热量用于室内取暖，进而减少冬季取暖费用；在夏季通过玻璃内部空气层促使热空气自上而下的流动来降低玻璃幕墙内侧温度，达到室内降温的效果。双层皮幕墙技术是在进行建筑物改造过程中对阳光最直接、最便捷的进行利用为建筑物取暖降温的方式之一。随着高新技术的不断发展，双层皮幕墙技术正在不断地向提升阳光利用率和降低能源消耗的方向继续发展。

4.1.2　安装有玻璃的墙面

在既有建筑物外墙上面加装一层玻璃，可以较之前相比大幅度减少热量对流和辐射所造成的热量的损失，使得外玻璃与内墙面之间的空气夹层中温度高于内部温度，有助于室内温度的上升，以此来应变气候的变化对室内温度的影响。

4.2　门窗洞口的改造

在既有建筑物中门窗洞口的面积尺寸较大，所消耗的能量能够占到建筑总能量消耗的一半左右。在进行建筑物改造的过程中可以将门窗洞口进行改造，主要是对镶嵌材料进行改造。可以在既有建筑物玻璃上部贴具有特殊材质和功能的反射，对太阳光进行反射可以减少对能源的消耗。此外还可以使用镀有金属薄膜的窗帘或加装双层玻璃等。还可以将门窗洞口的朝向及形状进行改造，例如改变窗户的角度，避免阳光从西面长时间进行照射，仅保证正常的采光时间即可；将朝向向南和向北的窗户进行加深洞口的形式。

4.3　屋顶改造

对既有建筑物改造的过程中对屋顶结构的改造是较为常见的方法之一，在建筑物屋顶进行绿化的种植或加装太阳能装置或涂抹反射率较高的涂料等都可以降低室内空调等电器的能源消耗。具体的改造措施如下：

4.3.1　屋顶保温层

既有建筑物由于当年技术能力和材料性能有限，屋面结构在布设的过程比较简单，一般情况下仅仅考虑防火防水问题而未能将保温节能考虑在内。利用绿色生态节能技术就可以很好的将该问题进行解决。对于上人屋顶而言，现将非结构层的材料进行清除，再进行找平，最后铺设新的保温材料；对于不上人屋顶而言只需将保温材料中的地砖改成卵石即可。

4.3.2　绿色屋顶改造

绿色屋顶的改造主要是在屋顶上面种植一些绿色植被，利用植物对阳光辐射的遮挡以及自身光合作用来进一步减少阳光对屋顶的照射，进而降低了室内温度受阳光的影响。植物的种植可以是比较简单的绿化，即仅能从高空看见；可以是可以进行观赏的绿化，即绿化效果要求美感；可以是集多种功能于一体的绿化，即人们可以在屋顶上部休息、观赏和活动。但是每一种绿化方案都需要先对既有建筑物的结构承载力进行验算，满足安全使用要求。

5　结语

绿色生态技能技术在既有建筑物的改造已经受到了人们越来越多的重视，各种新材料、新技术和新工艺不断地将将节能技术在建筑物的改造中的应用进行更加深入的推广。绿色生态节能技术不仅仅是一种施工技术，更是一种全新的建筑理念和设计思路，需要从事建筑改造领域的专业人士充分的发掘新思路并付诸于实践，为国家和社会做出更多的贡献。

参考文献

［1］李红．浅谈绿色节能技术在热带建筑中的应用——以"绿色三明治"住宅和绿色生态咖啡馆为例［J］．城市建设理论研究（电子版），2017（35）：111-112.

［2］李敬文．建筑改造中绿色生态节能技术的应用［J］．住宅与房地产，2017（17）：202+276.

［3］刘强，邱立平，张军杰．绿色生态节能技术在建筑改造中的应用研究［J］．工业建筑，2012，42（02）：10-13.

［4］沈芳亮．绿色节能技术在建筑改造中的应用研究［D］．天津大学，2007.

台湾花莲 6.5 级地震工程结构震害调查与分析

潘　毅[1,2]　胡思远[1]　郭　瑞[1]　包韵雷[1]

1. 西南交通大学土木工程学院，四川成都，610031
2. 抗震工程技术四川省重点实验室，四川成都，610031

摘　要：2018 年 2 月 6 日，我国台湾花莲市发生 M_S6.5 级地震及多次前震、余震，对台湾花莲地区造成了严重的影响。为了研究台湾花莲地震中工程结构的震害原因，在对台湾花莲市及其周边地区震害调查的基础上，首先，根据已经倒塌的 3 座建筑，分析和总结了建筑结构在此次地震中典型的震害现象及产生原因；然后，根据对道路桥梁结构、供排水、供电、通讯基站台等生命线工程的震害调查，分析和总结了道路桥梁结构的震害特征，阐述和统计了花莲地区生命线工程的损坏情况及其给后续抗震救灾、当地居民正常生产生活带来的困难；最后，结合震害原因，从建筑结构的抗震概念设计、新建与既有建筑的监督和管理、减震隔震技术的推广和生命线工程的抗震能力及迅速恢复能力等几个方面，对工程结构抗震设计提出了建议。

关键词：台湾花莲地震，震害调查，震害分析，工程结构，生命线工程

Seismic Damage Investigation and Analysis of Engineering Structures in Taiwan Hualien Ms 6.5 earthquake

Pan Yi1，2　Hu Siyuan1　Guo Rui1　Bao Yunlei1

1. School of Civil Engineering，Southwest Jiaotong University，Chengdu 610031，China；
2. Key Laboratory of Seismic Engineering of Sichuan Province，Chengdu 610031，China；

Abstract：On 6th February 2018，the 6.5 *M*s earthquake and multiple foreshocks and aftershocks hit Hualien city in Taiwan of China，which caused severe impact on Hualien region of Taiwan. In order to analyze the seismic damages of engineering structure in Hualien earthquake sequence，the filed survey was taken in Hualien city in Taiwan and its surrounding areas. First of all，according to the collapse situation of three local buildings，analyzes and summarizes the damage phenomenon and causes of the typical structures in the earthquake. Then，according to the seismic damage investigation of the structures such as roads，bridges，water supply and drainage，power supply，communication base station of lifeline engineering，analysis and summarizes the damage characteristics of road and bridge structures，this damage of lifeline engineering and statistics the Hualien and its subsequent earthquake relief，the difficulties brought about by the local residents' normal production and living. Finally，proposed some suggestions for the seismic design of engineering structures in several aspects by combining with this seismic damage investigation，such as building structure seismic conceptual design，supervision and management of the new and existing buildings，vibration isolation technology promotion and lifeline engineering aseismic ability and the quickly recover ability.

Keywords：Taiwan Hualien earthquake，seismic damage investigation，seismic damage analysis，engineering structure，lifeline engineering

基金项目：国家重点研发计划（2016YFC0802205）、四川省科技支撑计划项目（2014SZ0110）、中央高校基本科研业务费（2682018CX06）。

作者简介：胡思远（1994—），男，硕士研究生。

通讯作者：潘毅（1977—），男，副教授，博士生导师。E-mail: panyi@swjtu.edu.cn。

0　引言

我国台湾地处环太平洋地震带西部，是多个构造板块交汇部位。台湾花莲位于欧亚板块和菲律宾海板块的交界线上，菲律宾海板块受到太平洋板块的推挤作用，以每年82mm的速度向欧亚板块下端俯冲，引起两个板块的应力集中和相互挤压，导致该地区地下活断层丰富、地质构造活动强烈，是全球地震多发地区。台湾花莲在历史上多次发生强烈地震，如1951年10月22日连续发生的7.3级和7.1级地震[1]，1986年11月15日发生的6.8级地震，2002年3月31日发生的7.5级地震[2]，2013年10月31日发生的6.7级地震。

2018年2月6日当地时间23时50分42.6秒，我国台湾花莲县近海（北纬24.14°，东经121.69°）发生6.5级地震，震源深度为11.0km。此次台湾花莲地震为震群型地震中的主震，有感前震与有感余震分布如图1所示。有感前震约100个，主要分布在主震的东北侧，有感余震约147个，主要分布在主震的西南侧。据中国地震台网测定，自2月4日21时42分到2月8日11时6分共发生显著有感地震24次，其中5级及以上地震序列如表1所示。截止2018年2月11日，地震共造成17人死亡，285人受伤。

根据中国台湾省32个地震中心测站、110个气象局速报测站和515个地震预警系统测站，共计657个测站，得到了全台湾省的烈度及地面峰值加速度的分布情况[3]，如图2所示。其中花莲、宜兰南澳和太鲁阁地区的峰值地面加速度PGA分别为：434gal、428gal和482gal，最大震度为7级。此处烈度为台湾省气象局划分的0级到7级震度，对应于《中国地震烈度表》（GB/T 17742—2008）[4]中地震烈度的8～9度。

通过震害调查发现，尽管我国台湾地区大多数的建筑结构、道路桥梁结构和市政设施都基本按照我国台湾地区的相关规范采取了抗震设计，在此次地震中也表现出了较好的抗震性能，但是仍然存在一些薄弱环节。例如，少数建筑结构发生倒塌、桥墩发生破坏、道路路面隆起开裂以及给排水管网破裂等。本文着重介绍台湾地区的建筑结构、道路桥梁结构和市政设施的典型震害现象，分析其破坏原因，希望能为我国的工程结构抗震设计提供参考。

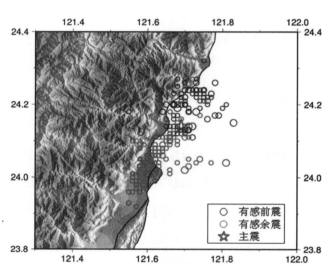

图1　有感前震与有感余震分布情况

Fig.1　Distribution of felt foreshocks and felt aftershocks

表1　我国台湾花莲地震序列的基本参数

Table 1　Basic information of the Chinese Taiwan Hualien earthquake sequence

序号	震级（M_s）	发震时刻（UTC+8）	震中位置	震源深度（km）	所在区域
1	6.4	2018-02-04　21:56:41	24.2° N　121.72° E	10	台湾花莲县附近海域
2	5.5	2018-02-04　22:13:12	24.16° N　121.75° E	10	台湾花莲县附近海域
3	6.5	2018-02-06　23:50:42	24.14° N　121.69° E	11	台湾花莲县附近海域
4	5.2	2018-02-07　02:00:13	23.1° N　121.74° E	10	台湾花莲县附近海域
5	5.2	2018-02-07　02:07:40	24.05° N　121.68° E	10	台湾花莲县附近海域
6	5.9	2018-02-07　03:15:30	24.02° N　121.69° E	10	台湾花莲县附近海域
7	5.0	2018-02-07　19:13:05	23.98° N　121.79° E	13	台湾花莲县附近海域
8	6.1	2018-02-07　23:21:30	24.07° N　121.79° E	12	台湾花莲县附近海域

1 建筑结构的震害

此次地震中，台湾花莲市及其周边地区的建筑结构在总体上都表现较好，但1999年以前建造的既有建筑和擅自改造的建筑在地震中破坏严重，造成了重大的人员伤亡。下文以云门翠堤大楼、统帅大饭店和国盛六街41号民宅为例，分析此次地震中建筑结构的典型震害。

图2中的建筑物为云门翠堤大楼，位于花莲市商校街2号。该建筑为商住楼，地下1层、地上12层。该建筑设计建造时间较早，已经不满足我国台湾地区现行的抗震设计规范《建筑物耐震设计规范及解说》[5]中的相关要求，但并未对其进行相应的抗震加固。由于此建筑为商住楼，一层、二层作为商业用途，填充墙较少，刚度较小；上部楼层作为住房，填充墙较多，刚度较大，形成了底部薄弱层，并且由于大楼施工质量存在缺陷，钢筋搭接长度严重不足，导致地震受力后钢筋分离，如图2（b）所示。在地震作用下，底层侧向变形较大，超过了混凝土构件的极限变形能力，框架结构发生倒塌[6]，加之此建筑底层为单边骑楼，骑楼侧刚度小，另一侧刚度大，导致在水平地震作用下两侧变形不同，产生了严重的倾斜，如图2（a）所示。

位于花莲市公园路36号的统帅大饭店建于20世纪60年代，已经不满足现行的《建筑物耐震设计规范及解说》中的相关抗震要求，使用过程中对其进行过一次加固，如图3所示，在结构的侧面增加了一排抗侧刚度较小的跃层钢支柱。但是由于建筑物本身的竖向刚度分布不均匀，一、二层为酒店大厅，填充墙较少，层高较大；

（a）整体倾斜倒塌

（b）钢筋分离

图2 云门翠堤大楼的震害

Fig.2 Seismic damage of Yun Men Tsui Ti building

三层以上有大量悬挑，且作为酒店客房填充墙较多，刚度明显大于一、二层，形成底部薄弱层。加之该建筑为单跨钢筋混凝土框架，且呈"L"形的平面布置，刚心质心严重偏离，使得结构在此次地震作用下发生扭转[7]，导致结构一、二层框架发生倒塌，如图4（a）所示；三层及以上结构整体同步塌落，但结构构件保持完好，仅填充墙出现X形剪切斜裂缝和装饰构件发生破坏，如图4（b）所示。

（a）加固前

（b）加固后

图3 统帅大饭店加固前后对比

Fig.3 The comparison of before and after reinforcement of Marshal Hotel

（a）底部薄弱层倒塌　　　　　　　　　　　　　　（b）上部外墙剪切破坏

图 4　统帅大饭店的震害

Fig.4　Seismic damage of Marshal Hotel

位于国盛六街的 41 号民宅在使用过程中，由于业主将原本设计的六层楼违规加盖到九层楼，如图 5（a）所示，导致底层柱轴压比严重增加，结构的延性大幅降低。加之该建筑的底层为车库，上部为居民住宅，底层刚度较小，在水平地震作用下，底层水平变形较大，超过了混凝土的极限变形能力，结构一层发生倒塌，如图 5（b）所示。

（a）顶部违规加层　　　　　　　　　　　　　　（b）底层薄弱层破坏

图 5　国盛六街 41 号民宅的震害

Fig.5　Seismic damage of the 41th building of Guosheng Sixth Street

图 6 为花莲市某处的减震建筑结构。该建筑一、二层填充墙明显较少，上部楼层填充墙较多，填充墙的存在使得结构竖向刚度分布不均匀[9]，且和倒塌的云门翠堤大楼、统帅大饭店一样，都为单边骑楼，骑楼侧有跃层柱支撑。但该建筑在一、二层骑楼处布置了阻尼器，弥补了结构一、二层刚度的不足，使整栋建筑竖向刚度分布均匀，且能够在水平地震作用下充分地耗散地震能量，减少结构的水平位移。因此，在此次地震作用下，该建筑的结构构件与非结构构件都保持完好，充分表现出了减震结构在罕遇地震作用下的良好性能。

2　桥梁道路的震害

交通基础设施造价昂贵，同时作为震后救援的主要通道，是重要的生命线工程。此次台湾花莲地震，对花莲市的部分道路、桥梁结构造成了不同程度的破坏，部分交通主干线封闭，为后续的抗震救灾带来了困难。位于花莲市华西路附近的七星潭大桥在此次地震作用下，桥面主梁发生横向位移，同时撞击桥墩的横向挡块，造成桥墩挡块出现了大量的破坏，如图 7 所示。但是在地震中，桥梁横向挡块的设置，减小了横向落梁的风险[8]。并且由于桥梁主梁的纵、横向位移与相互之间的碰撞导致桥面多处开裂，如图 8 所示。

图 6　某减震结构

Fig.6　The damping structure

图 7　桥墩挡块开裂

Fig.7　Cracking of block

（a）桥面横向开裂

（b）桥面纵向开裂

图 8　桥面开裂

Fig.8　Cracking of bridge deck

在高烈度地区，填方路基会因为震动而普遍下沉，震陷量可以达到 50 ～ 60cm[10]，震陷将造成土体 - 结构之间的变形不协调。图 9 所示为花莲大桥桥面与普通公路路面的结合部位，由于路基土体的震陷量大于该桥梁在此次地震作用下的沉降量，引起交界处路面产生显著的高度差，严重影响了道路的正常使用功能。此外，震陷造成了路基填土材料的不均匀变形，加之由地震本身引起的路面错动，导致多处路面塌陷、开裂和隆起，如图 10 所示。调查中发现，多处公路因滑坡、落石崩塌等原因中断，如苏花公路和中至崇德段、中横公路太鲁阁至大禹岭部分路段、台 11 线部分路段等。

图 9　路桥结合部位大变形

Fig.9　Large deformation of road and bridge joints

（a）路面塌陷

（b）路面开裂　　　　　　　　　　　　　　　　　　　（c）路面隆起

图 10　道路的典型震害

Fig.10　Typical seismic damage of the road

3　市政设施的震害

　　城市的供排水、供气、供电和通讯系统等市政设施作为生命线工程的重要组成部分，一旦在地震中遭受大量的损坏，将会使城市的基本功能部分失效甚至完全瘫痪[11]，灾区人民的基本生活需求得不到相应的保障，容易让灾区人民的心理产生恐慌。通过调查发现，此次花莲地震造成了大量的地下水管网破裂，输水、输气管道断裂，通讯基站台受损，供电站及输电线网损毁，如图 11 所示，由于地下给排水管网爆裂，高压水造成了路基土体的流失，路面出现了大面积的陷落。经统计，此次地震共造成约 40000 户居民停水，约 2008 户居民停电，通讯基站台受损 70 余座，道路受损 40 余处，道路中断 7 处。地震发生数小时后台湾省各部门连夜抢修各生命线工程，截止 2 月 7 日 21 时，除倒塌房屋外，其余停水、停电用户已全部恢复正常；中断道路全部抢通；通讯基站台修复 8 座。确保了城市基本功能的正常运转，为抗震救灾行动提供了必要的保障。

图 11　地下水管网破裂

Fig.11　The breaking of underground water pipe network

4　结论与建议

　　尽管台湾花莲地区的建筑结构、道路、桥梁工程在此次地震中整体上表现较好，但也发现了一些问题。本文通过对台湾花莲地震中几座典型的建筑结构与部分生命线工程震害情况的调查和分析，总结了花莲地震中建筑结构与生命线工程的震害特点，主要得出以下结论和建议：

　　（1）重视建筑结构的抗震概念设计。

　　此次花莲地震中倒塌的建筑都有一个共同的特点，其竖向刚度分布不均匀，形成底部薄弱层，导致建筑物在结构薄弱位置发生破坏。在抗震设计中，应力求结构在平面和竖向布置上规则、均匀、对称，合理采用抗震构造措施，重视填充墙等非结构构件的布置对结构刚度分布的影响，避免形成薄弱层。

（2）加强对新建与既有建筑的监督与管理。

通过此次调查发现，施工质量存在问题的建筑和违规改造的建筑都发生了严重的破坏。因此，相关部门应加强对新建建筑的设计、施工过程与既有建筑的违规改造的监督与管理。

（3）推广使用减震隔震技术。

此次花莲地震中，花莲市某减震建筑结构表现出了良好的抗震能力。减震隔震技术将增加结构的耗能能力，提升结构整体的抗震能力。建议在加固改造过程中应用减震隔震技术，同时也推广减震隔震技术在高烈度地区建筑中的应用。

（4）提高生命线工程的抗震能力及可恢复功能。

此次地震中，花莲市的供电、供水、交通和通讯等生命线工程遭受了一定程度的破坏，使市民的生活受到不同程度的影响。随着我国城镇化进程的不断加快，加上各种不利因素的影响，生命线工程遭受地震的风险日益增加。为此，应适当提高生命线工程的抗震能力，一旦生命线工程在地震中受到损坏，能够确保其在短时间内迅速恢复正常功能，为后续的抗震救灾和当地居民的生活提供有力的保障。

致谢：中国台湾地震中心王仁佐研究员、日本埼玉大学党纪教授、中国台湾新康卓科技股份有限公司卓建全先生提供了调查帮助和震害资料。

参考文献

［1］ Chung L H，Chen Y G，Wu Y M，et al. Seismogenic faults along the major suture of the plate boundary deduced by dislocation modeling of coseismic displacements of the 1951 M7.3 Hualien–Taitung earthquake sequence in eastern Taiwan［J］. Earth & Planetary Science Letters，2008，269（3）：416-426.

［2］ Chen H Y，Kuo L C，Yu S B. Coseismic Movement and Seismic Ground Motion Associated with the 31 March 2002 off Hualien Taiwan Earthquake［J］. Terrestrial Atmospheric & Oceanic Sciences，2004，15（4）：683-695.

［3］ 2018.02.06 花莲地震概要［EB/OL］. http：//www. narlabs. org. tw，2018-02-06。

［4］ GB/T 17742—2008 中国地震烈度表［S］. 北京：中国标准出版社，2016.

［5］ 台湾建筑研究所. 建筑物耐震设计规范及解说［S］. 台北，中国，2011.

［6］ 潘毅，季晨龙，王超，等. 日本地震中钢筋混凝土框架结构震害及分析［J］. 工程抗震与加固改造，2012，34（4）：122-127.

［7］ 潘毅，张弛，高宪，等. 台湾美浓6.7级地震框架结构震害调查与分析［J］. 土木工程学报，2016，49（s1）：13-18.

［8］ 庄卫林，刘振宇，蒋劲松. 汶川大地震公路桥梁震害分析及对策［J］. 岩石力学与工程学报，2009，28（7）：1377-1387.

［9］ 潘毅，杨琼，林拥军，等. 汶川地震中填充墙对钢筋混凝土框架结构抗震性能的影响及分析［J］. 四川建筑科学研究，2010，36（5）：141-144.

［10］ 王建，姚令侃，黄艺丹. 汶川地震道路震害及对新建川藏交通干线的启示［J］. 土木工程学报，2013，29（s2）：272-277.

［11］ Zhao X，Cai H，Chen Z，et al. Assessing urban lifeline systems immediately after seismic disaster based on emergency resilience［J］. Structure & Infrastructure Engineering，2016，12（12）：1634-1649.

建筑幕墙在既有建筑改造中运用的探讨

周立韬

四川省建筑科学研究院设计一所，四川成都，610081

摘　要： 建筑幕墙的设计能够提升建筑物整体的外在美，是设计师对建筑物设计美感的体现。随着城市现代化发展的步伐，人们对建筑物外在设计的美感提出了新的要求，对建筑物能否在外观上直接打动人心重视。如今建筑幕墙已经成为一个现代化建筑的典型标志，对既有建筑物进行相关方面的改造已经迫在眉睫。

关键词： 建筑幕墙，既有建筑，外在美

Abstract： The design of architectural curtain wall can enhance the exterior beauty of the building as a whole，which is the embodiment of the designer's aesthetic feeling of building design. Following the pace of urban modernization，people put forward new requirements on the aesthetics of exterior design of buildings，and pay great attention to whether buildings can directly touch people's hearts in appearance. Nowadays，the building curtain wall has become a typical symbol of a modern building.

1　前言

随着施工新技术的不断发展，建筑幕墙已经成为现代化建筑中的重要组成成分之一，它不仅能够直接改变建筑物外观设计的美感，还能够直接打动人心，不断地给人视觉上的冲击，已经成为一个城市建设与规划工作方面的重要方向之一。为了能够有效地提升城市的美感，使建筑物成为城市的一张靓丽的名片，需要将现有的建筑产品进行有机的结合，实现统一性的建筑外立面规划与维护工作，使建筑幕墙设计成为能够满足人们对建筑物设计与城市建设规划统一性与美感性的成功设计，不断提升城市居民的自豪感和荣誉感。因此，对建筑幕墙在既有建筑改造中的应用进行详细的探讨分析是非常必要的。

2　既有建筑改造的意义

由于既有建筑物在设计和建造之时施工技术和施工材料受到当时的经济和技术方面的限制，在经历了多年的风吹雨打之后已经不能够紧随我国经济快速发展和人们对建筑物更高的要求，但是既有建筑物主体结构的功能依旧很稳定，如果将既有建筑物进行拆除是非常可惜的，而对既有建筑物进行改造可使既有建筑物重新焕发应有的魅力。这样的改造工程不仅可以大量减少对社会资源的浪费，还能够保持城市历史文化发展的连续性。

对既有建筑物的改造工程可以分为以下几个方面：给排水改造、室内外装饰改造、通信系统改造、暖通改造等。本文针对既有建筑物的外装饰改造过程中应注意的问题进行分析和探讨。

3　建筑幕墙在既有建筑改造中的意义

3.1　形象改造

既有建筑物的外装设计虽然仅仅使用了简单的砖或涂料，但是在当时的建筑物外观设计中已经是最受欢迎的设计之一。虽然经历了常年风霜雨雪的洗礼，既有建筑物的外观已经失去了原有的风采，但是通过建筑幕墙的改造可以将既有建筑物的形象焕然一新。建筑幕墙在既有建筑物改造中应用是一个非常具有经济性、合理性和快捷方便的方式，不仅能够保持既有建筑物原有的结构形式，还能够节约经济成本。在进行建筑物形象改造的过程中需要注意以下几个问题。

3.1.1　尽量遵循既有建筑原结构形式设计

对既有建筑进行建筑幕墙的改造一定要注意在既有建筑原有的建筑结构形式上进行改造设计，对建筑物原有设计进行充分的分析和研究，特别是改造过程中一定要注意不要破坏建筑物主体结构的稳定性。而且改造过程要将经济性考虑在内，杜绝过度攀比和炫耀。如果将既有建筑物的原结构设计进行改造势必会增加大量的施工时间和施工经费，与改造初衷背道而驰。

3.1.2　充分考虑周边环境或对周边环境的影响

建筑物幕墙是建筑物外表设计的体现，需要与周围自然环境、人文文化和建筑形式相协调，综合考虑可能会涉及到的众多因素进行幕墙形式的合理选择。如果考虑不周就会使得建筑幕墙在周围环境中显得过于突兀，因此尽量将建筑幕墙与周围环境相融合，以提升建筑物的使用价值和观赏性。

3.2　节能改造

当前我国城市中节能建筑的数量和规模占既有建筑总面积的比例甚小，特别是建造于 20 世纪的建筑几乎没有将节能要求考虑在内，对资源的合理利用率考虑不周。既有建筑外墙一般都是 240mm 厚的实心黏土砖墙，而窗户基本上都是采用密封性不良的单层玻璃窗，对资源造成一定的浪费，特别是在北方冬季无法满足室内温度要求。虽然有些既有建筑物外墙设计时使用了玻璃幕墙，但是也有很多幕墙没有将保温效果考虑在内。导致室内采暖和制冷设备的工作效率明显降低了增加了能源的使用。对既有建进行节能改造已经成为促进资源可持续发展的重要工程之一。

当前对既有建筑物节能改造的方式有很多：屋顶保温、节能门窗的安装、采暖系统的改造、外墙外保温等。经过多年的改造经验可以总结出外墙外保温改造是既有建筑节能改造效果最明显的改造方法。对于住宅楼建筑，可以采用节能门窗安装的方式来进行节能改造；对于公共建筑物，可以采用建筑幕墙设计来进行节能改造。公共建筑使用建筑幕墙不仅能够明显提升建筑物外形效果，还能够取得良好的节能效果，是一个一举两得的改造方案。但是建筑幕墙的设计不是一个最完美的设计方案，它会造成城市光污染和温室效应，以及带来较高的建筑耗能。

4　建筑幕墙在既有建筑改造中所面临的问题及对策

对既有建筑进行重新的设计和施工相比于新建建筑而言充满了挑战，在设计和施工过程中也会遇到各种各样的问题。改造过程中需要以不破坏原有建筑结构形式和空间形式为基础，从空间、形体和装饰三个方面进行改造。这是一个能够直接体现设计师水准和对空间理解能力的工程。

4.1　方案论证

制定的改造方案需要进行多次的推敲和论证，必要时需要聘请专家学者进行方案的可行性评估。通常情况下需要针对既有建筑物所在地段进行评估，如果地段比较繁华且既有建筑物的本身使用功能能够满足使用条件，进行改造会具有较好的经济效益；如果地段不繁华，则需要考虑改建和新建之间哪一个更划算。只有将现状了解清楚，对不同的施工环境进行详细分析，才能够最终确定合理的方案，否则会带来较高的施工成本和棘手的施工问题。

4.2　空间改造

对既有建筑物的空间进行调整才能够将附加的建筑功能与原有建筑空间进行较为和谐的搭配。在通过使用建筑幕墙对建筑空间进行改造的过程中需要设计师对既有建筑物的空间进行充分的理解和把握。当前对建筑空间进行空间改造的模式主要有：加顶棚、建筑外轮廓水平向外扩展、加高屋顶幕墙等。

4.3　结构安全

采用建筑幕墙进行既有建筑物改造的过程中最重要的是一定要保证既有建筑物的结构安全。建筑物的结构安全直接影响着建筑物的使用寿命和稳定性，对人们的生命安全具有重要的意义，因此在进行改造之前需要对结构安全进行充分的考虑，考虑经过改造后结构是否还能够满足使用要求。

5　建筑幕墙在既有建筑改造中所赋予的新功能

建筑幕墙在既有建筑物上的使用可以赋予既有建筑物新的功能，能够提升建筑物的观赏性和使用价值。

5.1   光伏幕墙

光伏幕墙可以作为既有建筑物的外围护结构，既满足建筑外立面的美学要求，又具有与普通幕墙相同的遮风、避雨、抗震的功能，此外光伏幕墙还可以借助太阳光进行发电，为建筑物本身提供电量，具有一定的经济性。

5.2   光热幕墙

光热幕墙可以将太阳的辐射收集到一起转换成热能，为建筑物提供热水、冬季采暖和夏季制冷等热热源，一定程度上减少自然资源的使用。

5.3   光电幕墙

光电幕墙中的元器件主要是以 LED 为主，它可以将电能转换为可见光，在电脑控制下发出各色各样的灯光，具有功耗低、寿命长等优点，是在夜晚美化建筑物和提升建筑物表现力的理想方案。

6   结语

既有建筑物的改造工程是城市规划和发展的重要工作之一。采用建筑幕墙对既有建筑物进行改造，不仅能够大幅度改善建筑物的外观形象，而且还能够促进新技术在建筑行业的应用。面对这样具有挑战性的改造工程，只有不断更新施工技术和设计能力，才能够带给人民更加优质的生活环境。

参考文献

［1］ 黄雷. 建筑幕墙在既有建筑改造中的应用探究［J］. 绿色环保建材，2016（08）：55.

［2］ 彭柱. 建筑幕墙在既有建筑改造中的科学运用［J］. 门窗，2014（04）：64.

［3］ 王建宏，石慧. 建筑幕墙在既有建筑改造中运用的探讨［J］. 中华民居（下旬刊），2013（09）：95-96.

［4］ 王常霖，吴珍志. 建筑幕墙在既有建筑改造中运用的探讨［J］. 门窗，2012（11）：8-11.

浅谈房屋改造中建筑给排水的改造难点

黄旭梁

四川省建筑科学研究院综合设计一所，四川成都，610081

摘　要： 房屋给排水管道在铺设过程中仅有少部分是暴露在建筑物的外部，而主要的管道网线都是埋藏在建筑内部的，所以如果在某一段出现问题，对居民的正常生活造成严重的影响。当前，旧房屋的给排水管道已经远远地不能满足人民的需求。排水管道的维修将花费大量的人力物力和时间，对旧房屋进行给排水管道改造出现的问题需要及时的总结，对改造过程中的难点进行系统分析，从实际出发对这些问题和难点提出相应的改造策略。

关键词： 房屋改造，给排水管道，难点，策略

1　前言

随着人们对美好生活的向往，人们对居住的环境要求越来越高。旧房屋给排水管道的改造工程是一项及其重要的工程，不仅能够有效的改善居民的生活质量，还能改善城市给排水系统。作为一名施工人员应该本着为居民解决生活基本问题的原则，通过自身工作经验和能力，选择合理的施工方案进行给排水管道改造工程的施工，以便适应时代的发展，实现房屋给排水管道的长期使用。

2　旧房屋给排水现状

旧有建筑在给排水管道的建设时没有考虑到以后的发展对该管道的影响，出现了很多问题。

2.1　系统方面

①厨房间与卫生间之间的排水管道是一起设置的，这就导致了在使用过程中会在厨房间出现反臭的现象发生，严重地影响着居民的正常生活。

②厨房或洗手间内部洗脸盆、洗菜池等与排水管道相连的地方没有设置存水弯。

③部分居民楼首层及顶层的排水主立管上部未安置检查口，在后期进行维修过程中不便进行对立管排污。

④老旧住宅楼小区内部雨水与污水的排放是雨污合流制，消防水与生活水共用同一个管道，这导致消防管道的检查不能进行，导致年久失修。

2.2　材料方面

旧住宅小区在建造时所使用的管材材质主要是铸铁管，在长期使用过程中容易出现以下几个缺点：

①铸铁管质量较沉管道笨重，在长期的使用过程中由于空气的氧化剂水的腐蚀会使得铸铁管出现锈蚀现象，不及时修补就会出现破漏现象；

②铸铁管内部与水接触的铁材粗糙、摩擦系数较大，随着铸铁管的锈蚀管道内部极易存留污物，进而导致管道堵塞；

③铁质管材在进行自来水输送过程中会由于生锈而造成自来水水质泛黄以及管道破裂污染水质等一系列问题；

④管道生锈还影响整个室内的美观。

3　旧住宅小区给排水系统改造重点分析

针对旧住宅小区排水系统的现状进行改造，主要的对策是以分流为主，以合流为辅。改造过后，小区的排水系统在改造过程中首先进行截污改造处理，争取在短时间内防治污水直接排入城市水体之中，然后再逐步地、分阶段地进行分流制改造，以便进一步的完善城市排水系统。

3.1　对内为合流制、对外为分流制的小区排水系统改造分析

改造措施主要有以下两点：①对小区合流管道进行截污处理，将污水管道直接与市政污水管道进行连接；

②将小区内部管道连接方式由合流制改造为分流制，并且对排污支管进行改接。

3.2　对内外均为合流制的小区排水系统改造分析

如果原小区排水系统都是合流制系统，那么由于管道本身管径较大、水流速度较慢等问题会造成淤积现象。长期下来，管道内部淤积的杂物会发出臭气通过雨水口散发到空气中，严重的影响着人们的正常生活。改造对策如下：

①改造之前在小区外面铺设新的市政污水管道，将原来铺设的合流制主管改造为雨水管，从而实现主干管分流，这样将会为支管的雨水、污水分流打下基础；

②对原小区内部较为完善的合流制排水系统进行保留，对小区内部主干管进行截污处理，并与市政污水管道进行相连。还要对管道内部淤泥等杂物进行及时的清理，以便增加管内流速。

3.3　对内外均为分流制的小区排水系统改造分析

分流制排水系统相较于合流制具有一定的优势，但是如果在建造过程中出现监管力度不大，施工质量存在隐患等问题也会造成小区内部雨水管与污水管之间的交叉混接。针对该问题所提出的对策是：对小区排水管道网络进行分析和调查，找到管道混接之处进行改造处理。

3.4　对内为分流制、外为合流制的小区排水系统改造分析

这样的小区排水系统较为完善，但是小区外部如果仅仅铺设了合流管道的话，小区内部的污水管道就只能与市政雨水管道相连接。针对该系统布置所提出的对策主要有两点：

①对小区内外管道连接方式及铺设情况做系统的了解及分析，在摸清情况之后，在河流两岸铺设截污干管进行污水截流；

②在小区外部铺设分流制的市政污水管道网络，直接将小区内部污水管道与其进行连接。

4　对旧房屋给排水管道材料的改造分析

当前市场中排水管道材料使用最多的方案就是：排水管道使用 UPVC 管，给水管道使用 PP-R 管。

4.1　UPVC 管的优点

①与铸铁管材相比，UPVC 管具有较高的抗腐蚀性、较高的抗冲强度、较小的流体阻力以及较高的耐老化性。它是当前建筑排水管道的最佳材料；

②在安装方面该管材的质量较轻，便于安装，可以降低施工的时间成本及人工成本；

③PUVC 管内壁较为光滑，不易存留杂物，在长期使用中能够保证排水顺畅；

④PUVC 管道检查口的设计与铸铁管材不同，安装时便利，后期维修时便于开启，省时省力；

⑤PUVC 管道造价低，后期维修费用较低。

4.2　PP-R 管的优点

①生活供水管道使用 PP-R 管，可以保证在使用过程中不会发生管材自身氧化而造成的有害物质污染水源；

②PP-R 管具有耐高温、耐高压的特性；

③PP-R 管安装简单，可以使用热熔连接方式进行管材之间的连接处理，借口牢固可靠，不会发生渗漏；

④材料自身重量较低，便于运输及搬运，在施工过程中使用方便；

⑤PP-R 管耐腐蚀性高，使用周期较长，维修成本较低。

5　房屋改造中建筑给排水改造管理难点分析

5.1　提高监督力度

房屋改造中的给排水工程是一个综合性较强的工程，必须提高对其监督力度。监督工作可以分为

四个方面：经济、技术、行政及法律。

技术与行政的监督工作主要由政府相关部门进行主持，但是目前政府相关部门的监督力度不够，没有及时地对一些房屋给排水管道改造工程进行监督工作。因此为了切实保障政府监督工作的权威性以及有效性，政府相关部门应该组织工作经验丰富、专业素质较高的工作人员进行监督工作，并且还要制定相关的监督体制。通过体制为改造工程监督工作提供有力的支持。此外传统的对给排水施工工程监督手段已经不能够适用于当前社会的发展，必须进行监督手段的改革，使用新型的设备仪器和新的技术手段为监督管理工作提供有力的技术支持。

5.2　强化监理工作

在进行房屋给排水改造过程中，监理部门应该及时的参与实际施工过程中，对该工程的施工全过程进行有效的监控。施工之前监理单位要对施工图纸做深入了解，开展图纸会审会议，针对其中的难点重点及易错点进行商议和探讨；施工过程中监理单位对施工单位的施工工艺、流程及人工机械使用情况进行全面把控，严格控制施工质量；竣工阶段监理单位要对该工程所用资料进行搜集整理工作，必须对资料引起足够的重视。

6　结语

房屋建筑给排水工程直接关乎居民生活质量及身体健康，随着建筑行业日新月异的发展，对旧房屋给排水改造工程中所面临的难点要进行详细的分析及总结，并且还要对这些难点产生的原因进行深入地思考。通过改造工程为居民提供一个安全可靠的给排水管道系统，切实保障居民对正常生活的要求。

参考文献

[1]　管裕丰. 公共建筑给排水改造设计探讨 [J]. 建材与装饰，2017（34）.

[2]　王荣. 建筑给排水节能技术的相关思考 [J]. 建筑设计管理，2017，34（05）.

[3]　黄冬梅. 老公共、民用建筑给排水消防设施的改造设计探讨 [J]. 中国新技术新产品，2010（13）.

[4]　陈安. 改造工程项目建筑给排水设计研究 [J]. 福建建筑，2017（12）.

[5]　魏利国. 太原市某超高层建筑改造给排水设计探讨 [J]. 山西建筑，2016，42（21）.

[6]　陈泽平. 老住宅区排水中的雨污分流 [J]. 株洲工学院学报，2005（04）.

FRP 复合材料及其在土木工程中的应用研究

李家磊　　侯宏涛

山东建大工程鉴定加固研究院，山东济南，250013

摘　要：随着近年来科技水平的不断提高，越来越多的新材料和新技术得到了广泛的应用。FRP 复合材料（Fiber Reinforce Plastic，FRP）及其在现代土木工程中的应用，是土木工程领域的前沿课题之一，对于这一领域的研究工作目前国内刚刚起步。在此背景下，土木工程中的复合材料受到了人们的关注和重视。FRP 复合材料具有轻质、高强、抗腐蚀和耐疲劳、稳定性好等优点，目前已成为混凝土、钢材等传统结构材料的重要补强材料。文中针对 FRP 的众多优点，分析了 FRP 在土木工程中的应用现状，介绍了 FRP 在土木工程中应用的几个特殊领域以及关键应用技术，并展望 FRP 的应用前景。

关键词：复合材料，钢筋混凝土，结构加固，土木工程应用

The Development and Application of FRP Composites in Civil Engineering

Li Jialei　　Hou Hongtao

Institute of Engineering Appmisal and Strengthening, Shandong Jianzhu university, Jinan 250013, China;

Abstract： The paper introduces the fiber reinforced plastic（FRP）composites applications in civil engineering. First, some material properties related to composites are given in order to understand the paper better. Details are given about composite structural members and their applications in bridges, buildings, infrastructures, pipes, poles, masts, marine structures, et al. It is also indicated why composite was selected in these applications and what the advantages and disadvantages are of using composite in engineering structures. Finally, Several application fields and application key technology of FRP in civil engineering are introduced and also predict their prospect .

Keywords： composite, reinforced concrete, structural strengthening, engineering application

1　FRP 复合材料

1.1　FRP 复合材料特性

　　复合材料（composite material）是指两种以上的材料组合在一起形成的非均匀材料。事实上，自然界中绝大多数物体都可视为复合材料。在土木工程界，最典型的复合材料是混凝土。在现代工业界，复合材料是指人工制造合成的二相或多相材料。通常一相为加强材料（Reinforce），另一相为基质（Matrix）。常用的加强材料有玻璃（Glass）、铜（Carban）、石墨（Graphite）或碳化硅（Carborundum），常用的基质材料有各类聚合物（Polymer），如高分子聚合物、低分子聚合物、热固性聚合物和金属、陶瓷等。加强材料通常采用纤维（Fiber）或颗粒（Particle）两种形式。在工业界最常采用的复合材料是加强纤维复合材料（Fiber Reinforce Plastic，FRP）。复合材料的发展历史很短，最早的复合材料产生于 1939 年，是玻璃纤维复合材料（Glass Fiber Reinforced Composites，GFRP）。从 1959 年开始，工

作者简介：李家磊（1986），女，中级。

业界开始生产和应用复合材料。

1.2　FRP 复合材料在土木工程中应用的优势

复合材料产生和发展的基本思想是充分发挥加强材料和基质的不同材料特性，并将其有机组合，使复合材料具有传统材料所不具备的物理化学及力学特性。这种思想类似于钢筋混凝土的特性，利用钢筋承担大部分受拉应力，利用混凝土承担大部分受压应力。所不同的是，在复合材料中，绝大部分应力均由具有较高强度的纤维承担，而基质主要起传递剪力和包裹纤维的作用。正是复合材料可以有机组合不同性质的材料，因此复合材料具有传统材料（如钢材）无法比拟的优点。复合材料最重要的优点是具有非常高的强度对重量比（Strength to Weight Ratio）及刚度对重量比（Stiffnes to Weight Ratio）。因此复合材料广泛应用在航空、航天等要求轻质高强结构的领域。此外，复合材料还具有抗疲劳、抗腐蚀、磁电屏蔽及使用寿命长等优点。

2　FRP 复合材料在土木工程中应用的技术现状

FRP 在土木工程中的应用比其他产业滞后，主要有两个原因：一是建筑物造价不能过高，二是缺少工程经验。工程师面对的许多实践性问题就是关于这种 FRP 加强结构的预期或先见效果的设计。对混凝土结构和钢结构有一系列规程和标准及丰富的设计理论和工作经验，然而对于 FRP 加强结构设计的标准和研究还相当匮乏。但从 20 世纪 90 年代早期，尤其从 1996 年开始，在土木工程中的一些特殊领域，FRP 的使用已经有了巨大发展。在最近 10 年中，有许多文献报道了 FRP 在土木工程中的应用。第二届复合材料在桥梁和结构进展的国际会议上，有来自 20 个国家的 247 位作者提交的 119 篇文章涉及到 FRP 复合材料的应用，这表明 FRP 复合材料的应用正在引起广泛注意。

2.1　国外技术发展现状

1962 年以后，国际上多数混凝土结构物加固与修补，曾用法国 CEBTP 的 Hermite 提出用粘贴钢板的办法。但是钢板本身存在一些不足之处，而 FRP 复合材料具有高强度、轻质、抗腐蚀和耐疲劳等特点，为此，从 20 世纪 90 年代起，国际上就开始引用航空、航天技术和补强技术中已经成熟的纤维增强复合材料（FRP），特别是碳纤维增强复合材料（CFRP）代替钢材，作土建结构修补和加固材料。碳纤维材料物理力学性能优越，具有高强、高弹模、重量轻、耐腐蚀及易于施工等特点。碳纤维承受变形能力较强，韧性好，普通中等弹模碳纤维的极限应变达 0.015 ～ 0.020。碳纤维的抗拉强度是普通钢筋的 10 倍以上，弹性模量略高于钢筋。另外，碳纤维没有类似钢筋的屈服点，在达到抗拉强度之前基本上为线弹性状态。

1991 年欧洲首先用 CFRP 完成了国际上第一次桥梁结构加固后，该项技术便在世界上迅速推广。如据英国统计，仅 1997 年，至少有 30 多座桥梁和其他的结构采用 CFRP 加固或修补。大约有 6000m 长的 CFRP 板被用于桥梁、管渠、购物中心、工业厂房、隧道、电站结构和海洋结构的加固和修补。1999 年后，由于欧洲统一规范规定，桥梁承载提高到 40t 级的货车，所以，英国已建的桥梁大多需要用 CFRP 进行加固。日本在 1995 年的阪神地震后，几乎所有高架路桥、地铁、建筑物和桥梁的补强，全部采用 CFRP 进行加固。美国也于近年内对 FRP 做了大量的研究和应用，大约有 60 万座公路桥受到不同程度结构上的破坏，因此桥梁建筑物、隧道和其他基础设施的补强已作为当前美国土木界重要的任务之一。与传统的加固方法（加大截面法、外粘钢板法等）相比，利用 CFRP 加固大大节省了材料，缩短了施工工期，取得明显的经济效益。

因此，据不完全统计，到 1998 年国际上至少已经有 2000 多个大中工程用 FRP 做加固修补，仅日本 1 年就要生产好几百万平方米的 CFRP 片用作结构加固。

国外对 FRP 在现代土木工程中应用技术的研究中，明显地有以下发展趋势。（1）在对单一品种高性能 FRP 复合材料研究与应用的基础上，更加重视和强调由不同种类高性能 FRP 复合材料混杂与复合后的改性问题。其目的在于克服材料本身弱点，使之更适用于现代土木工程的特点，并满足实际需要。（2）为更好地利用高性能 CFRP 与 AFRP 高强的特点，更强调采取预应力的方法给予充分利用。（3）为抢占海洋工程的制高点，国外，特别是日本投入了大量资金进行该方面的应用材料与应用技术的研发，以期在今后的海洋工程建设中占据技术统治地位。（4）土木工程中应用的高性能 FRP 复合材料的品种已越来越多元化。随着经济的发展、材料性能的提高，以及成本的下降，越来越多的 FRP 复合材料被应用于土木工程的各个方面。

2.2　国内技术现状及特点

我国在土木工程中对 FRP 材料应用技术的研究与开发，基本是从 20 世纪 90 年代中期开始的。1997 年开始引进 CFRP 片材加固混凝土结构技术，并开始进行相关研究。由于其巨大的技术优势，在很短的时间内就形成了研究及其工程应用的热点。目前已有中冶集团建筑研究总院（国家工业建筑诊断与改造工程技术研究中心）、清华大学、东南大学、华侨大学等数家单位开展了 FRP 应用与材料技术的研究。迄今已完成几十项研究项目，发表研究论文 100 多篇，在 FRP 加固技术和设计计算理论等方面，已取得一批创新性的研究成果。同时，已完成 FRP（主要是 CFRP 片材）加固工程数百项。中国土木工程学会于 2000 年 6 月成立了"纤维增强塑料（FRP）及工程应用专业委员会"，并同时在北京召开我国首届纤维增强塑料（FRP）混凝土结构学术交流会，使得该项研究更有组织性与系统性，提高了研究效率。随着 CFRP 片材加固混凝土结构技术在我国研究和应用的迅速开展，中国工程建设标准化协会标准《碳纤维布加固修复混凝土结构技术规程》已经发布实施，其它两个材料产品标准和国家级《高性能复合材料应用规范》也在编制当中。高性能 FRP 复合材料加固修复技术的研究和应用已在我国逐渐展开，且正在以高速度发展。

据统计，我国现有的桥梁和建筑物中 70% 是 20 世纪 80 年代以前所建造，由于承载要求的不断提高、裂缝的产生，特别是近年来一些住宅质量问题严重（又不能推倒重建），所以加固修补工作越来越重要。

3　FRP 在土木工程中的应用领域

3.1　FRP 在复杂环境下结构（Infrastructure）中的应用

最近几年，由于环境影响，水边码头地下基础显现结构性能劣化与抗力衰减的缺陷，得到了广泛的关注。由于这种情况的产生原因是复杂的、大量的，土木工程师们越来越意识到，FRP 复合材料作为一种解决复杂环境下结构中存在一些问题可行材料的优势。例如，增加 FRP 材料的层数以加强一个现有结构，或者用 CFRP 加强筋替换一些钢筋，这种新材料的使用将会使原始结构的结构性能有极大的改进。

3.2　FRP 加强筋

FRP 加强筋可以替代普通钢筋，解决容易锈蚀的问题。另外，它们很轻，没有磁性，而且拥有非常好的抗疲劳性。

3.3　FRP—凝土组合结构

受钢—混凝土组合结构应用成功的启发，当考虑经济因素时，混凝土和 FRP 组合的新概念变成了一个有潜力的可行解决方案。当前这个领域的研究聚焦在用 FRP 外包混凝土上，类似钢管混凝土。Seible 研究了这个结构体系。使用 CFRP 的外壳填充混凝土替换桥的主梁，支撑由 FRP 制作的桥面板。这种 FRP—混凝土组合梁、组合柱，很好地利用了 FRP 和混凝土的最好性能。FRP—混凝土组合结构强度高、重量轻和刚度高、价格低的特点将改变和影响 FRP 在推广应用中建筑造价的因素。

3.4　全 FRP 强复合材料大型结构

FRP 复合材料的多功能性、可制造性，提供给工程师们很多机会在一些功能要求腐蚀或磁电屏蔽的特殊建筑结构中，去开发应用这种独特的 FRP 复合材料。比如用于电磁试验操作的建筑结构，或者是感光电路金属板房间。第一个全 CFRP 建筑是美国苹果计算机公司的电磁干涉实验室，另一个工程例子是 IBM 计算机公司电路板车间的 5 层上部结构。

4　FRP 在土木工程中的关键技术

4.1　结构加固补强的关键技术

与传统加固形式形成鲜明对比的是近年来在国际上兴起的 FRP 加固现有结构技术，其简便的施工工艺及优良的加固效果得到土木工程界的普遍赞同。FRP 复合材料，尤其是高性能 CFRP 与 AFRP 复合材料，目前在现代土木工程中应用最广泛的是在基础设施的结构加固补强方面。尽管该项工作已取得很多成果，并得到广泛应用，但仍有很多课题尚待解决，制约着其发展与更广泛应用。主要包括两个方面：（1）界面受力性能研究；（2）预应力加固补强技术研究。

4.2　在新结构中应用的关键技术

高性能 FRP 复合材料在现代土木工程中应用的一个最广阔领域，即是应用于新建结构中的应用技术。由于其材料特点，可以为现代土木工程建设带来革命性的变化。采用 FRP 材料代替原有混凝土结构的钢材，会使原有的设计理论与设计方法发生较大改变。而针对 FRP 混凝土及 FRP2 混凝土组合结构的新设计理论与设计方法的建立，即成为 FRP 应用的技术关键。FRP 材料在土木工程中应用，其连接锚同性能与构造要求一直是其应用的关键。

5　展望

随着经济高速发展和技术飞速进步，世界各国对土木工程的要求越来越高。在有些条件下，传统建筑材料很难满足这种发展要求。FRP 复合材料具有轻质、高强、耐腐蚀、抗疲劳、耐久性好、多功能、适用面广、可设计和易加工等多种优点，在重要的土木工程中，如超大跨、超高层、地下结构、海洋工程、高耐久性的应用，以及特殊环境工程、永久性工程、结构加固修复、大型工程结构的在役监测等的应用，都有着巨大的优越性。它可以满足现代土木工程对新型建筑材料提出的更新、更高的要求。FRP 复合材料作为一种新型的有发展潜力的建筑材料与技术，并不是要取代传统的建筑材料——钢材与混凝土，而是作为传统建材的一个重要补充。FRP 复合材料在土木工程中的应用技术与材料研究开发，在当今世界上已成为复合材料界与土木工程界共同研究开发的一个热点。该技术研究开发成功后，将会极大地推动现代土木工程的技术进步。它还将为现代复合材料产业开辟出巨大的应用市场，因而具有非常广阔的发展应用前景。

参考文献

[1] Dunker K F，Rabbat. Why American Bridge are crumbling [J]. Scientific American，1993，（3）：31-37.

[2] 罗福午. 建筑结构缺陷事故的分析及防止 [M]. 北京：清华大学出版社，1996.4-12.

[3] 岳清瑞. 我国碳纤维增强塑料（CFRP）加固修复技术研究应用现状与展望 [J]. 工业建筑，2000，30（10）：23-26.

[4] 何毅鸿. 纤维加强的井字肋核芯复合材料夹层板受弯简化分析方法 [D]. 华侨大学土木工程系，2000.

[5] 徐玉野，王全凤. 遗传算法在工程结构优化中的应用研究 [J]. 基建优化，2002，23（6）：50-52.

[6] 岳清瑞. 纤维增强塑料（FRP）在土木工程结构中的应用技术的进展 [A]. 第二届全国土木工程用纤维增强复合材料（FRP）应用技术学术交流会议论文集 [C]. 北京：清华大学出版社，2002.18-22.

某近现代保护建筑加固处理方法应用研究

郭杰标 [1]　　周楚瑶 [2]　　陈大川 [1]

1. 湖南大学土木工程学院，湖南长沙，410082
2. 湖南大兴加固改造工程公司，湖南长沙，410082

摘　要： 中国近现代历史建筑作为人类历史文明中不可缺少的重要组成部分，有着重要的历史文化价值。为解决历史文化保护与利用发展的矛盾，对该类建筑采用的加固思路和针对性的检测加固手段进行讨论。从结构的角度出发，分析近现代保护建筑的结构特点，结合工程实例，对项目建筑结构进行检测、鉴定分析，加固改造遵循建筑原真性原则，项目主楼进行加固平移，外立面修缮及附楼保护性拆卸归安重建。通过本次加固改造，结构承载力获得提高，抗震性能得到改善，并最大限度地保护了历史信息和原有风貌。

关键词： 近现代保护建筑，加固，保护

Research and Application on Reinforcement Method for a Modern Protected Architecture

GUO Jie-biao[1]　　ZHOU Chu-yao[2]　　CHEN Da-chuan[1]

1. Department of Civil Engineering，Hunan University，Changsha 410082，China
2. Hunan DAXIN and Reinforcement Rehabilitation Co. LTD. Changsha 410082，China

Abstract： The modern history architecture in China as an indispensable part of human history and civilization，it has important value of history and culture. In order to resolve the contradiction between the protection and utilization of historical culture，this paper discusses the idea of reinforce and detection reinforcement methods targeted for this kinds of building. In structure，analyzed the structural characteristics of modern history architecture. Combined with project cases，detection、identification and analysis construction structure for this project. Reinforce and reconstruction follow the principle of authenticity in architecture，the main building of this project doing strengthening and translation，repair the facade，remove and rebuild the attached building protectively. Through this reinforcement and transformation，the structural capacity and the earthquake resistant behavior was improved，and the historical information and original features had been protect in maximum extent.

Keywords： modem historical building，strengthening，conservation

1　近现代建筑的概念

　　国际上对历史建筑的范围界定和定义各不相同。本文所指的近现代建筑，是指 1840 年后，中国步入近代史阶段，中国建筑也开始了近代化、现代化的进程。一方面仍是传统古建筑的延续、演变，另一方面是西方传来的西式建筑的影响，中国建筑呈现出新旧两大建筑体系并存的局面。以及 20 世

　　基金项目：国家重点研发计划：2016YFC0701308。
　　作者简介：郭杰标（1980—），男，高级工程师。
　　　　　　　周楚瑶（1995—），女，湖南大学土木工程学院研究生。
　　　　　　　陈大川（1967—），男，湖南大学教授。

纪 20 年代之后出现的仿古建筑，在建造技术和结构上已接近于现代建筑。值得一提的是，建国初期的一系列建筑，在建筑风格以及建筑技术上有着近代建筑的遗风，可以说是近代建筑的延续。这类建筑见证了中国古典建筑向当代建筑的过渡时期，是联系过去和未来的纽带，它们的历史文化价值是不容忽视的，积淀着极为丰富的历史的、文化的、民族的、地域的、科学的、情感的信息，是需要予以妥善保护的建筑[1~3]。

2 近现代建筑的结构特点

近现代建筑结构形式多以砖木结构和砖混结构为主。砖木结构是以砖墙为竖向承重结构、以木屋架为屋面结构、以木梁及木楼板为横向结构、经砖墙最后传力至条形基础的结构体。一般而言，这种结构体系的建筑建筑层数不超过三层，砖为黏土砖[4]。砖混结构是指建筑物中竖向承重的墙、附壁柱等采用砖或砌块砌筑，小部分梁柱采用钢筋混凝土结构，多采用黏土砖和混合砂浆砌筑[5]。

这类结构砌筑砂浆的强度较低，其抗拉、抗剪强度较差，延性性能较差，多采用浅基础，加上建筑建造年代久远，长期自然环境的侵蚀和人为因素的破坏，结构存在不同程度的损伤，且设计理念多考虑竖向受力，几乎未对地震作用进行分析[6]，虽然施工中通过内外砖墙的咬合达到一定的整体连接性能，但很少有设置构造柱和圈梁等抗震措施。正是由于组成这类结构的基本材料和连接方式决定了其脆性性质，变形能力小，导致房屋的整体性能和抗震性能较差，很难满足现行规范的要求。

3 加固的原则

3.1 真实性原则

真实性原则是指在对历史建筑进行加固设计时，尽可能保留和利用原有构件，发挥原结构的潜力，避免不必要的拆除和更换，应保持原有的建筑外观不变，维护建筑的原真性。

3.2 可识别性原则

对加固过程中采用的技术、设备、工艺以及材料与原结构相区分开，最大限度地保护原结构所携带的历史文化信息，以便于在后来的加固改造中可以迅速地了解与改善。

3.3 可逆性原则

即修复保护建筑时所采取的一切措施均应可逆。因为加固的技术和理念是不断发展的，提倡所用的加固手段是可逆的，这样一来，未来技术条件达到的时候，不仅可以更好地修复此建筑，同时也防止加固方法不恰当对建筑的历史信息造成不可逆转的损害。

3.4 安全使用原则

满足合理、安全使用的要求。对其结构进行验算，不足的予以补强。

4 加固的思路

对近现代保护建筑的保护加固工程，保护是首要条件，加固是手段，这是一项内容广泛、组织严密的系统工程，一个逻辑清晰、有效可靠的加固思路是十分必要的（图 1）。首先应当确定保护的目的，有的保护是为了更好地延续其文化价值，有的保护是为了保证后续的安全使用，有的保护是为了解决城市发展与历史保护的冲突，各个背景环境的保护建筑所要达到的目的不同。然后需要对保护建筑的历史背景调研，不仅包括历史经历和文化价值的调研，还要包括过去的使用以及改造情况的调

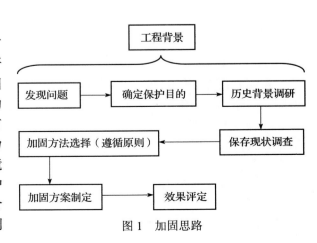

图 1 加固思路

研，去认识和理解保护建筑在漫长岁月中所携带的信息。接着需对保护建筑的保存现状进行调查分析，包括地理位置、建筑风貌、结构形式、破损情况等，过程中尽可能地采用无损检测技术，通过结构的力学分析，对建筑可靠性做出评价，为保护加固方案的决策和制定提供依据。遵循保护的原则和依据规范，选择合适的加固方法，目前国内常用的加固方法很多，比如上部卸载法、增设支撑法、高性能复合砂浆钢筋网加固法、粘贴钢板法等[6]，明确好保护目的，结合相关资料，综合分析选择经济可行的加固方法。当然，具体到某一幢建筑的保护时，往往不是采用单一的方式，而是数种加固方法的综合运用。针对性地制定加固方案，最后在加固保护完成后需对其进行效果评定。

5　工程实例

5.1　工程背景

某近现代保护建筑，位于长沙市开福区，始建于 19 世纪 50 年代，后期进行了多次改造。该建筑由北侧主楼和南侧附楼组成，其平面基本形状为"7"字形。其中主楼轴线总长约 66.37m，总宽约为 16m，共 4 层，结构的形式为砖混结构，结构平面图（图 2）。该建筑于 2002 年被市政府列为近现代保护建筑，建筑本身运用了中西合璧的设计理念，具有一定的文化保护价值。因该保护建筑已使用 60 多年，超过了原设计使用年限，且位于中山路的繁华商业圈，对土地开发的整体布局有一定影响。综合考虑决定将该宾馆主体结构加固后向北直线平移。为了该保护建筑平移及后续使用结构安全，需对原结构进行现场勘察及计算复核，采取针对性的加固方案。

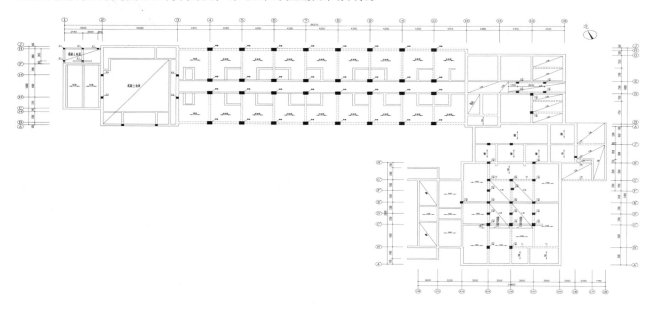

图 2　保护建筑的结构平面图

5.2　保存现状调查

根据委托方提供的部分设计图纸等相关资料和现场核对，保护建筑的建筑、结构平面布置与设计图纸基本相符。但保留下来的图纸有限，需进行现场测绘，一方面补充缺乏的尺寸数据，另一方面可以复核图纸所标注的尺寸。测绘中使用了 3D 扫描仪辅助测量，该技术可以为之后的修缮加固工作提供现状资料。

5.2.1　基础调查

建筑基础形式为墙下放大脚条形基础、砖砌独立基础，采用电子经纬仪对建筑垂直度测量和现场调查，发现该保护建筑物无明显整体变形趋势，房屋地基基础目前处于稳定状态，但主楼西侧局部的地基基础曾发生过一定的不均匀沉降变形。

5.2.2　承重构件

采用回弹法对保护建筑现浇混凝土构件的混凝土抗压强度和各层墙体的砌筑砖抗压强度进行现场检测，发现所检测现浇混凝土构件的混凝土抗压强度回弹推定值满足设计强度要求，主楼所检测墙体的砌筑砖强度回弹推定等级为 MU10，附楼为 MU7.5。保护建筑的砌筑砂浆为混合砂浆，无法进行回弹测试，其表观状态比较松散，部分位置呈粉状，强度小于 M1（考虑到实际受力情况，在加固修缮的计算复核时可按 M0.4 考虑）。

在检测和调查过程中，发现保护建筑承重墙体组砌方法基本正确，大部分墙体表面较平整，灰缝厚薄较均匀、饱满，但各层墙体均存在不同程度的开裂、渗漏等现象。

保护建筑部分混凝土柱、梁和板构件存在开裂、渗漏、局部蜂窝麻面、钢筋外露锈蚀等现象。

5.2.3　木结构楼面、屋面结构

保护建筑的木楼面存在局部受火灾烧损、顺纹开裂、腐朽现象；屋面现浇板存在开裂、渗漏等现象；屋盖木屋架杆件存在顺纹开裂、腐朽、金属连接件锈蚀，屋盖木檩条和望板存在局部下挠变形、腐朽、渗漏等现象。

5.2.4　构造连接

根据委托单位介绍和现场检测调查，该保护建筑除各层西侧大厅大梁两端均设置有构造柱，构造柱尺寸为 350×370mm，其余位置未布置构造柱及圈梁。

5.2.5　鉴定结论

综合现场检测和计算分析，得出鉴定结论：该房屋结构布置基本合理，传力路线较明确；房屋为砖混结构，受建设年代影响，房屋构造柱设置较少，未设置圈梁，结构整体性较一般；地基基础较稳定，但主楼西侧局部的地基基础曾发生过一定的不均匀沉降变形；保护建筑部分混凝土柱、梁和板的承载力不满足现行规范要求；保护建筑部分墙体的抗力与荷载效应之比不满足现行规范要求，其承载能力、抗震性能及耐久性不满足现行规范要求。

5.3　加固方法选择

根据现场检测鉴定的结果，遵循真实性，可逆性及安全使用性原则，对加固方法进行选择，针对不同构件补强的要求，采用不同加固方法以满足建筑物各项功能要求[7]。较大裂缝的修复采用粘贴碳纤维加固法，该方法不改变结构的形状和外观，无需对原有结构进行打孔穿洞，不增加结构自重和体积，施工方便，加固性能好且能满足真实性原则。承重构件不采用工程中常用的加大截面法，增加结构自重，对结构造成破坏，不满足可逆性及真实性原则。外包钢法加固法占空间小，但使用时受环境影响较大，用钢量大费用较高对结构形状适应性不强，不适用于大面积使用，但在搁置节点可以采用。因此，采用高性能复合砂浆加固法，由于复合砂浆具有强度高、收缩小和抗裂性能好等优点，可以获得更小的外抹薄层的厚度，同时也可以保证外墙外表面的线脚和装饰不被破坏，满足了真实性和可逆性原则。该方法提高结构整体的刚度及构件的综合承载能力，提高结构的耐久性能和抗火性能，同时造价也相对低廉，也满足了安全使用性原则。

5.4　加固方案

5.4.1　梁、柱加固

对出现梁身裂缝或露筋现象的梁，对原表面进行凿毛、清洗后，用 35mm 厚钢筋网复合砂浆进行处理（图 3），复合砂浆的强度为 M30，其余完整性较好的梁、柱，用 M30 高性能复合砂浆抹面处理。

5.4.2　楼面板加固

该建筑存在木楼板及混凝土板两种楼面板结构形式，由于木楼面构件存在局部烧损、沿纵纹开裂、腐朽，屋面板存在局部变形、腐朽、渗漏等现象，其承载力、耐久性和防火性能等不满足现行规范安全使用的要求，采用新增现浇板加固方式进行处理，对原有木楼板进行拆除后施工。对于开裂的混凝土板，根据裂缝大小进行不同的加固处理，对于裂缝宽度不大于 0.2mm 的裂缝，采用表面修补法；若裂缝宽度 >0.2mm 的现浇板，裂缝采用 ESA 灌缝胶封闭，裂缝封闭施工完成后再采用碳纤维加固处理，如图 4。

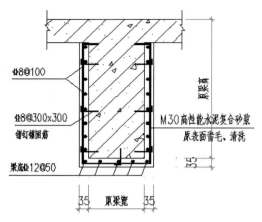

图 3　梁钢筋网复合砂浆加固法

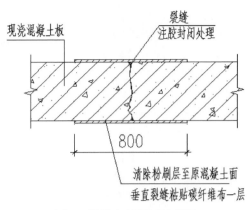

图 4　混凝土板加固示意图

5.4.3　墙体加固

墙体存在不同程度的开裂，质量较差，不能满足抗震需要。由于保护建筑外墙修复有特殊要求，须对原有外墙的内外墙面分别采用不同的加固方案，即外墙内侧采用单面钢筋网抗裂复合砂浆加固，建筑内墙采用双面复合砂浆钢筋网进行加固，如图 5。

5.4.4　屋盖加固

屋盖为木结构，部分为金属连接件，对严重腐蚀的金属结构进行更换处理，对产生裂缝的木构件采用环氧树脂水泥嵌缝修补，对腐蚀严重的木屋盖杆件进行更换处理，用钢丝分段捆绑式包裹修复，并对所有木制构件进行防火处理（如涂刷防火涂料），见图 6。

5.4.5　抗震加固

对保护建筑未按现行规范设置构造柱的纵横墙连接节点和圈梁的楼层，采用高性能抗裂复合砂浆钢筋网等方法进行加固处理，并在主楼左侧增加构造柱，考虑到对外立面建筑风貌的影响，

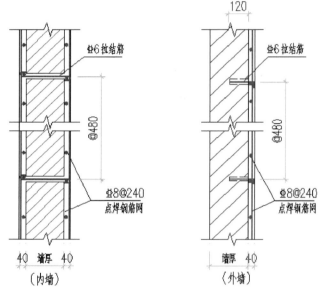

图 5　墙体加固示意图

设置构造柱应在建筑内部，并设置拉结钢筋植入墙体 100mm，保证对外立面无影响；对楼面预制板、屋面檩条与墙体或梁的搁置节点，采用钢板、角钢等进行构造加固，以提高房屋的抗震能力。

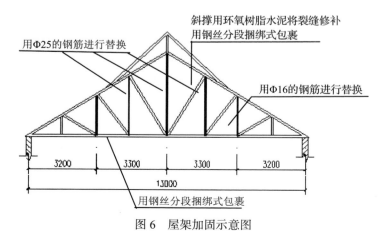

图 6　屋架加固示意图

6　结论

历史保护建筑通常缺少设计资料和使用变更记录，对其进行加固保护时，需对建筑物的结构特征、几何尺寸、材料性能以及使用破损情况进行详细的调查和检测，并且尽可能地采用新技术对现状情况进行收集记录，为后续的加固设计和维修利用提供可靠的依据。在实现结构的安全可靠时，将建筑和结构结合，确定保护方案，遵循相应原则，采取有针对性的加固方案，尽可能地保留和利用原有构件。依照上述加固思路，通过上述加固设计，结构的各项指标均满足现行国家规范要求，实现了结构的加固可靠，也保护了建筑物的历史文化价值。

参考文献

[1]　沈吉云. 历史建筑加固与修缮中对历史文化价值的保护［J］. 建筑结构，2007，37，1-5.

[2]　黄建涛. 近代历史建筑的修复技术研究［D］. 武汉理工大学，2006，4-6.

[3]　张帆. 近代历史建筑保护修复技术与评价研究［D］. 天津大学，2010，1-4.

[4]　吴明友. 南京近现代建筑保护与修缮技术研究［D］. 东南大学，2017，24-25.

[5]　刘双. 砖混房屋抗震加固方法设计研究［D］. 西安科技大学，2011，1-2.

[6]　么江涛，熊海贝. 上海市优秀历史保护建筑抗震加固问题探讨［J］. 结构工程师，2013，29（06）：177-182

[7]　张颖. 某保护建筑的加固改造设计［J］. 建筑结构，2013，43，1-3.

[8]　胡力友. 上海某民国历史保护建筑加固设计研究［J］. 工程抗震与加固改造，2017，39（4），1-3.

[9]　侯实. 近代建筑外立面保护技术检讨［D］. 上海交通大学，2010，1-4.

砌体结构房屋墙体加固方法分析

李亮如[1]　刘劲松[2]　陈大川[1]

1. 湖南大学土木工程学院，湖南长沙，410082；

2. 湖南大兴加固改造工程有限公司，湖南长沙，410082

摘　要：砌体结构是国内应用比较广泛的一种结构形式。但砌体结构材料延性差，材料本身的抗拉、抗弯、抗剪强度低，属脆性材料。本文介绍了既有砌体结构房屋墙体破坏原因，对砌体结构房屋墙体破坏形式及其加固方法进行分析，总结出墙体破坏的处理思路、加固方法及其施工工艺，供不同破坏情况下的砌体结构墙体加固借鉴参考。

关键词：砌体结构，处理思路，加固方法，施工工艺

Analysis method of reinforcement of the masonry structure wall

LI Liang-ru　LIU Jin-song　CHEN Da-chuan

1. Hunan University，Department of Civil Engineering，Changsha 410082，China，

2. Hunan Daxing reinforcement and reconstruction engineering co.，ltd. Changsha 410082，China

Abstract：Masonry structure is a widely used structure in domestic. But the poor ductility of masonry structural materials，material's tensile strength，low shear strength，are brittle materials. This paper introduces both the damage reason of masonry structure wall of masonry building wall failure form and analysis of reinforcement method，summarizes the method and construction technology of reinforcement ideas，the destruction of the wall，for masonry structure with different damage reinforcement learning reference.

Keywords：masonry structure，treatment method，reinforcement method，construction technolo

砌体结构是国内应用比较广泛的一种结构形式。砌体结构是指由块体和砂浆砌筑而成的墙、柱等作为建筑物主要受力构件的结构，是砖砌体、砌块和石砌体结构的统称。现存的大量珍贵文物保护建筑、构筑物，已建和新建的农村乡镇民居以及中小学校舍等各类建筑中绝大多数为砌体结构。由于砖砌体结构采用的材料为脆性材料，其抗剪、抗拉和抗弯的强度均较低，而且它的抗震性能很差，因此，采取适当的加固措施对砌体结构墙体进行补强与处理，使这些建筑仍能满足人们对建筑物安全性、适用性和耐久性的要求，继续为社会服务，加固技术也由此产生、发展和完善。

1　砌体结构墙体破坏原因分析

砌体结构特别是无筋砌体结构整体性较差，承载力较低，所以，对砌体结构墙体破坏进行原因分析，可能的破坏原因有如下几点：

（1）由于地基不均匀沉降，墙体产生沉降裂缝。

（2）由于热胀冷缩，墙体产生温度裂缝。

（3）局部砌体墙、柱承载力不足。

基金项目：国家重点研发计划（2016YFC0701308）。

作者简介：李亮如（1995—）男，湖南大学研究生。

　　　　　陈大川（1967—），男，湖南大学教授，博士。

（4）由于房屋改建加层而使原墙体承载力不足。

（5）在抗震设防区经抗震鉴定，房屋抗震强度不足或房屋构造措施不满足要求。

2　墙体破坏形式

（1）地基下沉引起的墙体斜裂缝，如图 1 所示。

（2）由温度升降引起的墙体斜裂缝，如图 2 所示。

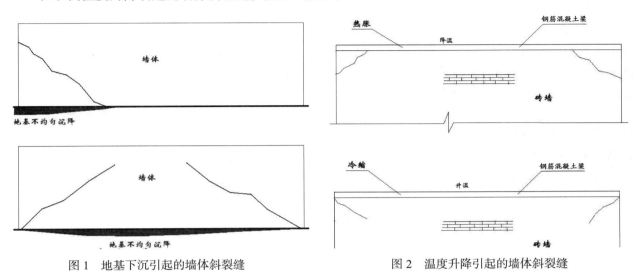

图 1　地基下沉引起的墙体斜裂缝　　　　　　　　图 2　温度升降引起的墙体斜裂缝

（3）由地震引发的砌体结构墙体破坏形式主要有三种：窗间墙破坏形式、窗下墙破坏形式和混合破坏形式。

窗间墙破坏形式表现为洞口左右两侧墙段先于洞口上下两侧墙段发生剪切破坏而产生斜裂缝或交叉裂缝，震害上部较轻下部严重，产生此类震害现象的窗间墙宽度相对窗下墙高度较小。如图 3 所示。

窗下墙破坏形式表现为洞口上下两侧墙段先于洞口左右两侧墙段发生剪切破坏而产生斜裂缝或交叉裂缝，产生此类震害现象的窗下墙高度相对窗间墙宽度较小。如图 4 所示。

混合破坏形式表现为洞口上下左右各位置处墙段几乎同时发生剪切破坏而产生斜裂缝或交叉裂缝，产生此类震害现象的窗下墙与窗间墙几何尺寸基本相当。如图 5 所示。

图 3　窗间墙墙体裂缝　　　　　　图 4　窗下墙墙体裂缝　　　　　　图 5　混合破坏墙体裂缝

3　处理思路

（1）对地基不均匀沉降问题引起的墙体裂缝问题：引起地基不均匀沉降的因素主要有地基软弱土层不均、上部结构荷载差异以及相邻环境影响。首先要解决地基不均匀沉降问题，使松散和多孔性的土壤变为一个整体，增加其承载力和减少地基的沉陷量，使其力学强度、抗变形能力、整体性有所提高，使地基不再进一步下沉。

（2）对温度升降、局部构建承载力不足引起的墙体裂缝问题：可以通过高性能水泥复合砂浆钢筋网加固法、增设构造措施、粘贴纤维复合片材加固法等方法来提高墙体的墙体、刚度及整体性。

（3）对地震引起的墙体裂缝问题：加强房屋的整体性，提高构件的承载能力，以增强结构的抗震能力，满足"大震不倒"的设防要求。

4　加固方法

本文介绍几种常用的墙体加固方法。采用高性能水泥复合砂浆钢筋网加固法、粘贴纤维复合材料加固法和钢筋混凝土板墙加固法等来提高墙体的强度、刚度以及整体性。采用增设构造柱、圈梁等方法来增强墙体的整体性和抗震性能。

4.1　高性能水泥复合砂浆钢筋网加固法

高性能水泥复合砂浆钢筋网加固法，是指在原来砖砌墙体的一侧或者两侧按要求锚固钢筋网并涂抹一定厚度的水泥砂浆面层，使得钢筋网通过砂浆面层的粘结与原来的砖砌墙体承担共同作用，用来提高原来砖砌墙体的抗震性能，目前在实际砌体结构加固工程中最为常见。

它的主要优点是厚度薄，对原有构件尺寸及结构自重影响小，抗拉、抗压强度高，新老界面粘结好，收缩小。

高性能水泥复合砂浆钢筋网加固墙体分为单面加固和双面加固，如图6所示。

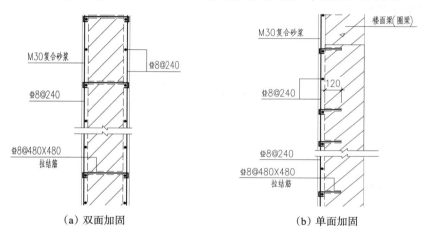

（a）双面加固　　　　　　　　　　（b）单面加固

图6　墙体加固示意图

4.1.1　技术要点

（1）其原砌体的砌筑砂浆强度等级应符合下列规定：对于受压构件，不应低于M2.5；对于受剪构件，对砖砌体，其原砌筑砂浆强度等级不宜低于M0.4，但若为低层建筑，允许不低于M2.5。

（2）钢筋网水泥砂浆面层加固砌体承重构件的构造应符合下列规定：加固受压构件用的水泥砂浆，其强度等级不应低于M15；加固受剪构件用的水泥砂浆，其强度等级不应低于M10；受力钢筋距砌体表面的距离不应小于5mm。

（3）加固墙体的时侯，宜采用点焊方格钢筋网，网中竖向受力钢筋直径不应小于8mm；水平分布钢筋的直径宜为6mm；网格尺寸不应大于300mm。当采用双面钢筋网水泥砂浆时，钢筋网应采用穿通墙体的S形或Z形钢筋拉结，拉结钢筋宜成梅花状布置，其竖向间距和水平间距均不应大于500mm。

（4）钢筋网四周应与楼板、大梁、柱或墙体可靠连接。墙、柱加固增设的竖向受力钢筋，其上端应锚固在楼层构件、圈梁或配筋的混凝土垫块中；其伸入地下一端应锚固在基础内，锚固可采用植筋方式。

（5）钢筋网的横向钢筋如遇有门窗洞口时，对单面加固情形而言，宜将钢筋弯入洞口侧面并且沿周边锚固；对于双面加固的情形，宜将两侧的横向钢筋在洞口处闭合，且还应该在钢筋网折角处设置竖向的构造钢筋；此外，在门窗的转角处，尚应设置附加的斜向钢筋。

4.1.2　施工工艺

剔除墙体粉饰层、清理→拉结筋布点、钻孔→水平布筋位置灰缝剔槽→清洗→布设水平、竖向拉结筋、锚固筋（绑扎、焊接）→涂刷界面剂→抹复合砂浆→养护。

4.2　粘贴纤维复合材料加固法

粘贴纤维复合材料加固方法可有效提高门窗洞口墙砌体的抗震性能和抗剪承载力，此法主要适用于烧结普通砖墙平面内受剪加固和抗震加固。采用纤维复合材料加固时还应有相配套的结构胶粘剂。其优点主要有高强高效、耐腐蚀性、不增加构件自重等等。粘贴方式如图 7。

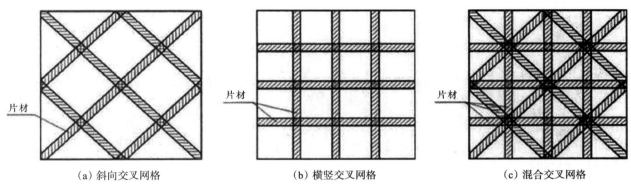

　　（a）斜向交叉网格　　　　　　　　（b）横竖交叉网格　　　　　　　　（c）混合交叉网格

图 7　纤维片材抗剪加固砌体墙的粘贴方式

技术要点：

（1）外贴纤维复合材料加固砖墙时，要将纤维材料受力方式设计成仅承受拉应力作用。粘贴在砖砌体构件表面上的纤维复合材料的表面要进行防护处理，一般先将构件表面的浮灰、污垢用清水洗净，在需要粘贴纤维复合材料的部位预先进行处理，打磨平整，粘贴前在构件表面饱满均匀地涂对纤维复合材料无害的结构胶，粘贴纤维复合材料时，要沿着纤维丝方向拉紧并用棍子挤压密实，赶出气泡。

（2）在纤维复合材料表面粘剂未凝固前安装上锚固件，并用膨胀螺栓将锚固件固定在构件上下端部，将纤维材料夹紧。纤维材料应双面粘贴，可采用水平粘贴方式、交叉粘贴方式、平叉粘贴方式或双叉粘贴方式等，每种方式的端部应加贴竖向或横向压条。

4.3　钢筋混凝土板墙加固法

该方法是在原砖墙的一侧或两侧增设一定厚度的钢筋混凝土墙，以提高原有砖墙的承载能力和抗震性能。

采用钢筋混凝土板墙加固时应注意以下几点：

（1）原墙体的砂浆强度等级不宜低于 M2.5。

（2）钢筋混凝土面层的截面厚度不应小于 60mm，采用喷射施工时，其厚度不应小于 50mm，加固用混凝土强度不应低于 C20 级。

（3）竖向加固钢筋直径不宜小于 12mm，水平钢筋直径不应小于 6mm。

（4）钢筋混凝土板墙加固钢筋网布置与钢筋网水泥砂浆加固相近，板墙左右应与两侧墙体有可靠连接，可沿墙高每隔 0.7～1m 在两端各设 1 根 12mm 的拉结钢筋，拉结钢筋两端也应可靠锚固。

（5）板墙应与楼、屋盖可靠连接，至少每隔 1m 设置穿过楼板且与竖向钢筋等面积的短筋，短筋上下两端应锚入上下板墙内。

（6）板墙应有基础，且基础埋深应与原基础相同。

图 8 为钢筋混凝土板墙加固窗间墙示意图。

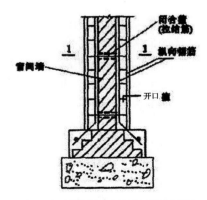

图 8　钢筋混凝土板墙加固窗间墙

4.4 构造加固措施

新增的圈梁和构造柱可以很好地提高砌体结构的结构性能。一是圈梁和构造柱共同工作，形成"弱框架"，具有很好的整体性，可以增强结构刚度，提高结构抗震性能；二是通过圈梁和构造柱对墙体的约束作用，可以减少墙体裂缝的开展。

4.4.1 增设圈梁加固

增设的圈梁宜在屋盖、楼盖标高的同一平面内闭合；在圈梁标高变换处，譬如楼梯间、阳台等部位，要设置局部加强措施；变形缝两侧的圈梁要分别闭合。圈梁应采用混凝土现浇，浇筑的强度等级应不低于 C20，钢筋宜采用 HRB335 级和 HRB400 级；圈梁的截面高度应不小于 180mm，截面宽度应不小于 120mm，纵向钢筋的直径应不小于 10mm，数量不少于 4 根；箍筋宜采用直径为 6mm 的钢筋，间距宜为 200mm；当圈梁与外加柱相连时，在柱两侧各 500mm 长度区段内，箍筋间距应加密至 100mm；圈梁在转角处应设 2 根直径 12mm 的斜筋。新增圈梁做法如图 9 所示。

4.4.2 增设构造柱加固

新增的构造柱应布置在不规则平面的转角处、房屋的四角以及楼梯间的四角等部位，并根据房屋的具体情况在内外墙交接的地方每开间或者隔开间设置。增设的构造柱要对称地布置在平面内，布置时要从底层开始设起，然后沿着砌体房屋的全高贯通设置，并且不允许错位。增设的构造柱要想更好地发挥作用，还应该与钢拉杆或者圈梁组合连在一起形成闭合系统，且必须与现浇钢筋混凝土楼板、屋盖板或原有圈梁可靠连接。新增构造柱做法图 10 所示。

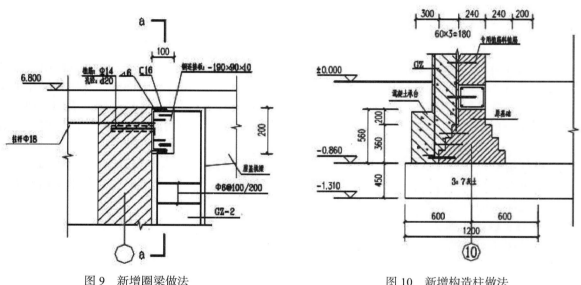

图 9　新增圈梁做法　　　　　　图 10　新增构造柱做法

5 结论

砌体结构加固的研究直接关系到广大人民群众的生命及财产安全，本文通过对砌体结构房屋墙体破坏的原因进行分析，提出了处理思路，介绍了几种常用的砌体结构加固方法。在进行砌体结构加固时，要针对不同的情况、不同的破坏原因选择适当的加固方法。加固方案的确定在考虑结构整体安全性满足要求的同时，应考虑施工工艺的可操作性、加固工程总体造价、加固工期的长短、加固对原使用功能的影响、建筑美观方面等因素。

参考文献

［1］ GB 50003—2011. 砌体结构设计规范［S］.

［2］ 施楚贤砌体结构理论与设计（第二版）［M］. 北京：中国建筑工业出版社，2003.

［3］ 骆曦. 我国村镇既有砌体结构房屋现状分析及加固［D］. 华中科技大学，2011

［4］　姚远. 碳纤维加固严重破坏砌体墙的试验研究［D］. 重庆大学，2010.

［5］　尚守平，徐梅芳，刘一斌，姜巍. 高性能水泥复合砂浆钢筋网薄层加固混凝土小型空心砌块砌体抗压强度试验研究［J］. 湘潭大学自然科学学报，2010，32（04）：46-52.

［6］　冯学刚. 砌体结构地震破坏模式研究［D］. 中国地震局工程力学研究所，2010.

［7］　吴昊. 砌体结构教学楼抗震性能及地震破坏机制控制研究［D］. 西南交通大学，2013.

［8］　徐剑波. 地基不均匀沉降对房屋的危害分析及治理对策研究［D］. 湖南大学，2006.

［9］　郭猛，马薇. 钢筋网 - 水泥砂浆面层加固砌体墙裂缝分析及设计建议［J］. 建筑结构，2014，44（11）：38-40.

钢筋混凝土柱托换技术的新进展

吴二军　付金笛　姬文鹏

河海大学土木与交通学院，江苏南京，210098

摘　要： 钢筋混凝土（RC）柱（桩）托换技术广泛应用于在建筑物整体移位、既有建筑物空间开发等结构加固改造工程中。随着工程范围的拓展及工程复杂程度的增加，RC柱托换面临诸多新的技术挑战。本文系统总结了近年来RC柱的各类新型托换结构形式，介绍了柱托换节点在受力性能、工作机理和理论模型、承载力计算公式等方面的研究新进展，并归纳了现有研究应用中的不足点。

关键词： 钢筋混凝土柱托换，技术挑战，新进展，破坏模式，承载力

New Advances of Reinforced Concrete Column Underpinning Technology

Wu Erjun　Fu Jindi　Ji Wenpeng

College of Civil and Transportation Engineering, Hohai University, Nanjing, Jiangsu 210098, China

Abstract： Reinforced concrete column (pile) underpinning technology is widely applied in some structural reinforcement and reconstruction projects such as building monolithic moving and space development of existing buildings. With the expanding of the engineering scope and the increasing of the engineering complexity, the RC column underpinning technology is faced with lots of new challenges. This paper systematically summarizes the new types of underpinning structure and introduces the new progress in the study of the force performance, the working mechanism , the theoretical model and the calculation formula of the bearing capacity of the column underpinning joint. The shortages of research and application are also generalized.

Keywords： reinforced concrete column underpinning technology, technical challenges, new progress, failure mode, bearing capacity

0　引言

　　结构托换技术是指既有结构物加固改造工程中，改变结构荷载传递路线的专门技术。目前，混凝土柱（桩）托换技术的应用最为常见，可广泛应用于既有工程结构的整体移位、顶升纠偏、地基基础加固、增层、层间或地下空间开发、地铁隧道开挖等工程领域中[1, 2]。

　　20世纪后半叶，在建筑物纠偏、增层和整体平移与顶升工程需求的推动下，工程技术人员开发了单梁式托换、抱柱梁式托换等技术，并日趋成熟。近十几年来，随着我国建筑业逐渐进入以新建和加固改造并重的时代，托换工程的复杂性、多样性日益增加，对已有托换方法提出了新的技术挑战，从而促进了柱托换技术在托换构造、试验研究、设计方法、机理研究等方面进一步快速发展[2, 3]。本文将在对已有成果简介基础上，对具体的技术挑战进行分析，并介绍本领域的最新研究

作者简介：吴二军（1972），男，副教授。E-mail：243067860@qq.com。通讯地址：江苏省南京市鼓楼区西康路1号河海大学土木与交通学院。

与应用成果。

本文中，传统托换方法和新技术以全国第一本建筑物整体移位技术行业标准《建（构）筑物整体迁移技术规程》(DJG32/TJ 57—2007) 发布时间为界限进行划分。

这里将柱托换概念的外延设定为狭义和广义，狭义柱托换仅指将荷载全部转换至托换结构的托换，广义柱托换尚应包括全柱加固类荷载部分转换路径的情况，如扩大截面法柱加固、竖向预应力支撑卸载等。本文内容限定在狭义托换范围内。

1 柱托换技术面临的新挑战

随着托换技术应用的不断拓展，柱托换技术面临以下技术挑战：

（1）托换荷载大幅增加。部分移位工程的单柱托换荷载已经超过 1000t，莱芜开发区管委会综合楼平移工程中最大单柱托换荷载为 11700kN[3]，深圳地铁施工中的单柱托换荷载高达 18900kN[4]。

（2）托换节点高度受限。在许多工程中，受到基础埋深影响，托换梁高受限，如江南大酒店平移工程中，单柱托换荷载为 350t，托换梁施工空间高度仅 400mm[5]。

（3）非对称托换技术。在施工空间受限、柱截面非对称、托换支座不对称情况下，托换节点形式或受力状态将出现非对称情况，如宿迁钟吾中学科技楼平移隔震工程中，需将 10cm 宽结构缝（抗震缝和沉降缝）两侧的柱分别托换[6]。

（4）临时性托换结构构件的可拆卸重复利用。对于临时性托换，如托换施工空间受限时占用使用空间，改造完成后不得不切割拆除，增加了施工成本和工期，且后期切割易对被托换柱表面产生损伤。可拆卸式托换结构中构件的重复利用对于节约成本、环保节能都具有重要意义[7]。

（5）托换框架的多工况分析难度大。在带有整体旋转建筑物组合路线移位工程中，各轴顶推力优化布置困难，且移动过程中水平力受力方向不断发生改变，再考虑设备的随机故障，不利工况的确定和分析都具有相当难度。并且，还必须考虑工程中顶升、纵向平移、横向平移等组合路线工况。

（6）适应于移位多路线工况的一次成型托换结构。如果建筑物需要同时进行顶升和多向平移、旋转，在平移后顶升或先顶升再平移都存在路线转换过程中托换结构的二次改扩建问题，工期长，风险大，成本高。坡向移位可实现适应双工况托换的一次成型，是较优方案，但转换路线大于 3 次时的多工况适应性托换结构设计实现难度较高。

（7）受力机理、设计理论和施工验收手段的挑战。柱托换结构中，新旧混凝土接触面的性能是其安全工作的关键，但其受力机理认识仍较为初步，研究成果多为建立在一定尺度范围内的平均抗剪强度，不同研究单位的成果相差很大。不断出现的新的托换形式，其设计必然需要不断进行与之相适应的设计理论。混凝土界面凿毛程度对界面受剪性能影响很大，但现场凿毛仍缺乏适用性较强的检测手段和公认的验收标准。

2 混凝土柱（桩）托换结构形式的新进展

2.1 托换节点与托换框架形式

常规的柱托换节点形式包括单梁式托换、双夹梁式托换、四周抱柱梁式托换、悬臂牛腿式托换等。双夹梁式托换和四周抱柱梁式托换的区别是：前者由主托换梁和连梁组成，后者不分主次。为提高托换梁与被托换柱接触面的受剪承载能力，通常应用凿毛、开水平槽、植筋、柱中钻孔穿螺杆等技术措施[1]。

为满足大托换荷载的要求，应尽量提高单位托换梁高的托换效率，在界面施加预应力是最直接的思路[8-11]。预应力筋穿过被托换柱效果最好，但钻孔会损伤原柱，因此预应力筋也可以设置在四周托换梁内（图 1）。另一个措施是采用分荷装置（图 2）[12-14]。

为实现施工简便、减小施工期对原柱损伤、提高托换效率，河海大学提出了 U 型交叉筋托换方法（图 3）[15]；针对结构缝两侧柱分别托换问题，设计了非对称托换构造（图 4）[6]。

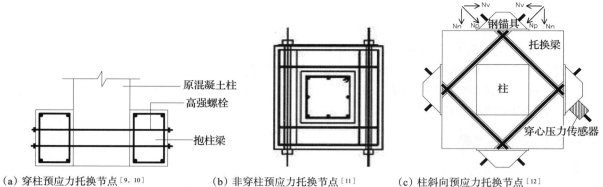

（a）穿柱预应力托换节点[9, 10]　　　　　（b）非穿柱预应力托换节点[11]　　　　　（c）柱斜向预应力托换节点[12]

图 1　预应力托换形式

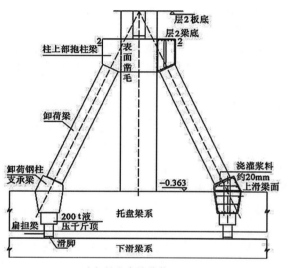

（a）吴忠宾馆分荷[13, 14]　　　　　　　　　　　　（b）濠景大厦斜撑分荷现场图[15]

图 2　分荷支撑托换

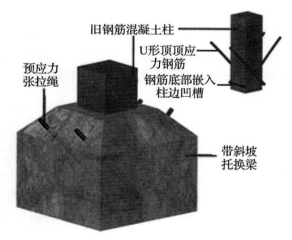

图 3　带 U 形斜向预应力钢筋柱托换节点[16]　　　　图 4　三面包柱梁式 RC 柱托换节点[7]

　　越来越多的临时性托换工程中，后期切割拆除带来的技术、工期、成本问题，促进了可重复利用的装配式托换形式（图 5）[16-17]。

2.2　配筋形式

　　最常用的抱柱梁式柱托换节点的托换梁配筋完全遵循了梁的设计理念[18]，如图 6 所示。

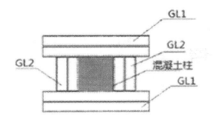
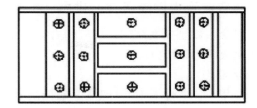

（a）组装式钢托换节点[17]

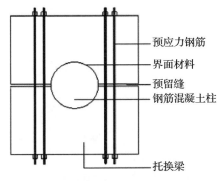

（b）带缝预应力摩擦型柱托换节点[18]

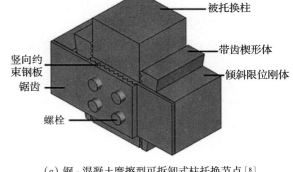

（c）钢 - 混凝土摩擦型可拆卸式柱托换节点[8]

图 5　装配式柱托换节点形式

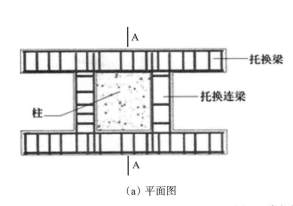

（a）平面图

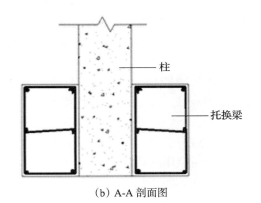

（b）A-A 剖面图

图 6　常规梁式配筋方式[19]

　　在南京博物院老大殿顶升工程中，工程技术人员则提出了按柱扩大截面法加固配筋形式，这样约束更好，对新旧混凝土界面受力有利。考虑到梁下部受拉和上部受压，在托换梁底和梁顶补设纵筋[19]。其原理如图 7。

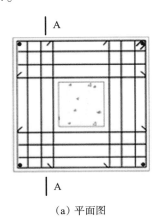

（a）平面图

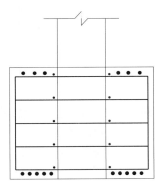

（b）A-A 剖面图

图 7　柱式配筋方式

3 托换节点受力性能研究新进展

针对众多新型托换结构，相应的力学性能试验研究也普遍开展，主要成果涉及破坏形态、影响参数、托换效率等各个方面。

3.1 破坏形态

都爱华[20]进行了 16 组抱柱梁式托换节点的正交试验，托换节点的破坏形态主要分为：托换梁弯曲破坏、托换梁剪切破坏、新旧混凝土界面粘结滑移破坏。

在对界面破坏全过程研究中，杜健民等[21]根据 3 组抱柱梁式托换节点的缩尺模型试验的结果将托换体系界面冲剪滑移过程分为 3 个阶段：不滑移阶段、初始滑移阶段、冲剪滑移破坏阶段。河海大学[15, 22]完成了带 U 形斜向交叉钢筋柱托换节点试验，发现尽管新旧混凝土界面在加载后期出现裂缝竖向贯通，但最后的破坏形态主要为托换梁冲切破坏（图 8），随后在非对称托换节点试验中也发现相同现象，这和杜建民给出的最后破坏阶段一致。

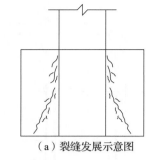

（a）裂缝发展示意图

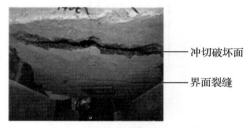

冲切破坏面

界面裂缝

（b）托换节点底部破坏形式照片

图 8 托换梁冲切破坏形式

3.2 受力模型

基于托换节点初始滑移前的受力特点，杜健民[21]和都爱华[23]分别建立了托换节点的空间拉压杆力学模型（图 9）和空间拉杆拱模型。其中，托换梁纵向钢筋为水平拉杆，托换梁箍筋为受拉竖杆，加荷点至支座间的混凝土为拱腹。

根据静力等效原则，岳庆霞[24]将托换梁承受的荷载等效为两点集中荷载，从而建立了托换梁的平面拉 - 压杆模型（图 10）。

在托换节点应力分布数值模拟分析结果基础上，河海大学[11, 25]对空间拉压杆模型中的压杆倾角和荷载作用点位置进行了修正，认为斜压杆方向应由支座边缘和托换梁面与柱交线上对应点之间的连线确定（图 11）。

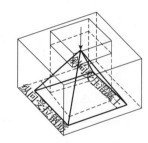

图 9 托换节点空间拉压杆模型

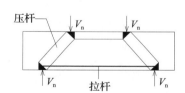

图 10 托换梁平面拉 - 压杆模型

3.3 支座形式和位置、界面凿毛倾角等参数影响

3.3.1 支座布置形式影响

移位工程中，滚轴或顶升点布置在平行于移动方向的托换梁下方，移动支座摆放的位置不同，托换节点的受力也有所不同。图 12 展示了两种最常用的移动支座摆放方式，分别为均布摆放滚轴和四角安装滑脚[26]。

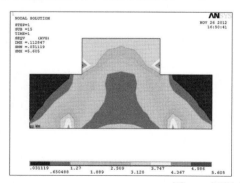

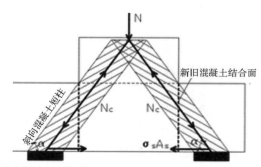

图 11 河海大学修正的空间拉压杆模型

王琼[27] 对两种支承形式（两边支承和四角支承）的托换节点进行了试验研究，结果表明：两边支承的托换节点，由于托换梁与柱之间的界面剪力超过其抗剪承载力，试件发生滑移破坏；四边支承的托换节点，其主要的受力模型为"空间拉压杆模型"。

河海大学[10] 的试验研究表明：在有无预应力筋的条件下，相较于四角支承托换节点，两边支承托换节点的承载力和延性均有显著提高。建议在实际工程条件允许的情况下，优先选择两边支承的形式。

3.3.2　支座布置位置影响

托换梁的破坏形态可分为受弯破坏和弯剪破坏两种，其破坏形式主要由剪跨比 λ 控制。λ 较小时发生弯剪破坏，λ 较大时发生弯曲破坏[28]。同济大学[29] 的试验研究表明：随着支座间距的减小，托换节点的破坏形态由托换梁剪切破坏向新旧混凝土界面粘结滑移破坏转化。

3.3.3　界面凿毛倾角影响

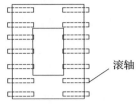

（a）均布摆放滚轴

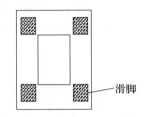

（b）四角安装滑脚

图 12　常用的移动支座摆放形式

王芝云[30] 通过数值计算，模拟了新旧混凝土界面倾角对柱托换节点受力性能的影响。结果表明：当界面倾角从 5°变化到 7°时，界面剪应力下降比较显著，粘结滑移距离下降趋于平缓。界面倾角取 5°时可以较好地提高柱托换节点的抗剪承载力。

3.4　柱与托换梁界面受力机理研究

张芬芬[31] 通过试验研究了低周反复荷载对新旧混凝土界面受剪性能的影响规律。与静力加载相比，在低周反复荷载作用下，新旧混凝土界面的开裂荷载几乎没有变化，但正反两个方向往复加载，使得结合面粗糙程度降低，从而降低了界面的抗剪承载力。

张盼[32] 研究了接触面分布特征对新旧混凝土界面强度的影响后得出：当分形维数一定时，开裂荷载随平均凿毛深度增加而增大，开裂位移随着平均深度增加而增大。当界面凿毛平均深度一定时，开裂荷载随界面分形维数增加而增大，开裂荷载随着分维的增加而增大。

针对图 5（c）的托换节点，张能伟[7] 以规则齿咬合界面为研究对象，建立了齿咬合的力学模型，提出了齿剪断、界面钢筋剪断、界面钢筋拉断、齿滑脱四种破坏形态，并给出了四种破坏形态的发生条件和承载力计算公式。

3.5　不同技术措施的托换效果

袁开军[22] 对带 U 形斜向交叉钢筋柱托换节点的受力性能进行了研究。试验结果表明，界面配有 U 形斜向交叉钢筋可显著提高托换节点界面处的极限承载力，提高幅度在 22%～145%之间。并且 U 形斜向钢筋根数越多、直径越大、倾斜角度越大，托换节点的极限承载力越大。

岳庆霞[9] 进行了 10 个四面包裹式预应力托换节点及 1 个对比试件的拟静力试验研究，结果表明：托换节点界面承载力随所施加预应力值的增大而增大。双向预应力托换节点的受力更为合理，其承载力较单向预应力托换节点提高约 20%。

基于试验和有限元分析，余潇[33] 研究了三面包柱梁式钢筋混凝土柱托换节点（图 4）的受力性能。试验结果表明：新旧混凝土界面滑移受剪承载力随预应力的增大而增大，近似呈线性关系；托换梁截面高度和承载力近似呈线性影响；柱表面凿毛可以显著改善新旧混凝土界面的受力性能，界面滑移受剪承载力提高约 46.4%。

4　新托换方法的承载力计算公式

陈竹[11] 将托换节点的屈服荷载作为其承载力设计依据，提出了柱斜向预应力托换节点（图 3）的承载力计算公式：

$$N = N_0 + \alpha N_{pn0} \tag{1}$$

式中，N 为斜向预应力托换节点的承载力；N_{pn0} 为初始预应力对托换梁侧的水平约束力；α 为综合影响系数，基于试验结果取 $\alpha = 1.5$。

　　基于托换节点的空间整体模型和试验结果，曹兆娜[11]提出了非穿柱预应力托换节点（图 5）的承载力计算公式：

$$N = \frac{8H_0(F_{11} + \gamma F_1)}{B + b} \tag{2}$$

式中，F_{11} 为纵筋拉力；F_1 为预应力筋拉力；H_0 为预应力托换节点空间模型高度；B 为支座间净距；b 为支座宽度；γ 为预应力筋布置形式调整系数，对于两根预应力筋构件 $\gamma = 0.55$、对于四根预应力筋构件 $\gamma = 1.09$、对于八根预应力筋构件 $\gamma = 1.87$。

　　山东建筑大学[9]试验研究了 10 个预应力托换节点（图 6）的受力性能，最终拟合了预应力托换节点的界面承载力计算公式：

$$V_u = 0.5n_f P + 1.45A_c \tag{3}$$

式中，n_f 为施加预应力的梁柱界面数；P 为总预应力值。

　　董宁[15]将 U 形托换节点（图 7）接触界面压力分为托换梁混凝土收缩引起的界面压力、托换节点双向弯压引起的界面压力、柱压缩横向变形以及初始预应力引起的界面压力三部分，最终提出了 U 形托换节点的承载力计算公式：

$$N = \mu F_n + F_{by} + F_v \tag{4}$$

式中，N 为承载力；μ 的托换界面摩擦系数，其推导值为 0.81；F_n 为考虑托换梁收缩、节点双向弯压、柱膨胀和预应力的压力；F_{by} 为预应力筋斜肢提供的竖向力分量；F_v 为梁底混凝土抗冲切承载力。

　　于莉萍[17]的研究表明，带缝预应力柱托换节点（图 8）界面滑移承载力主要与界面摩擦系数取值和预压力值有关。在参考摩阻力计算公式的基础上，给出了界面滑移承载力计算公式为：

$$P_u = \frac{2\mu_{名义}F_N}{\gamma_e} \tag{5}$$

式中，P_u 为界面滑移承载力设计值；$\mu_{名义}$ 为界面名义摩擦系数，对毛毡布取 0.40、对地毯布取 0.35、对薄橡胶垫取 0.31；F_N 为预应力钢筋施加的预压力；γ_e 为承载力设计值分项系数，其建议值应不小于 1.5。

5　不足与展望

　　目前，对于 RC 柱（桩）托换技术的研究，在以下方面还需要进一步探讨：
　　（1）节点尺寸效应的影响。
　　（2）数值模拟时界面参数的取值。
　　（3）现场凿毛面的凹凸检测、评估、验收标准。
　　（4）非对称节点受力性能的研究。

参考文献

[1] 李爱群，吴二军，高仁华. 建筑物整体迁移技术 [M]. 北京：中国建筑工业出版社，2006.
[2] 张鑫，岳庆霞，贾留东. 建筑物移位托换技术研究进展 [J]. 建筑结构，2016，46（05）：91-6.
[3] 贾留东，夏风敏，张鑫，张爱社. 莱芜高新区 15 层综合楼平移设计与现场监测 [J]. 建筑结构学报，2009，30（06）：134-41.
[4] 王浩. 深圳地铁下穿百货广场特大轴力桩基托换技术研究 [D]. 西南交通大学，2007.
[5] 李爱群，卫龙武，吴二军，刘先明，陈道政，孙亚萍. 江南大酒店整体平移工程的设计 [J]. 建筑结构，2001，31（12）：3-5+8.
[6] 吴二军，石少雄，张盼，张富有，袁开军. 整体平移与隔震加固工程的托换构造设计与施工 [J]. 施工技术，2016，45（04）：107-9.

［7］ 张能伟. 钢 - 混凝土摩擦型可拆卸式柱托换节点受力性能研究［D］. 河海大学，2018.

［8］ 姜召如. 框架柱四面包裹预应力托换节点受力性能试验研究［D］. 山东建筑大学，2014.

［9］ 岳庆霞，张鑫，姜召如，樊尊龙，李书蓉. 预应力托换节点受力性能试验研究［J］. 建筑结构学报，2016，37（08）：58-65.

［10］ 曹兆娜. 钢筋混凝土柱预应力托换节点受力性能研究［D］. 河海大学，2013.

［11］ 陈竹. 钢筋混凝土柱斜向预应力托换节点力学性能研究［D］. 河海大学，2013.

［12］ 唐小军. 吴忠宾馆平移工程分荷结构研究［J］. 建筑技术，2007，38（06）：419-21.

［13］ 尹天军，朱启华，蓝戊己. 吴忠宾馆整体平移工程设计与实施［J］. 建筑结构，2006，36（09）：1-7.

［14］ 曹兆娜，张芬芬，王伟. 复杂移位工程分荷托换结构受力分析［J］. 四川建筑科学研究，2014，40（03）：15-8.

［15］ 董宁. 带 U 形斜向预应力钢筋柱托换节点受力性能研究［D］. 河海大学，2017.

［16］ 李娜. 混凝土柱组装式钢托换节点抗剪性能的试验研究［D］. 山东建筑大学，2013.

［17］ 于莉萍. 带缝预应力柱托换节点的受力性能与设计方法研究［D］. 河海大学，2017.

［18］ 樊尊龙. 框架柱新型托换节点受力机理试验研究［D］. 山东建筑大学，2014.

［19］ 张兴龙. 南京博物院老大殿整体顶升关键技术研究［D］. 河海大学，2011.

［20］ 都爱华. 框架结构移位托换节点受力机理的研究［D］. 山东大学，2010.

［21］ 杜健民，袁迎曙，向伟. 框架柱托换体系抗冲剪承载力预计模型研究［J］. 中国矿业大学学报，2007，36（01）：60-4.

［22］ 袁开军. 带 U 形斜向交叉钢筋柱托换节点受力性能研究［D］. 河海大学，2016.

［23］ 都爱华，张鑫，朱维申. 框架柱托换节点承载力理论公式的研究［J］. 工程力学，2011，28（S1）：162-6.

［24］ 岳庆霞，张鑫，贾留东，王恒. 基于拉 - 压杆模型的框架结构平移托换梁受剪承载力研究［J］. 建筑结构学报，2012，33（10）：110-5.

［25］ 吴二军，于莉萍. 抱柱式托换节点的改进拉压杆模型及其设计方法［J］. 建筑技术，2016，47（z1）：41-3.

［26］ 刘涛. 建筑物移位工程托换结构水平受力分析［D］. 山东建筑大学，2010.

［27］ 王琼. 钢筋混凝土柱托换的试验研究［D］. 天津大学，2009.

［28］ 张鑫，贾留东，夏风敏，王恒，谭天乐，司道林，李玉平. 框架柱托换节点受力性能试验研究［J］. 建筑结构学报，2011，32（11）：89-96.

［29］ 刘建宏. 钢筋混凝土柱托换分析方法与应用［D］. 同济大学，2007.

［30］ 王芝云. 钢筋混凝土柱托换节点受力性能有限元分析［D］. 河海大学，2015.

［31］ 张芬芬. 新旧混凝土界面在低周反复荷载作用下受剪性能研究［D］. 河海大学，2014.

［32］ 张盼. 接触面分布特征对新旧混凝土界面强度的影响分析［D］. 河海大学，2016.

［33］ 余潇. 三面包柱梁式钢筋混凝土柱托换节点受力性能研究［D］. 河海大学，2017.

双向板冲切破坏机理与规范比较及加固方法概述

孙冬宁

慧鱼（太仓）建筑锚栓有限公司，江苏太仓，215400

摘　要：钢筋混凝土板柱结构由于具有节省空间、节约材料等优点，在建筑结构领域有广泛的应用。双向板除了考虑受弯承载力外，还需考虑受冲切承载力。由于种种原因，很多既有的板柱结构冲切承载力不足，有抗冲切加固的需求。本文将简要讨论双向板的冲切机理；对比欧洲、美国及我国主要混凝土设计规范中对混凝土及有冲切钢筋的抗冲切承载力设计方法；而后类比规范建议的新混凝土结构抗冲切做法来进一步讨论一种抗冲切加固法：抗冲切加强筋法。此法包括抗冲切钢制剪力钉 - 如大头剪力栓钉竖直植入及配合环氧胶斜植入和纤维复合型材作为冲切栓钉或抗冲切箍筋植入。并做几类方法的简单比较。

关键词：双向板结构，抗冲切，加固，抗震

A Brief Discussion of Punching Shear Resistance Mechanism, Code Comparison, and Some Existing Retrofit Methods of Two-way Slab

Sun Dongning

Fischer（Taicang）Construction Fixing Co., Ltd.

Abstract：Slab-Column connection in RC has been widely used in both horizontal and vertical structures due to its multiple advantages such as saving space and material. The design of two-way slab shall take punching shear resistance into consideration. Due to multiple reasons, multiple existing two-way slabs are deficiently designed or require punching shear retrofit. In this paper, punching shear mechanism, relative chapters of design codes of concrete structures in Europe, North America, and China are discussed and compared briefly; one category of retrofitting methods, as punching shear reinforcement retrofitting method is discussed, which include steel mechanical and chemical anchors combined with epoxy, as well as FRP material used as shear stud and stirrups.

Keywords：two-way slab, punching shear retrofit, seismic resistance

0　前言

　　钢筋混凝土结构是我国最主要的结构形式之一。钢筋混凝土结构中的板柱结构在对空间的有效利用以及外观方面优势非常明显，也适合我国人口密度的需求，但是现有板柱结构的抗冲切承载能力极大地影响了建筑可靠性和安全性。

　　周朝阳[1]定义冲切破坏为："混凝土双向板式结构在集中力作用下沿非柱面形式的空间斜曲面发生的、以错动变形为主的局部脆性破坏"它又被称为双向剪切[2]，发生在板纵筋屈服之前，是脆性破坏，具有突然性[3]。1962 年，纽约市的一个投入使用 3 年的建筑，其中的一个车库的屋顶突然坍塌。屋面上有 1.2m 厚的土层及植物。究其原因，是因为板上的土层吸水后结冻，导致重力增大产生了局部柱冲切板的破坏[4]。2017 年 8 月 19 日，北京市石景山区西黄村某地下车库发生坍塌，地下车库结构为无柱帽或暗梁的双向板。部分意见[5]认为除构造要求不满足外，有可能是没有做活载不利布置

及裂缝宽度的深化验算，即使在抗弯承载力满足覆土回填要求的情况下，抗冲切承载力也不足。住建部正式下发文件，要求加强地下室无梁楼盖工程质量安全管理[6]。由于种种原因（设计失误，施工质量缺陷，结构老化，使用功能改变，设计要求及规范的更新等），很多现有的板柱结构有抗冲切加固的需求。而我国现行《混凝土加固规范》（GB 50367）[7]并未明确板柱结构的加固方式，在加固图集[8]中仅有新增平托板及柱帽加固两种措施。

本文将会从冲切破坏的机理及现有各国混凝土规范出发，选择性地给出几种现有的北美及欧洲的抗冲切加固的方法，探讨可能的适合我国国情的经济有效的抗冲切加固方法。

1　冲切破坏机理及各区域规范比较

目前对双向板冲切破坏的机理以及抗冲切承载力计算的理论有很多。例如：考虑冲切锥外的环形混凝土作为一个刚体沿板、柱交点为轴心旋转，在冲切锥周围形成的混凝土反力进行受力平衡分析[9]，并考量板受弯极限承载力的影响，定义冲切也为受弯破坏的一个部分的弯冲理论[10]；考量板失效的裂缝宽度与周围混凝土应变与板旋转角度成正比，而推导出的临界裂缝理论分别验算用于承载的混凝土抗压强度，混凝土骨料之间相互咬合的膜效应[11]，以及钢筋产生的抗剪效果与栓销效应，从而在理想弹塑性假设与力的平衡的基础上得出钢筋与混凝土相互作用的综合效果的承载力极限公式[12]；等等。大量抗冲切理论及实验研究表明[13]，在考虑混凝土板柱结构抗冲切的量化方法的时候，都吸纳了三类最主要的并且能够以数字的形式表达的因素：

a. 板的抗弯能力：包括抗弯钢筋（配筋率，屈服强度，密集程度，预应力与否），剪跨比，板柱几何关系等很多影响抗弯强度的因素；

b. 板柱本身的材料力学因素：板厚及柱周长 - 临界周长，板周的约束情况，混凝土本身强度，材质 2（如骨料的直径，水泥的强度等）；

c. 作用力及约束状况：如作用力加载面，作用位置等。

这些因素都部分或整体地纳入了承载力公式，仅在量化方法上有一定的差异性。

我国 GB 50010—2010[14]，欧洲 EC2—2004[15]及美国 ACI 318—14[2]混凝土规范选择性地考虑了研究结果，分别归纳总结了针对混凝土本身抗冲切承载力和具有抗冲切钢筋的节点抗冲切承载力的规范公式。考虑到篇幅限制和我国混凝土制造习惯的关系，本文仅比较无偏心的集中竖向荷载作用下，无预应力的常规混凝土抗冲切承载力，并排除荷载作用系数及材料安全系数的影响。无抗冲切钢筋规范公式及考虑因素比对如表 1 所示。

表 1　GB，ACI 及 EC 混凝土无冲切加强抗冲切承载力特征值公式比对

	GB[14]	ACI[2]	EC[15]
公式	$0.7\beta_h f_{tk}\eta u_m h_0$	$b_0 d\min\begin{cases}0.083\lambda(2+4/\beta)\sqrt{f_{c'}}\\0.083(\alpha_s d/b_0+2)\sqrt{f_{c'}}\\0.33\lambda\sqrt{f_{c'}}\end{cases}$	$c_{Rkc}k(100\rho_1 f_{ck})^{1/3}u_0 d/\beta$
板柱几何	$\beta_h\leqslant 2$	$\min\{(2+4/\beta),(\alpha_s d/b_0+2)\}$	$\beta=1+kM_{Ed}/V_{Ed}u_1/W_1$中 k，k_1
柱位置	η	β	β
冲切锥夹角	45°	45°	26.6°
轻质混凝土	不包含	λ	不包含
纵向配筋率	未考虑	未考虑	ρ_1
纵筋强度	未考虑	未考虑	未考虑
尺寸效应	定性控制	$\min\{((\alpha_s d)/b_0+2),4\}$	$1+\sqrt{200/d}$
柱周长	列入 u_m	列入 b_0	列入 u_0
有效板厚	h_0	d	d

在无抗冲切钢筋的情况下，中国、美国、欧洲规范都采用了抗冲切承载力特征值的方式进行计算。因此，承载力最主要的区别之一即体现在冲切锥与水平面的夹角，从而导致欧洲的破坏锥基本临界周长大于我国和美国。综上可以大概得出结论：V_{Rkc} (GB) < V_{Rkc} (ACI)。在纵筋配筋率不变的情况下，

欧洲规范和我国规范考虑混凝土强度的程度随着混凝土强度的提高逐渐接近；但板厚以及柱尺寸的效应，以及配筋率都会导致承载应力不同。

以 250mm 厚板配 250mm×250mm 中柱节点为例；混凝土 C35/45（圆柱抗压强度 35MPa，立方抗压强度 45MPa，抗拉特征强度为 2.51MPa），根据各区域规范计算，冲切临界截面混凝土抗冲切承载力特征值见表 2。

表 2 GB，ACI 及 EC 混凝土抗冲切承载力特征值

抗冲切承载力	GB[14]	ACI[2]	EC[15]	
V_{Rkc}［kN］	679	754	$\rho_1 = 0.5\%$	614
			$\rho_1 = 1\%$	773
			$\rho_1 = 1.5\%$	885

可以看出，在简单的非偏心荷载工况下，配筋率为 0.5% 的时候，欧洲标准中由于混凝土抗压强度的指数较小（1/3 次方），计算的混凝土抗冲切承载力小于国标，美标的抗冲切承载力最大。当有较大的抗弯配筋率（$\rho_1 = 1.5\%$）的情况下，欧标等效的混凝土抗冲切承载应力最高。同时，此节点板厚和柱尺寸比较接近，因此中、美、欧规范考量临界周长的方式不同对结果影响较大。

在有抗冲切加强钢筋时，板可能发生三种破坏：临近混凝土柱由于柱的集中荷载导致临近柱周围的板开裂，承载力为 V_{Rc}；有抗冲切加强部分的开裂，承载力为 V_{Ri}；抗冲切加强外部的开裂，承载力为 V_{Ro}。ACI 通过限制最大的抗冲切承载力来控制 V_{Rc}；我国同 EC 相似，都考虑采取混凝土抗拉强度的折减来控制 V_{Rc}。ACI 及 EC 中抗冲切加强筋覆盖范围之外的抗冲切能力是通过构造要求来体现的；而 GB 也要求验算相应区域。但三个规范都把 V_{Ri} 作为主要需要检验的部分，一部分冲切作用由混凝土承担，承载力为 V_c（承担的比例与裂缝宽度以及表面粗糙度有关），另外一部分冲切作用由抗冲切钢筋承担，承载力为 V_s：$V_{Ri} = V_c + V_s$；或者说，$V_{Ri} = \eta_c V_c^0 + \eta_s V_s^0$，带抗冲切钢筋的混凝土承载力是纯混凝土 V_c^0 和纯钢筋抗冲切承载力 V_s^0 的线性函数[2][14][15]。

对于抗冲切的钢筋或加强手段，也是可行的加固最相关的部分，GB[14]，ACI[2] 及 EC[15] 都给出了抗冲切箍筋及弯起钢筋的设计方法；ACI 对于抗冲切加强的放大效应限制也明确在其最大值要求中给出；而 EC 则是吸收到应力公式本身中；欧美的规范也给出了剪力销钉[2][15] 的设计公式及构造要求，而我国规范 JGJ 92—2016[16] 定义剪力销钉为抗冲切锚栓，并对构造给出相似要求以避免少筋及超筋；同时，JGJ92 和 ACI318 也把剪力键—型钢[2][16] 的埋入作为抗冲切加强方法之一。中、美、欧规范都包含了抗冲切箍筋对混凝土的抗冲切加强作用，三规范的公式有异同，对 η_c，η_s 及 V_{Ri}，V_c，V_s 的取值限制可以由表 3 体现出来。

表 3 GB，ACI 及 EC 规定有抗冲切箍筋的混凝土承载力公式

	GB[14]	ACI[2]	EC[15]
公式	$(0.5f_t)\eta u_m h_0 +$ $0.8f_{yv}A_{svu} +$ $0.8f_y A_{sbu}\sin\alpha$	$b_0 d\ \min\begin{cases} 0.083*\lambda(2+\dfrac{4}{\beta})\sqrt{f_{c'}} \\ 0.083*\left(\dfrac{\alpha_s d}{b_0}+2\right)\sqrt{f_{c'}} + A_V f_{yt}/b_0 s \\ 0.33\lambda\sqrt{f_{c'}} \end{cases}$	$0.75C_{Rkc}k(100\rho_1 f_{ck})^{\frac{1}{3}}u_0 d +$ $1.5*A_{sw}f_{ywd,ef}\sin\alpha d/s_f$ /β

分项系数及 V_{Ri}，V_c，V_s 的取值限制

	GB[14]	ACI[2]	EC[15]
η_c	0.5 或 0.712*[a]	0.5*[b]	0.75
η_s	0.8	1	1
V_{Ri}	max：$1.2f_t\eta u_m h_0$	max：$0.5\phi\sqrt{f_{c'}}$	min：$0.2625b_0 d*0.1^{3/2}*\sqrt{f_{ck}}$

	GB[14]	ACI[2]	EC[15]　　　　续表
V_c	$\leqslant 1.2$ 或 $1.7V_c^0 *^{(c)}$	$\leqslant 1.5V_c^0$	$\leqslant 1.6V_c^0$
V_s	$\eta_s \sum A_v f_{yt}$	$\eta_s \sum A_v f_{yt}$	$\eta_s \sum 1.5A_v * (250 + 0.25d) \leqslant \sum A_v * f_{yt}$
其他	箍筋间距，箍筋直径，抗弯配筋率，等		

*注：（a）分别为单纯的系数和在无冲切钢筋的情况下混凝土抗拉强度的贡献折减基础上的折减系数；（b）在上下限中体现；（c）分别为单纯的系数和在无冲切钢筋的情况下混凝土抗拉强度的贡献折减基础上的折减系数。

中、美、欧规范最主要的区别之一在于考虑的有效抗冲切钢筋总截面面积。由于最内排抗剪钢筋与柱周的距离以及整体钢筋在冲切截面内的数量，GB 与 ACI 在取总抗冲切钢筋的截面积的时候，会有一定差异，考虑有效板厚与间距比值，在 GB 中实际是取小的整数的话，V_s(GB) $\leqslant V_s$(ACI)，和混凝土本身承载力的双重作用，在同等情况下，V_{Ri}(GB) $\leqslant V_{Ri}$(ACI)。同时，欧洲规范在有冲切钢筋情况下锥到柱表面的距离由 $2d$ 变为 $1.5d$，依旧大于中、美标准中冲切锥到柱表面的距离。应该考量的是，欧标限制了抗冲切钢筋的有效强度，但 GB 要求的双向板厚度不小于 150mm，因此 $f_{ywd, ef}$ 不小于 287.5MPa，根据我国的构造要求，V_s(EC) $\leqslant V_s$(ACI) 是不太可能发生的。对于抗冲切加强箍筋，我国国标计算值较低，只有当箍筋间距为有效板厚的约数并且 $f_{yt} \geqslant 1.15 \times (250 + 0.25d)$ 时才可能会出现 V_s(EC) $\leqslant V_s$(GB)。

同样，以 250mm 厚板配 250mm × 250mm 中柱的 C35/45 混凝土节点为例；现在在柱的每边都有排布间距为 70mm 的箍筋，屈服强度为 500MPa（为考虑实际加固材可能的材料特性）。在此种情况下，排除设计安全系数的影响（国标取混凝土抗拉强度标准值，欧标取 $v_{Rdc} \times \gamma_c$，则各规范的冲切加强筋承载力特征值如表 4 所示；冲切箍筋范围内的混凝土与抗冲切箍筋的综合承载力特征值如表 5 所示。

表 4　GB，ACI 及 EC 抗冲切箍筋承载力特征值

冲切加强筋承载力特征值	GB[14]	ACI[2]	EC[15]
V_{sk}^0[kN]	905	1357	1071

表 5　GB，ACI 及 EC 综合承载力特征值

冲切承载力特征值	GB[14]	ACI[2]	EC[15]		
V_{Rk}[kN]	1209 $\geqslant$ 1164；取 1164	1734 $\geqslant$ 1132；取 1132	$\rho_1 = 0.5\%$	1531	取 982
			$\rho_1 = 1\%$	1651	取 1237
			$\rho_1 = 1.5\%$	1735	取 1416

本算例中抗冲切箍筋的 f_{yt} 较大，三区域的计算值（ACI > GB > EC）都超出了规范要求的上限，但从抗冲切承载力上限来看，结果又有所不同。其中 EC 在无冲切配筋的情况下当 $\rho_1 = 1\%$ 时就已经成为最大值，但在有冲切配筋的情况下由于钢筋过强，美标计算 V_s^0 是最大的，而综合承载力完全依赖于 V_c^0 与上限的相应系数（见表 3 GB，ACI 及 EC 规定有抗冲切箍筋的混凝土承载力公式），欧标在有一定的纵筋配筋率下进一步考虑冲切钢筋和混凝土的多种材料力学参数的配搭；对比规范计算和根据部分现浇混凝土抗冲切承载力实验[17][18][19][20]数据，在纵筋配筋率较高（>1.0%的情况下），欧洲规范比较准确；对于型钢和箍筋，EC 公式给出的计算值大部分是最大的，对于有抗冲切箍筋的实验，部分实验破坏荷载甚至小于 EC 计算的承载力。因为实验所用的箍筋强度基本都在 300 ~ 400MPa 之间，而有效板厚也大于 150mm，导致 EC2 取的 f_{yd} 不小于 280MPa，相较而言，欧洲的计算临界周长增大的显著效果导致 EC 的计算承载力远大于 GB[12]。比对部分实验的结果证明 EC2 的设计公式与实

际新混凝土抗冲切破坏力更相近，变异系数也更小，但 EC 设计公式并不能保证实际破坏力有 95% 的可能性大于计算值，ACI 相对而言更为保守。

2　加固方法

基于微观的冲切机理以及各国标准对于抗冲切承载力的简略计算及构造要求，现有结构的抗冲切承载力能够通过增加成承载面积，增大混凝土强度，增加板的抗弯能力，以及增加抗冲切加强或其他方式来实现。最接近新混凝土抗冲切设计加固方法是增大截面法，如图 1（a）（b）所示。除此之外，较早的抗冲切加固是 1974 年由 Ghali 等人[21]考虑增加横向预应力钢钉及锚板的方式来进行加固，后期由于制造业的发展以及新材料的出现和发展，也由于材料力学，自然灾害检测技术和数据积累，结构力学尤其是计算方法和混凝土技术的发展，对于抗冲切的要求逐步提高，学者们实验了大量新型的加固方式及材料：如定型钢材质销钉加强[22][23][24]外粘钢板或 FRP[25]，以及后植 FRP 型材[26][27]等。

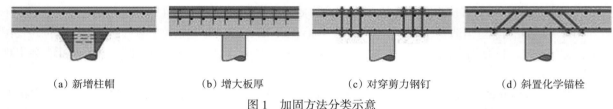

|（a）新增柱帽|（b）增大板厚|（c）对穿剪力钢钉|（d）斜置化学锚栓|

图 1　加固方法分类示意

本文将会主要介绍增加剪力加强筋法，部分方法如图 1（c），（d）所示。这类方法模拟中、美、欧规范中对于抗冲切加强筋的布置要求而成。根据材料和施工工艺的区别又分为如下几种：混凝土螺栓，斜植化学锚栓，对穿抗冲切销钉，对穿玻璃纤维钉，碳纤维箍筋等。

2.1　混凝土螺栓

混凝土螺栓是通过螺纹与混凝土之间的机械锁键完成锚固[28]的一种后置埋件。钻孔之后，锚栓头部较为锋利，并且公称直径更大的特殊螺纹能够在旋入的过程中快速切割混凝土来实现螺牙与混凝土的机械咬合[29]。此种后锚固技术在欧洲已经非常成熟，2012 年以来，Wörle 及 Felix 等人[23][30]开始考量此螺栓用于抗冲切加固的可能性。现有混凝土螺栓抗冲切实验的结果表明：从柱周向外环形或放射状用螺栓对板进行加固后，板的抗冲切破坏承载力有极大提升。从应用的角度上讲，因为此种加固方式和对穿剪力钉不同，不需要在板顶进行施工，其便捷性也有所提高。

需要注意，是否采用砂浆配合螺栓，以及螺栓的排布方式，包括分析不同埋筋状况的板（比如少纵筋，或存在横向钢筋等）在其中的作用以及如何量化这些影响因素并得出近似承载力公式都需要进一步通过实验和有限元的方法来证明。相应的承载力公式在获得足够多的影响因素水平力，周期往复荷载，以及偏心荷载作用下板的冲切数据以及如何布置混凝土螺栓才能达到最好效果，都有待进一步的研究。

2.2　斜置化学锚栓

用于垂直于基材表面的后锚固应用非常广泛，此处的斜植化学锚栓是模拟弯起钢筋的排布方式（如图 1d）。Ruitz 和 Muttoni 的实验[24]采用了与水平方向成 45° 夹角环形放射状斜置螺杆型化学锚栓配合注胶垫片（用于保证环氧胶充分包裹螺杆不和基材产生间隙）及球型垫片（避免产生杠杆臂）的加固方法，对板的抗冲切能力进行试验。试验结果表明；在保证螺杆伸到上层抗弯钢筋的情况下，板的抗冲切承载力和失效前的变形都有显著增大，破坏形式为弯冲破坏，试验者根据临界裂缝理论提出了相应承载力公式。

此方案的优势在施工便捷，和混凝土螺栓相类，同样可以板底施工，并在一定程度上更可以优化使用空间。可以看出，此后置方案与三地规范中弯起钢筋的构造要求有一定的类似，但锚栓的植入深度以及锚栓根部与抗弯钢筋如何实现有效连接，以保证荷载能够有效传递至抗弯钢筋是有挑战性的，并且斜植化学锚栓相较于竖直由基材顶部植入而言，也有一定的施工难度。目前为止，此种方法现有的实验数据量也相对较少，有待进一步积累。

2.3　纯机械对穿抗冲切钢钉

纯机械结合形式的抗冲切大头钢钉最早是由 Salakawy[31] 提出，并测试其在抗冲切后加固中的应用。如图 2（b）所示，它是一种一端为墩头铆钉，一端为螺杆与螺母及非标准的垫片的成品钢钉对穿板，沿着柱周边垂直或环状布置。同时，三地规范允许的，在欧美市场中大量应用的定型板条式大头铆钉组，如图 2（a）所示，也为剪力钉后置技术提供了比较好的理论和实践基础。

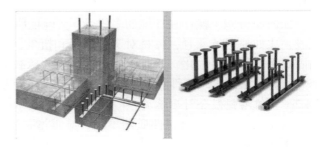

（a）预埋抗冲切钢钉[32]

Salakawy 和 Polak[31] 以及 Bu[33] 等人进行了大量的试验研究及分析工作，研究表明：垂直于柱周的方向每个边长布置两列的对穿抗冲切钢钉后，破坏承载力和节点延性都有效地提高；随着剪力钉向外侧排布越多（2 排，3 排及 4 排），破坏状态由冲切破坏逐渐过渡到纯受弯破坏；一系列包括［31］［33］的实验结果证明中柱、边柱和角柱以及开口的板柱节点和水平往复周期荷载作用下抗冲切钢钉都可以提高抗冲切承载力及偏心弯矩，Bu 和 Polak［22］也给出了相应承载力公式及抗冲切钢钉的设计方法。

相较而言，虽然抗冲切钢钉已经被大部分试验证明其抗冲切加固的有效性，并在一定程度上能够量化其效果；但在承受往复荷载的时候，抗剪钢钉也增加了混凝土的裂面效应。这种刚度较大的节点在承受地震荷载的作用下也

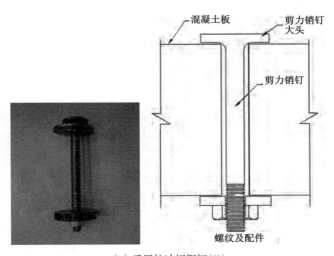

（b）后置抗冲切钢钉[22]

图 2　抗冲切钢钉

会传力至柱，从而可能需要加固柱截面。在有抗震加固的需求、尤其是考虑到大震的情况下，节点应能够具有一定的承载能力和刚度，并具有较大延性，从而能够配合结构整体来达到"大震不倒"的效果。

2.4　纤维复合材法

纤维复合材也是一类广泛应用的加固材料。目前为止，外包碳纤维复合片材[34]、纤维增强胶粘剂（TRP）[35]、聚亚胺酯、水泥复合材[36]用于外部粘结，以增强板的抗弯能力的实验证明，在直接承受竖向冲切荷载的时候，破坏承载力能够有效增大。但在节点刚度及相应抗弯能力增强的同时，如果受水平荷载作用，所受的弯矩应力也会相应增大，使柱在非常小的水平程度下可能从板中冲出，以及其他纤维复合布在冲切加固中可能存在的问题，如非加固部分板可能的受弯破坏、FRP 的剥离等等，本文对此方法不做具体讨论。

纤维复合材还可以模拟复合新混凝土中埋筋的方式：如玻璃纤维棒材[26]模仿 JGJ92[16]ACI318[2]及 EC2[15]中对于剪力销钉的排布方式建议，以及纤维复合型材[27]模仿三地规范中都要求的箍筋或型式等。

2.4.1　纤维复合棒材法

Lawler[26]从抗冲切钢制销钉的技术出发，把钢替换为三种不同类型的玻璃纤维棒材：螺杆、光圆及螺杆配搭加厚加长的铝制螺母。值得注意的是，棒材在对穿板和施加扭矩时，需要额外的夹紧

工具，以保证棒材与混凝土的有效咬合。未有效拧紧的加固板其抗冲切承载力甚至低于对比试件。当 GFRP 剪力钉抗拉强度足够强的情况下，竖直及放射状排布都可以增强板的抗冲切承载力以及刚度，并且极大地提高了节点的延性。同时，在施加 ACI T1.1-01[37] 水平向的拟动力往复周期荷载后，GFRP 销钉的滞回曲线与 Bu[33] 的冲切销钉滞回曲线相比，可以体现出更好的消能效果，但承载力有着显著的降低。

如何使得施工操作和环境的多样性（实验证明，承载力的增强效果极大的依赖于施工条件和施工手段，比如片材的预紧，棒材对穿的加紧和扭矩，基材的相对湿度和有机材料对于温度的敏感性）对加固效果的影响最小化，并且进一步准确设计承载力公式，还需要更多的实验数据。对于不同的板柱节点，何种承载力、延性和刚度是最优的，还有待进一步的研究。

2.4.2　纤维增强聚合材质箍筋

由于其与钢材的材料性质的不同，纤维增强聚合材质在加工成为棒材后置入现有混凝土板柱节点，再进一步从可行性上分析折弯形成板外增强做法，模拟抗冲切箍筋是可以实现的。Farhey[38]，Ebead，Marzouk[39] 和 Stark[27] 等人都给出了型材能够增强节点抗冲切承载力和节点水平荷载下位移延性的证明。但增强效果差异较大。相对而言比较共性的结论是 FRP 箍筋对抗冲切承载力能够有所增强。Stark[27] 基于 Bayrak 和 Bicini[40] 利用碳纤维复合箍对新浇混凝土抗冲切加强效果的研究，着重研究了此类材料结合环氧胶对板柱结构抗震加固的可能性。两种类型的碳纤维后置方案如图 3 所示。

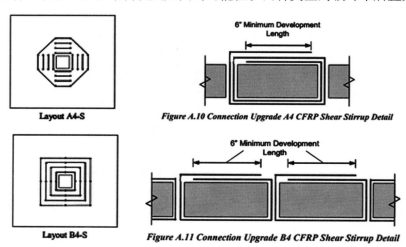

图 3　碳纤维箍筋布置示意图[27]

结果同样表明，在承受不平衡弯矩的情况下，有纤维型材加固的板为受弯破坏，位移延性最大增大三倍，抗转动能力也是原来的两倍。此实验证明型材加固的板在塑性形变的过程也是稳定可控的。板顶的纤维复合材同样进一步增强了板的抗弯承载力（最大程度上可增强 77%），并一定程度上避免了复合材的剥离[27]。当然，还可以进一步增大有效抗冲切箍筋面积，比如以几字形尽可能多地在板的上下表面穿入穿出[41]，但应该考虑到施工时间和对现有结构的影响以及埋筋的冲突。

然而，需要注意的是，此类实验的构造布置方法基于美标 ACI440.1R-03[42]，因此实验结果和规范计算有一定差异；对于不同植入方案的碳纤维箍筋以及对于不同板厚及不同纵筋配筋率的板有何种效果，现有板的抗冲切、抗弯、碳纤维后置型材、环氧胶和混凝土的结合怎样进行准确而非简单模拟规范的量化，这些都有待进一步研究。FRP 加固材以及环氧胶对于环境的敏感程度也必须纳入考量范围。

2.5　算例

依旧以 250mm 厚板，250mm×250mm 中柱 C35/45 混凝土，在无不平衡弯矩，仅承受竖直轴向荷载，无抗冲切钢筋的板柱节点为例，在保证经验公式[12][22][41] 的适用性，并且尽量达到使加固方案设计能够实现总加固材料有效抗冲切截面积 $\sum A_s$ 相等的条件下，几类抗冲切加强筋的加固方法：2.2

斜植化学锚栓配环氧胶；2.3 纯机械对穿抗冲切销钉；2.4.1 GFRP 棒材法及 2.4.2 CFRP 箍筋法的加固布置方案，材料特性，及加强效果如表 6 所示。

表 6　四类冲切加固方法效果比对

加固方法 *	s_1[mm]	s_2[mm]	ϕ[mm]	d_0[mm]	f_y[MPa]	E[GPa]	V_c^0[kN]	V_{Rc}[kN]	增大
斜植化锚	200	200	16	20	700	200	885	1199	36%
对穿钢钉	100	150	12	13	700	200	754	1162	54%
GFRP 棒材	50	75	8.5	12	827	414	754	1278	69%
	S[mm]	$t_w \times t_f$[mm×mm]	n_s	n_v	ϵ_{fe}	E[GPa]	V_c^0[kN]	V_{Rc}[kN]	%
CFRP 箍筋	70	4.8×6	4	4	0.004	2250	754	1273	69%

*注：销钉及箍筋的底部距柱外周长表示为 s_1；箍筋或锚栓在垂直于柱周长的方向间距为 s_2；斜植化锚及对穿钢钉的布置方法都为同型心垂直于柱周长的的一周长上 8 根（或四圈箍筋）；三圈；加固材料的直径为 ϕ（考虑到斜植筋和竖向抗冲切锚栓的有效面积，斜植锚筋直径取 16mm，对穿锚栓直径取 12mm）GFRP 抗冲切销钉的直径取 8.5mm，并同型心垂直于柱周长的一周长上 8 根（或四圈箍筋）；向外布置 6 排；CFRP 箍筋取 1.2mm 的碳纤维布加工成为 4.8mm × 6mm 的箍筋、柱的每边成几字形双箍。

钻孔直径为 d_0；加固主材（销钉或碳纤维棒材及型材）的强度为 f_y，弹性模量为 E。

抗冲切销钉、GFRP 棒材及 CFRP 几字箍筋都是以 ACI 设计方法为基础，提出公式进行曲线拟合；而斜植化学锚栓综合了 EC2 的设计方法和临界裂缝理论来给出相应公式。因此在加固前的混凝土强度部分已经有所区别，在冲切锥与水平面的夹角计算上也不相同，对材料，尤其是加固材料在达到极限状态时为弹性还是弹塑性的表现也有不同的观点。另外，需要注意的是，虽然 Lawler[26] 采用了 Bu[22] 的公式计算 GFRP 棒材的冲切加固效果，但该实验的实际结果和计算结果相去甚远，因此算例的准确性有待商榷。原因可能是在考虑大孔洞对混凝土的削弱作用以及 GFRP 配合环氧胶和混凝土三个界面之间的相互作用和钢混不可完全等同。几字形后置 CFRP 箍筋的方法在 CFRP 应变的取值上采用了 ACI 440[42] 的规定：0.004，但相关实验给出的应变标准值也有差异。并且，虽然在此算例的构造中避免，但对穿钢制抗冲切销钉的混凝土设计承载力公式没有考虑钢钉头部（螺母垫片部位和墩头部位）对混凝土的约束作用。不考虑上述列举的部分设计公式的适用性和准确性问题，从结果可以看出，在有效抗冲切面积基本相等的情况下，加固承载力的提高效果随着抗冲切加固材料的强度增强而增大。

3　综述及展望

三地的规范都定义了冲切锥与水平面的夹角（45° 和 26.6°），但即使在现浇混凝土中，实际冲切破坏的夹角与一系列因素比如剪跨比以及钢筋和混凝土的材料特性有很大关系，并非定值。在去除此不确定性之外，排除设计及材料安全系数的影响；欧洲规范考虑并定量的节点因素最多，因此从应力的层面而言，欧洲规范也有可能最准确的预测实际情况；三规范由于对抗冲切加强的材质及构造限制，在不同的情况下得出的承载力和承载应力标准值没有一定的大小关系，但整体而言，从承载力角度而言，欧洲规范考虑的有效冲切锥体临界周长大于美国及我国的规范，而我国规范对混凝土和抗冲切钢筋的折减程度最大。ACI 对于箍筋的限制较多，但对于抗冲切栓钉的上限在 2014 版本中有放大。在我国规范规定的板柱节点基本构造要求及实际采用钢筋强度习惯下，大部分情况中 GB50010 计算的承载力标准值要低于 ACI318 的计算值，而在有一定纵筋配筋率的情况下，ACI318 计算值小于 EC2 的计算值。

对于现有建筑的抗冲切加固方法，考虑到我国施工习惯及设计的要求，以及实际工程案例应用和部分区域已成型的加固规范，抗冲切销钉也许是比较可行的方式。然而，除混凝土螺栓，对穿钢制抗冲切销钉，斜植化学锚栓及对穿 GFRP 销钉各自的不足之处之外，大部分抗冲切加固实验的对象是有效板厚为 100 ~ 200mm 的试件，对于板厚大于 200mm 以及各边有效板厚不等的节点而言，现阶段并没有大量的实验数据基础；对于实际多种多样的工况，加固相应的规范建议也并不十分全面。同时，从施工的角度考量，所有模拟抗冲切钢筋的加固方法都需要尽量避免与板内原有抗弯钢筋发生干涉，因此无损探伤以及后期施工定位的准确都是必须的。无论如何，模拟三区域混凝土规范的排布方式也很难完全保证双排、三排，或者环形放射状的理想排布。即使在克服此障碍的前提下，实验环境与实际施工环境的区别也应纳入承载力计算的考量中。

适合我国混凝土体系的抗冲切加固方法及相应设计公式在上述实验的基础上有待进一步开发和完善。

参考文献

［1］ 周朝阳. 冲切与弯曲和剪切的比较分析［J］. 工程力学增刊，1997：391-394.

［2］ ACI Committee 318. ACI 318-14 and ACI-318R-14 Building Code Requirements for Structural Concrete and Commentary［M］. Michigan：ACI，2014：103-108，217-273，314，329，360-370.

［3］ 余志武. 钢筋混凝土板和基础的极限承载力计算及破坏类型判别方法［J］. 建筑结构学报，1990，（11）：45-55.

［4］ Feld，J. Carper，K. L. Construction Failure［M］. New Jersey：John Wiley & Sons，Inc.，1997：5-50.

［5］ Ougaogong. 北京无梁楼盖地库塌了引起的思考. 网络来源. 土木在线吧. 2017/09/26，< http://bbs. co188. com/thread-9668476-1-1. html>

［6］ 中华人民共和国住房和城乡建设部办公厅. 住房城乡建设部办公厅关于加强地下室无梁楼盖工程质量安全管理的通知［R］. 北京：建办质. 2018：10 号.

［7］ 四川省建设厅. GB 50367—2006. 混凝土结构加固设计规范［S］. 北京. 中国建筑工业出版社，2006：7-10，53-72.

［8］ 中国建筑标准设计研究院. 13G311-1. 混凝土结构加固构造［S］. 北京. 中国计划出版社，2013：162.

［9］ Moe，J. Shearing Strength of Reinforced Concrete Slabs and Footings Under Concentrated Loads. Development Department Bulletin D47［J］，Portland Cement Association，1961，April：80-120.

［10］ Kinnumen S. Punching of Concrete Slabs with Two-Way Reinforcement with Special Reference to Dowel Effect and Deviation of Reinforcement from Polar Symmetry［M］. Stockholm：Sweden Royal Institute of Technology，1963：198.

［11］ Walraven，J. C. Fundamental Analysis of Aggregate Interlock［J］，Journal of the Structural Division. 1981，107-11：2245-2270.

［12］ Ruiz，F. M.，Muttoni，A. Application of Critical Shear Crack Theory to Punching of Reinforced Concrete Slabs with Transverse Reinforcement［J］. ACI Structural Journal. 2009 Vol 106：486-494.

［13］ 黄相才等. 钢筋混凝土无箍板抗剪强度试验研究［J］. 土木工程学报，1993，1（26）：2.

［14］ 中华人民共和国住房和城乡建设部. GB 50010—2010. 混凝土结构设计规范［S］. 北京：中国建筑工业出版社，2010：73-78，114-115，133，286-287.

［15］ CEN. Eurocode 2：Design of Concrete Structures-Part 1-1：General Rules and Rules for Buildings［M］. Brussels：European Committee for Standardization，2004：29，97-107，160-161.

［16］ 中国建筑科学研究院. JGJ92-2016. 无粘结预应力混凝土规程［S］. 北京：中国建筑工业出版社，2016：32-49.

［17］ 韩菊红. 钢筋混凝土四边简支整浇双向板抗剪性能试验研究［J］. 郑州工业大学学报，1995，16（1）：29-37.

［18］ Gomes，R. and Regan，P. E. Punching Strength of Slabs Reinforced for Shear with Offcuts of Rolled Steel I-Section Beams［J］. Magazine of Concrete Research，1999. V. 51 No. 2. ：121-129.

［19］ Müller，F-X.，Muttoni，A.，and Thurlimann，B. Punching Tests on Flat Slabs with Recesses［R］. Zürich：Institut für Baustaitk und Konstruktion，1984，Report 7305：5.

［20］ 李定国，舒兆发，余志斌. 无抗冲切钢筋的钢筋混凝土板连接冲切强度实验研究［J］. 湖南大学学报，1986，13（3）：23-35.

［21］ Ghali，A. et al. Shear in Reinforced Concrete SP-42 V. 2［M］. Michigan：ACI. 1974：905-920.

［22］ Bu，W.，and Polak，M. A. Design Considerations for Shear Bolts in Punching Shear Retrofit of Reinforced Concrete Slabs［J］. ACI Structural Journal，2013. Vol. 110，No. 1. ：15-25.

［23］ Walkner，R.，Spiegl，M.，and Feix，J. A New Method for Post-installed Punching Shear Reinforcement［R］.

ACI-fib International Symposium Punching Shear of Structural Concrete Slabs. 2018：337-351.

［24］ Ruiz，F. M.，Muttoni，A.，and Kunz，Jakob. Strengthening of Flat Slabs against Punching Shear Using Post-Installed Shear Reinforcement［J］. ACI Structural Journal，2010，Vol 107.434-442.

［25］ 张继文. 外贴 FRP、钢薄板或条带加固钢筋混凝凝土双向板的研究［D］. 南京：东南大学，2009.

［26］ Lawler，N. and Polak，M. A. Development of FRP Shear Bolts for Punching Shear Retrofit of Reinforced Concrete Slabs［J］. Journal of Composites in Construction. ASCE. 2011：V. 15 No.4.591-601.

［27］ Stark，A.，Binici，B.，and Bayrak，O. Seismic Upgrade of Reinforced Concrete Slab-Column Connections Using CFRP［J］. ACI Structural Journal. 2005. V. 102，No. 2：324-333.

［28］ CEN. DD CEN/TS 1992-4-1：2009. Design of Fastenings for Use in Concrete. Part 4-1：General. Draft for Development［R］. Brusels：European Committee for Standardization. 2009：13.

［29］ Fischer Gmbh. Fischer International Catalogue［Z］. Tumlingen：Fischer Gmbh. 2017：276-281.

［30］ Wörle，P. Enhanced Shear Punching Capacity by the use of Post Installed Concrete Screws［J］. Engineering Structures. 2014. V. 60：41-51.

［31］ El-Salakawy，E. F. Shear Behavior of Reinforced Concrete Flat Slab-Column Edge Connections with Openings［D］. Ontario：University of Waterloo，1998.

［32］ DECON. DECON Studrail Punching Shear Reinforcement Technical Information［Z］. California：DECON USA，Inc. 2015：1.

［33］ Bu，W. Punching Shear Retrofit using Shear Bolts for Reinforced Concrete Slabs under Seismic Loads［D］. Ontario：University of Waterloo. 2008：101-154.

［34］ Limam，O. et al. Two-way RC slab Strengthened with CFRP Strips：Experimental Study and a Limit Analysis Approach［J］. Composite Structure. 2003. Vol. 60：467-471.

［35］ Papanicolaou，C. G. et al. Strengthening of Two-way Slabs with Textile-reinforced Mortars（TRM）［R］. London：11th International fib Symposium. 2009.

［36］ Zhang，K. and Sun，Q. Strengthening of a Reinforced Concrete Bridge with Polyurethane-cement Composite（PUC）. The Open Civil Engineering Journal. 2016. Vol 10：768-781.

［37］ ACI Innovation Task Group 1 and Collaborators.Acceptance Criteria for Moment Frames Based on Structural Testing［M］. Michigan：ACI. 2001：T1.1-R-1-R-7.

［38］ Farhey，D. N. et al. Repaired Reinforced Concrete Flat-Slab-Column Subassembles Under Lateral Loading［J］. ASCE Journal of Structural Engineering. 1995. Nov. Vol. 121，No. 11.：1710-1720.

［39］ Ebead，U. and Marzouk，H. Strengthening of Two-Way Slabs Subjected to Moment and Cyclic Loading［J］. ACI Structural Journal. 2002. Vol. 99，No. 4：15-25.

［40］ Bicini，B. and Bayrak，O. Punching Shear Strengthening of Reinforced Concrete Flat Plates Using Carbon Fiber Reinforced Polymers［J］. ASCE Journal of Structural Engineering Sep. 2003：129（9）.

［41］ Sayed，K. M. El. Khalil，N. N and Omar，M. I. Repair and Strengthening of R. C Flat Slab Connection with Edge Columns against Punching Shear［J］. Advances in Research. 2016：8（3）：1-22.

［42］ ACI Committee 440. ACI 440.2R-17 Guide for the Design and Construction of Externally Bonded FRP Systems for Strengthening Concrete Structures. Michigan：ACI. 2017：440.1R-11.

轻钢结构几种常见施工质量问题及控制方法

孔旭文　　崔士起

山东省建筑科学研究院，山东济南，250031

摘　要：本文结合轻钢结构工程检测鉴定工作经验，提出轻钢结构几种常见施工质量问题，包括：焊接质量问题、节点连接质量问题、防护质量问题；分析认为出现这些问题的主要原因是施工人员技术水平低，施工方法粗放，管理不到位；提出施工单位需要加强质量管理，引进培养技术人才，提高施工人员整体素质，注重细节处理，保证钢结构施工质量。

关键词：轻钢结构，焊接，节点连接，螺栓球节点，锈蚀

Several Common Construction Quality Problems and Control Methods of Light Steel Structures

Kong Xuwen　　Cui Siqi

Shandong Provincial Academy of Building Research，shandong，jinan，250031

Abstract：combine with the experience in light steel structure engineering inspection and appraisal，several common construction quality problems of light steel structures are proposed，include welding quality problem，node connection quality problem，quality of protection problem，analysis suggests leading cause of this problem include low technological level of the construction personnel，rough construction methods，irresponsible management，put forward that the construction unit needs to strengthen quality management，bring in or train more technical personnel，improve the overall quality of builder，pay attention to detail treatment，Ensure quality of steel structure construction.

Keywords：light steel structure，weld，joint connection，bolt-sphere joint，rust

0　引言

　　秦砖汉瓦时代的土木结构，不耐火，寿命短。钢筋混凝土结构虽然成本较低，但体积笨重，工期较长。钢结构的优势很多，也很突出，比如美观、环保、自重轻、强度高、抗震性能好、可循环使用、可实现工厂化生产、有效缩短建筑工期等等。进入 21 世纪，我国钢结构发展呈现出了从未有过的兴旺景象。

　　轻钢结构是一种年轻而极具生命力的钢结构体系，已广泛应用于一般工农业、商业、服务性建筑，如办公楼、别墅、仓库、体育场馆、娱乐、旅游建筑和低、多层住宅建筑等领域。

　　近年我单位承接大量轻钢结构工业厂房、仓库、综合市场等工程检测鉴定，发现轻钢结构工程普遍存在的一些质量问题，本文对这些问题进行汇总，希望引起大家注意。

1　焊接质量问题

　　轻钢结构厂房节点连接以焊接连接、螺栓连接、栓焊混合连接为主。焊接在钢结构中有重要地位，焊接质量直接关系钢结构的安全性。焊接操作对工人提出了很高的技术要求，而目前工程现场技术工人严重不足，熟练焊工更是稀缺，焊接质量问题也大量出现，主要包括：焊缝尺寸不足、焊缝缺

陷、不按要求施焊，最严重的是设计要求全熔透焊的未熔透，设计要求双面焊的单面焊。焊缝无损探伤检查中夹渣、气孔、漏焊等问题时常出现。

某工业厂房设计要求焊缝尺寸 6mm、8mm、10mm 不等，现场检测焊缝尺寸均不足 6mm，要求施工单位对所有焊缝进行整改补焊，补焊后检查仍不符合要求，不足一年，此工程在冬季大雪后出现坍塌。

焊接是现代钢结构连接的重要手段，钢结构施工单位应充分重视焊接质量的重要性，加强焊接工艺控制和质量管理，投入资金进行熟练焊工培养与引进，提高施工人员的技术水平和安全意识。

2　节点连接质量问题

2.1　节点连接错位

柱上下段错位（图 1）、柱与梁连接节点错位、板与板之间间隙过大（图 2）、钢板连接面未按设计要求做表面处理。

图 1　柱上下段错位

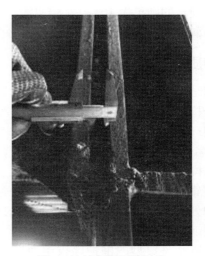
图 2　连接钢板间隙过大

2.2　螺栓球节点

M30 螺栓孔拧入 M27 螺栓、锥头底板厚度不足导致拉脱破坏。

《钢网架螺栓球节点》JC/T 10-2009 第 5.4.2 条要求：封板或锥头底板厚度 h 不应小于 GB/T 16939—1997 附录中表 A.2 的规定，厚度 h 允许偏差应为 -0.2mm ～ 0.5mm。

《钢网架螺栓球节点用高强螺栓》（GB/T 16939—2016）（代替 GB/T 16939—1997）附录中表 A.3 封板或锥头底厚及螺栓旋入球体长度。

这些细节要求，有些施工单位可能没有重视。

2.3　螺栓安装不合格

个别部位螺栓漏安装、部分螺栓未拧紧或螺母松动、螺栓与螺母不匹配。

2018 年 1 月 5 日 15 时 50 分许，在云南文山州麻栗坡县麻栗镇麻栗坡（天保）边境经济合作区磨山片区配套基础设施强电迁改工程 35KV 东兴线项目 2 号铁塔施工过程中发生铁塔坍塌事故，造成 4 人死亡。事故直接原因为：地脚螺栓与螺母不能配合，不能产生应有的紧固力。设计地脚螺栓为 M56，螺母为标准件 M56，实测地脚螺栓直径是 50.6 ～ 51.2mm，螺母内径是 55 ～ 56mm 之间，螺栓严重超差。依据国家标准《六角螺栓全螺纹 C 级》（GB/T 5781—2000），M56（粗牙三级）的螺栓，依据 C 级标准，螺栓直径是 55.025 ～ 55.925mm 之间。

螺栓连接施工质量控制应做到以下几点：

（1）螺栓应具有生产厂家提供的质量合格证明。包装应符合要求，螺栓、螺母、垫圈应属于同一批号，不得混装。现场应专人保管，分类存放于密闭、干燥的仓库内，堆高不超过 1m。

（2）紧固高强螺栓的扭矩扳手必须校准合格，利用特定的测矩仪进行定期校正，并在现场用标准扭矩扳手对螺栓的紧固程度进行复测，以确保坚固扭矩的误差不大于 2%。

（3）构件摩擦面应在吊装前按设计要求进行处理，吊装时应对摩擦面逐一进行表面状态检查，若受损或污染，必须进行处理和清洁。

（4）用量规检查螺孔质量，若有漏孔、错孔，必须经设计单位或制造厂家同意后，重钻和补钻，不得采用气割扩孔。

（5）螺栓紧固施工时分两组进行螺栓的初拧和终拧，并用不同颜色的油漆作标记，为了使每个螺栓的预拉力尽量相等，从节点中间向四周对称紧固螺栓。当天安装的螺栓，必须当天完成初拧和终拧。

（6）螺栓外观质量检查：检查螺栓紧固有无初拧、终拧标记，穿装方向是否一致。同时，应检查螺栓尾端至少与螺母齐平或超出螺母 2 ～ 3 个丝扣。

（7）采用转角法检测螺栓紧固扭矩：复测螺栓数量为每个节点螺栓数的 10%，且不少于 2 个；复测有不合规定的则扩大 10%，加倍复测。如仍有不合格的，则对整个节点的螺栓全部进行复测。复测中发现的漏拧或欠拧螺栓应逐个补拧，超拧螺栓则应更换。

3　防护质量问题

轻钢结构大多用于厂房、仓库、展厅等，对保温隔热等要求不高，因而通常用压型钢板作为屋面和围护结构。因为压型钢板易于锈蚀，所以其使用寿命较短，在特别好的的环境下，可达 20 年左右；一般使用环境下，最多达 15 年左右；在较坏的使用情况下（如水汽大、腐蚀性介质浓等），只能达 10 年左右；个别情况下，10 年以内就会因锈蚀而丧失功能。施工单位常常对围护结构施工重视不足，造成轻钢结构房屋出现严重质量问题。

压型钢板屋面施工工序多、节点构造复杂、细部处理难度大，如处理不当，就会导致屋面变形过大、漏雨、脱落等，因此压型钢板屋面安装施工十分重要。

图 3 所示是典型的围护墙板锈蚀损坏的例子，压型钢板围护墙下部锈蚀严重，与压边的钢板连结处松动，在大风作用下弯折。

观察发现大部分压型钢板锈蚀首先发生在易积水处，所以，作者认为应对压型钢板易积水部位、接口部位、洞口边缘进行封闭防水处理，以提高整个房屋结构使用寿命。

图 3　压型钢板锈蚀损坏

4　结语

本文提出的这些施工质量问题，都是所谓的"小问题"，但这些小问题却可能引发大的工程质量事故。分析这些问题产生的原因，一方面是施工人员技术水平低，有些焊工没有经过正规培训，甚至看不懂图纸，不明白图纸标识的含义，所以不能按设计要求施工。另外，施工管理不到位也是一个重要原因，许多原来的土建施工单位进行钢结构施工，沿用土建施工的粗放式管理，对钢结构端板处理、构件加工尺寸、节点连接等施工精度要求过低，整体安装时，对出现的问题没有及时跟进处理。钢结构施工单位要认识到钢结构与土木结构的差异，提高施工人员整体技术水平，加强施工质量管理，将施工精度控制到毫米级，进行精细化全过程控制，才能打造出优质的钢结构工程。

参考文献

［1］　JC/T 10—2009,《钢网架螺栓球节点》. 北京：中国标准出版社，2009.

［2］　GB/T 16939—2016,《钢网架螺栓球节点用高强螺栓》. 北京：中国标准出版社，2016.

锈蚀钢筋与混凝土间黏结性能的研究进展与分析

张　白[1, 2]　朱　虹[1]　陈　俊[2]　杨　鸥[3]

1. 东南大学土木工程学院，江苏南京，211189
2. 湘潭大学土木工程与力学学院，湖南湘潭，411105
3. 湖南大学土木工程学院，湖南长沙，410082

摘　要：为研究钢筋锈蚀对黏结锚固性能的影响，本文对锈蚀钢筋与混凝土间黏结性能及本构模型的国内外研究现状进行了总结，分析出结构内部钢筋锈蚀后对黏结机理的影响。此外，通过总结和分析国内外学者的研究成果，提出了不同锈蚀率下黏结强度劣化模型与黏结 - 滑移本构模型，并通过相关学者的试验数据验证了该模型的合理性。

关键词：锈蚀钢筋混凝土，黏结性能，黏结机理，本构模型

Development and Analysis on Bond Performance between Corroded Reinforcing Steel Bars and Concrete

Zhang Bai[1, 2]　Zhu Hong[1]　Chen Jun[2]　Yang Ou[3]

1. School of Civil Engineering，Southeast University，Nanjing 211189，China；

2. College of Civil Engineering and Mechanics，Xiangtan University，Xiangtan 411105，China；

3. College of Civil Engineering，Hunan University，Changsha 410082，China）

Abstract：To study the influence of reinforcement corrosion on bond performance between reinforcing steel bars and concrete，the variation law of bond properties of corroded rebar in concrete and research situation of the constitutive equation were summarized. And the bond mechanism considering the influence of reinforcement corrosion was analyzed. Meanwhile，the empirical model was proposed to predict the residual bond strength according to corrosion level and the simplified bond stress-slip constitutive equation was provided based on the tested results of previous studies，and the practicability of the suggested model is verified by experimental data of others researcher.

Keywords：corroded reinforced concrete，bond performance，bond mechanism，constitutive equation

0　引言

　　钢筋与混凝土之间可靠的黏结是钢筋混凝土（RC）构件中钢筋与混凝土这两种性质不同的材料协调变形、共同承受荷载的前提[1, 2]。然而，RC 结构在长期服役期间不可避免地受到氯盐侵蚀、混凝土碳化等影响，从而诱发结构内部钢筋产生锈蚀。研究表明：锈蚀不仅导致钢筋自身力学性能下降，有效截面面积减小[3～6]，更会影响钢筋与混凝土间的黏结应力，且极限黏结应力（黏结强度）劣化带来的风险甚至比钢筋本身截面面积减小更为严重[7, 8]，而黏结强度的退化直接影响着 RC 结构的承载力及耐久性能。因此，为准确评估锈蚀 RC 构件的承载力及其耐久性能，本文对锈蚀钢筋与混凝土间黏结性能退化规律及本构模型的相关研究进行了总结，并建立了锈蚀率作用下黏结强度劣化模型。

基金项目：国家自然科学基金面上项目（51478106），国家自然科学基金面上项目（51578229）。

作者简介：张白（1991—），男，博士研究生。E-mail：baizhang1120@126.com。

通讯作者：朱虹（1975—），女，博士，教授，博士生导师。E-mail：101010656@seu.edu.cn。

1　锈蚀后黏结退化机理

结构内部钢筋锈蚀后，锈蚀产物的形成将会改变钢筋与混凝土黏结界面环境，增加界面的黏结膨胀应力，甚至造成混凝土保护层的开裂及剥落，其直接影响到钢筋与混凝土间黏结锚固性能的退化。相关研究者认为锈蚀产物膨胀后的体积可达到原钢筋体积的 2 ～ 7 倍[1]，严重破坏了钢筋与混凝土之间的初始界面状态以及两者间的化学胶着力。

当结构内部钢筋处于低锈蚀时（未产生锈胀裂缝），锈蚀产物因体积逐渐膨胀增强了周围混凝土对锚筋的约束作用，同时锈蚀产物增加了钢筋表面的粗糙程度，因而提高了钢筋与混凝土之间的摩阻力，其黏结强度将有所提高。锈蚀对黏结强度的影响可由图 1 来示意。随着锈蚀率的持续增加（锈胀裂纹出现后），一方面源于钢筋与混凝土界面产生的锈蚀产物逐渐增多，锈蚀产物的径向膨胀力（环向拉应力）超过混凝土抗拉强度，致使裂缝发展至试件表面，形成劈裂裂缝，严重时可使得混凝土保护层剥落，削弱了周围混凝土对锚筋的约束作用；另一方面，锈蚀产物是一层结构疏松的氧化物，能起到一定的"润滑"作用，从而使得钢筋与混凝土之间的摩擦系数降低[1]；对于变形钢筋而言，锈蚀导致钢筋横肋逐渐出现锈损，严重削弱了肋与混凝土之间的机械咬合力。因此，随着钢筋质量损失程度的不断加剧，钢筋与混凝土间黏结强度逐渐退化，最终导致 RC 构件的承载力与耐久性下降。其影响可用图 2 概括表示。

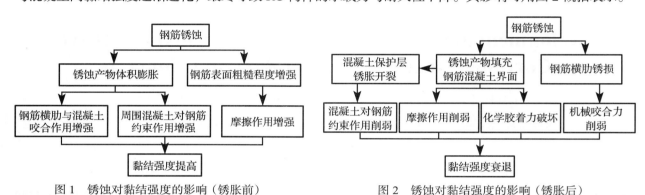

图 1　锈蚀对黏结强度的影响（锈胀前）　　　　图 2　锈蚀对黏结强度的影响（锈胀后）

Fig.1　Effect of reinforcement corrosion on bond strength　　　Fig.2　Effect of reinforcement corrosion on bond strength

2　锈蚀后黏结 - 滑移性能研究现状

近年来，国内外学者对锈蚀钢筋与混凝土的黏结锚固性能开展了大量而广泛深入的研究。试验研究表明[8-11]，锈蚀率较低时（≤ 2%），黏结强度及黏结刚度（黏结滑移曲线上升段切线斜率）不变或略有提高，而后随着锈蚀率持续增加，其黏结强度及黏结刚度出现较大幅度衰退。

Fang 等[12]以箍筋约束、钢筋类型等为影响因子研究了钢筋不同锈蚀率对黏结强度的影响，发现锈胀裂纹对无箍筋试件更为明显。Wu 等[11]以钢筋直径为影响因子，研究了不同锈蚀率下钢筋与混凝土间黏结应力退化规律。试验结果表明：对于钢筋直径为 12mm、16mm 的试件，其黏结强度随锈蚀率的增加呈现出先增强后逐渐削减的趋势；而对于钢筋直径为 20mm、25mm 的试件，因其较小的保护层厚度，其黏结强度随锈蚀率的增加而持续下降。Coccia 等[3]采用中心拔出试验方法研究了不同钢筋锈蚀率对黏结强度的影响，并建立了黏结强度的退化模型。Law 等[13]通过梁式试验方法研究了混凝土保护层厚度、钢筋直径、横向配箍等对锈蚀钢筋与混凝土黏结性能的影响。结果表明：对于配箍试件而言，随着混凝土保护层厚度的增加，试件黏结强度随锈蚀率的增加其增长幅度逐渐减缓；而对于无横向箍筋约束的试件，随锈蚀率的增加其黏结强度的变化趋势与钢筋直径大小有关。然而这些结论大多只考虑了钢筋轻度锈蚀的情况，而忽略了钢筋严重锈蚀后将会造成混凝土保护层开裂甚至剥落，从而对黏结性能的影响也许存在一定的差别。

Lan 等[14]通过拔出试验研究了钢筋在试件浇筑前 / 后锈蚀对黏结性能的影响，结果表明，钢筋在浇筑前 / 后锈蚀对黏结强度的变化规律无明显影响，但相同的锈蚀时间，前者的实测锈蚀率远大于后者。Choi 等[15]研究了钢筋自然锈蚀及人工加速锈蚀两种方法对黏结锚固性能影响，发现相比于试件加速锈蚀方法，自然锈蚀情况下试件混凝土强度恶化更为严重，并建立了黏结强度与锈蚀率的关系式。Tondolo 等[16]研究了质量损失高达 20% 的钢筋与混凝土的黏结锚固性能，结果表明：对于配置横向箍筋的试件，20% 钢筋锈蚀率其黏结强度仍大于非锈蚀情况下的黏结强度；而对于无横向箍筋的情况下，钢筋锈蚀率达到 20% 时，其黏结强度损失高达 75%。陈朝晖等[5]分析出锈蚀钢筋与混凝土间黏结强度退化规律并采用 ICT（Industry Computed Tomography）无损检测系统观测了混凝土保护层锈蚀裂缝发展的特点，研究表明，混凝土表面的锈胀裂缝沿钢筋径向发展具有明确的方向性。Wang 等[4]通过声发射监测方法研究了锈蚀钢筋与混凝土的黏结性能，发现声发射位置与实测裂纹开展的情况一致，可通过信号的特征来反映出试件的黏结性能。Ma 等[7]采用钢筋开槽内贴应变片的方法建立了考虑钢筋锈蚀率下黏结强度的退化模型。Zhou 等[17]研究了不同混凝土配合比对黏结性能的影响，从黏结强度、黏结刚度、能量耗散的角度分析了锈蚀对黏结性能的影响。然而建立的这些黏结强度与钢筋质量损失率的关系式主要还是以较低等级的钢筋作为锚固钢筋，高强钢筋延性好且拉伸强度高，在近年来新建 RC 结构中被广泛使用，其相关的黏结性能的研究也应引起重视。

　　肖建庄[18]、Fernandez[19]等对比分析了锈蚀钢筋与再生混凝土（RAC）和普通混凝土黏结性能变化规律，结果表明：低锈蚀情况下，RAC 相比于普通混凝土具有更好的黏结性能；当钢筋处于高锈蚀率时，不同粗骨料取代率对黏结性能影响不明显；当钢筋质量损失率一致的情况下，相比于普通混凝土，RAC 的黏结强度退化速率更为显著。Zhao 等[20]通过钢筋开槽内贴应变片的方法，开展了中心拔出试验与梁式试验，研究了 RAC 与钢筋的黏结锚固性能，并分析了不同位置变化的锈蚀钢筋与混凝土黏结 - 滑移关系。此外，Zhou 等[17]对比研究了箍筋锈蚀和锚固钢筋锈蚀对黏结性能的影响，表明箍筋锈蚀对黏结性能的影响要稍低于锚固钢筋锈蚀。侯利军等[21]研究了黏结长度对锈蚀钢筋与钢纤维混凝土黏结性能的影响。结果表明：钢纤维的掺入使试件的破坏模式由劈裂破坏转变为拔出破坏，同时能有效地增强其黏结强度（约提高 4.4% ～ 7.5%），此外，锈蚀率对黏结强度的影响还与黏结长度有关。Lin 等[22]研究了循环荷载作用下锈蚀钢筋与混凝土的黏结性能，结果表明：相比于单向拉拔荷载，循环荷载作用下黏结强度及其对应的峰值滑移无明显区别。

　　除了以上试验研究，也有部分研究者通过理论分析和有限元模拟的方法研究了钢筋锈蚀对黏结性能的影响规律。张国学[23]提出一种通过采用温度膨胀环代替钢筋质量锈损的模拟方法，其方法是以温度膨胀环的热膨胀系数作为锈蚀产物膨胀率，施加单位温度荷载，通过调整温度膨胀环厚度来模拟钢筋锈蚀发展的过程。Coronelli[24]以混凝土保护层作为梁模型，将梁上均布荷载用锈蚀产物膨胀产生的压力替代，把周围混凝土产生的约束及箍筋作为简支支座，从而构建出锈蚀钢筋黏结强度的分析模型。Zhang 等[25]通过采用三维有限元分析方法对钢筋施加热应变来模拟钢筋锈蚀产生的膨胀作用，并考虑横向约束的差异以及横向钢筋的位置用以预测锈蚀钢筋与混凝土界面间的黏结强度。王小惠[26]采用厚壁圆筒模型将混凝土视为齐次弹性材料，计算出钢筋锈蚀深度所对应的锈胀压力，并基于微观受力模型进一步计算出锈蚀钢筋的黏结强度。Chen 等[27]同样基于厚壁圆筒模型，但将混凝土视为各向异性材料，将保护层的开裂过程划分为三个阶段求解，依次为：界面初裂、裂缝扩展以及裂缝完全贯通保护层，得出了不同锈蚀率对应的表面裂缝宽度和黏结强度。国内外学者关于钢筋与混凝土间黏结作用的数值模拟研究也获得了一定的研究成果，但目前的黏结 - 滑移本构关系并不完善，且大多学者采用分离式模型，其模型本身存有一定缺陷，使得结果大多由材料本构关系所确定。因此，建立行之有效的有限元分析模型，可进一步推动黏结性能的试验研究[2]。

3　锈蚀后黏结 - 滑移本构模型

3.1　黏结强度劣化模型

　　为研究锈蚀率对黏结强度的影响，结合相关学者研究数据[28～30]，本文作者将锈蚀试件无量纲化黏结强度 ξ（锈蚀试件与非锈蚀试件黏结强度的比值）与锈蚀率的关系曲线绘制于图 3。图中 C 代表有横向箍筋约束，N 代表无箍筋约束。

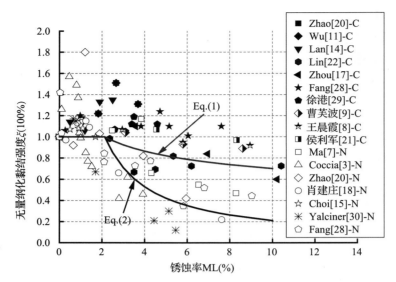

图 3　无量纲化黏结强度与锈蚀的的关系

Fig.3　Non-dimensional bond strength vs. achieved corrosion level

从图中可知，箍筋的约束对黏结强度的影响较明显，在锈蚀率小于 2.0% 时，锈蚀对试件黏结强度具有一定的促进作用；对于有横向箍筋试件，其增长幅度约为 20%，而无箍筋试件增长幅度较有箍筋试件大，在锈蚀约为 1.0% 时，其黏结强度增长幅度能达到 40%，主要缘于锈蚀产物的产生增强了黏结界面的膨胀应力，而箍筋的存在本身对试件有着较大的横向约束，致使锈蚀产物的膨胀所引起的约束能力增幅较小；当锈蚀率超过 2.0% 时，各试件黏结强度随锈蚀率的增长而逐渐下降，且无箍筋试件黏结强度下降幅度更为明显，主要原因是随着锈蚀产物的增长，造成试件表面的开裂甚至剥落，而无箍筋试件仅依靠混凝土提供约束，从而其黏结强度下降明显。此外，无论有 / 无横向箍筋约束，相关学者获得的黏结强度与锈蚀率的变化规律存有一定的差异，可能是由于黏结长度、混凝土种类、横向配箍率等不同所导致，但总体上呈现出一定的相似性。通过对试验数据的统计分析，可建立相关黏结强度与锈蚀率的关系式如式（1）和式（2），其关系式适用于试件表面混凝土剥落之前。根据式（1）、式（2），可初步评估出不同锈蚀率下黏结强度的退化程度。

对于有横向箍筋约束试件：

$$\begin{cases} \xi = 1.0 & (ML \leqslant 2.13\%) \\ \xi = 1.19 \times (ML \times 10^2)^{-0.23} & (ML \geqslant 2.13\%) \end{cases} \tag{1}$$

对于无横向箍筋约束试件：

$$\begin{cases} \xi = 1.0 & (ML \leqslant 2.13\%) \\ \xi = 2.15 \times (ML \times 10^2)^{-1.01} & (ML \geqslant 2.13\%) \end{cases} \tag{2}$$

式中：ξ 为试件无量纲化黏结强度；ML 为钢筋的锈蚀率（%）。

3.2　黏结 - 滑移本构模型

钢筋与混凝土间黏结应力 - 滑移本构关系作为 RC 结构非线性分析的基础，其研究一直以来受到国内外广大学者的青睐。目前，针对黏结 - 滑移本构关系的研究主要存在以下两种观点：

（1）与研究的位置点无关。实际研究中，由于钢筋表面不均匀等特征，很难测得某一点处的黏结应力 - 滑移关系。通常采取的手段是当锚固长度足够短时（$L \leqslant 5d$，d 为钢筋直径），用平均黏结应力 - 滑移曲线替代实际黏结应力 - 滑移曲线，即不考虑研究的位置点对黏结应力 - 滑移关系的影响[7]。

（2）与研究点的位置点有关。随着对黏结 - 滑移本构关系逐步深入的研究以及测试方法的不断完善，相关学者发现沿钢筋锚固长度不同位置处具有不同的黏结 - 滑移本构关系，进而认为黏结应力与相对滑移量以及沿锚固长度方向上的位置相关。如 Zhao[31]、李艳艳[32] 等通过钢筋开槽内贴应变片的方法，建立了随时间和位置变化的钢筋与混凝土黏结本构关系式。

然而，目前大多数学者所提出的本构模型未考虑到钢筋锈蚀的影响。钢筋锈蚀后与混凝土间黏结 - 滑移本构关系是研究锈蚀 RC 结构安全性、耐久性评估的基础。近年来，关于锈蚀 RC 结构的黏结应力 - 滑移本构关系的研究已逐渐受到国内外相关学者的重视[33]。

袁迎曙等[34]通过箍筋约束的偏心拔出试验，研究了钢筋锈蚀对黏结应力 - 滑移曲线的影响规律，试验发现锈蚀后黏结剪切刚度随锈蚀率增加而逐渐退化，且黏结 - 滑移机理同非锈蚀试件较为类似，可将锈蚀钢筋与混凝土的黏结 - 滑移过程划分为五个阶段即：微滑移段（0-s）、滑移段（s-cr）、劈裂段（cr-u）、下降段（u-r）和残余段（r-）。陈静等[35]基于细观受力理论及锈蚀后极限黏结力理论，建立了锈蚀后的钢筋混凝土构件黏结 - 滑移本构关系，如图 4 所示。

肖建庄[18]采用式（3）经典两段式模型对锈蚀钢筋与再生混凝土黏结试验数据拟合分析，建立拔出破坏形式下锈蚀 RC 的黏结 - 滑移本构模型如下：

$$
\begin{cases}
\dfrac{\tau}{\tau_u} = \left(\dfrac{S}{S_u}\right)^a & (0 \leqslant S \leqslant S_u) \\[3mm]
\dfrac{\tau}{\tau_u} = \dfrac{S/S_u}{b(S/S_u - 1)^2 + S/S_u} & (S > S_u)
\end{cases}
\tag{3}
$$

式中：τ 为黏结应力（MPa）；τ_u 为极限黏结应力（MPa）；S 为滑移值（mm）；S_u 为极限黏结应力对应的峰值滑移（mm）；a 取 0.3；b 由锈蚀率确定。

此外，王朝阳等[36]也采用式（3）模型对锈蚀钢筋与混凝土间黏结 - 滑移曲线进行拟合分析，获得相类似的本构模型，仅表现出 a、b 的取值有所差异。

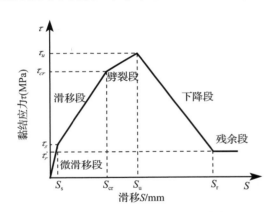

图 4　五段式黏结 - 滑移关系曲线
Fig.4　Bond stress-slip curves with five stage

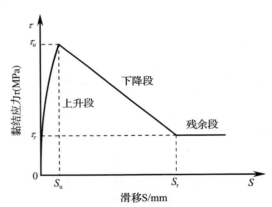

图 5　三段式黏结 - 滑移关系曲线
Fig.5　Bond stress-slip curves with three stage

上述各学者提出的锈蚀钢筋与混凝土黏结 - 滑移本构关系式，极大地推进了锈蚀 RC 结构有限元分析的发展，也为后续研究者对锈蚀 RC 结构的研究提供了一定的理论参考。然而，由于影响黏结性能的因素众多、受力机理复杂等原因，造成各学者提出的本构模型也存在有模型复杂、适用性较差等不足，如式（3）本构模型中 b 会随着锈蚀率的不同而变化。因此，论文中作者通过大量试验数据与理论分析[2, 37]，将锈蚀后黏结 - 滑移关系式进行了相应的优化，建立了考虑温度以及锈蚀等影响下的黏结 - 滑移模型[38]，如式（4）所示，该模型将黏结 - 滑移破坏过程划分为上升段（0 ～ S_u）、下降段（S_u ～ S_r）和残余段（S_r ～）三个阶段，如图 5。

锈蚀 RC 黏结 - 滑移本构关系式如下：

$$
\begin{cases}
\tau = \left(\dfrac{S}{S_u}\right)^{0.4} \times \tau_u & (0 \leqslant S \leqslant S_u) \\[3mm]
\tau = \left(1.0 - 0.7 \times \dfrac{S - S_u}{S_r - S_u}\right) \times \tau_u & (S_u < S \leqslant S_r) \\[3mm]
\tau = \tau_r & (S > S_r)
\end{cases}
\tag{4}
$$

式中：τ_r 为残余黏结应力（MPa），其代表的是当钢筋滑移达到钢筋横肋间距时相应的黏结应力[4]；S_r 为残余黏结应力对应的滑移值（mm）；其中 $\tau_r=z\tau_u=0.3\tau_u$。

表 1　相关学者试验参数

Table.1　Tested results of previous studies

数据来源	f_{cu}（MPa）	直径 d（mm）	横向约束	肋间距 l_n（mm）	滑移状态
Wu [11]	34.0	20	Y	10.0	S_u
Xiao [18]	32.5	14	N	9.0	S_u

为进一步验证建立的黏结 - 滑移本构关系式（4）的合理性，选取了不同锈蚀率下相关学者黏结 - 滑移数据进行对比分析，试验参数如表 1 所示。表中：Y、N 分别表示有横向约束和无横向约束试件；S_u 表示自由端与加载端的平均峰值滑移；钢筋肋间距 l_n 按《热轧带肋钢筋》新标准（GB 1499.2—2007）规定的范围进行取中间值，因此，对于 d=14mm，20mm 的钢筋，其肋间距分别取为 9.0mm，10.0mm。

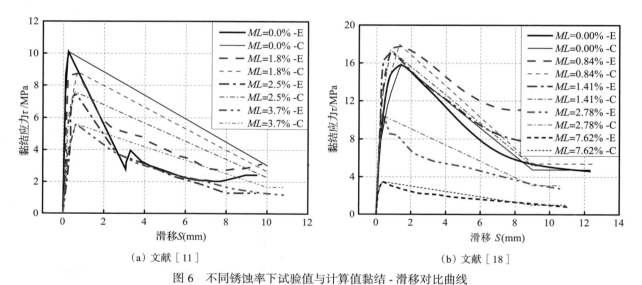

(a) 文献 [11]　　　　　　　　　　　(b) 文献 [18]

图 6　不同锈蚀率下试验值与计算值黏结 - 滑移对比曲线

Fig.6　Comparison of predicted curves with test results with different corrosion level

图 6 为相关文献中不同锈蚀率下黏结 - 滑移曲线与通过模型式（4）计算得到的黏结 - 滑移曲线的对比。可以发现，式（4）可较好地耦合相关文献中数据。相比于前面相关学者所提出的本构模型而言，式（4）所示的黏结 - 滑移模型具有变量系数少、模型简单、适用性较强等优点，可为研究锈蚀 RC 黏结 - 滑移以及有限元分析提供一定的理论参考。

4　结语

从上述研究可知，近年来国内外有大量学者对钢筋锈蚀后的黏结性能进行了相关研究，结果表明：RC 结构内部钢筋锈蚀后将会改变钢筋与混凝土间黏结界面环境，甚至引起混凝土锈胀开裂及剥落，对黏结性能有着极其重要的影响。然而，钢筋锈蚀后黏结性能是一个非常复杂的结构工程基础问题，加之影响黏结强度的因素较多，破坏机理复杂，尤其是试验技术以及试验仪器精度等方面的差异，依然有许多不太完善之处有待解决。

（1）大多研究未考虑箍筋锈蚀对黏结性能的影响，而是对箍筋表面涂刷环氧树脂进行了防锈处理，这将在一定程度上影响箍筋对混凝土的约束能力，以致于获得的有关黏结性能的劣化规律将偏离预期结果。为此，建议后续研究者可借助有限元分析来解决此问题，通过有限元分析方法，模拟纵筋锈蚀、箍筋锈蚀以及两者同时锈蚀情况下锈胀裂纹扩展规律及黏结强度的劣化规律。

（2）忽视了火灾／高温对锈蚀钢筋与混凝土间黏结性能的影响。火灾／高温作用后，结构的材料性能严重劣化，且伴随有严重的内（应）力重分布，极大地削弱钢筋与混凝土间的黏结性能，将严重危及到结构的安全及耐久性能。

（3）当前有关锈蚀钢筋混凝土试件的研究主要基于电化学加速锈蚀方法，而对自然环境锈蚀试件的研究较少。因此，后续急需进一步开展试验探索不同腐蚀电流密度、自然锈蚀条件下黏结性能的劣化规律，并最终构建出自然锈蚀与加速锈蚀试验结果相关联的数学模型，以推动基于加速锈蚀试验方法测得的试验结果能更好地适用于工程实践中。

参考文献

［1］ 徐港. 锈蚀钢筋混凝土粘结锚固性能研究 ［D］. 武汉：华中科技大学，2007.

［2］ 张白，陈俊，杨鸥. 锈蚀钢筋混凝土黏结性能及本构关系的试验研究 ［J］. 硅酸盐通报，2018，（02）：417-423.

［3］ Coccia S，Imperatore S，Rinaldi Z. Influence of corrosion on the bond strength of steel rebars in concrete ［J］. Materials & Structures，2016，49（1-2）：537-551.

［4］ Wang L，Yi J，Xia H，et al. Experimental study of a pull-out test of corroded steel and concrete using the acoustic emission monitoring method ［J］. Construction & Building Materials，2016，122：163-170.

［5］ 陈朝晖，谭东阳，曾宇，等. 锈蚀钢筋混凝土粘结强度试验 ［J］. 重庆大学学报，2016，（01）：79-87.

［6］ Li C Q，Yang S T，Saafi M. Numerical simulation of behavior of reinforced concrete structures considering corrosion effects on bonding ［J］. Journal of Structural Engineering，2014，140（12）：04014092.

［7］ Ma Y，Guo Z，Wang L，et al. Experimental investigation of corrosion effect on bond behavior between reinforcing bar and concrete ［J］. Construction & Building Materials，2017，152：240-249.

［8］ 王晨霞，王宇，李敬红，等. 再生混凝土与锈蚀钢筋间的粘结性能试验研究 ［J］. 土木建筑与环境工程，2016，（01）：46-53.

［9］ 曹芙波，李骏骁，王晨霞，等. 锈蚀钢筋与再生混凝土黏结性能试验研究 ［J］. 建筑结构学报，2016，（S2）：143-151.

［10］ Zhang J，Ma Y，Wang L. Experimental study on effect of corrosion-induced cracking on bond property between deformed steel bar and concrete ［J］. Iabse Symposium Report，2010，97（14）：1-7.

［11］ Wu Y Z，Lv H L，Zhou S C，et al. Degradation model of bond performance between deteriorated concrete and corroded deformed steel bars ［J］. Construction & Building Materials，2016，119：89-95.

［12］ Fang C，Lundgren K，Plos M，et al. Bond behaviour of corroded reinforcing steel bars in concrete ［J］. Cement & Concrete Research，2006，36（10）：1931-1938.

［13］ Law D W. Impact of corrosion on bond in uncracked concrete with confined and unconfined rebar ［J］. Construction & Building Materials，2017，155：550-559.

［14］ Lan C，Kim J H J，Yi S T. Bond strength prediction for reinforced concrete members with highly corroded reinforcing bars ［J］. Cement & Concrete Composites，2008，30（7）：603-611.

［15］ Choi Y S，Yi S T，Kim M Y，et al. Effect of corrosion method of the reinforcing bar on bond characteristics in reinforced concrete specimens ［J］. Construction & Building Materials，2014，54（3）：180-189.

［16］ Tondolo F. Bond behaviour with reinforcement corrosion ［J］. Construction & Building Materials，2015，93：926-932.

［17］ Zhou H J，Liang X B，Zhang X L，et al. Variation and degradation of steel and concrete bond performance with corroded stirrups ［J］. Construction & Building Materials，2017，138：56-68.

［18］ 肖建庄，雷斌. 锈蚀钢筋与再生混凝土间粘结性能试验研究 ［J］. 建筑结构学报，2011，（01）：58-62.

［19］ Fernandez I，Etxeberria M，Marí A R. Ultimate bond strength assessment of uncorroded and corroded reinforced recycled aggregate concretes ［J］. Construction & Building Materials，2016，111：543-555.

［20］ Zhao Y，Lin H，Wu K，et al. Bond behaviour of normal/recycled concrete and corroded steel bars ［J］. Construction

& Building Materials，2013，48（11）：348-359.

［21］ 侯利军，刘泓，徐世烺，等. 锈蚀钢筋与钢纤维混凝土的黏结性能试验研究［J］. 建筑结构学报，2017，（07）：146-155.

［22］ Lin H，Zhao Y，Ožbolt J，et al. The bond behavior between concrete and corroded steel bar under repeated loading［J］. Engineering Structures，2017，140：390-405.

［23］ 张国学，宋建夏，刘晓航. 钢筋锈蚀对钢筋混凝土构件粘结力的影响［J］. 工业建筑，2000，30（2）：37-39.

［24］ Coronelli D. Corrosion cracking and bond strength modeling for corroded bars in reinforced concrete［J］. Aci Structural Journal，2002，99（3）：267-276.

［25］ Zhang G，Coronelli D，Berra M，et al. Steel-concrete bond deterioration due to cor rosion：Finite-element analysis for different confinement levels［J］. Magazine of Concrete Research，2003，55（3）：237-247.

［26］ 王小惠. 锈蚀钢筋混凝土梁的承载能力［D］. 上海交通大学，2004.

［27］ Chen H P，Nepal J. Analytical model for residual bond strength of corroded reinforcement in concrete structures［J］. Journal of Engineering Mechanics，2016，142（2）：04015079.

［28］ Fang C，Lundgren K，Chen L，et al. Corrosion influence on bond in reinforced concrete［J］. Cement & Concrete Research，2004，34（11）：2159-2167.

［29］ 徐港，卫军，王青. 锈蚀钢筋与混凝土粘结性能的梁式试验［J］. 应用基础与工程科学学报，2009，（04）：549-557.

［30］ Yalciner H，Eren O，Sensoy S. An experimental study on the bond strength between reinforcement bars and concrete as a function of concrete cover，strength and corrosion level［J］. Cement & Concrete Research，2012，42（5）：643-655.

［31］ Zhao Y，Lin H，Wu K，et al. Bond behaviour of normal/recycled concrete and corroded steel bars［J］. Construction & Building Materials，2013，48（11）：348-359.

［32］ 李艳艳，李晓清，苏恒博. 600 MPa 高强钢筋与混凝土的粘结锚固性能试验研究［J］. 土木建筑与环境工程，2017，39（2）：19-25.

［33］ Jiang C，Wu Y F，Dai M J. Degradation of steel-to-concrete bond due to corrosion［J］. Construction and Building Materials，2018，158（Supplement C）：1073-1080.

［34］ 袁迎曙，贾福萍，蔡跃. 锈蚀钢筋混凝土梁的结构性能退化模型［J］. 土木工程学报，2001，34（3）：47-52.

［35］ 陈静，刘西拉. 锈蚀钢筋混凝土构件粘结滑移本构模型［J］. 四川建筑科学研究，2008，（04）：1-7.

［6］ 王朝阳，杨鸥，霍静思. 锈蚀钢筋与混凝土间粘结性能试验［J］. 哈尔滨工业大学学报，2018，（06）：1-8.

［37］ Yang O，Zhang B，Yan G R，et al. Bond performance between slightly corroded steel bar and concrete after exposure to high temperature［J］. Journal of Structural Engineering，2018.（in press）

［38］ 张白. 锈蚀钢筋与混凝土高温后黏结性能试验研究［D］. 湘潭大学，2018.

关于装配式混凝土结构质量检测的探讨

王胜男[1]　　栾学立[2]

1. 山东建筑大学　土木工程学院，山东济南，250101
2. 山东建大工程鉴定加固研究院，山东济南，2501011

摘　要：目前装配式混凝土结构的施工质量问题是整个社会普遍关注的现象，关系着人们的人身安全。本文通过对装配式混凝土结构的材料、构件以及连接进行分析，归纳总结目前几种应用较为广泛的检测技术。

关键词：装配式，混凝土结构，叠合构件，灌浆套筒，检测

Discussion on Quality Inspection of Assembled Buildings with Concrete Structure

Wang Shengnan[1]　　Luan Xueli[2]

School of Civil Engineering, Shandong Jianzhu University, Jinan, 250101, China

Abstract: Nowadays, the problem with construction quality of prefabricated concrete structure is the phenomenon of the general public concern, and affects people's personal safety. In this paper, the materials, components and connections of prefabricated concrete structures are analyzed, and several widely used detection techniques are summarized.

Keywords: fabricated, concrete structure, composite component, grouting sleeve, detection

0　引言

随着我国建筑行业的迅猛发展，建筑业开始以提高工程建设效率、减少能源消耗和环境污染、提高工程质量为目标，装配式建筑结构凭借其绿色、环保等优势应运而生。装配式混凝土结构是指以混凝土为主要材料、以预制构件为主要受力构件，经装配、连接以及现浇而成的建筑结构。装配式混凝土结构具有工厂化生产、降低成本、节约资源、保护环境、降低噪音、工期短、用工成本低等优点，符合可持续发展的要求。

目前已经实施的装配式建筑大多都是住宅卫生间、楼梯等采用预制，而以预制板、梁、柱等构件为主的装配式混凝土结构较少。某市市建委更是要求竖向受力构件（即框架柱、剪力墙）不得采用装配。装配式建筑的推行进程如此困难，归其原因主要是相应的施工工法尚不完善，配套的管理控制、质量控制、检测体系尚不健全，监督经验不足、监督方法陈旧，造成结构质量受到影响。因此，提高对装配式建筑的质量检测水平迫在眉睫。

装配式混凝土结构检测一般分为材料检测、构件检测以及连接检测。

1　材料检测

装配式建筑结构的材料检测主要包括进场前预制构件中的混凝土和钢筋、现场施工的后浇混凝土和钢筋以及连接材料的检测。材料的检测方法应符合相应的检测技术标准或施工质量验收规范。

作者简介：王胜男（1990—），女，研究生。
　　　　　栾学立（1990—），男，助理工程师。

2 构件检测

装配式混凝土结构的构件检测应包括预制构件进场和安装施工后的缺陷、尺寸偏差与变形、结构性能等内容。

构件的外观缺陷检测包括露筋、孔洞、夹渣、蜂窝、疏松、裂缝、连接部位缺陷、外形缺陷、外表缺陷等内容，检测方法主要采用钢尺或卷尺测量，当委托方有要求时，可采用剔凿、成孔或超声法检测。构件的内部缺陷检测应包括内部不密实区、裂缝深度等内容，内部缺陷检测可采用超声法、冲击回波法和电磁波等非破损检测方法，必要时宜通过钻取混凝土芯样或剔凿进行验证。

装配式混凝土结构通常采用大量的叠合构件，如混凝土叠合楼板、叠合梁、叠合剪力墙等。其中混凝土叠合楼板和叠合梁的现浇部分往往同时施工，由于施工面积大、钢筋分布密集、预埋件种类繁多，因此如果在浇筑混凝土前对预制板面清理不彻底，或浇筑混凝土时振捣不充分，容易造成叠合面上形成后浇混凝土内部孔洞、界面间裂缝以及新旧混凝土结合不牢而引起脱空等缺陷，对叠合构件受力性能产生不利影响[1]。

混凝土叠合板式构件结合面的缺陷检测宜采用具有多探头阵列的超声断层扫描设备进行检测，也可采用冲击回波仪进行检测。姚利君等[1]通过采用不同直径的塑料管、不同厚度的玻璃纸隔片以及浮土来分别模拟后浇混凝土内部孔洞、结合面间的裂缝以及新旧混凝土粘结不牢引起的脱空，并考虑钢筋对缺陷的遮盖作用，部分缺陷设置在钢筋正下方。试验仪器采用相控阵超声成像检测仪 Pundit 250 Array 超声成像扫描仪，该仪器 8 通道超声多脉冲回波，1 个通道发送，其余通道接收回波，每个通道轮流发送，并使用合成孔径聚焦技术实时显示图像信号，基本原理如图 1 所示。

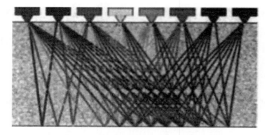

图 1　超声成像仪探测原理示意

相控阵超声成像检测仪测试结果经测试系统智能处理，可实现各测点图像拼接并自动剔除重复区域，由此得到完整图像，并在图像中新旧混凝土结合面基准线附近颜色突变的区域即为叠合面质量缺陷区。研究表明，相控阵超声成像法可实现单面区域平测连续扫描，能够检测新旧混凝土结合面上孔洞、脱空、浮土等缺陷，并对缺陷进行成像；对于孔洞类缺陷，当孔洞直径不小于 5mm 时，相控阵超声成像法能准确判断出缺陷的位置和分布范围，但当孔洞直径小于 5mm 时，仪器可能会出现漏检情况；对于叠合面存在范围较大的脱空或浮土时，采用相控阵超声成像法也可以较为准确地判别。

3 连接检测

结构构件之间的连接质量检测应包括结构构件位置与尺寸偏差、套筒灌浆质量与浆锚搭接灌浆质量、焊接质量与螺栓连接质量、预制剪力墙底部接缝灌浆质量、双面叠合剪力墙空腔内现浇混凝土质量等内容。其中套筒灌浆连接是质量控制的关键环节。

装配式混凝土结构的关键在于连接技术，现有的装配式结构竖向钢筋连接主要采用浆锚连接方式，尤其是套筒灌浆连接。钢筋灌浆套筒连接施工方便、性能可靠、经济耐久，能很好地解决装配式混凝土结构的关键技术，是目前工程中纵向钢筋连接应用最为普遍的连接方式。套筒灌浆连接作为竖向钢筋连接的重要方式，其灌浆的饱满性和密实程度将直接影响结构的抗震性能，灌浆缺陷对连接试件的承载力和变形性能有较大影响。而实际工程中，由于技术、管理以及施工工人责任心等问题，钢筋套筒灌浆不可避免地存在缺陷。

《混凝土结构工程施工质量验收规范》（GB 50204—2015）规定，钢筋采用套筒灌浆连接时，灌浆应饱满、密实。饱满性主要是指套筒出浆口是否灌满，密实性主要是指套筒内部是否存在孔洞或夹杂。目前针对不同施工阶段检测套筒灌浆质量，可采用 X 射线工业 CT 法、预埋钢丝拉拔法、预埋传感器法、X 射线法等。X 射线工业 CT 技术用于钢筋套筒灌浆检测时能够清晰地获得钢筋套筒内部的影像，实现钢筋套筒灌浆质量的有效检测，但由于 X 射线工业 CT 检测设备过于庞大且放射性非常高，无法实现工程现场的检测，仅能用于灌浆套筒平行试件在试验室内的检测。预埋钢丝拉拔法是指灌浆前在套筒出浆口预埋高强钢丝，待灌浆料凝固一定时间后，对预埋钢丝进行拉拔，通过拉拔荷载值判断灌浆饱满程度。预埋钢丝拉拔法操作简单，所采用的高强钢丝可重复使用，但只能定性地分析缺陷情况，不能定量分析套筒灌浆连接的饱满性和密实程度。预埋传感器法是指利用震动衰减原理，把感应装置放在被测对象的浆料内部，即利用嵌入灌浆内部的感应装置来感应灌浆料回流的一种检测方法。预埋传感器法的传感器在特定激励信号驱动下产生一定频率的振动，该振动受到摩擦和介质阻力而使振幅随时间逐渐衰减。因为传感器周围介质特征与其衰减规律直接相关，当传感器周围介质为空气、流体灌浆料、固化灌浆料时，其阻尼系数依次增大，相应振幅的衰减不断增加。这种检测方法具有操作简便、高效等优点，但是由于灌浆套筒自身条件的限制，如套筒内部尺寸限制、嵌入式感应装置[2]价格昂贵等，目前这种方法也是只能定性分析套筒内灌浆料回流等缺陷情况，不能定量分析灌浆料的密实程度。X 射线法能够观测到套筒内部全貌，但在现有条件下检测得到的图像清晰度不高，因此这种方法的适用范围有限。

超声波法是利用超声波在不同介质下波的传播速度来反映介质内是否存在缺陷的一种方法。聂东来等[3]通过理论与试验相结合，设计钢筋套筒灌浆有无缺陷作为对比试验，验证得到超声波在灌浆料密实的钢筋套筒内和灌浆料脱空的钢筋套筒内的两种传播路径，并证明了采用超声波首波声时法检测的前提条件。研究得到，套筒内灌浆无缺陷的表现为：超声波传播速度快、幅值低。这是因为当钢筋套筒内部的灌浆料处于脱空状态，超声波沿着钢筋套筒外壁传播，其速度小于沿径向传播速度，但相差不大。而套筒内的灌浆料对于超声波来说相当于一种类似高频滤波器的介质，因此超声波在其中传播幅值会降低。但这种检测方法的缺点是对同一结构构件进行检测时无法准确判断构件内哪根钢筋套筒内灌浆料具有脱空缺陷，需要进一步深入研究。

李雅璠[4]采用 A1040MIRA 混凝土断层超声波检测仪，对完全密实、完全脱空、1/2 脱空、1/4 脱空这四种不同工况的混凝土构件分别进行了检测。检测结果表明，A1040MIRA 混凝土断层超声波检测仪虽然能在一定程度上反映灌浆密实程度，但不能确定密实度大小。

4　结语

装配式建筑结构的发展是一个不可避免的主流趋势，而由于人为、环境、施工等因素的影响，装配式结构的施工质量受到一定的影响，因此必须加强对装配式混凝土结构的质量检测。

（1）装配式建筑的材料检测包括预制构件中的材料、现场施工的后浇混凝土和钢筋以及连接材料，检测方法应符合相应的检测技术标准。

（2）构件检测应包括外观缺陷检测和内部缺陷检测。外观缺陷检测采用钢尺或卷尺测量，内部缺陷检测采用超声法、冲击回波法和电磁波等非破损检测方法。本文列举了相控阵超声成像法检测装配式混凝土叠合构件内部缺陷的方法。

（3）装配式建筑质量控制的关键是连接质量。现有装配式建筑竖向钢筋连接主要采用灌浆套筒连接，检测方法可采用 X 射线工业 CT 法、预埋钢丝拉拔法、预埋传感器法、X 射线法等。本文着重讨论了超声波法检测灌浆套筒连接质量的可行性。

参考文献

[1] 姚利君，李华良，管文，等. 相控阵超声成像法检测钢筋混凝土叠合构件缺陷研究 [J]. 施工技术，2017，46（17）：20-22.

[2] 陈旭东，韦人伟，汪秀娟，等. 无损检测技术在套筒灌浆密实度检测中的应用研究 [J]. 兰州工业学院学报，2017，24（1）：49-53.

[3] 聂东来，贾连光，杜明坎，等. 超声波对钢筋套筒灌浆料密实性检测试验研究 [J]. 混凝土，2014（9）：120-123.

[4] 李雅璠. 一种钢筋套筒灌浆密实度检测方法的试验研究 [J]. 山西建筑，2017，43（32）：31-32.

新版《混凝土用机械锚栓》标准读解

王　琴[1]　杨　波[2]　侯宏涛[1]　徐　阳[1]　熊朝晖[3]

1. 山东建大工程鉴定加固研究院，山东济南，250014
2. 国家建筑工程质量监督检验中心，北京，100013
3. 喜利得（上海）有限公司，上海，201108

摘　要：作为混凝土结构加固技术方法之一的锚栓工程，锚栓的锚固性能对结构加固后的安全性起到至关重要的影响。为了提高混凝土用机械锚栓应用的安全性，去年新颁布了的建筑工业行业产品标准《混凝土用机械锚栓》（JG/T 160—2017）。本文重点介绍了该标准修订的意义、主要内容和新的特点，以及目前国内标准体系中其它标准与其之间的关系和有待完善的建议。

关键词：结构加固，机械锚栓，产品标准

Brief Introduction of the New Version Standard JG/T 160-2017 'Mechanical Anchor for Use in Concrete'

Wang Qin[1]　　Yang Bo[2]　　Hou Hongtao[1]　　Xu Yang[1]　　Xiong Zhaohui[3]

1.Engineering Research Institute of Appraisal and Strengthening，Jinan 250014，China

Abstract：Mechanical anchors are widely used in strengthening of RC structures. The safety of strengthened buildings is directly influenced by the performance of anchors. A new construction industry standard，'Mechanical Anchors for Use in Concrete'，was implemented in December 2017. In this paper，the key contents and the new characters of this new standard are introduced. The influence and the relationship to other relevant Chinese standards are discussed and comments are given for providing a safety construction guidance in the future.

Keywords：Structure strengthening，mechanical anchor，product qualification standard

0　前言

混凝土结构加固中采用的锚栓产品的锚固性能会直接影响混凝土结构加固的效果和安全性。特别是随着2016年建筑抗震设计规范的局部修订，抗震性能的要求成为结构加固中必须要考虑的因素。近些年，随着国际上对锚栓产品性能研究的不断深入，对锚栓的认知也越发全面和细致，欧美标准对机械锚栓的系统性能测试和抗震专项性能测试也进行了更新。而我国原有的产品标准仍停留在本世纪初的水平，已经无法完全满足现有抗震理论和加固应用的需求。在这种大环境下，新版《混凝土用机械锚栓》标准出台。它与国际同类标准在测试方法上更加接近，为进行锚栓综合能力测试提供了很好的依据，可以为混凝土结构加固提供更好的安全保障。

1　机械锚栓产品标准的状况

我国最早的机械锚栓产品标准《混凝土用膨胀型、扩孔型建筑锚栓》（JG 160）于2004年颁布执行。其中对锚栓的抗拉性能、抗剪性能、长期荷载性能、安装性能等常规性能的测试方法进行了描

作者简介：王琴（1970），女，高级工程师。

述。另外，也对锚栓在裂缝反复开合下的性能、低周反复拉力、反复剪力荷载性能以及拉力疲劳荷载性能等专项性能测试方法做了详细规定。当时我国的锚栓产品属于新兴的建筑材料配件，国内的应用刚刚起步，认知水平和应用经验都较低。所以，该标准的制定主要借鉴了当时国际上同类标准的内容，如欧洲技术认证组织 1997 年颁布的 ETAG001《混凝土用金属锚栓》标准和美国混凝土学会 2001 年颁布的 ACI355.2《混凝土用后锚固机械锚栓的性态评估》。在此之后，锚栓设计相关的标准如《混凝土结构后锚固技术规程》（JG/J 145—2004）、《混凝土结构加固设计规范》（GB 50367—2006）等陆续颁布执行，扩底型锚栓的应用和需求越来越大。2012 年住建部又颁布了《工程用切（扩）底机械锚栓及后切（扩）底钻头》（JG/T 367）标准，对扩底型锚栓有更详细的规定，但其测试内容与 JG 160—2004 基本一致。近年来，随着锚栓锚固技术在工程中的大量应用，特别是在结构加固中的使用，越来越多的锚栓为了占有市场而冠以"切底"锚栓之名，但实际的性能检测报告缺失。这里固然有大家认知方面的不足，但更多的是因为某些生产企业利用规范内容断章取义，仅仅通过一两项专项测试便宣称产品符合规范要求有关，这无形中也为建筑市场带来了安全隐患。同时，国际上随着对锚栓认知的不断深入，对锚栓测试标准也在不断升级提高。欧洲技术认证组织 2013 年更新了 ETAG001 并新增了更严格的金属锚栓抗震测试要求。在这些条件下，2014 年住建部批准两标准各自修编，15 年进而同意合并修编。历时两年半的编制工作，住建部于 2017 年 12 月 1 日颁布执行新标准《混凝土用机械锚栓》（JG/T 160）。

2 《混凝土用机械锚栓》（JG/T 160）标准内容的主要变化及其意义

新标准《混凝土用机械锚栓》（JGT 160—2017）代替《混凝土用膨胀型、扩孔型建筑锚栓》（JG160-2004）和《建筑工程用切（扩）底机械锚栓及后切（扩）底钻头》（JG/T 367—2012）。统一了锚栓定义、类别划分、性能试验方法及性能要求，避免了市场上两本内容有重叠标准共存造成的混乱。

增加了锚栓按适用条件的分类和按性能指标划分等级的规定。过去无论是产品标准还是设计标准，一直强调的是按照锚栓的工作原理划分锚栓类型进而决定应用范围，特别强调机械锚栓中只有切底锚栓才可用于结构连接。这里有受欧美标准锚栓分类带给我们的认知误区的原因。其后果是为了占领应用市场，各类机械锚栓名义上都冠以"切底锚栓"。大家只注重名称不注重性能。这次 JG/T 160 中增加并强化了按照锚栓使用条件的分类，将锚栓划分为适用于非开裂混凝土（N）、适用于开裂及非开裂混凝土（C）和适用于开裂、非开裂混凝土并承受地震作用（S）三类。在整个标准中也以这三类划分为导向提出相应测试方法和性能要求。产品强调性能表现决定产品应用而不再单纯由种类名称判定其应用。

完善了对锚栓锚固性能的要求。对于不同适用条件下的锚栓，规定了由基本的抗拉、抗剪性能测试到混凝土适应性、极限安装扭矩再到专项性态测试的一整套系统测试和性能指标要求。只有完成规定的系列测试和满足相应的性能指标才可以评定为某类适用锚栓。避免了过去仅仅根据一两项专项测试结果就表述锚栓性能的情况出现。可以保证锚栓性能测评的系统性和合理性。

增加了极限安装扭矩性能要求和测试方法。强调了扭矩安装对锚栓最终锚固性能的重要性。目前中国市场上大部分的国产锚栓并没有给出明确安装扭矩值，更没有进行过极限安装扭矩性能测试。这项测试要求的提出是基于国外同类标准的规定，可以保证在安装过程中误操作发生的情况下锚栓仍能具有稳定的承载力表现。

修改了抗震性能要求和抗震性能专项试验方法。国内原有两本机械锚栓标准中对抗震性能的要求是锚栓应满足低周反复拉力和往复剪力荷载作用的测试和性能要求。而近些年对锚栓锚固性能的研究表明[8]，单纯的对锚栓在开裂混凝土条件下的低周反复荷载作用不能完全模拟地震作用下锚栓的真实受力条件，比如混凝土基材裂缝宽度的变化。因此，考虑到中国的实际国情并借鉴欧洲技术认证组织 2013 年颁布的关于锚栓抗震测试的规定，本标准采用了更严苛的锚栓测试方法和更高的性能指标要求。

3 JG/T 160 标准对锚栓锚固性能性能要求的主要内容

3.1 锚栓种类判定的基本程序

不同适用条件的锚栓应满足不同锚固性能要求，按性能指标又分为 I 级和 II 级两个等级。N 类锚栓应完成 N 类锚栓的相关试验并满足评定要求才可以判定为 NI 级、NII 级或不合格。只有满足 N 类评级的锚栓才可以有资格申请 C 类相关试验，满足相关评定要求后可以判定为 CI 级、CII 级或不符合 C 类评级锚栓。同理，只有满足 C 类评级的锚栓可申请 S 类相关试验并判定是否可以成为 SI、SII 级锚栓或不符合 S 类评级锚栓。

　　锚栓按照适用条件进行类别测试和评定是个由低到高、由简到繁的系统过程。整个测试过程充分考了虑锚栓在安装和使用的各阶段可能预见的情况，可以更好的保证锚栓的安全使用。

3.2　JG/T 160 中新增加的测试方法

　　JGT 160 针对锚栓锚固性能，新增加了三方面的测试方法分别为混凝土强度适应性测试、极限安装扭矩性能测试和锚栓抗震性能系列测试。除此之外，JG/T 160 将自攻锚栓划入机械锚栓范围并规定了针对自攻锚栓的相关测试，特别是针对其工艺特性的氢脆试验。

3.2.1　混凝土强度适应性测试

　　该测试的目的是评估最不利钻孔条件下锚栓的抗拉承载力。试验方法与常规的锚栓拉伸性能试验方法一样。区别在于试验中钻孔用的钻头为带有正负偏差的钻头。如表 1 所示，在低强混凝土上试验时采用正偏差大直径钻头钻孔，在高强混凝土上试验时采用负偏差小直径钻头。

表 1　JG/T 160 关于锚栓的混凝土强度适应性试验的试验条件

混凝土强度（MPa）	钻头直径	裂缝宽度（mm）	适用锚栓类别
30	d_{max}	0	N
60	d_{min}	0	N
30	d_{max}	0.5	C、S
60	d_{min}	0.5	C、S

3.2.2　极限安装扭矩性能测试

　　其目的在于评定一旦在锚栓安装过程中施加的安装扭矩超过规定的安装扭矩时，锚栓是否还能正常工作。具体试验方法是将轴力测量仪（穿心压力传感器）和穿心球铰作为被锚固物穿入锚栓。在螺母上均匀施加扭矩到不小于 1.3 倍规定安装扭矩。通过垫片和球铰的传力作用，轴力测量仪可以间接实时测量施加于轴力测量仪上的压力即相当于螺杆拉力。记录下扭矩与螺杆拉力的关系曲线，进而评估试验过程中锚栓螺杆是否进入屈服状态。

　　该项测试适用于所有类型的混凝土用机械锚栓，且在非开裂高强混凝土条件下进行。

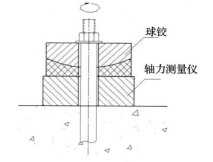

图 1 极限安装扭矩性能试验示意图

3.2.3　锚栓抗震性能系列测试

　　JGT 160 的锚栓抗震性能测试方法参考了欧洲技术认证组织 2013 年颁布的 ETAG001《混凝土用金属锚栓》附录 E "地震作用下金属锚栓的评估"中 C2 等级抗震锚栓的性能测试方法。该测试方法的思路来自于将锚栓在由地震作用引起的受力和裂缝状态变化的复杂环境表现出来的承载力性能，简化分解为锚栓在裂缝混凝土上的拉伸性能、裂缝混凝土上的剪切性能、裂缝混凝土上的变幅脉动拉伸荷载性能、裂缝混凝土上变幅往复剪切荷载性能以及裂缝变幅往复开合拉伸性能（如图 2 所示）。通过这五种独立的分解测试，综合评价锚栓的抗震性能。

3.3　JG/T 160 对锚栓性能指标的划定

　　JG/T 160 对锚栓性能指标的划定分别按照锚栓的钢材破坏形式和锚栓的其他破坏形式提出不同的性能指标。拉伸性能指标中除保留了原规范规定的拉伸承载力变异系数和锚栓滑移系数外，新增加了对非钢材破坏情况的抗拉刚度变异系数的规定。该规定可以保证锚栓抗拉刚度的相对一致性。换句话说，当群锚共同工作时，不但要求每个锚栓的极限承载力相近，也要求锚栓抗拉刚度的基本一致，这样才能保证群锚内力计算时按等刚度进行受力分配的基本假定。

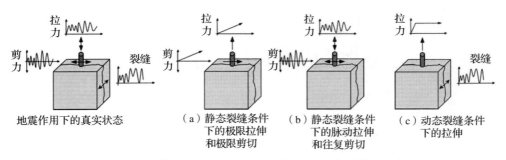

图 2　地震作用下锚栓的受力和裂缝状态变化的简化组合

　　不同于欧美标准在锚栓测试时允许通过降值以达到某种性能要求的目的，我国规范为了简化评估手段和保证锚栓质量，规定每类锚栓只可分为 I 级和 II 级两种等级，不能满足 II 级规定的锚栓不能划为该类锚栓。I 级和 II 级锚栓评定的区分在于非钢材破坏时性能指标的取值上 II 级约为 I 级的 0.8 倍，裂缝往复开合试验和抗震动载或裂缝变幅试验时的 II 级锚栓上的施加荷载约为 I 级的 0.8 倍。

4　国内相关标准与 JG/T 160 标准之间的关系及有待协调、完善的内容

　　目前国内一些锚栓设计相关标准在锚栓质量要求中引用了旧版 JG 160 的产品规定。随着 JG 160 和 JG/T 367 被 JG/T 160 所代替，新版 JG/T 160 的规定与既有设计规范出现了一定程度的不对等衔接。最主要的区别在于 JG/T 160 强调了按照适用性而非按照工作原理划分锚栓的适用范围。比如《混凝土结构加固设计规范》（GB 50367—2013）第 16 章锚栓技术第 16.1.5 条和第 16.1.6 条规定抗震设防区结构加固用锚栓"应采用后扩底锚栓"且"其性能应通过 JG 160 的低周反复荷载作用的检验"。该规定只规定了锚栓需要通过低周反复荷载作用，而对其他锚栓的基本性能检验未做强调，并不能全面的保障锚栓的安全使用。如果按照对新版 JGT 160 的理解，该规定应理解为"应满足 JGT 160 规定的 S 级锚栓的性能要求"。类似条文在 JGJ 145 等其他锚栓设计标准中也有待进一步完善。

5　总结

　　新版《混凝土用机械锚栓》（JG/T 160）标准从测试内容上借鉴了目前欧美标准中的先进方法，测试方法上与国际先进标准接轨。从产品锚固性能评定指标上兼顾了欧美的可降值评估方法和国内传统的合格 / 不合格评定原则，提出了符合我国国情的分级评定方法。同时又提出了按锚固性能判定和划分锚栓适用条件类别。这些规定更能反映锚栓的实际使用情况和保证锚栓应用的安全性，同时可以避免市场上仅凭产品名称选择产品使用的误区。该标准的执行效果值得期待。

参考文献

［1］JG/T 160—2017. 混凝土用机械锚栓［S］. 北京：中国标准出版社，2017.

［2］JG 160—2004. 混凝土用膨胀型、扩孔型建筑锚栓［S］. 北京：中国标准出版社，2004.

［3］JG/T 367—2012. 建筑工程用切（扩）底机械锚栓及后切（扩）底钻头［S］. 北京：中国标准出版社，2012.

［4］ACI 355.2—07. Qualification of Post-installed Mechanical Anchors in Concrete and Commentary［S］. ACI，2007

［5］EAD—330232—00—0601—2016. Mechanical Fasteners for Use in Concrete［S］. EOTA，2016.

［6］ETAG 001. Guideline for European Technical Approval of Metal Anchors for Use in Concrete［S］. EOTA，2013.

［7］TR 048. Details of tests for post-installed fasteners in concrete［S］. EOTA，2016.

［8］Hoehler，M. Behavior and Testing of Fastenings to Concrete for use in Seismic Applications［D］. 博士论文，斯图加特，斯图加特大学 IWB，2006.

结构可靠性在广告设施结构安全
检测鉴定中的研究及应用

吕　龙[1]　王　鹏[2]　梁海龙[2]　李　洋[2]　周　敏[2]

1. 云南大学，云南昆明，650504

2. 云南特斯泰工程检测鉴定有限公司，云南昆明 650032

摘　要：安全是贯穿于建构筑物全生命周期永恒不变的主题。随着社会经济政治文化的发展需要，广告设施的数量种类和规模得到了空前的发展，实体广告设施趋于多元化、大型化、多功能化发展，随之由广告设施结构质量安全问题引起的事故也越来越多。对于工业及民用建筑都有相关的检测鉴定标准对其结构进行检测鉴定，但是对于广告设施，这一方面还需要完善，如何对既有或新建的广告设施质量安全状况给予准确可靠的评估，确保广告设施的正常安全使用，防止安全事故的发生，保证人民生命财产的安全十分迫切和必要。本文介绍了广告设施的概念，根据广告设施的特点，将结构可靠性方法原理应用于广告设施的检测鉴定和评价工作中，提出了一附设二主体按三层次四等级的检测鉴定评级方法，对广告设施在既有环境现状下的安全性给以评定。

关键词：广告设施，可靠性，安全性，检测鉴定

The Research and Application for Structure Reliability in
Safety Test and Appraisal of Advertising Facilities

Lv Long[1]　　Wang Peng[2]　　Liang Hailong[2]　　Li Yang[2]　　Zhou Min[2]

1. Yun university　Kunming 650504，China

2. 2Yunnan TST Engineering Testing & Appraisal Co.Ltd.，Kunming 650032，China

Abstract：During the project construction，security is the eternal theme.With the development of economy，the number and size of advertising facilities has been an unprecedented development because of media demands，and develops towards multi-function and largeness.More and more accidents occur because of the quality of the advertising facilities. So far，there are no one laws and rules for the existing advertising facilities or newly advertising structure，which is used for safety assessment. There are a lot of standards industry building and civil architecture，but for advertising facilities，it needs improvement.How to evaluate the quality of the advertising facilities，ensure the proper use of the advertising facilities，and avoid the accidents，which is important for protecting people's lives and property. This paper introduces the concept of advertising facilities.The method of security testing and appraisal were suggested in the paper according to the characteristic of advertising facilities，which one additionai and two primary is divided to three levels and four grades.Give a safety assessment under the current status for advertising facilities.

Keywords：Advertising Facility，Reliability，Safety，Inspection and Appraisa

随着社会经济文化的发展，由于传播的需要，包括实体广告设施的数量、规模、结构形式都得到

作者简介：王鹏（1993—），男，云南昆明，云南特斯泰工程检测鉴定有限公司。

通讯作者：吕龙，E-mail: kmlvlong@126.com。

了空前的发展，一般广告公司主要关注广告设施的数量、形式以及宣传效果等，对于广告设施结构本身的安全性和耐久性的关注不是太到位，加之广告设施属于工程边缘学科，相关法律法规不健全，广告设施在设计、施工、后期运营维护以及管理方面都存在大量问题，广告设施的安全性得不到保障，在一些自然因素或人为原因下，广告设施脱落、倒塌伤及周边建筑、砸到行人、汽车等安全事件时有发生，广告设施的结构安全性问题已经不容忽视。

广告设施作为一种量大面广无处不在的工程建构筑物，由于工程量小、结构形式多种多样等原因，广告设施在设计、施工、后期维护及管理方面都没有得到足够的重视，修建的广告设施的安全性往往得不到应有的保障，由于广告设施的特点，广告设施自身结构承载与一般的民用及工业建筑不同，不能直接套用已有的民用和工业建筑的检测鉴定标准对广告设施的结构安全性进行检测鉴定评级，国家和相关行业也缺乏系统统一的相关法律法规指导既有或者新建广告设施的质量安全性如何检测鉴定评级。

一方面广告设施的安全性不容忽视，另一方面国家和行业需要这样的一个指导准则对广告设施进行安全性检测鉴定，我们在大量的工程实践中，率先将可靠度的概念引入到广告设施的安全性检测鉴定评价中，提出了一种安全性检测鉴定的方法。

1　广告设施的基本概念

1.1　广告设施的分类

本文所研究的广告设施是特指在公共场所设置的固定实体广告建（构）筑物（以下简称广告设施），广告设施包括广告牌主体以及附属的设施和设备。固定广告设施作为传统媒介，具有视觉存在观感、稳定、持久，等无与伦比的优势，在经济政治技术飞速发展的今天，广告设施的规模和数量都得到了空前的发展，在机场、码头、车站、交通道路边、屋顶上，墙面上广告设施随处可见。

广告设施的形式多种多样，按所处位置可分为落地式广告设施、墙面式广告设施和屋顶式广告设施以及吊旗式广告设施四大类。落地式常见的形式有单立柱双面广告设施、单立柱三面广告设施、候车亭和交通指示牌、排柱式广告设施等，墙面式以灯箱式广告设施为主，屋顶式常见以三角支架式广告设施为主，不同形式的广告设施如图 1 所示。

　（a）单立柱双面广告设施　　　　（b）单立柱三面广告设施　　　　　（c）交通指示牌广告设施

　　　　（d）墙面式广告设施　　　　　　　　　　　　（e）吊旗式广告设施

（f）屋顶广告设施　　　　　　　　（g）排柱式广告设施

图 1　广告牌按所处位置分类

　　广告设施按建造所用材料分为钢结构广告设施、混凝土结构广告设施、砌体结构广告设施、木结构广告设施等，不同材料建成的广告设施如图 2 所示。

（a）钢结构广告设施　　　　　　　（b）混凝土结构广告设施

（c）砌体结构广告设施　　　　　　（d）木结构广告设施

图 2 不同材料建成的广告设施

2　广告设施的安全性检测鉴定

2.1　安全性检测鉴定层次与等级的划分

　　对广告设施进行安全性检测鉴定是保障新建或者既有广告设施安全性的有效手段，本文引入了可靠性的概念对广告设施的安全性检测鉴定，根据广告设施的特点运用现代的检测方法和技术手段对广告设施的结构体系、平面布置、外观质量、内部质量、结构的变形、构造措施等进行实测，用实测的数据结合现行规范标准对广告设施的承载力进行复核，然后按照三层次四等级评级方法对广告设施进行鉴定评级，这种方法完全改变传统经验法在没有相关检测鉴定工具的条件下，通过目测结合广告设施的建造年代、结构的破损情况，然后凭经验对广告设施的安全性做出评价所带来的误差，可靠性的概念的引入使广告设施的安全性由原来的定性化变成现在的定量化，同时也将评价的等级概念进行了统一。

　　本文的方法将广告设施分为一个附属、两个主体模块，一附属是电气及防雷接地，两个主体模块分别是基础部分、上部主体部分，基础部分对于落地广告设施就是地基基础，对于非落地广告设施就是所附属的建（构）筑物及预埋件，上部主体部分由上部主要承重结构、次要结构组成，次要结构包括广告设施面板、爬梯及检修平台，详见图 3。

　　广告设施的安全性检测鉴定评级采用两个主体模块按三层次四等级进行，三层次分别为构件、分部工程、鉴定评级单元，四等级是将广告设施各个层次的安全性都划分为四个不同的级别，广告设施结构构件的安全性划分为 a、b、c、d 四个不同的级别，广告设施分部工程的安全性划分为 A_b、B_b、C_b、D_b 四个不同的级别，广告设施的安全性划分为 A，B，C，D 四个不同的级别，详见图 4。由广告设施各模块的构件安全性级别来评定广告设施各模块分部工程的安全性级别，由广告设施各模块分部工程安全性级别来评定广告设施安全性级别，广告设施中的电气及防雷接地属于附属设施不参与广告设施的安全性评级，但要对广告设施的电气及防雷接地进行检测，并对不符合相关法律法规的部分进行整改。

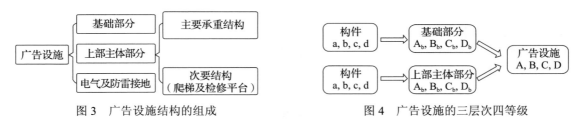

图 3　广告设施结构的组成　　　　　　　　　图 4　广告设施的三层次四等级

2.2　广告设施的检测与鉴定评级

　　广告设施的检测主要为前期准备工作、现场检测、广告设施的结构分析三个部分，前期准备工作主要包括填写委托书、收集资料与初始调查应完成的工作，包括收集图纸资料、制定检测鉴定方案。现场检测包括：制定取样方案，广告设施结构体系的判别、广告设施的整体变形检测、基础部分的检测、上部主体结构的检测以及电气及防雷接地的检测，广告设施的结构分析包括荷载的计算、荷载组合、构件的承载力复核。

　　广告设施的鉴定评级是由构件、分部工程、广告设施逐级评定，广告设施构件的安全性等级是根据构件的类别依照不同的检测项目分别进行评级，并且把各检测项目中最低一级作为该构件的安全性等级，构件的安全性可分为 a、b、c、d 四个不同级别，a 级为安全构件，能安全使用；b 级构件为有缺陷的构件，尚可继续使用；c 级构件为有明显缺陷的构件，有局部破坏的可能；d 级构件为有严重缺陷的构件，有整体破坏的可能。混凝土构件依照承载能力、构造措施、变形情况、裂缝开展情况四个检查项目分别进行评级；钢结构构件按承载能力、构造措施、变形情况、锈蚀程度四个检查项目进行评级；砌体结构构件按承载能力、构造措施、连接及构造、变形情况、裂缝开展情况、风化酥碱程度六个检查项目进行评级；木结构构件按承载能力、构造措施、变形情况、裂缝开展情况、腐蚀情况、虫蛀六个检查项目进行评级，其构件的具体评级可参考《民用建筑可靠性鉴定标准》GB 50292 进行评级，其结果是偏安全的。

　　分部工程的安全性等级共分为 A_b、B_b、C_b、D_b 四个级别，A_b 级为安全的分部工程；B_b 级为有缺陷的分部工程；C_b 级为有明显缺陷的分部工程；D_b 级为有严重缺陷的分部工程。在广告设施上部主体结构中，主要承重构件有主要梁、柱、以及承重墙等，次要构件主要有广告设施面板、爬梯及检修平台。上部主体结构安全性级别为 A_b 级广告设施的主要承重构件仅含 a、b 级构件，b 级构件含量不应超过 30%（35%），且在广告设施的任一轴线上的 b 级构件的数量不多于该轴线上构件数量的 1/3（2/5）；B_b 级广告设施的主要承重构件中可含 a、b、c 级，但 c 级构件含量不应超过 20%（25%），且任一轴线上的 c 级数量不多于该轴线构件数量的 1/3（2/5）；C_b 级可含 d 级构件，但 d 级含量不超过 7.5%（10%），且任一轴线上的 d 级数量不多于 1 个（该轴线构件数量的 1/3）；若在广告设施的主要承重构件中，d 级构件含量超过对 C_b 级规定的限值，次要构件 d 级构件含量超过对 C_b 级规定的限值，则广告设施的上部主体结构直接评为 D_b 级，括号中的数值表示次要构件所占含量。

　　广告设施的安全性级别是根据上部主体结构及地基基础的安全性评级结果进行评级，包含 A、B、C、D 四个级别，A 级为安全的的广告设施，上部主体结构和地基基础均为 A_b 级；B 级为有缺陷的广告设施，上部主体结构为 B_b 级或地基基础为 B_b 级；C 级为有明显缺陷的广告设施，上部主体结构为 C_b 级或地基基础为 C_b 级；D 级为有严重缺陷的广告设施，上部主体结构为 D_b 级或地基基础为 D_b 级；对于 C 级和 D 级广告设施应进行整改，整改完成后再次进行复检，复检合格后，方可投入使用。

3　结论

　　通过大量的工程实践，研究了广告设施的种类及特点，结合结构可靠度的概念，将广告设施的安全性检测鉴定进行量化，引入了新思路，具体描述如下：

　　（1）本文从广告设施的基本概念及广告设施的发展现状出发，提出对广告设施的安全性检测鉴定，消除广告设施的安全隐患，是保障既有或者新建广告设施的安全性最直接、最有效的措施。

　　（2）引入了可靠性概念对广告设施安全性检测鉴定评级，摒弃了传统经验法的结果因人而异而带来的误差，这是一种科学、客观、公平的检测鉴定方法。

　　（3）将广告设施划分一附属两模块三层次，然后按四等级进行评级，能更好的对广告设施的安全性进行把控，四等级评级方式与工业及民用建筑的安全性等级的评级概念标准统一起来。

参考文献

[1]　GB 50292. 民用建筑可靠性鉴定标准［S］.
[1]　GB 50011. 建筑抗震设计规范［S］.
[3]　GB 50007. 建筑地基基础设计规范［S］.
[4]　GB 50009. 建筑结构荷载规［S］.
[5]　GB 50010. 混凝土结构设计规范［S］.
[6]　GB 50017. 钢结构设计规范［S］.
[7]　GB 50057. 建筑物防雷设计规范［S］.
[8]　GB 50003. 砌体结构设计规范［S］.
[9]　GB 50204. 混凝土结构工程施工质量验收规范［S］.
[10]　GB 50205. 钢结构工程施工质量验收规范［S］.
[11]　DBJ 53 既有建筑安全性检测与鉴定技术标准［S］.
[12]　CECS 148. 户外广告设施钢结构技术规程［S］.
[13]　GB/T 50621. 钢结构现场检测技术标准［S］.

负载下轴心受压钢柱加固技术的研究

汪　潇　李晓鹏　宋泓森　翟成成

山东省建筑科学研究院，山东济南，250031

摘　要：钢结构构件的加固往往是在负载状态下进行的，轴心受力构件的研究是其他拉弯、压弯等构件研究计算的基础，本文对负载下轴心受压钢柱的研究做进一步的阐述。在不同的加固技术的应用中，初始应力、初始缺陷、长细比、径厚比（宽厚比）、加固材料的粘贴方向及数量等均是影响承载力提高的因素，并且对不同连接方式的优缺点及加固效果进行了对比阐述，以此对钢结构加固技术的继续研究及应用提供更多的技术支持。

关键词：负载，钢柱，轴心受压，加固技术，连接方式

Research On Axiallyloaded Steel Columns Strengthening Technology While Under Load

Wang Xiao　Li Xiaopeng　Song Hongsen　Zhai Chengcheng

Shandong Provincial Academy of Building Research，Jinan 250031，China

Abstract：The reinforcement of steel structure is often carried out under load. The study of axial force component is the basis of the research calculation of other bending members，so the research on axially loaded steel columns is further elaborated in this paper. In the application of different reinforcement technologies，initial stress，initial defect，slenderness ratio，diameter-to-thickness ratio（width-to-thickness ratio），and paste direction and quantity of the reinforcement material are the factors that affect the improvement of bearing capacity，and the advantages and disadvantages and reinforcement effect of different connection methods are compared. More technical supports are provided to continue the research and application of steel structure reinforcement technology .

Keywords：Under load，Steel column，Axial compression，Reinforcement technology，Connection method

随着社会的发展和经济需求的改变，在工程结构中钢结构体系表现出了卓越的优势，伴随着钢结构建筑的广泛应用以及使用期的增长，必将出现既有结构不满足使用性要求，结构的承载力、稳定性、抗侧移刚度等不能满足安全性要求。因此钢结构的加固需求将会越来越大，该技术领域的研究也会更加深入，钢柱的加固又是钢结构加固环节中的重要一项。

钢柱根据其受力方式的不同可分为轴心受压构件、拉弯构件、压弯构件；加固技术包括：增大构件截面加固、改变结构受力体系加固、粘贴纤维材料加固、外包钢筋混凝土加固、裂缝的修复加固等；加固连接方法包括：焊接连接、螺栓或者铆栓连接、混合连接[1]、结构胶粘贴连接[2]（如粘贴钢板、粘贴碳纤维布）；加固施工方法包括[3]：负荷加固、卸荷加固、从原结构上拆下加固或更新构件加固。为了建筑使用功能、连续生产等要求的限制，施工方便，不损伤原有结构，避免不必要的拆卸和更换，保证经济效益，因此负荷下加固技术被广泛采用[4]。

钢柱加固是钢结构加固设计中的一个重要环节，而轴心受力构件虽然在实际的工程中为理想的构件，但是轴心受力构件的研究是其他拉弯、压弯等构件研究计算的基础，本文对负载下轴心受压钢柱的研究做进一步的阐述。

1　加固技术研究

1.1　增大截面焊接加固

加大原有结构构件截面的方式主要有将工字形截面改为箱形截面、翼缘外侧贴焊钢板、箱型钢柱外焊角钢和缀板。

王元清等[5]针对 4 根 3m 长的工字型钢柱采用两翼缘外贴焊钢板的加固方式，在不同轴压初始静荷载的作用下进行有限元分析并与试验结果进行对比表明，初始几何缺陷的存在会使加固后的构件产生残余应力和变形，降低加固后的极限承载力，但最大初应力比小于 0.41 时，初始负载对焊接加固后钢柱极限承载力的影响较小，可以忽略，符合《钢结构加固技术规范》在该方面的规定，但限值范围更小；在文献[6]中的又将钢柱加固后的稳定承载力的试验结果与《钢结构加固技术规范》的理论公式计算结果相比较，发现采用设计方法计算得出的结果比试验结果低，已有规范对于加固后钢柱稳定承载力的设计方法偏于保守，有待深入研究。

文献[7][8]以天津国际贸易中心钢结构加固工程为背景，研究了面截面尺寸为 200 mm × 200 mm × 16 mm × 16 mm、高为 1m 的箱型钢柱外包角钢的加固效果，结果表明屈服是由应力集中的角焊缝处开始，然后扩展至柱两端，最后发展至柱中处，引起整个柱的破坏，该破坏为强度破坏；还研究比较了采用断续焊和连续焊的连接方式，加固钢柱极限承载能力的大小相近，因此施工采用断续焊连接减小了对原负载结构的损伤，减少了焊接量，节约了施工的投入，可为以后同类工程构件的加固做技术支持。

龚顺风等[9]以某电厂钢支架的加固为例，对实际尺寸 8m 高的工字型钢柱进行翼缘外贴焊钢板加固，加固钢板布置孔洞并与翼缘焊接，增强连接。对加固柱进行数值模拟分析，考虑了初应力、初始缺陷、钢板和翼缘之间的耦合接触，比较了负荷大小、钢板厚度、长细比对加固后钢柱极限承载力的影响。研究分析结果表明：

（1）贴焊钢板能显著提高加固后钢柱的非线性屈曲极限荷载，钢板越厚，非线性屈曲极限荷载越大，但是为避免腹板可能首先发生局部屈曲，应控制截面宽厚比；

（2）初始负荷越小，加固后钢柱非线性屈曲极限荷载越大；

（3）对于细长柱，加固后钢柱截面刚度增大明显，长细比减小，非线性屈曲极限荷载的增量较大，加固效果更加显著。

文献[9]中的钢板连接方式解决了大面积钢板焊接产生的空鼓问题，使得原构件和加固钢板之间能有效地共同作用，但是应对该连接方式、焊接后灌注结构胶粘贴连接方式、单存的钢板边缘焊接连接方式、单存的粘钢连接方式做进一步的加固效果对比研究，以便取得更为高效的加固连接方式。

1.2　粘钢加固

卢亦焱等[2, 10]对 11 根薄壁钢圆柱进行粘贴钢板加固后研究对比，圆柱高度均为 1500mm，外径为 426mm，壁厚 7 mm，外粘钢板厚 2mm，试验结果表明：粘钢加固轴心受压薄壁钢管能有效地提高极限承载力（极限承载力提高 30%）；胶粘层厚 2 mm 时，原钢管与外粘钢管的应力值相差很小，均小于建筑结构胶的物理力学性，原钢管与外粘钢板能有效地联合工作；该加固方法减小了管壁的径厚比，从而避免管壁发生局部失稳现象。文献[11]通过对截面 200mm × 8.0mm 和 200mm × 5.0mm 两种圆管的研究，不仅分析了长细比、初始应力比、径厚比、加固层厚度对提高承载力的影响，结果表明：长细比越小，加固后极限荷载增幅就越大；随着径厚比和粘钢厚度的增大，加固时截面抗弯刚度的增量相应增大，极限荷载增幅亦相应增大；当初始应力比大于 0.4 时，随着该值的增大，加固后所能达到的极限荷载逐渐降低，当该值小于 0.4 时，影响不大；还推到出了符合试验结果的轴压钢柱负载加固后极限承载力的计算公式。

1.3　外包钢筋混凝土加固

外包钢筋混凝土加固轴压钢柱也是很有效的方式，不但可有效增大钢柱的承载力，且外包混凝土还可保护型钢免受高温和腐蚀，防止型钢发生局部屈曲[12]。研究表明[12～14]，负载状态下，利用该技术加固时，原钢柱加固前较大的初始负载会明显降低加固柱的极限承载力，当结合加固柱抗震性能考虑构件的延性变形时，初始应力比取值 0.3 ～ 0.5 较合适。

文献［14］中的研究分析表明，不同于一次整浇型钢混凝土轴心受压构件，负载下外包钢筋混凝土加固轴心受压钢柱由于原钢柱应力超前和加固部分的应力滞后现象，其计算承载力时不能忽略原钢柱的应力水平和箍筋的约束作用。因此负载下外包钢筋混凝土加固轴压构件的承载力由型钢提供的承载力、外包的钢筋混凝土提供的承载力、箍筋的约束作用提供的承载力［14, 15］。用公式表示如下，并与试验和有限元分心的结果较好地吻合：

$$N = N_{ss} + N_{rc} + \Delta N_{cc} = （1 - \beta）f_y A_{ss} + f_c A_c + f'_y A'_s + f'_{cc}（A_e - A_{ss0}）$$

式中：β 为初始应力比；A_{ss} 为型钢的有效截面面积；f_c 为混凝土的轴心抗压强度；A_c 为混凝土的净截面面积；f'_y 为钢筋的屈服强度；A'_s 为钢筋的截面面积；f'_{cc} 为混凝土强度提高值；A_{ss0} 为型钢的名义截面面积；A_e 为相邻箍筋中间截面处核心区混凝土的有效约束面积。

1.4　粘贴碳纤维加固

传统的钢结构加固连接方式主要有钢板焊接、螺栓连接、铆接或者粘接，这些方法虽在一定程度上改善了原结构缺陷部位受力状况，但存在许多缺点，例如产生新的损伤和焊接残余应力以及大面积钢板焊接产生的空鼓等缺陷，近年来，碳纤维增强复合材料加固钢筋混凝土构件的技术逐渐被应用到钢结构加固领域。

FRP 材料作为高强度受拉材料，一般用于补足受弯构件受拉区的加固补强，对于受压构件，纤维复合材料可以提高构件屈曲荷载，增强受压构件的稳定性能［16］。

周乐等［17］采用 10 根边长 200 mm、壁厚 4 mm、高 900mm 的薄壁方钢管短柱试件进行 CFRP 加固后静载轴压试验和有限元分析，考虑负载百分比、粘贴层数及加固方式对加固后钢柱极限承载力的影响。结果表明：对于加固后钢短柱，负载极限承载力均比非负载略小，随着负载程度的增加，极限承载力呈下降趋势，且负载百分比对于壁厚较大构件极限承载力的影响小于壁厚较小构件；全柱粘贴CFRP 加固效果大于端部粘贴，端部粘贴加固效果大于中部粘贴；随着 CFRP 层数的增加，CFRP 布上应变数值逐渐减小，说明在各层 CFRP 布之间存在一定的应变滞后现象，极限承载力随着加固碳纤维布层数的增加而增加，但并不成线性关系；CFRP 加固层数对于壁厚较大钢短柱的极限承载力提高效果不明显；在钢柱处于弹性阶段时，1 层、2 层和 3 层 CFRP 布的加固效果差别较小，进入塑性阶段，端部局部变形增加，CFRP 横向应变急速增加，紧箍力增加较快，多层加固相比于单层加固，极限承载力有所提高；作者根据试验与有限元分析结果，推到出相吻合的极限承载力计算公式 $N_u = N_0 + ［（\varepsilon_s - \varepsilon_0）E_s \cdot A_e + kpA_e］$。王军伟［18］采用有限元分析了高 3m 的薄壁方管长柱在 CFRP 加固后的各因素对极限承载力的影响，其中在加固方式的加固效果对比上与文献［17］产生不同的结果，全柱粘贴CFRP 加固效果大于中部粘贴，中部粘贴加固效果大于端部粘贴。钢结构轴心受压构件的破坏形态有失稳破坏或钢材屈服，对于长柱的破坏更多的趋向于失稳破坏，对于短柱为钢材屈服或者强度破坏，而CFRP 布的加固对于构件极限破坏形态的改变影响较小，因此 CFRP 加固对于长柱和短柱的效果不同。

文献［19］通过在无初始应力和考虑初始应力两种情况下对方钢管长柱和圆钢管长柱进行碳纤维加固后的结果对比表明：与纵向粘贴相比，环向粘贴 CFRP 加固对提高极限承载力的效果不明显；随着 CFRP 层数的增加，承载力的提高增大，并且多层粘贴时，钢管和 CFRP 上的应力分布更加均匀，避免受压区域应力集中的产生；初始弯曲、长细比越大，加固后承载力的提高效果越明显。通过CFRP 加固钢管长柱的试验研究和有限元的分析，修正了加固轴心受压构件稳定承载力的验算公式：

$$\frac{N_0}{\phi_0 A_s} + \frac{N - N_0}{\beta_c \phi_c A_t} \leq f$$

N_0、N 为加固前、后所受轴力；ϕ_0、ϕ_c 为加固前、后稳定系数；β_c 为修正系数，纵向粘贴 CFRP 时，圆管取 1.03，方管取 1.05；A_s 为被加固钢构件毛截面面积；A_t 为换算后复合构件毛截面面积。

陈家旺、完海鹰［20］针对宽为 150mm，管壁厚为 10mm，构件长度为 3000mm 的方钢管长柱进行试验研究，得出了与文献［19］相一致的结论：CFRP 纵向粘贴加固效果明显优于环向粘贴方式；纵向加固可有效延缓构件的整体失稳，改善钢管柱的整体受力变形性能和应力分布，但环向 CFRP 加固可以提供环箍的作用，同时在柱端采用环向粘贴可以限制局部屈曲失稳；同样引入稳定承载力修正系数，并提出采用 CFRP 纵向粘贴加固时取值 1.05。

纵向粘贴 CFRP 加固效果更好，同时环向 CFRP 可以提供环箍作用，因此，有必要进一步研究先纵向后环向粘贴共同作用的加固效果。

2　连接方式

钢结构构件的加固连接方法包括：焊接连接、螺栓或者铆栓连接、结构胶粘贴连接（如粘贴钢板、粘贴碳纤维布）。

钢材焊接连接施工较为简便，耐久性有保证，是目前钢结构加固中最常用的方法。而钢构件在焊接连接时，钢材力学性能尤其是弹性模量和屈服强度会随温度的升高而降低，同时会产生新的残余应力和变形，焊接加固适合于卸荷加固或者低应力结构，因此应高度重视钢构件在负荷状态下的焊接。《钢结构加固技术规范》规定，负荷下焊接钢结构加固时，原有构件或连接的实际名义应力应小于 $0.55f_y$，且不得考虑加固构件的塑性变形发展；非焊接钢结构加固时，其实际名义应力应小于 $0.7f_y$。《钢结构检测评定及加固技术规程》规定，负荷下采用焊接方法增大构件截面时，承受静力荷载或间接承受动力荷载的原有构件应力比不应大于 0.8，承受静力荷载的构件不应大于 0.4。负载下焊接加固钢构件是在满足一定应力比条件下进行的，然而两种规范中对应力比限值的规定存在较大的差异。应力比限值过大，可能导致加固后构件承载能力提高不明显或降低，或是在加固过程中引发安全事故；应力比限值过小，又可能偏安全，而使得方法的应用受到过大的限制，应用范围变窄。

当原有构件的可焊性不满足要求，且加固过程不允许产生变形和残余应力时，可采用螺栓或铆钉连接，对于直接承受动力荷载的结构，应采用摩擦型高强螺栓。螺栓连接的构件通过增加螺栓补强时，在负载状态下的总承载力为原连接承载能力与新增承载能力之和，由于构件新增螺栓孔，还需校核钢板净截面强度。

摩擦性高强螺栓与铆钉混合连接时，承载力按共同工作考虑[3, 21]；文献 [3] 规定用焊缝加固所有螺栓或铆钉的连接时，按焊缝承受全部作用力进行计算；而文献 [21] 规定焊缝与高强螺栓混合连接时，两者的连接计算承载力比值应在 1 ～ 1.5 之间。两种规范的要求差异需要通过进一步的研究进行确定。

采用贴焊加固时，仅钢板周边与原结构连接，焊缝处应力较大，不能构成整体达到理想的补强效果；螺栓连接和铆接又由于在结构上钻孔而削弱构件的强度，在已建成的大型结构上的连接使用也是受到限制的。试验研究和数值模拟表明，由于粘贴钢板和碳纤维连接能使加固材料和原构件形成共同的整体，加固后构件受力更加均匀，可以有效提高钢结构承载力。其加固效果主要与加固材料的厚度和弹性模量有关，不同径厚比、长细比钢柱的加固效果也有所差异。采用粘钢或粘贴 CFRP 加固必须要将原结构表面进行处理，磨平、光滑后才能粘贴，施工程序复杂、难度较大，当承受动力荷载或高温时可能产生脱胶现象。

负载下加固钢构件采用较多的方法是焊接加固法、粘钢加固法以及粘贴 FRP 加固法，这些方法存在两个主要问题——防火和防腐蚀，其外包钢筋混凝土不但可有效增大钢柱的承载力，且外包混凝土还可保护型钢免受高温和腐蚀，防止型钢发生局部屈曲。在这种情况下，对已有钢结构进行负载下外包钢筋混凝土加固显得尤为重要[12-15]。

外包钢筋混凝土加固钢柱是在原有钢柱的四周布置钢筋并浇筑混凝土，加固后相当于组成了型钢混凝土柱，增加了原有构件的截面面积，提高结构构件的承载力和刚度。

3　结论

针对负载下轴心受压钢结构构件的加固，本文介绍了不同加固方法的研究，结果表明初始应力比、长细比、径厚比、加固层厚度、加固层的粘贴连接方式均为加固后构件极限承载力的影响因素，还介绍了不同连接方法的优缺点，可供以后的研究和工程加固借鉴参考。

但是根据以上的研究内容发现，目前的研究存在一些局限性，如：

（1）研究多集中在在短柱或缩尺长柱，缺乏工程实际中常用的钢管长柱的试验或模拟研究；

（2）研究缺乏同条件情况下长柱和短柱加固在不同影响因素下的结果对比；

（3）规范中未规定的加固方法如粘钢加固、粘贴 FRP 加固、外包钢筋混凝土加固等，其研究结果只是表明负载对加固后承载力的提高有影响，未给出合理的初始应力比；

（4）各加固方法的研究只是针对一种或两种截面的钢构件，没有形成一套系统完整的理论。

参考文献

［1］　闫岚，艾伟. 某钢平台主次梁连接节点加固施工技术［J］. 钢结构，2015，30（5）：79-81.

［2］　卢亦焱，陈莉，高作平，等. 外粘钢板加固钢管柱承载力试验研究［J］. 建筑结构，2002，32（4）：43-44.

［3］　CECS77：96. 钢结构加固技术规范［S］.

［4］　龚顺风，程江敏，程鹏. 加固钢柱的非线性屈曲性能研究［J］. 钢结构，2011，，26（11）：15-19.

［5］　王元清，祝瑞祥，戴国欣，等. 工形钢柱负载下焊接加固的受力特性［J］. 沈阳建筑大学学报（自然科学版），2014（1）：25-33.

［6］　王元清，祝瑞祥，戴国欣，等. 初始负载下焊接加固工字形截面钢柱受力性能试验研究［J］. 建筑结构学报，2014，35（7）：78-86.

［7］　陈志华，刘晓珂，杨正军，等. 天津国际贸易中心加固箱型钢柱轴压有限元分析［A］. 第十三届全国现代结构工程学术研讨会论文集［C］. 天津：全国现代结构工程学术研讨会，2013：1178-1181.

［8］　田娥，李毅，杨正军等. 负载状态下钢结构工程加固技术模拟分析及监测［J］. 工业建筑，2015，45（7）：176-180.

［9］　龚顺风，程江敏，程鹏. 加固钢柱的非线性屈曲性能研究［J］. 钢结构，2011，26（11）：15-19.

［10］　卢亦焱，张号军，刘素丽. 超高压输变电钢管构架加固技术的研究与应用［J］. 土木工程学报，2006，39（4）：9-14.

［11］　隋炳强，邓长根，罗兴隆. 粘钢法全长加固钢管柱极限承载力研究［J］. 山东建筑大学学报，2011，26（5）：420-424.

［12］　周乐，聂晓梅，王元清，等. 负载下外包钢筋混凝土加固轴压钢柱承载力规范方法比较分析［J］. 钢结构，2016，31（1）：9-13.

［13］　周乐，聂晓梅，伊军伟，等. 持载下外包混凝土加固轴压钢柱的承载力分析［J］. 沈阳大学学报（自然科学版），2016，28（1）：61-68.

［14］　周乐，王晓初，白云皓，等. 负载下外包钢筋混凝土加固轴心受压钢柱受力性能研究［J］. 工程力学，2017，34（1）：192-203.

［15］　周乐，王晓初，白云皓，等. 负载下外包钢筋混凝土加固轴压钢柱承载力计算方法［J］. 沈阳建筑大学学报（自然科学版），2015，31（6）：990-997.

［16］　彭福明，郝际平，岳清瑞，等. FRP 加固钢结构轴心受压构件的弹性稳定分析［J］. 钢结构，2005，20（3）：18-21.

［17］　周乐，王晓初，王军伟，等. 负载条件下 CFRP 加固轴心受压钢管短柱受力性能研究［J］. 工程力学，2015，32（11）：201-209.

［18］　王军伟. FRP 加固持载钢结构轴压构件力学性能研究［D］. 沈阳：沈阳大学，2014.

［19］　丁卉. CFRP 布加固空心钢管柱稳定性参数化数值模拟研究［D］. 合肥：合肥工业大学，2015.

［20］　陈家旺，完海鹰. CFRP 加固轴心受压方钢管柱稳定承载力试验研究［J］. 建筑钢结构进展，2016，18（5）：25-33.

［21］　YB9257-96. 钢结构检测评定及加固技术规程［S］.

基于多源数据的古建筑建模

李名倬[1]   陈　瑾[2]   刘洋洋[3]

1. 山东建筑大学土木工程学院，山东济南，25000

2. 山东建筑大学建筑城规学院，山东济南，250000

3. 山东建筑大学建筑测绘地理信息学院，山东济南，250000

摘　要：古建筑建模及数字化对于研究古建筑构造和古建筑保护意义深远。针对传统古建筑信息研究与保护方法成本较高、测量调研复杂、三维数据模型建立困难、体验感受相对抽象且局限于二维平面的问题，提出了一种基于多种数据来源的古建筑三维虚拟仿真模型设计。本文以山东建筑大学海草房为例，采用大地测量技术、地面三维激光扫描、摄影测量等多种方式采集数据，然后使用 Sketch Up 软件进行三维建模，最后将成果上传至 Google Earth 的 3D 模型库，实现高精度的数字化保存，为古建筑的修缮工作提供了准确的工程信息。

关键词：古建筑保护，多种数据源，三维建模，Sketch Up

Ancient Building Modeling Based on Multiple Source Data

Li Mingzhuo[1]   Cheng Jin[2]   Liu Yangyang[3]

1. School of Civil Engineering, Shandong Jianzhu University, Jinan 250000, China

2. School of architecture & urban planning, Shandong Jianzhu University, Jinan 250000, China

3. School of Surveying and Geo-informatics, Shandong Jianzhu University, Jinan 250000, China

Abstract： The modeling and digitization of ancient buildings are of great significance to the study of the structure and protection of ancient buildings. Against the traditional ancient building information research and conservation methods cost is higher, survey research complex, difficult 3 d data model, experience relatively abstract and confined to the two-dimensional plane problem, put forward a kind of based on multiple data sources of ancient building 3D virtual simulation model design. Sea straw in shandong construction university as an example, using geodesy techniques, the ground three-dimensional laser scanning and photogrammetry, a variety of ways to collect data, and then use the Sketch Up 3D modeling software, the final results will be uploaded to Google Earth 3D model library, realize the high precision digital preservation, for ancient building repair work provides accurate engineering information.

Keywords： Protection of ancient buildings, Multiple data sources, 3D modeling, Sketch Up

　　古建筑测绘在中国已开展多年，传统方式主要是手工测量，成果通常为二维图纸，但在面对大尺度建筑群或复杂地形时往往难以开展工作，图纸在实际修缮时也常发现存在偏差。因此，古建筑的精确测量和三维建模非常重要，而如何将生成的模型进行直观展示则尤其重要。本文针对建模对象的特点，具体采用大地测量技术、地面三维激光扫描、摄影测量等方式进行多源数据建模实现对其高精度的数字化保存，为古建筑的修缮工作提供了准确的工程鉴定信息。实现了对既有建筑外围环境和内部房间结构的三维重建，解决了单一方式无法兼顾建筑外部庞大的数据量和内部高精度细节的问题。对不同精度的数据源所建立的单独模型进行整合，重建了海草房的三维模型。

作者简介：李名倬（1994—），E-mail：526644295@qq.com。地址：山东省济南市历下区历山路 96 号山东建筑大学。

1　工程概况

本章所使用的数据源为位于济南市山东建筑大学的海草房，该建筑原型为位于胶东半岛地区的传统民居，起源于秦汉时期，但至今保留完整的仅 20 多栋有着 200 多年历史的房屋。随着经济、社会的发展，该建筑已不能满足现代人们的需求，为将传统文化发扬传承，赋予传统建筑新的生命力，我校于雪山脚下对海草群进行了重建。用红褐色的花岗岩砌墙，灰褐色的海草苫顶，材料全部来自原地区，称得上是对传统海草房继承和发展的典范。

2　传统全站仪测量及 CAD 图纸的绘制

2.1　数据获取

该工程首先采用的是传统的全站仪测量、照相等方式收集其资料。建模过程中设计的需要而利用计算机和 CAD 技术建立的建筑构件、早期测量的 CAD 地形数据、实地拍摄的照片以及部分模型的测量结果。其中细部构件模型数据是采用直尺或角尺直接量测木构件的方法获取的。构件数字化精度高、构件齐全，从而为古建筑保存了完整详尽的数据资料。CAD 地形数据包括了地形特征如楼梯、台阶、走廊等信息以及各个建筑模型的定位信息。

利用书籍资料及拍摄的相片并且根据前期实地勘察的真实数据进行计算与处理，使用 Auto CAD 软件进行海草房的平面图（图 1）正视图（图 2）与侧面图（图 3、图 4）的绘制。绘制时注意重点使用实地采集数据，以确定后期模型构建时的比例，并准确仿真出当前时间下建筑的真实面貌。

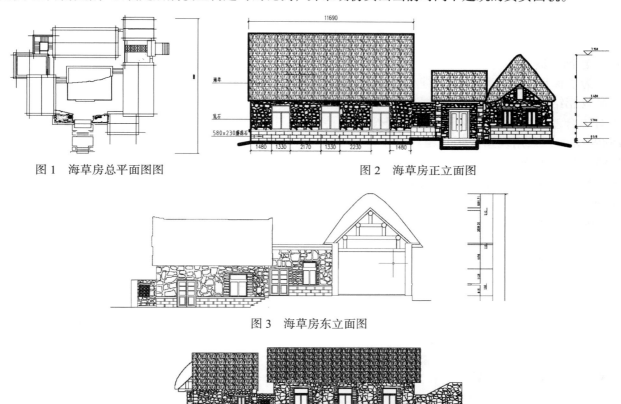

图 1　海草房总平面图图　　　　　　　　　图 2　海草房正立面图

图 3　海草房东立面图

图 4　海草房西立面图

3　基于三维激光扫描数据的海草房建模

3.1　三维激光扫描技术的发展

三维激光扫描测量技术现在已经成为空间信息数据获取的重要途径。它可以快速、准确大量的获取物体的三维空间信息，这些三维空间信息是各项工程建设的基础，但由传统测量方式得到的数据采样率低，还有一定的局限性，不能准确的表达实物的几何信息和真实状况。三维激光扫描技术借助其无接触、实时性强、大量快速获取物体表面三维坐标数据信息的优势，突破了传统测量技术的局限性。三维激光扫描测量系统发展的方向之一即为地面三维激光扫描测量。地面三维激光扫描测量通过对点云数据进行预处理、点云拼接、数据精简、特征提取等步骤来恢复建筑物的三维模型，由于其直接从实物中采集目标的真实数据，可以对古建筑物进行扫描测量以获取其图像资料进行档案保存[1]。

3.2 三维激光扫描技术基本工作原理

激光扫描系统主要包括激光扫描系统和测距系统通过这两个系统的协调合作，完成对目标物的扫描和测量工作，并将采集到的大量点云进行存储。地面三维激光扫描仪主要由扫描仪、控制器和电源系统组成[2]。

三维激光扫描仪扫描工作时的主要部件各司其职发挥不同的作用。其中，激光脉冲发射体会将激光脉冲发射出去，两个反光镜有序旋转，使得脉冲能够到达被扫物体表面。通过这个步骤可以算得仪器距离物体的实际距离。再通过三维激光扫描仪自带的编码器计算出脉冲发射的角度，得到每个点云的三维坐标值。脉冲式测距法和光学三角测量法原理如图 5、图 6 所示。

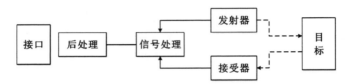

图 5　脉冲式测距法的原理图

3.3 数据采集

为了保证点云获取和三维建模的精度，本章中采用莱卡 3D Disto. Leica Geosystems'3D Disto 和全站仪相结合的作业模式。根据现场地形条件，在海藻房周围布设闭合导线 D001-D005，导线全长相对闭合差为 1/46832。为了使亭内外坐标保持一致，以 D001-D002 点为基准，向院内引测支导线 D006-D009，采用往返观测，相对误差为 1/29465，各导线（如图 7 所示）均满足限差要求。利用免棱镜全站仪实测海草房的控制点、扫描仪测站点和标靶点的坐标，便于后期的配准、拼接和三维建模工作扫描时采用多测站多角度对目标物进行数据采集，整个扫描过程共设 16 站，采样点密度为 2mm。为了保证拼接和建模精度，每站扫描保持 10% 以上重叠度，测量距离在 20 ~ 50m，角分辨率为 0.04°，位置绝对误差为 5mm。

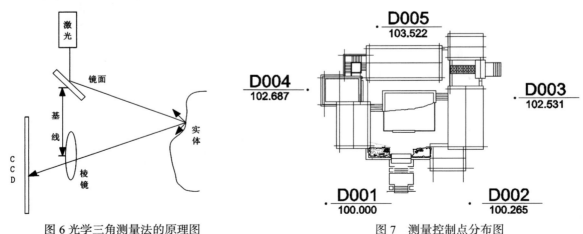

图 6 光学三角测量法的原理图　　　　　　　图 7　测量控制点分布图

3.4 数据预处理

三维激光扫描带来了大量的点云数据，但是这些数据中存有许多与被测物体毫无关联冗杂点以及许多不精确的点，影响人们对于数据的处理，而且对于数据的储存、传输等也极为不便。所以要先对点云数据进行预处理，从而提高数据处理的质量与速度。它主要包括以下几个方面：

（1）点云数据拼接：由于一幅扫描点云图无法获取建筑物的全貌，而从不同扫描站获得的点云分别采用其各自的局部坐标系，因此需要将他们配准到一个统一坐标系下[3]。

（2）点云数据去噪：由于扫描过程中外界环境因素对扫描目标的阻挡和遮掩，如在古建筑扫描过程中，移动的车辆、行人、树木的遮挡，建筑物本身的反射特性不均匀，扫描仪的扫描方向与建筑物反射而夹角超限等原因，致使获取的点云数据携带一些噪点，这些噪点的存在直接影响点云数据的质量，应对其进行剔除。

（3）点云数据重采样：由于前期采集数据时采用分站式扫描，相邻两站在扫描过程中会有一定的重叠区域，在数据拼接过程中会造成数据冗余。此外，目标物离扫描仪的远近也会对点云密度造成影响，随着扫描距离的增加，数据点的密度逐渐减少，因此有必要在不影响数据精度的情况下，对点云数据设置某一阈值进行重采样。

4　三维建模研究

4.1　轮廓获取

目前国内外针对地面三维激光扫描仪点云数据构建模型有 2 种主流方法：一种是曲面重构法（通过点云拟合 NURBS 曲面），其特点是自动化程度比较高，可快速建立模型，但是数据量巨大，不适用于仿真系统显示及管理，另外模型精度与扫描获取的数据完整与否有关，若数据不全，遮挡太大，细部结构扫描分辨率太低，都会直接影响模型显示效果。另一种是参数化建模方法（通过获取特征点和线构建模型），其特点是工作量大，建模效率较低，但是数据量相对小很多，能保证模型在仿真系统承受的范围内表现出模型细节[4]。

此次建模采用的是参数化建模方法，利用 Sketch Up 软件，由于数据量太大，这里我们采用在 Riscan Pro 软件中画线的方式，手动提取建模所需特征部位。因为建筑物外观都比较规律，比如窗户间隔、窗户尺寸等数值大都相同，我们只需提取部分特征部位即可，共提取特征线 84 条。然后将提取的特征线导入 Sketch Up 软件中。

由于此次建模使用的是 Sketch Up，该软件由谷歌公司发布，因此可直接通过"添加影像"将待建模区域在 Google Earth 中的遥感影像导入 Sketch Up 中，这样也可在 Sketch Up 环境中，在遥感影像上进行建筑物轮廓的勾绘。

4.2　细部构造

若采用三维激光扫描仪点云的参数化建模，建筑顶部的相关数据会有部分的缺失，而由于 Google Earth 中的遥感影像未作正射纠正处理，所以建筑的局部或整体被周围高层建筑物的阴影遮盖，其侧立面的位置、尺寸会有一定的误差。因此将两者数据结合使用，再利用由传统测绘方法所得到的 CAD 图纸、摄影测量得到的 DWG 图形，对细部数据进行校正。采用这种方式获取的建筑物轮廓数据不仅精度较高，且包含了实际的地理信息位置。

4.3　三维模型与 V-Ray 渲染

据三维骨架模型的不规则的表面及剖面尺寸，使用 Photo shop 软件处理好匹配的建筑外立面纹理（如调色、渐变、裁剪等），屋面纹理采用 Google Earth 中提取的 DEM 晕渲图，细部构造纹理则是根据现场实地考察与拍摄所记录下来的相关数据，在 Sketch Up 中用纹理编辑工具为三维骨架模型添加纹理，从而完成三维模型的构建。最后利用 V-Ray 软件对建好的模型进行渲染，得到更加真实的光影效果（图 8～图 11）。

建模完成后，Google Earth 中点击"add"下拉菜单，选择"add place mark"，添加三维立体模型的位置，添加地标。然后将 Sketch Up 打开，把已做好的 skp 文件导入到当前图片中有地标建筑物的区域。从而实现了从 Sketch Up 中输出三维立体模型到 Google Earth。点击 Sketch Up 上的 Plugins，下拉菜单中选择 3DWarehouse 点击 Share model，在弹出的对话框中输入标题与简介，单击"Upload"按钮，则将模型上传至 3D 模型库，可供人们下载查看。因此，采用 Google Earth 作为三维场景漫游平台实现了模型与影像的吻合。

图 8　海草房鸟瞰效果图

图 9　海草房人视效果图

图 10　海草房内部构造效果图

图 11　海草房外立面效果图

5　结语

　　本研究针对既有古建筑特点，研发了一种基于多源数据的数字化建模技术，利用三维激光扫描、摄影测量、大地测量、三维建模等技术完成从古建筑信息采集、数据处理到建筑信息模型建立的一整套工作流程，通过对既有古建筑的结构体系、外立面和内部装饰、屋顶创建原始模型，并利用多源数据融合技术，重建了古建筑的完整模型，为既有古建筑的保护、修复提供精确的数字信息。

参考文献

[1] 陈治睿. 基于点云数据的建筑物快速三维重建方法 [J]. 江西科学，2011（5）P603-P606.

[2] 于海霞. 基于地面三维激光扫描测量技术的复杂建筑物建模研究 [D]. 北京：中国矿业大学，2014.

[3] 邓非，张祖勋，张剑清. 利用激光扫描和数码相机进行古建筑三维重建研究 [J]. 测绘科学，2007（2）P29-P30.

[4] 吴蒙，王建强. 基于地面激光扫描技术的建筑物建模研究 [J] 江西科学，2015（2）P191-P194.

新旧混凝土结合面的粘结性能研究进展

张　弦　魏明宇

四川省建筑科学研究院，四川成都，610081

摘　要： 采用增大截面法、置换法、新增混凝土构件等方法加固的构件其承载力薄弱失效部位常常位于新旧混凝土结合面，结合面的粘结性能将直接影响加固效果的优劣。只有当结合面具有可靠的粘结强度时，新增部分才能与原混凝土协同工作，确保结构安全。结合面的粘结性能一直都是结构加固领域的研究热点，对新旧混凝土粘结机理和破坏机理进行了简述，对影响结合面粘结性能的主要因素进行了分析，总结了国内外相关研究成果，介绍了一些新型试验研究，并对今后研究方向作出一些参考。

关键词： 新旧混凝土，结合面，粘结性能，试验研究

Research Progress of New and Old Concrete Bonding Performance

Zhang Xian　Wei Mingyu

Sichuan Institute of building Reserch，Chengdu 610081，China

Abstract： The member strengthened by increasing section method and replacing method and adding new concrete method has weak failure site, and the failure location is often located at the bond-interface of new and old concrete. The adhesion of the bond-surface directly affects the reinforcement effect. Only when the bond-surface has a reliable adhesion strength, the newly added part can work together with the original concrete to ensure the safety of the structure. The adhesive property of bond-surface has always been a research hotspot in the field of structural reinforcement. The mechanism of new and old concrete sticking age and failure mechanism are expounded, the main factors affecting the adhesion properties of bond-surface are analyzed, the related domestic and foreign research results are summarized, some new experimental studies are introduced, and some references are given to the future research direction.

Keywords： new and old concrete, bond-interface, bonding behavior, experimental research

0　引言

增大截面法、置换法、新增混凝土构件等结构加固方法涉及到新旧混凝土粘结问题，结合面的粘结性能将直接决定加固效果的优劣，较差的粘结质量会导致新增混凝土很快产生裂缝和剥落，甚至引起工程事故。对新旧混凝土结合面粘结性能的研究始于 20 世纪 60 年代，经过一系列的研究，国内外对新旧混凝土结合面的粘结性能已取得了一定的研究成果和工程应用经验[1~7]。国内外研究表明，结合面粘结性能的影响因素主要有：混凝土强度、结合面处理方式（粗糙度）、界面剂、结合面植筋等。

作者简介：张弦（1989—），男，硕士研究生，主要从事结构改造加固研究。E-mail：cdzhangxian@163.com。地址：成都市一环路北三段 55 号。

1　新旧混凝土粘结机理及破坏机理研究

　　研究认为，机械咬合力、范德华力、化学力是新旧混凝土粘结力的主要来源。机械咬合力是旧混凝土表面粗糙度形成的物理机械咬合力，是粘结力的主要组成部分。为了增加机械咬合力，往往将物体表面凿毛形成深槽，以增加接触面积和咬合强度。范德华力主要是由骨料之间的分子相互作用而引起的，其引起的粘结力通常较弱。新旧混凝土结合面的化学力来自于新旧混凝土化学成分反应产生的化学键，化学键对抵抗应力集中和抑制裂缝扩展有着显著作用。此外，化学力还来自于新旧混凝土与界面剂反应的化学键，界面剂的使用可以提高粘结强度。

　　结合面破坏机理通常认为：混凝土是多种粗细骨料组成的多孔多相材料，其结构组织中一般具有孔隙、蜂窝、裂缝等内在缺陷。粘结区的混凝土内部潜在缺陷通常较严重，其起因有：结合面附近混凝土的强度劣化及结合面凿毛时对骨料的扰动；结合面凿毛和洇水处理不当，界面剂使用不当；新混凝土浇筑不密实及材料自身特性（如水灰比、添加剂等）。另外，旧混凝土中的原始应力与新浇筑混凝土时产生的温度应力、收缩应力等在结合面及附加区域形成复杂的初始应力。混凝土的硬化通常伴随有体积收缩的产生，由于老混凝土的约束作用，结合面的边界附近会产生剪应力和拉应力而出现微裂缝。因此，结合面骨料周边的"先天"微裂缝在荷载作用下，会产生应力集中而引起裂缝进一步发展，最终引起混凝土结构组织由内向外的破坏。

2　结合面抗剪计算公式

　　结合面可承受拉压剪多种受力模式，但承受剪力模式更为普遍，国内外对于结合面抗剪性能研究已提出多种抗剪计算公式，其中部分具有代表性的抗剪计算公式分别如表1所示。国外公式中，仅有项次3和项次4考虑了界面正应力的影响，只有项次6和项次7考虑了混凝土强度的影响。国内公式中，项次8、项次10及项次12考虑了粘结面粗糙度；均考虑了混凝土强度影响，但项次9只考虑旧混凝土强度影响，未考虑新混凝土；项次11～13考虑了植筋的钢筋强度影响。由此可知，国内外抗剪计算公式具有多样性和局限性。

表 1　国内外新旧混凝土结合面抗剪计算式

Table 1　New and old concrete interfacial shear calculation formula at home and abroad

编号	作者或规范名称	计算公式
1	Birkeland	$V_n = A_{vf} f_y \tan\varphi = A_{vf} f_y \mu$
2	ACI318-08（2008）	$V_n = A_{vf} f_y \mu$
3	AASHTO LRFD（2007）	$V_n = c \cdot A_{cv} + \mu \cdot (A_{vf} f_y + P_c)$
4	CAN-CSA-S6-00	$V_u = \phi(c + \mu\sigma)$
5	PC I design handbook	$V_n = \phi \cdot A_{vf} \cdot f_y \cdot \mu_e$
6	fib Model Code 2010	$V_u = c + \mu(\rho \cdot k \cdot f_y + \sigma_n) + \alpha \cdot \rho \cdot \sqrt{f_y \cdot f_c}$
7	Dulacska	$V = 1.617 A_s \sqrt{f_c f_y}$
8	郭进军、王少波等	$f_{st} = (0.0113048h + 0.0267976) f_{cu}$
9	叶果	$\tau_u = \rho\mu f_y + 1.617\rho \sqrt{f_c f_y}$
10	王少波	$f_{st} = (0.028 f_c - 0.546)h - 0.0033 f_c + 0.9$
11	林拥军、钱永久	$\tau = c f_t + \mu\sigma_n \xi$
12	聂建国、王宇航	$\tau_u = \gamma\tau_0 + \zeta\tau_s\rho_e\tau_u$
13	邢强	$V_n = 0.6663\tau f_t bh + 1.0269 f_y A_s$

3　影响新老混凝土粘结的因素

3.1　混凝土强度

国内外研究表明，新老混凝土粘结良好的前提条件是旧混凝土具有较高强度，在老混凝土一定的情况下，新浇筑混凝土强度的提高能改善新旧混凝土的粘结性能。

重庆大学全学友研究团队[7]进行了 57 组剪切试验，分别考虑混凝土强度等级、界面植筋率、界面处理方式等的影响规律，试验结果表明，新旧混凝土强度等级越高，初始开裂剪力峰值越大，对应的剪切位移越小。新旧混凝土强度等级越高，界面二次剪力峰值变化不明显，对应的剪切位移越低，裂缝宽度也越小。郭进军等[8]通过制作 C25、C30、C35 的试件进行试验研究，结果表明，通过提高新混凝土的强度来提高粘结抗剪强度是不经济的，粘结强度虽随新混凝土强度的增加有所提高，但幅度很小。

3.2　结合面处理方式（粗糙度）

结合面的处理方式（粗糙度）对结合面抗剪能力贡献非常大，对其处理方式国内外也有相关规定。美国内务部垦务局编制的混凝土手册中要求：在补浇新混凝土前，要把坏的、松动的和未胶结好的混凝土用铁凿或其它工具全部除掉，然后用水砂枪、风洞凿岩机或其它适当的方法打毛、清扫干净并干燥。我国规范[9]规定原构件界面经修整露出骨料新面后，尚应采用花锤、砂轮机或高压水射流进行打毛，也可凿成沟槽。目前国内外较常用的结合面处理方法有高压水射法、喷砂法、人工凿毛法、机械切削法、酸浸蚀法等。

韩菊红等[10]进行了 5 组 20 个不同界面粗糙度的试验，试验结果表明，粗糙度对新老混凝土粘结性能有明显的影响，但当结合面有一定的粗糙度后，其粗糙度的进一步增大虽能相应地提高粘结强度，但提高的幅度并不大。张雷顺[11]等采用沟槽法（按一定的深度进行间隔切槽）对结合面进行处理，试验结果表明，沟槽式新旧混凝土粘结面具有较好的抗剪性能。

重庆大学全学友研究团队[12]提出了一种新的结合面处理方式即清除原来的表层混凝土，露出全部的骨料，深度控制在 5～6mm（简称去皮）。通过 36 个界面剪切试验可知（其部分试验曲线如图 1、图 2），混凝土界面去皮的开裂荷载、极限荷载均较凿毛时有较大幅度提高。界面的开裂剪切位移，在混凝土界面去皮和凿毛两者的差别不大，但是混凝土界面去皮的极限剪切位移要大于界面凿毛时的剪切位移。

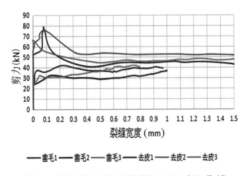

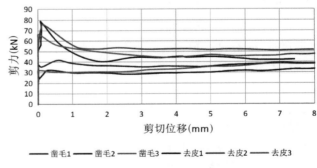

图 1　界面凿毛与去皮的 F-W 对比曲线　　　　　　　图 2　界面凿毛与去皮的 F-S 对比曲线

3.3　界面剂

涂刷适量的界面剂可以有效提高化学力和范德华力，从而提高其粘结强度。目前使用的界面剂主要有水泥浆类界面剂、环氧类界面剂、聚合物类界面剂等。

李平先[13]等提出采用环氧砂作为新老混凝土粘结的过渡层，通过劈裂试验方法，对不同粒径的砂和不同界面剂的粘结强度进行了试验研究。结果表明，环氧砂过渡层可明显改善新老混凝土之间的粘结劈拉强度，粘结面并非越粗糙越好，使用界面剂比无界面剂要好。徐晨光[14]进行了三种混凝土分别涂抹三种界面剂的粘结效果试验研究，结果表明，掺粉煤灰的水泥净浆界面剂能够提高粘结面强度。水泥净浆界面剂粘结效果总体上随着水灰比的增加，其粘结强度逐渐减弱，掺粉煤灰的水泥净浆作为界面剂时，粉煤灰的掺量对新老混凝土粘结效果的影响规律性不强。重庆大学全学友研究团队[12]研究发现，结合面去皮后涂刷有机界面剂能提高抗剪能力，承载能力和刚度均有所提高（其试验数据见表2）。

表2　采用焊接箍筋时是否涂刷界面剂的试验结果比较
Table2　The compared test results of whether brushing interface agent welding stirrups

是否涂刷界面剂	初始开裂荷载（kN）	初始开裂应力（MPa）	初始开裂位移（mm）	初始开裂抗剪刚度（kN/mm）	界面极限荷载（kN）	界面极限应力（MPa）
是	116.85	3.89	0.009	12.98×10^3	135.24	4.51
否	100.59	3.53	0.009	11.17×10^3	118.89	3.96

3.4　界面剂结合面植筋

新旧混凝土结合面无植筋时破坏模式是脆性的，当结合面植筋后，其破坏模式将转变为延性破坏，且承载能力有明显的提高。

王振领[15]通过18个Z形剪切试件试验，试验研究表明：植筋处理可大大提高结合面抗剪强度；进行凿毛并植筋处理后，结合面抗剪强度可以达到整体浇筑混凝土的抗剪强度；植筋处理后的结合面粘结抗剪强度最终取决于植筋的深度、新老混凝土的强度、结合面的处理情况以及植筋胶的粘结性能。

潘传银[16]对102个新旧混凝土粘结试件进行了抗剪试验，试验结果表明：植筋可提高粘结面的抗剪强度，且提高值与植筋率呈线性关系，建议植筋率不应低于1%；当植筋方向垂直于粘结面时，能获得最好的粘结效果；在一定范围内，随着植筋深度的增加，粘结面的抗剪强度逐渐增大，建议建议植筋深度不低于15倍钢筋直径。

重庆大学全学友研究团队[7]进行的试验研究表明，新老混凝土界面植筋使得界面抗剪产生良好的延性，比无筋作用下的剪切变形能力至少提高了17倍以上。界面植筋只有满足最小植筋率，才能使得新旧混凝土抗剪承载力在开裂峰值后剪力不至于下降太大，使得界面仍具有足够的抗剪能力和延性。但当达到此最大植筋率时，界面抗剪强度提升幅度不再增大。

4　其他提高结合面粘结性能的方法

为了探寻更高效的提高结合面粘结性能的方法，相关研究者进行的试验发现，在新混凝土中加入钢纤维、碳纤维、预铺骨料混凝土、收缩补偿砂浆以及有机聚合物等改性材料的方法能较好地提高粘结性能。

高丹盈[17]等进行了141个钢纤维混凝土与旧混凝土粘结试件的劈拉试验研究，试验表明，在一定范围内，随钢纤维体积率的增加，粘结面抗冻劈拉强度明显提高，还建议钢纤维混凝土与老混凝土粘结面抗冻劈拉强度的计算公式。谢慧才[18]等在砂浆中加人乱向、短切的PAN基碳纤维，根据试验结果表明，可以极大地增大其与老混凝土之间的粘结强度，抗剪强度最大可增加85.6%，拉拔强度增加120%，劈拉强度增加80.0%。赵志方等[19]人对新旧混凝土粘结抗折试件进行试验，试验表明，纤维混凝土对粘结抗折强度有一定的提高，掺入纤维、聚合物或采用预铺骨料混凝土等均可不同程度地减小混凝土的收缩，提高新老混凝土的粘结性。

5　结语

为了探寻更高效灵活的提高结合面粘结性能的方法，国内外学者提出了掺入改性材料于新浇混凝土的新型方法，虽仍未广泛地应用，但为研究者提供了宝贵的参考意见。今后的研究可从以下三方面着手：（1）建立明确简化的结合面力学计算公式。（2）研究并推广更为经济、适用、可靠的界面处理方法，如重庆大学全学友研究团队提出的"去皮"处理方法。（3）进一步研究混凝土龄期、结合面方位、骨料粒径、荷载条件等的影响，提出相应的承载力影响折减系数。

参考文献

［1］ Peter H. Emmon, et al. A Rational Approach to Durable Concrete Repairs［J］. Concrete intelnational，1993，（9）：40-44.

［2］ Chen Puwei, Fu Xuli. improving the bonding between 0ld and New Concrete by Adding Carbon Fibers to the Concrcte［J］. Cement and Concrete Research，1995，Vol.25，（3）：491-496 .

［3］ Peter H. Emmons, et a1. The Total System Concrete-Necessary for improving the Performence of Rapaired Structures［J］. Concrete intelnational，1995，（3）：31-36.

［4］ Climaco, J. C. T. S., R. E. EValuation of Bond strength between Old and New Concrete in Structural Repair［J］. Magazine of Concrete Research，Vol.53，No.6 December_2001：377-390.

［5］ 陈峰，郑建岚. 自密实混凝土与老混凝土黏结强度的直剪试验研究［J］. 建筑结构学报，2007，28（1）：59-63.

［6］ 刘健. 新老混凝土粘结的力学性能研究［D］. 大连：大连理工大学博士学位论文，2000.

［7］ 叶果. 新老混凝土界面抗剪性能研究［D］. 重庆大学，2011.

［8］ 郭进军，王少波，张雷顺，张启明. 新老混凝土粘结的剪切性能试验研究［J］. 建筑结构学报，2002，32（8）：43-62.

［9］ GB 50550—2010,《建筑结构加固工程施工质量验收规范》［S］. 2010

［10］ 韩菊红，毕苏萍，张启明，徐伟. 粗糙度对新老混凝土粘结性能的影响［J］. 郑州工业大学学报，2001，22（3）：22-24.

［11］ 张雷顺，闫国新，张晓磊，王二花. 沟槽式新老混凝土粘结面抗剪强度试验研究［J］. 郑州大学学报，2006，27（2）：24-28.

［12］ 李泽雷. 新旧混凝土界面剪切试验研究［D］. 重庆：重庆大学，2016.

［13］ 李平先，赵国藩，张雷顺. 环氧砂改善新老混凝土粘结强度试验研究［J］. 大连理工大学学报，2005，45（2）：254-259.

［14］ 徐晨光. 基于不同界面剂对第二龄期新老混凝土粘结强度影响的研究［D］. 郑州：郑州大学，2016.

［15］ 王振领. 新老混凝土粘结理论与试验及在桥梁加固工程中的应用研究［D］. 成都：西南交通大学博士学位论文，2006.

［16］ 潘传银，石雪飞，周可攀. 新老混凝土粘结抗剪强度试验［J］. 交通科学与工程，2014，30（2）：6-12.

［17］ 高丹盈，胡良明，程红强. 钢纤维混凝土与老混凝土粘结抗冻劈拉性能研究［J］. 水力发电学报，2007，26（6）：52-56.

［18］ 谢慧才，申像斌. 碳纤维混凝土对新老混凝土粘结性能的改善［J］. 土木工程学报，2003，36（10）：15-18.

［19］ 赵志方，周厚贵，袁群. 新老混凝土粘结机理研究与工程应［M］. 北京：中国水利水电出版社. 2003.

旁孔透射波法研究现状综述

张敬一

四川省建筑科学研究院，四川成都，610081

摘　要： 对设计或施工记录已难以查询的工程结构，如拟通行更大载重车辆而需提高桥梁桩基承载力，震后检验桩基是否受损，或长期冲刷作用下桩基承载力评估，此时对已连接上部结构的既有工程桩进行长度和完整性的检测就会显得尤为重要。针对既有工程桩检测难题而提出的旁孔透射波法被认为最有应用前景的方法之一。旁孔透射波法是通过在桩顶承台上激振，在平行桩身测孔中检波并分析走时而进行桩长或完整性检测。文中阐述了旁孔透射波法的检测方法，综述了旁孔透射波对既有工程桩桩底深度确定方法最新进展，展望了未来发展趋势，以期进一步推广和完善旁孔透射波法的工程应用。

关键词： 旁孔透射波法，既有桩，桩基检测，综述

A Review of Parallel Seismic Test

Zhang Jingyi

Sichuan Institute of Building Research，Chengdu 610081

Abstract： Many old engineering structures lack the necessary design information or construction records. Knowing the length and integrity information for load capacity assessment becomes important when such situations as a planned change in loading，evaluation integrity after the earthquake occurs，or a need for new scour analysis. Parallel seismic（PS）test is a most promising method that can be used to deal with such difficulties，which is used for determination of the unknown or undocumented depth of foundation piles. PS is based on impulse generation on bearing platform and registration of travel times in the borehole parallel to the foundation pile. The testing procedures and equipments of PS were elaborated. The progresses for evaluation of the pile tip depth and defects of pile shaft were reviewed. Deficiencies of PS test in existing pile testing were summarized. Suggestions were made for future research，hoping to promote the engineering application of PS test.

Keywords： Parallel seismic test，Existing pile，Pile testing，Review

1　引言

　　桩基础作为一种重要的基础形式，广泛用于各种建筑结构形式中，对其长度与完整性检测的重要性亦得到广泛认识。在目前的桩基检测技术中，基于反射波的低应变反射波法[1]和机械阻抗法[2,3]以其快捷、成本低、效果好而得到了普及，广泛用于各种在建工程桩的检测中。然而对于既有工程桩，当桩顶连接梁、板、承台等平台而采用平台激振方式时，上部平台会引起信号明显的三维效应，波形呈现低频大摆动形态，以致桩底或缺陷反射难以有效识别。而且，应力波会在平台上下界面多次反射，只有较少能量透射到桩身，桩底反射较为微弱，且微弱的桩底反射与干扰信号叠加后，难以识别桩底反射波位置。既有工程桩采用桩侧激振时上部结构反射波亦会干扰桩底反射法的识别。

作者简介：张敬一，男，1985年5月生，博士。主要从事桩基动测技术研究。Email：zhangjingyi2000@qq.com。

桩基与上部结构连接后，在使用状态下进行桩基质量的评定是桩基检测中的难题[4-6]。然而当既有工程结构设计或施工记录保存不全，出现如对既有建筑进行增层改造而须提高桩基承载力；地震后对存疑桩基进行完整性检测和鉴定；河流冲刷作用导致桩周土被冲走或变松散以致桩基承载力减小等情况，就需要有效的手段对基桩长度和完整性进行检测。常规的低应变反射波法主要用于在建工程桩的检测，对既有工程桩的检测，则是在桩顶梁板、承台等构建或桩侧进行激振和检波。受桩顶构件影响，实际波形非常复杂，掩盖了实际桩底或缺陷反射[7]。

旁孔透射波法（Parallel Seismic test，PS test）[8, 9]是为解决既有工程桩检测的难题而由欧美科技人员提出的。Olson 等[8]总结了不同既有工程桩的检测方法，指出其中旁孔透射波具有最广泛的应用前景。通过在基础侧面或承台顶激振，将检波器置于待测桩附近测孔中收集桩身透射波，根据信号首至波特征分析桩长及桩身完整性。

本文阐述旁孔透射波法进行现场检测方法及最新发展，综述旁孔透射波对既有工程桩桩底深度及桩身完整性确定方法及最新进展，展望未来发展趋势，以期进一步推广和完善旁孔透射波法的工程应用。

2　旁孔透射波法测试方法及仪器设备

与基于反射波信号进行分析的低应变反射波法和机械阻抗法不同，旁孔透射波法是一种基于钻孔进行测试的桩基检测方法，是一种首至直达波法。其检测几乎不受桩型及材质限制，可用于圆桩、方桩、板桩、桩墙等桩型及钢质、木质、混凝土及水泥土等材质。检测前不需提前标定桩身波速，而且测试中可以确定桩身波速，并以此来判断桩身混凝土质量和强度。有效进行旁孔透射波法检测一方面需要配套的仪器设备，掌握现场测试分析方法；一方面还需要可靠的分析方法。同时，在工程实践或已有工程中获取经验也很重要。

如图 1 所示是旁孔透射波法检测仪器设备[10]，包括脉冲锤、水听器（或检波器）、信号分析仪。脉冲锤和水听器通过线缆连接信号分析仪。检测前需在桩身附近钻测孔、埋测管，测孔深度应超过预计桩底一定深度，并将管内注满清水，使检波器与水耦合，管底应封闭严实。测孔应尽可能靠近桩侧以减小土层分层和能量衰减对波形影响。套管与钻孔间的间隙宜回填砂子或灌水泥浆密实。测试时用激振锤敲击桩顶承台、梁板等结构，检波器则置于管底，每激振、检波一次提升检波器高度 0.2 ～ 1m（在预计桩底或桩身存在缺陷处应加密测点），直至检波器置于管口，以接收测孔内不同深度的速度信号，检测示意图见图 2。

 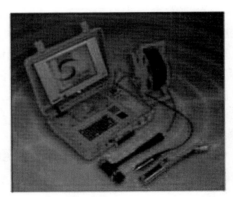

图 1　旁孔透射波法测试仪器设备
Fig. 1　Equipments for PS test

沿深度方向将旁孔透射波速度信号组合成图 3 所示的时间 - 深度波形图。判读首至波走时，并分桩侧段和桩底段分别直线拟合确定两条直线。两线斜率分别对应桩身 P 波波速和桩底地基土 P 波波速。两线交点直接或进行修正后确定桩底深度，也可以利用时深图中波幅削减的程度来进行辅助分析桩底或缺陷位置。

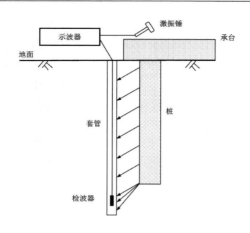

图 2　旁孔透射波法测试示意图

Fig. 2　Schematic representations of PS test

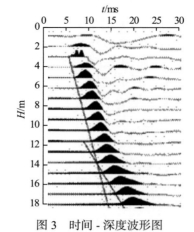

图 3　时间 - 深度波形图

Fig. 3　Typical time-time trace plot

3　旁孔透射波法桩底深度分析方法

3.1　简化理论模型

（1）两线交汇模型

基于旁孔透射波法简化理论模型[11, 12]，首至波沿深度方向呈两条直线 l_1、l_2，其表达式分别如下：

$$t = t_0 + \frac{1}{V_{PP}}z + \frac{\sqrt{n^2 - 1}}{V_{PP}}D \tag{1}$$

$$t = \frac{Z}{V_{SP}} + \left(\frac{L}{V_{PP}} + t_0 - \frac{L}{V_{SP}} \right) = t_0 + \frac{1}{V_{SP}}Z - \frac{n-1}{V_{PP}}L \tag{2}$$

其中，$n = V_{PP}/V_{SP} = 1/\sin\theta$，$\theta$ 为桩土间透射角；V_{PP} 为桩身一维 P 波波速；V_{SP} 为地基土三维 P 波波速，D 为旁孔距；$t_0 = V_A/V_{PP}$，L_A 为激振距，即激振点距地面的距离。

由式（1）、式（2）可知，在 t–z 坐标系中，直线 l_1 的斜率代表桩身一维 P 波波速，l_2 的斜率代表桩底土的三维 P 波波速。旁孔透射波法桩底深度确定是以 l_1、l_2 的交点，或根据理论推导确定交点与理论桩底深度之间的差值作为修正值对交点修正作为桩底深度。

（2）直线 - 双曲线模型

笔者[13-14]的研究进一步揭示了旁孔透射首至波沿深度的形态，并确定了桩底深度确定方法的理论基础。如图 4 所示，旁孔透射首至波沿深度实际是上段直线连接双曲线（图中实线部分），通过距桩底深度大于 5 倍桩孔距的双曲线上的点线性拟合，可以确定双曲线的渐近线，其与上段直线的交点由桩底深度校正算式 L_R 修正后确定为桩底深度。

3.2　桩底深度确定方法

图 5 所示为目前旁孔透射波法桩底深度确定的三种方法，包括：交点法、平移法、校正法。

（1）交点法。

Olson[15]通过桩侧段和桩底段分别直线拟合确定两条直线 l_1、l_2，以两线交点 L_1 作为桩底深度，记为"交点法"，见图 5（1）。基于该方法操作简单，

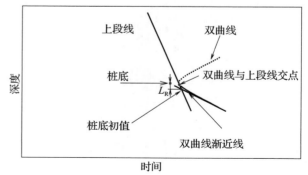

图 4　旁孔透射波法确定桩底深度方法

Fig. 4　Determination of pile tip depth by PS test

无需额外修正等特点，交点法在工程实践中运用广泛。Davis[8]详细介绍了旁孔透射波法在北美的应用，诸多案例中均采用交点法确定桩底深度。吴宝杰等[16, 17]采用旁孔透射波交点法联合电磁法确定桩长和钢筋笼长度。Kenai 等[18]对安哥拉机场建筑 11 根桩的质量进行了检测分析，通过拟合桩身 P

波速度判断桩身质量好坏。Sack 等[19]、Yu 等[20]联合动力触探和旁孔透射波法进行地基土特性和桩长检测。

根据简化理论模型分析，交点法误差为

$$W_1 = \sqrt{\frac{n+1}{n-1}} \frac{D}{L} \tag{3}$$

交点法确定的桩底比实际桩底深度偏大，且随旁孔距 D 增大而增大，随桩土波速比 n 的增大而减小。

（2）平移法。

然而由于桩孔距的存在，交点法确定桩底深度偏大，为了消除桩孔距影响，黄大治等[21, 22]通过三维轴对称有限元模拟分析了旁孔透射波法在非饱和、饱和土地基中的测试效果，提出将上段首至波走时拟合线平移过原点，其与下段拟合线的交点作为桩底深度，记为"平移法"，见图 5（2）。

根据简化理论模型分析，平移法误差 W_2 可表示为

$$W_2 = -\frac{1}{n-1} \frac{L_A}{L} \tag{4}$$

由式（4）可知，当激振距大于 0 时，平移法确定的桩底深度比实际值偏小；当激振距小于 0 时，平移法确定的桩底深度比实际值偏大；随激振距 L_A 增大误差增大，随桩土波速比 n 的增大误差减小。

（3）校正法。

由两拟合线交点及相应的校正算式确定桩底深度，记该方法为"校正法"，见图 5（3）。

在交点法确定桩底深度的方法研究中，Liao 等[11]基于理论推导提出的校正式：

$$L_{R1} = \frac{V_{pp}}{V_{pp} - V_{sp}} D\sec\theta - \frac{V_{sp}}{V_{pp} - V_{sp}} D\tan\theta \tag{5}$$

陈龙珠等[12]优化桩土简化模型，给出了形式简单参数更少的桩底深度校正算式：

$$L_{R2} = \sqrt{\frac{n+1}{n-1}} D \tag{6}$$

笔者对比式（4）、（5）的对桩底深度修正效果发现，$L_{R1} \approx L_{R2}$。

旁孔透射波法测试中钻孔与桩身不平行进行测试会产生较大误差，Ni 等[23]在 Liao 等[11]校正式的基础上提出了考虑旁孔倾斜角的桩底深度校正算式。Lu 等[24]、Niederleithinger[25]采用弹性动力有限差分法分析旁孔透射波校正法确定桩底深度的可靠性。Huang 等[26]通过模型试验对比分析了桩顶连接承台前后进行旁孔透射波校正法测试，发现桩顶覆盖承台前后均能较好确定桩底深度。

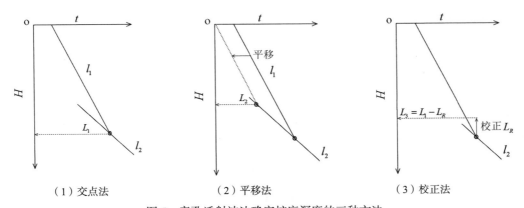

（1）交点法　　　　　　　　（2）平移法　　　　　　　　（3）校正法

图 5　旁孔透射波法确定桩底深度的三种方法

Fig. 5　Three methods for PS test to identify pile tip depth

（4）三种方法比较分析。

若桩底深度 20m，承台顶距地面 3m，旁孔距为 2m，分别考虑地基土 P 波速为 281m/s、490m/s、630m/s、1400m/s 等。通过 ABAQUS® 有限元模拟分析了不同地基土波速下进行旁孔透射波法测试，

并分别采用交点法、平移法、校正法确定桩底深度，误差分析如图 6 所示。图中交点法和平移法确定桩底深度误差随地基土 P 波速增大而增大，且平移法对地基土 P 波速更敏感。校正法中，Liao 等[11]法与陈龙珠等[12]确定桩底深度误差基本一致，二者均具较高的精度和稳定性，随地基土 P 波速增大，误差均无显著增大。

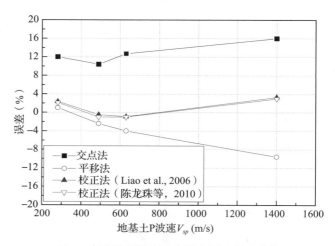

图 6　旁孔透射波法确定桩底深度误差分析

Fig. 6　Error of pile tip depth evaluation for PS test

3.3　激振方式影响

当桩顶已连接上部基础、结构或采用高桩形式时，对既有工程桩的检测则适宜在桩柱侧面进行激振。笔者[27, 28]对比分析了在桩柱侧面竖向、斜向和水平横向敲击的激振方式对检测结果的影响，结果表明：在桩侧竖向或斜向敲击时，主要是基于桩身一维 P 波信号进行分析；在桩侧水平向敲击时，应主要基于桩身的弯曲波信号进行测试。当地基土饱和时，桩身弯曲波波速与土的 P 波波速相差较小，采用现行的桩身和桩底土拟合直线交点法难以较为可靠地确定桩底深度，而采用在桩侧竖向或斜向敲击方式更为适宜。

4　旁孔透射波法缺陷桩分析理论

设桩身有一缺陷段，长度 ΔL，所在深度 $z_0 \sim z_0 + \Delta L$，简化计算模型如图 7 所示[29]。激振产生的弹性波沿路径 $O \rightarrow A \rightarrow R$ 传播，当 $T < z_0$ 时，其历时为

$$t = t_0 + \frac{1}{V_{pp}}z + \frac{\sqrt{n^2 - 1}}{V_{pp}}D \qquad (7)$$

当 $T > z_0 + \Delta L$ 时，图中 A 点移到桩身缺陷以下，旁孔透射波历时为

$$t = t_0 + \frac{1}{V_{pp}}z + \frac{\sqrt{n^2 - 1}}{V_{pp}}D + (\frac{1}{V'_{pp}} - \frac{1}{V_{pp}})\Delta L \qquad (8)$$

对图 7 中 C 点以下的任意测点 F，当满足 $Z - L \geqslant 5D$ 时，首至波历时可简化为

$$t = \frac{1}{V_{sp}}z + \frac{\alpha - 1}{V_{pp}}\Delta L - \frac{n - 1}{V_{pp}}L \qquad (9)$$

式中，$\alpha = V_{pp}/V'_{pp}$ 为桩身缺陷程度因子。

联立求解式（8）和式（9），得到缺陷以下段拟合直线与桩底段拟合线的交点深度 z_i。经整理后，桩长 L 可表示为

$$L = z_i - L_c, \quad L_c = \sqrt{\frac{n + 1}{n - 1}}D \qquad (10)$$

式（10）表明，可利用缺陷以下完整桩段与桩端以下土层对应两条拟合直线的交点深度来推算桩底深度。

与 $T = z_0$ 相对应，测点深度 z_{c1} 与 z_0 满足

$$z_{c1} = z_0 + Ld, \quad Ld = \frac{D}{\sqrt{n^2 - 1}} \qquad (11)$$

图 8 所示为缺陷桩的时深曲线，缺陷桩桩侧段呈上下两平行线与中间连接过段段组成。式（10）表明，桩身缺陷起点位置以图 8 中三折线的中间连接段起始点位置进行 L_d 修正后确定。

由式（6）、式（7）可知，缺陷桩上、下完整段桩身对应的首至波时深关系可拟合两行线，其斜率对应完整桩 P 波波速，而两者在水平时间轴上的截距之差则为

$$\Delta t = \frac{\alpha - 1}{V_{pp}}\Delta L \qquad (11)$$

式（11）中，Δt 定性代表桩身缺陷的严重程度，即两平行线在时间轴上的截距之差越大，表明桩身缺陷越严重。

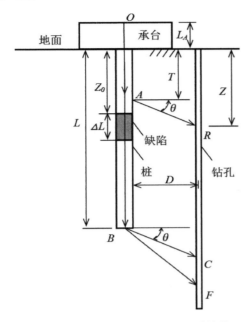

图 7　缺陷桩的旁孔透射波法简化计算模型

Fig. 7　Simplified theoretical model of PS test for defective piles

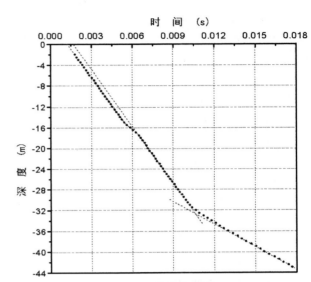

图 8　缺陷桩的旁孔透射波时深关系

Fig. 8　Time-depth curve of a defective pile

为了定量分析缺陷长度及严重程度，杜烨等[30]建立了系统的旁孔透射波缺陷桩分析理论。以均质弹性地基中具有低速缺陷段的基桩为研究对象，利用基于 Snell 定律的射线理论，对旁孔中首至透射 P 波的时深关系推导了一套简化理论计算公式，建立缺陷以上直线段下端与缺陷以下直线段上端的深度差随桩身缺陷等参数而变的关系。

5　结语与展望

旁孔透射波法是一种基于钻孔进行测试的首至直达波法，对既有建筑桩基进行检测不受桩顶基础和上部结构影响，传播路径比反射波法短，信号能量衰减小，能反映缺陷以下的桩身完整性，是一种检测既有工程桩值得推广的技术。

经过几十年的不断研究和发展，旁孔透射波法在测试的设备、分析方法和应用上发展良好，尤其是在桩底深度和缺陷桩分析理论方面逐步完善，提高了桩底深度分析精度，形成了缺陷桩检测评估方法，在我国的工程应用逐步增多。尽管如此，旁孔透射波法在应用中仍存在一定限制，为了进一步推广和完善旁孔透射波法的工程应用，未来尚应在以下方面开展研究：

（1）现有旁孔透射波法测试仅利用旁孔透射首至 P 波。尽管在旁孔透射波法现场测试中有观察到 S 波到达，但至今 S 波尚未用于桩长和完整性分析中。为了有效利用 S 波或 P、S 波联合测试，一方面需要开发能稳定接收 S 波的检测仪器，另一方面还需要完善利用 S 波或多波联合进行旁孔透射波法测试的理论基础。

（2）旁孔透射波法理论分析中假定均匀地基条件与实际地层条件不完全相符，而层状地基中进行旁孔透射波法测试的研究还未见相关文献报道。实际地层条件往往非均匀，为减小土层不均匀性对波形和走时的影响，一般宜将旁孔尽可能靠近桩周布置。然而当场地条件限制，如受上部结构、承台影响，桩 - 孔距可能达到 1 ～ 2m，土层对波形影响不可忽视。层状地基下桩身完整性判断及桩底深度的识别还需进一步的理论分析和试验研究。如何有效分辨桩身缺陷与土层分层对评价桩身完整性亦显得尤为重要。

（3）现有旁孔透射波法研究主要是激发桩身一维 P 波进行桩基的检测和分析。当桩顶已连接覆盖上部建筑结构，最简单直接的激振方式则是在桩、柱出露段或开挖形成出露段水平横敲激振。然后在桩侧横敲激发桩身的弯曲波振型波[30]，利用弯曲波进行旁孔透射波法的有效性尚需理论和实验验证。

参考文献

［1］ Lin Y, Sansalone M, Carino N J. Impact-echo response of concrete shafts[J]. Geotechnical Testing Journal, 1991, 14(2): 121–137.

［2］ Davis A G, Dunn C S. From theory to field experience with the non-destructive vibration testing of piles. ICE Proceedings, Part 2, 1974, 57: 571–593.

［3］ Davis A G. The nondestructive impulse response test in North America: 1985–2001[J]. NDT & E International, 2003, 36(4): 185–193.

［4］ Bian Y, Hutchinson T, Wilson D, et al. Experimental investigation of grouted helical piers for use in foundation rehabilitation[J]. Journal of Geotechnical and Geo- environmental Engineering, ASCE, 2008, 134(9): 1280–1289.

［5］ 张敬一, 陈龙珠, 马晔, 等. 在役基桩检测方法的数值模拟研究[J]. 振动与冲击, 2013, 32(21): 92–96.

［6］ 张敬一, 陈龙珠. 基于小波变换的反射波法检测基桩[J]. 振动与冲击, 2014, 33(6): 179–183.

［7］ 柴华友, 刘明贵, 白世伟, 等. 应力波在承台–桩系统中传播数值分析[J]. 岩土工程学报, 2003, 25(5): 624–628.

［8］ Davis A G. Nondestructive evaluation of existing deep foundations[J]. Journal of Performance of Constructed Facilities, 1995, 9(1): 57–74.

［9］ Olson L D, Liu M, Aouad M F. Borehole NDT techniques for unknown subsurface bridge foundation testing. In: Proceedings of SPIE, Nondestructive Evaluation of Bridges and Highways 2946, 1996, 10–16.

［10］ Lo K F, Ni S H, Huang Y H, et al. Measurement of unknown bridge foundation depth by parallel seismic method[J]. Experimental Techniques, 2009, 33(1): 23–27.

［11］ Liao S T, Tong J H, Chen C H, et al. Numerical simulation and experimental study of parallel seismic test for piles[J]. International Journal of Solids and Structures, 2006, 43(7–8): 2279–2298.

［12］ 陈龙珠, 赵荣欣. 旁孔透射波法确定桩底深度计算方法评价[J]. 地下空间与工程学报, 2010, 6(1): 157–161.

［13］ Zhang J Y, Chen L Z. Discussion of a study on the application of the parallel seismic method in pile testing[J]. Soil Dynamics and Earthquake Engineering, 2014, 67(12): 370–371.

［14］ Zhang J Y, Chen L Z, Zhu J Y. Theoretical basis and numerical simulation of parallel seismic test for existing piles using flexural wave. Soil Dynamics and Earthquake Engineering, 2016, 84(5): 13–21.

［15］ Olson L D, Liu M, Aouad M F. Borehole NDT techniques for unknown subsurface bridge foundation testing. In: Proceedings of SPIE, Nondestructive Evaluation of Bridges and Highways 2946, 1996, 10–16.

［16］ 吴宝杰, 杨桦. 联合平行地震法和磁法检测预应力混凝土长管桩的长度. 工程质量, 2009, 27(1): 27–29.

［17］ 吴宝杰, 姬美秀, 杨桦, 等. 灌注桩钢筋笼长度及长桩桩长无损检测技术研究[J]. 工程地球物理学报, 2012, 9(3): 371–374.

［18］ Kenai S, Bahar R. Evaluation and repair of Algiers new airport building. Cement and Concrete Composites, 2003, 25(6): 633–641.

［19］ Sack D A, Slaughter S H, Olson L D. Combined measurement of unknown foundation depths and soil properties with nondestructive evaluation methods. Transportation Research Record, 2004, 1868: 76–80.

［20］ Yu X, Fang J, Lin G. Seismic CPTu to assist the design on existing foundations. In: Proceedings of GeoShanghai International Conference 2010, Soil Dynamics and Earthquake Engineering, 2010: 169–177.

［21］ Huang D Z, Chen L Z. Studies on parallel seismic testing for integrity of cemented soil columns. Journal of Zhejiang University Science A, 2007, 8(11): 1746–1753.

［22］ 黄大治，陈龙珠. 旁孔透射波法检测既有建筑物桩基的三维有限元分析［J］. 岩土力学，2008，29（6）：1569–1574.

［23］ Ni S H，Huang Y H，Zhou X M，et al. Inclination correction of the parallel seismic test for pile length detection. Computers and Geotechnics，2011，38（2）：127–132.

［24］ Niederleithinger E. Improvement and extension of the parallel seismic method for foundation depth measurement［J］. Soils and Foundations，2012，52（6）：1093–1101.

［25］ Lu Z T，Wang Z L，Liu D J. A study on the application of the parallel seismic method in pile testing［J］. Soil Dynamics and Earthquake Engineering，2013，55：255–262.

［26］ Huang Y H，Ni S H. Experimental study for the evaluation of stress wave approaches on a group pile foundation. NDT&E International，2012，47：134–143.

［27］ 张敬一，张理轻，陈龙珠，等. 激振方式对旁孔透射波法检测既有工程桩的影响分析［J］. 防灾减灾工程学报. 2015，35（2）：180–185.

［28］ Zhang J Y，Lei X. Numerical modeling of parallel seismic method for detecting existing piles in layered soil［J］. Soils and Foundations，2018，58（1）：134–145.

［29］ 张敬一，陈龙珠，宋春霞，等. 旁孔透射波法与反射波法检测基桩的对比分析［J］. 哈尔滨工业大学学报，2013，45（8）：99–104.

［30］ 杜烨，陈龙珠，张敬一，等. 缺陷桩的旁孔透射波法检测分析原理研究［J］. 上海交通大学学报，2013，47（10）：1562–1568.

聚乙烯醇纤维及其复合材料
在混凝土中的研究进展

徐创霞　刘　洋　张　伟　杨　晋

四川省建筑科学研究院，四川成都，610081

摘　要： 普通混凝土本质上易脆，因此需要加固材料提高其韧性。聚乙烯醇纤维（PVA 纤维）则是一种性能良好的加固材料，一是因为纤维本身的机械性能好，二是因为 PVA 本身的亲水性使其具有更加优良的粘合性。它可以用于外墙、屏蔽墙以及建筑工业中强度高、耐冲击性强、轻量型混凝土。本文介绍了 PVA 纤维及其复合材料的性质及在混凝土中的应用及研究。

关键词： 混凝土，加固材料，PVA 纤维，复合材料

Research Development of Polyvinyl Alcohol Fiber and Its Composites applied in Concrete

Xu Chuangxia　Liu Yang　Zhang Wei　Yang Jin

Sichuan Institute of Building Research，Chengdu 610081，China

Abstract： Normal concrete is essential brittleness so that reinforcement material is needed to improve its toughness. There are mainly two reasons for poly（vinyl alcohol）fiber（PVA fiber）to be considered as a good concrete reinforcement. One is the good mechanical properties of the fiber itself，another is the good adhesiveness attributed to the hydrophilic property of PVA. It has the potential application in external walls，radiation shielding walls and the construction industry as a high strength，high impact and light weight concrete. This paper introduces the properties of PVA fiber and its composites as well as the application in concrete.

Keywords： Concrete，reinforcement material，PVA fiber，composites

0　引言

混凝土是目前最重要的建筑材料，在民用基础设施及建筑领域具有非常广泛的应用，然而普通混凝土韧性及强度低，也就更容易开裂使钢筋腐蚀[1, 2]。为了避免安全风险，需要提升混凝土的性能。聚乙烯醇（PVA）作为一种合成胶体广泛用于建筑行业，具有可燃性低、机械强度高、价格低廉等优点[3]，它可以作为水泥基复合材料中的改性剂、骨料表面预处理剂、纤维增强材料。聚乙烯醇纤维是以聚乙烯醇为原料通过湿纺或干喷 - 湿纺（简称干湿纺）制得，如图 1 所示。PVA 水溶液由聚合度至少 1500 的 PVA 溶液加入质量分数（相比于聚合物）1%～20% 的表面活性剂制得，其中非离子型表面活性剂如聚乙二醇是一种最为常用的表面活性剂，用以形成相分离结构。PVA 纤维具有很好的机械性能，其抗拉强度高（880～1600MPa）、弹性模量高（25～40GPa）[4]，相比于其他纤维材料，同体积分数的聚乙烯醇纤维比聚丙烯纤维、聚乙烯纤维、尼龙等体现出更强的韧性和弹性[5]，是一种良好的纤维增强水泥基材料。此外，它的耐酸碱性以及耐光性强，在长时间日照下纤维强度

作者简介：徐创霞（1979—），男，四川省建筑科学研究院，硕士，高级工程师。E-mail：5672849@qq.com。通讯地址：四川省成都市一环路北三段 55 号。

损失率低，耐腐蚀性强，可以埋入地下长时间不发霉、不腐烂、不虫蛀，同时具有很好的分散性，纤维不粘结、水中分散性好，与水泥、塑料等的亲和性好，粘合强度高，生物降解性好，对人体和环境无毒无害。

图 1　PVA 纤维的生产过程

1　PVA 纤维的研究应用

2011 年，Xu 等人[6]研究发现少量的 PVA 纤维就能够提升混凝土的延展性、断裂韧性以及抗冲击性，此外，混凝土的断裂韧性强度与加入的纤维的体积分数的增加而成线性增强。这些性质归结于纤维材料良好的分散性、耐碱性以及与混凝土的高粘合度，同时 PVA 纤维自身的几何特性及亲水性也能够促使其与水泥基更好地结合。如图 2 所示，相同时间内，混凝土试件在轴向压缩载荷作用下横向拉伸膨胀破坏，当荷载值达到极限，轻质混凝土试件断裂成两块甚至是许多小块，而 PVA 纤维增强的混凝土试件，纤维始终连接着碎块使试件不被分离破坏，保持了试块的完整性，可见 PVA 纤维的加入能够增强混凝土的韧性，抑制裂纹扩张。

（a）PVA 纤维增强混凝土

（b）轻质混凝土

图 2　破坏试件对比

2013 年，Hu 等人[7]在混凝土中添加了 0.9kg/m³、1.2kg/m³、1.5kg/m³ 三种不同用量的 PVA 纤维，如图 3 所示，其抗压强度和抗拉强度在前期增长快速，28d 后增长速度减缓，弹性系数在养护时间内逐渐增大。并且随着 PVA 纤维的用量的增加，混凝土的无侧限抗压强度以及弹性系数呈现下降趋势，然而抗拉强度则会增强，从而抑制了混凝土的裂纹扩展，因此提高 PVA 纤维及其复合材料的抗拉强度直接影响混凝土的抗拉强度。

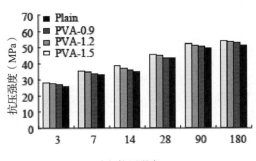

（a）抗压强度

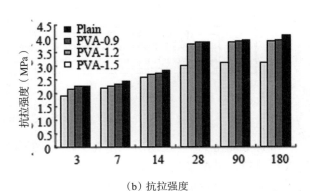

（b）抗拉强度

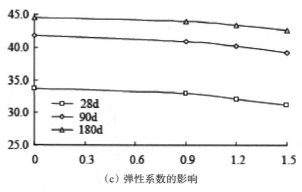

（c）弹性系数的影响

图 3　PVA 纤维含量对混凝土

纤维的类型和体积分数直接影响水泥基材料的硬度，研究表明，2% ～ 3% 的短纤维能够更加有效地增强混凝土的韧性、应变力及保持其结构完整性。Ahmed 等人[8]将不同含量、不同长度 PVA 纤维混杂掺入混凝土中拟合弯曲荷载 - 裂缝口张开位移曲线发现，2% 体积分数 12mm 长度的粗纤维和 1% 体积分数 6mm 长度的细纤维共掺会增强混凝土试块的强度，在相同荷载下试块开裂缝越小（图 4）。普通混凝土在达到极限荷载值之后承载能力迅速下降，而掺杂 PVA 纤维的混凝土仍然具有较高的承载能力。

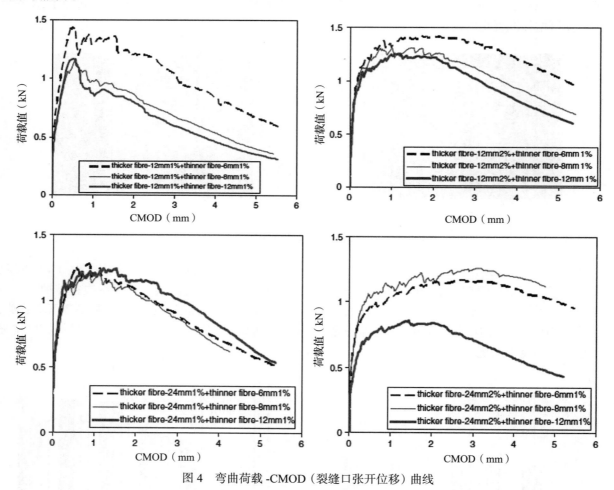

图 4　弯曲荷载 -CMOD（裂缝口张开位移）曲线

Li 课题组等人[9]近期研究了将 PVA 纤维掺杂到硫铝酸盐混凝土（SAC）中的性质，对比研究了 PVA 纤维掺杂硅酸盐混凝土（PC）及 PP 纤维掺杂硫铝酸盐混凝土（SAC）的性质。如图 5，SAC 本身的最大负载以及断裂能都要低于 PC，然而加入 0.9%PVA 纤维后，SAC 的最大负载及断裂能显著提高，增强将近 1 倍，说明 PVA 纤维对 SAV 的作用效果更为明显。再选择相同 SAV 分别添加 0.9% 的 PVA 纤维和 0.9% 的 PP 纤维，从柱状图上可以看到添加 PVA 纤维的 SAC 最大负载值是添加 PP 纤维的 4 倍，也就是说 PVA 纤维更能够提高混凝土的硬度。再对比不同掺量的 PVA 纤维，随着 PVA 纤维含量的增加，SAC 的最大负载值增大。

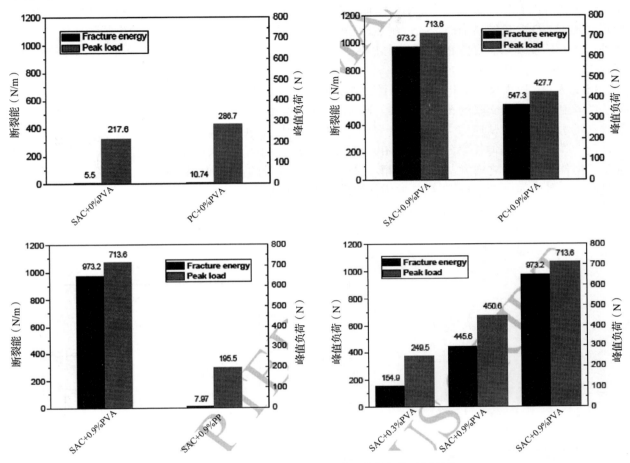

图 5　SAV、PC 混凝土掺杂纤维的峰值负荷及断裂能

2　PVA 纤维复合材料的研究应用

　　PVA 纤维复合材料是在 PVA 纤维基础上进行改性，以提升其物理化学性能，适应功能型材料的需求。目前，研究人员主要是采用石墨烯来改性 PVA 纤维的物理性能包括其力学性能、热稳定性能。由于碳原子之间的 sp² 键极强，石墨面内的弹性模量高达 1TPa，断裂强度在 130GPa。同时，石墨烯层间的剪切模量为 4GPa，剪切强度为 0.08MPa[10]。Chen 等人[11]通过自组装的方法制备了有序排布的 GO 纸，其硬度可达 40GPa，达到工程材料级别（如混凝土的硬度），拉伸强度可达 125MPa，与铸铁相当，同时 GO 纸还有良好的韧性和延展性，可见石墨烯及其衍生物（氧化石墨烯）具有极高的力学性能。此外，由于其本身不含任何不稳定的苯六元环也就使得化学稳定性高。通常石墨烯可以用作复合材料的增强相和功能相，改善材料的综合性能。Kim 等人[12]用石墨烯对多种聚合材料进行改性，发现随着石墨烯分散性的提升，材料的整体弹性模量显著增强，且依赖于石墨烯的含量。本课题组 Zhao 等人[13]发现所制备的氧化石墨烯／聚乙烯醇纳米复合材料的性能得到很大的提升，弹性模量提高 98.7%，硬度提高了 240.4%，其机械性能也得到大幅提升。Jiang 等人[14]用氧化还原的方法制备石墨烯，再通过液相混合的方式制备出石墨烯／聚乙烯醇复合材料，实验表明石墨烯很好地分散在了聚乙烯醇的母体中，由于石墨烯和聚乙烯醇之间存在的氢键有着很强的界面相互作用，使得复合材料的结晶度、机械性能和热力学稳定性也显著提高。Liang 等人[15]利用溶液混合的方法制备了氧化石墨

烯 / 聚乙烯醇的纳米复合材料。结果表明，氧化石墨烯在聚乙烯醇中分散性良好，当添加量为 0.7wt% 时，复合材料的杨氏模量和机械拉伸强度分别提高了 62% 和 76%。利用理论模型模拟说明氧化石墨烯在基体内的分布状况：石墨烯片层在聚合物基体中沿着与膜平行的方向排列分布。

Wang 等人[16]采用凝胶纺丝的方法制备了改性 PVA 纤维，并研究了石墨烯含量对纤维性能的影响。从图 6 可以看到，随着氧化石墨烯的加入会使失重曲线向高温移动，也就是说 GO/PVA 纤维的热稳定性随着 GO 含量的增加而增强，耐热性增强，作者猜测是因为 GO 与 PVA 发生了强烈氢键作用。此外，作者还发现 GO 改性 PVA 纤维比 PVA 纤维具有更好的力学性能，其最大拉伸倍数提高 36.7%，强度提高 16.4%，模量提高 79.6%。

Li 等人[17]以大尺寸氧化石墨烯悬浮液作为原料，以聚乙烯醇作为粘结剂，并以硼酸交联，通过湿法纺丝制备了硼酸交联的石墨烯纤维。通过力学性能测试可知，以硼酸交联后，石墨烯纤维具有显著提高的力学性能。从应力 - 应变曲线（图 7）可以看到，LGO 纤维在经过还原处理后呈现较差的力学性能，拉伸强度和伸长率分别为 96MPa 和 8.2%。聚乙烯醇的加入可在一定程度上改善纤维的拉伸强度，但伸长率也随之增大。当再以硼酸进行交联时，纤维的强度和模量都有明显提高，而且伸长率明显减小。其中 c-LGO-50 获得最佳的增强效果，强度达到了 226MPa，模量可以高达 15GPa，伸长率也减小到 4.5%，说明纤维维持了石墨烯本身高模量的特点。而对于 c-LGO-100，过多的聚乙烯醇的加入并没有带来力学性能的进一步改善，反而使纤维的强度和模量都有所下降。这是由于纤维中的柔性链变多，从而引起力学性能降低。

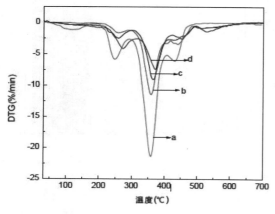 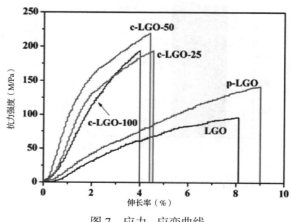

图 6　不同 GO 含量的改性 PVA 纤维的热失重速率曲线（a、b、c、d 分别为 GO 含量为 0%、0.05%、0.1% 和 0.25%）

图 7　应力 - 应变曲线

有了以上的研究基础，Li 等人[18]将氧化石墨烯以及 PVA 纤维共掺入水泥基材中，发现砂浆的力学性能有所提高，其强度随着 PVA 纤维掺量的增加先增大后降低，当 3mm 和 12mm 的两种 PVA 纤维的掺量为胶凝材料的 0.26% 时，力学性能最佳，与不掺 PVA 纤维相比，28d 抗压和抗折强度分别提高了 11.7% 和 18.8%。添加 0.05% 的 GO 可使抗压强度提高 30.2%。水泥基材中掺入纤维可以起到阻裂作用，阻止裂缝的扩展，延缓新裂缝的产生，进而增强抗渗性能。GO 的掺入能改善浆体的孔结构，提高抗氯离子渗透性能。两者复掺可使抗氯离子渗透性能达到最优，氯离子扩散系数可达 $3.4 \times 10^{-12} m^2/s$，6h 的电通量为 402C。GO 的掺入能改善浆体的致密性和水泥基材料的界面过渡区，进而改善基材的孔结构，降低孔隙率，使得浆体密实度更高，GO 还可以改善水泥基材的黏结性能，增强 PVA 纤维与水泥基材的结合性。

近期，Zhang 等人[19]将 PVA 纤维与浓度适宜的高锰酸钾 - 硫酸水溶液混合，通过氧化作用去除 PVA 纤维表面油性，使其能够与石墨烯粉末更好地结合。经过修饰后的 PVA 纤维能够更好地分散在水泥基材中，并且与水泥基材更好地结合，很大程度上提高了水泥基材的弯曲强度和韧性。从图 8a 可以看到，当高锰酸钾 - 硫酸水溶液浓度为 0.004mol/L 时，石墨烯涂层质量比达到峰值 20.6%，并

且水泥基材的弯曲强度、硬度随着石墨烯涂层质量比的增大而增强，当石墨烯涂层质量比达到峰值
20.6% 时，水泥基材的弯曲强度、硬度分别达到将近 12MPa、105kN/m（图 8b）。

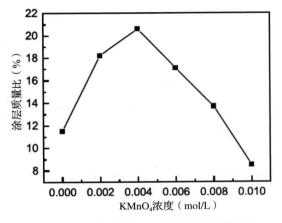

（a）涂层质量比与高锰酸钾浓度关系图

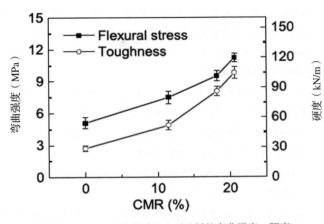

（b）不同涂层质量比下基材的弯曲强度、硬度

图 8　材料的浓度与弯曲强度及硬度

3　结论与展望

　　PVA 纤维本身具有很好的力学性能，可以在一定程度上提高混凝土的抗压强度、弯曲强度或是硬度，然而单纤维的掺杂只能在有限裂纹宽度范围内发挥桥接作用，并且大量 PVA 纤维在混凝土中的分散性有限。国内外研究人员考虑将不同功能、不同尺寸的纤维进行混杂掺入，然而由于涉及多种纤维组合且多个尺寸以及不同掺杂量导致研究工作量巨大，且效果不佳，获得的混凝土材料无法同时满足高强度高延性高硬度等要求。石墨烯改性的 PVA 纤维复合材料分散性、耐热性及机械性能都得到大幅提高，然而目前对改性 PVA 纤维复合材料掺入对混凝土的性质影响的研究还较少，这是因为材料的制备相对繁琐困难，且机械性能受石墨烯分散性的影响，无法大规模进行生产。因此，石墨烯改性 PVA 纤维复合材料对混凝土机械性能的影响还需要进行大量的理论基础研究，解决石墨烯的分散性能，确定石墨烯与 PVA 纤维的最优配比，以及改性的 PVA 纤维复合材料与不同配比混凝土的作用机制，以期可以满足不同工程材料级别的要求，实现实际生产应用。

参考文献

［1］Daniel J I，GopalaratnamV S and Galinat M A.，State-of-art-report on fibre reinforced concrete ［ J ］. ACI Committee，1996，544：1–66.

［2］Marar K，ErenÖand Çelik T.，Relationship between impact energy and compression toughness energy of high-strength fiber reinforced concrete ［ J ］. Mater. Lett. 2001，47：297–304.

［3］Liang Z M，Wan CY，Zhang Y，et al. PVC/montmorillonite nanocomposites based on a thermally stable，rigid-rod aromatic amine modifier ［ J ］. Polymer，2003，44：1391–1399.

［4］Horikoshi T，Ogawa A，Saito T and HoshiroH.，Properties of polyvinyl alcohol fiber as reinforcing materials for cementitious composites ［ J ］. Int. RILEM Work. High Perform. Fiber Reinf. Cem. Compos. Struct. Appl,. 2006，1：145–153.

［5］Bezerra E M，Joaquim A P，Savastano Júnior H，Some properties of fiber cement composites with selected fibers ［ J ］. Soc. NOCMAT.，Pirassununga，SP，Brasil（2004）.

［6］B. Xu H A. Toutanji，T Lavin，Gilbert J A，Characterization of poly（vinyl alcohol）fiber reinforced organic aggregate cementitious materials ［ J ］. Key Eng. Mater. 2011，466：73–83，

［7］ Hu W，Yang X G，Zhou J W，et al，Experimental research on the mechanical properties of pva fiber reinforced concrete［J］，Res. J. Appl. Sci. Eng. Technol. 2013，5：4563–4567.

［8］ Ahmed S F U，Mihashi H，Strain hardening behavior of lightweight hybrid polyvinyl alcohol（PVA）fiber reinforced cement composites［J］. Mater. Struct. 2011，44：1179–1191.

［9］ Li Y，Li W，Deng D，Wang K，et al. Reinforcement effects of polyvinyl alcohol and polypropylene fibers on the fracture behaviors of sulfoaluminate cement composites［J］. Cement and Concrete Composites，2018，doi：10.1016/j.cemconcomp.2018.02.004.

［10］ Yu M F，Yakobson B I，Ruoff R S，Controlled sliding and pullout of nested shells in individual multiwalled carbon nanotubes［J］. Journal of Physical Chemistry B，2000，104；8764-8767.

［11］ Chen C M，Yang Q H，Yang Y G，et al.，Self-Assembled Free-Standing Graphite Oxide Membrane［J］. Advance Materials，2009，21：3007-3011.

［12］ Kim H，Abdala A A，Macosko C W，et al. Graphene/Polymer Nanocomposites［J］. Macromolecules，2010，43：6515-6530.

［13］ Zhao X，Zhang Q H，Chen D J，et al. Enhanced mechanical properties of graphene-based poly（vinyl alcohol）composites［J］. Macromolecules，2010，43（5）：2357-2363.

［14］ Jiang Y，Lin Q，Yang Y，et al. Preparation and characterization of cyanate ester resin/graphene oxide nanocomposites［J］. Polymer Materials Science & Engineering，2012，28（3）：134-136.

［15］ Liang J，Huang Y，Zhang L，et al. Molecular-level dispersion of graphene into poly（vinyl alcohol）and effective reinforcement of their nanocomposites［J］. Advanced Functional Materials，2009，19：2297-2302.

［16］ 王雪新，胡祖明，于俊荣，等. 氧化石墨烯改性聚乙烯醇纤维的制备及性能研究［J］. 合成纤维,，2016,45（6）：9-16.

［17］ 李亚军. 石墨烯的前处理及其与聚乙烯醇复合纤维的制备研究［D］. 苏州：苏州大学，2016.

［18］ 李相国，任钊锋，徐朋辉，等，氧化石墨烯复合 PVA 纤维增强水泥基材料的力学性能及耐久性研究［J］. 硅酸盐通报，2018，37（1）：245-250.，

［19］ Zhang Y H，Zhang Z P，Liu Z C. Graphite coated PVA fibers as the reinforcement for cementitious composites［J］. Materials Research Express，2018，doi：10.1088/2053-1591/aaad31.

第 2 篇
理论与试验研究

钢索加固后钢筋混凝土双跨梁抗连续倒塌性能

林　峰　吴开成　邱　璐

同济大学，上海，200092

摘　要：提出一种设置梁底钢索加固钢筋混凝土框架结构的方法，该方法有望克服目前钢筋混凝土结构抗连续倒塌设计的不足。通过调节钢索初始长度，实现钢索在结构常规设计的极限状态前不参与工作；通过合理选材，实现钢索和钢筋混凝土梁同时达到极限状态。进行一组双跨梁试验以研究钢索加固后钢筋混凝土双跨梁的受力性能，并使用有限元模拟辅助分析钢索加固的工作原理。结果表明所提出的加固方法工作原理明确，可显著提升钢筋混凝土框架结构连续倒塌抗力，此外有望解耦结构抗震设计和抗连续倒塌设计的相互影响问题。

关键词：抗连续倒塌，加固方法，试验研究，数值模拟，悬链线效应

Strengthening of RC Beam-column Subassemblages with Steel Cables to Mitigate Progressive Collapse

Lin Feng　　Wu Kaicheng　　Qiu Lu

Tongji University，Shanghai 200092，China

Abstract：A new strengthen method setting steel cables underneath beams to improve progressive collapse resistance of reinforced concrete（RC）frame structures is proposed to overcome the shortcomings in current progressive collapse design methods. The strengthen method has two mechanical principles. Firstly, the cables do not work before the structures reach ultimate state. Secondly，cables and RC beams fail simultaneously. Three scaled specimens were tested to verify the proposed strengthen method，and numerical models were built to verifiy the mechanical principles. Experimental and numerical results show the proposed strengthen method is effectively and helpful to separate the seismic design with progressive collapse design.

Keywords：progressive collapse，experimental investigation，strengthen method，catenary effect，numerical investigation

0　前言

　　自 1968 年 Ronan Point 装配式公寓倒塌事件发生以来，结构的连续倒塌一直是土木工程界的研究热点之一。结构在偶然荷载下发生初始破坏，并引发连锁反应，造成最终破坏与初始破坏不成比例的倒塌现象称为结构的连续倒塌[1]。经过多年研究，各国陆续颁布并更新了相关的抗连续倒塌设计规范与指南[2-4]。规范中设计方法主要包括概念设计法、拉结构件法、拆除构件法和局部加强法。当结构抗连续倒塌能力不足时，需要提升其抗连续倒塌能力，常见方法比如增大截面或增加配筋率，但是这些方法可能会影响结构的抗震性能。Lin 等人[5]研究证明，抗震设计可以提高结构的抗连续倒塌能力，但是抗连续倒塌设计可能会使得结构地震作用下发生强梁弱柱的破坏模式，而且很可能引起材料的浪费。

　　借助试验和模拟等研究手段，对钢筋混凝土框架结构在偶然荷载作用下受力机理的研究已较为完

基金项目：国家自然科学基金项目（51578399）。

作者简介：林峰（1971—），男，教授，博士，上海市四平路 1239 号同济大学，建筑工程系。Email：lin_feng@tongji.edu.cn。

善，对抗连续倒塌能力提高方法的研究逐渐增加。比如用无粘结的 FRP 索的加固梁[6]，用 CFRP 布加固梁板结构[7]，用 CFPR 索加固整体结构[8] 等方法。目前，关于提高结构抗连续倒塌方法的研究，不仅缺少系统性的试验，还缺少对抗震设计影响作用的分析。

受 Samuel 和 Albolhassan[9] 采用索结构提高钢框架结构抗连续倒塌能力的启发，提出一种用钢索提高钢筋混凝土框架抗连续倒塌能力的加固方法。基本原则是确保钢索在结构正常使用阶段处于松弛状态不参与结构受力，仅在结构发生大变形时参与受力，并与结构同时破坏。这种方法既可以大幅提高结构抗连续倒塌能力，又有望解耦结构抗震设计和抗连续倒塌设计的相互影响问题。

为系统性的研究钢索加固方法，基于子结构法进行一组双跨钢筋混凝土框架梁 - 钢索组合件的静力试验研究，并使用数值模型验证试验，进一步明确加固的受力原理。钢筋混凝土部分包括双跨梁、中柱节点和两个边柱，钢索部分包括三个连接件和两个可调节长度的钢索。试验变量为钢索直径。

1　工作原理

以钢筋混凝土框架双跨梁 - 钢索子结构为例，说明钢索加固法的工作原理。以双跨梁中柱的竖向荷载 - 位移曲线反应双跨梁的受力性能，如图 1 所示。工作原理包括两点：（1）确保钢索在结构极限状态前不参与工作；（2）钢索和钢筋混凝土结构同时达到极限状态。通过第（2）条可以确定钢索的极限状态，选取合适的材料，可以反推出钢索的初始长度，再验算条件（1）是否满足。

2　试验方案

2.1　试件设计

试验包括 3 个 1/4 缩尺试件，其中混凝土双跨梁详细信息参照文献［10］。试件 NC 为对照试件，试件 CC1 和 CC5 对应在混凝土双跨梁下安装 10mm 和 14mm 钢索，试件如图 2 所示。双跨梁、中柱和边柱的保护层厚度分别是 20mm，20mm 和 35mm。混凝土的平均抗压强度约 25.5MPa。钢筋、钢索的材料性能如表 1 所示。

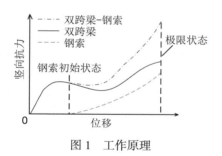

图 1　工作原理

Fig.1　Resistance provided by subassemblages

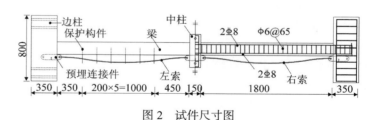

图 2　试件尺寸图

Fig.2　Dimensions of specimens

表 1　钢筋和钢索材料性能

Table 1　Properties of reinforcement bars and cables

材料	直径（mm）	弹性模量（MPa）	屈服强度（MPa）	极限强度（MPa）	延伸率（%）
A6	6.35	217078	702	789	8.7
C8	7.68	204524	470	648	14.7
钢索	10	139793	1093	1230	2.4
	14	140728	713	861	3.0

2.2　试验装置与测量装置

荷载施加和反力装置如图 3 所示，包括作动器和反力架。作动器连接在中柱节点，通过位移控制加载速度，当试件完全失效时停止加载。考虑到实际结构中，失效柱上方的柱和楼板的约束作用，中柱端头实际上不会发生大角度转动或者侧向失稳。因此，设计一个侧向约束，保证中柱只发生竖向位移。试验中数据测量装置包括拉压传感器测量力值、位移计测量变形、引伸计测量钢索变形，数据测量装置如图 4 所示。

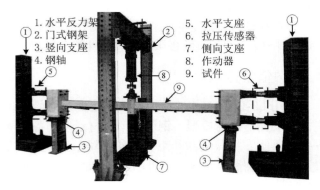

1. 水平反力架　　　　5. 水平支座
2. 门式钢架　　　　　6. 拉压传感器
3. 竖向支座　　　　　7. 侧向支座
4. 钢轴　　　　　　　8. 作动器
　　　　　　　　　　　9. 试件

图 3　试验装置图

Fig.3　Test setup

3　试验结果前

3.1　试验现象

试件 NC 的裂缝开展分为两个过程。加载初期，梁端在弯曲作用下受拉区出现垂直于梁轴线的裂缝，并随位移增加而扩展。受压区混凝土压溃后，不再出现裂缝。直到中柱位移超过一倍梁高后，开始出现全截面裂缝，沿梁长较为均匀地分布，如图 5 所示。试件 CC1 和 CC5 的裂缝开展情况与试件 NC 相似。

3.2　力 - 位移曲线

图 6 中所示为试件的荷载 - 位移曲线。其中中柱位移表示中柱处位移计测得的竖向位移，竖向荷载是作动器施加在中柱上的力，水平反力是两侧水平反力的平均值。图 6 中关键点数值见表 2，增加 10mm 和 14mm 的钢索后子结构承载力分别提高了 167% 和 255%。

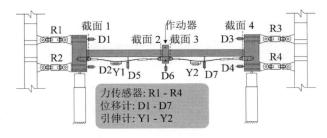

图 4　测点布置图

Fig.4　Layout of the instrumentations 试验结果

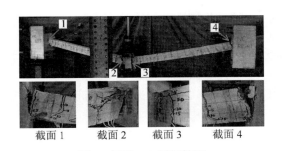

图 5　试件 NC 破坏情况

Fig.5　Failure modes of specimen NC

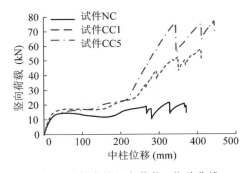

图 6　试件中柱竖向荷载 - 位移曲线

Fig.6　Force-displacement curves of specimens

表 2　关键点数值

Table3　Force and displacement at crucial points of curves

试件	钢索直径（mm）	梁 + 压拱极值点		悬链线极值点		对比 NC 承载力提高幅度
		荷载（kN）	位移（mm）	荷载（kN）	位移（mm）	
NC	无	14.6	56.8	21.7	325.4	—
CC1	10	17.3	57.9	58.0	420.4	167%
CC5	14	15.2	49.9	77.0	443.9	255%

试件 CC1 和 CC5 的混凝土梁柱组合件受力过程与试件 NC 相似，依次经历弯曲作用、压拱作用

和悬链线作用三个阶段。钢索在压拱阶段极值点后拉紧，开始提供抗力。钢索中的拉力使得试件 CC1 和 CC5 水平反力提前达到拉压转换点，试件承载力再次上升。随着位移的增加，试件 CC1 和 CC5 出现钢筋拉断的情况，但是由于钢索提供的抗力远大于钢筋，所以钢筋断裂后试件可以继续承载。试件 CC1 和 CC5 的悬链线极限状态均发生在钢索拉断时。

4　数值模拟

用 LS-DYNA 软件模拟钢筋混凝土双跨梁 - 钢索子结构静力试验过程。其中混凝土材料使用各向同性的光滑帽盖模型，钢筋和钢索材料使用各向同性弹塑性带强化段的模型。用实体使用实体单元模拟混凝土、加载板和约束板，使用梁单元模拟钢筋、钢索以及两端约束弹簧。钢筋与混凝土共节点。图 7 是模型图，图 8 是试件 NC 和 CC1 的模拟情况。试件 NC、CC1 和 CC5 模拟与试验的误差分别为 10%、12% 和 10%，模拟结果较好，与试验结果互为印证。

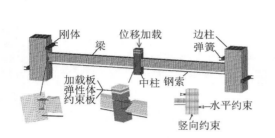

图 7　有限元模型图

Fig.7　Numerical model

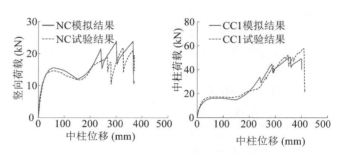

图 8　试件 NC 和 CC1 模拟情况

Fig.8　Numerical results of specimens NC and CC1

5　结论

本文提出了一种用钢索加固钢筋混凝土框架结构的方法，该方法便于独立进行结构抗震设计和抗连续倒塌设计。基于子结构法，通过试验和数值模拟检验钢索对钢筋混凝土双跨梁竖向抗力的提高作用。由试验结果分析，得到如下结论：

（1）钢索加固法对钢筋混凝土双跨梁竖向抗力提升效果明显。设置 10mm 和 14mm 的钢索后承载力分别提高了 167% 和 255%。

（2）设置合理索长，可以实现钢索在结构小变形阶段不受力，使得框架结构的抗震设计和抗连续倒塌设计独立进行成为可能。

（3）设置合理索长，可使钢索几乎与混凝土双跨梁同时失效，充分利用材料。

参考文献

［1］　American Society of Civil Engineers. Minimum Design Loads for Buildings and Other Structures（ASCE7-10）［S］, Reston，2010.

［2］　British standard Institute. Structural use of concrete：Part1：Code of practice for design and construction（BS8110）［S］, London，1997.

［3］　General Services Administration（GSA）. Alternate path analysis and design guidelines for progressive collapse resistance ［S］，Washington DC.2013.

［4］　中国工程建设协会，CECS392：2014. 建筑结构抗倒塌设计规程［S］. 北京：中国计划出版社，2014.

［5］　Lin Kaiqi，Li Yi，Lu Xinzheng，et al. Effects of Seismic and Progressive Collapse Designs on the Vulnerability of RC Frame Structures ［J］. Journal of Performance of Constructed Facilities，2017，31（1）：04016079.

［6］　Elkholy S，Ariss BE. Enhanced external progressive collapse mitigation scheme for RC structures ［J］. International

Journal of Structural Engineering，2016，7（1）：63-88.

［7］ Li B，Qian K. Strengthening and Retrofitting of Flat Slabs to Mitigate Progressive Collapse by Externally Bonded CFRP Laminates［J］. Journal of Composites for Construction，2013，17（4）：554-565.

［8］ Liu Tao，Xiao Yan，Yang Jiao，et al. CFRP Strip Cable Retrofit of RC Frame for Collapse Resistance［J］. Journal of Composites for Construction，2016，21（1）：04016067.

［9］ Samuel Tan and Albolhassan Astaneh-Asl. Cable-based retrofit of steel building floors to prevent progressive collapse［R］. University of California at Berkeley，2003.

［10］王英，顾祥林，林峰. 考虑压拱效应的钢筋混凝土双跨梁竖向承载力分析［J］. 建筑结构学报，2013，34（04）：32-42.

构造柱与钢筋网加固砖墙抗震性能试验研究

赵考重[1]　王　飞[1]　陈以晓[1]　崔保峰[2]

1. 山东建筑大学，山东济南，250101
2. 高青县建筑安装总公司，山东高青，256300

摘　要：文章提出了采用增设构造柱和钢筋网水泥砂浆面层共同加固砖砌体的加固方法，构造柱采用钢筋混凝土 - 砖砌体组合柱。通过对十个加固后的砖墙进行拟静力试验研究，得出以下主要结论：（1）钢筋混凝土 - 砖砌体组合构造柱与普通钢筋混凝土构造柱相比具有相同的作用效果，可改善砌体抗震性能；（2）采用增设构造柱和钢筋网水泥砂浆面层共同加固的墙体，其破坏形态与仅采用钢筋网水泥砂浆面层加固的墙体不同，主要表现为受弯破坏；（3）加固后的砖砌体与未加固墙体或只加钢筋网的墙体相比，其延性、耗能特性和承载力均有显著提高；（4）试件的高宽比、构造柱配筋率及轴压力对试件的延性、开裂刚度和承载力均有一定影响；（5）采用增设构造柱和钢筋网水泥砂浆面层共同加固的砖砌体或端部有构造柱采用钢筋网水泥砂浆面层共同加固的砖砌体，可参照钢筋混凝土剪力墙计算正截面承载力，计算时仅考虑构造柱内纵向钢筋作用，不考虑钢筋网竖向钢筋作用，且计算时受压区应考虑由不同材料组成即受压的砌体、砂浆面层及混凝土。

关键词：砌体结构，构造柱，钢筋网水泥砂浆面层，抗震加固，拟静力试验，抗震性能

Experimental Study on Seismic Behavior of the Brick Wall Constrained by Structural Column and Strengthened by Reinforced Cement

Zhao Kaozhong[1]　Wang Fei[1]　Chen Yixiao[1]　Cui Baofeng[2]

1. Shandongjianzhu University, Jinan 250101, Shandong
2. Constraction and Installation Head Office of Gaoging County

Abstract：This paper put forward a reinforcement method of brick masonry reinforced by adding structural column and steel mesh cement mortar surface, the structure column is a reinforced concrete-brick masonry composite column. Through the pseudo static test of ten reinforced brick walls were carried out, the following main conclusions were drawn：1）The constructional column, which is the combinations of brick masonry and reinforced concrete, has the same effect comparing to the common one, and it can improve the seismic performance of masonry. 2）The destruction form of the walls strengthened by adding structural column and steel mesh cement mortar surface is different from those reinforced with only steel mesh cement mortar surface and is mainly manifested by bending damage. 3）Compared with unreinforced walls or only reinforced steel mesh walls, the strengthened brick masonry has a significant increase in ductility, energy dissipation and bearing capacity. 4）The height-width ratio, reinforcement ratio and axial pressure have certain effects on ductility, cracking stiffness and bearing capacity of the specimens. 5）The bearing capacity of the wall that reinforced by adding structural column and steel mesh cement mortar surface layer can be calculated reference to the reinforced concrete shear wall. The longitudinal steel reinforcement in the structural column is considered only in the calculation, and the vertical direction of the brick wall reinforcement is not considered. The pressure zone should be composed of different materials.

作者简介：赵考重（1964），男，教授。

Keywords：masonry structure，constructional column，steel mesh cement mortar，strengthening，quasi-static test，seismic behavior

0　前言

在既有建筑中，砌体结构仍占有相当大的比例。而砌体结构整体性较差，抗震构造措施不足，导致抗震性能很差，亟需改善。在汶川地震中，砌体结构损坏严重，有的地区破坏率高达80%。因此，创新和完善砌体结构抗震加固技术对提高砌体结构的抗震性能意义非凡。

国内外学者对砌体结构砖墙的钢筋网水泥砂浆面层加固进行了大量研究，得到了钢筋网水泥砂浆面层加固砖墙的抗震性能。研究表明，当砌体材料强度较低时，单纯采用钢筋网水泥砂浆面层加固法对墙体进行加固，其抗震能力提高幅度有限，而当墙体内设置构造柱时，墙体的抗震性能也将会提高，因此我们提出了既增设构造柱又利用钢筋网水泥砂浆面层进行加固的综合加固方法，而实际工程中对于端部设有构造柱的墙体采用钢筋网砂浆面层加固时易形成上述构件，加固后的墙体抗震性能需要做进一步研究，文章对既设置构造柱又采用钢筋网水泥砂浆面层加固的墙体进行了低周反复荷载试验，研究了采用该加固方法加固的墙体抗震性能。

1　试件设计与制作

由于文章主要研究在采用钢筋网水泥砂浆面层对墙体进行加固的基础上又增设构造柱后的抗震性能，因此，在试件设计时各试件的砌筑砂浆强度、砖的强度等级、面层砂浆强度及钢筋网的规格均取相同值，主要考虑了试件高宽比、竖向压应力及构造柱设置方式和配筋对加固墙体的抗震性能的影响。

砌体采用 MU10 砖和 M5 混合砂浆砌筑，面层为 M10 水泥砂浆，面层厚度为 40mm，钢筋网为 Φ6@180，钢筋级别为 HPB235。

试件的高宽比取 1：2、1：1、1.5：1 三种情况，即试件的高 × 宽分别为 1000mm × 2000mm、1500mm × 1500mm、1500mm × 1000mm。试件的竖向应力取 0.5625N/mm²、0.375N/mm²、0.1875N/mm² 三种情况，相当于四层建筑的一、二、三层墙体所承受的竖向压力。

对于尺寸为 1500mm × 1000mm 的试件仅在两端设置构造柱，其余试件除在端部设置构造柱外，在中部也设置一个构造柱。构造柱的纵向钢筋选用 4Φ12、6Φ12、6Φ14 三种情况。为了减小加固施工时增设构造柱对墙体造成的破坏，构造柱采用钢筋混凝土 - 砖砌体组合柱。在试件底部设有底梁，上部设有压梁。构造柱、地梁及压梁混凝土强度等级均为 C30。试件施工图如图 1、图 2、图 3。

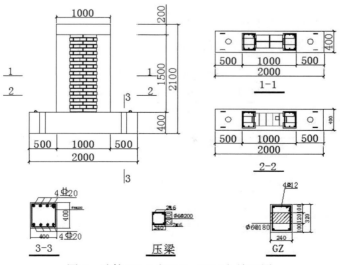

图 1　试件 SG-1（SG-2、SG-3）施工图

Fig 1　Construction drawing of specimen SG-1（SG-2、SG-3）

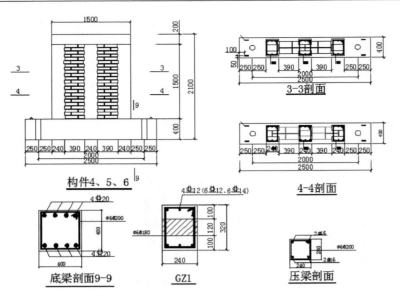

图 2　试件 SG-4（SG-5、SG-6）施工图

Fig 2　Construction drawing of specimen SG-4（SG-5、SG-6）

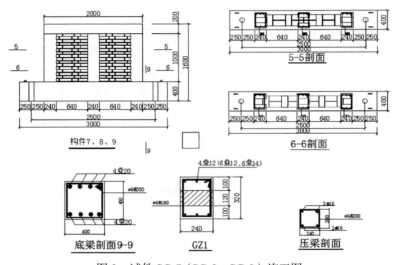

图 3　试件 SG-7（SG-8、SG-9）施工图

Fig 3　Construction drawing of specimen SG-7（SG-8、SG-9）

采用正交设计方法设计试件，共 9 个构件，外加一个对比试件，试件编号及具体要求见表 1。

表 1　试件主要参数

Table 1　Main parameters of specimens

试件编号	尺寸（宽 × 高）/mm × mm	构造柱纵筋	竖向压力（kN）	构造柱设置位置
SG-1	1000 × 1500	4Φ12	60	两端
SG-2	1000 × 1500	6Φ12	120	两端
SG-3	1000 × 1500	6Φ14	180	两端
SG-4	1500 × 1500	4Φ12	90	两端及中部
SG-5	1500 × 1500	6Φ12	180	两端及中部
SG-6	1500 × 1500	6Φ14	270	两端及中部
SG-7	2000 × 1000	4Φ12	120	两端及中部
SG-8	2000 × 1000	6Φ12	240	两端及中部
SG-9	2000 × 1000	6Φ14	360	两端及中部
SG-10	1500 × 1500	6Φ12	270	两端

2   试验加载方案

2.1   试验加载系统

由液压系统施加竖向荷载，水平向低周反复荷载采用液压伺服加载系统（MTS）施加，试验加载装置如图 4 所示。

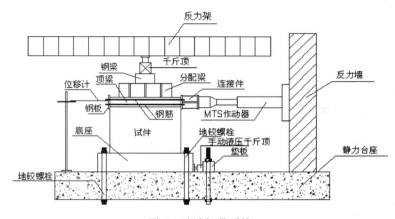

图 4   试验加载系统

Fig 4   Test loading system

2.2   试验加载制度

试验加载制度概括为：施加水平荷载前，先施加竖向荷载达到预定值，通过稳压系统保持竖向荷载稳定。试验全程采用位移控制，开裂前每一循环比上一循环位移增幅为 0.4mm 或者 0.8mm（根据试件总的可能位移而定）；开裂后每进行一个循环位移的增值加倍，一般为 1.6mm 或 2.0mm。

3   试验结果

试件混凝土立方体抗压强度实测值为 35.8MPa，砌体砌筑砂浆抗压强度实测值为 4.61MPa，面层水泥砂浆抗压强度实测值为 14.92MPa，砖的抗压强度为 12.6MPa，钢筋力学性能试验结果见表 2。

表 2   钢筋试验结果

Table 2   Test result of steel bars

钢筋直径（mm）	屈服强度（MPa）	抗拉强度（MPa）
6.5	318	433
12	575	695
14	453	583

3.1   试验现象与分析

（1）墙体裂缝的出现和发展

砖墙加载初期，荷载位移基本成线性变化，墙体处于弹性阶段。当荷载达到一定值后，首先在端部构造柱底部与底梁连接处出现细微的水平裂缝，并不断向墙体方向发展。随着荷载增加，端部构造柱沿高度方向不断出现环绕的水平向裂缝。裂缝的发展分为两个主要趋势：其一，端部构造柱水平向的裂缝延伸至墙体，开始斜向发展；其二，墙面上独立出现斜向裂缝并向两侧发展。随着荷载继续增加，墙上斜裂缝和构造柱水平裂缝不断出现和发展，两个方向的斜裂缝相互交叉，裂缝较密。若干平行的斜裂缝中会有一条或两条发展较完全，且宽度较其他裂缝更大，最终会延伸至两侧的构造柱并贯穿。荷载达到一定值时，裂缝基本发展完全，基本不再出现新的裂缝。荷载继续增大接近极限荷载时，构件两侧构造柱的底部开始出现竖向的受压裂缝，随位移不断增大有压碎的趋势。

（2）破坏形态

在主裂缝的开裂和发展过程中，最早出现的底部水平裂缝发展最快，在接近极限荷载时，试件受拉一侧与底梁脱开，只剩下构造柱的钢筋与底梁的锚固连接。水平荷载作用下，一侧构造柱受压，一侧构造柱的钢筋受拉，且端部构造柱竖向钢筋均会在破坏阶段屈服，中部构造柱钢筋均未屈服，最终构造柱底部混凝土压碎脱落，竖向钢筋裸漏明显弯曲，构件破坏。综上所述，所有构件剪切破坏迹象不明显，基本发生弯曲破坏。

由此可以看出，采用增设构造柱和钢筋网水泥砂浆面层共同加固的墙体与只采用钢筋网加固的墙体相比，其破坏形态有明显差异。只用钢筋网加固的砖墙一般有两种比较明显的破坏形态，试件整体剪坏和整体水平滑移；但是本试验试件都没有明显的剪坏迹象，试件为弯曲破坏。各试件裂缝分布以及破坏形态如图 5 所示。

3.2　试件承载力及位移试验结果

将构造柱出现第一条水平裂缝时的荷载、位移值为试件的开裂荷载和开裂位移。将试验过程中达到的最大荷载记为极限荷载，相应的位移为极限位移。取下降段中最大荷载 85% 处的荷载和相应的位移为最终破坏荷载和破坏位移，试验结果见表 3。

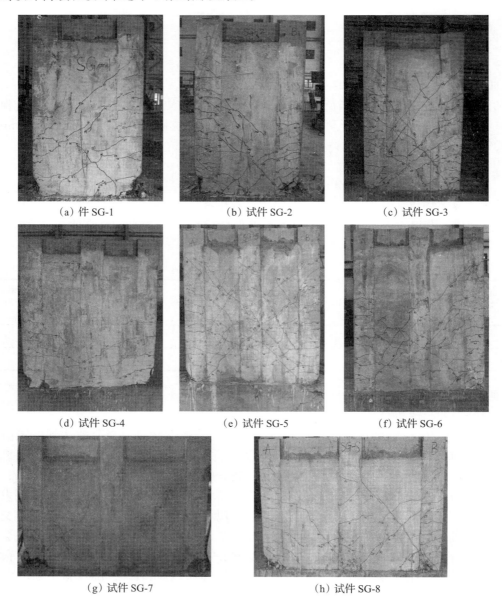

（a）件 SG-1　　　　　　（b）试件 SG-2　　　　　　（c）试件 SG-3

（d）试件 SG-4　　　　　　（e）试件 SG-5　　　　　　（f）试件 SG-6

（g）试件 SG-7　　　　　　（h）试件 SG-8

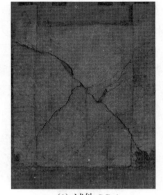

（i）试件 SG-9　　　　　　　　　（j）试件 SG-1

图 5　墙体裂缝及破坏形态

Fig 5　Cracks and failure forms of walls

表 3　试件承载力及位移试验结果

Table 3　Bearing capacity and displacement of specimens

编号	开裂状态		极限状态		破坏状态	
	荷载（kN）	位移（mm）	荷载（kN）	位移（mm）	荷载（kN）	位移（mm）
SG-1	107.0	3.7	165.2	16.6	147.3	28.6
SG-2	86.5	4.2	228.2	18.8	195.6	33.9
SG-3	126.4	3.4	306.5	27.0	263.2	34.0
SG-4	84.9	1.8	399.7	19.0	347.9	33.0
SG-5	231.1	2.9	567.2	22.8	453.2	40.8
SG-6	135.7	2.4	524.0	21.0	392.1	28.0
SG-7	498.9	6.4	824.8	18.2	696.3	25.9
SG-8	327.8	4.6	825.8	18.2	692.2	28.2
SG-9	382.1	5.4	862.6	26.0	737.2	30.0
SG-10	226.8	3.8	434.3	21.0	326.7	34.0

4　试验结果分析

4.1　滞回曲线

图 6 为三个较典型的滞回曲线，由图可知，试件的整个破坏过程可分为三个阶段：

弹性阶段：滞回曲线基本为直线，滞回环包围面积很小。

弹塑性阶段：卸载曲线与横轴交点越来越偏离原点，说明塑性变形越来越大。加载曲线越来越弯。曲，偏向横轴，滞回环面积越来越大，说明构件耗能能力越来越大。

破坏阶段：达到极限荷载后，位移增加而水平荷载不断减小，卸载滞回环与横轴的交点离原点距离继续增大，表明不可恢复位移仍然在增加，滞回环面积增大。

4.2　骨架曲线

骨架曲线，即为将低周期反复荷载作用下的每一循环的峰值荷载和位移连在一起组成的曲线，各试件骨架曲线如图 7 所示。

骨架曲线可简化为从加载到开裂，从开裂到极限荷载，从极限荷载到破坏的三折线形曲线。

按照极差分析得到高宽比、竖向压应力及构造柱配筋对三折线形骨架曲线影响规律，如图 8 所示。

由图可得：高宽比对结构影响很大，高宽比越小，弹性和弹塑性阶段斜率越大，且破坏越快，破坏位移越小。轴压比和构造柱配筋的影响不太明显，轴压比大、配筋率大的试件下降段陡。

4.3 延性分析

构件的延性系数是指极限位移对屈服位移的比值，但由试验现象知，当荷载降到极限荷载的 85% 时，破坏不是很严重，但变形较大，因此把延性系数定义为破坏时位移与屈服位移的比值，屈服位移由骨架曲线推出，各试件延性系数见表 4。

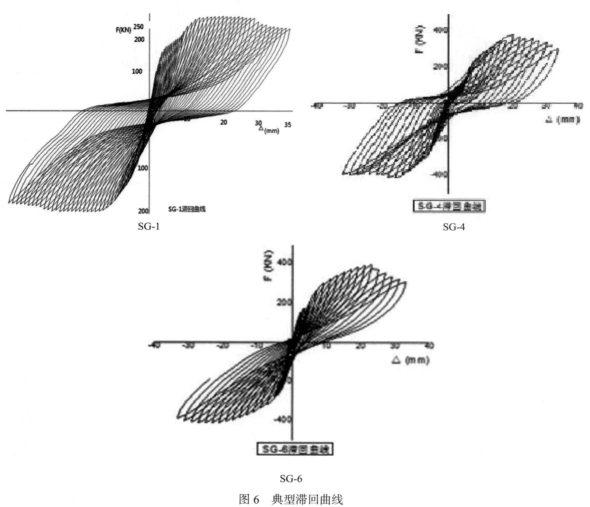

图 6　典型滞回曲线

Fig 6　Typical hysteretic curves

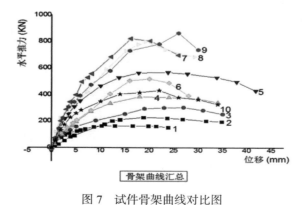

图 7　试件骨架曲线对比图

Fig 7　Collation map of the skeleton curves of the specimens

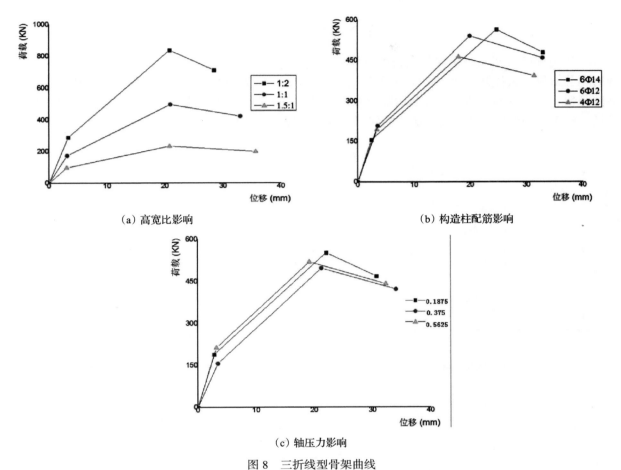

（a）高宽比影响　　　　　　　　　　　　　（b）构造柱配筋影响

（c）轴压力影响

图 8　三折线型骨架曲线

Fig 8　Seventy percent off linear skeleton curves

表 4　试件延性系数

Table 3　Ductility coefficient of the specimens

试件编号	SG-1	SG-2	SG-3	SG-4	SG-5
延性系数	12.33	9.16	14.93	8.37	13.41
试件编号	SG-6	SG-7	SG-8	SG-9	SG-10
延性系数	11.52	7.56	6.55	14.00	13.10

由表知，加固后试件具有较好的延性。

根据正交分析各因素对延性的影响规律如图 9 所示。由图可以看出，高宽比越大，试件延性越大；构造柱配筋率越大，试件延性越好；轴向压应力越大，试件延性越好。

4.4　刚度分析

（1）开裂刚度

试件的开裂刚度按下式计算：

$$K_{cr} = P_{cr} / \Delta_{cr}$$

式中 P_{cr}，Δ_{cr} 分别表示为推、拉两个方向开裂荷载和开裂位移的平均值。

根据正交分析各因素对开裂刚度的影响规律如图 10 所示。由图可得：试件高宽比对开裂刚度影响最大，开裂刚度随高宽比增大而减小；其次为构造柱配筋，开裂刚度随配筋增大而增大。

（2）刚度退化

将一个循环中的推拉向荷载与位移分别取绝对值的比值来计算割线刚度：

$$K_i = \frac{|F_i| + |-F_i|}{|\Delta_i| + |-\Delta_i|}$$

从各构件的骨架曲线中取几个关键点计算刚度并绘制刚度退化线，如图 11 所示。由刚度退化曲线对比分析得：试件开裂前，刚度曲线基本保持直线，变形为弹性，试件无损伤累计；开裂后，曲线下降很快，裂缝发展后期，试件薄弱部位着重发展，损伤累计较慢，曲线下降越来越慢；达到极限荷载后，由于压侧混凝土压碎及拉侧钢筋屈服拉伸，曲线越来越趋于水平，刚度保持缓慢下降。

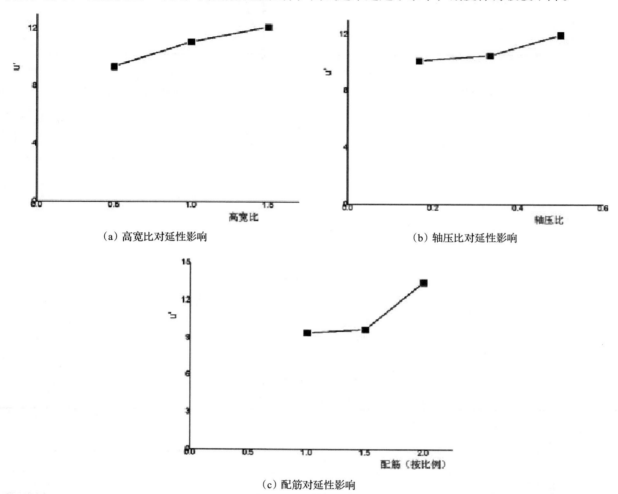

（a）高宽比对延性影响　　　　　　　　（b）轴压比对延性影响

（c）配筋对延性影响

图 9　各因素对试件延性的影响

Fig 9　Factors' effect on ductility of specimens

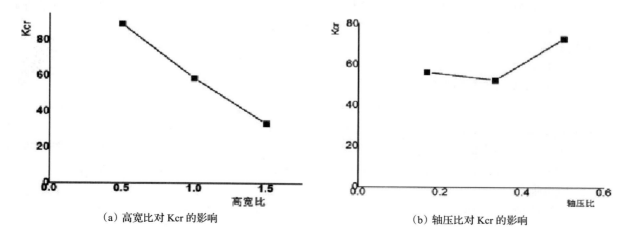

（a）高宽比对 Kcr 的影响　　　　　　　　（b）轴压比对 Kcr 的影响

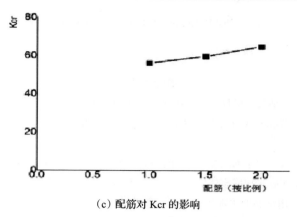

（c）配筋对 Kcr 的影响

图 10　各因素对开裂刚度的影响

Fig 10　Factors' effect on cracking stiffness of specimens

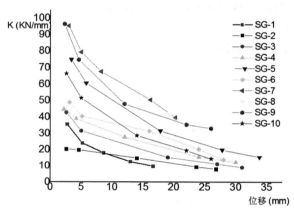

图 11　各试件退化刚度曲线图

Fig 11　Curve of degradation stiffness of specimens

4.5　水平承载力

由试件破坏形态可以看出，由于设置了构造柱，钢筋网水平钢筋的锚固得到保证，水平钢筋能够有效发挥，再加上对于宽高比较大的构件中部也设置了构造柱，构造柱对试件的抗剪承载力起到了一定作用，因此试件最终为正截面的弯曲破坏，而非剪切破坏，正截面破坏形式同钢筋混凝土剪力墙基本相同，因此对于采用增设构造柱和钢筋网水泥砂浆面层共同加固的砖砌体，可参照钢筋混凝土剪力墙计算正截面承载力，不同的是在计算时仅考虑构造柱内纵向钢筋作用，不考虑钢筋网竖向钢筋作用，受压区由不同材料组成即受压的砌体、砂浆面层及混凝土。

5　结论

（1）钢筋混凝土 - 砖砌体组合构造柱相比实际混凝土柱具有相同的作用效果，可改善砌体的抗震性能。

（2）设有构造柱（或增设构造柱）的墙体采用钢筋网砂浆面层加固后，当构造柱间距适当时，砖墙的破坏形态由脆性受剪破坏转变为弯曲破坏。

（3）采用增设构造柱和钢筋网水泥砂浆面层共同加固的砖砌体，其延性和耗能特性较未加固砌体墙和只加钢筋网的砌体墙均有显著提高。

（4）试件的延性随高宽比、柱配筋及轴压力的增大而增大；开裂刚度随高宽比增大而减小。其中，高宽比对试件的骨架曲线、开裂刚度及延性影响最大。

（5）采用增设构造柱和钢筋网水泥砂浆面层共同加固的砖砌体或端部有构造柱采用钢筋网水泥砂浆面层共同加固的砖砌体，可参照钢筋混凝土剪力墙进行计算正截面承载力，不同的是在计算时仅考虑构造柱内纵向钢筋作用，不考虑钢筋网竖向钢筋作用，且计算时受压区应考虑由不同材料组成即受压的砌体、砂浆面层及混凝土。

参考文献

［1］ 邵力群，陈文元. 5.12 汶川大地震中砌体结构房屋震害调查与思考［J］. 工业建筑，2009，39（1）：30-35.

［2］ 朱伯龙，吴明舜，蒋志贤. 砖墙用钢筋网水泥砂浆面层加固的抗震能力研究［J］. 地震工程与工程震动，1984，4（1）：70-81.

［3］ 黄忠邦. 水泥砂浆及钢筋网水泥砂浆面层加固砖砌体试验［J］. 天津大学学报，1994，27（6）：764-770.

［4］ 张代涛，宋菊芳. 钢筋网水泥砂浆加固砌体房屋振动台试验研究［J］. 天津工程抗震，1996，3：32-36.

［5］ 苏三庆，丰定国，王清敏. 用钢筋网水泥砂浆抹面加固砖墙的抗震性能试验研究［J］. 西安建筑科技大学学报，1998，30，（3）：228-232.

［6］ 苏三庆，丰定国. 用夹板墙加固砖房的抗震性能［J］. 西安建筑科技大学学报，1998，30，（3）：233-235.

［7］ 徐国洲. 钢筋网水泥砂浆面层加固砖墙砖墙受剪承载力计算方法［D］. 哈尔滨：哈尔滨工业大学，2011.

［8］ JGJ 116—98. 建筑抗震加固技术规程［S］.

［9］ 刘祖华，熊海贝. 低强度砂浆砖砌体加固的试验研究［J］. 同济大学土木工程学院：407-411.

钢筋钢丝网砂浆加固混凝土柱塑性
铰区扩展模式初探

吴小勇[1, 2]　　朱永帅[1]

1. 三峡大学土木与建筑学院，湖北宜昌，443002
2. 广东省高等学校结构与风洞重点实验室，广东汕头，515063

摘　要：制作钢筋钢丝网砂浆加固、钢筋网砂浆加固和未加固钢筋混凝土方柱三类共 9 个试件，进行各柱在竖向恒定轴力和水平向低周反复加载作用下的抗震性能对比试验研究，测试了各柱的抗震承载力、延性、破坏形态及其滞回特性，探讨了柱端塑性铰区的扩展模式对构件抗震性能的影响。结果表明：相对钢筋网加固柱，钢筋钢丝网加固柱的塑性铰区范围更大，耗能能力有大幅度的提高。

关键词：塑性铰区，抗震性能，加固，钢筋钢丝网

A preliminary Study on the Expansion Model of Plastic Hinge Area of RC Column Strengthened with Steel Bar and Wire Mesh Mortar

Wu Xiaoyong[1, 2]　　Zhu Yongshuai[1]

1. College of Civil Engineering and Architecture，China Three Gorges University，Yichang 443002，China

2. Key Laboratory of Structure and Wind Tunnel of Guangdong Higher Education Institutes，Shantou 515063，China

Abstract：Nine specimens reinforced concrete square columns were made，some strengthened with steel and wire mesh mortar，steel mesh mortar，for each column in vertical constant axial force and horizontal to the under cyclic loading. An experimental study on the seismic performance of contrast test was conducted，the seismic bearing capacity，ductility，failure pattern and the hysteresis characteristics were taken into consideration，the analysis of relationship between the model of plastic hinge region at the bottom and seismic performance were also carried out. The results show that compared with steel mesh reinforced columns，the plastic hinge area of steel and wire mesh reinforced columns is larger and the energy consumption capacity is greatly improved.

Keywords：plastic hinge zone，seismic performance，strengthened，steel bar and wire mesh

0　引言

钢丝网砂浆（F）加固混凝土是一种较好的加固方法[1-3]，由于 F 优异的配筋分散性，承载时会产生又多又细的裂缝（裂缝间距≈网格间距）而大量耗能，可大幅度提高被加固构件的延性；而且施工简便（不需支模和大型施工机具）。又由于混凝土的抗渗性能随其骨料粒径的减小成指数关系增加，砂浆的耐久性远高于混凝土；加之钢丝网优越的配筋分散性，ACI 规定在腐蚀环境中（包括船舶）钢丝网的砂浆保护层厚度 ≥ 5mm[8-9]，因此 F 加固截面增加很小，且具有很好的耐久性能。然而，由于钢丝直径很小，F 加固法不能显著提高既有混凝土柱的承载力。

作者简介：吴小勇（1981—），男，湖北黄陂人，博士，副教授，研究方向为混凝土结构抗震加固改造。工作单位：三峡大学，地址：湖北省宜昌市大学路 8 号。邮编：443002。E-mail：xywu@ctgu.edu.cn。

1 试验概况

1.1 材料特性

混凝土配合比为：水泥:砂:石子:水 = 1:1.5:2.41:0.44，实测 28d 立方体抗压强度为 35.8MPa。外抹砂浆配合比为：水泥:砂:水 = 1:2:0.4，实测 28d 立方体抗压强度为 36.6MPa。市售镀锌焊接钢丝网直径 1.2mm，网格间距 11mm×11mm，屈服强度为 350.2MPa，极限强度为 399.4MPa。

试验共设计了 9 个倒"T"型试件，如图 1 所示。原试件截面尺寸为 180mm×180mm，高度为 1100mm，其设计缩尺比例为实体构件的 1/4，剪跨比为 5.6。柱纵筋直径为 12mm，对称配置，每侧 2 根；箍筋直径为 6mm，间距为 150mm。加载装置如图 2 所示。

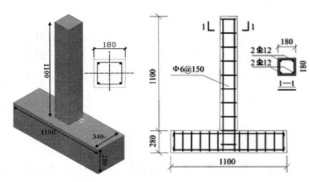

图 1　原试件设计及配筋   图 2　加载装置

1.2 试件分组与加固方法

如表 1，试件分为：O—对比试件、S—钢筋网砂浆加固、FS—钢筋钢丝网砂浆加固 3 个系列。

表 1　试件主要参数与试验结果

试件编号	加固方案	加固后配筋率（%）		设计轴压比	极限承载力（kN）	位移延性比	总耗能（kN·mm）/滞回环个数
		钢筋	钢丝网				
O	未加固	1.631	—	0.33	34.3	3.9	6840.1/25
S-1	钢筋网	2.721	—	0.33	39.1	4.9	7838.4/31
S-2	钢筋网	2.721	—	0.48	70.8	4.3	10962.3/30
FS1-1	钢筋网＋一层钢丝网	2.721	0.201	0.33	40.8	5.2	12647.0/33
FS1-2	钢筋网＋一层钢丝网	2.721	0.201	0.48	76.4	4.7	14973.6/35
FS2-1	钢筋网＋二层钢丝网	2.721	0.403	0.33	42.8	5.7	13765.7/33
FS2-2	钢筋网＋二层钢丝网	2.721	0.403	0.48	81.9	5.5	18579.4/39
FS0.5*-1	钢筋网＋一层钢丝网	2.721	0.201	0.33	43.6	6.1	15211.4/37
FS0.5-2	钢筋网＋一层钢丝网	2.721	0.201	0.48	59.7	5.4	16352.7/35

注：* 表示钢丝网设置范围为柱底至柱中。

2 试验结果及分析

三类试件典型破坏过程与特征如下：

（1）未加固柱 O：随着反复加载次数的增加，柱底出现多条水平方向裂缝，并不断伸长、加宽。最后，由于水平主裂缝贯通，柱底混凝土压碎程度加剧并逐渐剥落；纵筋外露，当承载力下降到极限承载力的 85% 时，停止试验。

（2）S-2 加固柱：随着反复加载次数的增加，柱底出现多条水平方向裂缝，裂缝间距几乎与箍筋间距相等，柱顶水平位移继续增大，裂缝的长度和宽度逐渐增加。反复加载 14 次后（4 倍屈服位移），出现纵向顺筋裂缝（尚守平等的试验柱也有类似现象[16]），这可能由于以下原因所致：a. 压抹砂浆的密实度不如振捣混凝土；b.砂浆保护层较薄（9mm）。在最后加载阶段，柱底砂浆与加固筋完全脱粘，保护层分次大片剥落，加固钢筋网外露严重，当承载力下降到极限承载力的85%时，停止试验。

（3）FS1-2加固柱：反复加载初期，柱底出现多条水平方向裂缝，但由于钢丝网的优越的裂缝控制特性，当一侧作用水平推力时，另一侧的裂缝能够完全或基本闭合。随着柱顶位移的增大，原有裂缝的长度、宽度不断发展，同时出现许多新的纵横裂缝，这些纵横裂缝又多又细又密，间距约等于钢丝网网格间距（11mm），显示出良好的耗能能力。继续增大荷载，RC柱柱脚多条裂缝贯通，砂浆表层在拉压反复荷载作用下发生逐次地小片（尺寸与钢丝网网格接近）局部剥落，但未见砂浆保护层大片剥落。需指出，尽管砂浆保护层平均仅为6mm（ACI规定在腐蚀环境中钢丝网的砂浆保护层厚度 ≥ 5mm），所有6个FS试件均未发生顺筋裂缝，表明钢丝网能有效抑制钢筋与砂浆的粘结破坏，从而改变了FS柱的破坏形态。最终，当承载力下降到极限承载力的85%时，停止试验。

各试件的实测荷载-位移滞回曲线如图3至图7所示，各试验柱骨架曲线如图8所示。在力控制阶段，试件尚未屈服，荷载-位移曲线基本呈线性变化，循环一次所形成的滞回环的面积较小，加载和卸载时的刚度都没有明显变化。在位移控制阶段，试件屈服以后，试件处于弹塑性状态，曲线向位移轴倾斜，滞回环面积增大，荷载回零时位移不能回到零点，试件有残余变形，表现出有较好的耗能能力。加载与卸载时的刚度逐步降低，并且随着循环次数的增加，刚度降低的程度加快，循环一次所形成的滞回环的面积逐渐增大。

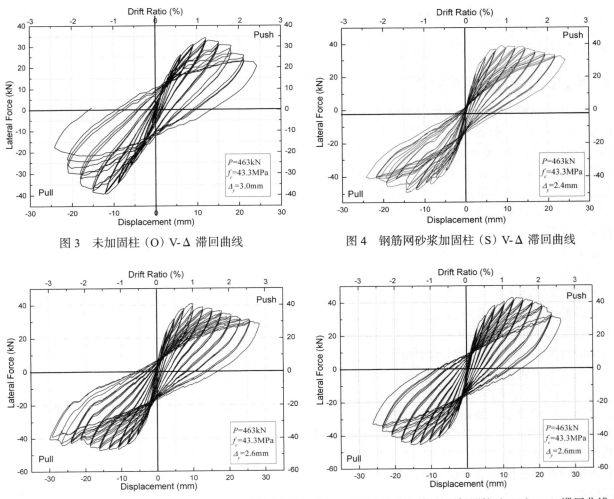

图 3   未加固柱（O）V-Δ 滞回曲线   图 4   钢筋网砂浆加固柱（S）V-Δ 滞回曲线

图 5   钢筋网加一层钢丝网加固柱（FS1）V-Δ 滞回曲线   图 6   钢筋网加两层钢丝网加固柱（FS2）V-Δ 滞回曲线

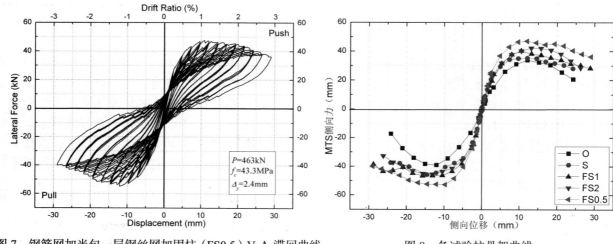

图 7　钢筋网加半包一层钢丝网加固柱（FS0.5）V-Δ 滞回曲线　　　　图 8　各试验柱骨架曲线

参照文献，各试件总耗能（等于各滞回环所包围的面积积分总和）计算结果如表 2 所示。加固试件的耗能能力比未加固试件有明显的改善，而钢筋钢丝网加固试件的耗能能力则有显著增强。如试件 S-1 的总耗能比试件 O 增加了 14.6%；而增加两层钢丝网的 FS2-1 试件（仅配筋率比 S1 高 0.403%）的总耗能比试件 S-1 增加了 76.4%。可见，外围钢丝网充分发挥了配筋分散性良好的优势，使纵横裂缝开展又多又细又密（裂缝间距 ≈ 11mm，即钢丝网格间距），形成了良好的耗能系统；同时，还抑制了钢筋与砂浆之间的粘结破坏，使两者在加载后期依然能较好共同工作；加固层内的混凝土也受到有效的约束；从而显著提高了加固柱的耗能能力。

3　加固试件塑性铰区的变化

各抗震试验柱试件沿高度的侧向位移连线随加载时间段的变化图如图 9。从柱在加载过程中沿高度变形图 9 可以了解各个循环加载阶段试验柱的变形，试验柱的屈服时间区段和柱底塑性区的高度范围。O 试件从高度 100mm 至 1000mm 之间各测点（200mm、300mm、500mm 和 700mm）在不同加载阶段的连线为直线，故 O 试件的塑性区高度不超过 100mm。S 试件从高度 100mm 至 1000mm 之间各测点在不同加载阶段的连线非常接近直线，S 试件的塑性区高度比 O 试件有一定的提高，在 100mm 左右。FS1 试件在高度为 200mm 处的位移计受到表面混凝土破坏的影响，后期结果没有记入图中，但是仅从第 5 级循环之前看，从高度 100mm 至 1000mm 之间各测点在不同加载阶段的连线已经完全不是直线，故 FS1 试件的塑性区高度大于 100mm。FS2 试件从高度 100mm 至 1000mm 之间各测点在不同加载阶段的连线在 200mm 后近似为直线，从第 3 级循环开始，在 0 到 200mm 之间为分段折线，故 FS2 试件的塑性区高度在 200mm 左右，为各试件中最大。FS0.5 试件仅从高度 500mm 至 1000mm 之间各测点在不同加载阶段的连线为直线，在高度 0mm 至 300mm 之间各测点在不同加载阶段的连线不为直线，同时在高度 300mm 左右，位移连线也发生明显的转折，这与 FS0.5 试件为半高一层钢丝网加固有关，试件沿高度方向的侧向变形比较复杂。

笔者不仅测量了沿柱高分布的位移变化，还测量了塑性铰所在区域（柱高 300mm 范围内）沿柱高的应变。FS2 试件除最后破坏时（Cycle10）应变异常外，其余数据较稳定。2 层钢丝网的加入改善了柱底塑性区的高度，使得柱底 0 ～ 300mm 范围内沿高度方向应变较均匀，同时也是没有观察到明显裂缝的主要原因。然而无论是参考其他研究者的分析，还是从位移和应变的数据分析，均没有适合钢筋钢丝网砂浆加固试件塑性铰长度的合理结论，这还需要对普通柱试件的塑性铰长度深入研究，得到普通钢筋混凝土柱的塑性铰长度计算公式，进而研究钢筋网砂浆加固和钢筋钢丝网砂浆加固柱的塑性铰长度。

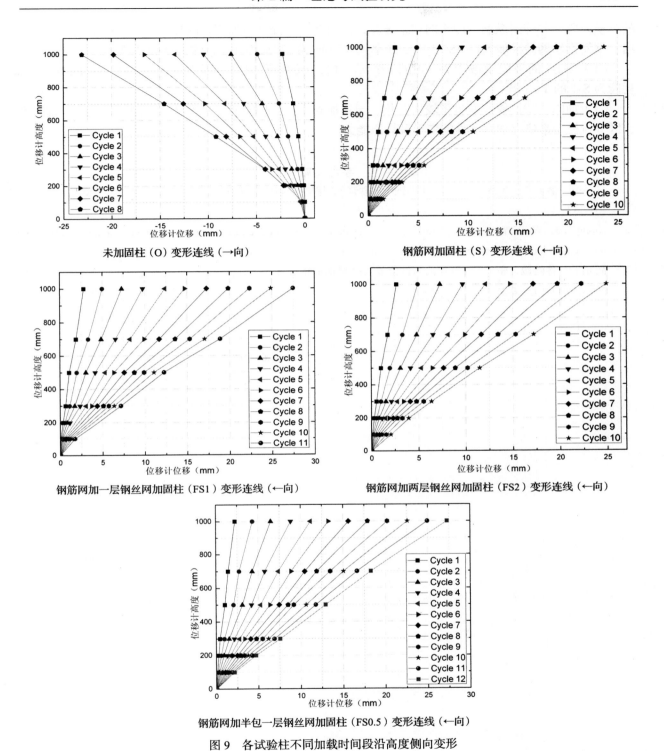

图 9　各试验柱不同加载时间段沿高度侧向变形

从现有的测量数据来看，加固试件的塑性铰区范围发生了较大变化，特别是钢筋钢丝网砂浆加固试件，塑性铰区变长，曲率趋缓，使得加固后试件的刚度退化不像未加固试件那样幅度大，试件的耗能更多，经历的滞回环数更多。因此，以往的简单的单一塑性铰长度计算公式已不适用于加固试件，需建立新的可变化的模型来描述加固试件的塑性铰长度。

4　结语

抗震对比试验研究表明，由于钢丝网的优越配筋分散性，钢筋钢丝网加固层会产生大量又细又密的纵横裂缝，并抑制纵筋与砂浆的粘结破坏，从而较显著提高被加固柱的耗能能力。在本次试验范围内，钢筋钢丝网砂浆加固柱 FS2-1 的配筋率仅为钢筋网砂浆加固柱 S-1 的 1.04 倍条件下：

（1）FS2-1 的极限承载力为 S-1 的 1.09 倍；FS2-1 的位移延性系数为 S-1 的 1.16 倍；FS2-1 的总耗能为 S-1 的 1.76 倍。

（2）加固后塑性铰区发生了较大变化，导致加固试件的耗能能力更加优异；同时要建立新的塑性铰区分析模型来研究加固试件的变形及耗能能力。

参考文献

［1］ 吴小勇，李丰丰，严洲，熊光晶. 钢筋钢丝网砂浆加固混凝土圆柱的抗轴压性能［J］. 工程力学，2011，28（1）：131-137.

［2］ Xiong G J，Wu X Y，Li F F，Yan Z. Load carrying capacity and ductility of circular concrete columns confined by ferrocement including steel bars［J］. Construction and Building Materials，2011，25（7）：2263-2268.

［3］ 尚守平，蒋隆敏，张毛心. 钢丝网高性能复合砂浆加固钢筋混凝土方柱抗震性能的研究［J］. 建筑结构学报，2006，37（4）：16-22.

某特殊支承方式天桥结构性能试验研究

辛　雷[1]　李晶晶[2]　幸坤涛[1]　于英俊[1]

1. 国家工业建构筑物质量安全监督检验中心，北京，100088

2. 北京南隆建筑装饰工程有限公司，北京，100044

摘　要：某人行天桥上跨人流密集的市政道路，为区域重要的通廊，日常使用中人流量大，为保证该天桥的安全使用，需要对该天桥进行承载能力检验。该天桥为钢筋混凝土主次梁结构，北侧与墩柱铰接，西南支承处梁与柱刚接，东南支承处梁与相邻结构主梁刚接，此种天桥结构不同于以往常见的天桥结构类型，为了解其结构的承载能力状况，本次采用荷载试验的方式进行检验，荷载采用分级加水加载的方式施加，测量不同荷载等级下的结构强度及刚度反应，通过相同荷载等级下的原设计承载力与实测结构承载力反应，判断该天桥的承载能力状况。试验结果表明：天桥整体性和刚度较好，存在一定的安全储备；对于东南角支承处结构刚度较小，结构反应较西侧支承处更为明显，应重点关注；人行天桥加水加载更加接近实际原设计均布活荷载的情况，且省事省力。本次试验的加载方式、试验过程及天桥性能分析能够对相关的类似桥梁工程起到积极的借鉴意义。

关键词：人行天桥，荷载试验，承载能力

The Structural Performance Research of a Pedestrian Overpass Withspecial Supports

Xin Lei[1]　Li Jingjing[2]　Xing Kuntao[1]　Yu Yingjun[1]

1. National Test Center of Quality and Safety Supervision for Industrial Buildings and Structures，Beijing，100088

2. Beijing Nanlong Architectural Decorated Co.，LTD，Beijing，100044

Abstract：As an important regional propylaea，a pedestrian bridge over a municipal road transported a great deal of traffic. This bridge is a reinforced concrete structure with primary and secondary beams.The bridge's north side is articulated with the pier column，its beams and columns are rigidly jointed at the southwest support and its beams at the southeast support are rigidly connected with the adjacent main beams. To guarantee its safe use，we need to test the bridge's carrying capacity. Due to its differences from other common bridge's structures，the test was carried out by means of load test. We applied load by adding water in a graded manner and measured the responses of structural strength and stiffness under different load grades. The condition of the bridge's carrying capacity was judged by comparing the theoretical value and measured value of the carrying capacity under the same load grade. The result showed that the integrity and stiffness of the pedestrian bridge are good and get some emergency capacity. Compared to the support in the west，the support in the east whose stiffness is lower showed more obvious structural responses. Thus，more attention should be paid to the eastern support. In addition，applying load to the bridge by adding water in a graded manner is closer to the actual designed distributed lode and simpler. Moreover，similar bridge projects can draw lessons from this experimentation in loading mode，testing process and analysis in performance .

Keywords：Pedestrian bridge，Load test，Carrying capacity

作者简介：辛雷，男，1985 年，工程师，硕士。E-mail：shdxinlei@163.com。北京市海淀区西土城路 33 号。

0　引言

本项目天桥南北走向，上跨市政道路，北侧为高层商业楼，南侧为经常组织大型文娱活动的休闲广场，该天桥为区域重要的通廊，日常人员流量非常大。该天桥主体结构为钢筋混凝土主次梁结构，东西主梁跨度为22.5m，南侧横向主梁跨度为16m，桥面宽为8m，桥面结构高5.8m，设计人群荷载为4.0kN/m²，原设计混凝土强度为C30，其结构平面布置见图1所示。天桥北侧梁端与混凝土柱铰接，西南侧天桥主梁与广场平台柱刚接，东南侧主梁与广场平台横向主梁刚接，该桥南北梁端支承方式不同，南侧东西两主梁的梁端刚度不同，其连接方式与常见的混凝土人行天桥存在较大差异，国内对此类人行天桥的荷载试验及性能分析缺少相关的技术资料。

1　荷载试验内容

1.1　试验参数和条件

本次试验主要是对此种特殊结构形式的天桥进行承载能力和施工质量的检验，荷载试验主要测试不同加载等级工况下主梁跨中最不利截面的应力 - 应变，测试主梁结构跨中、支座及四分点的挠度以及主梁控制截面的裂缝变化。试验采用振弦传感器实时测量主梁的应变，采用电子位移计实时测量主梁各挠度测点的变形，采用裂缝观测仪检测加载过程中的裂缝变化。

1.2　测点布置

试验测点布置主要用于测量加载过程中的应变、挠度，根据该天桥的结构布置特点选择主跨方向的东、西两主梁及南侧横向主梁布置测点，其测试截面位置如图2所示。经结构试算可知：1-1截面处（距北侧支座距离为10.487m）在荷载作用下弯矩最大，选1-1东西主梁截面作为控制截面，在该控制截面上布置应变测点，其余2-2 ～ 10-10测点截面均为桥跨四等分点，在这些截面布置挠度测点。

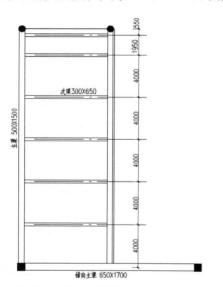

图1　该人行天桥上部结构平面布置图（mm）

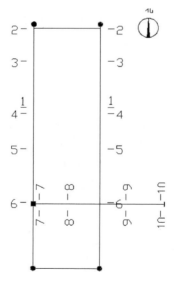

图2　测点位置图

1.3　加载方式和分级

前期考虑加载采用堆沙袋或加配重块方式，但经核算，其加载工程量及人员投入量巨大，而交通审批封路时间有限（晚24:00 ～ 早5:00），短时间内完成加卸载难度较大。且上述加载方式为区块加载，与原设计人群荷载的均匀加载不一致，对测试结果有一定影响，综合考虑现场条件及检测时间限制，本次试验采用桥面围挡后加水的方式来等效人群荷载，考虑桥面存在纵坡，为了保证桥面加载的均匀，沿坡度方向将桥面分为6个区格，各区格之间采用空心砌块分隔，区格内加水。原设计人群荷载为4.0kN/m²，相当于400kg/m²水，本次加载采用三级加载的方式，加载完成后完全卸载，各级荷载加载后应能使测试数据稳定后再进行下一级加载。各级加卸载工况如表1所示。

表 1　试验加卸载工况

加载等级	储水量	水位高度	加载比例	卸载等级	储水量	水位高度
1	200kg/m²	0.2m	50%			
2	300kg/m²	0.3m	75%	0	0kg/m²	0m
3	400kg/m²	0.4m	100%			

2　荷载试验结果

　　根据该人行天桥分级加载试验，图 3、图 4 为东西侧主梁控制截面梁底应力实测值与理论值的比较，图 5、图 6 为东西侧主梁跨中挠度实测值与理论值的比较。

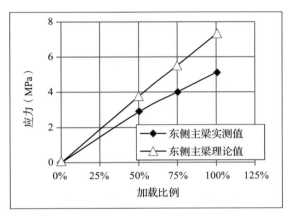

图 3　东侧主梁梁底应力实测值与理论值

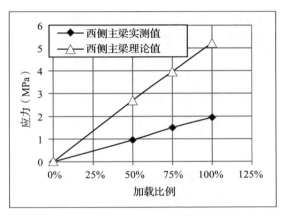

图 4　西侧主梁梁底应力实测值与理论值

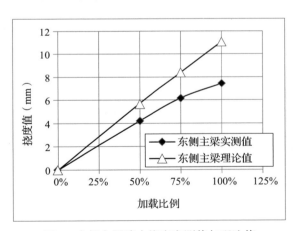

图 5　东侧主梁跨中挠度实测值与理论值

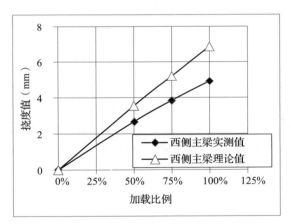

图 6　西侧主梁跨中挠度实测值与理论值

　　从图 3、图 4 可知：满载作用下东西侧主梁弯矩控制截面 1-1 处梁底的最大实测应力值分别为 5.11MPa 和 1.95MPa；从图 5、图 6 可知：东西侧主梁跨中最大挠度分别为 7.44mm 和 4.92mm。

　　另外，现场实测卸载后，东西侧主梁跨中的残余变形分别为 0.11mm 和 0.58mm，东西侧主梁跨中相对残余变形量分别为 1.5% 和 11.8%；实测南侧横向主梁跨中最大挠度为 0.95mm，卸载后残余变形为 0.11mm，其相对残余变形量为 11.6%。

　　现场检查发现：梁体本身存在部分裂缝，加载过程中未发现主梁出现新裂缝，已有裂缝宽度随加载等级的增加而增加，裂缝长度未变化，且完全卸载后的短时间内裂缝恢复到初始状态。

3　试验结果分析

　　根据荷载试验结果并结合天桥结构理论计算结果，通过荷载试验的校验系数 η 和相对残余变位对天桥结构进行承载力分析。

校验系数 η 即试验实测值与理论计算值的比值，该天桥的校验系数选择最不利活载工况下东西两主梁的应力和挠度比值，如表 2 所示。

表 2　最不利荷载工况下的校验系数 η

构件名称及参数	实测值	理论值	校验系数
东侧主梁应力	5.11MPa	7.10MPa	0.72
西侧主梁应力	1.95MPa	5.22MPa	0.37
东侧主梁跨中挠度	7.44mm	11.06mm	0.67
西侧主梁跨中挠度	4.92mm	6.86mm	0.72

从表 2 可以看出，该天桥主梁最大应力和挠度的校验系数均小于 1.0，且东西侧主梁跨中相对残余变形量仅为 1.5% 和 11.8%，小于 20%[1]，说明天桥的承载能力较好，存在一定安全储备；东侧主梁比西侧主梁的应力和挠度都大，说明由于东南支承处支承刚度较西南侧小引起的东侧主梁的结构反应比西侧主梁强烈，类似桥梁结构中应重点关注此处位置的结构反应。

东西侧主梁及南侧横向主梁跨中最大挠度与计算跨径之比分别为 1/1890、1/2858 和 1/16842，均未超过《城市人行天桥与人行地道技术规范》规定的 1/600 的限值要求[2]，说明桥梁刚度较好。

4　结论

（1）该人行天桥整体性和刚度均较好，天桥结构处于弹性工作阶段，结构存在一定的安全储备。

（2）对于支承条件不一致的天桥结构，结构检测及维护过程中，应重点关注支承侧刚度较弱的结构重要构件。

（3）天桥采用加水加载方式更接近实际原设计均布活荷载的情况，且加卸载省时省力，是一种可供选择的较好方式。本次试验的加载方式、试验过程及结构性能分析能够对相关的类似桥梁工程起到积极的借鉴意义。

参考文献

[1] JTG/T J21—2011. 公路桥梁承载能力检测评定规程 [S]. 北京：人民交通出版社，2011.35-36.

[2] CJJ 69—95. 城市人行天桥与人行地道技术规范 [S]. 北京：建设部标准定额研究所出版，1996.5-6.

[3] CJJ 11—2011. 城市桥梁设计规范 [S]. 北京：中国建筑工业出版社，2011.

预应力 CFRP 布加固 RC 方柱
轴压性能试验研究

卢春玲[1,2]　王　鹏[1,2]　王　强[1,2]　张哲铭[1,2]　李柏林[1,2]

1. 桂林理工大学土木与建筑工程学院，广西桂林，541004

2. 广西岩土力学与工程重点实验室，广西桂林，541004

摘　要：为研究预应力碳纤维（CFRP）布加固钢筋混凝土（RC）方柱的轴心受压性能，根据预应力度和包裹方式的不同，对 3 组共 10 根 RC 方柱（包括 1 根未加固的对比柱和 9 根加固柱）进行了轴压试验。观察了构件的破坏形态，测得了构件的轴向位移，混凝土、钢筋、CFRP 布的应变以及极限承载力等试验数据，分析了 CFRP 布主动约束 RC 方柱的机理、加固后构件的延性变化。结果表明：与对比柱相比，预应力度和包裹范围越大，对核心混凝土的横向变形约束越强，承载力提高越明显；预应力 CFRP 布与普通 CFRP 布间断全包裹加固效果优于预应力 CFRP 布间断包裹，在相同预应力度条件下，间断全包裹加固柱的承载力提升幅度较间断包裹加固柱增大 7%；增大预应力度可以显著提高加固柱极限承载力，最大提高幅度可达 65.91%；被加固柱的延性也有所提高。

关键词：预应力 CFRP 布，加固，钢筋混凝土方柱，轴心受压性能，试验研究

Study on Axial Compressive Properties of RC Square Columns Strengthened with Prestressed Cfrp Sheets

Lu Chunlin[1,2]　　Wang Peng[1,2]　　Wang Qiang[1,2]　　Zhang Zheming[1,2]　　Li Bolin[1,2]

1. College of Civil and Architecture Engineering, Guilin University of Technology, Guilin 541004, China

2. Guangxi Key Laboratory of Rock-soil Mechanics and Engineering, Guilin 541004, China

Abstract：To research the compressive performance of reinforced concrete（RC）square columns strengthened with prestressed carbon fiber reinforced plastics（CFRP），axial compression tests were carried out on 3 sets of RC square columns（including 1 unreinforced contrasting columns and 9 reinforced columns）with different prestressing degree and the manner in which the parcel is wrapped. The failure mechanism were observed. The axial displacement of the component, the strain of concrete, reinforcement and CFRP and the ultimate capacity were measured. The mechanism of active restrained and the ductility of the columns were analyzed. Results show that：Compared with the contrast column, the higher the prestressing level and the package range of the CFRP, the stronger the lateral deformation constraint of the core concrete and the more obvious the increase of the capacity of the axial compression；the composite strengthening effect of prestressed CFRP cloth and ordinary CFRP cloth is better than that of prestressed CFRP cloth, the bearing capacity of prestressed CFRP cloth and ordinary CFRP cloth is increased by 7% than that of prestressed CFRP cloth under the same prestress level；increasing the prestressing level can significantly improve the ultimate bearing capacity of reinforced column, and the capacity is increased by up to 65.91%；the ductility of reinforced columns is also improved.

基金项目：国家自然科学基金项目（51568015）；广西自然科学基金项目（2012GXNSFGA060001）；广西岩土力学与工程重点实验室资助（2015-B-08）；桂林理工大学博士启动基金。

作者简介：卢春玲（1978—），女，重庆人，副教授，博士，E-mail：277342007@qq.com。

Keywords：prestressed CFRP cloth，strengthen，reinforced concrete square column，axial compression performance，experimental research

0　前言

目前，常用的预应力加固墩柱的方法有预应力钢套箍[1-2]、钢带[3]、纤维布[4-10]、钢绞线[11]等。相对于传统的加固材料，碳纤维增强复合材料（Carbon Fiber Reinforced Plastics，简称 CFRP）具有抗拉强度高，弹性模量高，耐腐蚀，良好的可设计性和施工可操作性强等优点，被广泛应用到钢筋混凝土加固中。

目前，预应力 FRP 布加固墩柱的研究主要集中在圆柱上[4-8]，预应力 FRP 布加固混凝土方柱的研究报道较少[9-10]。本文通过 1 根未加固的普通钢筋混凝土柱和 9 根预应力 CFRP 布加固方柱的轴压试验，探讨预应力度大小和包裹方式两个参数对预应力 CFRP 布加固混凝土方柱轴心受压力学性能的影响。

1　试验方案设计

1.1　试件设计

本试验共制作试验柱 10 根，柱的截面尺寸 300mm × 300mm，混凝土等级为 C30，为避免环向包裹的 CFRP 布在柱角出现局部应力集中，柱角的半径为 25mm 的弧角，柱配筋率均为 0.9%，混凝土保护层厚度为 25mm，为防止柱端破坏，在柱两端包裹 CFRP 布。试件参数设置见表 1。预应力度 λ 为碳纤维布的张拉应变与抗拉应变的比值。本试验采用的预应力 CFRP 布间断包裹（YJZ）、预应力 CFRP 布与普通 CFRP 布间断全包裹（YJQZ）及预应力 CFRP 布全包裹（YQZ）方式如图 1 所示。

表 1　试验参数设置表

Tab 1　Parameters of specimens

编号	预应力度 λ	包裹方式	编号	预应力度 λ	包裹方式
Z0	—	—	YJZ2	0.2	预应力 CFRP 间断包裹
YQZ0	0	普通 CFRP 布全包裹	YJZ3	0.3	预应力 CFRP 间断包裹
YQZ1	0.1	预应力 CFRP 布全包裹	YJQZ1	0.1	预应力 CFRP 布与普通 CFRP 间断全包裹
YJZ0	0	普通 CFRP 布间断包裹	YJQZ2	0.2	预应力 CFRP 布与普通 CFRP 间断全包裹
YJZ1	0.1	预应力 CFRP 间断包裹	YJQZ3	0.3	预应力 CFRP 布与普通 CFRP 间断全包裹

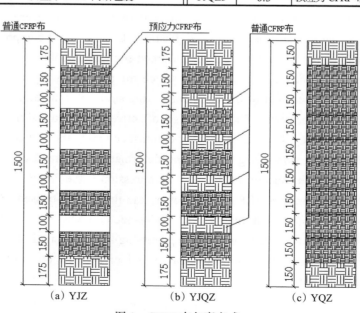

图 1　CFRP 布包裹方式

Fig.1　the wrapped manner of CFRP

本试验用 CFRP 布和浸渍粘结胶为北京卡本复合材料有限公司提供，CFRP 布型号规格为 CFS-I-300 型。测得钢筋、混凝土、浸渍胶和 CFRP 布的材料力学性能指标如表 2 所示。

表 2　材料性能指标
Tab 2　Material properties of materials

材料		抗拉强度 f_y（MPa）	抗压强度 f_c（MPa）	弹性模量 E（MPa）
混凝土		—	28.03	2.91×10^4
箍筋（HPB300）		345	—	2.1×10^5
纵筋（HRB400）		435	—	2.0×10^5
CFRP 布	厂家提供实测	3400	—	2.4×10^5
		3634	—	2.38×10^5
碳布浸渍粘结胶		58	—	2584

1.2　试验测量及加载方案

加载装置为 500 吨压力试验机，荷载和位移由控制系统直接测得。混凝土横向应变片布置在柱中部，钢筋及 CFRP 布应变片测点布置如图 2 所示。加载前先对构件进行对中，避免发生偏压，采用分级加载制，加载初期为 40kN 一级，加载速率为 0.5kN/min，加载至接近纵筋屈服时改为 10kN 一级，加载速率改为 0.2kN/min，接近破坏时改为 5kN 一级，加载速率不变。每级加载完后稳定 5min，采集应变并观察记录试验现象。

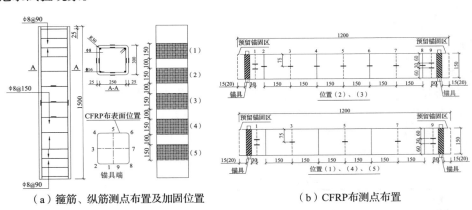

（a）箍筋、纵筋测点布置及加固位置　　　（b）CFRP 布测点布置
图 2　钢筋及 CFRP 布应变测点布置
Fig.2　Reinforcement and CFRP cloth strain gauge layout

2　试验现象

对比柱 Z0 呈典型的轴压破坏，加载到极限荷载的 60% 时柱顶开始出现裂缝。随着荷载的继续增加裂缝逐渐向中部延伸，加载到极限荷载的 90% 时，下部裂缝开始向上延伸，荷载达到极限荷载 1760kN 时，试件破坏，纵筋屈服。柱中部混凝土鼓起，混凝土保护层大面积脱落（见图 3a）。

预应力间断包裹的混凝土柱试件破坏时纵筋均屈服。荷载达到极限荷载的 90% 左右时，CFRP 布发出噼啪的脱胶声，且上部的两条 CFRP 布出现了应力突然增大的现象。其中 YJZ2 和 YJZ3 在达到极限荷载时布 1 和布 2 脱胶后发出剧烈的爆裂声，断裂后纤维布上粘着一层混凝土粗骨料，布 1 布 2 之间的混凝土

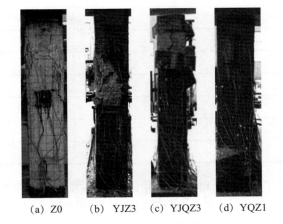

(a) Z0　(b) YJZ3　(c) YJQZ3　(d) YQZ1
图 3　加固柱典型破坏形态
Fig.3　The typical failure mode of strengthened columns

表面鼓起，保护层碎屑剥落，随着荷载不断增加，混凝土柱表面的裂缝不断发展，试件的变形不断增大，CFRP 布应变增加，由于预应力度为 0.2 和 0.3 的纤维布对试件提供的约束更强，延缓了裂缝的开展，未加固区混凝土的侧向约束小，裂缝开展迅速，CFRP 布间隔处混凝土被压溃（见图 3b），破坏较为突然。

预应力间断全包裹混凝土柱，裂缝的开展可以通过 CFRP 布的应变值来观察，荷载加载到极限荷载的 60% 左右时，碳纤维布上的应变增长幅度突然增大，出现微小的脱胶声，随着荷载的继续增加，非预应力包裹处的个别纤维丝起毛或断裂，达到极限荷载时各纤维丝的胶结编织作用丧失，此时 CFRP 布丧失了整体包裹约束的效果，构件的膨胀是由部分纤维丝来约束，由于各纤维丝之间的间隙较大，加之包裹位置处混凝土保护层已压碎，构件积蓄的能量在此处释放，发出巨大的爆裂声试件破坏。其中 YQZ0、YJQZ1、YJQZ2 三根试验柱破坏位置在布 1 和布 2 处，YJQZ3 破坏位置为柱下部最后一条布处（见图 3c）。

预应力全包裹加固混凝土柱，YQZ0 加载初期同对比柱一样无明显变化，荷载应变曲线呈线性关系，且 CFRP 布上的应变很小，增速缓慢。加载至 1400kN 时，纵筋屈服，布 1 的应变增速变大。加载至 2140kN，CFRP 布发出噼啪脱胶声。加载至极限荷载 2500kN 时，CFRP 布发出连续的噼啪开裂声，柱中上部鼓胀明显，伴随着巨大的声响，柱被压坏，破坏较为突然，属于脆性破坏。试件 YQZ1 加载至 1520kN 时，布 1 的应变值发生突变，柱顶裂缝开始发展。加载至 1920kN 时，布 2 的应变值开始发生突变，裂缝已从柱顶向下延伸至布 2 包裹位置处，加载至 2350kN 时，CFRP 布发出连续不断的噼啪声，直至破坏时发出很大的爆裂声，柱中部拐角位置处，布 2 的下缘多根纤维丝断裂，相邻的布 3 倒角位置沿整个幅宽断裂，混凝土压碎（见图 3d）。

3　试验分析

3.1　承载力分析

各试验柱的极限承载力如表 3 所示，提高幅度参照值为对比柱 Z0。由表 3 可知，预应力 CFRP 布加固钢筋混凝土方柱能有效提高其极限承载力，不同的包裹方式和预应力度对极限承载力的提高幅度不同，提高幅度在 20.1% ~ 65.91% 之间，且都明显高于非预应力加固柱。

表 3　试验柱极限承载力
Tab.3　Ultimate bearing capacity

编号	极限承载力 P_u（kN）	提高幅度（%）
Z0	1760	—
YJZ0	1951	10.85
YJZ1	2114	20.11
YJZ2	2301	30.74
YJZ3	2840	61.36
YJQZ1	2237	27.10
YJQZ2	2419	37.44
YJQZ3	2920	65.91
YQZ0	2225	26.42
YQZ1	2350	33.52

由图 4 可看出：相同的包裹方式下，CFRP 布的预应力度越大，承载力的提高幅度越大，且预应力由 0.2 增至 0.3 时承载力提高幅度尤其明显。说明在高预应力水平下，CFRP 布能更有效的约束核心混凝土裂缝的发展，三向受压状态更为明显，从而承载力提高的幅度更大；相同预应力水下极限承载力提高幅度为 YQZ>YJQZ>YJZ，说明全包裹比间断包裹对承载力的提高幅度更大。

3.2　构件变形特征及应变分析

由图 5 荷载 - 位移曲线可以看出：由于预应力 CFRP 布对混凝土提供了主动约束，使混凝土在加载初期就处于三向受压状态，加固柱的初始斜率均大于对比柱 Z0，说明约束混凝土的弹性模量得到一定程度提高，且预应力度越大，约束混凝土的弹性模量越大，相同预应力水下弹性模量的提高幅度为 YQZ>YJQZ>YJZ。

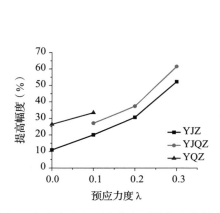

图 4　包裹方式和预应力度对承载力的影响

Fig.4　Influencing factors of bearing capacity

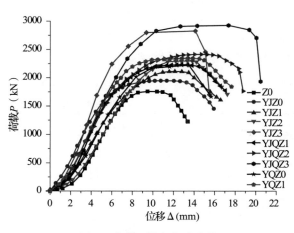

图 5　荷载 - 轴向位移曲线

Fig5　Load-axial displacement curves

当继续加载至接近极限荷载时，构件荷载 - 位移曲线均有一定的平台段，加固后试件的平台段均大于对比柱 Z0 有所增大，即破坏时的轴向位移有所增加，说明构件的延性得到改善。

图 6 为纵筋和混凝土荷载 - 应变关系曲线。从图 6 可看出：在加载初始阶段，柱的横向膨胀不明显，纵筋应变增速较混凝土横向应变快；加载至纵筋屈服后，混凝土裂缝不断产生、发展，其横向应变增速加大。临近破坏时，纵筋应变、混凝土横向应变增长很大。随预应力度加大，纵筋屈服时的荷载增大。在同级荷载、相同包裹方式下，预应力度越大，混凝土的横向应变越小。相同初始预应力度水平下，混凝土的横向应变 YQZ<YJQZ<YJZ。说明较大的预应力度或更严密包裹方式，更有利于有效约束混凝土的横向变形，延缓裂缝的开展，提高被加固柱的承载能力。

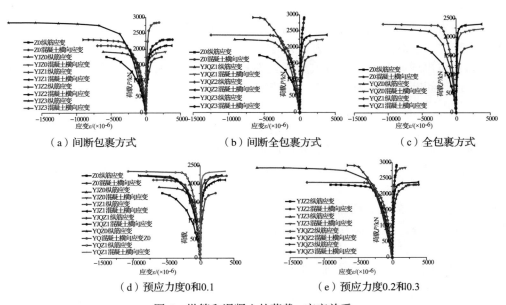

（a）间断包裹方式　　（b）间断全包裹方式　　（c）全包裹方式

（d）预应力度0和0.1　　（e）预应力度0.2和0.3

图 6　纵筋和混凝土的荷载 - 应变关系

Fig.6　Load strain relationship of longitudinal reinforcement and concrete

3.3 延性分析

试件的位移延性系数 μ_Δ [10] 按下式计算：

$$\mu_\Delta = \frac{\Delta_u}{\Delta_y} \tag{1}$$

式中：Δ_u 为试件达到极限荷载时的轴向位移；Δ_y 为试件中的纵向钢筋达到屈服时对应轴向位移。由表4可看出，加固后试件位移延性系数均大于对比柱。相同包裹方式下，预应力度越大，加固柱的位移延性系数越大。说明预应CFRP布加固能提高柱的延性，预应力度越大包裹范围越大，加固柱破坏时的变形能力越大，延性越好。

表 4　位移延性系数

Tab 4　Displacement ductility coefficient

编号	屈服荷载 P_y(kN)	Δ_y(mm)	Δ_u(mm)	μ_Δ
Z0	1640	9.22	11.28	1.22
YJZ0	1880	8.08	11.44	1.42
YJZ1	1964	9.20	12.13	1.32
YJZ2	1272	6.45	13.33	2.07
YJZ3	1948	7.90	13.67	1.73
YJQZ1	2060	7.16	10.22	1.43
YJQZ2	2080	8.15	14.70	1.80
YJQZ3	1927	11.15	19.34	1.73
YQZ0	1316	10.73	13.48	1.26
YQZ1	2260	8.69	13.37	1.54

4　结语

（1）与非预应力CFRP布加固相比，预应力CFRP布加固能将被动约束转化为主动约束，克服了纤维布的应力滞后，限制了混凝土的横向变形，有效提高被加固柱的承载力和延性。承载力最高提升幅度可达65.91%。

（2）在相同包裹方式下，预应力水平越高，承载力和变形能力提升越大；在同一预应力度下，对构件的包裹范围越大，承载力和变形能力提升越大。

（3）预应力全包裹或间断全包裹方式施工较为复杂，因此从施工方便性考虑，建议通过提高预应力度和包裹层数进行间断包裹加固，并进一步研究其加固效果。

参考文献

［1］郭子雄，黄群贤，阳刘，等. 横向预应力钢套箍加固 RC 柱研究综述［J］. 工程力学，2016，33（3）：1-9.

［2］郭子雄，黄群贤，阳刘，等. 预应力钢板箍加固 RC 短柱抗剪承载力试验研究［J］. 工程力学，2010，27（3）：138-144.

［3］张波，杨勇，刘义，等. 预应力钢带加固钢筋混凝土柱轴压性能试验研究［J］. 工程力学，2016（03）：104-111.

［4］周长东，白晓彬，赵锋，等. 预应力纤维布加固混凝土圆形截面短柱轴压性能试验［J］. 建筑结构学报，2013（02）：131-140.

［5］周长东，田腾，吕西林，等. 预应力碳纤维条带加固混凝土圆墩抗震性能试验［J］. 中国公路学报，2013，25（，72）：57-66.

［6］Tetsuo，Yamakawa，Mehdi Banazadeh，Shogo Fugikawa. Emergency Retrofit of Shear Damaged Extremely Short RC Columns Using Pre tensioned Aramid Fiber Belts［J］. Journal of Advanced Concrete Teehnology，2005，3（1）：95-

106.

［7］ A A Mortazavi, K Pilakoutas, K S Son. RC Column Strengthening by Lateral Pre-tensioning of FRP ［J］. Construction and Building Materials, 2003（17）: 491-497.

［8］ Z H YAN, C P Pantelides, L D Reaveley. Posttensioned FRP Composite Shells for Concrete Confinement ［J］. Composites for Construction, 2007, 11（1）: 81-90.

［9］ K Nakada, T Yamakawa. Axial compression tests of RC columns confined by aramid fiber belt prestressing ［C］. Switzerland: Fourth International Conference on FRP Composites in Civil Engineering: 22-24. July, 2008.

［10］ 程东辉，王丽，于雁南. 预应力碳纤维布加固混凝土方形截面短柱轴心受压试验 ［J］. 工业建筑. 2013, 43（1）: 49-54.

［11］ 郭俊平，邓宗才，林劲松，等. 预应力钢绞线网加固混凝土圆柱的轴压性能 ［J］. 工程力学，2014, 31（3）: 129-137.

先装拔出法检测活性粉末混凝土
外包型钢加固层强度研究

侯　琦[1]　卜良桃[2]

1. 湖南宏力土木工程检测有限公司，湖南长沙，410082
2. 湖南大学土木工程学院，湖南长沙，410082

摘　要：制作 15 组活性粉末混凝土外包型钢试件，对加固层抗压强度采用先装拔出法进行现场检测。活性粉末混凝土加固层采用为 100MPa、120MPa、140MPa、160MPa、180MPa 五种强度等级。试验结果表明，活性粉末混凝土外包型钢加固层各测点破坏形态均呈现较完整的倒圆锥形破坏，破坏体完整，测点优良率较高，得到的测强公式为 $f = 2.18F + 18.29$，通过统计学分析，证明该公式拟合优度良好，误差较小。与三种加固材料的先装拔出法测强曲线相比，活性粉末混凝土拟合曲线精度较高，斜率与钢纤维砂浆接近。研究成果对相关标准的修订与拓展拔出法在检测工程中的应用具有推广价值。

关键词：先装拔出法，活性粉末混凝土，加固层，强度

Study on the Strength of Ractive Powder Concrete Reinforced Layer on Structural Steel by Cast-in-place Pullout Method

Hou Qi[1]　　Bu Liangtao[2]

1. Civil Engineering Inspection and Test Limited Company of Hunan HongLi，Changsha 410082，China

2. College of Civil Engineering，Hunan University，Changsha 410082，China）

Abstract：Prepared 15 groups of steel specimens reinforced by ractive powder concrete layer，and proceed field test to detect the compressive strength of the reinforcement by layer pullout test. The strength grades of ractive powder concrete covers 100MPa，120MPa，140MPa，160MPa and 180MPa. The test results show that，the failure modes of each measuring point all present completely turbination. The destruction body is completely and the measuring point is of higher quality，the strength formula is f = 2.18F + 18.29，according to the statistical analysis，this formula is well fitted with small error. Compared with three kinds measure of other reinforcement materials by pullout test，the curve of reactive powder concrete is high-precision，and the slope is similar to that of steel fiber mortar. The research results have promotional value to revisiny relevant standards and expanding the application of pullout method on testing engineering.

Keywords：Cast-in-place pullout method，Ractive powder concrete，Reinforcement layer，Strength

0　前言

　　活性粉末混凝土强度高、韧性好、耐久性远优于普通混凝土[1]。采用外包活性粉末混凝土面层对型钢结构构件进行加固，不仅能充分发挥钢材力学性能、提高构件承载力[2]，同时，外包层具有强度高、密实性好的特点，能有效防止钢材受外界不良环境及介质侵蚀，为结构构件创造优良的耐久性和耐火性，解决了钢结构不耐腐蚀及防火性能差的缺点[3]。

基金项目：国家火炬计划（2013GH561393）；国家自然科学基金（51278187）。
作者简介：侯琦（1990），男，湖南长沙人，工程师，主要从事工程结构检测鉴定和加固理论与技术研究。

活性粉末混凝土在工程领域的应用已经日趋成熟。国内外学者进行了一系列试验研究，主要集中在原材料特性和活性粉末混凝土配筋试件的力学性能方面[4][5]。然而，对于活性粉末混凝土外包型钢加固层强度的现场检测，尚缺乏完善的理论研究与工程应用。

作为一种成熟而高效的检测方法，拔出法在工程领域有很好的应用前景。

拔出法是通过测试拔出法推定构件材料强度。国外的拔出法起源于 19 世纪 30 年代，最初采用带膨胀端头的钢筋拉拔试验测试拔出力，随后不断改进总结得到了高精度的标准化测试仪器和检测技术[6]。湖南大学相关团队将拔出法检测技术从混凝土强度检测推广到水泥砂浆实体、纤维砂浆实体、加固薄层等领域，取得了一系列成果[7]。目前我国已颁布《后锚固检测混凝土技术规程》（JGJ/T 208—2010）[8]、《拔出法检测混凝土强度技术规程》(CECS69：2011）[9]、《拔出法检测水泥砂浆和纤维水泥砂浆强度技术规程》(CECS389：2014)[10]，为上述成果推广应用奠定了坚实基础。

随着活性粉末混凝土材料被运用到新建建筑及加固工程中，对于该材料强度检测，仅通过留置试块进行抗压强度试验无法满足工程需求。特别是活性粉末混凝土外包型钢加固层，其厚度较薄，目前与之相适用的现场无损检测方法研究较少，且无相关专门的技术标准。为此，笔者采用拔出法对强度等级为 100MPa、120MPa、140MPa、160MPa、180MPa 的活性粉末混凝土外包型钢面层进行现场检测，拓展拔出法在超高强度混凝土材料强度检测领域的应用。

1　试验设计

1.1　试验材料及仪器

本试验设置了一批活性粉末混凝土外包型钢加固的拔出法试件。试件型钢骨架采用 14 号工字钢，截面尺寸 $h \times b \times d \times t$ = 140mm × 80mm × 5.5mm × 9.1mm，型钢长度 0.6m。试件共制作 15 个，分别采用强度等级为 100MPa、120MPa、140MPa、160MPa、180MPa 的活性粉末混凝土进行外包加固。

外包加固层采用湖南固力工程新材料有限责任公司生产的活性粉末混凝土干粉料，根据推荐用水量 10%、9.5%、9%、8.5%、8%，分别试配制成 RPC100、RPC120、RPC140、RPC160、RPC180 五种材料。

试验仪器：压力试验机、拔出法强度检测仪（带圆环式支承），锚固件及配套的固定装置。

1.2　试件制作

先装拔出法的特点是在原材料硬化之前预先埋入锚固件，试件硬化达到强度后再进行拔出试验。考虑到端固件内侧基层对锚固效果无明显影响。外包加固层抹压厚度 40mm，与工程实际应用较多的情况相适应，先装拔出法法锚固件的锚固深度定为 25mm，选在型钢腹板一侧，这样既可避开型钢骨架对拔出试验结果的影响，又可避免拔出试验后对构件内部造成损伤。

先装拔出法试件共制作 15 个，每种强度等级制作 3 个，单个试件尺寸 250mm × 250mm × 600mm。制作拔出法试件的同时预每个试件留 3 个 100mm × 100mm × 100mm 的立方体试块进行同条件养护。

浇筑拔出法试件外包层的活性粉末混凝土时，在构件侧面安装锚固件，采用外加支撑固定的方式，使锚固件位置稳固且保持锚固件轴线方向与浇筑面垂直。各测试点锚固件之间距离不小于 200mm，每个腹板侧面可布置 2 个测点，一个试件即可布置 4 个先装拔出法测点（试验时任意选择 3 个测点，另 1 个作为补测备用）。

试件制作示意图如图 1 所示。

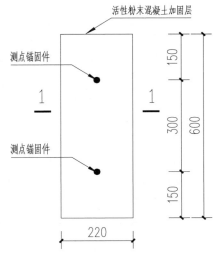

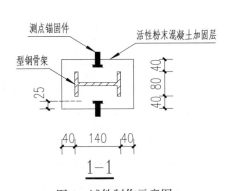

图 1　试件制作示意图
Fig.2　Diagram of test specimen

1.3　试件养护

根据活性粉末混凝土材料特性，将各先装拔出法试件及同条件制作的立方体试块静停后置于水池内，用 80℃水温升温养护 72h，然后进行自然养护 7 天[11]。

1.4　先装拔出法试验

试件养护完成后，对各先装拔出法测点进行拔出试验。先装拔出法试验参照现行国家标准进行。将拔出法检测仪与锚固件连接，套装圆环式反力支承，连续均匀地施加拔出力，测点破坏时，记录极限拔出力值。

在每个先装拔出法试件上选取三个测点，记录其极限拔出力。当极差不大于中间值的 15% 时，取其平均值作为该试件先装拔出力代表值。对于数据明显异常或偏离较大的测点，弃除该点，在同一试件上增加测点数量进行补测。

1.5　立方体抗压强度试验

每组试件进行拔出试验的同时，将同条件养护的立方体试块置于压力试验机上，进行抗压强度试验，加载速率为 1.2MPa/s ～ 1.4MPa/s[11]。详见图 2。

图 2　测点破坏形态

Fig.2　Failure mode of measuring point

2　试验数据及结果分析

各试件先装拔出法测点的拔出力和同条件制作的试块抗压强度代表值如表 1 所示。

表 1　试验数据

Table.1　Experimental data

试件编号	测点先装拔出力（kN）			先装拔出力代表值（kN）	试块抗压强度代表值（kN）
A1	42.3	41.0	41.2	41.5	110.1
A2	38.5	36.8	39.0	38.1	101..4
A3	38.7	39.6	42.6	40.3	106.9
B1	46.3	46.9	44.2	45.8	115.3
B2	47.2	48.1	51.4	48.9	128.7
B3	50.5	46.4	44.7	47.2	126.4
C1	51.3	55.0	53.3	53.2	134.9
C2	57.4	55.2	56.6	56.4	133.4
C3	56.3	57.8	62.3	58.8	140.7
D1	65.1	66.8	62.2	64.7	156.1
D2	64.7	66.0	68.8	66.5	161.8
D3	64.0	61.4	60.9	62.1	150.3
E1	67.3	70.4	66.9	68.2	170.8
E2	68.1	68.5	71.3	69.3	176.5
E3	73.6	70.2	74.6	72.8	178.1

根据上述试验结果，采用最小二乘法对立方体抗压强度与拔出力进行线性拟合。其中，活性粉末混凝土外包型钢加固层先装法强度拟合公式为：$f_{cu} = a \cdot F + b$，其中 F 为试件先装拔出力代表值，f_{cu}

为按照拟合公式求得的抗压强度推定值。将表 1 中数据代入公式求得 $a = 2.18$，$b = 18.29$。采用 origin 软件绘制的测强曲线如图 3 所示。

根据统计学原理对该方法进行拟合优度评价与误差分析。判决系数

$$R^2 = \frac{\sum (F_i - \overline{F})(f_{cui} - \overline{f}_{cui})}{\sum (F_i - \overline{F})^2} \qquad (1)$$

其中，f_{cui} 各试件实测抗压强度代表值，$\overline{f}_{cui}$ 为各试件实测抗压强度代表值的平均值，F_i 为各试件实测先装拔出力代表值，$\overline{F}_i$ 为各试件实测先装拔出力代表值的平均值。

$R^2 = 0.912 \approx 1$。表明求公式拟合效果好，两个量之间线性关系明显。结合统计学计算方法，求得相对标准差为 5.64%，处于较小水平[12]。

3　试验现象

拔出力开始施加时，反力圆环与加固面层紧密贴合。随着拔出力不断增大，测点处呈现"咝咝"的撕裂声，这主要是锚固区域内微裂缝产生与开展的结果，同时，由于活性粉末混凝土材料中金属短纤维成分的桥联作用，应力集中区金属纤维投入工作并被拉断，最终在拔出力达到峰值后，测点区域加固层破坏[13]，破坏体与试件脱离。取出反力圆环后可以观察到完整的破坏体，形态呈倒锥形，锚固件无变形或断裂，破坏面可见明显的断裂纤维（如图 4 所示）。本次试验 15 个加固试件，各测点在拔出试验后均呈现完整的倒圆锥形破坏体。这主要是由于活性粉末混凝土密实性好，采用外包面层的方式对型钢进行加固时，仅 40mm 时亦可对芯部型钢骨架起到很好的防护作用。本文依托的试验，锚固深度为 25mm，基层及型钢骨架对拔出力试验影响很小，锚固件周边拔出力作用区完全位于加固层中，因而能呈现较规则的破坏形态。

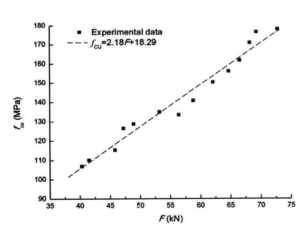

图 3　活性粉末混凝土加固层先装拔出力与抗压强度关系曲线

Figure 3　relation curve with cast-in-place pullout force and compressive strength of reactive powder concrete layer

图 4　测点破坏形态

Fig.4　Failure mode of measuring point

4　不同加固材料对比分析

锚固深度，材料种类对先装拔出法试验结果都有显著影响。笔者参与研究了普通水泥砂浆、合成纤维砂浆、钢纤维砂浆三种加固面层的先装拔出法试验[7][14]，结合本文所依托的试验结果，各种加固材料先装拔出法公式见表 2。其中普通水泥砂浆曲线范围在 M50 以下，合成纤维和钢纤维砂浆曲线范围在 M100 以下，本次试验的活性粉末混凝土曲线范围在 100 ～ 180MPa 之间，拓展了该现场检测方法的适用范围。

表 2　不同材料参数对比

Tab.2　Comparison of different material parameters

拟合公式参数	a 值（斜率）	b 值（截距）
普通水泥砂浆加固层	4.83	−24.47
合成纤维砂浆加固层	5.16	−16.44
钢纤维砂浆加固层	3.50	−4.02
活性粉末混凝土加固层	2.18	18.29

　　通过对比可知，四条曲线中，活性粉末混凝土加固层采用先装拔出法检测的拟合曲线斜率最小，钢纤维砂浆加固层次之（如图 5 所示），合成纤维砂浆加固层最大。这主要是由于在高强度区间，活性粉末混凝土加固层测得的拔出力对强度变化不如其他材料敏感，两个强度等级差别较小的试件，其拔出力值差异会很明显，说明对于活性粉末混凝土加固层，先装拔出法试验结果显著而有效。而合成纤维砂浆由于其中掺入了柔性的短纤维，在制备加固层原材料时，材料匀质性的差异容易造成试验精度低于其他几种材料，因而在差异很小两个拔出力值便对应了两个相差很大的强度等级，这样进一步反映了在先装拔出法现场检测时对于精度控制的必要性。通过对比可知，活性粉末混凝土拟合曲线精度较高，适用的材料强度范围区间较高，其斜率与钢纤维砂浆接近，这主要是由于两者的组份中均有金属纤维存在，高强度的钢纤维砂浆性能表现与活性粉末混凝土类似。

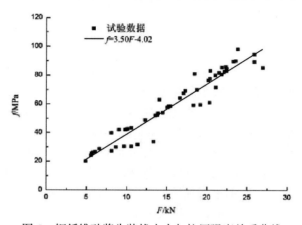

图 5　钢纤维砂浆先装拔出力与抗压强度关系曲线

Figure 5　Relation curve with cast-in-place pullout force and compressive strength of steel fiber cement mortar

5　结论

　　（1）活性粉末混凝土的外包型钢加固层采用先装拔出法测强公式为 $f = 2.18F + 18.29$，其拟合优度良好，误差较小，丰富了相关规范的公式和曲线。

　　（2）活性粉末混凝土外包型钢加固层各测点破坏形态均呈现较完整的倒圆锥形破坏，破坏体完整，说明在此锚固深度下试验现象较理想，测点优良率较高，结果稳定，适于在加固工程推广应用。

　　（3）与水泥砂浆、合成纤维砂浆、钢纤维砂浆的先装拔出法测强曲线相比，活性粉末混凝土拟合曲线精度较高，适用的材料强度范围区间较高，其斜率与钢纤维砂浆接近。

　　（4）先装拔出法检测活性粉末混凝土外包型钢加固层的方法具有操作简便，精度高的特点，对相关标准的修订与拓展其在检测工程中的应用具有推广价值。

参考文献

［1］王德辉，史才军，吴林妹. 超高性能混凝土在中国的研究和应用［J］. 硅酸盐通报，2016，35（01）：141-149.

［2］屈文俊，秦宇航. 活性粉末混凝土（RPC）研究与应用评述［J］. 结构工程师，2007，05：86-92.

［3］卜良桃，刘鼎. 通过外包活性粉末混凝土型钢梁抗弯性能试验研究［J］. 铁道科学与工程学报，2018，15（02）：389-397.

［4］卜良桃，姚江. 型钢外包活性粉末混凝土柱偏压性能试验研究［J］. 湘潭大学自然科学学报，2017，39（03）：18-23.

［5］Ibrahim M A，Farhat M，Issa M A，et al. Effect of Material Constituents on Mechanical and Fracture Mechanics Properties of Ultra-High-Performance Concrete［J］. Aci Materials Journal，2017，114（3）：453-465.

［6］ JENSEN B C，Braestrup M W. Lok-tests determine the compressive strength of concrete ［M］. Nord. Betong，1976.

［7］ 卜良桃，侯琦. 先装拔出法检测水泥砂浆薄层强度现场试验研究 ［J］. 湖南大学学报（自然科学版），2015，42(05)：53-57.

［8］ 中华人民共和国行业标准. JGJ/T 208—2010. 后锚固检测混凝土技术规程 ［S］. 北京：中国建筑工业出版社，2010.

［9］ 中国工程建设标准化协会. CECS69：2011 拔出法检测混凝土强度技术规程 ［S］. 北京：中国计划出版社，2011.

［10］ 中国工程建设标准化协会. CECS 389：2014. 拔出法检测水泥砂浆和纤维水泥砂浆强度技术规程 ［S］. 北京：中国计划出版社，2015.

［11］ 中国国家标准化管理委员会. GB/T 31387—2015. 活性粉末混凝土 ［S］. 北京：中国标准出版社. 2015.

［12］ 张忠占，谢田法，杨振海. 应用数理统计. 北京：高等教育出版社，2011，1-7.

［13］ 王金山，李海文，石磊，王安. 拔出法检测混凝土强度技术破坏机理研究综述 ［J］. 建筑结构，2010，40（S2）：562-565.

［14］ 卜良桃，刘德成. 纤维水泥砂浆用先装拔出法检测强度的制订标准研究 ［J］. 湖南大学学报（自然科学版），2015，42（7）：56-61.

改性氯氧镁水泥结构性能试验研究

孙　浩

山东建筑大学，山东济南，250101

摘　要：氯氧镁水泥是由氧化镁和氯化镁溶液反应生成的一种气硬性胶凝材料。这种水泥具有高强度，高折压比等普通水泥混凝土无法比拟的性能。本文通过试验测试氯氧镁水泥在加入有机溶液后的改性状况，为今后氯氧镁水泥构件的加工及设计提供参考。

关键词：氯氧镁水泥，改性，强度，折压比

Experimental Study on Structural Properties of Modified Magnesium Oxychloride Cement

Sun Hao

School of Shandong Jianzhu University，Shandong Jinan，250101，China

Abstract： Magnesium oxychloride cement is an air-hardening cementitious material formed by the reaction of magnesium oxide and magnesium chloride solution.This kind of cement has high strength and high folding pressure ratio，which is the unmatched performance of ordinary cement concrete.This article tests the modification status of magnesium oxychloride cement after adding organic solution，and provides reference for the processing and design of magnesium oxychloride cement components in the future.

Keywords： magnesium oxychloride cement，modification，strength，compression ratio

0　引言

　　氯氧镁水泥是由 MgO 粉末与 $MgCl_2$ 溶液混合而成的气硬性胶凝材料，具有一系列优良性能[1]：①凝结硬化快；②很好的机械强度；③弱碱性和低腐蚀性；④良好的耐磨性；⑤粘结性好；⑥阻燃性能好；⑦隔热性强；⑧良好的抗渗性，且价格低廉。但是耐水性差，且也要进一步改善氯氧镁水泥的流动性和对碳纤维的渗透性，目前有关氯氧镁水泥反应机理已有较多研究[2-4]，本文通过对氯氧镁水泥中加入有机溶液来测试氯氧镁水泥抗压，抗折性能；通过本文工作，测试改性的氯氧镁水泥的结构强度，为今后氯氧镁水泥构件的加工及设计提供参考。

1　试验

1.1　原材料及配比

　　试验用氯氧镁水泥（MOC 水泥）原材料为：氧化镁，氯化镁，水，硅灰粉（SF），磷酸二氢钾晶体（KDP），原材料配比见表 1。

　　其中：MgO：SF = 10：1（质量比）SF 硅灰粉

　　试验需要材料设备：环氧乳液，苯丙乳液，混凝土搅拌机，电液伺服万能试验机。

　　作者简介：孙浩，1994，男，硕士。E-mail：463960047@qq.com，山东省济南市历城区凤鸣路 1000 号山东建筑大学。

表 1　氯氧镁水泥配方

原料	MgO 活性
	搅拌时间（1'30″～2'）
MgO + SF（固体）	1000g
MgCl$_2$（固体）	454g
KDP（固体）	23.6g
水	200g
抗压强度（MPa）	70～130
抗折强度（MPa）	15～20

1.2　试验概况

按照氯氧镁水泥配方（图 1），先将 MgO 和 SF 粉末倒入搅拌锅中，放入水，再加入 MgCl$_2$，加入 KDP 固体，最后加入不同比例的有机溶液，环氧乳液和苯丙乳液，比例为 2% 和 5%；配制出水泥浆体，利用混凝土搅拌机（图 2），把材料搅拌均匀，制成水泥试块（图 3），制成的水泥试块养护 28 天后在电液伺服万能试验机（图 4）进行试验，测量水泥试块的抗压和抗折性能。

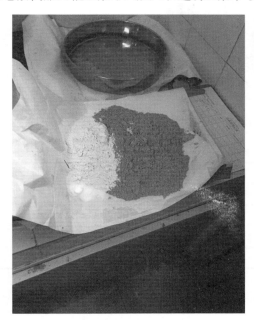

图 1　氯氧镁水泥配方

图 2　混凝土搅拌

图 3　制作试块

图 4　进行试验

2　试验结果及分析

先对水泥试块进行抗折强度试验，在加载过程中没有明显变化，加压面突然破坏，水泥试块断裂成两块，其断面光滑，无明显破损，见图 5。然后进行抗压强度试验，断裂后的水泥试块在加载过程中逐渐破损，加载面突然破坏，水泥试块被压坏后加载停止。每组试验取两块试块进行数据测量，具体破坏荷载和剪切强度见表 2（加入苯丙乳液），表 3（加入环氧乳液）。

图 5　试块断裂后情形

表 2　试验结果

试件名称	抗压破坏荷载 / 剪切强度	抗折破坏荷载 / 剪切强度
苯丙乳液 2%（1）	144.6kN/19.3MPa	4147.9N/9.7MPa
苯丙乳液 2%（2）	151.0kN/20.1MPa	4173.5N/9.9MPa
苯丙乳液 5%（1）	132.6kN/17.5MPa	3753.6N/8.8MPa
苯丙乳液 5%（2）	128.7kN/17.1MPa	3715.4N/8.5MPa

表 3　试验结果

试件名称	抗压破坏荷载 / 剪切强度	抗折破坏荷载 / 剪切强度
环氧乳液 2%（1）	106.6kN/66.6MPa	6758.2N/15.8MPa
环氧乳液 2%（2）	101.8kN/63.7MPa	6066.8N/14.2MPa
环氧乳液 5%（1）	85.6kN/53.5MPa	3753.5N/8.8MPa
环氧乳液 5%（2）	81.0kN/50.6MPa	2847.7N/6.7MPa

　　根据试验结果得出，对于环氧乳液来说，其改性氯氧镁水泥强度相比未加环氧乳液的氯氧镁水泥来说，抗压强度和抗折强度均减小，且掺量越大，强度降低越多，对于苯丙乳液来说，其改性氯氧镁水泥强度相比未加苯丙乳液的氯氧镁水泥来说，抗压强度和抗折强度均减小，且掺量越大，强度降低越多，但相比于加入环氧乳液的氯氧镁水泥来说，其改性效果优于环氧乳液，因为苯丙乳液对氯氧镁水泥耐水性优于环氧乳液。

3　结论

　　通过添加有机溶液的氯氧镁水泥试块的静力加载试验可知：加少量聚合物乳液效果较佳，用量越多，改性效果越差[5]，因为聚合物用量少，在体系中不能形成连续的聚合物薄膜，对水泥耐水性改性效果不佳，用量多时，耐水性提高。对于环氧乳液，在氯氧镁水泥成膜性较差，改性效果不理想，这是主要原因。而且聚合物乳液只在失水才成膜，如果失水后不成模，乳液中颗粒仅会干燥堆积，堆积物强度很低，所以适当的水灰比是成膜质量因素之一，相比环氧乳液，苯丙乳液的改性效果较强[6]。

　　总之，随着研究的不断深入，氯氧镁水泥存在的缺陷将来会不断被解决，氯氧镁水泥将以环保，节能，阻燃等方面的优势立足市场。随着经济持续增长，新型建材的需求持续上升，特别是广大农村及西部地区市场发展潜力十分广阔，改性的氯氧镁水泥必定有着广阔的发展空间。

参考文献

［1］　王英姿，邱振新，王翔. 浅谈氯氧镁水泥制品的性能及发展状况［J］. 山东建材，2000，8（4）：38-40.

［2］　CUI Chong，MA Baoguo，CUI Kehao，et al；Study on hydration mechanism and kinetics of magnesium［J］. Journal of Wuhan University of Technology，1994，16（2）：37-41.

［3］　张传镁，邓德华. 氯氧镁水泥耐水性及其改善的研究［J］. 硅酸盐学报，1995，23（6）：673-679.

［4］　张传镁，邓德华. 氯氧镁水泥中水合物相的形成机理［J］. 硅酸盐学报，1999，29：1365.

［5］　邓德华. 磷酸根离子对氯氧镁水泥水化物稳定性的影响［J］. 建筑材料学报，2002，5（1）：9-12.

［6］　郭昌奎，余学飞，刘文清，包建国，敖秀英. 氯氧镁水泥的稳定性［J］. 云南建材，1997，（4）：35-40.

内嵌 GFRP 筋加固混凝土梁
二次受力性能试验研究

张海霞　　刘　琪　　王思晴　　刘达峰

沈阳建筑大学土木工程学院, 辽宁沈阳, 110168

摘　要: 为了探究二次受力对内嵌 GFRP 筋加固混凝土梁受力性能的影响, 试验采用直接加固受力、持载加固受力、卸载加固受力三种受荷形式, 对 3 根加固梁和 1 根对比梁进行抗弯性能试验, 分析试件的受力过程和破坏模式; 研究试件荷载 - 跨中位移关系曲线、钢筋和 GFRP 筋荷载 - 应变关系曲线以及 GFRP 筋应变随位置变化规律。试验结果表明, 内嵌 GFRP 筋加固方法对梁的各个阶段承载力有明显地提高作用, 其加固效果优越, 但破坏时脆性特征较为明显。二次受力加固梁由于 GFRP 筋滞后应变的影响, 其各个阶段的承载力与直接加固受力梁相比, 均有较大程度的降低, 而完全卸载加固梁与持载加固梁相比, 各个阶段的承载力均有所提高, 梁加固前初始荷载的影响不容忽视。

关键词: 内嵌 GFRP 筋, 持载加固, 卸载加固, 抗弯性能

Experimental Study on Bearing Capacity Behavior of Concrete Beam Strengthened with NSM GFRP bars under Sustained Loading

Zhang Haixia　　Liu Qi　　Wang Siqing　　Liu Dafeng

School of Civil Engineering, Shenyang Jianzhu University, Shenyang 110168, China

Abstract: In order to investigate the effect of secondary loading on the bearing capacity behavior of reinforced concrete beam with near-surface mounted (NSM) GFRP bars, three strengthened beams and one control beam are carried out based on directly strengthening, strengthening under sustained loading and unloading in this paper. The bearing capacity process and the failure mode of the specimens are analyzed. The load-deflection relationship, the load-strain curve of steel and GFRP bars, the strain distribution of GFRP bars with the position are discussed based on measured data. The experimental results show the bearing capacity of the beam strengthened with NSM GFRP bars at each behavior stage has been significantly enhanced. However, the brittle characteristic of the strengthened beam when its failure occurred is obvious. Because of GFRP bars strain-lag, the bearing capacity at each behavior stage of the strengthened beam under secondary loading has largely reduced, compared to the directly strengthened beam. Compared with the strengthened beam under sustained loading, the bearing capacity at each behavior stage of the strengthened beam under completely unloading has increased. The influence of initial load should be ignored before the beam has been strengthened.

Keywords: Near Surface Mounted (NSM) GFRP Bars, Strengthening under sustained loading, Strengthening under unloading, Flexural behavior

基金项目: 国家自然科学基金资助项目 (51208316); 辽宁省高等学校优秀科技人才支持计划项目 (LR2015055)。

作者简介: 张海霞 (1976—), 女, 博士, 教授, 主要从事新型 FRP 混凝土结构、结构性能加固、组合结构等领域的研究。

0　前言

内嵌 FRP 筋加固方法（NSM-FRP）是将需要加固的构件表面进行开槽处理，然后将粘结剂注入槽中，再将 FRP 筋放入，最后再次灌入粘结剂填平凹槽，形成整体以改善结构性能的方法[1-3]。由于内嵌加固方法对 FRP 筋有效保护，提高了构件的耐久性能。该方法具有施工方便、应用时效长，加固后维修费用低；加固后不改变结构的外观和形状等优点[4-5]。近年来，该修复方法作为一种有效的加固方法已经被成功地应用于混凝土结构、砌体结构等加固修复中。然而在实际工程中需要加固的混凝土梁大多已经受荷损伤，在进行加固时，混凝土构件仍需要继续承担部分或全部荷载，梁在这种状态下即属于"二次受力"。目前，对 NSM-FRP 加固混凝土梁研究多集中于一次受力下受力性能[6-8]，这对于结构加固前恒载较小的情况，影响不大。然而对于结构恒载较大的情况，这种计算不可避免的过高估算了构件的实际抗弯承载力。国内外关于二次受力对 NSM-FRP 筋加固混凝土梁加固效果影响的研究[9-12]还很有限。因此本文对内嵌 GFRP 筋加固混凝土梁进行直接加固受力、持荷加固受力和完全卸载加固受力的抗弯性能试验研究，为工程实践提供应用建议。

1　试验概况

本次试验共设计了 4 根矩形截面简支梁，其中 1 个是对比梁，3 根加固梁。梁截面尺寸均为 150mm×250mm，跨度为 1250mm，有效长度为 1100mm，混凝土强度设计等级为 C30，保护层厚度为 30mm。梁内纵向受拉钢筋采用 HRB400 级钢筋，架立筋采用 HPB300 级钢筋，箍筋采用 HPB300 级双肢箍。试件截面尺寸及配筋情况如图 1 所示。试件明细见表 1 所列。

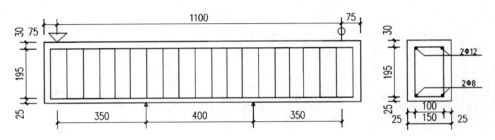

图 1　试件截面尺寸及配筋

Fig.1　Design details of the specimens

表 1　试验梁明细及试验结果

Table 1　Details and test results of the test beams

试件编号	GFRP 筋直径 (mm)	荷载历史	开裂荷载 P_{cr}(kN)	屈服荷载 P_y(kN)	极限荷载 P_u(kN)	屈服位移 Δ_y(mm)	极限位移 Δ_u(mm)	$\dfrac{P_y}{P_{yC}}$	$\dfrac{P_u}{P_{uC}}$	破坏形式
DB	—	—	45	105	160	2.551	22.43	—	—	①
G1	10	直接加固	55	131.2	186.5	2.14	9.06	1.249	1.165	②
G2	10	加载到 50kN 后持荷加固	46	110.8	168.3	2.035	12.27	1.055	1.047	②
G3	10	加载到 50kN 后完全卸载加固	45	120	178.3	2.065	16.4	1.143	1.109	③

注：破坏形式：①适筋破坏；②GFRP 筋胶层劈裂，同时带周边小块混凝土碎屑剥离破坏；③GFRP 筋胶层劈裂。表中 P_{yC}、P_{uC} 分别为对比试件 DB 的屈服荷载和极限荷载；P_y/P_{yC}、P_u/P_{uC} 分别为各试件与对比试件屈服荷载比值和极限荷载比值。

为了便于原梁在持荷的过程中进行内嵌 GFRP 筋的注胶和植筋，本试验采用反向四点弯曲加载，试验采用千斤顶配合反力架的反向加载装置，见图 2 所示。加固梁在试验过程中先施加初始荷载，之后进行持荷或卸载加固，并养护 3 天，待结构胶达到强度时，开始进行加固梁的二次受力。试验采用分级加载，其中对比梁加载级别控制在理论破坏荷载的 5%。

图 2　试验加载装置
Fig.2　Test setup

2　试验结果及分析

2.1　受力过程和破坏模式

DB 对比梁未嵌入 GFRP 筋，与其它试验梁一样，均按适筋梁设计，其极限荷载为 160.7kN，破坏模式均为典型的适筋梁破坏。本文以 G1 梁为例，分析加固梁的受力过程。

G1 加固梁在荷载达到 55kN（29.5% 极限荷载）时，试件在靠近跨中位置处出现首条微裂缝；随着荷载的增大，纯弯段内不断出现新的裂缝；当荷载增加到 70kN（37.5% 极限荷载）时，结构胶开裂，且裂缝逐渐延伸且向受压区开展；当荷载达到 86.5kN（46.4% 极限荷载）左右时，GFRP 筋一侧端部附近出现首条斜裂缝，并随着荷载的增加迅速向下发展；荷载达到 130.3kN（69.8% 极限荷载）时，加固梁屈服；直至荷载达到 186.5kN 时，GFRP 筋一侧端部混凝土剥离成若干小块体，受拉区混凝土保护层有脱落趋势，而受压区混凝土未被压坏，梁破坏。G3 加固梁为完全卸载后加固，其破坏位置与 G1、G2 梁相同，不同的是该处仅结构胶劈裂，未有混凝土块体剥离现象，受拉区混凝土保护层基本完好。图 3 为 G1-G3 梁的破坏形态。表 1 详尽给出了各试件的开裂荷载、屈服荷载及极限荷载。

（a）加固梁 G1　　　　　　　（b）加固梁 G2　　　　　　　（c）加固梁 G3

图 3　加固试件破坏模式

Fig.3　Failure mode of the strengthened specimen

2.2　荷载 - 跨中位移关系曲线

图 4 为各试件的荷载 - 跨中位移关系曲线。从图中可以看出，对比梁 DB 和加固梁 G1 的荷载 - 跨中位移关系曲线分为三个阶段，即未裂阶段、屈服阶段和破坏阶段。在未裂阶段，曲线基本呈线性变化。随着荷载的增加，跨中位移逐渐增大，截面刚度较开裂前有所下降，加固梁 G1 此阶段的刚度明显大于对比梁，直至梁内纵向钢筋达到屈服，曲线出现第二个转折点。屈服后，梁进入破坏阶段，对比梁曲线平缓上升，而加固梁 G1 曲线上升较为陡峭，更接近于直线，截面刚度下降明显，但加固梁截面刚度仍然比对比梁大，直至加固梁 GFRP 筋胶层劈裂，周围混凝土压碎，梁破坏。破坏时，加固梁 G1 的极限承载力与对比梁相比提高了 16.5%，而破坏时的跨中位移则减少了 59.6%。加固梁 G2、G3 的荷载 - 跨中位移关系曲线同样可以划分为三个阶段，即加固前阶段、屈服阶段和破坏阶段。本文以一次受荷停止点为曲线拐点。加固梁 G2 在持载基础上，继续加载，进入第二个阶段，直至梁内受拉钢筋屈服。破坏阶段，荷载持续上升直至 GFRP 筋胶层劈裂，周边小块混凝土压碎，梁破坏。破坏时，加固梁 G2 的极限承载力与对比梁相比提高了 5.2%，与加固梁 G1 相比降低了 9.7%。加固梁 G3 卸载后重新加载至 50kN 时，梁跨中位移比第一次加载时略大，说明其初始挠度未能完全恢复。随着荷载的继续增加，在屈服阶段，其截面的刚度与其他加固梁基本一致，屈服荷载与对比梁和加固

梁 G2 相比分别提高了 14.3% 和 8.3%，而与加固梁 G1 相比，则降低了 8.5%。屈服后，荷载持续增加，跨中位移发展较为迅速，加固梁 G3 的截面刚度与加固梁 G2 相比略大，且基本与 G1 相同，直至 GFRP 筋胶层劈裂，梁破坏。破坏时，加固梁 G3 的极限荷载与对比梁和加固梁 G2 相比分别提高了 11.4% 和 5.9%，而与加固梁 G1 相比，则降低了 4.4%。

由此可见，加固梁的屈服荷载和极限荷载较对比梁均明显提高，但延性性能有所降低。二次受力加固梁各个阶段的承载力与一次受力加固梁相比，均有较大程度的降低。而完全卸载加固梁与持载加固梁相比，各个阶段的承载力均有所提高。故此，梁加固前初始荷载的影响不容忽视。如能在原梁加固前进行卸载，则可提高梁的极限承载能力，同时改善梁加固后的延性性能。

2.3　钢筋、GFRP 筋荷载 - 应变曲线

图 5 为典型加固梁 G3 荷载与跨中附近位置处钢筋、GFRP 应变的关系曲线。曲线中符号"S"表示钢筋、"F"表示 GFRP 筋。从图中可以看出：梁开裂前，跨中位置处的钢筋和 GFRP 筋应变均较小，而两者应变值几乎相同，呈线性缓慢增长。随着荷载的增大，各加固梁进入屈服阶段后，钢筋和 GFRP 筋应变增长较快，此阶段加固梁 G1 的钢筋和 GFRP 筋应变值增长幅度基本相同，梁屈服时 GFRP 筋的应变值均小于钢筋的应变值。加固梁屈服后，随着荷载的继续增加，GFRP 筋承担大部分拉应力。由此可见，加固梁在屈服前，尽管 GFRP 已参与工作，但其应变增长速度与钢筋应变增长速度相差不大，甚至其应变值略小于钢筋应变值，这说明二次受力加固梁中 GFRP 筋抗拉性能未能发挥，存在滞后应变，截面拉力大部分由钢筋承担。加固梁屈服后，GFRP 筋才真正发挥作用，其应变值迅速增大，截面增加的拉力主要由 GFRP 筋来承担，表现出较高的抗拉性能，直至梁破坏。

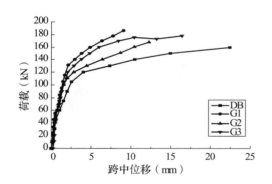

图 4　荷载 - 跨中位移关系曲线

Fig.4　Load-midspan deflection curve of the beams

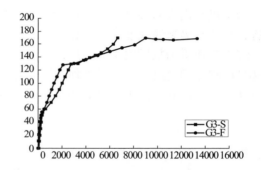

图 5　加固梁 G3 钢筋、GFRP 荷载 - 应变曲线

Fig.5　Load-strain curves of steel and GFRP bars

2.4　GFRP 筋应变随位置变化情况

图 6 为加固梁 GFRP 筋应变随位置的变化曲线。从图中可以看出，荷载等级较小时，GFRP 筋应变较小。这主要是因为 GFRP 筋在纯弯段内承受的拉力相同所致。随着荷载等级的逐渐增大，GFRP 筋在不同位置处的应变值也逐渐增大。屈服前，GFRP 筋应变各位置处应变的增量基本相同。屈服后，GFRP 筋应变增大迅速，且 GFRP 筋应变从跨中到远端位置呈非线性的变化趋势，裂缝开展迅速。

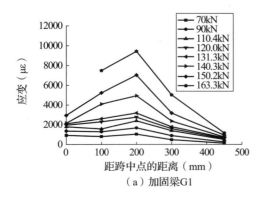

（a）加固梁 G1

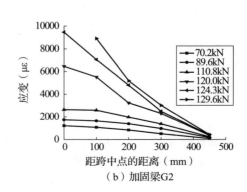

（b）加固梁 G2

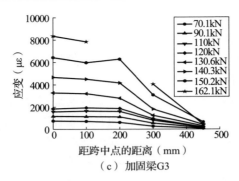

图6　加固梁 GFRP 筋应变随位置变化情况

Fig.6　GFRP strain distribution of the strengthened beam with the position

3　结论

本文进行了考虑二次受力影响的内嵌 GFRP 筋加固混凝土梁的抗弯试验研究，得到以下结论：

（1）无论是否考虑二次受力的影响，内嵌 GFRP 筋加固方法对梁的各个阶段承载力有明显地提高作用，其加固效果优越，但破坏时脆性特征明显。

（2）加固试件出现了两种破坏模式，一种是 GFRP 筋端部胶层劈裂破坏；另一种是在 GFRP 筋端部胶层劈裂破坏的同时，附近周边小块混凝土压碎剥离破坏；

（3）二次受力加固梁各个阶段的承载力与直接加固梁相比，均有较大程度的降低。而完全卸载加固梁与持载加固梁相比，各个阶段的承载力均有所提高。故此，梁加固前初始荷载的影响不容忽视。

（4）虽然内嵌 GFRP 筋可以增大梁屈服阶段和破坏阶段的截面抗弯刚度，但对于二次受力加固梁而言，在减小梁裂缝宽度和延伸高度方面的作用有限。

（5）二次受力加固梁中 GFRP 筋抗拉性能在梁屈服阶段未能充分发挥，存在滞后应变；梁屈服后，GFRP 筋应变值迅速增大，截面增加的拉力主要由 GFRP 筋来承担，表现出较高的抗拉性能，直至梁破坏。

（6）梁在加固之前进行有效卸载，可以减小二次受力带来的不利影响，有利于加固质量的提高。

参考文献

［1］ De Lorenzis L., J. G. Teng. Near-surface mounted FRP reinforcement：An emerging technique for strengthening structures［J］. Composites：Part B，2007，38：119-143.

［2］ De Lorenzis L，Nanni A. Characterization of FRP rods as near-surface mounted reinforcement［J］. Journal of Composites for Construction，2001，5（2）：114-121

［3］ Antonio Nanni. North American design guidelines for concrete reinforcement and strengthening using FRP：principles，applications，and unresolved issues［J］. Construction and Building Materials，2005，17：439-446.

［4］ 王韬，姚谏. 表层嵌贴 FRP 加固 RC 梁新技术［J］. 科技通报，2005，21（6）：735-740

［5］ 岳清瑞，李庆伟，杨勇新. 纤维增强复合材料嵌入式加固技术［J］. 工业建筑，2004，34（4）：1-4

［6］ Barros J. A. O，Dias S. J. E，Lima J. L. T. Efficacy of CFRP-based techniques for the flexural and shear strengthening of concrete beams［J］. Cement and Concrete Composites 2007，3（29）：203-217

［7］ Soliman S. M.，El-Salakawy，E.，Benmokrane B. Flexural behaviour of concrete beams strengthened with near surface mounted fibre reinforced polymer bars，Canadian Journal of Civil Engineering，2010，37（10）：1371-1382

［8］ Zadeh J. H.，Mejia F. Nanni A. Strength Reduction Factor for Flexural RC members Strengthened with Near-Surface-Mounted Bars. Journal of Composites for Construction，2013.17（5）：614-625.

［9］ 王天稳，尹志强. FRP 筋 NSM 加固混凝土构件二次受力时抗弯承载力计算方法［J］. 武汉大学学报（工学版），2005，4（38）：55-58

［10］ 陈红强，曾宪桃. 内嵌 FRP 筋加固悬臂梁桥抗弯性能试验研究［D］. 焦作：河南理工大学，2010

［11］ 郝永超，段敬民. 内嵌 FRP 筋材加固混凝土连续梁抗弯性能研究［D］. 焦作：河南理工大学，2010

［12］ 张鹏，刘闻冰，邓宇，等. 二次受力下 FRP 筋内嵌加固混凝土梁抗弯承载力分析［J］. 广西工学院学报，2013，

后加钢管柱加固人防主体结构受力性能试验研究

王广义[1]　　主红香[2]　　刘钧涛[3]　　王　靓[1]

1. 山东建大工程鉴定加固研究院，山东济南，250014

2. 山东乾元泽浮科技股份有限公司，山东济南，250101

3. 济南明府城投资建设有限公司，山东济南，250001

摘　要：后加柱技术是提高人防工程主体结构抗力等级的一种实用方法，钢管柱亦是一种易加工、易安装的后加柱形式。本文通过对一榀框架结构试件进行静载试验，研究分析了该试件在钢管柱加固前后的受力分布，给出了后加钢管柱法进行人防工程主体结构加固设计时的内力调整系数。本文试验数据与结论可为人防工程主体结构的加固设计与应用提供参考依据。

关键词：后加钢管柱，人防工程，试验研究，应力分布，内力调整系数

The Experimental Study on Mechanical Performance of Main Structure of the Civil Air Defense Project Reinforced with Post-added Steel Pipe Column

WANG Guangyi[1]　　Zhu Hongxiang[2]　　Liu Juntao[3]　　Wang Liang[1]

1. Institute of Engineering Appraisal and Strengthening，Shandong Jianzhu University，Jinan 250014，China

2. Shandong qianyuan zefu technology co. LTD，Jinan 250101，China

3. Ji'nan Ming Fucheng investment and Construction Co.，Ltd，Jinan 250001，China

Abstract：Post-reinforced column technology is a practical way to improve the resistance level of the main structure of civil air defense projects，steel pipe column is also a kind of easy processing and easy installation post column form.In this paer，the stress distribution of a frame structure specimen reinforced by post-added steel pipe column was researched and analysised by the static load experiment，and the internal force adjustment coefficient of main structure of the civil air defense project reinforced by post-added steel pipe column is given.Test datas and conclusions of this paper can provide a reference for the design and application of the reinforcement of the main structure of civil air defense projects.

Keywords：post-added steel pipe column，civil defense project，experimental study，stress distribution，internal force adjustment coefficient

0　前言

　　人民防空工程是指为保障人民防空指挥、通信、掩蔽等需要而建造的防护建筑[1-2]，我国经过五十多年的人防工程建设，已经建立了分布较为合理、功能比较齐全的全国人民防空系统，但当今世界各地战争频发，现代战争先进的武器攻击系统对我国人防提出了更高的要求，后加柱技术是人防工程战前应急转换、提高承载力能力的一种有效方法[3-5]。已有研究表明木柱、钢筋混凝土柱可用于人防工程主体结构的加固[6-7]，由于木柱具有浸水膨胀性、压缩模量相对偏小等缺点，钢筋混凝土柱具

　　作者简介：王广义（1988.10），男，工程师，E-mial：2568701250@qq.com，通讯地址：山东省济南市历下区历山路96号山东建筑大学工程鉴定加固研究院。

有自重大、加工和安装复杂等缺点，故均不是后加固构件材料的最优选择，而钢管柱具有易加工、重量轻、安装简易方便等优点且不存在木柱和混凝土柱的诸多缺点，故是后加固构件的极佳选择。目前国内外对后加钢管柱加固人防工程的研究相对较少，本文对一单层单跨的一榀框架结构试件进行了静载试验，根据以往各试验[8-11]积累的经验，试验中主要考虑了后加钢管柱的截面尺寸大小、增设钢管柱时是否施加反力等因素对后加钢管柱结构内力分布的影响，给出了后加钢管柱加固设计人防工程主体结构时的内力调整系数，填补了国内外这方面的研究空白。

1　试验设计

1.1　试件设计

　　试验模型为单跨单层钢筋混凝土框架结构，混凝土强度等级为 C30，梁的截面尺寸为 200mm×400mm，柱截面尺寸为 400×400mm，跨度为 4.5m，如图 1 所示。试验时在跨中增设支承柱，支承柱采用钢管，钢管采用两种型号，第一种直径为 127mm，壁厚 3mm；第二种直径为 165mm，壁厚为 4mm。

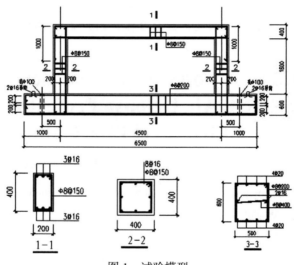

图 1　试验模型

1.2　试验加载方案

　　试验按照以下四种情况施加荷载。

　　第一种情况：单跨不增加支承柱，施加 4 个集中荷载，加载位置如图 2 所示。每个集中荷载最大值为 20kN，分两级施加（10kN、20kN）。

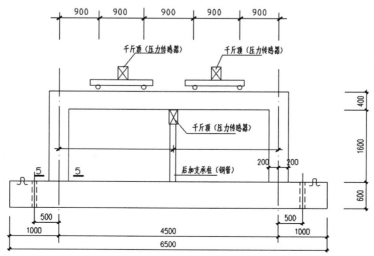

图 2　加载示意图

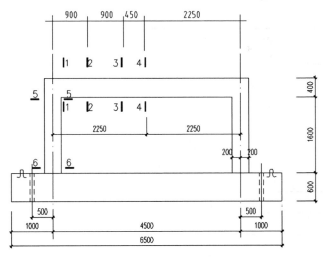

图 3　应变片测点布置

第二种情况：梁跨中增加支承柱变为两跨，施加荷载方式同情况 1，每个集中荷载最大值 60kN，分六级施加。

第三种情况：梁跨中增加支承柱变为两跨，荷载分两次施加，首先在不增加支承柱前每个集中荷载施加 10kN 的荷载，然后安装支承柱，支承柱不预加向上反力，支承柱安装完毕后再施加集中荷载，后加集中荷载最大值 40kN，分级施加（10kN、20kN、30kN、40kN）。

第四中情况：梁跨中有支承柱变为两跨，荷载分两次施加，首先在不增加支承柱前每个集中施加 10kN 的荷载，然后安装支承柱，同时在支承柱位置处向上施加反力，反力大小分三种情况（10kN、20kN、30kN），支承柱安装完毕后再施加集中荷载，后加集中荷载最大值 40kN，分级施加（10kN、20kN、30kN、40kN）。

1.3　测点布置

测点控制截面取 6 个，柱上两个：即柱的上下端，梁上取四个：即梁端、跨中和集中荷载处，测点位置如图 3 所示。混凝土构件每个测试截面布置 5 个应变片。根据所测应变推算截面的内力分布。

2　试验结果与数据分析

2.1　材料强度

试件混凝土立方体抗压强度实测值为 30.8MPa。直径 8mm 钢筋屈服强度为 310MPa，极限强度为 460MPa。直径 16mm 钢筋屈服强度为 435MPa，极限强度为 556MPa

2.2　试验结果

后加柱 Φ127 钢管试验结果，见表 1；后加柱 Φ165 钢管试验结果，见表 2。

表 1　后加柱 Φ127 钢管试验结果

工况	外部施加荷载（kN）	梁支座端弯矩（kN·m）	框架柱轴力（kN）	梁 1/2 跨处弯矩（kN·m）	后加柱轴力（kN）	支座至 1/2 跨范围内最大弯矩（kN·m）
1	10	−16.2	20	10.8	0	10.8
	20	−32.4	40	21.6	0	21.6
2	10	−12.94	16.8	6.83	6.4	8.3
	20	−25.41	33.15	13.11	13.7	16.26
	30	−35.9	47.55	16.96	24.9	22.69
	40	−44.41	60.3	18.77	39.4	27.83
	50	−53.21	72.75	20.21	54.5	32.75
	60	−61.76	85.25	21.71	69.5	33.7

工况		外部施加荷载 (kN)	梁支座端弯矩 (kN·m)	框架柱轴力 (kN)	梁 1/2 跨处弯矩 (kN·m)	后加柱轴力 (kN)	支座至 1/2 跨范围内最大弯矩 (kN·m)
3		10	−16.2	20	10.8	0	10.8
		20	−27.45	35.15	15.59	9.7	17.82
		30	−38.6	50.2	20.25	19.6	24.76
		40	−47.1	62.65	21.69	34.7	29.67
		50	−55.5	75	23	50	34.5
4	预加反力 10kN	10	−11.1	15	4.6	10	6.9
		20	−21.03	28.85	7.77	22.3	12.9
		30	−31.11	42.85	11.13	34.3	19.02
		40	−39.35	55.05	12.26	49.9	23.74
		50	−47.85	67.5	13.7	65	28.65
	预加反力 20kN	10	−6	10	−1.6	20	3
		20	−14.55	22.5	−0.1	35	7.95
		30	−24.78	36.65	3.45	46.7	14.19
		40	−32.87	48.7	4.39	62.6	18.79
		50	−41.32	61.1	5.76	77.8	23.66
	预加反力 30kN	10	−0.9	5	−7.8	30	3.6 (−0.9)
		20	−10.32	118.35	−5.25	43.3	6.2
		30	−19.38	31.35	−3.13	57.3	10.05
		40	−27.62	43.55	−2	72.9	14.77
		50	−35.76	55.65	−0.99	88.7	19.41

表 2　后加柱 Φ165 钢管试验结

工况	外部施加荷载 (kN)	梁端弯矩 (kN·m)	框架柱轴力 (kN)	梁 1/2 跨处弯矩 (kN·m)	后加柱轴力 (kN)	支座至 1/2 跨范围内最大弯矩 (kN·m)
1	10	−16.2	20	10.8	0	10.8
	20	−32.4	40	21.6	0	21.6
2	10	−9.42	13.35	2.55	13.3	5.61
	20	−18.99	26.85	5.29	26.3	11.34
	30	−27.59	39.4	6.86	41.2	16.33
	40	−36.6	52.35	8.91	55.3	21.63
	50	−44.03	63.75	9.05	72.5	25.73
	60	−51.5	75.2	9.25	89.6	29.86
3	10	−16.2	20	10.8	0	10.8
	20	−26.48	34.2	14.41	11.6	17.08
	30	−35.65	47.3	16.65	25.4	22.49
	40	−43.69	59.3	17.53	41.4	27.05
	50	−51.32	70.9	17.92	58.2	31.3

工况		外部施加荷载（kN）	梁端弯矩（kN·m）	框架柱轴力（kN）	梁1/2跨处弯矩（kN·m）	后加柱轴力（kN）	支座至1/2跨范围内最大弯矩（kN·m）
4	预加反力 10kN	10	−11.1	15	4.4	10	6.9
		20	−20.31	28.15	6.91	23.7	12.36
		30	−28	39.8	7.35	40.4	16.64
		40	−35.53	51.3	7.61	57.4	20.81
		50	−42.95	62.7	7.75	74.6	24.91
	预加反力 20kN	10	−6	10	−1.6	20	3
		20	−14.3	22.25	−0.41	35.5	7.76
		30	−21.32	33.25	−0.77	53.5	11.54
		40	−28.54	44.45	−0.88	71.1	15.47
		50	−35.66	55.55	−1.12	88.9	19.32
	预加反力 30kN	10	−0.9	5	−7.8	30	3.6 (−0.9)
		20	−9.09	17.15	−6.73	45.7	6.34
		30	−16.62	28.65	−6.47	62.7	9.16
		40	−24.51	40.5	−5.78	79	12.39
		50	−31.73	21.7	−5.89	96.6	16.33

2.3　试验数据分析

表 3 为后加 Φ127 钢管柱时，在外部集中荷载为 10kN、20kN 和 30kN 时梁端及跨中的最大弯矩。表 4 为后加 Φ165 钢管柱时，在外部集中荷载为 10kN、20kN 和 30kN 时梁端及跨中的最大弯矩。

表 3　后加柱 Φ127 钢管梁端及跨中内力试验结果

外部施加荷载（kN）	梁端弯矩（kN·m）						跨中最大弯矩（kN·m）					
				工况4						工况4		
	工况1	工况2	工况3	预反力 10kN	预反力 20kN	预反力 30kN	工况1	工况2	工况3	预反力 10kN	预反力 20kN	预反力 30kN
10	−16.2	−12.9	−16.2	−11.1	−6	−0.9	10.8	8.3	10.8	6.9	3.0 (−1.6)	3.6 (−7.8)
20	−32.4	−25.4	−27.5	−21	−14.6	−10.3	21.6	16.3	17.8	12.9	8.0 (−0.1)	6.2 (−5.2)
30		−35.9	−38.6	−31.1	−24.8	−19.4		22.7	24.8	19	14.2 (−0.1)	10.1 (−3.1)

表 4　后加柱 Φ165 钢管梁端及跨中内力试验结果

外部施加荷载（kN）	梁端弯矩（kN·m）						跨中最大弯矩（kN·m）					
				工况4						工况4		
	工况1	工况2	工况3	预反力 10kN	预反力 20kN	预反力 30kN	工况1	工况2	工况3	预反力 10kN	预反力 20kN	预反力 30kN
10	−16.2	−9.4	−16.2	−11.1	−6	−0.9	10.8	5.6	10.8	6.9	3.0 (−1.6)	3.6 (−7.8)
20	−32.4	−19	−26.5	−20.3	−14.3	−9.1	21.6	11.3	17.1	12.4	7.8 (−0.14)	6.3 (−5.7)
30		−27.6	−35.6	−28	−21.3	−16.6		16.3	22.5	16.6	14.5 (−0.8)	9.2 (−6.5)

由表3和表4可以看出，增加支承柱后，梁的内力将发生变化，支座负弯矩和跨中正弯矩明显减小。当外部荷载较大时或预加反力时，跨中由正弯矩变为负弯矩。后加支承柱施加预反力将使支座负弯矩和跨中正弯矩更加减小，预反力越大变化幅度越大，相应后加柱的轴力越大，支承柱处负弯矩也就大。后加柱钢管直径不同，内力变化量也不同，钢管直径越大，内力变化越大。原因是后加柱截面越大，在荷载作用下产生的轴向变形越小。

表5是以后加 Φ165 钢管柱为例，将其试验结果与理论计算结果进行比较。

表5 后加柱 Φ165 钢管试验结果与理论计算结果

工况	外部施加荷载（kN）	梁端弯矩（kN·m）				后加柱轴力（kN）			
		理论值	试验值	试验值/理论值	每级增量试验值/理论	理论值	试验值	试验值/理论值	每级增量试验
1	10	−16.2	−16.2	1		0	0		
	20	−32.4	−32.4	1		0	0		
2	10	−5	−9.4	1.88	1.69	22	13.3	0.6	0.69
	20	−10	−19	1.9	1.5	44	216.3	0.6	0.67
	30	−14.9	−27.6	1.85	1.34	66	41.2	0.62	0.77
	40	−19.9	−36.6	1.84	1.41	88	55.3	0.63	0.73
	50	−24.9	−44	1.77	1.16	110	72.5	0.66	0.89
	60	−29.9	−51.5	1.72	1.17	132	89.6	0.68	0.88
3	10	−16.2	−16.2	1		0	0		
	20	−21.2	−26.5	1.25	1.61	22	11.6	0.53	0.6
	30	−26.2	−35.7	1.36	1.43	44	25.4	0.58	0.72
	40	−31.1	−43.7	1.4	1.26	66	41.4	0.63	0.83
	50	−36.1	−51.3	1.42	1.19	88	58.2	0.66	0.87
4	预加反力10kN 10	−11.1	−11.1	1		10	10	1	
	20	−16.1	−20.3	1.26	1.44	32	23.7	0.74	0.71
	30	−21.1	−28	1.33	1.2	54	40.4	0.75	0.87
	40	−26	−35.5	1.36	1.18	76	57.4	0.76	0.88
	50	−31	−43	1.38	1.16	98	74.6	0.76	0.89
	预加反力20kN 10	−6	−6	1		20	20	1	
	20	−11	−14.3	1.3	1.3	42	35.5	0.85	0.8
	30	−16	−21.3	1.34	1.1	64	53.5	0.84	0.93
	40	−20.9	−28.5	1.42	1.13	86	71.1	0.83	0.91
	50	−25.9	−35.7	1.37	1.11	108	88.9	0.82	0.92
	预加反力30kN 10	−0.9	−0.9	1		30	30	1	
	20	−5.9	−9.1	1.55	1.28	52	45.7	0.88	0.81
	30	−10.9	−16.6	1.53	1.18	74	62.7	0.85	0.88
	40	−15.8	−24.5	1.55	1.23	96	79	0.82	0.84
	50	−20.8	−31.7	1.52	1.13	118	96.6	0.82	0.91

由表5可以看出，增加支承柱后的内力与理论计算值有较大差别。在理论分析时，如不考虑构件的轴向变形，试验值与理论值差别更大。后加柱施加预反力后，试验值与理论值的差别将会减小，分析原因：如不施加预反力，很难保证后加柱与梁之间紧密结合，后加柱与梁之间不可避免会存在缝隙，

受外部荷载作用时，缝隙首先被顶紧，后加柱只有在顶紧后才能起作用。

随着外部荷载增加，在相同荷载级别的情况下，后加柱的轴力及梁的内力增量逐渐增大，最终趋于稳定，但每级荷载下轴力（内力）的增量与理论分析值也不相同，后加柱的轴力小于理论分析值，框架梁在原框架柱处的负弯矩及跨中的正弯矩大于理论分析值，后加柱处梁的负弯矩小于理论分析值。分析主要原因有：在理论分析时材料的弹性模量按规范取值，与实际情况有一定差别；计算模型与实际也不完全相符，

如梁端存在"刚域"；后加柱上下端为局部受压，也存在压缩变形；上述情况在理论分析时未考虑。

3　结论

1. 增加支承柱后，梁的内力将发生变化，支座负弯矩和跨中正弯矩明显减小。当外部荷载较大时，跨中由正弯矩变为负弯矩。

2. 后加支承柱施加预反力将使支座负弯矩和跨中正弯矩更加减小，预反力越大变化幅度越大，相应后加柱的轴力越大，支承柱处负弯矩也就大。

3. 后加柱钢管直径不同，内力变化量也不同，钢管直径越大，内力变化越大。

4. 增加支承柱后的内力与理论计算值有较大差别。在理论分析时，如不考虑构件的轴向变形，试验值与理论值差别更大。后加柱施加预反力后，试验值与理论值的差别将会减小。

5. 根据试验结果，对人防工程主体结构采用后加钢管柱法按规范［12-13］进行加固设计时，如果按弹性理论进行内力分析，安全起见，建议对按理想计算模型分析的内力进行调整，对于梁在原框架柱位置处的剪力、负弯矩及梁跨中截面的正弯矩可乘以 1.1~1.3 的扩大系数。对梁在后加柱处的内力及后加柱的内力，可按理想模型分析的内力设计。

参考文献

［1］ GB50134-2004，人民防空工程施工及验收规范［S］. 北京，中国计划出版社，2004.

［2］ GB50038-2005，人民防空工地下室设计规范［S］. 北京，中国计划出版社，2005.

［3］ 王玉岚，张光辉. 后加柱在人防工程平战功能转换中的应用［J］. 武汉理工大学学报，2010，32（3）：38-41.

［4］ 王玉岚，张光辉，蒋沧如. 人防工程主体结构加固方法探讨［J］. 西北水利发电，2004，20（4）：24-27.

［5］ 王玉岚，张光辉，蒋沧如. 人防工程主体结构加固受力性能研究［J］. 地下空间，2004，24（3）：306-311.

［6］ 王天运，申祖武，刘国强，等. 人防工程主体结构木柱加固方法探讨［J］. 郑州大学学报（工学版），2003，24（2）：33-36.

［7］ 晋丽娜. 普通地下室平战功能应急转换加固技术方法研究与评价［D］. 济南：山东大学，2010.

［8］ 张鑫，李士彬，杨苙溁. 无机胶粘贴碳纤维布加固混凝土梁受弯性能试验研究［J］，建筑结构，2009，增刊2：249-254.

［9］ 赵考重，李自然，王莉，等. 装配箱混凝土空心楼盖结构受力性能试验研究［J］，工程力学，2011，28（增刊I）：145-150.

［10］ 李自然，赵考重，王莉，等. 网梁楼盖正截面受弯性能实验研究［J］. 山东建筑大学学报，2010，25（4）：410-414.

［11］ 卞晓峰，赵考重，高瑞，等. 纤维增强石膏板抗弯性能试验研究［J］. 山东建筑大学学报，2009，24（3）：257-259.

［12］ GB50367-2006，混凝土结构加固设计规范［S］. 北京，中国计划出版社，2006.

［13］ GB50010-2010，混凝土结构设计规范［S］. 北京，中国计划出版社，2010.

小型模拟土体沉降试验研究

范保庆

山东建筑大学土木工程学院，山东济南，250101

摘　要：地基稳定在建筑物建设和使用中有着至关的重要性，由地质勘察失误、设计方案不当等状况，产生建筑物不均匀沉降，造成人们对建筑物安全性的恐慌。土体变形预测是地裂缝、地面沉降防治的主要研究内容，本文选用山东地区黄泛区粉质黏土，为黄河冲积形成，分层夯实土体。在地基线下 200mm 处模型箱土体中埋置 3 枚土压力盒，测试土体受压过程中土体中受力状态，发现为土压力基本上与所施荷载成线性正比关系。试验表明：土体在沉降过程中主要分为两个阶段，一快速发展阶段和稳定变化阶段；两者的连接点基本上 100 分钟左右。

关键词：地基沉降，模型试验，土压力

Study on Small Simulated Soil Settlement Experiment

Fan Baoging

school of shandong Jianzhu University，shandong Jinan 250101，china

Abstract：Used in building construction and the foundation stability has a vital importance，by mistake，improper design and other conditions，the geological survey produced buildings uneven settlement，cause people to panic about the safety of buildings.The prediction of soil deformation is the main research content of ground fissure and ground subsidence prevention. This paper uses the powder clay in the yellow pan area of shandong province，which is formed by alluvial formation of the Yellow River and compacted soil.In cases of soil foundation 200 mm offline model embedded in the three soil pressure box，testing soil soil mass stress state in the compression process，found that for earth pressure has nothing to do with a linear proportional relationship with the applied load.The experiment shows that the soil is mainly divided into two stages，a rapid development stage and a stable change stage.The connection point of the two is about 100 min.

Keywords：Foundation settlement，The model Test，Earth pressure

0　引言

随着我国经济的高速发展，各地的城市和农村建设如火如荼的加快进行，各种令人眼花缭乱的高层楼房加快进行，让人目不暇接。人们对于建筑物上部结构的关注较多，往往忽视地下岩土的承基重要性，而土体沉降恰恰是土体研究的重要方面之一。我国的土体沉降研究始于 20 世纪 20 年代的上海和天津，至 60 年代，两城市的地面沉降已相当严重。70 年代起，长江三角洲苏锡常等主要城市和华北平原中部地区也相继出现地面沉降。80 年代以来，地面沉降范围从城区开始向农村扩展。至 2009 年的调查和检测显示，全国累计地面沉降量超过 200mm 的地区达到 7.9 万平方公里，主要分布在长江三角洲、华北地区和汾渭地区等。地面沉降灾害已经给国民经济造成巨大损失，成为我国区域经济社会可持续发展的重要因素之一。

目前，地基沉降计算方法主要为传统的土力学方法和回归分析方法。传统土力学方法是用《建筑地基基础设计规范》中的分层总和法结合一维饱和固结理论计算土体不同时刻的沉降变形，此方法主要适用于均质的饱和软土地基；回归分析方法一般首先是对前期变形观测数据较为简单的计算模型进行拟合，

如常用的双曲线法、Asaok 法、泊松模型法等，得到相关计算参数后进而对填土体尚未发生的沉降变形做出相应的预测，应用此类方法须有足够的长期实测资料才具有较高的可信度。应用最广的几种地基沉降计算方法有：（1）分层总和法：是一类沉降计算方法的总称。它将压缩层范围内的土层分成若干层分层计算土体竖向压缩量，然后求和得到总的竖向压缩量，即总沉降量。（2）单向压缩法：将压缩层范围内的土分成 n 层，应用弹性理论计算在荷载作用下各土层中的附加应力。该法采用侧限条件下，单向压缩性指标，分层计算各土层的压缩量，然后求和得到总沉降。（3）三维压缩法：在沉降计算中考虑土体三维变形情况。在三维应力状态下，根据应力张量作用下土体体积应变公式导出沉降修正系数，来求各层的沉降量。（4）应力路径法：在荷载作用下，土体中一点的应力状态改变过程可以用对应的应力点在应力空间的运动轨迹描述，应力点在应力空间的运动轨迹称为应力路径。（5）有限元法：求解数理问题的一种数值计算方法，这种方法的实质是将一个固体连续介质分割成若干个有限的离散单元，并组成集合体。在每个单元内，假定位移场或应力场，应用变分原理建立代数方程组，以节点处的广义位移或广义应力作为未知量进行求解。（6）半理论半经验法：是该地基沉降计算的半理论半经验法以解析法为基础，根据工程实测沉降数据研究，统计分析出经验系数或经验公式计算其沉降，结果比较接近实测值。

　　影响地基沉降变形的因素分为自然因素和人为因素；自然因素主要是地形、水文地质条件、土的类别和地质条件，人为因素主要是荷载作用、施工方法和养护措施。

　　陈涛提出地基沉降的反馈计算法，通过调整 $e \sim p$ 压缩曲线和固结系数，使计算沉降更趋近于实测沉降，并以调整后的指标进行沉降计算和预测，并且确保各层土的计算曲线与实测分层沉降曲线拟合一致。

　　陈家兴根据原地基的条件将地基分为正常固结、欠固结和超固结三种情况，并分析三种情况下地基沉降量的计算方法，利用监测数据对分层总和法计算原地基沉降的压缩模量 E_s 和经验系数 Ψ_s 进行反算，通过反算系数对原地基沉降进行计算。

　　而造成地面沉降的因素很多，其如：过度地地下水开采，大量的高层建筑施工，地面环境污染等，地面沉降是一种累进性的缓变地质灾害，其发展过程是不可逆的，一旦形成便难以恢复，因此，预防在地面沉降防治中具有长久价值。以往学者在地面沉降严重区开展了大量的地下水开采 - 地面沉降研究工作，且预测地面沉降的土体模型模拟技术也较多。但不同地区地层结构、岩性和沉积条件不同，不同地区的土体变形特征不同，地面沉降机理不同。现有的土本构关系及应力、应变计算方法主要用于最终沉降量的计算，与时间过程无关。

　　对此选取了山东黄土地区的粉质黏土，作为试验的研究对象，研究土体受到荷载作用的内在变化规律，取得了一些有实际意义的研究成果，主要内容如下：土体沉降量与加压荷载关系图规律；土体有限元模拟结果与试验结论相对比。

　　土体的变形或沉降是与土的压缩特性密切相关的。土的压缩特性主要包含了两个方面内容：一是压缩变量的绝对大小，亦即沉降量的大小；二是压缩变形随时间的变化过程，即所谓土体的固结问题，

1　试验概况

1.1　试验设计

　　为了研究土体在受到荷载作用下土体沉降量的变化特性，设计了土体沉降试验模型箱，如图 1；试验模型箱边长 1m×1m、高 1.5m 上面开口，由三块厚度 10mm 的钢板和 L75×5 的等边角钢组装焊接而成。为了装卸土方便，模型箱一侧安装可拆卸式钢板，钢板对面钢板顶部焊接一 U 型套箍，看作杠杆加载装置的支点。本试验采用铸铁加载法。由大小 20.5cm×14.5cm，高 12.5cm 重 20kg 的铁块组成。在 1.2m×1.2m 预制混凝土板上划置铸铁放置格线，每排放置 35 块铸铁，共放置 6 排，由于高度很高，放置因铸铁放置不当落下，在试验箱 2m 区域外放置警戒线。试验选用工程实践中掏土位置的粉质黏土，含水率保持为 18%，压缩模量 $E = 7.5$MPa；黏聚力 $c = 20$kPa；填土的内摩擦角 $\phi = 20°$；重度 $\gamma = 18$kN/m³。为了保持荷载的稳定性，采用铸铁加载，如图 2 所示。

1.2　试验加载及量测方案

　　试验中采用堆载的加载方式。首先制作一块混凝土板用于堆载，由于要保持稳定荷载不变，且需

要加载 40kN，采用实验室铸铁加载，一个铸铁重量 20kg，尺寸长 20.5cm× 宽 14.5cm× 高 12.5cm。本试验需要 200 个铸铁，分布于一 1.2m×1.2m 混凝土板，一层 35 块，6 层结构达到最大荷载 40kN。防止在铸铁加载过程中造成意外，在试验 2m 范围内设置隔离区。然后在混凝土板上进行堆载；试验加载方式如图 3 所示。为了更好准确的研究土体沉降量，在混凝土的四角布置 4 个位移计，取 4 个角的平均值作为基准沉降量。在离地基土顶面下 200mm 处设置 3 个位移计，如图 4 所示。

图 1　土工模型箱

图 2　土工试验模型箱及加载类型

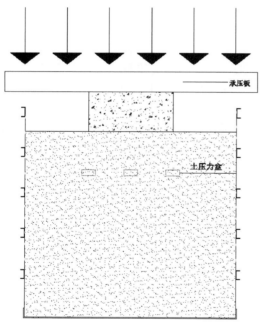

图 3　模型箱加载图

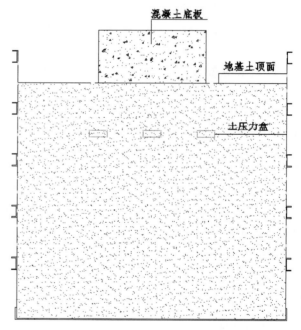

图 4　土压力盒分布布置

2　试验结果及其分析

2.1　土体沉降情况

为了得到随着时间的变化较为准确的沉降量变化情况，利用位移计选定每 10min 进行一次观测的方式进行数据采集，对试验数据进行计算分析，得到各个试验工况设计情况。如图 5 所述，土体上面荷载与土体压力基本成正比关系。与朗肯主动土压力理论相符合。对土体沉降量测量该试验采用 4 根量程 100mm 位移计，分别布置于刚性板四角，取四个位移计量程平均值为标准值，该目的是为了放置加载重物时刚性板倾斜造成的误差采取的措施。

图 6、图 7 为土体分别在加载 1 吨、2 吨、3 吨、4 吨下沉降量大小变化，可知粉质黏土明显地分

为两个阶段，快速变化阶段和缓慢稳定阶段。土体沉降量在加荷开始时极速增加度，在土体加载后 2 个小时左右基本进入稳定期。土体试验在 30kN 荷载下变化量最大，且与 20kN 下土体变化量相差无几，在 40kN 下最小，说明土体进入了固化状态。

荷载（kN）	10	20	30	40
沉降量（mm）	19.28	27.35	29.14	10.89

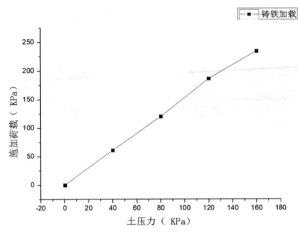

图 5　上部加压荷载与土体压力关系图

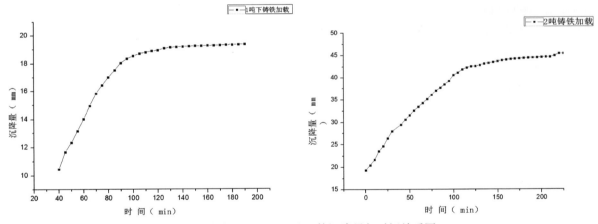

图 6　荷载下 1 吨和 2 吨土体沉降量与时间关系图

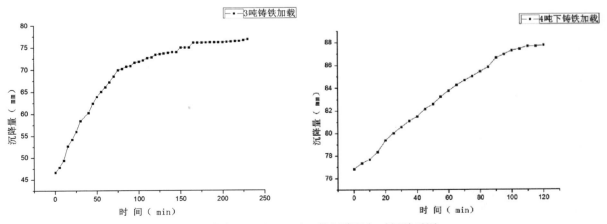

图 7　荷载下 3 吨和 4 吨土体沉降量与时间关系图

3　结论

从以上得知：土体在沉降过程中主要分为两个阶段：快速发展阶段和稳定变化阶段；两者的连接点基本上 100min 左右。从上图可知，由荷载—沉降—时间过程分析，不同荷载下黏性土体沉降与时间的过程曲线具有一致性，基本上在 100min 前沉降量随时间增加呈近似线性关系，100min 后沉降随时间增加甚微，沉降量大小趋于稳定，黏性粉土压实度达到极限。对此产生的原因可认为粉质黏土在外荷载作用下引起超孔隙水压力的水力梯度促使孔隙水从土体内排出，应力增量转移到土骨架上发生的沉降，这是一个与时间有关的过程，而且主要发生体积变化。

参考文献

[1] 贾强，王浩东，李成龙，张鑫，邵鹍. 一种地下工程试验用模型箱的设计和制作 [J]. 土工基础，2017, 31（01）：112-114.

[2] 苗晋杰，陈刚，潘建永，等. 华北平原典型黏性土体固结特性的试验研究 [J]. 地质科技情报，2009.28（5）：109-220.

[3] 王秀艳，唐益群等. 深层土侧向应力的试验研究及新认识 [J]. 岩土工程学报，2007.29（3）：430-435.

[4] 肖树芳，房后国，王清. 软土中结合水与固结、蠕变行为 [J]. 工程地质学报，2014.4：531-535.

[5] 郭庆国. 粗粒土的工程特性及应用 [M]. 郑州：黄河水利出版社. 1998.

[6] 赵明阶. 土质学与土力学 [M]. 北京：人民交通出版社. 2007.

[7] 金开正，袁俊. 地基沉降预测模型的探讨. [J]. 中国市政工程，2006, 1：74-77.

[8] Nonlinear Features and Prognosis of Landslides, Landslides in Research, Theory and Practice, Thomas Telford, London, 2000：1408-1501.

[9] 陈晓平，朱鸿鹄，张芳枝，等. 软土变形实效特性的试验研究 [J]. 岩土力学与工程学报，2005, 24（2）.

碳纤维网格加固某地下室墙体实例研究

汤 飞 吴雪强 夏 冬

卡本复合材料（天津）有限公司，天津，301712

摘 要：简述了碳纤维网格聚合物砂浆加固技术在国内外的发展。以碳纤维网格聚合物砂浆加固地下室墙体项目为例，简单介绍碳纤维网格聚合物砂浆加固系统以及其在具体工程中的应用和施工流程。同时分析了碳纤维网格聚合物砂浆加固系统与碳纤维布加固系统、钢筋网片喷锚加固系统的优缺点，对潜在的应用领域进行了分析。

关键词：碳纤维网格，地下室加固，聚合物砂浆

Study of Basement Walls Strengthening Project Using Carbon Fiber Meshes

Tang Fei Wu Xueqiang Xia Dong

Carbon Composites（Tian Jin）Co.，Ltd.

Abstract：This paper introduced the development of carbon fiber meshes and polymer mortar reinforcement technology in China and oversea. Taking the T-beam bridge strengthening project as an example，the construction process and application are simply introduce.

Taking the basement walls strengthening project using carbon fiber grid polymer mortar as an example，the application and construction process of carbon fiber meshes and polymer mortar reinforcement technology are briefly introduced. At the same time，the advantages and disadvantages of carbon fiber meshes and polymer mortar reinforcement systems，CFRP reinforcement system and steel mesh shotcrete reinforcement system are analyzed. The potential application fields are analyzed in this paper.

Keywords：carbon fiber meshes，basement walls strengthening，polymer mortar

1 引言

碳纤维网格（FRP 网格）聚合物砂浆加固技术不同于传统的粘贴碳纤维复合材加固方法，其是将碳纤维丝束编织成网格的形式，经过复杂的涂层、定型处理后，用碳纤维网格专用的砂浆粘贴在混凝土上的加固工艺[1]。碳纤维网格不会像钢筋那样因氯离子和二氧化碳的侵入而腐蚀，这样碳纤维网格的保护层可以做的很薄。另外，通过对碳纤维网格进行特殊后处理，同时配套砂浆中的活性掺合料，可以使碳纤维网格与砂浆之间形成了抗剪的锁扣和锚固关系，提供足够的握裹力。

相比传统的碳纤维布加固技术，其没有采用结构胶进行碳纤维粘贴，而是采用专用聚合物砂浆进行粘贴，其有如下特点：（1）耐久性好，没有结构胶的老化问题；（2）加固完之后，结构透气性好，适合于潮湿的混凝土基层和地下室等潮湿环境；（3）加固体系有比较好的防火性能和抗裂性能。

2 碳纤维网格（FRP 网格）在国外土木工程中的应用

日本从 1986 年开始就有了 FRP 网格应用的工程实例，以后工程量逐年增加，国内的应用还较

作者简介：汤飞（1982—），男，湖北天门人，工程师，硕士，北京市朝阳区十里堡 1 号院恒泰大厦 B 座 7F，100025。

少，已经应用和可能应用的领域包括[2]：

（1）隧道加固。由于 FRP 网格轻质，耐腐蚀，耐碱、水、油，而且厂家能够制作出适合各种形状和轮廓的网格，故常被用于隧道内壁的翻新和修复。由于隧道顶部混凝土结构老化、混凝土脱落，用 FRP 网格进行修复加固，可充分显示出 FRP 网格及其加固技术的优越性。

（2）桥梁结构的加固。建造于 1972 年的日本高速公路桥 Tedorigawa 桥，由于长期受到盐的侵蚀，混凝土桥面板的下表面发生严重剥蚀，大约 20000m² 的 C3-50P 碳纤维网格（网格尺寸 50mmX50mm）用在了该桥的加固修复工程中。FRP 网格对露天的桥梁结构加固很有优势，能够用来加固桥梁结构中的梁、方柱、圆柱等。由于桥梁是一种露天的结构，传统的很多方法受到其环境因素影响而导致应用受限制，从而也凸显出 FRP 网格加固的优势。FRP 网格可用于桥面板下表面的加固，也可利用圆柱形的 FRP 网格加固混凝土圆柱，以及加固圆弧化处理后的混凝土方柱。试验证明 FRP 网格抗震加固混凝土柱的效果理想。

（3）混凝土双向板的加固。由于 FRP 网格是双向增强材料，故很适合用于双向板结构的加固。

（4）地（水）下结构的加固。由于 FRP 网格材料和施工工艺的特殊性，其在加固潮湿环境下的结构有优势。日本还利用 FRP 网格和特殊的水下适用粘结材料，开发出潜水员潜入水下加固混凝土结构的工艺，这种工艺在海洋、港口、码头等水下结构加固时有优势。

（5）其他结构的加固。由于 FRP 网格无磁性，故可用于医院楼板、科学研究试验室和观测站等工程的增强和加固中。在滨海地区，考虑到钢筋腐蚀较快，FRP 网格可单独或与钢筋组合使用。在南极，气候条件使钢筋很脆而且很难快速施工，FRP 网格可以克服这些困难，轻质和易于铺设使得地基和墙体的施工更为简单。因为其无磁性和能够被模制成复杂形状，在日本设计时速为 500km/h 的线性自动轨道的导向路中，使用了特殊形状的 FRP 网格作为加固材料。

3　碳纤维网格（FRP 网格）聚合物砂浆加固系统介绍

碳纤维网格（FRP 网格）聚合物砂浆加固系统，由碳纤维网格、碳纤维网格专用聚合物砂浆等组成，主要用于隧道加固、边坡加固、柱子加固、建筑结构抗弯加固等[3]。

碳纤维网格是利用碳纤维束在经纬两个方向进行平织而成，网格编织好后，通过乳液进行定型处理，再用无定型硅粉进行处理，用以增加网格与砂浆之间的握裹力；同时，碳纤维网格上面有一层特殊的防氧化涂层，同时另外填充有陶瓷粉末，用以提高防火性能，在高温下陶瓷起到氧气阻隔屏障的作用。因此在发生火灾的情况下可以对碳纤维束施加保护，免遭氧化。

碳纤维网格根据编织工艺和编织纤维类型不同，又分为单向碳纤维网格和双向碳纤维网格。本项目采用的为双向碳纤维网格，双向碳纤维网格是指的横向和纵向均为 2 束 12k 的碳纤维编织成的网眼为 2cmX2cm 左右的碳纤维网格。其性能指标见表 1[4]。碳纤维网格如图 1 所示。

表 1　双向碳纤维网格性能指标

检验项目		合格指标
平均最大破坏荷载（N）	横向	≥ 3200
	纵向	≥ 3200
断裂伸长率（%）	横向	≥ 1.3
	纵向	≥ 1.3
拉伸弹性模量（GPa）		≥ 240

碳纤维网格专用聚合物砂浆是指由水泥、细骨料、活性掺合料、聚合物胶粉、纤维等组分组成，与适量的水拌制而成的砂浆。其中活性掺合料可以使砂浆固化过程中，聚合物砂浆中的硅酸钙水合物生长进碳纤维网格的碳纤维丝中，从而使碳纤维网格与砂浆之间形成了抗剪的锁扣和锚固关系，保证了二者之间有足够的握裹力。碳纤维网格专用聚合物砂浆的性能指标见表 2。碳纤维网格与碳纤维网格专用聚合物砂浆固化后，其二者之间的锚固效果电子镜照片如图 2 所示。

图 1　碳纤维网格产品照片

表 2　碳纤维网格专用聚合物砂浆性能指标

项目		指标
劈裂抗拉强度（MPa）		≥ 7
抗折强度（MPa）	28d	≥ 12
抗压强度（MPa）	7d	≥ 50
	28d	≥ 70
与混凝土正拉粘接强度（MPa）	28d	≥ 2.5，且为混凝土内聚破坏
与碳纤维网格正拉粘接强度（MPa）	28d	≥ 1，且为正常破坏，内聚、黏附、混合破坏
收缩率	28d	≤ 0.1

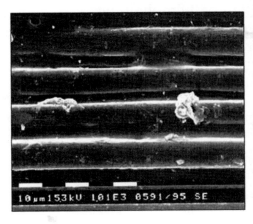

（a）碳纤维网格在普通砂浆中照片　　　　　　（b）碳纤维网格在专用砂浆中的照片

图 2　碳纤维网格与砂浆之间锚固效果电子镜照片

4　碳纤维网格（FRP 网格）聚合物砂浆加固系统加固某地下室墙体实例

某学校地下游泳池外墙有部分裂缝，裂缝趋于稳定，并且外墙垂直度偏差较大，最大偏差有 2cm 多，这样会导致剪力墙偏心受压，故需对其进行加固。泳池外墙位于地下室二层，地下室二层有一些管道距离墙面只有 3 ~ 4cm 距离，并且这些管道都在运行中，无法拆除进行施工。常规的钢筋网片铺设混凝土加固工艺由于厚度太厚无法施工，只能采用厚度更薄的碳纤维网格进行加固。

最终的加固方式如下：

首先将墙体表面抹灰层剔除，然后用角磨机进行打磨，打磨完毕以后对混凝土墙面进行凿毛处理。凿毛处理完毕后，对墙面裂缝进行修补，对于宽度 ≥ 0.2mm 的裂缝用压力注胶法进行封堵，对于宽度小于 0.2mm 的裂缝用裂缝胶直接进行封堵处理。修补完毕后，用双向碳纤维网格修补地下室游泳池的外墙面。碳纤维网格加固的图纸如图 3 和图 4 所示。

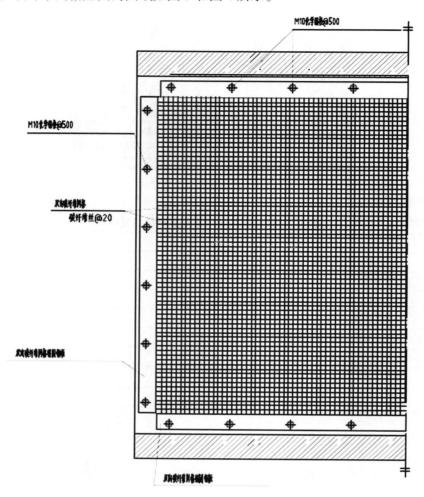

图 3　碳纤维网格加固地下室墙体图纸

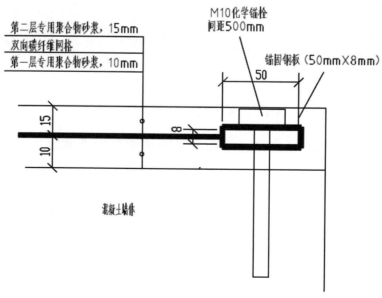

图 4　碳纤维网格端部锚固节点图

碳纤维网格修补方法特点：

（1）防火性能好，1cm 的砂浆保护层可达到防火标准 60min 的防火标准。

（2）适用于潮湿的环境，碳纤维网格属于惰性材料，不会发生锈蚀氧化。

（3）总厚度 15mm 左右，不侵占建筑空间。

（4）基本不增加构件本身的重量。

碳纤维网格（FRP 网格）聚合物砂浆加固系统的施工流程如下：

墙面抹灰层剔凿→基层处理→专用聚合物砂浆配置、底层涂抹→根据设计图纸铺设碳纤维网格→二次喷涂表层砂浆→养护→施工质量检验。

（1）墙面抹灰层剔凿

将墙面抹灰层进行剔凿，露出新鲜的混凝土基面。

（2）基层处理

涂抹聚合物砂浆前应对旧混凝土表面进行凿毛处理，并将表面清理干净，以确保涂抹面无浮尘、疏松物及油污。涂抹前涂刷界面剂。基层处理的要求如下：

①工作面的基材处理应露出骨料，拒绝"稍加摩擦"和"打点"，需凿掉 3 ~ 4mm 的混凝土面层，露出里面的骨料，以增加聚合物砂浆与基材件的粘结强度。特别坚硬的基材可利用电锤凿磨。

②尽量采用高压水枪冲洗基材表面，充分去除灰尘、杂物和松散层，拒绝简单冲洗，以免影响聚合物砂浆与基材间的粘结强度。

（3）专用聚合物砂浆配制、底层涂抹

将砂浆与水按照包装规定的配合比进行拌置，搅拌时间为 10 ~ 15min，至砂浆混合均匀，并具有一定的粘稠度。混合好的砂浆需静置 1min 并在施工前重新搅拌 10s。在施工流程开始后，不要添加额外的水。在粗糙的结构表面涂抹第一层的 CWSM 砂浆，第一层砂浆的厚度依据设计要求而定，一般为 5 ~ 10mm，不宜过厚，要确保涂抹后砂浆的平整度。一定要注意涂抹的均匀程度，不要出现漏底的现象。

（4）根据设计图纸铺设碳纤维网格

按工程实际需求裁剪碳纤维网格，要注意裁剪时碳纤维丝分布的方向需与设计要求一致。碳纤维网格需铺设在未表干的第一层聚合物砂浆上，碳纤维网格的碳纤维丝方向需按照设计的方向进行布置，碳纤维网格沿碳纤维丝方向的搭接宽度为 20cm。摊铺时需对端部进行临时固定；确保摊铺完成后，整个碳纤维网格表面的平整度。碳纤维网格需用泥抹按压入砂浆层中，使网格陷入聚合物砂浆中。需保证加固材料的纤维尽可能的拉紧。必要时可用水泥钉、铆钉、钢板等进行辅助固定。

（5）二次涂抹表层砂浆

待第一层聚合物砂浆初凝后，即可进行第二层聚合物砂浆的拌制和涂抹施工，涂抹砂浆的厚度根据设计要求而定，为 15mm，要避免涂抹得过厚，确保涂抹完成后，无网格纤维外漏及整个混凝土表面的平整度。需保证第一层和第二层砂浆在同一天进行施工。如果第二层砂浆未能在当天施工，第一层砂浆需用扫把或低压水枪进行粗糙化处理，直到骨料可见。

（6）养护

涂抹完毕后，进行养护，养护时需保证一定的湿度，养护 7d 后，即可进行表面的外装修或涂装处理。

最终，经过碳纤维网格的加固，解决了地下室外墙墙体的开裂问题和外墙垂直度偏差的问题，且经过半年多的使用，整体使用状况良好。

5　碳纤维网格（FRP 网格）聚合物砂浆加固系统与常规加固工艺对比

碳纤维网格（FRP 网格）聚合物砂浆加固系统与钢筋网片喷锚加固工艺的对比如下：

	碳纤维网格聚合物砂浆加固系统	钢筋网片喷锚加固
耐火性能	碳纤维能够抵抗高达1700℃的高温（无氧气介入的情况）；喷射砂浆中含有陶瓷粉，提高砂浆的防火性能。碳纤维网格系统能提高结构的防火性能，保证结构内钢筋温度小于允许温度，降低结构在火灾条件下发生破坏的风险	钢筋在500℃的温度下，强度明显下降
控制裂缝能力	强	较弱
防腐性能	好（不需要防腐措施）。	差，需要采取一定的防腐措施
聚合物砂浆/混凝土总厚度	2～3cm	8cm
施工	施工简便，对场地要求低，需要劳动力少，施工周期短	需要机械辅助，对场地要求高，需要劳动力较多，施工周期较长
混凝土回弹率及密实度	回弹率低，不存在钢筋网振动问题；网格后无混凝土空洞，具有极高的密实度	存在钢筋网片振动问题，混凝土回弹率高；钢筋网片后极易形成混凝土空洞，造成密实度较差
对内部钢筋的防腐保护能力	系统材料的pH值为12，无需额外处理，可为内部钢筋提供碱性防护	需用其他方法进行处理
适用范围	由于纤维网格是非磁性材料，很适合于实验室、观测站、医院等对环境磁性要求较高的结构中	不适用于对环境磁性要求较高的结构中或需要额外处理

碳纤维网格（FRP网格）聚合物砂浆加固系统与碳纤维布加固系统的对比如下：

	碳纤维布加固系统	碳纤维网格聚合物砂浆加固系统
混凝土基层的湿度	要求混凝土湿度＜4%	适合潮湿混凝土，基层进行预浸湿处理
混凝土基层处理	角磨机打磨	凿毛或者水力磨毛
找平工作量	找平工作量大	无需额外处理
施工	较轻松/便利	施工工作量较大（底灰、覆料）
透气性	不透气	透气性好
对内部钢筋的防腐保护能力	无，需用其他方法进行防护	碳纤维网格系统材料的pH值为12，无需额外处理。碳纤维网格系统可为内部钢筋提供碱性防护。
防火能力	防火能力差，必须对火灾情况下安全性进行验证，如果需要，应采取必要的防火保护措施	当CWSM湿法喷射聚合物砂浆覆盖层厚度为10mm时，防火等级为F60（60分钟防火）。
加固总体系厚度	总厚度约1mm左右（一层碳纤维布）	总厚度约15～25mm左右（一层碳纤维网格）

6　结束语

　　碳纤维网格（FRP网格）聚合物砂浆加固系统作为一种新型的加固技术，可以在一些特殊情况下替代传统的碳纤维布加固和钢筋网片喷锚加固工艺，尤其适合潮湿混凝土基层、有耐高温或防火要求的项目。相比常规的被动加固技术，在加固领域应用的前景广阔，适合于隧道、桥梁加固，地下结构加固等领域。同时要严格遵循工艺流程进行施工，采取措施应对可能出现的质量缺陷，加强施工管理。确保加固工程的效果，促进碳纤维网格（FRP网格）聚合物砂浆加固系统在实际工程中更好的发挥作用。

参考文献

［1］张兴亮. 碳纤维编织网增强普通混凝土的力学性能试验研究［D］. 合肥：安徽理工大学硕士论文，2009.
［2］吴刚，吴智深，蒋剑彪，罗云标. 网格状FRP加固混凝土结构新技术及应用［J］. 施工技术，2007（12）：98-102.
［3］岳清瑞，曹锐. 纤维网格在建筑物结构加固改造中的应用［A］. 中国第二届纤维增强塑料混凝土结构学术交流会会议论文集［C］. 2002，355-361.
［4］卡本复合材料（天津）有限公司. Q/12CFN003-2017. 碳纤维网格加固系统［S］. 天津：2017.

低应变双信号法现场试验应用研究

张平川

四川省建筑科学研究院，四川成都，610081

摘　要：既有工程桩因桩柱顶部非裸露自由而不能使用常规低应变试验方法进行相关测试时，低应变双信号法就呈现了良好潜力。采用双信号法对某工程既有工程桩进行测试，在桩柱侧面布置两个加速度传感器，对同时接收到的两个信号进行分析，有效的确定桩长及桩身完整性。试验结果表明，低应变双信号法对既有工程桩的长度和完整性检测是一种行之有效的方法。

关键词：低应变法，双信号，既有桩

Application of Low-strain Integrity Test of Double Signal Method for Existing Piles

Zhang Pingchuan

Sichuan institute of building research，Chengdu 610081，Sichuan，China

Abstract：It is difficult to perform regular Low-strain Integrity Test for existing piles due to their unexposed pile head conditions. For solving the difficulties in the length and integrity evaluation of existing piles，double signal method is a most promising method that can be used to deal with such difficulties，which is used for determination of the unknown or undocumented depth of foundation piles. Double signal method is adopted to test the pile length and integrity of the existing piles of a certain engineering project. Two acceleration sensors are installed to the side of the pile-column. The results show that double signal method is an effective methods for existing piels.

Keywords：Low-strain Integrity Test，double signal method，existing pile.

1　前言

随着中国城市建设的跨越式发展，大规模的高层建筑地基基础与地下室、大型地下商场、地下停车场、地下车站、地下交通枢纽、地下变电站等的建设中都面临着深基坑工程的问题。由于工程地质和水文地质条件复杂多变、环境保护要求越来越高、基坑工程规模向超大面积和大深度方向发展、工期进度及资源节约等开发条件要求日益复杂。与传统的深基坑施工方法相比，逆作法施工具有保护环境、节约社会资源、缩短建设周期等诸多优点，尤其适用于体量大、开挖深、工期紧、施工场地小、周边环境复杂的项目。它克服了常规临时支护存在的诸多不足之处，是进行可持续发展的城市地下空间开发和建设节约型社会的有效经济手段。但若在后期需要进行鉴定加固时，针对逆作法施工的既有桩柱进行的桩身结构完整性测试可能会因桩柱顶部无法找到非裸露自由端，而不能使用低应变常规试验方法在桩顶激振和检波。本文针对此情况提出一种低应变双信号法试验来进行测试的方法。

2　逆作法施工简介

逆作法是利用主体工程地下结构作为基坑支护结构，并采取地下结构由上而下的设计施工方法。

作者简介：张平川，1983 年 11 月 24 日出生，男，工程师。

逆作法可设计为不同的围护结构支撑方式，分为全逆作法、半逆作法、部分逆作法等多种形式。逆作法以结构代替支撑，支撑刚度大，利于控制变形，还避免了资源浪费，经济效益显著，并且可以上下同时施工，增大作业面，缩短工期，是超大面积、超深基坑工程更为安全、可靠、经济、合理的设计施工方法。

逆作法施工时，先沿建筑物地下室轴线或周围施工地下连续墙或其他支护结构，同时建筑物内部的有关位置浇筑或打下中间支承桩和柱，作为施工期间于底板封底之前承受上部结构自重和施工荷载的支撑。然后施工地面一层的梁板楼面结构，作为地下连续墙刚度很大的支撑，随后逐层向下开挖土方和浇筑各层地下结构，直至底板封底。同时，由于地面一层的楼面结构已完成，为上部结构施工创造了条件，所以可以同时向上逐层进行地上结构的施工。如此地面上、下同时进行施工，直至工程结束。

3　试验对象基本情况

3.1　项目简介

某市市中心地下商业开发及地下通道项目为单建掘开式平战结合人防工程，采用逆作法进行施工；平时功能为商场、地下车库及城市下穿车行隧道，战时为二等人员掩蔽部和战备物资库，防核武器和防常规武器均为 6 级。该项目自主体结构初步完成后出现大面积渗水（涌水、涌砂）、结构变形现象，无法如期投入使用，逾期近 3 年。两年前又对该项目进行了长达 1 年的反复注浆修补，但边堵边渗，未能根治，甚至引起地表沉降变形，多处地段出现空洞，附近百姓极为不满，不断上访，造成了重大的社会影响和经济影响。当地市政府高度重视该项目进展情况，现着手对该病害进行彻底治理，初步计划对病害严重区域进行抢险救灾加固处理[1]。

3.2　工程地质概况

根据地勘单位出具的勘察资料，该工程项目所在地区水资源丰富，境内河流众多，场地位于两江之间，枯水期水面高程约 262.3 ~ 262.5m，每年汛期水面上升最大可达约 10m。项目所处区域为中低山丘陵地貌及侵蚀堆积阶地地貌，场地地层从上至下依次为第四系人工堆积（Q_4^{ml}）杂填土、第四系全新统冲积（Q_4^{al}）粉质粘土、粉土、粉砂及卵石土、下伏侏罗系上统（J_{3sn}）粉砂质泥岩[1]。各土层的详细描述及物理力学指标详见该工程岩土工程勘察资料。

3.3　设计及施工概况

该项目基础形式为人工挖孔桩或旋挖桩，持力层为中密卵石或中风化泥岩。桩径、桩长及桩身混凝土强度未知。该基桩采用逆作法施工，试验时（2017 年 1 月）地下结构已施工完毕。本次加固处理施工区域为地下两层，负一层为商业，负二层含下穿车行隧道、小型汽车停车库、设备用房及人防战时电站，负一层和负二层层高分别为 5.1m 和 6.1m。

4　试验概况

4.1　试验方法

在本项目的鉴定加固工作中，需对区域内的桩柱进行相关桩长、桩身混凝土强度、桩身完整性等情况的调查。由于现场既有桩柱的顶部基本都处于地面建筑物或地面以下，无法找到非裸露自由端，不具备桩身钻芯条件，更不具备使用低应变常规试验方法在桩顶激振和检波的条件，本次试验改为采用桩柱侧安装双侧壁传感器进行数据采集。试验于 2017 年 1 月进行，现场见图 1 所示。

图 1　试验现场一角

如图 2 ~ 3 所示，在桩柱侧面安装两个侧置加速度传感器，采用力锤作为激震设备。根据现场条件，选取在地下室负一层紧靠柱侧的楼板上激振（激振点所在楼板下有承台连接负二层柱子），在地下室负二层柱侧面安装两个加速度传感器，采用膨胀螺栓固定在桩柱侧面，加速度传感器距离地下室负二层素混凝土面层顶面高度分别为 0.2m 和 0.9m。

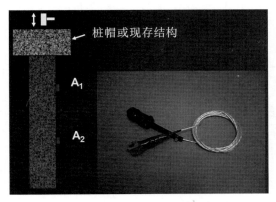

图 2　双信号低应变法试验示意图

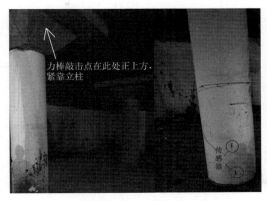

图 3　双信号低应变法现场试验场景图

4.2　主要测试仪器设备

低应变双信号法试验所用的测试仪器设备见表 1。

表 1　测试设备一览表

序号	仪器设备名称	仪器设备编号	检定日期	有效期至
1	PIT 桩基动测仪	4349F	2016.12.6	2017.12.5

4.3　桩身平均波速确定

根据激振后两传感器首至波时间差来确定试验桩在传感器安装段桩身的平均波速，如图 4 所示。可用下式计算桩身平均波速：

$$v = \frac{\Delta z}{\Delta t}$$

其中，Δz 为加速度传感器 A1 和 A2 之间的已知距离（$z_2 - z_1$）；Δt 为到达 A1 和 A2 时间差（$t_2 - t_1$）。

4.4　桩底反射的上行波的确定

低应变法推算桩底深度时最重要的是确定其反射的上行波。当在桩 / 柱侧安置两传感器，在加速度传感器以上位置激振，首至波会先到达上部传感器再到达下部传感器；而桩底反射的上行波则先达下部传感器再到达上部传感器。

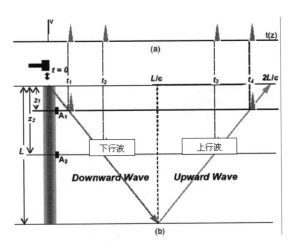

图 4　双信号低应变法上下行波示意图

如图 5 为一条双信号低应变反射波，其中实线所示为上部传感器检波，虚线为下部传感器检波。第一个波峰为直达波波峰，上部传感器先接收到下行直达波（在时间轴上表现为 $t_1 < t_2$）；第三个波峰为下部传感器先接收到该波（在时间轴上表现为 t3 < t4），通过该特征可判断第三个波处为上行反射波，并以下式进一步推算桩底深度：

$$L = v \cdot (t_3 - t_1) / 2 - L_{a1} \text{ 或 } L = v \cdot (t_3 - t_1) / 2 - L_{a2}$$

其中，L_{a1}、L_{a2} 分别为上部传感器、下部传感器至地下室负二层素混凝土面层顶面的距离（$L_{a1} =$ 0.9m，$L_{a2} = 0.2m$）；L 为推测桩底端至地下室负二层素混凝土面层顶面的距离。

5　测试推算桩长

测试推算桩长典型分析结果见表 2，测试分析曲线见图 6。

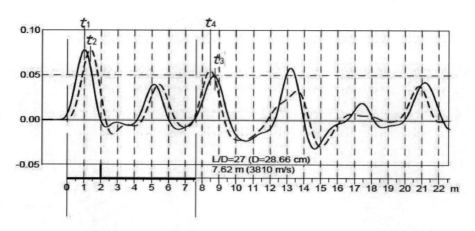

图 5　低应变双信号法试验典型反射波信号

表 2　桩长典型测试结果

序号	桩号	波速（m/s）	测试推算桩长（m）
1	1#	3850	5.8
2	2#	3750	6.5
3	3#	3800	6.0
4	4#	3900	6.2
5	5#	3800	5.8

　　（注：上表中"测试推算桩长"为利用低应变双信号法确定各试验桩在传感器安装段桩身的平均波速并以该波速作为其桩身的平均波速，所推算的地下室负二层素混凝土面层顶面以下的桩长，该推算长度的末端为桩身阻抗突变位置，可能是实际桩底，也可能是桩身缺陷。）

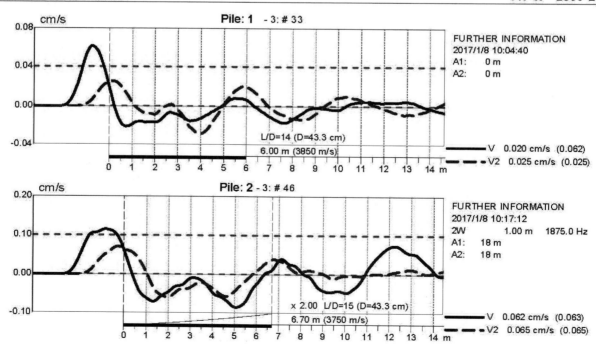

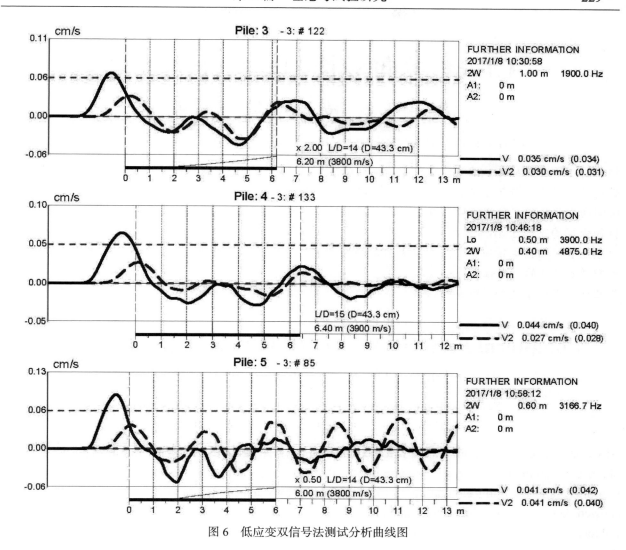

图 6　低应变双信号法测试分析曲线图

6　结论

低应变双信号法试验为类似于本项目的无法采用钻芯法或常规低应变法测试的其他工程提供了一个非常规测试桩身长度或桩身完整性的试验方法。

参考文献

[1] 本工程质量安全抢险救灾工程岩土工程勘察中间成果资料，中冶成都勘察研究总院有限公司，2017 年 1 月.

CFRP 单向板长期服役性能研究

李登华　　林　浩　　崔东霞　　杜素军

山西省交通科学研究院，新型道路材料国家地方联合工程实验室，山西太原，030006

摘　要： 通过模拟环境因素对碳纤维增强树脂基复合材料（CFRP）板的耐候性及湿热老化性能等长期服役性能因素进行了检验，研究了 CFRP 板的抗拉强度、弹性模量及断裂伸长率随严苛环境下的暴露时间的变化规律。结果表明，强紫外线、湿冷环境和酸碱侵蚀对 CFRP 板性能影响较大，90 天周期内拉伸强度均下降了 10% 左右，拉伸模量下降 15% 左右；纯水、盐溶液及加速湿热老化的影响则并不十分显著。扫描电镜观察发现，绝大多数侵蚀性破坏首先发生在树脂层，提高基体树脂的性能将有助于增强 CFRP 的耐久性。

关键词： 碳纤维复合材料，耐候性，湿热老化

Long-term Performances of CFRP Unidirectional Plates

Li Denghua，Lin Hao，Cui Dongxia，Du Sujun

National and Local Joint Engineering Laboratory of Advanced Road Materials，
Shanxi Transportation Research Institute，Taiyuan 030006，China

Abstract： The weather ability and hygrothermal ageing properties of carbon fiber reinforced plastic（CFRP）plates were studied by analysis the evolution of the mechanical properties（i.e.，tensile strength，tensile modulus，and breaking elongation etc.）of the plates exposed in simulation environments. The results showed that，intensive ultraviolet radiation，cool and moist environment，acid and alkali erosion had great influences on the performance of CFRP plates. The tensile strength fell by 10% and modulus by 15% under these conditions in 90 days. The influence of pure water，salt solution and accelerated hygrothermal aging was relatively not so significant. The microscope images showed，most of the erosion damages started from the resin layers，and improving the properties of the matrix would be helpful to enhance the durability of CFRP.

Keywords： Carbon fiber reinforced polymer/plastic（CFRP），Weatherability，Hygrothermal ageing

0　前言

　　碳纤维具有高强度、高模量、低密度、耐高温、抗化学腐蚀、耐化学辐射、高热导、低热膨胀、低电阻等优良特性，此外，还具有纤维的柔曲性和可编织性，比强度和比模量优于其它纤维增强体[1,2]。碳纤维可以制成不同类型纤维布、纤维板、棒材等，其中 CFRP 板在结构加固工程中应用前景巨大[3]。CFRP 板加固混凝土是指以树脂类材料把 CFRP 板和待加固混凝土构件粘固在一起，利用碳纤维材料良好的抗拉强度起到对结构构件补强加固及改善受力性能的作用[4]。要充分发挥 CFRP 板加固的长处，还可将粘贴碳纤维加固法与体外预应力加固法相结合，即在对 CFRP 板施加预应力后，粘贴于被加固构件的受拉面，同时利用锚固系统和胶粘剂胶粘作用对被加固构件受拉区施加预应力。这种主动加固的方法可以使 CFRP 高强特性得到提前发挥，有效减小甚至消除 CFRP 板应变滞后的现象，

作者简介：李登华，博士，高级工程师，山西省交通科学研究院，新型道路材料国家地方联合工程实验室。地址：山西省太原市小店区武洛街 27 号。邮编：030032。E-mail：yob2846@163.com。

达到更好的加固效果[5]。

　　近年来，使用 CFRP 板加固补强建筑结构逐渐成为研究和应用的热点，针对 CFRP 的拉伸、剪切、压缩等力学性能的研究工作充分开展，为这种新材料在加固修复建筑结构的有效性和适用性做了大量的论证[6-8]。然而，对于大型建筑结构（如桥梁、隧道、高楼等），尤其是这类结构处在苛刻乃至极端环境（如北方寒冷气候、南方高温高湿气候、沿海海水腐蚀环境等）下时，耐环境能力及湿热老化性能是 CFRP 板加固修复适用性的又一项严苛挑战[9]。而要实现对这类建筑结构的长周期有效加固，CFRP 板的耐环境腐蚀和耐湿热老化性能必须经过严格的监测[10]。为此，本文通过模拟一些严苛环境检验 CFRP 板的在较长周期内的耐候性及湿热老化性能，研究了 CFRP 板的抗拉强度、弹性模量及断裂伸长率随严苛环境下的暴露时间的变化规律。

1　实验部分

1.1　样品制备

　　以商业碳纤维 T700SC（Toray Industries，Inc）为增强材料，以环氧树脂（TOW 树脂 0432e/0432h）作为树脂基体在专用履带式拉挤设备上进行 CFRP 板的拉挤成型制备，CFRP 板中碳纤维的体积含量为 66.6%。增强纤维与板的基本力学性能指标如表 1 所示。

表 1　增强纤维与 CFRP 板的基本力学性能指标
Table 1　Mechanical properties of carbon fiber and CFRP plate

Series	Specification	Tensile strength /GPa	Tensile modulus /GPa	Elongation at break /%	Bulk density /g · cm⁻³
Carbon fiber	12K	4.90	230	2.1	1.80
CFRP plate	1.4mm×100mm	2.57 ± 0.19	142 ± 5	1.94 ± 0.18	1.53

1.2　样品测试

　　自然环境中对材料的考验主要来自强紫外线、低温潮湿、长期水浸泡、土壤酸碱性腐蚀、酸雨腐蚀、混凝土腐蚀、海水腐蚀等，其中酸雨浓度 pH 值一般为 4 ～ 6，混凝土 pH 值平均约为 12，海水中 NaCl 的浓度一般为 3% ～ 4%[11]。因此，确定 CFRP 板耐候性试验方案为：分别将试验样品置于强紫外线、低温潮湿、水浸泡、酸溶液、碱溶液及盐溶液环境，测量一定周期范围内 CFRP 板的力学性能变化情况。选取酸性溶液是 5.0w% HCl 溶液，溶液 pH = −0.15；碱性溶液为 5.0w% NaOH 溶液，溶液 pH=14.1；盐溶液为 NaCl 溶液，浓度为为 5%。CFRP 板湿热老化性能则依据《GB/T 7141—2008 塑料热老化试验方法》进行湿热老化试验。实验为恒定温度 80℃下的浸水加速老化。实验在湿热老化试验箱内进行，测试介质为去离子水（pH 值约为 6 ～ 7），老化时间设置为 3 天和 7 天[12]。采用 CMT4304 型电子万能材料试验机，对 CFRP 板的力学性能进行测试，测试条件按照《GB/T 3354—2014 定向纤维增强聚合物基复合材料拉伸性能试验方法》进行。碳纤维体密度采用密度梯度柱法进行测定，测定条件依照《GB/T 30019—2013 碳纤维密度的测定》进行。采用 JSM-6320F 型扫描电子显微镜对 CFRP 板的微观结构进行观察。

2　结果与讨论

2.1　CFRP 板耐环境特性评价

　　依照测试条件对 CFRP 板在强紫外线、低温潮湿、水浸泡、酸溶液、碱溶液及盐溶液等模拟环境条件下长时间浸泡后的力学性能变化展开分析。图 1 给出了经耐环境特性测试后 CFRP 板拉伸强度的变化情况。结果显示，经纯水和盐水浸泡处理的样品在两个周期内的性能变化均并不十分明显，微小的数量变化也处在误差范围内；而酸、碱溶液浸泡一个周期后样品的拉伸强度开始出现轻微变化，两到三个周期后变化加剧，尤其是经酸、碱处理的 CFRP 板变化比较明显，力学性能呈现较为显著的下降趋势，其中拉伸强度降低约 10%，拉伸模量降低约 15%。紫外线和湿冷环境同样对 CFRP 板的性能产生了显著影响，且这种变化是随着处理时间的增加逐渐增强的。

考虑到碳纤维本身的化学惰性，猜测树脂可能是 CFRP 板耐环境性能的主要影响因素。紫外线、阴冷环境、酸碱侵蚀主要是对环氧树脂产生了影响从而导致 CFRP 板的强度指标产生变化，针对这一猜测对碳纤维板的结构变化做了分析。结果显示，经强紫外线、阴冷条件处理的样品在一个周期内基本的结构变化并不十分明显；而溶液浸泡一个周期后样品的微观结构开始出现变化，尤其是经酸、碱处理的 CFRP 板存在比较明显的变化。

以强紫外线处理和酸性水浸泡的 CFRP 板为例，两种处理方法下 CFRP 板的结构差别非常明显。如图 2 所示，强紫外线处理一个周期后碳纤维轴向树脂与纤维之间的结合仍较为紧密，尽管树脂内部的气泡孔仍然非常显著，但尚没有纤维大面积由树脂脱出的现象发生；而经酸性（HCl 稀溶液，5.0w %）水浸泡后，CFRP 板表面浅层的树脂基体被酸性介质破坏，纤维出现了大面积脱出的现象，对 CFRP 板浅层整体结构破坏严重。

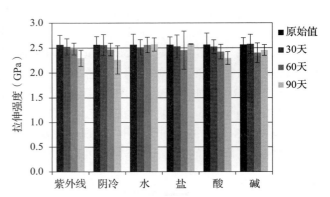

图 1　经耐候性、耐化学药品性测试后 CFRP 板拉伸强度的变化情况

Fig.1　Tensile strength of CFRP plates after series of weathering resistance and chemical resistance experiments

图 2　（a）强紫外线处理与（b）酸性水浸泡 CFRP 板的轴向结构

Fig.2　Axial structure of CFRP plates treated by（a）ultraviolet and（b）acidic water

截面结构上也出现类似的现象。如图 3 所示，强紫外线处理后截面纤维形貌无明显变化，树脂呈现棱角分明的团块状；经酸性水浸泡后树脂块的棱角被侵蚀，只有较大的团块存在于纤维之间。对于较为显著的酸蚀破坏，酸性介质在树脂表面逐层深入，树脂大分子链逐步解离、析出。然而碳纤维的耐酸蚀能力极为突出，弱酸性环境下完全保留了原有的结构和表面形态。因此，CFRP 板在耐酸碱性实验中最终呈现出树脂消失，纤维脱出的破坏形貌。

图 3　（a）强紫外线处理与（b）酸性水浸泡 CFRP 板的截面结构

Fig.3　Cross-section morphology of CFRP plates treated by（a）ultraviolet and（b）acidic water

图 4 是 CFRP 板中树脂基体酸碱破坏的典型形貌特征。椭圆圈指示了树脂基体在酸碱作用下的刻

蚀和解离已经逐渐深入，碳纤维已经由树脂基体中脱出。由此也可以推断，随着酸碱作用的延续，基体的破坏会由表及里逐渐深入，从而最终对 CFRP 板整体的结构和性能产生影响。

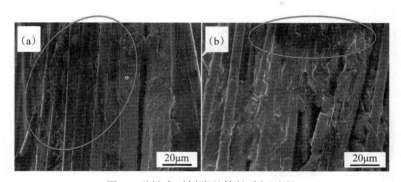

图 4　酸性水对树脂基体的破坏过程

Fig.4　Acid etching phenomenon of the resin matrix

需要指出的是，以上是对 CFRP 板微观易被侵蚀部分的实验观测。实验表明，酸碱侵蚀破坏目前仍然处在非常微弱的层面，且主要发生在 CFRP 板的微表面。图 5 是经强紫外线处理和酸性水浸泡 CFRP 板的外表面结构图。首先，强紫外线一个周期对碳纤维表面的树脂基体结构整体无显著影响，这与 CFRP 板轴向、截面等的结论一致；而经酸性水浸泡的 CFRP 板其表面结构也不存在十分显著的变化。如图 5（b）所示，CFRP 板表面整体平整，较为光滑，没有沟槽等较大的刻蚀破坏，与经强紫外线的样品（图 5（a））也无显著区别。由此可见，尽管 CFRP 板局部显示酸碱盐对树脂基体造成了一定程度的侵蚀，但是对 CFRP 板整体并未产生不可逆转的结构破坏。

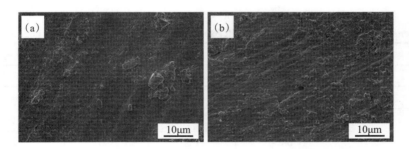

图 5　（a）强紫外线处理与（b）酸性水浸泡 CFRP 板的外表面结构

Fig.5　Surface morphology of CFRP plates treated by（a）ultraviolet and（b）acidic water

图 6 显示了经耐候性、耐化学药品性测试后 CFRP 板拉伸模量的变化情况。与拉伸强度的变化相类似，酸、碱浸泡后 CFRP 板拉伸模量也逐渐降低。有同样降低趋势的还包括紫外线、阴冷环境处理的样品。这种变化规律体现出环境因素对 CFRP 板的影响主要集中在基体树脂上。本质上，碳纤维的耐腐蚀、耐环境特性较好，长时期的环境影响难以对纤维本身造成不可逆转的破坏；而基体环氧树脂则不同，有机分子的结构对环境影响的敏感程度较高。对于单向 CFRP 板，拉伸强度的绝对贡献来自于纤维本身，树脂的贡献度较少。因此当受到环境影响后，树脂强度的下降对 CFRP 板本身的强度影响并不显著。而拉伸模量衡量了材料拉挤破坏过程中的应力应变关系，其中基体树脂对应变量变化的贡献较大。因而当环境对树脂产生影响后会进一步通过树脂叠加到 CFRP 板本身，表现为拉伸模量对环境因素出现一定程度的响应。

图 7 给出了经耐候性、耐化学药品性测试后 CFRP 板断裂伸长率的变化情况。数据显示，经耐候性和耐化学药品性测试后，CFRP 板在两个周期上均出现显著的伸长率变化。如前所述，基体树脂对环境的影响比碳纤维更为敏感，从而显著增大拉伸过程中 CFRP 板的应变量。

2.2　CFRP 板湿热老化性能

如前所述，实验表明水对碳纤维板性能的影响不是特别显著，但考虑到实际环境中水与热耦合作用的情况较多见，实验中也专门针对加速湿热老化环境下 CFRP 板性能变化情况进行了考察。表 2 给出了经加速湿热老化实验后 CFRP 板的拉伸强度、拉伸模量及断裂伸长率的变化规律。如表所示，经湿热老化后，CFRP 板的拉伸强度仅出现微小变化，强度整体上保持在 2.50GPa 左右，可见加速湿热老化对 CFRP 板的拉伸强度影响并不显著。同样地，CFRP 板的拉伸模量也没有明显变化，模量整体上保持在 140GPa 左右。然而，加速湿热老化后 CFRP 板的断裂伸长率出现了显著的增加，逐步达到 2.5% 以上。可见，加速湿热老化对 CFRP 板的断裂伸长还是存在较为明显影响的。

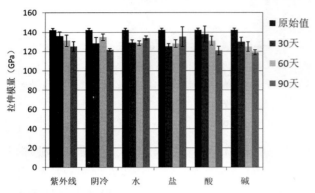

图 6　经耐候性、耐化学药品性测试后 CFRP 板拉伸模量的变化情况

Fig.6　Tensile modulus of CFRP plates after series of weathering resistance and chemical resistance experiments

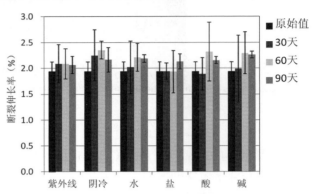

图 7　经耐候性、耐化学药品性测试后 CFRP 板断裂伸长率的变化情况

Fig.7　Breaking elongation of CFRP plates after series of weathering resistance and chemical resistance experiments

表 2　经加速湿热老化后 CFRP 板拉伸性能的变化情况

Table 2　Tensile properties of CFRP plates after series of accelerated hygrothermal aging experiments

Series	Tensile strength /GPa		Tensile modulus/GPa		Elongation at break /%	
	Average	Deviation	Average	Deviation	Average	Deviation
As-received	2.57	0.120	142	2.34	1.94	0.368
Aging for 3 days	2.57	0.175	139	6.84	2.51	0.287
Aging for 7 days	2.47	0.150	138	5.21	2.72	1.11

　　鉴于加速湿热老化对 CFRP 板断裂伸长率存在一定程度的影响关系，本实验对 CFRP 板的微观形貌进行了观察。图 8 给出了经加速湿热老化后 CFRP 板表面的微观形貌。微观上，CFRP 板表面的基体树脂经湿热老化后在表层逐层瓦解，纤维束进一步突出 CFRP 板主体。由于缺少了基体的束缚，CFRP 板在拉伸过程中外层碳纤维呈现出逐步调整的现象，使得 CFRP 板的断裂伸长显著增加。

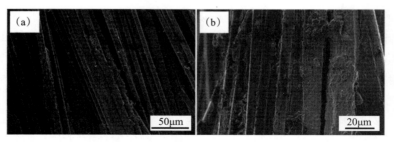

图 8　经加速湿热老化（a）3 天、（b）7 天后 CFRP 板表面的微观形貌

Fig.8　Surface morphology of CFRP plates after（a）three and（b）seven days of accelerated hygrothermal aging experiments

　　同时，也必须注意到 CFRP 板的湿热老化过程是从表层到内部逐渐推进的，且这种变化过程极为缓慢。如图 9 所示，经加速湿热老化后 CFRP 板截面整体无显著变化，只是在 CFRP 板外表面的极薄

表面层（如红圈所示）出现纤维解离的现象。这也是为什么 CFRP 板本身的强度和模量均未出现显著变化的原因。

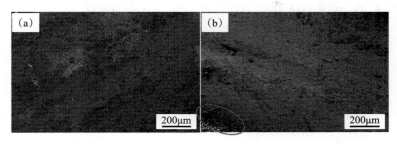

图 9　经加速湿热老化（a）3 天、（b）7 天后 CFRP 板截面的微观形貌

Fig.9　Cross-section morphology of CFRP plates after（a）three and（b）seven days of accelerated hygrothermal aging

3　结论

1. 耐候性方面，经过三个周期的极端环境测试，CFRP 板的拉伸强度、拉伸模量和断裂伸长率出现不同程度的变化，但总的变化幅度并不大（拉伸强度降低 10% 以内，拉伸模量降低 14% 以内）。

2. 耐化学药品性方面，经过三个周期的极端化学药品测试，酸、碱溶液侵蚀下 CFRP 板的力学性能呈现恶化的趋势，但总的变化幅度并不大（拉伸强度降低 10% 以内，拉伸模量降低 15% 以内）。经纯水和盐溶液浸泡的 CFRP 板的力学性能变化很小（基本指标变化均在 5% 以内），表明常规的潮湿和盐溶液环境对 CFRP 板不足以产生严重影响。

3. 湿热老化性能方面，加速湿热老化后 CFRP 板的拉伸强度和拉伸模量无显著变化，断裂伸长率呈现逐渐增大的趋势（老化 7 天增加约 30%）。

参考文献

[1]　LI DH，LU CX，WU GP，et al. Structural Evolution During the Graphitization of Polyacrylonitrile-based Carbon Fiber as Revealed by Small-angle X-ray Scattering [J]. Journal of Applied Crystallography，2014，47（6）：1809-1818.

[2]　李登华，吴刚平，吕春祥，等. 聚丙烯腈基炭纤维中微孔的演变规律 [J]. 新型炭材料，2010，25（1）：41-47.

[3]　丁秀春. 碳纤维在桥梁加固补强技术中的应用 [J]. 山西交通科技，2004，5：61-62.

[4]　檀慧蓉. 既有桥梁缺陷分析与加固技术探讨 [J]. 山西交通科技，2007，3：62-64.

[5]　彭全敏，王海良，陈培奇. 预应力碳纤维片材在桥梁加固中的发展现状与展望 [J]. 铁道建筑，2008，7：7-11.

[6]　周俊钧，宋建伟，鲍亚楠，等. 碳纤维预成型板耐久性研究 [J]. 中国建材科技，2014，23（5）：11-13.

[7]　郭玉琴，孙民航，杨艳，等. 不同态碳纤维复合材料冲裁断裂行为 [J]. 材料科学与工程学报，2015，33（3）：362-367.

[8]　王梦远，曹海建，钱坤，等. 三维织物间隔复合材料的力学性能 [J]. 材料科学与工程学报，2014，32（6）：903-907.

[9]　Zhong Y，Joshi SC. Impact Behavior and Damage Characteristics of Hygrothermally Conditioned Carbon Epoxy Composite Laminates [J]. Materials & Design，2015，65：254-264.

[10]　Cheng X，Baig Y，LI Z. Effects of Hygrothermal Environmental Conditions on Compressive Strength of CFRP Stitched Laminates [J]. Journal of Reinforced Plastics & Composites，2011，30（2）：110-122.

[11]　赵东升，鲁长亮，向中富. GFRP 锚杆在酸碱盐环境下的耐腐蚀性试验研究 [J]. 公路交通科技：应用技术版，2008，9：111-113.

[12]　黄业青，张康助，王晓洁. T700 碳纤维复合材料耐湿热老化研究 [J]. 高科技纤维与应用，2006，31（3）：19-21.

单面增大截面法加固剪力墙抗震性能研究

廖新雪[1]　林文修[2]　杨　越[1]　黎桉君[3]　鲍安红[3]

1. 中机中联工程有限公司，重庆，400039

2. 重庆市建筑科学研究院，重庆，400015

3. 西南大学，重庆，400715

摘　要：对未加固剪力墙、单面增大截面法加固剪力墙和双面增大截面法加固剪力墙进行低周反复加载试验，结果表明单面增大截面法加固剪力墙和双面增大截面法加固剪力墙在耗能能力、变形能力等接近，但后者极限承载力是前者约 1.26 倍。在实际工程中如果采用单面增大截面法加固剪力墙，建议对整体分析结果的增大厚度乘以 1.3 的系数。

关键词：剪力墙，单面增大截面法，低周反复试验，抗震性能，极限承载力

Study on Seismic Behavior of Shear Wall Strengthened by Single-side Structure Member with Reinforced Concrete

Liao Xinxue[1]　　Lin Wenxiu[2]　　Yang Yue[1]　　Li Anjun[2]　　Bao Anhong[2]

1. CMCU Engineering CO.LTD，Chongqing 400039，China；

2. Chongqing Construction Science Research Institute，Chongqing 400015，China；

3. Chongqing University of Science and Technology，Chongqing 400715，China.

Abstract：The reversed cyclic loading tests were carried out on the un-strengthened shear wall and the shear walls strengthened by single-side and double-side structure member with reinforced concrete. The seismic behavior of the shear walls by strengthened single-side and double-side structure member with reinforced concrete were found so close，but the ultimate bearing capacity of latter was about 1.26 times the former. When the shear wall is strengthened by single-side structure member with reinforced concrete in the actual project，it is recommended that the thickness of the overall analysis is to be multiplied by the coefficient 1.3.

Keyword：shear wall，single-side structure member strengthening with reinforced concrete，reversed cyclic loading test，seismic behavior，ultimate bearing capacity

1　引言

当高层建筑剪力墙混凝土强度不满足设计要求，将导致剪力墙轴压比增大及暗柱配筋增多，如不加固处理，则存在安全隐患。常用的适宜的加固方法有 3 种：减小荷载[1]、加大截面[1]及置换混凝土。相比较而言，加大截面法的更适合实际工程的运用。

传统的双面增大截面法加固剪力墙存在如下缺点：（1）减少房间内的使用面积，容易引起商品房买卖的纠纷；（2）由于双面增大截面，每面增大的厚度较小，给施工带来困难，无法保证施工质量。

采用单面增大截面加固剪力墙，特别在外墙单面增大，可以避免双面加固法产生的问题，但目前剪力墙加固方法运用及研究较多的是粘钢加固、碳纤维加固等[2、3、4]，加大截面法加固剪力墙则运用较少，尤其是单面增大截面法，更为稀少。

第一作者：廖新雪（1977—）男，研究生，高工，从事工程鉴定及加固研究，email，77514805@qq.com

通讯作者：林文修（1946—）男，本科，教授级高工，从事砌体工程及结构加固研究，email，35492464@qq.com

现行混凝土结构加固设计规范认为加大截面法的适用范围以定位在梁、板、柱为宜[5]；国家建筑标准设计图《混凝土结构加固构造》06SG311-1 对剪力墙增大截面法做出相应规定，不仅有双面增大截面大样、详图，还有单面增大截面的大样、详图，和双面增大截面相比，单面增大截面法在构造上并无特殊规定，说明了该图集推荐增大截面法加固剪力墙，而且也提倡单面增大剪力墙。

究竟单面增大截面和双面增大截面法加固剪力墙的效果有何区别，本文开展了未加固墙体、单面增大截面法加固墙体和双面增大截面法加固墙体的低周反复试验，其结果可为实际加固工程设计提供依据。

2　试件及试验设计

2.1　试件参数

将实际工程普通一字型剪力墙按 1∶3 比例缩尺得到 3 片剪力墙试件，编号分别为 SW-1、RSW-2、RSW-3，其中 SW-1 为未加固剪力墙试件，RSW-2 为单面增大截面加固剪力墙试件，RSW-3 为双面增大截面加固剪力墙试件，参数见表 2-1，设计图见图 2-1 ～ 2-3。

表 2-1　模型设计参数

试件编号	墙肢截面长度 /mm	墙高 /mm	原墙体厚度 /mm	新增截面厚度 /mm	混凝土强度等级 原墙体	混凝土强度等级 加固墙体	配筋率 纵筋	配筋率 水平筋	剪跨比	轴压比
SW-1	800	900	70	—	C15	—	0.4%	0.45%	1.13	0.3
RSW-2	800	900	70	70	C15	C20	0.4%	0.45%	1.13	0.3
RSW-3	800	900	70	70	C15	C20	0.4%	0.45%	1.13	0.3

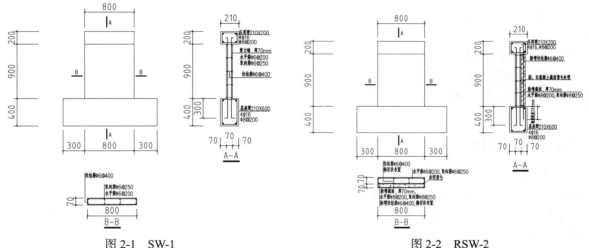

图 2-1　SW-1　　　　　　　　　　　　　　　　図 2-2　RSW-2

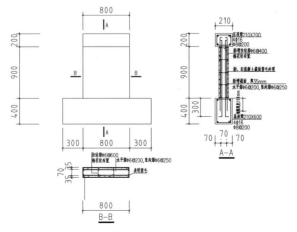

图 2-3　RSW-3

2.2 测点布置

为直观反映试件主要部位钢筋在试验过程中的应力应变状态，便于对加载过程进行有效控制，在剪力墙墙肢的纵向钢筋、水平分布筋、新增拉结筋均布置了测点，如图 2-4 所示。

在试件的顶部与底部各布置一个位移传感器，两个传感器均与 CM-2B-64 电阻应变采集仪相联，位于顶部的传感器用于测量墙体位移，底部传感器用于检测基座梁是否发生移动，如图 2-5 所示。

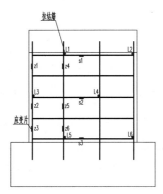

图 2-4 应变片布置图

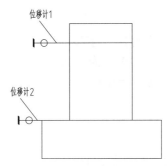

图 2-5 位移计布置图

2.3 加载制度

本试验的加载系统由水平加载系统和竖向加载系统两部分组成，其中水平加载系统由千斤顶提供低周反复水平荷载，竖向加载系统由电液伺服电两通道协调加载试验机竖向作动器提供轴压力。

第一阶段采用力控制：试件屈服以前采用力控制，以 10kN 为增量进行分级加载，每级荷载循环 1 次；第二阶段采用位移控制：试件屈服以后采用位移控制，以屈服时水平位移 Δ 的整倍数为位移增量逐级施加，每一级位移反复 3 次，加载至试件破坏或水平荷载下降至 85% 峰值荷载时，加载结束。

3 试验结果及分析

3.1 试验现象

SW-1 呈现出斜压破坏特性，脆性较大；RSW-2

和 RSW-3 的破坏形态基本相同，均先在墙体中下部边缘出现水平裂缝，随着荷载增大，水平裂缝不断延伸发展成斜裂缝，并伴随着新的水平裂缝与斜裂缝出现，斜裂缝不断延伸交叉形成 "X" 裂缝，并且有竖向劈裂裂缝产生，混凝土不断剥落，脚部受压区混凝土压溃，试件破坏，整个过程先弯曲后剪切，呈现出剪压破坏特性。

3.2 承载力及位移

实测的剪力墙开裂荷载、屈服荷载、峰值荷载、破坏荷载及相应的位移如表 3-1 所示。其中，墙体出现第一条裂缝时的荷载为开裂荷载 P_{cr}，屈服荷载通过屈服弯矩法确定，墙体达到最大承载能力时的荷载值为峰值荷载 P_m，墙体经历最大承载力后荷载值下降至峰值荷载的 85% 或破坏时的位移对应的荷载值为破坏荷载 P_u。Δ_{cr}、Δ_y、Δ_m、Δ_u 分别为开裂位移、屈服点位移、峰值点位移和破坏点位移。

由表 3-2 所示承载力及位移的实测数据可知：

加固试件 RSW-2 和 RSW-3 与未加固试件 SW-1 相比，开裂荷载分别提高了 81.7% 和 127.7%，屈服荷载分别提高了 86% 和 143.1%，峰值荷载分别提高了 74.9% 和 120.3%，破坏荷载分别提高了 61% 和 95.4%，各项承载力都大幅增加，说明增大截面加固法抑制了混凝土的开裂，提高了试件承载力。

表 3-1　各试件承载力及位移

试件编号	加载方向	开裂点		屈服点		峰值点		破坏点	
		P_{cr}/kN	Δ_{cr}/mm	P_y/kN	Δ_y/mm	P_m/kN	Δ_m/mm	P_u/kN	Δ_u/mm
SW-1	+	34.68	1.32	44.22	2.26	55.71	5.45	52.63	6.57
	−	34.5	1.61	40.61	2.30	55.03	5.51	52.46	6.64
	均值	34.59	1.47	42.42	2.29	55.37	5.48	52.55	6.61
RSW-2	+	64.11	1.73	76.12	2.34	95.16	8.32	80.49	8.87
	−	61.56	1.63	81.70	2.51	98.48	8.04	88.67	9.03
	均值	62.84	1.68	78.91	2.42	96.82	8.18	84.58	8.95
RSW-3	+	80.58	1.56	104.94	2.39	120.83	8.54	102.63	9.04
	−	76.93	1.52	101.29	2.32	123.11	8.62	102.76	9.04
	均值	78.75	1.54	103.11	2.35	121.97	8.58	102.69	9.04

同样，开裂位移分别提高了 14.3% 和 4.8%，屈服位移分别提高了 5.7% 和 2.6%，峰值点位移分别提高了 49.3% 和 56.6%，破坏点位移分别提高了 35.4% 和 36.8%，可见剪力墙增大截面加固后的变形能力同样有较大提升。

总体而言，无论单面增大还是双面增大剪力墙，均能够明显增强构件的承载力和变形能力，承载力的提升更加显著。

3.3　滞回曲线

本试验 3 片剪力墙试件实测的滞回曲线如图 3-1 ～ 3-3 所示。

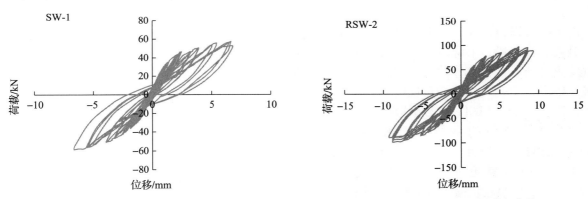

图 3-1　试件 SW-1 的滞回曲线　　　　　　　图 3-2　试件 RSW-2 的滞回曲线

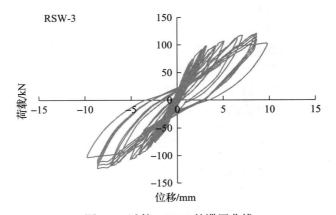

图 3-3　试件 RSW-3 的滞回曲线

（1）3 片剪力墙试件的滞回曲线发展具有一定的共性，当试件处于弹性工作状态时，滞回环基本为直线。

随着裂缝的产生与发展，试件进入到弹塑性阶段，刚度开始退化，滞回曲线弯曲，滞回环面积不断增大，斜率逐渐减小。当屈服后试件出现明显的残余变形，滞回环面积进一步增大，塑性变形加强。

随着加载位移的进一步增大，结构刚度退化明显，累计损伤增加，滞回环变得较为饱满。

后期加载中，3 片剪力墙试件的滞回曲线发展趋势出现了一定的差异，说明增大截面加固的方式能够改变试件的滞回特性。

（2）在轴压比相同的情况下（$\mu = 0.3$），SW-1 的滞回曲线呈现出反 S 形的特征，位移增幅与承载力都较小，而 RSW-2 与 RSW-3 的滞回曲线更加饱满，有一定的捏拢现象，但不够明显，呈现出弓形特征，位移增量和承载力显著增加，表现出良好的延性与耗能性能，说明增大截面加固法有效提高剪力墙的延性和耗能性能增强。

RSW-3 的滞回曲线相比于 RSW-2 更加饱满，滞回环面积有所增大，反映出更好的耗能能力，原因在于：

1）双面增大截面法比单面增大的界面咬合力和摩擦力比多了一个面；

2）销键作用也是双面面；

3）单面增大截面法的拉结筋对原有墙体无约束，当原有墙体横向膨胀变形时，靠拉结筋的锚固作用把新、老墙体连接在一起。

总而言之，双面增大截面加固剪力墙能够对原墙体形成更强有力的包裹与约束，并且加固后仍为对称构件，传力均衡，能更有效的约束墙体裂缝的发展，抵抗了更多的滑移变形。

骨架曲线是低周反复加载试验中每次循环加载达到水平力峰值的轨迹，即滞回曲线每级加载的第一循环峰值点依次相连得到包络曲线，反映了构件的承载力和延性性能。本试验所得骨架曲线如图 3-4 所示。

由上图可以得出 3 片剪力墙试件的骨架曲线均由上升段、峰值段、下降段三个部分构成，说明试件都完整经历了弹性工作阶段、弹塑性工作阶段以及破坏阶段三个受力过程，正反向的骨架曲线基本一致，符合上文所述试件的破坏特征。

RSW-2、RSW-3 的线性段比 SW-1 长，说明 RSW-2、RSW-3 的弹性工作阶段持续更久，其开裂荷载与屈服荷载更大；与 SW-1 相比，RSW-2、RSW-3 的初始刚度、极限承载力都有大幅度的提高，破坏位移也有所增加，说明增大截面加固之后的剪力墙刚度、承载力、塑性变形能力都得到加强。

本试验剪力墙增大截面面积为原墙体截面的 2

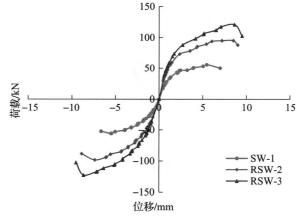

图 3-4　试件骨架曲线

倍，刚度与极限承载力的提高幅度也接近 2 倍，说明剪力墙刚度、极限承载力的增长与增大截面面积成正比例关系；RSW-3 的初始刚度与 RSW-2 基本相等，破坏位移略大于 RSW-2、极限承载力大于 RSW-2，说明单、双面增大截面的加固方式对于试件的初始刚度基本没有影响，但双面增大截面较单面增大截面多了一面加固层，双面对称的加固层能够对原墙体施加了更强有力的横向约束，改善原墙体的受力状态，使之处于更有利的三向受力状态，因此试件的受力性能与变形能力相对更好。

3.4　延性系数

采用的位移延性系数 μ 为剪力墙下降至 85% 峰值荷载时对应的位移与屈服位移的比值，即 $\mu = \Delta_u / \Delta_y$。层间位移角 θ 是指楼层的层间位移 Δ 与层高 H 的比值，即 $\theta = \Delta / H$。

表 3-2 列出了剪力墙试件各特征点实测的位移延性系数及层间位移角。θ_{cr}、θ_y、θ_m、θ_u 分别为开裂、屈服、峰值及破坏对应特征点的层间位移角。

表 3-2　试件的延性系数和位移角

试件编号	加载方向	开裂点	屈服点	峰值点	破坏点	位移延性系数
		θ_{cr}	θ_y	θ_m	θ_u	μ
W-1	+	1/682	1/398	1/165	1/137	2.91
	−	1/559	1/391	1/163	1/136	2.89
	均值	1/612	1/393	1/164	1/136	2.90
RSW-2	+	1/520	1/385	1/108	1/101	3.79
	−	1/552	1/359	1/112	1/100	3.60
	均值	1/536	1/372	1/110	1/101	3.70
RSW-3	+	1/577	1/377	1/105	1/100	3.78
	−	1/592	1/388	1/104	1/98	3.94
	均值	1/584	1/383	1/105	1/99	3.84

（1）SW-1、RSW-2、RSW-3 的平均位移延性系数分别为 2.90、3.70、3.87，加固后的位移延性系数均介于 3 ~ 5，延性较好。并且相对于加固前分别提升了 28% 和 33%，说明增大截面加固法能有效改善剪力墙的延性性能，增强剪力墙的塑性变形能力，提高抗震能力；

（2）RSW-3 与 RSW-2 的位移延性系数比为 1.04，可见 RSW-3 的延性与 RSW-2 相比略有提升，说明双面增大截面加固后的剪力墙后期受力均匀，原墙体与加固墙体的变形更加协调，塑性变形充分，而单面增大截面加固的剪力墙新旧部分破坏不一致，影响了试件的塑性变形，但该影响能力较小，不会造成延性的过大差异。

4　结论

4.1　未加固墙体呈斜压破坏，单面和双面加固墙体均为剪压破坏，两组加固试件在试验过程中新旧墙体结合面均连接牢固，无滑移与开裂现象，说明按规范规定的结合面处理方法——界面凿毛、设置拉结筋等，能保证新、旧墙体共同受力；

4.2　未加固试件的滞回曲线呈现出反 S 形的特征，位移增幅与承载力都较小，增大截面加固试件的滞回曲线更加饱满，呈现出弓形特征，位移增量和承载力显著增加，表现出较好的延性与耗能性能；

4.3　双面增大截面加固试件与单面增大截面加固试件相比，滞回曲线更加饱满，滞回环面积增大，反映出更好的耗能能力。极限承载力由 96.82kN 增加至 121.97kN，增幅为 26%，极限位移由 8.95mm 增加至 9.04mm，增幅为 1%。

位移延性系数由 3.7 增加至 3.87，增幅为 4.6%，塑性变形能力略有提升。

综合而言，单、双面增大截面加固剪力墙力学性能最大区别在于极限承载力，后者约是前者的 1.26 倍。

4.4　当实际工程进行剪力墙加大截面整体分析时，分析结果无法严格区分双面和单面，如采用单面增大截面法，其增大截面厚度宜按计算厚度乘以 1.3 的增大系数，确保单面加固效果与双面加固效果相当。

参考文献

[1]　张培信，高层住宅剪力墙结构抗震加固试验研究 [J]. 工业建筑，1994（4），24-27.

[2]　曾洪超. FR 加固混凝土竖向构件的抗震性能研究 [D]. 北京：北京工业大学，2010.

[3]　张举涛，张华业. 采用剪力墙的高层建筑粘钢加固设计 [J]. 建筑结构，1996（3），30-33.

[4]　刘明学，碳纤维布提高剪力墙延性的实验研究 [D]. 天津：天津大学，2004.

[5]　GB 50367—2013《混凝土结构加固设计规范》[S]. 北京：中国建筑工业出版社，2013.

某高层建筑底层剪力墙混凝土置换研究与应用

郭虹位　　陈大川

湖南大学土木工程学院，湖南长沙，410082

摘　要： 某剪力墙结构高层住宅，地上一层剪力墙混凝土实际强度低于设计强度，采用混凝土置换法对剪力墙混凝土进行置换。本加固工程采用结构设计软件，对地下1层、地上27层已建成的主体结构建立结构分析模型，分析混凝土置换三个施工阶段中一层剪力墙轴压比变化情况，通过计算结果制定合适的施工方案并确定施工顺序。剪力墙置换施工采用无支撑分批、分段的施工方案，保证施工安全的前提下降低施工难度，采用双排碗扣式钢管脚手架对梁、板进行临时支撑，大大降低了施工风险，并取得了良好的加固效果，为高层剪力墙加固的施工方法提供借鉴。

关键词： 剪力墙，混凝土置换，无支撑加固

The Concrete of Shear Wall Replacement Programe of a High-rise Building

Guo Hongwei　　Chen Dachuan

Department of Civil Engineering，Hunan University，Changsha 410082，China

Abstract： In a high-rise residential building with a shear wall structure，the actual strength of the shear wall concrete above the ground is lower than the design strength，and the concrete replacement method is used to replace the shear wall concrete. The structural design software was used in this reinforcement project to establish a structural analysis model for the main structure of the first-floor underground and 27-storey above-ground structures. The change of the axial-pressure ratio of one-story shear wall in the three stages of concrete replacement was analyzed，and the calculation results were suitable. Construction plan and determine the construction sequence. Shear wall replacement construction adopts unsupported batch and segmented construction schemes to reduce the construction difficulty under the premise of construction safety. The double-row bowl-buckle steel tubular scaffold is used to temporarily support beams and slabs，which greatly reduces construction risks. It has achieved a good reinforcement effect and provided a reference for the construction method of high-rise shear wall reinforcement.

Keywords： Shear wall，concreat replacement，no-support reinforcement

　　某在建高层建筑为地下1层、地上31层的现浇钢筋混凝土剪力墙结构建筑。该工程的结构设计使用年限为50年，建筑结构的安全等级为二级，耐火等级为一级；该地区抗震设防烈度为6度。一层现浇钢筋混凝土剪力墙的混凝土设计强度等级为C50，施工时该层剪力墙混凝土采用泵送或塔吊吊运商品混凝土。目前，该高层建筑主体结构已建至地上27层，在检测阶段根据回弹法和钻芯取样法的检测结果表明，一层35处剪力墙的混凝土芯样强度均低于C50设计强度，未达设计要求，必须进行加固处理。一层剪力墙结构平面布置如图1所示。

　　作者简介：陈大川（1967—），男，湖南长沙人，湖南大学教授，博士。

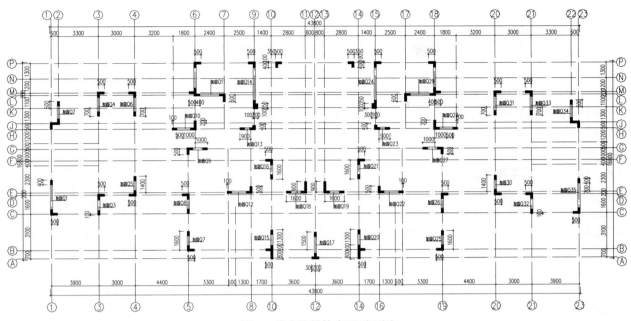

图 1　剪力墙结构布置平面图

Fig1　Shear wall structure layout plan

1　加固方案

1.1　方案比选

混凝土结构有多种加固方法，包括粘贴碳纤维加固法、增大截面法、水泥砂浆钢筋网加固法、外包型钢加固法、混凝土置换法等等，根据本次加固工程的具体情况：

（1）需要加固的钢筋混凝土剪力墙是该建筑一层的唯一抗侧力结构、竖向承重结构，并且该建筑主体工程已建至地上 27 层，所需加固剪力墙位于地上一层，需要承受其上 26 层楼的荷载，所承受的荷载很大，水泥砂浆钢筋网法加固无法提供足够的加固强度，粘贴碳纤维加固主要加强构件抗拉能力，故不适合剪力墙加固[1]。

（2）该建筑项目为商品房住宅项目，对室内面积要求十分敏感，应尽量减小加固对使用面积造成的影响，加大截面法会缩小房屋使用面积，故不适用于本次项目。

（3）加固设计需考虑对结构长期，要满足结构的耐久性要求，该建筑设计使用年限为 50 年，故加固的设计使用年限不应低于 50 年。外包型钢加固需考虑型钢抗锈蚀能力，不利于长期使用。

根据上述情况，经过专家组论证后决定采用混凝土置换法对一层剪力墙结构混凝土进行整体置换。该方法彻底解决混凝土强度不足问题，不影响建筑内部使用空间，并且能够符合设计使用年限 50 年的要求。加固过程中，一层剪力墙上部荷载大，并且由于剪力墙混凝土强度未达到设计要求，造成一层剪力墙轴压比偏高[2]、[3]。施工过程中，剪力墙混凝土需要分段凿除，未凿除部分继续承担上部荷载，通过结构计算分析此时的轴压比，保证在规范规定范围内。

1.2　加固浆料特性

本次加固的端柱、暗柱部分采用 C80 灌浆料，其余位置采用 C60 灌浆料。剪力墙进行置换时，一方面为了获得对于结构而言足够安全的早期强度，从而缩短工期，另一方面剪力墙暗柱、端柱部分作为边缘构件，不仅需要承担竖向作用力，在结构抵抗水平作用时还需要承受弯矩，因此采用比中间部分剪力墙强度更高的灌浆料。该材料具有高强度、微膨胀、自密实、早强的特点，自灌浆料浇筑起，设计强度 C60 灌浆料抗压强度能够在 3d 之内达到 45MPa，设计强度为 C80 的灌浆料其抗压强度能够在 3d 达到 50MPa，其早强性有利于缩短施工工期。灌浆料在重力作用下自密实，无需振捣。微膨胀性有利于新浇筑剪力墙有效的和上下层剪力墙连接紧密，更好的传导荷载，保证新旧混凝土之间的粘结性，防止由于混凝土收缩造成的新旧混凝土界面的裂缝，避免造成安全隐患。

1.3 临时支撑的设置

　　凿除混凝土之前，需考虑梁、板的受力形式由于剪力墙拆除所产生的影响，在原结构中，搭接在即将凿除的剪力墙上的梁和板，其受力形式可能将转变为悬臂梁和悬臂板，所以应在即将凿除剪力墙的周围设置临时支撑[7]，以承载上部的梁、板所传递给剪力墙的的荷载，保证梁、板不发生过大的变形、开裂。本工程采用碗扣式钢管脚手架对该建筑一至三层楼面梁（所有梁的梁端）所有区域及二、三层楼面板底设置临时支撑。以二层楼面部分梁支撑布置为例，为保证施工中安全性，本方案采用保守的方法，在一层梁下端均设置支撑，仅保留必要的施工通道。钢管脚手架支撑立面图如图2所示。

1.4 部分开洞墙体轴压比计算

　　根据该建筑设计信息，运用结构设计软件对该建筑地下1层至地上27层建立结构模型。根据一层混凝土检测结果，1层强度不合格的剪力墙混凝土按照C30混凝土强度进行结构设计。新置换混凝土强度一方面由于施工过程中还未完全达到设计强度，另一方面为结构安全留有余地，C60和C80新置换混凝土均按照C50的抗压强度标准值进行建模分析。该高层建筑目前已停工，只考虑主体结构和填充墙组成的竖向恒载，不考虑水平荷载作用。结构计算分为三步进行，第一步分批拆除各片剪力墙其中一端暗柱，计算未拆除墙体轴压比是否满足要求，第二步在剪力墙一端暗柱置换完成后，继续按照相同工序置换另一端暗柱，第三步将中间部分剪力墙进行分段置换。为了保证建筑内部留有足够的施工空间，每次置换最多四片剪力墙同时进行。就以上三步，选取轴压比最大的四片剪力墙进行说明，分析拆除部分混凝土情况下的轴压比。根据计算结果，分三步计算所得轴压比如图3、图4所示，虚线部分为拆除部分墙体，剪力墙编号见图5。

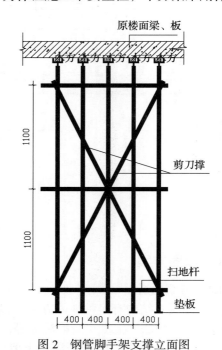

图 2　钢管脚手架支撑立面图

Fig2　Steel pipe scaffolding support elevation

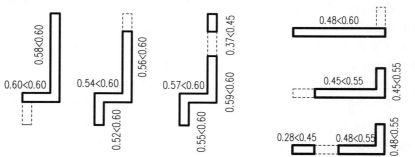

图 3　Q2、Q10 分步置换轴压比

Fig3　Q2、Q10 Stepwise replacement of axial compression ratio

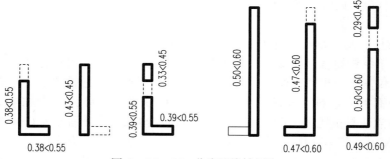

图 4　Q7、Q35 分步置换轴压比

Fig4　Q4、Q35 Stepwise replacement of axial compression ratio

1.5　剪力墙置换顺序确定

根据以上四片较大轴压比剪力墙的计算结果显示，均满足设计要求[2]、[3]，故按相同加固方案，均能够保证其余剪力墙满足轴压比要求。为了降低施工过程中的难度并保证施工过程中的安全，将一层剪力墙分为 5 批进行置换，每片剪力墙分为 3 到 5 段依次置换，剪力墙分为每段 400 到 600mm 不等，每次置换剪力墙的位置应尽量分散，各片剪力墙混凝土分段凿除置换。

先置换的剪力墙的混凝土至少达到置换混凝土设计强度 80% 后再继续下一段剪力墙的混凝土置换。每片剪力墙均采用分段施工的方法，剪力墙上部荷载暂时由未剔除混凝土墙段承担，原本由拆除部分承担的梁、板荷载，通过临时支撑暂时由下一层楼板承担。置换的单片剪力墙优先置换边缘暗柱部分，再置换中间部分，部分剪力墙具体置换顺序见图 5。例如：3-2 表示第三批第二段需置换的混凝土。

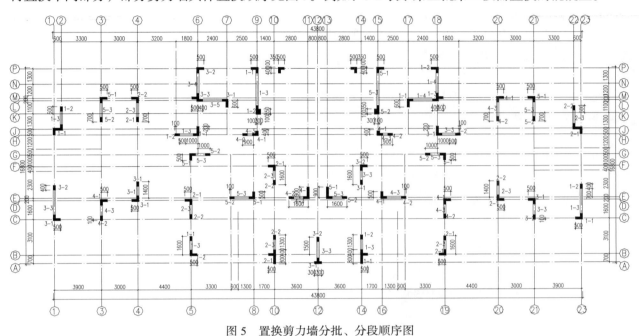

图 5　置换剪力墙分批、分段顺序图

Fig5　Displacement shear wall batch，section sequence diagram

2　安全监测

2.1　梁、板标高及裂缝监测

施工中应定时检测替换剪力墙周围的梁、板、柱的相对位置，采用水准仪、经纬仪等仪器检测建筑层高以及各构件之间的相对位置变化量，当产生形变超过安全界限，应及时停止施工，增设支撑。改进施工方案。采用 3d 为一个周期的检测方案，对梁、板标高，主体结构倾斜进行定期检测，结果显示加固过程中各片剪力墙标高变化均匀，平均沉降小于 2mm，主体结构倾斜几乎无变化，新置换剪力墙无结构性裂缝，可以保证结构安全。

2.2　置换剪力墙应变监测

考虑到该建筑为住宅，为方便后期剪力墙形变监测及设备安装，采用预埋式混凝土应变仪对一层公共区域轴压比较大的一片剪力墙进行应变监测，每段剪力墙竖直方向中间位置埋置一只混凝土应变仪。施工中，首先剔除旧混凝土，在新旧剪力墙分界面处清理破碎混凝土，将混凝土应变仪绑扎在剪力墙原有钢筋上，保证应变仪在后期混凝土浇筑过程中保持竖直，相对位置不变，现场安装图片如图 6 所示。

图 6　混凝土应变仪安装图

Fig6　Concrete strain gauge installation diagram

根据监测数据显示，三段墙体之间存在应力滞后效应，应力差 7MPa。两边暗柱应力几乎一致，中间墙段受力明显小于两边。虽然两边暗柱轴力较置换以前明显加大，但由于其强度较高，轴压比依然符合规范要求[2]。

3　结语

工程项目中由于混凝土强度不够而采用混凝土置换进行加固的项目屡见不鲜。采用分批、分段加固的方法能够免除置换剪力墙处对上部荷载的支撑[8]，极大的简化了置换剪力墙的施工工艺，并且相对于置换剪力墙时搭设的复杂的支撑体系，采用分批分段的置换方法更加有利于保证施工的靠性和结构的安全性。在加固设计和施工中，关键在于以下几点：（1）置换剪力墙应具有长期使用的耐久性，设计使用年限应为 50 年。（2）通过计算机建模计算，决定加固方案，保证建筑的安全性。（3）保证灌浆料与旧混凝土之间的密实性、一层置换剪力墙与上下层剪力墙之间的整体性。（4）加强对置换剪力墙周围的梁、板、墙的形变检测，防止产生过大形变、裂缝，影响结构安全。

参考文献

[1]　胡克旭，赵志鹏. 混凝土置换法在某短肢剪力墙高层住宅加固中的应用[J]. 结构工程师，2015，31（5）：172-177.

[2]　中华人民共和国建设部. GB 50010—2010. 混凝土结构设计规范[S]. 北京：北京建筑工业出版社，2010.

[3]　中华人民共和国建设部. GB 50367—2013. 混凝土结构加固设计规范[S]. 北京：北京建筑工业出版社，2013.

[4]　周登峰. 混凝土剪力墙结构免支撑置换加固应力滞后效应分析[D]. 南京：东南大学，2017.

[5]　王健，姜超. 某商住楼剪力墙混凝土置换处理[J]. 辽宁工程技术大学学报（自然科学版），2016，35（5）：504-508.

[6]　吕西林. 建筑结构加固设计[M]. 北京：科学出版社，2001.

[7]　周晓悦. 分批置换混凝土在高层框架结构加固中的应用实例[J]. 施工技术，2012，43（4）：365-367.

[8]　陈霞. 高层建筑中间楼层局部墙体及板混凝土整体置换施工技术[J]. 建筑技术开发，2013，40（05）：64-67.

第 3 篇
计算与分析

对里氏硬度法检测钢筋强度影响因素的研究

杜耀峰　曾志弘　陈煌森

健研检测集团有限公司，福建厦门，361000

摘　要：传统里氏硬度法推断钢筋强度为通过测试混凝土中打磨光滑后的钢筋表面硬度，根据实验室测强曲线，推断钢筋的强度。此方法在实际工程检测过程中容易受到诸多因素影响，导致测量结果不准确。本研究针对诸多影响因素，设计控制变量实验，首先通过拉拔实验得到不同直径钢筋屈服强度，采用不同强度混凝土，将钢筋制作为钢筋混凝土构件，待混凝土达设计强度之后凿除钢筋表面混凝土层，打磨钢筋表面至光滑，测量其硬度。根据对实验结果对比分析，研究在实际工程检测过程中，不同的影响因素对里氏硬度法检测结果的影响，进而对工程检测中使用里氏硬度法测量钢筋屈服强度提出指导建议。

关键词：里氏硬度法，钢筋屈服强度，工程检测

Study on Influence Factors of Steel Yield Strength Testing Measured by Leed-hardness Method

Du Yaofeng　Zeng Zhihong　Chen Huangsen

Xiamen Academy of Building Research Group，Xiamen，361000

Abstract：Using the Leeb-hardness method can speculation the steel yield strength by the Leeb-hardness. While this method applies to the engineering inspection seldom，because there are many influence factors may affect the testing result. Based on the experiment results of the steel yield strength and Leeb-hardness，this paper study on different influence factors in the engineering inspection by using Leeb-hardness.

Keywords：Leeb-hardness，steel yield strength，engineering inspection

1　概述

里氏硬度法是一种非破损检测材料强度的试验方法，它是根据金属材料的强度与其硬度存在一定相关性的原理而建立。有文献表示可以通过硬度法得到的结果推断黑色金属或 Ⅱ 级钢筋抗拉强度大小[1]。但实际工程检测中并不常用于钢筋混凝土结构的材料强度检测，其原因主要为影响里氏硬度计硬度测试结果的因素很多[2]，包括混凝土强度等级、测试部位混凝土对钢筋的约束情况、钢筋直径大小等，目前相关研究尚不成熟。本研究基于此通过对实验结果对比分析，研究影响硬度法测量材料硬度的因素。

2　主要实验与分析

2.1　实验仪器

本实验采用 WE-100 液压式万能试验机以测量钢筋屈服强度，采用 TH100 里氏硬度计以测量钢筋硬度，采用 TK100-1 角磨机与 16mm 直径砂盘进行钢筋表面的打磨。

2.2　试件制备

本实验目的为分析真实工程检测过程中可能对里氏硬度法测量结果产生影响的因素。研究因素主

作者简介：杜耀峰，男，1982、高级工程师、硕士。E-mail：919127972@qq.com.，通讯地址：福建省厦门市湖滨南路 62 号。

要包括混凝土强度等级、钢筋直径大小、测试部位混凝土对钢筋的约束情况等。

　　本实验采用常见钢筋强度以及直径的类型，样本为 144 根强度不等的钢筋，其中包括 HPB300 级钢筋，直径分别为 6.5mm，8mm，10mm，每种直径钢筋 12 根；以及 HRB400 级钢筋，直径分别为 8mm，10mm，12mm，14mm，16mm，18mm，20mm，22mm，25mm，每种直径钢筋各 12 根。制备足量 C20，C50 级混凝土。

3　实验方法

3.1　研究背景

　　里氏硬度是 Dr. Dietmar Leeb 于 1978 年提出的一种硬度测量技术。其原理主要是使一定直径大小的碳化钨球冲击头在一定的作用力下冲击测试构件的表面，通过测量冲击头经过试件表面上方 1mm 处的冲击速度、反弹速度。利用电磁原理，根据感应得到的电压推算出经过时冲击头的速度，根据公式（1），得到构件表面硬度。

$$HLD = V_R/V_I \times 1000 \tag{1}$$

公式中，HLD 表示构件表面的里氏硬度，V_R 表示冲击头的反弹速度，V_I 表示冲击头冲击速度。通常情况下，试件硬度越大，反弹速度与冲击速度的比值越大，从而得到的 HLD 即里氏硬度数值越大[6]。

　　同济大学的管小军在《硬度法现场检测既有混凝土结构中钢筋的强度》[2] 一文中提出钢筋的抗拉强度值与里氏硬度值之间线性回归公式：

$$f_b = 0.952\,HLD + 167 \tag{2}$$

公式（2）中，HLD 表示构件表面的里氏硬度，f_b 表示钢材的极限抗拉强度（MPa）。

　　目前关于通过里氏硬度法研究型钢强度的方法已有相关规范，如《黑色金属硬度及强度换算值》（GB/T 1172—1999）[3] 提出在试验室条件下，对于标准试块、标准试验方法所得到的洛氏（HR）、维氏（HV）、布氏（HB）等硬度值与强度值的换算关系，通过查阅《金属里氏硬度试验方法》[4]（GB/T 17394—1998）型冲击装置里氏硬度换算表，得出里氏硬度与其它硬度的换算关系，再根据对应的换算值可得钢材的里氏硬度（HLD）与抗拉强度的换算关系。

　　福建省建筑科学研究院主编了《福建省里氏硬度法现场检测建筑钢结构钢材抗拉强度技术规程》[5]（DBJ/T 13—262—2017），其中提出了对于符合《碳素结构钢》（GB/T 700）和《低合金刚强度结构钢》（GB/T 1591）制作的福建地区工业与民用建筑钢结构中常用的 Q235，Q345，Q390 型钢，可以使用如下的测强曲线：

$$f_{t,i} = 120.919\,5 \times e^{(0.004 \times HLD_{m,i})} - 82.9 \tag{3}$$

公式（3）中 $f_{t,i}$ 表示第 i 个测区抗拉强度换算值（MPa），精确到 1MPa；$HLD_{m,i}$ 示第 i 个测区里氏硬度平均值，精确到 1。

　　对型钢里氏硬度与强度的研究日益完善，但是，使用里氏硬度法对混凝土钢筋进行检测时，影响因素较多，包括混凝土强度等级、钢筋直径大小、测试部位混凝土对钢筋的约束情况等，因此，目前在此方面的研究成果仍比较少。分析影响硬度法推断检测混凝土中钢筋强度结果的因素是一项具有重要意义的课题，对将硬度法推广至钢筋混凝土构件中钢筋强度的检测具有重要的意义。

3.2　实验方法

3.2.1　钢筋屈服强度测试

　　在实际工程检测过程中，对于钢筋混凝土结构的验算与鉴定，钢筋的屈服强度是一项重要的验算所需的指标。而目前关于里氏硬度法推测钢筋强度的研究大多为分析里氏硬度与极限强度的关系，现有福建省地标中的研究主要围绕型钢开展的，基于此，本实验首先对 144 根钢筋样本进行力学实验，测量样本的屈服强度。

3.2.2　加工钢筋制作模具

为模拟实际工程检测的工况，即通常对于混凝土构件中钢筋的检测是通过凿除梁柱构件表面混凝土保护层，露出钢筋局部，进而对露出部分钢筋进行测量。实际检测条件，无论是钢筋的边缘锚固约束情况、接触面受力情况，测试条件、方法均与传统实验室做法有所区别。

本实验中，制作了 24 个等大木质模板，长度约为 1.2m，宽度约为 0.3m，高度约为 0.12m，如图 1 所示。将力学实验后钢筋进行截断加工，截取长约 40～50cm 完整部分。为模拟实际混凝土保护层厚度，使用直径 6cm 塑料支模垫块，将加工后钢筋卡在塑料垫块中，并用 6.5mm 光圆钢筋作为箍筋，使用细铁丝将实验钢筋固定于模具中，每个模具两端各固定 3 根，如图 2 所示。

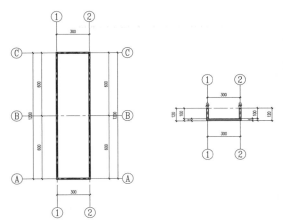

图 1　混凝土构件模板示意图　　　　　　　　图 2　混凝土构件模板示意图

3.2.3　混凝土浇筑

为研究不同强度等级的混凝土对里氏硬度法推测钢筋屈服强度结果的影响，本实验中 12 个模具使用 C20 混凝土浇筑，其余 12 个模具使用 C50 混凝土浇倒。使得其中半数 HPB300 级钢筋（18 根）试件约束条件为 C20 混凝土，其余半数 HPB300 级钢筋（18 根）试件约束条件为 C50 混凝土，72 根 HRB400 同理。随后进行混凝土浇筑，并标准养护 28d，直至混凝土强度达到稳定。

3.2.4　制备测试面进行钢筋里氏硬度测试

待标样 28d 后混凝土材料强度达到稳定，凿除试件钢筋外包的混凝土保护层，露出长约 15cm 的钢筋。根据已有文献的研究，里氏硬度计测试结果会受到测试面表面粗糙程度的影响。因此，使用角磨机对露出部分钢筋表面进行打磨，使打磨后的测试面满足 $R_a < 2\mu m$ 的要求。使用里氏硬度计测量时，考虑露出部分两端钢筋受到的混凝土约束力较大，中间部分受到的约束作用较小，故分为 3 个区段进行测量，分别为左侧 5cm 区域、右侧 5cm 区域以及中间 5cm 区域，每个区域测试 6 次。

4　实验结果与分析

在分析影响里氏硬度法测量结果的因素中，除了测试表面的粗糙程度，影响最大的即为钢筋所受到约束力的大小。根据对已有文献的调研，影响约束力大小的因素或包括混凝土强度等级、测试点钢筋受到混凝土的约束情况（即测试点位置）、钢筋直径大小等。本实验逐一对可能影响测试结果的因素进行分析。

4.1　混凝土强度对检测影响

为研究混凝土强度对测试结果的影响，研究对象为所有 144 根钢筋，其中 72 根钢筋布置于 C20 混凝土试件中，其余 72 根钢筋布置于 C50 混凝土试件中。布置过程中，使不同直径大小的钢筋均匀分布于不同强度的混凝土试件中。

测得不同混凝土强度中各种钢筋直径大小的钢筋里氏硬度，按照混凝土强度等级不同，分别将直径尺寸不超过 12mm 的钢筋以及直径尺寸大于 12mm 的钢筋里氏硬度测试结果统计，结果绘制如

图 3、图 4。根据对实验结果分析可知，除个别测点外，图中 C20 混凝土构件中钢筋硬度测试结果与 C50 混凝土构件中钢筋硬度测试结果的曲线幅值相接近，未发现显著差异。故不同的混凝土强度对里氏硬度测试结果影响不大。

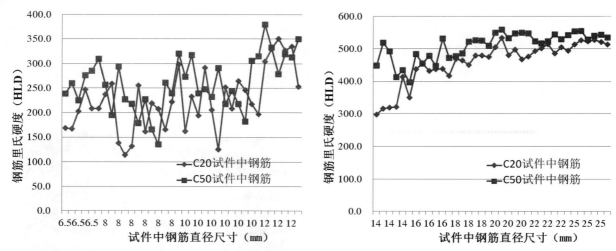

图 3　小直径钢筋在 C20 及 C50 混凝土试件实验测量结果　图 4　大直径钢筋在 C20 及 C50 混凝土试件实验测量结果

4.2 约束情况影响

为控制变量分析测试部位约束条件对硬度测量结果的影响，研究对象取直径分别为 6.5 ～ 22mm 共 78 根钢筋。露出部分的钢筋两端与混凝土接触面积较大，故受到的混凝土约束力较大，而中间部分钢筋与混凝土接触面积较小，故受到的约束作用较小。实验将对 3 个区域进行测量，分别为左侧 5cm 区域、右侧 5cm 区域以及中间 5cm 区域，每个区域测试 6 次，取平均值作为该区域的里氏硬度测量值。

实验结果如图 5 所示，从左到右柱状图对应为不同钢筋直径大小的钢筋的不同测区硬度平均值，对应的钢筋直径自左向右依次增大。从图 5 中可观察到小直径钢筋上不同测区的硬度测试结果差距较大，差距最大的出现在 6.5mm 钢筋试件，左侧测区和中央测区硬度平均值约为 122%。而对于较大直径的钢筋，此影响因素对硬度测试结果的作用不大。故检测点位置对混凝土中钢筋硬度测量结构影响表现为，12mm 直径以下的钢筋里氏硬度测量结果影响较大，靠近边缘处测得的结果相较于中央区域的结果更大；对于大于 12mm 直径的钢筋，测区位置对硬度测试的影响逐渐减小。

4.3 钢筋直径大小的影响

根据图 5 结果，可观察里氏硬度测量结果或与钢筋直径大小有关。本实验对 144 根不同直径钢筋、按照不同直径与对应钢筋所测得里氏硬度进行统计，统计结果如图 6 所示。

本实验中不同大小直径钢筋强度随机分布，从图 6 中可以观察到钢筋直径大小与测量得到的钢筋平均里氏硬度存在关联。样本钢筋强度覆盖各种直径，从图 6 中随着钢筋直径增大，测得的里氏硬度平均值增大，可推测里氏硬度测量结果与被测钢筋直径大小存在关联。

根据数据分析得到，直径与里氏硬度相关系数约为 0.91，验证其具有非常强的相关性。其原因应为直径越大，钢筋与混凝土接触面积越大，钢筋受到混凝土的约束力越大，测量过程得到的里氏硬度反馈也会受此影响而偏高。

5 结论

本研究针对里氏硬度法运用在工程检测中推断钢筋屈服强度时，可能对检测结果产生影响的因素进行了研究分析。主要针对混凝土强度等级、测试部位、钢筋直径大小三个因素通过控制变量实验进行分析，得到以下结论。

（1）对于直径大小相近、钢筋强度相近，使用里氏硬度法测量混凝土构件中钢筋的里氏硬度，测试结果受到约束混凝土的强度等级影响较小。

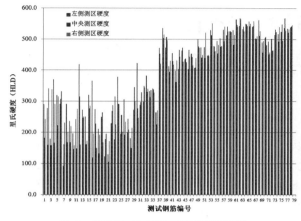

图 5　各钢筋不同测区里氏硬度结果

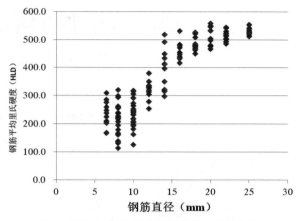

图 6　不同钢筋直径里氏硬度测量结果统计

（2）对于同一根钢筋，在工程检测过程中，对于露出混凝土包裹的部分。使用里氏硬度测试钢筋表面硬度，其结果会受到测试部位位置的影响。此影响表现为：接近混凝土约束的两端测试结果相较于混凝约束较少的中间区域测试结果一般更大；另外此规律对于直径 12mm 以下的钢筋较明显，随着钢筋直径的增大，受到此因素的影响减小。

（3）对于不同直径大小的钢筋，由于直径大小直接影响钢筋与混凝土接触面积大小，从而影响钢筋受到混凝土约束力，最终影响里氏硬度测试的结果。一般情况下，钢筋直径越大，与混凝土的接触面积越大，受到约束力也越大，里氏硬度测试得到的结果越高。

本实验及研究结果对在工程检测中使用里氏硬度法推测混凝土构件中钢筋强度提供了参考依据，即在工程检测过程中，若使用里氏硬度法推定钢筋屈服强度，可以弱化对包裹钢筋混凝土强度的考虑，但是需要注意测试部位，以及钢筋直径对测试结果的影响。

参考文献

[1] 王铁汉，管小军. 里氏硬度法推定Ⅱ级钢筋的抗拉强度 [J]. 建筑材料学报，2004，7（4）：432-436.

[2] 管小军，顾祥林，陈谦，等. 硬度法现场检测既有混凝土结构中钢筋的强度 [J]. 结构工程师，2004，20（6）：66-69.

[3] GB/T 1172—1999. 黑色金属硬度及强度换算值 [S]. 1999

[4] GB/T 17394—1998. 金属里氏硬度试验方法 [S]. 1998

[5] DBJ/T 13—262—2017. 福建省里氏硬度法现场检测建筑钢结构钢材抗拉强度技术规程 [S]. 2017

[6] 段向胜，邸小坛，周燕，等. 钢材里氏硬度与抗拉强度之间换算关系的试验 1 [J]. 建筑科学，2003，19（3）：48-50.

基坑侧向卸荷的应力路径研究

张炳焜[1]　刘　磊[2]　曲宏略[2]

1. 四川省建筑科学研究院，四川成都，610036
2. 西南石油大学，四川成都，610500

摘　要：基坑侧壁土体的状态对基坑工程的设计有着决定性的意义，为了研究基坑侧壁土体在卸荷时的应力路径发展趋势，利用 FLAC[3D] 模拟基坑侧壁开挖过程。在模拟开挖过程中，监测基坑侧壁支护结构后侧土体的应力 - 应变特性，再利用监测所得数据绘制土体应力路径图，通过控制变量法来研究土体含泥量和开挖速度对土体侧向卸荷应力路径的影响。最后推导了土体侧向卸荷任意时刻的切线弹性模量公式。通过研究，得到以下结论：含泥量越低，土体卸荷越快，应力路径就越陡；开挖速度越快，土体卸荷越快，应力路径也就越陡；在侧向卸荷过程中，随着土体所处位置加深，土体的卸荷弹性模量逐渐加大。

关键词：基坑工程，FLAC[3D]，侧向卸荷，应力路径，切线弹性模量

Research on Stress Path of Lateral Unloading of Foundation Pit

Zhang Bingkun[1]　Liu Lei[2]　Qu Honglue[2]

1. Sichuan Institute of Building Research，Chengdu 610036，China
2. Southwest Petroleum University，Chengdu，Sichuan 610500，China

Abstract：In order to study the development trend of the stress path of the lateral soil of the foundation pit under unloading，FLAC[3D] is used to simulate the excavation process of the side wall of a foundation pit. In the course of simulating excavation，the stress and strain characteristics of soil which behinds the side wall supporting structure of foundation pit are monitored. Then the stress path of the soil is drawn according to the monitoring data. Study the influence of soil's clay content and excavation speed to the stress path. In the end，the tangent elastic modulus formula of soil unloading at any moment is derived. Through the research of this paper，the following conclusions are obtained：Frist of all，the lower the clay content，the faster the unloading of soil is，the steeply the stress path is. Secondly，the faster the speed of excavation the faster the unloading of soil is，the steeply the stress path is. Lastly，in the lateral unloading process，with the deepening of the soil，the unloading elastic modulus of the soil is increased.

Keywords：Foundation pit engineering，FLAC[3D]，lateral unloading，stress path，tangent modulus of elasticity

0　引言

　　基坑侧壁土体的物理力学特性是影响基坑工程施工是否能安全高效进行的关键因素之一，而土体在卸荷时的应力路径就是其中一种非常关键的物理力学特性。基坑侧壁土体在卸荷时的应力路径与常规三轴压缩试验中土体的应力路径有较大的差别[1-23]，要研究基坑侧壁土体在卸荷时的应力路径，就要力求模拟出最接近真实状态下的基坑侧壁土体。但要精确模拟基坑开挖过程土体的卸荷状态是比较困难的，所以有很多研究[4-5678]都是利用真三轴仪来模拟基坑开挖过程中土体的卸荷状态，并将常规三轴实验所

　　基金项目：国家自然科学基金资助项目（41602332）；国家级大学生创新训练计划（201510615025）。
　　作者简介：张炳焜，1986 年生，男，四川省建筑科学研究院地基基础研究所副所长，工程师。

得到的土体参数与真三轴实验进行对比分析，在这些研究中得到了许多重要的结论，比如卸荷应力路径对土体的强度参数影响不大以及土体在加载情况下的强度大于卸荷情况下的强度、如何计算任意时刻土体的切线弹性模量公式等结论。应宏伟等[9]在考虑主应力轴旋转的情况下，对基坑开挖进行有限元模拟，认为开挖过程中无论横向还是竖向，应力路径都表现出卸荷特性，且坑内卸荷量大于坑外卸荷量，使得坑内应力变化及主应力轴旋转较坑外大。这表明由于在基坑开挖过程中，土体处于卸荷的特殊状态下，因此不能简单地用加载的计算参数和方法来计算土体变形，这一点在其它文献中也有所论证[10-1112]。

在上述研究中，模拟基坑开挖时土体的真实受力状态的研究很少，而研究土体含泥量和基坑开挖速度是怎样影响土体应力路径的几乎没有。本文利用 FLAC³ᴰ 力求模拟基坑开挖时土体的真实状态，在研究了基坑侧向卸荷时土体的应力路径的同时，又对含泥量和开挖速度对土体应力路径的影响做了分析，希望通过研究来对目前的基坑工程的设计和施工有所帮助。需要说明的是，在本文中，含泥量在数值模拟中的变化体现在土体粘聚力的变化上。

1　卸荷试验模拟

1.1　模型的建立

利用 FLAC³ᴰ 建模。弹性模型用于模拟基坑侧壁的支护排桩，摩尔 - 库仑模型用于模拟基坑土体和基坑底部以下的基岩，壳型结构单元则是模拟桩之间起支挡作用的喷射混凝土。模型参数见表 1 和表 2。

表 1　土体、基岩和桩的参数

Table1　Parameters of soil，bedrock and pile

模型	密度（kg/m³）	体积模量（Pa）	切变模量（Pa）	粘聚力（Pa）	含泥量（%）	内摩擦角（°）	抗拉强度（Pa）
土体 1	1820	2.17×10^7	1×10^7	16.5	1.14×10^3	24	0
土体 2	1820	2.17×10^7	1×10^7	30.3	2.56×10^3	24	0
土体 3	1820	2.17×10^7	1×10^7	41.3	4.56×10^3	24	0
基岩	2000	4.44×10^8	3.33×10^8	1e4	—	35	1.58e5
桩	2650	2×10^{10}	1.5×10^{10}	—	—	—	—

注：1×10^4Pa 为基岩的粘聚力，与含泥量无关。

表 2　喷射混凝土参数

Table2　Parameters of shotcrete

模型	弹性模量（Pa）	泊松比	厚度（m）	密度（kg/m³）
喷射混凝土	2×10^{10}	0.2	0.3	2500

确定了模型参数后，便开始建模。模拟的过程是基坑一侧侧壁开挖的过程，所建模型的几何参数见表 3 和表 4。

表 3　基岩、土体和开挖区几何参数

Table3　Geometric parameters of bedrock，soil and excavation area

模型	长（m）	宽（m）	高（m）
基岩	21	8.5	4
土体	21	8.5	16
开挖区	4.5	8.5	9

表 4　桩的几何参数

Table4　The geometric parameters of the pile

模型	长度（m）	嵌固深度（m）	桩径（m）	桩间距（m）
桩	18	9	1.5	2.5

在桩与土体和桩与基岩之间建立了接触面，开挖前后的模型如图 1 与图 2 所示。

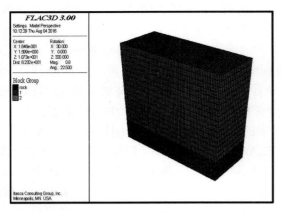

图 1　开挖前模型图

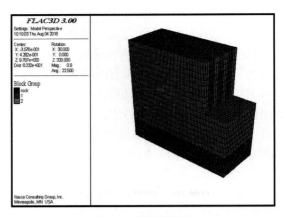

图 2　开挖后模型

1.2　模拟方案

在模拟之中，研究的变量是开挖速度和土体含泥量。为了研究这两个变量对土体应力路径的影响，通过改变模型参数，得到五种计算工况，通过对比这五种工况之中同一区域土体的应力路径来得出结论。具体实施方案见表 5。

表 5　模拟方案
Table5　Simulation scheme

	工况 1	工况 2	工况 3	工况 4	工况 5
含泥量（%）	16.5		·		
	30.3	·		·	·
	41.3				·
进尺速度（m/次）	1.5	·			
	2.0		·	·	
	2.5				

注：监测每种工况同一区域土体在卸荷过程中的大小主应力，根据 $p = (\sigma_1 + \sigma_3)/2$，$q = (\sigma_1 - \sigma_3)/2$ 在 $p - q$ 应力空间之中绘制出每一种工况土体的应力路径图。通过对比工况 2、3、4 的应力路径图，得出含泥量对应力路径的影响；对比工况 1、3、5 的应力路径图，得出开挖速度对应力路径的影响。

2　成果分析

2.1　基坑开挖过程中土体的应力路径分析

在分析含泥量和开挖速度对基坑侧壁土体应力路径的影响之前，首先从理论上分析基坑周围土体的应力路径。将会受基坑开挖影响的土体划分为几个区域，如图 3 所示。

然后在 $p - q$ 应力空间分别对几个区域的土体应力路径进行分析，如图 4 所示[13]。

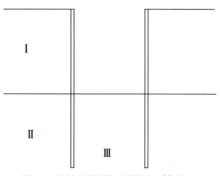

图 3　基坑开挖截面周围土体分区

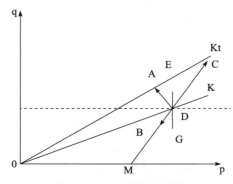

图 4　p-q 应力路径示意图

　　Ⅰ区土体：对于这一区域的土体，$\sigma_v = \sigma_1$，$\sigma_h = \sigma_3$。随着基坑开挖的进行，支护结构侧向向坑内发生位移，土体的水平向应力减小，竖直向应力基本保持不变，在达到极限平衡状态前，土体的水平向应力一直在静止土压力和主动土压力之间变化。根据 $p = (\sigma_1 + \sigma_3)/2$，$q = (\sigma_1 - \sigma_3)/2$，那么这一区域的应力路径如图 4 中的 DA 所示。

　　Ⅱ区土体：这一区域的土体介于Ⅰ区与Ⅲ之间，所以其土体的应力会受到两个区域的影响，会发生主应力转动的现象。这部分的土体应力路径如图 4 中由 D 点向 EG 的左侧发展，并且介于 DA 和 DB 之间。

　　Ⅲ区土体：随着上部土体的不断开挖，这一区域土体的竖直向应力不断减小，水平向应力由于受坑底隆起和支护结构侧移的影响，也会发生一定的变化。这里把这部分土体理想化为水平向应力不变，竖直向应力减小。因此，其应力路径如图 4 中的 DB 所示。

　　综上分析所述，基坑周围土体变形主体区域是Ⅰ区和Ⅲ区的土体，Ⅰ区土体主要发生侧向卸荷变形，应力路径如图 4 中 DA 所示，Ⅲ区土体主要发生轴向卸荷，应力路径如图 4 中 DB 所示。在本文中，研究的重点是区的土体。

2.2　含泥量对土体应力路径的影响

　　研究含泥量对基坑侧壁土体卸荷时应力路径的影响就是研究土体粘聚力对卸荷应力路径的影响。图 5 ～图 7 分别为开挖速度为 2.0m 时三种不同含泥量土体的应力路径。

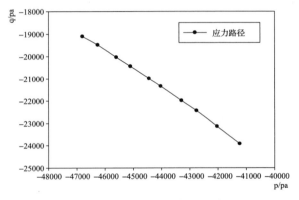
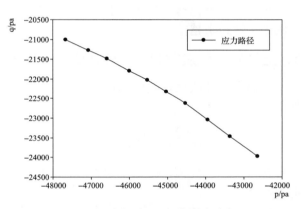

图 5　含泥量 16.5% 土体应力路径　　　　　　　　图 6　含泥量 30.3% 土体应力路径

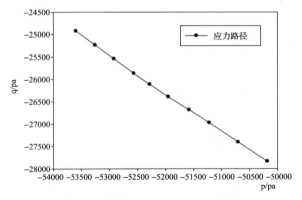

图 7　含泥量 41.3% 土体应力路径

　　可以看出，在以上三种应力路径之中，唯一的变量就是土体的含泥量不同，即土体的粘聚力不同。对比这三张图可以看出，土体的粘聚力越小，土体侧向卸荷时的应力路径就越陡，这说明土体的应力 - 应变特征变化就越快，也就是说土体就越不稳定。随着土体粘聚力增大，土体的颗粒相互之间的吸引力也逐渐增大，在同样的开挖速度和同样的监测单元位置上，土体的应力路径有变缓的趋势，也就是说，土体的第三主应力减小地越来越慢。

2.3　开挖速度对土体应力路径的影响

在研究开挖速度对土体应力路径影响时，本文将土体含泥量这一变量控制在含泥量30.3%不变，然后对比开挖速度为每次开挖1.5m、2.0m以及2.5m时土体应力路径的不同。图8～图10分别为三种开挖速度下土体的应力路径。

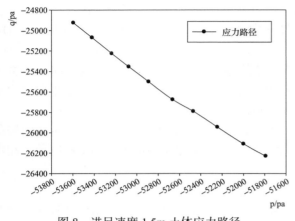

图8　进尺速度1.5m土体应力路径

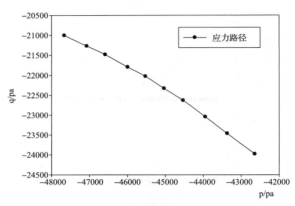

图9　进尺速度2.0m土体应力路径

可以看出开挖速度越快，土体卸荷的速度就越快，对应的应力路径就越来越陡，说明土体在开挖时的稳定性越来越差。

3　土体卸荷任意时刻非线性切线模量推导

在做土体非线性切线弹性模量推导时，借鉴了邓祎文[14]的研究成果，在他的推导中，他得到了如下的式子：

$$E_t = \frac{2K_0}{1+K_0}kPa\left(\frac{\sigma_3}{Pa}\right)^n \times \left[1 - R_f \frac{(1-\sin\varphi)(K_0\sigma_1 - \sigma_3)}{2C\cos\varphi + [2\sin\varphi - (1-K_0)(1+\sin\varphi)]\sigma_1}\right]^2 \qquad (1)$$

在式（1）中，C，φ是土体的强度指标，pa为大气压强，K_0可由确定，$K_0 = 1 - \sin\varphi$为经验值，R_f取为0.88。

在上式中，$kPa(\sigma_3/Pa)^n$代表的是E_{ai}，称为初始切线弹性模量。K和n分别代表的是E_{ai}与σ_3的关系曲线在y轴的截距和斜率。在邓祎文的研究中没有明确求出K和n的值，本文求出K为0.2，n为 -1.6，于是式（1）中未知参数均已全部求得，得到下式：

$$E_t = \frac{2K_0}{1+K_0}0.2Pa\left(\frac{\sigma_3}{Pa}\right)^{-1.6} \times \left[1 - 0.88 \frac{(1-\sin\varphi)(K_0\sigma_1 - \sigma_3)}{2C\cos\varphi + [2\sin\varphi - (1-K_0)(1+\sin\varphi)]\sigma_1}\right]^2 \qquad (2)$$

再把不同深度上监测所得到的多组σ_1和σ_3值代入，即可求得土体在侧向卸荷时任意时刻的切线弹性模量。在此，由浅到深代入几组σ_1和σ_3值，求出的切线弹性模量变化图如图11所示：

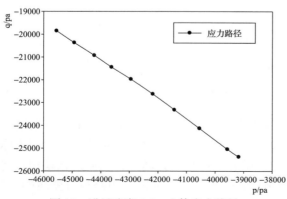

图10　进尺速度2.5m土体应力路径

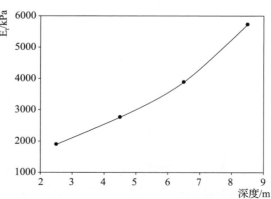

图11　不同深度土体的卸荷切线弹性模量

可以看出，随着土体深度逐渐变浅，土体的侧向卸荷切线弹性模量从接近 6000kPa 逐渐变小到接近 2000kPa。这个规律与葛卫春[13] 所推导的卸荷切线弹性模量发展规律相符合。

从式（2）中可以看出，土体含泥量越大，值越大，于是计算得出的切线弹性模量就越大。而开挖速度对式中的任何参数不会产生影响，所以对切线弹性模量的值也不会有影响。

4　结论

本文首先从理论上推导了土体在侧向卸荷过程中的应力路径发展趋势，再利用控制变量法来研究开挖速度和土体含泥量对土体应力路径的影响，最后推导了土体侧向卸荷过程中任意时刻的切线弹性模量公式，并验证了其规律性。通过分析，得出了以下结论：

（1）土体含泥量越低，则粘聚力越低，在同一种开挖速度下，土体卸荷就会越快，应力路径就越陡，说明土体稳定性越差；

（2）基坑的开挖速度越快，在同一种含泥量的情况下，土体卸荷就越快，应力路径就越陡，说明土体稳定性越差；

（3）在侧向卸荷过程中，随着土体所处位置加深，土体的卸荷切线弹性模量加大。

参考文献

[1]　李林国. 基坑开挖中土体受力状态与应力路径分析 [J]. 黑龙江科技信息，2009（12）：19-20.

[2]　李广信. 基坑中土的应力路径与强度指标以及关于水的一些问题 [J]. 岩石力学与工程学报，2012，31（11）：2269-2275.

[3]　李永波，刘丽，董雪. 基坑开挖应力路径对土体变形影响试验研究 [J]. 佳木斯大学学报：自然科学版，2015（4）：528-530.

[4]　庄心善. 深基坑开挖土体的卸荷试验研究及有限元分析 [D]. 武汉理工大学，2005.

[5]　He S X, Zhu Z Z, Yang X Q. A study of true triaxial test on lateral unloading of soil mass of foundation pit [J]. Rock & Soil Mechanics，2005，26（6）：869-854.

[6]　童华炜，邓祎文. 考虑卸荷应力路径的基坑开挖土体变形研究 [J]. 建筑科学，2008，24（07）：35-38.

[7]　Chen H, Mei G X, Li Z. Deformation characteristics of the soil around the foundation pit with lateral unloading [J]. Journal of Hefei University of Technology，2009，32（10）：1551-1550.

[8]　Chen L J, Dai Z H, Liu Z W. Experimental study of stress path of soft soils in influence range of foundation pit [J]. Rock & Soil Mechanics，2011，32（11）：3249-3257.

[9]　应宏伟，李晶，谢新宇，等. 考虑主应力轴旋转的基坑开挖应力路径研究 [J]. 岩土力学，2012，33（04）.

[10]　龙立华，赵新. 应力路径对基坑变形性状的影响对比分析 [J]. 浙江建筑，2008，25（2）：33-34.

[11]　陈泽世，何世秀，朱志政，等. 卸荷应力路径下基坑土体变形的有限元模拟 [J]. 土工基础，2010，24（3）：59-60.

[12]　郭小帅. 基坑开挖中土体侧向卸荷特性研究 [D]. 北京交通大学，2012.

[13]　葛卫春. 基坑侧向卸荷应力路径及挡墙侧向变形研究 [D]. 河海大学，2001.

[14]　邓祎文. 基坑开挖应力路径试验与有限元变形分析的研究 [D]. 广州大学，2007.

灰砂砖砌体结构的耐久性调查分析

淡 浩 牛 宝

四川省建筑科学研究院，四川成都，610081

摘要： 传统的黏土砖对环境破坏较大，浪费资源，不利于可持续发展。灰砂砖以其轻质高强、良好的耐火性以及绿色环保等诸多的优点，在 20 世纪 80 年代，作为替代材料得到大力推广。四川部分地区由于沙石资源丰富更是得到了广泛使用。虽然灰砂砖较其它砖有着不可比拟的优点，但是因其原材料和生产工艺与普通黏土砖差异较大，受到当时社会经济及技术条件的限制，在生产、施工中缺乏对耐久性的重视，在检验中也缺乏关于软化系数的检验方法，部分采用灰砂砖砌体的建筑物在 2000 年后陆续出现了耐久性的问题。在收集、分析、总结了部分耐久性存在问题的工程实例后，在生产、检验和使用维护方面提出了一些建议，希望对灰砂砖砌体耐久性引起的建筑物病害起到预防和防治的作用。

关键词： 灰砂砖，耐久性，维护

Investigation and Analysis of the Durability of Lime-sand Brick Masonry Structure

Dan Hao　　Niu Bao

Sichuan Institute of Building Research，Chengdu，Sichuan，610081

Abstract： Traditional clay bricks destroy the environment and waste resources，which is not conducive to sustainable development. The lime-sand brick was widely promoted in the 1980's as a substitute material with its advantages of high light quality，good fire resistance and green environmental protection. In parts of Sichuan, it has been widely used because there were rich resources. Due to the constraints of social economy and technical conditions at that time，the emphasis on durability was lacking in production and construction，There is also a lack of testing methods for the softening coefficient.，So some buildings with lime-sand brick masonry have experienced durability problems since 2000. It is hoped to prevent and prevent the building diseases caused by the durability of lime-sand brick masonry through collection，analysis，summarized the durability problems of practical engineering，in production，inspection and maintenance aspects puts forward some suggestions.

Keywords： lime-sandbrick durability maintenance

1　引言

　　蒸压灰砂砖是以砂和石灰为主要原料，经坯料制备、压制成型、高温、高压蒸气养护而成。在 20 世纪 80 年代、90 年代，灰砂砖作为一种新型建筑材料，在四川省有大量的应用。进入 2000 年代后，陆续有一些灰砂砖砌体结构房屋暴露出了一些质量问题，主要表现在砖强度的退化上[1][2]。近几年来，笔者调查了数幢存在砖强度明显退化的灰砖砌体结构房屋，本文以灰砂砖砌体结构房屋的耐久性调查为主，对其检验指标，使用过程中的安全性检查、维护、保养提出了建议。

2　存在问题的房屋的基本情况

　　笔者近几年调查的灰砖砌体结构房屋中，有 8 幢房屋存在较为严重的砖强度明显退化的问题，它

　　作者简介：淡浩，男，1974.1，教授级高级工程师。研究领域：建筑结构。E-mail：8032133@qq.com。

们均修建于 20 世纪 80 年代，均作为住宅使用。房屋结构基本情况如表 1。

表 1　灰砂砖砌体房屋基本情况

房屋代称	层数	结构形式	建造时间	检查时间
1 号房屋	7 层	底框结构，其中第一层为混凝土框架结构，第二层采用烧结砖砌体，第三层至第七层采用灰砂砖砌体	80 年代	2013 年
2 号房屋	6 层	砌体结构，全部采用灰砂砖砌体	80 年代	2014 年
3 号房屋	5 层	砌体结构，全部采用灰砂砖砌体	80 年代	2014 年
4 号房屋	7 层	底框结构，其中第一层为混凝土框架结构，第二层至第七层采用灰砂砖砌体	80 年代	2014 年
5 号房屋	6 层	砌体结构，全部采用灰砂砖砌体	80 年代	2014 年
6 号房屋	6 层	砌体结构，全部采用灰砂砖砌体	80 年代	2014 年
7 号房屋	6 层	砌体结构，全部采用灰砂砖砌体	80 年代	2014 年
8 号房屋	5 层	砌体结构，烧结砖及灰砂砖混合砌筑	1988 年	2017 年

3　耐久性问题调查情况

据用户反映，这些房屋在竣工后使用情况良好。但是，随着使用时间的推移，逐渐发现了一些问题，主要反映在外墙及卫生间的墙体上，刚开始时是墙体出现一些细微的裂缝，经过数年的发展，裂缝情况逐渐加重，裂缝宽度、长度逐渐扩展、扩延，甚至砖体出现粉化、掉落。这 8 幢房屋的损坏情况基本类似，只是损坏程度的轻重存在一些差异；从调查情况来看，其耐久性问题主要有如下表征：

3.1　强度降低

砖体粉化伴明显体积膨胀，用钥匙等硬物在砖的表面刻划即大量掉砂，部分砖体自然掉落；严重的几乎已经丧失强度，用手指刻划就能大量掉砂，甚至徒手就可以捏碎砖块。

图 1　1 号房屋墙体

图 2　1 号房屋墙体

图 3　2 号房屋墙体

图 4　7 号房屋墙体

图5　8号房屋墙体　　　　　　　　　　　　　图6　7号房屋墙体

3.2　墙体开裂

　　抹灰层显示裂缝宽度很大，且抹灰层空鼓、脱落，剔凿抹灰层后，墙体均存在裂缝，砖体上存在裂缝，其宽度小于抹灰层上宽度，砖体上最大裂缝宽度达到25mm。

图7　墙体裂缝　　　　　　　　　　　　　图8　墙体裂缝

图9　墙体裂缝　　　　　　　　　　　　　图10　墙体裂缝

3.3　砖强度检测

　　为了了解砖体现状下的力学性能，每幢房屋均抽取了砖样品进行检验。在取砖样品的过程中，砖体已粉化得不能取出，甚至部分看起来外观良好的砖体也很容易折断，所以实际上送到实验室检测的砖样品是相对较好的，没有包括粉化的和能轻易折断的。检测结果砖体强度均不能达到Mu10，甚至有部分砖的抗压强度最小值低于5MPa，证实了现状下砖均为不合格。检测情况如表2。

表 2　灰砂砖样品检测情况

名称	抗压强度（MPa）		抗折强度（MPa）	
	最小值	平均值	最小值	平均值
1 号房屋	4.29	5.7	2.88	3.07
2 号房屋	4.4	5.7	1.7	2.5
3 号房屋	7.4	10.9	3.1	4.4
4 号房屋	4.4	6.0	2.4	3.3
5 号房屋	7.1	10.2	2.1	3.1
6 号房屋	7.2	14.7	3.2	5.6
7 号房屋	4.6	8.7	1.2	2.8
8 号房屋第二层	7.28	7.8	2.84	3.05
8 号房屋第三层	6.44	7.81	2.69	3.07

4　耐久性问题分析

　　所调查的 8 幢房屋都没有找到修建时的砖检测报告及出厂质保书，但是通常如果它不合格是不能用到工程中的，而且在刚建成的十多年里也并没有反映其存在质量问题，故推测修建时是合格品，在使用过程中，砖块长期遭受干湿循环影响，引起软化进而粉化、体积膨胀，由此承载力下降，直至成为"不合格"品。

　　蒸压灰砖的耐久性取决于灰砂砖成型机器压缩力、砂的颗粒级配、蒸压养护条件及出釜后的陈伏时间。灰砂砖的生产按规定必须经 8 个大气压以上的高压蒸汽蒸养 6h 以上，其产品质量的耐久性才能得到保证[2]。否则，出厂时合格的灰砂砖，经过一段时间的使用，经过一段时间的干湿循环后也会变得不合格了。

5　结语

　　在我国，灰砂砖砌体结构房屋有大量的应用，多数使用情况良好，但也有一部分出现了耐久性不足的问题，通过对它们的病害调查分析，可以得到一些有益的结论：

　　（1）应对影响灰砂砖耐久性的因素进行研究，确保按正确的工艺生产；

　　（2）目前，我国相关规范均未明确规定对灰砂砖软化系数试验，目前也尚无具体的软化系数试验方法[3][4][5]。故应对灰砂砖耐久性性能指标的检验方法进行研究，以保证能剔除其中耐久性不合格的产品；

　　（3）对于既有的灰砂砖砌体结构房屋，应建立灰砂砖房屋数据库，以便针对性地进行检查、维护，及时预警，发现问题、处理问题；

　　（4）对于既有的灰砂砖砌体结构房屋，应采取措施使砖体处于较干燥的环境，避免受潮，避免干湿循环。

参考文献

［1］林文修，舒超，王艳梅，刘静. 灰砂砖砌体耐久性问题留下的思考［A］. 2005 年全国砌体结构基本理论与工程应用学术会议论文集［C］. 同济大学出版社，2005 年. P206-P208.

［2］陶琨，侯汝欣. 使用不合格灰砂砖的工程事故调查［J］. 四川建筑科学研究，2005 年 4 月，第 31 卷第 2 期，P74-P75.

［3］中华人民共和国国家标准. GB 50003—2011. 砌体结构设计规范［S］. 北京：中国建筑工业出版社，2011.

［4］中华人民共和国国家标准. GB 11945—1999. 蒸压灰砂砖［S］. 北京：中国标准出版社，1999.

［5］中国工程建设标准化协会标准. CECS 20：90. 蒸压灰砂砖砌体结构设计与施工规程［S］. 北京：中国计划出版社；1990.

钢板带加固砖砌体墙轴压承载力计算

邢凯丽　　敬登虎

东南大学土木工程学院，江苏南京，211189

摘　要： 钢板带加固既有砖砌体墙技术因其湿作业少、不需要模板、工期短、可逆性好等优点逐渐得到广泛的应用。依据砌体受压试验的全过程曲线，分析对比了不同的砌体本构模型，结果表明五次多项式本构模型能够较好地反映砌体受压四个阶段的特征点。此外，竖向钢板带较薄且柔，在竖向荷载作用下容易发生局部屈曲。根据砌体达到峰值应力时对应的峰值应变、钢材屈服应变、竖向钢板带临界屈曲应变的发生顺序，提出了不同破坏特征下钢板带加固砖砌体墙的轴压承载力计算公式。基于计算公式与既有试验数据的对比分析，结果表明所提计算公式具有较好的预测精度，可用于指导类似工程的加固设计。

关键词： 钢板带，砖砌体墙，本构模型，局部屈曲，承载力

Load-Carrying Capacity of Brick Masonry Wall Strengthened by Steel Strips under Axial Compression

Xing Kaili　　Jing Denghu

School of Civil Engineering，Southeast University，Nanjing Jiangsu，211189

Abstract： Using steel strips to strengthen existing brick masonry walls is widely used because of less wet-work，no construction formwork，short period of construction and good reversibility. Different constitutive models of masonry wall are compared according to the tested whole process curve of masonry under axial compression. The comparison results show the five-polynomial constitutive model can better reflect the characteristics of the stress-strain curves with four stages for brick masonry under axial compression. In addition，vertical steel strips are thin and soft，and the local buckling is easy to occur under vertical load. According to the order of reaching peak strain corresponding to its peak stress in brick masonry，yield strain of steel and critical buckling strain of vertical steel strips，the calculating formulas for predicting load-carrying capacity of brick masonry walls strengthened by steel strips，considering different failure modes，under axial compression is proposed. Based on the comparison between the calculating formula and the tested data，the proposed formula has a good prediction，which can be used to guide the strengthening design of similar projects.

Keywords： Steel strips，Brick masonry wall，Constitutive model，Local buckling，Bearing capacity

0　前言

砖混结构房屋在我国面广量大，早期由于取材广泛、造价低廉的优点得到了广泛的应用。

目前，我国现有的砖混结构房屋普遍存在因材料性能退化、功能改造导致的砖砌体墙承载力不足

基金项目：江苏省自然科学基金项目（BK20171361）。
作者简介：邢凯丽，（1994—），女，硕士研究生，E-mail：xingkaili@126.com。
　　　　　敬登虎，（1978—），男，副教授，E-mail：jingdh@seu.edu.cn。

等问题。钢板带加固砖砌体墙是指在既有墙体上通过对拉螺栓固定钢板带（图 1，端部增设辅助角钢），使得钢板带与墙体形成协同工作的有效整体。其中，钢板带除了约束砖砌体外，还主要承担外力产生的应力，包括拉、压、剪多种状态；砖砌体属于脆性材料，抗压明显优于抗拉，其可看作为钢板带的侧向支承，同时对拉螺栓通过侧向约束也可以进一步改变钢板带的边界条件，提高钢板带的局部屈曲性能。相对于传统加固方法，钢板带加固砖砌体墙具有湿作业少、不需要模板、工期短、可逆性好等优点。

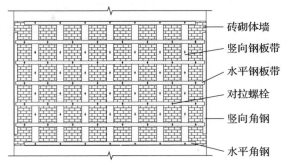

图 1　钢板带加固砖砌体墙示意图

　　关于钢板带加固砖砌体墙的科学问题，国内外学者做了大量的试验研究，均证明外包钢板带能够有效提高墙体变形性能、抗剪强度与耗能能力，显著改善结构的抗震性能。但是，现有成果对此类组合构件的轴压性能研究较少，且没有可用于指导加固设计的计算公式。本文通过理论分析，根据应变协调关系给出不同破坏特征下的钢板带加固砖砌体墙的轴压承载力计算公式，并与既有试验结果进行对比分析。

1　砖砌体及钢板应力 - 应变关系

1.1　砌体受压本构模型

　　砌体本构关系是砌体结构的基本力学性能之一，国内外对单轴受压下普通砖砌体的本构关系开展了大量研究。图 2 为四川省建筑科学研究院采用砖 MU10 和砂浆 M5 砌筑的砌体所测得的实际应力 - 应变关系曲线[1]，能够较好地反映砌体在加载过程中的四个阶段：（1）弹性阶段，砌体应力 - 应变关系可近似视为线性关系，此阶段的特征点为比例极限点 A；（2）继续加载至应力峰值点，应力 - 应变关系呈现较大的非线性，特征点 B 为峰值应力点，所对应的应变为 ε_0；（3）当应力达到峰值后，随着荷载的增加，砌体应变增长逐渐加快，承载能力随之下降，曲线由凸向转为凹向型，特征点 C 为反弯点；（4）随着应变进一步增加，应力下降趋势趋于平缓，最终砌体达到极限压应变，D 点为极限应变点[2]。

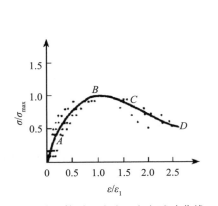

图 2　砖砌体受压应力 - 应变试验曲线

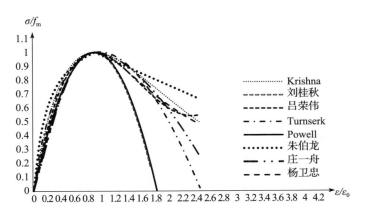

图 3　砖砌体受压应力 - 应变关系曲线比较

　　多年来，国内外学者对砌体本构关系做了大量研究，提出许多砖砌体应力 - 应变关系表达式，现将不同类型中较有代表性的几项[3-10]列于表 1 并绘于图 3。由图 3 可见，曲线①～⑧上升段差异较小，下降段差异较大。其中，朱伯龙[5]提出的两段式曲线表达式在 $\varepsilon = \varepsilon_0$ 处不光滑连续；庄一舟[6]所给表达式形式过于复杂；三种抛物线型[7-9]表达式在达到峰值应力点后随着应变的增大，应力急剧下降，与实际曲线曲率趋于平缓的现象不符，且无法反映反弯点 C；相比较于对数指数型表达式[3-4]，吕伟荣[10]所给表达式能较全面地反映普通砖砌体受压过程中四个阶段的特征点，且用一条光滑曲线较好地吻合了砌体受压应力 - 应变曲线的上升和下降段，能满足砌体结构工程计算和有限元分析的要求。经对比，本文采用吕伟荣所给五次多项式作为砌体受压应力 - 应变曲线表达式。

表 1　砌体受压应力 - 应变关系表达式

类型	提出者	关系表达式
对数指数型	Krishna and Sachchidanand	$\sigma = \varepsilon \cdot e^{1-\varepsilon}$
	杨卫忠	$\dfrac{\sigma}{f_m} = \dfrac{\eta}{1 + (\eta - 1)\left(\dfrac{\varepsilon}{\varepsilon_m}\right)^{\eta/(\eta-1)}} \cdot \dfrac{\varepsilon}{\varepsilon_m}$
两段式	朱伯龙	$\dfrac{\sigma}{f_m} = \begin{cases} \dfrac{\varepsilon/\varepsilon_0}{0.2 + 0.8\varepsilon/\varepsilon_0}, & \varepsilon \leqslant \varepsilon_0 \\ 1.2 - 0.2\varepsilon/\varepsilon_0, & \varepsilon > \varepsilon_0 \end{cases}$
	庄一舟	$\dfrac{\sigma}{f_m} = \begin{cases} \dfrac{1.52(\varepsilon/\varepsilon_0) - 0.297(\varepsilon/\varepsilon_0)^2}{1 - 0.483(\varepsilon/\varepsilon_0) + 0.724(\varepsilon/\varepsilon_0)^2}, & \varepsilon \leqslant \varepsilon_0 \\ \dfrac{3.4(\varepsilon/\varepsilon_0) - 1.13(\varepsilon/\varepsilon_0)^2}{1 + 1.4(\varepsilon/\varepsilon_0) - 0.13(\varepsilon/\varepsilon_0)^2}, & \varepsilon > \varepsilon_0 \end{cases}$
抛物线型	刘桂秋	$\dfrac{\sigma}{f_m} = 0.00457 + 2.002\dfrac{\varepsilon}{\varepsilon_0} - 1.00915\left(\dfrac{\varepsilon}{\varepsilon_0}\right)^2$
	Turnserk and Cacovic	$\dfrac{\sigma}{\sigma_{max}} = 6.4\left(\dfrac{\varepsilon}{\varepsilon_0}\right) - 5.4\left(\dfrac{\varepsilon}{\varepsilon_0}\right)^{1.17}$
	Powell and Hodgkinson	$\dfrac{\sigma}{\sigma_{max}} = 2\left(\dfrac{\varepsilon}{\varepsilon_0}\right) - \left(\dfrac{\varepsilon}{\varepsilon_0}\right)^2$
五次多项式	吕伟荣	$\dfrac{\sigma}{f_m} = 2.3\dfrac{\varepsilon}{\varepsilon_0} - 1.555\left(\dfrac{\varepsilon}{\varepsilon_0}\right)^2 + 0.195\left(\dfrac{\varepsilon}{\varepsilon_0}\right)^3 + 0.075\left(\dfrac{\varepsilon}{\varepsilon_0}\right)^4 - 0.015\left(\dfrac{\varepsilon}{\varepsilon_0}\right)^5$

1.2　钢材本构模型

本文将钢材视为理想弹塑性体，即认为在应力达到屈服点 f_y 之前，钢材接近理想弹性体；当达到屈服点后，钢材塑性应变范围很大，而应力变化趋于平缓，几乎不增长，接近理想塑性体。需要强调的是，竖向钢板带在压应力作用下容易发生局部屈曲。钢板带的局部屈曲在结构构件的正常使用状态下是不允许出现的，关于竖向钢板带的临界屈曲应力见后面分析。

2　钢板带加固砌体墙轴压承载力

钢板带加固砖砌体墙的轴压承载力由砌体及竖向钢板带两部分组成。此处，为了简化计算，横向钢板带仅考虑提供给竖向钢板带的侧向约束，不考虑其对砌体的横向约束作用。

在轴压荷载作用下，根据加固墙体的应变协调，砌体与竖向钢板带在加载初期会发生相同竖向压缩变形，砌体开裂；随着荷载增大，砌体逐渐达到峰值应力，竖向钢板带压缩变形增大，其应力逐渐达到屈服点，砌体裂缝发展迅速；加载后期，砌体形成多条通长裂缝，砖体部分压缩脱落。在加载过程中，竖向钢板带存在局部屈曲现象。竖向钢板带是通过对拉螺栓与横向钢板带与墙体固定，可视为多段连续体，每段钢板带两端不可自由移动及转动可视为固支。加固整体的竖向承载力以砌体达到峰值应力所对应的峰值应变或竖向钢板带发生局部屈曲为破坏特征点，两者发生的顺序直接影响砌体的轴压承载能力。

2.1　不同破坏特征下应变分析

砌体达到峰值应力所对应的峰值应变 ε_0 近似取为[1]：$\varepsilon_0 = 0.005/\sqrt{f_m}$ 其中 f_m 为砌体峰值应力。

根据砌体结构设计规范[11]:

$$f_{\mathrm{m}} = k_1 f_1^{\alpha}(1 + 0.07 f_2) k_2 \tag{1}$$

其中 k_1、k_2、α 反映不同砌体种类，f_1 为块体的强度等级值，f_2 为砂浆抗压强度平均值。

钢板带厚度远小于其长度及宽度，可视为薄板，在轴向应力下容易发生局部鼓曲。单向均匀受压的四边简支矩形薄板处于弹性屈曲时，由薄板弹性理论可得其平衡微分方程[12]:

$$D\left(\frac{\partial^4 w}{\partial x^4} + 2\frac{\partial^4 w}{\partial x^2 \partial y^2} + \frac{\partial^4 w}{\partial y^4}\right) + N_{\mathrm{x}}\frac{\partial^2 w}{\partial x^2} = 0 \tag{2}$$

其中 w 为板的挠度方程，D 为板的柱面刚度，N_{x} 为单位板宽的压力，t 为板厚，v 为钢材泊松比。带入 N_{x}，最终求得板在弹性阶段的屈曲应力:

$$\sigma_{\mathrm{cr}} = \frac{k\pi^2 E}{12(1 - v^2)} \cdot \left(\frac{t}{b}\right)^2 \tag{3}$$

k 为板的屈曲系数，对于其他支承条件的板，可得相同的屈曲应力表达式，仅 k 的取值不同。根据前文分析，竖向钢板带在对拉螺栓及横向钢板带约束作用下，可视为两端固支。基于上述公式进行理论分析得到，对于两加载边固支、两非加载边自由情况下，k 值可取 4。此外，钢材的泊松比为 0.3，因此竖向钢板带的临界屈曲应变为:

$$\varepsilon_{\mathrm{cr}} = \frac{\pi^2 t^2}{2.73 b^2} \tag{4}$$

本文取钢材为理想弹塑性材料，钢板带屈服时应变为: $\varepsilon_{\mathrm{y}} = f_{\mathrm{y}}/E$，$f_{\mathrm{y}}$ 为选用钢材屈服应力设计值。

2.2　不同破坏特征下钢板带加固墙体轴压承载力分析

砌体峰值应力所对应的峰值应变、竖向钢板带的临界屈曲应变、钢板的屈服应变三者大小关系直接影响加固墙体的破坏特征，最终确定其轴压承载能力。因此，需要对三者发生的先后顺序进行讨论。当砌体峰值应力所对应峰值应变为三者最小值时，即 $\varepsilon_0 < \varepsilon_{\mathrm{cr}} \leqslant \varepsilon_{\mathrm{y}}$ 或 $\varepsilon_0 < \varepsilon_{\mathrm{y}} \leqslant \varepsilon_{\mathrm{cr}}$，此时钢板未屈服且未达到屈曲临界应力，不发生局部鼓曲，加固整体以砌体达到峰值应变为破坏特征。此时钢板带加固墙体的轴压承载力为:

$$N = N_{\mathrm{m}} + N_{\mathrm{s}} = f_{\mathrm{m}} \cdot A_{\mathrm{m}} + \sigma_{\mathrm{s}} \cdot bt \cdot n \tag{5}$$

其中 m 下标表示砌体，b、t、n 分别代表竖向钢板带宽度、厚度及数量。$\sigma_{\mathrm{s}} = E\varepsilon_{\mathrm{s}}$，$\varepsilon_{\mathrm{s}}$ 取砌体峰值应力所对应峰值应变 ε_0。

若砌体峰值应力所对应峰值应变值 ε_0 介于钢板临界应变 $\varepsilon_{\mathrm{cr}}$ 与屈服应变 ε_{y} 之间，且当 $\varepsilon_{\mathrm{cr}} \leqslant \varepsilon_0 \leqslant \varepsilon_{\mathrm{y}}$ 时，竖向钢板带未达到屈服应力而先发生局部屈曲，此时砌体应力也未达到峰值应力，加固墙体以钢板失稳为破坏特征。此时钢板带加固墙体的轴压承载力为:

$$N = N_{\mathrm{m}} + N_{\mathrm{s}} = f \cdot A_{\mathrm{m}} + \sigma_{\mathrm{cr}} \cdot bt \cdot n \tag{6}$$

此处，砌体应力值 $f = \varepsilon \cdot E_{\mathrm{m}}$，$\varepsilon$ 与钢板临界屈曲应变 $\varepsilon_{\mathrm{cr}}$ 相同。当 $\varepsilon_{\mathrm{y}} \leqslant \varepsilon_0 \leqslant \varepsilon_{\mathrm{cr}}$ 时，钢板先屈服，但不发生局部屈曲，随着荷载增加，竖向钢板带与砌体继续保持应变协调，砌体达到峰值应力后认为加固整体达到竖向承载力极限点，钢板带应力为屈服应力。此时钢板带加固墙体的轴压承载力为:

$$N = N_{\mathrm{m}} + N_{\mathrm{s}} = f_{\mathrm{m}} \cdot A_{\mathrm{m}} + f_{\mathrm{y}} \cdot bt \cdot n \tag{7}$$

若砌体峰值应力所对应峰值应变值 ε_0 为三者最大值，钢板带加固墙体均以钢板带发生局部屈曲为破坏特征。当钢材屈服应力小于临界应力时，竖向钢板带达到屈服应力后，应力不增长仍为 f_{y}，但应变继续增长直至达到临界屈曲应变，加固墙体的轴压承载力为:

$$N = N_{\mathrm{m}} + N_{\mathrm{s}} = f \cdot A_{\mathrm{m}} + f_{\mathrm{y}} \cdot bt \cdot n \tag{8}$$

其中，$f = \varepsilon_{\mathrm{cr}} \cdot E_{\mathrm{m}}$，砌体应变与钢板带临界屈曲应变协调。当钢板屈服应力大于临界应力时，钢板带发生局部失稳后，应力值不会达到屈服应力，此时加固整体的竖向承载力:

$$N = N_{\mathrm{m}} + N_{\mathrm{s}} = f \cdot A_{\mathrm{m}} + \sigma_{\mathrm{cr}} \cdot bt \cdot n \tag{9}$$

其中，砌体的轴压应变同样与钢板带的临界屈曲应变保持协调。

2.3　与试验结果对比

为进一步验证本文计算公式的合理性，将按本文公式计算得出的轴压承载能力与 Farooq et al.[13]进行的钢板带加固砖砌体墙的试验结果进行对比（表 2）。其中，US 表示未加固墙体，FSM 表示单面加固，横向钢板带间距为 152.4mm，SCM 与 FSM 相比仅改变横向钢板带间距为 228.6mm，DCM 与 SCM 钢板带布置形式相同，但 DCM 采用双面加固法。该试验对拉螺栓仅安装于横向、竖向钢板带交接处，可认为横向钢板带间距即为竖向钢板带两固支点间距。试验砖块体采用 M11，砂浆采用 MU10，钢材屈服应力 $f_y = 225$MPa；钢板带的截面尺寸为 45mm × 1.3mm。

表 2　试验结果与本文理论公式对比

试件编号	UW	FSM	SCM	DCM
试验结果	650	735.6	728	820.6
本文公式	613	678.9	678.9	744.7
比值	0.94	0.92	0.93	0.91

根据 2.1 部分内容，可以推导砌体峰值应力所对应峰值应变 $\varepsilon_0 = 0.00238$，钢材屈服应变 $\varepsilon_y = 0.0011$，钢板带临界应变 $\varepsilon_{cr} = 0.003$。对比三者可以看出竖向钢板带最先达到屈服应变，随着荷载增加，钢板带应力保持不变，压缩应变继续增大，之后砌体达到峰值应力所对应峰值应变，此时理论上钢板不发生局部屈曲。因此，其符合本文公式（7）的情况。

在表 2 中，本文公式（7）与试验结果的误差不超过 10%，两者吻合较好。FSM 比较于 SCM 横向钢板带间距较小，即竖向钢板带两固支点间的距离较小，钢板带稳定性提高，竖向承载力较 SCM 有小幅提高。但在本文公式（7）中没有反映钢板带长度的影响，两者理论值相同，原因在于求解竖向钢板带临界屈曲应力时将其视为薄板，板件的长宽比数值并不大。当横向钢板带间距较大，竖向钢板带两固支点距离增大到一定程度时，板件长度远远大于板件宽度，需要采用欧拉公式将钢板带视为两端固接的杆件考虑嵌固系数求解钢板带屈曲临界力。当钢板带视为板件分析时，其长度距离对竖向承载力影响作用不明显，如表 2 所示，FSM 较于 SCM 间距减小 33.3%，承载力仅提高 1%。本文理论公式不考虑横向钢板带对砌体的横向约束作用，故计算结果较实际值偏于保守，可用于指导设计实际工程加固。

3　结论

根据砖砌体的实际受压应力 - 应变曲线分析普通砖砌体受压过程四个阶段的不同特征点，并与已有砌体本构模型进行对比，本文认为吕伟荣提出的 5 次多项式本构关系式能较好地反映砌体受压过程中的四个特征点。为了简化计算，不考虑横向钢板带对砌体墙的约束作用，仅考虑其对竖向钢板带的侧向支承作用。基于组合墙体的应变协调条件，给出钢板带加固砖砌体墙在不同破坏特征下的轴压承载力计算公式。通过与试验结果的比较分析，本文所提出的计算公式与试验结果吻合良好，且偏于保守，可用于指导类似工程的加固设计。

参考文献

[1]　施楚贤. 砌体结构理论与设计（第二版）[M]. 北京：中国建筑工业出版社，2003.

[2]　杨伟军，施楚贤. 砌体受压本构关系研究成果的述评 [J]. 四川建筑科学研究，1999（03）：52-55.

[3]　Krishna N，Sachchidanand S. Behaviour of brick masonry under cyclic compressive loading. Journal of Construction Engineering and Management，1989，115（6）：1432-1444.

[4]　杨卫忠. 砌体受压本构关系模型 [J]. 建筑结构，2008，38（10）：80-82.

[5]　朱伯龙. 砌体结构设计原理（第一版）[M]. 上海：同济大学出版社，1998，13-16

[6]　庄一舟，黄承逵. 模型砖砌体力学性能的试验研究 [J]. 建筑结构，1997（02）：22-25+35.

［7］ 刘桂秋. 砌体结构基本受力性能的研究［D］. 长沙：湖南大学，2005.

［8］ Turnserk V，Cacovic F. Some experimental result s on the strength of brick masonry［M］. P roceeding pf the SIBMAC，1971.

［9］ Powell B，Hodgkinson H R.. Determination of stress/strain relationship of brickwork，TN 249，B. C. R. A.，Stoke on Trent，1976.

［10］ 吕伟荣，施楚贤. 普通砖砌体受压本构模型［J］. 建筑结构，2006（11）：77-78+53.

［11］ GB 50003—2011. 砌体结构设计规范［S］. 北京：中国建筑工业出版社，2011

［12］ 陈铁云. 结构的屈曲［M］. 上海：上海科学技术文献出版社，1993.

［13］ Farooq S H，Ilyas M，Ghaffar A. Technique for strengthening of masonry wall panels using steel strips［J］. Asian Journal of Civil Engineering（Building and Housing），2006，7（6）：621-638

8·8九寨沟地震部分建筑震害调查和分析

曾　亮[1]　曹桓铭[2]　蒋　庆[3]　唐清山[4]

四川省建筑科学研究院，四川成都，610081

摘　要：8·8九寨沟地震发生在九寨沟核心景区附近，通过对157栋商业建筑调查发现，经过抗震设计的建筑结构达到了抗震设防标准；部分耗能构件受损；填充墙受损严重，填充墙中若无抗震构造措施的则呈现整片倒塌现象。通过对震后部分商业建筑的震害情况调查，得出抗震设计的必要性和填充墙墙体设置抗震构造措施的重要性。

关键字：地震，震害，填充墙

Investigation and Analysis of Seismic Damage of Earth Dams for Some Buildingsduring the Jiuzhaigou Earthquake in August 8th

Zeng Liang[1]　Cao Huanming[2]　Jiang Qing[3]　Tang Qingshan[4]

Sichaun Institute of Building Research，Sichuan Chengdu 610081

Abstract：The Jiuzhaigou earthquake in August 8th occurred near the core scenic spot of Jiuzhaigou. Through the analysis of the earthquake damage of 157 commercial buildings investigated，aseismatic fortification standards have been reached through the structural damage by the seismic design，some of the energy dissipating components were damaged，the filler wall was damaged seriously，and the whole piece of wall collapsed if there was no seismic structural measures. Based on the investigation of the earthquake damage of some commercial buildings，the necessity of aseismic design and the important to seismic structural measuresthe in filled wall are obtained.

Keywords：Earthquake，Earthquake Damage，Filler Wall

0　引言

北京时间2017年8月8日21时19分，四川省阿坝州九寨沟县发生里氏7.0级地震。震中位于东经103.82°，北纬33.20°，震源深度约为20km。此次地震的最大烈度为9度，涉及四川省阿坝藏族羌族自治州九寨沟县漳扎镇。

本文主要对经过抗震设计的商业建筑进行震害分析，所调查的建筑位于漳扎镇，距震中6～10km范围。本次调查了157栋建筑，从结构类型分：有154栋混凝土框架结构建筑，1栋钢框架-混凝土剪力墙结构建筑，1栋钢管桁架结构建筑，1栋单层半椭球网壳结构建筑。

1　混凝土框架结构建筑

本次调查了154栋混凝土框架结构建筑，修建于21世纪初。该154栋建筑分别位于不同区域，第一个区域集中有15栋建筑（命为①号区域），第二个区域集中有131栋建筑（命为②号区域），其余8栋为零散的功能用房（包括脱水机房，锅炉房等）。

就结构方面调查，该154栋建筑中，①号区域的15栋建筑结构损毁较为严重，梁、柱均出现较大裂缝，梁、柱节点混凝土压碎，钢筋外露，1栋功能用房结构损毁较为严重，其余138栋建筑结构损伤较轻，个别建筑的楼梯间休息平台或梯板开裂。

　　该 15 栋①号区域建筑有一处，梁柱节点[1]损伤严重但并未倒塌（图 1），设防烈度为 7 度，而该地区实际地震烈度为 9 度，该破坏情况属于"大震不倒"[1]，梁柱节点破坏严重。该 1 栋功能用房结构损毁较为严重是因为一侧边坡垮塌，建筑倾斜较大，梁柱拉裂。其余 138 栋建筑结构性损伤较小，个别建筑楼梯间休息平台或梯板开裂。

　　就填充墙方面调查，所有该类建筑室内外填充墙均有斜向交叉开裂，其中 15 栋①号区域建筑和131 栋②号区域建筑的室外填充墙为当地民族特色的石砌墙体（图 2），这种石砌墙体没有设置抗震构造措施[3]（如构造柱，拉结筋等），导致大面积的整体塌落，也极易造成人员伤亡。

图 1　某混凝土框架结构建筑梁柱节点震损图

图 2　某混凝土框架结构建筑填充墙图

2　钢框架 - 混凝土剪力墙结构

　　本次调查了 1 栋钢框架 - 混凝土剪力墙结构建筑，修建于 21 世纪初，由 1 ～ 7 号区域及其间的连廊组成，各个区域结构类型类似，各自独立并由连廊组成，如图 3 所示。

　　经调查，就结构方面，该栋建筑钢结构并未受到损伤，混凝土剪力墙大部分连梁存在斜向及交叉裂缝（图 4），且部分裂缝较大达到 1.0mm，部分连梁局部混凝土压碎。楼梯同主体结构，为钢结构框架，其踏步板为混凝土板，多数踏步板开裂（如图 5）。

　　经调查，就填充墙方面，因为钢结构较柔，水平位移较大，室内外填充墙斜向交叉开裂情况较严重，因设置有填充墙拉结筋，墙体并未出现整片倒塌（图 6）。

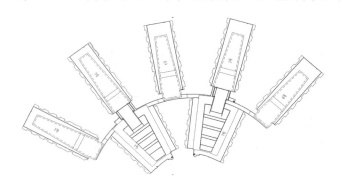

图 3　某钢框架 - 混凝土剪力墙结构平面布置图

图 4　连梁斜向交叉裂缝

图 5　梯板开裂

图 6　填充墙交叉斜向裂缝

3　钢管桁架结构

本次调查了 1 栋钢管桁架结构建筑（门厅处有膜结构雨棚和混凝土单层结构），修建于 21 世纪初（图 7）。

经调查，该栋建筑门厅处膜结构雨棚和混凝土单层结构破坏严重，膜结构的杆件断裂破坏，混凝土单层结构梁柱节点混凝土压碎，钢筋外露且部分屈曲。该栋建筑的主结构——钢管桁架，除个别杆件弯曲断裂，主体并未受大的损伤，但玻璃幕墙维护结构受损，玻璃因杆件变形出现大量碎裂（图 8）。

图 7　某钢管桁架结构建筑外景图　　　　图 8　玻璃幕墙维护结构杆件弯曲、玻璃破碎

4　单层半椭球网壳结构

本次调查了 1 栋单层半椭球网壳结构建筑，修建于 21 世纪初，如图 9 所示。

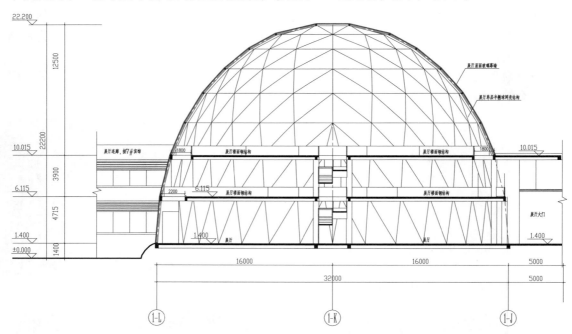

图 9　某单层半椭球网壳结构建筑外立面图

经调查，该建筑部分焊接球节点、部分楼面钢结构钢梁与网壳结构杆件焊接鼓节点存在焊缝开裂、松动，玻璃幕墙结构的少数个别玻璃破碎。

5　震害分析

对于本文所调查的 159 栋建筑，分析不同结构类型所受震害震害情况，且从结构方面和非结构方面进行分别叙述。

5.1　结构方面

对于最为普遍的混凝土结构的建筑（本次调查了 154 栋），经受住了该次九寨沟 7 级地震，达到了设计要求，因实际地震烈度达到和超过建筑设防烈度，部分区域混凝土结构建筑受损严重但达到了"大震不倒"的设防标准，多数混凝土结构建筑只受到轻微损伤。

对于钢管桁架结构、单层半椭球网壳结构、钢框架 - 混凝土剪力墙结构，主体结构都为钢结构，因为钢结构较柔抗震性能较优越，因此在本次地震中，同一区域混凝土结构建筑受损相对严重，而钢结构体系的建筑在结构方面只受到个别杆件的轻微损害。在高烈度区，钢结构体系建筑具有较为良好的抗震性能。根据钢结构不同体系，钢结构节点有不同功能[4]，但需保证连接节点的可靠性。调查中发现多数受损节点处出现锈蚀，或该处受损节点沿着焊缝开裂断开。对于钢框架 - 混凝土剪力墙结构，混凝土剪力墙为了减小钢结构建筑的层间位移和整体位移，并承担一部分地震力而达到消耗地震能量的作用，该建筑中混凝土剪力墙中的连梁就是一个典型的耗能构件，在此次地震中通过连梁的破坏消耗了地震能量，从而保护整体结构。

5.2　非结构方面（填充墙）

本次调查中，对于非结构的填充墙，凡是设置了抗震构造措施的墙体未出现整体墙面塌落的情况（极个别拉结筋拉断的墙面局部大面积塌落）；而未设置抗震构造措施的墙体则出现大面积整体塌落。

6　结语

1）如今经过抗震设计的建筑，是具有抗震性能的，满足"小震不坏，中震可修，大震不倒"的设防标准。在高烈度区，建议适当设置耗能构件，在经受地震后，能够减轻主体结构的破坏程度，减少建筑修复的成本。

（2）在经过抗震设计的建筑中基本能满足"大震不倒"，对于非结构的填充墙是否倒塌是威胁人身安全的很大一方面，因此需要按照规范设置抗震构造措施，建议民族特色的石砌墙体要进行抗震构造措施的设置，或者更换为满足抗震要求的砌筑形式。

参考文献

[1] 傅剑平，游渊，白绍良. 钢筋混凝土抗震框架节点的受力特征分类 [J]. 重庆建筑大学学报. 1996（02）.

[2] 王亚勇. 汶川地震建筑震害启示——三水准设防和抗震设计基本要求 [J]. 建筑结构学报. 2008（04）.

[3] 葛静. 石砌体结构抗震性能与加固技术研究 [D]. 兰州理工大学. 2010.

[4] 陈以一，王伟，赵宪忠. 钢结构体系中节点耗能能力研究进展与关键技术 [J]. 建筑结构学报. 2010（06）.

泥石流冲击桥墩的冲击力及加固措施研究

勾婷颖

四川省建筑科学研究院，四川成都，610081

摘　要： 泥石流是山区常见的自然灾害，特别是在我国西南地区分布相当广泛。泥石流具有爆发突然、强度大、破坏力强、范围广的特点，泥石流灾害一旦发生后果极为严重。随着我国山区经济的发展和环境污染的加剧，公路、铁路中的桥涵等工程设施遭受泥石流灾害的概率亦随之增加。单薄壁矩形桥墩作为山区桥梁的主要桥墩形式之一，尚未有学者将其进行流固耦合模拟。通过 Ansys Workbench 中计算流体动力学的模块模拟了泥石流对单薄壁矩形桥墩的几种不同截面尺寸的冲击作用，得到了桥墩所受冲击压强、冲击合力。对比了泥石流冲击作用下不同截面尺寸桥墩所受冲击压强、冲击合力的变化，并提出几种有效加固措施。对泥石流冲击作用下桥墩的设计、桥墩加固有着理论意义和工程参考价值。

关键词： 泥石流，桥墩，流固耦合，冲击力，加固措施

Study on Impact Force and Reinforcement Measures of Debris flow Impacted by Debris Flow

Gou Tingying

Sichuan Institute of Building Research，Chengdu 610081，P.R.China.

Abstract： Debris flow is a common natural disaster in mountain areas，and it is widely distributed in southwest China. Debris flow has the characteristics of sudden outburst，strong intensity，strong destructive power，and wide range of characteristics，leading to serious consequences once the debris flow disaster occurs. With the development of the economy in the mountainous areas of China and the intensification of environmental pollution，the probability of landslides and culverts，such as bridges and culverts，on roads and railways has also increased. Single thin-walled rectangular piers are one of the main pier forms of bridges in mountainous areas，and no scholars have conducted simulations of mud-rock fluid-structure interactions. The module of computational fluid dynamics in Ansys Workbench simulates the impact of debris flow on several thin-walled rectangular piers with different cross-section dimensions，and the impact pressure and the resultant force of the pier are obtained. The changes of the impact pressure and impact force of piers with different section sizes under the action of debris flow are compared，and several effective reinforcement measures are proposed. It has theoretical significance and engineering reference value for the design of piers and reinforcement of bridge piers under the action of debris flow.

Keywords： Debris flow，bridge pier，fluid-solid coupling，impact，reinforcement measures

0　前言

随着我国山区经济的发展，公路铁路系统快速发展，每年遭受泥石流灾害的桥涵等工程设施数量也逐年增加[1]。桥梁作为承担着物质运输、跨越江河山谷的重要交通部位，一旦被泥石流冲击破坏或冲毁，恢复重建的工作耗时长、工程量大。长时间的交通中断严重威胁当地居民的生活、造成巨大的经济损失。据不完全统计，仅 2012 年我国 10 余省中桥梁被冲毁 945 座，涵洞被冲毁 13420 座，且受

作者简介：勾婷颖（1992—），女，助理工程师。

灾数量呈逐年上升的趋势[2]。由此可见，位于山区的桥梁工程一旦遭遇特大洪水与泥石流灾害，损失将是巨大的。

桥梁在泥石流冲击作用下的响应与桥梁截面形式密切相关。不同桥型的桥梁，其受力特征不同，在泥石流冲击作用下的动力响应也不同。随着我国高速公路的迅速发展，在山区修建高速公路越来越多，由于山区地形、地质、水文、环境等特点，对连续刚构桥型的选用也日益增多[3]。单薄壁矩形墩作为连续刚构桥的主要桥墩形式，目前并没有学者对其进行泥石流冲击分析。因此，分析单薄壁矩形墩在泥石流冲击作用下的响应并对比几种不同截面尺寸桥墩在泥石流冲击作用下的应力、位移等力学特征，有着重要的理论意义和工程实用价值，为泥石流区桥梁设计及加固提供参考和借鉴。

1　流固耦合参数

1.1　泥石流数据

本次流固耦合模拟为泥流冲击瞬态模拟，其中模拟流体的主要参数设定为：流体域为泥流和空气混合流，其中泥流为亚黏性均匀纯物质[4]，其密度设为 2100kg/m³；泥流的动力黏度设为 0.07Pa·s，不考虑热传导效应。初始压强为标准大气压，初始流域为空气充满，泥流以 10m/s 的速度[5]进入流体域，最高冲击高度为 5m。

1.2　桥墩截面尺寸

选择五种不同截面尺寸单薄壁矩形墩（如图 1 所示）对所受的泥石流冲击力大小进行分析。五个桥墩分布编号为 1-1 ～ 1-5，其中 1-1 ～ 1-3 迎流截面宽度逐渐由 500mm 增至 800mm；1-4 与 1-2 截面宽度相同，长度较小，用于考察长宽比对泥石流冲击力系数的影响；1-5 外观与 1-2 轮廓完全相同，仅壁厚有区别，因此两者流场相同，仅对其中 1-2 进行研究。

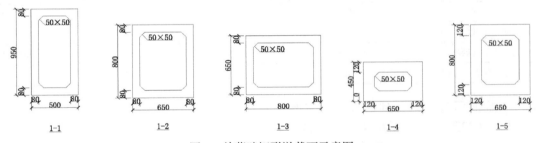

图 1　单薄壁矩形墩截面示意图

Fig.1　Schematic view of a thin-walled rectangular pier

2　流固耦合结果分析

2.1　冲击压强

后处理可以读取 CFD 计算得到的各壁面受到的压强，计算表明不同桥墩最大压强均位于桥墩迎流面底部中间位置。图 2 为各单薄壁桥墩（1-1 ～ 1-4）受到泥石流冲击最大压强时程图。

从曲线上来看，0.4s 之前泥石流未达到桥墩，桥墩受到的压强为 0Pa。之后泥石流开始接触桥墩，在 0.6s 左右桥墩受到的最大压强达到峰值，数值根据桥墩截面尺寸不同而有较小的区别，在 350kPa 左右。随后泥石流运动发展完全，其对桥墩的最大压强下降，在约 0.9s 之后，最大压强趋于稳定，不同形状单薄壁桥墩的冲击压强基本相同，约为 200kPa。其中在约 0.6s 时受到的最大压

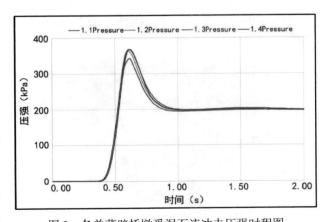

图 2　各单薄壁桥墩受泥石流冲击压强时程图

Fig.2　Time history of impact pressure of mudstone flow for each thin-walled bridge pier

强为全过程最大冲击压强，成为瞬间最大压强，而在 2s 时受到的最大压强基本稳定成为稳定最大压

强。这两者区别是由相应的不同流动形态造成的：在 0.6s 时，为瞬态流动，泥石流深度小；在 2s 时接近稳态流动，泥石流深度大。由此可见，泥石流龙头较其他部分冲击压强大，除了因为其组成成分差别外，不同的流动形态也是其中一个原因。

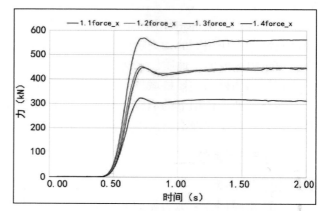

图 3　各单薄壁矩形墩来流方向合力时程图

Fig.3　Time chart of the force flow direction of each thin-walled rectangular pier

2.2　冲击合力

使用 CFD 后处理对桥墩的压强沿其表面进行积分，可求得作用在桥墩壁面压强的合力，图 3 为各单薄壁矩形墩来流方向合力时程图。

从曲线上来看，0.4s 之前泥石流未达到桥墩，桥墩受到的合力约为 0N，之后泥石流流经桥墩，在 0.7s 左右桥墩受到的合力达到峰值，之后由于流体的相互作用，对桥墩的合力略有下降，约 0.9s 之后，合力趋于稳定。稳定合力数值仅稍低于冲击合力峰值。

根据规范，桥墩冲击力 F 可由黏性泥石流冲击公式计算出。不同截面的单薄壁桥墩所受合力差别较大。总结泥石流对桥墩 1-1 ～ 1-4 的最大冲击力结果与规范冲击力进行对比，如表 1 所示。

表 1　各单薄壁矩形墩所受最大冲击力对比

Table1　The comparison of the maximum impact force of each thin-walled rectangular pier

类型	桥墩 1-1	桥墩 1-2	桥墩 1-3	桥墩 1-4
最大冲击力（kN）	322.37	452.81	569.17	447.62
规范冲击力（kN）	698.25	907.73	1117.20	907.73
最大冲击力与规范比值	0.46	0.50	0.51	0.49

桥墩 1-3 截面积最大，受到最大的冲击合力，为 569.17kN；桥墩 1-2 截面积最小，受到最小的冲击合力，为 322.37kN；桥墩 1-1、1-4 截面积相同，长宽比不同，但冲击力结果基本一致，为 452.81kN、447.62kN。将本次模拟的最大冲击力与规范算得的冲击力比较，发现模拟所得的最大冲击力与规范算得的冲击力的比值在 0.5 左右，可见将泥石流体考虑为均质体计算冲击力的结果与规范计算公式相比，偏小 50% 左右，设计规范十分保守安全。

由于桥墩 1-5 与桥墩 1-2 流场区域相同，只是桥墩本身的结构有所差异，故泥石流对于桥墩 1-5 的作用过程与桥墩编号 1-2 相同，但所受应力不同。图 4 为桥墩 1-2、1-5 受最大冲击压强时应力对比图。

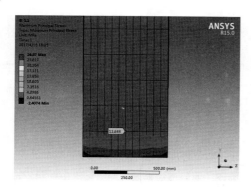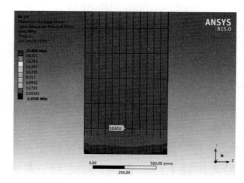

图 4　桥墩 1-2、1-5 受最大冲击压强时应力对比图

Fig.4　Stress comparison diagram of piers 1-2，1-5 subjected to maximum impact pressure

桥墩材料为混凝土，用第一主应力来判断其是否超出强度极限。结构分析中，约束处应力通常不太准确（应力奇异），故对比应力的位置为离约束处最近的第一层网格。此处桥墩 1-2、1-5 应力为 12.7MPa、10.6MPa。因为桥墩 1-5 横截面材料更多，抗弯刚度更大。

3　桥墩加固修复技术

3.1　增大截面加固技术

增大截面加固技术主要通过增大构件截面面积与配筋，以提升桥墩的稳定性、承载能力、强度、刚度，是当前一种常规加固技术。根据加固材料和工艺的不同，增大截面加固技术主要分为混凝土外包加固法和喷射砂浆加固法。当墩柱出现大面积网裂、风化、剥落、缺损，影响桥梁正常使用，可采用混凝土外包加固法。当重型施工机械不便于操作及施工空间有限制时，可采用喷射砂浆加固法，其加固面积相对较小，避免了桥墩过重问题。

3.2　嵌入式加固技术

嵌入式加固技术通过加固棒材的嵌入，使得桥墩开槽内注入树脂黏结材料，以实现桥墩结构性能的有效提升。此种施工方法表面处理工作量降低、节省工期、加固材料耐腐蚀性强、棒材受外因损毁的可能性较低。同时，棒材与树脂的应用，极大地提升了加固材料与原有桥墩的黏合性，确保桥墩最大的加固强度。

3.3　体外预应力加固技术

体外预应力加固技术即通过预应力的作用将桥墩裂缝中的荷载效应进行抵消，改变墩身受力情况。此方法应用钢丝束和钢绞线，并结合 FRP 的应用，通过对桥墩横纵向预应力的施加，既控制裂缝进一步发展，也避免新裂缝的出现，裂缝控制效果显著，但施工工艺最为复杂。桥墩横向裂缝可采用竖向预应力加固，竖向预应力可提高桥墩压应力储备，间接增加结构耐久性和安全性。桥墩竖向裂缝可采用横向预应力加固，横向预应力能对墩身形成压力和弯矩，从根本上改善墩身的应力分布，有效防止竖向裂缝的产生[6]。

4　结论

通过模拟泥石流作用下几种不同截面尺寸的单薄壁矩形墩动力响应及研究桥墩加固措施，得到以下结论：（1）随着桥墩迎流面宽度的增加，其所受最大冲击压强也增加；（2）相同的迎流面宽度条件下，桥墩的长宽比对所受最大冲击压强影响不大；（3）五个桥墩在 2s 时泥石流的稳定最大冲击压强数值基本一致，这说明在稳定状态最大压强与桥墩截面形状关系不大；（4）本次模拟将泥石流体设定为理想均质体，模拟所得的最大冲击力结果与《泥石流灾害防治工程设计规范》中计算公式所得最大冲击力相比，偏小约 50%，可见规范设计相对保守安全；（5）各种桥墩加固技术各有其优缺点和适用性。以上所介绍的加固技术不是单一的、非此及彼的关系，在很多时候需结合使用。

参考文献

［1］ 何晓英. 浆体与级配颗粒组合条件下泥石流冲击特性实验研究［D］. 重庆：重庆交通大学博士学位论文，2014.
［2］ 中华人民共和国国土资源部. DZ/T 0239—2004. 泥石流灾害防治工程设计规范［S］. 北京：中国标准出版社，2006.
［3］ 韩丽萍. 桥梁工程泥石流灾害的治理措施［J］. 山西建筑，2013，39，28：168-189.
［4］ 费祥俊，舒安平. 泥石流运动机理与灾害防治［M］. 北京：清华大学出版社，2004.
［5］ 康志成，崔鹏，韦方强，何淑芬. 东川泥石流观测研究站观测实验资料集［M］. 北京：科学出版社，2006，5：121.
［6］ 赵德宽. 重载运输条件下既有铁路双柱式桥墩加固技术研究［D］. 石家庄铁道大学硕士学位论文，2017.

砌体与钢筋混凝土框架混合结构
抗震加固弹塑性地震反应分析

郑士举[1,2]　　刘若愚[3]　　王煜成[1,2]

1. 上海市建筑科学研究院，上海，200032；

2. 上海市工程结构安全重点实验室，上海，230032；

3. 同济大学，上海，200032

摘　要： 砌体与钢筋混凝土框架混合结构房屋在既有多层房屋中占有较大的比例，此类房屋多建于20世纪80、90年代，很多用作校舍、医院等公共建筑。鉴于有大量的此类混合结构房屋面临抗震性能评估与加固改造，选取典型砌体与钢筋混凝土框架混合结构，分别使用原结构和进行抗震加固后的结构进行弹塑性地震反应分析，考察其抗震能力及薄弱环节，并对抗震加固方法的效果进行了总结分析。结果表明：混合结构在地震作用下的损伤首先出现在砖墙上，在大震下砖墙已接近倒塌，底部框架柱端部也形成了明显的塑性铰。局部混凝土夹板墙和局部增设钢筋混凝土剪力墙的加固方式在多遇地震和中震作用下均有较好的效果。在罕遇地震作用下，局部增设钢筋混凝土剪力墙的加固效果最好，但加固引起的剪力重分布会导致局部严重破坏，加固设计时应进行充分考虑。

关键词： 弹塑性地震反应分析，混合结构，砌体结构，抗震加固。

Elasto-plastic Seismic Analysis of Strengthened Hybrid
Masonry-Reinforced Concrete Frame Structure

Zheng Shiju[1,2]　　Wang Yucheng[1,2]

1. Shanghai Research Institute of Building Sciences，Shanghai 200032，China

2. Shanghai Key Laboratory of Engineering Structure Safety，Shanghai 200032，China

3. Tongji university，shanghai，china

Abstract： Hybrid masonry-reinforced concrete（RC）frame structure was widely applied on existing buildings. Considering that there are large number of such hybrid structure buildings facing seismic performance evaluation and reinforcement，a typical hybrid structure is selected and elasto-plastic seismic analysis is performed on the structure to examine its seismic resistance and weakness. Different strengthening schemes were examined as well. The results show that masonry part was prone to fail rather than RC frame. Under strong earthquake，the masonry part nearly collapsed，and the bottom columns also formed plastic hinges. Strengthening schemes are very effective under moderate earthquakes and frequently occurred earthquakes. Strengthening scheme of adding reinforced concrete shear walls locally shows the best effect under rare earthquakes However，shear redistribution caused by the strengthening will result in localized severe damage which shall be adequately taken into consideration in design.

Keywords： elasto-plastic seismic analysis，hybrid structure，masonry，seismic strengthening

0　引言

　　砌体与钢筋混凝土框架混合结构房屋在既有多层房屋中占有较大的比例，此类房屋多建于20世

作者简介：郑士举，男，高级工程师，主要从事既有房屋检测评估及加固改造相关研究。

纪 80、90 年代，很多用作校舍、医院等公共建筑。国内对砌体与框架竖向混合的底框结构进行了较多的研究[1-2]，但对砌体与框架平面混合的结构的研究很少[3]，尤其对其抗震加固方法的研究鲜有报道。鉴于有大量的此类混合结构房屋面临抗震性能评估与加固改造，本文选取典型砌体与钢筋混凝土框架混合结构，分别使用原结构和抗震加固后的结构进行弹塑性地震反应分析，考察其抗震能力及薄弱环节，并对抗震加固方法的效果进行了总结分析。

1　工程概况

某学校图书馆，建于 1990 年，是一幢 2 层混合结构房屋，砌体与单向框架混合承重。房屋总高 9.3m，层高 4.5m，平面尺寸为 28m × 14m。砌块类型为 MU10 烧结砖，墙体厚度为 220mm，框架柱截面尺寸为 400mm × （400 ～ 500）mm，框架梁截面尺寸为 250mm × 650mm，周边圈梁高 200mm，楼板大部分为 120mm 预制空心板，整体结构平面图如图 1 所示。

2　有限元分析模型

2.1　材料本构关系

钢筋的本构关系采用两折线模型，纵筋为 HRB335；箍筋为 HPB235。

混凝土具有明显的非线性材料性质，本文采用混凝土损伤塑性模型（CDP 模型）考虑混凝土的材性，并综合混凝土结构设计规范[4]和文献[5]提出的修正公式计算混凝土的本构关系。

由于砌体材料与混凝土宏观性质类似，同属于准脆性材料，本文采用 CDP 模型来模拟砌体材料的性能。砌体材料的峰值应力 - 应变按照砌体结构设计规范[6]计算，弹性模量按文献[7]中的公式计算。单轴受压本构关系采用文献[8]中的表达式，受拉本构关系参照混凝土受拉本构关系。砌体结构采用的材料为：烧结普通砖，MU10；砂浆，M2.5。

2.2　有限元模型的建立

本文采用商业有限元软件 ABAQUS 建立结构模型，其中框架、楼板与砌体部分均采用线性减缩积分实体单元（C3D8R），钢筋则采用三维两节点桁架单元（T3D2）。

考虑到实际结构中，砌体部分与框架部分存在拉结筋作用，可以认为二者间有较好的协同工作效果，故本文在砌体与框架的接触部位设置 Tie 约束，使二者在接触区域可以协同变形。由于结构中的楼板并非本研究的主要关注点，将其材料定义为弹性，按现浇板考虑，楼板厚度取 80mm，E 与 m 按照 C20 混凝土取值。结构模型如图 2 所示。

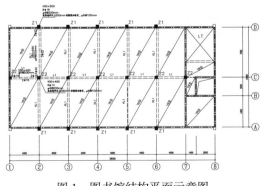

图 1　图书馆结构平面示意图　　　　　　　图 2　图书馆有限元模型
Figure1　Structural plan　　　　　　　　Figure 2　Structural FEM model

结构动力模型采用显式分析步沿横墙方向施加地震加速度，选取的地震波为常见的 El-Centro 波，选取范围为地震波前 5s，设定的加速度峰值分别为 0.035g、0.1g、0.22g，分别对应于 7 度烈度下的多遇地震、中震和罕遇地震三种工况。

2.3 原结构计算结果

多遇地震作用下，受拉损伤首先出现在横墙角部以及窗角位置，两端的纵墙角部也有损伤出现，随后损伤从起始位置不断扩展，但基本仅限于砌体墙内，框架仅在部分梁底以及个别节点出现轻微损伤，整体上房屋处于轻微损坏状态，如图 3（a）所示。

中震作用下，结构的损伤发展规律与多遇地震类似，不同之处在于底层框架柱的底部和梁柱节点处也出现一定程度的损伤，最西侧的砌体横墙损伤较为严重。结构的整体损伤发展程度明显高于多遇地震情况，达到中等程度的破坏，如图 3（b）所示。

罕遇地震作用下，结构的损伤较为严重，西侧砌体横墙基本完全损坏；纵墙的端部位置受损严重，窗角损伤斜向发展贯通；两端的底层框架柱损坏严重，其他底层框架柱在底部和节点部位也出现严重损伤；而二层框架柱在节点处也有一定程度的损伤，整体上结构达到严重破坏，如图 3（c）所示。

（a）多遇地震

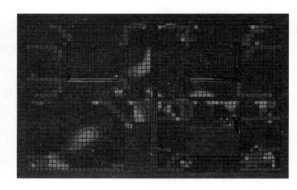

（b）中震

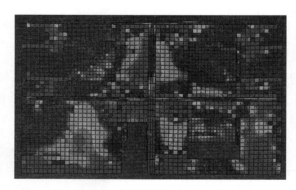

（c）罕遇地震

图 3 不同地震烈度下结构典型部位损伤状态

Figure 3 Typical structural damage under different earthquake levels

为了量化地表示原结构在不同地震烈度下的地震响应，本文从计算结果中分别提取了不同烈度地震作用下三片砌体横墙的剪力时程峰值，三片砌体横墙从西至东依次编号为 wall-1、wall-2、wall-3。此外，本文类似的提取了结构西南角、东南角、中部三个区域节点的横向位移时程，并计算出结构的层间位移和层间位移角的最大值。具体响应结果参数如表 3 所示。3 片墙底部剪力分布不均匀，西墙和中墙剪力较大，而东墙剪力较小。结构的最大水平位移出现在结构西南角处，最大层间位移出现在底层。由于有限元计算中砖墙出现损伤后的刚度退化的模拟跟实际情况仍有一定的出入，因此有限元计算的位移结果总体上是偏小的。

参数		多遇地震	中震	罕遇地震
水平剪力（kN）	Wall-1	180.3	318.7	361.2
	Wall-2	166.7	312.0	416.5
	Wall-3	83.9	144.2	220.5
	总剪力	529.5	1085.2	1711.1
峰值层间位移（mm）		1.2	3.88	8.1
层间位移角		1/3750	1/1159	1/555

3　加固模型计算结果

根据前文有限元分析结果，可知该结构在横向水平地震作用下，横向砌体墙损伤最为严重，故考虑对砌体墙进行加固或减少其承担的地震剪力。本文给出了两种加固方案，方案 1 出于尽量不影响原有室内空间的考虑，在原结构的底层东西两侧砌体墙的墙角处，内外两侧各外包 80mm 厚的钢筋混凝土墙肢，墙肢长度为 2m。墙肢内部配筋为水平向 $\phi 8@150$，竖直向 $\phi 12@150$。混凝土为 C20，钢筋规格为 HRB335。方案 2 出于将结构刚度均匀化的考虑，在原结构的 2 轴与 6 轴框架两侧柱旁各增设 160mm 厚的钢筋混凝土剪力墙，内部钢筋网为双层，水平向和竖直向配筋同方案 1。两种方案加固均包括底层与二层，示意图见图 4（a）和图 4（b）。

在多遇地震和中震情况下，方案 1 加固的效果较好，结构整体损伤程度降低，东侧砌体墙与西侧砌体墙二层损伤程度降低，尤其是外包墙肢部位损伤发展程度很低，基本只局限在底部区域。框架部分损伤程度较之加固前显著降低，大部分底层框架柱柱底与梁柱节点处基本无损伤。以上损伤变化规律反映出外包墙肢改变了原有结构刚度分布，增大了西侧砌体墙所承受的剪力，而减小了框架部分承担的剪力。而方案 2 则显示出了更好的加固效果，砌体横墙与纵墙的损伤发展程度均被控制在了较低水平，尤其是对于西侧横墙，加固效果远优于方案 1。除了布置剪力墙的 2 轴和 6 轴框架处的柱脚出现一定损伤，其他部位框架基本无损伤。这体现了剪力墙的加入改变了结构刚度分布，减小了砌体横墙受力；剪力墙以及相连的框架柱承担了更多水平剪力。

（a）方案 1　　　　　　　　　　　　　　　　（b）方案 2

图 4　加固方案示意
Figure4　Strengthening scheme

在罕遇地震情况下，墙肢加固的效果也较明显，虽然结构的损伤仍较严重。但整体上来说，两侧砌体横墙损伤程度仍有明显下降，特别是方案 2 横墙损伤程度显著降低，说明增设的剪力墙有效地分担了水平剪力。但方案 1 中混凝土板墙及所包砖墙出现了严重损伤，方案 2 中增设的剪力墙及相连框架损伤严重，说明加固引起的剪力重分布会导致薄弱部位的转移，加固设计时应予以充分重视。

4　结论

本文通过对典型砌体与钢筋混凝土框架混合结构进行弹塑性地震反应分析，并针对不同的加固方式对比了其加固效果，得到了一定的结论：

（1）混合结构在地震作用下的损伤首先出现在砖墙上，但随着地震作用不断增大，砖墙的破坏程度逐渐加重，在大震下砖墙已接近倒塌，底部框架柱端部也形成了明显的塑性铰。

（2）采用局部外包混凝土墙肢的加固方式具有一定的抗震加固效果，在小震和中震中结构整体损伤程度降低，但在大震下的加固效果一般。采用局部增设钢筋混凝土剪力墙的方案具有良好的加固效果，在各水准地震作用下结构整体损伤程度明显降低，且结构具有多道抗震防线。

（3）无论哪种加固方式，由于加固导致刚度变化使得剪力重分布，在加固处周围的原结构都出现了较严重的损伤，因此在实际加固工程中，加固部位相邻的框架柱和梁也应进行必要的加固，避免由于刚度重新分配导致的局部严重破坏。

参考文献

［1］缪莎莎，陈忠范. 底部框架抗震墙砖房结构加固方法及应用实例［J］. 工程抗震与加固改造，2010，32（6）：73-78.

［2］郑山锁，杨勇，赵鸿铁. 底部框剪砌体房屋抗震性能的试验研究［J］. 土木工程学报，2004，37（5）：23-31.

［3］林建京. 砖墙与平面框架共同承重房屋在水平力作用下的荷载分配与结构分析研究. 工程抗震与加固改造，2005，27（6）：79-81，84.

［4］中华人民共和国国家标准. GB 50010—2010，混凝土结构设计规范（2015 版）［S］. 北京：中国建筑工业出版社，2015.

［5］任晓丹，李杰. 混凝土损伤与塑性变形计算［J］. 建筑结构，2015，（45）：29-31.

［6］中华人民共和国国家标准. GB 50003—2011，砌体结构设计规范［S］. 北京：中国建筑工业出版社，2012.

［7］施楚贤. 砌体结构理论与设计（第二版）［M］. 北京：中国建筑工业出版社，2003：78-80.

［8］杨卫忠. 砌体受压本构关系模型［J］. 建筑结构，2008，（10）：80-82.

CFRP 加固弯扭作用下混凝土 T 形梁的有限元研究

侯春旭　王　仪

河南城建学院土木与交通工程学院，河南平顶山，467000

摘　要： 采用碳纤维（CFRP）对钢筋混凝土梁进行加固是当今非常流行的方法，其加固效果往往较好。目前对 CFRP 加固梁的研究大多集中在矩形截面梁，而对 T 形截面梁的研究较少；对受弯情况下的研究较多，而对弯扭复合作用下的研究较少。采用有限元分析的方法研究了 CFRP 布加固弯扭复合作用下钢筋混凝土 T 形梁的受力性能，分析了 CFRP 布粘贴层数、粘贴长度和粘贴方式对受力性能的影响。研究表明，采用 CFRP 布可以显著提高 T 形梁的受力性能；梁的极限承载力和刚度随着 CFRP 布底部粘贴长度的增大而提高；底部 CFRP 布粘贴层数越多，梁的极限承载力和刚度越大，其增大幅度与粘贴长度相关；当底部粘贴长度较大时，结合两侧面粘贴的方式可以进一步提高加固梁的极限承载力。

关键词： CFRP，T 形梁，弯扭复合作用，有限元研究

Finite Element Study for Mechanic Behavior of T-shape RC Beams Strengthened with CFRP Suffering Flexural and Torsional Load

Hou Chunxu　Wang Yi

School of Civil and Transportation Engineering，Henan University of Urban Construction，
Pingdingshan，Henan 467000，China

Abstract： Carbon fiber reinforced polymer（CFRP）has been the most popular method for RC beam strengthening and always leads to great effect. Most of the researches focus on rectangular RC beam rather than T-shape RC beam. Few research for CFRP strengthened RC beam suffering flexural and torsional load has been reported. In this paper，finite element method is applied to study the mechanic behavior of CFRP sheet strengthened RC beam suffering flexural and torsional load. The effects of CFRP bond length，number of layers and strengthening mode are also analyzed in this study. The result shows that CFRP can enhance the mechanic behavior of T-shape RC beam effectively. Ultimate load capacity and stiffness of the beam is increasing with the increased CFRP bond length. With the increasing number of layers，ultimate load capacity and stiffness of the beam is increasing simultaneously while the increase rate is related to CFRP bond length. When the bond length of the bottom is larger，bonding CFRP on two sides of the beam is useful to further enhance the ultimate load capacity.

Keywords： CFRP，T-shape beam，flexural and torsional load，finite element study，

近年来，碳纤维（CFRP）加固技术在土木工程领域得到了广泛的应用和发展。该技术的主要优势是结构自重增加小、施工简单[1]。为此国内外学开展了大量的理论[2]和试验研究[3]～[4]。在国外，Damian K[5]等人通过建立合理的有限元模型，对 CFRP 加固钢筋混凝土梁的抗弯承载力进行了有限元计算，分析的结果表明，有限元计算的结果与试验结果相比相差不大。在国内，魏华[6]在以 CFRP 布为加固原材料，通过一系列对比试验，对加固后的钢筋混凝土 T 形梁的受弯性能进行了研究。沈阳

基金项目：河南省科技攻关计划项目（132102210447）、2016 年度河南省高等学校青年骨干教师培养计划（2016GGJS-138）。
作者简介：王仪，男，1983.10，副教授，博士。E-mail：wangy@hncj.edu.cn。

建筑大学张延年[7]等通过对 10 根不同参数设置下的混凝土 T 形梁进行受弯试验，研究表面内嵌纤维（fiber reinforced polymer，FRP）筋加固后混凝土 T 形梁的受弯性能。

综上，现有的研究结果大多集中在 CFRP 加固矩形梁的受力性能研究，对 CFRP 加固 T 形截面梁的受力性能研究较少。研究也主要集中于受弯性能，而对于弯扭复合作用下的性能研究较少。本文拟采用有限元方法研究在弯扭复合作用情况下，CFRP 布加固钢筋混凝土 T 形梁的受力性能，并分析了 CFRP 布的粘贴方式、粘贴长度和粘贴层数等因素对于受力性能的影响，为进一步推动 CFRP 在土木工程加固领域的研究应用提供理论依据。

1　有限元模型

本文拟采用通用有限元软件 ANSYS 对 CFRP 布加固钢筋混凝土 T 形梁进行研究，对全过程进行非线性有限元分析，建立合理的有限元分析模型。

1.1　有限元模型分析单元和材料本构关系确定

本文中，混凝土单元选用 Solid65 单元，可以较好地模拟混凝土压碎和拉裂的现象[8]；钢筋单元选用 Link8 单元；CFRP 布单元选用 Shell63 单元，该单元具有大变形能力，可以承受法向荷载和平面内的荷载；垫块和支座选用 Solid45 单元；采用 MPC184 单元施加扭矩，该单元支持非线性分析，可以应用于大变形等非线性场合。

本文拟对 CFRP 布加固钢筋混凝土 T 形梁进行有限元研究，对其破坏过程进行全过程非线性分析[9]～[10]。本文混凝土的应力 - 应变关系选用 Hognestad[11]建议的模型，强度准则采用 Winma-Warnke 五参数破坏准则；ANSYS 分析中采用多线性随动强化模型，反映混凝土的下降段，即混凝土的软化，模拟材料的"包兴格效应"；钢筋的应力 - 应变关系选用理想弹塑性模型，不考虑其强化阶段；CFRP 布为正交各项异性，当 CFRP 布达到其极限的抗拉强度时，CFRP 布将破坏，其应力 - 应变关系接近于线弹性关系。

1.2　有限元模型的建立和网格划分

本文采用有限元软件 ANSYS 建立了 CFRP 布加固 T 形梁的有限元模型，$b'_f = 250$mm，$h'_f = 75$mm，$b = 150$mm，$h = 300$mm，梁全长为 2700mm，梁左端底部安装固定铰支座，支座中心距离梁左端 150mm；梁右端底部安装活动铰支座，支座中心距离梁右端 150mm。混凝土强度等级为 C30，纵向受力钢筋为 2Φ14，架立钢筋为 4Φ8，箍筋直径 6mm，箍筋采取两端加密的布置方式，两端箍筋间距为 100mm，跨中箍筋间距为 200mm。CFRP 布的厚度为 0.167mm，宽度与梁宽相同。为了施加扭矩，所以在 T 形梁的一端增加长为 300mm 的矩形段。T 形梁首先施加扭矩，待扭矩稳定后保持该扭矩不变，采用四点弯曲加载直至破坏。梁的具体尺寸见图 1。采用标准试验测试了混凝土梁中各材料参数，见表 1。

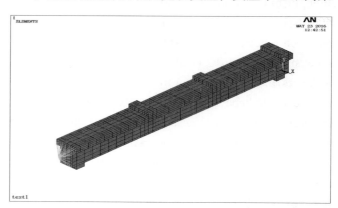

图 1　有限元模型

表 1　钢筋混凝土梁中各材料参数
Table 1　Mechanical Characteristics of RC Beam

混凝土 f_c（MPa）	E_c（GPa）	箍筋		纵向钢筋		端部 FRP 单向布	
		f_y（MPa）	间距 S_v（mm）	f_y（MPa）	E_s（GPa）	f_y（MPa）	E_f（GPa）
14.3	30	300	200/100	300	200	3422	241

　　采用 ANSYS 对结构进行计算时，由于 CFRP 加固钢筋混凝土 T 形梁是由几种不同材料的模型组成，本文有限元模型中的不同单元在网格划分时采用共节点的方式，不同单元之间有足够的粘结和无相对滑移，混凝土和 CFRP 之间的处理采用节点耦合，保证所有单元能一起参加工作。网格划分后的有限元模型如图 1 所示。

1.3　有限元分析工况设置

　　影响 CFRP 加固钢筋混凝土 T 形梁的因素有很多。本文主要研究 CFRP 粘贴方式、粘贴长度和粘贴层数对加固后 T 形梁极限承载力和变形能力的影响。

　　本文工况共设计 13 根简支梁，其中一根是参照梁，编号 S0，其余 12 根梁分为 4 组，具体工况设置如表 2 所示。

表 2　有限元研究工况设置
Table2　Load case set up for finite element study

组别	编号	梁底部粘贴长度	梁两侧边粘贴长度	粘贴层数	梁具体编号
0	S0	0	0	0	S0
1	CD	全长	0	1/2/3	CD1/CD2/CD3
2	CZ	跨中 1/3 长范围内	0	1/2/3	CZ1/CZ2/CZ3
3	CDU	全长	全长	1/2/3	CDU1/CDU2/CDU3
4	CZU	跨中 1/3 长范围内	跨中 1/3 长范围内	1/2/3	CZU1/CZU2/CZU3

　　注：底部全长粘贴是指沿梁的纵向全长粘贴 CFRP 布；底部跨中 1/3 长范围内粘贴是指在梁的底部，沿纵向在两个荷载作用点之间粘贴 CFRP 布。

2　计算结果及分析讨论

2.1　第 1 组梁荷载 - 挠度曲线对比

　　第 1 组的 CD1、CD2、CD3 为底部全长粘贴 CFRP 布且侧面不粘贴的三根 T 形梁，S0 为参考梁，其荷载 - 挠度曲线对比如图 2（a）所示。

　　由图 2（a）可知：在弯扭复合作用下，CFRP 布粘贴层数越多，T 形梁的极限承载力越高；CFRP 粘贴层数越多，混凝土开裂后梁的荷载 - 挠度曲线斜率越大，说明在混凝土开裂后随着粘贴层数增加，加固后 T 形梁的刚度越大，受力性能越好。

2.2　第 2 组梁荷载 - 挠度曲线对比

　　第 2 组的 CZ1、CZ2、CZ3 为底部跨中 1/3 长范围内粘贴 CFRP 布且侧面不粘贴的三根 T 形梁，S0 为参考梁，其荷载 - 挠度曲线对比如图 2（b）所示。

　　由图 2（b）可知：在弯扭复合作用下，CFRP 布粘贴层数越多，T 形梁的极限承载力越高；粘贴不同层数的 CFRP 布，混凝土开裂后梁的荷载 - 挠度曲线斜率基本相同，说明在底部跨中 1/3 长范围内粘贴 CFRP 布时，CFRP 布层数对混凝土开裂后的 T 形梁刚度影响不大。

2.3　第 3 组梁荷载 - 挠度曲线对比

　　第 3 组的 CDU1、CDU2、CDU3 为底部全长粘贴且两侧面全长粘贴（U 形）的三根 T 形梁，S0 为参考梁，其荷载 - 挠度曲线对比如 2（c）所示。

　　由图 2（c）可知：在弯扭复合作用下，CFRP 布粘贴层数越多，T 形梁的极限承载力越高；混凝土开裂后梁的荷载 - 挠度曲线斜率和第 1 组相似，说明在混凝土开裂后 T 形梁的刚度随着粘贴层数增加而增大，受力性能提高。

2.4　第 4 组梁荷载 - 挠度曲线对比

　　第 4 组的 CZU1、CZU2、CZU3 为底部跨中 1/3 长范围内粘贴且两侧面跨中 1/3 长范围内粘贴（U 形）的三根 T 形梁，S0 为参考梁，其荷载 - 挠度曲线对比如图 2（d）所示。

　　由图 2（d）可知：在弯扭复合作用下，CFRP 布粘贴层数越多，T 形梁的极限承载力有不同程度的提高；混凝土开裂后梁的荷载 - 挠度曲线斜率和第 2 组相似，说明在底部跨中 1/3 长范围内粘贴 CFRP 布时，CFRP 布层数对混凝土开裂后的 T 形梁刚度影响不大。

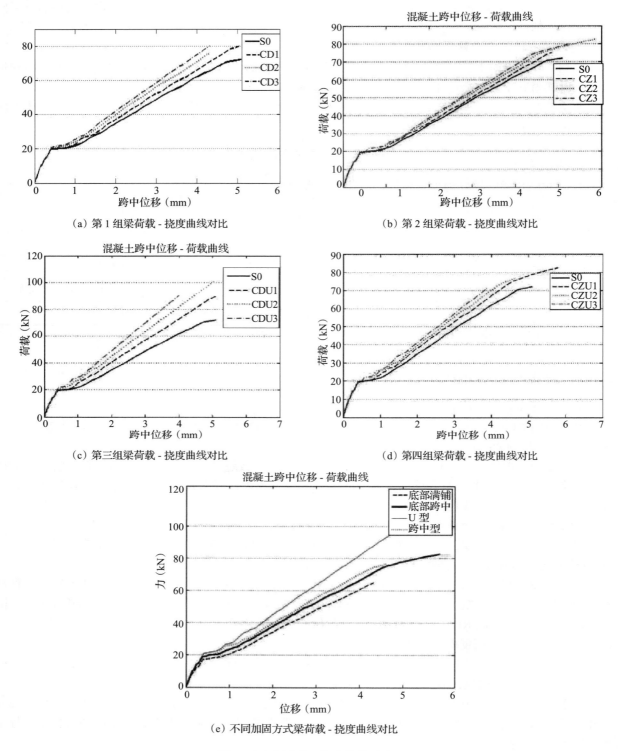

（a）第 1 组梁荷载 - 挠度曲线对比

（b）第 2 组梁荷载 - 挠度曲线对比

（c）第三组梁荷载 - 挠度曲线对比

（d）第四组梁荷载 - 挠度曲线对比

（e）不同加固方式梁荷载 - 挠度曲线对比

图 2　各组梁荷载 - 挠度曲线对比

2.5　不同加固方式梁的荷载 - 挠度曲线对比

为了对比不同加固方式对于 T 形梁受力性能的影响，本文选用粘贴两层 CFRP 布的 4 根梁：CD2、CZ2、CDU2、CZU2 进行研究，S0 为参考梁，其荷载 - 挠度曲线对比如图 2（e）所示。

　　由图 2（e）可知：在弯扭复合作用下，粘贴两层 CFRP 布时，对比 CD2（底部全长粘贴）和 CZ2（底部跨中 1/3 长范围内粘贴）、CDU2（底部和两侧均全长粘贴）和 CZU2（底部和两侧均跨中 1/3 长范围内粘贴），可知 CFRP 布的粘贴长度对于加固梁的受力性能有较大影响，粘贴长度越大，受力性能越好；对比 CD2 和 CDU2 可发现侧面粘贴（U 形）可以显著提高底部全长粘贴时梁的受力性能，而对比 CZ2 和 CZU2 发现侧面粘贴（U 形）对底部跨中 1/3 长范围内粘贴时梁的受力性能提高并不明显，说明粘贴长度影响着侧面粘贴（U 形）作用的发挥；综合来看，CDU2（底部和两侧均全长粘贴）极限荷载最高、荷载 - 挠度曲线第二阶段的斜率最大，其加固后 T 形梁的受力性能最好。

3　结论

　　本文采用 ANSYS 分析软件对 CFRP 布加固弯扭复合作用下的钢筋混凝土 T 形梁进行有限元分析，主要结论如下：

　　（1）ANSYS 能够较好地模拟钢筋混凝土 T 形梁在弯扭复合作用下的受弯性能，较为准确地模拟各个受力阶段钢筋混凝土 T 形梁的变形、刚度、极限承载力、裂缝等性态，从而为以后的研究提供了一条新途径。

　　（2）通过 ANSYS 的有限元分析表明：在弯扭复合作用下，加固 T 形梁的受力性能受到 CFRP 布粘贴层数、粘贴长度和粘贴方式等多个因素的相互影响；加固梁的受力性能随着粘贴长度增加而提高；加固梁的极限承载力和开裂后刚度随着粘贴层数的增加而增加，增加幅度则与粘贴长度相关，当粘贴长度较大时，粘贴层数的增加可以更明显提高梁开裂后的刚度；采用两侧粘贴（U 形）对加固梁受力性能的影响同样根据粘贴长度不同而不同，当粘贴长度较长时，两侧粘贴可以明显提高梁的极限承载力和开裂后的刚度。

参考文献

［1］　赵彤，谢剑. 碳纤维布补强加固混凝土结构新技术［M］. 天津：天津大学出版社，2001.

［2］　纪涛. 碳纤维加固钢筋混凝土梁受力性能有限元分析［D］. 济南：济南大学，2010.

［3］　赵华玮. 碳纤维布加固钢筋混凝土梁受力性能的试验研究［D］. 郑州：郑州大学，2005.

［4］　Spadea G. Strength and ductility of RC-beams repaired with bonded CFRP laminates［J］. Journal of Bridge Engineering，2001，6（5）：349-355.

［5］　Damian K. Finite Element Modeling of Reinforced Concrete Structures Strengthened with FRP Laminates. Report for Oregon Department of Transportation，Salem，2001.

［6］　魏华，碳纤维布加固钢筋混凝土 T 形梁的受弯性能研究［J］. 工程建设，2012，44（4）：17-19.

［7］　张延年，刘新，付丽等. 表面内嵌纤维筋加固混凝土 T 形梁的受弯性能［J］. 济南大学学报（自然科学版），2015，29（6）：451-458.

［8］　刘清等. 利用 ANSYS 模拟 FRP 加固 RC 梁中的收敛问题的对策［J］. 工业建筑，2008，z1：204-208.

［9］　江见鲸. 钢筋混凝土结构非线性有限元分析［M］. 西安：陕西科学技术出版社，1994.

［10］　何政，欧进萍. 钢筋混凝土结构非线性分析［M］. 哈尔滨：哈尔滨工业大学出版社，2007.

［11］　国家标准. GB 50010—2010. 混凝土结构设计规范［S］. 北京；中国建筑工业出版社，2011.

基于响应敏感性的关键构件识别方法

李柯燃

四川省建筑科学研究院，四川成都，610000

摘　要：结构的响应敏感性是用来描述结构行为与设计参数之间关系的函数，本文基于响应敏感性对结构构件重要程度进行研究。与低敏感性构件相比，高敏感性构件一旦发生破坏，结构的剩余承载力将急剧下降，可能造成结构的局部破坏，甚至是整体倒塌。结构的应变能敏感性能较全面地反映构件的重要程度，对结构的安全性鉴定以及结构监测有参考意义。

关键词：结构安全鉴定，响应敏感性，关键构件，识别方法

Critical Members of Structure Recognition Method Based on Response Sensitivity

Li Keran

Sichuan Institute of Building Research，chengdu，610000，china

Abstract：Structure response sensitivity is used to describe the relationship between structural behavior and design parameters. Base on structural strain energy sensitivity，a method has been supposed to assess theimportance degreeof structural members. Compared to those components with low sensitivity，components with high sensitivity damage would cause local area damage or entire structure collapse. The measurement for the redundancy of structures based on strain energy sensitivity indicates the importance of component，and has a reference value for structure monitoring and safety appraisal of structure.

Keywords：safety appraisal of structure，response sensitivity，Critical Members，Recognition Method

0　前言

结构在正常使用中，由于局部构件发生破坏，而这种破坏可能会迅速扩展，最终导致结构的整体倒塌，或者造成远大于结构初始破坏范围的倒塌[1]。而不同构件破坏对结构整体的影响大小不同，根据构件破坏后对结构整体的影响程度，可以初略地将结构构件分为两类：

关键构件：是指其破坏容易引起结构大范围的破坏或垮塌的构件。

次要构件：破坏后不会导致整个结构严重破坏的构件。

在实际的结构中关键构件与次要构件通常没有明确的分界线，但不同构件对于结构安全的贡献仍然有不同，需要有结构构件重要程度的评价方法。

在建筑筑结构安全性鉴定中，识别结构的关键构件，对其进行重点检测，具有重大的意义。

1　响应敏感性定义

敏感性分析在结构优化中大量涉及，反映了结构设计变量和响应之间的相关关系。对结构分析时，结构外荷载与结构抗力的平衡方程如下：

$$P_f(t) = P_r(U_f(t)) \tag{1}$$

作者简介：李柯燃（1990），男，工程师。

其中，$P_f(t)$ 为时变外荷载（已知）；U_f 为时变节点位移（未知）；P_r 为结构抗力（由材料性质和结构形式决定）。

用 Newton-Raphson 算法求解式迭代过程中剩余平衡方程为

$$P_f(U_f(t)) = P_f(t) - P_r(U_f(t)) = 0 \qquad (2)$$

第 j 步迭代位移增量为

$$\Delta U_f = (K_T^j)^{-1} R_f(U_T^j) \qquad (3)$$

其中，$K_T^j = \partial P_r / \partial P_f$ 为第 j 次迭代时的切线刚度矩阵。

用增量法可求得位移

$$U_f^{j+1} = U_f^j + \Delta U_f \qquad (4)$$

令 θ 为结构的某个设计参数，平衡方程可写为

$$P_f(t, \theta) = P_r(U_f(t, \theta)t, \theta) \qquad (5)$$

其中，节点位移 U_f 与有限元模型参数及荷载参数均相关；结构抗力 P_r 与有限元模型参数直接相关，通过 U_f 与荷载参数相关；荷载向量 P_f 仅与荷载参数相关。

式（5）敏感性参数 θ 本文取材料弹性模量，而结构的响应取能反应结构整体受力情况的应变能。通过敏感性分析可以确定上述参数变化对结构响应的影响。

2 直接微分法（DDM）求解响应敏感性

通过对有限元控制方程直接微分得出敏感性的解析表达式。任意响应值 r（如：位移、应力、应变）对某一个敏感性参数 θ 的敏感性值定义为一阶导数 $dr/d\theta$。基于 DDM 算法的有限元敏感性分析是在每一时步的非线性响应分析收敛后计算的，该算法将对有限元分析的不同层级进行微分计算：结构等级、单元等级、材料等级。[2-3]

对平衡方程关于 θ 求导

$$\frac{\partial P_f}{\partial \theta} = \frac{\partial_r}{\partial U_f} \frac{\partial U_f}{\partial \theta} + \frac{\partial P_r}{\partial \theta}\bigg|_{U_f} \qquad (6)$$

由式（6）可求得节点位移敏感性，$\partial P_f / \partial \theta$

$$\frac{\partial U_f}{\partial \theta} = K_T^{-1}\left(\frac{\partial P_f}{\partial \theta} - \frac{\partial DP_r}{\partial \theta}\bigg|_{U_f}\right) \qquad (7)$$

在每个时间步求解结束后：
（1）用形成结构抗力矩阵 P_r 同样的方法形成结构抗力敏感性矩阵 $\partial P_r / \partial \theta|_{U_f}$
（2）提出上一次 Newton-Raphson 迭代过程中的切线刚度矩阵。

3 网壳结构的静力响应敏感性

以 K6 型单层网壳为例运用上述方法对结构构件的重要程度进行研究，算例跨度为 4m，矢跨比为 1/2，结构构件采用相同的圆管截面形式：外径 40mm，壁厚 2mm。支座为三向不动铰支座。计算长度按《空间网格结构技术规程》[4] 规定，按壳体曲面外计算长度系数取为 1.6l（l 为杆件的几何长度，即节点中心间距离），所有构件长细比控制在 150 以内。材料弹性模量 $E = 2.1 \times 10^{11}$N/m，泊松比为 0.3，假定材料为理想线弹性。每个节点质量为 50kg。

以结构单元的弹性模量作为敏感性参数，应用前述的方法对图 1 所示的 K6 型单层网壳在静力荷载作用下结构响应敏感性进行分析，对三种加载工况进行分析：（1）竖向静力荷载，（2）水平静力荷载，（3）竖向静力荷载与水平静力荷载同时作用。竖向静力荷载取重力加速度与各节点质量的乘积，水平静力荷载取地震加速度峰值与各节点质量的乘积，本算例采用的地震加速度峰值为 620gal（9 度罕遇），方向为 x 正向。

根据结构及荷载的对称性，在后文的分析中仅给出 1/4 模型构件的响应敏感性数据，1/4 模型的构件编号见图 1。

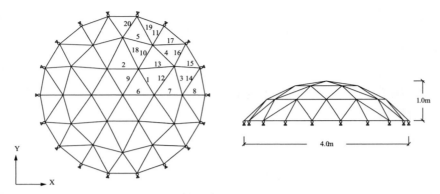

图 1　K6 型单层网壳结构

按前文中敏感性方法计算在静力荷载作用下的结构对各构件的敏感性，计算结果见表 1，竖向荷载下结构对构件的响应敏感性分布见图 2，响应敏感性最大的 20% 构件用加粗的线条表示。

表 1　竖向荷载下结构对构件的响应敏感性（×10⁻¹⁷）

杆件号	结构对构件的响应敏感性			杆件号	结构对构件的响应敏感性		
	工况 1	工况 2	工况 3		工况 1	工况 2	工况 3
1	5.90	4.22	20.00	11	7.33	0.87	3.79
2	5.90	0.04	5.98	12	5.34	1.15	9.85
3	1.59	9.56	18.83	13	5.35	4.07	0.98
4	1.59	11.40	21.41	14	5.04	0.43	7.76
5	1.59	0.51	1.35	15	11.00	5.42	1.73
6	8.02	0.20	5.33	16	11.00	2.06	21.51
7	11.40	2.27	7.79	17	5.03	14.03	2.46
8	7.33	2.70	1.17	18	5.35	6.69	23.87
9	8.01	0.10	6.67	19	5.04	18.05	42.02
10	11.40	0.87	9.35	20	11.00	12.67	0.52

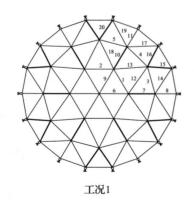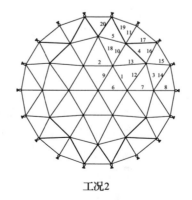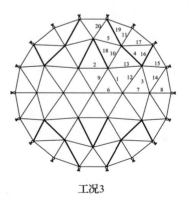

工况1　　　　　　　　　　　　工况2　　　　　　　　　　　　工况3

图 2　各工况结构对构件的响应敏感性分布图

通过对 3 种工况下结构对构件的响应敏感性分布可以得出以下结论：

结构对构件的响应敏感性分布与荷载情况密切相关，且通过对比表 1 中三组数据可知，两种荷载共同作用下的响应敏感性分布并不是各个单独工况下响应敏感性分布的简单相加。复杂受力情况下结构对构件的响应敏感性分布需根据实际受力情况求解。

在竖向荷载作用下结构对构件的响应敏感性分布较为均匀，水平荷载作用下结构对构件的响应敏感性有较大差异。对比表 1 数值可以看出，在承受仅为竖向荷载 61% 大小的水平荷载时，结构对部分构件（如 17、19、20 号构件）的敏感性却超过了竖向荷载下的最大敏感性。即对 K6 型单层网壳结构，水平荷载为不利荷载，会造成结构受力不均匀，部分构件为结构的薄弱构件。

通过前述分析，对于特定方向的水平荷载，K6 型网壳结构中垂直于荷载方向的结构下部区域构件为关键构件。但地震荷载的方向具有不确定性，可认为水平荷载的方向为等概率事件。综合考虑结构在静载下结构对构件的响应敏感性分布，可以得出对于 K6 型单层网壳，结构的下部构件及主肋构件为结构的关键构件。

4 结论

本文提出了基于应变能敏感性的结构构件重要程度评价方法。以结构整体应变能对构件材料弹性模量的敏感性作为单元重要程度的评价指标，反映了局部构件损伤对结构整体性能的影响。通过该方法可以识别结构的关键构件。

应变能敏感性是单元在结构中重要程度的衡量指标，与低敏感性构件相比，高敏感性构件一旦发生破坏，结构的剩余承载力将急剧下降，可能造成结构的局部破坏，甚至是整体倒塌。对高敏感性构件在建筑结构安全性鉴定和结构监测中应重点关注。

结构对构件的响应敏感性分布与荷载工况密切相关，不同荷载下结构会有不同的薄弱区域。且由于结构的几何非线性和材料非线性等原因，结构在多种荷载作用下结构对构件的响应敏感性分布不是简单的相加，而应考虑荷载组合进行整体分析。

参考文献

［1］ ASCE. Minimum design loads for buildings and other structures ［J］. ASCE/SEI 7-05-2006，2006.

［2］ Scott M H，Filippou F C. Response gradients for nonlinear beam-column elements under large displacements ［J］. Journal of Structural Engineering，2007，133（2）：155-165.

［3］ Haukaas T，Scott M H. Shape sensitivities in the reliability analysis of nonlinear frame structures ［J］. Computers & structures，2006，84（15）：964-977.

［4］ JGJ 7—2010. 空间网格结构技术规程 ［S］. 2010.

砌体墙双梁式托换结构受力性能分析

闫　岩[1]　张　鑫[2]　岳庆霞[2]　刘　鑫[3]

1. 山东建大工程鉴定加固研究院，山东济南，2501011；

2. 山东建筑大学 建筑结构鉴定加固与改造重点实验室，山东济南，250101；

3. 同济大学结构工程与防灾研究所，上海，200092

摘　要：建筑物移位工程中，结构托换是其关键环节之一。为研究砌体托换结构的受力性能，在 9 个足尺砌体墙双梁式托换结构研究基础上，针对构件破坏机理以及墙体与托换梁之间的荷载传递，利用 ABAQUS 软件选取三个托换梁进行分析，模型分析结果和试验结果吻合良好。结果表明砌体墙双梁式托换结构受力机理与墙梁相似，在保证界面不发生滑移的情况下，可以参考墙梁模型进行托换结构的设计，并得到了墙体与托换梁之间的荷载传递比例，这对托换梁的设计荷载提供了基础。

关键词：建筑物整体移位，砌体托换，有限元分析，墙梁模型，荷载比例

Experiment Research of Masonry Wall's Double Underpinning Structure's Mechanical Performance

1. Engineering Research Institute of Appraisal and Strengthening, Shandong Jianzhu University, Jinan 250101, China

2. Shandong Provincial Key Laboratory of Appraisal and Retrofitting in Building Structures, Shandong Jianzhu University, Jinan 250101, China

3. Research Institute of Structural Engineering and Disaster Reduction, Tongji University, Shanghai 200092

Abstract：The structure underpinning is the key point of the building moving engineering. The 3 underpinning points are analyzed through ABAQUS based on the experiment of 9 full-scale double-beam underpinning structure in masonry building in order to study the mechanical performance well. The study mainly focus on the failure mechanism of the specimen and load transfer mechanics. The finite element analysis results of agree well with the theoretical results. The results show that the failure mechanism of the masonry double-beam underpinning joints are almost the same as the wall-beam model under the condition of no slippage failure between beam and wall interface, which can be bases for the design. The load transfer ratio between the wall and the underpinning beam are also obtained which can provides the basis for the underpinning beam design.

Keywords：building moving, masonry structure underpinning, finite element analysis, wall beam model, load transfer

0　前言

　　随着城镇化进程的加快及城市规划调整的需要，一些具有使用价值的既有建筑及优秀历史建筑面临拆除的问题，建筑物整体移位为解决这些问题提供了解决方案[1]。在移位建筑中，砌体结构房屋占有很大比例，在砌体结构的移位中，托换是移位的关键技术，决定着移位工程成功与否。

　　目前，砌体承重墙多采用双梁式托换结构，已成功应用于众多实际工程[2-5]，但托换结构的受力

基金项目：国家自然科学基金项目（51478253，51278287），教育部创新团队发展计划（IRT13075）。

作者简介：闫岩（1992—），男，山东济南人，助理工程师。

及破坏机理尚未完全研究清楚。

　　杜建民等[6]对砌体双梁式托换结构进行的试验研究表明托换体系发生两种形式破坏，一种是砖砌体和托换梁混凝土界面发生冲剪滑移破坏，另一种是砖砌体跨中开裂破坏。由于试验中墙体高度较小（446mm），未呈现墙梁特征。赵考重对钢-砌体组合墙托换结构进行试验和有限元分析，结果表明改造后的托换结构形成墙梁结构，有助于提高上部墙体与托换梁之间的共同受力性能。课题组[9]对砌体平移托换结构受力性能的试验研究结果表明托换梁梁高和纵筋配筋是影响托换节点破坏形式及承载力的主要因素。课题组[10]针对上述试验结论，对 9 个 1∶1 足尺试件进行静力加载试验来研究托换梁高和配筋对破坏形态的影响，结果表明砌体承重墙双梁式托换结构的托换梁的破坏模式有两种：托换梁与墙体的结合面滑移破坏及墙体斜压或局压破坏，影响破坏模式的主要因素是托换梁的高度，在不发生界面滑移情况下，受力类似墙梁模型，托换梁为偏心受拉构件。在保证结合面不发生破坏的情况下，托换梁的设计可参考墙梁进行设计，试验结果表明托换梁与砌体墙存在协同工作，在不发生界面滑移的情况下，受力类似墙梁模型，托换梁为偏心受拉构件。

　　从上述文献的研究来看，关于砌体托换结构的研究，目前在很多设计方面还不明确，如墙梁模型需要满足的条件、墙体与托换梁之间的荷载分配等问题。本文在试验研究基础上，通过有限元分析，研究托换结构应力分布和传递过程，为托换结构的最优设计方法提供基础。

1　试验简介

1.1　试件设计

　　试验设计 9 个试件，均为 1∶1 的足尺模型，每个试件均采用钢筋混凝土双梁式托换结构，构件示意图见图 1，托换梁具体参数见表 1。砌体墙采用 MU10 烧结普通砖和 M5 的水泥砂浆砌筑。托换梁和连梁采用 C40 混凝土浇筑，纵筋采用 HRB400，箍筋采用 HRB300，材料的实测强度见表 2。

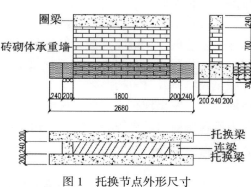

图 1　托换节点外形尺寸

Fig.1　Overall size of underpinning joint

表 1　托换梁参数

Table1　Experiment parameters for underpinning beams

试件	梁高（h/mm）	下部纵筋直径	上部纵筋直径	箍筋
SJ-1	200	2ϕ12	2ϕ12	A8@100
SJ-2	200	2ϕ14	2ϕ12	A8@100
SJ-3	200	2ϕ16	2ϕ12	A8@100
SJ-4	300	2ϕ12	2ϕ12	A8@100
SJ-5	300	2ϕ14	2ϕ12	A8@100
SJ-6	300	2ϕ16	2ϕ12	A8@100
SJ-7	400	2ϕ12	2ϕ12	A8@100
SJ-8	400	2ϕ14	2ϕ12	A8@100
SJ-9	400	2ϕ16	2ϕ12	A8@100

表 2　材料参数

Table2　Experiment parameters for material

材料	强度（MPa）
混凝土	49.2
砌体	2.3
钢筋	428

1.2　加载模式

试验采用静力加载方式进行分级加载，竖向力通过反力架、竖向千斤顶和反力梁进行施加，并通过两个刚度比较大的分配梁将竖向力均匀分配给砌体墙。在试件顶端装有荷载传感器。加载装置具体设置如图2。

1.3　主要试验现象

试件的破坏形态主要有托换梁与砌体墙界面冲切破坏和墙体斜压或局压破坏。

托换梁截面高度为 200mm、300mm 的试件 SJ-1 ～ SJ-6，发生了托换梁与砌体界面冲切破坏。主要试验现象为：加载初期，首先在距离支座 1/8 跨度处出现竖向裂缝，随后在距离支座 1/4 跨度出现竖向裂缝，最后跨中出现裂缝。随着荷载增加，原有裂缝延伸，但没有新裂缝出现。加载到破坏荷载时，跨中裂缝在梁侧面贯通，梁纵筋并未屈服。随后，墙体与托换梁之间出现明显滑移，界面冲切滑移破坏。

试件 SJ-7 ～ SJ-9 为托换梁截面高度为 400mm，墙体首先发生破坏，继续加载，墙体与托换梁发生明显滑

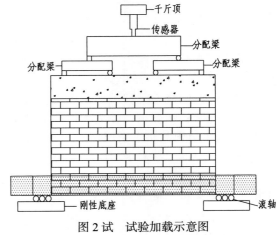

图 2 试　试验加载示意图
Fig.2　Test setup

移。当加载至约 200kN 时，在托换梁上出现竖向裂缝，随着荷载增加，相继出现较为均匀的裂缝。当加载至破坏荷载时，托换梁出现上下贯通裂缝，试件 SJ-7 由于纵筋配筋较少，裂缝发展较为充分，且后期裂缝主要出现在支座处，说明托换梁由于开裂严重，刚度下降，而墙体中存在拱作用，荷载沿主应力迹线逐渐向支座传递，墙体与托换梁共同发挥作用，破坏具有砌体墙梁特征。

2　有限元分析

为了进一步研究托换结构墙梁模型需要满足的条件及托换梁与墙体荷载比例分配等问题，选取三个典型托换节点（SJ-1、SJ-4、SJ-7）进行有限元分析。

2.1　有限元模型

砌体是由砌块和砂浆组成的复合材料，砌块和砂浆不同的属性和受理性能，导致砌体结构受力性能差异较大。目前，砌体有限元模型可归纳为两类：整体模型、分离模型。其中前者是将砌体作为一个整体考虑，一般比较适合较大规模墙体。分离式模型是将砂浆与砌块分开建模，分别用不同的单元来模拟，砂浆离散于模型中，是一种不连续且非均质的模型，适用于模拟小型试验砌体的破坏行为。

本文采用 Abaqus 软件整体建模的方式，通过实体单元 C3D8R（八节点六面体线性减缩积分单元）模拟砌体和混凝土，采用桁架单元 T3D2 模拟钢筋，并通过 embedded 嵌入在混凝土内，忽略钢筋与混凝土的粘结滑移，使钢筋与混凝土位移协调变形。

2.2　材料本构关系

2.2.1　砌体本构关系

砌体属于半脆性材料，单向受压本构模型采用杨卫忠[11]提出的模型计算公式：

$$\frac{\sigma}{f_{\mathrm{m}}} = \frac{\eta}{1 + (\eta - 1)\left(\dfrac{\varepsilon}{\varepsilon_{\mathrm{m}}}\right)^{\eta/(\eta-1)}}\frac{\varepsilon}{\varepsilon_{\mathrm{m}}} \tag{1}$$

其中，$\eta = 1.633$，f_{m} 为砌体受压的应力 - 应变曲线峰值点应力，ε_{m} 为砌体受压的应力 - 应变曲线峰值点应变。

由于砌体的受拉破坏特性和混凝土相近，故采用《混凝土结构设计规范》[12]中提供的混凝土受拉应力 - 应变关系[13]：

$$\sigma = \begin{cases} f_{tm} \left[1.2 \dfrac{\varepsilon}{\varepsilon_t} - 0.2 \left(\dfrac{\varepsilon}{\varepsilon_t} \right)^6 \right], & \varepsilon \leqslant \varepsilon_t \\[4mm] f_{tm} \dfrac{\dfrac{\varepsilon}{\varepsilon_t}}{\alpha_t \left(\dfrac{\varepsilon}{\varepsilon_t} - 1 \right)^{1.7} + \dfrac{\varepsilon}{\varepsilon_t}}, & \varepsilon \geqslant \varepsilon_t \end{cases} \tag{2}$$

$\alpha_t = 0.312 f_{tm}^2$。其中，$f_{tm}$ 为砌体抗拉强度平均值，ε_m 为 f_{tm} 对应的平均应变。

2.2.2 混凝土本构关系

采用混凝土塑性损伤模型（CDP 模型）模拟混凝土的损伤破坏。混凝土损伤塑性模型采用双参数 Drucker-Prager 破坏准则，即假定混凝土材料主要有拉坏与压碎两种破坏形式。

混凝土单向受压本构模型采用美国 E.Hognestad[14] 建议的模型计算公式：

$$\sigma_c = \begin{cases} f_c \left[2 \dfrac{\varepsilon}{\varepsilon_0} - \left(\dfrac{\varepsilon}{\varepsilon_0} \right)^2 \right], & \varepsilon \leqslant \varepsilon_0 \\[4mm] f_c \left[1 - 0.15 \dfrac{\varepsilon - \varepsilon_0}{\varepsilon_u - \varepsilon_0} \right], & \varepsilon_0 \leqslant \varepsilon \leqslant \varepsilon_u \end{cases} \tag{3}$$

其中，f_c 为峰值应力，取棱柱体极限抗压强度，ε_0 相应于峰值应力时的应变，取 $\varepsilon_0 = 0.002$，ε_{cu} 为极限压应变，取 $\varepsilon_{cu} = 0.0038$。

混凝土单向受拉本构模型采用《混凝土结构设计规范》中计算公式：

$$\sigma_t = \begin{cases} f_t \left[1.2 \dfrac{\varepsilon}{\varepsilon_t} - 0.2 \left(\dfrac{\varepsilon}{\varepsilon_t} \right)^6 \right], & \varepsilon \leqslant \varepsilon_t \\[4mm] f_t \dfrac{\dfrac{\varepsilon}{\varepsilon_t}}{\alpha_t \left(\dfrac{\varepsilon}{\varepsilon_t} - 1 \right)^{1.7} + \dfrac{\varepsilon}{\varepsilon_t}}, & \varepsilon \geqslant \varepsilon_t \end{cases} \tag{4}$$

其中，f_t 为轴心抗拉强度设计值，ε_t 为 f_t 与对应的峰值拉应变，α_t 为混凝土单轴受拉应力 - 应变曲线下降段的参数。

2.2.3 钢筋本构关系

钢筋采用理想塑性模型来模拟。

2.3 材料参数

混凝土和砌体受拉本构关系采用混凝土塑性损伤模型模拟，相应参数见表 3。

表 3 塑性损伤模型参数
Table3 Experiment parameters for CDP

膨胀角 α	偏心率	f_{bo}/f_{co}	变量应力比 k	黏性参数
30°	0.1	1.16	0.6667,	0.005

2.4 其它布置

试验中支座为钢滚轴，分析中按铰支座处理，约束 X，Y 方向的平动，不约束转动；在墙体顶部各施加均布荷载。划分网格时，网格间距为 0.05 米。有限元模型见图 3。

3 结果分析与对比

3.1 有限元结果分析

图 4 为托换梁结构的主应力方向图、主应力云图以及水平方向的应力云图，通过主应力方向图可以看出砌体墙与托换

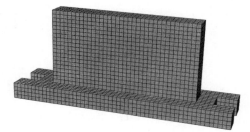

图 3 结构有限元模型
Fig3 Finite element model of structure

梁结合面处应力主要集中在砌体墙脚部，主应力为斜向压力；通过主应力云图［图 4（b）］可以看出，主压应力迹线呈明显拱形分布，证明在砌体墙中存在明显的"拱效应"；通过 S11 方向的应力云图［图 4（c）］可以看出，被托换梁包裹的砌墙在水平方向呈现受拉状态，说明砌体墙底部处于受拉状态。

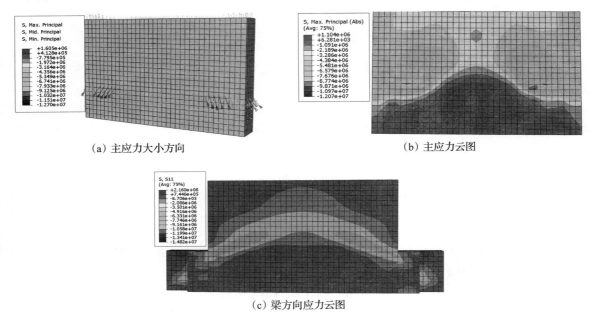

（a）主应力大小方向　　　　　　　　　　　　　　（b）主应力云图

（c）梁方向应力云图

图 4　主应力方向及应力云图

Fig.4　Principal stress of underpinning structure

图 5 为砌体墙双梁式托换结构在其顶面均布荷载作用下的应力分布图。图 5（a）为跨中位置处墙体剖面沿高度方向水平应力图，从图中可见，托换梁截面高度范围内为受拉，其中构件 SJ-4 的应力近似为直线分布，随着托换梁高度的升高，墙体受拉区高度升高。压应力峰值出现的位置也随托换梁高度的升高而升高，说明拱效应中拱的高度也在升高。图 5（b）为墙不同高度水平截面应力分布图，从图中可以看出，越接近墙体底部，托梁与墙体水平截面竖向正应力越向支座附近集聚，这反映了存在"拱效应"，而且"拱效应"的作用随墙体截面位置不同也有不同。在托换梁顶部位置，由于"拱效应"导致跨中约 0.6m 的长度范围内，竖向压应力基本为 0。以上分析表明，砌体墙双梁式托换结构的这些内力分布规律与论文［15］中建立的墙梁模型的分布规律类似，从应力分布的角度再次证明双梁式托换结构受力机理同墙梁相似。

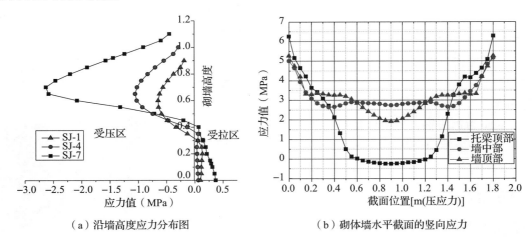

（a）沿墙高度应力分布图　　　　　　　　　　　（b）砌体墙水平截面的竖向应力

图 5　托换结构应力图

Fig.5　Stress of underpinning structure

3.2 有限元分析与试验对比

分别提取三个有限元模型的跨中挠度，钢筋应变与试验数据进行对比。其中表 4 为跨中挠度的分析值和对比值，两者符合较好。

表 4 跨中挠度值
Table4 The mid-span deflection value

试件	分析值（mm）	试验值（mm）
SJ-1	2.59	2.92
SJ-4	4.23	4.48
SJ-7	5.06	5.12

图 6 为托换梁上部纵筋和下部纵筋应变，从图中可以看出，利用有限元软件模拟得到的钢筋应变与试验测得的钢筋应变变化趋势基本相符。另外可以看出，试件上部纵筋开始阶段处于受压，随着加载变为受拉，而下部纵筋始终处于受拉状态，这种受力模式明显与普通受弯构件不符，而更接近墙梁的受力模式。最后破坏阶段，由于 SJ-1 和 SJ-4 是冲切破坏，下部纵筋没有屈服，SJ-7 底部纵筋接近屈服。

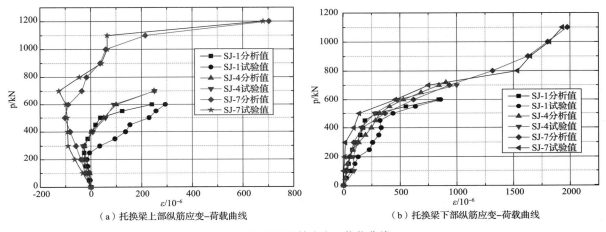

（a）托换梁上部纵筋应变–荷载曲线 （b）托换梁下部纵筋应变–荷载曲线
图 6 托换梁纵筋应变 - 荷载曲线
Fig.6 Longitudinal reinforcement strain-load curves of underpinning beams

对比试验和有限元分析的跨中挠度及纵筋的应变，可以确定这种有限元的模型可以有效模拟砌体墙双梁式托换结构，同时再次验证了托换梁与砌体墙存在协同工作，在不发生界面滑移情况下，受力类似墙梁模型。

3.3 墙体与托换梁之间的荷载分配

在竖向荷载作用下，托换结构的一部分荷载通过拱直接传至支座，另一部分通过托梁传至支座。其中传至托梁的荷载是造成结合面冲切破坏的主要原因，但是在试验过程中无法采集到此方面数据。笔者根据此建模方式，提取砌体墙与托换梁结合面处的竖向力，确定托换梁承担荷载占竖向总荷载的比例。针对不同的托换梁高，墙高跨比，有无圈梁建模型，分析这三个影响因素对托换梁所占荷载比例。

图 7 是高跨比为 0.6，有圈梁，梁高分别为 200mm、250mm、300mm、350mm、400mm 情况下，托换梁承担荷载所占的比例。从图中可以看出，随着梁高的增加，托换梁所占比例逐渐减小，但变化幅度不大，基本在 10% ～ 30% 之间浮动而且随着加载的增加，托换梁所占比例先增大后减小。因为砌体墙在拱效应的作用下，拱所作用的区域内由于应力集中出现砌体和砂浆的损伤，导致拱效应衰弱，传至托梁部分的荷载所占的百分比逐渐增大，使曲线出现上升段。随着梁的挠度增大和混凝土的损伤以及结合面处约束逐渐减弱，传至托梁部分的荷载所占比例出现下降。最终，传至梁部分的荷载

所占的百分比随着砌体墙的损伤和梁的损伤上下波动，但幅度较小。

图 8 是在托梁高为 300mm，无圈梁，砌体墙不同高跨比的情况下，托换梁所占比例。整体而言，随着墙高跨比的增大，托梁所承担的荷载比例逐渐减小，当高跨比增大到一定程度后，所占比例变化不明显。墙高跨比为 0.25 和 0.3 的情况下，由于墙体高度较小，拱效应明显降低，托换梁所占荷载比例大于高跨比较大情况，这与《砌体规范》规定墙梁结构的高跨比大于 0.4 相一致。当墙高跨比增大到一定程度后，墙体高度已经足够满足拱效应中拱的高度，拱效应不再随墙体高度的改变而发生太大改变，所占比例不再发生。

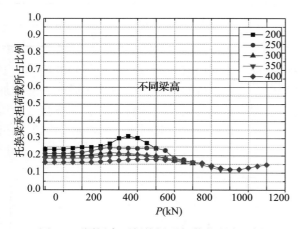

图 7　不同梁高下托换梁承担荷载所占比例

Fig.7　Load proportion of underpinning beam for different heights

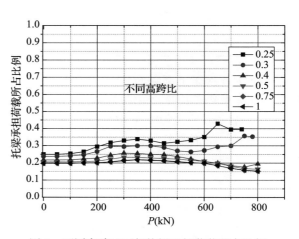

图 8　不同高跨比下托换梁承担荷载所占比例

Fig.8　Load proportion of underpinning beam bear for different depth-span ratio

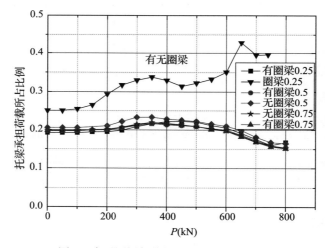

图 9　有无圈梁托换梁承担荷载所占比例

Fig .9　Load proportion of underpinning beam bear for with or without ring beam

图 9 是在梁高为 300mm 情况下，对比有无圈梁及不同高跨比对托换结构的影响。对于墙高跨比不满足墙梁要求的模型（即高跨比 0.25 模型），圈梁显著降低托换梁所承担荷载所占的比例，说明圈梁有助于拱效应的发挥。对于满足墙梁模型高跨比要求的模型，圈梁作用不明显。

4　结论

（1）本文中提到的建模方式可以有效的模拟砌体墙双梁式托换结构。

（2）有限元分析证明托换梁与砌体墙存在协同工作，受力机理同墙梁相同，在保证结合面不发生破坏的情况下，托换梁的设计可参考墙梁进行设计。

（3）在满足墙梁结构高跨比的情况下，托换梁占荷载比例约在 0.1～0.3 之间。

（4）随着砌体墙高跨比的增大，托换梁所承担的荷载比例逐渐减小，当增大到一定程度后不变化不再明显。随着托换梁梁高的增加，托换梁所占比例逐渐减小，但变化幅度不大。圈梁有助于拱效应的发挥，但对于满足墙梁模型高跨比的，作用不明显。

参考文献

［1］ Koster Cz. Supermove'99 Copenhagen Airport［J］. The StructuralMover，2000，18（1）：24-31

［2］ 徐向东，贾留东，张鑫. 多层砖混结构纵向平移实践［J］. 建筑结构学报，2000，21（4）：67-71.

［3］ 张鑫，贾留东，贾强. 临沂市国家安全局 8 层办公楼整体平移施工及现场监测［J］. 工业建筑，2002，32（7）：7-10.

［4］ 尹天军，朱启华，郑华奇. 北京英国使馆旧址整体平移工程设计与实施［J］. 建筑技术，2005，36（6）：412-415.

［5］ 郑华奇，蓝戊己. 刘长胜故居整体平移工程的设计与施工［J］. 建筑技术，2003，34（6）：414-416.

［6］ 杜建民，袁迎曙，王波. 承重砖墙托换体系承载力预计模型研究［J］. 中国矿业大学学报，2010，39（5）：642-647.

［7］ 王超. 钢 - 砌体组合墙梁结构在砌体结构房屋托换改造中的试验研究［D］. 山东：山东建筑大学，2011：49-50.

［8］ 韩岩. 钢 - 砌体组合墙梁结构的 ANSYS 有限元分析［D］. 山东：山东建筑大学，2013：47-48.

［9］ 颜丙冬. 砌体结构平移托换结构受力性能的试验研究［D］. 山东：山东建筑大学，2011：50-57.

［10］ 张鑫，岳庆霞. 砌体墙托换结构受力性能试验研究［J］. 建筑结构学报，2016，37（6）：190-195.

［11］ 杨卫忠. 砌体受压本构关系模型［J］. 建筑结构，2008，38（10）：80-82.

［12］ GB 50010—2010，混凝土结构设计规范［S］. 北京：中国建筑工业出版社，2010.

［13］ 郑妮娜. 装配式构造柱约束砌体结构抗震性能研究［D］. 重庆：重庆大学，2010：62-68.

［14］ 东南大学. 混凝土结构设计原理［M］，北京：中国建筑工业出版社，2008：15-19.

［15］ 陶荣杰，梁兴文，王庆霖. 连续墙梁有限元分析和内力简化计算［J］. 建筑结构，2011，41（02）：85-88.

建筑物平移启动前对托换桁架的影响

郑光民[1]　　田忠诚[2]　　夏风敏[2, 3]

1. 海南亿隆城建投资有限公司，海南文昌，571300
2. 山东建大工程鉴定加固研究院，山东济南，250013
3. 山东建筑大学土木工程学院，山东济南，250101

摘　要： 托换桁架在建筑物平移过程中起到了重要作用，从施加上顶推力之后到建筑物启动之前，托换桁架平面内力变化是最大的。为研究托换桁架的内力变化及平移时施加顶推力的依据，以某平移工程为背景，应用有限元分析软件 ETABS 建立了平移时的模型。对比分析了在平移方向的最后端施加顶推力和在建筑物中间及后端同时施加顶推力对托换桁架内力影响，研究了不同施力方式所引起的托换桁架的变形，探讨了交叉斜撑的内力变化情况。研究结果表明：在建筑物后端及中间同时施加顶推力比仅在建筑物后端施加顶推力托换梁的最大变形可降低 50% 左右；托换梁最大轴力可降低 50% 以上；顶推力对边跨处托换桁架交叉斜撑影响最大。

关键词： 平移，托换桁架，顶推力

The Influence of the Truss Before the Moving of the Building

Zheng Guangmin[1]　　Tian Zhongcheng[1]　　Xia Fengmin[2, 3]

1. Hainan Yilong City construction Investment Co.，Ltd，Wenchang 571300
2. Institute of Engineering Appraisal and Strengthening，Shandong Jianzhu University，Jinan 250013，China
3. Institute of Civil Engineering，Shandong Jianzhu University，Jinan 250101，China

Abstract： The underpinning truss plays an important role in the process of building translation. The internal force change of the trusses is the largest from applied the jacking force to start of the building. In order to study the internal force changes of the trusses and the basis of the thrust force applied to the translation，a translation model was established by using the finite element analysis software ETABS，taking a translation project as the background. The effect of the top thrust on the final end of the translation direction and the influence of the thrust force on the internal force of the trusses at the middle and back ends of the building are compared and analyzed. The deformation of the underpinning truss caused by different modes of force is studied，and the internal force changes of the cross inclined braces are discussed. The results show that the maximum deformation of the jacking force applied to the back end and the middle of the building can be reduced by about 50%，and the maximum axial force of the supporting beam can be reduced by more than 50%；and the jacking force has the greatest impact on the cross truss of the trusses at the side span.

Keywords： building movement，underpinning tress，jacking force

0　前言

　　建筑物平移时，施加上顶推力之后启动之前托换桁架的内力变化较大，此时确保托换桁架不发生破坏是保证平移顺利进行的前提。吴二军等通过江南大酒店平移工程，对平移过程的实时监测提出了要求[1]。杜建民等通过建立建筑物横向平移时托换体系的承载力计算模型，对墙下双梁进行了分析研究[2]。

作者简介：田忠诚（1990—），男，助工，硕士。E-mail：18363035891@163.com。通讯地址：济南市历下区历山路 96 号，250013。郑光民，E-mail：1106848019@QQ.com。通讯地址：海南文昌市龙楼镇钻石大道北。

东南大学敬登虎、曹双寅等[3-4]将钢板-砖砌体组合结构应用于既有砖混房屋大空间改造中。赵考重等分别对角钢-砌体组合托换结构、槽钢-砌体组合托换结构及钢-混凝土组合托换结构受力机理进行了系统研究[5-7]。张鑫等对滚动式平移牵引力的计算公式进行了推导得出 $F=KfG$[8]。专家学者们对建筑物平移时的监测，托换方法等方面做了深入的研究，对平移时托换桁架的受力的探讨还有不足。

本文应用有限元分析软件 ETABS 建立建筑物平移启动前的模型，对平移启动前托换桁架的内力和变形进行了研究分析，为确定托换桁架的安全性提供依据。研究不同施力方式对托换桁架变形的影响，分析托换桁架斜撑的内力变化。

1 建立分析模型及施加顶推力

1.1 建立分析模型

该建筑地下 1 层地上 15 层，裙楼地下 1 层地上 3 层，为框架剪力墙结构，上部结构模型及荷载与原结构相同。平移时所用托换桁架如图 1 所示，斜撑尺寸为 300mm×600mm，连梁尺寸为 320mm×580mm，为截面相同的两根梁并列平行连接到柱上。建模时将两根梁合并为一根梁，即斜撑尺寸为 600mm×600mm，连梁尺寸为 640mm×580mm 将托换桁架插入原结构负 1 层下部。

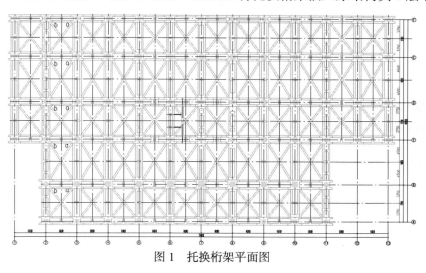

图 1 托换桁架平面图

使用摩擦摆连接单元模拟平移时滚轴的摩擦力，不考虑支座竖向变形取支座竖向刚度为 $3×10^7$，有效阻尼为 0；平移方向（X 向）刚度为 $8×10^5$，摩擦系数为 0.1；垂直平移方向（Y 向）刚度 $8×10^5$，摩擦系数 0.5；绕 R1 的转动刚度 $2×10^3$，绕 R2、R3 的转动刚度为 $5×10^7$，控制远离施力点处点的位移为 0 模拟平移启动前的状态。将连接属性指定到模型支座下部，仅限制 Z 方向的约束。

1.2 施加顶推力

依据山东建筑大学张鑫教授团队提出的平移启动牵引力公式[8]：$F=kfG$ 计算平移启动所需顶推力，其中 F 为启动牵引力，G 为建筑物重力，综合调整系数 K=1，摩擦系数 f=0.1。平移时一个油泵会控制多个千斤顶，除去油管拐弯处损耗外施加在千斤顶上的顶推力基本相同。故将整个建筑物平移所需的顶推力平均分配到各轴线上，作用在平移方向的后端为工况一；将工况一中各轴线的顶推力平分作用在建筑物 7 轴位置和平移方向的后端为工况二。各轴线支反力和平移所需顶推力见表 1。

表 1 各轴线支座反力和平移所需推力（kN）

轴号		A	B	C	D	E	F
支座反力和 G		18587	63824	94284	101135	76104	23761
启动所需顶推力		1859	6382	9428	10114	7610	2376
工况一推力	最右端	6295	6295	6295	6295	6295	6295
	7 轴	0	0	0	0	0	0
工况二推力	最右端	3148	3148	3148	3148	3148	3148
	7 轴	3148	3148	3148	3148	3148	3148

2　托换梁轴向变形及托换桁架内力分析

2.1　托换梁轴向变形

　　各工况作用下托换梁会产生累积轴向变形，托换梁的变形也反映了该轴线上顶推力的布置是否合理，当轴线变形过大会使与其相连的梁开裂或发生破坏。两种工况作用下托换梁累积轴向变形如图 2 所示。

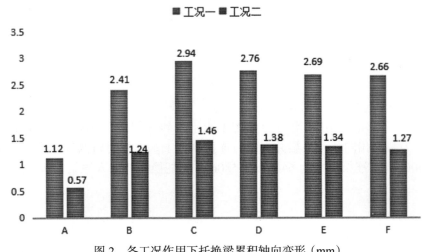

图 2　各工况作用下托换梁累积轴向变形（mm）

　　由图 2 中数据可以看出，托换梁承受轴向压力，在建筑物平移方向的后端和 7 轴施加顶推力比仅在建筑物平移方向的后端施加顶推力托换梁累积轴向变形可降低 50% 左右，有效减小了托换梁的轴向变形，降低了对托换梁的影响。建筑物 C 轴右侧整体变形相对于左侧变形较大，会使托换结构产生逆时针方向的扭转。工况二作用相对于工况一作用 A 轴与 F 轴变形差值增大，会使托换桁架承受的扭转力增大。

2.2　托换梁轴力

　　两种工况作用下托换梁轴向力最大值产生在平移方向的后端，平移方向的后端托换梁轴向力见表 2。

表 2　各工况作用下托换梁轴向力（kN）

轴号	A-11	B-11	C-13	D-13	E-13	F-13
工况一	−2741.88	−3113.96	−3194.65	−2979.29	−3005.30	−3352.40
工况二	−1220.89	−1447.08	−1557.23	−1473.26	−1473.57	−1574.92

　　由表 2 中数据得出，工况二作用下托换梁轴力比工况一作用下减小了 50% 左右，且托换梁各轴线上的差值减小，使整个托换桁架的受力更加均匀。从经济的角度采用工况二加载方式可以适当减小托换梁的截面，降低成本。托换梁轴向力反映的规律与托换梁累积变形的规律是相吻合的，平移启动前通过监测托换梁的变形确定其受力的安全性是合理的。

2.3　交叉斜撑轴力

　　交叉斜撑在平衡托换桁架的受力及变形起到了重要作用，使整个托换桁架协同工作，取部分交叉斜撑的轴力列于表 3 中，其中交叉斜撑的编号如图 1 所示。

表 3　工况一、二作用下斜撑轴力（kN）

工况	轴号	A-B		B-C		D-E		E-F	
		a	b	a	b	a	b	a	b
工况一	1-2					12.46	−25.50	−28.96	0.72
	2-3	54.47	−70.70	−16.77	−3.61	−28.04	12.87	−81.49	60.25
	6-7	32.40	−58.21	−32.18	12.00	32.15	−41.91	−47.66	37.10
	10-11	−638.75	−35.90	47.01	−501.00	−127.74	−87.19	−70.15	−143.35
	12-13					−295.02	−328.43	−406.07	−405.13

续表

工况	轴号	A-B		B-C		D-E		E-F	
		a	b	a	b	a	b	a	b
工况二	1-2					−0.48	−21.55	−61.08	15.92
	2-3	71.65	−96.79	−11.52	−19.82	−33.05	5.65	−106.27	69.66
	6-7	−132.21	−87.27	−52.74	−130.17	−123.97	−44.84	−79.40	−127.96
	10-11	−269.52	−44.84	49.38	−247.40	−57.89	−19.55	−55.42	−14.13
	12-13					−147.55	−156.81	−206.56	−183.26

由表 3 中数据可以看出，A-B 和 E-F 两边跨裙楼位置处交叉斜撑的轴力大于中间跨主楼位置处的轴力。对于边跨斜撑因内力仅能往中间跨方向传递，而中间跨的斜撑可往很平面内各方向传递，所以边跨斜撑内力大于中间跨，故在设计时可将不同跨的斜撑设计成截面不同的梁，这样更经济使结构变形协调，不宜仅按受力最大处设计成相同截面。

3　结论

上述研究表明：

（1）在建筑物平移方向的后端和建筑物中部施加顶推力比仅在建筑物平移方向的后端施加顶推力托换梁累积轴向变形可降低 50% 左右。

（2）在建筑物平移方向的后端和建筑物中部施加顶推力比仅在建筑物平移方向的后端施加顶推力托换梁轴力减小了 50% 左右，且托换梁各轴线上的差值减小，使整个托换桁架的受力更加均匀。

（3）边跨位置处交叉斜撑的轴力大于中间跨位置处的轴力，在设计时可将不同跨的斜撑设计成截面不同的梁，达到经济效果。

参考文献

［1］吴二军，黄镇，李爱群等. 江南大酒店整体平移工程的静态和动态实时监测［J］. 建筑结构，2001，31（12）：11-14.

［2］杜建民，袁迎曙，王波等. 承重砖墙托换体系承载力预计模型研究［J］. 中国矿业大学学报，2010，39（05）：642-647.

［3］敬登虎，曹双寅，郭华忠. 钢板 - 砖砌体组合结构托换改造技术及应用［J］. 土木工程学报，2009，42（05）：55-60.

［4］敬登虎，曹双寅，吴婷. 钢板 - 砖砌体组合墙梁的试验研究与分析［J］. 土木建筑与环境工程，2012，34（05）：33-41.

［5］赵考重，王莉，夏风敏. 钢 - 混组合结构在砖混建筑拆墙改造中的应用［J］. 建筑结构，2003（04）：28-29+35.

［6］王超. 钢 - 砌体组合墙梁结构在砌体结构房屋托换改造中的试验研究［D］. 山东建筑大学，2011.

［7］房晓鹏. 钢 - 砌体组合墙梁结构在有构造柱砌体房屋托换改造中的试验研究［D］. 山东建筑大学，2011.

［8］张鑫，都爱华，张绘军. 建筑物平移技术牵引力计算公式和动力分析的研究［J］. 山东建筑大学学报，2010，25（03）：222-225+230.

混凝土构件的可靠指标与分项系数

邸小坛　张狄龙　常　乐

中国建筑科学研究院，北京，100013

摘　要：鉴于国际标准的分项系数未与可靠指标建立直接联系的现状，提出以构件承载力可靠指标和构件承载力不确定性变异系数为参数的构件承载力分项系数计算方法。构件承载能力极限状态的可靠指标可分解为构件承载力可靠指标和作用效应的可靠指标。为便于分解出可靠指标，取 $\beta_s = 2.05$；为使得分解相对准确，考虑构件承载力不确定性变异系数对分解值的影响，而未采用国际标准近似分解可靠指标的方法。对批量同类构件承载力试验数据进行多元非线性回归分析，得到构件承载力不确定性变异系数。所用试验数据分析模型将材料强度、构件几何量和剪跨比等均视为取得实际值的参数，未按随机变量函数的方法将材料强度和构件几何量等视为独立的随机变量。试验数据多元非线性回归分析中，对材料强度、构件几何量和剪跨比等参数的系数和指数进行调整，目的是最大限度消除模型不定性的影响，而未按随机变量函数的方法将模型不定性视为独立的随机变量。经对混凝土压弯剪构件、受弯构件正截面和斜截面承载力试验数据分析，得到相应构件承载力的变异系数、可靠指标和分项系数。按这种方法求得的反映是构件承载力整体的随机性。与可靠指标建立直接联系使其成为可定量确定的分项系数，使基于可靠指标的方法得到改善和提升。

关键词：混凝土构件，变异系数，可靠指标，分项系数

The Reliability Index and Partial Factor of the Concrete Member

Di Xiaotan　Zhang Dilong　Chang Le

China Academy of Building Research

Abstract：Patial factors'method is a widely adopted method for structural design. However，the partial factors used in ISO2394 and EN1990 are not directly related to reliability indexes as the original probabilistic theory indicated. This research developed a method to calculate resistance partial factors for structural members adhering to the original theory and with more accuracy. The two key parameters involved in this method are reliability index β_R and coefficient of variation δ_R of structural member resisting capacity. This research sepatated the limit state reliability indexes β in to two components：reliability index β_R for action effects β_S and reliability index β_R for member resisting capacity β_R. For the purpose of calculating β_R，value 2.05 is used for β_S. This research also includes coefficient of variation β_R in the calculation to obtain a more accurate value for β_R. β_R is decided by multi-variable non-linear regression analysis of collected experimental data of member resisting capacities. The analysis model used in this research considered material strength and geometrical dimension as parameters determined by actual measurements，which differentiates this method from FORM method which considers those parameters as independent random variables. This analysis results in adjusted coefficients and exponents for material strength，geometrical dimension and other parameters，such that the minimum value for δ_R could be obtained and the influence of model uncertainty could be

基金项目：中国建筑科学研究院自筹基金课题：混凝土悬挑构件承载力试验研究及可靠指标分析，20130112330710039；混凝土构件承载力可靠度表示方法校准研究，20110112330730001。

作者简介：邸小坛（1953—），男，北京人，研究员，博士生导师。E-mail：dixiaotan@163.com。

通信作者：张狄龙（1981—），男，湖北天门人，博士研究生，高级工程师。E-mail：deelong@126.com。

minimized. For concrete resulted from analyzing, beding failure member, coefficient variation δ_R is 0.08, the patial factor γ_R ($\beta = 3.2$ in China) could be 1.4 .For concret beding member at 8 hear failure, δ_R is 0.13, the partial factor γ_R could be 1.86 ($\beta = 3.7$ in China). This research developed a direct relationship between partial factors and reliability index, which makes the partial factor a quantitatively determined factor that's straightly related to failure probability.

Keywords：Concrete member. Coefficient of Variation. Reliability Index. Patial Factor

1 前言

用可靠指标 β 替代失效概率 p_f，特别是用分项系数表示可靠指标对应的失效概率是 20 世纪 60 年代末以来国际上建筑结构最重要的创新成果之一。其创新性在于：将完全依据经验的多系数方法提升为与失效概率建立联系，且可定量确定的分项系数；使航空航天业少数顶级专家掌握的高端精准的分析方法可为广大建筑结构设计和评定技术人员使用。用可靠指标替代失效概率 p_f 已获得众多研究人员的认可。

分项系数的情况却有所不同。直到目前为止，国际上还没有建立分项系数与可靠指标之间直接的联系。原因在于：美国和加拿大学者采用的一阶二次矩方法[1] 存在着下列不利于用分项系数表述可靠指标的问题：

（1）未将可靠指标 β 分解成作用效应的可靠指标 β_S 和构件承载力的可靠指标 β_R；

（2）把构件的承载力视为随机变量函数，以至于无法正确地分析确定构件承载力的不确定性变异系数 δ_R；

（3）没有将规律性和不定性因素与随机性和不确定性因素予以区分，因此在分析中出现了概率基础知识方面的失误。

最近，新编国家标准《建筑结构可靠性设计统一标准》（报批稿）首次明示了构件承载力分项系数的下列公式。

$$\gamma_R = 1/(1 - \beta_R\delta_R) \tag{1}$$

分析确定 β_R 和 δ_R 是利用公式（1）计算确定各类结构构件分项系数必要的措施。

2 可靠指标的分解

为了弥补一阶二次矩方法的不足，国际标准 ISO2394[2] 和欧洲规范 EN1990：2002E 都补充了分解可靠指标的措施。

2.1 分解可靠指标的近似方法

国际标准 ISO2394 建议：主要变量的设计值可以用 $F(x_{id}) = \Phi(-a_i\beta)$ 的形式表示；建议对于构件的承载力取 $a_i = 0.8$；对于控制荷载取 $a_i = -0.7$；当主要变量为正态分布时，$x_{id} = \mu_i(1 - a_i\beta V_i)$。把承载力和控制荷载的数值 a_i 带入式（2），可以得到分解可靠指标的表达式 $x_{id} = \mu_S + 0.7\beta\sigma_S$；$x_{Rd} = \mu_R - 0.8\beta\sigma_R$。

$$x_{id} = \mu_i - a_i\beta\sigma_i \text{ 或 } x_{id} = \mu_i(1 - a_i\beta\delta_i) \tag{2}$$

欧洲规范 EN1990：2002E 也有类似形式：当 $\beta_S = 0.7\beta$ 时，β_R 可近似取为 0.8β。

由以下的分析可知，β_S 和 β_R 的取值不仅与 β 有关，还与 σ_R 和 σ_S 的取值相关，因此可以称之为近似的方法。近似分解得到可靠指标可以用于计算分项系数。遗憾的是，国际性标准仅寄希望于将 β_S 和 β_R 直接用于设计，没有将 β_S 用于确定荷载的分项系数，也没有将 β_R 用于确定构件的分项系数。

2.2 推导的方法

我国混凝土结构的可靠指标 β 分成延性破坏和脆性破坏构件两种情况，因此用国际标准的方法反而麻烦。以式（3）的经典形式为基础，补充设计值协调条件分解可靠指标的效果可能较好。

$$\beta \sqrt{\sigma_R^2 + \sigma_S^2} = \mu_R - \mu_S \tag{3}$$

这里应该提示的是：式（3）本身是分解综合随机变量表述可靠指标 β 的公式，但可靠指标并没有分解。利用式（2）$x_{Sd} = x_{Rd}$ 的协调条件，将式（3）中的 $\mu_R - \mu_S$ 用 $\beta_R \sigma_R - \beta_S \sigma_S$ 替换，可以得到推导分解可靠指标 β 的基本公式：

$$\sqrt{\sigma_R^2 + \sigma_S^2} = \beta_R \sigma_R - \beta_S \sigma_S \tag{4}$$

依据式（4）分解出 β_R 必然要先确定 β_S、σ_S 和 σ_R。

2.3　作用效应的可靠指标

为了便于分解可靠指标 β_R，新修订国家标准《建筑结构检测技术标准》（报批稿）将 β_S 设定为 2.05。$\beta_S = 2.05$ 对于正态分布的永久荷载来说其超越概率为 2%；对于可变荷载来说，50 年的超越概率为 2%。

2.4　荷载的分项系数

将 β_S 定为 2.05，为确定各种荷载分项系数创造了条件。新修订的国家标准《建筑结构检测技术标准》（报批稿）提供了式（5）的荷载分项系数计算公式。

$$\gamma_{Fi} = 1 + \beta_S \delta_{Fi} \tag{5}$$

式（5）将荷载的分项系数与可靠指标建立直接联系，国际标准和国际上绝大多数国家的荷载规范都没有建立式（5）的关系。

3　荷载的综合系数和标准差

国际标准 ISO2394：2015E[2] 把荷载的组合参数称为随机向量。我国的可靠度理论将之称为综合随机变量。无论是随机向量还是综合随机变量都只有荷载的综合系数 γ_F 和相应的标准差 σ_F，没有效应的分项系数 γ_F 和作用效应的标准差 γ_S。

由作用转化到作用效应时，确实存在由结构分析方法造成的作用效应的不定性。但这种不定性不属于随机性或不确定性，不属于可靠指标和分项系数对应的因素。

一阶二次矩的方法，用所有荷载的分项系数 γ_{Fi} 与该荷载标准值所占总荷载的比值乘积之和，计算确定了荷载的综合系数 γ_F。有了 $\beta_S = 2.05$ 和 γ_F 的具体数值，利用式（5）可以方便地计算出综合系数 γ_F 对应的标准差 σ_F。

无论是 γ_F 和 σ_F 都没有实用的意义，只是为了分解可靠指标 β_R 时用 σ_F 替代式（3）中的 σ_S。用替代作用 γ_F 效应的分析系数 γ_S。

4　构件承载力的变异系数

基于批量同类构件承载力试验数据分析承载力的不确定性变异系数 δ_R 时，不能使用标准差 σ_R，需要将式（4）进行参数的转换。

4.1　参数的转换

用 σ_F 替代式（4）中的 σ_S，并用 δ_F 替代 σ_S，用 γ_F 替代 γ_S，可以得到用变异系数表示的分解可靠指标的公式（6）：

$$\beta \sqrt{(\delta_R \gamma_R \gamma_F)^2 + \delta_F^2} = \beta_R \delta_R \gamma_R \gamma_F + \beta_S \delta_F \tag{6}$$

与式（6）比较可以看出我国的可靠理论[3] 和一阶二次矩方法用 $\sqrt{\delta_R^2 + \delta_S^2}$ 替代 $\sqrt{\sigma_R^2 + \sigma_S^2}$ 的措施存在着概率基础知识方面的失误。

4.2　变异系数的分析过程

基于批量同类构件承载力试验数据分析确定构件承载力不确定性变异系数的基本步骤如下：

（1）建立同类构件承载力的分析模型，分析模型材料强度和几何参数取第 i 个构件的实际值；并

用 $R_{\mathrm{cal}, i}$ 表示模型的分析值；

（2）取 $R_{\mathrm{cal}, i}/R_{\mathrm{test}, i}$ 为 ξ_i，$R_{\mathrm{test}, i}$ 为该构件承载力的试验值。用 ξ_{m} 表示全部 ξ_i 的平均值，用 S_{ξ} 表示样本的标准差；

（3）调整材料强度参数、几何参数和其它参数的系数或指数，使 ξ_{m} 从大于 1.0 的方向趋近于 1.0，并取各种情况下 S_{ξ} 的最小值作为该类构件承载力标准差的分析值；

（4）取 $S_{\xi, \min}$ 和 ξ_{m} 对应的比值作为构件承载力不确定性变异系数的估计值 $\delta_{\mathrm{un}, \mathrm{R}}$。

按照这种方法分析得到的混凝土受弯构件正截面和斜截面承载力以及压弯剪构件承载力的变异系数估计值[4]见表 1。

表 1　部分混凝土构件承载力的分析结果

构件	$\delta_{\mathrm{un}, \mathrm{R}}$	β_{R}	δ_{R}	γ_{R}	γ_{M}	$\gamma_{\mathrm{M}}/\gamma_{\mathrm{R}}$
正截面（弯）	0.076	3.71	0.08	1.42	1.16	0.82
斜截面（弯）	0.126	3.86	0.13	1.86	<1.4	0.70
压弯剪	0.157	3.12	0.16	2.00	<1.4	0.70

4.3　分析方法的原理

这种分析方法没有把影响构件承载力函数的变量视为独立的随机变量，全部变量都取对应构件的实际值。国际标准 ISO2394 称这种方法为自变量取得固定值（参数）的分析模型。分析中调整全部参数的系数或指数的目的是，最大限度地减少模型不定性对 δ_{R} 的影响，这表明分析模型的不定性也未被视为独立的随机变量。按照这种分析方法得到的是构件承载力整体的不确定性变异系数。这里需要说明的是测量不确定性、材料强度、几何量和剪跨比等参数共同影响的结果，其中也包括模型不确定性的因素。δ_{R} 不是由独立随机变量的变异系数 δ_{m}、δ_{a} 和 δ_{mod} 等组合而成，更不能用 $\sqrt{\delta_{\mathrm{m}}^2 + \delta_{\mathrm{a}}^2 + \delta_{\mathrm{mol}}^2}$ 计算确定。

国际性标准也有基于试验数据的方法，但是该方法没有用于分析确定变异系数 δ_{R}，而是用于确定构件承载力的计算模型。

5　构件的可靠指标与分项系数

确定了混凝土构件的之后，可继续进行分解混凝土构件可靠指标 δ_{R} 的工作。

5.1　混凝土构件的可靠指标

依据式（1）将式（6）中的 γ_{R} 用 β_{R} 和 δ_{R} 替换。将表 1 第 1 列 $\delta_{\mathrm{un}, \mathrm{R}}$ 代入式（6）可以分解出表 1 的混凝土构件的可靠指标 β_{R}。

从表 1 中可以看出，斜截面受弯构件和压弯剪共同作用的构件同为脆性破坏，由于 δ_{R} 存在差异，相应的 β_{R} 也存在差异。由此表明国际性标准建议的是分解可靠指标的近似方法。

5.2　构件的分项系数

按构件类别，将表 1 中 β_{R} 和 δ_{R} 分别代入式（1），可以得到表 1 中相应混凝土构件的分项系数 γ_{R}。这里应该说明的是 γ_{R} 的倒数应该相当于美国某些混凝土规范的承载力折减系数。

表 1 中的 γ_{M} 是将我国的混凝土材料强度分项系数转换的当量构件系数。$\gamma_{\mathrm{M}}/\gamma_{\mathrm{R}}$ 的数值表明，我国混凝土结构的可靠指标 β 虚高，材料的系数大幅度的偏低。

5.3　不定性因素的对策

当将分析模型转为构件承载力的设计计算公式时，至少应该进行下列不定性因素的调整：

（1）分析应辅加模型不定性的保守措施，以解决试验构件与结构构件可能存在的差异；

（2）用材料强度标准值替代分析模型中材料强度的实际值，解决设计阶段材料强度的不定性问题。

（3）用几何参数的标准值 a_{k} 替代分析模型中几何量的实际值，解决施工中可能出现的尺寸偏差问题。

这也是在分析模型中没有把这三种因素视为随机变量的原因之一。

6　结论

用分项系数表示可靠指标 β 对应失效概率 p_f 是具有前瞻性的创意，而要把这一创意落实，需要进行下列创新性且具有争议性的研究工作：

（1）将 β 分解为 β_R 和 β_S；

（2）对试验数据进行分析确定构件承载力的变异不确定性系数 δ_R；

（3）在分析中要区分随机性（不确定性）与不定性因素。

完成了这些创新性研究工作，使持续了 50 年的难题得到初步的解决。

参考文献

［1］ J. G. MacGregon. The Reliability of Building Structures-Probability Based Limit States Design ［R］. Presented at the China Academy of Building Research，Beijing，China. May.1981.

［2］ International Standard，ISO2394：2015（E），General principle on reliability for structures，2015-03-01.

［3］ 中华人民共和国国家标准. GB 50068—2001. 建筑结构可靠度设计统一标准［S］. 北京：中国建筑工业出版社，2001 年，北京。

［4］ 邸小坛、常乐、张狄龙，等. 混凝土构件承载力评定及可靠度表示方法的校准研究［R］. 中国建筑科学研究院学术研究报告，2014，12.

大跨度空间钢筋混凝土桁架加固技术
研究及加固效果分析

卜良桃 刘尚凯

湖南大学土木工程学院，湖南长沙，410082

摘 要：本文依托于某现役大跨度空间钢筋混凝土桁架拱岛外引水渡槽工程，根据现场调查检测和原结构有限元计算复核结果，针对桁架出现的缺陷，进行了相应的加固补强设计，创造性地提出了采用预应力与外包水泥基灌注料对钢筋混凝土桁架下弦拉杆进行加固的方法，并结合原位静载试验数据和ANSYS有限元建模分析探究，研究了桁架加固后的力学性能，验证了加固技术的可靠性。本文研究的加固技术为同类大跨度空间钢筋混凝土桁架的设计及加固具有一定的借鉴价值。

关键词：大跨度，桁架，预应力，加固

The Analysis of Large-span RC Truss Reinforcement
Technology Research and Effect

Bu Liangtao Liu Shangkai

College of Civil Engineering，Hunan University，Changsha，Hunan，410082，China

Abstract：In this paper，based on a large-span space in active service of reinforced concrete truss arch island water aqueduct project，according to the survey of the field detection，and the original structure，finite element calculation check result for truss defects，the corresponding reinforcement reinforcement design，creatively put forward a method that using prestressed force and outsourcing cement filling material to strengthen the bottom chord of reinforced concrete truss，and combined with ANSYS finite element modeling and analysis of static load test data in situ exploration，research the mechanical properties of the truss after reinforcement， verify the reliability of the reinforcement technique. The reinforcement technology studied in this paper has certain reference value for the design and reinforcement of similar large-span spatial reinforced concrete truss.

Keywords：large-span，truss，prestressed force，reinforcement

0 前言

体外预应力加固技术成功应用于桥梁加固的工程实践表明，该加固技术将有着广阔的应用前景。但目前这些研究主要集中于分析体外预应力加固受弯和受剪构件的破坏模式和承载能力等内容，以及主要应用在公路桥梁工程中用来加固梁桥、拱桥和桁架拱桥等结构[1-3]。体外预应力加固技术的应用研究在水利工程结构中很少涉及。

本文依托于某现役大跨度空间钢筋混凝土桁架拱岛外引水渡槽工程，针对桁架出现的缺陷，进行了相应的加固补强设计，创造性的提出了提出了采用预应力与外包水泥基灌注料对钢筋混凝土桁架下弦拉杆进行加固的方法，并结合ANSYS有限元建模型和原位静载试验数据进行分析和探究、研究了

基金项目：国家火炬计划（SQ2013GHD200083B00）；国家自然科学基金项目（51278187）。

作者简介：卜良桃（1963—），男，湖南南县人，湖南大学教授，博士。通讯联系人，E-mail：plt63@163.com。

桁架加固后的力学性能，验证了加固技术的可靠性。

1 工程概况

某现役大跨度空间钢筋混凝土桁架拱岛外引水渡槽工程，为预制钢筋混凝土桁架拱式渡槽，单跨跨度为40.2m。上部承重结构采用简支梁型下承式桁架，由两榀平行钢筋混凝土主桁架以及主桁架间钢结构横向联系（连杆、支撑等）形成支承引水渡槽的承重体系。桁架内搁置简支梁型预制钢筋混凝土渡槽，槽身采用钢筋混凝土半圆弧断面型式，其单节长度2.5m，净宽2.5m，高1.5m，渡槽槽身厚9.5cm。下部支承结构采用钢筋混凝土双柱式结构，立柱基础采用钻孔灌注桩或扩展基础。主桁架由钢筋混凝土上、下弦杆、腹杆（竖杆、斜杆）组成，其中上弦杆为二次抛物线曲杆，下弦杆和腹杆为直杆。混凝土设计强度等级C35，桁架杆件布置及标号如图1所示（图中X表示下弦杆，S表示上弦杆，SF表示竖杆，XF表示斜杆；SL、SC表示上弦平面连杆、支撑，XL、XC表示下弦平面连杆、支撑）。

两榀主桁架间上弦平面中部横拉杆截面为方钢110×110-6，上弦平面端部横拉杆截面为方钢180×260-8，上弦平面十字撑截面为方钢110×110-6；下弦平面中部横拉杆截面为方钢140×140-8，下弦平面端部横拉杆截面为方钢180×260-8，下弦平面十字撑截面为方钢120×120-6。搁置槽身支座牛腿为钢构。

本工程等级类别为Ⅳ等，供水工程主要建筑物按4级设计，设计使用年限50年，设计供水流量为3.5m³/s。工程区场地基本烈度为7度，地震动峰值加速度为0.15g，地震动反应谱特征周期为0.35s，所处地区抗震设防烈度为7度。

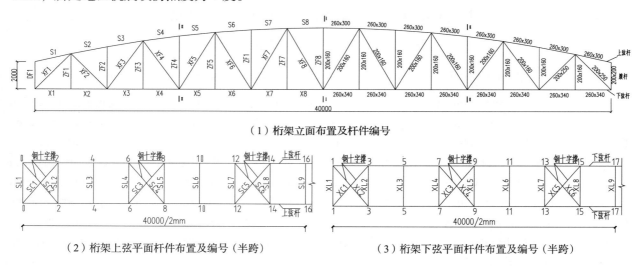

（1）桁架立面布置及杆件编号

（2）桁架上弦平面杆件布置及编号（半跨）　　　（3）桁架下弦平面杆件布置及编号（半跨）

图1 桁架杆件布置及标号

Fig.1 truss layout and bar code

在本工程完成全线吊装并试通水后，为了掌握该钢筋混凝土桁架拱渡槽的技术安全状况，检查、发现并消除该渡槽可能存在的安全隐患，经相关单位现场检测及原结构设计复核，发现该钢筋混凝土桁架拱渡槽工程质量存在如下缺陷：

（1）桁架杆件混凝土抗压强度基本较好，少部分杆件混凝土抗压强度推定值略低于设计强度。

（2）桁架拱渡槽混凝土存在一些表观质量问题，如架开裂现象较普遍，腹杆、下弦杆、上弦杆节点、下弦杆节点均出现开裂现象；预制槽身表面蜂窝、麻面。

（3）钢结构构件的部分钢结构连接焊缝和剪刀撑连接焊缝表面气孔、咬边、焊瘤、弧坑、漏焊、未满焊、焊脚高度不够等缺陷。

（4）部分预埋钢板尺寸、杆件截面尺寸、预埋件锚筋锚固长度均小于设计值。

（5）经计算复核，桁架上弦压杆S4～S8、下弦拉杆X1～X8、横向联系钢结构压杆SC3、SC4

等杆件受力不足，尤其是钢筋混凝土主桁架的下弦拉杆原设计主筋配置偏少。

综合以上缺陷及现场调查测试发现的一些问题，特别是钢筋混凝土主桁架的下弦拉杆原设计主筋配置偏少。该钢筋混凝土桁架拱渡槽存在一定的安全隐患，需对该桁架进行维修加固。

2　加固补强方案

2.1　预应力与外包水泥基灌注料加固下弦拉杆

下弦杆为本工程钢筋混凝土桁架受力关键杆件，某设计院采用设计软件 SAP2000 对桁架进行整体有限元建模分析，发现主桁架下弦拉杆 X1 ~ X8 设计受力主筋配制偏少。部分计算结果如表 1 所示。

表 1　原结构钢筋混凝土下弦拉杆承载力复核（半跨）

Tab.1　the bearing capacity review on the reinforced concrete lower chord of the original structure（half a span）

杆件编号	断面尺寸 $b \times h$（mm×mm）	主筋配筋	轴向抗力强度验算		
			自重作用下设计值（kN）	最大设计值（kN）	截面容许值（kN）
X1 ~ X2	260 × 340	622	288	697	595
X3 ~ X4	260 × 340	622 + 220	553	1179	759
X5 ~ X8	260 × 340	622 + 820	711	1463	1251

钢筋混凝土桁架下弦杆最不利荷载作用下的轴力超出了设计值截面承载力容许值。经过方案的有效性和经济性比选，拟采用预应力与外包水泥基灌注料对配筋不足的钢筋混凝土下弦拉杆进行加固处理[4-5]。

预应力与外包水泥基灌注料加固法属于有粘结预应力加固体系范畴，实际上也是一种体外配筋加固，用高强钢绞线替代普通用钢筋，通过增加原结构构件的配筋量来提高其承载力及变形能力；有粘结预应力加固不同于其他加固方法的一个主要特点是主动加固，同时又是通过粘结力共同工作。

高强灌注料起到保护钢绞线的作用，同时通过与钢绞线的握裹力还能对钢绞线的锚固做出一定贡献，减轻了锚具压力。

选用 4 根（单根）高强 1860 级国家标准低松弛预应力钢绞线，直径 15.2mm。在钢筋混凝土桁架下弦拉杆四周对称安装预应力钢绞线，并在下弦节点处安装 4 支环形钢筋箍，每侧各一支，对称安装，保证节点的锚固和连接可靠。预应力筋采用一端张拉方式，固定端采用挤压式锚具，张拉端采用有顶压夹片式锚具，张拉时时采用液压式千斤顶对预应力钢绞线施加预拉力。

考虑到预应力的布置需要同时满足张拉端能够布置锚固块和布置千斤顶进行张拉，而固定端仅需满足布置锚固块，因此张拉端比固定端要预留更长的一段用于布置千斤顶张拉预应力筋。预应力钢绞线的整体布置如图 3 所示[6]。

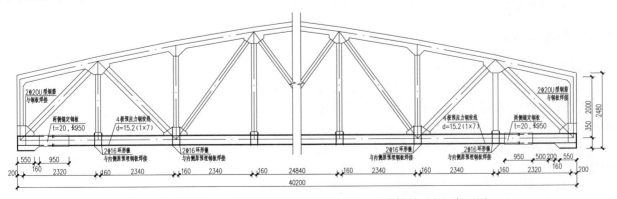

图 2　体外预应力加固桁架下弦杆固定端（左）及张拉端（右）布置图

Fig.2　the fixed end and tensioning end of the lower chord strengthened by external prestress

考虑截面承载力安全系数[7]1.15（基本组合）或1.00（偶然组合），下弦杆 X1～X2、X3～X4、X5～X8 的截面承载力容许值计算结果如表2所示。由表2可知，下弦各杆的截面承载力容许值均大于设计荷载作用的轴力设计值，说明体外预应力加固后结构承载力满足设计要求。

表2　体外预应力加固后下弦拉杆承载力验算（半跨）

Tab.2　the bearing capacity calculation of the lower chord strengthened by external prestress（half a span）

杆件编号	断面尺寸 $b \times h$ (mm×mm)	轴向抗力强度验算		是否满足要求
		最大设计值（kN）	截面容许值（kN）	
X1～X2	260×340	697	1238	满足
X3～X4	260×340	1179	1402	满足
X5～X8	260×340	1463	1893	满足

2.2　上弦杆加固

采用高性能水泥复合砂浆钢筋网对不满足要求的上弦杆进行加固处理[8]，加固方案见图2。

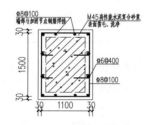

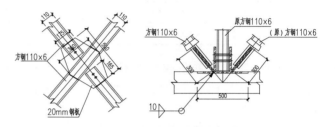

图3　高性能水泥复合砂浆钢筋网加固上弦杆

Fig.3　the upper chord strengthened with High performance cement composite mortar mesh

图4　水平横向支撑节点图

Fig.4　the node of horizontal and lateral support

2.3　增加水平横向支撑

为增加空间桁架整体性和刚度，在两榀主桁架间上弦平面及下弦平面未设置十字撑部位，均加设截面为方钢 110×110-6 的十字撑。

2.4　竖杆加固补强

在每根竖杆四周对称安装 4 根螺纹钢（螺纹钢公称直径为22mm），在竖杆的下端部采用20mm的锚垫板承受螺纹钢拉力。

为确保锚垫板可以将外力均匀分配到竖杆上，在锚垫板与下弦杆之间采用环氧砂浆进行找平。为增加节点整体性，在上下节点处各安装 3 支环形钢筋箍（图5），为确保新增螺纹钢筋的耐久性，在螺纹钢表面涂刷两遍防锈漆后，套入 50PVC 管后，用细石混凝土灌实。

3　加固效果分析

3.1　有限元计算结果对比分析

为了进一步验证和探究钢筋混凝土桁架的加固效果，采用 ANSYS 有限元数值模拟方法对加固后的桁架整体结构进行建模分析，其计算方法采用有限单元法。桁架 ANSYS 整体模型如图6所示。

考虑五种荷载组合工况[9]，按结构承载能力极限状态，计算桁架杆件在各组合荷载作用下的轴力：

COMB1 基本组合：自重（槽身、桁架）

COMB2 基本组合：自重（槽身、桁架）+ 水重（满槽）

COMB3 基本组合：自重（槽身、桁架）+ 水重（设计水深）+ 风荷载

COMB4 基本组合：自重（槽身、桁架）+ 风荷载

COMB5 基本组合：自重（槽身、桁架）+ 水重（设计水深）+ 温度作用

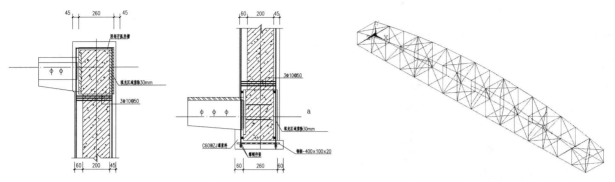

图 5　竖杆补强节点图　　　　　　　　　　　　图 6　桁架整体模型图

Fig.5　the node of Vertical chord reinforcement　　　　Fig.6　the truss model

整体加固后，钢筋混凝土桁架下弦拉杆轴力设计值详见表 3。在各组合荷载作用下，桁架支座反力均为正值，支座水平反力小于支座摩阻力。桁架整体稳定，抗倾、抗滑性能均满足要求。

表 3　整体加固后桁架下弦拉杆内力计算表（半跨）

Tab.3　The internal force of the strengthened lower chord（half a span）

杆件编号	轴力设计值（kN）				
	基本组合				
	COMB1	COMB2	COMB3	COMB4	COMB5
X1	367	684	717	545	736
X2	382	712	793	645	765
X3	735	1369	1449	1113	1373
X4	728	1356	1492	1198	1360
X5	887	1650	1832	1486	1633
X6	888	1651	1833	1487	1634
X7	926	1720	1909	1549	1695
X8	948	1762	1962	1597	1737

桁架整体加固后，加固体系下弦各杆的截面承载力容许值计算结果如表 4 所示。由表 4 可知，整体加固后，桁架下弦杆最不利荷载作用下的轴力设计值均小于截面承载力容许值，承载力满足要求，而且加固体系承载力在原结构的基础上增大了 68% ~ 143%，可见体外预应力加固桁架能大幅度提高桁架的承载能力，加固效果显著。

表 4　整体加固后桁架下弦拉杆承载力验算（半跨）

Tab.4　the bearing capacity calculation of the strengthened lower chord（half a span）

杆件编号	轴向抗力强度验算			是否满足要求
	最大设计值（kN）	加固后截面容许值（kN）	原结构截面容许值（kN）	
X1	717	1448	595	满足
X2	793	1448	595	满足

续表

杆件编号	轴向抗力强度验算			是否满足要求
	最大设计值（kN）	加固后截面容许值（kN）	原结构截面容许值（kN）	
X3	1449	1611	759	满足
X4	1492	1611	759	满足
X5	1832	2103	1251	满足
X6	1833	2103	1251	满足
X7	1909	2103	1251	满足
X8	1962	2103	1251	满足

3.2　原位静载试验

采用原位静载荷试验对桁架整体加固后的效果进行了探究[10]。文献［10］中展开了详细论述，试验采用原位分级注水加载，注水加载后钢筋混凝土桁架下弦杆非预应力钢筋与体外预应力筋应变随水深基本呈线性变化。这说明在使用荷载作用下，下弦杆钢筋受力处于弹性变形阶段，并未达到承载力极限状态；体外预应力筋参与原结构受力，有效分担了部分荷载，预应力加固结构层与原结构在荷载作用下共同受力，变形协调一致，有效提高了结构的刚度，减小了其他加固方法较难解决的应力应变滞后效应，加固效果较为理想。

4　结论

本文针对某现役岛外引水渡槽工程桁架出现的缺陷，进行了相应的加固补强设计，特别是采用预应力与外包水泥基灌注料对钢筋混凝土桁架下弦拉杆进行加固的方法，体外预应力加固使结构构件主动受力，有效减小甚至消除了其他加固方法较难解决的应力滞后效应。高强灌注料起到保护钢绞线的作用，同时通过与钢绞线的握裹力还能对钢绞线的锚固做出一定贡献，减轻了锚具压力。

文章一方面通过有限元建模进行了理论分析。另一方面通过原位静载试验进一步验证了理论分析正确性和加固技术的可靠性。为同类大跨度空间钢筋混凝土桁架的设计及加固提供了一定的参考意义。

参考文献

［1］艾军，史丽远. 公路梁桥体外预应力加固设计与施工方法研究［J］. 东南大学学报，自然科学版，2002，32（5）：771-774.

［1］Ai Jun，Shi Li-yuan. Discussion of design and construction method on extraneous prestressed strengthening technique for bridge［J］. Journal of Southeast University：Natural Sciences，2002，32（5）：771-774.（in Chinese）

［2］李新生，王刚，郭英. 大跨度预应力混凝土桁架桥梁加固技术研究［J］. 世界桥梁，2010，4：68-70.

［2］LI Xing-sheng，WANG Gang，GUO Ying. Research of strengthening techniques for long span prestressed concrete truss bridges［J］. Bridge of The World，2010，4：68-70.（In Chinese）

［3］徐素芳. 桁式组合拱桥预应力加固的可行性研究［D］. 重庆交通大学，2013.

［3］XU Sufang. Feasibility study of prestressed reinforcement of prestressed concrete truss combination arch bridge［D］. Chongqing Jiaotong University，2013.

［4］GB 50367—2013. 混凝土结构加固设计规范［S］. 北京：中国建筑工业出版社，2013：35-36.

［4］GB 50367—2013. Code for design of strengthening concrete structure［S］.

［5］JGJ/T 279—2012. 建筑结构体外预应力加固技术规程［S］. 北京：中国建筑工业出版社，2013.

［5］JGJ/T 279—2012. Technical specification for strengthening building structures with external prestressing tendons.

［6］卜良桃，罗敏. 基于钢筋混凝土桁架下弦拉杆的体外预应力加固技术研究［J］. 铁道科学与工程学报，2017，8：

1689-1697.

［6］　BU Liangtao，LUO Min. External prestressing reinforcement technology study on the lower chord of reinforced concrete truss［J］. Journal of railway science and engineering，2017，08：1689-1697.

［7］　SL 191—2008. 水工混凝土结构设计规范［S］.

［7］　SL 191—2008. Design code for hydraulic concrete structures［S］.

［8］　水泥复合砂浆钢筋网加固混凝土结构技术规程［S］. 北京：中国计划出版社，2008.

［8］　Technical specification for strengthening concrete structures with grid rebar and mortar［S］. Beijing：China plan press，2008.

［9］　王亚红，王正中，李晓辉，姚汝方. 沥水沟渡槽支撑结构承载力复核［J］. 西北农林科技大学学报（自然科学版），2009，v.37；No.23112：218-222 +228.

［9］　WANG Yahong，WANG Zhengzhong，LI Xiaohui，YAO Rufang. Checking of Lishui ditch aqueduct body bearing structure［J］. Journal of Northwest A&F University：Natural Sciences，2009，v.37；No.23112：218-222+228.

［10］　卜良桃，刘尚凯，刘婵娟，吴康权. 预应力与外包水泥基灌注料加固大跨度 RC 空间桁架性能试验研究［J］. 湖南大学学报（自然科学版），2016，01：83-88.

［10］　BU Liangtao，LIU Shangkai，LIU Chanjuan，WU Kangquan，Experimental study on the performance of prestressed force and outsourcing cement filling material strengthening large span RC space truss［J］. Journal of Hunan University：Natural Sciences，2016，01：83-88.

门式刚架柱平面外计算长度及在软件中的应用

李长青[1]　郑　岩[1]　季玉海[2]　张　桔[2]

1. 山东省建筑科学研究院，山东济南，250031
2. 中铁十四局集团有限公司，山东济南，250014

摘　要： 门式刚架柱平面外计算长度的取值对柱平面外稳定性计算结果有着直接影响。基于《钢结构设计规范》附录，针对不同情形分别给出了柱平面外计算长度的取值方法和建议，并详细阐述了该计算长度在盈建科结构设计软件中的应用方法和注意事项，以期为广大结构设计人员提供指导，确保结构计算的准确性。

关键词： 门式刚架，平面外计算长度，无侧移体系，盈建科

Value of Lateral Effective Length of Steel Columns in Gabled Frames and Application in Structural Program

Li Changqing[1]　Zheng Yan[1]　Ji Yvhai[2]　Zhang Jv[2]

1. Shandong Academy of Building Research，Jinan 250031，China
2. China Railway 14th Bureau Group CO. LTD.，Jinan 250014，China）

Abstract： For steel columns in gabled frames，the value of lateral effective length directly affects the result of lateral stability calculation. Based on the appendix of *Code for design of steel structures*，and as for different conditions of steel columns，the paper gives out respective methods of lateral effective length and also the proposal. Moreover，it also shows the explicit process and attention when applied in YJK structural program. All these aim at providing guides for the structure design engineers，and making the calculation results more valid.

Keywords： gabled frames，lateral effective length，non-sway system，YJK

0　引言

　　门式刚架厂房是工业厂房中最常见的一类结构形式，以其结构组成简单、传力路径明确、材料利用充分等优点受到结构设计人员的青睐。门式刚架厂房沿纵向由多榀相同或相似的刚架通过支撑、系杆连接成一个空间整体，结构验算时既可以建立完整的三维模型，也可以将其中的典型榀刚架单独取出以进行快速估算。

　　无论是三维建模验算，还是对其典型榀刚架进行二维估算，门刚柱、门刚梁的平面外计算长度都是影响其承载力验算结果的重要参数。由于门刚梁侧向通常与纵向系杆、屋面隅撑相连，故一般将其视为门刚梁的侧向支承点。新《门规》第7.1.6条对作为梁侧向支承点的屋面隅撑的构造条件进行了明确限制，并申明由隅撑支撑的梁的计算长度不小于2倍隅撑间距。因此门刚梁的平面外计算长度比较容易确定。而门刚柱的情况相比之下往往更复杂，因为柱作为压弯构件，其两端支承条件明显不同，且部分门刚厂房的柱并不设墙面隅撑或半高系杆，造成了柱侧向支承条件存在差异。

作者简介：李长青（1987年生），男，工程师，硕士研究生，主要从事建筑结构的检测鉴定及改造加固。

1　计算长度算法

无论是等截面钢柱，还是变截面钢柱，或者是上下变阶的带牛腿钢柱，其平面外计算长度的确定原则是一致的。对于设置有墙面隅撑或者半高系杆的，可将墙面隅撑和半高系杆作为柱的侧向支承点，其中墙面隅撑能否作为侧向支承点可参照新《门规》对门刚梁隅撑的要求进行判断。

对于既无墙面隅撑又无半高系杆的钢柱，其侧向支承点则只有柱脚和柱顶两个部位，此时的平面外计算长度取决于这两个支承点是铰接还是刚接。一般而言，柱顶处都由通长系杆进行纵向连系，应将通长系杆的这种支承方式视为铰接，这也是行业内的共识；而柱脚处应视为铰接还是刚接，则没有明确依据，严格意义上讲应介于两者之间。

门刚结构厂房横向上由刚架柱、刚架梁组成的自身构架作为抗侧力体系，抗侧力大小取决于柱梁刚度，该方向上属于有侧移结构；厂房纵向上由刚架柱、柱间支撑、通长系杆组成的稳固构架作为抗侧力体系，且正确设置的柱间支撑其拉杆刚度相当大，因此该方向上应视为无侧移结构。

当把柱脚处的侧向支承条件视为铰接时，依据《钢规》附录 D 中表 D-1 可知，$K_1 = 0$、$K_2 = 0$，此时柱计算长度系数即为 1.0。若柱身高度范围内尚有一道半高系杆，该系杆同样为柱的铰接支承，这种情形下，上段柱或下段柱在查表时所用的刚度比 K 值均为：$K_1 = 0$、$K_2 = 0$，也即上下两柱段的平面外计算长度系数均为 1.0。

当把柱脚处的侧向支承条件视为刚接时，依据《钢规》附录 D 中表 D-1 可知，$K_1 = 0$、$K_2 = 10$，此时柱计算长度系数为 0.732。若柱身高度范围内也有一道半高系杆，这种情形下，上段柱的刚度比 K 值为：$K_1 = 0$、$K_2 = 0$，则上段柱的平面外柱长系数为 1.0，下段柱的刚度比 K 值为：$K_1 = 0$、$K_2 = 10$，则下段柱的平面外柱长系数为 0.732。

至于柱脚的侧向支承条件具体应视为铰接还是刚接，应结合工程实际确定。当柱脚在门刚平面内设计为铰接时，也即地脚螺栓采用一对（或虽为两对但都在柱截面中部范围）时，此时柱脚的平面外支承条件也应视为铰接。当柱脚在门刚平面内设计为刚接时，也即地脚螺栓采用三对以上且至少有两对位于柱截面以外时，此时柱脚的平面外支承条件可视为介于铰接、刚接之间（柱计算长度系数取 0.732 ~ 1.0 之间），特殊情况下比如进行结构鉴定时，可偏于安全地将其视为铰接进行试算（柱计算长度系数取 1.0）。

应当指出，吊车梁一般不作为门刚柱侧向支承点。吊车梁的力学模型为受弯简支梁，且在验算其承载力时不将厂房整体的纵向水平力组合在内，因此与刚性系杆的力学模型有本质区别。仅当吊车梁上翼缘在牛腿两侧各设置一根斜连于对侧柱翼缘的隅撑时，此时由吊车梁、隅撑、门刚柱共同组成稳定的几何构造，可将吊车梁视为柱侧向支承点。

2　软件应用

2.1　技术条件

盈建科结构设计软件是当下一款性能稳定、操作简便的结构类计算软件。对于门式刚架柱计算长度的定义，软件采用两步骤方式设置，即先在总信息对话框中设置沿厂房横向为有侧移结构、沿厂房纵向为无侧移结构，然后在"计算长度"选项中可自动生成长度系数并允许用户查看、修改。具体操作界面分别见图 1、图 2 所示。

图 1　总信息设置界面

Fig.1　Total information setting interface

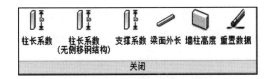

图 2　长度系数设置界面

Fig.2　Effective length ratio setting interface

由图 2 可以看出，软件针对柱计算长度系数有"柱长系数"和"柱长系数（无侧移钢结构）"两个命令，分别对应于有侧移结构和无侧移结构。执行"柱长系数"命令，程序会基于双向有侧移假设为每个柱自动计算一组柱长系数坐标 (X, Y)，执行"柱长系数（无侧移钢结构）"命令时同理。

具体而言，对于柱平面内计算长度，程序自动到对应于有侧移假设的"柱长系数"命令下读取对应方向的 X 坐标值，而对于柱平面外计算长度，程序自动到对应于无侧移假设的"柱长系数（无侧移钢结构）"命令下读取对应方向的 Y 坐标值。

2.2　柱长系数方向

至于柱长系数坐标 X、Y 对应的方向，是一个容易混淆的问题。从 YJK 用户手册的计算长度一节可以查到两处有关 X、Y 方向的说明：

"在平面简图上，每根柱、每根支撑旁标注两对数字，分别为混凝土柱或有侧移钢结构柱及无侧移钢结构柱（或支撑）X 方向和 Y 方向的计算长度系数，X、Y 方向为柱布置时的柱宽、柱高的方向。"

"计算长度分 X、Y 两个方向分别计算。X、Y 方向指的是柱布置时确定的局部坐标系，与柱布置时的转角有关系。柱子局部坐标系 X 方向弯矩对应 X 向计算长度，Y 向弯矩对应 Y 向计算长度。"

上述两段关于坐标 X、Y 方向的描述存在分歧，但可以确定是基于局部坐标系。为准确弄清程序对柱长系数方向的规定，现通过一个不带吊车的两跨门刚模型进行对比分析。程序在"柱长系数"和"柱长系数（无侧移钢结构）"下自动计算的坐标值分别见图 3、图 4 所示。可以看出，图 3 中全部门刚柱的 Y 坐标均为 2.03，图 4 中全部门刚柱的 Y 坐标均为 0.73，而 X 坐标在中柱和边柱上则不同。结合《钢规》附表 D-1 和附表 D-2 可知，2.03 恰为有侧移结构中 $K_1 = 0$、$K_2 = 10$ 时的柱长系数，0.73 恰为无侧移结构中 $K_1 = 0$、$K_2 = 10$ 时的柱长系数，这说明此时的 Y 坐标即表示门刚柱的平面外柱长系数，且程序默认的柱脚侧向支承为刚接。换句话说，Y 坐标代表绕 Y 轴的柱长系数，而非沿 Y 轴方向的柱长系数，X 坐标同理。

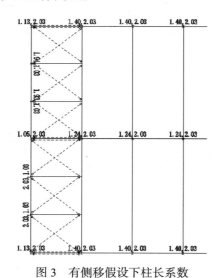

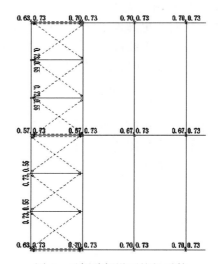

图 3　有侧移假设下柱长系数　　　　　　图 4　无侧移假设下柱长系数
Fig.3　Effective length ratio of columns under sway　　Fig.4　Effective length ratio of columns under non-sway
hypothesis　　　　　　　　　　　　　hypothesis

2.3　实例应用

现在以图 5 所示的边柱列为例来阐述柱平面外计算长度在程序中的设置方法。假设柱脚在平面内设计为刚接，且吊车梁不作为门刚柱的侧向支承点。1 轴、2 轴间的半高系杆应视为柱侧向支承点。

为便于施加吊车荷载，建模时应人为将该门刚厂房在牛腿高度处分成两个标准层，上、下标准层分别高 2.3m、6.3m。需要说明的是，门刚柱虽人为分成了上、下两个柱段，但由于仅 1 轴、2 轴间设有两端点铰的半高系杆，故仅在 1 轴、2 轴柱的面外方向，程序分别读取上、下两个柱段的定义长度即 2.3m 和 6.3m，而 1 轴、2 轴柱的面内方向以及 3 轴、4 轴柱的两个方向，程序均能自动识别出完整柱长 8.6m（可在计算结果文本文件中查看）。

对于 3 轴、4 轴柱，其柱顶为铰接，柱脚介于铰接和刚接之间，可取柱长系数为 0.8，在程序中应到"柱长系数（无侧移钢结构）"下定义出（0，0.8）并赋值其上，且在两个标准层上进行相同的操作。

对于 1 轴、2 轴柱，由于有半高系杆的作用，上段柱为两端铰接，柱长系数为 1.0，即计算长度为 $2.3 \times 1.0 = 2.3m$；而下段柱为上端铰接、下端介于铰接和刚接之间，同样可取柱长系数为 0.8，即计算长度为 $6.3 \times 0.8 = 5.0m$。在"柱长系数（无侧移钢结构）"下，维持上标准层柱系数不变，为下标准层柱赋值（0，0.8）。表 1 为平面外柱长系数一览表。

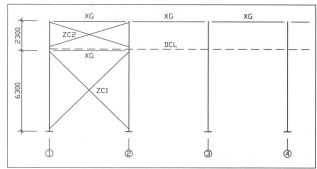

图 5　边柱列构件布置

Fig.5　Member arrangement of sideway column

表 1　平面外柱长系数信息表

Table 1　Information of lateral effective ratio of columns

柱序号	实际长度（m）	柱长系数	计算长度（m）
1 轴、2 轴	上段柱 2.3 下段柱 6.3	上标准层 1.0 下标准层 0.8	上段柱 2.3 下段柱 5.0
3 轴、4 轴	8.6	0.8	6.9

3　结论

当柱脚在门刚平面内设计为铰接时，柱脚的平面外支承条件也应视为铰接；当柱脚在门刚平面内设计为刚接时，柱脚的平面外支承条件可视为介于铰接、刚接之间，特殊情况下可偏于安全地将其视为铰接进行试算。

半高系杆及满足构造要求的墙面隅撑可作为门刚柱的侧向支承点。吊车梁一般不应视为侧向支承点，仅当吊车梁上翼缘与柱翼缘间正确设置隅撑并形成稳定几何构造时，可将吊车梁视为柱侧向支承点。

在盈建科软件中定义柱平面外计算长度，应先将结构纵向指定为无侧移结构，然后在"柱长系数（无侧移钢结构）"下设置 Y 坐标，也即绕局部坐标系 Y 轴方向。当柱由侧向支承点分为多段时，最下段的计算长度系数应根据柱脚面外支承条件通过计算确定。

参考文献

［1］ GB 50017—2003. 钢结构设计规范［S］. 北京：中国计划出版社，2003.

［2］ GB 51022—2015. 门式刚架轻型房屋钢结构技术规范［S］. 北京：中国建筑工业出版社，2016.

［3］ 贾冬云. 减小门式刚架中柱平面外计算长度的方法［J］. 安徽工业大学学报，2006，23（2）：206-208.

［4］《钢结构设计手册》编辑委员会. 钢结构设计手册（第三版）上册［M］. 北京：中国建筑工业出版社，2004.

［5］ 陈绍蕃. 房屋建筑钢结构设计（第二版）［M］北京：中国建筑工业出版社，2007.

悬挂式管道吊架承载力分析研究

赵 准[1] 程 旭[2] 弓俊青[1]

1. 中冶建筑研究总院有限公司，北京，100088

2. 一汽铸造有限公司，吉林长春，130011

摘 要：悬挂式管道吊架用于在楼板或梁上吊挂消防管道、采暖管道、供水管道等，广泛应用于工业与民用建筑。由于在设计中未考虑施工安装偏差、管道温度变形和管道内液体流动时弯头处的附加力等因素影响，经常出现吊架实际承载力不足，产生管道现掉落事故，造成砸伤人员、设备等，带来一系列的人员伤害与经济损失。此次针对某办公楼地下管廊管道掉落的工程事故案例为研究对象，采用有限元法，对吊架的破坏变形，管道掉落的原因进行全面的分析与研究。结果表明，管道内的液体流动对管道产生的水平附加力与振动和施工安装中产生的偏差等对悬挂式管道吊架的承载力影响较大，应在设计中充分考虑。

关键字：管道吊架，应力分析，模拟验算

Analysis and Research on Pipeline Hanger Capacity

Zhao Zhun[1] Cheng Xu[2] Gong Junqing[1]

1. China metallurgical building research institute co. LTD，Beijing

2. Faw casting co. LTD，Changchun

Abstract：Suspended pipe hanger is used for hanging fire pipe，heating pipe and water supply pipe on floor or beam. It is widely used in industrial and civil buildings. Because not considered in the design construction，pipe installation deviation temperature deformation when liquid flow and the pipe elbow of additional force and other factors，often appear hanger actual bearing capacity is insufficient，produce pipe now falling accident，cause parts such as personnel，equipment，bringing a series of injuries and economic losses. The fallen in a building underground pipeline corridor pipeline engineering accident case as the research object，using the finite element method，the deformation，damage to the hanger pipe fall from the sky to conduct a comprehensive analysis and research. The results showed that the liquid flow in a pipe on the pipe of the additional force and vibration level and construction installation of deviation factors have a great influence on the bearing capacity of the hanging pipe hanger，should be fully considered in the design.

Keywords：Pipeline hanger，Stress analysis，Simulation calculation

0 前言

悬挂式管道吊架用于固定消防管道、供水管道、采暖管道等，在民用建筑与工业建筑中广泛应用，在设计中一般只考虑管道在满水状态下的的静载，但是在实际工程中常常出现安装偏差、管道位置偏心、管道内的液体流动产生的附加力与振动等导致吊架破坏的事故。本文针对一个实际工程案例，对其破坏原因进行分析研究。

作者简介：赵准（1987—），男，工程学士，中冶建筑研究总院有限公司，地址：北京市海淀区西土城路33号院，E-mail：624671221@qq.com。

1 工程概况

某大型办公楼地下管廊管道的吊架建设于 2016 年，采用悬挂式吊架，在 2017 年 9 月发生局部管道掉落，掉落区域有如下特点：此处管道直径较大；管道弯头较多；掉落的管道均采用悬挂式吊架的形式，详见图 1、图 2。经检查发现是由于横梁与吊杆连接处变形，导致吊杆的卡扣脱落，引起的管道掉落，详见图 3。为保证后续使用安全，排除风险，对此次掉落原因进行分析研究。

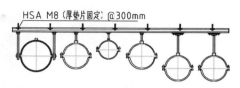

图 1 悬挂式吊架形式 1

Figure 1 Suspended hangerform1

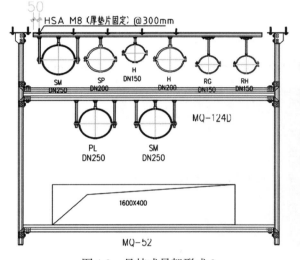

图 1.2 悬挂式吊架形式 2

Figure 2 Suspended hanger form2

图 1.3 横杆变形卡扣脱落

Figure 3 the deformation clasp of horizontal bar falls off

2 计算模型模拟验算

2.1 建模与现场情况结合

根据现场检测数据结果、与有关设计图纸，在承载力计算分析中，主要考虑了安装偏差和弯头处液体流动时的附加力影响，并对现场环境温度变形影响进行了分析。验算内容为受力最薄弱环节，即吊杆应力和吊杆与横梁节点区应力。吊杆承载力计算按单向受拉杆件考虑，吊杆与横梁连接节点区域应力计算分析采用三维空间计算模型。

2.2 建模参数

建模按照设计图纸尺寸和设计荷载作为建模参数，用三维有限元模型进行计算分析。

悬挂式支吊架的材料属性为：横梁为 $41.3 \times 41.3 \times 2$ 的 U 型槽，吊杆为 M16 拉杆；支吊架的弹性模量为 $E = 210000MPa$，支吊架的剪切模量为 $G = 81000MPa$，泊松比由公式 $G = E/2(1 + v)$ 求得，$v = 0.296$。

2.3 荷载取值

按照《室内管道支架及吊架》（03S402）图集[1]设计荷载取值如下：

载荷：公称直径 DN 为 250 时管道满水自重为 112.3kg/m，管道每 4.2m 有一个支吊架，故取一个支吊架所承受的力为 4604.3N。

2.4 分析模型

结构的分析计算采用 Abaqus 有限元分析软件进行模拟分析，模型如图 4 所示。

2.5 验算结果

结构建模后，根据设计荷载参数且考虑最不利荷载组合的前提下，进行结构建模计算分析。其中，结构在最不利荷载组合下的验算结果如下：

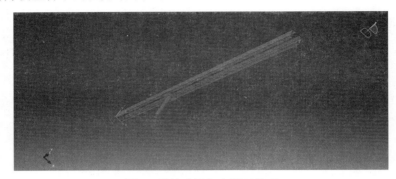

图 4　悬挂式吊架有限元模型

FIG 4　finite element model of suspension hanger

事故管道直径为 250mm，吊杆与横梁连接节点区域应力分布见图 5。

图 5　管径 250mm 吊架应力分布图

FIG 5　stress distribution diagram of hanger with pipe diameter of 250mm

由图 6 可见，中间浅颜色部分受到的应力最大。吊杆与横梁连接节点局部变形见图 6。事故管道吊架计算结果的应力数据如下：

图 6　吊杆与横梁连接点变形图

FIG 6　deformation diagram of joint point between derrick and beam

按照目前设计计算方法，在只考虑竖向荷载的工况下，计算吊杆的最大应力值为 11.45MPa，而吊杆的容许应力为 215MPa，表明吊杆的承载力能够满足使用要求；计算吊杆与横梁连接节点处横梁 U 型槽的最大应力值为 152.69MPa。而容许应力为 175.3MPa，计算应力满足承载力要求。

如果考虑有水平附加力影响时，运用试算方法得到的结果为：在吊杆下部施加 40N 的水平力时，应力达到容许应力 175.3MPa。

根据流体力学 $\sum F = PQ\left(\beta_2 V_2 - \beta_1 V_1\right)$ 公式与现场情况得出水在拐弯处对管道的水平附加力为

101N，仅此一项，已超过了吊架容许的水平力值；根据现场检测结果[2]，吊架吊杆的最大偏差（倾斜角）为 1°，产生的等效附加水平力为 81N；本项目管道位于建筑地下二层，温度变化范围在 5℃以内，计算表明温度变形影响不大。综合以上因素，本文研究的悬挂式管道吊架出现掉落的主要原因是；设计验算中，未考虑施工安装偏差和管道弯头处附加力的影响，导致实际使用中因承载力不足而破坏。因此，在悬挂式管道吊架的设计选型和承载力验算中，施工安装偏差和管道弯头处附加力的影响是悬挂式吊架承载力必须考虑的因素，其中，施工安装偏差可取施工验收规范容许值并留有一定的安全度考虑。

3　结论

（1）悬挂式管道吊架承载力的薄弱部位是横梁与吊杆连接节点处，采用传统的静载验算的承载力高于实际结构承载力，存在安全风险。设计时应考虑实际使用荷载工况与环境影响，采用有限元方法对连接点区域应力进行分析验算。

（2）针对本文所研究的管道掉落事故，施工安装偏差、管道弯头内液体流动对管道产生的水平附加力与振动是降低吊架承载力与管道掉落事故的主要原因。

参考文献

[1]　03S402. 室内管道支架及吊架［S］. 北京：中国建筑标准设计研究院出版，2003.

[2]　GB/T 50621—2010. 钢结构现场检测技术标准［S］. 北京：中国建筑工业出版社，2010.

某钢筋混凝土框架结构减震加固对比分析

李贤杰　杨　琼　郭阳照

四川省建筑科学研究院，四川成都，610081

摘　要： 开缝钢板墙作为一种具有良好的耗能能力的新型减震墙，目前主要用于多、高层钢框架或组合框架的新建工程中；屈曲约束支撑（BRB）是一种减震效果良好的耗能支撑，在新建及加固工程中均有采用。本文以一个混凝土框架结构加固工程为案例，在对原结构动力特性、抗震性能的计算分析基础上，提出两种不同的减震加固方案，通过计算分析探讨开缝钢板墙以及屈曲约束支撑在钢筋混凝土框架结构加固工程中应用的减震效果，得出以下结论：可以通过开缝钢板墙以及屈曲约束支撑的合理布置来调节结构的刚度分配，从而控制结构的扭转效应；开缝钢板墙及 BRB 具有良好的耗能能力，在强震中能够有效耗散地震能量，减轻结构的地震反应以及结构构件损伤；减震加固方案一与方案二均能有效控制结构地震反应，方案二相比方案一减震效果更好但不明显，在实际工程中应结合多方面因素综合选择加固方案。

关键词： 开缝钢板墙，屈曲约束支撑，减震加固，框架结构

Analysis of Seismic Retrofit Plan of a Reinforced Concrete Frame Structure

Li Xianjie　Yang Qiong　Guo Yangzhao

Sichuan institute of building research，Chengdu 610081，China

Abstract： As a new shock-absorbing wall，slotted steel wall was mainly used for new construction high-rise steel frame or a combination of frame；buckling restrained brace（BRB）was used in both new construction projects and strengthening projects as an energy-dissipating brace. This paper was based on a seismic retrofit project of a RC frame structure，put out two seismic retrofit plan and discussed the damping effect of slotted steel wall and BRB through seismic analysis，following major conclusions：slotted steel wall and BRB can be arranged properly to adjust the stiffness distribution of structure effectively，increase the torsional stiffness of the structure，control structures reverse effect；slotted steel wall and BRB have a good energy dissipation capacity in the strong earthquake that can effectively dissipate seismic energy input structure，reducing the seismic response of the structure，reduce the damage of structural members；both seismic retrofit plan 1 and 2 can control the earthquake reaction of structure effectively，plan 2 have a small advantage on damping effect than plan 1，multiple factors should be taken into account when planing the seismic retrofit of a practical project.

Keywords： Steel wall with slits，Buckling restrained brace，Seismic retrofit，Frame structure

0　引言

从古至今，地震一直是人类生命及财产安全的重大威胁，我国作为地震多发地区更是深受其害。近年来在我国经历过几次特大地震后，大量早年修建的结构因经历地震洗礼都面临着结构加固问题。

基金项目：国家重点研发计划资助（2017YFC0703600）、四川省科技支撑项目（2016FZ0014）、住房与城乡建设部科技项目（2016-K6-006）。

作者简介：李贤杰（1989—），男，工学硕士，主要从事工程抗震与结构振动控制方面的研究。E-mail：360063069@qq.com。

目前，对钢筋混凝土结构进行加固通常采用增大截面法、外包钢板法等传统方法，这些方法存在现场作业量大、工期长、影响建筑使用功能和对结构抗震性能提升不显著等缺点。因此，新的减震加固方法成为现阶段建筑结构工程领域一个亟待解决的问题。

开缝钢板墙以及屈曲约束支撑作为新型的耗能减震构件，均具有良好的塑性变形能力与耗能能力，两者在对刚度、耗能能力、布置部位等方面有一定的差异。本文以一个钢筋混凝土结构加固工程为案例，在对原结构动力特性、抗震性能的分析基础上，提出了两种对其进行减震加固的方案，并通过小震及大震作用下的计算分析对两种减震加固方案进行评估。

1　项目概况

某小学教学楼为一栋位于 8 度区的六层钢筋混凝土框架结构建筑，底层层高 4m，其余楼层层高 3.6m，建筑总高度为 22m，结构平面布置如图 1 所示（原结构无开缝钢板墙及 BRB）；结构抗震设防类别为乙类，抗震设防等级为二级；建筑场地类别为 II 类，场地特征周期值为 0.40s；设计地震分组为第二组，设计基本地震加速度值为 0.20g。

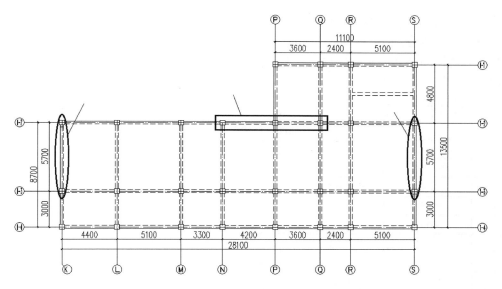

图 1　结构平面布置示意图

该小学教学楼于 2013 年芦山地震中遭受轻微损伤，且原结构周期比为 0.96（见表 1），其扭转效应较大。为确保该结构的安全，采用了消能减震设备对其进行减震加固。在减震加固的方案的选择上，采用开缝钢板墙进行加固的方案一以及在方案一基础上增加 BRB 的方案二。开缝钢板墙及 BRB 分别沿 Y 向及 X 向所有楼层均匀布置，布置位置见图 1。

2　有限元计算及分析

2.1　结构建模及地震动输入

采用三维结构非线性分析与性能评估软件 PERFORM-3D 分别对加固前后结构进行整体结构建模分析和性能评估。其中，钢筋混凝土框架结构的柱梁构件采用纤维模型和塑性铰模型，开缝钢板墙采用第 2 节所述的简化模型模拟；约束混凝土本构模型采用 mander 模型，非约束混凝土本构模型采用五折线模型，钢筋本构模型采用双线性模型。开缝钢板墙按刚度等效原则简化成与框架梁铰接连接的两根斜支撑杆和两根竖杆[1][2]，BRB 采用软件自带的屈曲约束支撑单元进行模拟[3]。

根据《建筑抗震设计规范》[4]第 5.1.1 条，结合工程的场地类别及设计地震分组，选取两组天然波和一组人工波用于结构的地震反应分析。分析时，地震加速度时程沿结构 X、Y 向双向输入；根据工程抗震设防烈度，多遇地震及罕遇地震加速度峰值分别取 70gal 与 400gal。

2.2　计算结果及分析

通过振型分析可以得到结构加固前后的动力特性（表 1），由表 1 可知：原结构第一振型为 Y 向平动，第二振型为扭转且周期比为 0.96；方案一的开缝钢板墙有效改善了结构的刚度分配，第一、二振型分别为 X 向和 Y 向平动，第三振型为扭转，周期比减小到 0.57，满足规范中小于 0.9 的要求；方案二在方案一的基础上设置了 BRB，进一步协调了结构两个水平方向的刚度，第一、二振型分别为 Y 向和 X 向平动且周期较为接近。

表 1　原结构及加固后结构振型特征

阶数	原结构		方案一		方案二	
	周期（s）	振型形态	周期（s）	振型形态	周期（s）	振型形态
1	1.33	Y 向平动	1.22	X 向平动	0.91	Y 向平动
2	1.27	扭转	0.91	Y 向平动	0.88	X 向平动
3	1.19	X 向平动	0.70	扭转	0.66	扭转

经计算，得到结构层间位移角包络值列于表 2，限于篇幅仅列出位移角较大的 Y 向数据。由表 2 可知：原结构在多遇地震作用下底部三层的层间位移角包络值均已超出或非常接近 1/550 的规范限值，方案一及方案二结构的层间位移响应均得到有效控制，最大层间位移角分别降低为 1/652、1/727；罕遇地震作用下，方案一及方案二结构的最大层间位移角分别为 1/147、1/196，较原结构（1/96）分别降低了 35.69%、51.02%，减震效果显著。小震及大震作用下 Y 向的层间位移角包络曲线见图 2。

表 2　层间位移角包络值（Y 向）

阶数	原结构		方案一		方案二	
	多遇地震	罕遇地震	多遇地震	罕遇地震	多遇地震	罕遇地震
1	1/548	1/105	1/790	1/147	1/933	1/200
2	1/488	1/108	1/684	1/156	1/766	1/196
3	1/562	1/96	1/652	1/181	1/727	1/197
4	1/645	1/98	1/681	1/184	1/754	1/203
5	1/788	1/128	1/784	1/205	1/865	1/220
6	1/1176	1/241	1/1046	1/266	1/1148	1/266

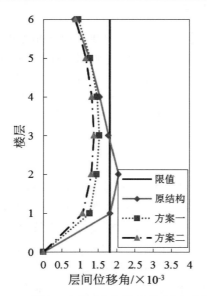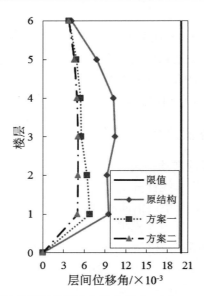

图 2　小震（左）及大震（右）作用下结构层间位移角包络曲线（Y 向）

经罕遇地震作用下的弹塑性时程分析，可以得到原结构及方案二结构在罕遇地震作用下的性态对比如图 3 所示。由图 3 可知，原结构在大震作用下首层框架柱全部出现塑性铰，结构发生薄弱层破坏的风险很高；采用开缝钢板墙及 BRB 加固后，从抗侧力角度来看减震装置分担了部分地震剪力，从能量角度来看减震装置充分发挥了耗能作用（底层两个 BRB 的滞回曲线见图 4），有效耗散了地震能量并提高了结构抗震性能；方案二结构在大震下绝大部分构件处于基本完好的性能水平，仅有小部分构件轻微损坏，底层框架柱出现塑性铰的情况不复存在，结构损伤程度较原结构大幅减弱。

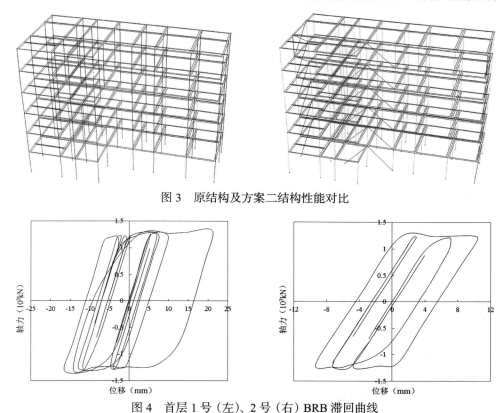

图 3　原结构及方案二结构性能对比

图 4　首层 1 号（左）、2 号（右）BRB 滞回曲线

3　结论

本文以一个混凝土框架结构加固工程为案例，在对原结构动力特性、抗震性能的计算分析基础上，提出两种不同的减震加固方案，通过计算分析探讨开缝钢板墙以及屈曲约束支撑在钢筋混凝土框架结构加固工程中应用的减震效果，得出以下结论：

（1）开缝钢板墙及 BRB 的合理布置可有效协调结构的刚度分配，从而控制结构扭转效应。

（2）开缝钢板墙及 BRB 具有良好的耗能能力，在强震中能够有效耗散地震能量，减轻结构的地震反应以及结构构件损伤。

（3）减震加固方案一与方案二均能有效控制结构地震反应，方案二相比方案一减震效果更好但不明显，在实际工程中应结合多方面因素综合选择加固方案。

参考文献

［1］孙飞飞，王文涛，刘桂然. 开缝钢板剪力墙的理论分析与数字模拟［J］. 工业建筑，2007，增刊：580-587.

［2］蒋路，陈以一，王伟栋. 带缝钢板剪力墙弹性抗侧刚度及简化模型研究［J］. 建筑科学与工程学报，2010，27（03）：115-120.

［3］刘珩，赵健，吴徽. 防屈曲支撑加固混凝土框架抗震性能分析［J］. 工程抗震与加固改造，2013，35（01）：23-29.

［4］GB 50011—2010. 建筑抗震设计规范（2016 年版）［S］.

地下人防扩建开挖对周边建筑物的影响分析

曾如财[1]　冉龙彬[2]　袁　灵[1]　任　毅[1]

1. 重庆市建筑科学研究院，重庆，400015

2. 重庆市城乡建设审批服务中心，重庆，400015

摘　要： 地下工程修建会对周边建构筑物及围岩产生一定的影响，本文采用 Midas GTS NX 有限元软件对某地下人防扩建开挖成地下停车库进行模拟分析，分析其地下人防扩建开挖对周边建筑物的影响，并最终为工程实践提供一定的建议和依据。

关键词： 地下人防，数值模拟，应力和位移，影响

Analysis of Influence of Underground Air Defense Expansion and Excavation to Surrounding Buildings

Zeng Rucai[1]　Ran Longbin[2]　Yuan Ling[1]　Ren Yi[1]

1. Chongqing Construction Science Research Institute，Chongqing 400015，China

2. Chongqing Llrban-Rural Development Approval Service Center

Abstract： The construction of underground projects will have a certain impact to the surrounding buildings and surrounding rock. This paper uses Midas GTS NX finite element analysis software to simulate and analyze that build an underground parking garage from underground civil defense expansion and excavation，and analyzes the impact of underground civil defense expansion and excavation of surrounding buildings. And ultimately providing some suggestions and basis for engineering practice.

Keywords： Underground Civil Defence，Numerical simulation，Stress and displacement，Influence

0　引言

随着我国城市经济、人口的不断发展，进一步扩大城市建设的需求正在不断增强，对城市全面和局部的改造或扩建地下空间来扩大城市容量，开发潜在空间资源。目前，地下空间可利用量大，因此城市地下空间的开发利用日益受到重视。在山城老旧房屋改造过程中，需要利用地下空间建设地下车库，在建设过程中不可避免地会对周边既有建（构）筑物的产生一定的影响，本文借助有限元软件分析了某地下人防扩宽修建成地下车库对周边既有建筑物的影响，以此为类似工程实践提供一定的建议和依据。

1　工程概况

1.1　建筑物基本情况

该工程用地形状近似为"矩形"，东西宽约 50m，南北长约 80m，场地内高差变化较大，围绕大平台的南面为 1# 楼（总高 4 层，相对大平台为地上 3 层，吊 1 层），东面为 2# 楼（相对大平台为地上 4 层），北面为 3# 楼（相对大平台为地上 3 层，吊 1 层），三栋楼自然围合成一个大庭院，西面的 4# 楼为一层，位于平台之下。1# 楼、2# 楼、3# 楼及 4# 楼基础均为浅基础。

1.2　地下人防概况

地下人防修建于 20 世纪，其主洞平面呈"一"形分布，该工程地下人防分为混凝土衬砌及条石衬砌两部分，其中混凝土衬砌段为两层，长约 40m；条石衬砌段基本为一层（局部两层），处于闲置状

态中。为满足办公建筑对车辆集中停放的需求，将临道路的一段地下人防进行扩建开挖，设计为隧道地下停车库，利用地下人防的出入口作为车库出入口，并在车库内设置电梯通至上部办公区域的室外庭院。新建地下停车库平面布置大致呈长方形，长约 42.00m，宽约 12.25m。地下车库隧道初支支护采用 C30 喷射混凝土，厚度 30mm，用 I22 的工字钢作钢拱架，纵向间距为 50cm；二层采用 C 40 的混凝土，厚 40cm，新建地下车库隧道为浅埋隧道，隧道采用 CRD 法施作。

地下车库隧道开挖影响最直接的是上部建筑物，一旦地下人防扩建开挖成地下车库，影响了建筑物基础的稳定性，则建筑物基础变形必然加大，从而影响建筑物上部结构的安全性。基于上述考虑，文中主要建模分析得出地下车库隧道开挖施工过程中既有建筑物及围岩的内力和变形，从而得出隧道开挖是否影响房屋结构安全性。

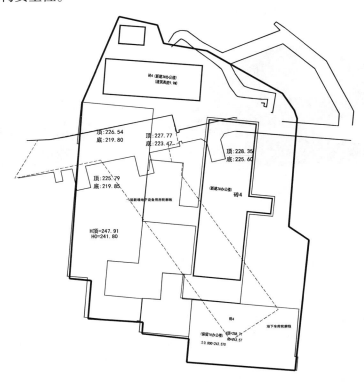

图 1　平面位置关系示意图

2　分析过程

2.1　分析原则

在数值模型中，按照以下假设及原则进行分析：

（1）隧道围岩本构模型采用 Drucker-Prager（D-P）准则；隧道初支、衬砌结构采用弹性各向同性材料、平面应变进行模拟。

（2）房屋采用线弹性材料、实体单元模拟，1# 楼、2# 楼、3# 楼、4# 楼均按照浅基础进行模拟。

2.2　参数取值

根据隧道围岩按 IV 级围岩计算，隧道初支为 C30 喷射混凝土，衬砌混凝土为 C40。围岩及材料力学参数见表 1。

表 1　材料参数表

类别	重度（kN/m³）	弹性模量（MPa）	泊松比	内摩擦角（°）	粘聚力（kPa）
土体	20	50	0.2	28	5
沙质泥岩	25.9	1 200	0.32	21.4	100

类别	重度（kN/m³）	弹性模量（MPa）	泊松比	内摩擦角（°）	粘聚力（kPa）
C40 混凝土	25	32 500	0.2	/	/
C30 混凝土	25	30 000	0.2	/	/
C30 喷射混凝土	25	25 000	0.2	/	/

2.3　模型建立及边界条件

（1）几何模型：根据 1# 楼和 2# 楼、3# 楼、4# 楼与地下人防的空间位置关系，建立数值三维实体模型。模型模拟范围为上方取至地表，沿地下人防纵向取 150m，宽 100m，高 100m。模型如图 2 所示。

（2）边界条件：模型的左右边界分别施加水平位移约束，底部施加竖向位移约束，顶面自由。

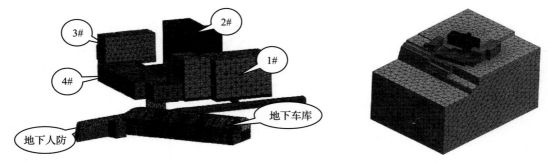

图 2　地下人防及建筑物三维计算模型

2.4　模拟计算步序

本次模拟计算步序如下：①初始应力；②地下人防及 1#、2#、3#、4# 建筑物；③地下车库隧道采用 CRD 法开挖，施工进尺 1m。

2.5　模拟结果及分析

2.5.1　位移分析结果

根据有限元分析计算结果，可以得到隧道开挖后围岩、地下人防及 1#、2#、3#、4# 建筑物的位移场云图，如图 3 及图 4 所示，汇总地下人防及 1#、2#、3#、4# 建筑物竖向位移曲线图如图 5 所示。

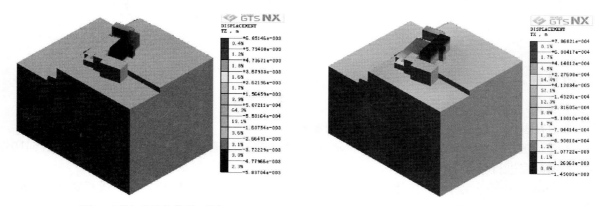

图 3　开挖后竖向位移云图　　　　　　　　图 4　开挖后水平位移云图

从图 3、图 4 及图 5 中可以看出，地下人防扩建开挖成地下车库隧道对围岩、上部建筑物及地下人防有一定的影响，隧道开挖引起的岩土体沉降在拱顶位置最大，建筑物竖向位移随地下车库开挖进度逐渐增大，由地下车库隧道开挖引起地下人防、1#、2#、3#、4# 建筑物竖向位移最大变形分别为 −3.51mm、−1.60mm、−2.17mm、−0.31mm、−1.01mm；地下人防、1#、2#、3#、4# 建筑物水平位移最大变形分别为 1.08mm、−0.21mm、−0.78mm、0.06mm、−0.15mm。地下人防及 1#、2#、3#、4# 建筑物变形满足相关规范允许值。

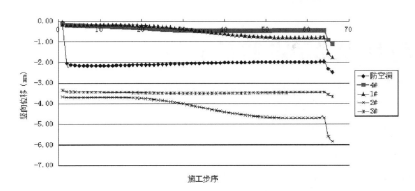

图 5　地下人防及各建筑物在隧道施工过程中竖向位移曲线图

表 2　位移计算结果汇总表（mm）

位置	地下人防		1# 建筑物		2# 建筑物		3# 建筑物		4# 建筑物	
变形	竖向	水平	竖向	水平	竖向	水平	竖向	水平	竖向	水平
隧道施工之前	−0.02	0.16	−0.16	0.00	−3.67	−0.67	−3.34	−0.31	−0.09	0.03
隧道施工之后	−3.53	−0.92	−1.76	−0.21	−5.84	−1.45	−3.65	−0.25	−1.10	−0.12
增量	−3.51	−1.08	−1.60	−0.21	−2.17	−0.78	−0.31	0.06	−1.01	−0.15

2.5.2　应力分析结果

对比地下车库隧道开挖前后的围岩应力场云图图 6、图 7 可知，隧道开挖前后的隧道周围岩土体最大应力分别为 2.698MPa、2.696MPa，可知隧道开挖对围岩应力影响较小。

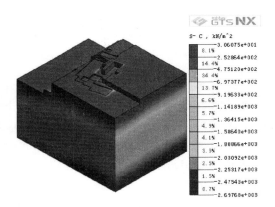

图 6　开挖前围岩应力场云图

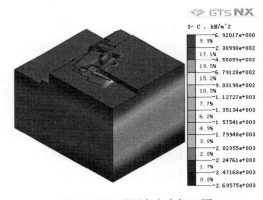

图 7　开挖后围岩应力场云图

3　结语

（1）采用有限元软件对地下人防扩宽修建成地下车库隧道施工过程进行模拟、分析，在地下车库隧道合理设计和施工的条件下，拟建隧道施工不影响各建（构）筑物的安全使用。

（2）建筑物使用多年，在隧道施工前应对建筑物抗变形能力进行检测，结合数值模拟结果来判定建筑物在施工期间的安全性，必要时在施工前采取加固措施。

（3）地下车库隧道施工过程中，建议加强对地表及建筑变形的观测，设置观测点时应主要沉降槽的位置差异等；同时对隧道施工过程进行监控量测，按照监测情况调整支护措施、施工参数，保障施工安全、可靠。

参考文献

［1］　JTG D70—2004. 公路隧道设计规范［S］. 北京：人民交通出版社，2004.

［2］　GB 50007—2011. 建筑地基基础设计规范［S］. 北京：中国建筑工业出版社，2011.

基于指数矩阵的某砌体房屋墙体加固风险分析

刘劲松[1] 王 孜[2] 陈大川[1]

1. 湖南大学土木工程学院，湖南长沙，410082
2. 湖南大兴加固改造工程有限公司，湖南长沙，410082

摘 要：砌体结构作为我国传统房屋的主要结构形式，在长期使用中，由于性能老化、功能改变，结构安全和可靠性存在较大问题，需进行加固。然而，工程建设中发现砌体房屋加固工程存在一定的安全隐患，有必要结合实际工程情况进行风险分析与评估，为砌体结构房屋加固提供技术支持。文章结合某工程实例，根据相关资料，论述了砌体房屋墙体加固安全风险发生机理，应用风险指数矩阵法对墙体加固进行风险分析与评估，并提出相应的风险控制措施，该研究工作可为类似工程建设风险评估提供参考。

关键词：砌体结构，墙体加固，风险分析

Risk Assessment of Masonry Structure Buildings Wall Reinforcement Based on Integrated Risk Index Matrix Method

Liu Jinsong[1] Wang Zi[2] Chen Dachuan[1]

1. Hunan University，Department of Civil Engineering，Changsha 410082，China；
2. Hunan DAXIN and Reinforcement Rehabilitation Co.，LTD. Changsha 410082，China

Abstract：Masonry structure as the main structural form of traditional houses in china，because of aging performance and function changes in the long-term use，the structure safety and reliability may have huge problems then need to be reinforced. However，there are some hidden danger been found during the construction of strengthening works，it is necessary provide risk analysis and evaluation combine with actual construction for technical support for strengthening masonry structure. Based on some engineering examples and using relevant data，This paper discusses the safety risk mechanism of strengthening the masonry building wall，and the application of risk index matrix method in wall reinforcement，and propose corresponding risk control measures，which can provide reference for risk assessment of similar project construction.

Keywords：masonry structure，wall reinforcement，risk analysis

0 前言

砌体结构房屋作为我国传统的房屋形式，分布范围广，总量大，由于该体系抗拉、抗剪能力较低；整体性和抗震能力较差，长期使用中，受各种因素的影响，结构的可靠性降低，需要进行加固。因砌体结构房屋性能状况、加固技术、施工环境等方面的影响，使得加固工程存在一定的安全隐患，为保障加固施工过程及加固后砌体房屋结构的安全性，需对加固工程安全风险隐患进行有效的评估和控制。

国内关于加固改造工程风险评估的研究较少，结构加固风险评估体系尚未完善，目前加固风险评

基金项目：国家重点研发计划（2016YFC0701308）
作者简介：刘劲松（1982—），男，毕业于湖南大学，主要从事加固改造设计；
　　　　　王孜（1993—），男，湖南大学土木工程学院研究生。
　　　　　陈大川（1967—），男，湖南大学教授。E-mail：1149399331@qq.com，地址：湖南省长沙市湖南大学土木工程学院。

估采用的方法有层次分析法、基于贝叶斯网络的风险评估法等，例如：刘文[1]应用层次分析法对老厂房加固改造工程进行风险评估；樊胜军[2]利用 AHP 法和 ABC 分类法原理对旧工业厂房改造工程进行分析评估；王飞[3]提出基于贝叶斯网络的高层住宅纠偏加固风险评估。

本文结合某工程实例，分析砌体房屋墙体加固安全风险发生机理；论述指数矩阵法[4]在砌体结构墙体加固工程风险评估中的应用；提出风险控制措施，相关研究可为砌体房屋墙体加固工程风险评估提供参考。

1　工程概况

湖南某教学楼于 20 世纪 70、80、90 年代分三次建成，为四层砖混结构房屋，平面图见图 1。因该教学楼在使用中出现开裂、变形等现象，为确保其主体结构的安全和正常使用，提高该房屋的可靠性和抗震性能，需对原房屋墙体进行加固处理。该教学楼在加固前已邀请相关部门开展结构检测，实测筑砂浆抗压强度普遍较低；各层墙体存在不同程度的开裂、渗漏等现象；墙体承载能力及构造连接不满足规范要求，经综合评定，教学楼安全性等级为 C_{su}[9]。

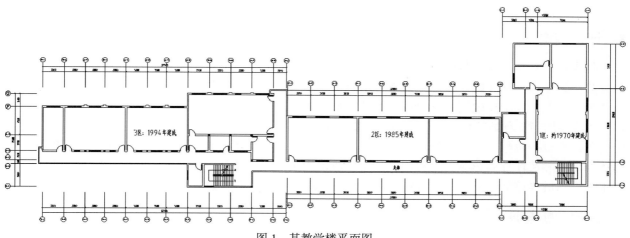

图 1　某教学楼平面图

由于该砌体房屋建设年代久远，结构的安全性和可靠性存在较大问题。根据相关工程资料及类似工程实践，该教学楼需开展工程风险分析研究，通过对加固工程风险发生机理研究，应用指数矩阵法评估风险等级，并提出相关风险措施，完成对教学楼加固工程的风险评估。

2　安全风险发生机理

墙体加固工程安全风险发生机理可以从孕险环境、致险因子、风险事件、承险体、风险损失五个方面分析[5]。

（1）孕险环境是事故发生的必备条件，指有可能发生事故的地点和环境。例如：墙体开裂严重，构造连接不规范，施工环境差，墙体倾斜严重等。

（2）致险因子是引起事故发生的直接原因。例如：施工方法、支护措施、技术条件，从业人员操作不当等。

（3）风险事件是孕险环境在致险因子的激发下，所引起的与预期计划发生偏离的事件。例如：墙体倒塌事件、地基失稳事件、构造连接失效事件、结构二次损伤等。

（4）承险体是指承受风险的主体，是风险事故发生后受到伤害或遭受损失的对象。如：房屋墙体倒塌风险事件会造成施工人员承受安全风险、房屋结构受到严重损害等。因此施工人员、机械设备、房屋结构等都可能成为承险体。

（5）风险损失是指风险事件发生之后所导致的一系列的问题。例如：构造连接失效造成房屋抗震性能降低、地基失稳导致房屋倾斜，墙体开裂。

综上所述，砌体结构房屋墙体加固工程安全风险产生机理可以简单描述为：在孕险环境下由于致险因子的诱导，引发风险事件的发生，由于风险事件的发生使承险体遭受损害，造成风险事故。墙体加固工程安全风险产生机理如图 2 所示。

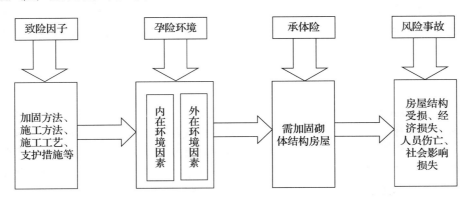

图 2　墙体加固安全风险发生机理

3　评估模型

从砌体结构房屋墙体加固安全风险发生机理出发，充分考虑砌体结构特点，选用风险指数矩阵评估方法。评估模型建立的总体思路如下：由风险识别入手，选取评价指标；从砌体房屋结构构件的安全性出发，选取 4 个反映墙体安全性等级的关键因素，即承载能力，墙体倾斜率，墙体开裂，构造连接；从墙体加固工程的特点出发，选取 3 个对墙体加固产生影响的关键因素；即设计方案，施工技术，施工条件。根据收集的原始数据以及风险分析中相关数据，运用公式（1）和（2）计算各指数值，将墙体安全性和墙体加固影响的指数值，从定量数值向定性等级转换，经修正参数修正后，对照风险评判矩阵得到最终评估结果，由此得到风险指数矩阵法的评估模型，如图 2 所示。

4　风险分析与评估

4.1　指标权重的计算

本文评价指标的权重值由 AHP 专家打分法[6]和改进灰色关联度[8]相结合确定，具体步骤如下：

（1）邀请若干位加固领域和砌体结构领域专家，根据各专家对评价指标的判断及层次分析法的原理构造判断矩阵，反应各评价指标之间的相对重要性，例举专家 E_1 对墙体安全性指标评价结果如表 1 所示。

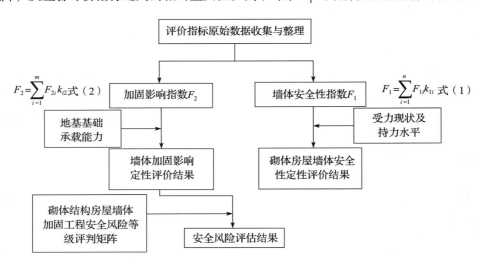

图 3　砌体结构房屋墙体加固安全风险评价模型

（2）根据特征根法计算评价指标的初始权重：①将判断矩阵的元素按行相乘；②所得的乘积分别开或次方；③将方根向量归一化即初始权向量[7]，所有专家指标权重评判结果见表 2（所有指标权重值已通过一致性检验）。

（3）进行一致性检验。

（4）将以上步骤计算所得的所有专家权重评判结果按改进灰色关联度法处理得到最终权向量 $W_1 =$ {0.488，0.155，0.197，0.160}；$W_2 =$ {0.538，0.324，0.138}。

4.2　指数值的确定

4.2.1　评价指标赋值及等级划分标准

根据现有相关文献[4]以及工程实践经验，砌体结构房屋墙体加固工程的风险因素可分为两部分：需加固墙体安全现状：承载力（砌块强度、砂浆强度）、墙体倾斜率（或水平位移）、构造连接、开裂情况以及酥碱风化等；墙体加固设计施工情况：加固设计方案、施工技术、施工环境等，具体评价指标赋值及等级划分标准见表 1。

表 1　专家 E_1 指标权重判断矩阵及评判结果

Tab.1　Assessment matrix and results of indexes' weights from professor E_1

专家 E_1 判断矩阵 F_1 的评价指标的判断矩阵 M					评价结果	一致性检验
M	F_{11}	F_{12}	F_{13}	F_{14}	$\begin{bmatrix} 0.507 \\ 0.279 \\ 0.153 \\ 0.060 \end{bmatrix}$	$CI = 0.117$ $CR = 0.078 < 0.1$ 满足要求
F_{11}	1	4	5	5		
F_{12}	1/4	1	3	4		
F_{13}	1/5	1/3	1	3		
F_{14}	1/5	1/4	1/3	1		

表 2　各个专家 AHP 打分计算权重所得结果

Tab.2　Assessment results of indexes' weights from each professor

AHP 权重值			专家编号									
			E_1	E_2	E_3	E_4	E_5	E_6	E_7	E_8	E_9	E_{10}
砌体结构领域	评价指标	墙体承载力 F_{11}	0.507	0.522	0.509	0.097	0.125	0.134	0.080	0.107	0.118	0.261
		倾斜率 F_{12}	0.279	0.216	0.245	0.236	0.522	0.523	0.499	0.569	0.519	0.504
		开裂情况 F_{13}	0.153	0.198	0.164	0.515	0.287	0.287	0.221	0.261	0.288	0.162
		构造连接 F_{14}	0.060	0.064	0.082	0.152	0.067	0.056	0.200	0.063	0.075	0.073

AHP 权重值			专家编号									
			E_{11}	E_{12}	E_{13}	E_{14}	E_{15}	E_{16}	E_{17}	E_{18}	E_{19}	E_{20v}
加固领域	评价指标	设计方案 F_{21}	0.529	0.493	0.571	0.441	0.611	0.575	0.535	0.493	0.535	0.597
		施工技术 F_{22}	0.309	0.356	0.286	0.397	0.255	0.305	0.344	0.356	0.325	0.318
		施工条件 F_{23}	0.162	0.151	0.143	0.162	0.134	0.120	0.121	0.151	0.140	0.085

4.2.2　指数值计算

依据该加固工程实际情况和表 3，对各评价指标赋值，根据公式（1）和公式（2）及权向量 W_1 和 W_2 和指标分值计算墙体安全性指数值 F_1 以及墙体加固影响指数值 F_2。

$$F_1 = \sum_{i=1}^{n} F_{1i} k_{1i} \tag{1}$$

$$F_2 = \sum_{i=1}^{m} F_{2i} k_{2i} \tag{2}$$

式中：n 为砌体结构房屋墙体安全性评价指标数；m 为墙体加固影响评价指标数；F_{1i} 和 F_{2i} 为指标得分；

k_{1i} 和 k_{2i} 为指标对应的权重。得指数值 $F_1 = 47$，$F_2 = 37$。

表 3　各个评价指标等级划分标准
Tab.3　Classifications for each evaluation index

指标	等级				
	I 级（0-10）	II 级（11-40）	III 级（41-60）	IV 级（61-90）	V 级（91-100）
墙体承载力 F_{11}	砌块和砂浆的强度高，灰缝饱满，厚度适宜，适用全顺砌筑方式	砌块和砂浆的强度较高，灰缝较饱满，厚度较适宜，适用三顺一丁砌筑方式	砌块和砂浆的强度一般，灰缝较饱满，厚度较适宜，适用梅花丁砌筑方式	砌块和砂浆的强度较低，灰缝不饱满，厚度较适宜，适用一顺一丁砌筑方式	砌块和砂浆强度很低，灰缝非常不饱满，厚度过大或过小，适用全丁砌筑方式
倾斜率 F_{12}	墙体倾斜数值小于规定侧位移界限值	墙体倾斜等级为 a_u 级	墙体倾斜等级为 b_u 级	墙体倾斜等级为 c_u 级	墙体倾斜等级为 d_u 级
开裂情况 F_{13}	墙体产生裂缝但对其承载力和适用性未产生影响	墙体产生裂缝但对其承载力和适用性影响较小	墙体产生裂缝且对其承载力和适用性有一定的影响	墙体产生裂缝且对其承载力和适用性有较大的影响	墙体产生裂缝且对其承载力和适用性有很大影响，且裂缝未稳定
构造连接 F_{14}	连接及砌筑方式符合规范，无缺陷，墙高厚比符合规范要求	连接及砌筑方式略符合规范，局部表面缺陷，墙高厚比略符合规范要求	连接及砌筑方式不符合规范，墙体缺陷较大，墙高厚比不符合规范要求，但未超过限值的 10%	连接及砌筑方式不当，构造有较严重的缺陷，墙高厚比不符合规范要求，且超过限值的 10%	连接及砌筑方式不当，构造有严重的缺陷，已造成其他构件损坏，墙高厚比不符合规范要求，且超过限值的 10%
设计方案 F_{21}	设计方案合理，不损伤原有构件，施工方便，材料选择合理	设计方案较合理，一般不损伤原有构件，施工较方便，材料选择较合理	设计方案一般，较损伤原有构件，施工较麻烦，材料选择一般合理	设计方案不合理，损伤原有构件，施工麻烦，材料选择不合理	设计方案很不合理，对损伤原有构件有很大的损伤，施工很麻烦，材料选择非常不合理
施工技术 F_{22}	施工技术水平先进，类似经验丰富，施工管理水平高	施工技术水平较先进，类似经验较丰富，施工管理水平较高	施工技术水平较先进，类似经验一般，施工管理水平一般	施工技术水平落后，类似经验不足，施工管理水平较一般	施工技术水平落后，缺乏类似经验，施工管理水平落后
施工环境 F_{23}	施工场地条件好，施工季节适宜，周边环境利于施工	施工场地条件较好，施工季节较适宜，周边环境较利于施工	施工场地条件一般，施工季节一般，周边环境一般	施工场地条件不利，施工季节不适宜，周边环境不利于施工	施工场地条件很不利，施工季节非常不适宜，周边环境非常不利于施工

4.3　风险等级的确定

综合以上分析计算，将所得指数值由定量数值转换为定性等级，得砌体结构房屋墙体加固工程原始风险等级，通过修正参数地基基础承载能力、受力现状及持力水平对原始等级进行修正。修正过程如下：由于地基基础承载力不详，对加固影响指数调高 1 级；加固墙体主要为承重墙，对墙体安全性指数调高 1 级。将修正后定性等级对应安全风险等级评判矩阵（见表 4），得最终风险等级如表 5 所示。

表 4　安全风险等级评判矩阵
Tab.4　.Safety risk grade evaluation matrix

风险等级		安全性指数				
		I 级	II 级	III 级	IV 级	V 级
加固影响指数	I 级	可忽略	可忽略	可忽略	可接受	可接受
	II 级	可接受	可接受	可接受	综合控制	综合控制
	III 级	可接受	可接受	综合控制	综合控制	严格控制
	IV 级	综合控制	综合控制	严格控制	严格控制	拒绝接受
	V 级	严格控制	严格控制	严格控制	拒绝接受	拒绝接受

表 5　墙体加固安全风险等级

Tab.5　Safety risk assessing process for wall

指标	等级赋值	指标权重	总分	原始等级	修正	综合等级
F_{11}	III 级 45	0.231				
F_{12}	II 级 37	0.440	$F_2 = 46$	III 级	IV 级	
F_{13}	III 级 50	0.246				
F_{14}	III 级 60	0.083				综合控制
F_{21}	II 级 38	0.538				
F_{22}	II 级 35	0.324	$F_2 = 37$	II 级	III 级	
F_{23}	II 级 40	0.138				

5　风险控制要点

根据提供的检测报告、加固方案以及现场施工环境，该工程砌体结构房屋墙体加固风险等级为综合控制，需采取风险控制措施。相应风险控制可以从技术层次和管理层次考虑。

（1）技术层次

选择合适的加固方法；加固方案考虑原结构的各种不利条件；注重整体加固，避免局部刚度突变和质量不均匀分布；尽量避免损坏现有建筑的结构元件；配合使用抗震加固。

（2）管理层次

选取经验丰富的施工队伍；使用成熟的施工技术；优化施工方案，完善施工工艺，合理规划各个工序。

6　结论

（1）砌体结构其抗剪能力低，易发生脆性破坏，抗震能力较弱，在长期使用中，由于各种原因，一些砌体房屋其结构可靠性和安全性存在不同程度的问题，因此，对该类房屋进行加固，开展工程风险分析和评估研究十分必要。

（2）结合湖南某教学楼墙体加固进行分析研究中，首先系统分析了墙体加固安全风险发生机理，针对风险发生机理和工程特点建立相应的评估模型，采用风险指数矩阵法对其风险就行了量化计算和定性评估，最后提出风险控制措施。

（3）本文提出的砌体结构房屋墙体加固工程风险评判方法，充分考虑了结构安全性能和加固设计施工的相互影响，计算简单，具有实用性和操作简单等优点，可为其他类似工程风险评估提供借鉴参考。

参考文献

［1］刘文. 老厂房加固改造工程的技术风险分析与评估研究［J］. 地下空间与工程学报，2012，8（S2）：1680-1683.

［2］樊胜军，李慧民，路鹏飞. 旧工业厂房改造工程施工阶段的风险评估［J］. 西安科技大学学报，2008，28（1）：158-162

［3］王飞，李晓钟. 基于贝叶斯网络的高层住宅纠偏 加固风险评估［J］. 工程管理学报，2015，29（3）：71-75.

［4］陈大川，何建，等. 基于指数矩阵的深基坑邻近砌体房屋安全风险评估［J］. 铁道科学与工程学报，2016，13（4）：767-774.

［5］姚红方. 地铁隧道矿山法施工安全风险管理研究［D］. 徐州：中国矿业大学，2016：25-27.

［6］王新民，康虔，秦健春，等. 层次分析法 - 可拓学模型在岩质边坡稳定性安全评价中的应用［J］. 中南大学学报，2013，（6）.

［7］张黎黎. 沈阳地铁一号线土建施工风险分析［D］. 沈阳：东北大学资源与土木工程学院，2008：27-39.

［8］崔杰，党耀国，刘思峰. 基于灰色关联度求解指标权重的改进方法［J］. 中国管理科学，2008，16（5）：141-145.

［9］GB 50292—2015. 民用建筑可靠性鉴定标准［S］. 2015.

反算岩土参数在抗滑桩检测中的应用

朱成华　　何世兵

重庆市建筑科学研究院，重庆，400042

摘　要：对抗滑桩的检测、鉴定通常采用设计的岩土参数验算抗滑桩的安全性，设计采用的岩土参数大多是结合地区经验和类似工程经验确定的，且在抗滑桩验算中通常采用平面计算模型，因而对于充分考虑实际情况的检测工作来说，有时就会显得过于保守甚至误判，本文通过现场检测抗滑桩的位移值反算岩土参数，进而以反算的岩土参数验算抗滑桩安全性，最后以工程案例进一步验证该方法更符合实际情况。

关键词：抗滑桩检测，反算，岩土参数

Application of the Back Calculation of Geotechnical Parameters in Anti-slide Pile Detection

Zhu Chenghua　　He Shibing

Chongqing Construction Science Research Instritute，Chongqing 400042 China

Abstract：The detection and identification of anti-slide piles is usually based on the designed geotechnical parameters to verify the safety of anti-slide piles. The geotechnical parameters adopted in the design are mostly determined by regional experience and similar engineering experience，and in the calculation of anti-slide piles，plane calculation models are usually used. Therefore，for the inspection work that fully considers the actual situation，it sometimes appears to be too conservative or even misjudged. In this paper，the geotechnical parameters are backcalculated by detecting the displacement value of anti-sliding piles on site，and then the safety of anti-slide piles is checked by the back-calculated geotechnical parameters. Finally，a engineering case is further verified that the method is more in line with the actual situation.

Keywords：anti-slide pile detection，back calculation，geotechnical parameters

　　近年来，随着城市迅速发展，土地资源日益紧缺，在山地城市更加明显，为拓展城市发展空间，在基础设施建设中支挡结构的应用较为普遍，其中抗滑桩是应用较多的支挡形式之一[1][2]，针对抗滑桩的检测、鉴定项目也越来越多，准确地检测抗滑桩实际情况对鉴定支挡结构的安全性至关重要，鉴定结论直接左右投资方的决策，不仅影响工程项目本身，而对投资方及其声誉造成严重的后果。抗滑桩在设计中选取的参数多数为地区经验参数，而地质情况有着天然的复杂性、不确定性，并且计算模型多采用平面模型，未考虑岩体的空间效应，正是由于设计过程中在岩土参数、计算模型与实际情况不符等问题，在检测中若仍采用设计的岩土参数，可能会对抗滑桩安全性的结论造成误判。本文旨在通过抗滑桩的外观表现情况反算岩土参数，进而采用反算参数验算抗滑桩的安全性，最终给出符合工程实际的鉴定结论。

　　作者信息：朱成华，男，1985.4，工学硕士，工作单位：重庆市建筑科学研究院，从事工程检测、鉴定工作，通讯地址：重庆市长江二路 221 号，重庆市 400042，E-mail：414344856@qq.com。

1 主要岩土参数与计算模型介绍

（1）岩土参数

在抗滑桩计算中比较重要的岩土参数有岩体重度、土体综合内摩擦角或岩体等效内摩擦角、结构面抗剪强度指标、地基系数 K 值或 M 值等，除岩体重度可直接试验且较容易测得，其余岩土参数较难测得或无法直接试验获得。

土体综合内摩擦角大多采用试验并结合地区经验来取值，岩体等效内摩擦角按地区经验取值，且根据规范《建筑边坡工程技术规范》[1]（GB 50330—2013）取值，规范中根据边坡岩体类型进行取值，该取值是个范围值，边坡岩体是根据岩体完整程度、结构面结合程度、结构面产状、直立边坡自稳能力等条件进行的综合判定，上述条件均从定性的角度来确定。

岩体结构面抗剪强度指标现场试验取样难度大且费用高，工程中多以《建筑边坡工程技术规范》并结合类似工程经验来确定，规范取值以结构面类型和结构面结合程度来确定结构面抗剪强度指标的范围，再结合类似工程经验进行取值，结构面类型和结构面结合程度判定条件均为定性的。

地基系数 K 值和 M 值根据试验资料、地方经验和工程类比综合确定，《建筑边坡工程技术规范》中给出较完整岩层和土层的地基系数的范围值，较完整岩层以岩体单轴极限抗压强度作为前置条件，土层以土的分类作为前置条件。

综上所述，对于抗滑桩计算中较为重要的岩土参数如土体综合内摩擦角或岩体等效内摩擦角、结构面抗剪强度指标、K 值或 M 值等，大多由于现场试验费用高、取样难度大或者无法现场试验直接测得，而是以其它定性的条件指标确定取值范围，并结合地区经验和类似工程经验进行综合确定，但对于某个工程而言，其地质情况有着天然的复杂性、不确定性，势必造成岩体参数取值一定的误差。

（2）计算模型

在抗滑桩验算中通常采用平面计算模型，模型的简化大大提高了计算效率，且对抗滑桩是偏于安全的。这种简化在设计中是合理的，并较为普遍的应用，而对于充分考虑实际情况的检测工作来说，有时就会显得过于保守。

2 反算岩土参数

（1）墙背为土质边坡

墙背为土质边坡时，抗滑桩的侧向岩土压力按库仑主动土压力[1]计算，通过现场检测抗滑桩的位移变形情况，调整地基系数、土体综合内摩擦角，位移与应力的关系见公式 1，反复迭代算出地基系数 K 值或 M 值、土体综合内摩擦角的合适值，迭代过程中优先调整 K 值或 M 值，再调整土体综合内摩擦角，使抗滑桩的桩身位移与实际位移基本相符。

$$[[K_Z] + [K_T] + [K_{T0}]]\{\delta\} = \{p\} \tag{1}$$

式中：$[K_Z]$——抗滑桩的弹性刚度矩阵；

$[K_T]$——滑坡面以下土体的弹性刚度矩阵；

$[K_{T0}]$——滑坡面以下土体的初始弹性刚度矩阵；

$\{\delta\}$——抗滑桩的位移矩阵；

$\{p\}$——抗滑桩的荷载矩阵。

（2）墙背为岩质边坡

墙背为岩质边坡时，若岩质边坡无外倾结构面，岩质边坡的侧向岩石压力以岩体的等效内摩擦角按侧向土压力的计算方法计算侧向岩石压力，这种情况的反算过程同"墙背为土质边坡"一致。

若岩质边坡有外倾结构面，分别以外倾结构面的抗剪强度参数按边坡规范公式计算和岩体等效内摩擦角按侧向土压力方法分别计算，取两种结果的较大值。

3　工程案例应用

台商工业园物流路一路挡墙位于重庆市渝北区台商工业园，由重庆北飞实业有限公司投资修建，挡墙的设置是为保护相邻高压铁塔的塔基，其修建过程中施工资料不完善，为保证挡墙使用安全，补办施工过程资料，需对挡墙的安全性进行检测、鉴定。挡墙的工程重要性等级为二级，稳定安全性系数 $K_S = 1.3$，结构重要性系数 $\gamma_0 = 1.0$。桩板挡墙长 47m，桩身截面尺寸 2.0m×3.0m，桩心距 5.0m，共计 10 根。桩嵌固深度 9.3～9.8m，桩总长 18.0m，设计提供的岩土参数值见表 1。

表 1　岩土参数取值表（mm）

岩土体饱和重度（kN/m³）	25.5
外倾结构面内摩擦角 ϕ（°）	15
外倾结构面粘聚力 C（kPa）	30
特塔荷载（kN/m²）	10
岩石水平抗力系数（MN/m³）	60

5# 桩桩间距为 5.5m，通常检测采用上述岩土参数验算抗滑桩的安全性。计算得出抗滑桩背侧迎土面主筋面积为 24806mm²，实际配筋为 24630mm²，由此可判定 5# 抗滑桩其承载力不满足规范要求，计算 5# 桩桩顶位移为 49mm，而测得桩顶的实际位移只有 22mm，且桩身未发现混凝土存在受力裂缝，这显然与实际情况不符。通过本文的反算岩土参数计算方法，等效岩体的侧向岩石压力得到等效内摩擦为 36，K 值为 95MN/m³，计算抗滑桩背侧迎土面主筋面积为 23966mm²，5# 抗滑桩其承载力满足规范要求。

根据上述工程案例可知，现场检测中经常会遇到施工与设计不一致的情况，特别是偏向不利于验算的参数时，如抗滑桩截面尺寸、悬臂高度、嵌固深度、桩间距以及桩身配筋等参数，仍按照设计中的岩土参数和计算模型验算，确与工程实际不符，如设计中的安全储备不够，就会造成鉴定结论的误判，而根据现状情况的反算岩土参数更符合实际。

参考文献

［1］铁道部第二勘察设计院. 抗滑桩设计与计算［M］. 北京：中国铁道出版社，1983：2-13.

［2］刘新荣，梁宁慧，黄金国，等. 抗滑桩在边坡工程中的研究进展及应用［J］. 中国地质灾害与防治学报，2006，17（1）：56-62.

［3］重庆市城乡建设委员会. 建筑边坡工程技术规范［S］. 北京：中国建筑工业出版社，2013.

BRB 在既有单跨多层混凝土
框架结构加固设计中的应用

代晓艳　陈生林　舒　蓉

甘肃省建筑科学研究院，甘肃兰州，730050

摘　要： 采用防屈曲支撑对某单跨多层混凝土框架结构进行抗震加固，使用有限元分析软件 SAP2000 对加固后结构在多遇地震作用下的抗震性能进行了分析。对比了加固前后结构的侧向位移、层间位移角及周期比。分析结果表明对单跨多层混凝土框架结构采用防屈曲支撑进行抗震加固，可以有效地减小结构地震反应，提高结构的抗震性能，减少加固工作量及地震后的修复工作。

关键词： 多层，单跨框架，抗震加固，防屈曲支撑

Application of BRB In Strengthening Design of Existing Single
Span Multi-storey Concrete Frame Structures

Dai Xiaoyan　Chen Shenglin　Shu Rong

Gansu Building Research Institute，LanZhou，730050，China

Abstract： The Buckling Restrained Braces（BRB）were used to strengthen seismically a single-bay multi-story concrete frame structure. The seismic performance analysis of the structure which was strengthened after earthquake was simulated by finite element analysis software SAP2000. The indexes such as lateral displacement，story drift ratio and ratio of translation period and torsion period were compared. The results of analysis indicate that it can efficiently reduce the seismic response of structure，improve the seismic performance of structure，reduce the amount of work in strengthening and recovering the structure after earthquake when the BRB are used to strengthen seismically a single-bay multi-story concrete frame structure.

Keywords： multi-storey，single span frame，aseismic reinforcement，buckling restrained brace

0　引言

随着我国经济建设的发展，目前对已有建筑物、构筑物实施鉴定和必要的加固的要求也日益迫切，由此，建筑结构的维修和加固业已成为我国建筑行业的一个新热点。加固工程多是既有建筑，必然存在要求在不影响或少影响生产、使用的情况下实施加固施工，建筑加固改造的难度一般较大，同时随着人们的生活质量和审美观点发生改变，对建筑的各种功能和性能要求不断提高。最近几年，我国关于建筑加固改造的实例研究较丰富，随着城市化进程不断发展，这些成果和理论研究会逐渐应用到建筑加固改造中。

常用的结构加固方法包括：碳纤维加固法、外包（粘）钢技术加固法以及增大截面加固法和加设防屈曲支撑加（以下简称 BRB）固法等。其中，防屈曲支撑具有受拉与受压时只屈服不屈曲的特点，既能为结构提供足够的侧向刚度，又能消能减震，使结构具有较好的延性，是当前比较先进的抗震加固技术。国内对防屈曲支撑在钢结构的加固与新建建筑设计中的应用已经有很多研究和实例，但在对既有混凝土框架结构进行加设防屈曲支撑的抗震加固工程应用相对较少。多层混凝土框架结构建筑在我国应用广泛，单跨多层混凝土框架结构建筑亦是不少，采用防屈曲支撑对既有多层混凝土框架结构

进行抗震加固改造存在较大的市场空间，具有较大的研究意义。

1　工程概况

　　本文以某办公楼为研究对象。该办公楼位于定西市岷县，于 2005 年开工建设，2007 年完工，完工后投入使用至今。由原设计图纸可知，该办公楼主体为六层（局部七层）单跨框架结构，总建筑面积为 2159.53m²，原结构布置图如图 1 所示。楼屋盖为现浇钢筋混凝土楼屋盖，一层层高为 4.2m、二～局部七层层高为均 3.3m，房屋高度 24.45m。该办公楼抗震设防烈度为 7 度，设计基本地震加速度为 0.15g，设计地震分组为第二组（按照现行《建筑抗震设计规范》（GB 50011—2010）为第三组），抗震设防分类为丙类，建筑结构安全等级为二级，结构设计使用年限为 50 年，框架抗震等级为三级（按照《建筑抗震设计规范》（GB 50011—2010）为二级），场地土类别为 II 类，基础设计等级为丙级。

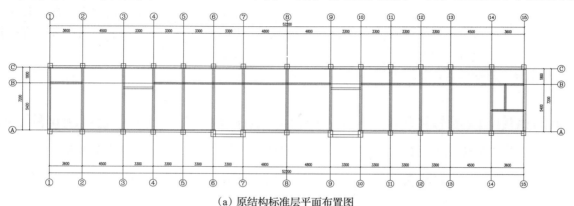

(a) 原结构标准层平面布置图

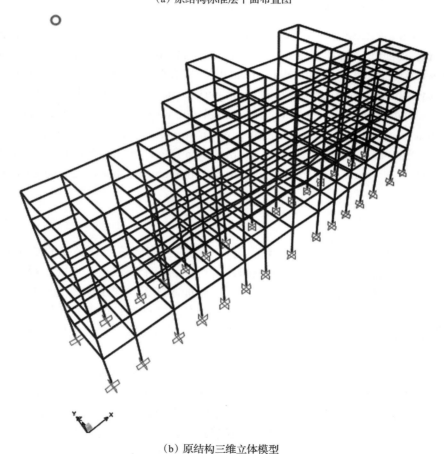

(b) 原结构三维立体模型

图 1　原结构布置图

2 抗震鉴定与抗震验算

2013 年 7 月 22 日岷县漳县地震后，该办公楼不同程度受损，为确保该办公楼安全使用，甲方曾于 2013 年 7 月 28 日委托专业检测鉴定机构对该办公楼结构安全性进行了检测、鉴定。根据现行《民用建筑可靠性鉴定标准》和《建筑设计抗震规范》中规定："甲、乙类建筑以及高度大于 24 米的丙类建筑，不应采用单跨框架结构；高度不大于 24 米的丙类建筑不宜采用单跨框架结构。"经鉴定，该结构存在的主要问题是结构高度为 24.45 米大于规范规定的 24 米，结构体系不合理，第 2 周期 0.8245s 出现扭转。

针对该楼体结构体系不合理的病害，本文探索影响地震作用下第二周期结构扭转的因素，从结构设计与数值模拟两个方面进行分析。

3 结构抗震加固方案

根据上述鉴定结果，本工程采用增设 BRB 构件（见图 2 所示）进行抗震加固。防屈曲支撑一般由核心单元、屈曲约束单元（常用砂浆或混凝土和中空钢套管组成）和无黏结膨胀材料组成。屈曲约束单元提供侧向刚度使钢材在外力作用下只屈服不屈曲，通过钢材反复拉、压屈服吸收地震能量，保护主体结构，提高结构抗震性能（BRB 构件的滞回性能见图 3）。与传统的仅增加构件截面面积和增设普通刚性支撑的加固方法相比，采用防屈曲支撑加固既能解决该结构因刚度分布不均匀发生扭转的问题，又可使该结构更能符合在多遇地震下小震弹性、中震不屈服、大震不倒的设计目标，以提高结构的抗震性能。

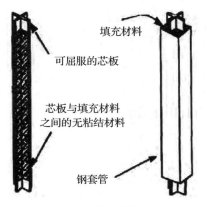

图 2 防屈曲支撑原理图

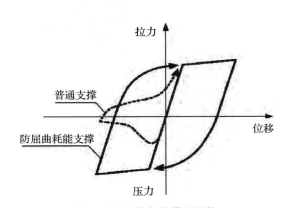

图 3 防屈曲支撑滞回性能

BRB 构件布置的原则是：在平面上应使结构在两个主轴方向的动力特性相近，尽量使结构的质量中心与刚度中心重合，减小扭转地震效应。立面上 BRB 构件连续布置到顶层，避免刚度突变。本工程的加固方案中 BRB 构件在原结构主体每层的边跨成对布置，每层 4 根，全楼共布置 24 根。支撑布置见图 4 所示，其中粗实线为 BRB 构件。BRB 构件的参数见表 1。

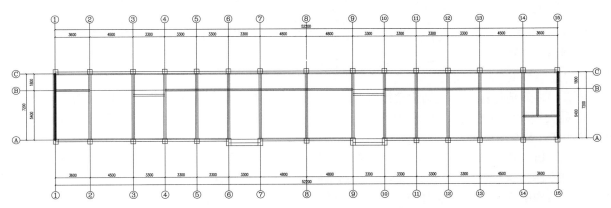

图 4 标准层防屈曲支撑布置图

表 1   防屈曲支撑参数

编号	布置楼层	单支屈服承载力（kN）	单支轴向弹性刚度（kN/mm²）	等效截面面积（mm²）	水平倾斜角度（°）	屈服起始变形（mm）	长度（mm）
1	1	210.950	3.075	68.612	48	4.45	5647
2	2～6	166.353	2.425	68.612	41	4.45	5014

4   计算分析

本工程采用有限元分析软件 SAP2000 建立三维线性模型（见图 5 所示）并进行弹性分析。对增设 BRB 构件后的结构进行弹性分析，判断多遇地震作用下计算结果是否满足抗震加固目标，即结构位移、周期比及构件承载力是否满足规范要求。

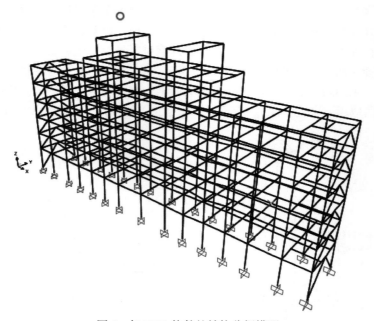

图 5   加 BRB 构件的结构分析模型

通过振型分解反应谱法进行模态分析，模态分析的周期结果见表 2。结果表明，加 BRB 构件的结构整体刚度有所提高，同时解决了原结构平面刚度分布不均匀的问题。

表 2   加 BRB 构件的结构与原结构模态分析结果对比

项目	第一模态	第二模态	第三模态	周期比	是否满足规范要求
原结构	1.0083s	0.9122s	0.8718s	0.90＞0.85	否
	Y 向平动	扭转	X 向平动		
加 BRB 构件的结构	0.8479s	0.7188s	0.4888s	0.58＜0.85	是
	X 向平动	Y 向平动	扭转		

再者，多遇地震作用下，结构整体 X 向最大层间位移角为 1/745，Y 向为 1/924，相比原结构整体的 X 向最大层间位移角为 1/708 和 Y 向为 1/521 均有所减小，满足抗震对多高层混凝土框架结构层间位移角小于 1/550 的要求。

计算分析表明，增设 BRB 构件的单跨多层混凝土框架结构，明显提高了原结构整体刚度，使得最大层间位移角满足规范 1/550 的要求，达到结构整体"小震弹性、中震弹性、大震不倒"的抗震设计要求。结构平面刚度分布更加合理。因此使用 BRB 构件加固既有单跨多层混凝土框架结构能有效的提高结构整体的抗震性能。

5　结论

（1）采用 BRB 构件对既有单跨多层混凝土框架结构进行抗震加固，可使得原结构的侧向刚度适当增加，也使结构弹性阶段侧向位移在满足规范要求的前提下不过大地增加地震作用。

（2）通过合理布置 BRB 构件，以改善结构的平面刚度分布的均匀度，使得地震作用下结构整体的振型更加合理，周期比满足规范要求。

（3）地震作用下 BRB 构件首先进入屈服，消耗地震能量，减轻构件中塑性铰破坏程度，提高结构的抗震性能，并且便于维修更换。

参考文献

［1］　周云. 防屈曲耗能支撑结构设计与应用［M］. 北京：中国建筑工业出版社，2007.

［2］　程光煜，叶列平，催红超. 防屈曲耗能支撑设计方案的研究［J］. 建筑结构学报，2008，29（1）：40-48.

［3］　韩娟，王亨等. 防屈曲支撑在钢框架结构加固设计的应用［J］. 工程抗震与加固改造，2016，38（4）：94-99.

［4］　张家广，吴斌，赵俊贤. 防屈曲支撑加固钢筋混凝土框架的实用设计方法［J］. 工程力学，2013，35（3）：151-158.

［5］　高向宇，徐帅，郭运勇. 单跨多层混凝土框架教学楼减震加固设计［J］. 北京工业大学学报，2015，41（4）：550-557.

基于 ABAQUS 的现浇混凝土
单向板温度损伤的有限元模拟

巩　钰　Changsoo Kim

山东建筑大学土木工程学院，山东济南，250101

摘　要： 为研究现浇钢筋混凝土单向板温度和荷载耦合对板开裂的影响和新建及既有结构因温度而产生的损伤，使用 ABAQUS 中 CDP（concrete damaged plasticity）损伤模型，引入损伤因子评价损伤等级，设置温度预定义场模拟降温及板面均布荷载，输出历史场变量 damaget（tensile damage），观察板面的损伤情况，通过 damaget 过程云图及特征点应力随温度改变的变化，清楚地反映了损伤的演变过程和开裂时温差大小。发现了约束是导致混凝土板因温度而开裂的根本原因，约束较强的地方也是裂缝最早、最易出现的地方。模型较好的模拟出钢筋混混凝土板温度损伤的过程，为新建和既有结构的加固，温度荷载下板的开裂试验和温度分隔缝的设计标准提供较为可靠的模拟数据。

关键词： 混凝土板，温度裂缝，CDP 损伤模型，ABAQUS 有限元模拟

Finite Element Simulation of Temperature Damage of Cast-in-place Concrete One-way Slabs Based on ABAQUS

Gong Yu　Changsoo Kim

School of Civil Engineering，Shandong Jianzhu University，jinan 250101，China

Abstract： For the study of cast-in-place reinforced concrete temperature and load coupling on one-way slabs crack and the influence of the newly built and existing structure damage due to temperature. The damage model of CDP（concrete damaged plasticity）in ABAQUS was used and introduction of damage factor to evaluate damage level. Set the cooling predetermined field and plate uniformly distributed load. Output damaget（tensile damage）history field variables and to observe the damage of the slabs. Through the cloud of damage process and the stress of feature points along with the change of temperature change，it clearly reflects the evolution process of damage and the temperature difference during cracking. It is found that the restraint is the fundamental cause of cracking of concrete slabs due to temperature. Model to better simulate the reinforced concrete damage process of concrete slabs temperature for the newly built and existing structure，temperature cracking test and separation of seam design standards to provide a more reliable simulation data.

Keywords： Concrete slabs，Temperature crack，CDP damage model，ABAQUS finite element simulation

0　引言

　　ABAQUS 是一套功能强大的基于有限元方法的工程模拟软件，包含丰富的单元模式、材料模型以及分析过程，在求解高度非线性问题方面的能力优异，对土木行业具有较强的适用性。采用 6.13 版本 ABAQUS 进行有限元模拟，利用的 ABAQUS 自带的 CDP（混凝土塑性损伤）模型是现在土木工程非线性有限元模拟中最为常用和有效的损伤模型，但是模型基本参数和损伤因子的选取与计算，直接

基金项目：国家自然科学基金项目（5171101851）。

作者简介：巩钰（1994—），男，山东济南人，在读硕士。E-mail：gongyubangong@163.com。

影响模型的计算收敛，该模型数值的选取直接参考文献[1]、[2]、[3]。建立混凝土的本构模型时往往基于已有的理论框架，如弹性理论、非线性弹性理论、弹塑性理论、粘弹性、弹粘塑性理论、断裂力学理论、损伤力学理论等。由于混凝土材料的复杂性，还没有哪一种理论已被公认可以完全描述混凝土材料的本构关系。其中损伤力学理论既考虑混凝土材料在未受力的初始裂缝的存在，也反映在受力过程中由于损伤积累而产生的裂缝扩展，从而导致的应变软化，故被广泛采用。

　　研究人员也用此进行了大量混凝土构件的损伤模拟，但大多数都是基于复杂荷载作用或复杂约束条件下的模拟，然而对于实际工程中，约束条件下混凝土受温度的影响而产生温度裂缝往往使施工人员和设计人员头疼，规范[4]给出的现浇混凝土构件温度分隔缝过于保守，随着技术的进步、经济的发展，已经无法满足实际工程的需要。

　　此次 ABAQUS 有限元模拟正是基于此背景下进行的，目的是通过最终 CDP 输出的 damaget 云图和特征点温度 - 应力数据，为新建和既有结构的加固，将进行的温度荷载下单向板的开裂试验和温度分隔缝设计标准的更新提供较为可靠的模拟数据。

1　模拟参数设计

1.1　混凝土板参数设计

　　模型使用单位为 N、mm、MPa（N/mm²）、tonne、tonne/mm³、s、mJ。

　　设计了 5 个温度收缩板，其中包括一个温度和荷载耦合的 S5，和 4 个纯温度改变的 S1、S2、S3、S4。温度改变量由山东省气象局提供的数据确定为 30℃（济南市年温差）。其中，S1 为控制组，采用 C30 混凝土，板厚为 150mm，纵向钢筋配筋率为 0.82%，无荷载。S2 为变化混凝土强度等级，采用 C40 混凝土。S3 为变化纵向钢筋配筋率 1.64%。S4 为变化板厚 200mm。S5 为增加面均布荷载，荷载大小为 4kN/m²（0.004MPa）。具体参数设置见表 1。由于该有限元模拟注重温度影响，故需设置材料的热膨胀系数，规范推荐的混凝土热膨胀系数为 8～10×10⁻⁶/℃。由于钢筋和混凝土具有接近的热膨胀系数，为简化计算，加速收敛，故取钢筋与混凝土的热膨胀系数相同，不考虑重力的影响。混凝土材料参数详见表 2。钢筋材料参数详见表 3。

表 1　混凝土板参数变量设置

编号	模型尺寸，长 × 宽 × 厚（mm）	混凝土强度等级	纵向钢筋配筋率及布置		横向钢筋配筋率及布置		荷载大小（kN/m²）
S1	3000 × 1000 × 150	C30	0.82%	（8Φ14@200）	0.31%	（28Φ8@200）	0
S2	3000 × 1000 × 150	C40	0.82%	（8Φ14@200）	0.32%	（38Φ8@150）	0
S3	3000 × 1000 × 150	C30	1.64%	（16Φ14@120）	0.31%	（28Φ8@200）	0
S4	3000 × 1000 × 200	C30	0.82%	（8Φ14@200）	0.31%	（28Φ8@200）	0
S5	3000 × 1000 × 150	C30	0.82%	（8Φ14@200）	0.31%	（28Φ8@200）	4

表 2　混凝土材料参数

密度	弹性模量	泊松比	比热容	热膨胀系数	热传导系数
t/mm³	N/mm²		mJ/（t·℃）	℃	mJ/（mm·s·℃）
2.40×10^{-9}	3.00×10^{4}	0.2	9.60×10^{2}	1.00×10^{-5}	1.7

表 3　钢筋材料参数

密度	弹性模量	泊松比	比热容	热膨胀系数	热传导系数
t/mm³	N/mm²		mJ/（t·℃）	℃	mJ/（mm·s·℃）
7.85×10^{-9}	2.00×10^{5}	0.3	4.60×10^{2}	1.00×10^{-5}	80

1.2　ABAQUS 有限元模型重要参数

模型采用分离式建模，建立足尺寸模型，材料属性重点设置弹性模量、泊松比、热膨胀系数等（参数设置在 1.1），CDP 参数设置在 1.3。注意钢筋与混凝土接触性上选择 Embed（嵌入），对混凝土板的约束条件上选择两端（长端）固定约束。元素类型上，混凝土选择 C3D8R，即 3D 建模，单元类型为八节点（三维六面体）减缩积分单元。钢筋选择 T3D2，即 truss 建模，单元类型为两节点线性三维桁架单元。单元划分为 25×25×25。有限元模型见图 1。初始预定义温度设置为 25，第一分析步预定义温度设置为 −5，整个过程温度下降量为 30。

1.3　CDP 参数

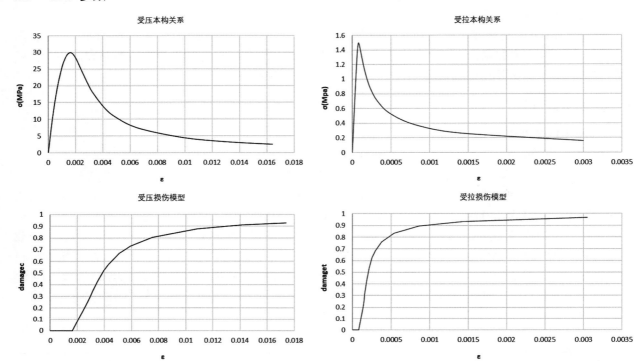

图 2　控制组 C30 混凝土本构关系及损伤模型①

损伤模型的损伤因子取值范围为 0 ～ 1，0 代表材料没有损伤，1 代表材料完全失效。

根据文献［3］对 CDP 参数的计算，结合混凝土结构设计规范附录 C 给出的混凝土应力 - 应变关系，取得混凝土本构关系及引入的损伤因子见图 2。定义当混凝土达到极限抗压或抗拉强度时，混凝土开始损伤，即开始存在对应的损伤因子。

2　模拟结果及分析

通过观看 S1 的 damaget 云图动画，可以发现损伤首先出现在约束最为强烈的两端（为固定约束），当温度改变量达到 5℃时，板角即出现损伤。当温度改变量达到 13℃时，两端约束处出现明显的损伤，且损伤开始沿 45° 由两边向中间延伸。当温度改变量达到 21℃时，板跨中边部出现损伤，且损伤有上下贯通的趋势。当温度改变量达到最终 30℃时，板面出现大面积损伤，出现上下贯通的损伤。S2 由于混凝土强度等级升高，提高了混凝土抗拉强度，开始出现损伤的时间更晚，最终破坏更轻。S3 由于增大了配筋率，增强了纵向（约束方向）对混凝土温度收缩的约束，将温度收缩产生的拉应力转移到纵向钢筋，也可通过钢筋的主应力云图观察出损伤分布更为均匀，程度较轻，损伤出现的时间更晚，最终破坏较轻。S4 增加了混凝土板的厚度，增大了约束接触的面积，而明显减轻了约束端的损伤（模型忽略自重影响）。S5 增加了板顶面均布荷载，混凝土板底中部损伤更

---

①　本文只给出 C30 混凝土的本构关系及损伤模型，C40 计算方法与 C30 一致，详见 GB 50010—2010 和文献［3］。

为严重，其损伤形式更加符合实际情况。模型 damaget 损伤云图见图 3，Mises 应力和变形云图①见图 4。两图对比可见，损伤严重的地方往往应力较小，这是因为损伤开裂导致混凝土受拉破坏而退出工作，原来由混凝土承担的温度拉应力转移到纵向钢筋上，导致该处混凝土拉应力较小。反之，该处拉应力未能到达混凝土极限抗拉强度，不会出现损伤，则混凝土钢筋共同承受拉应力导致混凝土应力过大。

选取板跨中，端面中点，角点，三点作为特征点观察单元拉应力（S11 方向）随温度降低的变化。其中由于 S5 受到上部均布荷载影响，顶面与底面不同，故进行双面观察。数据曲线见图 5。

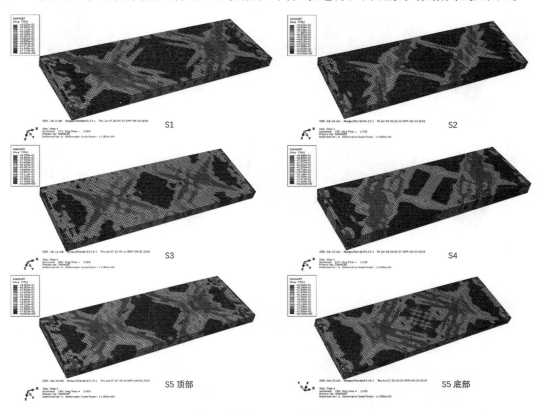

图 3　模型 damaget 损伤云图①

由温度 - 应力曲线，对于降温早期，此阶段混凝土为线弹性，特征点应力随温度呈线性增长当第一次开始下降即为混凝土开裂（开裂位置不一定在特征点处，也可能在特征点附近），此后突减即为新裂缝的产生。可见使用 C40 混凝土的 S2，由于抗拉强度高，开裂要明显晚于其他组，开裂时温差在 11℃左右。S3 混凝土受拉损伤时将应力转移到钢筋，由于配筋率较高，钢筋承受的拉应力更大，故延缓其他裂缝的产生，即图中所示，S3 应力曲线每次下降间距更大，幅度更小。S4 各特征点在第一次开裂后应力明显小于其他，由于不考虑自重，故增大的截面厚度也有效地降低了特征点应力，延缓和减少裂缝的产生。对于 S5 端点而言，板底应力后期明显小于板顶，这是由于约束和荷载作用使得板底端部承受拉应力容易损伤，而板顶端部承受压应力不容易出现损伤。由端点和中点可集中反映出混凝土板的开裂温差在 8℃左右，而温差达到 17℃左右时，端点应力增大，裂缝出现数量增多，这也与规范[5]中所规定的混凝土浇筑体表面与大气温差不宜超过 20℃相符。角点处出现应力大于极限抗拉强度的情况，是因为选取的特征点位于设置固定约束的末端，约束模拟过强（实际中由于与板连接的梁、柱等构件也存在温度变形，实际不可能完全为两端固定约束），故导致其所承受的应力增大，这个问题在端点处的残余应力高于实际也能看出。

---

①　变形云图将 X 轴 Y 轴方向放大 500 倍显示。

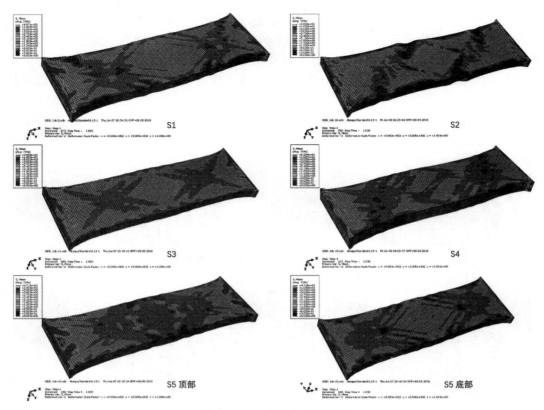

图 4　Mises 应力和变形云图

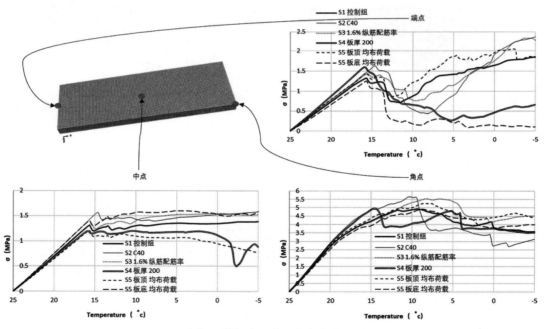

图 5　特征点温度 - 应力曲线 ①

3　总结

利用的 ABAQUS 自带的 CDP（混凝土塑性损伤）模型较为有效和真实的模拟了约束条件下混凝

_____

① 温度 - 应力曲线，应力为 S11，即 X 轴方向的应力分量。

土受温度的影响而产生温度裂缝，得到了混凝土板在降温和荷载条件下和损伤、应力及变形云图，选取的三个特征点很好地反映了混凝土板整体受温度影响下的应变关系。研究了混凝土强度等级号、配筋率、板厚、荷载对温度收缩的影响。但是模型基本参数和损伤因子的选取与计算，直接影响模型的计算收敛，有待于进一步研究尝试。

　　由模拟结果 damage 云图可以看出，控制组 S1 的混凝土板损坏沿板角 45° 延伸，故实际工程中往往在板角处增加抗温度收缩的钢筋。S2 与 S1 对照显示高强度等级混凝土抗拉强度高，其抗裂性能也更好，同温度变化下，混凝土板的损伤明显较小。S3 组增大纵向受力钢筋同样有效的阻止了混凝土的损伤开裂，同时温度裂缝的数量也明显减少，由于单向板只有单一方向存在约束，而温度引起的收缩仅在垂直于约束方向产生，而在另外一个方向上几乎没有损伤开裂。S4 增加了板厚，在不考虑自重的前提下，也有效延缓和减少裂缝的产生。S5 增加了板面均布荷载，其荷载取值来自建筑结构荷载规范[6]，可以看出温度和荷载的耦合明显加大了板底跨中的损伤，裂缝发展也更为迅速和广泛。故得到以下结论：

　　（1）强约束导致应力集中。由各试件云图的发展，损伤首先出现在约束最强的端部；而从最终破坏形式看，端部损伤也是最严重的部位之一。放松约束条件是控制裂缝产生和发展的根本方法，设置伸缩缝就是采用这种方法。故在实际试验、新建及加固工程中，应当注意约束条件，适当放松或在板角增加抗温度裂缝的钢筋，降低破坏。

　　（2）增大板厚、增大受力钢筋配筋率、使用高强混凝土等措施有效地减少损伤的产生和延长损伤出现的时间。但如何既考虑安全又考虑经济，更加精确地分析尚需进行。

　　（3）使用高强混凝土（提高混凝土的抗拉强度）是有效控制裂缝产生和发展的方法，在减轻约束困难时，可考虑使用高强混凝土代替解决。

　　（4）混凝土损伤塑性模型虽然能够反映钢筋混凝土构件受力与变形过程，但混凝土软化段的模拟仍存在较大的误差，且模型忽略钢筋与混凝土之间滑移的影响，与实际情况不符。如何用损伤塑性模型精确模拟钢筋与混凝土之间的关系，有待进一步研究。

参考文献

［1］刘巍，徐明，陈忠范. ABAQUES 混凝土损伤塑性模型参数标定及验证［J］. 工业建筑，2014，44（增）：167-171.

［2］雷拓，钱江，刘成清. 混凝土损伤塑性模型应用研究［J］. 结构工程师，2008，24（2）：22-27.

［3］曹明. ABAQUES 损伤塑性模型损伤因子计算方法研究［J］. 道路工程，2012，2：51-54.

［4］GB 50010—2010. 混凝土结构设计规范［S］. 北京：中国建筑工业出版社，2010.

［5］GB 50496—2009. 大体积混凝土施工规范［S］. 北京：中国计划出版社，2009.

［6］GB 50009—2012. 建筑结构荷载规范［S］. 北京：中国建筑工业出版社，2012.

起重机小车运行对厂房结构振动影响分析

姚宗健[1, 2]　　庞国杰[1]　　刘冰冰[1]　　杨沁恬[1]

1. 山东建筑大学土木工程学院，山东济南，250101
2. 山东建大工程鉴定加固研究院，山东济南，250014

摘　要：某钢厂铸铁机厂房在起重机吊装铁水、小车运行过程中，两侧的吊车梁工作平台异常振动，为了分析起重机小车运行对该厂房产生的影响、保证结构安全，采用 DH5922N 动态信号采集分析系统测试水平加速度，再通过频谱分析、频域积分等方法获得相应的卓越频率和动位移等重要参数。研究发现，各种工况下厂房结构振动位移均在正常范围内，异常振动是由于小车运行时，其横向振动加速度级超过生产操作区容许加速度级的标准，从而影响了人体的舒适性。

关键词：厂房，振动，小车，频域积分，舒适性

Analysis of the Influence of Crane Trolley Running on the Structure Vibration of the Factory Building

Yao Zongjian[1, 2]　　Pang Guojie[1]　　Liu Bingbing[1]　　Yang Qintian[1]

1. School of Civil Engineering, Shandong Jianzhu University, Jinan 250101, China

2. Research Institute of Appraisal and Strengthening Engineering of Shandong Jianzhu University, Jinan 250014, China

Abstract：A steel cast iron engine hoisting molten iron in crane, the car is running, the crane beam of abnormal vibration on both sides of the working platform, in order to analyze the effect of the operation, the crane building guarantee the safety of the structure, using DH5922N dynamic signal acquisition and analysis system of horizontal acceleration test, important parameters through spectrum analysis, frequency domain integral method to obtain excellent frequency and the corresponding displacement etc.. It is found that all kinds of structural vibration displacements are in the normal range under various conditions. Abnormal vibration is due to the lateral vibration acceleration level of car running over the allowable acceleration level of production operation area, thus affecting the comfort of human body.

Keywords：factory building, vibration, trolley, frequency domain integration, comfort,

0　前言

　　工业生产中，重型设备的使用提高了生产效率，同时不可避免地引起了结构的振动问题。不良的振动问题给生产带来众多危害，如果结构振动过大还会带来生产安全隐患[1]，并降低生产人员的工作舒适度[2]。目前，关于振动的测试仪器广泛采用的是速度传感器和拉线式位移传感器。布置拉线式位移传感器需要搭设脚手架，实际工程中与高耸建筑物配套的脚手架由于其不稳定性会严重影响位移数据采集的准确性。而速度传感器固定于关键构件表面，采集数据的准确性和稳定性均优于拉线式位移传感器。对于后者，不仅可以通过测得的加速度数据直接分析结构的振动特性，亦可通过对所测加速度数据在频域内进行二次数值积分得到结构的振动位移来分析结构的振动特性，因此采用速度传感器

基金项目：国家自然科学基金项目（51308327）

作者简介：姚宗健（1981—），男，副教授，博士，主要从事建筑物加固改造等方面的研究。E-mail：zjyao@sdjzu.edu.cn。

成为对结构进行振动测试一个重要的手段。孙道远[3]采用 DH5920 型动态应变采集仪和 GBY 型工具式表面应变传感器对某工业厂房的吊车梁进行了抗疲劳性能测试，分析了其可靠性。邱德修等[4]从调整结构自振频率的角度，通过理论分析和数值模拟对某造粒厂房结构设计中振动设备引起的振动问题进行了分析。步向义等[5]通过在吊车梁顶面标高处布置水平位移传感器测试吊车运行时的位移时程曲线来分析某均热炉厂房结构振动异常的原因。对加速度频域积分求位移主要应用于振动台试验[6-7]，在工业厂房的振动测试中尚未见报道。

本文对某钢厂铸铁机厂房吊车梁振动测试为例，分析小车运行时对吊车梁振动位移的影响，为保证厂房的安全生产提供依据。

1　工程概况

某钢厂铸铁机厂房采用单层单跨排架式钢结构，高度为 26.9m，跨度为 28.0m，基本柱距为 18.0m，纵向总长为 124.5m。该车间平面布置情况如图 1 所示。该厂房基础采用钢筋混凝土承台桩基础，排架柱、屋盖梁、吊车梁均采用 H 型钢，柱、屋盖梁材质为 Q345-B 钢，吊车梁材质为 Q345-C 钢。厂房内布置了一台 140/50t 桥式吊车，工作制为 A7 级。

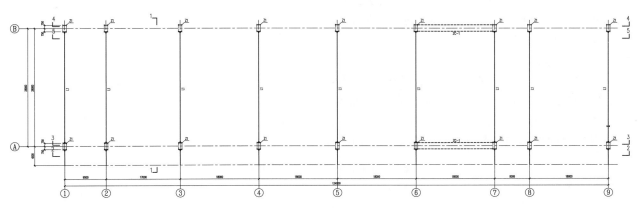

图 1　铸铁机厂房平面布置图

2　振动测试

2.1　测点布置

根据现场铸铁机厂房实际生产状况和吊车梁振动特点，在振动严重的区域选取车间柱和走道板布置水平磁电式速度传感器。其中 1、3、4 测点布置横向水平振动传感器，2 测点布置纵向水平振动传感器。1、2 测点位于排架柱 3-B 轴线处，3 测点位于排架柱 4-B 轴线处，4 测点位于 3-4 轴跨中。按照空载和满载（约 100t）两种工况测试小车运行时吊车梁顶面标高处测点的水平振动加速度，且为了数据的可靠性，小车空载和满载时，均按正常生产时的运行速度行驶。

2.2　实测加速度时程曲线

本次振动检测针对上述 4 个测点进行了 26 分钟的连续测试，采样频率为 1000Hz。通过 DH5922N 动态信号采集分析系统实测得到小车运行过程中每个测点的加速度时程曲线。由于采集的数据量巨大，本文仅提供测点 3 在小车满载时的一段水平加速度时程曲线，如图 2 所示。

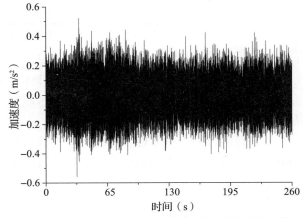

图 2　小车满载运行时测点 3 的水平加速度时程曲线

3　振动位移频域分析

3.1　频域分析

为将加速度数据转换成位移，通常采用在频域内进行 2 次积分的方法。该算法通过快速傅立叶变换 FFT 把时域内的数据变换到频域进行分析。研究表明，动位移频域积分精度对低阶截止频率的选取非常敏感，对高阶截止频率不敏感，因此对上、下限的截止频率，尤其是下限截止频率的选定尤为关键。本次振动检测使用的 DH9522N 配套的 DH-610 磁电式速度传感器的频率范围为 0.17～100Hz，经过收敛性分析，确定下限截止频率为 0.3Hz，采用 Matlab 软件编程的方法计算得到位移积分结果，如图 3 浅色实线所示。为了确定该计算方法的准确性，采用地震信号分析处理软件 Seismosignal，将加速度时程数据导入后得到相应的位移时程曲线，如图 3 黑色实线所示。可以发现 Matlab 和 Seismosignal 两种软件的计算结果吻合较好。

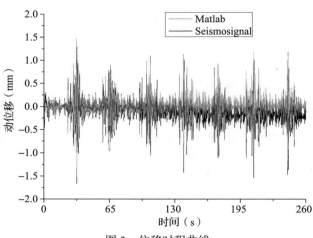

图 3　位移时程曲线

3.2　振动位移计算

工程技术人员分别在该铸铁机厂房吊车梁顶面标高处（距地面约 17.83m）排架柱 3-B 和排架柱 4-B 以及两柱之间的走道板中段布置水平加速度传感器，用 DH5922N 动态信号采集分析系统按照空载和负载（约 100t）两种工况测试水平加速度，再通过频谱分析、频域积分（Matlab 软件计算）等方法获得相应的卓越频率和动位移等参数。具体测试数据统计结果见表 1。

表 1　各测试位置水平向振动参数值

运行车辆	测点	位移（mm）				卓越频率（Hz）		振动加速度级（dB）	
		单峰值		峰峰值					
		满载	空载	满载	空载	满载	空载	满载	空载
大车	1	4.86	4.96	9.08	9.47	20.508	1.953	144	143
	2	0.74	0.26	1.51	0.62	9.766	1.953	130	143
	3	1.43	1.84	2.95	3.58	25.391	23.438	150	148
	4	1.8	2.13	3.63	4.14	9.766	23.438	139	138
小车	1	1.84	1.41	3.92	3.09	1.953	3.906	108	110
	2	0.34	0.18	0.69	0.36	2.93	2.93	104	101
	3	1.51	1.17	2.98	2.39	1.953	22.4	114	114
	4	1.61	1.28	3.32	2.73	1.953	3.906	111	105

注：1、3、4 测点布置横向水平振动传感器，2 测点布置纵向水平振动传感器。1、2 测点位于排架柱 3-B，3 测点位于排架住 4-B，4 测点位于 3-4 轴跨中。

由表 1 可知，大车满载运行时，排架柱 3-B 处吊车梁顶面横向位移最大，其动位移幅值是 4.86mm，峰峰值是 9.08mm；空载时，该位置横向位移亦最大，其动位移幅值是 4.96mm，峰峰值是 9.47mm。

小车满载运行时，排架柱 3-B 处吊车梁顶面横向位移最大，其动位移幅值是 1.84mm，峰峰值是 3.92mm；空载时，该位置横向位移亦最大，其动位移幅值是 1.41mm，峰峰值是 3.09mm。

4　结论

（1）正常生产工况下，大车运行时采集的吊车梁顶面横向最大振动位移值是 4.96mm，峰峰值是

9.47mm；小车运行时采集的最大横向动位移是 1.84mm，峰峰值是 3.92mm。各种工况下最大横向位移均满足《工业建筑可靠性鉴定标准》（GB 50144—2008）关于单层厂房结构侧向（水平）位移测定等级中 A 级的要求（小于等于 14.3mm），结构晃动均在正常范围内。

（2）从频域分析结果可以发现，大车运行时振动加速度级均大于 130dB，超过《建筑工程容许振动标准》（GB 50868—2013）中关于生产操作区容许加速度级的限制，该振动环境超过劳动保护标准；小车运行时其横向振动加速度级的范围是 105 ～ 114dB，由《建筑工程容许振动标准》（GB 50868—2013）可以推断在吊车梁平台工作 15 分钟～ 1 小时会影响人体的舒适性。

（3）为保证安全生产，建议该铸铁机厂房在使用过程中，定期检查连接部位、制动部位的可靠性以及两条轨道中心线间距等；必要时采取其他增强厂房刚度的措施。

参考文献

［1］ 杨姝姮，陈志华，闫翔宇，董晓鹏. 某钢结构厂房倒塌事故分析［J］. 工业建筑，2017，47（8）：190-193.

［2］ 汪志昊，刘飞，吴泽玉等. 某面粉厂房楼板的振动控制［J］. 建筑结构，2015，45（19）：32-36.

［3］ 孙道远. 某吊车梁工业厂房的可靠性鉴定［J］. 冶金丛刊，2017，2017（11）：36-37.

［4］ 邱德修，樊开儒. 多层工业厂房的振动问题分析［J］. 工业建筑，2010，2010（s1）：510-513.

［5］ 步向义，丁红岩，张贵成. 某工业厂房结构异常振动原因分析［J］. 工业建筑，44（12）：154-156.

［6］ 王济，胡晓. Matlab 在振动信号处理中的应用［M］. 北京：水利水电出版社，2006.

［7］ 张志，孟少平，周臻等. 振动台试验加速度积分方法［J］. 振动、测试与诊断，33（4）：627-633.

风荷载作用下某螺栓球节点网架
结构疲劳破坏事故分析

邱　斌　雷宏刚

太原理工大学建筑与土木工程学院，山西太原，0300240

摘　要：以山西某螺栓球节点网架结构厂房屋盖坍塌事故为研究对象，通过现场勘察、理论分析和数值模拟等手段对该事故原因展开了研究。结果表明，在正常使用下，该厂房网架结构受力安全。随后，对上弦杆 S1 连接支座螺栓球断裂的 M33 高强螺栓进行失效分析，研究了螺纹根部的应力集中问题，并结合断口的金相分析结果得出，该螺栓球节点网架结构的破坏主要是由于 M33 高强螺栓在风荷载等交变荷载作用下发生了疲劳断裂；其次，斜腹杆 F1 连接下弦螺栓球的 M42 高强螺栓在动力响应下因承载力不足发生丝扣滑脱破坏。当上弦杆 S1 和腹杆 F1 相继失效之后，剩余网架结构发生内力重分布，致使结构发生坍塌。最后，对此类网架结构的加固与使用提出了建议。

关键词：风荷载，螺栓球节点，网架结构，事故，疲劳破坏，数值模拟

Fatigue Failure Analysis on the Grid Structure With Bolt
Sphere Joint Under Wind Load

Qiu Bin　Lei Honggang

College of Architecture and Civil Engineering, Taiyuan University of Technology, Taiyuan 030024, China

Abstract：Taking the collapse accident of factory building roof with bolt sphere joint grid structure in Shanxi province as an example, the collapse incident analysis is conducted by means of on-site inspection, theoretical analysis and numerical simulation.The results show that the grid structure is safe under normal service conditions. Then, the analysis on failure and stress concentration of thread root of M33 high-strength bolt used in connecting top chord S1 with support bolt sphere are conducted, combined with the results of metallographic analysis, it is found that the failure of gird structure is mainly because the fatigue fracture of M33 high strength bolt under the action of alternating load such as wind load. Besides, the indirect cause is thread failure of M42 high-strength bolt connecting web chord F1with the lower bolt sphere due to insufficient bearing capacity caused by dynamic response. After the upper chord S1 and web chord F1 failed, the internal force redistribution occurs in the remaining grid structure, which results in the collapse of the structure. Finally, some suggestions are put forward for the grid structure's reinforce and application.

Keywords：Wind load, Bolt sphere joint, Grid structure, Accident, Fatigue Failure, Numerical simulation

1　工程概况

该螺栓球节点网架厂房于 2002 年建成，主体结构为钢筋混凝土框架结构，屋盖采用正交正放四角锥螺栓球节点网架结构，如图 1 所示。网格尺寸 3.0m×3.0m，网架高 3.0m，网架轴网尺寸

基金项目：国家自然科学基金项目（51578357）

作者简介：邱斌，男，博士研究生，研究方向：钢结构疲劳与健康监测。E-mail：tyutqbin@126.com。

通讯作者：雷宏刚，男，教授，博士生导师，研究方向：钢结构与空间结构，E-mail：lhgang168@126.com。

62.8m × 29.6m，建筑投影面积约 1859m²，建筑高度约 27m，双向起坡 4%。网架结构中螺栓球为 45 号钢锻制成型，钢管采用 Q235B 高频焊接或无缝钢管，上弦纵向的每三个螺栓球节点设一个支承，厂房内设有 2 台轻级制 750/200kN 吊车（非网架悬挂吊车）。

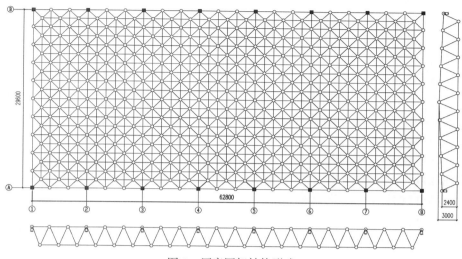

图 1   厂房网架结构形式

2   事故过程及现场勘察

2015 年 5 月 17 日，该厂房屋面西南角发生局部凹陷，如图 2 所示，部分网架下弦杆发生较大挠曲，如图 3 所示。5 月 20 日夜间，该螺栓球网架西侧一跨三个节间（图 1 中 7～8 轴）发生坍塌，如图 4、5 所示。塌落的网架压坏部分重型设备，造成较大的经济损失。事故发生前，厂房内已停止生产作业，因此未造成人员伤亡。

图 2   厂房西南角局部塌陷

图 3   下弦杆屈曲

图 4   网架坍塌现场

图 5   网架坍塌现场

3 事故原因分析

从图 2、图 3 中可知，网架结构在坍塌前，西南角处发生了明显的局部凹陷。经现场勘察发现，网架西南角螺栓球支座与上弦杆 S1 连接的 M33 高强螺栓发生了断裂。其次，网架西南角的斜腹杆 F1 与下弦螺栓球节点连接的 M42 高强螺栓出现丝扣滑脱破坏。坍塌区域的半跨平面示意图如图 6 所示，失效杆件 S1 和 F1 位置如图 6 中标记所示。结合事故发生的特点，可初步鉴定该事故的起因可能是 M33 和 M42 高强螺栓的破坏。为进一步明确 M33、M42 高强螺栓发生破坏的原因，以及确定 M33、M42 高强螺栓在事故中破坏的先后次序，笔者对此开展了研究工作，以揭示事故发生的本源。

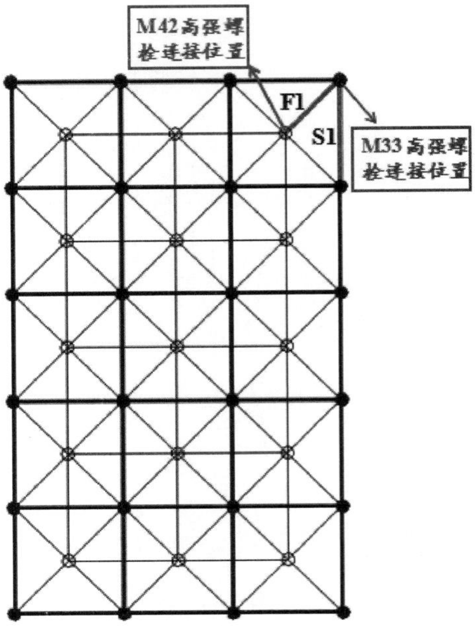

3.1 网架构件的化学成分及力学性能

通过事故现场取样，依据国家相关检测标准对坍塌网架结构中的钢管和高强螺栓进行了化学成分鉴定以及力学性能试验。结果表明，钢管 $\phi 159 \times 8$ 的含碳量为 0.21%，不符合 0.20% 的限值要求；M20 高强螺栓含碳量为 0.46%，不符合 0.44% 的限制要求。钢管 $\phi 60 \times 3.25$、$\phi 77.5 \times 3.5$、$\phi 114 \times 4$、$\phi 140 \times 4$ 四种规格的抗拉强度以及 M48 高强螺栓的屈服强度不满足规范要求。

3.2 网架结构的有限元分析

3.2.1 模型建立

由于坍塌仅发生在上部网架结构，为简化计算，只对上部网架结构的受力状况进行分析。建立模型时，考虑到支座锈蚀等原因可能导致支座约束情况与原设计不符，因此针对上部网架结构与下部框架结构的连接分别考虑双向和三向两种约束情况，网架所受荷载将折算成节点荷载施加在网架的上弦节点处，所有杆件均采用桁架单元建立。根据网架结构的实际情况和原设计资料，利用 Midas 结构设计软件建立网架结构的整体模型，如图 7 所示。

图 6　坍塌区域半跨平面示意图

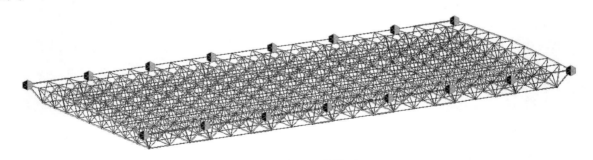

图 7　网架的整体模型

3.2.2 荷载取值

该事故发生地为山西大同市，常年受季风影响，抗震设防烈度为 7 度（0.15g）。事发当日，当地的气象资料为：17 日，天气多云转晴，4 到 5 级（短时 6 到 7 级）西北风，最低气温 7℃，最高气温 24℃；20 日，天气晴朗，3 到 4 级东北风，最低气温 7℃，最高气温 22℃。因此，本次分析主要考虑结构自重、雪荷载、恒活荷载、风荷载以及吊车荷载，不考虑地震作用。由于吊车不是悬挂于网架上，故将吊车荷载折算为对支座处位移的影响。网架屋面为不上人屋面，按实际情况取 1.0kN/m²，风荷载根据该建筑物的 CFD 数值模拟结果取 −0.50kN/m²，各荷载工况设定见表 1。

表 1　荷载工况

工况	荷载	取值
工况 1	恒荷载	3.5kN/m²
工况 2	雪荷载标准值	0.5kN/m²
工况 3	屋面活荷载	1.0kN/m²
工况 4	风压标准值	−0.50kN/m²
工况 5	吊车荷载	支座位移 +3mm
工况 6	吊车荷载	支座位移 −3mm

3.2.3　结果分析

　　根据事故发生的特点，重点研究厂房网架结构中上弦杆 S1、斜腹杆 F1 以及 M33、M42 高强螺栓在不同的单一荷载工况下的应力状态，如表 2 所示。从计算结果可知，M33 和 M42 高强螺栓的应力均远小于其屈服强度，不会发生静力拉断破坏；杆件 S1 和 F1 的应力远低于其屈服强度，以及其它杆件（未列出）的应力亦低于其屈服强度。由此可知，网架结构在正常荷载工况组合作用下，结构受力安全。

表 2　构件应力计算结果（单位：MPa）

工况	双向约束				三向约束			
	杆件应力		螺栓应力		杆件应力		螺栓应力	
	上弦杆 S1	腹杆 F1	M33	M42	上弦杆 S1	腹杆 F1	M33	M42
工况 1	−76.7	85.5	0	220.1	54.4	89.7	108.4	231.1
工况 2	−13.7	31.8	0	28.4	9.7	33.4	27.8	29.8
工况 3	−19.8	22.0	0	56.7	14.0	23.1	27.8	59.6
工况 4	9.9	−11.0	19.7	0	−7.0	−11.6	0	0
工况 5	0	0	0	0	−44.5	−0.8	0	0
工况 6	0	0	0	0	44.5	0.8	88.5	2.1

3.3　M33 高强螺栓断裂失效分析

3.3.1　M33 高强螺栓断口形态分析

　　如图 8 所示，分析 M33 高强螺栓断口的宏观形态可知，其具有疲劳源区、扩展区和瞬断区特征[3]，属于典型的疲劳破坏。为进一步揭示 M33 高强螺栓疲劳裂纹扩展和断裂的机理，采用扫描电子显微镜对断口进行金相分析，如图 9 ～图 10 所示。从微观结构上看，扩展区内有较多韧窝，没有明显的疲劳弧线，总体呈现疲劳条带与韧窝的混合形貌。瞬断区内有断裂韧窝，韧窝较浅且存在二次裂纹，呈混合断口形貌，有明显的瞬断痕迹。由于螺栓的瞬断区靠近销孔一侧，通过显微镜对销孔内壁进行观察发现，销孔内表面存在很多蚀坑，如图 11 所示，蚀坑的存在加速了螺栓最终的脆性断裂。

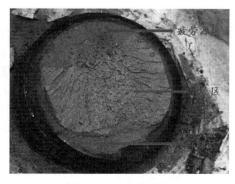

图 8　断口宏观形态

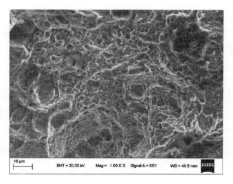

图 9　扩展区形貌

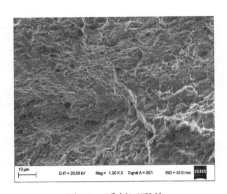

图 10　瞬断区形貌

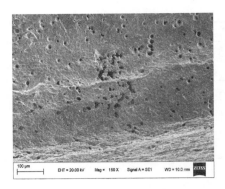

图 11　销孔内表面的蚀坑

3.3.2　M33 高强螺栓螺纹根部的应力集中分析

高强螺栓由于螺纹的存在，使得螺杆表面的应力集中问题十分严重[1]，利用 Abaqus 有限元软件对 M33 高强螺栓螺纹根部的应力状态进行数值模拟。在建立螺栓球单元时采用对称性原则，不考虑螺纹升角的影响和其他杆件的连接，简化螺栓球节点模型，重点研究单个高强螺栓连接螺栓球的应力集中，提高计算效率。在计算时，螺栓及螺栓球的弹性模量取 2.06×10^5MPa，泊松比为 0.3，采用 C3D20 实体单元，如图 12 所示。螺栓与螺栓球之间的接触设为面面接触，摩擦系数取 0.15，球断面施加固端约束，螺栓头部施加 100MPa 拉应力。应力集中系数[2]表达式如式（1）所示，其中 σ_m 为最大局部应力值，σ_0 为基准应力。

$$K_f = \frac{\sigma_m}{\sigma_0} \tag{1}$$

如图 13 所示，高强螺栓与螺栓球咬合处的第一圈螺纹根部处出现了应力峰值，其值为 593.5MPa。经计算，螺杆表面的基准应力 σ_0 为 125MPa，故 M33 高强螺栓的应力集中系数 K_f= 593.5/125 = 4.8，由此可知螺栓球节点中高强螺栓的螺纹根部存在严重的应力集中。

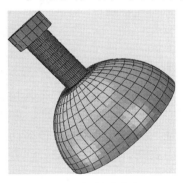

图 12　螺栓球节点

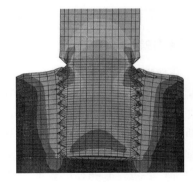

图 13　应力云图

在疲劳破坏中，初始裂纹往往在构件应力敏感或表面缺陷的部位萌生[4]，而高强螺栓与螺栓球啮合处第一圈螺纹根部存在严重的应力集中，为裂纹萌生提供了条件。与此同时，分析上表 2 的计算结果可知，高强螺栓 M33 在风荷载、屋面活荷载以及吊车荷载的作用下，经历的是反复交变作用；反复交变作用共有 19.7MPa、14.0MPa、27.8MPa、88.5MPa 四个名义应力幅等级；若考虑组合作用，最大应力为 224.7MPa，最小应力为 108.4MPa，则最大的名义应力幅为 116.3MPa；若考虑上述 M33 高强螺栓的缺口应力集中系数 K_f 为 4.8，根据热点应力或热点应力幅[5]计算方法可得，则 M33 高强螺栓的最大热点应力为 1078.56MPa，最小的热点应力为 520.32MPa，最大的热点应力幅为 558.24MPa。从已有的疲劳试验结果可知，M33 高强螺栓在高应力幅荷载作用下极易发生疲劳破坏[6]。综上，可判定支座处螺栓球节点中 M33 高强螺栓是在长期动变载荷作用下发生了疲劳断裂。

3.4 M42 高强螺栓丝扣滑脱破坏的原因分析

由上述研究已知，M42 高强螺栓的拉脱破坏发生在 M33 高强螺栓疲劳断裂之后（即 S1 杆件失效）。为揭示 M42 高强螺栓为何在 13 年之中未发生丝扣滑脱，却在 S1 杆失效后突然被拉脱的原因，利用 ANSYS 有限元软件建立该螺栓球支座节点有限元模型，如图 14 所示。计算时，支座底部设定为固支，忽略底板变形，不考虑阻尼效应和网架整体对于节点的影响，并假定腹杆及另一上弦杆的远端为固定端。与此同时，假定 S1 杆失效后其内力突然施放无时间延迟，仅考虑卸载的影响。计算过程分两步，首先采用动力松弛法将 S1 杆件的轴力预加到节点上产生预加载荷及变形；然后撤去荷载，计算荷载施放后节点产生的动力响应，如图 15 所示。

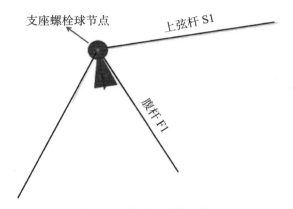

图 14 失效节点有限元模型

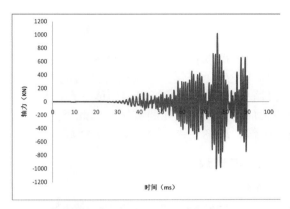

图 15 腹杆 F1 轴力变化时程曲线

从上可知，在荷载释放初期，腹杆 F1 的应力保持在一个较低的水平，随后由于上弦杆 S1 的瞬间卸载而产生了动力响应，其它两根杆件的应力在短时间内急剧变化，在 80ms 左右时腹杆 F1 的应力达到最大，约 1017kN，是 S1 杆失效前杆件应力的 4 倍左右。巨大的冲击力导致斜腹杆 F1 下端的 M42 高强螺栓发生滑脱破坏，如图 16 所示。

图 16 M42 高强螺栓丝扣滑脱破坏

3.5 坍塌过程分析

已有的研究结果表明，当网架结构中某些杆件发生破坏之后，结构为达到一种新的平衡，结构会进行内力重分布[7, 8]。为研究上弦杆 S1 和腹杆 F1 失效后网架整体的受力情况，在原有的结构模型上，将 S1 和 F1 杆件的刚度设置为趋近为零，以模拟两根杆件的失效状态。S1 杆和 F1 杆失效后，结构的应力和位移变形分别如图 17 和图 18 所示。

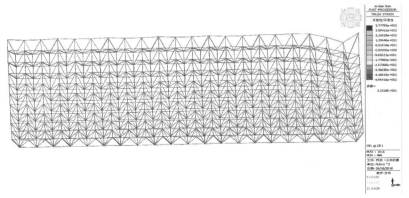

图 17 S1 杆和 F1 杆失效后结构的应力图

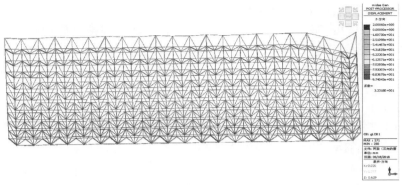

图 18　S1 杆和 F1 杆失效后结构的位移

　　从上图可以看出，当上弦杆 S1 和腹杆 F1 失效之后，剩余结构体系发生内力重分布，结构的应力和位移均发生了变化。结构中杆件的最大拉应力达到 377.8MPa，最大压应力达到 495.3MPa，远超过了杆件材料 Q235 钢的极限强度值。在两根杆件失效之后，与失效杆件相邻的杆件因不能承受此过程中的附加内力而发生屈曲破坏。以此类推，初始失效在剩余结构体系中蔓延，致使更多的杆件失效而退出工作，最终导致了网架结构的坍塌。

4　结论与建议

4.1　结论

　　通过现场勘察，理论分析和有限元模拟等方法对该螺栓球节点网架结构坍塌事故的原因进行了详细分析，可以得出以下结论：

　　（1）在正常使用状态下，该厂房网架结构受力安全。

　　（2）对上弦杆连接支座螺栓球 M33 高强螺栓的受力状态、螺纹根部的应力集中以及断口形态进行失效分析，结果表明该螺栓断裂是由风荷载等交变荷载共同作用下引发的疲劳破坏，是本次事故引发的最直接原因。

　　（3）事故的间接原因是上弦杆 S1 失效后产生的结构动力响应导致腹杆 F1 连接下弦螺栓球节点的 M42 高强螺栓发生滑脱破坏，最终导致网架结构的坍塌。

4.2　建议

　　基于本次事故原因的研究结果，笔者对此类网架结构的设计与使用提出以下三点建议：

　　（1）建议采用体外预应力的方法对整个网架结构进行加固，减小主要受力杆件的内力峰值；检查并拧紧松动的套筒，加装缺失的销钉；及时更换变形严重的杆件和翘曲变形大的支座底板；涂装杆件和螺栓球表面，防止屋面渗漏等。

　　（2）该螺栓球网架厂房中高强螺栓存在假拧等施工质量问题，才导致了腹杆 F1 连接的 M42 高强螺栓因承载力不足发生了滑脱破坏。因此，今后在网架施工过程应杜绝螺栓假拧问题的存在，严格控制网架的施工质量。

　　（3）螺栓球节点网架结构中，高强螺栓在风荷载等动变荷载作用下，极易在应力敏感的部位萌生裂纹，从而发生疲劳破坏。因此，对此类网架结构进行疲劳验算与监测是十分必要的。

参考文献

［1］雷宏刚，裴艳，刘丽君. 高强度螺栓疲劳缺口系数的有限元分析［J］. 工程力学，2008（S1）：49-53.

［2］航空工业部科学技术委员会. 应力集中系数手册［M］. 北京：高等教育出版社，1990.

［3］刘新灵，张峥，陶春虎. 疲劳断口定量分析［M］. 北京：国防工业出版社，2010.

［4］陈传尧. 疲劳与断裂［M］. 武汉：华中科技大学出版社，2002.

［5］雷宏刚. 螺栓球节点网架结构高强螺栓连接疲劳性能的理论与试验研究［D］. 太原理工大学，2008.

［6］周欣茹. 基于疲劳试验数据的高强螺栓疲劳设计方法［D］. 太原理工大学，2005.

［7］周列武. 正放四角锥网架结构连续倒塌机理与抗倒塌设计研究［D］. 中国矿业大学，2014.

［8］张士辉. 网架结构的连续性倒塌分析［D］. 河北大学，2015.

山西某商住楼超限结构分析及加固处理

周　燕　雷宏刚

太原理工大学建筑与土木工程学院，山西太原，030024

摘　要： 对位于山西省的某 28 层商住楼进行了安全鉴定和加固处理。该商住楼原设计为 28 层的钢筋混凝土剪力墙结构，施工过程将其 24 ～ 28 层改建为砖混结构，由此带来了安全隐患。首先，经过现场检测、室内试验及结构分析软件 Midas 的建模分析计算，对该建筑结构的安全性进行了鉴定分析。结果分析表明，该商住楼 24 ～ 28 层砖砌体墙体的抗剪承载力严重不足，90% 以上的墙体的抗剪承载力无法满足要求，80% 以上墙体抗剪承载力的欠缺程度达到了 70% 以上，其中欠缺程度最多的可达到 89%。随后，为保证结构在使用过程中的安全性，采用了钢筋网片高强聚合物水泥砂浆面层法对原有结构进行加固改造处理，以达到抗震规范的要求。本次工程事例可为类似工程提供参考。

关键词： 商住楼，剪力墙结构，砖混结构，安全鉴定，加固处理

Structure Analysisand Reinforcementof a Business-Living Buildingin Shanxi

Zhou Yan　　Lei Honggang

College of Architecture and Civil Engineering，Taiyuan University of Technology，Taiyuan 030024，China

Abstract： A 28-storey business-living building located in Shanxi was analyzed as a typical project in this paper. The structure was designed as 28-storey reinforced concrete shear wall structure，but 24-28 was the changed as brick masonry structure at the construction work，which brought potential safety hazard. First，the methods of on-site detecting，laboratory tests and Midas theoretical analysis were carried out to calculate the safety of the structure. The results showed that the shear capacity of brick masonry walls were seriously insufficient. More than 90% of the wall shear capacity can't meet the requirements，and more than 80% of the wall shear strength of the degree reached more than 70%，of which the most deficient degree can reach 89%.Subsequently，the method of high strength polymer mortar layers was used to reinforce and reconstruct the original structure，which made the structure meet the security requirements of the seismic code. This example can provide reference for the similar projects.

Keywords： business-living building，shear wall structure，brick masonry structure，safetyappraisal，reinforcement treatment

1　工程概况

本工程为山西省某商住楼，如图 1 ～图 3 所示。该商住楼分为地下 2 层，地上 28 层，总建筑面积约为 30984.5m²。地下一、二层为地下车库、设备用房和库房等用地，层高均为 3.00m。地上一、二层为商店，层高为一层 4.20m，二层为 3.90m，三层以上均为住宅，住宅户型为一梯两户，层高均为 3m，顶层局部电梯机房层高 4.50m，水箱间层高均为 3.00m，建筑总高度为 92.1m，室内外高差为 0.15m。

基金项目：国家自然科学基金项目（51578357）。

作者简介：周燕，女，博士研究生，研究方向：装配式钢结构住宅，E-mail：1529148972@qq.com。

雷宏刚，男，教授，博士生导师，研究方向：钢结构与空间结构，E-mail：lhgang168@126.com。

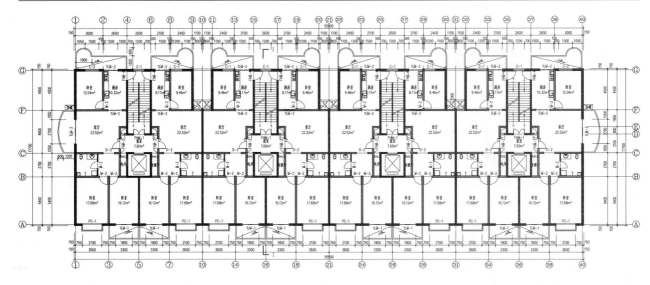

图 1　建筑平面图

Fig.1　Architectural plans

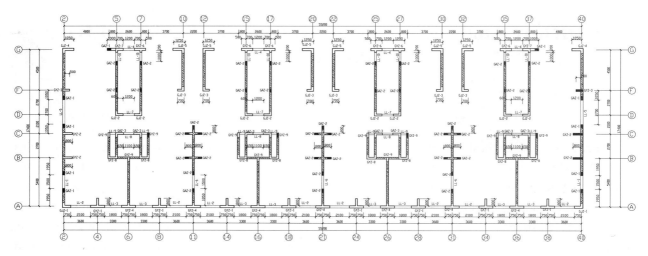

图 2　剪力墙结构平面图

Fig.2　Structureplanar graph ofshear wall

该商住楼的承重结构原设计为地上 28 层钢筋混凝土剪力墙结构，施工时改为地下 2 层及地上 1～23 层为钢筋混凝土剪力墙结构，24～28 层为砖混结构。该商住楼于 2014 年完工。

基于该商住楼的施工变更带来的结构安全隐患，受甲方委托，太原理工大学雷宏刚教授团队对该结构进行了加固处理前、后的安全性鉴定，最终出具安全性鉴定报告。

2　安全性鉴定

2.1　外观普查

基于甲方提供的原设计图纸，对现有结构体系、构件尺寸及使用功能情况进行现场复核。地下室两层和地上 1～23 层剪力墙结构体系布置及建筑功能使用现状符合原设计要求，构件截面尺寸与设计相符。通过现场普查，发现该商住楼的 24～28 层楼房的结构体

图 3　建筑外观图

Fig.3　Architectural appearance graph

系由原设计的钢筋混凝土剪力墙结构改为了砖混结构，部分楼板混凝土出现了裂缝，但进行过后期的处理，部分混凝土梁边缘出现混凝土剥落，部分墙与墙交接处出现了裂缝。

2.2　混凝土强度检测

根据原设计图纸，剪力墙的混凝土强度等级为：–2 ～ 4 层为 C35，5 ～ 16 层为 C30，17 层以上为 C25；梁、板、柱、楼梯的混凝土强度等级为：±0.00 标高以下为 C30，±0.00 标高以上为 C25。

本次采用钻芯法检测混凝土强度，现场取芯的位置、数量、室内试验均依据《钻芯法检测混凝土强度技术规程》（CECS 03：2007）[12] 的有关规定执行。本次取芯位置主要在剪力墙、楼梯以及底层框架柱，芯样数量共计 30 个。为确保取芯过程对原构件损伤最小，取芯前在熟悉原设计图纸基础上，借助钢筋扫描仪对构件钢筋进行扫描，确定现场取芯位置。

芯样试件的试验设备采用 WAW-1000kN 微机电液伺服万能试验机，芯样强度试验如图 4 所示。

图 4　芯样强度试验

Fig.4　Strength test of core samples

芯样试件混凝土强度试验结果显示，24 ～ 28 层的混凝土抗压强度为 C22，低于原设计要求。

2.3　变形观测

利用全站仪和经纬仪对商住楼的位移、倾斜及沉降进行了现场勘测，由于商住楼部分抹面、贴砖、装修等原因，只能将一层外墙装饰面上沿作为原始水平参考基准面。其沉降测量点位置示意图如图 5 所示。勘察结果显示该商住楼 1 号点和 4 号点的标高差值超出了《混凝土结构工程施工质量验收规范》（GB 50204—2015）[13] 中规定的允许偏差 ≤ ±30mm。偏差包含地基不均匀沉降、施工偏差和抹面、贴砖、装修等原因。

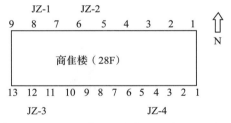

图 5　沉降测量点位置示意图

Fig.5　Positionschematic diagram of settlement observation point

3　上下结构整体计算与分析

根据《建筑抗震设计规范》（GB 50011—2010）[14]、《高层建筑混凝土结构技术规程》（JGJ 3—2010）[15] 和《建筑结构荷载规范》[16] 的规定以及本工程实际情况，对施工变更后的上部整体结构进行建模和荷载取值，使用 YJK 和 Midas 两种结构分析软件对结构承载力进行验算分析，另通过 ABAQUS 有限元分析软件对结构的振动模态进行复核。

3.1　模型建立

现以结构分析软件 Midas 建模为例进行说明。

根据本工程实际情况，建模时 1 ～ 23 层为钢筋混凝土剪力墙结构，24 ～ 28 层为砖混结构（楼梯间和电梯井仍为钢筋混凝土剪力墙），且 24 ～ 28 层的混凝土抗压强度按实测的 C22 取值。但是，由于这两种结构形式的组合超出了现有规范的规定，所以对于按规范进行计算分析的 Midas 软件就无法直接将这两种结构形式组合在一起进行真实的模拟分析，其存在的主要问题为：尽管可以按照用户自定义设置材料属性，建立模型，进行结构整体分析，但在设计验算模块无法对由自定义材料建立的单元进行分析。

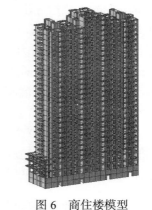

为解决以上问题，经计算分析，提出了本次模型建立的总体思路：首先，将 24 ～ 28 层的砖混结构等代为混凝土剪力墙结构，进行结构的整体分析；其次，在设计分析结果中提取 24 ～ 28 层的每个剪力墙单元在最不利工况下实际承受的剪力；最后，计算出每个砖墙欠缺的抗剪承载力。该商住楼模型如图 6 所示。

图 6　商住楼模型
Fig.6　Business-living buildingmodel

3.2　结构抗震分析

采用结构分析软件 Midas 对该商住楼进行了整体分析。表 1 和图 7 分别为结构振动周期和结构前三阶振型。

表 1　商住楼整体结构的振动周期
Table1　The vibration period of the whole structure

振型	周期（s）	平动系数	扭转系数
1	1.919	0.99	0.01
2	1.848	0.76	0.24
3	1.293	0.27	0.73

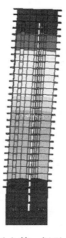 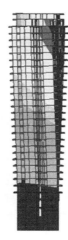 

（a）第一振型　　　　　　　（b）第二振型　　　　　　　（c）第三振型

图 7　商住楼振型图
Fig.7　Vibration shape diagram

经计算，周期比 $T_3 / T_1 = 0.67 < 0.90$，X 方向和 Y 方向各层剪重比满足鉴定标准要求，各层轴压比满足规范要求。建筑在多遇地震作用下楼层内最大的弹性层间位移满足《建筑抗震设计规范》要求。

3.3　墙体抗剪验算

根据《砌体结构设计规范》（GB 50003—2011）[17] 5.5.1 条可知，沿通缝或沿阶梯形截面破坏时受剪构件的承载力应按下式计算：

$$V_M \leqslant (f_u + \alpha\mu\sigma_0) A$$

由该公式可以求出在荷载最不利情况下 24 ～ 28 层砌体墙体的抗剪承载力，然后再根据实际剪力求出每个墙所欠缺的抗剪承载力。

经验算，该商住楼 24 ～ 28 层砌体结构的墙体在地震作用下，抗剪承载力严重不足，90% 以上的墙体的抗剪承载力无法满足要求，且其欠缺程度从 30% ～ 90% 不等，其中 80% 以上墙体抗剪承载力的欠缺程度达到了 70% 以上。由于墙体抗剪承载力的欠缺已严重影响到结构的整体承载。因此，必须立即采取加固处理措施。

4　结构加固设计

4.1　加固方法

依据《砌体结构加固设计规范》（GB 50702—2011）[19]，比对各种加固方法的优缺点，结合本工程实际情况，最终选择了"钢筋网片高强聚合物水泥砂浆面层法"对抗剪承载力不满足的墙体实施加固处理，由于受现场条件限制部分墙体无法进行双面加固，故采用单面加固。加固方法示意图如图 8～图 10 所示。

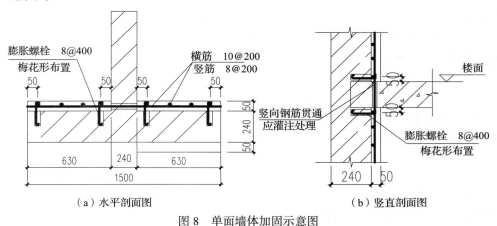

（a）水平剖面图　　　　　（b）竖直剖面图

图 8　单面墙体加固示意图

Fig.8　Reinforcement schematic diagram of single-side wall

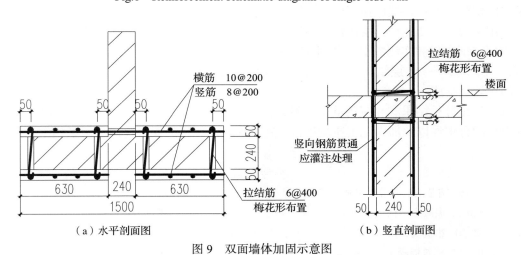

（a）水平剖面图　　　　　（b）竖直剖面图

图 9　双面墙体加固示意图

Fig.9　Reinforcement schematic diagram of double-side wall

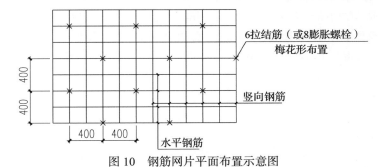

图 10　钢筋网片平面布置示意图

Fig.10　Layoutschematic diagram of reinforced

4.2 材料的选用及要求

（1）钢筋：符合国家现行《钢筋混凝土用热轧光圆钢筋》（GB 13013—1991）[20]的规定。

（2）聚合物砂浆：强度等级选用 M40，符合国家标准《砌体结构加固设计规范》（GB 50702—2011）的要求。

4.3 关建工序及施工要点

（1）施工的关键环节达到了设计要求：即："竖向钢筋全部贯通了楼板，并进行了灌注处理，尤其是 23 层和屋顶楼板的钻孔采用了植筋胶。"

（2）钢筋网聚合物水泥砂浆面层的厚度达到设计要求的 50mm。

（3）聚合物水泥砂浆的强度等级达到 M40 的要求。

（4）构造连接达到设计要求，即：当采用单面钢筋网水泥砂浆面层加固时，网片与墙体采用了机械锚栓连接；当采用双面钢筋网水泥砂浆面层加固时，钢筋网采用了穿通墙体的 S 形钢筋拉结，拉结钢筋成梅花状布置，其竖向间距和水平间距均不应大于 500mm。

5 结语

该商住楼，原结构设计为"钢筋混凝土剪力墙结构"，施工时将 24 ～ 28 层改成了"砖混结构"。为此带来了安全隐患，为保证结构的安全性，对该商住楼加固处理前后的安全性进行鉴定。鉴定加固结果如下：

（1）通过现场普查，发现该商住楼的 24 ～ 28 层楼房的承重类型由原设计的钢筋混凝土剪力墙结构改为了砖混结构。此外，部分楼板混凝土出现了裂缝，但进行过后期的处理，部分混凝土梁边缘出现混凝土剥落，部分墙与墙交接处出现了裂缝，结构存在诸多安全隐患。

（2）采用钻芯法检测混凝土强度的方法，在商住楼标定位置分别钻取 30 个混凝土芯样，并对芯样进行了室内切割、养护及抗压强度试验，评定混凝土抗压强度为 22MPa。

（3）利用水准仪对商住楼首层窗台下檐进行沉降测量，商住楼的标高偏差不满足规范要求。

（4）依据图纸资料和实测数据，利用 Midas 结构分析软件对商住楼结构进行建模计算分析，该结构在地震作用下，24 ～ 28 层结构中砌体墙体不满足抗剪承载力要求，已严重影响到整体承载，必须立即采取加固处理措施。

（5）依据理论分析结果和相应的规范，对该商住楼进行了加固，并对商住楼加固处理前的安全隐患、加固设计的合理性以及加固施工质量进行评定，使该商住楼的安全性满足国家相关规范要求。

参考文献

［1］ JGJT 384—2016. 钻芯法检测混凝土强度技术规程［S］. 北京：中国建筑工业出版社，2016.

［2］ GB 50204—2015. 混凝土结构工程施工质量验收规范［S］. 北京：中国建筑工业出版社，2015.

［3］ GB 50011—2010. 建筑抗震设计规范［S］. 北京：中国建筑工业出版社，2010.

［4］ JGJ 3—2010. 高层建筑混凝土结构技术规程［S］. 北京：中国建筑工业出版社，2010.

［5］ GB 50009—2012. 建筑结构荷载规范［S］. 北京：中国建筑工业出版社，2012.

［6］ GB 50003—2011. 砌体结构设计规范［S］. 北京：中国建筑工业出版社，2011.

［7］ GB 50702—2011. 砌体结构加固设计规范［S］. 北京：中国建筑工业出版社，2011.

［8］ GB 13013—1991. 钢筋混凝土用热轧光圆钢筋［S］. 北京：中国建筑工业出版社，1991.

某煤矿筒仓受冻后结构安全性评估

丁　莎　　董振平

西安建筑科技大学土木工程学院，陕西西安，710055

摘　要：某煤矿筒仓结构服役一年多，出现了不同程度的劣化现象。煤仓出现冻融破损、渗漏等现象，冻融区域混凝土多处出现酥松脱落掉块，钢筋外露、锈蚀等损伤，已经不能满足正常的生产和安全的要求。为保证煤仓的安全使用，并为后期维修加固提供技术依据，需对筒仓进行全面可靠性检测，并考虑筒仓目前损伤情况，利用软件进行承载力验算。依据国家现行标准规范要求，对筒仓进行可靠性等级评定，并根据综合评定等级，在对检测结果进行综合分析的基础上，结合工程经验，对煤矿筒仓提出合理的加固与维护建议。

关键词：煤矿筒仓结构，安全评估，加固维护

Safety Assessment of the Coal Silo Structure Suffer Cold Weather

Ding Sha　　Dong Zhenping

School of Civil Engineering，Xi'an University of Arch.&Tech.，Xi'an 710055，china

Abstract：The coal silo structure appeared different degree of degradation such as freeze-thaw breakage and leakage after serving more than a year. The concrete subjected to freeze-thaw cycles was falling off，so the internal reinforcements were exposed and corroded. What's more，the damaged coal silo could not meet the requirements of normal production and safety. To ensure the secure use of coal silo，the comprehensive reliability test was taken to provide technical basis for later maintenance. The bearing capacity was calculated using Abaqus considering the damage of coal silo. According to the current national standard specification，the reliability of coal silo structure was assessed. Based on the comprehensive analysis of detected results，the measures of reinforcement and maintenance were put forward combined with engineering experience.

Keywords：coal silo structure，safety assessment，measures

1　工程概况

某煤矿煤仓建于 2010 年，主体由两个直径 15.000m 钢筋混凝土筒仓组成，仓顶标高 20.800m，仓上为框架结构，建筑物总高度 40.800m。标高 –1.300m 以下筒壁，漏斗梁、漏斗混凝土强度为 C35，标高 –1.300 ～ 20.800m 仓壁混凝土强度为 C30，标高 20.800m 以上仓顶结构混凝土强度为 C30。

煤仓所在场地为 III 级自重湿陷性场地。本地区属季节性冻土区，当地冬季最低温度 25.1℃，夏季最高温度 38.6ºC，每年 10 月封冻，次年 4 月解冻，最大冻深为 1.09m。

煤矿生产过程中，煤仓东仓漏斗环梁上方 2m 处的仓壁冻胀变形且外鼓，仓壁开始出现混凝土脱落，掉块等破损现象。截至目前，煤仓东仓壁冻融破损严重，冻融区域混凝土多处出现酥松脱落掉块，钢筋外露、锈蚀现象。为保证煤矿煤仓生产的安全正常进行，并为后期维修加固提供技术依据，需对筒仓进行全面可靠性检测鉴定。

2　现场检测结果与分析

2.1　地基基础

现场检测可知，煤仓上部结构中未发现因地基下沉出现倾斜、裂缝等明显不均匀沉降现象。因

作者简介：丁莎（1989—），女，工程师。

此，可综合判断目前地基基础的工作状况良好。

2.2 混凝土强度和碳化深度

对煤仓、仓壁、仓上等混凝土构件进行了随机抽样检测混凝土强度。东仓冻融区域混凝土强度显著降低，钻芯综合评定煤仓东仓冻融区域混凝土强度为 C20，远低于其设计强度 C30，不满足设计要求；其他区域各类构件混凝土强度均达到设计要求。

煤仓碳化深度均分布在 0.5 ～ 1.2mm，碳化深度较小，且远小于钢筋保护层厚度。

2.3 外观质量

煤仓破损主要表现为冻融破坏，损伤具体表现为：东仓东南侧仓壁出现明显冻害现象，仓壁外鼓明显，表面混凝土酥松、纵横裂缝交错，表层水泥浆层大面积脱落、粗骨料外露。仓壁渗漏严重，冬季渗漏出现冰凌堆积。另外在东西两仓下环梁顶面渗漏普遍，且局部出现表层冻融破损，西仓南侧筒壁外侧窗口也发现轻度冻融破损。东仓壁冻融外鼓区域开裂现象普遍，表现为顺筋竖向、环向裂缝，裂缝最大宽度约1.5cm。通过对开裂混凝土进行钻芯取样检测，抽取的芯样裂缝深度约180mm，接近内外裂通。仓顶部局部排水不畅，雨水沿外仓壁流淌，由于干湿交替，冬季冻融，筒仓壁局部出现耐久性损伤。局部竖向、环向钢筋外露、锈蚀。仓上建筑墙体开裂普遍，表现为窗间墙水平裂缝及窗角部斜裂缝；墙体、屋面局部渗漏、抹灰剥落。

2.4 结构变形检测

煤仓 1 # ～ 2 # 两个测点的倾斜测量结果相对值分布在 0.0018H ～ 0.0019H 之间，倾斜变形满足相关规范要求。东仓外鼓区域 3 # 测点最大变形垂直仓壁约123mm，倾斜变形不满足相关规范要求。东仓 4 # 测点的倾斜测量结果相对值为 0.0013H，倾斜变形满足相关规范要求。

2.5 煤仓承载力验算

采用 Abaqus 计算分析，筒仓上部结构有所简化主要用于结构刚度计算和荷载传递，不作为应力及配筋校核，筒仓以及漏斗模型与图纸保持一致。计算模型见图1、图4。

考虑目前冻融、剥蚀等损伤，筒仓内按照泥煤进行计算，容重为 14kN/m³，计算结果见图5、图6。

图 1　筒仓模型

图 2　第一振型横向平动

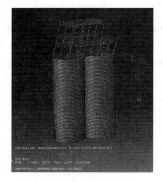
图 3　第二振型纵向平动

图 4　第三振型扭转

图 5　筒仓混凝土应力图

图 6　筒仓钢筋应力图

由图可知，仓壁荷载增加，且环向拉力显著增大，超过混凝土抗拉强度设计值；沿筒壁高度方向影响较小。筒仓壁混凝土出现拉应力超过设计抗拉强度，泥煤容重较高对筒仓开裂、破损有直接影响。仓壁环向钢筋应力为34MPa，钢筋应力较之前有所增大，但仍在规范限值内，在出现冻融破坏及荷载增加的情况，仓壁的钢筋应力依然保持在规范限值应力水平。漏斗壁处应力较大，相交之处存在应力集中现象；扶壁柱及漏斗梁应力正常，顶层位移较大，为鞭梢效应引起。

3　安全性鉴定

3.1　地基检测

按照《工业建筑可靠性鉴定标准》（GB 50144—2008）规定，地基变形按照《建筑地基基础设计规范》（GB 50007—2011）要求进行评定，对于高耸结构基础倾斜，高度大于20m，小于50m时，其倾斜率限值为6‰。现场检测原、煤仓倾斜率均小于6‰，未发现地基基础出现明显不均匀沉降现象，因此综合评定地基基础安全性等级为B级。

3.2　仓体与支撑体系

仓体与支承体系安全性等级按照结构整体性和承载能力两个项目进行评定。

煤仓采用钢筋混凝土结构体系，支承体系为混凝土筒壁。结构布置规整，传力路径明确，支承体系构造基本完善，结构构件连接方式合理。结构整体性评定为A级。根据计算结果，东仓壁存在严重缺陷，煤仓整体承载能力评为D级。即煤仓主体结构安全安全，必须立即采取措施。

4　加固与修复建议

在对检测结果进行综合分析的基础上，针对构筑物目前所处的安全性状态，针对筒仓所处的特殊气候环境及力学环境，同时考虑筒仓结构中构件损伤劣化，钢筋锈蚀等因素的耦合作用，结合以往工程经验，对煤矿筒仓主体结构修复、加固与维护提出以下几点建议：

（1）煤仓主体结构出现冻融破损，由于仓内堆积泥浆结冰所致，为确保不再发生仓体内泥浆大量堆积结冰冻融现象，生产环节应严格要求控制；同时，未经设计部门许可，严禁改变生产用途及使用环境。

（2）对存在安全隐患的煤仓东仓冻融破损严重区域进行局部更换、加固补强处理。

（3）对开裂的墙体采用压力灌浆法封堵；对该建筑物出现的楼板、屋面渗水部位进行修补处理，对出现锈蚀的楼梯栏杆进行除锈防腐处理。

（4）煤仓渗漏现象普遍，为避免冬季冻融损伤，应对筒仓内壁及下环梁节点部位做抗渗防水处理。

（5）仓体局部竖向、环向钢筋外露且锈蚀，对该部位钢筋进行彻底除锈，并采用高标号膨胀混凝土加固补强。

（6）避免水浸入筒仓地基，做好矿区建筑物及边坡的定期变形观测，出现异常情况应及时处理。煤仓筑场地具有强湿陷性，且处于边坡上，雨水长期浸泡可能造成煤仓地基基础出现不均匀沉降，严重时可能导致边坡滑移。

参考文献

［1］郭鹏. 某煤仓筒仓结构安全性评定与加固设计［J］. 内蒙古煤炭经济，2014，8：124-126.

［2］赵阳，俞激，叶军. 仓壁柱承钢筒仓结构行为的研究［J］. 工程力学，2006，11：63-69.

［3］牛彦俊，王金成，夏广录等. 某火电厂汽车卸煤勾煤斗基于有限元分析的事故鉴定［J］. 兰州工业学院学报，2015，22（3）：36-39.

［4］JGJ/T 23—2011. 回弹法检测混凝土抗压强度技术规程［S］.

［5］GB 50144—2008. 工业建筑可靠性鉴定标准［S］.

［6］GB 50007—2002. 建筑地基基础设计规范［S］.

梁侧锚固钢板加固火灾后
混凝土梁的受剪承载力分析

陆洲导　　包洪印　　姜常玖　　李凌志

同济大学结构工程与防灾研究所，上海，200092

摘　要：本文结合国内外学者试验与理论研究成果，探究了梁侧锚固钢板（Bolted Side-Plating，BSP）加固火灾后受损混凝土梁的受剪破坏机理。通过理论分析提出了适用于 BSP 梁的受剪承载力简化分析模型，推导了能准确预估 BSP 梁受剪承载力的计算公式。并将该理论模型应用于既有试验研究，验证了该受剪理论模型的准确性。

关键字：梁侧锚固钢板，火灾后，混凝土梁，剪切破坏机理，简化设计方法

Shear Capacity of Fire-Damaged RC Beams
Retrofitted by Bolted Side-Plating

Lu Zhoudao　　Bao Hongyin　　Jiang Changjiu　　Li Lingzhi

Research Institute of Structural Engineering and Disaster Reduction，Tongji University，Shanghai 200092

Abstract：This paper combines the research results of existing experimental and theoretical studies to explore the shear failure mechanism of fire-damaged RC beams retrofitted by the bolted side-plating（BSP）technique. Through theoretical analysis，the simplified theoretical model for accurately predicting the shear capacity of BSP beams are deduced and simplified formulas are also proposed. Finally，the simplified design method is employed to estimate the shear capacity of several BSP beams in a previous testing study，thus its feasibility is validated.

Keywords：Bolted Side-Plating（BSP），fire-damaged，RC beam，shear failure mechanism，simplified design method

0　前言

目前，常温下梁侧锚固钢板（简称 BSP 法）加固混凝土梁承载力计算已积累了一定研究成果。Cook 等[1]研究了锚固深度对化学锚贴破坏形式和极限承载力的影响，并提出了评估锚杆抗拉强度的设计建议。Siu 和 Su[2,3]等通过 BSP 法加固低配筋梁的试验和理论研究，提出了用于计算纵横向相对滑移和群锚螺栓性能的计算公式。Li 等[4]基于钢板局部屈曲试验，研究了钢板厚度、螺栓间距、纵横向加劲肋配置等因素对螺栓钢板抗屈曲性能的影响。宋一凡[5]运用力法原理建立了锚贴钢板加固梁的分析计算迭代公式。张晓飞[6]通过抗剪扭试验证明了锚贴钢板可提高梁抗剪扭承载力和限制裂缝开展。孙川东[7]通过试验证明锚贴法可有效提高混凝土梁的抗剪性能。

尽管如此，针对 BSP 法用于火灾后混凝土梁的抗剪加固设计方法还没有全面的研究，为了建立

基金项目：国家自然科学基金项目"火灾后混凝土梁柱节点的锚钢加固机理研究"（51778496）。
作者简介：陆洲导（1957—），男，上海人，教授，博导。主要研究方向：工程抗火、结构检测与加固。
　　　　　包洪印（1994—），男，辽宁人，硕士研究生。
　　　　　姜常玖（1987—），男，山东人，博士研究生。
通讯作者：李凌志（1980—），男，湖南人，副教授。主要研究方向：结构抗火与加固。E-mail：lilingzhi@tongji.edu.cn。

合理的简化加固设计方法，本文将结合国内外学者研究成果，深入分析 BSP 法加固火灾后混凝土梁的受剪破坏机理，以得到一种简单有效的设计方法。

1　BSP 加固火灾后混凝土梁受剪承载力计算方法

1.1　火灾后混凝土损伤的简化评估

过镇海等[8]提出了等效截面法计算高温下混凝土强度，徐玉野[9]也运用类似方法通过"平均折减系数"计算火灾后混凝土残余强度。其计算原理为在计算其火灾后残余强度时，根据构件的温度和受力状况的不同，将火灾后混凝土残余强度随温度变化的曲线，简化为近似的梯形或台阶形。具体计算时，首先需确定构件温度场；然后将各温度区段的实际截面宽度按混凝土火灾后强度折减系数进行折减，得到各温度区段相应的等效截面；最终汇总各区段截面得到火灾后整个试件的等效截面。

1.2　计算基本假定

基于钢筋混凝土梁剪切破坏理论假定、BSP 加固梁试验结果分析，以及国外学者的研究成果[10]，在计算 BSP 加固梁极限受剪承载力时采用如下基本假定：

（1）受剪承载力计算基于剪压破坏模式，斜拉和斜压等破坏模式应通过构造措施避免。

（2）受剪极限状态下，剪压区混凝土被压碎，其强度准则依照混凝土结构设计规范采用。

（3）主斜裂缝张开角度较大，开裂面上骨料的咬合与摩擦力可忽略不计，但需考虑纵筋销栓力的贡献。

（4）受压钢筋和箍筋达到屈服，受拉纵筋未屈服，其拉力可根据剪跨内钢板和纵筋的变形协调计算确定。

（5）锚固钢板在主斜裂缝方向服从平截面假定，其底边达到屈服应变，上部受力情况依据剪压区深度确定。

（6）与常温加固梁不同，火后加固梁在计算承载力时需要考虑混凝土强度折减。

1.3　受剪承载力计算公式

基于 Barne[11]提出的梁侧锚钢计算模型，通过对现有规范中混凝土梁抗剪计算模型进行改造，可提出适用于 BSP 加固梁的受剪承载力计算简化模型。截取 BSP 梁支座与主斜裂缝之间部分为隔离体进行分析（如图 1 所示），在受剪极限状态下，支座反力等于梁受剪承载力的一半。由隔离体竖向力的平衡条件可得方程（1），对主斜裂缝顶端取矩，由隔离体弯矩平衡条件可得方程（2）：

$$\frac{P_u}{2} = V_c + V_d + T_v + T_p\cos\alpha \tag{1}$$

$$\frac{P_u}{2}a = P_c\frac{x}{2} + P_{st}(d_0 - x) + T_p z_1 + V_d\left(\frac{d_0 - x}{\tan\alpha}\right) + T_v\left(\frac{d_0 - x}{2\tan\alpha}\right) \tag{2}$$

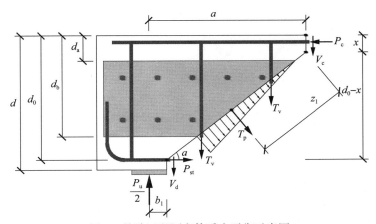

图 1　剪跨区段隔离体受力平衡示意图

其中 V_c 为荷载作用点附近剪压区混凝土的剪力，V_d 为受拉纵筋的销栓力，T_v 为箍筋的拉力，T_p 为锚固钢板拉力的竖向分量。主斜裂缝与梁纵轴的夹角可计算如下：

$$\alpha = \arctan\left(\frac{d_0 - x}{a - b_1}\right) \tag{3}$$

式中 a 为剪跨，d_0 为梁有效高度，x 为剪压区混凝土厚度，b_1 为支座宽度的一半。

（1）在计算集中荷载作用点附近剪压区混凝土剪力 V_c 时，如配置受压纵筋，尚应考虑其有利影响：

$$V_c = \tau[bx + (\alpha_E - 1)A_{sc}] \tag{4}$$

其中 τ 为剪压区混凝土剪应力，b 为梁截面宽度，A_{sc} 为受压纵筋面积，α_E 为钢筋与混凝土弹性模量之比。

（2）在计算受拉纵筋的销栓力 V_d 时，考虑到其数值一般较小，可采用与纵筋等效的混凝土面积（$\alpha_E A_{st}$）上的混凝土的抗拉承载力进行简化，估算公式如下：

$$V_d = \alpha_E f_{ct} A_{st} \tag{5}$$

其中 A_{st} 和 f_{ct} 为受拉纵筋面积和混凝土受拉强度。

（3）在计算箍筋拉力 T_v 时，考虑到穿过主斜裂缝的箍筋数量具有不确定性，因此可采用弥散化的方法先计算配箍率，然后计算剪跨范围内的箍筋拉力如下：

$$T_v = \frac{f_{yv}A_{sv}}{s_v}\left(\frac{d_0 - x}{\tan\alpha}\right) \tag{6}$$

其中 A_{sv}、s_v 和 f_{yv} 为箍筋的面积、间距和屈服强度。

（4）在计算锚固钢板拉力 T_p 的竖向分量时，由于剪跨区梁侧钢板的应力分布极其复杂，可将其简化为方向与主斜裂缝垂直且呈三角形分布的拉应力，其下边缘达到其屈服强度 f_{yp}，如图2所示。由试验可以发现锚栓锚固钢板时，存在锚杆与钢板孔洞之间的空隙等施工误差，考虑到这些不利情况，计算钢板受力时引入折减系数 $\beta_p = 0.4 \sim 0.8$。此外，当混凝土剪压区进入梁侧钢板区域时，钢板上部将受压，甚至会发生屈曲。因此在计算钢板拉力 T_p 时，需依据混凝土剪压区是否进入梁侧钢板区域而区别对待：

$$T_p = \frac{1}{2}\beta_p f_{yp} A_p \tag{7}$$

$$A_p = \begin{cases} t_p(d_b - d_a)/\sin\alpha, & x > d_a \\ t_p(d_b - x)/\sin\alpha, & x > d_a \end{cases} \tag{8}$$

其中 A_p 为钢板沿主斜裂缝的斜截面面积，t_p 为钢板厚度。

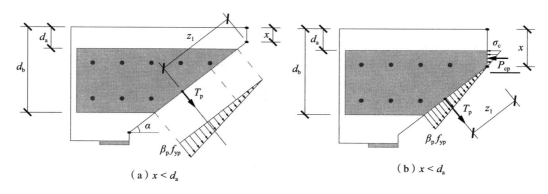

图2　钢板拉应力分布示意图

由于钢板受力方向与轴线斜交，且不通过端部锚栓群形心，因此尚需验算该锚栓群在剪扭作用下的受剪承载力。此处采用对单个锚栓承载力进行折减（$\beta_b = 0.8$）的简化计算方法，实际设计时可在确定锚栓数量和间距后进行锚栓群受力验算。

$$T_p \leqslant n_b \beta_b R_b \tag{9}$$

式中 n_b 和 R_b 分别为主斜裂缝左侧的锚栓总数和单个锚栓的受剪承载力。根据假定的应力分布，钢板拉力作用点到混凝土剪压区底端的距离可计算如下：

$$z_1 = \begin{cases} \left[\dfrac{2}{3}(d_b - x) + (d_a - x) \right] \Big/ \sin\alpha, & x < d_a \\[2mm] \left[\dfrac{2}{3}(d_b - x) \right] \Big/ \sin\alpha, & \end{cases} \tag{10}$$

由隔离体在水平方向上的平衡条件可知，混凝土剪压区轴压力 P_c 与梁底受拉钢筋拉力 P_{st} 及钢板拉力 T_p 的水平分量平衡：

$$P_c = T_p \sin\alpha + P_{st} \tag{11}$$

与计算集中荷载作用点附近剪压区混凝土剪力 V_c 类似，计算混凝土剪压区轴压力 P_c 时，尚需考虑受压钢筋的贡献。同理，也需要依据混凝土剪压区是否进入梁侧钢板锚固区域而区别对待；当混凝土剪压区进入梁侧钢板锚固区域，应考虑钢板上部区域对混凝土剪压区轴压力 P_c 的贡献。此时仍假定混凝土剪压区压应变均匀分布，但由于钢板应力滞后效应，其在该区域的应变假定为线性分布，如图 2（b）所示：

$$P_c = \begin{cases} \sigma_c(bx - A_{sc}) + f_{yc}A_{sc}, & x < d_a \\[2mm] \sigma_c(bx - A_{sc}) + f_{yc}A_{sc} + \dfrac{1}{2}\beta_p f_{yp} t_p(x - d_a), & x > d_a \end{cases} \tag{12}$$

其中 σ_c 为剪压区混凝土压应力。

需要指出的是，在计算公式（11）中的梁底受拉钢筋拉力 P_{st} 时，不能按照梁底受拉钢筋的屈服强度进行计算，而应根据剪跨内锚固钢板和纵筋的变形协调计算确定。由于主斜裂缝出现后，整个剪跨其他区域的变形大部分恢复，应变向主斜裂缝附近集中，因此可假定剪跨内梁段的整体变形在竖向可由跨过主斜裂缝的钢板剪切变形（δ_p 的竖向分量）代表，水平向可由主斜裂缝附近受拉纵筋的拉伸变形 δ_{st} 代表，如图 3 所示，并假定在钢板和受拉纵筋附近裂缝宽度相等，可得如下关系：

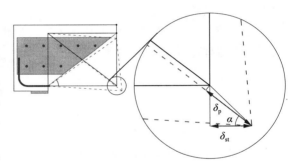

图 3　受剪隔离体剪跨区变形示意图

$$\delta_{st} = \delta_p \cos\alpha \quad \Rightarrow \quad \varepsilon_{st} = \varepsilon_p \cos\alpha \tag{13}$$

其中 ε_p 和 ε_{st} 分别为梁侧钢板和受拉纵筋应变，代入上述公式即可得到 P_{st}：

$$\frac{P_{st}}{A_{st}E_s} = \frac{2T_p}{\beta_p A_p E_p}\cos\alpha \quad \Rightarrow \quad P_{st} = A_{st} = A_{st}E_s \frac{2T_p}{\beta_p A_p E_p}\cos\alpha \tag{14}$$

BSP 加固梁达到受剪极限承载力时，剪压区混凝土将被压碎，该临界状态需满足强度准则，本文依据混凝土结构设计规范采用坪井善胜（Yoshikatsu Tsuboi）试验曲线：

$$\frac{\tau}{f_c} \leqslant \left[\frac{\tau}{f_c}\right] = \sqrt{0.0089 + 0.095\frac{\sigma_c}{f_c} - 0.104\left(\frac{\sigma_c}{f_c}\right)^2} \tag{15}$$

综上所述，本节中的计算公式除了受拉纵筋销栓力 V_d 可以直接计算出来，其余内力均可转化为以 x 为自变量的函数，因此，求解受剪承载力的问题转化为求解剪压区混凝土厚度 x 的问题。首先通过将各公式代入式（12）和（4）得到 $\sigma_c(x)$ 和 $\tau(x)$ 关于 x 的表达式；然后将其代入式（15）并求解，即可得出剪压区混凝土厚度 x，将其代入式（2），即可得到 BSP 梁受剪承载力 P_u。

2　实验验证

为验证上述理论模型的可行性，采用该模型对 4 根火灾后 BSP 加固混凝土梁剪切试件[12]的受剪承载力进行理论计算，并与试验实测结果进行对比，如表 1 所示。由表中结果对比可以发现，尽管经历火灾后各试件破坏程度及混凝土强度降低幅度离散性较大，但理论计算与试验结果的误差仍在可接受的范围内（最大误差为 −15.6%，平均绝对误差为 8.7%）。因此，本文提出的简化模型可应用于 BSP 加固梁的加固设计。

表 1　受剪承载力理论值与试验结果对比

试件编号	剪压区高度	理论计算结果	试验结果	误差	平均绝对误差
	x (mm)	$P_{u, the}$ (kN)	$P_{u, exp}$ (kN)	$(P_{u, the} - P_{u, exp})/P_{u, exp}$	
S-P43B22	140	971	840	−15.57	
S-P43B11	138	1054	1030	−2.34	8.65
S-P42B11	117	949	930	−2.03	
S-P42B22	119	917	800	−14.64	

3　结论

本文经过简化分析及公式推导对于火灾后 BSP 加固混凝土梁的抗剪设计方法得出如下结论：

（1）基于混凝土梁的剪切破坏假定和现有试验研究成果，根据 BSP 梁剪跨区段力的平衡和变形协调建立了 BSP 加固梁受剪理论模型。并且为了工程中可以更便捷地完成 BSP 梁受剪承载力的计算，本文提出了试算法策略，一种更便于实际应用的受剪加固设计步骤。

（2）通过将该理论模型应用于既有试验研究，并对比所有 BSP 加固梁的理论值与试验结果，验证了该受剪理论模型的准确性。

参考文献

［1］ R. A. Cook, G. T. Doerr, R. E. Klingner. Bond stress model for design of adhesive anchors ［J］. Structural Journal. 1993, 90（5）: 514-524.

［2］ W. H. Siu, R. Su. Analysis of side-plated reinforced concrete beams with partial interaction ［J］. Computers and Concrete. 2011, 8（1）: 71-96.

［3］ R. Su, W. H. Siu, S. T. Smith. Effects of bolt–plate arrangements on steel plate strengthened reinforced concrete beams ［J］. Engineering Structures. 2010, 32（6）: 1769-1778.

［4］ L. Z. Li, C. J. Jiang, L. J. Jiaet al. Local buckling of bolted steel plates with different stiffener configuration ［J］. Engineering Structures. 2016, 119（7）: 186-197.

［5］ 宋一凡, 贺拴海. 锚栓钢板法加固 RC 梁桥的计算方法 ［J］. 西安公路交通大学学报. 2000, 20（3）: 45-48.

［6］ 张晓飞. 直接剪切型锚栓钢板对钢筋混凝土梁剪扭加固的试验研究 ［D］. 重庆大学, 2013.

［7］ 孙川东. 直剪型锚栓钢板加固 RC 梁斜截面抗剪承载能力研究 ［D］. 重庆大学, 2014.

［8］ 杨建平, 时旭东, 过镇海. 高温下钢筋混凝土梁极限承载力的简化计算 ［J］. 工业建筑. 2002, 32（03）: 26-28.

［9］ 徐玉野, 吴波, 王荣辉等. 火灾后钢筋混凝土梁剩余承载性能试验研究 ［J］. 建筑结构学报. 2013, 34（8）: 20-29.

［10］ R. Park, T. Paulay. Reinforced concrete structures ［M］. John Wiley & Sons, 1975.

［11］ R. A. Barnes, P. S. Baglin, G. C. Mayset al. External steel plate systems for the shear strengthening of reinforced concrete beams ［J］. Engineering structures. 2001, 23（9）: 1162-1176.

［12］ C. J. Jiang, Z. D. Lu, L. Z. Li, Shear performance of fire-damaged reinforced concrete beams repaired by a bolted side-plating technique ［J］. Journal of Structural Engineering-ASCE, 2017.143（5）: 04017007.

梁侧锚固钢板加固火灾后
混凝土梁的受弯承载力分析

陆洲导　刘兆乾　姜常玖　李凌志

同济大学结构工程与防灾研究所，上海，200092

摘　要：基于国内外试验与理论研究成果，在选定合适的屈曲约束措施后，提出了不考虑梁侧钢板平面外屈曲的梁侧锚固钢板（Bolted Side-Plating，BSP）加固火灾后混凝土梁受弯承载力计算公式；通过对 5 根 BSP 加固火灾后混凝土梁试件采用本文理论模型进行受弯承载力计算并与通过试验结果对比，结果表明两组数据平均绝对误差为 1.8%，验证了该理论模型的可靠性。

关键字：梁侧锚固钢板，火灾后，抗弯加固设计，屈曲

Flexural Capacity of Fire-Damaged RC
Beams Retrofitted by Bolted Side-Plating

Lu Zhoudao　Liu Zhaoqian　Jiang Changjiu　Li Lingzhi

Research Institute of Structural Engineering and Disaster Reduction，Tongji University，Shanghai 200092

Abstract：Based on previous experimental and theoretical studies，the calculation formula of ultimate flexural capacity of fire-damaged RC beams retrofitted by bolted side-plating（BSP）technique is proposed without considering the lateral buckling of the plates after choosing appropriate buckling restraint measures. The flexural capacity of five BSP beams in a previous experimental study was computed using the proposed design formula and compared with the testing results，which show that the average absolute error of the two sets of data is 1.8%，thus verifies the reliability of the theoretical model.

Keywords：Bolted side-plating（BSP），after fire，flexural strengthening design，buckling

0　前言

　　钢筋混凝土结构虽然具有较好的抗火性能，但混凝土构件在火灾后，材料损伤、承载力下降，无法满足安全性能和正常使用的要求。为保证结构的正常使用和人们的生命财产安全，对火灾后混凝土梁的加固和修复进行研究具有十分显著的经济和社会效益。

　　目前，对混凝土梁进行修复加固主要采用梁底粘钢和粘 CFRP 法，该类加固方法易受结构胶质量影响而发生粘结界面脱离破坏，且增加梁底钢筋易造成超筋从而导致梁延性降低。梁侧锚固钢板法（Bolted Side-Plating，简称 BSP 加固法）是指通过锚栓将钢板固定在混凝土梁两侧，使钢板与原有混凝土梁协同受力的加固方法。BSP 加固梁承载力高，延性好，易于保证施工质量，既可避免钢板和混凝土界面剥离，也可避免梁底粘钢所出现的超筋和延性降低。

基金项目：国家自然科学基金项目 "火灾后混凝土梁柱节点的锚钢加固机理研究"（51778496）。

作者简介：陆洲导（1957—），男，上海人，教授，博导。主要研究方向：工程抗火、结构检测与加固。

　　　　　包洪印（1994—），男，辽宁人，硕士研究生。

　　　　　姜常玖（1987—），男，山东人，博士研究生。

通讯作者：李凌志（1980—），男，湖南人，副教授。主要研究方向：结构抗火与加固。E-mail：lilingzhi@tongji.edu.cn。

国内外学者已经对 BSP 加固法开展了系统研究。Nguyen 等[1,2]通过梁侧锚贴钢板加固梁的试验，建立钢板和混凝土梁变形协调模型，推导出极限承载力的计算公式。Smith 和 Bradford[3,4,5]等对梁侧锚固钢板的屈曲问题进行了试验和理论研究，并通过局部屈曲试验验证了理论模型的可行性。同济大学李凌志[6,7]将 BSP 梁中横向剪力传递类比于 Winkler 弹性地基梁模型，并通过钢板受压试验研究了钢板局部屈曲承载力以及屈曲起拱高度等随螺栓间距、钢板厚度以及纵横向加劲肋配置方式的变化规律。

目前国内外对 BSP 加固法的研究多集中于常温条件下，混凝土梁在遭受火灾后会出现承载力下降、变形增大等影响结构正常使用的缺陷，而 BSP 法应用于加固火灾后受损混凝土梁的研究较少。基于此，本文通过理论分析及试验论证，得到一种适用于 BSP 法加固火灾后混凝土梁的简化抗弯设计方法，为实际工程中加固修复因火灾后混凝土梁提供理论参考。

1　BSP 加固火灾后混凝土梁受弯承载力计算方法

1.1　火灾后混凝土梁截面损伤简化评估

本文通过简化计算法确定高温后混凝土的损伤，首先需要确定构件的温度场，然后将各温度区段的实际截面宽度按混凝土高温后强度折减系数进行折减，得到各温度区段相应的等效截面。等效面积和强度折减系数计算公式分别如（1）-（2）所示，所得等效截面形状一般为梯形或 T 形截面，等效简化截面示意图如图 1（c）所示。

$$A_t = \sum \beta_i A_i \tag{1}$$

$$\beta = f_c^T / f_c \tag{2}$$

因此，在随后的极限承载力计算中，可直接采用常温下的混凝土抗压强度 f_c。式中 β_i 为各区段高温后混凝土强度折减系数，A_i 为各区段高温后混凝土的实际面积，A_t 为高温后混凝土梁截面的等效折算面积。f_c 和 f_c^T 分别为常温下和高温后混凝土材料的抗压强度。简单起见，本文建议采用类似过镇海等人[8]使用的梯形曲线进行简化计算，各温度区间段内，高温后折减系数与温度的关系如图 1（a）所示：当火灾后混凝土截面最高过火温度在 0 ~ 300℃ 范围内时，折减系数 β_i 取 1；在 300 ~ 600℃ 之间时，β_i 取 0.6；在 600 ~ 800℃ 之间时，β_i 取 0.4；最高过火温度在 800℃ 以上时，β_i 取 0。

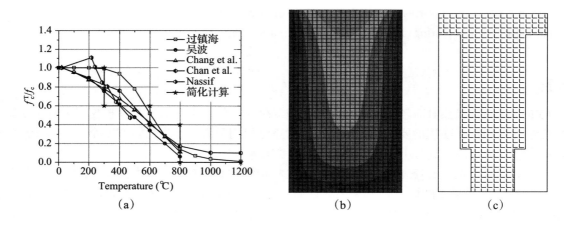

图 1　等效截面法示意图

1.2　计算基本假定

在计算 BSP 加固火灾后混凝土梁极限受弯承载力时，基于传统钢筋混凝土梁弯曲破坏理论，采用如下基本假定：

（1）BSP 加固梁的截面变形遵循平截面假定。
（2）忽略钢筋与混凝土的粘结滑移效应，即假定钢筋与周围混凝土的应变相同。

（3）忽略混凝土抗拉强度。

（4）忽略加固钢板和混凝土梁之间的滑移对协同工作的影响，采用完全协同作用假定。

（5）假定受拉及受压钢筋达到屈服，钢板全截面进入塑性屈服，其屈服状态由中性轴高度确定。

（6）统一引用折减系数考虑施工误差、钢板滑移、钢板屈曲等不利情况对极限承载力的影响。

1.3　限制屈曲的参数设置

由国内外研究可知，梁侧钢板在应力较大时可能发生局部屈曲，在 BSP 加固设计中可采取螺栓加密或增设加劲肋的措施来限制梁侧钢板的局部屈曲。设置加密螺栓间距的基本思路是：梁侧钢板端部锚栓群的受剪屈服承载力合力 ΣR_b 必须大于钢板轴向屈服承载力 T_p。螺栓的数量可按照下式计算：

$$\Sigma R_b = \frac{1}{\gamma_b} n_b R_b \geqslant T_p = f_{yp} t_p h_p \tag{3}$$

式中，R_b 为单个锚栓所能提供的极限剪力；n_b 为一定范围内的锚栓数量；γ_b 为考虑到剪力在锚栓群内部分布不均匀引入的不均匀折减系数，本文取值在 1.5 到 2.0 之间；f_{yp}、t_p 和 h_p 分别为梁侧钢板的屈服强度、厚度和宽度。解不等式（3）可得：

$$n_b \geqslant \gamma_b \frac{f_{yp} t_p h_p}{R_{by}} \tag{4}$$

在锚栓群数量 n_b 确定后，锚栓间距 S_b 就可以初步确定了。

然而，由公式（4）初步得到的锚栓间距 S_b 并不能确保梁侧钢板上部受压区不发生平面外的屈曲。因此，为了有效限制钢板平面外屈曲，锚栓间距还需要基于薄板稳定理论，再增加一个限制条件。将梁侧钢板简化为均布压应力作用下的平板，其发生平面外屈曲时的临界屈曲应力 σ_{cr} 应大于钢板的屈服应力 f_y，即

$$\sigma_{cr} = k \frac{\pi^2 D}{t_p h_p^2} \geqslant f_y \quad \Rightarrow \quad k \geqslant f_y \frac{t_p h_p^2}{\pi^2 D} \tag{5}$$

式中，D 为梁侧钢板的弯曲刚度，可由公式（6）计算得到；k 为由锚栓间距与梁侧钢板宽度之比 S_b/h_p 所确定的比例因子，可由公式（7）计算得到；具体公式如下：

$$D = \frac{E t_p^3}{12(1 - \nu^2)} \tag{6}$$

$$k = \left(\frac{m h_p}{S_b} + \frac{S_b}{m h_p} \right)^2 \tag{7}$$

由文献［9］中所述的弹性稳定理论可知：对于双侧自由的薄板屈曲，当薄板以一个半波形状屈曲时 k 取得最小值，即式（7）中 m 取 1；对于单侧自由一侧受约束的薄板屈曲，当薄板以两个半波形状屈曲时 k 取得最小值，即式（7）中的 m 取 2。在 BSP 加固梁中，虽然梁侧钢板向内的屈曲变形受到混凝土梁约束，但钢板与混凝土梁表面间仍然存在微小间隙；并且，仅靠锚栓提供的锚固力不足以提供足够的约束力，所以在 BSP 加固梁中梁侧钢板平面外屈曲是介于双侧自由跟一侧受约束两者之间的情况，故本文中 m 暂取 1.5。同时，将式（7）代入不等式（5），可得到：

$$\left(\frac{m h_p}{S_b} + \frac{S_b}{m h_p} \right)^2 \geqslant f_y \frac{t_p h_p^2}{\pi^2 D} \tag{8}$$

解不等式（4），即可得到最大锚栓间距 S_b 的限制条件：

$$S_b \leqslant \frac{m h_p}{2} \cdot \left(\sqrt{k_0} - \sqrt{k_0 - 4} \right), \quad 式中 \ k_0 = f_y \frac{t_p h_p^2}{\pi^2 D} \tag{9}$$

当受压区锚栓间距满足不等式（9）时，梁侧钢板受压区在弯曲极限状态能够屈服，因此在保证螺栓间距计算满足不等式（9）后，计算 BSP 加固梁受弯承载力时可以忽略局部屈曲的影响。

虽然锚栓加密能有效的约束梁侧钢板的平面外屈曲，但是该方法施工工艺较为复杂。而在梁侧钢

板受压区增设加劲肋是另外一种行之有效的屈曲约束方法，且与锚栓加密相比，该法更为简单易行。基于文献［10］中所述的研究成果，加劲肋的厚度和宽度分别取 1.2 倍和 6 倍梁侧钢板厚度，即：

$$t_s \geq 1.2 t_p \tag{10}$$

$$b_s \geq 6 t_p \tag{11}$$

1.4　受弯承载力计算公式

除了上节讨论的受压区钢板可能屈曲之外，还需要考虑施工误差、钢板滑移、钢板屈曲等不利情况对极限承载力的影响，故在计算 BSP 梁受弯承载力计算时，统一引用折减系数 β_p 考虑这些不利情况对极限承载力的影响，折减系数一般取 $\beta_p = 0.6 \sim 1.0$；并假定达到极限承载力时，梁侧钢板和混凝土内部纵筋均达到全截面屈服，如图 2 所示。

基于上述分析，当各加固梁达到极限荷载时，建立试件破坏截面的平衡方程。类似于传统的混凝土梁受弯承载力分析过程，选取 BSP 加固梁的破坏截面为隔离体进行分析，由破坏截面水平方向上力的平衡条件可得极限状态下的 BSP 梁受力平衡方程（12），通过方程（13）可以计算得到受压区高度 x。

$$\alpha_1 f_c b x + f_y' A_s' + 2 f_{yp} t_p (x - a_p') + 2 f_{st} t_{st} b_{st} = f_y A_s + 2 f_{yp} t_p (h_p - x + a_p') \tag{12}$$

$$x = \frac{f_y A_s - f_y' A_s' + 2 f_{yp} t_p h_p + 4 f_{yp} t_p a_p' - 2 f_{st} t_{st} b_{st}}{\alpha_1 f_c b + 4 f_{yp} t_p}, \text{式中} : x \geq 2 a_s', x \leq \xi_b (h - a_s) \tag{13}$$

式中 f_c、f_y'、f_y、f_{yp} 和 f_{st} 分别为混凝土抗压强度、受压和受拉纵筋屈服强度、梁侧钢板以及加劲肋屈服强度；b 和 h 分别为混凝土梁宽度和高度；A_s' 和 A_s 分别为受压和受拉纵筋面积；a_p' 和 a_p 分别为梁侧钢板上下边缘到混凝土梁上下表面的距离。

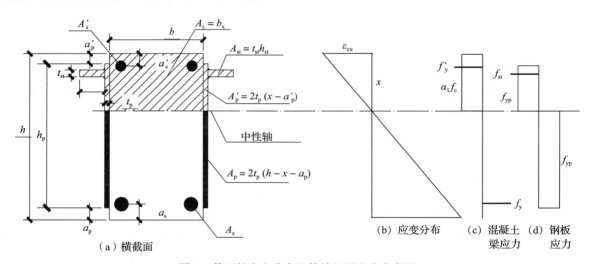

图 2　截面的应变分布和等效矩形应力分布图

求出相对受压区高度 x 后，对中和轴取矩，可得极限状态下的 BSP 梁力矩平衡方程，其中极限弯矩 M_u 主要包括三部分，即原有钢筋混凝土梁贡献的弯矩 M_0、梁侧钢板贡献的弯矩 M_1 以及角钢加劲肋等贡献的弯矩 M_2。各弯矩计算公式如下所示：

$$M_0 = 0.5 f_c' b x^2 + f_y' A_s' (x - a_s') + f_y A_s (h_p - x + a_s') \tag{14}$$

$$M_2 = 2 f_{st} t_{st} b_{st} (x - a_p') \tag{15}$$

$$M_1 = f_{yp} t_p (x - a_p')^2 + f_{yp} t_p (h - x - a_p')^2 \tag{16}$$

$$M_u = M_0 + M_1 + M_2 = \frac{1}{2} \alpha_1 f_c b x^2 + f_y' A_s' (x - a_s') + f_y A_s (h_p - x + a_s')$$
$$+ f_{yp} t_p (x - a_p')^2 + f_{yp} t_p (h - x - a_p')^2 + 2 f_{st} t_{st} b_{st} (x - a_p') \tag{17}$$

式中 a'_s 和 a_s 分别为受压和受拉钢筋合力点至混凝土边缘的距离。

在受弯极限状态下，由隔离体在竖直方向上的平衡条件可知，在极限荷载 P_u 的作用下，支座反力 $P_{支座}$ 和极限弯矩 M_u 之间的关系为：

$$M_u = P_{支座} \times a, P_{支座} = \frac{M_u}{a} \tag{18}$$

2　试验结果与理论对比

文献［11］对 5 根火灾后受损混凝土梁采用 BSP 法加固并进行受弯试验，为了检验本文所建立的 BSP 加固火灾后混凝土梁受弯承载力计算方法的准确性，基于本文理论模型对这 5 根 BSP 梁的受弯承载力进行理论计算，并与试验实测结果进行对比，如表 1 所示。

由表 1 可知，尽管经历火灾后各试件破坏程度各异、BSP 加固火灾后梁受弯承载力的影响因素较多及混凝土强度降低幅度离散性较大，但各试件理论计算与试验结果的误差仍在可接受的范围内（最大误差为 –2.3%，平均绝对误差为 1.8%）。因此，本文提出的简化模型可有效预测各试件的受弯承载力，可以应用于 BSP 加固火灾后混凝土梁的加固设计中。

表 1　受弯承载力理论值与试验结果对比

试件编号	受压区高度	理论计算结果	试验结果	误差	平均绝对误差
	x (mm)	$P_{u, the}$ (kN)	$P_{u, exp}$ (kN)	$(P_{u, the} - P_{u, exp}) / P_{u, exp}$	
F-P41B03	50.23	324.3	327.6	–1.0%	
F-P43B13	76.68	414.2	422.2	–1.9%	
F-P43B33	69.43	378.2	384.4	–1.6%	1.8%
F-P43B33L	43.57	421.5	431.3	–2.3%	
F-P63B33	75.84	409.8	418.6	–2.1%	

3　结论

本文结合国内外学者研究成果，通过理论分析推导了能预估 BSP 加固火灾后混凝土梁受弯承载力的计算公式，并用试验验证了其准确性和适用性。最终，本文得到以下结论：

（1）基于试验与理论研究，BSP 加固梁受弯时较易发生钢板屈曲。因此，在进行 BSP 法加固火灾后混凝土梁的受弯加固设计时，首先需验算防止梁侧钢板屈曲的措施。在选定合适的锚栓间距或布置合适的加劲肋后，提出了不考虑梁侧钢板平面外屈曲的 BSP 梁极限受弯承载力计算公式。

（2）通过对比所有 BSP 加固梁的理论值与试验结果，验证了该受弯理论模型的可靠性。

参考文献

［1］ M. Ahmed, D. J. Oehlers, M. A. Bradford. Retrofitting reinforced concrete beams by bolting steel plates to their sides-Part 1：Behaviour and experiments［J］. Structural Engineering and Mechanics. 2000, 10（3）: 211-226.

［2］ D. J. Oehlers, M. Ahmed, N. T. Nguyenet al. Retrofitting reinforced concrete beams by bolting steel plates to their sides-Part 2：transverse interaction and rigid plastic design［J］. Structural Engineering and Mechanics. 2000, 10（3）: 227-243.

［3］ S. T. Smith, M. A. Bradford, D. J. Oehlers. Local buckling of side-plated reinforced-concrete beams. I：Theoretical study［J］. Journal of Structural Engineering. 1999, 125（6）: 622-634.

［4］ S. T. Smith, M. A. Bradford, D. J. Oehlers. Local buckling of side-plated reinforced-concrete beams. II：Experimental study［J］. Journal of Structural Engineering. 1999, 125（6）: 635-643.

［5］　S. T. Smith，M. A. Bradford，D. J. Oehlers. Buckling tests on steel plates restrained at discrete points in the retrofit of reinforced concrete beams［J］.Proceedings of the Institution of Civil Engineers-Structures and Buildings.2001，146（2）：115-127.

［6］　李凌志，姜常玖，陆洲导，等. 梁侧锚固钢板加固混凝土梁的横向剪力传递模型［J］. 湖南大学学报（自科版）. 2016，43（3）：113-119.

［7］　李凌志，张晓亮，姜常玖，等. 梁侧锚固钢板法中钢板受压屈曲特性试验研究［J］. 华中科技大学学报（自然科学版）. 2016，44（10）：41-46.

［8］　过镇海，时旭东. 钢筋混凝土的高温性能及其计算［M］. 北京：清华大学出版社，2003.

［9］　S. P. Timoshenko. Theory of elastic stability［M］. McGraw-Hill，1961：220.

［10］　陆洲导，徐晓亮，杭启兵，等. 混凝土梁侧锚固钢板受压屈曲特性的数值模拟［J］. 同济大学学报（自然科学版）. 2017，45（1）：1-8.

［11］　姜常玖. 梁侧锚固钢板加固高温后混凝土梁的试验与机理研究［D］. 上海：同济大学，2017.

环氧胶粘剂耐久性试验研究

高云龙　　黎红兵　　梁　爽　　薛伶俐　　李俊峰　　刘汉昆

四川省建筑科学研究院，四川成都，610081

摘　要： 研究七种环氧胶粘剂的胶体性能、粘结性能、耐湿热老化性能与耐长期应力性能之间的关系。研究表明环氧胶粘剂胶接处耐湿热老化能力能很大程度反映胶粘剂的耐长期应力能力。环氧胶粘剂的湿热老化性能至少 GB 50728 规定的 A 级胶要求，才有可能通过 210d 耐长期应力试验。

关键词： 环氧胶粘剂，湿热老化性能，长期应力性能，耐久性

Durability research of epoxy adhesive

Gao Yunlong　　Li Hongbing　　Liang Shuang　　Xue Lingli　　Li Junfeng　　Liu Hankun

Sichuan Institute of Building Research，Sichuan Chengdu 610081

Abstract： Study the relationship among four properties which is mechanical property，bonding properties，damp heat aging resistance ability and resistance ability to long-term shearing stress properties，with 7 epoxy adhesives. The results shows epoxy adhesive's ability of resistance to moisture air can reflects the ability of resistant to long-term shearing stress. And the epoxy adhesive may pass the long-term shearing stress test when the damp heat aging resistance ability for epoxy adhesive meet the grade A through requirements of GB 50728 regulation at least.

Keywords： epoxy adhesive，damp heat aging，long-term shearing stress test，durability

0　前言

　　环氧胶粘剂因其优良的机械性能，粘结性能，电绝缘性能和化学稳定性被广泛应用于建筑，电子，汽车，航空航天等领域。环氧胶粘剂在建筑行业中的应用主要是室温固化型的结构胶粘剂。其在建筑加固中使用尤其广泛。随着《混凝土结构加固设计规范》（GB 50367）、《建筑结构加固工程施工质量验收规范》（GB 50550）、《工程结构加固材料安全性鉴定技术规范》（GB 50728）等标准的不断推行，加固行业胶粘剂的使用越来越规范。但随着规范不断深入的推行，也涌现出一些问题。比如在新建建筑的加固中，胶粘剂的设计使用年限为 50 年。根据标准要求应通过耐湿热老化和耐长期应力试验的检验。但耐长期应力试验时间为 210d，试验完成后，工程大多已经完工。试验结果对工程指导意义相对滞后。市场中的大多数胶粘剂都会对胶粘剂的基本性能和耐湿热老化性能进行检测，对耐长期应力性能检测的相对较少。因此研究环氧胶粘剂的基本性能，老化性能与耐长期应力性能之间的关系显得较为重要。

　　而影响胶粘剂耐久性主要与其本身强度和环境因素有关。在环氧胶粘剂通常的使用环境中，水，温度，和应力环境，是三个最主要的因素，都会不同程度的加速胶粘剂的老化。水分与温度对环氧胶粘剂耐久性的影响可通过湿热老化试验进行验证。耐长期应力试验主要是通过持续的剪应力加速胶粘剂的蠕变，从而导致环氧胶粘剂的老化失效。本文期望通过研究环氧胶粘胶体性能，粘结性能，耐湿热老化性能与耐长期性能之间的关系，建立一种预判机制，可以预测环氧胶粘剂的耐长期应力性能。

基金项目：华西集团科技项目。

作者简介：高云龙（1988—），男，工程师，四川省建筑科学研究院，E-mail：manerdge@163.com。

1　实验部分

1.1　试验材料与仪器

本文选取了 7 种国内外环氧胶粘剂。采用胶粘剂 A（碳板胶），B（碳布胶），C（灌钢胶），D（碳布胶），E（植筋胶），F（植筋胶），G（植筋胶）工业品（植筋胶均为注射式），蒸馏水（成都科龙）。

实验仪器，万能材料试验机（台湾宏达），电子天平（上海良平仪器），恒温恒湿箱（泰利测试设备），耐长期应力装置（自制）。

1.2　实验方法

依据《工程结构加固材料安全性鉴定技术规范》（GB 50728—2011），对 7 种环氧胶粘剂进行拉伸强度，抗弯强度，抗压强度，钢对钢拉伸抗剪强度等常规检测。在 50℃、95%RH 环境中老化 90d，到期后在室温下进行钢对钢拉伸抗剪试验。在 23℃，50%RH 环境中承受 4.0MPa 剪应力持续作用 210d，到期后观察起破坏情况并测量其蠕变值。

2　试验结果及分析

2.1　胶粘剂基本性能

根据 GB 50728—2011 对七种胶粘剂的胶体性能进行试验。试验结果如下图所示，七种胶粘剂的胶体性能均能满 GB 50728—2011 对 A 级胶的要求。抗剪强度除了碳布胶 D，其他六种环氧胶粘剂也均能达到 GB 50728—2011 所规定的 A 级胶的要求。由表中可以得出同为 A 级胶的碳纤维浸渍胶和灌钢胶由于无大量填料的添加，其胶体韧性和粘接性均优于植筋胶。填料的加入降低了韧性，但提高了材料抗压强度。

表 1　环氧胶粘剂的基本性能
Table 1　Mechanical performance of epoxy adhesive

胶粘剂	A	B	C	D	E	F	G
抗拉强度（MPa）	54	50	54	38.5	—	—	—
劈裂抗拉强度（MPa）	—	—	—	—	11.2	10.4	12.6
抗弯强度（MPa）	80	79.5	77	61	75	69.5	77
抗压强度（MPa）	88	91	88	72	108	90	95
抗剪强度（MPa）	19.0	19.5	19.1	14.7	17.0	14.2	15.3

2.2　胶粘剂耐久性

七种胶粘 A、B、C、E、F、G 胶体性能和粘结性能都能满足 GB 50728—2011 中 A 级胶的要求，碳布胶 D 的胶体性能达到 A 级胶的要求，但是粘结性能只能达到 B 级胶的要求。A、B、C、E、G 的抗剪性能均大于 15MPa，经 90d 湿热老化试验后其抗剪强度下降率最大为 7.1%，远小于 GB 50728—2011 中规定的 A 级胶湿热老化试验后降低率 ≤ 12% 的要求。同时这 5 种胶粘剂均通过耐长期应力试验。胶粘剂 D 初始强度为 14.7MPa，90 天湿热老化试验后其抗剪强度降低率为 32.0%，在耐长期应力试验的前两个月中，5 个抗剪试件均破坏。植筋胶 E 初始抗剪强度为 14.2，经过 90d 湿热老化试验后其抗剪强度降低率为 14.1%，能满足 GB 50728 中 B 级胶（湿热老化试验后其抗剪强度降低率 ≤ 18%）的要求。其耐长期应力试件在 180d 之后试件破坏。

研究表明胶接接头在实际使用环境中使用的耐久性分为长期耐水性，耐候性，热稳定性，耐疲劳性和持久度。这些因素中以水和潮湿环境是影响胶接接头长期性能最显著和有害的因素[1][2][3]。同时对于三维交联结构的环氧树脂而言，其热稳定性高，常规的热氧环境下很难发生氧化降解。水分和应力环境也不会使得交联结构的胶粘剂产生化学反应[4]。水分，温度，应力环境都不会使环氧胶粘剂产生化学分解。但这三种因素都会不同程度的加速胶粘老化和失效。因此通过胶粘的耐湿热老化能力可以很大程度的反映环氧胶粘剂耐久性，对胶粘剂耐长期应力也有极强的指导意义。结合表 2 的试验结果，可以得出具备优异胶体基本性能和耐湿热老化性能的环氧胶粘剂都能通过耐长期应力试验。D、E、F、G 胶体性能和粘结性能相近，耐湿热老化能力优异的胶粘剂 E、G 能通过长期应力试验，耐湿热老化能力差的环氧胶粘剂 D、F，均不能通过长期应力试验，且随着耐湿热老化能力的提高，长期应力试件失效时间也大幅增加。若要通过长期应力试验，要求其 90d 湿热老化结果要至少满足 GB 50728 中规定的 A 级胶的要求。

表 2　环氧胶粘剂湿热老化和长期应力试验结果
Table 2　Test result of damp heat aging and long-term shearing stress

胶粘剂	A	B	C	D	E	F	G
抗剪强度（MPa）	19	19.5	19.1	14.7	17.0	14.2	15.3
30d 湿热老化后抗剪强度（MPa）	18.4	18.7	17.8	11.5	16.4	13	15.8
90d 湿热老化后抗剪强度（MPa）	18.5	18.6	18.8	10	15.8	12.2	14.9
下降率（%）	2.6	4.6	1.6	32.0	7.1	14.1	2.6
耐长期应力试件破坏情况	未破坏	未破坏	未破坏	破坏	未破坏	破坏	未破坏
最大蠕变变形值（mm）	0.1	0.2	0.1	—	0.2	—	0.1

3　结论

通过对 7 种环氧胶粘剂的胶体性能，粘结性能，90d 的湿热老化试验，210d 耐长期应力试验进行研究。发现环氧胶粘剂若要通过 210d 耐长期应力试验，要求其胶粘剂胶体性能和粘结性能优异，而且其耐湿热老化性能至少要满足 GB 50728 中 A 级胶的要求（经 90d 湿热老化后抗剪强度降低率≤12%）。

参考文献

［1］KNOX E M，cowling MJ. Durability aspects of adhesively bonded thick adherend lap shear joints［J］. International Journal of Adhesion and adhesives，2000，20（2）：323-331
［2］Vine K，Cawley D，Kinloch A J，etal. Degradation mechanism in adhesive joint and the implication for NDE［A］. American Institute of Physics. Review of progress in QNDE. 2000. 1301-1308
［3］Armstrong K B. Long-term durability in water of aluminium alloy adhesive joint bonded with epoxy adhesive［J］. international Journal of Adhesion and Adhesives，1997，17（2）：89-105.
［4］高岩磊. 环氧树脂粘合剂环境行为与老化机理研究［D］. 北京化工大学，2006

阻尼填充墙在某框剪结构加固工程中的应用

郭阳照　杨　琼　吴　体

四川省建筑科学研究院，四川成都，610083

摘　要：首次将阻尼填充墙（DIW）运用于既有钢筋混凝土框剪结构抗震加固中，建立相应的整体结构分析模型并进行双向地震作用下的动力弹塑性时程分析，探究 DIW 的减震加固效果，得出以下主要结论：结构抗震加固除了增设抗侧力构件、增大构件截面等强化加固措施外，"适当的削弱"也是结构抗震加固的一种思路和手段；在老旧框剪结构房屋中，由于剪力墙不合理布置导致结构扭转不规则的抗震问题常见，将 DIW 的减震原理合理加以运用，根据工程实际适当削弱部分既有剪力墙的抗侧刚度，调整结构的刚度分配，同时赋予墙体消能减震的效能，增大结构阻尼，提升结构的抗震安全水平，是值得综合考虑的一种方法，可望在取得良好减震加固效果的同时，显著降低工程量和加固成本。

关键词：阻尼填充墙，结构加固，消能减震，框剪结构

Application of Damped Infill Wall in a Retrofitted Frame-Shear Wall Structure

Guo Yangzhao　　Yang Qiong　　Wu Ti

Sichuan Institute of Building Research，Chengdu 610083，China

Abstract：Damped Infill Wall（DIW）was applied to a reinforcement engineering project of an existing RC frame- shear wall structure. The corresponding structure model was established and elastic-plastic time history analysis of the structure under seismic motions were carried out so as to study the seismic retrofit effect of DIW. The main conclusions are as follows. In addition to the strengthening measures，such as adding lateral resistant components，enlarging the cross section of structural component，et al，weakening some part of structure properly may be also a way to enhance the seismic performance of structure. For old buildings of frame-shear wall structure，the seismic problem of irregular torsion due to the improper arrangement of shear walls is common. For this problem，prope- rly applying the seismic reduction mechanism of DIW，appropriately weakening the lateral resistant stiffness of some existing shear walls according to the engineer practice so as to regular the stiffness distribution of structure，and providing the wall the function of energy dissipation to increase the structural damping and enhance the safety level of structure in earthquakes is a considerable method which maybe not only achieve fine seismic retrofit effects，but also significantly decrease the engineering quantities and the retrofit cost.

Keywords：damped infill wall，structure retrofit，energy dissipation，frame-shear wall structure

0　前言

阻尼填充墙（Damped Infill Wall，DIW）是近年提出的一种新型减震墙[1-2]。其通过将墙体划分为

基金项目：国家重点研发计划资助（2017YFC0703600），四川科技支撑计划项目（2016FZ0014），住建部科技项目（2016-K6-006）

作者简介：郭阳照（1983—），男，高级工程师，博士。电话：13540646112。E-mail：350493431@qq.com。地址：四川省成都市金牛区一环路北三段 55 号。

3 个墙板单元，在墙板单元间及墙板单元与结构梁间设置阻尼层，形成类似剪切型黏弹阻尼器的构造，同时将墙板单元的一侧与柱固定连接，而另一侧与另一柱间留设缝隙并用柔性连接和柔性材料填充，如图 1 所示。

DIW 的减震机理主要包括以下两点：其一是适当削弱墙体，使墙体可为结构提供一定的抗侧刚度，利于正常使用状态下的结构变形控制，同时避免其对结构产生过强的刚度效应和约束效应而造成的结构或构件震害，并起到延长结构周期，降低结构地震作用的效果；其二是通过阻尼层的植入赋予墙体消能的效能，令墙体在强震中可有效消散输入结构的部分地震能量。研究表明[3-6]，基于上述机理的实现，DIW 可有效降低结构的地震反应，起到显著的减震效果，为提升结构的防震能力提供了新的方法和途径。

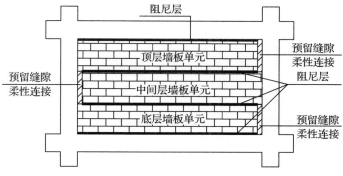

图 1　阻尼填充墙构造示意

Fig.1　Construction schematic diagram of damped infill wall

在建筑抗震加固中，增设抗侧力构件、增大构件截面等强化措施是常用的手段，但对于一些工程实际，一味的强化措施可能并不是较优的方法。本文针对某框剪结构抗震加固工程，将 DIW 应用其中，建立相应的分析模型并进行双向地震作用下的动力弹塑性时程分析，首次探究 DIW 在加固工程中的应用及效果。研究成果有助于推动 DIW 研究的深入，同时为结构抗震加固拓展思路和提供有益的参考。

1　DIW 应用概述

某办公楼为一栋 13 层的框架 - 剪力墙结构，建筑总高 54.35m；结构平面布置如图 2 所示；建筑类别为丙类，抗震设防类别属于标准设防类，抗震设防烈度 7 度，设计地震分组为第三组，设计基本地震加速度为 0.10g；建筑场地土类型为中硬场地，II 类场地，场地特征周期为 0.45s。

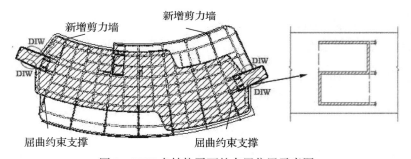

图 2　DIW 在结构平面的布置位置示意图

Fig.2　Schematic diagram for displaying the plan layout of DIW in the structure

经分析，上述结构为扭转不规则结构。这主要是由于结构的刚度分配不合理、结构两个平面主轴方向的动力特性差异大所致。针对该问题，若按传统加固思路一味地加强弱轴（即短轴）进行补强，不仅工程量大，加固费用高，而且影响建筑使用功能。在综合考虑建筑要求和经济成本的基础上，本文采取如下方案对结构进行加固：（1）在各楼层沿短轴向新增少量的剪力墙和屈曲约束支撑（如图 2），适当加强结构的弱轴，满足结构短轴向的位移控制要求，并一定程度增大结构的抗扭刚度；（2）将两端梯筒的剪力墙作开缝处理，适当削弱结构强轴向（长轴向）的抗侧构件，减小结构两个主轴方向的动力特性差异，并在墙体开设的水平缝隙间设置阻尼层形成 DIW（如图 2），阻尼层采用黏弹性阻尼橡胶制作，相当于在墙体中内嵌一个黏弹阻尼器以提高墙体的耗能性能和结构的抗震安全性。

2　DIW 的计算模型及结构建模要点

为探究 DIW 的减震加固效果，采用 PERFORM-3D 软件对减震加固前、后结构进行建模，并依据《建筑抗震设计规范》的有关规定选取地震时程波，对结构进行双向地震作用下的动力弹塑性时程分析。

整体结构建模时，梁、柱采用端部塑性区模型模拟，塑性区长度取 0.5 倍构件截面高度，塑性区段定义为纤维截面，混凝土纤维和钢筋纤维的本构模型分别采用 Mander 模型和双线性模型；屈曲约束支撑采用 BRB 单元模型模拟；剪力墙采用纤维截面模型模拟剪力墙的平面内压弯的非线性力学行为，同时通过设置弹性剪切材料模拟剪力墙的平面内剪切特性。

基于机理和力学性能试验研究，DIW 可采用等效线性化的双斜撑模型（ZG 模型）模拟[7]，如图 3 所示；斜撑参数分别按式（1）和式（2）计算[6]。图 4 给出了 ZG 模型计算结果与试验结果的对比。由图 4 可知，ZG 模型的计算结果与试验结果吻合良好，较好地反映了 DIW 的力学性能。在软件中，ZG 模型可通过并联线性弹簧和黏壶单元的方法实现。

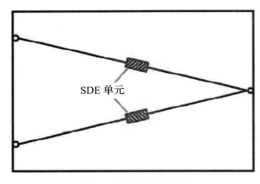

图 3　ZG 模型示意图
Fig.3　Schematic diagram of ZG model

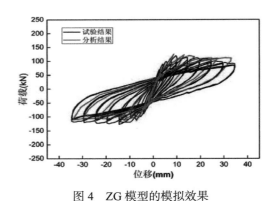

图 4　ZG 模型的模拟效果
Fig.4　Calculation model of ZG model

$$K_{\text{SDE}} = \alpha_{\text{SDE}} K_{\theta} = \alpha_{\text{SDE}} K_e / \cos^2\theta \qquad (1)$$

$$C_{\text{SDE}} = \beta_{\text{SDE}} C_{\theta} = \beta_{\text{SDE}} C_e / \cos^2\theta \qquad (2)$$

上式中，K_{SDE} 和 C_{SDE} 分别为 ZG 模型中弹簧和黏壶单元的刚度系数和粘滞阻尼系数；K_e 和 C_e 分别为阻尼层的等效剪切刚度和等效阻尼系数；α_{SDE} 和 β_{SDE} 分别为考虑顶、底层阻尼层贡献的修正系数。

3　DIW 减震加固效果分析

加固前、后结构的前三阶周期振型见表 1；在大震下的 X 向层间位移角包络值见表 2。由表可知：

表 1　结构前三阶周期与振型
Table1　The first three vibration periods and of the structures

结构类型	第一阶		第二阶		第三阶	
	周期	振型	周期	振型	周期	振型
加固前	1.782	扭转	1.625	Y 向平动	1.543	X 向平动
加固后	1.788	Y 向平动	1.715	X 向平动	1.582	扭转
只采取加强弱轴的措施	1.718	扭转	1.571	Y 向平动	1.51	X 向平动

表 2　层间位移角包络值
Table2　The first three vibration period and of the structures

楼层编号	1	2	3	4	5	6	7	8	9	10	11	12	13
加固前	1/366	1/282	1/206	1/201	1/196	1/192	1/190	1/189	1/190	1/193	1/198	1/204	1/207
加固后	1/391	1/262	1/176	1/170	1/168	1/166	1/163	1/163	1/165	1/168	1/175	1/186	1/192

（1）加固前，结构的扭转效应显著，第一振型为扭转振型，结构周期比为 1.097，不符合《高层建筑混凝土结构技术规程》对 A 级高度高层建筑不应大于 0.9 的要求；

（2）加固后，结构的刚度分布明显改善，两个平面主轴方向的动力特性差异减小，结构的扭转效应降低，加固后结构的扭转振型出现在第三振型，周期比为 0.88。为进一步明晰 DIW 应用的效果，对只加强弱轴的情况进行了补充分析。结果表明，只采取上述加强弱轴的措施，结构的第一振型仍为扭转，充分反映了 DIW 在端部梯筒应用对于解决该结构扭转问题的有效性和显著效果。

（3）加固前结构的 X 向（长轴向）层间位移角远小于规范限制，具有较大的富裕度；设计的 DIW 未造成结构长轴向的过分削弱；在端部梯筒开缝形成 DIW，结构的长轴向刚度有所降低，层间位移角幅值有所增加，但仍明显小于规范限值。

加固后结构在罕遇地震作用下典型的耗能量分布图如图 5 所示；加固前、后结构在罕遇震作用下的性态对比如图 6 所示。由图 5 和图 6 可知：

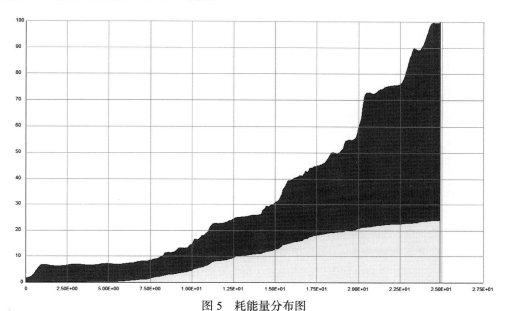

图 5　耗能量分布图

Fig.5　Energy distribution diagram

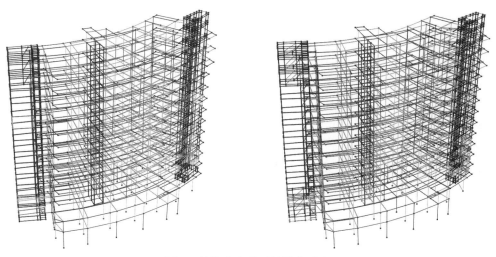

图 6　结构在大震下的性态对比

Fig.6　Comparison on the structures' performance under strong seismic motions

（1）DIW 在强震下通过阻尼层剪切滞回耗能，可有效消耗了输入结构的部分地震能量，起到良好的耗能作用，本例中 DIW 的耗能总量占整体结构总耗能量的 25% 左右；

（2）加固后，结构在大震下的受损程度尤其是两端梯筒底部剪力墙的受损程度明显减轻，整体结构的防震安全水平得到了有效提高。根据本例中加固后结构在大震下构件钢筋应变等指标情况和混凝土结构构件抗震性能状态划分标准[8]，加固后结构在大震下结构构件基本处于轻微或轻微至中等破坏水平，实现了预期的性能目标。

4　结论

本文将 DIW 运用于某既有 RC 框架结构的抗震加固中，建立相应的结构分析模型并进行双向地震作用下的动力弹塑性时程分析，首次探究 DIW 在加固工程中的应用及效果，得出以下主要结论：

（1）结构抗震加固除了增设抗侧力构件、增大构件截面等强化加固外，"适当的削弱"也是结构抗震加固的一种思路和手段。

（2）DIW 具有较强的适用性，在既有建筑抗震加固工程中同样可以应用；通过简单易行的方法和措施将建筑内既有的部分墙体构造成 DIW，是该墙体在既有建筑中应用的方式和途径之一。

（3）在老旧框剪结构房屋中，剪力墙不合理布置导致结构扭转不规则的抗震问题是常见的。在处理上述抗震问题时，将 DIW 的减震原理合理地加以运用，根据工程实际适当削弱部分既有剪力墙的抗侧刚度，调整结构的刚度分配，同时赋予墙体消能减震的效能，增大结构阻尼，提升结构的抗震安全水平，是值得综合考虑的一种方法，可望在取得良好减震加固效果的同时，显著降低工程量和加固成本。

参考文献

[1] 周云，郭阳照. 一种用于框架结构的阻尼抗震填充墙板 [P]: 中国，CN102268900A. 2011-06-11.

[2] 郭阳照，周云，甘英杰等. 新型框架阻尼填充墙性能分析 [J]. 振动与冲击，2013，14: 127-133.

[3] 郭阳照，杨冠男，周云. 带架空层框架阻尼填充结构抗震性能研究 [J]. 土木工程学报，2014 (S1): 1-7.

[4] 周云，郭阳照，杨冠男等. 阻尼砌体填充墙框架结构抗震性能试验研究 [J]. 建筑结构学报，2013，34 (7): 89-96.

[5] 周云，郭阳照，廖奕发等. 带 SBS 层阻尼砌体填充墙钢筋混凝土框架结构抗震性能试验研究 [J]. 土木工程学报，2014，47 (9): 21-28.

[6] 郭阳照，周云，甘英杰等. 不同构造的阻尼填充墙框架结构性能分析 [J]. 防灾减灾工程学报，2013，33 (5): 501-509.

[7] 周云. 阻尼填充墙简化力学模型研究 [J]. 土木工程学报，2015，48 (10): 2-9.

[8] 韩小雷，季静. 基于性能的超限高层建筑结构抗震设计 [M]. 北京: 中国建筑工业出版社，2014.

局部底框 - 砌体结构中混凝土构件的计算与研究

周　源 [1, 2]

1. 上海市建筑科学研究院，上海，200032
2. 上海市工程结构新技术重点实验室，上海，200032

摘　要：局部底框 - 砌体结构多见于我国住宅房屋，该结构传力体系和受力机理尚不明确，本文以某工程实例为切入点，研究了 PKPM 系列软件不同模块对此类结构中混凝土构件的计算方法，对计算结果进行了对比分析，主要得到以下结论：（1）采用"砌体结构辅助设计"模块计算局部底框 - 砌体结构等房屋中混凝土构件时，计算结果过于保守，不建议采用相关结果。（2）对于复杂砌体结构中的混凝土构件计算，采用"砌体和混凝土构件三维计算"和采用"砌体结构混凝土构件设计"对构件单独验算，计算结果相对较接近。但梁上部托墙时，"三维计算"中梁的内力和配筋计算结果一般偏小。当涉及挑梁、墙梁等特殊构件时，建议在"砌体结构混凝土构件设计"中进行单独验算。

关键词：局部底框 - 砌体结构，静力计算，PKPM

Calculation and Research of Concrete Components in PartialBottom-frame-masonry Structure

Zhou Yuan[1, 2]

1. Shanghai Research Institute of Building Science，Shanghai 200032
2. Shanghai Key Laboratory of New Technology of Engineering Structure，Shanghai 200032

Abstract：Partial bottom-frame-masonry structure is commonly seen in China's residential buildings. The force transmission system and working mechanism in this style of structure is not clear. With a project example as the breakthrough point，this paper studies the static force calculation methods for the concrete members in this style of structure by PKPM series software. This paper compares and analyzes the calculation results and basically draws the following conclusions：（1）The calculation results are too conservative in QITI and relevant results is not recommended for calculation of the concrete components in local bottom-frame-masonry structure.（2）The calculation results are close in "3D calculation of masonry and concrete components" and "Concrete component design in masonry structure". However，the calculation results of internal force and reinforcement of beams are generally small in "3D calculation" when concrete beam supports the brick wall. It is suggested to conduct separate calculation in "Concrete component design in masonry structure" when it comes to special components such as cantilever beam and wall beams.

Keywords：Partial bottom-frame-masonry structure，Static force calculation，PKPM

0　引言

　　局部底框 - 砌体结构多见于我国临街住宅房屋中，其上部结构与普通的多层砌体住宅无异，底层沿街则因设置商店或餐馆等大空间使用需要，采用钢筋混凝土框架梁、框架柱结构取代砌体墙来抵抗荷载作用。由于其造价低廉、取材容易，具有较高的经济和实用价值，得到了广泛应用[1]。该结构体

　　作者简介：周源（1989—），男，工程师，硕士。E-mail：zhoyua@126.com，上海市徐汇区宛平南路 75 号 2 号楼 521。

系和受力机理尚不明确，规范也没有相应的设计理论和方法可以借鉴。

5.12汶川地震等震害资料表明，局部底框 - 砌体结构下柔上刚，抗震性能较差[2-3]，在此类旧房屋的抗震鉴定中，一般要求对房屋进行抗震加固，但在仅考虑房屋正常使用安全性的旧房屋评估中，可仅对房屋的静力承载力进行验算。

本文依托于某工程实例，利用 PKPM 计算软件中不同模块对局部底框 - 砌体结构中混凝土构件的静力计算进行了对比分析与研究。

1 工程背景

某居民楼建于 1998 年左右，为六层局部底框 - 砌体结构住宅楼，建筑面积约 1500m²。业主反映房屋存在明显倾斜，对房屋安全性产生疑虑，因此对该房屋目前现状的安全性进行检测。

1.1 房屋建筑结构情况简介

该居民楼大致呈东西走向，两单元，两梯三户。房屋平面基本呈矩形，纵向轴线总长为 21.6m，横向轴线总长为 12.2m，室内外高差为 450mm。首层设计为车库，层高 2.2m；二至六层为住宅，层高均为 2.8m。其建筑平面示意图如图 1 ~ 2 所示。

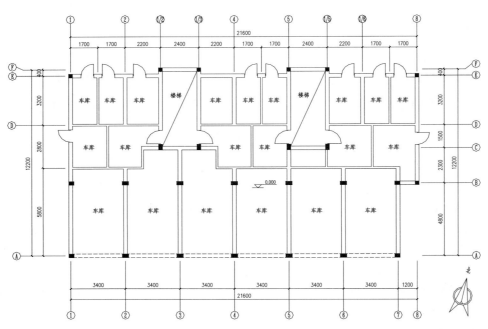

图 1 房屋底层建筑平面示意图

Fig. 1 Architectural Plan of First Floor

根据委托方提供的图纸资料，房屋底层 A、B 轴处纵墙竖向不连续，增设框架梁和框架柱，形成双排柱局部底框 - 砌体结构房屋。房屋每层设有圈梁，在大部分外墙各阴阳角及楼梯间四角等位置设置了构造柱。

房屋底层框架柱截面尺寸为 400mm×240mm，柱主筋为 6φ14，箍筋为 φ6@200。A 轴二层梁截面尺寸为 240mm×360mm，下部纵筋为 2φ16，上部纵筋为 2φ12，箍筋为 φ6@200；B 轴二层梁截面尺寸为 240mm×550mm，下部纵筋和上部纵筋均为 5φ22，箍筋为 φ10@150。

房屋基础为钢筋混凝土筏板基础。房屋上部现浇混凝土构件和基础均采用 C20 混凝土。

1.2 现场检测结果

现场检测结果表明，房屋上部结构墙体砌筑砂浆强度均达到 M3.5；砌筑用砖强度均达到 MU10；混凝土构件的强度达到 C20 的要求；混凝土构件的配筋符合设计要求。

对房屋损伤情况调查结果表明，目前房屋的损伤主要表现为：房屋墙面粉刷龟裂和室内预制板拼接缝比较普遍；厨房和卫生间部分瓷砖开裂；局部墙面渗水和发霉。房屋上部结构中未发现明显影响结构性能的墙体裂缝。

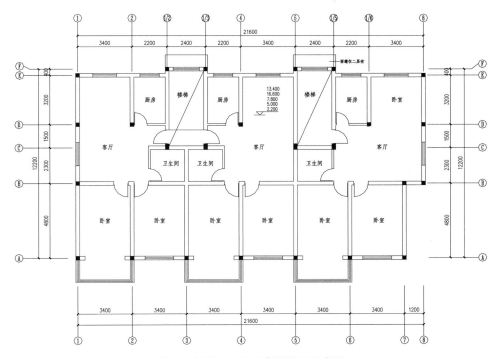

图 2 房屋二～六层建筑平面示意图

Fig. 2 Architectural Plan of Second to Sixth Floor

对房屋沉降和倾斜的测量结果基本一致，房屋存在较为明显的不均匀沉降，房屋整体向西南方向倾斜。

2 底层混凝土构件验算

在不考虑损伤的情况下，采用 PKPM 软件和 REASES 软件对房屋墙体的静力承载力进行验算，验算结果表明，房屋墙体的抗力与效应之比均大于 1，承重墙体的静力承载力满足规范要求。

以下采用中国建筑科学研究院开发的 PKPM 系列软件中"砌体结构"下的不同模块分别验算底层混凝土梁、柱构件的静力承载力。

2.1 三种计算方法简述[3]

（1）采用"砌体结构辅助设计"

本模块可对 12 层以下任意平面布置的砌体房屋和底部框架-抗震墙房屋进行计算，对 30 层以下任意平面布置的配筋砌块砌体结构房屋进行墙体芯柱、构造柱布置，并生成 SATWE 计算数据进行空间整体分析。

砌体结构荷载的导算过程十分复杂，除了要将楼面分布荷载导算到周边承重墙上，还要将上部各层的荷载通过承重墙逐层往下传递。对于底框-抗震墙结构，竖向荷载的导算与传递则更加复杂。

（2）采用"砌体和混凝土构件三维计算"

本模块适用于复杂砌体结构和砌体结构中混凝土构件的设计计算，如内浇外砌、砌体结构中带局部框架或带有部分混凝土剪力墙、砌体结构中的混凝土交叉梁系等等。

该方法将上部砖房和底框作为一个整体，采用空间组合结构有限元方法进行分析。把砌块墙假定为各向同性的均质材料墙体，与混凝土剪力墙一样处理，不同的只是其弹性模量和容重。这样就可用分析框剪或剪力墙结构的方法来分析这些复杂的砌体结构，由于砌块墙是各向异性材料墙体，把它作为各向同性材料墙体，从理论上讲可能存在一定的误差，但作为工程应用其误差应该是可以接受的，一般主要采用其中的混凝土梁、柱、剪力墙的内力和配筋计算结果。

（3）采用"砌体结构混凝土构件设计"

本模块是在构件层面对墙梁进行计算。由钢筋混凝土托梁和支撑在混凝土托梁上的计算高度内的墙体所组成的组合结构称为墙梁。该模块可以计算单跨简支、单跨框支墙梁、二跨或三跨连续墙梁，计算中可考虑墙梁洞口的影响，以及承重与非承重墙梁。

托梁在顶面荷载作用下，按简支梁、连续梁和框架梁计算内力。托梁跨中截面按偏心受拉构件计算配筋，梁端负弯矩作用下按受弯构件计算配筋。框架柱按偏心受压构件计算配筋。

2.2　计算结果对比与分析

对以上三个模块的计算配筋结果进行对比分析，见表1。

表1　不同模块混凝土构件配筋计算结果
Table 1　Reinforcement calculation results of concrete components in different modules

	A 轴梁纵筋	B 轴梁纵筋	一层柱纵筋
方法（1）	1251/1036	647/1316	/
方法（2）	259/259	284/711	355/335
方法（3）	385/358	574/736	415/415
实配	402/226	1901/1901	462/308

注：方法（1）～（3）对应于2.1节中的三种方法，梁纵筋和柱纵筋分别采用"梁底纵筋/梁支座负筋"和"X向纵筋/Y向纵筋"的表示方式。

对比可知，"砌体结构辅助设计"中梁计算结果过于保守，估计考虑了上部所有楼层的墙体自重，实际结构中考虑到圈梁、构造柱等的有利作用，此计算结果明显偏大。三维计算和按墙梁计算的结果相对接近，但三维计算结果偏小，与使用手册中的相关说明吻合。

对于复杂砌体结构和砌体结构中的混凝土构件计算，尤其当结构传力体系不明确时，建议：

（1）对于砌体墙的计算结果，采用"砌体结构辅助设计"的结果。

（2）对于砌体结构中的混凝土构件计算，尤其当结构传力体系不明确时，建议采用"砌体和混凝土构件三维计算"，但梁上部托墙时，梁的内力和配筋计算结果一般偏小。当涉及挑梁、墙梁等特殊构件时，建议在"砌体结构混凝土构件设计"中进行单独验算。

3　结论

本文以某局部底框-砌体结构房屋的安全性检测为工程背景，探讨了PKPM中不同模块对此类结构中混凝土构件的计算方法，并对计算结果进行了对比分析，得出以下结论：

（1）采用"砌体结构辅助设计"模块计算局部底框-砌体结构等房屋中混凝土构件时，计算结果过于保守，不建议采用相关结果。

（2）对于复杂砌体结构中的混凝土构件计算，采用"砌体和混凝土构件三维计算"和采用"砌体结构混凝土构件设计"对构件单独验算，计算结果相对较接近。但梁上部托墙时，"三维计算"中梁的内力和配筋计算结果一般偏小。当涉及挑梁、墙梁等特殊构件时，建议在"砌体结构混凝土构件设计"中进行单独验算。

参考文献

［1］谢益人，林树枝. 结构体系欠佳的建筑物的震害分析及加固建议［J］. 福建建筑，2008，10（124）：104-106.

［2］李英民，刘立平. 汶川地震建筑震害与思考［M］. 重庆：重庆大学出版社，2008：5-70.

［3］詹小萍. 底部局部框架砌体房屋抗震性能研究［D］. 重庆：重庆大学，2011.

［4］中国建筑科学研究院 PKPM CAD 工程部. QITI 砌体结构辅助设计软件用户手册及技术条件［M］. 北京：2008.

第4篇
检测与鉴定

地下车库上浮引起的裂缝损伤检测分析

郑玉庆

上海市建筑科学研究院，上海市工程结构安全重点实验室，上海，200032

摘　要：某单层地下车库在结构竣工、尚未进行后续的顶板防水和覆土施工时，遇暴雨和场地积水，造成地下车库上浮和损伤，本文是其损伤情况及分析。

关键词：地下室上浮，暴雨，设计水位，抗拔桩，损伤

Detection and Analysis of Cracks of the Underground Garage Caused by Floating up of Underground Garage

Zheng Yuqing

Shanghai Research Institute of Building Science，Shanghai Key Laboratory of Structural Safety，Shanghai 200032，China

Abstract：The floatation and damage of the underground garage were caused by rainstorm and site water when a single storey underground garage was completed in structure and roof waterproof soil cladding was not performed. This paper is an analysis of its damage and analysis.

Keywords：Basement floatation，rainstorm，design water level，anti pull-out pile，damage

1　建筑结构概况

地下车库位于 1# 和 2# 两幢住宅之间，为单层独立地下室，住宅和地下车库的位置关系见图 1、图 2。

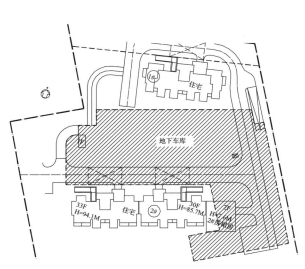

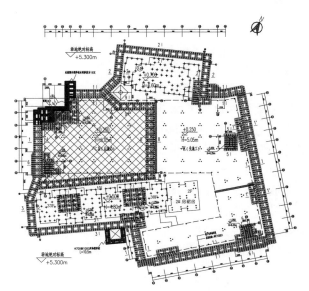

图 1　地下车库和住宅的位置关系　　　　　图 2　基坑分区及围护平面示意图

作者简介：郑玉庆（1964—），女，工学硕士，教授级高级工程师，主要从事结构研究和房屋质量检测项目。地址：上海市宛平南路 75 号 2 号楼 405 室，上海市建筑科学研究院。邮政编码：200032。E-mail：460081639@qq.com。

地下车库采用混凝土框架结构，周边为混凝土墙，采用大底板 - 承台基础，设抗拔桩。

车库平面不规则，东西向长度 82.424m，南北向长度 65.107m。室内净高 3.1m、3.7m，顶板覆土总厚度 0.6 ~ 1.2m，室外地坪标高 -0.300m、局部 ±0.000m，地面以上为小区中心绿地，部分为地面停车位。

地下室底板厚 400mm，板顶结构标高 -4.800m，顶板采用主次梁结构，板厚一般为 250mm，结构标高 -0.900m。结构混凝土强度设计等级均为 C30。车库基础、底板结构见图 3、图 4。

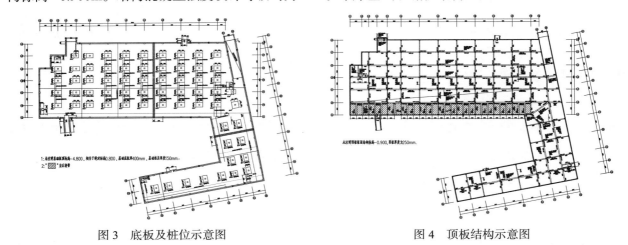

图 3　底板及桩位示意图　　　　　　　　　　　图 4　顶板结构示意图

2　工程地质概况

场地属滨海平原地貌类型，在 90.28m 深度范围内的地基土属第四纪全新世 Q4 和上更新世 Q3 的沉积物，主要由粘性土、粉性土和砂土组成。浅部土层中潜水主要赋存于浅部③层以及浅土中。主要接受大气降水的入渗补给，以垂直蒸发为主，地下径流微弱。潜水位受季节及大气降水控制，动态变化较大。潜水位埋深随气候及季节而变化，一般年水位变幅 1.0m 左右，勘察期间实测稳定潜水位埋深 0.80 ~ 1.60m，设计时，地下水位可取 0.50m。

3　基坑围护和施工情况

基坑面积 7000m²，主楼开挖深度 4.60m（1# 楼）、4.80m（2# 楼），地下车库开挖深度 5.05m。

基坑采用搅拌桩重力坝围护，坝体宽度 3.7m（1# 楼、2# 楼）、4.2m（地下车库），双头 ϕ700@1000 搅拌桩，共 7 排（1# 楼、2# 楼）、8 排（地下车库），桩间相互搭接 200mm，搅拌桩长 10.5m（1# 楼、2# 楼）、11.5m（地下车库），内外排密插 6m 长 ϕ48×3.0 钢管 @1000 以增加坝体刚度和整体性。搅拌桩坝顶采用 300 厚 C20 混凝土压顶，内配钢筋网片双层双向 ϕ10@200×200。基坑分区界线处采用搅拌桩重力坝进行分区围护，搅拌桩墙宽度 3.7m，搅拌桩长 10.5m。施工过程中采用轻型井点降水。基坑分区及围护平面见图 2。

至 2013 年 10 月 8 日暴雨前，车库结构、土方回填完成，顶板覆土等未做；1# 楼和 2# 楼主体结构完成，正在进行装修和安装工程。

需要说明的是：设计要求车库结构施工期间均需进行降水，至顶板覆土 600mm（且容重不小于 16kN/m²）后方可停止降水。实际上，结构完成后井点管拔出，采用室外明沟排水、集水井收集地下水，抽水机向外抽水。

4　地下室浮起情况和底板结构面相对高差测量

根据了解，10 月 8 日夜暴雨时，地下室顶板上方积水约 0.2m，由于车道入口高于地下室顶板约 0.3m，地下室未进水，室外积水 10 月 9 日下午退去。

施工人员 10 月 9 日上午 9 时巡回检查时，发现地下室发生浮起、并有裂缝损伤。下午施工单位测到地下室柱脚地坪拱起约 250 ～ 270mm。9 日夜开始在部分地下室顶板拱起位置堆放黄砂 0.6m，并对地下室周边采用深井降水进行排水处理。同时，通过水准仪测量地下室底板结构面高程的方式对地下室变形跟踪监测。12 月 6 日地下室底板结构面（柱根位置）高程偏差及变形规律见图 5。

测量结果：

（1）周边墙体位置高程与设计高程相当，中部地坪高于周边地坪，以（1/8）/（1/D）为中心（最高点），地坪结构面呈蘑菇状分布，10 月 10 日最高点较设计高程偏高 294mm。

（2）至 12 月 6 日，地下室地坪有不同程度的回落，但最高点仍较设计偏高 261mm。

由于地下室底板面回落极慢，推测搅拌桩重力坝对地下室水的疏散有阻碍，故在底板上钻孔疏散地下水。随着底板打穿，地下室涌出底板面 1 ～ 2m 高，底板随即迅速下降。这一情况说明，围护搅拌桩具有双向防渗效果，既可以阻止外面地下水渗入，也可以阻止进入内部的水排出。

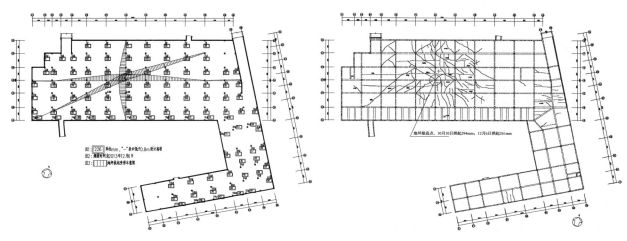

图 5 底板结构面（柱根位置）高程偏差及变形规律示意图（12 月 6 日）

图 6 顶板裂缝示意图

5 裂缝损伤

地下室板、梁、柱、墙的裂缝较多，部分墙、板渗水，典型构件裂缝损伤见图 6 ～图 9，现场典型情况见图 10 ～图 12（照片）。

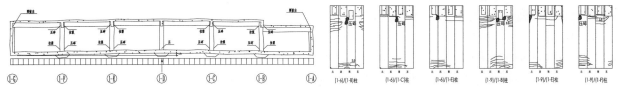

图 7 地下室变形和损伤示意图

图 8 典型柱裂缝示意图

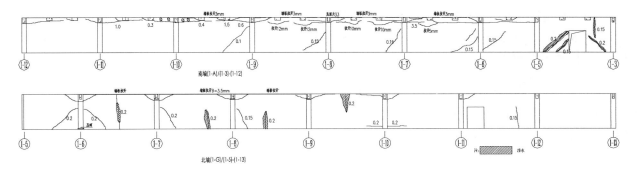

图 9 南北墙裂缝示意图

图 10　墙与梁端裂缝（梁拉出）　　　图 11　柱顶裂缝（东面，拉裂）　　　图 12　柱顶裂（压碎）

（1）顶板裂缝

拱起最高点周边较大范围区域有顶板裂缝。其中拱起最高点及周边顶板裂缝密集，包括斜裂缝和东西向、南北向裂缝，裂缝宽度一般 0.2～0.3mm，裂缝处普遍渗水。

（2）墙体裂缝

周边部混凝土墙普遍有裂缝并拌有渗水。南墙、北墙包括斜裂缝和垂直缝（最大 0.2mm）、墙顶水平缝（与柱水平缝连通，最大 1.5mm）、顶板与墙拉开（最大 3.5mm），柱根有压碎的情况，拱起最高位置的南墙上部分次梁从墙中拔出（最大 12mm）。其它墙体主要是墙垂直缝，裂缝宽度不大于 0.15mm。

（3）梁裂缝

上浮区域梁裂缝集中，有多条直缝，裂缝宽度最大 0.3mm。

（4）柱裂缝

柱裂缝有明显的方向性和对称性：以拱起最高点为中心，柱顶内侧为受拉开裂的水平缝，外侧为受压的压碎，柱底则与柱顶损伤情况相反。水平缝宽度最大为 2.0mm。端部柱水平缝与墙水平缝连通。

6　浮力计算

6.1　整体抗浮

地下室整体抗浮计算考虑以下三种工况：

工况 1——竣工后的使用状态（高水位，地下水位位于室外地坪面以下 –0.5m）。

工况 2——施工阶段，地下水位位于顶板上方、且顶板上方无覆土（10 月 8 日的情况）。

工况 3——施工阶段，地下水位位于底板下方（设计中考虑的工况——降水）。

计算结果：

（1）在竣工后覆土的使用状态、以及施工中降水的工况下，桩承载力均满足要求。

（2）在施工时地下室整体浸水的情况下（覆土前），重力与抗拔承载力之和与浮力基本相当，整体抗浮基本满足。

6.2　局部抗浮

由于不同位置的承载情况不同，对施工阶段、水位位于顶板上方工况下的局部抗浮进行计算。

计算结果：不同位置抗浮力有一定差异，南墙抗浮满足要求，其他位置柱墙抗浮不满足要求。

6.3　计算结果分析

在竣工后覆土、以及施工中降水的情况下，地下室桩抗浮承载力均满足要求；在施工时地下室整体浸水的情况下（覆土前），整体抗浮承载力基本满足要求，但地下室各部位的抗浮能力有一定的差异，南墙位置由于地下室高度较小，浮力较小，抗浮满足要求，其他位置的抗浮承载力（设计值）不满足要求。

此外，由于地下室周边土已经回填，周边土对地下室变形有一定的约束作用，对阻止周边的墙体抗浮变形有利，对相邻柱的变形也有一定的约束作用，距离墙体越远约束作用越弱。因此在 10 月 8

日暴雨时，地下室中部柱浮起变形较大。

7　结论

（1）地下水位远超过设计水位，是地下室上浮和结构损伤的主要原因。地下室不同位置抗浮承载力存在差异，桩首先在最薄弱处损坏，随后引起连锁反应，造成地下室不均匀上浮。从地下室短期上浮量较大、以及后期回落情况分析，局部桩顶锚固损坏的可能性大。

（2）围护搅拌桩具有双向防渗效果，既可以阻止外面地下水渗入，也可以阻止进入内部的水排出，因此，采用搅拌桩围护的基坑，在基坑内积水时，周边采用深井降水无法及时有效地降低基坑内部地下水位。

参考文献

［1］　GB 50010. 混凝土结构设计规范［S］.
［2］　JGJ 8. 建筑变形测量规范［S］.
［3］　DGJ 08—11. 上海市工程建设规范. 地基基础设计规范［S］.
［4］　相关设计资料、施工资料.

堆土造景引起的房屋倾斜

郑玉庆[1]　　刘华波[2]

1. 上海市建筑科学研究院，上海，200032
2. 上海市工程结构新技术重点实验室，上海，200032

摘　要：在软土地基上堆土造景、建房应解决好其堆土本身的沉降及对周边的影响，在设计时应计算沉降。本文是堆土造景引起房屋倾斜的实例。

关键词：软土，堆土造景，沉降，倾斜

The Tilting of The House Caused by Heap of the Soil

Yuqing Zheng[1]　　Huabo Liu[2]

1. Shanghai Research Institute of Building Science
2. Shanghai Key Laboratory of Structural Safety，Shanghai 200032，China

Abstract：Heap of the soil on soft soil foundation to build house and landscape should solve the problems such as the settlement of the soil itself and its influence on the surrounding area. The settlement should be calculated during the design. This paper is an example of the tilting of the house caused by heap of the soil.

Keywords：soft soil，the settlement of the soil caused by heap of the soil，settlement，tilting

1　小区和房屋概况

　　某别墅为软土地基，2008 年竣工，2013 年 41# 楼东单元居民在装修时发现房屋倾斜（之前未入住过）。建设单位经过一段时间的沉降监测，发现房屋沉降仍有发展的趋势，房屋倾斜变化也较明显。

　　调查发现，整个小区场地经过垫高处理，各处道路、房屋内院地坪和室内地坪标高有一定的起伏，竣工后的道路场地标高 4.050 ～ 5.300m，内院场地标高 4.450 ～ 6.800m，房屋 ±0.000（一层室内地坪）相当于绝对标高 4.750 ～ 7.250m。41# 楼所处为小区的制高点，周边道路标高 4.500 ～ 5.300m，内院场地标高 6.800m，房屋 ±0.000 绝对标高 7.250m，见图 1。

　　根据地质报告，小区建造前的天然地坪高程 2.36 ～ 4.79m，41# 楼、42# 楼、45# 楼所在场地的地坪高程 3.60 ～ 3.86m，平均约 3.75m。根据小区总平面竣工图和工程地质勘察报告，小区场地进行了垫高处理，其中 41# 楼、42# 楼、45# 楼内院地坪垫高 3.05m，南侧室外路面垫高 1.05 ～ 1.55m，西侧和北侧路面垫高 0.75m，详见图 2。

　　41# 楼场地下方有淤泥质黏土，地基持力层为③层灰色粉质黏土，层顶绝对标高 2.20 ～ 2.96m，层底绝对标高约 2.00m，场地东侧暗浜底绝对标高 0.90m。

　　对施工资料进一步调查，由于 41# 楼的基础底面位于原填土和浜填土上，施工时采用砂垫层分层换填至设计标高（周边砌筑挡土墙），西侧基础挖土至绝对标高 2.340m，砂垫层厚 1.680m，暗浜处基础挖至绝对标高 1.740m，砂垫层厚 2.280m。西侧基底至内院地坪高度 4.460m（内院标高 6.800m，基底标高 2.340m），东侧暗浜区基底至内院地坪高度 5.006m（内院标高 6.800m，浜底标高 1.740m）。暗

作者简介：郑玉庆（1964—），女，工学硕士，教授级高级工程师，主要从事结构研究和房屋质量检测项目。地址：上海市宛平南路 75 号 2 号楼 405 室，上海市建筑科学研究院。邮政编码：200032。E-mail：460081639@qq.com。
　　　　　刘华波（1970—），男，工学博士，高级工程师，主要从事结构研究和房屋质量检测项目。

浜位置见图 3，砂垫层剖面见图 4。

图 1　小区总平面，阴影区为小区的高点（内院地坪垫高 3.05m）

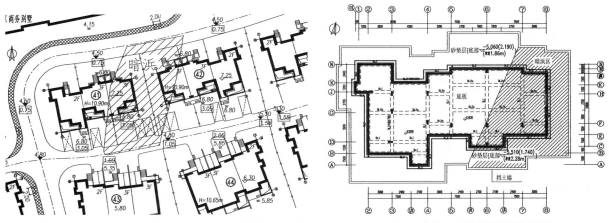

图 2　小区地坪垫高和暗浜位置示意图（□内数据为地坪垫高的高度，单位 m）

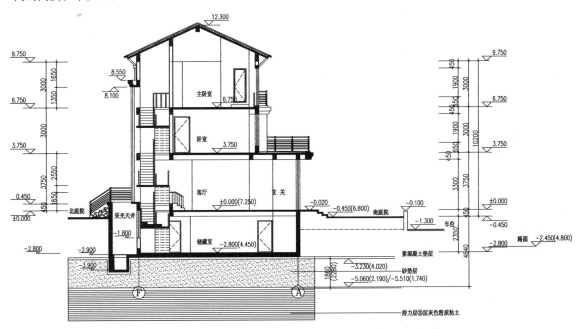

图 3　暗浜及砂垫层范围示意图

图 4　剖面及砂垫层示意图（括号外为相对标高，括号内绝对标高）

41# 楼为三联体别墅，西侧单元为二层，中部和东侧单元为三层，采用框架结构、天然地基上的筏板基础。基础底板厚度 300mm，板面标高 −2.830m，板底标高 −3.130m，混凝土垫层标高 −3.230m。核查设计资料，未见堆土沉降、房屋沉降等计算资料。

2 房屋不均匀沉降现场测量结果

2.1 倾斜

41# 楼角点均向东、向北倾斜，其中向东倾斜 8.24‰ ～ 13.82‰，向北倾斜 3.13‰ ～ 7.61‰。平均向东 11.53‰、向北 5.25‰（图 5）。

2.2 室外装饰线相对高差

41# 楼室外装饰线西高东低、南高北低，西南角与东北角的最大相对高差 263mm（图 6）。

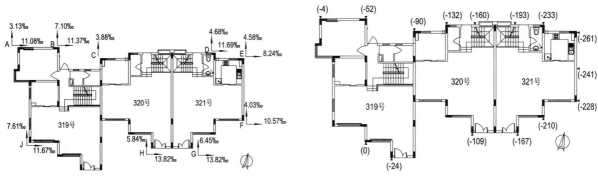

图 5　房屋倾斜示意图　　　　　　　　　　图 6　室外装饰线相对高差示意图

2.3 东单元板底相对高差（见图 7）

图 7　东单元各层板底相对高差示意图

测量结果：东单元各层板底均西高东低、南高北低。地下室顶板最大相对高差 100mm；一层顶板最大相对高差 96mm；二层顶板最大相对高差 91mm。

2.4 不均匀沉降测量结果汇总

41# 楼不均匀沉降较大，整体向东、向北倾斜，平均向东 11.53‰、向北 5.25‰。

3 室内外地坪相对高程测量

41# 楼北侧和西侧路面垫高 0.75m（周边环境垫高最小的位置），假定北侧路面高程不变，对东单元室内外地坪高程进行了测量，测点布置和测量结果见图 8，以了解 41# 楼及周边环境的相对沉降情况，地坪实测高程和设计高程对比见表 1。

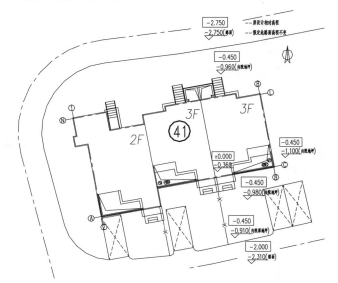

图 8 室内外地坪设计标高和实测标高（假定北侧路面高程不变）

表 1 室内外地坪相对高差测量结果

	原设计（m）	现状（m）	备注
东单元底层地坪	± 0.000	−0.360	房屋沉降大于北侧路面沉降 0.36m
南侧路面	−2.750/0.750	−2.310	南侧大于北侧 0.31m
北侧内院	−0.450/3.050	−0.960	北侧内院沉降大于北侧路面沉降 0.51m
南侧内院	−0.450/3.050	南端 -0.910 中部 -0.980 东端 -1.100（暗浜区）	南侧内院南端沉降大于北侧路面沉降 0.46m 南侧内院中部沉降大于北侧路面沉降 0.53m 南侧内院东端沉降大于北侧路面沉降 0.65m

注 1：假定小区竣工时室内外地坪高程与设计总平面一致。
注 2：假定竣工至今，北侧路面高程不变。

由表 1 可以看出，假定北侧路面高程不变，房屋的相对沉降达到 0.36m，内院地坪相对沉降 0.46 ～ 0.65m。测量结果表明：内院地坪的沉降大于房屋沉降，东侧暗浜区的沉降最大。

实际上，由于北侧路面垫高 0.75m，其自身也会产生较大的沉降，因此，各处的实际沉降较表 1 中的相对沉降差测量结果更大。

4 房屋不均匀沉降原因分析

由于造景需要，41# 楼所处场地及周边环境垫高、场地土软弱且不均匀、地基压力不均匀是 41# 楼沉降较大、不均匀沉降较大的主要原因。

4.1 沉降

41# 楼所在场地为软土、有软弱下卧层，自身基础采用砂垫层进行垫高处理，周边场地垫高 3.05m，南侧室外路面垫高 1.050 ～ 1.550m，西侧和北侧路面垫高 0.750m。大面积地面垫高造成周边地坪的较大沉降和不均匀沉降、且在较长时期内难以稳定。

对 41# 楼地基压力和周边填土引起的附加压力进行计算，房屋地基压力最大为 81kPa，室外填土引起的地基压力 83.5 ～ 91.1kPa（房屋持力层位置），室外填土引起的附加压力已经大于房屋地基压力，这也解释了内院地坪沉降大于房屋沉降的现象。

4.2 不均匀沉降

（1）从整体布局看，41# 楼东侧场地垫高较多（3.05m），西侧场地垫高较少（0.75m），垫高较多的东侧场地沉降较大。

（2）从不良地基土分布看，41# 楼东侧为暗浜区，该区域场地土较其他位置更软弱，沉降也会更大。

（3）从房屋的布置看，西侧为二层房屋，中部和东部为三层房屋，东端的荷载较大，沉降也更大。

（4）由于房屋倾斜导致地坪产生高差，东单元装修时，各层楼面均重新找平处理（沉降较大的东侧、北侧地坪低，装修厚度大、荷载大），部分楼面还进行了加层。装修时地坪重新找平、加层等使东单元地基荷载有所增加，进一步加大了房屋不均匀沉降。

5　结语

在软土地基条件下，堆土造景引起的房屋不均匀沉降和倾斜还包括建造假山、挖湖、下沉式花园、单面地下车库（另一侧为回填土路面）等。这些沉降和不均匀沉降轻者可造成房屋倾斜、管道变形断裂，严重时可造成地基失稳。此类环境设计引起不均匀沉降的主要原因是前期相关人员对此问题的认识和参与度不足：景观设计者缺乏专业知识和经验，而结构和岩土工程师又没有参与环境设计，或者是结构和岩土工程师本身对此问题的严重性也认识不足，导致房屋沉降问题失控。

参考资料

[1] GB 50007. 建筑地基基础设计规范 [S].

[2] GB/T 50344. 建筑结构检测技术标准 [S].

[3] JGJ 8. 建筑变形测量规范 [S].

[4] GB 50009. 建筑结构荷载规范 [S]

某烟囱施工缺陷的鉴定分析与处理

樊丽丽[2]　孙增斌[1]　邢　锐[3]

1. 山东建大工程鉴定加固研究院，山东济南，250014
2. 山东省机械设计研究院，山东济南，250031
3. 山东建固特种专业工程有限公司，山东济南，250014

摘　要：某烟囱施工过程中出现较多裂缝、错台、孔洞、凹凸不平等质量缺陷，通过检测鉴定，明确了缺陷产生的原因和危害程度，对烟囱的安全评估、缺陷处理和后续施工提供了技术资料。

关键词：烟囱，裂缝，质量缺陷，检测鉴定，分析，处理

0　引言

烟囱为高耸构筑物，直径和弧度随高度不断变化，施工过程难度较大，目前的施工工艺较多采用滑模施工，施工过程质量控制不严时容易出现裂缝、错台、漏浆、蜂窝麻面、凹凸不平、筒壁弧度和斜度偏离等缺陷，应当加强管理、及早预防、及时发现、及时处理，为质量安全排除隐患。

1　工程概况

某烟囱高度 200m，底部外径 10600mm，壁厚 550mm，为现浇钢筋混凝土结构，施工采用滑模施工工艺，在施工至 5.5m 时，筒壁出现多道竖向和水平裂缝，以及不规则细微裂缝，表面普遍存在模板变形和接缝不良引起的错台、凹凸不平、筒壁不圆、弧度和斜度偏离圆台标准等现象，多处部位存在混凝土蜂窝、麻面、疏松、孔洞等问题，并因此停工。为查明缺陷产生的原因和危害程度，并确定烟囱目前的安全状况和修复处理措施，进行了检测鉴定。主要内容有：裂缝和外观缺陷调查检测、混凝土强度检测，钢筋间距及保护层厚度检测、烟囱筒壁直径和壁厚检测。检测时烟囱外观现状见图 1，烟囱底部平面示意图见图 2。

图 1　检测时烟囱外观现状

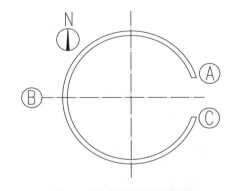

图 2　烟囱底部平面示意图

2　检测结果

2.1　裂缝调查检测

烟囱外表面裂缝分布示意图见图 3。竖向裂缝长度约 1.0～1.5m，中间宽度较宽，上下延伸变窄直至消失，最大宽度约 0.1～0.2mm；大部分裂缝约 1.5m 等间距分布，内外侧基本对应出现；水平裂缝最大宽度约 0.4mm，出现高度约 1.0～1.5m 之间；不规则细微裂缝，宽度基本在 0.1mm 左右；现

场局部剔凿查看，裂缝深度在保护层厚度范围内，未达到钢筋位置。裂缝及剔凿照片见图 4、图 5。

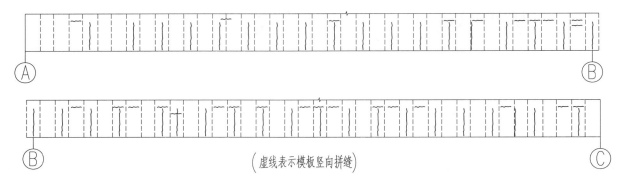

（虚线表示模板竖向拼缝）

图 3　筒壁外侧裂缝分布示意图

图 4　裂缝照片

图 5　裂缝处剔凿查看

烟囱表面普遍存在模板变形和接缝不良引起的错台、凹凸不平、筒壁不圆等弧度和斜度偏离圆台标准的现象。模板竖向拼接处最大偏差约 30mm，见图 6；1.6m 高度处模板调整后多处外凸，水平拼接处最大偏差约 20mm，见照片图 7。多处部位存在混凝土蜂窝、麻面、疏松、孔洞。

图 6　模板竖向拼接处错台

图 7　模板水平拼接处错台

2.2　烟囱壁厚检测

采用三维激光扫描仪测量烟囱壁厚数据，竖向每隔 500mmm 测算一次壁厚，壁厚视察图见图 8，500m 高度处壁厚数据见图 9。通过各层壁厚数据分析比较，烟囱壁厚实际偏差变化较大，最小尺寸为 553mm，满足设计要求，最大尺寸为 642mm，超出设计尺寸 92mm。

图 8　筒壁厚度视察图

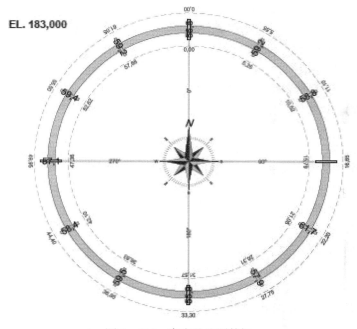

图 9　500m 高度处壁厚数据

2.3　混凝土强度检测

依据《回弹法检测混凝土抗压强度技术规程》（JGJ/T 23—2011）的有关规定，采用回弹法现场检测烟囱的混凝土强度，检测结果见表 1。经检测，烟囱筒壁的混凝土强度推定值为 42.6MPa，满足设计 C35 的要求。

表 1　混凝土强度检测结果

平均值（MPa）	标准差	强度推定值（MPa）
48.7	3.67	42.6

2.4　钢筋配置检测

依据《烟囱工程施工及验收规范》（GB 50078—2008）的有关规定，采用钢筋位置测定仪现场重点检测模板凹凸部位外侧钢筋的间距和保护层厚度。经检测，筒壁钢筋间距满足设计要求，保护层厚度偏差较大，设计保护层厚度为50mm，实测凹处最小保护层约30mm，凸出最大保护层大于90mm，保护层厚度大致随表面凸凹变化而增减。

3　鉴定分析

3.1　裂缝原因分析

根据现场检测结果和裂缝分布形态，对烟囱筒壁表面裂缝的产生原因进行分析。

3.1.1　筒壁竖向裂缝和不规则细微裂缝

（1）混凝土收缩及温度变化的影响：混凝土在凝结硬化过程中将产生塑性收缩、化学收缩、干燥收缩等收缩变形；混凝土在凝结过程中水泥等胶凝材料将释放较大的水化热，混凝土表面温度降低快于内部，表面与内部存在一定的温差，使得表面和内部变形不一致；根据当地气候条件，昼夜温差和阴阳面温差较大，同样使混凝土变形不一致。收缩变形受到约束时便在混凝土内部产生拉应力，当拉应力超过混凝土抗拉强度时，即产生裂缝。

（2）环境及养护等因素的影响：据了解，混凝土浇筑初期遭遇风速较大、阳光照射、急骤干燥、养护不当等因素影响，导致水分散失过快，加剧收缩变形和开裂。

（3）骨料及配合比的影响：根据所用混凝土的配合比特点，水灰比较大，水泥浆量较高、骨料粒径较小、砂率含量较高等，引起较大收缩，加剧收缩变形和开裂。

（4）结构体系的影响：该烟囱属于露天的墙壁类构件，壁薄而体长，对温度、湿度变化比较敏感，易因附加的温度收缩应力而开裂。《混凝土结构设计规范》（GB 50010—2010）表8.1.1规定，"露天现浇墙壁类结构的伸缩缝最大间距为20m"，而实际该烟囱一次性浇筑的周长超过60m，存在较大的收缩变形，且保护层厚度较大，极易出现收缩裂缝。

（5）裂缝分布特征：竖向裂缝分布间距大致相仿，裂缝中间宽、两端窄，符合收缩、温度裂缝的特征。

3.1.2　烟囱表面的水平裂缝

（1）在混凝土凝固早期模板受扰动、滑模时强度过低或模板变形，导致混凝土被拉裂。

（2）混凝土在浇筑后，振捣和自重作用下，粗骨料下移，产生沉缩变形，局部受到模板和钢筋的阻隔及约束而产生沉缩裂缝。

3.2　钢筋骨架位移分析

根据三维激光扫描仪测量的烟囱壁厚数据，烟囱壁厚实际偏差变化较大，最小尺寸为553mm，满足设计要求，最大尺寸为642mm，超出设计尺寸92mm，表明烟囱的外形轮廓与圆台标准相差较大。抽测筒壁外侧的钢筋配置，钢筋间距满足设计要求，保护层厚度偏差较大，保护层厚度大致随表面凸凹变化而增减。据此推断外形和壁厚尺寸偏差主要发生在保护层范围内，钢筋骨架未发生明显位移。

4　鉴定结论

该烟囱所测混凝土强度、钢筋间距满足设计要求，钢筋保护层厚度不满足设计和规范允许偏差要求。

该烟囱出现的竖向裂缝、不规则细微裂缝、水平裂缝均属于非荷载裂缝，不影响烟囱的结构安全，但对耐久性产生影响。

该烟囱外形和壁厚尺寸偏差主要发生在保护层范围内，钢筋骨架未发生明显位移，不影响结构承载力。

5　处理措施

对烟囱表面错台、蜂窝麻面、接茬不良等缺陷进行修补找平；对表面 <0.3mm 的裂缝采用封缝胶

进行表面涂刷封闭处理，对 ≥ 0.3mm 的裂缝采用压力灌注灌封胶进行封闭处理。封闭后对筒壁内外刷一道界面剂然后抹一层 15mm 高强度聚合物修复砂浆。

6　结语

通过该烟囱裂缝的鉴定分析，明确了裂缝产生的原因，评估了质量缺陷对结构的危害程度，为工程后续施工中的质量控制措施提供了参考，工程参建各方应对质量控制引起足够重视，消除安全隐患，确保工程顺利竣工。

参考文献

［1］ GB 50078—2008. 烟囱工程施工及验收规范［S］. 北京：中国计划出版社，2008.

［2］ GB 50051—2013. 烟囱设计规范［S］. 北京：中国计划出版社，2013.

［3］ GB 50010—2010. 混凝土结构设计规范（2015 年版)［S］. 北京：中国建筑工业出版社，2015.

［3］ GB 50367—2013. 混凝土结构加固设计规范（2016 年版)［S］. 北京：中国建筑工业出版社，2016.

［4］ CECS 293—2011. 房屋裂缝检测与处理技术规程［S］. 北京：中国计划出版社，2011.

［5］ 王铁梦. 工程结构裂缝控制［M］. 北京：中国建筑工业出版社，1997.

某厂房楼面混凝土块掉落原因分析

陈海斌

上海同丰工程咨询有限公司，上海，200444

摘　要：某厂房是一幢两层的框架结构房屋，建于 1994 年，房屋楼面为网架结构上铺预制楼板，上铺整浇层，屋面为网架结构。近期，在使用过程中发现混凝土楼面的预制楼板出现了多次混凝土块掉落等现象。为查清问题原因，对该房屋的楼面结构进行了现场检测，检测内容包括结构复核、材性检测、变形测量、振动测试、损伤调查。根据现场检测结果，分析了楼面混凝土块掉落的原因，指出在有叉车运行的楼面，整浇层与结构层之间的结合非常重要，若结合不紧密，往往会造成一定的冲击疲劳，结构层较厚的部位会发生整浇层破损，结构层薄弱的部位会发生结构层破损。最后提出了相应的解决方案，取得了良好的加固效果。

关键词：预制板，冲击疲劳，振动

Analysis the Reason of the Floor Concrete Block Drop of a Workshop

Chen Haibin

Shanghai Tongfeng Engineering consulting co., LTD，Shanghai 200444

Abstract：A workshop is a two layers of frame structure building，was built in 1994，the structure of floor is precast floor slab on the truss structure，and the roof floor is truss structure. Recently，in use process，the owner found that the precast floor slab's concrete blocks were droped several times.To find out the reason of this problem，the authors checked the floor of this building，including reviewing the strutrue of floor，material testing，deformation measurement，vibration test，the investigation of injuries. According to the on-site test results，the reason of floor concrete block drop was analyzed，the corresponding solutions was put forward，the good effect has obtained.

Keywords：T Precast slab，he impact fatigue，Vibration

1　项目概况

　　某厂房是一幢两层的框架结构房屋，建于 1994 年，房屋楼面为网架结构上铺预制楼板，屋面为网架结构。近期，在使用过程中楼面出现了多次混凝土块掉落等现象。对该房屋的楼面进行了现场检测，分析了楼面混凝土块掉落的原因，提出了相应的解决方案，取得了良好的加固效果。

2　工程案例

2.1　房屋概况

　　该房屋是一幢两层的框架结构房屋，房屋平面基本呈矩形，沿纵向设有两道伸缩缝。房屋二层楼面结构形式为网架结构上铺预制楼板，屋面为网架结构。

　　本次检测主要针对房屋二层楼面结构进行。房屋二层楼面沿轴线位置布置有混凝土框架梁，其截面基本为花篮梁，其中纵向框架梁的宽 × 高基本为 650mm×2000mm，横向框架梁的宽 × 高基本为 600mm×1800mm，整个楼面由这些框架梁分割成 12m×12m 以及 12m×15m 等两种大小的区格。除少量区格为现浇板外，其余大部分区格均为网架结构上铺预制楼板，各区格楼面结构基本独立。

楼面结构的网架均采用正放四角锥形式，网架平面尺寸基本为 10.95m×10.95m 和 10.95m×13.95m 等两种，网架高度在 1.6～1.8m 之间，材料采用 A3 钢，上弦周边支撑，支座采用单面弧形压力支座，与框架梁翼缘上的预埋件通过螺栓连接，其各弦杆和腹杆的截面尺寸在 Φ60mm×3.5mm～Φ180mm×8.0mm 之间，螺栓球的直径在 ϕ120～ϕ200 之间。

网架上铺的预制板为矩形板，其长宽一般为（2170～2300）mm×2170mm，预制板的四角预埋件与网架的上弦节点上的支托板焊接。预制板四周以及中心线位置设有肋板，梯形截面，上宽下窄，四周肋板的截面尺寸为（70～100）mm×240mm，肋板底部配有 1ϕ25 的钢筋，箍筋为 ϕ(b)5@100，中心线肋板的截面尺寸为（60～120）mm×240mm，肋板底部配有 1ϕ18～20 的钢筋，箍筋为 ϕ(b)5@100，预制板厚度为 30mm，内配单层双向 ϕ(b)5@100。预制板的混凝土设计强度等级为 C30。预制板上铺 70mm 厚的整浇层，内铺双层双向 ϕ6@150，沿轴线位置设置有分仓缝。

二层楼面结构平面示意图见图 1，预制板详图见图 2。

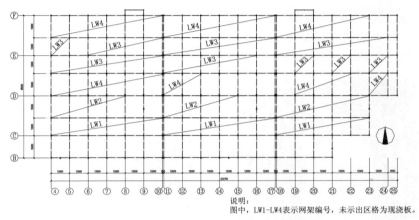

说明：
图中，LW1-LW4 表示网架编号，未示出区格为现浇板。

图 1　房屋二层楼面结构平面示意图

Fig 1　Layout diagram of second floor structure

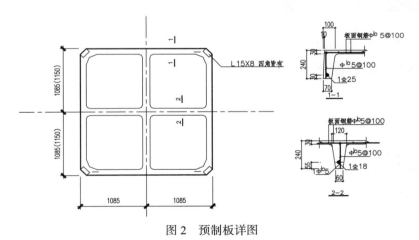

图 2　预制板详图

Fig 2　Prefabrication Details

2.2　现场检测结果

（1）预制板混凝土损伤检测结果。

对预制板的混凝土损伤情况进行了调查，调查结果表明，预制板的混凝土剥落现象普遍存在，仔细观察混凝土剥落的特征，一般混凝土剥落位置处的预制板均未有明显的裂缝和其他损伤现象，剥落为预制板的局部位置，具体损伤见图 3、图 4。

（2）预制板截面尺寸复核。

对二层楼面预制板的截面尺寸复核，在局部位置分别钻取芯样，测量预制板厚度分别为 31mm、

34mm，整浇层厚度分别为 66mm、65mm，见图 5、图 6。需要注意的是，整浇层与预制板之间的结合并不紧密，有一定的空鼓现象。

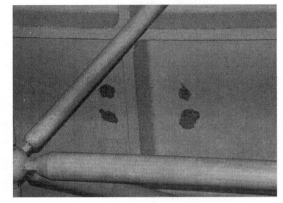

图 3　8-9/（2/E）-F 轴预制板混凝土剥落　图 4　7-8/（2/E）-F 轴预制板混凝土剥落

Fig 3　Concrete peeling of Preformed board of 8-9/（2/E）-F　Fig 4　Concrete peeling of Preformed board of 7-8/（2/E）-F

图 5　1 号芯样　　　　　　　　　　　图 6　2 号芯样

Fig 5　1#Core sample　　　　　　　　Fig 6　2#Core sample

（3）预制板混凝土强度和配筋检测。

根据现场条件，采用回弹法对房屋的部分预制板的强度进行抽样检测，检测结果表明，实测预制板混凝土强度达到了设计混凝土强度 C30 的要求。对预制板配筋的检测结果表明，其与设计要求基本一致。

（4）楼面振动测试结果。

根据现场调查，房屋二层楼面大部分位置为总装流水线，各个流水线之间设有通道，宽度约为 4 ～ 5m，通道位置在楼面上铺设有约 20cm 厚的钢板，钢板之间采用柔性接头连接。由于该通道经常有叉车运送较重的货物，而钢板接头位置不平整，同时钢板与楼面之间也未紧密贴合在一起，叉车开动过程中，在楼面上造成了一定的振动，振动测试的目的就是为了了解叉车开动对二层楼面造成的振动和变形情况，从而推知叉车开动在楼面上引起的荷载大小。其中在网架下弦的跨中、通道下部预制板、网架上、下弦位置分别放置速度传感器，拾取振动信息。典型测点的时谱和频谱图如图 7 ～图 10 所示。

与静止状态相比，叉车运行时各测点的位移、速度、加速度均有较大幅度提高。其中靠近接头位置的预制板底测点的动力响应提高的幅度相对很大，其加速度峰值约为 0.12g，其他测点的加速度峰值也在 0.01 ～ 0.03g 之间。振动测试的结果说明，通道钢板接头处的不平整导致叉车开动时造成了一定的冲击作用，又由于钢板与楼面结构未紧密结合，该冲击作用通过钢板的振动对楼面结构造成了多重激励，在靠近接头位置处该激励效应相对较大，试验测得的振动效应也较大。

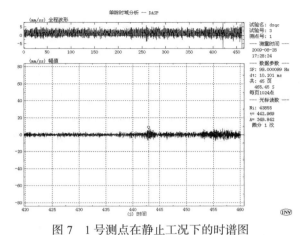

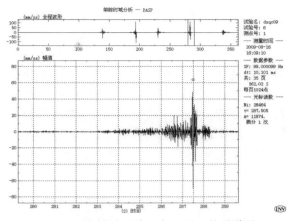

图 7　1 号测点在静止工况下的时谱图

Fig 7　1#Time spectrum while Static conditions

图 8　1 号测点在叉车运行工况下的时谱图

Fig 8　1#Time spectrum while forklift operations

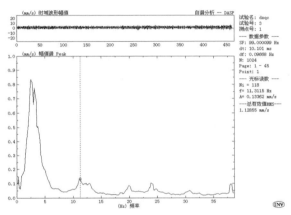

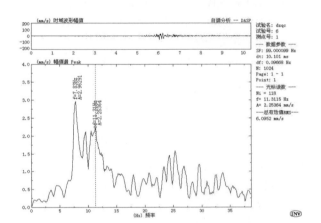

图 9　1 号测点在静止工况下的频谱图

Fig 9　1# spectrum while Static conditions

图 10　1 号测点在叉车运行工况下的频谱图

Fig 10　1# spectrum while forklift operations

2.3　损伤原因分析

由以上的检测结果可知，房屋预制板的施工质量满足设计要求，叉车开动过程中，在楼面上造成了一定的振动，其动力放大系数约为 1.2，考虑动力放大系数后，楼板上的折算均布荷载约为 15.6kN/m²，未超过楼板的设计荷载 20kN/m²。因此目前预制板发生局部混凝土块剥落不是由于整体承载力不足引起的。

在混凝土剥落位置未发现预制板因受力引起的裂缝、变形等现象，仔细观察混凝土剥落的特征，剥落位置一般集中在叉车运行路线上或附近位置。据了解，目前厂房的生产流水线曾进行过多次调整，仪器设备的位置也进行过多次改动，当初设计时并未考虑二层楼面频繁的运行叉车，目前工艺调整后，叉车运行较为频繁，考虑到现场检测时发现整浇层与预制板之间未结合紧密、整浇层与上铺钢板之间也未结合紧密，在叉车运行时各个结构层之间会发生碰撞现象，局部不平整位置会发生应力集中现象，而预制板板面较薄，仅 30mm，经过长期的冲击疲劳影响后，就会在局部发生混凝土剥落现象。

2.4　加固处理

鉴于楼面通道钢板接头位置不平整，同时整浇层与预制板之间、钢板与楼面之间未紧密贴合在一起，叉车开动过程中，在楼面上造成了一定的振动，为了减少楼面振动，建议重新处理钢板接头，确保接头位置平整，同时采用灌浆等方法确保钢板与整浇层、整浇层与预制板之间紧密连接。同时考虑到该房屋的楼面结构为网架结果，刚度相对较弱，对局部堆载和冲击作用比较敏感，建议使用过程中应注意控制荷载，尽量减少叉车的运行次数。

采取以上的加固方法处理五年后，到目前为止未发现有新的混凝土剥落现象。

3　结论

根据现场检测结果与分析，可以得出如下结论：

（1）在有叉车运行的楼面，整浇层与结构层之间的结合非常重要，若结合不紧密，往往会造成一定的冲击疲劳，结构层较厚的部位会发生整浇层破损，结构层薄弱的部位会发生结构层破损。

（2）对工艺改建后增加叉车运行时，应对整浇层与结构层之间的结合性能进行检查，若存在空鼓等现象，应先采用灌浆等方法进行处理，确保两者之间结合紧密。

参考文献

［1］DG/TJ 08—79—2008. 房屋质量检测规程.

［2］GB/T 50344—2004. 建筑结构检测技术标准.

［3］DG/TJ 08—804—2005. 上海市工程建设规范，既有建筑物结构检测与评定标准.

［4］JGJ/T 23—2001. 回弹法检测混凝土抗压强度技术规程.

［5］JGJ 8—2007. 建筑变形测量规范.

［6］GB 50010—2001. 混凝土结构设计规范.

上海市徐汇区"水晶宫"文物建筑勘察

杨　三

中冶建筑研究总院（上海）有限公司，上海，200433

摘　要： 乌鲁木齐中路280弄3号，俗称"水晶宫"，属于上海市徐汇区文物保护点。本文从历史沿革、建筑风格及特色部位等方面，探讨其保护价值；同时，通过现场勘察，采集相应数据，并对主体结构承载力进行验算，综合评估房屋结构安全性。此外，根据房屋使用功能、建造年代及建造地域等，从抗震措施及抗震承载力两方面评估其抗震性能。最后，针对现状存在的不足，提供相应的加固处理建议。

关键词： 文物建筑，建筑风格，结构安全性评估，抗震性能

Historic Architecture Survey of "the Crystal Palace" of Shanghai Xuhui District

Yang San

Central Research Institute of Building and Consruction（Shanghai）Co.，Ltd.，Shanghai，200433，China

Abstract： Wulumuqi middle road 280lane No.3 which is called "the crystal palace", belongs to the historic relic protection sites of Shanghai Xuhui district. The paper will discuss the conservation value of this bulilding from historic evolution、architecture style and characteristic parts and so on. Meanwhile，collect relevant data by field investigation，and check the structural capacity，then comprehensively evaluate the structural safety. In addition，according to the building function、consruction time and construction area，evaluate the seismic performance from seismic measures and seismic capacity. At last，provide some relevant reinforcement and maintenace advices on present condition's insufficent.

Keywords： historic architecture，architecture style，structural safety evalution，seismic performance

1　工程概况

　　乌鲁木齐中路280弄3号为一栋花园住宅，包括主楼和辅楼两部分（见图1、图2），坐落在上海市最大的历史文化风貌保护区"衡山路—复兴西路历史文化风貌保护区"内。房屋建造于1947年，是一栋兼具中国传统艺术特色和西方装饰艺术派风格的建筑。因室内装修采用水晶玻璃，在灯光的照射下水晶玻璃能反射出光怪陆离的奇异幻像，令人称奇叫绝，有一种进入水晶宫的感觉，故俗称"水晶宫"。在使用过程中，由于人为因素，原有的水晶玻璃已全部被损毁。该房屋于2007年被登记为徐汇区不可移动文物，现拟对房屋进行修缮，为了调查房屋保护价值，了解目前主体结构现状，评估主体结构安全性，本次对"水晶宫"进行现场勘察和现状安全性能评估。

2　文物保护价值

2.1　历史沿革

　　"水晶宫"的建造者为叶莘康[2]（1904年～1975年），江苏吴江同里镇人，早年留学美国，毕业于康乃尔大学法律系。回国后在上海开律师事务所，因一件官司作辩护人，受到株连被传讯、罚款，

作者简介：杨三（1989—），男，主要从事既有建筑诊断与加固改造研究，E-mail：yangsan102619@163.com。

从此放弃律师业务。后经营上海"小吕宋"鞋帽店，是民国时期的一位大企业家。

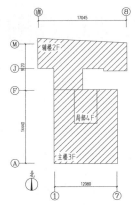

图 1　房屋平面布局示意图

图 2　"水晶宫"航拍照

　　1947 年，叶莘康于五原路与迪化中路（现"乌鲁木齐中路"）交叉口的西南侧建造了一栋花园洋房，即现在的"水晶宫"。文化大革命（1966 年～1976 年）开始后不久，叶莘康被定性为反动资本家，"小吕宋"店名被置于"封、资、修"之列[3]；后又以"反动资本家叶莘康展览"的名义，叶氏私邸被作为文化大革命"大串联"活动的参观点而对外开放。在此期间，房屋便遭受多次破坏，室内的大部分特色装饰销毁殆尽，包括最具特色的水晶玻璃等。

　　直到 1970 年左右，展览才结束。在随后的十多年内，该房屋作为部队家属用房被分配使用。之后（时间不详）房屋才重新归还至叶莘康的儿子，其子在此度过一段时间后，便将其挂牌出售。随后此处又作为电影拍摄场地使用，现状南立面的"东方第一幼儿园"一行字便在此时刻录上去的。

2.2　建筑风格及特色部位

　　"水晶宫"外立面为红色清水砖墙，转角处均采用弧形倒角处理，体型优美典雅、简洁大气。立面开窗规整而自由，窗洞口均设有斩假石套窗，横向窗间有多重水平线条凹槽装饰，显示出设计受到了装饰艺术派的影响。南立面主入口跨纵向立面采用斩假石处理、并布置有两根西方罗马柱，与两侧的清水砖墙形成鲜明的对比；并在顶端高起处，雕刻双狮戏珠浮雕图案，颇具中国传统特色，整幢建筑中西合璧特色明显（图 3～图 6）。

　　另外，房屋南侧布有独立的庭院，庭院宽敞、且种植有多颗树木，环境静谧；另外，在庭院当中有一对石狮，该对石狮属于明清式样石狮[4]，雌雄成对，双双蹲坐门前，雄狮踞右，右脚踩绣球，象征权力和一统寰球；雌狮踞左，左脚抚小狮，象征子孙昌盛，源远流长。此对石狮雕刻技艺极富表现力，雄壮而有生机。

图 3　南立面现状

图 4　水晶宫石狮（左为雄狮，右为雌狮）

图 5　南立面顶部双狮戏珠浮雕图案

图 6　南立面 A/1-2 轴西南圆弧转角斩假石套窗

3　房屋概况

3.1　建筑结构概况

主楼为三层、局部四层混合结构，平面布置规则；竖向承重为砖墙，水平承重为现浇梁板楼面，部分为三角形木屋架屋面、部分为现浇板屋面。一～二层墙厚为 340mm，三层墙厚为 220mm，其中承重外墙开窗较多（上设混凝土过梁），部分窗间墙肢宽度为 260mm。主楼主要作为卧室、客厅使用，底层设有架空层。辅楼平面布置 L 形，为两层混合结构；竖向承重为砖墙，墙厚为 220mm，多数为木楼面承重，屋面采用木檩条承重。辅楼主要用作厨房、储藏室等。

房屋现浇混凝土梁板体系中，梁跨度多为 3.93m、4.22m，支座处截面局部加宽。梁截面尺寸主要为（250～330）mm×（300～350）mm，梁底纵筋主要为（3～4）B（12～18）（注："B" 仅表示此钢筋带肋），其中多数梁底部纵筋有 1～2 根弯起；箍筋主要为 A(6～8)@(70～150)(150～300)。混凝土板厚主要为 95mm，楼板钢筋采用分离式配筋，规格主要为 A6，间距主要约为 150。

房屋木结构承重体中，楼面木搁栅尺寸及间距为 50×205@270～370，屋面三角形木屋架跨度约为 3.97m、高度约为 1.15m，支座处设有混凝土垫块 500mm×250mm×150mm（长×宽×高），屋架杆件之间采用榫卯、扁钢等方式连接；屋架杆件截面尺寸主要为 100mm×100mm、100mm×150mm，檩条截面尺寸及间距主要为 75×115@450。主楼和辅楼采用砖砌大放脚条形基础，下设三合土，并在承重墙脚部设有油毡防潮层。

房屋典型建筑平面布置示意图、外立面及剖面示意图见图 7～图 10。

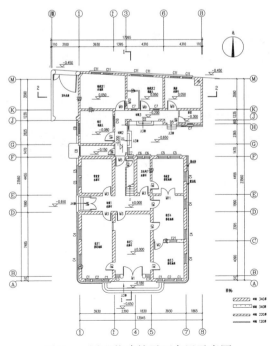

图 7　一层现状建筑平面布置示意图

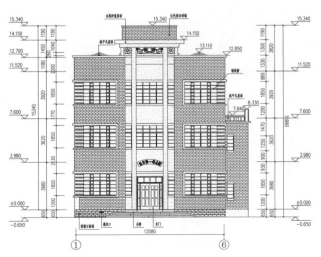

图 8　南立面现状示意图

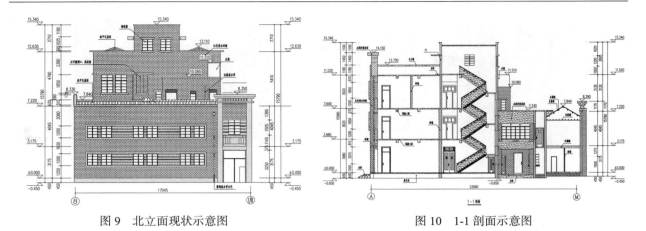

图 9　北立面现状示意图　　　　　　　　　　图 10　1-1 剖面示意图

3.2　历史改建状况

房屋在使用过程中有少量的改动，主要为：①辅楼西南侧（6-8/H-K）原有双跑楼梯拆除，采用现浇混凝土板封堵，此区域现作为卫生间使用；②原设计主楼突出屋面采用木屋架屋面，现为现浇混凝土板屋面。

4　现场检测

4.1　文物建筑病害勘察

4.1.1　特色保护部位

特色保护部位损伤调查结果：房屋已使用近七十年，特色保护部位的损伤主要为老化损伤，包括部分外立面清水砖墙风化破损，局部屋面女儿墙开裂；局部室外墙面有植物病害；室内个别位置水磨石开裂；个别室外勒脚与砖墙脱开；局部马赛克地面破损等。

4.1.2　主体结构及围护结构损伤

主体结构构件和围护结构的损伤调查结果：现有主体结构上存在部分结构性损伤，主要为：①主楼东西两侧木屋架端部多处腐烂且严重，少量腹杆有虫蛀、个别情况严重，个别木檩条腐烂断裂；②主楼部分混凝土板以及室外个别混凝土梁钢筋锈胀、混凝土剥落，其中钢筋锈蚀率主要为14%～32%；③辅楼北侧局部承重墙斜裂缝较多、部分墙体相交处砖墙拉裂；④辅楼北侧部分木楼面木搁栅虫蛀、腐烂严重（图11～图13）。

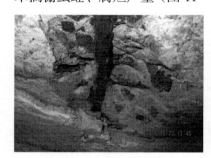　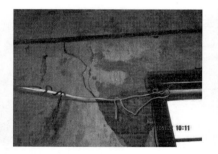　

图 11　一层客厅 1 西北角顶板钢筋锈胀　图 12　辅楼二层仓库窗左上角 1 条西倾裂缝　图 13　辅楼二层储藏室 2 西墙与北墙拉裂

现有的非结构性损伤较多，主要为：①室内墙面及顶板普遍有渗水发霉，其中主楼木屋架区域以及辅楼北侧区域渗漏水严重；②室内多处墙体表面粉刷开裂 $\delta \approx 2.0 \sim 5.0$mm（部分是因墙面潮湿引起的粉刷空鼓）；③墙面预埋铁管锈蚀严重、局部锈裂；④屋面女儿墙部分压顶圈梁钢筋锈胀、混凝土开裂，局部墙面开裂 $\delta \approx 5.0 \sim 10.0$mm。

4.2　材料强度测试

（1）混凝土材料强度测试

现场采用回弹仪抽样测试房屋主要承重梁的混凝土强度，按检验批强度推定值作为评定混凝土强度的标准，其中整栋房屋的混凝土梁构件作为一个检验批，本次随机抽取的构件数共9个。

图 14　主楼少量木屋架腹杆白蚁虫蛀严重　　图 15　木屋架端部腐烂严重　　图 16　辅楼二层个别房间管线锈蚀严重

检测结果为：①检验批强度平均值 18.2MPa，最小值 15.1MPa，推定值 15.1MPa，检验批混凝土强度等级取 C15；②实测混凝土碳化深度较大，多数碳化深度为 40 ～ 60mm。

（2）黏土砖和砂浆材料强度测试

承重砖墙采用烧结黏土砖和混合砂浆砌筑，其中黏土砖分红砖、青砖两种。现场采用回弹法抽样检测黏土砖抗压强度，采用贯入法抽样测试混合砂浆抗压强度。黏土砖和混合砂浆强度检测均分两个检验批，分别为：①黏土砖：青砖、红砖两个检验批，其中青砖、红砖随机抽取的个数分别为 14 个、7 个；②混合砂浆：主楼混合砂浆、辅楼混合砂浆，其中主楼混合砂浆、辅楼混合砂浆随机抽取的个数分别为 13 个、8 个。

检测结果：①黏土砖：红砖实测抗压强度平均值为 19.9MPa，标准值为 13.1MPa，偏于安全考虑，红砖抗压强度等级取 MU10；青砖实测抗压强度平均值为 13.8MPa，标准值为 9.7MPa，青砖抗压强度等级取 MU10。②混合砂浆：主楼混合砂浆实测抗压强度平均值 3.5MPa，最小值 2.2MPa，抗压强度推定值为 2.9MPa；辅楼混合砂浆实测抗压强度平均值 1.8MPa，最小值 1.3MPa，抗压强度推定值为 1.7MPa。

（3）钢筋材料强度测试

采用表面硬度法推算钢筋抗拉强度，表面硬度测试采用里氏硬度计，本次检测以整栋房屋钢筋混凝土构件作为一个检测对象。

检测结果：钢筋推算抗拉强度在 466 ～ 500MPa 之间，平均值 485MPa，达到 HPB235 级钢筋（≥ 370 MPa）的相关要求。

4.3　承重构件钢筋配置检测

现场采用钢筋探测仪、游标卡尺，结合局部破损检测对典型混凝土梁钢筋配置以及锈蚀情况进行抽查。

检测结果：①抽样测量的混凝土梁钢筋规格、数目以及箍筋间距基本满足原设计要求。②抽样测试的部位（均在室内、无明显渗漏水的部位）混凝土梁主要受力钢筋表面有一定的浮锈、未见明显的锈蚀。

4.4　变形测量

房屋测量结果：主楼向西倾斜，南北向无明显倾斜规律，平均向西倾斜 1.80‰，南北向倾斜范围为 0.62‰ ～ 1.90‰，主楼整体变形规律为向西倾斜，房屋存在一定的不均匀沉降。

辅楼墙体倾斜测点多数向南倾斜，平均向南倾斜 1.51‰，东西向倾斜范围为 0.79‰ ～ 4.78‰，辅楼变形规律为北侧局部向西、向南倾斜，少量测点倾斜相对较大。

5　静力作用下结构承载力验算

5.1　计算参数

在不考虑现有的损伤、变形等情况下，主体结构承载力采用 PKPM 砌体模块验算，木屋架结构承载力采用 SAP2000 进行验算，同时手动校核典型木构件的承载力。

计算模型中典型承重木构件（松木）强度等级取 TC15，考虑到已使用多年，对应的各强度均乘以

0.8 的折减系数。考虑风荷载作用：基本风压 0.55kN/m²，地面粗糙度 C 类。承载力验算中，恒荷载取值：95 厚混凝土板楼面、95 厚混凝土板屋面、木楼面以及木屋架屋面分别为 4.0 kN/m²、4.5 kN/m²、2.0 kN/m² 和 2.0 kN/m²，活荷载取值：住宅、厨房、走廊以及不上人屋面分别取 2.0 kN/m²，不上人屋面取 0.5 kN/m²。

5.2　上部结构构件承载力验算

房屋典型上部结构构件承载力验算结果：①主楼和辅楼典型承重砖墙受压承载力以及高厚比均满足要求；②主楼二层 D/5-7 墙梁、辅楼二层 7/K-M 楼面梁纵筋配筋略有不足，其余主要混凝土构件承载力基本满足要求；③主楼典型木屋架承载力满足要求，辅楼木屋面木檩条、木楼面木搁栅承载力满足要求。

5.3　地基基础承载力验算

主楼及辅楼典型基础计算基底压力约为 80 ～ 90kPa，考虑到房屋已使用多年，地基土承载力有所提高，可取地基承载力为 100kPa。综上，认为房屋地基基础承载力满足要求。

6　抗震措施鉴定及抗震承载力验算

按照丙类建筑、7 度抗震设防、A 类建筑的要求，对房屋结构抗震措施进行鉴定以及抗震承载力进行验算，其中承载力验算中 A 类建筑的地震作用进行 0.8 的折减，并考虑构造的整体影响和局部影响。

结果表明：①房屋部分抗震措施不满足规范要求，主要为主体结构外观和内在质量不满足要求，多数外立面窗间墙宽度偏小，木屋面处承重墙未布置圈梁，房屋平面不规则；②主楼局部突出屋面楼梯间少量承重墙抗震承载力不足，辅楼底层个别异型砖柱承重墙抗震承载力不足，房屋其余主体结构构件抗震承载力基本满足要求。总的来说，房屋整体抗震性能有所不足，条件允许时可采取适当的措施对房屋进行抗震加固，以提高结构整体抗震性能。

7　加固处理建议

根据现场检测结果及承载力验算结果，房屋应进行加固修缮处理，主要处理建议如下：

（1）主楼东西两侧木屋架端部多处腐烂、且严重，少量腹杆有虫蛀、个别情况严重，个别木檩条腐烂断裂。鉴于此处损伤较多、部分损伤严重，建议对此处木屋架进行整体更换。

（2）辅楼北侧部分木楼面木搁栅虫蛀、腐烂严重，建议替换受损的木搁栅；同时对房屋所有木构件进行全面的蚁蚀病害普查，凡蚁蚀的构件均应维修或替换，并进行防虫、防腐处理。

（3）主楼部分混凝土板钢筋锈胀、混凝土剥落，辅楼多处承重墙存在裂缝，局部墙体相交处拉裂，另外，静力作用下主楼二层 D/5-7 墙梁、辅楼二层 7/K-M 楼面梁纵筋配筋略有不足，应对上述损伤及承载力不足构件进行必要的加固处理。

（4）部分外立面砖墙风化破损、局部开裂，对于风化深度约为 5 ～ 20mm 的砖墙，应采用同色胶凝砖粉修补；对于风化深度大于 20mm 的砖墙，应使用相同模数的老黏土砖，采用挖补、镶补等方法修补；修补后墙面应色泽协调、表面平整、头角方正，无空鼓。

（5）房屋已使用多年，目前存在的老化损伤较多，并且附属设施如围墙等也有不同程度的损伤，后续的修缮中对上述部分应做相应的维修处理。另外，后续修缮应采用轻质材料，严格控制楼屋面使用荷载。

8　结论

（1）"水晶宫"为一栋花园住宅，建造于 1947 年，由主楼和辅楼两部分组成，两者结构相连。该房屋是一栋兼具中国传统艺术特色和西方装饰艺术派风格的建筑，具有一定的历史价值以及建筑艺术价值。

（2）主楼为三层、局部四层混合结构，现浇梁板楼面，部分为三角形木屋架屋面、部分为现浇混凝土板屋面。辅楼为两层混合结构，多数为木楼面承重，屋面采用木檩条承重。房屋采用砖砌大放脚条形基础。房屋在使用过程中有一定的改动，主要为：局部木屋面改为混凝土屋面、个别楼梯拆除封板等。

（3）主楼整体向西倾斜，存在一定的不均匀沉降；辅楼变形规律为北侧局部向西、向南倾斜，个别测点倾斜相对较大。另外，特色保护部位存在的一定的老化损伤，现有主体结构上存在部分结构性损伤，现有非结构性损伤较多，综合以上损伤情况，房屋完损等级可评为一般损坏房（辅楼局部严重损坏）。

（4）在不考虑现有损伤、变形等情况下，静力作用下主体结构中主楼个别墙梁、辅楼个别楼面梁纵筋配筋略有不足，其余上部结构构件及地基基础承载力基本满足要求。

（5）考虑到房屋存在部分结构性损伤、主体结构上个别承重构件承载力不足等多方面因素，综合认为房屋结构安全性局部不满足要求，应采取合适的方法进行加固处理。经采取可靠的加固处理后，房屋结构安全性能满足后续正常使用要求。

参考文献

［1］ 孝庭建筑师，迪化中路280弄（迪化中路即现乌鲁木齐中路）建筑结构竣工图，1947.

［2］ 文史资料研究会. 吴江近现代人物录. 文史资料研究会出版，1994.

［3］《中华老字号》编委会，中华老字号（第二册）［M］. 北京：中国轻工业出版社，1996.

［4］ 尤广熙. 中国石狮造型艺术［M］. 北京：中国建筑工业出版社，2003.

工业构筑物改造抗震鉴定——上海某水泥厂筒仓

石　昊

上海市建筑科学研究院，上海，200030

摘要： 介绍了上海市某水泥筒仓抗震鉴定工作，从建筑结构测绘、完损状况、变形测量、材料性能、抗震构造措施分析、抗震验算等方面分述。评估结果表明该筒仓抗震措施在多方面不能满足现行抗震鉴定标准 B 类建筑要求，且抗震验算结果表明水泥筒仓部分梁柱等主要承重构件不能满足抗震承载力要求，且存在比较突出的耐久性问题，应采取可靠的抗震加固措施。工业建筑一般是为满足工业生产需要而设计建造，在改造为民用建筑后，如何对其进行有效合理利用，需要进一步研究。

关键词： 工业构筑物，筒仓，抗震鉴定

Seismic Appraisal of Industrial Structures——a Silo of Cement Plant in Shanghai

Shi Hao

Shanghai Research Institute of Building Science，Shanghai，200032

Abstract： The seismic appraisal work of a silo of cement plant in shanghai is introduced which includes the structural survey，damages detection，declivity survey，material performance test，seismic calculation and appraisal. The appraisal shows that the seismic measures of the silo can not meet the requirements of the current seismic standard as level B. The result of seismic calculation show that some beams and columns can not meet the requirements of seismic bearing capacity. There are also serious durability problems. Reliable seismic strengthening measure should be taken. Industrial structures are generally built to meet the needs of industrial production. How to make effective and rational use of it needs further research.

Keywords： Industrial structures，Silos，Seismic appraisal

1　概述

近些年来，随着城市的发展变化和产业调整，工业逐渐搬离市区。工业遗址改造利用和转型升级成为城市改造的一个重要组成部分。对旧工业建筑进行合理改造利用，既符合城市可持续发展理念，减少对环境的破坏，又使城市乃至街区记忆得以保留[1]。

筒仓属于工业构筑物，多作为储存焦炭、水泥、食盐等散状物料的仓库，在现代工业中应用广泛。水泥厂在生产过程中需要对大量的碎石灰石、水泥生料、水泥熟料、水泥成品、粉煤灰和粉磨矿渣等松散物料进行贮存，因为在静态设计方面的优势，以钢筋混凝土或预应力混凝土建造的筒仓成为水泥厂大量运用的贮藏类型[1]。

本次鉴定的水泥筒仓位于上海市，委托方拟将其进行简单改造加固后保留使用，为此，需要首先对其进行抗震鉴定。抗震鉴定从筒仓结构宏观情况、施工质量、损伤情况、材料强度、钢筋配置、沉降倾斜、损伤状况等方面入手重点解决结构现状和使用情况确认问题，然后结合改造后的使用要求，采用实测数据并根据现有规范对结构进行抗震验算和分析，最后根据现场实测与计算结果进行综合分析与评估，并针对存在的问题提出建设、设计、施工中应注意的问题和处理建议。

作者简介：石昊（1981），男，高级工程师。

2　结构特性简介

该水泥筒仓由六个圆形筒仓和矩形辅助用房组成，东西向长度为 30.05m，南北向宽度为 17.20m。筒仓部分由底部支撑柱、环梁、筒壁和仓上建筑组成。筒壁内径为 8.00m，筒仓壁顶部标高为 22.90m，仓上建筑顶部标高为 26.4m。采用筏板基础，实测基础底板厚度为 850mm。筒仓部分采用柱承式钢筋混凝土筒仓结构，共有 6 个筒仓组成。每个筒仓壁下设有环梁，环梁由 6 根钢筋混凝土柱支撑，相邻筒仓相接处共用同一根柱。

图 1　水泥筒仓外观

3　现场检测结果

3.1　损坏情况

大部分筒仓支撑柱存在钢筋锈胀情况，主筋锈蚀率为 5% ～ 12%，箍筋锈蚀率为 18% ～ 40%，部分柱箍筋锈蚀严重，部分柱混凝土保护层开裂脱落。

3.2　倾斜变形检测

各测点东西方向倾斜率在 1.00‰ ～ 5.90‰ 之间，平均向西 2.93‰；南北向倾斜率在 0.41‰ ～ 3.00‰ 之间，无明显规律。

3.3　材料强度检测

筒仓部分实测混凝土强度等级为 C25。辅助用房实测混凝土强度度等级为 C28。

4　改造方案

根据委托方提供的改造方案，该水泥筒仓拟改为建筑物使用，基本保持主体结构体系不变，根据使用功能的要求，进行局部结构调整，具体结构改动情况如下：筒仓环梁顶部增加一层楼面结构，在筒仓增设楼板板面标高以上筒壁增加若干洞口，拆除辅助用房的楼梯和楼板。

5　抗震构造分析

根据国家标准《建筑抗震鉴定标准》[2]和《构筑物抗震鉴定标准》[3]的有关规定，按 B 类（后续使用年限 40 年）对其抗震构造措施进行了分析评估，分析结果表明，筒仓部分在外观和内在质量、结构布置和构造、横梁设置、筒仓柱构造、填充墙布置等方面不能满足抗震鉴定标准 B 类建筑要求；辅助用房在结构布置及构造、梁柱构造和填充墙布置等方面不能满足抗震鉴定标准 B 类建筑要求。

6　抗震验算

6.1　计算依据和参数

结构抗震承载力验算依据国家标准《混凝土结构设计规范》[4]、《建筑抗震设计规范》[5]、《构筑物抗震设计规范》[6]，结合改造方案进行。计算采用中国建筑科学研究院编制的建筑结构空间有限元分析与设计软件 SATWE，考虑风荷载作用，地面粗糙度为 C 类，基本风压 0.55kN/m²。考虑抗震设防烈度为 7 度，设计基本地震加速度 0.1g，Ⅳ场地土，抗震设防分类为标准设防类（丙类）。

6.2　抗震验算结果

表 1 列出了筒仓和辅助用房前 3 阶自振周期、平扭系数和振型类型。由表 1 可知，筒仓前 3 阶振型分别为绕 Z 轴的转动，Y 方向平动、X 方向平动；辅助用房前 3 阶振型分别为 X 方向平动、Y 方向平动和绕 Z 轴的转动。筒仓和辅助用房自振周期相差较大。

表1 结构自振特性

阶数		周期（s）	平动系数	平动分量 X+Y	扭转系数
筒仓	1	0.5842	0.01	0.00+0.01	0.99
	2	0.5831	0.99	0.00+0.99	0.01
	3	0.5780	1.00	1.00+0.00	0.00
辅助用房	1	1.2121	1.00	1.00+0.00	0.00
	2	1.0949	1.00	0.00+1.00	0.00
	3	0.9220	0.00	0.00+0.00	1.00

多遇地震作用下结构水平位移计算结果表明：筒仓 X 向和 Y 向最大层间位移角分别为 1/1198（一层）和 1/1090（一层），辅助用房 X 向和 Y 向最大层间位移角分别为 1/707（一层）和 1/709（一层），均低于规范规定的最大层间位移角限值 1/550（框架结构）。各单体各层最大层间位移与平均层间位移的比值均小于 1.20，平面基本规则。但筒仓支撑柱层侧向刚度小于筒壁层侧向刚度的 70%，竖向不规则。

筒仓大多数支撑柱纵筋和箍筋不满足抗震承载力要求，辅助用房一层柱纵筋及箍筋不满足抗震承载力要求，二层以上柱箍筋不满足承载力要求。筒仓环梁配筋基本满足抗震承载力要求，辅助用房部分梁纵筋不满足抗震承载力要求，箍筋均不满足抗震承载力要求，筒仓筒壁配筋满足抗震承载力要求。基础承载力满足要求。

综上所述，该筒仓不能满足现行抗震鉴定标准 B 类建筑要求，需要进行加固处理。

7 修缮加固建议

结合筒仓本身情况和本次改造方案，提出具体改造加固建议如下：

（1）筒仓支撑柱锈蚀严重且抗震承载力不足，宜采用扩大截面法进行加固，若因其他制约因素，不能采用扩大截面法进行加固时，可采用外包钢法进行加固，同时采用电化学方法做好耐久性修复措施。

（2）筒仓上部仓上建筑为一层砖混结构，与下部主体结构不协调，且顶部鞭梢效应明显，属于抗震薄弱部位。如需保留使用，建议对仓上建筑进行加固处理，加强其本身抗侧刚度及与下部筒仓主体结构的锚固连接。

（3）辅助建筑与筒仓结构自振周期相差较大，两结构之间仅通过连梁连接，可将连梁作为耗能构件，适当加固以提高其延性。辅助用房柱梁抗震承载力不满足要求，应进行加固处理。辅助用房采用单向框架且抗侧刚度较弱，可采用钢筋网水泥砂浆面层对填充墙进行加固以提高其刚度。

（4）新增楼面结构应与原结构梁柱进行可靠连接。筒壁开洞处应采取措施保证荷载的合理传递并使其满足相关规范的要求，如设置壁柱、控制开洞大小等。

8 结语

城市中工业遗址的改造利用是城市更新的一个重要部分，工业建筑一般是为了某种生产目的而设计，难以将其直接作为民用建筑使用。在本案例中，水泥筒仓只是作为一个工业符号进行保留，这在土地稀缺的大都市，无疑是一种资源浪费，如何将这些工业建筑进行有效合理利用，需要进一步研究。

参考文献

[1] 左琰，王伦. 工业构筑物的保护与利用——以水泥厂筒仓改造为例 [J]. 城市建筑，2012，（3）：37-38.

[2] GB 50023—2009. 建筑抗震鉴定标准 [S].

[3] GB 50117—2014. 构筑物抗震鉴定标准 [S].

[4] GB 50010—2010. 混凝土结构设计规范 [S].

[5] GB 50011—2010. 建筑抗震设计规范 [S].

[6] GB 50191—2012. 构筑物抗震设计规范 [S].

某隔震结构在环境激励下结构动力特性测试分析

周光鑫　赖　伟　魏明宇　黄友帮

四川省建筑科学研究院，四川成都，610081

摘　要：通过对采用基础隔震技术的三层框架结构进行在环境激励作用下的结构动力测试试验，得到该隔震结构的实测模态频率、振型和模态阻尼比，同时完成该隔震结构的有限元数值计算。通过对比表明：在环境激励作用下，隔震结构自振频率的试验实测值较理论计算值偏大，二者存在一定的差距；同时因为在微幅振动下该隔震结构的隔震层初始刚度较大，能够保证该隔震结构的正常使用；在环境激励作用下，隔震结构表现出的等效黏滞阻尼比较小，与非隔震结构阻尼比相当，可近似的认为符合经典的比例阻尼系统。

关键词：隔震结构，动力特性，环境激励，模态识别

Testing and Analysis of Dynamic Characteristics of a Isolation Structure

Zhou Guangxin　Lai Wei　Wei Mingyu　Huang Youbang

Sichuan Institute of Building Research，Sichuan 610081，China

Abstract：Ambient vibration tests were conducted on a three-story frame-structure，to which base-isolation technology was applied. Modal frequencies，mode shapes and modal damping ratios were identified. At the same time，finite element calculation and analysis of the three-story frame-structure were conducted. By comparing the experimental analysis，the results show that under ambient excitation，the measured value of the isolation structure natural frequencies was bigger than the theoretical value. There is a small gap between the testing result and computing result. The initial stiffness of isolation layer was large in a slight vibration. The isolation structure with sufficient stability can ensure its normal use. The equivalent viscous damping ratio was relatively small. And the measured value of the equivalent viscous damping ratio which of the isolation structure was about the same as the value of non-isolated structure. So the base-isolation structure could be considered as the classical proportional damping system under ambient excitation.

Keywords：Isolation Structure，Dynamic Characteristic，Ambient Excitation，Modal Identification

0　概述

建筑隔震技术是 20 世纪 60 年代出现的一项新的建筑技术。且随着隔震分析理论的日益完善，隔震技术得到飞速发展并在世界范围内广泛运用。在我国尤其是在高烈度地震区，采用隔震技术的建设项目占新建项目比重日益增加。直至 2016 年全国范围建成的隔震建筑已超过 3500 栋，其中四川地区亦应用广泛。同时，在既有建筑及古建筑的加固改造中，隔震技术因显著的适用性及经济性而被广泛运用。然而国内外仅有少量隔震建筑经受过实际地震的检验（如 2013 年中国雅安地震中的芦山县医院等），绝大多数的隔震建筑尚未经受过地震作用考验，这些建筑的实际隔震性能是否符合设计要求不得而知；其次，在结构设计中采用的隔震装置性能参数的取值与实际生产的隔震装置参数之间必然

作者简介：周光鑫（1989—），男，工程师。

存在一定误差，这就直接导致了隔震结构的地震响应发生一定变化[1]；特别地，现场安装或施工误差可能使得隔震层中某个隔震支座产生较大的变形或位移，从而导致支座的力学性能产生变化，进而直接影响结构的隔震性能。因此，通过隔震建筑的实体测试来检验该结构的隔震性能是非常必要的，且对验证隔震结构的设计分析理论有积极意义。

隔震建筑的动力特性（如模态、周期、阻尼等）与地震作用下的结构的地震响应密切相关，且决定了隔震建筑的隔震效果。目前对建筑结构动力特性试验测试方法主要包括有环境激励法、稳态正弦波激振法、随机激振法、人工爆破激振法及初位移法等。目前就测试原型结构而言，优先选用环境激励法[2]。环境激励法是利用建筑物在微幅振动下发生的脉动信号来测定结构的动力特性，该方法具有无需施加人为激励、费用低廉、不影响结构正常工作等优点[3]。通过对隔震结构在环境激励作用下动力特性的测试试验，可以检验正常使用状态下隔震层的工作性能。

本文针对采用基础隔震技术的某三层框架结构完成在环境激励下的动力特性测试，并对测试数据进行处理和分析；通过分析，识别了隔震结构在环境激励作用下隔震结构的频率、模态及阻尼等结构特性；同时采用三维有限元软件 ETABS 对隔震结构进行计算，将测试结果与有限元计算结果进行对比分析，并为检验隔震建筑的隔震性能提供一定参考。

1 工程概况

本试验测试对象为采用基础隔震的某三层框架结构，平面布置呈椭圆形，建筑外立面见图 1；该房屋所处地区抗震设防烈度为 7 度（0.10g），建筑抗震设防类别为丙类，设计地震分组为第三组，建筑场地类别为 II 类。该房屋建筑总面积约为 1441m²，建筑总高度为 18.0m，共设有 3 个楼层（不含隔震层），其中第一、二层层高均为 5.5m，第三层层高为 6.15m。该房屋隔震支座按照和《建筑抗震设计规范》[4]相关原则进行合理布置，共设置 9 个隔震支座，其中 LRB500 支座 2 个，LRB600 支座 4 个，LNR600 支座 2 个，LRB700 支座 1 个（LRB 为铅芯橡胶隔震支座，LNR 为天然橡胶隔震支座），隔震支座布置详见图 2，隔震支座基本参数详见表 1，该房屋部分支座水平性能测试曲线详见图 3。

图 1 测试房屋外立面

Fig. 1 Elevation view of building

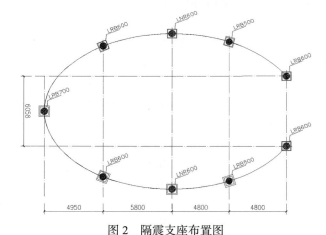

图 2 隔震支座布置图

Fig. 2 Layout of isolation bearings

表 1 隔震支座型号及参数

Table 1 Types and basic parameters of isolation bearings

型号	直径（mm）	竖向承载力（kN）	竖向刚度（kN/mm）	100% 应变时屈服后刚度（kN/mm）	100% 应变时等效阻尼比（%）	100% 应变时等效刚度（kN/mm）	屈服力（kN）
LRB500	500	2945	1688	0.775	26.5	1.401	62.6
LRB600	600	4241	2445	0.929	26.5	1.681	90.2
LRB700	700	5772	4148	1.380	26.5	2.496	122.7
LNR600	600	4241	2097	/	5.0	0.909	/

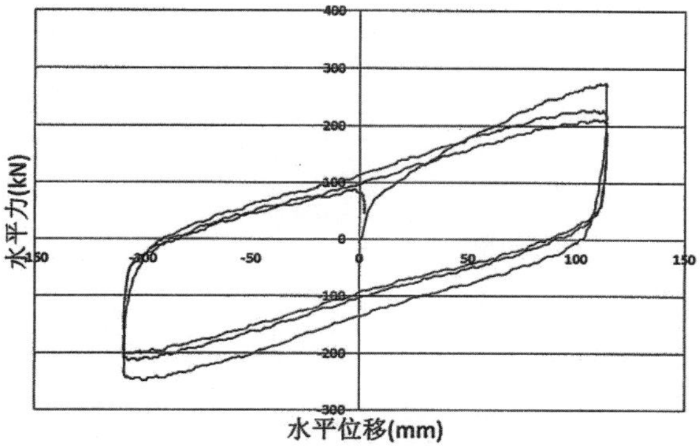

（1）LRB600 水平性能测试曲线

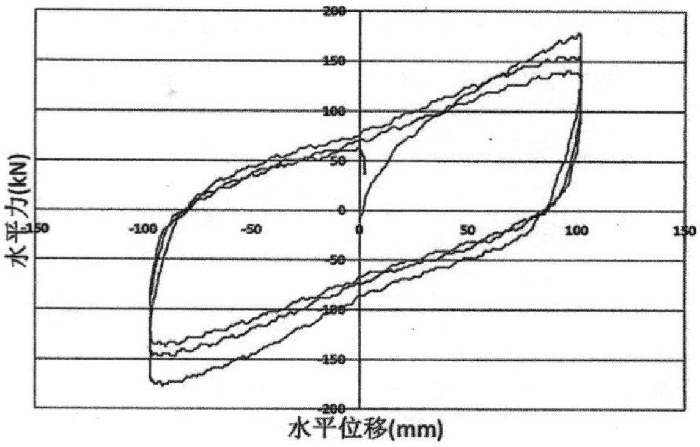

（2）LRB600 水平性能测试曲线

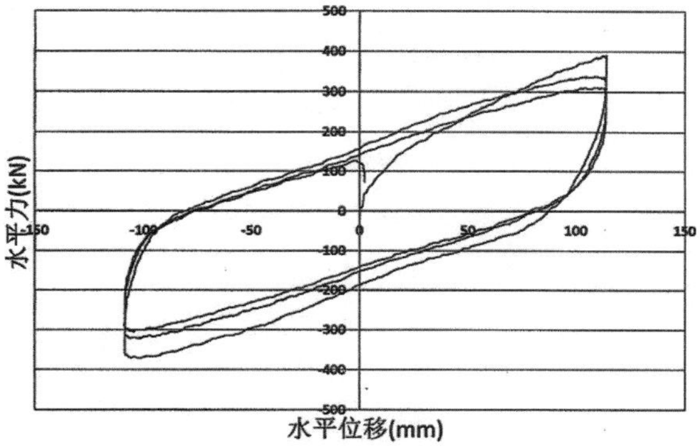

（3）LRB700 水平性能测试曲线

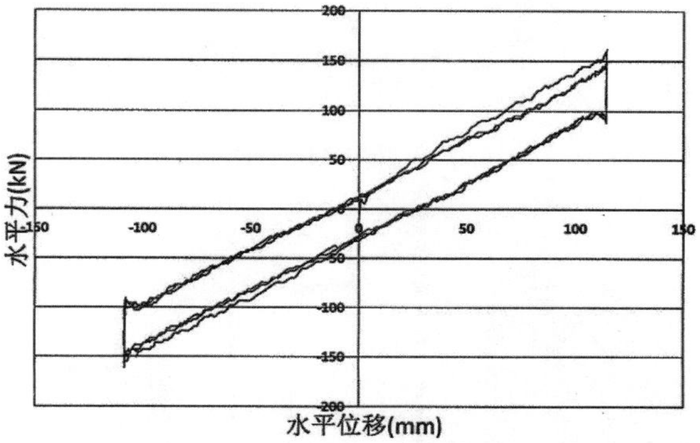

（4）LNR600 水平性能测试曲线

图 3　隔震支座测试曲线

Fig. 3　testing curve of isolation bearings

2　有限元模型建立及分析

本文采用国际通用有限元分析软件 Etabs 完成该房屋三维隔震模型的建立。在模型建立中采用空间杆系单元模拟隔震结构中的梁、柱等构件；采用膜单元模拟楼（屋）面板；采用具有非线性特性的 Isolator 1 连接单元模拟隔震橡胶支座。该房屋 ETABS 有限元三维分析模型详见图 4。通过分析计算可得出该隔震结构的自振频率及主要模态。

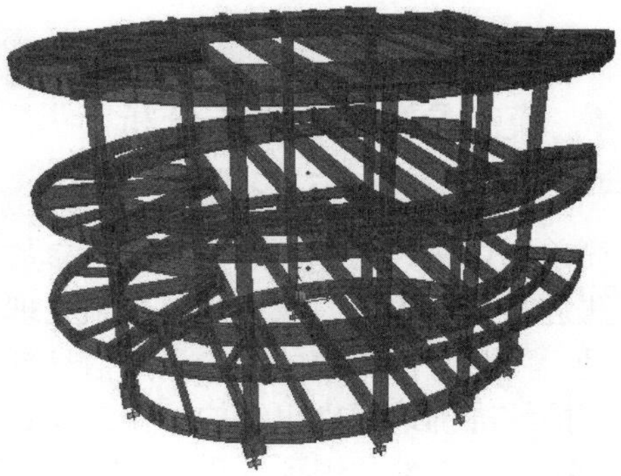

图 4　三维结构模型

Fig. 4　3D structure model

3　环境激励下的动力测试

3.1　动力测试仪器

进行环境激励测试试验时，首先在隔震结构上设置安装加速度传感器。本次测试采用动态应变采集器及超低频水平向传感器等设备。进行环境激励测试试验时，首先在隔震结构上设置安装加速度传感器。测试中通过加速度传感器采集结构在环境激励微幅振动下的振动信号，经过放大、滤波后再通过转换器转换成数字信号，经频谱分析得到隔震结构前几阶的振型、自振频率和阻尼比。

3.2　测点布置方案

结构系统的振动速度比其位移和加速度能够更有效地描述了系统的运动过程，从而更直接反映系统的动力特性；同时速度传递函数能够同时兼顾高频性和低频性。故本次测试在结构主轴的每个方向均采用速度响应进行测试。为尽可能的获取科技副楼的两个主轴方向的平移振动，本次试验测试中每层设 5 个测试点对振动信号进行双向采集，并指定三层结构中某一测试点作为参考点，测点布置详见平面布置图 5。考虑到环境激励下的动力响应数据随机性较大，因此测试时间段应避免较大的随机扰动，以减少外部不利因素引起结构的诱使模态。

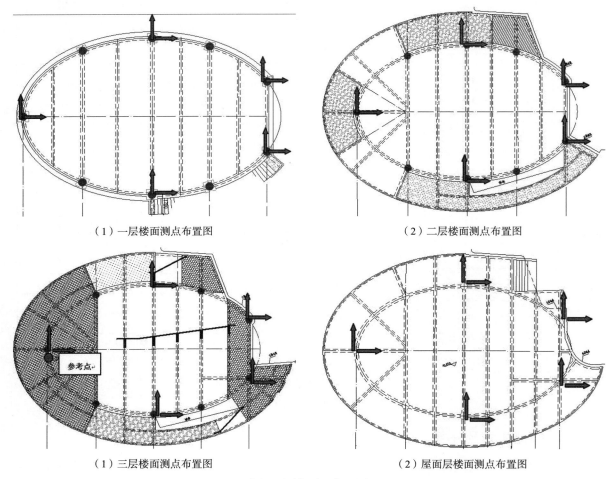

（1）一层楼面测点布置图　　　　　　　　　（2）二层楼面测点布置图

（1）三层楼面测点布置图　　　　　　　　　（2）屋面层楼面测点布置图

图 5　测点平面布置图

Fig. 5　Location of measuring points of t accelerometers

4　模态参数的识别与分析

环境激励下的结构模态识别方法分为两种，即频域方法和时域方法，其中频域识别法具有处理简单、快速实用等优点，是模态参数识别的基本方法。在频域识别方法中，较传统的是采用功率谱算法进行分析识别，该方法信号预处理比较简单，频响函数容易获得，但其识别假定必须是纯白噪声激励。而基于传递率的算法虽然信号预处理比较复杂，频响函数获得不易，但该方法在任意环境激励下都能够准确地识别出结构的模态参数。在实际工程测试中，激励常常是复杂而多样的，故基于传递率的结构模态参数识别方法在实际工况下提取模态参数的精确性更高[5]。

表 2　自振特性分析结果

Table 2　Analysis results on natural vibration characteristics

振型阶数	理论计算值			试验测试值		
	模态描述	隔震结构自振频率	阻尼比（%）	模态描述	隔震结构自振频率	阻尼比（%）
1	平动	1.21	5.00	平动	1.367	2.86
2	平动	1.34	5.00	平动	1.758	2.65

通过对比分析表 2 结果可知：

（1）环境激励下该隔震结构的自振频率理论计算值与试验测试结果比较接近，并且前 2 阶实测模态振动方向与计算结果均相同，验证了隔震结构有限元计算模型的有效性及准确性。

（2）环境激励下隔震结构的实测自振频率均大于隔震结构自振频率理论计算值，主要原因为：在正常使用状况下（风荷载、周边行车荷载等微幅振动作用下），隔震结构中隔震支座产生的位移与变形极小，隔震层尚未表现出大阻尼特性；其次隔震结构中填充墙体对结构刚度有一定贡献。

（3）环境激励条件下，识别得到隔震结构的前 2 阶等效黏滞阻尼比都较小，其值介于 2.6% ~ 3%。这与樊海涛等人[6]针对国内外大量建筑物的阻尼比实测结果相当：钢筋混凝土建筑阻尼比大多介于 0.5% ~ 3%。为此我们可以认为，对于隔震结构这种典型的非比例阻尼结构而言，在环境激励这类微幅振动作用下，隔震支座的变形与位移均很小，隔震层耗能极小，使得隔震结构所表现出的结构阻尼特性与常规混凝土结构的阻尼特性大致相当。

5　结论

通过现场检测和理论分析计算，我们可以得到以下结论：

（1）隔震结构在环境激励等微幅震动作用下结构自振频率测试值与理论计算值比较接近，且结构模态特性表现一致，验证了隔震结构的有限元计算模型的有效性及准确性。

（2）在正常使用状况下（风荷载、周边行车荷载等微幅振动作用下），隔震结构中隔震支座产生的位移与变形极小，隔震层表现出较大的初始刚度，能够保证隔震结构的正常使用性。

（3）与理论计算值相比，在环境激励下隔震结构的实测自振频率偏大，二者存在一定差距，主要系在正常使用状况下，隔震结构中隔震层尚未表现出大阻尼特性；同时填充墙体对结构刚度有一定影响。

（4）在环境激励作用下，隔震结构前 2 阶模态对应的等效黏滞阻尼比较小，与非隔震结构的阻尼比较为接近。我们可认为，对于隔震结构这种典型的非比例阻尼结构而言，在环境激励这类微幅振动作用下，隔震结构的阻尼特性与非隔震结构阻尼特性大致相当，可近似的认为符合经典的比例阻尼系统。

参考文献

[1] 刘文光，周福霖，庄学真，等. 柱端隔震夹层橡胶垫力学性能试验研究 [J]. 地震工程与工程振动，1999，19（3）：121-126.

[2] 中华人民共和国建设部. 建筑抗震试验方法规程 [S]. 北京：中国建筑工业出版社，1997.

[3] 姚振纲，刘祖华. 建筑结构试验 [M]. 上海：同济大学出版社，1996：160-177.

[4] 中华人民共和国建设部. 建筑抗震设计规范 [S]. 北京：中国建筑工业出版社，2016.

[5] 李飞燕，邵奕夫，等. 环境激励下底层柱顶隔震结构动力特性测试分析 [J]. 工业建筑，2016，46（1）：71-74.

[6] 樊海涛，何益斌，等. 钢筋混凝土建筑非线性阻尼性能及阻尼比表达式研究 [J]. 地震工程与工程振动，2005（10）：85-90.

既有建筑幕墙安全性能检测鉴定及加固技术要点

徐增建

宁波建工建乐工程有限公司，浙江宁波，315020

摘　要：部分既有建筑幕墙已超过设计使用年限仍在继续使用，存在一定的安全隐患。但是目前国家尚未出台既有建筑幕墙的安全检测鉴定标准。文中阐述了既有建筑幕墙需要检测鉴定的范围，抽样原则，检测程序，检测内容及加固方法，可为既有建筑幕墙的检测鉴定参考。

关键词：既有建筑幕墙，检测鉴定，安全性能

Key Points for Detection and Identification of Safety Performance and Reinforcement of Existing Construction Curtain Wall

Xu Zengjian

Ningbo Jiangong Jianle Engineering Co., Ltd.., Ningbo, Zhejiang 310020, China

Abstract：Some of the existing building curtain walls have exceeded the design service life and are still in use. There are certain safety hazards. However, at present, the country has not yet issued the safety inspection and appraisal standards for existing building curtain walls. This paper expounds the scope, sampling principle, testing procedure, content and reinforcement method of existing building curtain wall, which can be used as reference for testing and appraisal of existing building curtain wall.

Keywords：Existing building curtain wall, Testing and identification, safety performance

0　引言

　　自上世纪九十年代起，我国开始大规模建设，由于建筑幕墙质轻、透明、美观、环保、施工速度快、易于更换的特性，在高层建筑及高档建筑中得到大范围的应用。根据推算目前我国既有建筑幕墙现存超过16亿平方米，主要集中在人流比较密集的城市核心区域写字楼、商业中心、公共建筑及高档住宅中，面板主要材料为玻璃、石材和铝板等。

　　建筑幕墙是一种需要定期维护的建筑外围护结构，根据现行国家标准《建筑结构可靠度设计统一标准》（GB 50068）的有关规定，设计年限一般为25年。据初步统计，既有建筑幕墙约20%已超过10年使用期（早期结构胶厂家的质保期只有10年），甚至一部分已超过设计使用年限25年。在长期的使用环境影响和荷载的作用下材料性能会出现不同程度的退化、功能衰减，而且使用过程中大多幕墙缺乏必要的、科学的维护保养，存在一定的安全隐患。甚至早期建造的许多幕墙更是在没标准、没规范的情况下自行摸索设计施工，安全问题更为突出。但是目前国家尚未出台既有建筑幕墙的安全检测鉴定规范，不明确既有幕墙安全鉴定需要检测的内容，没有统一的鉴定评判标准，无法给出准确的安全性鉴定结论，直接影响到城市公共安全。

1　既有建筑幕墙需要安全检测鉴定的范围

　　《玻璃幕墙工程技术规范》（JGJ 102—2003）第12.2.2条规定："玻璃幕墙竣工验收后1年时应对

　　作者简介：徐增建，男；汉族；宁波建工建乐工程有限公司幕墙设计研究院院长，工程硕士、高级工程师、一级注册结构工程师。E-mail：416761566@qq.com。

幕墙进行 1 次全面的检查，此后每 5 年检查 1 次；拉索幕墙竣工后六个月应进行预应力检查，以后应每隔 3 年进行一次检查调整；幕墙工程使用 10 年后应对不同部位的结构胶进行粘接性能抽样检查，此后每隔 3 年宜检查一次"。

《金属与石材幕墙工程技术规范》（JGJ 133—2001）第 9.0.3 条规定："幕墙在正常使用时，使用单位应每隔 5 年进行一次全面检查。应对板材、密封条、密封胶、硅酮结构密封胶等进行检查"。

原建设部关于印发《既有建筑幕墙安全维护管理办法》的通知（建质 2006【291】号）第十五条规定："既有建筑幕墙出现下列情形之一时，其安全维护责任人应主动委托进行安全性鉴定。（一）面板、连接构件或局部墙面等出现异常变形、脱落、爆裂现象；（二）遭受台风、地震、雷击、火灾、爆炸等自然灾害或突发事故而造成损坏；（三）相关建筑主体结构经检测、鉴定存在安全隐患。建筑幕墙工程自竣工验收交付使用后，原则上每隔十年进行一次安全性鉴定"。

2015 年住房城乡建设部、国家安全监管总局印发了《关于进一步加强玻璃幕墙安全防护工作的通知》（建标【2015】38 号）第三条规定："（二）加强玻璃幕墙的维护检查。玻璃幕墙竣工验收 1 年后，施工单位应对幕墙的安全性进行全面检查。安全维护责任人要按规定对既有玻璃幕墙进行专项检查。遭受冰雹、台风、雷击、地震等自然灾害或发生火灾、爆炸等突发事件后，安全维护责任人或其委托的具有相应资质的技术单位，要及时对可能受损建筑的玻璃幕墙进行全面检查，对可能存在安全隐患的部位及时进行维修处理。（三）及时鉴定玻璃幕墙安全性能。玻璃幕墙达到设计使用年限的，安全维护责任人应当委托具有相应资质的单位对玻璃幕墙进行安全性能鉴定，需要实施改造、加固或者拆除的，应当委托具有相应资质的单位负责实施。（四）严格规范玻璃幕墙维修加固活动。对玻璃幕墙进行结构性维修加固，不得擅自改变玻璃幕墙的结构构件，结构验算及加固方案应符合国家有关标准规范，超出技术标准规定的，应进行安全性技术论证。玻璃幕墙进行结构性维修加固工程完成后，业主、安全维护责任单位或者承担日常维护管理的单位应当组织验收"。

根据以上规定，建筑幕墙工程自竣工验收交付使用后，有下列情况之一的建筑幕墙应进行安全性能检测鉴定：

（1）设计、施工过程中缺乏相应幕墙规范、标准的；

（2）未按照同期规范、法规进行设计、施工或验收的；

（3）幕墙工程技术资料、质保资料不齐全而对幕墙安全性有质疑的；

（4）面板、支承结构、连接件或局部墙面的面板出现异常变形、移位、脱落、开裂现象或已发生安全事故的；

（5）遭受台风、地震、雷击、火灾、爆炸等自然灾害、突发事故或其他超过设计许可荷载而造成损坏的；

（6）超过设计使用年限仍继续使用或年久失修的；

（7）建筑主体结构经检测、鉴定存在安全隐患的；

（8）立面幕墙需要大修或需要进行改造的；

（9）竣工验收交付使用后，原则上每隔十年进行一次安全检测鉴定。

2　既有建筑安全检测鉴定抽样的基本原则及程序

既有建筑幕墙的安全性能检测鉴定应针对各个检测单元，根据受检幕墙的不同阶段、检测目的、当地的地理气象环境、工程应用条件、幕墙系统构造特点、施工质量、使用要求等确定具体的检测方法，并应尽可能减少对原建筑、幕墙结构的损伤和对正常使用的影响。检测单元不宜跨越不同的建筑物，在结构上宜具备一定的连续性；幕墙类型、支承体系、施工工艺宜基本相同；所处环境条件宜相近，应包含幕墙结构的最不利部位；雨篷、采光顶宜单独划分。

建筑幕墙材料、受力构件承载力、节点和构造的检测数量应结合工程情况，根据检测对象的特点由委托方和检测方具体协商确定。

含预应力拉索、预应力支承结构的幕墙宜进行全数预应力检测。

既有幕墙的安全检测鉴定宜按照以下程序进行：

（1）明确检测要求；

（2）幕墙设计、施工资料及现状调查；

（3）幕墙材料检测；

（4）构造检测；

（5）结构承载力检测及分析；

（6）检测结论及鉴定报告。

3　既有建筑幕墙设计、施工资料及现状调查内容

建筑幕墙安全性能现场检测鉴定前首先应核查工程设计、施工等资料。

设计资料包含幕墙竣工图、结构计算书、设计变更记录、幕墙设计技术复核表（建筑设计单位对幕墙设计资料的确认书）、安评资料、施工图审查资料等技术资料。

竣工图主要核验设计总说明、幕墙立面分格图、幕墙大样图、幕墙主要节点图、型材截面图、预埋件的局部大样图和组件图等，重点核验设计是否合理、符合规范要求，设计与现场实际是否相符。结构计算书主要核验结构计算书设计参数、计算过程是否符合规范要求；结构计算书是否完整、与实际构造是否相符。

幕墙材料核验资料包括各种材料的产品合格证书、质保证书；进口硅酮结构胶的商检证书；硅酮结构胶的相容性和剥离粘结性试验报告；材料的进场验收记录及复检报告。

幕墙性能测试资料包括幕墙气密性、水密性、抗风压、平面内变形性能检测报告以及设计要求的其他涉及安全的性能检测报告；后置埋件现场拉拔检测报告；防雷装置测试记录；现场淋水试验记录等。

施工验收资料包括：注胶记录、张拉杆索体系预拉力张拉记录、隐蔽工程验收记录、分项工程竣工验收记录等。

现状了解调查包括幕墙的使用环境、使用历史、工作现状；现有恒载作用、可能作用的活载、偶然作用；维修、保养、更换、改建、局部改造、维修加固和质量事故的记录；发生质量问题或事故的处理记录及现场照片；使用人的使用反馈意见及建议等。

现场概要调查是对工程资料的进一步复核确认，宜按照先整体、后局部的方法进行，首先检查幕墙系统、构造方式、支承结构体系、边界条件有无违反现行规范情况，与资料的相符性；构件有无整体松动、起鼓、错动、变形等；有无面板脱落或破损材料锈蚀情况；五金配件及连接工作状态；开启扇开启情况；有无渗漏痕迹；胶条、密封胶老化情况；预应力是否松弛。

对不符合规范要求、与竣工资料不符、存在缺陷、表达不清及影响安全性能的关键部位进行标记，并作为现场检测鉴定的重点。

4　既有建筑幕墙材料检测要点

建筑幕墙主要材料包铝型材、钢结构、拉索和拉杆、面板、硅酮密封胶、胶条、五金件等及其他主要配件材料，应检查品种、规格、强度、特征参数、出厂合格证、复验报告、制作偏差、腐蚀、受损和变形等。

型材应检查外形尺寸、壁厚、变形、表面处理层膜厚、表面腐蚀（锈蚀）及外观质量，必要时还需对型材进行力学性能检测。铝合金型材的检测还应包括韦氏硬度。

拉索、拉杆应检测预张拉力，必要时还应检测拉索最小破断力和拉杆抗拉强度。外观质量应检查锚头连接、锈蚀、刻痕、松弛、变形和钢绞线断丝现象。

玻璃面板应检查品种、厚度、外观质量、表面应力、边缘处理。外观是否有明显的损伤、霉变等现象，二道硅酮结构胶的粉化、胶体发粘流淌、化学物质析出、干裂等现象；中空玻璃是否有起雾、结露、进水和霉变等现象；夹层玻璃是否有分层、起泡、或脱胶等现象；镀膜玻璃是否有氧化、脱膜

等现象。

金属面板应检查品种、牌号、板材厚度、涂层厚度、外观质量等，还应包括耳板和加劲肋等。必要时可检测面板的物理力学性能。

石材、人造面板应检查品种、厚度、外观质量、边缘处理情况、吸水率，必要时可检测物理、力学性能。

硅酮结构密封胶应检查外观质量、胶缝粘接宽度及厚度、注胶质量、粘结质量、邵氏硬度及粘结强度检测。与相邻粘结材料是否相容、是否有变（褪）色、化学析出物等现象，是否有潮湿、漏水现象。

橡胶密封材料应检查硬度、弹性、老化、收缩、脆性及是否开裂。

五金件、紧固件及其他配件应检查品种、规格、强度、外观质量、表面腐蚀（锈蚀）、配件中非金属零件的老化情况及连接情况。

5　既有建筑幕墙构造检测要点

幕墙与主体结构的连接应检查埋件及后置埋件的锚栓品种、规格、数量、植入深度及外观，锚板的尺寸、厚度及外观；转接件的规格尺寸及与锚板的焊接质量、防腐处理质量、锈蚀；转接件与受力构件的连接质量、螺栓规格、数量及外观。

横梁与立柱的连接应检查连接件的品种、规格、数量；横梁变形和连接质量。

明框幕墙应检查压板的规格、连接方式及变形情况，固定压板的紧固件品种、规格、间距、外观及紧固情况；玻璃面板的托板位置、数量、规格、连接方式及变形情况，固定托板的紧固件品种、规格、数量、外观及紧固情况；明框玻璃幕墙的玻璃嵌入量，压板的宽度、厚度。

隐框、半隐框玻璃幕墙应检查装配组件的固定压码规格、数量、间距，固定压码有无松动、变形、损坏现象。检查玻璃装配组件的固定压码安装，检查结构胶的尺寸、粘结状况。

开启窗构造应检查执手、螺钉有无松动，开启扇开启和关闭是否顺畅；五金件的规格、数量、外观及连接质量；挂钩式及外开式开启扇的防脱落措施；开启扇与开启框的密封程度；开启角度及距离；内外两道结构胶的对应位置。

点支承玻璃幕墙构造应检查开孔位置、开孔质量与孔壁磨边情况；驳接件外观及连接质量；拉索张拉力检测及索具调节器工作状况；拉杆（索）支承体系与主体结构的连接质量；玻璃肋夹具的连接质量；转接件与支承体系连接质量。

全玻璃幕墙构造应检查玻璃与吊夹具连接；玻璃的品种、规格；玻璃肋、面板的高度和厚度；结构胶的品种、尺寸及注胶质量；玻璃肋夹具的连接质量；吊挂式玻璃底端与垫块的间隙；吊挂式玻璃的水平传力结构；下端支承的全玻幕墙、玻璃与槽口的镶嵌尺寸。

金属幕墙面板应检查固定耳板的规格、数量、固定耳板有无松动、变形和损坏现象。

石材或人造板材幕墙应检查面板安装的装配构造。检查石材的钢销、铝合金挂件、背栓和不锈钢挂件等连接件有无松动、变形和损坏现象，测量连接件及紧固件的规格。

变形缝连接节点应检查变形缝构造是否满足结构变形要求、施工处理是否规范；罩面的平整度是否符合要求、罩面是否凹瘪和变形；变形缝罩面与两侧幕墙结合处是否存在渗漏，变形缝位置龙骨及配件锈蚀情况。

防火构造应检查防火棉容重、厚度；防火层的构造尺寸；防火层的安装、铺设质量；防火层与周边构件的防火密封质量。

防雷构造应检查连接电阻，接地电阻，防雷连接件的品种、规格和数量。

其他应检查的部位还包括立柱伸缩构造，压顶连接构造。

6　既有建筑幕墙结构承载力检测及分析要点

幕墙承载力检查宜以计算复核为主，现场实际检测为辅的方式进行，尽可能减少对原结构的破坏和正常使用的影响。当委托方未提供完整有效的设计文件时，幕墙结构或构件应根据使用过程中在结构或构件上可能同时出现的荷载，按承载能力极限状态和正常使用极限状态分别进行荷载组合，并应取各自的最不利的组合按现行规范进行验算。

幕墙面板材料强度应取实际强度，按照实际支承形式，核验面板最大应力和挠度，固定连接件（如压块、压板等）的抗弯、抗剪能力；连接螺栓的承载能力；结构胶的厚度与宽度。金属面板尚应核验加劲肋的最大应力和挠度。

索网、张拉索杆体系应按考虑几何非线性的有限元方法进行核验，并考虑主体结构变形的影响。

全玻幕墙重点核验玻璃肋稳定应力，点支承玻璃应重点核验玻璃孔壁局部应力。

结构分析过程中应注意以下要点：

（1）结构或构件的几何参数应采用实测值，并应考虑锈蚀、腐蚀、损伤、缺陷和施工偏差等因素的影响；

（2）结构核验所采用的计算模型和边界条件，应符合实际状态，并考虑主体结构刚度和变形的影响；

（3）当原设计文件有效，且材料无严重的性能退化、施工偏差在允许范围内时，可按相关设计标准确定材料的力学性能指标；

（4）应按实际实用材料的力学性能指标；

（5）风环境发生较大变化时，风荷载取值应按现场实际现状分析确定。

7　既有建筑幕墙检测结论及鉴定报告

建筑幕墙安全性能检测鉴定应先分别对承载力、构件和节点变形（或位移）、材料配件、结构构造四个子项单独评定，再综合评定建筑幕墙安全性能等级。

建筑幕墙检测鉴定报告应包括建筑物的建设单位、业主、安全维护责任人、设计单位、施工单位的基本信息；幕墙的施工、使用、维修情况及现场质量现状信息。

检测鉴定报告应包含建筑幕墙工程概况；检测鉴定目的、范围、内容及依据；抽样、检测的方法；幕墙检测的典型板块、构造图；技术资料检查、核验结果；检测、核验的过程及分析；幕墙安全性能等级检测鉴定结论；处理建议等内容以及下一次检测鉴定的时间建议。

鉴定报告结论应准确可靠，处理建议应切合实际，合理可行，安全可靠。

8　既有建筑幕墙的加固与处理

既有建筑幕墙安全性能检测鉴定中发现的问题应采取维修、加固、拆除、更换、防控等措施。加固设计，应委托具有相应幕墙设计资质的单位，按现行幕墙及相关规范进行专项设计。

加固与处理方案应包含检测鉴定报告分析存在的问题，具体加固方案、原幕墙拆除方案、结构计算书、目标使用年限、施工及使用维护要求。同时应满足安全使用要求、防火、防雷等要求。所选材料品种、色泽、外观效果宜与原幕墙保持一致。

面板构件的加固可选用下列方法：替换面板；改善支承条件；减少承受荷载；表面增强处理。

幕墙支承结构的加固可选用下列方法：新增或替换构件；增加构件承载能力；增加支点；增设杆件；减少承受荷载。

连接的加固可选用下列方法：局部或全部替换硅酮建筑密封胶、硅酮结构密封胶；将原隐框幕墙改为半隐框幕墙或明框幕墙；增加连接的数量；加固或更换连接件。

当加固方案涉及变动主体结构及采用非自平衡式拉索等对主体结构影响较大的结构时，应通过原建筑设计单位复核确认。

既有建筑幕墙工程既有建筑幕墙工程加固设计应符合以下规定：应考虑新增构件的应力滞后效应；宜减少对建筑主体结构和原幕墙结构的破坏；宜考虑幕墙加固对主体结构的影响。

加固施工图应进行结构安全性论证，通过设计施工图审查，并经委托人认可后方可实施。

加固施工应由具有相应资质的幕墙施工单位进行。并应根据加固施工图编制加固施工组织设计、原幕墙拆除方案、使用安全防护措施等。施工前宜进行卸载；并应采取必要的措施保证加固过程的施工安全。加固应过程中进行隐蔽验收，加固完成后及时组织验收。

9　结语

既有建筑幕墙的安全性能检测鉴定是一个复杂的系统工程，涉及到材料、机械、结构、建筑、检测等多门学科，应委托具有相应幕墙检测和设计资质的单位，根据受检幕墙的不同阶段、结构形式、工程环境、应用条件、施工质量、使用要求、检测目的等选择检测方法。应优先选用对建筑物主体结构、幕墙结构无损伤的检测方法。对检测结果有安全隐患的幕墙应提出具体的维修、加固、拆除、更换、防控等措施和建议；对检测鉴定认为符合安全要求的，还应继续对幕墙进行观察、维修、保养，以确保安全使用。

影响既有建筑幕墙安全性能的因素较多，理论和实践方面均有不少技术难点尚未解决，没有系统的既有幕墙检测方法，国家也没有统一的检测规范和鉴定标准，为检测鉴定带来一定的难度，各鉴定单位也都是根据自己的经验进行实施，甚至有些鉴定结果不能反映实际的幕墙安全状况，有的则按新建幕墙标准要求，缺乏一定得合理性，政府职能部门不仅应加强对既有建筑幕墙的安全检测鉴定管理，国家也应尽快出台相应的检测标准，使既有幕墙的安全检测鉴定有章可循，有法可依。

参考文献

[1] GB/T 21086—2007. 建筑幕墙 [S]. 北京：中华人民共和国国家质量监督检验检疫总局. 中国国家标准化管理委员会，2008.

[2] JGJ 102—2003. 玻璃幕墙工程技术规范 [S]. 北京：中华人民共和国建设部发布，2003，12.

[3] 2017 甬 DX-14. 建筑幕墙安全性能检测鉴定技术导则 [S]. 宁波：宁波市住房和城乡建设委员会发，2017，9.

三维激光扫描技术在既有建筑检测与修缮中的应用

代红超

上海市房地产科学研究院，上海，200031

摘　要：近年来，三维激光扫描技术迅速发展，因其具有"非接触、高分辨率、高精度"等优点，在土木工程领域得到了广泛应用；在既有建筑检测和修缮方面，三维激光扫描技术已经应用于桥梁变形测量、建筑垂直度测量及文物保护修缮。在既有建筑的图纸测绘过程中，由于建筑、结构形式的多样性和特殊性，传统测量手段难以对其进行准确测绘；三维激光扫描技术能弥补传统测量手段的不足，在建筑单体平面图和立面图及总面图测绘中发挥重要作用；同时，可应用于结构图纸的测绘及复杂结构变形的测量。根据三维激光扫描技术在逆向工程中的应用原理，介绍了基于三维激光扫描技术的BIM建模技术，分析了该技术在历史建筑原状修缮及历史建筑修缮管理中应用的可行性。

关键词：三维激光扫描技术，既有建筑，检测，修缮

3D Laser Scanner Technology Application in Inspection and Repair of Existing Buildings

Dai Hongchao

Shanghai Real Estate Science Research Institute，Shanghai，200031

Abstract：In recent years，3D laser scanner technology has developed rapidly. Because of its advantages of "non contact，high resolution and high precision"，it has been widely used in the field of civil engineering. In the aspects of existing building inspection and repair，3D laser scanner technology has been applied to bridge deformation measurement，building deformation measurement and cultural relic protection. Due to the diversity and particularity of building types and structural style，traditional measuring methods are difficult to accurately survey the existing buildings. 3D laser scanner technology can make up for the shortcomings of the traditional measurement methods，and play an important role in the mapping of the building. At the same time，it can be applied to the structural inspection and the measurement of the deformation of the complex structures. according to the application principle of 3D laser scanner technology in reverse engineering，the BIM based on the 3D laser scanner technology is introduced. Modeling technology is applied to analyze the feasibility of applying the technology in the repair of historical buildings and the repair management of historical buildings.

Keywords：3D laser scanner technology，existing buildings，inspection，repair

1　前言

建筑结构图纸的测绘是既有建筑检测修缮的重要工作，也是一项基础性工作。传统的测量工具主要为钢卷尺、激光测距仪等，对于立面图纸的测绘、建筑总平面的测绘，尚需用到全站仪等仪器。但对于古建筑、历史建筑，由于存在飞檐翘角、雕梁画柱等特殊立面或花饰，一般采用近似简化等方法进行简单测绘；对于不规则的既有结构，如弧形钢结构桁架、不规则网架等，传统测量手段难以准确进行结构测绘。当采用传统测量手段进行上述复杂建筑结构测绘时，测量结果会存在较大误差，或测

作者简介：代红超（1982年2月），男，工程师。

量结果只能近似反映现状。

对于古建筑或历史建筑的修缮，应按照或参照《威尼斯宪章》和《中国文物古迹保护准则》，准确把握真实性原则、少干预原则、可识别原则、可逆性原则、可读性原则，遵循"整旧如旧，以存其故；尊重历史，延年益寿"的修缮纲领；应保护其原先的、本来的、真实的原物，保存其所遗存的全部历史信息。在以往的修缮过程中，一般通过对历史照片、历史修缮沿革等的搜集，调查房屋的历史信息，难以全面反映房屋的历史风貌；历史修缮档案亦存在遗失、难以追溯等问题。

近年来，三维激光扫描技术迅速发展，因其具有"非接触测量、数据采集速度快、高分辨率、高精度"等优点，在土木工程领域得到了广泛应用。在既有建筑图纸测绘工作中，三维激光扫描可快速获取建筑物或其中某个构件表面点的三维坐标，形成点云文件，有效弥补传统测量手段的不足。对历史建筑重点保护部位进行三维激光扫描，通过逆向工程技术可以快速形成三维实体模型，指导重点保护部位局部破损的修缮，达到"整旧如旧，以存其故"的修缮目的。另外，通过对古建筑或历史建筑的全方位三维激光扫描，进行 BIM 建模，全面反映建筑现状，在后续修缮设计、施工及管理方面发挥重要作用。

2　三维激光扫描技术

在工作原理上，三维激光扫描仪通过激光发射器，发射激光束到达实物表面，经漫反射后，被扫描仪接收器接收，计时器同步记录发射和接收时间，计算时间差，并根据光束传播速度，获取扫描仪和被测实物表明点的距离。同时，扫描仪控制编码器测量激光束发射的水平角度及垂直角度。

根据上述距离和角度，通过极坐标法即可获得被测实物表面点的三维坐标。扫描仪反射棱角快速转动，进行连续测量，从而获取被测实物的点云数据。

在既有建筑的三维激光扫描中，由于其空间结构的复杂性，需要设置多个测站以完成对其的整体扫描；另外，由于仪器本身及建筑物周边环境的影响，在三维激光扫描过程中，会产生一些噪声点，影响点云数据的准确性。因此，需要经过点云去噪、点云拼接、点云合并等过程，从而形成最终有效的点云文件。

3　三维激光扫描技术的应用现状

近年来，三维激光扫描技术在土木工程领域得到了广泛应用，如地形测量、城市规划、管道三维工程改造建设、矿山开挖断面和体积测量、滑坡变形监测等方面。在既有建筑物或构筑物检测与修缮方面也有一定的研究，主要表现为如下几个方面：

（1）桥梁变形监测：兰州交通大学马勇基于桥梁变形这一具体工程问题，探究三维激光扫描仪应用，通过试验对比，证实了三维激光扫描技术在桥梁变形监测应用的可行性，并提出了该技术实际操作过程中的注意事项[1]。

（2）建筑物垂直度测量：华北理工大学冯腾研究了三维激光扫描点云数据获取及数据处理流程，分析了在点云数据的配准、点云数据的去噪等重要数据的处理方法，并采用截面法和平面拟合法对建筑物的垂直度进行计算[2]。江西理工大学韩宇通过对点云数据的处理，构建建筑物三维实体模型，并对模型的数据误差做了分析，对模型质量做了评估，论证了直接在目标建筑物三维实体模型上提取变形监测数据信息的可行性，同时证实了直接在目标建筑物三维实体模型上提取变形监测数据信息的可行性。

（3）文物修缮保护：长安大学彭勇设计了利用三维激光扫描技术获取石质文物的三维几何信息和图像信息的工作方案，通过对石质文物的虚拟量测，绘制石质文物的线划图、等值线图等资料图件，对石质文物的破损部位进行虚拟修复研究，为石质文物的保护和维修工作提供了第一手的基础资料[4]。

4　三维激光扫描技术在既有建筑检测中的应用

4.1　建筑图纸测绘

在历史建筑或古建筑检测中，由于其具有的重要的历史建筑、科学价值、艺术价值，建筑图纸的测绘（包括建筑单体各立面、各平面、剖面及总平面等）尤为重要，是检测分析、保护修缮的重要基础。上述既有建筑不规则的立面布置和造型、美轮美奂的建筑装饰等给图纸测绘带来了一定难度，一般需要三维激光扫描技术弥补传统测量手段的不足。

在上海市某庙宇建筑的文物勘察过程中，其钟楼建造于清光绪十八年，三层杰阁，歇山式屋顶，屋面铺圆筒瓦，檐口做瓦当、滴水；底层周围有柱廊，底层西墙正门南北两侧有一对直径约1.5m的泥塑圆形装饰窗，三层有藻井天花。该建筑立面翘角、屋脊对兽、泥塑饰窗、藻井天花等均为古建筑的精髓，在勘察过程中，借助三维激光扫描技术，方便地绘制了建筑图纸及详图，为后期修缮提供了技术依据。

图1　钟楼西立面图

图2　钟楼屋面航拍图

图3　钟楼三维激光扫描点云图

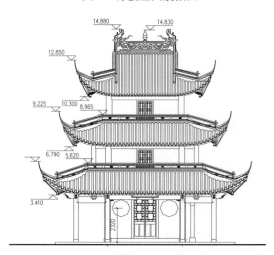

图4　钟楼立面测绘图

4.2　结构图纸测绘

在既有建筑检测过程中，经常会碰到一些特殊的结构类型，如混凝土穹顶、不规则钢结构等，借助三维激光扫描技术，可以方便地对其构件尺寸等进行测量，从而验算结构安全性、评价施工质量等。

4.2.1　穹顶板厚测量

某低温丙烷罐为旋挖钻孔灌注桩基础，预应力钢筋混凝土外罐，低温钢制内罐。内罐穹顶为钢结构，由环向、径向钢梁及钢板组成，外罐穹顶为混凝土结构，浇筑时以内罐钢结构穹顶作为模板。罐体直径30m，外罐壁厚0.8m，穹顶最低点标高为30余m，最高点（中心点）标高为40余m。

由于穹顶直径大、高度高，且混凝土板底设有一层钢板，在对穹顶混凝土板厚进行测量复核过程中，无法采用传统的楼板测厚仪等仪器进行测量。根据现场可检测条件，现场采用三维扫描仪对被检测穹顶进行扫描，通过切片等方法，对穹顶总厚度进行了测量，减去穹顶钢板厚度，即可得到混凝土板厚测量值。

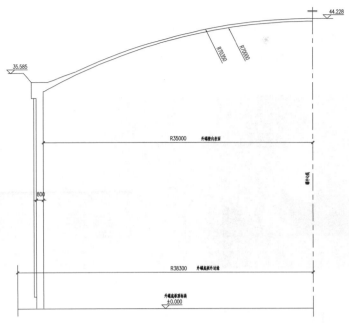

图 5　外罐剖面示意图

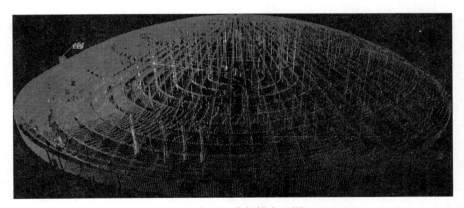

图 6　穹顶三维扫描点云图

4.2.2　弧形钢桁架测绘

某学校体育用房由多榀单跨弧形钢桁架组成，钢桁架为三角形变截面，主要采用，140×8、76×7圆钢焊接而成。钢桁架间通过支撑及屋面檩条相连。

图 7　建筑内景

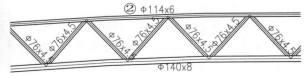

图 8　钢桁架管型钢屋架侧视图

由于该钢桁架立柱及屋架均为变截面的钢管结构，无法用传统测量手段绘制其结构图纸。现场采用三维扫描仪，对典型钢桁架进行三维激光扫描，获取其点云数据。通过点云分析，绘制钢桁架结构图纸。同时，根据原设计图纸进行对比分析，获取钢桁架的变形情况，从而结合承载力验算结果等数据，分析该建筑的安全性。

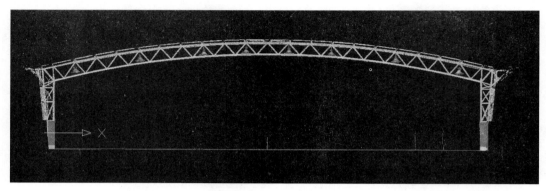

图 9　钢桁架三维激光扫描点云图

5　三维激光扫描技术在既有建筑修缮中的应用

5.1　历史建筑重点保护部位修缮

重点保护部位为集中反映历史建筑的历史、科学和艺术价值以及完好程度的建筑环境、空间、部位和构件，重点保护部位的修缮是历史建筑保护修缮的重要内容。在对历史建筑残缺部分，采用相同或相近的材料按原型进行修复时，很有必要通过三维激光扫描，获取其三维实体模型，进一步采用逆向工程等方法，进行原状修复。

上海市某建筑具有西洋古典风格，门厅和休息厅为古典式的大理石装饰，彩绘仿大理石柱身饰金色复合式柱头。进门门厅中央有大旋梯，转向两面，前为回廊，后为休息厅；休息厅前有三个券形门洞及栏杆，中间有两根奥尔尼克式柱，两端则为双柱。券门上有浮雕，休息厅，走廊有壁画，扶梯均有大理石装饰；柱头及壁面皆为希腊花纹装饰。在对该幢建筑的保护性修缮过程中，通过三维激光扫描，获取柱头花饰等重点保护部位的三维实体模型，为后期的保护及修缮提供了重要支撑。

图 10　上海某建筑门厅区域重点保护部位照片

图 11　门厅柱头花饰三维模型建模过程图

5.2　历史建筑修缮管理

根据相关规定，历史建筑修缮前一般需要进行勘察检测，获取其建筑结构图纸、完损状况、变形情况等现状数据，为后期修缮设计和施工提供技术依据。

同一幢历史建筑，根据其保护及使用情况，需要定期进行保护修缮，在其生命周期内，就会存在不同单位的多次勘察检测，一方面造成人力和物力的部分浪费，另一方面检测过程中的微破损检测对历史建筑的建筑和结构产生了多次损伤。

随着建筑行业信息化程度的不断提高，BIM 技术广泛应用到新建建筑设计和施工过程中。BIM 技术是以三维信息模型为核心，首先在模型中整合项目的各种信息，再通过模型的传递、共享和应用支持，创建从策划、设计、施工、运行再到后期维护的全过程完整的工作流，具有可视化、可模拟化、可分析化等特性，便于工程各方人员对建筑信息做出正确理解和高效应对。

对于既有建筑，特别是历史建筑而言，很有必要通过对其进行三维激光扫描，获取点云文件，采用逆向工程原理，建立 BIM 模型，获取既有建筑的建筑、结构、装饰等信息。BIM 模型主要信息如下：

（1）建筑部分。

a. 建筑构造部件的精确尺寸和位置：非承重墙、门窗、楼梯、阳台、雨篷、台阶、天窗、坡道、翻边等。

b. 主要建筑设备。

c. 主要建筑装饰构件的基本尺寸、位置：栏杆、扶手、功能性构件等。

（2）结构部分。

a. 主要构件的精确尺寸和位置：结构梁、结构柱、结构板、结构墙等。

b. 主要结构构件材料信息。

c. 混凝土构件配筋信息。

（3）构件信息。

在 BIM 模型的结构、建筑装饰等构件上，可以详细输入构件年代、构件材质、构件损伤等信息。

通过基于三维激光扫描技术的既有建筑 BIM 模型的建立，可把勘察检测内容标识在模型中。后续勘察检测时，不需要对建筑结构图纸等情况进行再次检测、测绘，只需记录历史建筑的完损现状，并在 BIM 模型中进行更新；对于材料性能的老化等问题，也只需进行重点抽样检测，避免大范围的取芯等微破损检测。

同时，上述 BIM 模型可方便应用于修缮设计、修缮施工及工程量统计中，为历史建筑的修缮管理带来便利。

6　结语

（1）在历史建筑或古建筑检测中，由于其立面布置、建筑装饰等部位的特殊性和不规则性，采用传统测量手段难以对其进行准确测绘，三维激光扫描技术存在"非接触、高精度、速度快"等优点，可以弥补传统测量手段的不足，用于历史建筑和古建筑图纸测绘中。

（2）借助三维激光扫描技术，可以对空旷建筑的穹顶、门式弧形钢桁架等特殊结构进行三维扫描，采用切片等方法，测量构件尺寸，绘制结构图纸；通过对比原设计图纸，明确构件变形情况，有利于评价建筑施工质量或安全性。

（3）对既有建筑整体或部位的三维激光扫描，获取点云文件，采用逆向工程技术创建 BIM 模型，通过在模型中输入构件年代、构件尺寸、构件配筋、构件材质、构件损伤等信息，全面反映既有建筑的现状和历史修缮信息，在历史建筑原状修缮、历史建筑修缮管理等方面发挥重要作用。

参考文献

［1］　马勇. 三维激光扫描技术在桥梁变形中的应用研究［D］. 甘肃：兰州交通大学，2017.

［2］　冯腾. 基于三维激光扫描的建筑物垂直度监测研究［D］. 河北：华北理工大学，2015.

［3］　韩宇. 基于三维激光扫描技术的高差建筑整体变形监测的方法研究［D］. 江西：江西理工大学，2014.

［4］　彭勇. 三维激光扫描技术在石质文物保护中的应用研究［D］. 陕西：长安大学，2015.

某大厦综合楼第 6 层混凝土梁裂缝成因分析

蒋　庆　李　可

四川省建筑科学研究院，四川成都，610081

摘　要：以某综合楼第 6 层混凝土梁裂缝为例，对梁裂缝产生原因进行了分析，并对二次结构浇筑的施工顺序变化对主体结构安全性影响进行了分析，对类似项目的现场施工提出了相应应对措施。

关键词：梁裂缝，施工顺序，二次结构

Analysis on The Causes Of Cracks In The 6th Floor Concrete Beam of a Complex Building

Jiang Qing　　Li Ke

Sichaun Institute of Building Research，Sichuan Chengdu 610081

Abstract：taking the crack of the 6th floor concrete beam of a complex building as an example，the causes of the cracks are analyzed，and the influence of the construction sequence of the secondary structure on the safety of the main structure is analyzed. The corresponding countermeasures are put forward for the field construction of similar projects.

Keywords：beam crack，construction sequence，secondary structure.

1　问题提出

　　某大厦综合楼为地下 3 层、地上 27 层框架剪力墙结构房屋，在房屋主体结构完工尚未交付使用期间，发现该房屋第 6 层部分梁构件存在裂缝，裂缝主要为斜向裂缝及竖向裂缝，裂缝分布主要分为以下两类：

　　①主梁、次梁在梁跨中存在多条斜向裂缝，裂缝在梁跨中弯矩最大处的受拉边缘处产生，垂直于梁轴线方向，向受压区延伸、发展，裂缝形态呈中间小下端大的特点，裂缝最大宽度为 3.0mm（如图 1 所示）。

　　②主梁与次梁交接处存在多条斜向、竖向裂缝，裂缝在主梁下部产生，垂直于梁梁轴线方向，裂缝形态呈中间小下端大的特点，裂缝最大宽度为 0.35mm。

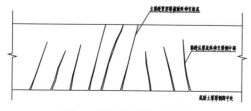

图 1　梁跨中裂缝示意图

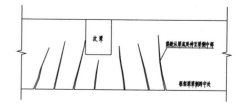

图 2　主梁跨中与次梁交接处裂缝示意图

　　从裂缝形态特征来看，该综合楼第 6 层混凝土梁裂缝为典型受力裂缝，裂缝宽度较大，混凝土梁已不适于继续承载，由于该混凝土梁裂缝宽度较大，分析导致该裂缝产生的原因，并有针对地提出一些应对措施，对于今后解决类似工程问题显得尤为重要。

2 裂缝成因分析

2.1 设计要求

通过查阅原设计图纸发现，建筑设计为了造型的要求，在第 7 层～第 27 层悬挑阳台的端头设置两根通高造型柱，造型柱位于第 6 层存在裂缝的混凝土梁跨中上部，如图 3 中所示。

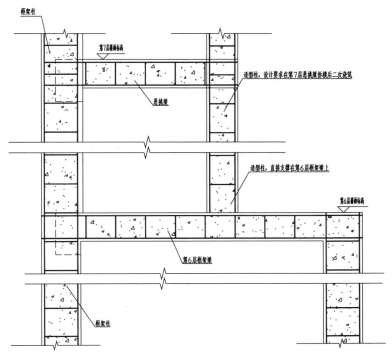

图 3　造型柱布置立面示意图

从结构设计的角度，造型柱不能按照框架柱做整体分析，所以往往是当做荷载考虑，配筋按照构造要求配筋，设计中注明阳台造型柱须在悬挑梁拆模后进行浇注。

2.2 实际施工

通过现场检查、检测及查阅相关资料发现，在实际施工过程中，施工单位不清楚上述设计要求，施工中将悬挑梁和每层造型柱同主体结构一次性进行支模浇筑，导致施工后的主体结构实际受力状态与设计意图不符，在该大厦第 7 层～第 27 层的悬挑阳台端头，造型柱作为悬挑挑梁端部的支座，悬挑梁变成类似简支梁，而挑梁端部有大量的荷载（上部的挑梁拆完模后因重力原因都会有一个向下变形过程，产生向下的荷载）传来，每层向下传递，形成集中力，第 6 层混凝土梁跨中刚好位于造型柱下方支承了上面传来的荷载，而导致其承载力超越极限状态产生较宽受力裂缝，威胁到了房屋整体结构的安全，给工程留下安全隐患。

3 造型柱施工顺序变化对主体结构安全性的影响分析

本文就阳台造型柱施工顺序的不同而导致结构受力变化的问题进行阐述，在该大厦第 7 层～第 27 层的悬挑阳台端头，悬挑梁的变形应是自由的，这种内力特征与先施工该大厦第 7 层～第 27 层每一层悬挑梁，而后待拆除模板等悬挑梁发生相应刚度下的挠度变形以后再浇筑其上的造型柱的施工顺序是相对应的。

实际施工的顺序是一次性支模后整体浇注本层悬挑梁及造型柱，造成造型柱在悬挑梁拆模之前就存在，在拆模后悬挑梁的变形将会受到造型柱的竖向约束而不能自由下挠，于是悬挑梁将这个下挠的竖向作用传递给造型柱，通过造型柱向下一层的悬挑梁传递，使得造型柱当做框架柱作用于悬挑梁的端部，这时候除了计算悬挑梁上造型柱的荷载，同时将会考虑造型柱作为竖向受力构件对于整体结构的刚度贡献，同时导致越是向下的悬挑梁承担了过多的上部悬挑梁由于不能自由变形而传递下来的荷载，相当于上部悬挑梁通过造型柱卸荷给每一层下的悬挑梁，同时悬挑梁也不在成为完全意义上的悬挑梁了，而是支撑在主体根部和造型柱之间的框架梁，造型柱按照设计要求应是不能和主体一起浇筑，造型柱本来只承受自身荷载不受力，本文中该大厦第7层～第27层由于造型柱同悬挑梁一起浇筑施工，造型柱处变成了支座，造型柱受到的竖向荷载通过每层向下传递，形成较大集中力，造成该大厦第6层混凝土梁跨中产生较宽受力裂缝。

4　结语及应对措施

本文中造型柱属于二次结构，不能和主体一起施工，且造型柱的顶端与上部结构的连接必须采用软连接，不能形成支座。

工程设计往往需要施工单位的密切配合，施工顺序对于结构设计有非常大的影响，本文中出现问题的主要原因是施工单位施工程序错误造成的；施工单位对于施工顺序的要求应有正确的理解，在进行施工时要仔细阅读设计图纸的各项要求，避免施工与设计不一致导致结构安全存在隐患。另外，作为设计院，有必要在交付图纸的时候对设计中的施工顺序及有关的问题进行必要的重点交底，做必要的解释，以利于施工单位的密切配合，做到设计施工的完全一致。

既有现浇混凝土梁板裂缝成因鉴定及实例分析

王　立　商登峰　彭　斌

上海同瑞土木工程技术有限公司, 上海, 200092

摘　要：既有现浇梁板裂缝成因鉴定作为针对性的裂缝处理依据在工程实际中具有重要的意义。对既有结构检测中常见的受弯裂缝、温度 - 收缩裂缝、差异沉降裂缝和施工裂缝形成机理和特征进行了总结；其中受弯裂缝的产生主要是由荷载作用下的构件实际弯矩超过开裂弯矩，裂缝特征呈楔形，在受拉边缘裂缝宽度最大；温度 - 收缩裂缝主要由超静定结构在温度作用或材料收缩下产生了约束拉应力，当拉应变超过混凝土的极限拉应变时构件开裂，其特征为贯穿截面的通透性裂缝，垂直于主拉应变方向；差异沉降裂缝具有受力裂缝的特点，主要由于支座位移在水平构件中引起局部应力而导致开裂，水平构件刚度越大则越容易开裂；施工裂缝主要是与施工过程及施工技术相关的裂缝，原因较为复杂。结合工程实例对现浇梁板裂缝成因进行了鉴定分析；针对不同裂缝成因及开裂程度给出了修复处理建议。相关鉴定分析及工程实例可以作为类似工程的参考。

关键词：既有结构，检测，鉴定，现浇梁板，裂缝

Assessment and Case Analysis of Cracks in Existing Cast-in-place Concrete Beams and Slabs

Wang Li　Shang Dengfeng　Peng Bin

Shanghai Tong Rui Civil Engineering Technology Co., Ltd, Shanghai, 200092

Abstract：The assessment of the causes of cracks in cast-in-place beam and slab is of great significance in engineering practice with cracks treatment. The formation mechanism and characteristics of bending cracks, temperature shrinkage cracks, differential settlement cracks and construction cracks are summarized. Combined with engineering practice, the causes of cracks in cast-in-place beam and slab are identified and analyzed, and suggestions for repairing treatment are given according to the causes of different cracks. Relevant assessment analysis and engineering examples can be used as reference for similar projects.。

Keywords：Existing structure, inspection, assessment, cast-in-place beam and slab, cracks

1　前言

在既有建筑的检测过程中，构件开裂的情况是较为常见的，根据裂缝成因不同，产生的结果也各不相同。其中有些构件裂缝对结构安全、使用功能和耐久性有一定影响，有些裂缝则仅仅是影响观瞻。因此，只有对裂缝成因准确无误鉴定后，才能对其采取针对性的修复。但混凝土构件裂缝成因错综复杂，在对裂缝进行检测、分析时，往往会感到无从下手，难以做出准确判断。本文首先对现浇混凝土梁板中常见的受弯裂缝、温度 - 收缩裂缝、差异沉降裂缝和施工裂缝的形成机理及裂缝特征进行了研究；随后列举工程实例，对其裂缝成因进行鉴定；最后给出了各种类型裂缝的修复建议，供类似工程参考。

作者简介：王立（1986—），男，硕士，结构工程师。

2　受弯裂缝

2.1　受弯裂缝的形成机理和特征

混凝土梁板为典型的受弯构件，其截面可分为受拉区和受压区。对于适筋梁，受弯破坏过程可分三阶段，即弹性阶段、带裂缝工作阶段和破坏阶段。在弹性阶段末，梁受拉区混凝土的最大拉应力达到混凝土的抗拉强度，且最大混凝土拉应变超过混凝土的极限拉应变时，在纯弯段出现首条垂直受弯裂缝。此时，梁承担的弯矩 M_{cr} 称为开裂弯矩，见下式：

$$M_{cr} = 0.092\left(1 + 5\alpha_E \frac{A_s}{bh} + 0.5\alpha_E \frac{A'_s}{bh}\right) f_t bh^2 \tag{1}$$

式中，α_E 为钢筋和混凝土的弹性模量之比，A_s、A'_s 分别为受拉钢筋和受压钢筋面积，分 f_t 为混凝土抗拉强度，b、h 分别为受弯构件截面宽度、高度。

受弯裂缝一般垂直于主拉应力轨迹线方向；裂缝呈楔形，在受拉区边缘裂缝最宽，而终止于受压区边缘。图1给出了受弯裂缝的形态，表1给出了国家标准中关于钢筋混凝土构件的裂缝宽度限值。

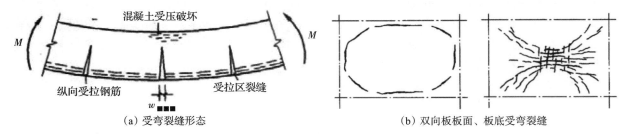

（a）受弯裂缝形态　　　　　　　　　　　　　　（b）双向板板面、板底受弯裂缝

图1　受弯裂缝的形态

表1　现行国家规范中关于钢筋混凝土构件的受弯裂缝宽度限值

规范	相关规定	适用条件		裂缝宽度（mm）
GB 50010—2010（2015年版）	正常使用极限状态	环境类别一类	裂缝控制等级三级	0.3（0.4）
		环境类别二 a、二 b、三 a、三 b		0.2
GB 50292—2015	不适用于继续承载 c_u 级或 d_u 级	室内正常环境	主要构件	>0.5
			次要构件	>0.7

2.2　受弯裂缝成因鉴定实例分析

选取与第 1.1 节中裂缝形态一致的工程实例，通过计算分析对既有现浇混凝土梁板的受弯裂缝成因进行鉴定。

（1）楼板受弯裂缝

某高层剪力墙结构住宅，在使用中发现楼板开裂。现场检测发现，裂缝主要分布于客厅顶板或餐厅顶板的板底，呈南北向水平状分布，位于顶板底的中部，宽度在 0.01 ～ 0.25mm 之间不等（图2）。开裂处原设计楼板厚度为 120mm、保护层厚度为 15mm、跨中底筋为 8@200、混凝土强度等级为 C30。

为判断裂缝成因，分别对楼板厚度、钢筋分布、保护层厚度、混凝土强度进行了检测。检测结果表明，楼板厚度、钢筋直径、底筋保护层厚度、混凝土强度和原设计一致；但钢筋间距实测平均值为 218mm，支座顶筋保护层实测厚度为 40mm，均与原设计值不符。

为此，采用两种计算模型对楼板受力状态进行了分析：（1）模型一，完全按照设计取值，即楼板厚度设计值取 120mm、保护层厚度取 15mm、楼边边界条件为固结；（2）模型二，按支座板顶实测保护层厚度（按实测得保护层厚度 40mm 考虑）计算，楼板边界条件为固结，但根据支座实际承载力考虑板端弯矩调幅。各模型的计算结果见表2。

从表2中可以看出，支座按实际保护层厚度考虑，根据实际受力情况对支座弯矩进行调幅，调幅后跨中计算弯矩由 6.2kN·m 增大至 7.4kN·m，此时跨中计算弯矩大于开裂弯矩，表明跨中板底会开裂。另外，当按设计配筋及实测配筋考虑时，跨中抗弯承载力大于计算弯矩，表明楼板能够满足承载力的计算要求。

表 2　楼板受力分析

模型		支座弯矩（kN·m）		跨中弯矩（kN·m）			
		抗弯承载力	计算弯矩	跨中底筋	抗弯承载力	计算弯矩	开裂弯矩
模型一	h=120，c=15，支座固结	13.4/17.1	12.3/12.3	Φ8@200 Φ8@218	8.8 8.1	6.2	6.3 6.3
模型二	h=120，c=40，支座固结，考虑调幅	9.9/12.6	调幅后为 9.9/12.3	Φ8@200 Φ8@218	8.8 8.1	调幅后为 7.4	6.3 6.3

注：1）表中 h 为计算模型的楼板厚度，c 为计算模型中支座处钢筋的保护层厚度取值；

　　2）8@200 和 8@218 分别为板底设计配筋和实际检测配筋；

　　3）板顶支座钢筋按设计配筋考虑，左、右支座处分别为 10@200 和 8@100。

综上所述，该裂缝的产生主要为板顶保护层厚度偏大，导致楼板跨中底部计算弯矩大于开裂弯矩，混凝土构件开裂；但楼板尚满足结构安全性的计算要求。

（2）框架梁受弯裂缝

某超高层框架 - 核心筒结构办公楼，与装修时发现屋面两根框架梁出现开裂现象。WKL-112 框架梁共有裂缝 19 条，表面宽度在 0.1 ～ 0.3mm 之间，裂缝基本等间距分布，平均间距约 285mm；WKL-117 框架梁共有裂缝 13 条，表面宽度在 0.3 ～ 0.5mm 之间，裂缝基本等间距分布，平均间距约 315mm。裂缝主要位于梁跨中，为起于梁底向两侧面发展的贯通 U 型裂缝；且裂缝下部宽、上部窄。

为判断裂缝成因，分别对梁截面尺寸、钢筋分布、保护层厚度、混凝土强度进行了检测。检测结果表明，均与原设计值相符。为此，对两根梁的受力状态进行了分析，计算结果见表 3。从表 3 中可以看出，计算弯矩大于开裂弯矩，表明该梁裂缝产生的原因主要与梁计算弯矩大于开裂弯矩有关；但计算弯矩小于抗弯承载力，表明该梁尚满足结构安全性的计算要求。

表 3　框架梁受力分析

框架梁	梁基本信息			跨中弯矩（kN·m）		
	截面尺寸	跨中底筋	跨中架立筋	计算弯矩	开裂弯矩	抗弯承载力
WKL-112	850×750	12Φ25	8Φ25	1600.8	287.6	1643.4
WKL-117	850×750	10Φ28	6Φ28	1194.3	290.6	1711.3

备注：梁板材料强度均为 C35，极限弯矩计算时考虑了受压区钢筋的贡献。

3　温度 - 收缩裂缝

3.1　温度 - 收缩裂缝的形成机理和特征

混凝土构件在浇筑后成为具有多余约束的超静定体系，在微小的外界作用下即会产生约束应力。当约束拉应力积聚到一定程度后，就会在抗拉性能较差的混凝土中引起裂缝。考虑混凝土的塑性，极限拉应变应不过 100 ～ 150με 左右，超过此限度的混凝土就有可能开裂。

混凝土的收缩可分为三种类型：（1）胶凝固化的自身收缩，这是水泥胶体的整体收缩，持续整个水化 - 凝固过程，是引起收缩的主要因素；（2）干燥失水和表面收缩，指混凝土中未被水化的游离水通过泌水现象逸出，导致混凝土体积减小而收缩，仅限于混凝土表层，导致表层裂缝；（3）碳化收缩，是混凝土中可溶性氢氧化钙与二氧化碳反应，导致体积减小而引起收缩。混凝土收缩会导致构件的表层收缩裂缝，或者构件的横向收缩裂缝。

混凝土构件的温度应力主要来自于水泥水化热和外界温度的变化。水泥胶体的水化反应会释放出热量，当混凝土体积较大时，这些热量难以释放，积聚起来就可能导致结构内部温度升高，形成表里的温度差异，导致温度裂缝。另外，处于大气环境中的混凝土结构，由于季节变化、日晒雨淋等，势必造成结构的不同区域和不同部位产生温度差，这就必然会在超静定的混凝土结构中引起约束作用，从而导致裂缝。

温度 - 收缩裂缝往往垂直于主拉应变方向发生，尤其在截面较薄且配筋较少时，形成横贯截面的通透性裂缝，从而引起渗漏、钢筋锈蚀等使用性和耐久性问题。

3.2 温度 - 收缩裂缝成因鉴定实例分析

某库房建于 1916 年，采用框架结构。现场检测发现，二层楼板存在较多裂缝，且有明显的渗水现象（图 3）。裂缝主要位于楼板四角，呈现"八"字形分布，裂缝宽度在 0.3 ~ 0.5mm 之间，主要为混凝土材料收缩导致。

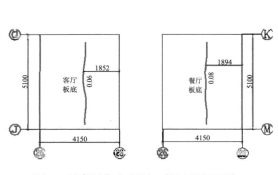

图 2　某高层住宅客厅、餐厅板底开裂

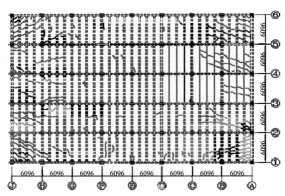

图 3　某库房楼板开裂

4　差异沉降裂缝

4.1　差异沉降裂缝的形成机理和特征

差异沉降裂缝的外因是外界施加的强制性结构变形，如基础的不均匀沉降。其宏观效果为差异沉降在超静定结构中引起的内力，具有受力裂缝的特征，这一点与荷载作用的效果类似；但差异沉降往往具有长期、缓慢作用的特点，在这一点上与温度 - 收缩裂缝有相似之处。局部差异沉降，会引起水平构件的局部内力，由此而引起裂缝，见图 4。这种裂缝并不因混凝土构件的截面较大，抗力较强而可以避免。相反，截面越大，刚度越大的构件，差异沉降产生的约束内力就越大，引发裂缝的可能性就越大；而截面较小纤细、柔韧的构件，一般却不会因此而开裂。

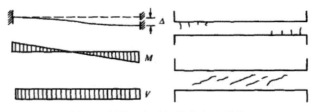

图 4　差异沉降引起的内力和裂缝

4.2　差异沉降裂缝成因鉴定实例分析

某别墅采光井处框架梁开裂，该梁位于地下室顶板处，一端与独立柱相连，另一端与主体结构的地下室混凝土墙相连。现场检测发现，该梁靠近柱端一侧出现多条裂缝，宽度 1.0mm、深度 30 ~ 35mm。为此，对该独立柱基础进行检测，发现基础埋深、基础高度、基础形式均与原设计不符，且未埋置在持力层之上。该梁裂缝的原因，主要为独立柱基础与主体结构基础之间产生的沉降差异导致。

5　施工裂缝

5.1　施工裂缝的形成机理

对于与施工过程和施工技术相关的裂缝，原因错综复杂，大体可分为以下几类：（1）建材性裂缝，混凝土原材料质量差、配合比不当等；（2）模板裂缝，模板变形、跑模、胀模、拆模过早等；（3）浇筑施工裂缝，浇筑 - 振捣不当造成的离析、分层、漏浆、夹渣、钢筋位移等；（4）接槎裂缝，后浇带留置不妥、界面处理欠缺等；（5）养护裂缝，表层未经压抹处理、养护覆盖未得其时、养护环境保温保湿不够等。

5.2　施工裂缝成因鉴定实例分析

某三层框架结构厂房，在浇筑完成后发现二层外框架梁出现开裂现象。调查发现，二层边框架梁开裂，裂缝主要位于次梁与主梁交界处的主梁侧面，呈竖向分布，宽度在 0.04 ~ 0.35mm 之间，深度在 22.5 ~ 60.0mm 之间，经检测，开裂混凝土梁保护层厚度在 26 ~ 72mm 之间。二层边框梁施工时间在 2014 年 6 月 25 日 ~ 7 月 6 日之间，根据历史气象记录，2014 年 6 月中下旬开始至 7 月，当地阴雨天气较多，不利的气候条件对混凝土的浇筑与养护有一定的影响。因此，不利的施工环境及养护条件是这些裂缝产生的一个重要原因。另外，主梁截面尺寸较大，会产生较大的水化热，在内外温差左右下容易形成收缩，且梁混凝土保护层厚度增大其抗裂性能降低，从而导致梁侧面更容易出现开裂。

6　总结

实际工程中的混凝土梁板裂缝形态各异，原因错综复杂，因此只有对裂缝的成因进行深入分析，才能针对性地对裂缝进行处理，解决工程实际问题。处理时，对于轻微裂缝，可以进行掩饰处理；对于不影响使用和安全的较宽裂缝，可以进行修补处理；对于引起渗水、漏雨等影响使用功能，或者宽度超过正常使用状态下的限值但尚未构成安全性问题的受力裂缝，可进行封闭处理；对于影响结构安全的裂缝，应进行加固处理，必要时还应对差异沉降的基础进行加固。

参考文献

［1］徐有邻，顾祥林. 混凝土结构工程裂缝的判断与处理［M］. 北京：中国建筑工业出版社，2010.

［2］王铁梦. 工程结构裂缝控制［M］. 北京：中国建筑工业出版社，1997.

［3］顾祥林. 混凝土结构基本原理［M］. 上海：同济大学出版社，2004.

［4］GB 50292—2015. 民用建筑可靠性鉴定标准［S］. 北京：中国建筑工业出版社，2016.

［5］CECS 293：2011. 房屋裂缝检测与处理技术规程［S］. 北京：中国计划出版社，2011.

图纸资料缺失的网架结构体育馆安全鉴定

张　华　吴嘉欣

珠海市建设工程质量监督检测站，广东珠海，519000

摘　要：缺少图纸资料的建筑结构安全鉴定相对图纸齐全的项目较为复杂。某体育馆为钢筋混凝土框架结构和网架屋盖结构，针对缺少网架部分图纸的项目特点，介绍了其安全鉴定程序和要求，列举了地基基础、框架结构部分、钢结构部分的检测方案，重点说明了网架整体平面布置、网架构件布置、构件截面尺寸、网架材质性能、焊缝连接、防火和防腐涂层、支座连接、外观质量等的检测内容。根据检测数据和部分图纸对该体育馆进行了建模计算分析，得出混凝土结构部分与网架部分承载力均满足安全使用要求的鉴定结论。

关键词：网架结构，图纸缺失，安全鉴定

The Safety Identification of the Grid Structure Gymnasium with Miss Drawing Data

Zhang Hua　Wu Jiaxin

Zhuhai Construction Engineering Quality Supervision and Inspection station，Zhuhai Guangdong，519000

Abstract：The construction structure safety identification without drawing date is more complicated than the project with complete drawings. A gymnasium is reinforced concrete frame and grid structure，In view of the project characteristics that lack part of the network frame drawings，the safety appraisal procedures and requirements are introduced. Lists the foundation frame structure，the steel structure part of the detection scheme，overall layout，especially on the rack rack component layout，component section size，rack material properties，welding connection，fire protection and anti-corrosion coating，bearing connection，such as appearance quality inspection content. According to the test data and some drawings，the model calculation and analysis of the gymnasium are carried out，and the conclusion is drawn that the bearing capacity of both the concrete structure part and the network frame part meet the requirements of safe use.

Keywords：grid structure，miss drawing，safety identification

0　前言

在既有建筑安全鉴定过程中，原设计施工图纸是一项重要资料，往往决定了检测项目数量和深度。而由于档案遗失或没有经过正规设计程序等原因会遇到图纸资料不全的鉴定项目，对检测鉴定过程提出更为严格的要求。本文结合实际工程项目，对缺少图纸资料的网架结构的检测评估进行经验分享和技术探讨。

1　工程概况

本工程为某职工体育馆，2003年设计，2011年建成，1～7轴为1层，主体结构为钢筋混凝土框架结构，屋盖为网架结构；7～8轴为2层钢筋混凝土框架结构，楼板、屋面板均为混凝土现浇楼

作者简介：张华（1986—），男，工程师，硕士研究生。

板，设计采用桩基础，设计抗震设防类别为丙类，抗震设防烈度 7 度，总建筑面积 2338m²，建筑高度 14.0m。该体育馆内置图见图 1。该体育馆应受台风"天鸽"影响，部分屋面板受损，委托方委托对该体育馆进行安全鉴定。

图 1　体育馆内景图

2　检测鉴定程序

对缺少图纸资料的鉴定项目，与常规鉴定程序基本一致，主要包括：委托；初步调查；确定鉴定目的、范围和内容；确定检测方案；根据检测方案进行现场检测；根据检测数据进行综合分析、计算并做安全评级；出具鉴定报告[1]。但因缺少图纸，网架结构构件截面尺寸、材质、平面布置等均不明，故现场检测数量和深度应能满足结构建模计算和安全性鉴定的要求[2]。

3　检测鉴定方案

3.1　工作前期准备

了解房屋的建造、使用历史、使用环境及维护情况等；查阅现有房屋原结构设计图纸及工程地质勘察报告等；勘察现场检测作业条件。

3.2　结构现场检测

3.2.1　地基基础检测

通过检测上部结构有无因地基基础不均匀沉降引起的裂缝或变形，间接判断地基基础工作情况。若上部结构存在损伤可对基础进行破损检测。

3.3.2　框架结构部分检测

因框架结构部分有结构施工图，参照《建筑结构检测技术标准》（GB/T 50344—2004）进行抽样检测。检测内容主要包括结构平面布置复核、构件截面尺寸和钢筋配置、混凝土强度、保护层厚度、混凝土碳化深度、结构构件外观缺陷和围护结构使用情况等常规检测。

3.3.3　钢结构部分检测

因网架屋盖部分缺失图纸资料，在《建筑结构检测技术标准》（GB/T 50344—2004）的基础上增加检测深度，要求能满足结构建模所需数据和参数要求。主要检测内容如下：

（1）钢结构网架整体平面布置测量

采用电子全站仪、激光测距仪等对网架结构整体平面布置、轴网尺寸进行全数测量。

（2）钢结构网架构件布置情况检测

通过目测对网架上、下弦杆、腹杆、螺栓球分布、端部支座方式等进行全数检测。

（3）钢结构网架构件尺寸检测

采用直尺、游标卡尺、激光测距仪等对网架上、下弦杆、腹杆、螺栓球尺寸进行检测。

（4）网架材质性能检验

采用洛氏硬度测试仪分别对网架上、下弦杆、腹杆等杆件钢材材质进行测试，并将硬度换算为钢材强度值。

（5）焊缝连接情况检测

采用无损探伤方式抽检网架上、下弦杆、腹杆杆件连接焊缝质量，同时采用目测方式全数检查焊缝外观质量。

（6）防腐、防火涂层材料及厚度检测

采用涂层厚度测试仪抽检构件涂层厚度。

（7）钢结构网架构件外观质量及耐久性能检测

通过目测和全站仪对网架杆件截面在平面内、外变形，局部凹凸范围、最大凹凸量以及锈蚀情况，特别是阴暗潮湿部位应重点检查，检查杆件连接部位有无脱焊、断裂、松动等损伤现象。

（8）支座连接情况检查

通过目测网架与主体框架结构连接方式、连接部位做法、连接损伤情况。

4　检测结果

4.1　主体结构构件未见承载力不足或变形引起的开裂、位移或其他损伤，亦未见地基基础不均匀沉降引起的裂缝，上部结构目前出现的最大倾斜率（包括施工误差和外装修的影响）小于4‰，符合《建筑地基基础设计规范》（GB 50007—2011）第5.3.4条的规定。

4.2　框架柱、框架梁混凝土强度满足设计强度等级；抽检的框架梁、框架柱截面尺寸和钢筋配置满足设计要求，楼板厚度及钢筋配置满足设计要求；抽检的混凝土构件碳化深度小于钢筋保护层厚度，凿开部分混凝土构件内部钢筋未发现锈蚀现象。

4.3　经检测，该建筑网架整体尺寸为44.9m×34.8m，网架高度为2m，结构形式为四角椎，网格最大跨度为3.7m，杆件之间均采用螺栓球连接。网架支座设在上弦杆处，支座跨度为7.5m，网架覆盖材料为夹芯钢板。网架上弦杆共有6种截面类型，分别为：$\phi76\times3.0$、$\phi60\times3.0$、$\phi114\times4.0$、$\phi140\times4.0$、$\phi160\times4.0$、$\phi220\times6.0$；下弦杆共有5种截面类型，分别为：$\phi76\times3.0$、$\phi60\times3.0$、$\phi114\times4.0$、$\phi140\times4.0$、$\phi160\times4.0$；斜腹杆共有2种截面类型，分别为：$\phi76\times3.0$、$\phi61\times3.0$；节点球直径均为$\phi100$。

4.4　抽检的钢构件的防腐涂层厚度满足规范要求；随机对网架结构10个杆件对接焊缝进行磁粉检测，检测结果均为合格；钢材型号推定为Q235。

4　结构复核与鉴定结论

本工程的主体结构采用PKPM、SAP2000设计计算软件进行分析。建筑物按七度抗震设防，安全等级为二级，抗震等级为三级，设计地震分组为第二组。计算模型根据委托方提供的资料和现场的检测结果建立，网架计算模型见图2。构件截面尺寸按实测值取用，钢材为Q235，钢筋为HPB235及HRB400。混凝土框架梁、柱、板混凝土强度等级均取C25。

结构分析时荷载根据委托方提供的资料和《建筑结构荷载规范》（GB 50009—2012）确定。主要的荷载标准值取值如下：

恒载：网架上弦杆：0.50kN/m²；网架下弦杆（悬挂荷载）：0.1kN/m²；

活载：网架上弦杆：0.50kN/m²；混凝土楼面荷载：5.0kN/m²；

屋面活载：不上人屋面：0.50kN/m²；

风荷载：0.85 kN/m²，地面粗糙度C类。

（1）混凝土主体部分计算结果

建筑物设计使用年限50年，抗震设防类别为丙类，根据现场检测结果以及图纸资料，进行验算，验算结果如下：

①结构变形验算

在鉴定荷载作用下楼层内的 X、Y 方向最大弹性层间位移角满足规范要求。

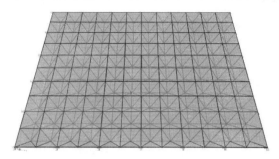

图 2　网架计算模型

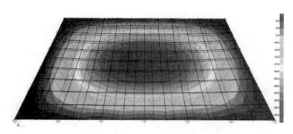

图 3　网架变形计算结果

②框架梁、柱及楼板承载力验算

框架柱轴压比满足规范要求（抗震等级丙级，柱轴压比限值为 0.85）；框架柱、梁板的承载力满足安全使用要求。

（2）网架部分计算结果

①结构变形验算

在鉴定荷载作用下，网架中心点挠度为 35mm，满足《空间网格结构技术规程》JGJ 7—2010 的要求。

②结构承载力验算

上弦杆、下弦杆，腹杆承载力均满足安全使用要求。

（3）鉴定结论：该体育活动中心混凝土结构部分与网架部分承载力均满足安全使用要求，但应对受损的网架覆盖材料进行修复，并增强覆盖材料与檩条的连接强度。

5　结束语

目前针对缺少图纸的鉴定项目尚无规范明确具体的检测数量和检测方法，在工程实践中，除满足有关法律和规范强制性条文外，可充分运用鉴定人员工程经验，明确鉴定目的和检测重点，既要满足一定的检测深度，又要将检测代价控制在合理范围内，综合分析得出符合建筑实际情况的鉴定结论。

参考文献

［1］ GB 50293—2015. 民用建筑可靠性鉴定标准［S］.

［2］ 季长征. 对缺少图纸资料的的建筑结构进行检测鉴定加固的方法［J］, 建筑技术, 2015, （46）：371-372.

上海市某教堂修缮前勘察

姚晓璐

上海房屋质量检测站，上海，200031

摘　要：上海市某教堂建筑始建于清同治十年（1871 年），为上海市文物保护单位。因房屋建造年代较早，且房屋在使用过程中存在一定老化损坏现象，拟对该房屋进行全面修缮。该文章通过对主要勘察内容进行概括，阐述文物建筑勘察的重点事项，为类似文物勘察项目的开展提供参考借鉴。

关键词：教堂建筑，文物建筑勘察，抗震性能评估

Investigation of a Church Building in Shanghai Before Repair

Yao Xiaolu

Shanghai Housing Quality Inspection Station，Shanghai，200031

Abstract： A church building in Shanghai was founded in ten years of tongzhi（1871）. April 4，2014 this building was announced as the Shanghai cultural relics protection unit. Because of the house has fallen into disrepair，the owner intends to carry out comprehensive renovation of the house. In this paper，the main contents of the survey are summarized，and the key points of the cultural relic building investigation are expounded，providing reference for the development of similar cultural relics reconnaissance projects.

Keywords： Church building，Investigation of cultural relics，Seismic performance evaluation

1　工程概况

上海市某教堂建筑始建于清同治十年（1871 年），为一幢整体二层局部四层的混合结构房屋，为上海市文物保护单位，属于近现代重要史迹及代表性建筑。

教堂始于 1936 年 10 月，进行拆除老堂、重建新教堂工程，新堂于 1937 年落成。1999 年进行修缮，主要完成房屋内墙面粉刷、门窗修整等修缮工作。2000 年 11 月，正式复堂。2014 年 4 月 4 日被列为上海市文物保护单位。

因房屋建造年代较早，且房屋在使用过程中存在一定老化损坏现象，拟对该房屋进行全面修缮。为切实保护好文物建筑，对该文物保护建筑进行全面勘察，以明确房屋的建筑、结构现状，为房屋修缮提供技术依据。

2　重点保护部位查勘

根据《文物保护法》第 21 条和《文物保护工程管理办法》第 3 条的规定及现场勘察结果，保护原则应为：不改变建筑外立面、结构体系、基本平面布局和有特色的内部装饰。

根据现场勘察结果，该房屋重点保护部位外立面主要为各建筑立面、文物建筑铭牌、拉毛处理墙面、花岗岩踏步、栏杆及扶手形式、原始门窗及饰线、檐口饰线、十字架及特色装饰等；室内主要为木地板形式、特色围栏、旋转木楼梯及木构件、特色吊钩、特色吊篮、塔楼钟架等。

3　建筑风格

领报堂是一幢典型的哥特式教堂，哥特式教堂是一种承上启下的建筑风格（图 1 ～图 6）。继承罗

马式教堂，又被接下来的文艺复兴风格教堂所继承。哥特式教堂形体向上，垂直线条直贯全身，这种以高、直、尖和具有向上动势为特征的造型风格是教会的弃绝尘寰的宗教思想的体现。

图 1　西立面

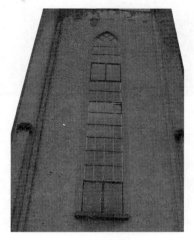

图 2　原始窗样式

图 3　特色装饰线

图 4　原始十字架装饰

图 5　特色拱券样式

图 6　特色柱及柱头花饰

　　领报堂不论是墙和塔都是越往上分划越细，装饰越多，也越玲珑。领报堂内部采用哥特式建筑典型的拱顶形式，叫做肋架券。肋架券直升的线条，奇突的空间推移，把人们的意念带向"天国"，成功地体现了宗教观念，人们的视觉和情绪随着向上升华的尖塔，有一种接近上帝和天堂的感觉。

　　领报堂将各种建筑基本元素和谐统一地融入在外立面、建筑结构和细节处理中，如尖券、尖形肋骨拱顶、坡度很大的两坡屋面、圆形的玫瑰窗、塔楼、束柱等，也是哥特式教堂的重要体现，如图 7、图 8 所示。

图 7　肋架券

图 8　圆形玫瑰窗

4　建筑结构测绘

4.1　建筑测绘

因房屋原建筑图纸资料缺失，现场采用 5m 钢卷尺和激光测距仪等对该房屋建筑图纸进行测绘。通过对平立面布置、主要平面尺寸及层高等进行测量，绘制了被勘察房屋的建筑测绘图纸。

领报堂为一幢整体二层局部四层的混合结构房屋，房屋建筑平面近似呈矩形（图 9～图 11）。根据测绘结果，房屋东西向总长约 14.81m、南北向总宽 39.40m，房屋总高 10.33m（至主屋面檐口），局部凸出塔楼高 21.30m，层高分别为 4.85m、4.85m、5.00m、6.60m。房屋轴网尺寸主要为 4.28m、4.20m、3.75m 等。

房屋大厅顶部采用肋架券的建筑形式，形成了在正方形平面四角的四个柱子上做双圆心尖券，四条边和两条角线上各做一道尖拱的建筑效果。尖券和尖拱均采用木构件弯曲起拱，外铺泥幔板条及外部粉刷装饰。

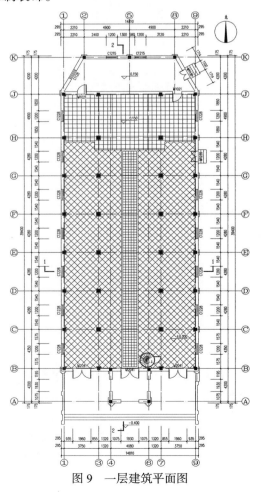

图 9　一层建筑平面图

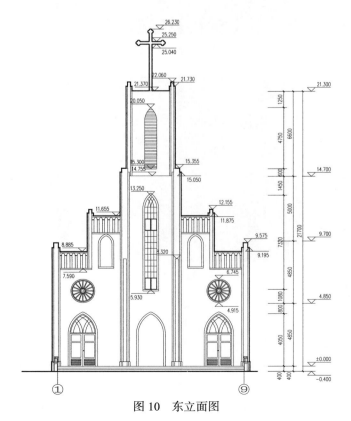

图 10　东立面图

房屋立面结构形式较不规则，北侧区域为二层、南侧区域为四层，建筑南立面为主立面，主立面设置三个入口，其中中间的大门为主要通道。房屋北侧区域设置木质旋转楼梯，南侧区域设置三跑木楼梯。东立面如图 10 所示。房屋主要作为礼拜堂使用。

4.2　结构测绘

因房屋原结构图纸资料缺失，根据现场可检测条件，对被勘察房屋结构形式、结构平面布置、轴线尺寸及主要承重构件尺寸等分别进行测量，并绘制了被勘察房屋的结构测绘图纸。

根据现场勘察测绘结果，领报堂为一幢整体二层局部四层的混合结构房屋，竖向主要由混凝土梁、混凝土柱、砖墙承重。房屋外侧墙下基础采用砖放脚基础，基础砖放脚 2 个台阶、其下设置 450mm 厚三合土垫层。

混凝土梁截面尺寸主要为 250mm×600mm、300mm×300mm 等，受力钢筋主要为 3 Φ 25、3 Φ 16，箍筋主要为 Φ 8@300、Φ 6@350；混凝土柱截面尺寸主要为 300mm×300mm，受力钢筋主要为 4 Φ 25、箍筋主要为 Φ 8@150。

承重砖墙采用黏土青砖、石灰砂浆砌筑，墙厚主要为 350mm。楼面主要采用现浇混凝土楼面，板厚主要为 100mm，楼板配筋主要为 Φ 6@150 双向；局部楼面采用方木搁栅楼面，木搁栅截面尺寸主要 55mm×250mm@410mm 等。

房屋坡屋面均采用木屋架承重，主木屋架高 2350mm，下弦截面尺寸 150mm×245mm，上弦截面尺寸 95mm×195mm，中部竖杆为 95mm×195mm，腹杆为 95mm×140mm，木屋架布置如图 12 所示。

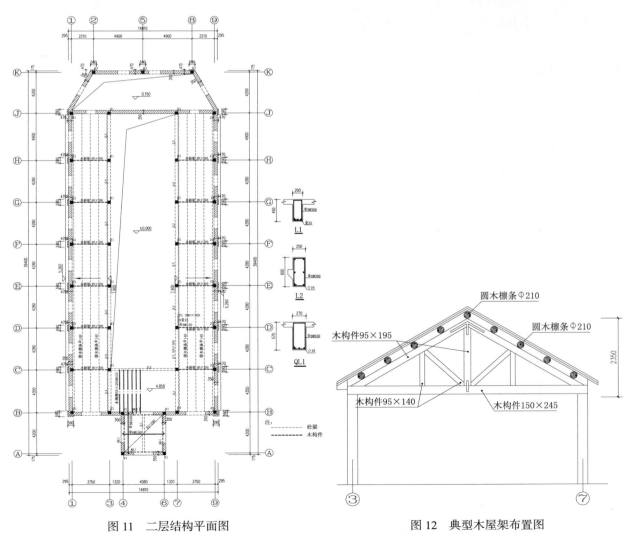

图 11　二层结构平面图　　　　　　　　　　　　图 12　典型木屋架布置图

5 现场勘察

5.1 建筑结构完损现状勘察

为明确房屋完损状况，对领报堂重点保护部位、一般部位等进行现场完损勘察。经完损现状勘察，被勘察房屋重点保护部位外立面主要存在勒脚受潮、局部脱落，立柱下角面层碎裂，窗周及门侧墙体开裂，木门、木窗腐朽，钢窗锈蚀，过梁铁胀，门及檐板粉刷脱落，木檐板破损（图13），落水管破损，屋面瓦片松动；室内主要存在窗周墙体开裂，木窗框变形与墙连接处开裂，立柱上方墙面饰线粉刷开裂，墙面及平顶渗水生霉（图14），木楼梯、木门腐朽，钟架锈蚀，屋面渗水受潮，木支撑、檩条有渗水痕迹等损坏；一般部位主要存在门侧墙体竖向开裂，窗周墙体开裂，吊顶及墙面受潮粉刷起皮脱落，防雷设施局部锈蚀等损坏现象。

图 13 木檐板破损

图 14 墙面及平顶渗水生霉

5.2 建筑变形勘察

为了解房屋变形情况，对该房屋有测量条件的外墙棱线垂直度及立面外墙的相对高差进行测量，并对测量结果进行对比分析。

根据外墙棱线倾斜测量结果（图15），被勘察房屋整体呈向东、向南方向倾斜，其中向东方向的最大倾斜率为4.4‰，向南方向的最大倾斜率为8.7‰，各测点的倾斜率均小于《优秀历史建筑保护修缮技术规程》（DGTJ 08—108—2014）规定的限值10‰；根据立面外墙相对高差测量结果（图16），领报堂外墙主要呈北高南低、西高东低，房屋整体差异沉降率东西向约为2.4‰，南北向约为2.0‰，房屋整体倾斜率较小，因此外墙相对高差无异常。

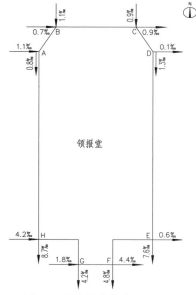
图 15 外墙棱线倾斜测量结果

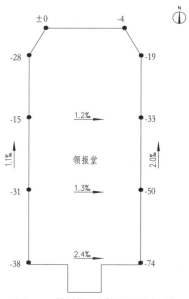
图 16 外墙相对高差测量结果

对测量结果综合分析，房屋倾斜测量结果与外墙相对高差测量结果具有一致性规律，且房屋大部分测点倾斜率较小、差异沉降较小，因此领报堂变形测量结果无异常。

5.3　材料强度检测

为了解被勘察房屋承重构件材料强度，采用回弹法、贯入法对砌筑砖及砌筑砂浆强度进行抽样检测。经检测，领报堂砌筑砖抗压强度推定等级均为 MU10；领报堂砌筑砂浆抗压强度推定值均为 M2.5。

经现场勘察，领报堂承重木构件主要采用松木，其材料强度可按 TC13B 取用并考虑 0.8 的折减系数，实际材料强度取值为：抗弯 10.4MPa、顺纹抗压 8.0MPa、顺纹抗拉 6.4MPa、顺纹抗剪 1.12MPa。

经检测，领报堂房屋部分混凝土构件的梁底受力钢筋强度相当于现行规范的一级钢筋；房屋混凝土强度等级建议评定为现行规范的 C15。

6　房屋结构安全性评估

本次勘察的领报堂为一幢整体二层局部四层的混合结构房屋，竣工于上世纪三十年代。经现场勘察，领报堂砌体构件连接和砌筑方法基本正确，工作无异常；砌筑砖与砌筑砂浆粘结基本完好，所处环境正常。

根据现场勘察结果以及上部结构承载力验算结果，在正常使用荷载作用下，领报堂房屋墙体抗压承载力均满足要求；墙体高厚比均满足要求；混凝土梁、柱承载力均满足要求；地基承载力基本满足要求；主要承重的木搁栅、木屋架承载力满足要求。

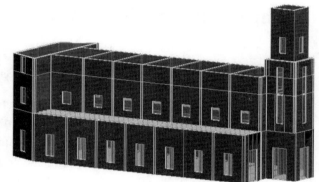

综合以上检测和验算结果（图 17），在正常使用荷载作用下房屋墙体抗压承载力均满足要求，且勘察过程中未发现房屋存在明显影响房屋正常使用的结构损坏。综上所述，领报堂可以作为礼拜堂正常安全使用。

图 17　房屋整体验算模型

7　房屋抗震性能评估

根据《现有建筑抗震鉴定与加固规程》（DGJ 08—81—2015），房屋外观和内在质量均满足要求。抗震措施鉴定结果表明，房屋结构体系中房屋墙体最大间距为 14.22m、质量和刚度沿高度分布较不规则、整体性连接构造中领报堂主体区域未设置圈梁、易引起局部倒塌的部件及连接中塔楼顶十字架装饰物无相应的锚固，不符合相关要求，其余如房屋高度、层数、材料强度等各项措施均符合或基本符合要求。应结合本次修缮适当提高房屋抗震能力。

8　主要勘察结论

综上所述，在正常使用荷载下被勘察领报堂承载力基本满足要求；外立面和内部装饰装修存在一定损坏，应对该房屋进行修缮，并采取措施适当提高房屋的抗震能力，同时宜重视避雷、消防、安防、防震、绿化与环境整治等问题。修缮设计和施工应遵守《中华人民共和国文物保护法》等有关法律法规，以不改变文物原状为原则，确保文物建筑安全、正常使用。

9　结语

文物保护建筑是历代遗留下来的在建筑发展史上有一定价值并值得保护的建筑。为了使文物建筑更好的发挥其应有的历史价值、文化价值、科学价值，对其进行定期的维护保养、修缮加固至关重要。在修缮前对文物建筑进行细致的勘察，能够明确文物的建筑、结构现状，为房屋修缮提供技术依据。该文章以上海市某教堂文物修缮前勘察为例，对文物勘察工作的主要内容进行概述，可以为今后类似文物勘察项目提供参考借鉴。

某大楼屋顶桅杆坠落事故原因分析

陈小杰　　张方超

上海房屋质量检测站，上海，200031

摘　要： 由于建筑需要，超高层建筑往往会设置屋顶桅杆，增加立面效果。某超高层建筑屋顶桅杆在使用过程中突然断裂坠落。为了明确桅杆断裂的原因，对桅杆钢材进行了全面的分析，包括断口分析、钢材力学性能、钢材化学成分、钢材金相等，通过上述分析，确定桅杆断裂的成因。该事故原因分析对于超高层建筑屋顶桅杆的检测、设计均有重要的参考意义。

关键词： 超高层建筑，屋顶桅杆，钢结构，金相分析，疲劳断裂

The Falling Accident Analysis of a High-rise Building Mast

Chen Xiaojie　　Zhang Fangchao

Shanghai Housing Quality Inspection Station，Shanghai，200031

Abstract： Architectures often set up a mast on the roof of super high-rise building to increase the facade effect. A high-rise building mast was suddenly broken and falling down. In order to find the break reason of the mast，the steel of the mast was analyzed，including the fracture analysis，the mechanical properties test，the chemical composition and metallographic analysis. The causes of the mast fracture were determined by the above analysis. The analysis of the accident has important reference for the inspection and design of the mast of the super high-rise building.

Keywords： Super high-rise building，Mast，Steel structure，Metallographic analysis，Fatigue fracture.

1　引言

自从 1885 年世界上第一座摩天大楼（威廉·勒巴隆·詹尼设计的芝加哥家庭保险大楼）诞生以来，2017 年世界范围内建成的 200m 以上的高层建筑共 144 座，超过 2016 年的 127 座，使得全球范围内 200m 以上的建筑总数达到了 1319 座，比 2016 年增长了 12.3%，比 2000 年时增长了 402%。中国在 2017 年建成的高层建筑占世界总数的 53%。

为了增加立面效果和建筑美感，很多超高层建筑屋顶设有桅杆，有的桅杆仅作装饰使用，有的桅杆兼作天线、避雷等其他用途。桅杆在给建筑带来美感的同时，也存在一定的安全隐患。这些桅杆基本都是由钢结构制成，由于所处的位置高，风荷载作用明显，同时由于这些部位不利于检修，钢材的老化、损坏程度在日常使用过程中难以发现，特别是设置在外立面上的桅杆，一旦发生断裂，就会从高空坠落，存在极大的安全隐患。

通过对某超高层建筑屋顶桅杆坠落事故的检测调查，分析了桅杆坠落的原因，对于今后的桅杆设计以及既有高层建筑桅杆的检测分析，都有重要的参考意义。

2　工程概况

根据原设计图纸，该柱状桅杆装饰物骨架是由上段、中段、下段三段不同规格的钢管焊接而成，

作者简介：陈小杰，男，1980 年，高级工程师，硕士研究生。

外包 3mm 厚铝板安装于槽钢上。其中，桅杆下段为 402mm×10mm（外径 × 壁厚）的钢管，钢管底部与 250mm×250mm×12mm 的钢板焊接，该下段钢管总长 6.521m，余留 3.95m，掉落 2.571m；桅杆中段为 351mm×10mm 的钢管，该段钢管的下端与下段 402mm×10mm 的钢管采用厚 12mm 的横隔钢板焊接连接，该中段钢管总长度 5.925m，掉落 5.925m；桅杆上段为 273mm×8mm 的钢管，该段钢管的下端与中段 351mm×10mm 的钢管采用厚 12mm 的横隔钢板焊接连接，该上段钢管总长度 4.397m，掉落 4.397m；桅杆顶端为 0.28m 高的柱帽，焊接在上段钢管顶端。桅杆立面位置见图 1。

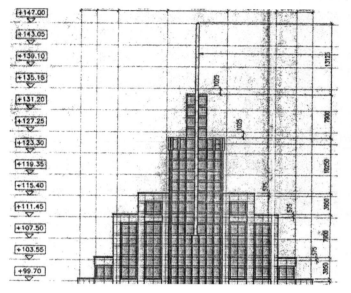

图 1 桅杆立面位置

3 现场调查

13.02m 长的屋面桅杆从大厦塔楼屋顶标高 +134.12m 处坠落。桅杆在标高 +134.12m 的节点内侧首先断裂，继而该断面撕裂，导致钢管桅杆头朝下空中翻转 180° 掉落地面，坠落钢管断口处由于坠落时受力冲击造成端部卷曲，断口处节点已破坏。留在建筑物上的钢管断口，约有三分之一周长的钢材有撕裂痕迹位于截面外侧，另外三分之二周长的钢管断裂处为平齐断面，未发现钢材撕裂痕迹，也未发现有焊接和其他连接痕迹，钢架及该部分钢管断面存在锈蚀。

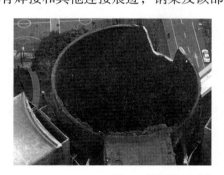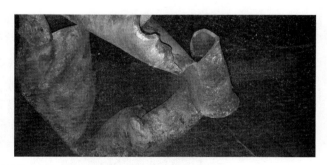

图 2 桅杆断口（左：留在建筑物一端，右：坠落地面一端）

现场采用游标卡尺、卷尺对坠落的桅杆壁厚、长度等进行测量，桅杆尺寸与设计基本相符。由于坠落段断口受冲击已经损坏，无法进行分析，现场截取留在建筑物上的断口进行分析。

4 理化检验

4.1 断口宏观分析

取样长约 0.9m，直径约为 0.4m，试样见图 3。分别对断口附近厚度及轴向分布高度（参照点为固定圈钢板）进行测量，结果见表 1。取样桅杆周向焊有一宽约 155mm 的环状钢板，用于固定桅杆与平台结构。桅杆外表面涂层较完整，局部呈斑点状锈蚀痕迹，断口附近尤为明显。断口附近及下方可见人为切割痕迹，应为拆卸桅杆所致。

图 3　所取桅杆宏观形貌

表 1　断口附近尺寸测量结果

位置	12 点	3 点	6 点	9 点
壁厚（mm）	6.5	8.3	9.0	8.6
断口距固定圈高差（mm）	75	100	108	65

将桅杆断面按时针位置划分（图 4），根据断口形貌，将断口分为以下三区，各区宏观形貌如下：

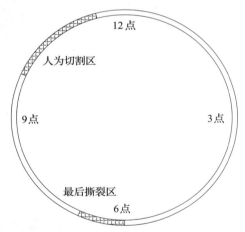
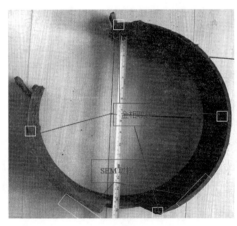

图 4　桅杆断面宏观形貌

（1）裂源区（10 点 -2 点区间）。该区域正位于桅杆与平台结构固定段，通过焊接方式固定。观察该区域可见，约 10 点至 12 点区域断口被人为切割，10 点及 12 点附近断口形貌见图 5，从图中可见，断口已经严重锈蚀，断口形貌已无法分辨，断口及下方内壁已锈蚀剥落，断口附近壁厚已严重减薄，内壁部分区域已锈蚀分层，呈松散片层状，壁厚约 6.5mm。

图 5　桅杆断面宏观形貌

（2）扩展区（2 点 -5 点，7 点 -10 点）。该区域约占断口截面积 60%，断口较平齐，远离裂源区断口腐蚀程度逐渐减轻，断口隐约可见疲劳贝纹线，呈疲劳扩展特征。

（3）最后撕裂区（5 点 -7 点）。该区域约占断口截面积 10%，沿轴向呈 U 形分布，断口周边可见明显的塑性变形痕迹，应为断裂时瞬时撕裂所致。

综上分析，该桅杆起裂于杆身与平台结构固定区，扩展区断口较平整，呈疲劳扩展形貌，断口裂源区附近可见严重腐蚀痕迹，裂源区壁厚减薄至 6.5mm。

4.2　化学成分分析

从断口下方取样进行化学成分分析，检测结果见表 2。根据化学成分检测结果：桅杆钢管材料的化学成分符合现行国家标准《优质碳素结构钢》（GB/T 699—1999）标准中 20# 钢的要求。

表 2　化学成分分析结果（%）

检验项目	C	S	P	Si	Mn	Cr	Ni	Cu
检测值	0.22	0.023	0.017	0.26	0.56	0.056	0.034	0.095
GB/T 699—1999 标准（20#）	0.17 ~ 0.23	≤ 0.035	≤ 0.035	0.17 ~ 0.37	0.35 ~ 0.65	≤ 0.25	≤ 0.30	≤ 0.25

4.3　力学试验

分别在桅杆断口下方取拉伸试样、冲击试样（因壁厚原因，冲击试样的尺寸为 7.5 mm × 10 mm × 55mm）进行力学性能试验，结果见表 3。

表 3　桅杆钢材测试结果

检验项目	$R_{P0.2}$（MPa）	R_m（MPa）	A（%）	K_v 冲击功（J）
样品 1	375	489	25.0	78.0
样品 2	344	466	26.5	81.0
样品 3	352	483	26.0	77.0
GB/T 8162—2008 标准（20#）	≥ 245	≥ 410	≥ 20%	/

根据力学性能检测结果：桅杆的拉伸性能符合现行国家标准《结构用无缝钢管》（GB/T 8162—2008）标准中 20# 钢的要求，该标准中对冲击功未提要求。

4.4　微观断口分析

由于桅杆钢管断口锈蚀十分严重，故取扩展区锈蚀较轻微区域分析，将断口清洗后，置于扫描电子显微镜下观察，图 6 为所取断口宏观形貌，从图中可见，断口疲劳贝纹线特征明显；图 7 为断口放大后形貌，从图中可见，断口疲劳辉纹特征明显。从上述断口形貌特征可以判断，该桅杆断裂机制为疲劳断裂。

图 6　断口疲劳贝纹线特征

4.5　金相检验

分别在桅杆断口周向取 12 点、3 点、6 点、9 点方向纵向剖面试样，按国家现行标准《金属显微组织检验方法》（GB/T 13298—2015）规定的标准进行制样，随后在光学显微镜下观察，断口金相宏观形貌见图 8，具体分析结果为：

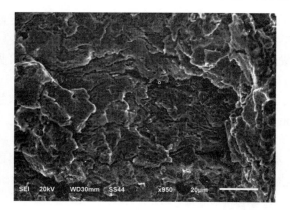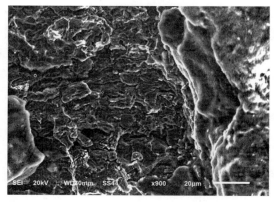

图 7　断口疲劳辉纹特征

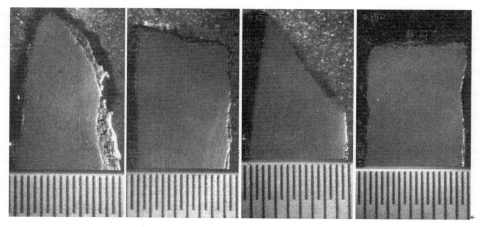

图 8　断口金相宏观形貌（12 点、3 点、6 点、9 点）

（1）12 点。断口呈尖状分布，断口内外壁均有腐蚀，内壁尤为严重，在断口下方测量其径向壁厚，约为 5.6mm，已严重减薄约 40%。断口下方非金属夹杂物级别评为 A0 B0 C2.0 D1.0，显微组织为铁素体＋珠光体，显微组织呈条带状分布，断口未见焊接组织特征，见图 9、图 10。

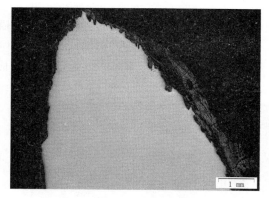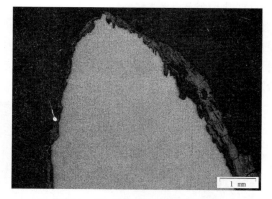

图 9　12 点断口抛光态形貌　　　　　　　图 10　12 点断口显微组织形貌

（2）3 点。断口较平齐，断口表面及内壁均有腐蚀。断口下方非金属夹杂物级别评为 A0 B0 C3.0 D1.5，显微组织为铁素体＋珠光体，显微组织呈条带状分布，断口未见焊接组织特征。

（3）6 点。断口与轴线呈约 45° 夹角，断口塑性变形较为明显，断口表面及内外壁有轻微腐蚀。断口下方非金属夹杂物级别评为 A0 B0 C2.5 D1.0，显微组织为铁素体＋珠光体，显微组织呈条带状分布，断口未见焊接组织特征。

（4）9 点。断口较平齐，断口表面及内外壁均有腐蚀。断口下方非金属夹杂物级别评为 A0 B0

C3.0 D1.0，显微组织为铁素体＋珠光体，显微组织呈条带状分布，断口未见焊接组织特征。

根据上述分析可知，断口下方显微组织为铁素体＋珠光体，显微组织呈条带状分布。裂源区断口及内外壁腐蚀严重，扩展区亦有轻微腐蚀，最后撕裂区可见明显塑性变形痕迹，断口未见焊接组织特征。

4.6　宏观酸蚀检验

从断口下方 20mm 处取样进行宏观酸蚀试验，根据国家现行标准《钢的低倍组织及缺陷酸蚀检验法》(GB/T 226—2015) 的要求进行检验，检验结果表明：桅杆钢管周向未见焊缝特征。

4.7　显微硬度分析

分别在桅杆 3 点、6 点、9 点、12 点方向断口附近及断口下方（约 3mm 处）进行显微硬度测试（HV1.0），测试结果见表 4。

表 4　显微硬度测试结果（HV1.0）

测试位置	断口附近	断口下方
3 点	158、159、161	156、154、157
6 点	211、226、210	191、174、183
9 点	167、158、157	146、156、150
12 点	156、161、157	166、160、157

结果表明，3 点、9 点、12 点断口附近及断口下方的显微硬度较稳定，约为 145～160HV1.0，未见明显异常。6 点为最后撕裂区，断口附近存在明显塑性变形，故其显微硬度值存在明显的增大趋势。

5　坠落原因分析

根据现场检测情况以及桅杆理化检验结果，综合分析如下：

（1）宏观分析结果表明：该桅杆起裂于杆身与平台结构焊接固定区，呈疲劳扩展形貌，断口裂源区附近可见严重腐蚀痕迹，裂源区壁厚减薄至 6.5mm。

（2）化学成分和力学性能检测结果表明：杆的化学成分符合 GB/T 699—1999 标准中 20# 钢的要求，桅杆的拉伸性能符合 GB/T 8162—2008 标准中 20# 要求。

（3）断口微观分析结果表明：该桅杆断裂机制为疲劳断裂。断口宏观可见明显的疲劳贝纹线，放大后可见清晰疲劳辉纹特征。

（4）断口金相分析表明：断口下方显微组织为铁素体＋珠光体，显微组织呈条带状分布。裂源区断口及内外壁腐蚀严重，扩展区亦有轻微腐蚀，最后撕裂区可见明显塑性变形痕迹，断口未见焊接组织特征。

（5）宏观酸蚀试验结果表明：桅杆钢管周向未见焊缝特征。

（6）显微硬度测试（HV0.3）结果表明：3 点、9 点、12 点断口附近及断口下方的显微硬度较稳定，约为 145～160HV1.0，未见明显异常。6 点为最后撕裂区，断口附近存在明显塑性变形，故其显微硬度值存在明显的增大趋势。

综合以上分析，所检测桅杆断裂模式为疲劳断裂，疲劳源区位于桅杆与平台结构固定区域，该区域存在严重腐蚀现象，管壁减薄约 40%。结合现场工况，该部位为转角平台，易形成积水，从而加速管壁腐蚀现象，形成裂纹源。同时，桅杆处于 130m 高空中，随着风向、风力大小的影响，桅杆固定部位易于产生交变应力作用，长期在此环境中，桅杆损伤以钢管截面疲劳裂纹形式扩展，当钢管剩余截面不足以承载该桅杆承受的风荷载时，即产生瞬时断裂。

6　结语

（1）该大楼桅杆断裂模式为疲劳断裂。裂纹起源于固定平台区域一侧，该部位为转角平台，易形成积水，从而加速管壁腐蚀现象，形成裂纹源。在风荷载交变应力作用下，以疲劳裂纹形式扩展直至断裂。

（2）对于类似的已建成的钢结构桅杆，建议进行定期检修，及时排除隐患。

（3）在设计和建造超高层建筑屋顶桅杆时，建议在关键部位布设监测点，对桅杆状况进行监测，既能掌握桅杆的动态变化，及时发现问题，又能为今后的设计提供更好的依据。

参考文献

［1］　上海房屋质量检测站. 沪房鉴（001）证字第 2018-073 号. 房屋质量检测报告［R］. 2018，5.

《回弹法检测水泥基灌浆材料抗压强度技术规程》编制介绍

董军锋　　王耀南　　雷　波

陕西省建筑科学研究院，陕西西安，710082

摘　要：针对国内水泥基灌浆材料实体构件强度检测的空白，论文提出了采用回弹法进行抗压强度原位检测的方法。论文介绍了规程编制的背景、规程框架、研究内容、试块制作要求、试验方法、强度曲线制定要求等内容，提出试验研究中的重点和难点。并通过初步试验成果，证明了研究方向的可行性，不仅细化了试块制作、仪器选型、强度分级方法、试验步骤，而且完善了数据处理、强度曲线拟合、误差统计等方法，为后期规程编制工作打下了良好的基础。

关键词：水泥基灌浆材料，回弹法，标准试件，强度曲线

Introduction to the Technical Specification for Inspecting the Compressive Strength of Cementitious Grout by Rebound Method

Dong Junfeng　　Wang Yaonan　　Lei Bo

Shaanxi Academy of Building Research，Xi'an 710082

Abstract：In view of the blank of strength testing of cementitious grout components in China，a method of resilient method for in-situ testing of compressive strength is proposed. The paper introduces the background，the framework of the regulation，the content of the research，the requirement of the test block making，the test method，the requirement of the strength curve and so on，and puts forward the key and difficult points in the experiment research. Through the preliminary test results，the feasibility of the research direction is proved. The test not only refined the test block making，the instrument selection，the strength classification method and the test step，but also improved the data processing，the strength curve fitting，the error statistics and so on，which laid a good foundation for the post procedure compilation work.

Keywords：cementitious grout，rebound method，standard specimens，strength curve

0　前言

水泥基灌浆材料具有大流动度、早强、高强、微膨胀的性能。在混凝土结构（加大截面、混凝土置换、应急抢险等）、砌体结构改造加固领域得到广泛应用并得以迅速发展。GB/T 50448—2015 规定[1]，对第Ⅳ类水泥基灌浆材料仅采用 100mm 的立方体试块抗压强度，作为强度评定。除此试块方法之外，若试块有问题或现场强度有怀疑时，目前没有合适的现场原位检测水泥基灌浆材料浇筑实体抗压强度的无损检测方法。如能采用回弹法检测该实体强度，不妨是一种高效、快捷、测点代表性广、费用低、非破损的方法。

根据中国工程建设标准化协会"《2017 年第二批工程建设协会标准制订、修订计划》的通知"（建

作者简介：董军锋（1975—），男，陕西。硕士，高级工程师，从事结构检测与施工研究。E-mail：850546074@qq.com。

标协字［2017］031号，2017年10月17日）精神，由陕西省建筑科学研究院为主编单位承担的中国工程建设协会标准《回弹法检测水泥基灌浆材料抗压强度技术规程》获得正式批复，编制工作即将启动。该规程是针对第Ⅳ类水泥基灌浆材料（国家标准《水泥基灌浆材料应用技术规范》（GB/T 50448—2015）规定：最大骨料粒径 >4.75mm 且 ≤ 25mm）的实体构件，采用回弹法检测其抗压强度。

1　编制规范的可行性分析

1.1　有可参考规范

采用回弹法测试混凝土强度的工程相关规范有国家现行标准《回弹法检测混凝土抗压强度技术规程》（JGJ/T 23—2011）[2]（适用强度小于 C60）、《高强混凝土强度检测技术规程》（JGJ/T 294—2013）[3]（适用强度 C50 ～ C100）、浙江省地方标准《回弹法检测泵送混凝土抗压强度技术规程》（DB 33—T1049—2016）（适用强度小于 C80）、其他省地方标准，等等。

1.2　常用仪器可行

回弹法检测普通混凝土及高强混凝土抗压强度的方法已经很成熟，包括强度小于 C60 以及 C50 ～ C100 的。另外，标称动能 2.207J 回弹仪非常成熟，浙江省地方标准证明可以测到 C80 混凝土，成本低廉，操作方便，仪器标定方便。第Ⅳ类水泥基灌浆材料的强度 28d 可达大于 C60，所以回弹法检测第Ⅳ类水泥基灌浆材料的抗压强度完全可行。

1.3　材料稳定

GB/T 50448—2015 对其骨料粒径、流动度、竖向膨胀率、强度、泌水率等指标做了明确的规定，因此材料均匀性好，质量相对稳定。

2　规程框架

规程框架包括：1. 总则；2. 术语和符号；3. 灌浆料；4. 回弹仪；5. 检测技术；6. 回弹值计算；7. 测强曲线；8. 灌浆料强度的计算；9. 附录等。

适应于检测混凝土结构及砌体结构加固改造工程中，使用第Ⅳ类水泥基灌浆材料实体构件的抗压强度。

3　研究内容

（1）确定适用灌浆料的材料配比要求、强度范围（初定 C30 ～ C70 或 C80）；

（2）确定适用回弹仪的仪器要求（确定回弹仪型号）；

（3）灌浆料试块制作（制作方法、试块尺寸）及养护（养护方式）；

（4）回弹法检测灌浆料试块技术（试块回弹试验、试块抗压试验）；

（5）回弹统一测强曲线的制定（综合全国各地有代表性品牌灌浆料试验结果，选择适用拟合函数，进行曲线回归，并对平均相对误差 δ、相对标准差 e_r 及相关系数进行判定）。

4　Ⅳ类水泥基灌浆料试块制作与试验

4.1　试块要求及试块尺寸选择

对于第Ⅳ类水泥基灌浆材料，抗压强度应采用尺寸 100mm × 100mm × 100mm 的立方体试件，且按现行国家标准《普通混凝土力学性能试验方法标准》（GB/T 50081）的规定进行试验[4]。边长 100mm 立方体试件与 150mm 立方体标准试件的强度关系，应按现行行业标准《高强混凝土应用技术规程》（JGJ/T 281）规定的抗压强度折算系数执行。

当此材料用于结构修补加固时，依据现行国家标准《混凝土结构设计规范》（GB 50010）及《混凝土结构工程施工质量验收规范》（GB 50204），应以 150mm 立方体作为抗压强度标准试件。

中国建筑科学研究院张磊等人（2015年）提出[5]，150mm 立方体与 100mm 立方体的抗压强度换算系数平均值 0.84，随抗压强度提高，换算系数规律性降低；建研科技股份的吴元等人（2014年）提出换算系数平均值 0.82[6]；明显与 GB/T 50448—2015 规定（该规范给定折算系数 0.90 ～ 0.95）的强度折算系数有显著区别！

因此，试验选用以 150mm 标准立方体作为抗压强度标准试件。

4.2　试块制作

（1）试块制作

抗压强度应采用尺寸 150mm 的立方体试件，且按现行国家标准《普通混凝土力学性能试验方法标准》（GB/T 50081）的规定进行试验。包括刷脱模剂、灌浆料拌和、入模振捣、表面覆盖薄膜、静置一天后拆模、编号等。第Ⅳ类水泥基灌浆材料强度要求：1d ≥ 20MPa；3d ≥ 40MPa；28d ≥ 60MPa。实际有些材料品牌远远高出，早期强度增长迅速也给回弹捕捉各个强度等级增加了难度！

（2）试块养护

在成型 24h 后，应将试块移至室内进行自然养护。

4.3　试块抗压

（1）数量：不同龄期每一强度等级应分别制作不少于 3 个 150mm 立方体试块。

（2）试块的测试应按下列步骤进行：

①擦净试块表面，以浇筑侧面的两个相对面置于压力机的上下承压板之间，加压（60 ～ 100）kN（低强度试件取低值）；

②在试块保持压力下，采用符合规定的标准状态的回弹仪和规定的操作方法，在试块的两个侧面上分别弹击 8 个点；

③从每一试块的 16 个回弹值中分别剔除 3 个最大值和 3 个最小值，以余下的 10 个回弹值的平均值（计算精确至 0.1）作为该试块的平均回弹值 R_m；

④将试块加荷直至破坏，计算试块的抗压强度值 $f cu$（MPa），精确至 0.1MPa；

⑤破坏后的试块边缘测量该试块的平均碳化深度值（试验证明灌浆料碳化值短龄期内不明显，可不予考虑）。

5　回弹仪选用

符合 JGJ/T 23—2011 技术规程的 M225 型回弹仪，用于检测 10 ～ 60MPa 范围内的混凝土抗压强度，系统标称能量为 2.207J，示值系统为指针直读式的中型回弹仪。浙江省地标针对碎石泵送混凝土使用 M225 型回弹仪检测 C15 ～ C80 强度，这为我们本次规范的仪器选型提供了宝贵参考。

本规范适用回弹仪首选使用最为普及的 M225 型回弹仪。另外，备选标称能量为 5.5J 的 H550 型重型回弹仪进行对比试验。

6　测强曲线

6.1　统一测强曲线

由全国有代表性的第Ⅳ类水泥基灌浆材料、成型工艺制作的混凝土试件，通过试验所建立的测强曲线。

6.2　强度误差

统一测强曲线的强度误差值应符合下列规定（暂定）：

（1）平均相对误差（δ）不应大于 ±12.0%；

（2）相对标准差（e_r）不应大于 14.0%。

6.3　回归方程

（1）测强曲线的回归方程式，应按每一试块测得的 R_m 和 f_{cu}，采用最小二乘法原理计算；

（2）回归方程宜采用以下函数关系式：

$$f_{cu}^c = aR_m^b \tag{1}$$

（3）用下列计算回归方程式的强度平均相对误差 δ 及强度相对标准差 e_r：

$$\delta = \pm \frac{1}{n} \sum_{i=1}^{n} \left| \frac{f_{cu,\,i}^{c}}{f_{cu,\,i}} - 1 \right| \times 100 \qquad (2)$$

$$e_{r} = \pm \sqrt{\frac{1}{n-1} \sum_{i=1}^{n} \left(\frac{f_{cu,\,i}^{c}}{f_{cu,\,i}} - 1 \right)^{2}} \times 100 \qquad (3)$$

式中：δ——回归方程式的强度平均相对误差（%），精确至 0.1；

$\quad\quad e_{r}$——回归方程式的强度相对标准差（%），精确至 0.1；

$\quad\quad f_{cu,\,i}$——由第 i 个试块抗压试验得出的混凝土抗压强度值（MPa），精确至 0.1MPa；

$\quad\quad f_{cu,\,i}^{c}$——由同一试块的平均回弹值 R_{m} 按回归方程式算出的混凝土的强度换算值（MPa），精确至 0.1MPa；

$\quad\quad n$——制定回归方程式的试件数。

7　初步试验结果

7.1　试验过程

选用某品牌第Ⅳ类水泥基灌浆材料，在 2018 年 1 月（气温较低，室内温度约 15℃）进行反复试验，确定首次 150mm 立方体试块试验龄期为 20 ～ 21h，强度最大已达到 C20；大约龄期 32h 以内，每 1 个小时做一组 3 块回弹、抗压试验，强度最大已达到 C45；大约龄期 3d（即 72h）以内，每 8 个小时做一组 3 块回弹、抗压试验，强度最大已达到 C60；后期 7d、14d、28d 各做一次试验，强度最大已达到 C75。试验全部覆盖 C20 ～ C75 各个强度等级。分别进行三批有效试验，共计 150mm 立方体试块 147 块共 49 组。另外共计 100mm 立方体试块 42 组。

试块碳化深度一个月龄期内均为零。

7.2　尺寸效应

试验表明，150mm 立方体与 100mm 立方体的 28d 抗压强度换算系数平均值 0.82，随抗压强度提高，换算系数规律性降低。明显与 GB/T 50448—2015 规定（该规范给定折算系数 0.90 ～ 0.95）的强度折算系数有显著区别！

7.3　回归曲线

同时采用 H550 型高强回弹仪和 M225 型普通回弹仪，对同一试块进行回弹和抗压试验，得出数据进行回归分析，曲线如图 1。两条曲线大致平行，普通回弹仪曲线的趋势线拟合程度 R² = 0.9577，明显大于高强回弹仪曲线，拟合程度更优。

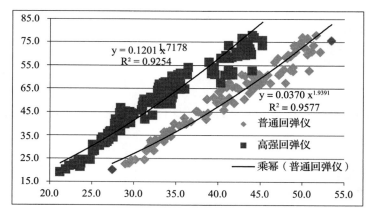

图 1　强度曲线

普通回弹仪幂函数曲线方程为

$$f_{cu}^{c} = aR_{m}^{b} = 0.0370R_{m}^{1.9391}$$

其强度误差值为：平均相对误差 $\delta = \pm 5.6\%$，相对标准差 $e_{r} = 7.1\%$，相关系数 $r = 0.979$，数据回归很理想。

若按 JGJ/T 23—2011 中的全国泵送混凝土曲线计算，计算结果只达到试块强度的 93%，即强度降低 7%。

8　结论

采用回弹法建立 150mm 标准立方体试块的强度曲线完全是可行的。通过对比，并考虑到性价比及可操作性，确定 M225 型普通回弹仪作为首选仪器。

初步试验成果，不仅细化了试块制作、仪器选型、强度分级方法、试验步骤，而且完善了数据处理、强度曲线拟合、误差统计等方法，为我们《回弹法检测水泥基灌浆材料抗压强度技术规程》的编制工作打下了良好的基础。

参考文献

［1］GB/T 50448—2015. 水泥基灌浆材料应用技术规程［S］. 北京：中国建筑工业出版社，2015.

［2］JGJ/T 23—2011. 回弹法检测混凝土抗压强度技术规程［S］. 北京：中国建筑工业出版社，2011.

［3］JGJ/T 294—2013. 高强混凝土强度检测技术规程［S］. 北京：中国建筑工业出版社，2013.

［4］GB/T 50081—2002. 普通混凝土力学性能试验方法标准［S］. 北京：中国建筑工业出版社，2003.

［5］张磊，等. 结构加固用水泥基灌浆材料力学性能尺寸效应试验研究［J］. 混凝土 2015，5：50-54.

［6］吴元，等. 水泥基灌浆料基本力学性能试验研究［J］. 建筑结构，2014，10（上）：95-99.

建立高强混凝土回弹测强曲线的基础性试验与数据分析

崔世文　　李　猛

佛山市顺德区建设工程质量安全监督检测中心，广东佛山，528000

摘　要： 本文通过参与广东省地区高强回弹测强曲线的建立项目研究，经过大量试验及数据统计分析，发现采用标称动能 4.5J 的重型回弹仪较为适用 30 ～ 120MPa 强度范围的混凝土表面回弹试验。在试验中也较好地建立了一条反映混凝土回弹值与抗压强度值之间关系的回弹测强曲线。采用最小二乘法原理对该条测强曲线进行回归拟合，该曲线的相关系数达到 0.8597，抗压强度实测值与回归方程换算强度值的平均相对误差为 ±8.5%，相对标准差为 10.7%，远小于《高强混凝土强度检测技术规程》（JGJ/T 294—2013）中对地区高强混凝土回弹测强曲线相对标准差不大于 17% 的要求，甚至优于专用测强曲线相对标准偏差不大于 14% 的要求。

关键词： 高强混凝土，回弹测强曲线，回弹值，抗压强度

　　近年来关于地区高强混凝土回弹测强曲线建立的相关文章陆续被发表，行业性标准《高强混凝土强度检测技术规程》（JGJ/T 294—2013）[1]，也于 2013 年 12 月 1 日起实施。该标准鼓励有条件的地方建立适合本地区的高强混凝土专用测强曲线或地区测强曲线。广东省科学建筑研究院根据高强混凝土在本省工程建设领域的使用情况，专门组织开展广东省地方高强混凝土回弹测强曲线项目建立的专项研究，佛山市顺德区建设工程质量安全监督检测中心受邀参与该项目。我中心通过一年多的大量试验，获得了数百个混凝土抗压强度与回弹值试验数据。经过对大量试验数据的统计分析，发现了能够反映混凝土抗压强度与回弹值之间良好对应关系的曲线。本文就本次试验研究混凝土回弹测强曲线的建立过程，谈一谈试验的过程及建立的测强曲线，希望能够为广东省地方高强混凝土回弹测强曲线的建立提供一些基础性资料。

1　试验

　　本次建立混凝土测强曲线的试验过程，均按照《高强混凝土强度检测技术规程》（JGJ/T 294—2013）中要求操作，实验过程分为：成型试件——自然养护至不同龄期——回弹试验——抗压强度试验——统计分析试验数据——建立曲线——回归方程。

1.1　试件制作

　　为了尽量达到与实际工程构件所用混凝土材料、成型工艺、养护方法一致的目的，本次试验研究所用混凝土试件均由顺德当地一家专业混凝土公司提供。混凝土试件按高强混凝土标号 C50、C55、C60、C65、C70、C75、C80、C85、C90 等九个强度等级成型，每个强度等级分 3d、7d、14d、28d、60d、90d、180d、365d 等八个龄期，每个龄期成型 9 块，共 648 个试块。充足的试验对象，力保本次试验研究数据的代表性、可靠性、真实性。

1.2　试验设备

　　本次试验用设备包括：重型回弹仪为山东乐陵回弹仪厂生产的高强回弹仪（标称动能 4.5J），型号：HT450-A；压力试验机：鉴于本次试验对象为高强混凝土，其抗压强度可能较高，本次抗压试验机有两个型号，一个为 MTS 公司生产的 300T 试验机，型号：YAW4306，精度 1 级；另一个为 MTS 公司生产的 1000T 压力试验机，型号：YAW7107，精度 1 级。

1.3　试验方法及数据

　　本次研究高强混凝土回弹、抗压强度的试验过程均按照《高强混凝土强度检测技术规程》（JGJ/T

294—2013）中关于"建立专用或地区高强混凝土测强曲线的技术要求"进行，但试验混凝土试件数量比标准推荐的数量多出 1 倍多。到目前为止，本次研究共获得了除 365d 龄期的全部回弹和抗压强度数据，将近 600 个，为本次高强混凝土回弹测强曲线的建立和研究提供了充足可靠的数据。在本次研究中，试验数据统计不按原有混凝土标号分类，主要按照实测的回弹值与强度值的对应关系归类，避免由于混凝土强度标号的控制不稳定而引起的数据争议。

　　本次试验所成型试件养护环境为开放式房间，周围环境相对单一，混凝土试件受碳化影响较小，采用酚酞试液滴定未能检测处碳化现象，因此本次所研究的混凝土回弹测强曲线的建立试验不考虑碳化因素的影响。

2　回弹、抗压强度试验数据统计与分析

2.1　回弹、抗压强度试验数据分布

　　关于本次试验的混凝土回弹与抗压强度试验数据由于数量过多，就不一一在本文列述，其数据分布情况如下表 1 所示，回弹值与强度值对应关系如下图 1 所示。

表 1　回弹值与强度值试验数据分布情况

强度范围（MPa）	30～50	50～60	60～70	70～80	80～90	90～100	100～110	110～120	120～140
回弹值范围	40.2～54.9	49.1～62.2	50.3～62.8	53.2～64.7	57.1～69.5	60.1～74.3	63～77.4	67.3～77	69.4～76.4
数据量（个）	38	67	78	95	60	64	74	44	46
数据比例（%）	6.7	11.8	13.8	16.9	10.6	11.3	13.1	7.8	8.1

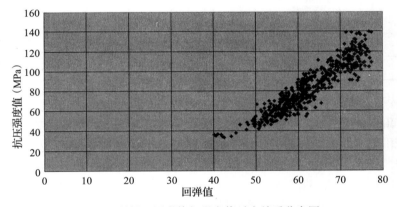

图 1　混凝土回弹值与强度值对应关系分布图

　　由表 1 和图 1 可以看出，本次成型试验的混凝土试件的强度连续分布在 30～140MPa 之间，各强度级别数据分布较为均匀。有表 1 和图 1 回弹值与强度值对应关系分布上可以看出，在 30～120MPa 强度范围，回弹值随混凝土强度值增加而增大，二者变化分布存在较强的量比关系；当混凝土强度超过 120MPa 后，随着强度的增加，回弹值变化范围逐渐收窄，当回弹值达到约 77 时，不再增加。在 110～120MPa，120～140MPa 两个强度区间时，随着强度的增大，回弹值基本在 70～77 范围波动。

　　回弹法检测混凝土强度属于表面硬度测试方法，检测深度一般在结构或构件表面以下 2～3cm，主要由水泥石的强度决定[2]。回弹试验时，回弹仪输出一定的冲击能量（标称动能），经受弹击对象的吸收，将剩余的势再传递给重锤，剩余的势能与初始势能的比值采用回弹值表征，即为回弹仪的工作原理。对于混凝土等脆性体，通常弹击对象吸收能量越多，说明弹击对象塑性变形量越大，强度就越低，剩余势能自然越低，比值越小，回弹值越低，表面硬度越低，反着，混凝土强度高，塑性变形量小，比值大，则回弹值高，表面硬度越高[3]。假设混凝土的内部与表面水化进程相当，那么表面混凝土的硬度与混凝土的强度就存在一定的量比关系，基于这样的假定，就可以通过一定动能的回弹仪

弹击混凝土表面的硬度值来推算混凝土的强度。因此就试验原理来讲，影响混凝土回弹值大小的主要因素，一是混凝土本身强度，二是检测用回弹仪标称动能。

目前，关于高强混凝土回弹检测用回弹仪标称动能主要有 4.5J 与 5.5J 两种。有不少研究者就标称动能 4.5J 与 5.5J 回弹仪回弹检测高强混凝土强度进行对比[4]，其中《高强混凝土强度检测技术规程》（JGJ/T 294—2013）中也采用标称动能 4.5J 与 5.5J 回弹仪试验回弹值进行比较，结果标称动能 5.5J 回弹仪试验的回弹值普遍较低。有研究者认为 5.5J 重型回弹仪较高的冲击能量，其影响范围已经超出了水泥石相范围，扩展到了水泥石与骨料的界面过渡层。从能量吸收的角度来讲，高能量下的回弹值不只是受混凝土表面水泥石的表面硬度影响，而且还受混凝土内部结构的影响，即混凝土内部水泥石与骨料的界面过渡层。在高强混凝土中，混凝土强度往往由界面过渡层决定，是混凝土强度的薄弱结构。

结合本次试验研究表 1 和图 1 可以看出，采用标称动能 4.5J 的回弹仪可以较好地适用强度在 30 ～ 120MPa 范围内的混凝土回弹测强试验。

2.2　测强回弹曲线的建立及误差分析

下表 2 就本次试验的混凝土回弹值及抗压强度（30 ～ 120）MPa 值对应关系曲线进行方程回归分析及误差比较。

表 2　回弹测强曲线拟合回归公式及误差对比 [（30 ～ 120）MPa]

序号	回归函数	回归方程式	相关系数 R	强度平均相对误差 δ/（%）	强度相对标准差 e_r/（%）
①	多项式函数	$f^i_{cu,i} = 0.0025R^2 + 2.3243R - 73.499$	0.8573	±8.6	11.1
②	线性函数	$f^i_{cu,i} = 2.6341R + 82.931$	0.8572	±8.6	11.1
③	乘幂函数	$f^i_{cu,i} = 0.0124R^{2.1222}$	0.8597	±8.5	10.7
④	指数函数	$f^i_{cu,i} = 9.0124e^{0.0347R}$	0.8489	±8.8	11.0
⑤	对数函数	$f^i_{cu,i} = 159.27\ln(R) - 575.8$	0.8486	±9.1	12.5

通过对表 2 本次试验研究建立的混凝土回弹测强曲线的多种模型拟合结果误差的分析比较，其中回弹值与强度值之间的乘幂函数关系最为密切，相关性最好。通过乘幂回归方程得到的强度换算值与实测强度值，无论相对标准差，或是平均相对误差 δ 均最小。其相对标准差远小于《高强混凝土强度检测技术规程》（JGJ/T 294—2013）中对地区高强混凝土回弹测强曲线相对标准差不大于 17% 的要求，甚至优于专用测强曲线相对标准偏差不大于 14% 的要求。

本次试验研究的回弹测强曲线中误差最小的乘幂函数关系曲线图如下图 2 所示。

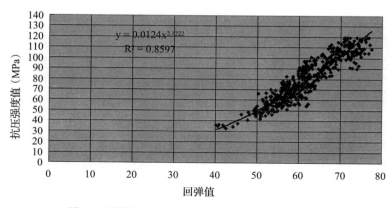

图 2　回弹测强曲线拟合曲线 [（30 ～ 120）MPa]

按照《回弹法检测混凝土抗压强度技术规程》（JGJ/T 23—2011）关于地区测强曲线平均误差不应大于 ±14.0% 的要求[5]，经过剔除部分相对误差大于 14% 的数据点，建立测区混凝土强度换算表，其回弹值与强度换算值对应关系及函数关系方程如下图 3 所示。

本次混凝土测强曲线的建立，除验证环节外，从测强曲线误差分析角度来评价，可以说取得了非常好的结果。然而，如果要应用到实际工程中，本作者认为仍然有许多问题需要解决。例如在测强曲线的建立过程，对于建立的测强曲线的优劣评价，只有相对误差或相对标准差指标评价；在数据处理环节、回弹值与强度值之间函数关系环节以及在强度换算值与实测强度值关系环节，没有涉及更详细的数据处理方法和评价指标等，然而过程数据的处理结果直接影响着最终测强曲线的建立。

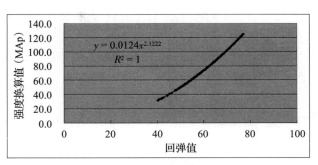

图 3　回弹测强换算函数关系图〔（30～120）MPa〕

3　结论

（1）本文建立的（30～120）MPa 混凝土强度范围的回弹测强曲线，通过对曲线进行方程回归及误差分析，其相关性及其相对误差、相对标准差均远小于相关标准规定的地区测强曲线的误差要求，为广东省地方高强回弹测强曲线的建立研究提供了宝贵的基础性试验资料。

（2）标称动能 4.5J 的回弹仪可以较好地适用（30～120）MPa 强度范围内的回弹测强试验。在 30～120MPa 强度范围，采用标称动能 4.5J 的回弹仪进行测强试验，其回弹值与强度存在较好的量比关系。当混凝土强度超过 120MPa，采用标称动能 4.5J 的回弹仪试验其回弹值，回弹值基本不再增加。

参考文献

[1] JGJ/T 294—2013. 高强混凝土强度检测技术规程〔S〕.

[2] 朱浮生等. 普通回弹仪在高强混凝土强度检测中的应用. 东北大学学报（自然科学版），2002，23（5）：475-476.

[3] 张宴清. 水泥砂浆表面硬度性能的研究〔A〕. 混凝土与水泥制品学术研讨会论文集〔C〕，2000，141-145.

[4] 王文明，邓军等. 高强混凝土回弹仪检测精度的试验研究〔J〕. 标准规范，2010，28（7）：9-11.

[5] JGJ/T 23—2011. 回弹法检测混凝土抗压强度技术规程〔S〕.

火灾后建筑结构的详细检测与鉴定

邹　红　李延和

南京工业大学土木工程学院，江苏南京，211816

摘　要：分析目前火灾后检测鉴定中存在的问题，并通过火灾温度确定、受损构件整体变形检测测量、火灾后建筑结构构件的材性特性检测、火灾后梁、柱承载力验算，分析了各阶段的关键点，最后得出火灾后建筑结构综合评级方法。

关键词：温度，整体变形，构件特性，承载力验算

The Facade Transformation of Old Buildings Along the Street

Zou Hong　　Li Yanhe

College of Civil Engineering，Nanjing University of Technology，Nanjing 211816，China

Abstract：This paper analyzes the problems existing in the current after fire detection and appraisal，and determines the key of each stage through the determination of fire temperature，the detection of the deformation of the damaged components as a whole，the detection of the structural properties of the structural components after the fire，and the check of the bearing capacity of the beams and columns after the fire. At last，a comprehensive rating method for building structures after a fire is obtained.

Keywords：Temperature，overall deformation，member properties，bearing capacity checking

0　前言

火创造了人类文明，推动了社会变革，但火灾也给人类带来了极大的危害，造成巨大的经济损失和人身伤亡，甚至造成严重的政治影响。火灾是包括流动、传热、传质和化学反应及其相互作用的复杂燃烧过程，是自然界中发生频率最高、损失最严重的灾害之一。火灾损失统计表明，发生次数最多、损失最严重者当属建筑火灾。我国每年遭受火灾的建筑物数量巨大。火灾中，发生坍塌破坏的房屋是少数，但绝大多数房屋在受火后都要进行损伤评定和修复。

一般我们认为在工程实际中，火灾后对于坍塌的部分已经没有必要进行结构的检测、鉴定与加固，但是对于遭受火灾后没有彻底的根本性损害的建筑结构，对此类结构要求尽快恢复建筑物的使用功能，就必须科学的判断建筑结构的受损程度，确定合理的加固修复方案，以便对火灾后的建筑物进行诊断与处理。

尽管火灾后建筑结构的检测、鉴定的研究工作已取得了一些进步，国内外也已经发布了相关的规范标准，但是由于各种原因，没有获得合理的研究成果，国内外对此研究也缺乏可靠性，特别是火灾后建筑结构的详细检测与鉴定，从而对火灾后建筑结构的详细检测与鉴定的研究是目前面临至关重要的一项任务，火灾后建筑结构的详细检测与鉴定的研究还刚刚开始，还有许多问题亟待研究解决。

1　建筑物火灾后详细鉴定的评级标准

依据标准[1]对火灾后结构构件的详细鉴定评级，应该依据检测鉴定结果，将受损构件划分为 b、

作者简介：邹红（1992—），女，硕士研究生，主要研究方向：加固改造、高温后钢的力学性能。E-mail：1259255626@qq.com。
通信作者：李延和（1960—），男，教授级高工，博士生导师，主要从事工程结构检测鉴定与加固研究。E-mail：yanhelee@163.com。

c、d 级（火灾后对未受损的构件不评 a 级）。

　　b 级：基本符合国家现行标准下限水平要求，尚不影响安全，在采取适当措施后可以正常使用。

　　c 级：不符合国家现行规范标准要求，在目标使用年限内影响安全和正常使用，必须采取措施。

　　d 级：严重不符合国家现行规范标准要求，严重影响安全，必须及时或立即加固或拆除。

2　火灾后建筑结构的详细检测与鉴定

　　详细鉴定是在火灾事故发生后对受损结构进行初步调查的基础上，依据实际需求与安全需要进行系统性的鉴定报告。在初步鉴定中对整个火灾损伤后的建筑物进行了区域划分：安全区域、受损区域、危险区域。安全区域不需采取安全措施，所以不需开展详细鉴定工作。危险区域内的危险构件在初步检测后做出了安全维护措施，不需要进行详细的检测鉴定，只需要在加固施工时依据实际设计要求给予拆除及利用。详细鉴定针对的是受损区域中的受损构件。

　　详细鉴定工作内容如下：1. 火灾温度确定；2. 受损构件整体变形检测测量；3. 火灾后建筑结构构件的材性特性检测；4. 火灾后梁、柱承载力验算。

2.1　火灾温度确定

　　建筑结构发生火灾时所经历的最高温度是整个检测鉴定报告中最重要的一部分。建筑物温度的确定不仅会对鉴定报告的准确性与科学性，还影响后续加固方案的可行性。通过提供一种基于最高温度与最低温度结合的判断法确定火场温度，然后结合火场温度分布曲线公式，绘制出受损区域现场等温曲线图。

2.1.1　最高温度的确定

　　对火灾后建筑结构的最高温度的确定先依据根据规范（ISO-834）中标准升温曲线判断最高温度，然后通过现场结构烧损厚度判定火灾温度[2]。

　　（1）根据规范（ISO-834）中标准升温曲线判断最高温度，其计算表达式如下：

$$T - T_0 = 345 L_g (8t + 1)$$

式中：T_0——发生火灾式的气温（℃）；

　　　　t——火灾持续时间（min）。

　　（2）根据结构烧损厚度判定火灾温度

表 1　火灾温度后混凝土构件烧损厚度

Table 1　Judging the temperature range according to the fire damage

火灾温度（℃）	烧损深度（mm）	模拟实验喷水冷却后烧损深度（mm）
556	1.3 ～ 1.4	1.3 ～ 1.4
719	2.5 ～ 3.5	2.5 ～ 3.5
761	4.0 ～ 5.0	4.5 ～ 6.0
795	4.3 ～ 5.5	6.5 ～ 8.0
822	5.1 ～ 6.0	7.0 ～ 10.0
857	6.0 ～ 9.0	1.0 ～ 14.0
882	7.0 ～ 10.0	11.0 ～ 15.0
898	10.0 ～ 11.0	12.0 ～ 16.0
925	11.0 ～ 16.0	13.0 ～ 18.0
986	20.0 ～ 26.0	23.0 ～ 28.0
1030	26.0 ～ 30.0	28.0 ～ 33.0

　　在明显分层的混凝土构件表面，向里测出分层的深度，每处测点不少于 3 个，然后取平均值，最后根据烧损深度，查表即可判定其火灾温度。

2.1.2　最低温度的判定

采用最低温度的确定性来判定其他方法的正确性，为最高温度的正确性提供重要依据，根据火灾现场残留物判定最底温度[2]，主要是通过研究火灾后现场的残留物的不同的形式状态显示推算出火灾经受的最低温度。

2.1.3　火场温度分布曲线

发生火灾的建筑结构大部分属于大空间建筑，根据大空间建筑火灾下的空气升温经验公式推算火灾温度。火灾下结构的升温曲线：火灾过程伴随着不同工况导致火灾的分析相当复杂，依据国内外部分学者的研究[3]，大空间结构在火灾下的温度场分布可近似简化为：

$$T_g = T_z [1 - 0.8\exp(-\beta t) - 0.2\exp(-0.1\beta t)] \{\eta + (1 - \eta)\exp[-(x - b)/]\mu\} + T_0$$

式中：T_0——火灾发生前的环境温度，单位是摄氏度；

　　　t——时间（s）

　　　T_z——从火源中心距地面垂直距离 z 处的最高空气升温（℃）

　　　β——火源功率和按增长型火源确定的升温曲线形状系数；

　　　η——距火源中心水平距离的温度衰减系数；

　　　b——火源形状中心至火源最外边缘距离（m）

　　　χ——距离火源中心水平距离（m）

　　　μ——固定系数。

2.1.4　绘制受损区域现场等温曲线图

在实际的火灾工程中，火灾后由于实际情况的复杂以及可燃物燃烧所产生多种不确定性因素，很难推导出火灾现场不同位置的温度。因此在实际工程中的温度场判定方法就是利用火场温度分布曲线先画出火灾现场等温曲线示意图，然后依据现场火灾残留物分析（需检测人员在火灾后通过现场可燃物的位置、数量以及建筑物的烧损程度来判断），归纳出来不同部位火场当时的温度，再根据不同材料的燃烧特性的不同来确定出建筑物内各区域的温度，最后确定出火灾现场等温曲线图，图 1 为火灾现场温度曲线示意图。

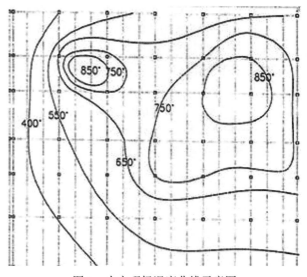

图 1　火灾现场温度曲线示意图

Fig 1　Schematic diagram of fire temperature curve

2.2　受损构件整体变形检测鉴定内容

火灾后建筑结构在详细鉴定中针对受损构件的整体变形测量，宜从整体结构倾斜、受损构件的残余变形与撕裂、受损构件挠度、弯曲矢高与柱顶侧移四个子项目进行测定。

2.2.1　整体结构倾斜测量方法与评级标准

（1）对一般大型建筑物的整体倾斜采用正交垂直投点标定法倾斜测量与测量机器人法。

①正交垂直投点标定法倾斜测量法：首先要对建筑物进行检测观察，选定参照物后，在合适的位置（与倾斜的面在同一线上）安装经纬仪，整平，用十字丝的竖线与建筑物上部边线重合，固定水平方向，镜头向下转动至底部，用尺水平置于建筑物外皮，在镜中读出或确定十字丝竖线处的刻度。并将数据进行数学计算，就能够得出被测建筑物的整体倾斜角度。

②测量机器人法[4]：测量机器人又称为全自动全站仪，一般由棱镜主机组成。在测量时，将棱镜安装于被测点，集成在主机上的红外测距仪发出的红外线经棱镜发射后又被它接收到，通过测量光从发出到接受经过的时间，就可以得到被测点到测量机器人的距离。通过距离的相减，就可以算出被测建筑物的整体倾斜角度。

（2）评级标准表

表 2　整体倾斜评级标准
Table 2　Overall rating criteria

构件类别	b 级	c 级	d 级
整体结构	α>0.2%	α>0.7%	α>1%

2.2.2　残余变形测量方法与评级标准

（1）建筑材料在受过高温冷却后，会发生变形，严重时还会发生撕裂现象。实际工程中针对建筑结构中受损构件的残余变形与撕裂的检测方法采取目测法、数字化近景摄影测量系统方法。

目测法：目测法一般用于受损构件明显变形的情况。其原理是受损变形严重构件可以通过现场检测人员的目测，通过与周围其他构件的对比，初步的判断出构件的变形大小。然后现场的检测人员在目测之后需要进行初步调查并在结构平面图中记录变形构件位置和对其文字描述。这种方法简单但是较为粗糙，在实际的工程检测为当中常常作为对明显变形构件的检测方法。

数字化近景摄影测量系统法[4]：对于火灾现场受损构件因为光线、视野角度、位置偏僻等无法通过目测辨别时的情况时，实际工程中采用无人机拍照，然后通过 Windows 平台的数字化近景摄影测量系统将拍摄的大量图片处理，对构件的局部进行判断是否存在较大变形与撕裂情况，并且计算出残余变形值。这种方法能够准确的判断出火灾后构件变形实际情况，但是工作量较大，其具体计算过程见图 4-2。

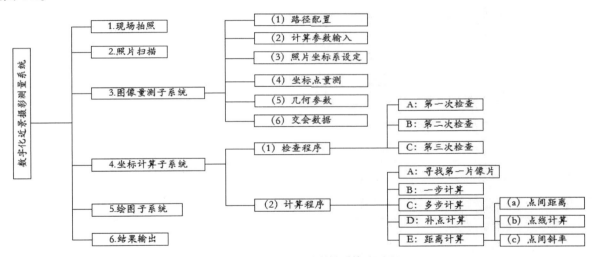

图 2　数字化近景摄影测量系统法过程
Fig 2　Digital close range photogrammetry system process

这种方法的基本思想是：最左端的照片为第一片，再根据照片的空间分布情况，由左到右，用相对定位线构建独立的立体模型，然后依次将各个独立模型进行变换，联合成统一的模型，具体步骤如下：

①由共面条件一次建立一个独立模型。

②求出一个独立模型的统一长度比例因子。该比例因子为各模型中已知边长或连接边的计算长与模型边长的比值。

③将各独立模型的旋转阵 R 变换到统一的模型中。

④将摄影坐标中的独立模型变换到统一模型系统中。

⑤计算物方控制点在统一模型系统中的坐标。

⑥以控制点进行模型绝对定向，求出第一个摄影站点的物方系统坐标及第一相片的旋转轴，再计算其他各站和各相片的相应值以及未知点的坐标起始值。

（2）评级标准表

表 3　受损构件的残余变形与撕裂评级标准

Table 3　Residual deformation and tear rating criteria for damaged members

b 级	局部轻微残余变形，对承载力无明显影响	无	≤ 0.10 (d ≤ 32mm)
			≤ 0.14 (d>32mm)
c 级	局部残余变形，对承载力有一定影响	无	>0.10 (d ≤ 32mm)
			>0.14 (d>32mm)
d 级	变形明显	有	大于 C 级直接评为 d 级

注：d 表示被测钢材厚度。

2.2.3　受损构件挠度测量新方法与评级标准

（1）新方法介绍

①激光图法

激光图法挠度测量是利用激光良好的方向性，固定在被测点的激光器随着被测构件不同程度的变形，照射在固定不动的光电接收器上的激光光斑中心也随之发生等量变化，因此，只要获取光斑中心位置就可以的到被测构件的挠度。

②光电成像[4]

光电成像挠度测量是在测点上安装一个目标靶，并且在靶上制作一个光学标志点。通过光学系统靶标志点成像在 CCD 接受面阵上，当被测物产生挠度 / 位移时，目标靶也随之移动。通过测出靶上光标点在 CCD 接收面上成像位置的变化值，就可以计算出实际的挠度。

（2）评级标准表

表 4　受损构件挠度评级标准

Table 4　Deflection criteria for damaged components

构件类别		b 级	c 级	d 级
屋架、网架		>l_0/400	>l_0/200	变形大于 c 级的构件直接评为 d 级
主梁、托梁		>l_0/400	>l_0/200	
吊车梁	电动	>l_0/800	>l_0/400	
	手动	>l_0/500	>l_0/250	
次梁		>l_0/250	>l_0/125	
檩条		>l_0/200	>l_0/150	

注：表中 l_0 为构件的计算跨度

2.2.4　弯矩矢高与柱顶侧移测量方法与评级标准

（1）测量方法介绍

仪器：经纬仪和钢直尺

方法：经纬仪调好水平，对准钢柱最弯处一侧或中心线．旋转视准筒直至钢柱下端或上端，并同时在钢柱下端或上端摆放钢直尺即可测出侧弯值．如果钢柱上端或下端都不能站人放尺或需多次测量时，需由测量员事先在适当地方画出一段钢尺或梆上一小段钢卷尺。

（2）评级标准表

表 5　弯矩矢高与柱顶侧移评级标准

Table 5　Moment vector and high drift rating criteria

评定要素	构件类别	b 级	c 级	d 级
弯曲矢高	柱	>h/400	>h/400	变形大于 c 级直接评为 d 级
	受压支撑	>h/400	>H/400	
柱顶侧移	中柱倾斜	>H/400	>H/400	>H /400

注：h、H 表示被测构件高度

2.3　火灾后建筑结构构件的材性特性检测分析

火灾后建筑结构构件的材料性能必然会发生显著变化，材料的材性会影响到整个建筑物的整体受力分布，所以在建筑物火灾后的详细鉴定中要对构件的材性进行详细测量，准确的对材料的性能进行判断，只有在材料性能中做出了精准的力学材性数据，才能为后续的加固设计提供可靠地前提。

2.3.1　构件材料性能检测方法

建筑物在整个火灾过程中构件性能的变化主要体现在钢筋钢材的力学性能变化中，根据推断火灾的温度来判断结构构件的力学性能的降低比例与定量大小，需要在原结构中取样进行拉伸试验以及取得构件受火冷却后的材料力学性能。此项试样结果能给评估结构的火灾后承载力提供基础数据。

（1）取样法：

清除构件表面，取样时尽量选取已知受力较小位置，确保构件的安全性能。同时，尽量采用人工切割，对取样的尺寸要严格按照试验尺寸选取，并且对取样试样留有足够的尺寸。当承重钢构件上无法选取试样进行力学性能试验时，可在火灾影响严重区域（如已经被评为 d 级的构件）截取试样钢筋钢材进行力学试验，用以判断火灾对钢材力学性能的影响，为是否进行加固及采取的相应措施提供较为准确依据。

（2）测量法

测量法也叫做仪器检测法，是指使用专业检测仪器不直接对构件进行试验的检测方法。检测的仪器具有易操作，易携带的优点，对实际的检测工程具有极大的帮助。一般的便携式检测仪器有：洛式硬度计、里氏硬度计等。

2.3.2　取样试验法研究分析

在详细检测中对钢结构材料检测的取样试验法即是本论文第二章内容的应用，其具体实施内容包括以下几项：

（1）现场取样的方法

①现场取样位置原则：

非重要受损构件中去取样：

已经严重变形或垮塌的构件中去取样。

②现场取样尺寸要求：

对现场取样的部位使用切割机进行标准尺寸切割（可先从取样部位切割超过标准尺寸的试样，然后再进行标准尺寸试件加工），标准试件尺寸应该对应规范 GB/T 228—2002 的要求试件尺寸，其具体试件尺寸如图 3。

③对取样的试件在标准试件加工后，应该立即进行试件标号，并记录标号对应的取样位置。对标号完成的试验进行分类保存，防止混淆试件。

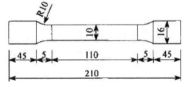

图 3　力学性能试样标准尺寸 /mm

Fig 3　Standard size of mechanical properties sample /mm

（2）拉伸试验与结果计算

①对钢筋、钢材进行试验，其屈服点可借助于试验机测力度盘的指针或拉伸曲线来确定：

指针法：测力度盘的指针停止转动时的恒定荷载，或第一次回转的最小荷载，即为所求屈服点荷载 P_s。

图示法：在拉伸曲线上找出屈服平台的恒定荷载（图 a），或第一次下降的最小荷载值（图 b），即为所求的屈服点荷载 P_s（见图 4 图解）。

屈服强度计算：

$$f_p = \frac{P_S}{A_0}$$

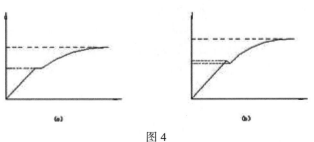

图 4

Figure 4

式中：f_p——屈服强度值（MPa）

P_S——试样达到屈服平台时最大或最小荷载（N）；

A_0——试样原截面面积（mm²）。

抗拉强度的测定：将试样拉断后从测力度盘或拉伸曲线上得出最大荷载 P_b，则钢材的抗拉强度 f_p：

$$f_b = \frac{p_b}{A_0}$$

式中：f_p——抗拉强度值（MPa）；

P_b——试样拉断后度盘或曲线最大荷载（N）；

A_0——试样原截面面积（mm²）。

②断后伸长率的测定：

将试样拉断后的两段在拉断处紧密对接起来，尽量使其轴线位于一条线上。如拉断处由于各种原因形成缝隙，则此缝隙应计入试样拉断后的标距部分长度内。

如拉断处到邻近标距端点的距离大于 $l_0/3$ 直接测量两端点的距离（l_0 为钢材试样标距）。

如拉断处到邻近的标距端点的距离小于或等于 $l_0/3$ 时，按图 5 方法测量。

图 5 测量图示：在长段上，从拉断处 O 点取基本等于短段格数，得 B 点；接着取等于长段所系格数（偶数）之半得 C 点；或者取所余格数（奇数）减 1 与加 1 之半得 C 与 C_1 点。移位后的 l_1 分别为：

$$l_1 = AO + OB + 2BC \ 或 \ l_1 = AO + OB + BC + BC_1$$

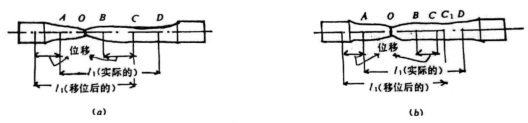

图 5　测量图示

Fig 5　measurement chart

伸长率计算：伸长率 δ 是指遭受火灾钢筋钢材试样在拉断后其标距部分所增加的长度与原标距长度百分比：

$$\delta_T = \frac{l_1 - l_0}{l_0} \times 100\%$$

式中：l_0——试验原标距长度（mm）；

l_1——试验拉断后的标距长度（mm）。

（3）实验室力学试验注意要点：

①实验室人员按照分类保存的标号试件依次进行力学试验，并对实验数据记录清楚。

②对实验中的力学量中的屈服强度值与断后伸长率值要单独记录。

（4）通过实验数据，求出结构构件火灾后的判断强度 f_p。

2.3.3　温度查表法及补充研究

（1）通过规范标准《火灾后建筑结构鉴定标准》CECS 252：2009[1] 中附录 J 高温自然冷却后钢筋钢材的屈服强折减系数表查询结构钢筋钢材的折减系数，通过计算得出高温自然冷却后的折减强度 f_t。

（2）喷水冷却条件下折减系数设屈服强度折减系数用 k_T 表示，则火灾后钢材的强度可按下式求得：

$$f_T = k_T \cdot f$$

式中：f_T——火灾后钢材屈服强度值；

k_T——钢材屈服强度折减系数；

f——钢材屈服强度标准值。

参考《火灾后单层钢结构厂房的检测与鉴定方法研究》[5]高温喷水冷却条件下强度与温度的的计算公式，设 $k_T = f_{yT}^b / f_p^b$，则喷水冷却条件下钢材屈服强度折减系数为：

$$k_T = \begin{cases} 1 & T \leqslant 400℃ \\ 0.928 + 9.3188 \times 10^{-5} \times T - 1.987 \times 10^{-7} \times T^2 + 4.486 \times 10^{-11} \times T^3 & T > 400℃ \end{cases}$$

（3）温度查表法实施确定火灾后结构钢筋钢材屈服强度的步骤为：

第一步：根据钢筋钢材型号规格，查出钢筋钢材的屈服强度标准值 f。

第二步：依据温度确定方法中最终绘出的厂房火灾现场等温曲线图，确定各区域域内受损结构钢筋钢材的受火温度 T。

第三步：确定火灾灭火方式。

自然冷却：将 T 代入规范标准《火灾后建筑结构鉴定标准》CECS 252：2009[1]中附录 J 得出自然冷却条件下钢材屈服强度折减系数。

喷水冷却：将 T 代入相应公式可得出喷水冷却条件下钢筋钢材屈服强度折减系数。

第四步：按将折减系数乘以原钢筋钢材强度求出火灾后钢筋钢材屈服强度值。

2.3.4　建筑结构火灾区域内钢筋钢材强度损失的综合确定

建筑结构各区域内的结构构件因为受火温度不同，则其各个区域内的结构钢筋钢材受到的损伤及材料性能变化是不同的，在实际的火灾检测工程中就需要对各区域内的结构构件进行材料变化鉴定，针对受损区域内钢材不可能全部做到试验检测，所以就需要对全部受损结构钢筋钢材的检测方法进行补充创新。通过火灾现场温度曲线图，可以算出受损区域内各构件受损强度。

（1）损伤变化系数 K

$$K = \frac{1}{n} \sum_i^n \frac{f_{pi}}{f_t}$$

式中：f_{pt}——区域内第 i 组取样试验的试验强度值

f_1——温度查表法的结构钢筋钢材折减强度；

（2）各个区域内火灾后钢筋钢材构件受损判断强度公式

$$f_{yk} = k \cdot f_t$$

式中：f_{yt}——火灾后结构钢筋钢材的判断强度值；

f_t——查火灾现场等温曲线得到的各点折减强度；

2.4　火灾后梁、板、柱承载力验算

在建筑结构中，结构中的主体受力构件为梁、板、柱，参考《建筑物火灾后诊断与处理》的公式[2]验算梁、板、柱的承载力。

构件承载力验算评定等级标准表见表 6。

表 6　受损构件承载能力评定等级标准表
Table 6　Standard for evaluating the bearing capacity of damaged members

构件类别	b 级	c 级	d 级
重要构件、连接	≧ 0.95	≧ 0.90	<0.90
次要构件	≧ 0.92	≧ 0.87	<0.87

注：1. 表中数值为（$R_t / (r_0 S)$，其中 Rt 为结构构件火灾后的抗力，S 为作用效应，r_0 为结构重要性系数，按国家现行标准《建筑结构可靠度设计统一标准》GB 50068 的规定取值。
2. 评为 b 级的重要构件应采取加固处理措施。

2.5　火灾后建筑结构综合评级

火灾后建筑结构的综合评级应依据外观受损情况（R1）、火灾后受损构件整体变形检测（R2）、承载力验算（R3）三个方面综合考虑。

　　外观受损情况（R1）中包含：表层损伤判断与建筑结构构件表面缺陷两部分鉴定评级，其 R1 的最终评级有两部分中最严重的部分等级确定（d 级最高，b 级最低）。

　　火灾后受损构件整体变形检测（R2）中包含：整体倾斜、受损构件残余变形与撕裂、受损构件挠度、弯矩矢高与柱顶侧移四个子项目。其 R2 最终评定依据为对同一部位的构件取子项目中检测最严重部分等级确定（d 级最高，b 级最低）。

　　承载力验算（R3）的评级标准见表 6。

　　针对同一结构构件，在 R1、R2 鉴定评级中比较出受损等级最高（d 级最高，b 级最低）的一项 Ri（i=1.2）将其与 R3 比较：

　　（1）若 Ri ≧ R3，则将检测鉴定的构件评定为 Ri 鉴定结果的最高级别。

　　（2）若 Ri<R3，则比较两者鉴定等级差值：① R3 鉴定等级大于 Ri 鉴定等级 1 级，则将鉴定结果评为 R3 所对应的鉴定等级。② R3 鉴定等级大于 Ri 鉴定等级 2 级，则将鉴定结果评为 R3 与 Ri 两者之间的等级。

参考文献

［1］ CECS 252：2009,《火灾后建筑结构鉴定标准》［S］.

［2］ 闵明保，李延和. 建筑物火灾后诊断处理［M］. 南京：江苏科技出版社，1994.

［3］ 李国强，杜咏. 实用大空间建筑火灾空气升温经验公式［J］. 消防科学与技术，2005，24（3）：283-284.

［4］ 杨建春，陈伟民. 桥梁结构挠度自动监测技术的现状与发展［J］. 传感器与微系统，2006，25（9）：1-3.

［5］ 王业强. 火灾后单层钢结构厂房的检测与鉴定方法研究［D］. 南京：南京工业大学，2017.

预埋件的检测技术探讨

任利杰　幸坤涛　张文革

中冶建筑研究总院有限公司，北京，100088

摘　要： 预埋件在整个结构安全体系中是十分重要的一环，但是预埋件的安全检测在现实中尚未引起足够重视，目前国内外没有相关的检测技术标准。根据预埋件的不同种类，明确了各种不同类型预埋件的检测内容、检测仪器，参照《建筑结构检测技术标准》GB/T 50344 确定了预埋件现场检测抽样方案和数量，根据工程实际中预埋件不同的缺陷和损伤对结构的影响，确定检测主控项和拉拔检测荷载值，提出了预埋件的评价标准，并给出相应的处理建议，展望了后期的发展方向。提出的预埋件检测方法填补了国内外对工业建筑、民用建筑和工业设备基础内预埋件检测的空白，为正在编制的《预埋件现场检测技术标准》、《工业设备基础鉴定标准》进行了技术探讨，奠定了坚实的基础。

摘　要： 非饱和土中的基质吸力对土体的抗剪强度具有很大的影响，为了研究非饱和网纹红土基质吸力对抗剪强度的影响

关键词： 预埋件，检测，评价标准

Discussion on Inspection Technology of Embedded Part

Ren Lijie　Xing Kuntao　Zhang Wenge

Central Research Institute of Building and Construction CO., LTD. MCC，Beijing，100088，China

Abstract： The embedded parts are very important in the whole structure security system，but the safety testing of the embedded parts has not been paid enough attention，and there is no related technical standard at present at home and abroad. According to the different division of embedded parts，determine the inspection items and instruments of various types of embedded parts. The selective inspection scheme and quantities of embedded parts in site are determined according to GB/T 50344 " Technical standard for inspection of building structure ". Based on the influence on the structure from the different deflects and damages of embedded parts under the actual project conditions，determine the main control item and the load value of pulling test，propose the embedded part assessment standard and corresponding treatment suggestion，looking forward to the development direction of the later period. The inspection method of embedded part fills the void of domestic and international inspection standard for embedded parts of industrial buildings，civil buildings，and industrial equipment foundation. It has conducted a technical discussion on the compiling " Technical standard for in-site inspection of embedded part" and "Standard for inspection and appraisal of industrial equipment foundation"，laid a solid foundation.

Keywords： embedded part，inspection，assessment standard

基金项目：中冶建筑研究总院有限公司检测中心专项科研基金课题：《锚固螺栓与预埋件的检测和鉴定方法研究》，项目编号：2018ZX03，

作者简介：任利杰，1972 年出生，女，高级工程师，硕士，电子信箱：kai_ren66@163.com。
　　　　　幸坤涛，1973 年出生，男，教授级高级工程师，博士，电子信箱：xingkuntao@163.com。
　　　　　张文革，1966 年出生，男，教授级高级工程师，硕士，电子信箱：13801178038@163.com。

0　前言

预埋件是在建筑结构施工时，预先放置在待浇筑混凝土的梁、柱、基础上，通过锚筋锚固于混凝土结构上[1]。预埋件经常应用于非结构构件与主体结构的连接，如幕墙、光棚、钢架、雨篷；新增钢结构的承载结构体系与建筑主体结构的连接；设备基础与混凝土基础的连接，如风机底座。

预埋件在整个结构安全体系中是十分重要的一环，但预埋件的安全检测在现实中尚未引起足够重视，由于：预埋件焊接质量低、制作质量低、没有进行防腐处理，安装后位置偏差大；预埋件在长期使用中，由于高温、腐蚀及高应力的作用，易产生热脆、蠕变、疲劳和应力腐蚀；随着使用时间的增加，预埋件出现锈蚀、损伤的几率不断增大。玻璃幕墙脱落造成的安全事故近年来频频发生，幕墙预埋件作为承受幕墙荷载的主要受力构件，其承载力水平显得尤为重要。如果在定期检查中，及时检测出预埋件的损伤、及时排查隐患，无疑对结构的安全运行、安全使用具有重要意义。我国有预埋件的设计规程，如《混凝土结构后锚固技术规程》（JGJ 145）、《混凝土结构加固设计规范》（GB 50367），有预埋件的施工验收《混凝土结构施工验收规范》（GB 50204—2015），但是没有相关的检测标准。由于没有检测标准可遵循，各检测单位只能根据各自的经验对预埋件进行检测或忽略不检测，给结构遗留安全隐患。

1　预埋件的种类

按照预埋件受力分为：纯剪预埋件、纯弯预埋件、拉剪预埋件、弯剪预埋件。

预埋件按照锚件材料分为：预埋钢板、预埋型钢（角钢、槽钢、工字钢等）。

预埋钢板用于幕墙、光棚、钢架、雨篷或新增钢结构、水暖电管线的连接、工业设备基础电力 / 通信线路支架的连接、隧道内电缆的连接等。预埋角钢用于管沟盖板的连接；预埋槽钢用于电力 / 通信线路支架、电缆桥架、地下综合管廊的安装等；预埋工字钢用于小车轨道等。

2　预埋件的检测内容

根据预埋件的设计、加工和安装要求，预埋件的检测内容如下：数量、位置、锚件尺寸（长度、宽度和厚度）、材质、防腐涂层厚度，锚件表面缺陷（与结构紧密连接、平整、锈蚀），锚筋的连接性能（锚筋与锚件的接头质量，锚筋直径、长度和间距）。

预埋钢板、预埋型钢（角钢、槽钢、工字钢）的检测内容：

预埋钢板的检测应包括所有检测项目。

预埋型钢（角钢、槽钢、工字钢）的检测内容：材质可以不做，其余检测项目均须进行。

锚筋的连接性能（锚筋与锚件的接头质量，锚筋直径、长度和间距）是难点，预埋件现场一般不具备检测条件。

对承受压力的预埋件，比如护边角钢、轨道等，可以不检测锚筋的连接性能（锚筋与锚件的接头质量，锚筋直径、长度和间距）。

对承受拉力的预埋件（纯弯预埋件、拉剪预埋件、弯剪预埋件）需要检测抗拉性能，需要检测锚筋的连接性能，现场可采用拉拔仪进行无损抗拔性能检测。

3　预埋件的检测仪器

根据预埋件的检测项目确定不同的检测仪器，如表 1 所示。各检测内容均有成熟的检测设备。

表 1　检测项目及相应的检测仪器

Table 1　Inspection items and corresponding inspection instruments

检测项目	检测仪器
预埋件数量	外观目视
锚件长度、宽度	钢卷尺

检测项目	检测仪器
锚件厚度	钢板测厚仪
锚件材质	里氏硬度计、洛氏硬度计
锚件防腐涂层厚度	涂层测厚仪
锚件锈蚀程度	钢筋锈蚀仪
锚筋的连接性能（锚筋与锚件的接头质量，锚筋直径、长度和间距）	拉拔仪（抗拔性能实验）

4　预埋件现场检测数量

参考《建筑结构检测技术标准》（GB/T 50344—2004）第 3.3.11 条～ 3.3.13 条确定抽样方案及抽样数量，规定如下：

4.1　抽样方案

预埋件检测的抽样方案，可根据检测项目的特点按下列原则选择：

a. 外部缺陷的检测，宜选用全数检测方案。

b. 几何尺寸与尺寸偏差的检测，宜选用一次或二次计数抽样方案。

c. 预埋件连接构造的检测，应选择对设备安全影响大的部位进行抽样。

d. 预埋件性能的拉拔检验，应选择同类预埋件中荷载效应相对较大和施工质量相对较差预埋件或受到灾害影响、环境侵蚀影响预埋件中有代表性的预埋件。

e. 按检测批检测的项目，应进行随机抽样，且最小样本容量宜符合表 2 的规定。

f.《建筑工程施工质量验收统一标准》（GB 50300）或相应专业工程施工质量验收规范规定的抽样方案。

4.2　检测原则

当存在下列情况时，检测对象可以是单个预埋件或部分预埋件；但检测结论不得扩大到未检测的预埋件或范围。

a. 委托方指定检测对象或范围；

b. 因环境侵蚀或火灾、爆炸、高温以及人为因素等造成部分预埋件损伤时。

4.3　最小样本容量

预埋件检测中，检测批的最小样本容量不宜小于表 3 的限定值。

表 2　检测项目及相应的检测数量
Table 2　Inspection items and corresponding inspection quantity

检测项目	检测数量
预埋件数量（如果是在役预埋件，此项大多可以忽略）	抽检
预埋件中心线位置（如果是在役预埋件，此项大多可以忽略）	抽检
锚件表面缺陷（与结构紧密连接、平整、锈蚀）	全数检查
锚件长度、宽度	全数检查
锚件厚度	抽检
锚件材质	抽检
锚件防腐涂层厚度	抽检
锚筋的连接性能（锚筋与锚件的接头质量，锚筋直径、长度和间距）	抽检

表 3　预埋件抽样检测的最小样本容量
Table 3　Minimum sample size of sampling inspection of embedded part

检测批的容量	检测类别和样本最小容量			检测批的容量	检测类别和样本最小容量		
	A	B	C		A	B	C
2～8	2	2	3	501～1200	32	80	125
9～15	2	3	5	1201～3200	50	125	200
16～25	3	5	8	3201～10000	80	200	315
26～50	5	8	13	10001～35000	125	315	500
51～90	5	13	20	35001～150000	200	500	800
91～150	8	20	32	150001～500000	315	800	1250
151～280	13	32	50	＞500000	500	1250	2000
281～500	20	50	80	—	—	—	—

注：检测类别 A 适用于一般施工质量的检测；检测类别 B 适用于一般结构构件及非生命线工程的预埋件质量或性能的检测；检测类别 C 适用于重要结构构件及生命线工程的预埋件质量或性能的严格检测或复检。

生命线工程是指维持城市生存功能系统和对国计民生有重大影响的工程，供排水、电力、燃气及石油管线、电话、广播、大型医疗系统、公路、铁路等交通工程。

5　预埋件的评价标准

预埋件的评价标准分为合格、不合格两种（表4）。

表 4　合格、不合格的判定原则
Table 4　Judgment principle of qualified and unqualified

项目	评断标准	合格标准	不合格标准	备注
预埋件中心线位置	±20mm	−20mm ≤ Δ ≤ 20mm	否则	如果是在役预埋件可忽略
标高	±10mm	−10mm ≤ Δ ≤ 10mm	否则	如果是在役预埋件可忽略
锚件表面缺陷（与结构紧密连接、平整、锈蚀）	连接紧密、表面平整、无锈蚀	锚件与结构连接紧密、表面平整、无锈蚀	否则	
锚件长度、宽度		$\Delta \geq -l/20$	否则	
锚件厚度	$h/10$	$\Delta \geq -h/10$	否则	
锚筋的连接性能（锚筋与锚件的接头质量，锚筋直径、长度和间距）	拉拔检验	①最大检测荷载达到预埋件整体要求的最大检测荷载；②预埋件整体的锚板最大变位小于锚板最大边长的1/200；③在各级检测荷载作用下，加载系统油压能够保持相对稳定，预埋件整体的锚件无松脱现象[1]	出现拉拔破坏	目前没有在役预埋件整体抗拔性能检测方法的相关标准，拉拔检测荷载定为设计值的0.9。
锚件材质	设计要求	等于或高于设计要求	否则	
锚件防腐涂层厚度	相关规范要求	满足相关规范要求	否则	

说明：Δ 是测量误差；l 是预埋件长度设计值；h 是预埋件厚度设计值；

其中拉拔性能检测是主控项，如果不满足判定预埋件为不合格，立即更换。其他检测项目如果不满足，可根据工程实际需要进行修正或更换。

6　预埋件的处理建议

处理方法：合格保留，不合格立即修正或更换。

更换包含原位更换和移位更换。原位更换是拆除原有的预埋件，在原位置安装同类型的合格后置埋件。移位更换是变换位置，安装同类型的合格后置埋件。后置埋件锚孔应避开受力主筋。

7　结束语

本文根据工程实际需要，确定了预埋件现场检测抽样方案及数量，提出了预埋件的评价标准，今后，由于安全生产的需要，随着预埋件的检测，尤其在役检测项目将会开展及生产实际需要越来越普遍，还需要不断完善提高检测方法、仪器设备和评价标准。比如拉拔试验中拉拔荷载的确定、分级施加、变形检测仪器等。

参考文献

［1］ 欧曙光. 预埋件及后置埋件整体抗拔性能检测方法初探［J］. 工程质量，2007（9）：19-21.

碾压振动对邻近黄土窑洞的影响测试与分析评价

孙　迪　马月坤　刘育民　莒运奇　王宏欢　左勇志

北京市建筑工程研究院有限责任公司，北京，100039

摘　要： 压路机在基础设施建设中被广泛使用，其碾压作业产生的振动可能会导致邻近建筑物的损坏，并干扰周围居民和相关人员的正常工作和生活。本文以甘肃庆阳某地风机地基碾压振动对周围窑洞的影响测试作为工程实例，介绍了现场振动测试采用的仪器、数据采集、测试方案等技术要点，结合现场碾压振动实际测试结果，论述了碾压振动与锤击打桩振动、强夯振动的不同，并参考现行规范标准给出了碾压振动作用下窑洞的容许振动值，利用峰值速度法对振动测试的结果进行了分析评价。

关键词： 碾压振动，容许振动值，窑洞

Test，Analysis and Evaluation of Influence of Rolling Vibration on the Nearby Loess Caves

Sun Di　Ma Yuekun　Liu Yumin　Ju Yunqi　Wang Honghuan　Zuo Yongzhi

Beijing Building Construction Research Institute Co.，Ltd.，Beijing，100039

Abstract： Rollers are widely used in infrastructure construction，and the Rolling Vibration may cause damage to adjacent buildings and interfere with the normal work and life of nearby residents and related personnel. This article takes the test of impact of Rolling Vibration on surrounding cave at a certain place in Qingyang，Gansu Province as an engineering example，introduces the technical points of the instrument，data collection and testing scheme used in on-site vibration testing，combined with actual test results of on-site rolling compaction vibration discusses the difference between the vibration of roller compaction，the vibration of pounding piles and the vibration of dynamic compaction. The permissible vibration values of the cavern under the action of roller compaction vibration are given with reference to the current specification standards. The results of vibration tests are analyzed and evaluated using the peak velocity method.

Keywords： Rolling Vibration，Allowable vibration value，Cave

1　前言

　　随着工程建设项目的日益增多，人们对生活环境的要求越来越高，由施工爆破、强夯、打桩、碾压等施工活动引起的临近建筑物的振动也愈来愈受到重视。施工振动引起的应力波在土体中向外传播，可能导致周围建筑物的损坏，还可能影响精密仪器、仪表和对振动有特殊要求的产品精加工过程，并干扰周围居民和相关人员的正常工作和生活[1]。如果干扰导致纠纷，有可能造成工程停工，并且由此产生的诉讼也时有发生。

　　其中关于碾压振动对周边建筑物及环境造成的影响，国内学者已进行了研究，程斌[2]对路基碾压振动影响进行了测试分析，并以国家标准（GB 6722—2003）[3]为依据对周围建筑的影响进行了评价；杨凯等[4]分析了压路机碾压振动的衰减规律及其对周边环境的影响程度，并从地震烈度的角度分析了振动对周围建筑结构的影响。

　　本文以甘肃庆阳地区某地风机地基为试验场地进行地基碾压振动的监测试验为实例，介绍了施工

振动对建筑物的影响形式及影响评价方法，列举了施工振动影响评价的相关规范标准，并结合现场实测振动结果及窑洞的特殊结构形式，分析评价了碾压振动对周围窑洞的影响，从而为类似的鉴定提供方法参考和依据。

2　现场试验

2.1　试验场地概况

施工现场场地地貌单元为黄土高原丘陵沟壑区，丘陵、沟壑、梁峁交错纵横，场地地层主要为上更新统风积黄土层和中更新统黄土层，厚度较大，黄土层总厚度约200m，另外场地周围还分布有人工开挖的陡坎和窑洞，周围窑洞按照修筑方式不同大体可分为靠崖式土窑、明箍窑、接口窑三种类型，场地周围居住建筑以靠崖式土窑洞为主（见图1），施工场地与窑洞不在一个平面，位于窑顶上侧，施工场地距四周窑洞顶部的距离在150～300m不等。

图1　施工场地周围窑洞

因在风机地基碾压密实施工作业中，附近村民反应会感到窑洞在震动，门窗作响，影响到正常的生活与休息，且窑洞出现裂缝，安全存在隐患，因此为确定碾压作业对相邻窑洞的安全是否有影响，需进行现场振动测试。

2.2　试验仪器布置

（1）试验测试设备

现场碾压作业使用厦工生产的XG622MH单钢轮振动压路机，碾压机主要参数如表1所列。

表1　碾压机主要技术参数表

项目	型号
	XG622MH
质量（kg）	22000
振动频率（Hz）	28/32
额定振幅（mm）	2.0
激振动（kN）	390
发动机功率（kW）	136

（2）试验仪器

振动的检测设备由中国地震局工程力学研究所生产的941B型拾振器、云智慧数据采集仪INV3062T2、电脑主机组成（见图2）。其中941B型拾振器是一种用于超低频或低频振动测量的多功能仪器，它主要用于地面和结构物的脉动测量，一般结构物的工业振动测量，高柔结构物的超低频大幅度测量和微弱振动测量。拾振器设有加速度、小速度、中速度和大速度四档，可根据需要，选取拾振器上微型拨动开关选择相应的档位。

在软件上，配套使用的DASP V10软件既具有多类型视窗的多模块功能高度集成特性，又具有操作便捷的特点。为更好的采集振动数据，振动监测采样时选择手动。

图2　施工场地现场检测设备

（3）仪器布置

为了分析压路机工作过程中振动对邻近窑洞产生的影响，选择离压路机施工距离最近的村民窑洞进行振动试验监测，试验场地距窑洞顶部距离为152m；振动试验测试时，测点布置在窑脚，每个测点均布设竖向、径向、切向的振动速度监测，其中平行于窑洞平面的方向为径向，垂直于窑洞方向的为切向。

2.3　试验测试及结果

碾压振动测试时，考虑到压路机振动时有强档、弱档两个档位进行施工作业，因此测试时选取原地碾压振动时弱振和强振、以及压路机正常碾压行进施工时弱振和强振，共计四种工况分别进行测试，每种工况均测试3次，每次测试时间15min，最终测试结果取测试三次的平均值。窑洞在碾压振动作用下的振动峰值速度及对应频率详见表2。

表 2　窑洞碾压振动作用下的振动峰值速度及对应频率

检测工况	人的感觉及震害程度	测点		测量结果	
		测点位置	测量方向	速度峰值（mm/s）	对应频率（Hz）
压路机正常碾压行进中弱振	窑洞门、窗轻微作响	窑脚	竖向	0.24	13.75
			径向	0.26	14.05
			切向	0.20	29.58
压路机原地弱振	窑洞门、窗轻微作响	窑脚	竖向	0.41	15.21
			径向	0.49	19.33
			切向	0.24	22.40
压路机正常碾压行进中强振	窑洞门、窗颤动作响	窑脚	竖向	0.37	13.20
			径向	0.41	17.30
			切向	0.31	12.85
压路机原地强振	窑洞门、窗颤动作响	窑脚	竖向	0.39	16.10
			径向	0.37	18.61
			切向	0.36	23.00

3　碾压施工振动测试结果评

（1）碾压施工振动容许振动值选定

采用峰值速度法进行评定，关键是选定合适的容许振动值。目前容许振动值的选定主要依据《建筑工程容许振动标准》GB 50868 和《民用建筑可靠性鉴定标准》GB 50292，其中《建筑工程容许振动标准》GB 50868 按照施工振动类型的不同对容许振动值进行了详细分类。

如按照《建筑工程容许振动标准》GB 50868 选定容许振动值，会发现标准中除锤击和振动法打桩、振冲法处理地基，以及强夯处理地基的容许振动值外，无碾压振动容许振动值，碾压振动是周期性连续振动，其振动特征和振动主频率与振动法沉桩类似，而与锤击打桩施工振动、强夯施工振动的振动历时和幅频特性不同，所以如参照《建筑工程容许振动标准》GB 50868 选定容许振动值，建议按照振动法沉桩的容许振动值选定。

本文所讨论的窑洞结构形式特殊，不同于普通的砖混结构、混凝土结构、钢结构等建筑，它大多是建在黄土源区的冲沟、边坡和台阶地上，利用黄土本身的受力特性，主要是用土拱来承受上部荷载[5]。《民用建筑可靠性鉴定标准》GB 50292 虽未给出窑洞这一结构形式，但《爆破安全规程》GB 6722 中将土窑洞、土坯房、毛石房屋划为同一种结构形式，所以如按照《民用建筑可靠性鉴定标准》GB 50292 选定容许振动值，建议参考土坯房选定容许振动值。

（2）碾压施工振动对窑洞影响分析评价

通过现场测试，碾压施工振动主频率域为 15 ～ 35Hz，参考《民用建筑可靠性鉴定标准》GB

50292，选取土坯房、毛石房屋取安全等级低所对应的振动速度安全限值为 5mm/s。

参考《建筑工程容许振动标准》GB 50868，选取打桩、振冲法处理地基所对应的振动容许振动值，并按规定对于未达到国家现行抗震设防标准的城市旧房和镇（乡）村未经正规设计自行建造的房屋的容许振动值按规定值的 70% 确定。

窑洞在原地碾压振动时弱振和强振、压路机正常碾压行进施工时弱振和强振共计四种工况下的实际测试结果和振动速度安全限值对比见表 3，碾压振动过程中的径向、垂直方向、切向的速度峰值均低于《民用建筑可靠性鉴定标准》GB 50292 及《建筑工程容许振动标准》GB 50868 规定的安全限值。因此，碾压施工振动不会导致邻近窑洞结构损坏。

但通过现场测试，发现碾压振动施工时，窑洞内的多数人均有震感，而且窑洞的门窗作响，参考《中国地震烈度表》GB/T 17742 相关规定，振动施工对应的地震烈度等级为 IV 级，长时间振动会导致周围居民感觉不适。

表 3　各工况下窑洞测试结果及速度安全限值

检测工况	测点		测量结果		GB 50292 容许振动值	GB 50868 容许振动值
	测点位置	测量方向	速度峰值（mm/s）	对应频率（Hz）	速度峰值（mm/s）	速度峰值（mm/s）
压路机正常碾压行进中弱振	窑脚	垂直	0.24	13.75	5.0	2.3
		径向	0.26	14.05	5.0	2.3
		切向	0.20	29.58	5.0	3.1
压路机原地弱振	窑脚	垂直	0.41	15.21	5.0	2.4
		径向	0.49	19.33	5.0	2.6
		切向	0.24	22.40	5.0	2.7
压路机正常碾压行进中强振	窑脚	垂直	0.37	13.20	5.0	2.3
		径向	0.41	17.30	5.0	2.5
		切向	0.31	12.85	5.0	2.2
压路机原地强振	窑脚	垂直	0.39	16.10	5.0	3.4
		径向	0.37	18.61	5.0	2.5
		切向	0.36	23.00	5.0	2.8

4　结论

通过现场的振动测试，可以得出如下结论：四种工况作用下的碾压施工振动峰值速度均未超过相关规范标准容许值，不会对周围窑洞造成结构损伤或破坏；但试验场地地处黄土高原，地质情况复杂，受窑址选择、下部岩层、窑宽及进深、窑洞衬砌、黄土性质等多种因素影响，土窑洞病害或损坏情况普遍存在，若原有土窑洞存在病害或损坏，交通振动或施工振动可能会加重邻近居民点土窑洞的病害或损坏程度。另外，具有重复性的交通振动或持续时间较长的施工振动可能会对邻近居民点土窑洞产生累积损伤。

参考文献

[1] 贾敏才，周健，李杰三. 地基处理施工振动及其对环境的影响评述 [J]. 地下空间，2004（4）：500-505.

[2] 程斌. 路基碾压振动影响测试分析及评价 [J]. 交通科技，2008（7）：78-80.

[3] GB 6722—2003. 爆破安全规程 [S]. 北京，中国标准出版社，2003.

[4] 杨凯. 路基碾压振动对周边环境影响的监测试验 [J]. 安全与环境学报，2014，14（4）：276-279.

[5] 杨志威. 浅议我国窑洞建筑的现状与未来 [J]. 西北建筑工程学院学报，1990（3）：130-140.

基坑开挖对周边建筑物地基基础安全性的影响

莒运奇　刘育民　马月坤　王宏欢　孙　迪　左勇志

北京市建筑工程研究院有限责任公司，北京，100039

摘　要：本文根据实际的工程案例，讨论基坑开挖对周边建筑物地基基础安全性的影响。监测过程：于涉案房屋南墙、北墙及四个阳角布置 6 个沉降观测点，采用水准仪对沉降观测点进行 4 个月连续的沉降观测。通过对沉降观测数据的处理，得出当期沉降量及累计沉降量，结合中华人民共和国国家标准《民用建筑可靠性鉴定标准》(GB 50292—1999)，对数据进行分析，进而对涉案房屋的地基基础安全性进行评判。

关键词：基础，沉降，安全性，监控

Influence of Foundation Pit Excavation on Foundation Safety of Surrounding Buildings

Ju Yunqi　Liu Yumin　Ma Yuekun　Wang Honghuan　Sun Di　Zuo Yongzhi

Beijing Building Construction Research Institute Co., Ltd., Beijing, 100039

Abstract : According to practical engineering cases, discusses the influence of foundation pit excavation on the foundation safety of surrounding buildings. Monitoring process : six settlement observation points are arranged on the south wall, north wall and four yang angles of the involved house, and the level gauge is adopted to conduct four-month continuous settlement observation on the settlement observation points. Through the processing of settlement observation data, the current settlement and accumulated settlement are obtained. combining with the national standard of the people's Republic of China " civil building reliability appraisal standard" (GB 50292—1999), the data are analyzed, and then the foundation safety of the houses involved is evaluated.

Keywords: foundation, settlement, safety, monitoring

1　前言

在我国城市建设中经常会出现既有建筑周围兴建高层建筑以及开挖隧道等情况，基坑支护、沟渠或地下隧道工程的施工往往会给周围房屋建筑等造成不同程度的影响[1]。基坑开挖过程受到许多因素的限制，施工工艺复杂[2]，开挖过程可能会引起周围建筑物产生的地基沉降、墙体裂缝等，影响房屋结构安全性。

2　工程概况

涉案综合楼为二层砖混结构（建筑平面示意图见图 1、图 2），相邻北侧基坑开挖过程中，综合楼上部结构发现多处裂缝，于是对综合楼进行埋点，在综合楼四角及南北墙中部共布置 6 个沉降观测点进行观测。

3　鉴定内容

3.1　沉降观测点的布置

6 个沉降观测点分别布置在综合楼四角及南北墙中部，沉降观测点位置见图 3。

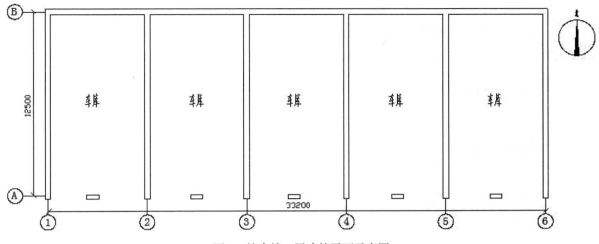

图 1　综合楼一层建筑平面示意图

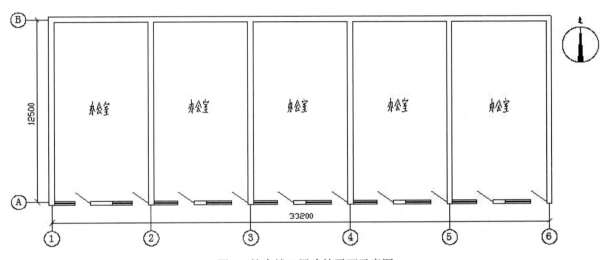

图 2　综合楼二层建筑平面示意图

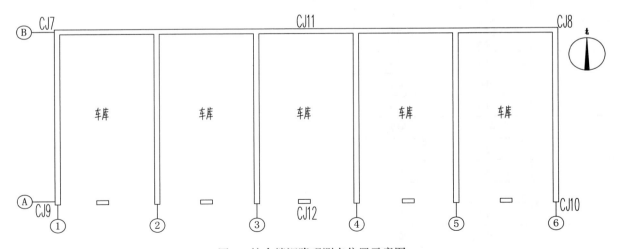

图 3　综合楼沉降观测点位置示意图

3.2　沉降观测

观测点 CJ7～观测点 CJ12 单次观测数据及累计观测数据分别见表 1、表 2。观测点 CJ7～观测点 CJ12 各点累计沉降量对比见图 4。

表 1　观测点 CJ7 ～观测点 CJ12 单次观测数据

Table 1　Observation point cj7 ～ observation point cj12 single observation data

观测次数	CJ7	CJ8	CJ9	CJ10	CJ11	CJ12
1	0.0	0.0	0.0	0.0	/	/
2	0.0	0.0	0.0	0.0	/	/
3	−0.7	−0.7	−0.4	−0.7	/	/
4	0.8	−0.4	0.5	−0.8	/	/
5	−0.3	0.1	−0.7	−0.4	/	/
6	0.8	0.7	0.3	0.5	/	/
7	−0.4	−0.5	−0.6	−0.7	/	/
8	−0.9	−1.8	−0.8	−0.8	/	/
9	−1.1	−7.3	−0.5	−3.8	/	/
10	0.6	2.0	1.1	0.0	/	/
11	−0.1	−0.3	0.0	−0.3	/	/
12	−0.5	−0.7	−0.3	−1.0	−0.5	−0.7
13	−0.3	−0.1	−0.1	−0.3	−0.1	−0.4
14	−0.1	−0.7	−0.2	−0.4	−0.6	−0.1
15	−0.1	0.3	0.0	0.0	0.2	−0.3
16	−0.2	−0.5	0.2	0.5	−0.5	0.5
17	0.0	0.1	−0.1	−0.3	0.1	−0.2
18	0.1	0.0	0.2	−0.4	0.0	−0.5
19	−0.1	−0.2	0.1	−0.3	−0.1	0.0
20	−0.1	−0.3	0.2	0.0	−0.2	−0.1
21	−0.3	−0.1	0.0	0.2	−0.4	−0.2
22	−0.2	−0.1	−1.0	−0.5	0.0	−0.5
23	0.2	0.3	0.1	0.6	0.4	0.1
24	−0.4	−0.5	−0.3	−0.7	−0.4	−0.9
25	0.4	0.0	0.5	0.0	0.0	0.6
26	−0.3	−0.4	−0.2	−0.5	−0.3	−0.4
27	0.0	0.1	−0.1	0.0	0.0	0.0
28	0.0	−0.6	−0.2	−0.2	−0.4	−0.2
29	−0.2	0.2	0.2	0.1	−0.2	−0.4
30	0.1	0.3	0.1	0.1	0.3	0.2
31	0.1	0.1	−0.1	−0.1	0.0	0.3
32	−0.1	0.1	0.4	0.5	0.1	0.4
33	−0.2	−0.1	−0.3	0.0	−0.2	−0.2
34	0.5	0.0	0.4	−0.4	0.0	−0.3
35	−0.1	−0.7	−0.3	−0.8	−0.2	−0.7
36	−0.2	−0.2	0.0	−0.2	−0.3	0.1
37	0.3	0.3	0.2	0.3	0.1	0.0
38	0.3	−0.1	0.2	−0.3	0.0	0.0

观测次数	CJ7	CJ8	CJ9	CJ10	CJ11	CJ12
39	−0.3	−0.3	0.0	0.8	−0.1	0.2
40	−0.2	0.0	−0.1	−0.6	0.0	−0.2
41	0.2	0.3	0.3	0.2	0.0	0.4
42	−0.1	−0.1	−0.3	−0.4	−0.2	−0.5
43	−0.3	−0.3	−0.1	0.0	−0.3	−0.1
44	−0.2	−0.2	−0.3	0.2	0.1	0.0
45	−0.2	−0.2	−0.2	0.0	−0.1	−0.1
46	0.1	−0.2	0.3	−0.3	−0.3	−0.3
47	0.2	0.6	0.0	−0.2	0.1	0.3
48	−0.1	−0.4	−0.1	0.1	−0.1	−0.2
49	−0.2	−0.4	0.0	−0.2	−0.2	−0.4
50	0.2	0.1	0.2	0.3	0.2	0.4
51	0.0	0.1	−0.1	0.1	0.0	0.2
52	−0.2	−0.3	−0.2	−0.3	−0.3	−0.4
53	0.3	0.4	0.2	0.3	0.2	0.2
54	0.0	0.4	0.4	0.7	0.1	0.5
55	0.4	0.2	0.3	0.3	0.3	0.3
56	−0.1	−0.2	−0.3	−0.3	−0.1	−0.3
57	−0.2	0.1	−0.5	0.1	−0.3	−0.2
58	−0.4	−0.5	−0.2	−0.6	−0.1	−0.3
59	−0.2	−0.6	0.0	−0.7	−0.4	−0.6
60	0.2	0.2	0.2	0.1	0.3	0.1
61	0.3	0.2	0.4	0.2	0.1	0.3
62	−0.1	0.0	−0.2	0.0	0.2	−0.2
63	−0.2	−0.5	−0.1	−0.3	−0.4	0.0
64	−0.2	0.1	−0.3	0.2	−0.2	−0.2
65	0.2	−0.2	0.1	−0.2	0.2	−0.2
66	−0.1	0.1	−0.2	0.1	−0.3	0.1
67	0.1	−0.1	0.4	0.0	0.0	0.1
68	−0.1	−0.3	−0.2	−0.3	0.1	−0.2
69	−0.3	−0.4	0.1	−0.6	−0.4	−0.3
70	−0.2	−0.3	−0.1	−0.2	0.0	−0.1
71	−0.1	−0.1	0.1	0.3	−0.4	−0.1
72	−0.3	−0.2	−0.1	−0.3	0.0	−0.2
73	0.2	0.2	−0.3	−0.3	−0.1	−0.1
74	−0.3	−0.1	0.1	−0.2	0.0	−0.2
75	0.4	0.2	0.1	0.3	0.3	0.3
76	−0.2	−0.3	0.0	−0.2	0.2	0.1
77	0.2	−0.1	0.1	−0.3	0.2	−0.2

观测次数	CJ7	CJ8	CJ9	CJ10	CJ11	CJ12
78	0.4	0.5	0.2	0.5	−0.3	0.4
79	−0.1	−0.2	0.1	−0.2	0.0	−0.2
80	−0.1	−0.3	−0.2	0.2	−0.1	0.0
81	−0.1	0.0	0.1	0.2	−0.1	−0.2
82	−0.1	−0.2	0.1	−0.3	0.0	−0.1
83	−0.1	−0.4	−0.2	0.3	−0.4	0.4
84	0.0	−0.4	0.0	0.1	−0.2	−0.2
85	0.0	−0.2	0.1	0.3	−0.2	0.1
86	−0.2	−0.3	−0.1	−0.1	0.1	−0.2
87	0.2	−0.1	0.3	−0.3	−0.1	−0.2
88	−0.1	0.3	−0.2	0.2	0.1	0.1
89	0.3	0.1	0.4	0.5	−0.1	0.3
90	−0.5	−0.4	−0.3	−0.2	−0.7	0.0
91	−0.1	−0.6	−0.2	−0.5	−0.1	−0.6
92	0.2	0.1	0.3	0.3	0.0	0.3

表 2　观测点 CJ7 ～观测点 CJ12 累计观测数据　　　　　　　　mm

Table 2　Observation point cj7 ～ observation point cj12 accumulated observation data　　mm

观测次数	CJ7	CJ8	CJ9	CJ10	CJ11	CJ12
1	0.0	0.0	0.0	0.0	/	/
2	0.0	0.0	0.0	0.0	/	/
3	−0.7	−0.7	−0.4	−0.7	/	/
4	0.1	−1.1	0.1	−1.5	/	/
5	−0.2	−1.0	−0.6	−1.9	/	/
6	0.6	−0.3	−0.3	−1.4	/	/
7	0.2	−0.8	−0.9	−2.1	/	/
8	−0.7	−2.6	−1.7	−2.9	/	/
9	−1.8	−9.9	−2.2	−6.7	/	/
10	−1.2	−7.9	−1.1	−6.7	/	/
11	−1.3	−8.2	−1.1	−7.0	/	/
12	−1.8	−8.9	−1.4	−8.0	−0.5	−0.7
13	−2.1	−9.0	−1.5	−8.3	−0.6	−1.1
14	−2.2	−9.7	−1.7	−8.7	−1.2	−1.2
15	−2.3	−9.4	−1.7	−8.7	−1.0	−1.5
16	−2.5	−9.9	−1.5	−8.2	−1.5	−1.0
17	−2.5	−9.8	−1.6	−8.5	−1.4	−1.2
18	−2.4	−9.8	−1.4	−8.9	−1.4	−1.7
19	−2.5	−10.0	−1.3	−9.2	−1.5	−1.7
20	−2.6	−10.3	−1.1	−9.2	−1.7	−1.8

续表

观测次数	CJ7	CJ8	CJ9	CJ10	CJ11	CJ12
21	−2.9	−10.4	−1.1	−9.0	−2.1	−2.0
22	−3.1	−10.5	−2.1	−9.5	−2.1	−2.5
23	−2.9	−10.2	−2.0	−8.9	−1.7	−2.4
24	−3.3	−10.7	−2.3	−9.6	−2.1	−3.3
25	−2.9	−10.7	−1.8	−9.6	−2.1	−2.7
26	−3.2	−11.1	−2.0	−10.1	−2.4	−3.1
27	−3.2	−11.0	−2.1	−10.1	−2.4	−3.1
28	−3.2	−11.6	−2.3	−10.3	−2.8	−3.3
29	−3.4	−11.4	−2.1	−10.2	−3.0	−3.7
30	−3.3	−11.1	−2.0	−10.1	−2.7	−3.5
31	−3.2	−11.0	−2.1	−10.2	−2.7	−3.2
32	−3.3	−10.9	−1.7	−9.7	−2.6	−2.8
33	−3.5	−11.0	−2.0	−9.7	−2.8	−3.0
34	−3.0	−11.0	−1.6	−10.1	−2.8	−3.3
35	−3.1	−11.7	−1.9	−10.9	−3.0	−4.0
36	−3.3	−11.9	−1.9	−11.1	−3.3	−3.9
37	−3.0	−11.6	−1.7	−10.8	−3.2	−3.9
38	−2.7	−11.7	−1.5	−11.1	−3.2	−3.9
39	−3.0	−12.0	−1.5	−10.3	−3.3	−3.7
40	−3.2	−12.0	−1.6	−10.9	−3.3	−3.9
41	−3.0	−11.7	−1.3	−10.7	−3.3	−3.5
42	−3.1	−11.8	−1.6	−11.1	−3.5	−4.0
43	−3.4	−12.1	−1.7	−11.1	−3.8	−4.1
44	−3.6	−12.3	−2.0	−10.9	−3.7	−4.1
45	−3.8	−12.5	−2.2	−10.9	−3.8	−4.2
46	−3.7	−12.7	−1.9	−11.2	−4.1	−4.5
47	−3.5	−12.1	−1.9	−11.4	−4.0	−4.2
48	−3.6	−12.5	−2.0	−11.3	−4.1	−4.4
49	−3.8	−12.9	−2.0	−11.5	−4.3	−4.8
50	−3.6	−12.8	−1.8	−11.2	−4.1	−4.4
51	−3.6	−12.7	−1.9	−11.1	−4.1	−4.2
52	−3.8	−13.0	−2.1	−11.4	−4.4	−4.6
53	−3.5	−12.6	−1.9	−11.1	−4.2	−4.4
54	−3.5	−12.2	−1.5	−10.4	−4.1	−3.9
55	−3.1	−12.0	−1.2	−10.1	−3.8	−3.6
56	−3.2	−12.2	−1.5	−10.4	−3.9	−3.9
57	−3.4	−12.1	−2.0	−10.3	−4.2	−4.1
58	−3.8	−12.6	−2.2	−10.9	−4.3	−4.4
59	−4.0	−13.2	−2.2	−11.6	−4.7	−5.0

观测次数	CJ7	CJ8	CJ9	CJ10	CJ11	CJ12
60	−3.8	−13.0	−2.0	−11.5	−4.4	−4.9
61	−3.5	−12.8	−1.6	−11.3	−4.3	−4.6
62	−3.6	−12.8	−1.8	−11.3	−4.1	−4.8
63	−3.8	−13.3	−1.9	−11.6	−4.5	−4.8
64	−4.0	−13.2	−2.2	−11.4	−4.7	−5.0
65	−3.8	−13.4	−2.1	−11.6	−4.5	−5.2
66	−3.9	−13.3	−2.3	−11.5	−4.8	−5.1
67	−3.8	−13.4	−1.9	−11.5	−4.8	−5.0
68	−3.9	−13.7	−2.1	−11.8	−4.7	−5.2
69	−4.2	−14.1	−2.0	−12.4	−5.1	−5.5
70	−4.4	−14.4	−2.1	−12.6	−5.1	−5.6
71	−4.5	−14.5	−2.0	−12.3	−5.5	−5.7
72	−4.8	−14.7	−2.1	−12.6	−5.5	−5.9
73	−4.6	−14.5	−2.4	−12.9	−5.6	−6.0
74	−4.9	−14.6	−2.3	−13.1	−5.6	−6.2
75	−4.5	−14.4	−2.2	−12.8	−5.3	−5.9
76	−4.7	−14.7	−2.2	−13.0	−5.1	−5.8
77	−4.5	−14.8	−2.1	−13.3	−4.9	−6.0
78	−4.1	−14.3	−1.9	−12.8	−5.2	−5.6
79	−4.2	−14.5	−1.8	−13.0	−5.2	−5.8
80	−4.3	−14.8	−2.0	−12.8	−5.3	−5.8
81	−4.4	−14.8	−1.9	−12.6	−5.4	−6.0
82	−4.5	−15.0	−1.8	−12.9	−5.4	−6.1
83	−4.6	−15.4	−2.0	−12.6	−5.8	−5.7
84	−4.6	−15.8	−2.0	−12.5	−6.0	−5.9
85	−4.6	−16.0	−1.9	−12.2	−6.2	−5.8
86	−4.8	−16.3	−2.0	−12.3	−6.1	−6.0
87	−4.6	−16.4	−1.7	−12.6	−6.2	−6.2
88	−4.7	−16.1	−1.9	−12.4	−6.1	−6.1
89	−4.4	−16.0	−1.5	−11.9	−6.2	−5.8
90	−4.9	−16.4	−1.8	−12.1	−6.9	−5.8
91	−5.0	−17.0	−2.0	−12.6	−7.0	−6.4
92	−4.8	−16.9	−1.7	−12.3	−7.0	−6.1

3.3　数据分析

根据中华人民共和国国家标准《民用建筑可靠性鉴定标准》（GB 50292—1999）第 6.2.4 条："当地基（或桩基）的安全性按地基变形（建筑物沉降）观测资料或其上部结构反应的检查结果评定时，应按下列规定评级：3、C_u 级，不均匀沉降大于现行国家标准《建筑地基基础设计规范》（GB 50007）规定的允许沉降差，或连续两个月地基沉降速度大于每月 2mm；或建筑物上部结构砌体部分出现宽度大于 5mm 的沉降裂缝，预制构件连接部位可能出现宽度大于 1mm 的沉降裂缝，且沉降裂缝短期内无终止趋势"。

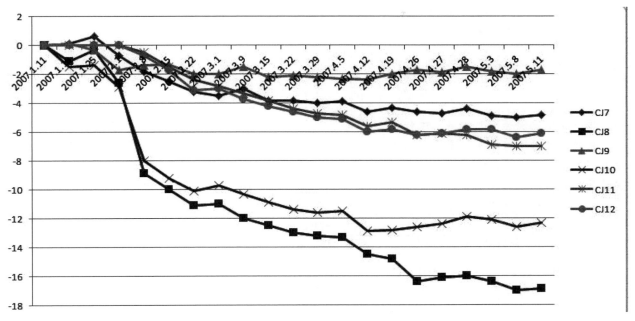

图 4　观测点 CJ7 ～观测点 CJ12 累计沉降量对比（单位：mm）

观测期间内，观测点 CJ8、观测点 CJ11 连续两个月地基沉降速度均大于每月 2mm，但沉降观测后期不均匀沉降无变快趋势。因此，根据上述情况及《民用建筑可靠性鉴定标准》（GB 50292—1999）第 3.3.1 条及第 6.2.4 条的相关规定，涉案综合楼的地基基础安全性评为 C_U 级。

4　结语

相邻基坑的开挖对涉案综合楼的地基基础安全性造成了影响，但沉降观测后期不均匀沉降无变快趋势，因此涉案综合楼的地基基础安全性评为 C_U 级。

基坑开挖过程中应做好基坑支护，并对周边建筑做好沉降观测，做好沉降分析，数据发生较大变化时，可及时采取安全措施。

参考文献

［1］四川省住房和城乡建设厅. 民用建筑可靠性鉴定标准［S］. 北京：中国建筑工业出版社，2015.
［2］潘延平，王美华，鲁智明. 中心城区深基坑工程建设周边环境风险控制指南［M］. 北京：中国建筑工业出版社，2011.

某生态园钢结构安全性检测鉴定

王宏欢　刘育民　马月坤　莒运奇　孙　迪　左勇志

北京市建筑工程研究院有限责任公司，北京，100039

摘　要： 某生态园为单层钢结构工程，由于建设单位与施工单位对该工程的施工质量是否合格存在争议，需对该结构进行安全性鉴定。本文介绍了该钢结构工程的检测鉴定内容，包括现场检测和安全性评级。为今后同类的钢结构工程的检测鉴定提供一些参考。

关键词： 钢结构，检测，鉴定

Appraisal of Safety of a Single-Layer Steel Structure

Wang Honghuan　Liu Yumin　Ma Yuekun　Ju Yunqi　Sun Di　Zuo Yongzhi

Beijing Building Construction Research Institute co., Ltd., Beijing 100039, China

Abstract : The structural style of an ecological park is single-layer steel structure. As the construction unit and the construction unit have disputes over whether the construction quality of the project is qualified, it is necessary to conduct appraisal of safety of the structure. In this paper, the contents of structural inspection and appraisal are introduced, including current status inspection and appraisal of safety. This paper can give reference for inspection and appraisal of the familiar structure.

Keywords： Steel Structure, Inspection, Appraisal

1　工程概况

某生态园温室大棚位于江苏省，为单层 7 跨钢结构工程，结构尺寸为 142.8m×82m，主钢架檐口高度为 8.5m，柱距 9m，柱下独立基础；轻型屋面板，屋面支撑采用采用 A20 圆钢，M20 花篮螺栓张紧。现场照片如图 1 和图 2 所示。

图 1　生态园大棚照片（1）

图 2　生态园大棚照片（2）

2　生态园大棚钢结构安全性鉴定的主要内容

根据建设单位和施工单位存在争议的施工质量方面，确定了安全性鉴定的主要工作有以下几个方面[1]：

（1）钢结构工程结构体系检查；

（2）钢梁与吊杆连接节点施工质量检查；

（3）高强螺栓终拧扭矩检测；

（4）钢结构构件涂层厚度检测；

（5）对接焊缝质量检测；

（6）地脚螺栓质量检查；

（7）钢柱垂直度偏差检测；

（8）施工质量评定。

后期根据上述的现场检测结果对该钢结构进行安全性鉴定评级。

3　现场检查与检测结果

3.1　结构体系检查

现场检查时，对该生态园温室大棚的结构类型、建筑做法进行检查。检查结果表明结构类型、结构尺寸、结构高度、跨度、柱距、钢结构支撑体系均符合原设计图纸。由于业主和施工单位均对构件尺寸无异议，因此现场检测工作未对构件尺寸进行再次检测。

3.2　钢梁与吊杆连接节点施工质量检查

现场检查时，对钢梁与吊杆连接节点的螺栓锈蚀现状和数量进行抽样检测。依据设计图纸的要求和《钢结构工程施工质量验收规范》（GB 50205—2001）的相关规定[2]，现场检测结果表明，所抽检的连接节点的螺栓均存在表面锈蚀、返锈的现象；连接节点的螺栓数量大部分符合设计要求。

3.3　高强螺栓终拧扭矩检测

采用扭力扳手对钢结构的高强螺栓的终拧扭矩值进行抽样检测。根据建设单位和施工单位提供的双方均认可的设计图纸知高强螺栓性能等级为 10.9 级，M20 规格的设计预拉力为 155kN；同时依据《钢结构工程施工质量验收规范》（GB 50205—2001）的相关规定[3]，得到下表 1 数值。

表 1　高强螺栓 M20 终拧扭矩 T_c

Table 1　High strength bolt（M20）final torque T_c

螺栓性能等级	公称直径 d（mm）	设计预拉力 P_c（kN）	终拧扭矩理论值 T_c（N·m）	设计终拧扭矩理论值
			$K=0.110 \sim 0.150$	（90% ～ 110%）T_c（N·m）
10.9	M20	505155	341.0 ～ 465.0	306.9 ～ 511.5

依据设计图纸的要求和《钢结构现场检测技术标准》（GB/T 50621—2010）的相关规定[4]，对 40 个高强螺栓的终拧扭矩值进行检测，其中 39 个高强螺栓的终拧扭矩值均低于设计要求。

3.4　钢结构构件涂层厚度检测

采用涂层测厚仪对钢结构的钢柱、钢梁构件的涂层厚度进行抽样检测。依据设计图纸的要求："钢结构构件的防腐涂层厚度应不小于 $180\mu m$。"和《钢结构现场检测技术标准》（GB/T 50621—2010）的相关规定[5]，现场抽检了 40 个钢构件，现场检测结果表明，所抽检的 39 个钢构件的防腐涂层厚度低于设计要求。

3.5　对接焊缝质量检测

采用超声波检测仪对结构中对接焊缝的尺寸、外观质量及内部缺陷情况进行抽样检测。依据设计图纸的要求和《钢结构工程施工质量验收规范》（GB 50205—2001）的相关规定[6]，现场检测结果表明，该钢结构工程的对接焊缝质量基本完好。

3.6　地脚螺栓质量检查

依据设计图纸的要求，对该钢结构工程的地脚螺栓施工质量进行抽样检查。现场检查结果表明，所抽检大部分的地脚螺栓施工质量不符合设计要求。

3.7 钢柱垂直度偏差检测

采用经纬仪对钢结构钢柱构件的垂直度偏差现状进行抽检。现场检测的绝大部分的钢柱构件垂直度偏差值超过《钢结构工程施工质量验收规范》（GB 50205—2001）[7]中对钢柱安装的允许偏差值 $H/1000$。

4 安全性评级

依据《民用建筑可靠性鉴定标准》（GB 50292—2015）[8]对该生态园温室大棚钢结构工程的安全性进行评级。该结构地基基础的安全性鉴定评级为 A_u 级；上部承重结构的安全性鉴定评级为 A_u 级，结构承载力满足要求。综合上述的地基基础和上部承重结构的评定结果，取最不利结果，该钢结构工程鉴定单元安全性评级为 A_{su} 级。

5 结语

该钢结构工程的各项检测鉴定工作，均按照现行的钢结构检测鉴定标准进行。通过本次检测鉴定工作，发现了一些问题。

（1）施工过程中，各分部分项工程的施工质量一般会存在缺陷或者不足，特别是大部分的高强螺栓终拧扭矩值均低于设计要求。在以往的检测鉴定工作中发现，也都发现会存在同样的问题。如何在施工过程中提高施工质量，提高施工管理水平，以及后续的验收环节如何把关来避免出现一些流于形式的工作，这些对于钢结构工程的后期使用阶段的安全保障非常重要。

（2）检测鉴定方面：现有结构检测鉴定标准中对测点的现场布置的位置无明确要求或者指示，往往现场布置均依靠检测工程师的经验判断[9]，有时候甚至受制于现场条件需要变更检测位置，因此抽样检测过程中，如何合理布置测点，用所检工程的局部数据来更好的、更全面的代表所检工程的整体质量将会对检测工程师是一个大的考验。

参考文献

[1] 中华人民共和国住房和城乡建设部.GB 50292—2015.民用建筑可靠性鉴定标准［S］.北京：中国建筑工业出版社，2015.6-12.

[2] 中华人民共和国建设部. GB 50205—2001. 钢结构工程施工质量验收规范［S］.北京：中国计划出版社，2002.18，57.

[3] 中华人民共和国建设部. GB 50205—2001. 钢结构工程施工质量验收规范［S］.北京：中国计划出版社，2002.65-67.

[4] 中华人民共和国住房和城乡建设部. GB/T 50621—2010. 钢结构现场检测技术标准［S］.北京：中国建筑工业出版社，2010.30-31.

[5] 中华人民共和国住房和城乡建设部. GB/T 50621—2010. 钢结构现场检测技术标准［S］.北京：中国建筑工业出版社，2010.38-39.

[6] 中华人民共和国建设部. GB 50205—2001. 钢结构工程施工质量验收规范［S］.北京：中国计划出版社，2002.14-15.

[7] 中华人民共和国建设部. GB 50205—2001. 钢结构工程施工质量验收规范［S］.北京：中国计划出版社，2002.84.

[8] 中华人民共和国住房和城乡建设部，民用建筑可靠性鉴定标准［S］. GB 50292—2015.北京：中国建筑工业出版社，2015.12-13.

[9] 王婷，罗永峰，黄青隆，张晓光.某钢网壳结构安全性检测鉴定［A］.第四届全国工程结构安全检测鉴定与加固修复研讨会论文集［C］.北京：工业建筑杂志社，2015.355-388.

某钢结构商铺火灾后检测鉴定及修复加固

牟　强　　孔淑臻　　绳钦柱

山东省建筑科学研究院，山东济南，250031

摘　要：伴随我国钢材产量的增加，钢结构逐渐应用到建筑行业，目前工业建筑应用较多，但因钢结构构件自身耐火性能差等影响，导致火灾事故频发，民用建筑应用较少，制约了钢结构的发展。为更好地了解钢结构构件火灾后的损伤程度，必须进行科学的检测鉴定，做出科学的结论，为预防和修复提供科学依据。本文结合实际工程实例，对火灾后商铺钢结构构件的现状进行了详细的调查描述，对钢构件的变形等进行了检测，依据相关规范及以往经验，通过构件的烧损外观特征来判断最大火场温度，对受火灾影响范围、钢结构构件损伤程度做出科学的判定划分，并相应提出修复加固方案，保证了钢结构的安全及正常使用，取得了较好的社会效益。通过详细叙述钢结构火灾后安全性鉴定过程，为类似工程提供参考。

关键词：钢结构，火灾，检测鉴定，修复加固

Identification and Reinforcement of a Steel Structure Shop after Fire

Mu Qiang　　Kong Shuzhen　　Sheng Qinzhu

Shandong Povincial Aademy of Buildng Raseach，Jinan，Sandong 250031

Abstract：Steel structures own poor fireproof performance effect，resulting in fire accident prone，civil construction application is less，restricting the development of steel structure.In this paper，the status quo of steel structure components in shops after fire is investigated and described in detail in combination with practical engineering examples.for steel structure building after fire detection and identification，determine the scope of damage and damage degree of components，and then put forward the repair and reinforcement plan，in order to ensure the safety and normal use of the project.

Keywords：steel structure，fire，identification，reinforcement

0　引言

　　钢结构强度高、自重轻，抗震性能好，有很好的发展前景，但由于钢结构的耐火性能差，造成火灾事故严重，制约了钢结构在民用建筑中的应用，为更好地了解钢结构构件火灾后的损伤程度，必须进行科学的检测鉴定，做出科学的结论，为预防和修复提供科学依据。本文结合实际工程实例，通过详细叙述钢结构火灾后安全性鉴定过程，对受火灾影响范围、钢结构构件损伤程度做出科学的判定划分，并相应提出修复加固方案，保证了钢结构的安全及正常使用。

1　工程概况

　　某沿街商铺为二层钢框架结构，楼面采用压型钢板与混凝土组合楼板，屋面彩钢板轻钢屋面。该工程于 2014 年建成并投入使用至今。根据委托方提供的火灾事故认定书：该工程于 2017 年 10 月 03 日约 06 时 46 分一层维修车间南侧修车工位的轿车前部机舱起火，起火点位于该汽车机舱左侧，起火原

　　作者简介：牟强，男，1985，工程师，工程硕士。山东省济南市无影山路 29 号山东省建筑科学研究院结构三所。E-mail：3979142105@qq.com。

因为机舱线路故障引起，燃烧物主要为汽车、线缆、充电器、维修设备、工具等，2017年10月03日07时07分公安消防支队接警，扑火过程中采用冷水喷淋和泡沫。起火点灭火后现状如照片1、2所示。

照片1　起火轿车火灾后现状　　　　　　　　照片2　起火点周围现状

2　现场检测鉴定

2.1　火灾调查

经现场检查，初步判断火灾范围为一、二层1～5与A～C轴间，过火范围内的钢梁、钢柱及板均有不同程度的过火痕迹，因此对火灾范围内各构件进行检查。具体如下：

（1）一层受火灾影响严重，钢构件存在变形，钢梁表面暗红，3～4/A～B轴间顶梁板出现严重下挠变形，压型钢板与混凝土之间大面积空鼓，一层板顶出现明显裂缝，如照片3～4所示。

（2）一层起火点周边钢柱存在明显倾斜。

（3）二层构件主要受烟熏烤，如照片5～6所示。

照片3　一层3～4/A～B轴间（起火点位置）　　照片4　一层3～4/A～B轴间（起火点位置）
　　　顶梁板严重下挠变形1　　　　　　　　　　　顶梁板严重下挠变形2

图3　二层受烟熏烤1　　　　　　　　　　　图4　二层受烟熏烤2

2.2 钢柱垂直度

现场对该工程部分钢柱垂直度进行了检测。具体检测结果见表 2。

表 2 　钢柱垂直度检测结果

构件位置	实测垂直度偏差（mm）
一层 3 轴交 A 轴钢柱	12.0
一层 2 轴交 B 轴钢柱	24.0
一层 3 轴交 B 轴钢柱	15.0
一层 4 轴交 B 轴钢柱	120.0
一层 3 轴交 C 轴钢柱	38.0
二层 2 轴交 A 轴钢柱	10.0
二层 2 轴交 B 轴钢柱	70.0
二层 4 轴交 B 轴钢柱	50.0

2.3 钢梁挠度

现场对该工程部分钢梁的挠度进行了检测。具体检测结果见表 3。

表 3 　钢梁挠度检测结果

构件位置	实测挠度（mm）
一层 3/A ～ B 轴间顶钢梁	21.5
一层（1/3）/A ～（2/A）轴间顶钢梁	42.0
一层（1/A）/3 ～ 4 轴间顶钢梁	38.5
一层（2/A）/3 ～ 4 轴间顶钢梁	26.5
一层 B/3 ～ 4 轴间顶钢梁	11.0
一层（1/A）/2 ～ 3 轴间顶钢梁	17.0
一层（2/A）/2 ～ 3 轴间顶钢梁	13.0
一层 B/2 ～ 3 轴间顶钢梁	14.5
一层（1/B）/2 ～ 3 轴间顶钢梁	12.0
二层 B/2 ～ 3 轴间顶钢梁	4.5

2.4 火灾温度

为了对该工程构件的火灾受损程度进行科学的评判，首先必须明确火灾时的温度范围。目前，用于火灾温度的判定方法常有：通过对火灾燃烧时间的判断来推算、通过构件的烧损外观特征来判断等等。

火灾过程中主要燃烧物为汽车、线缆、充电器、维修设备、工具等，依靠材料的变态来判断火灾的温度。根据现场该工程一层起火点上部钢梁受高温作用的变形情况，对照表 4 即"材料变态温度表"可以判定，火灾时的最高温度应在 750℃左右。

表 4 　材料变态温度表

材料	温度（℃）	状态
低碳钢材	>700	扭曲变成

2.5 构件鉴定评级

该工程一层（1/3）/A ～（2/A）轴间顶梁、（1/A）/3 ～ 4 轴间顶梁、（2/A）/3 ～ 4 轴间顶梁、3/A ～ B 轴间顶梁、A ～（2/A）/3 ～ 4 轴间顶板火灾后初步鉴定评级为Ⅳ级；一层其它钢柱、梁板梯及二层 2/B、

4/B 钢柱火灾后初步鉴定评级为Ⅲ级；其他柱梁板火灾后初步鉴定评级均为Ⅱa、Ⅱb级。

3　鉴定分析结果

Ⅱₐ级构件：轻微或未直接遭受烧灼作用，结构材料及结构性能未受影响或仅受轻微影响，可不必采取措施或仅采取提高耐久性的措施。

Ⅱ_b级：轻度烧灼，未对结构材料及结构性能产生明显影响，尚不影响结构安全和正常使用，应采取耐久性或局部处理和外观修复措施。

Ⅲ级：中度烧灼尚未破坏，显著影响结构材料或结构性能，明显变形或开裂，对结构安全或正常使用产生不利影响，应采取加固或局部更换措施。

Ⅳ级：破坏，火灾中或火灾后结构倒塌或构件塌落；结构严重烧灼损坏、变形损坏或开裂损坏，结构承载力丧失或大部分丧失，危及结构安全，必须立即采取安全支护、彻底加固或更换措施。

该工程一层（1/3）/A～（2/A）轴间顶梁、（1/A)/3～4轴间顶梁、（2/A)/3～4轴间顶梁、3/A～B轴间顶梁、A～（2/A）/3～4轴间顶板火灾后初步鉴定评级为Ⅳ级，变形严重，必须立即采取安全支护并尽快进行更换处理；一层其它钢柱、梁板梯及二层2/B、4/B 钢柱火灾后初步鉴定评级为Ⅲ级，应进行加固或更换处理；其他柱梁板火灾后初步鉴定评级均为Ⅱa、Ⅱb级，应对Ⅱa级、Ⅱb级构件进行耐久性处理。

4　处理建议

对该工程一层（1/3）/A～（2/A）轴间顶梁、（1/A)/3～4轴间顶梁、（2/A)/3～4轴间顶梁、3/A～B轴间顶梁、钢楼梯及一层顶板进行更换，更换后尺寸、连接及板内钢筋按原规格，新浇板混凝土采用强度等级为C30（加微膨胀剂）。一层钢柱、钢梁（更换的除外）及二层2/B、4/B 钢柱采用沿柱梁全长增加截面方法加固。一、二层 B/3～4轴间增加柱间支撑。对该工程评定为Ⅱa级、Ⅱb级构件进行表面清理，重新涂刷涂料。

5　结语

火灾后对建筑物影响的程度判断非常重要，本文根据具体工程实例详细介绍火灾后对钢结构构件的检测鉴定分析，并进行了科学经济处理加固方法，经过处理后，建筑物得以继续安全、正常使用。

参考文献

[1] CECS 252：2009. 火灾后建筑结构鉴定标准 [S].
[2] GB/T 50621—2010. 钢结构现场检测技术标准 [S].
[3] CECS 77：1996. 钢结构加固设计规范 [S].
[4] GB 50292—1999. 民用建筑可靠性鉴定标准 [S].

某混凝土框架结构抗震鉴定实例分析

颜丙山　张兴伟　杨　露　王　强

重庆市建筑科学研究院，重庆，401336

摘　要：结合现行抗震鉴定标准，对某市区商业混凝土框架结构抗震性能进行了鉴定，对比分析了不同目标使用年限下的抗震鉴定结果，并提出了自己的观点，鉴定思路可供广大工程技术人员参考。

关键词：使用年限，结构抗震，抗震鉴定，实例

An Example Analysis of Anti-earthquake Evaluation of a Concrete Frame Structure

Yan Bingshan　Zhang Xingwei　Yang Lu　Wang Qiang

Chongqing Research Institute of Building Science，Chongqing 400016，China

Abstract：Combined with the current standards for aseismic identification，Identified the seismic performance of a commercial concrete frame structure in a city.The results of aseismic appraisal under different target years of service life are compared and analyzed， and their own viewpoints are put forward.

Keywords：Durable years，Seismic Design of Structures，Example Analysis，Anti-earthquake Evaluation

0　前言

现行《抗震鉴定标准》（GB 50023—2009）中根据建筑后续使用年限（30 年、40 年、50 年）的不同，将建筑分为 A 类、B 类、C 类建筑，并且规定 A 类、B 类建筑应按鉴定标准进行鉴定，而 C 类建筑按现行国家标准《建筑抗震设计规范》（GB 50011）的要求进行鉴定。规范的本意旨在表明 2001 年及以后修建的建筑采用的抗震设计规范为 GB 50011—2001，采用该规范设计的建筑，抗震性能满足当前抗震的认知水平。但该规范自汶川地震后已先后进行了两次大的修改，目前施行的版本为 GB 50011—2010，该版本的条文基本与 2001 版一致，但对于部分抗震构造措施（四级框架），新版与旧版存在不一致的情况。本文通过对于一个混凝土框架结构的抗震性能鉴定，分析了执行《抗震鉴定标准》（GB 50023—2009）时遇到的问题，并提出了自己的观点，可供广大工程技术人员参考。

1　工程概况

某工程为四层商用建筑，建筑面积 7500m²，位于重庆市市中区，于 2004 年建成后投入使用。混凝土框架结构体系，屋檐标高 18.0m，现浇混凝土楼（屋）面板，工程主体结构设计合理使用年限为 50 年，建筑结构的安全等级为二级，建筑场地类别为 I 类，抗震设防烈度为 6 度。商铺、楼梯使用荷载 3.5kN/m²，餐厅、卫生间使用荷载 2.5kN/m²。梁、板混凝土设计强度等级 C30；框架柱混凝土设计强度等级：基顶～ +9.000m 为 C35（局部区域 C45），标高 +9.000m 以上为 C30。本工程基础采用柱下人工挖孔桩及柱下独立基础，填土深度大于 3m 区域采用挖孔桩，基岩埋置较浅区域采用独立柱基。桩基及独立柱基持力层均为中风化泥岩。结构平面布置见图 1。因项目业主拟对该工程外立面进行改造，故改造前需对工程抗震性能进行鉴定。

作者简介：颜丙山（1976 年），男，高级工程师。

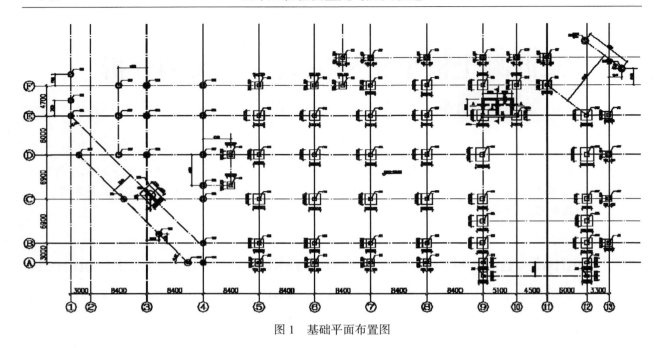

图 1　基础平面布置图

该建筑修建于 2004 年，根据《建筑抗震鉴定标准》（GB 50023—2009），在 2001 年以后建造的现有建筑，后续使用年限宜采用 50 年（简称 C 类建筑），应按现行国家标准《建筑抗震设计规范》（GB 50011）的要求进行抗震鉴定。

2　抗震鉴定情况

根据现场实测结果分析，工程构件外观、截面尺寸、配筋及混凝土强度满足设计要求及《混凝土结构工程施工质量验收规范》（GB 50204—2015）的要求。结合现行国家标准《建筑抗震设计规范》（GB 50011—2010，2016 年版）对该工程抗震性能分析如下。

2.1　基本参数

（1）结构体系：框架结构；

（2）设防类别：标准设防；

（3）设防烈度：6 度；

（4）抗震等级：四级。

2.2　场地和地基

工程场地类别为 I 类，对于抗震设防烈度为 6 度时，应按本地区抗震设防烈度的要求采取抗震构造措施。工程基础类型分为独立柱基与人工挖孔桩两种，其中（1）～（4）轴线之间及（12）～（13）轴线间的连接通道为桩基，其余为独立柱基。同一结构单元存在两种基础类型，且现场检查未发现在上部结构的相关部位采取相应措施，对结构抗震性能的发挥不利，不符合《建筑抗震设计规范》（GB 50011—2010）第 3.3.4 条的要求（非强制性条文）。

2.3　建筑形体规则性

该工程为四层混凝土框架结构，屋面高度 18.0m，满足《建筑抗震设计规范》（GB 50011—2010）中框架结构最高房屋的要求。建筑平面尺寸由一层到四层逐渐减小，抗侧力构件的平面布置基本规则对称、侧向刚度沿竖向均匀变化、竖向抗侧力构件的设计材料强度自下而上逐渐减小，未出现平面不规则或竖向不规则现象。

2.4　抗震构造措施

（1）框架梁

根据施工设计图结合现场实测结果，对框架梁的抗震构造措施进行评定。评定结果显示框架梁的抗震构造措施满足《建筑抗震设计规范》（GB 50011—2010）的要求，详见表 1。

表 1　框架梁抗震构造措施评定表

序号	项目	规范要求	实测值或设计值	结论
1	截面尺寸	宽度不宜小于 200mm；截面高宽比不宜大于 4；净跨与截面高度之比不宜小于 4	除部分次梁宽度为 200mm 外，其余宽度均大于 200mm；截面高宽比最大值为 3；净跨与截面高度之比均大于 4	满足规范要求
2	梁端箍筋加密区长度	取 $1.5h_b$、500mm 的较大值	实测均不小于 600mm。	满足规范要求
3	箍筋最大间距	取 $h_b/4$、8d、150mm 的较小值	实测平均值 100mm	满足规范要求
4	箍筋最小直径	6mm	实测最小值 8mm	满足规范要求
5	梁端受拉钢筋配筋率	不应少于 2A12	均大于 2A12	满足规范要求
6	箍筋肢距	不宜大于 300mm	均小于 300mm	满足规范要求

2）框架柱

根据施工设计图结合现场实测结果，对框架柱的抗震构造措施进行评定。评定结果显示框架柱箍筋加密区的体积配箍率不满足规范要求，其余抗震构造措施满足规范要求，详见表 2。

表 2　框架柱抗震构造措施评定表

序号	项目	规范要求	实测值或理论计算值	结论
1	截面尺寸	宽度、高度不宜小于 300mm；长边与短边之比不宜大于 3	最小截面尺寸 300mm×600mm；长边与短边之比小于 3	满足规范要求
2	受力筋最小总配筋率	中柱和边柱为 0.6%，角柱 0.7%，每侧钢筋不应小于 0.2%	单侧钢筋最小为 0.25%，总配筋率均大于 0.7%	满足规范要求
3	箍筋最大间距	取 8d、100mm 的较小值	实测平均值 100mm	满足规范要求
4	箍筋最小直径	6mm（柱根 8mm）	实测最小值 8mm	满足规范要求
6	箍筋肢距	不宜大于 300mm	均小于 300mm	满足规范要求
7	柱轴压比限值	0.90	最大 0.83	满足规范要求

根据 PKPM 计算结果，结合施工设计图，对框架柱加密区、非加密区的体积配箍率进行分析。分析结果，该工程共有 8 根柱箍筋加密区及非加密区体积配箍率不满足规范要求。这 8 根柱分别为一层的 E/12 柱、D/9 柱、D/12 柱、C/9 柱，二层的 E/9 柱、D/9 柱，三层的 D/9 柱、D/12 柱，见图 2-1 中虚线所框区域。体积配箍率分析结果见表 3。

表 3　框架柱箍筋加密区体积配箍率计算一览表

序号	楼层	构件部位	轴压比（计算值）	最小配箍特征值	体积配箍率最小值 f_{alse}（%）	实际体积配箍率 f_{alse}（%）	比值 f_{alse}	备注
1		F/8	0.54	0.098	0.78	0.91	1.17	
2		E/4	0.56	0.102	0.81	0.91	1.13	
3		E/7	0.5	0.09	0.72	0.91	1.28	
4		E/8	0.6	0.11	0.87	0.91	1.04	
5		E/9	0.71	0.132	1.33	1.43	1.08	C45
6	一层	E/12	0.57	0.104	1.04	0.91	0.87	C45
7		D/6	0.53	0.096	0.76	0.91	1.20	
8		D/7	0.53	0.096	0.76	0.91	1.20	
9		D/8	0.59	0.108	0.86	0.91	1.06	
10		D/9	0.83	0.156	1.57	1.16	0.74	C45
11		D/12	0.72	0.134	1.35	1.16	0.86	C45

序号	楼层	构件部位	轴压比（计算值）	最小配箍特征值	体积配箍率最小值 f_{alse}（%）	实际体积配箍率 f_{alse}（%）	比值 f_{alse}	备注
12	一层	C/9	0.44	0.078	0.78	0.74	0.95	C45
13		C/12	0.42	0.074	0.74	0.74	1.00	C45
14		（1/C）/9	0.4	0.07	0.70	0.74	1.06	C45
15		（1/C）/12	0.42	0.074	0.74	0.74	1.00	C45
16		C/5	0.52	0.094	0.75	0.91	1.22	
17		C/6	0.61	0.112	0.89	0.91	1.03	
18		C/7	0.6	0.11	0.87	0.91	1.04	
19		C/8	0.61	0.112	0.89	0.91	1.03	
20	二层	F/8	0.54	0.098	0.78	0.91	1.17	
21		E/4	0.57	0.104	0.83	0.91	1.11	
22		E/8	0.6	0.11	0.87	0.91	1.04	
23		E/9	0.71	0.132	1.05	0.91	0.87	
24		E/12	0.55	0.1	0.80	0.91	1.15	
25		D/8	0.56	0.102	0.81	0.91	1.13	
26		D/9	0.82	0.154	1.22	1.16	0.95	
27		D/12	0.71	0.132	1.05	1.16	1.11	
28		C/6	0.54	0.098	0.78	0.91	1.17	
29		C/7	0.52	0.094	0.75	0.91	1.22	
30		C/8	0.53	0.096	0.76	0.91	1.20	
31	三层	E/8	0.5	0.09	0.72	0.91	1.28	
32		E/9	0.56	0.102	0.81	0.91	1.13	
33		D/9	0.67	0.124	0.99	0.74	0.76	
34		D/12	0.56	0.102	0.81	0.74	0.92	

2.5　抗震验算

根据《建筑抗震设计规范》（GB 50011—2010），采用中国建科院研发的 PKPM 软件对该建筑水平地震作用下的构件承载力进行验算。本工程抽检的构件截面尺寸、混凝土强度及配筋基本与施工设计图相符，故验算时构件截面尺寸、混凝土强度及配筋按施工设计图取值。验算结果显示在抗震设防烈度为 6 度时，结构的承载力满足安全使用要求。

3　鉴定结果分析

本工程是根据 2001 年版的《建筑抗震设计规范》（GB 50011）设计，2001 年版规范中对于抗震等级为四级的框架体积配箍率未做构造规定，而在 2010 年版的设计规范中则增加了这项规定（见规范表 6.3.9），这就是个别框架柱体积配箍率不满足规范要求的原因。

《建筑抗震设计规范》（GB 50011）规定，抗震构造措施是根据抗震概念设计原则，一般不需计算而对结构和非结构各部分必须采取的各种细部要求。因此，结构的抗震验算不能代替抗震构造措施，本工程体积配箍率不足的 8 根框架柱按规定应采取相应的处理措施。

由于该建筑位于闹市区，各商业门面人流量大，现场施工不但会对门面本身经营带来损失，同时在社会上也会带来不利影响。基于此观点，同时考虑到鉴定时该工程已经运营了 14 年，本次鉴定只是为了后续改造外立面提供参考（外立面改造增加荷载后的安全性由原设计单位复核），规范中规定的后续使用年限也是"宜采用 50 年"即宜按 C 类建筑采用相应的抗震鉴定方法，因此综合考虑后项目业主提出了按 B 类建筑进行抗震分析的要求。

为此我们按 B 类建筑要求重新对工程的抗震性能进行了分析。场地和地基、建筑形体规则性、抗震构造措施等在满足 C 类建筑要求的基础上，均满足 B 类建筑的要求。其中，框架柱加密区的体积配箍率，对于 B 类建筑抗震等级为四级时未做规定［见《抗震鉴定标准》（50023—2009）表 6.3.5-3］，因此，该项目不存在不满足规范要求的问题。故经综合分析，该工程按 B 类建筑的鉴定方法进行鉴定时，建筑抗震性能满足现行抗震鉴定标准 GB 50023 的要求。根据这项鉴定结论，业主避免了加固带来的损失。

4　结论

现行《建筑抗震鉴定标准》（GB 50023—2009）是在 2008 年汶川地震后在 95 版的基础上紧急修订的标准，标准中引入了后续使用年限的概念，根据年限的不同，抗震鉴定的流程不同，其达到的设防目标也有所不同。但对于 2001 年以后修建的建筑来说，规范统一确定为后续使用年限宜为 50 年，对于早期的建筑来说，就存在后续使用年限与设计基准期不一致的问题。随着时间的发展，这种现象会变得越来越明显。因此，笔者认为在执行标准时应充分考虑建筑的使用功能和业主的使用要求，在结构抗震承载力满足安全使用要求的前提下，通过合理选取相应的抗震鉴定方法，避免因抗震构造措施不足带来的损失。

参考文献

［1］戴上秋，朱永顺. 苏州某教学楼抗震鉴定分析［J］. 三峡大学学报（自然科学版）. 2017.6：68-70.
［2］陶礼龙，黄俊. 某烂尾住宅楼的抗震鉴定及加固设计［J］. 工程抗震与加固改造. 2018.5：130-134.
［3］莫振林，林东. 某办公楼抗震鉴定与加固设计分析［J］. 工程抗震与加固改造. 2013.8：115-120.

混凝土剪力墙结构强度加固技术

程　旭[1]　李　健[2]

1. 一汽铸造有限公司，吉林长春，130011
2. 中冶建筑研究总院有限公司，北京，100088

摘　要： 本文针对混凝土强度与楼梯板厚度不满足要求的质量缺陷，以某现浇混凝土剪力墙结构工程为研究对象，在对结构承载力进行验算分析的基础上，研究提出相应的加固方案，加固后结构能够满足安全使用要求，加固处理方法可为类似工程质量处理提供经验。

关键词： 混凝土剪力墙结构，结构检测，验算分析，加固处理

An Example of Structural Detection and Reinforcement of a Residential Building

Cheng Xu[1]　Li Jian[2]

1. Faw Foundry Co.，Ltd. Jilin，Changchun，130011
2. Central Research Institute of Building and Construction Co.，Ltd Beijing，100088

Abstract： A residential building is a cast-in-situ concrete shear wall structure. The main structure has been built to 10 floors. After two years of placement，it has been rebuilt to 17 floors. In order to ensure the safety of the structure，main body structure of the comprehensive test，found that the concrete strength，part of the carriage board thickness and appearance of the structure does not meet the design requirements，and using PKPM software for calculating the bearing capacity of structure analysis，the results show that did not meet the requirements of specification of component bearing capacity. According to the above test results，the reinforcement scheme can be used safely and successfully.

Keywords： Concrete shear wall structure，Structure testing，Calculation analysis，reinforcement

　　建筑结构在施工过程中总会出现一些问题，而这些问题可能会导致结构的安全存在隐患，目前，建筑结构的检测及加固工作越来越成熟，通过对结构的检测找出存在的问题，并给出加固方案，确保结构的使用安全[1]-[3]。

1　工程概况

　　某住宅楼主体结构为现浇混凝土剪力墙结构，地上 17 层，地下 1 层，建筑面积 11897.94m²。设计使用年限为 50 年，抗震设防类别为丙类，抗震设防烈度为 7 度。主体结构基础、剪力墙、梁、楼板、柱设计混凝土强度等级为 C30，构造柱、圈梁等混凝土强度等级为 C25。结构平面布置图见图 1。

作者简介：程旭（1969），女，工程师，本科。E-mail：786342661@qq.com。

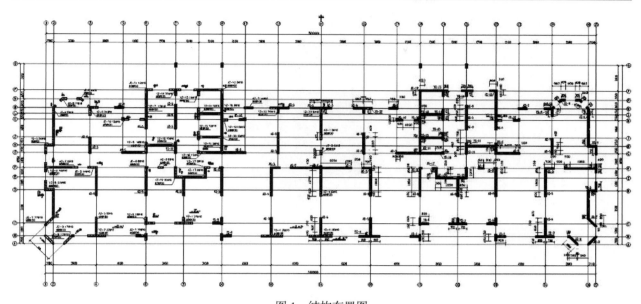

图 1　结构布置图

Fig 1　Structure layout

　　主体结构负 1 层至 10 层完成后停工，两年后又继续完成 11 层到顶层的施工，目前仅主体结构施工完成，结构未经历灾害作用。为了确保结构的安全性和能够顺利验收，需要对主体结构进行检测工作。

2　主体结构检测

　　检测主要包括剪力墙混凝土强度、外观、钢筋布置、构件尺寸等。

2.1　混凝土强度

　　本项目采用回弹法（钻芯法修正）对主体结构剪力墙的混凝土抗压强度进行了检测，检测结果表明，剪力墙混凝土抗压强度等级不符合设计要求（C30）。

2.2　构件尺寸

　　通过对构件几何尺寸的现场抽样复核，剪力墙厚、梁截面尺寸、楼板厚、层高均与设计相符，部分楼梯斜板厚度偏差不符合《混凝土结构工程施工质量验收规范》(GB 50204—2015）要求，最大偏差为 22mm。检测数据见表 1。

表 1　楼梯斜板厚度不足统计表

Table 1　The statistic of underthickness

楼层	位置	实测值	设计值	相差
2～3	E，1/2	90	110	−20
9～10	E，2/2	88	110	−22
9～10	E，1/2	97	110	−13
10～11	W，2/2	91	110	−19
14～15	W，2/2	96	110	−14

　　注：板厚单位为 mm；E、W 分别表示东、西侧楼梯；1/2 表示从下往上第 1 个楼梯段，2/2 表示从下往上第 2 个楼梯段。

3　验算分析

　　根据监测数据并结合设计图纸对主体结构采用 PKPM 软件进行承载力验算分析，结构模型见图 2，结果表明部分构件的承载力不满足规范要求，详见表 2，需对不满足要求构件进行加固处理。

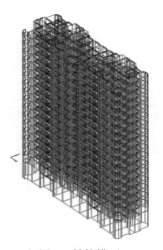

图 2　结构模型
Fig 2　Structural model

表 2　承载力不满足规范要求构件
Table 2　The mebers of insufficient capacity

不满足类型	构件类型	楼层	轴线位置
稳定验算超限	墙	−1	G/14
	墙	−1	F/13-15
	墙	−1	F/6-7
	墙	−1	F/21-22
剪压比超限	连梁	1～10	F-G/14
	连梁	-1～16	G-J/14

4　加固处理

根据检测结果，对主体结构存在的缺陷进行加固处理，具体加固处理方案如下：

4.1　增设剪力墙

通过增设剪力墙填充原有剪力墙的洞口，新增剪力墙与原墙之间设置缝隙，使得原短肢剪力墙成为非短肢剪力墙，从而解决原短肢剪力墙的稳定性超限问题。采用此方法加固的位置有地下一层 G-J/14、F/6-7 东侧、F/21-22 西侧，1-5 层 G-J/14，加固技术细节见图 3～图 5。

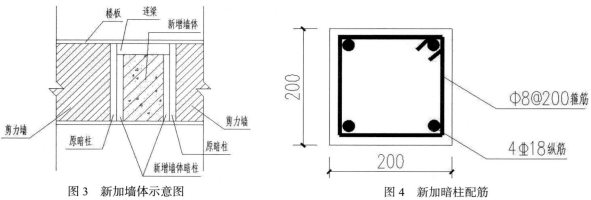

图 3　新加墙体示意图　　　　　　　　　　图 4　新加暗柱配筋
Fig 3　The schematic of new wall　　　　　Fig 4　The reinforcement figure of new dark column

4.2　增设连梁

通过在现有连梁的下方增设一道现浇钢筋混凝土连梁，与原连梁形成双连梁结构，从而解决连梁的剪压比超限问题。采用此方法加固的位置为 1 ～ 10 层 F-G/14，具体加固技术细节详见图 6。

新增加连梁的尺寸和配筋与原连梁相同，新加连梁纵筋两边植入原结构 180mm，新增混凝土强度为 C30。

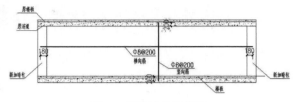

图 5　新增墙体配筋图

Fig 5　The reinforcement figure of new wall

4.3　楼梯斜板加固

针对部分楼梯斜板厚度负偏差过大的问题，在楼梯踏步转角处通过植筋、灌浆的方法将原直角改为斜面，从面达到增加楼梯斜面厚度的目的。加固技术细节详见图 7。

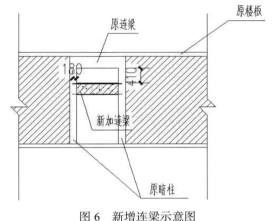

图 6　新增连梁示意图

Fig 6　New beam diagram

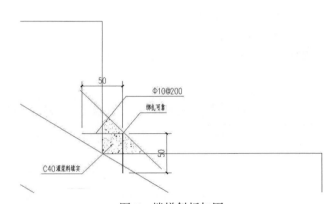

图 7　楼梯斜板加固

Fig 7　The reinforcement of stair

5　结论

（1）在施工过程中由于各种原因导致工程质量缺陷问题，在满足设计规范要求的情况下，可以采取加固方法进行处理。

（2）通过增设剪力墙填充原有剪力墙的洞口，新增剪力墙与原墙之间设置缝隙，使得原短肢剪力墙成为非短肢剪力墙，从而解决原短肢剪力墙的稳定性超限问题。

（3）在楼梯踏步转角处通过植筋、灌浆的方法将原直角改为斜面，可达到增加楼梯板厚度的目的。

参考文献

［1］李莎，卢亦焱. 框架剪力墙结构检测鉴定与加固处理实例［J］. 建筑技术，2016，47（06）：558-561.

［2］卢傲云，余世华，徐振东. 等. 某高层建筑结构整体混凝土质量问题的检测、验算及加固［J］. 工业建筑，2000，（05）：66-69+75.

［3］曹霞，王华阳，严琛，等. 某办公楼框架 - 剪力墙结构加固改造技术［J］. 施工技术，2016，45（16）：78-81.

［4］JGJ/T 23—2011. 回弹法检测混凝土抗压强度技术规程［S］.

［5］GB/T 50784—2013. 混凝土结构现场检测技术标准［S］.

［6］GB/T 50344—2004. 建筑结构检测技术标准［S］.

［7］GB 50204—2015. 混凝土结构工程施工质量验收规范［S］.

某混合结构综合楼建筑抗震检测与评价

刘新健[1]　何世兵[1]　吴同情[2]

1. 重庆市建筑科学研究院，重庆，400020
2. 重庆科技学院建筑工程学院，重庆，401331

摘　要：某幼儿园综合楼建于 20 世纪八九十年代，在其屋面搭建附属钢棚，因此需对其进行改造加固设计，同时还需对该建筑物进行抗震性能检测与评价。通过对建筑物的地基基础、材料强度、整体性连接构造、混凝土承载力等进行检测和分析，并对整栋建筑物的抗震性能进行鉴定分析，提出相应的加固处理建议，可为同类工程的抗震性能检测与评价提供一定参考。

关键词：混合结构，抗震性能，检测加固

Seismic Detection and Evaluation of an Integration Building with Mixed Structure

Liu Xinjian[1]　He Shibin[1]　Wu Tongqing[2]

1. Chongqing Construction Science Research Institute，Chongqing，400020，China
2. School of Civil Engineering and Architecture，Chongqing University of Science & Technology，Chongqing 401331，China

Abstract：The integration building of a kindergarten was built in the 1980s and 1990s，on the roof of which there is a affiliated steel shed，so it needs being reformed and strengthened and meanwhile the seismic performance of the building needs to be inspected and evaluated. By testing and analyzing its foundation，material strength，integral connection and construction and concrete bearing capacity，we identify and analyze the seismic performance of the whole building. And the corresponding reinforcement proposal was proposed，which can provide some reference for inspection and evaluation of the seismic performance of similar projects.

Keywords：mixed structure，seismic performance，inspection and reinforcement

1　工程概况

　　某幼儿园综合楼建筑结构体系为混合结构，共四层（局部两层），建筑总面积约为 1000m²，其中一至二层大概修建于 20 世纪八十年代，三至四层大概修建于 20 世纪九十年代。房屋外观如图 1 所示。

　　对现场进行实地勘察和检测，基础为墙下条石条形基础，持力层为中风化岩层；上部一至三层结构为混合结构，主要含混凝土梁、砖柱、预制板及承重砖墙等，在三层上人屋面增加围护结构后搭设屋面钢棚形成第四层；一至三层各层层高均为 3.300m，四层层高为 3.000m，建筑总高度为 12.900m（不含山墙高度），四层山墙最高处 15.800m；一至二层采用灰砂砖和混合砂浆

图 1　某综合楼建筑外观

Figure 1　the appearance of an integration building

砌筑，三层采用烧结砖和混合砂浆砌筑，楼板、屋面板均采用混凝土预制板，纵横墙承重，横墙墙体厚度为 240mm，纵墙墙体厚度为 370mm。

2 综合楼现场检测

依据国家现行有关规范和标准、规程，对该综合楼主体结构进行现场检测，主要包括：结构布置、砖强度、构造柱及圈梁布置、构件裂缝大小及分布情况以及其他影响结构安全的因素。

该综合楼楼梯间、走廊外侧均设置混凝土梁；墙体每层均设置了圈梁，圈梁设置部位楼板底部；一、二层未设置构造柱，仅在纵横墙交接处每隔 500mm 设有拉结筋，三、四层设置有构造柱，构造柱截面为 240mm×240mm。楼面处楼板为预制楼板，宽度为 600mm。

在某幼儿园综合楼（J）/（1）-（11）轴墙体外侧（近 1 轴）开挖一处基础探坑，基础探坑，如图 2 所示。经检查发现，该房屋基础为条石条形基础，基础顶面离地高度 260mm，基础以中风化岩层作为持力层，基础总高约为 570mm，共两阶，单侧第一阶宽度约为 60mm，高度约为 270mm；单侧第二阶宽度约为 100mm，高度约为 300mm。

图 2 室外基础探坑

Figure 2 outdoor foundation pit

未发现基础有明显的倾斜、变形、裂缝等缺陷，未发现腐蚀、风化等不良现象。上部结构未发现因地基基础不均匀沉降而引起的结构构件开裂和倾斜，建筑地基和基础使用正常，地基主要受力层范围内不存在软弱土、液化土和严重不均匀土层，非抗震不利地段，地基基础基本完好。

砌体墙面整体情况良好，顶层部分墙体位置出现酥碱、抹灰层脱落的情况，如图 3 所示。未发现其他位置墙体有明显空鼓、酥碱、歪闪、开裂等现象。

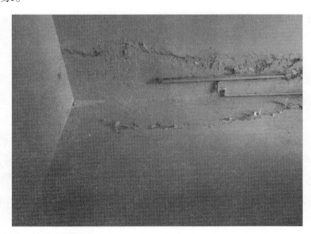

图 3 顶层墙体酥碱、抹灰层脱落

Figure 3 top wall crisp、plaster layer off

对混凝土构件的外观进行检查，未发现构件露筋、保护层脱落，未发现因构件承载力不足而引起的裂缝及其它异常情况。

3 综合楼抗震措施鉴定

《建筑工程抗震设防分类标准》（GB 50223—2008）第6.0.8条规定"教育建筑中，幼儿园、小学、中学的教学用房以及学生宿舍和食堂，抗震设防类别应不低于重点设防类"，第3.0.2条规定"重点设防类，应按高于本地区抗震设防烈度一度的要求加强其抗震措施"。

根据《建筑抗震鉴定标准》（GB 50023—2009）（以下简称标准）的相关要求，结合现场实际情况，该工程检测鉴定的内容主要为：（1）房屋结构布置、外观及结构质量的检查；（2）构件材料强度的检测；（3）房屋抗震性能鉴定。

对不同建造年代的建筑，所采用的鉴定标准不同，如表1所示。

表 1　建筑年代及选用的鉴定方法
Table 1　construction age and identification method selected

建筑年代	后续使用年限	选用的鉴定方法
在70年代及以前建造的现有建筑	建造经耐久性鉴定可继续使用的现有建筑，其后续使用年限不应少于30年	后续使用年限30年的建筑（简称A类建筑），应采用标准[2]规定的A类建筑抗震鉴定方法
在80年代建造的现有建筑	宜采用40年或更长，且不得少于30年	后续使用年限40年的建筑（简称B类建筑），应采用标准[2]各章规定的B类建筑抗震鉴定方法
在90年代（按当时施行的抗震设计规范系列设计）建造的现有建筑	后续，条件许可时应采用50年	后续使用年限40年的建筑（简称B类建筑），应采用标准[2]各章规定的B类建筑抗震鉴定方法
在2001年以后（按当时施行的抗震设计规范系列设计）建造的现有建筑	后续使用年限宜采用50年	后续使用年限50年的建筑（简称C类建筑），应按现行国家标准《建筑抗震设计规范》GB 50011的要求进行抗震鉴定

3.1 综合楼第一级抗震措施鉴定

（1）地基与基础

该建筑检测中未发现由于基础不均匀沉降引起的建筑倾斜、裂缝等不良现象。依上述地基基础的检测情况及标准[2]第4.2.2条中规定，6度抗震设防时，地基基础现状无严重静载缺陷的乙类建筑，可不进行其地基基础的抗震鉴定。

（2）房屋高度、层数及层高

根据现场检测结果，该房屋一至三层层高为3.300m，四层层高为3.000m。由《建筑抗震设计规范》（GB 50011—2010）的计算方法，四层围护结构建筑高度为12.900m，山墙最高处为15.800m。以上检测数据符合标准[2]第5.3.1条及第5.3.2条的规定。

（3）外观、内在质量及混凝土构件

通过现场检测结果，该工程墙体在钢棚屋面以下部位均存在渗水现象，两侧山墙的抹灰层出现局部脱落、酥碱，但无明显歪闪现象。墙体砌筑质量良好，未发现墙体存在开裂现象，内外墙装饰面层表面平整。混凝土构件无明显变形、倾斜或歪扭、露筋、保护层脱落、酥碱等现象。

（4）结构体系抗震鉴定

根据现场检测结果，该房屋一至三层的抗震横墙最大间距为8.0m；由标准[2]第5.3.3-1条可得，该工程一至三层抗震横墙的最大间距满足规范要求；该房屋的高宽比满足标准[2]第5.3.3-2条关于房屋高宽比的要求；该房屋纵横墙布置基本均匀对称，沿平面内对齐，沿竖向上下连续，符合标准[2]第5.3.3-3条的要求；独立砖柱支撑梁的跨度小于6m，符合标准[2]第5.3.3-6条的要求。

（4）材料强度

该工程一、二层采用灰砂砖砌筑，根据相关工程经验分析，其强度满足规范要求；采用回弹法对三、四层烧结砖强度进行抽样检测，烧结砖强度平均值为11.6MPa，其试验结果满足MU10级强度等级的要求，如图 4 所示。

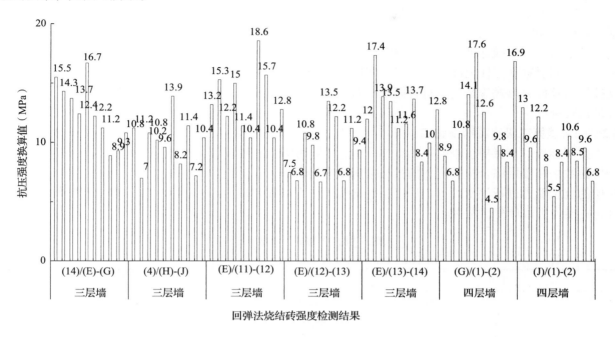

图 4　回弹法烧结砖检测结果

Figure 4　test results of fired brick with rebound method

该建筑墙体三、四层烧结砖强度推定值为 MU10，一至三层砂浆强度推定值为 M2.5；现浇混凝土梁强度等级为 C20。由标准[2]第 5.3.4 条及 7.3.3 条可得，承重墙砖强度等级不应低于 MU7.5，砂浆强度等级不应低于 M2.5，混凝土强度等级不应低于 C15。该工程的砖强度、砂浆强度、混凝土强度满足要求。

（5）整体性连接构造

墙体在平面内闭合布置，未见烟道、风道、垃圾道等削弱墙体的情况，满足标准[2]第 5.3.5-1 条的要求；通过现场检测情况，该房屋一、二层未设置构造柱；三层外墙转角，楼梯间四角，大房间内外墙交接处设置有构造柱，房屋整体构造柱设置情况不符合标准[2]第 5.3.5-2 条的规定；该房屋每层均设置圈梁，圈梁截面尺寸最小为 240mm × 240mm，满足标准[2]第 5.3.5-3 条规定；一、二层楼盖及三层屋盖与墙体的连接构造符合标准[2]的规定；除三层外，其余各层独立砖柱顶部均只在纵向有可靠连接，横向无可靠连接，不满足标准[2]第 5.3.9-1 条的要求。

（6）楼梯间

该建筑有一个楼梯间，一至二层范围内，该楼梯间处于房屋较中间位置，符合标准[2]第 5.3.3-5 条的要求；房屋（3）-（9）/（A）-（D）及（9）-（11）/（B）-（C）轴线范围内共两层，自三层起该楼梯间处于房屋的尽端，不符合标准[2]第 5.3.3-5 条的要求。

（7）易引起局部倒塌部件及其连接

通过现场检测结果，该建筑一至三层承重窗间墙最小宽度满足 1.0m 的规范限值要求，承重外墙尽端至门窗洞口的距离满足 1.0m 的规范限值要求；四层屋面钢棚采用钢管作为屋面纵向支撑，置于端部山墙顶部，与山墙之间无可靠连接，且钢棚无横向支撑，支撑体系不完善；整个钢棚采用拱形钢管柱支撑于三层屋面上，钢管柱柱脚采用预埋于屋面垫层中的螺栓与柱脚焊接板相连，其结构传力形式不合理，不满足规范要求。

（8）混凝土梁承载力分析

现场用钢卷尺、钢筋位置测定仪检测现浇梁的截面尺寸、配筋情况，采用回弹法检测房屋混凝土构件强度其推定值为 21.5 ～ 22.6MPa，一层梁（15）/（E）-（G）截面如图 5 所示，其尺寸 $B1 \times B2 \times H1 \times$

H2×H3 为 101mm×302mm×251mm×151mm×120mm，梁底主筋为 2B25，箍筋为 A6@155，150，165，170，155。对混凝土梁的承载力进行验算，验算时恒载取值 5.0kN/m²，活载取值 2.0kN/m²。经验算，其承载能力满足正常使用要求。

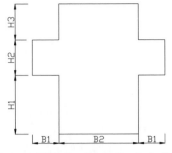

图 5　一层梁（15）/（E）-（G）截面
Figure 5　the section of the first layer beam（15）/（E）-（G）

综上所述，依据标准[2]规定，初步评定房屋整体构造柱设置、一、二、四层独立砖柱顶部连结、三至四层楼梯间、四层钢棚屋面支撑体系及传力形式等情况不符合第一级鉴定要求，应对其进行第二级抗震鉴定。

3.2　综合楼第二级抗震措施鉴定

按照标准[2]对结构进行第二级抗震鉴定，采用楼层平均抗震能力指数法和楼层综合抗震能力指数法按房屋纵横两个方向分别对楼层的抗震能力进行评价。本工程楼层平均抗震能力指数和楼层综合抗震能力指数计算，见表2。

表 2　楼层抗震能力指数计算
Table 2　calculation of floor seismic capacity index

楼层		1	2	3
横墙	A_i（m²）	18.59	18.59	15.04
	A_{bi}（m²）	392.55	392.55	345.03
	ξ_{oi}	0.0335	0.0335	0.0287
	λ	0.7	0.7	0.7
	β_i	2.019	2.019	2.17
	ψ_1	0.85	0.85	0.65
	ψ_2	0.8	0.8	0.8
	β_{ci}	1.373	1.373	1.128
纵墙	A_i（m²）	27.46	27.46	21.47
	A_{bi}（m²）	392.55	392.55	345.03
	ξ_{oi}	0.0283	0.0283	0.0252
	λ	0.7	0.7	0.7
	β_i	3.531	3.531	3.528
	ψ_1	0.85	0.85	0.65
	ψ_2	0.8	0.8	0.8
	β_{ci}	2.401	2.401	1.834

标准[2]第 5.2.12 条指出，当最弱楼层平均抗震能力指数、最弱楼层综合抗震能力指数大于等于 1.0 时，应评定为满足抗震鉴定要求；当小于 1.0 时，应要求对房屋采取加固或其他相应措施。本工程一至三层横墙及纵墙楼层综合抗震能力指数大于 1.0，抗震鉴定结果满足规范要求。

3　结论与建议

根据提供的相关技术资料和对该幼儿园综合楼现场检测，经过结构计算、综合分析可得如下结论：

该幼儿园综合楼一至三层第二级抗震鉴定满足标准[2]要求，但考虑到其抗震构造措施不完善且目前结构体系上刚下柔，不利于抗震，应对其采取抗震加固措施，建议按照规范要求重新增设构造柱，对该房屋不满足规范要求的独立砖柱进行加固；四层围护结构属于易引起局部倒塌部件，自身稳定性差，不利于抗震，建议对其进行拆除；四层钢棚屋面渗漏水比较严重、钢结构杆件锈蚀、支撑体系不完善、传力形式不合理，已不能满足现有使用功能要求，建议对原钢棚屋面进行拆除并重新设计施工；对该房屋楼梯间两侧墙体，建议采用钢筋网水泥砂浆面层等加固法进行加固处理。加固后，应定期进行维护和观察，如发现异常情况应及时向有关部门汇报，以便采取处理措施。

参考文献

［1］GB 50223—2008. 建筑工程抗震设防分类标准［S］. 中国建筑工业出版社，2010.
［2］GB 50023—2009. 建筑抗震鉴定标准［S］. 中国建筑工业出版社，2004.
［3］GB 50011—2010. 建筑抗震设计规范［S］. 中国建筑工业出版社，2008.
［4］GB 50009—2012. 建筑结构荷载设计规范［S］. 中国建筑工业出版社，2007
［5］GB 50007—2011. 建筑地基基础设计规范［S］. 中国计划出版社，2008.
［6］GB 50010—2010. 混凝土结构设计规范［S］. 中国建筑工业出版社，2010.
［7］JGJ/T 23—2011. 回弹法检测混凝土抗压强度技术规程［S］. 中国计划出版社，2009.

一种应用于堆石坝面板脱空的检测技术

熊　辉　　周君蔚　　张　逸

湖南大学土木工程学院，湖南长沙，410082

摘　要：通过对白云水库混凝土面板堆石坝的脱空缺陷检测，不断优化与改进制定出适用于大面积倾斜面板的探地雷达最佳探测方案，得到不同频率扫查、不同深度范围内的面板内部图像，首次实现了对大面积混凝土面板堆石坝的全断面无缝覆盖探测，绘制了完整的脱空病害分布等势图，根据对不同脱空病害程度采取相应措施加固的面板进行抽样扫测以验证治理成效，取得了良好的效果。为混凝土堆石坝面板脱空病害的探测与加固治理提供了理论与实践经验的参考标准，对维护面板堆石坝的安全可持续性工作有重要意义。

关键词：探地雷达，脱空，堆石坝面板，图像分析，全断面检测

A Detection Technique Applied to Separation Between Concrete Slab and Cushion Layer in Concrete Face Rock-fill Dam

Xiong Hui　　Zhou Junwei　　Zhang Yi

School of Civil Engineering，Hunan University，Changsha 410082，China

Abstract：Through the experimental detection of Baiyun Dam，to get the optimized ground penetrating radar detection methods for the Concrete Faced Rockfill Dam（CFRD）'s separation disease，standard separation disease images are derived from internal images of different depths detected by different frequency antennas. Optimized ground penetrating radar detection methods are successfully applied for a serious seepage CFRD，and get detailed pictures of cushion diseases' distribution. Specific approaches based on analysis of these pictures are applied for separation diseases，and later samples and assessments are quite positive. Optimized ground penetrating radar detection methods provide a theoretical and practical experience for detecting and treating CFRD's separation diseases，which are important for CFRD working sustainably and safely.

Keywords：Ground penetrating radar，Separation of deck from cushion，CFRD，Image analysis，Nondestructive testing

0　引言

　　白云水电站枢纽工程位于湖南省城步县境内，是一座集发电、防洪、灌溉、城市供水为一体的综合效益工程，属大 II 型水库。2008 年～ 2012 年间渗漏观测量呈不断增加的趋势，2013 年，采取抛投碎石级配料应急处理措施后大坝渗漏量有所减小，但未能从根本上解决坝体渗漏。推断该堆石坝混凝土面板底形成了脱空通道，而引发大范围面板裂缝与渗漏。堆石坝混凝土面板是以主堆石区坡面作支撑而直接承受水压力的坝体防渗抗压的第一道防线[1]。堆石坝的主堆石区一般采用低压缩性、高抗剪

　　基金项目：教育部新世纪优秀人才支持计划项目（No. NCET-13-190）；湖南省科技计划项目（No. 2013FJ4214）。
　　作者简介：熊辉，男，1975 年生，博士，副教授，主要从事结构抗震加固及土 - 结构相互作用的研究工作。E-mail：xionghui5320@163.com。

强度材料，有极大的非连续性。而钢筋混凝土面板则是与前者弹性模量相差很大线形弹性材料，且因其为一次性浇筑而具极强的整体性能。在主堆石区和混凝土面板间通常布置非线性弹塑性材料的垫层和过渡区，施工过程中坝体变形和施工过程后蓄水影响，都会导致面板和垫层的脱空现象。对面板脱空产生原因及其病害预测，目前尚未有系统的理论研究及实践上的统一认识[2]。为彻底解决白云水库大坝渗漏问题，本加固检测采用探地雷达结合自适应一体扫描载体，创新性地对混凝土面板堆石坝进行全断面无缝覆盖普查，高精度、高效率地获得堆石坝混凝土面板下的脱空分布图，并首次根据脱空分布范围图制定不同的脱空治理方案，取得了良好的实践效果。

1　坝面雷达法探测的基本适用性原理

图1表示了探地雷达的探测原理。探地雷达向目标物发射高频宽带电磁波，通过采集和分析接收天线收到的电磁波反射信号，根据发射波的延滞、形状、双程走时和聚焦能量等参数，对目标物内部的构造、分布结构、电磁特性、异常分布有全面的认识，以探测目标物内部病害[3]。本工程采用的一体式收发天线的连续剖面测量方式，是土木工程中应用最广泛的一种探测方式，对隧道衬砌检测、房屋墙体质量检测、道路路面质量检测等均有应用空间[4][5][6][7]。可根据探测需求采用不同的探测速度沿预设测线探测。其探测示意图如图2所示。

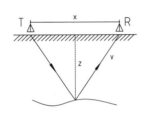

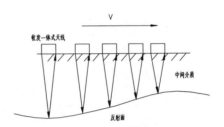

图1　探地雷达原理示意图　　　　　　图2　连续剖面探测测量示意图

2　检测方法和应用

2.1　检测方法

该工程最大坝高115.00m，坝顶长度189.00m，坝顶设5m高防浪墙，墙顶高程550.00m，其结构分布如图3所示。在蓄水水位阶段便可进行初步试验检测，为兼顾放水，及考虑布置测线过长对雷达数据的影响，将坝面划分为三个批次分步探测。第一阶段探测完成，便开始治理加固的施工工作，极大缩短了工期。将高程501.00～544.00m坝面面板划分为第一阶段；高程460.00～501.00m为第二阶段；高程430.00～460.00mm为第三阶段，如图4所示。

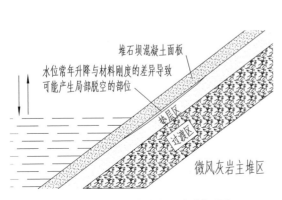

图3　白云水库大坝局部剖面图

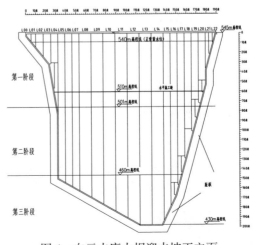

图4　白云水库大坝迎水坡正立面

2.2　检测设备

针对本次探测对象的材料和结构特性，选用青岛 LTD-2100 型探地雷达配合 900MHz、400MHz 和 270MHz 三种天线进行探测。以 900MHz 天线为主对脱空位置、钢筋埋深、面板厚度进行高精度的数据分析，同时采用 400MHz 对其进行佐证，而 270MHz 的天线能有效的观测到下部垫层区、过渡区、主堆石区是否有明显孔洞等重大隐伏病害。三种不同天线还可分别复测地下空间目标的位置、大小和电磁特性，相互补充验证，从而更清晰准确地了解堆石坝混凝土面板下的脱空及未知隐患灾害的分布情况。

2.3　探测方案的优化

国内外均未研制针对大坝大倾斜坡面结构的探测雷达，在平地工作面使用的人工手持式探测应用于堆石坝混凝土面板探测中，存在以下不足：对探测人员没有足够的保护；雷达在倾斜坡面上难以匀速前进探测，导致雷达图像不稳定，极大降低精度；对工作环境要求高，不利采光和天气环境下均无法探测；工作强度大，探测人员无法在倾斜坝面上进行往复行走探测和仪器操作。为保障安全，可利用电动卷轴机进行探测，但一条测线长 75m，电动卷轴机移动缓慢，速度仅为 0.1m/s，探测效率极低，并低于最佳探测速度，不利于雷达图像的辨识，且测区的换道工序繁冗，亦无法实现全坝面普测的要求。没有匹配坝面大倾斜结构探测的相关仪器和行走装置，没有适合的探测方案，是探地雷达始终无法在堆石坝混凝土面板脱空进行全断面无损探测推广的两大根本原因。

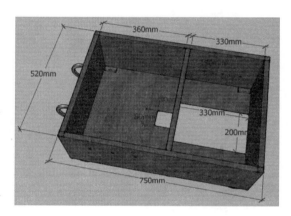

图 5　手动卷轴摇架及一体化自行数据采集装置车

本工程对探地雷达的数据采集方式进行了改造，设计了自制卷轴摇架、一体化自行数据采集装置车，如图 5 所示。木质结构作为主体保证轻便和一定强度，四个定滑轮保证探测沿直线行进。检测实施过程中几个重要设计要点反馈：

（1）放置天线处须根据不同频率天线尺寸来设计：900MHz 天线尺寸为 320×190×150；400MHz 天线尺寸为 320×320×210；270MHz 天线尺寸为 460×460×240；雷达主机尺寸为 350×250×75（以上尺寸单位皆为毫米），以免仪器不贴合导致过多撞击对其造成损伤。

（2）270～900MHz 天线均为屏蔽式天线，须考虑到屏蔽式天线的非空气耦合效应，雷达须与地面直接接触。

（3）针对 900MHz 天线接口的特殊性，需在主机放置处下放留 80mm×80mm 的孔洞，以便于穿过综合控制电缆。

（4）为保护仪器不在探测过程中被甩出，一体化自行数据采集装置车的高度统一设计为 240mm。四周共布设 30 个直径 1cm 的孔洞，方便使用过程中穿绳保护仪器。孔洞高度根据天线高度进行配适，配适 900MHz 天线的孔洞高度是 90mm，配适 400MHz 和 270MHz 天线的孔洞高度是 150mm。

（5）为保证探测始终顺沿测线的直线轨迹，一体化自行数据采集装置车的牵引部位设置成双把手，实际操纵中配合三角绳方能控制探测方向的稳定。

采用适配特定天线的一体化数据采集装置车探测以保证匀速行进，探测得到的雷达图像辨识度较好；保障了探测人员的安全，极大减少了探测人员的非技术性劳动强度，更换测区操作简便，效率高；

对工作环境要求低，可夜间、雨天作业；装置车制作简易，成本低。

2.4　测线（点）布置

该堆石坝混凝土面板由中间的黑色橡胶止水带天然区分成 23 个测区（L0～L22），其中测区的宽度分布不一，L0～L7 宽 6.6m、L8～L14 宽 12m，L15～L20 宽 6.6m，如图 6 所示。而 L21～L22 纵向长度过窄，且紧邻山石区域，产生脱空病害可能性较低，故对该边角测区，仅采用抽样探测。其余部分测线布置的原则是全面覆盖探测。测线之间的间距确立为天线本身尺寸，并对每个断面进行上、下端重叠连续扫描探测，确保雷达能全覆盖探测整个堆石坝混凝土面板。最后根据雷达图像对可疑、模糊或不可采用的数据进行标记。等全部探测完成后再加密探测，当数据出现疑难情况时也可按当时标定的测线位置进行复测。

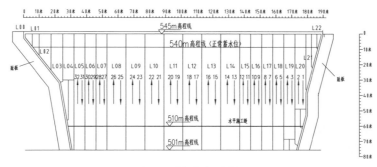

图 6　测线分布示意图

3　检测结果及脱空治理

3.1　典型雷达图像

可将该阶段雷达图像与试验阶段不同程度的典型脱空图或面板与垫层典型契合良好的雷达图像进行对照定性分析。由于数据量较大，本阶段选取其中两条典型测线进行图像分析解读与应用，其它测线同理。

图 7 为 L11 测区 34 测线 0.0～7.1m 雷达图像，观察到面板与垫层交接的弧形线条清晰，周围没有干扰波影响，介质均匀，具有典型脱空图像特征；界面反射信号强，呈带状长条形分布，多振相波动。脱空向面板下延伸至 7.1m 处，脱空程度较严重，呈左边波形反射能量强，右边稍微减弱的情况。这属于典型面板上翘引起的脱空。综合第一阶段所有雷达图像发现，整个混凝土面板上端，该图像出现频率高，波及范围大，为重点脱空病害出现区域。图 8 为 L11 测区 34 测线 12.6～19.7m 雷达图像，图中钢筋网能清楚辨别。混凝土与垫层交接处有部分疏松、蜂窝状孔隙。图中所示波形较缓，脱空较轻，却呈现连贯脱空性状。表明该部分脱空仅因水位降低而有所缓解。当蓄水位升高，底部水压力增大，面板上部翘起范围增大，必定会导致该处轻度脱空呈增长趋势。故将此处判定为轻度脱空区域。

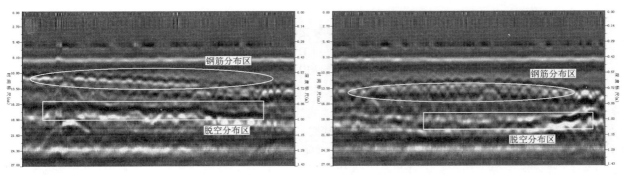

图 7　L11 测区 34 测线 0.0～7.1m 雷达图像　　　　　图 8　L11 测区 34 测线 12.6m～19.7m 雷达图

3.2　检测结果

根据每个阶段的雷达图像解读与脱空范围的定性，绘得整个坝面脱空分布等势图如图 9 所示。由该等势图可知，该混凝土面板堆石坝底部存在严重贯通性脱空。该脱空程度分布不均，主要脱空部分集中在坝面 1/3 ～ 2/3 以及坝顶处。

3.3 脱空病害治理

选用灌浆法对该脱空病害进行处理。其中灌浆所需的浆料配比要求具有可灌性、流动性，并且其材料强度和弹性模量均与密实的垫层料接近，以便适应面板在重新蓄水以后产生的变形。对于坝体左部严重脱空至空洞的部分，采取开挖切割，重新配筋浇筑的治理方案。

3.4 复测与治理验证

根据不同病害程度进行相应程度的脱空治理结束后，分别在灌浆孔附近进行局部集中复测和堆石坝混凝土板面整体抽样复测，以验证脱空病害治理效果。经验证，全坝面灌浆加固处理后，混凝土面板底部与垫层料间不再有因脱空而导致的多处二次反射波现象，脱空病害得到了极大的改善，脱空加固治理效果应用良好。整个坝面处于更加安全的使用中，并且为后续脱空的监测提供了一种新的方式。

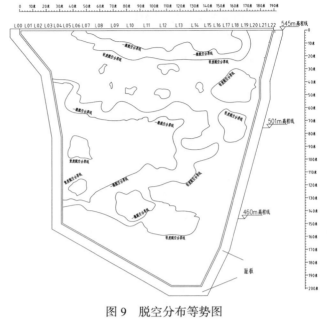

图 9　脱空分布等势图

4 结论

利用探地雷达对混凝土面板堆石坝进行全覆盖探测，创新性的开发了适用于倾斜工作面扫查的自适应一体扫描载体，得到了大量关于堆石坝面板脱空的雷达标准图谱，为其他堆石坝面板脱空缺陷的探测累积了参考依据，同时也可推广于其他类似非常规工作面的探测。

（1）采用探地雷达首次实现了对混凝土面板堆石坝的全断面无缝覆盖普查，有效避免人为漏筛测线。

（2）采用三种不同频率的探地雷达天线，得到不同深度、不同脱空程度、不同频率天线、不同探测方式、不同危害程度、不同位置下的雷达图像，达到全覆盖面扫查的目的。

（3）自制卷轴摇架和一体化自行数据采集装置车以其简易、便利、经济、安全系数高、劳动强度低、效率高、可全天候作业、适应环境能力强等特点，极大实现了扫测移动化、精度无损化，从根本上解决了倾斜危险工作面的雷达扫查难题。

（4）为脱空病害的加固治理提供了有效的分布数据，并进行了验证，证明了探地雷达全断面扫查法对面板堆石坝脱空病害普查的有效性与准确性，取得了良好的加固效果。

参考文献

[1] 李艳丽. 面板堆石坝脱空状况分析及其防止措施研究 [D]. 河海大学，2005.

[2] 闫尚龙，朱晟，朱昌杰. 高面板堆石坝面板脱空影响因素分析 [J]. 三峡大学学报（自然科学版），2014，03：19-22.

[3] 粟毅，黄春琳，黄文太. 探地雷达理论与应用 [M] 北京：科学出版社，2006，1-15.

[4] 向伟. 基于探地雷达城市地下空间图像的探测识别研究 [D]. 湖南大学，2013.

[5] 王东才. 探地雷达与工程地质勘探 [J]. 物探装备，2001，03：199-211+233.

[6] 黄玲，曾昭发，王者江，吴丰收. 钢筋混凝土缺陷的探地雷达检测模拟与成像效果 [J]. 物探与化探，2007，02：181-185+180.

[7] 孙洪星，李凤明. 探地雷达高频电磁波传播衰减机理与应用实例 [J]. 岩石力学与工程学报，2002，03：413-417.

某大型体育场火灾后综合检测与鉴定

李占鸿[1, 2]　　陈志强[1]　　代红超[1, 2]　　王洪涛[1]

1. 上海房屋质量检测站，上海，200031；
2. 上海市房地产科学研究院，上海，200031

摘　要： 大型体育场结构形式复杂，构件种类多，火灾后该类建筑的检测鉴定方法和流程具有现实的指导意义。介绍了某大型体育场建筑火灾后相关混凝土结构部分、屋盖钢结构部分以及围护结构部分等的检测内容和方法，主要通过对火灾现场的应急排查、火灾温度判断、构件表面外观特征、材料性质的改变以及整体变形测量等进行综合鉴定评级。最后，对不同评定等级的受损构件提出相应的修复处理建议。

关键词： 火灾，混凝土结构，钢屋盖，围护结构，损伤评级

Inspection and Evaluation of an Immense Stadium after fire

Li Zhanhong[1, 2]　　Chen Zhiqiang[1]　　Dai Hongchao[1, 2]　　Wang Hongtao[1]

1. Shanghai Housing Quality Inspection Station，Shanghai，200031；
2. Shanghai Real Estate Science Research Institute，Shanghai，200031

Abstract： The immense stadium have complicated structural form and many kinds of components，the inspection and evaluation method of these structures after fire have the instructing significance. Taking an immense stadium after fire as an example，the content and method for Inspecting fire damage to concrete structure part，steel roof structure part and building envelope part was discussed. The inspection includes the emergency investigation of the fire site，the estimation of fire temperature，the appearance of components，the change of the material properties and global deformation measurements. Each structure part was evaluated according to the degree of fire damage. Lastly，repair measures for each structure part were proposed based on their fire damage grades.

Keywords： fire，concrete structure，steel roof structures，building envelope，damage evaluation

0　引言

随着中国经济的快速发展以及对文化体育事业需求的极大提高，不少大型体育场建筑如雨后春笋般拔地而起，成为了城市的标志性建筑。由于这些体育场建筑的结构形式复杂、人流密集，一旦发生火灾，其火灾规模、影响程度以及损失也较普通建筑物大许多。火灾往往难以完全避免，面对火灾，我们可以采取的应对措施一是提高全民防火意识，加强火源控制，完善消防设施等；二是通过提高建筑的抗火能力，尽量减小结构的过火损伤；三就是对受损建筑采取及时的检测鉴定，正确的评估结构火灾后的性能，确定合理的修复加固方案，快速地恢复建筑的使用功能。

国内外对建筑结构的抗火研究主要包括建筑火灾发展的过程、建筑结构在火灾中的行为、建筑结构抗火设计方法以及火灾后建筑结构损伤评估等方面[1, 2]。但当前火灾后建筑的损伤检测鉴定理论体系仍存在需完善的地方，如结构损伤评估指标的选取和评估体系的构建尚无统一标准，评估方法偏向定性而不够定量等[3]。

作者简介：李占鸿（1982 年生），男，高级工程师。

　　火灾后受损的建筑物，如果检测鉴定不准确，采取的处理措施不当，就会给受损建筑留下安全隐患。因此对火灾后受损的结构，按照科学的检测与鉴定方法，对其安全性和使用性进行正确地评估，并据此选择合理的修复加固方案是十分必要的。本文以上海市某大型体育场建筑为案例，介绍了其遭受火灾后的混凝土结构、屋盖钢结构以及围护结构等部分的损伤鉴定工作，对今后该类建筑火灾后的检测鉴定工作有一定的参考价值。

1　工程概况

　　某大型体育场是上海市著名的标志性体育场馆建筑，为钢筋混凝土框架＋钢屋盖结构。建成于1999年，总建筑面积72000m²，观众席位3.5万个。体育场看台及以下区域为现浇钢筋混凝土框架结构，楼板为现浇混凝土板，看台板为预应力预制L形板；屋面为索－桁结合的马鞍形大悬挑空间结构；面层采用膜结构。该建筑整体南北向为对称布置，体育场整体如图1（a）所示。

（a）某体育场整体图

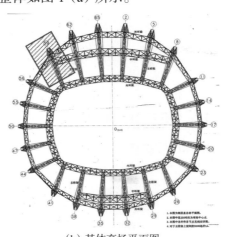

（b）某体育场平面图

图1　某大型体育场示意图

Fig.1　The sketch map of immense stadium

　　该建筑于2017年3月发生局部火灾，过火面积约200m²，主要过火范围为58～60轴攀岩馆区域及屋面59轴主桁架尾端区域，如图1阴影区域所示。火灾发生的原因是位于体育场看台下方的一家攀岩馆内电器线路短路，由于攀岩墙面装修使用易燃木夹板，造成了火灾的扩展和蔓延。本次火灾案例具有以下特点：（1）建筑结构复杂，包括钢筋混凝土主体结构、钢桁架屋盖结构以及围护膜结构等部分；（2）体育场位于城市中心区，火灾事故社会影响较大，检测鉴定工作要求严格；（3）火灾后鉴定涵盖面广，涉及到了混凝土结构、钢结构、预应力结构以及膜结构等的检测鉴定。

2　初步检测与火灾分析

2.1　初步现场勘察

　　火灾后第一时间对该建筑各部分进行了逐一勘察，对各区域进行了拍照和摄像，观察了建筑、结构、装修等方面的火灾受损情况。火灾导致起火攀岩馆室内设施、装饰基本烧毁，体育场西侧幕墙基本烧毁，相关区域混凝土框架梁、柱、板及屋面钢结构索、膜不同程度烧损和烟熏，火灾并未造成人员伤亡。过火区域内外景如图2所示。

　　过火范围内木质复合板材质攀岩墙全部烧毁，仅剩钢架残骸；南间夹层吊顶全部烧毁仅剩钢架残骸，南侧木质地板未烧毁，全部过火且碳化痕迹明显；位于南间西北角通向夹层的钢制楼梯全部过火且赤化痕迹明显，木质梯段大部分烧毁。墙面粉刷大面积脱落，部分混凝土构件保护层脱落，屋面膜结构局部烧毁。与攀岩馆相邻的58轴南侧区域、60轴北侧区域、东侧配电间，以及局部屋面也受到一定影响，墙面、顶面被熏黑。该攀岩馆内混凝土框架梁、柱、板及屋面钢结构索、膜都有不同程度的烧损和烟熏。

（a）过火区域外景　　　　　　　　　　　　　　（b）过火区域内景

图 2　某大型体育场火灾受损
Fig.2　The damaged stadium by fire

2.2　火场温度分析

该建筑过火时间共约为 1 小时，不同区域和不同类型构件的过火时间会存在一定差异，现场通过火灾升温标准曲线、混凝土外观损坏情况、金属构件变形、火灾现场玻璃变形等来综合推断火场温度。最终推断过火区域的火灾温度约为 650～800℃。

3　混凝土结构部分检测与鉴定

3.1　完损情况

现场对过火区域及相邻区域混凝土构件及节点完损情况进行全数检测。检测结果表明，过火区域梁、柱及节点未见明显变形，大部分混凝土梁、柱存在不同程度的粉刷面层或保护层脱落现象；看台板未见有明显变形，大部分板底粉刷及保护层脱落现象，大部分看台板板面面层均存在部分收缩裂缝。相邻的烟熏区域部分构件表面被熏黑，混凝土看台板、梁、柱及节点均未见明显变形及开裂损坏，粉刷层、混凝土保护层无明显脱落现象。

表观损伤检查表明，混凝土梁、板、柱构件表面主要呈灰色、浅黄色，并存在不同程度的保护层剥落和开裂现象，锤击后反应声音均较响亮。

3.2　材料强度

3.2.1　混凝土强度

火灾后混凝土强度会造成一定损失，损失程度与受火温度以及冷却方式有关，在温度超过 300° 时混凝土强度就会受到明显影响。采用钻芯法对过火范围内的混凝土强度进行了检测，对过火区域的每根混凝土柱在其上部、中部、下部各取一个芯样，每根过火混凝土梁取 2 个芯样，选取 5 块预应力看台板，在每块板肋梁侧面取一个芯样。检测结果表明，过火区域构件芯样表层混凝土抗压强度约为内部混凝土抗压强度的 0.78～0.99 倍，部分混凝土柱和预应力看台板混凝土达不到原设计强度等级的要求。

3.2.2　钢筋强度

采用里氏硬度法和钢筋拉伸试验的方法对过火区域内的部分混凝土构件钢筋的强度进行检测，检测结果表明，受检混凝土构件纵筋的抗拉强度以及箍筋的屈服强度、抗拉强度、抗弯性能等性能参数均达到原设计强度等级的要求，受检箍筋的断后伸长率约为原设计值的 0.92 倍。

3.3　构件变形

采用全站仪对建筑受火灾影响的 58～60 轴范围内混凝土梁、看台板进行了挠度抽样测量[4]。测量结果表明，受检混凝土梁、板跨中最大挠度为 21mm，小于规范限值。

3.4　构件保护层厚度及碳化深度

对部分混凝土柱、梁、板钢筋保护层厚度及碳化深度进行了抽查检测。测量结果表明，正常未过火区域混凝土柱碳化深度为 5mm，过火较严重区域混凝土柱的碳化深度约能达到 20～30mm；未过火预应力看台板混凝土碳化深度为 3.5mm，抽查的过火区域看台板底混凝土碳化深度约为

6.0～8.0mm。

3.5　构件鉴定评级

3.5.1　混凝土梁

过火范围内顶59～60轴外环梁南端梁底因原有施工缺陷及本次火灾影响，构件表面损伤最为严重，评为Ⅲ级，顶层、夹层其他混凝土梁可根据受损情况分别评为Ⅱa级、Ⅱb级。过火范围内四层外环梁及烟熏范围内梁底为黑色覆盖，无火灾裂缝，未见混凝土脱落，受力钢筋均未出现露筋，受力钢筋粘结性能无影响，评为Ⅱa级。

3.5.2　混凝土柱

过火范围内柱侧油灰局部被烧光，混凝土表面颜色一般呈浅灰色，有轻微裂纹网，锤击反应声音较响，混凝土表面留下轻微痕迹，部分柱混凝土多处脱落，脱落处混凝土表面呈浅红色，受力钢筋均未出现露筋，受力钢筋粘结性能无明显降低，构件无明显变形。各混凝土柱可根据受损情况分别评为Ⅱa、Ⅱb级。

3.5.3　看台板和楼板鉴定评级

过火范围内顶板主要为预应力混凝土看台板，局部为现浇混凝土板，板底油灰局部被烧光，混凝土表面颜色呈浅灰色，局部板底混凝土脱落，受力钢筋均未出现露筋，但受力钢筋粘结性能明显降低，评为Ⅲ级；过火范围内四层楼板为现浇钢筋混凝土板，板面有地砖面层，凿开发现混凝土颜色正常，未见混凝土脱落，受力钢筋均未出现露筋，评为Ⅱa级。

4　屋盖钢结构部分检测与鉴定

4.1　完损情况

现场对过火区域及相邻区域屋盖的完损情况进行检测。检测结果表明，59轴过火范围内屋面膜结构局部烧毁，两根后背索及两根环向钢索PE套管烧毁、钢丝外露，主桁架后端两根斜向钢管、一根水平钢管以及上述杆件节点涂层碳化，局部膜布受烟熏变色，多处钢构件油漆脱落、杆件锈蚀。整个屋盖钢构件均存在油漆脱落、杆件锈蚀现象。

表观损伤检查表明，混凝土梁、板、柱构件表面主要呈灰色、浅黄色，并存在不同程度的保护层剥落和开裂现象，锤击后反应声音均较响亮。

4.2　钢材材性及节点

4.2.1　金相组织

对体育场钢屋盖59轴主桁架端部过火后的4根弦杆以及2根后背索上节点板、下节点保护套进行现场金相检测，并对59轴下弦杆未过火部位进行金相对比检测[5]。检测结果表明，过火后抽检区域的钢材表面金相组织均正常，未见有过热和烧损现象。

4.2.2　里氏硬度

对59轴主桁架端部过火后的4根检测弦杆以及2根后背索上节点板、下节点保护套进行了现场里氏硬度检测[6]，并对59轴下弦杆未过火部位进行对比检测。检测结果表明，过火后拉索下节点连接套钢材表面强度约为386～395MPa，达到原设计强度等级要求；其他过火测点钢材表面里氏硬度与未过火测点无明显差异，表明钢材过火后强度无明显退化。

4.2.3　焊缝损伤

对过火区域钢结构可测焊缝表面及近表面损伤进行磁粉探伤检测[7]。检测结果表明，各条焊缝均未发现裂纹损伤，59轴南侧拉索上节点板与弦杆间焊缝中部发现一个直径2mm气孔，为原结构施工缺陷，不影响结构安全。

4.3　钢桁架整体变形

采用全站仪坐标法对全部悬挑桁架梢端三维坐标进行测量，并与设计坐标进行比较。原设计桁架梢端坐标由原设计桁架梢端杆件节点坐标及梢端突出设计值（210mm）推算得到。由于现场测量无法取得原设计坐标基准点，测量时先假定一坐标系，测得全部悬挑桁架梢端测点的三维坐标，然后通过

50 轴、17 轴实测数据恢复原设计坐标系，再通过坐标变换求得各测点在原设计坐标系中的坐标。假定对称位置各测点坐标实测值应相同，钢桁架整体的变形如图 3 所示。

检测结果表明，各测点坐标实测值与原设计值存在一定差异，其中 X 坐标与原设计差值在 –68 ～ 72mm 之间，Y 坐标与原设计差值在 –41 ～ 94mm 之间，Z 坐标与原设计差值在 –107 ～ 67mm 之间。各测点坐标实测值与原设计值的差异分布无明显规律，该差异主要受本次测量原点及起始方向与原设计不完全一致以及节点杆件端头截面较大导致测点无法精确定位等多因素影响。

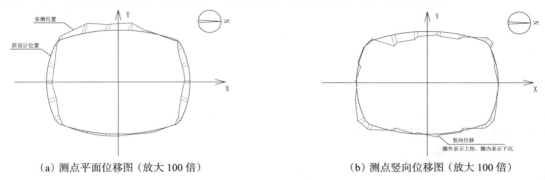

（a）测点平面位移图（放大 100 倍）　　　　　　（b）测点竖向位移图（放大 100 倍）

图 3　主桁架梢端坐标测量

Fig.3　Coordinate measurement of the main trusses

4.4　钢桁架挠度

采用全站仪对建筑受火灾影响的 59 轴屋面钢桁架以及相邻的 62 轴钢桁架挠度进行了测量，并对与上述桁架对称布置的 5 轴、8 轴钢桁架挠度也进行了测量。测量结果表明，受检钢桁架挠度均未超过规范限值。

4.5　主桁架索力

为了解过火后拉索索力的变化情况，现场采用采用振动频谱法对过火区域及附近有测量条件的拉索索力进行检测[8]。选取检测过火的 59 轴及相邻 53 轴、56 轴、62 轴后背索及顶部斜拉索共 16 根，并检测对称位置 8 轴、11 轴、14 轴、5 轴后背索及顶索共 16 根。通过设计索力与实测索力的对比，各轴线索力分布表现出较好的趋势性，在测试日所在工况条件下，后背索力和上斜拉索力受力均不大，表明过火区域索力没有明显降低。

4.6　构件鉴定评级

根据构件防火保护受损、残余变形与撕裂、屈曲或扭曲、构件整体变形评定结果，以及钢索应力检测结果、钢材金相检测结果、钢材硬度检测结果，59 轴过火位置主桁架两根后背拉索评定为Ⅳ级，该位置两根斜向钢管、一根水平钢管，以及上、下端节点评定为Ⅲ级，其他钢构件评定为Ⅱa级。

5　围护结构部分检测

5.1　膜结构完损情况

对过火区域及相邻区域幕墙损坏状况进行了现场检查。检查结果表明，过火区域幕墙大面积烧毁，幕墙钢骨架与混凝土梁连接节点拉脱，铝合金骨架熔化或严重变形，玻璃碎裂、软化；与过火区域相邻的 57 ～ 58 轴、60 ～ 62 轴区域幕墙受高温烟气影响，存在幕墙骨架变形、幕墙玻璃熏黑等损坏现象。

5.2　室内分隔墙完损情况

对过火区域及相邻区域室内分隔墙损坏状况进行了现场检查。检查结果表明，过火区域内部填充墙粉刷大面积酥松、局部脱落，与过火区域相邻的房间墙面局部有烟熏痕迹。

6　鉴定处理建议

（1）对过火区域混凝土梁、柱、板等构件，建议铲除表层酥松混凝土后采用修补砂浆进行修补；

对有表面裂纹网的构件，建议采取加强结构耐久性的措施；

（2）对过火区域预应力看台板应采用可靠的加固方式；

（3）建议对过火区域 59 轴主桁架两根后背索 PE 护套进行更换，并适当张紧；

（4）建议清除过火区域 59 轴主桁架尾端两根斜向钢管、一根水平钢管以及上、下端节点的原有涂层，并按原设计要求重新进行涂装；

（5）建议对过火区域屋盖膜结构两根环向索 PE 护套进行更换；

（6）屋盖过火区域 3 块膜布破损，建议进行更换；过火区域东侧局部膜布被烟熏变色，建议对拆换的受损膜布取样进行拉伸试验，并根据试验结果确定是否拆换被烟熏的膜布；

（7）对在本次火灾中受损的强弱电线路及设备、建筑损坏等一并修复。

7　结语

本文以某大型组合结构体育场建筑为例，在前人研究成果和实践的基础上，主要探讨了火灾后复杂结构体育场的检测、鉴定和处理等方面的应用，以总结出对工程实践有借鉴意义的流程和方法。

火灾后对混凝土结构、钢结构以及围护结构等都会造成不同程度的烧伤碳化损伤，不同结构构件的灾后检测鉴定的内容和方法不尽相同，因此在对综合复杂形式的结构进行火灾损伤评定时，应根据火灾现场的实际情况选用合理的检测手段和方法，对过火区域的每根构件进行详细的调查和检测，损伤程度的评估分级要综合考虑构件表面外观特征、材料性质的退化或改变以及整体变形等情况。

针对火灾后结构鉴定的结果，应有针对性的提出处理意见，因情况不同可以考虑多种加固方案，从加固效果、施工工期、施工难易度以及加固费用等方面综合选定。

参考文献

［1］李耀庄，唐毓，曾志长. 钢筋混凝土结构抗火研究进展与趋势［J］. 灾害学，2008，23（1）：102-107.

［2］翟传明，韩庆华，郭雨非，等. 某超高层建筑火灾后混凝土结构检测鉴定与修复加固［J］. 建筑结构，2013（19）：33-37.

［3］李敏. 高强混凝土受火损伤及其综合评价研究［D］. 东南大学，2005.

［4］JGJ 8—2016. 建筑变形测量规范［S］. 北京：中国建筑工业出版社，2016.

［5］GB/T 13298—2015. 金属显微组织检验方法［S］. 北京：中国建筑工业出版社，2016.

［6］GB/T 17394.1—2014. 金属材料里氏硬度试验第 1 部分：试验方法［S］. 北京：中国建筑工业出版社，2014.

［7］JBT 6061—2007. 无损检测焊缝磁粉检测［S］. 北京，2007.

［8］DG/TJ 08—2019—2007. 膜结构检测技术规程［S］. 上海，2007.

红外热像检测烟囱内衬缺陷的研究和应用

渠延模[1,2]　祖萍萍[1,2]　宗海峰[1,2]　王　诚[1,2]　魏凯霖[1,2]

1. 江苏省建筑科学研究院有限公司，江苏南京，210008；
2. 江苏省建筑工程质量检测中心有限公司，江苏南京，210028

摘　要： 近年来，电厂的烟囱内衬普遍存在渗漏等缺陷，让电厂工作人员对烟囱的使用寿命担忧。本文将结合 TH9100MV/WV 红外热像仪在一电厂烟囱检测研究中应用的实例，介绍了红外热像法检测原理、检测方法和检测的位置选择及注意事项。结果表明，用红外热像仪对烟囱筒壁进行观测，利用红外图像的异常区域来检测其内部及表面缺陷，并及时采取措施检修，防止事故发生，是目前在预知检修领域中普遍推广的一种良好手段。

关键词： 红外热像，烟囱，内衬缺陷，检测

Research and Application on Chimney Lining Defect in Infrared Thermography

Qu Yanmo　Zu Pingping　Zong Haifeng　Wang Cheng　Wei Kailin

1. Jiangsu Research Institute of Building Science Co.LTD，Nanjing，Jiangsu 210008
2. Jiangsu Testing Center for Qudity of Construction Engineering Co.LTD，Nanjing，Jiangsu 210028

Abstract： In recent years，some defects exist in chimney lining of power plant generally. The plant staff worried about the service life of the chimney.Based on engineering case about a power plant chimney detection that combine with TH9100 MV/WV infrared camera，it is introduced in the article that included the infrared thermography testing principle，testing method，location options and precautions. The internal and surface defects could be detected by using infrared images abnormal area in infrared detection of the chimney Wall. Therefore，we may take measures to repair structures and prevent incidents. Infrared imaging nondestructive technology is a good means to predict maintenance areas popularized now.

Keywords： Infrared thermography，chimney，lining defect，inspection

0　引言

　　钢筋混凝土烟囱从 19 世纪后期开始应用，至今已有百余年的历史。在我国是一种最为常见的高耸构筑物，特别是建造于 20 世纪 80 年代的混凝土烟囱，目前仍在电力、冶金、机械、化工等领域中使用。这些烟囱经过了几十年的时间，内衬不同程度地出现了裂缝、渗漏等缺陷，轻者影响到工艺生产，重者危及到周围建筑物及人类的生命财产安全。为此，部分单位开始对混凝土烟囱进行检测及维修加固。检测方法仍是采用传统的办法，即利用烟囱本身的爬梯或搭设吊兰、脚手架，有些较低的构筑物，采用升降机等进行观测。这样既费时、费工、费材料，而且受生产的影响，不能随时获得相关数据，还受测试者素质的影响，人工获得的数据不准确[1-4]。

　　某电厂一个使用了近 30 多年的混凝土烟囱内衬，为了了解该烟囱内衬修复后的状况，利用红外

　　作者简介：渠延模，1981 年生，男，汉族，山西天镇人，高级工程师，主要研究方向：工程质量检测鉴定。E-mail：qym_nj2008@126.com。

热像技术对烟囱内衬进行缺陷诊断研究。

1　红外热像检测原理和检测方法

1.1　红外热像检测原理

根据热辐射理论，任何物体的温度高于绝对温度时，都会产生红外辐射，温度越高，则红外辐射的能量越大。根据斯蒂芬 - 波耳兹曼定理，其红外辐射能量的大小与物体的辐射系数成正比、与物体的绝对温度的四次方成正比[5]：

$$E = \varepsilon\theta T^4 \tag{1}$$

式中：E 为辐射能量；ε 为辐射系数；θ 为斯蒂芬 - 波耳兹曼常数；T 为绝对温度。

红外热像仪首先是通过红外扫描单元把物体表面的辐射能量转换成电子视频信号，该信号经过放大送到显示屏上。只要根据物体表面温度场的分布情况，就可判断被测物体是否存在过热缺陷。

1.2　红外热像仪的组成及工作原理

1.2.1　红外热像仪的组成

红外热像仪一般由图 1 所示各部分组成。

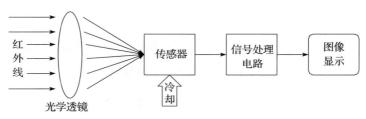

图 1　红外热像仪的组成

1.2.2　红外热像仪的工作原理

红外热像仪利用红外线扫描原理测量物体表面温度分布。它摄取来自被测物体各部分射向仪器的红外辐射量，利用红外探测器按顺序测量物体各部分发射出的红外辐射量，然后综合起来得到整个物体发射的红外辐射量的分布情况图，这种图称为热像图。由于热像图包含了被测物体各部分的温度信息，因此也被称为温度图。红外热像仪工作原理如图 2 所示[6]。

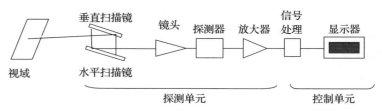

图 2　红外热像仪工作原理框图

1.3　烟囱内衬缺陷检测

红外热像仪检测烟囱内衬缺陷的过程：

（1）因该烟囱建造时间较久，相关设计、施工资料（包括施工图、竣工验收资料）已遗失，根据现场实际情况，对烟囱筒壁厚度、筒壁配筋、外观质量、整体倾斜等基本情况进行检测。收集烟囱的修理和改造资料。

（2）制订烟囱摄像计划方案。

现场勘测决定摄像仪的放置地点，主要是考虑透视性、烟囱周围的环境、有无障碍物等。确定摄像时间及使用的透镜。

（3）在预定时间将红外热像仪运至摄像现场，准备就绪后，进行摄像。操作准备工作包括：防止红外热像仪的滑动（即固定安放摄像仪），连接电缆（无外接电源时用蓄电池），注入液氮。安装一次成像仪（或图像记录设备）。对应每一个壁面，设一个参准点，并确定位置（最好在位置确定后甩光学照像机，摄取同壁面作为对照参考物），将红外镜头顺着烟囱移动，当发现异常部位时，通过观看监视器，确认图像，摄取壁面异常处，并记录在磁带上，一个壁面摄取完成后，再移动摄像仪到另一个壁面，重复上述工作。

（4）图像处理：把记录在磁带上的数字信号。输入到计算机中，除去重叠的部分，预设一定的灰度范围，比较精确地划分温度带，找出特征，找出缺陷部分，同时，要检查重点。确认缺陷的位置，当确认完好部位与缺陷部位无误后，用彩色打印机打印出需要的图像。

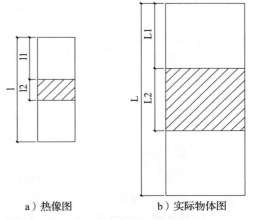

a）热像图　　　　　b）实际物体图

图 3　红外热像图与实际物体对比示意图

2　烟囱内衬局部缺陷的定位方法

在已知被测烟囱的实际长度尺寸 L 的情况下，根据拍摄的被测烟囱的红外热像图上局部发热区的位置和大小，就可确定在实际被测烟囱内衬局部缺陷的位置和大小（见图 3）：

$$\frac{L_1}{l_1} = \frac{L_2}{l_2} = \frac{L}{l} \tag{2}$$

式中：L——实际物体的长度尺寸；

　L_1——局部缺陷距顶端的距离；

　L_2——局部缺陷的轴向长度；

　l——红外热像图上的物体长度尺寸；

　l_1——红外热像图上局部发热区距顶端的距离；

　l_2——红外热像图上局部发热区的轴向长度。

因为红外热像图各种尺寸 l、l_1、l_2 和实际物体的长度尺寸均可测量到，因此，实际物体局部缺陷距顶端的距离、实际物体局部缺陷的轴向长度均可计算得知。

因此，利用红外热像测量方法不但可以定性地测出烟囱内衬局部缺陷是否存在，而且还可以计算出烟囱内衬局部缺陷的位置和大小尺寸，从而给烟囱的维护和修复提供可靠的依据和准确定位。同时，为内衬修补质量的检验提供了一种有效的方法。

3　工程实例

3.1　工程概况

某电厂一个使用了 30 多年的混凝土烟囱，210m 高，为桩基础的钢筋混凝土单管式结构，分别于 +100.00m 处和 +202.50m 处设两个信号平台，烟囱顶部平均外半径 4.50m，底部平均半径 9.55m，筒身壁厚为 700～180mm 分为 20 段。珍珠岩保温层，内衬为现浇 150# 浮石混凝土，2007 年 11 月脱硫装置投产，但未对烟囱进行防腐蚀处理。2008 年夏天，烟囱外壁及水平烟道开始出现渗水现象，并且逐步加重，烟囱底部有大量渗漏。2009 年 5 月，由专业防腐公司对其内衬进行处理。防腐改造后，运行至今将近两年，由于一直没有三台机组同时停机机会，未能进入烟囱内部检查。为了全面了解和掌握烟囱内衬的缺陷和损坏情况，评估其防腐处理程度，我们尝试使用红外热像仪，参照建筑工程红外热成像法检测技术规程[7]，对烟囱内衬进行全面分析，取得了初步成果。

3.2　实测检测的位置选择和注意事项

检测前应进行实地勘察，对需要检测的烟囱表面是否存在颜色差异、是否有污物、或者维修的痕迹等应做好记录，以备数据处理时参考。其拍摄地点应尽量避开周边建筑物反射、天空的反射、阳光的反射、树木遮蔽等的不利影响。

检测时，为消除测量误差，通过 REF CAL 进行反射校正，最好在开机并且仪器稳定下来 10min 后再进行反射校正；辐射率设置为 0.95（适用于非金属材料）；保持测试角在 30 以内；自动设置焦距、温度水平和灵敏度；时间 14 时左右；天气晴朗。利用它对烟囱的筒壁进行了详细的拍摄，通过观察外壁红外图像的异常点来检测其内部及表面缺陷。

同时，要避免仪器在强磁场环境下工作，否则热像图会发生比较严重的失真。

3.3　部分检测结果

为便于检查内衬的缺陷情况，采用人工检查和红外热像相结合的方法。通过 110m、202m 信号平台观测孔检查烟囱内衬情况，未见明显损伤痕迹；根据红外热像检测结果，也能间接反映隔热层和内衬无明显损伤。具体见图 4～图 11 所示。

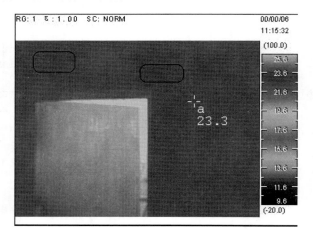

图 4　东侧标高 0.000～2.000m 处红外热像图

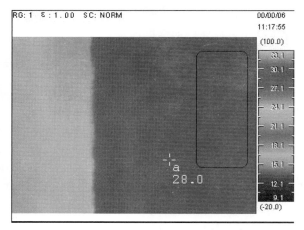

图 5　西侧标高 0.000～2.000m 处红外热像图

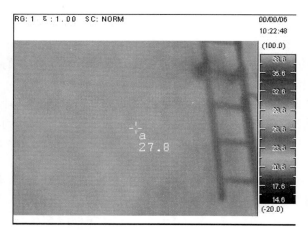

图 6　东侧标高 2.000～8.000m 处红外热像图

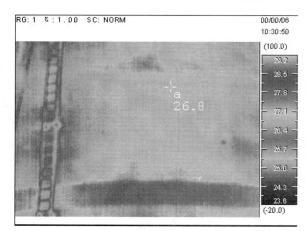

图 7　东侧标高 8.000～20.000m 处红外热像图

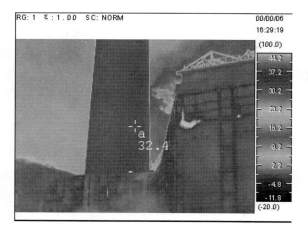

图 8　东侧标高 20.000～50.000m 处红外热像图

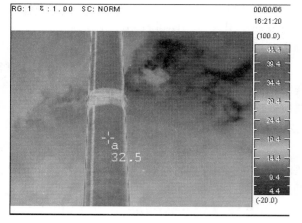

图 9　西侧标高 50.000～150.000m 处红外热像图

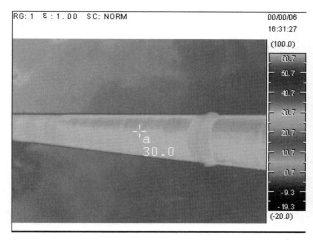 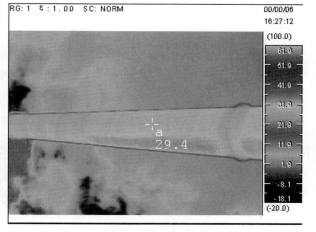

图10 东侧标高 50.000～180.000m 处红外热像图　　图11 西侧标高 80.000～210.000m 处红外热像图

3.4 图像分析

红外热像仪摄取的红外图像的每一点都对应一定的温度，可根据颜色的深浅来判断温度的高低，相同颜色表示温度相同，我们目前只做初步定性的分析。

（1）我们在筒壁西侧标高 0.000～2.000m 处拍摄时，明显发现该处有温度异常区域，温度远高于其他部分，热像图谱 4、5 中黑线所圈出的部位，由于导热系数的不同，导致混凝土表面温度的差异，缺陷的部位在红外图片中清晰可辨。经过进一步的检测，该处混凝土由于内部的渗漏确实存在内部缺陷，有空洞现象，混凝土疏松。证明红外热像法的检测结果是正确的。

（2）在其他热像图谱中，我们用红外热像仪可以很直观地观测出混凝土筒壁是没有缺陷的，抽取数处进行现场确认，与图像显示基本吻合，这种大面积的快速无损检测大大提高了工作人员的工作效率，很好地降低了缺陷检测的遗漏问题，弥补了传统检测手段的不足，具有较好的准确性。但对于缺陷的大小需要借助本文第 3 节的原理，辅以其它检测手段加以诊断。

4 结论

（1）利用红外热像检测技术可以在电厂机组不停产的情况下，方便、快速地发现烟囱内衬的局部缺陷，解决了过去无法在运营中检测烟囱内衬局部缺陷的难题。

（2）用红外热像仪对烟囱筒壁进行观测，利用红外图像的异常点和区域来检测其内部及表面缺陷，并及时采取措施检修，防止事故发生，是目前在预知检修领域中普遍推广的一种良好手段。

参考文献

［1］ 王济川，贺学军. 钢筋混凝土烟囱的检测与鉴定［J］. 湖南大学学报，1996，23（5）. 113-120.

［2］ 谢春霞. 红外热像检测技术在土木工程中的应用［D］. 成都：西南交通大学. 2009.

［3］ 朱世磊，王泽军，马磊. 烟道对钢筋混凝土烟囱影响的分析［J］. 长春工程学院学报（自然科学版），2009，10（4）. 12-14.

［4］ 邱平，张荣成，袁海军. 红外热像法和雷达法在工程质量检测中的应用［J］. 施工技术，2004，33（8）. 53-54.

［5］ 张仁瑜等. 建筑工程质量检测新技术［M］. 北京：中国计划出版社，2001.

［6］ 吴新璇. 混凝土无损检测技术手册［M］. 北京：人民交通出版社，2003.

［7］ 江苏省建设厅. DGJ 32/TJ 81—2009. 建筑工程红外热成像法检测技术规程［S］. 南京：江苏科学技术出版社，2009.

某垃圾填埋场高边坡失稳原因调查与分析

孙　文

甘肃省建筑科学研究院，甘肃兰州，730050

摘　要： 某垃圾处理场位于沟谷地形，在工程竣工后试运行期间库区部分边坡又发生了滑坡和坍塌。为了查明该工程边坡多次发生滑坡和坍塌的原因，对该工程边坡从边坡施工质量、气象条件、场地环境、岩土体性质等方面进行了全面的检测与鉴定。根据现场检测鉴定的结果，对边坡的稳定性进行了原设计、现状和土体饱和3个工况的复核计算。检测鉴定与复核计算的结果显示，该工程边坡失稳主要原因是降水量骤增导致地下径流重新分布及水量增大，渗水汇集于场地不能完全排出，边坡土体受冬季冻胀、冻融作用影响及长时间受水浸泡后其含水量及自重升高、强度（土体粘聚力）下降的共同作用，导致边坡失稳坍塌。次要原因是该工程在初期勘测时，没有充分考虑场地地下水对边坡稳定的影响，最终导致边坡的滑坡和坍塌。

关键词： 高边坡，失稳，地下水，黄土

Investigation and Analysis of the Causes of High Slope Failure in a Landfill Site

Sun Wen

Gansu Academy of Building Research，Lanzhou，Gansu，730050，China

Abstract： A waste disposal site is located in valley terrain，During the commissioning of the project，landslide and collapse occurred on some slopes in the reservoir area. In order to find out the causes of many landslides and collapses on the slope of the project，the slope of the project has been comprehensively tested and identified from the aspects of slope construction quality，meteorological conditions，site environment，rock and soil properties. According to the results of field tests and identification，the slope stability is checked by original design，current situation and soil saturation. The results show that the main reason for the slope failure is the redistribution of underground run off and the increase of water volume due to the sudden increase of precipitation，water is not fully discharged from the site，the slope soil soil is affected by frost heave and freezing thawing in winter and the water content of the slope and the increase of self weight and the decrease of strength after a long time of water immersion，which leads to the slope instability and collapse. The secondary reason is that the project did not fully consider the influence of groundwater on the slope stability during the initial investigation，which eventually led to the landslide and collapse of the slope.

Keywords： High slope, Instability, Groundwater, Loess

1　前言

随着建设及其它行业的发展，各类边坡构筑物越来越多。边坡工程岩土特性复杂多变，破坏模式、计算参数及计算理论都存在诸多不确定性；同时，因勘察、设计、施工和管理不当等造成一些质量低劣、安全度低、抗震性能差、存在安全隐患及影响正常使用的边坡工程[1]。水是边坡发生失稳破

基金项目：甘肃省建设科技攻关项目（JK2015-59）

作者简介：孙文（1987），性别：男，职称：工程师。

坏的主要诱因之一,不仅会引起道路桥梁的掩埋、建筑房屋的破坏等一系列工程灾害,而且会对社会经济建设和人民的生命财产安全造成严重影响[2]。对发生灾害的边坡进行检测鉴定,可以查明边坡失稳的原因,为相关工程提供参考,避免灾害的再次发生[3-5]。

2　工程概况

某垃圾处理工程场地为沟谷地形,属山谷型堆填场。沟内有泉渗出,自高程 1170.00m 以下在沟南侧分布,泉眼四周皆为连片湿地,在沟底形成河流,沟内流水为两侧塬地地下潜水渗流补给形成,径流量 0.3L/s。场地土自上而下主要由①层黄土状粉土(Q_4^{eol+dl})和②层黄土状粉质黏土(Q_3^{eol})组成。

库区施工期间曾发生两次边坡滑移后进行了加固处理。在工程竣工后试运行期间库区部分边坡发生滑坡,垃圾填埋场库区东侧、北侧部分边坡滑塌造成下端部分道路、边沟、防渗膜、渗液导排管、排气井损毁、周边道路及锚固平台出现大量裂缝,滑下土体包含大量积水。

图 1　边坡坍塌

Fig 1　Slope collapse

通过现场初步踏勘,发现库区北侧及南侧边坡部分损毁,东侧边坡完全损毁。在损毁区域均发现渗水现象。

3　检测鉴定的目的和内容

3.1　检测鉴定目的

根据库区现状检测结果、边坡安全稳定性验算及相关方提供的资料,对该生活垃圾处理工程受损原因进行分析。

3.2　检测鉴定内容

收集有关资料;工程现状检测鉴定;边坡安全稳定性分析;滑坡成因分析。

4　工程现状检测鉴定

4.1　边坡现状

该工程东侧边坡完全破坏,成典型滑坡圈椅形态,滑动面清晰可见,局部形成后缘反倾平台,滑移带延伸到北侧和南侧部分区域;南北两侧边坡未坍塌部分存在不同程度的裂缝,边坡稳定性处于临界状态。库区边坡坡脚处含水量明显较大,坍塌区域均有不同程度渗水现象。

表 1　边坡现状调查汇总表

Table 1　Summary of the investigation of the current situation of slope

情况	范围
坍塌	Z1—Z3 区段第二级边坡、Z3—Z6 区段第二级边坡、Z9—Z14 区段全部、Z15—Z17 区段第一级边坡。选择坡脚控制点划分边坡区段

情况	范围
裂缝	Z47—Z68（宽度 1～5cm，长度 30m）、Z84—Z85（宽度 5～15cm，长度 17m）、Z87—Z89（宽度 10～15cm，长度 50m）、Z17—Z19（第一级坡面裂缝严重）
渗水	Z70（半径 15m）、Z51（半径 5m）、Z28（半径 10m）、Z53（半径 20m）、Z35（半径 40m）

注：Z 表示边坡控制点。

对该工程边坡进行实地测绘调查，测绘调查结果表明，垃圾填埋场库区边坡主要坍塌区域共 3 处，主要渗水区域共 5 处，其中尤以东侧渗水量最大，渗水区域基本处于主要坍塌区域范围，尤其是东侧渗水量最大处东侧边坡完全损毁。

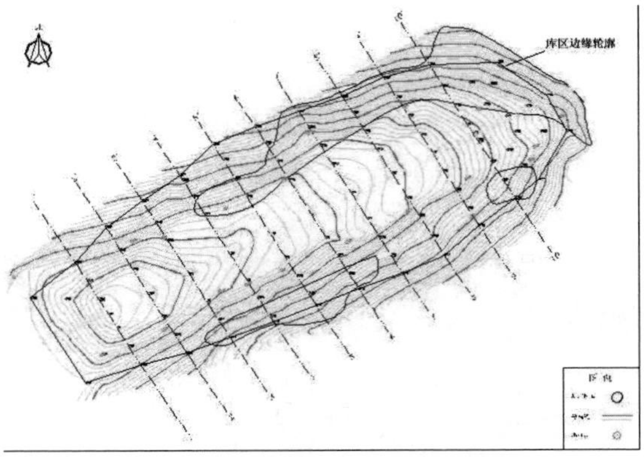

4.2 气象条件

根据气象局提供的资料，发生滑坡当年累计降水量 637.2mm（尤其当月降水量达 238mm），较年平均降水量 515.4mm 增长 23.6%。强暴雨时会产生小量径流及地下渗水增多，潜水渗流补给增加，是该边坡土体浸水的主要原因，对边坡的稳定性造成了严重影响。

图 2　边坡平面图
Fig 2　Slope plane map

4.3 土体岩性检测

为查明该工程边坡坍塌原因，对该边坡（特别是坍塌区域附近）地质情况进行调查。在已坍塌区域、坍塌影响区域和未坍塌区域选 5 个区域取原状样进行室内三轴试验和直接剪切试验。

表 2　土体物理力学指标对比
Table 2　Comparison of physical and mechanical indexes of soil

	重度（kN/m³）	含水量（%）	孔隙比 e_0	C（kPa）	φ（°）
原勘察报告	18.7	7.4	0.534	76.2	19.3
现状	18.8	21.7	0.807	26.1	22.6

该工程边坡土体物理力学指标对比结果表明，较原勘察报告，目前边坡土体含水量增加 193%，粘聚力下降 65%，说明该边坡土体严重浸水，土体粘聚力严重下降。

4.4 边坡工程质量检测

为查明该工程边坡现状工程质量，在库区现存边坡抽选 9 个剖面，竖向每隔 2m 开挖探槽进行压实系数检测。

边坡现状检测结果表明，受塌方、风化及水土流失等因素的影响，现状边坡坍塌影响区域压实系数有所下降。南侧边坡保存完好部位压实系数为 0.85～0.99，北侧受损边坡压实系数为 0.81～0.97，基本满足压实系数 0.90 的设计要求。

5　边坡稳定性分析

5.1　计算工况

（1）原设计边坡稳定分析

根据原勘察报告参数和库区边坡设计图，对库区原设计边坡进行稳定性复核分析，荷载为自重荷载，不考虑地面超载。

（2）现状边坡稳定分析

根据库区边坡现状检测中，土工试验报告、经验数据类比与反演相结合的方法确定的参数和库区边坡设计图对现边坡进行稳定性分析，荷载为自重荷载，不考虑地面超载。

（3）不利效应组合下边坡稳定分析

根据库区边坡现状检测中，土工试验报告、经验数据类比与反演相结合的方法确定的土体饱和状态强度参数和库区边坡设计图对不利效应组合下（模拟局部边坡坍塌暴雨等不利效应条件）边坡进行稳定分析，荷载为自重荷载，不考虑地面超载。

5.2　计算结果及评价

该工程边坡稳定性计算结果表明：

（1）根据原勘察报告，经计算复核，该垃圾处理工程原设计库区边坡稳定安全系数满足《建筑边坡工程技术规范》(GB 50330—2013)一级边坡不小于 1.35 的规定。

（2）在自重荷载下现状边坡稳定安全系数为 0.619 ～ 1.031，处于临界状态，与现场踏勘情况相符，该工程边坡处于不稳定状态，边坡滑移有继续发展的趋势。

（3）在不利效应组合下（自重 + 暴雨工况）该边坡稳定安全系数为 0.604 ～ 0.796，不满足《建筑边坡工程技术规范》(GB 50330—2013) 一级边坡稳定安全系数不小于 1.35 的规定，即该边坡不具备抵御暴雨等自然灾害的能力，在突发暴雨导致地面径流及渗水量骤增等不利工况条件下该边坡失稳坍塌是必然的。

6　结论

通过对该垃圾处理工程库区边坡现状的检测、鉴定，该工程边坡失稳主要原因是工程竣工后，水文环境发生较大变化，降水量骤增导致地下径流重新分布及水量增大，填埋场处于沟谷内，渗水汇集于场地不能完全排出，边坡土体受冬季冻胀、冻融作用影响及长时间受水浸泡后其含水量及自重升高、强度（土体粘聚力）下降的共同作用，导致边坡失稳坍塌。

次要原因是该工程在初期勘测时，就发现有多处泉眼，但是没有充分考虑场地地下水对边坡稳定的影响，最终导致边坡的滑坡和坍塌。

参考文献

［1］ 吴文汇. 某边坡工程的检测鉴定［J］. 建筑监督检测与造价，2013，6（2）：32-38.

［2］ 张社荣，谭尧升，王超等. 强降雨特性对饱和 – 非饱和边坡失稳破坏的影响［J］. 岩石力学与工程学报. 2014，33（2）：4102-4112.

［3］ 廖珊珊，张玉成，胡海英. 边坡稳定性影响因素的探讨［J］. 广东水利水电，2011（7）：31-40.

［4］ 冯君，周德培，李安洪. 顺层岩质边坡开挖松弛区试验研究［J］. 岩石力学与工程学报，2005，24（5）：840-845.

［5］ 周家文，徐卫亚，邓俊晔，等. 降雨入渗条件下边坡的稳定性分析［J］. 水利学报，2008，39（9）：1066-1073.

大面积回填自重湿陷场地某建筑物不均匀下沉、裂缝原因鉴定与分析

王公胜　　孙　文

甘肃省建筑科学研究院，甘肃兰州，730050

摘　要：针对某新建工程地基基础及地面出现的不均匀下沉、建筑物地面、外墙多出开裂，为了查明损害发生的原因，采取了工程地质情况调查、工程桩开剖、变形观测、倾斜观测、裂缝检测等方法，对该建筑地基基础和上部承重结构开展了系统的检测鉴定，阐明了建筑物发生损害的主要原因是桩基础未进入可靠的持力层，次要原因是桩径、沉渣厚度不满足设计要求和大面积黄土填方场地未完全固结，存在自重湿陷性。多种因素的共同作用，导致了建筑物的损坏。从该项目可见，地基基础出现问题会对建筑造成严重的影响，其表现形式往往是上部结构出现裂缝、倾斜等损害。在鉴定的过程中，除了要重视基础施工的质量，还要考虑地基土的特殊性质。研究结论为相关的鉴定工作提供了借鉴和参考。

关键词：桩基础，不均匀沉降，持力层，湿陷性黄土

Identification and Analysis of Uneven Subsidence and Cracks in a Building with Large Backfill and Self weight Collapsible Site

Wang Gongsheng　　Sun Wen

Gansu Academy of Building Research, Lanzhou, Gansu, 730050, China

Abstract：Uneven ground subsidence，cracks in the ground and exterior walls occurred on the foundation and ground of a newly built project. In order to find out the cause of the damage，the methods of engineering geological investigation，engineering pile opening，deformation observation，tilt observation and crack detection are adopted，the foundation and upper bearing structure of the building were systematically tested and identified，the main reason for the damage of the building is that the pile foundation has not entered the reliable bearing stratum，the secondary reason is that the pile diameter and sediment thickness do not meet the design requirements and the large area loess fill site is not fully consolidated，and there is self weight collapsibility. The joint action of various factors has led to the damage of buildings. It can be seen from this project that the foundation foundation will cause serious problems to the buildings，the manifestation is often the cracks and inclining damage of the superstructure. In the process of identification，we should not only pay attention to the quality of foundation construction，but also consider the special properties of foundation soil. The conclusions provide reference and reference for relevant identification.

Keywords：Pile foundation，Uneven settlement，Force layer，Collapsible loess

1　前言

　　房屋安全鉴定中，对地基基础的鉴定是极为重要的项目。房屋上部结构的全部荷重，均通过基础传给地基，因而地基基础的完好程度直接关系到整个房屋的强度和稳定性[1]。建筑物基础的沉降变形

基金项目：甘肃省建设科技攻关项目（JK2015-59）。

作者简介：王公胜（1975），性别，男，职称：正高级工程师。

一般分二类情况：一类是新建筑的沉降变形，一般在 2 ～ 3 年的时间即可稳定；一类是旧建筑的沉降变形，这类房屋的沉降一般都是在内外条件发生变化时（使用条件和环境的改变等）才能发生[2]。建筑由于不均匀沉降引起上部承重结构的损坏，会严重影响结构的安全和使用[3-5]。

2　工程概况

某工程加工车间、综合车间为单层（局部二层）工业厂房，结构形式为门式钢架结构。其中饮料车间长 118.87m，宽 30.37m；综合车间长 105.37m，宽 56.37m。两车间厂房总体呈"L"型布置，总建筑面积为 9594.62m²。该场地抗震设防烈度为 7 度，设计基本地震加速度值为 0.15g，设计地震分组为第三组，抗震设防类别为乙类。基础形式为机械成孔灌注桩和人工挖孔灌注桩。

根据现场勘查，该饮料车间及综合车间地基基础及室内、外地面均已出现了明显的不均匀下沉，室内混凝土地面、地沟及建筑物外墙已多处开裂，现已影响到建筑物的正常使用。

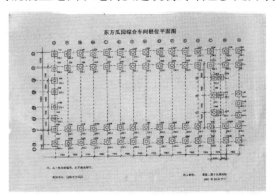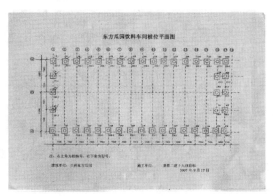

图 1　桩位平面图

Fig 1　Plane map of pile position

3　地基基础检测

3.1　工程地质情况调查

为查明该场地工程地质情况，沿该饮料车间及综合车间桩基础边缘布置了 11 个探井，探井一般紧贴桩基础边缘，探井深 3.5 ～ 18.8m（以承台底面标高处开始计算。在探井内对地基土取原状土样，进行常规试验，对该场地地层结构及岩土工程性状进行调查。

该场地原地貌为低山地区，原地形起伏较大，后经人工堆填整平。该场地为大面积填方区，土层从上至下为：①填土层：厚度 2.5 ～ 14.0m；②黄土状粉土层：厚度 0.6 ～ 3.0m；③砾砂层：厚度 0.7 ～ 1.8m；④砂岩层：未穿透，本次检测时最大揭露厚度 1.4m。本次探井开挖过程中，未发现地下水。

3.2　地基土评价

3.2.1　湿陷性

室内土工试验结果表明，场地内②黄土状粉土层为湿陷性土层，多数检测点的自重湿陷量计算值 Δzs 介于 76.5 ～ 289.5mm 之间，大于 70mm，故该场地②黄土状粉土层为自重湿陷性黄土场地；多数计算点的湿陷量的计算值 Δs 介于 72 ～ 277.5mm 之间，小于等于 300mm，故该场地②黄土状粉土层的湿陷等级为 Ⅱ 级（中等）。

3.2.2　腐蚀性

该场地土②黄土状粉土层对混凝土结构有中腐蚀，对钢筋混凝土结构中钢筋有微腐蚀，对钢结构有微腐蚀。

3.3　桩基础评价

3.3.1　设计资料核查

该工程饮料车间及综合车间厂房采用桩基础，选用机械钻孔灌注桩，设计采用两种桩型（ZH-1 型、桩径 1000mm；ZH-2 型、桩径 800mm），均为圆桩、无扩底，桩长约 5 ～ 10m，设计要求以④砂岩层为桩端持力层，桩端进入持力层不小于1m，桩身混凝土设计强度等级 C30。

3.3.2 施工资料收集

将桩基施工资料与设计资料复核后，发现该饮料车间及综合车间工程桩的桩型、桩径与设计不符。部分工程桩施工过程中，桩径不满足设计要求。

3.3.3 工程桩的开剖检测

为查明该饮料车间及综合车间桩基础施工质量，是否满足设计要求及规范要求，对该饮料车间及综合车间的工程桩进行了开剖验证检测。结合工程桩施工记录，开剖检测深度均大于工程桩的实际桩长。

表 1　饮料车间工程桩开剖检测结果

Table 1　Test results of open profile of engineering pile in beverage workshop

检测桩		探井编号	检测深度(m)	施工记录桩长(m)	开剖检测情况			
桩号	桩型工艺				实测桩长(m)	沉渣厚度(mm)	桩底持力层	桩体质量描述
4#	人工成孔	T11	3.5	3.5	3.5	\	④砂岩层	桩身基本完整，桩体混凝土表面未见严重质量缺陷，局部存在蜂窝、麻面等现象。桩身质量合格。
21#	机械钻孔	T8	13.8	10.0	9.8	300	②黄土状粉土层	
26#	机械钻孔	T7	13.65	7.5	4.8	100	①填土层	
31#	机械钻孔	T3	12.8	9.0	7.8	600	①填土层	

注：1. "检测深度"为本次检测时，探井开挖深度；

　　2. "施工记录桩长"为施工验收记录中的桩长；

　　3. "桩底持力层"为开剖检测后，桩底所处的土层编号及名称，带 边框 的为不满足设计及规范要求。

对上述 4 根桩的开剖检测结果表明：该饮料车间桩基础采用了两种成桩工艺（人工成孔灌注桩、机械钻孔灌注桩），工程桩的桩身完整性、桩身质量，基本合格；实测桩底沉渣厚度为 100 ～ 600mm，不满足规范要求；桩底持力层多为①填土层或②黄土状粉土层，桩底未进入设计要求的持力层，距设计要求的持力层约 1.7 ～ 7.85m，不满足设计及规范要求。

表 2　综合车间工程桩开剖检测情况

Table 2　Detection of open profile of engineering pile in comprehensive workshop

抽检桩		检测井		施工记录桩长(m)	开剖检测情况			
桩号	桩型工艺	编号	深度(m)		实测桩长(m)	沉渣厚度(mm)	桩底持力层	桩体质量描述
55#	机械钻孔	T1	15.9	12.19	8.8	350	①填土层	桩身完整，桩体混凝土表面未见严重质量缺陷，局部存在蜂窝、麻面等现象。71#桩桩底钢筋笼，主筋外露长度约18cm，已严重锈蚀，桩身质量应判为不合格；其它各检测桩的桩身质量均为合格。
56#	机械钻孔	T2	13.8	15.34	11.4	200	①填土层	
69#	机械钻孔	T9	12.8	14.64	10.0	200	①填土层	
71#	机械钻孔	T4	7.0	9.07	5.7	450	③砾砂层	
76#	机械钻孔	T5	13.8	12.99	8.8	200	①填土层	
77#	机械钻孔	T10	17.8	10.98	10.0	100	①填土层	
91#	机械钻孔	T6	18.8	11.4	10.3	100	①填土层	

对上述 7 根桩的开剖检测结果表明：该综合车间工程桩的桩身完整性、桩身质量，基本合格；桩底沉渣厚度为 100 ～ 450mm；桩底持力层多为①填土层或③砾砂层，桩底未进入设计要求的持力层，距设计要求的持力层约 0.2 ～ 7.4m，不满足设计及规范要求。

3.4　基础梁现状检测

对该饮料车间及综合车间局部出露的基础梁进行开剖检测，综合车间的 18×H ～ J 轴线处基础梁、22×N ～ P 轴线处基础梁出现严重裂缝，裂缝主要为竖向裂缝，基本贯通梁厚，最大宽度为 8mm，且基础梁顶部与上部墙体已脱开，最大宽度达 200mm，已严重影响到该基础梁上部结构的安全。

3.5　变形观测

3.5.1　相对沉降观测

饮料车间的基础沉降主要发生在建筑物的北段。其最大相对沉降量为 221mm；相邻基础的最大沉降差为 14.3‰。

综合车间的基础沉降主要发生在建筑物的西南角和东北角。其最大相对沉降量为 322mm ；相邻基础的最大沉降差为 27.6‰。

检测结果表明：该饮料车间及综合车间的相邻基础的最大沉降差，均不满足《建筑地基基础设计规范》（GB50007）的规定。

3.5.2　相对倾斜观测

饮料车间整体向西倾斜，局部出现扭转，最大相对偏移部位发生在其西北角，向西相对偏移量 25mm，相应整体倾斜率为 2.77‰。

综合车间整体向西南方向倾斜，南侧出现扭转，最大相对偏移部位发生在其西南角，向南相对偏移量 135mm，相应整体倾斜率为 15.0‰。

检测结果表明，该饮料车间及综合车间的整体倾斜，不满足《建筑地基基础设计规范》（GB50007）的规定。

3.6　上部结构主体与基础连接检测

根据《钢结构工程施工质量验收规范》（GB 50205）的要求，并考虑到检测现场的实际情况，选取 8 处柱基础，对连接处柱脚锚栓的中心偏移、螺栓露出长度进行检测，其中，5 处柱脚螺栓中心偏移不满足《钢结构工程施工质量验收规范》（GB 50205）地脚螺栓位置的允许偏差 5.0mm 限值的要求；6 处柱脚螺栓露出长度不满足《钢结构工程施工质量验收规范》（GB 50205）地脚螺栓尺寸的允许偏差 0 ～ +30.0mm 限值的要求。

4　上部承重结构检测

除了对地基基础进行检测外，还对上部承重结构包括：焊缝焊脚高度及外观质量、焊缝探伤检测、柱倾斜观测、梁跨中垂直度、梁挠度、构造与连接、支撑体系检测、涂层、围护结构进行了检测，检测结果表明，上部承重结构均出现了不同程度开裂、倾斜等病害。

5　结论

通过对地基基础和上部承重结构的检测，分析得到该工程饮料车间及综合车间产生地基基础下沉、桩基下沉、车间受损等情况的原因，得到以下主要结论：

（1）该工程出现严重的地基基础不均匀下沉、车间受损的主要原因是，桩基础未进入可靠持力层。

（2）饮料车间及综合车间存在桩底沉渣厚度、桩径，不满足设计及规范要求，是引起建筑物病害的次要原因。

（3）饮料车间及综合车间场地为 Ⅱ 级（中等）自重湿陷性黄土场地，原地形起伏较大，后经人工堆填整平，属大面积填方区，欠固结土。地基土浸水后，发生湿陷下沉，也是引起建筑物病害的次要原因和直接诱因。

（4）在对此类工程的鉴定过程中，除了检测施工质量是否达到设计要求，还要关注场地的情况，黄土地区大面积填方场地往往由于固结时间较短、处理不彻底，存在湿陷性等一些不利情况，会严重影响工程质量，甚至导致病害的产生。

参考文献

［1］皮作摸. 房屋地基基础的鉴定［J］. 住宅科技，1993，12：37-39.

［2］沈鹤鸣. 基础变形对房屋影响的鉴定［J］. 住宅科技，1994，1：39-42.

［3］王琪，董军，戴卜云，等. 沉降引起损坏的工业钢结构现场检测及可靠性鉴定［J］. 四川建筑科学研究，2011，37（4）：93-95.

［4］董军，邓洪洲. 地基不均匀沉降引起上部钢结构损坏的非线性全过程分析［J］. 土木工程学报，2000，33（2）：101-106.

［5］乔瑞社，常向前，耿晔等. 王台闸工程安全鉴定［J］. 人民黄河，2007，29（10）：82-83.

既有建筑裂缝检测判别与工程应用

符素娥[1]　胡优耀[2]

1. 上海市建筑科学研究院，上海，200032

2. 上海市房屋建筑设计院有限公司，上海，200062

摘　要： 房屋结构的破坏和倒塌几乎都始于裂缝的出现和发展，但裂缝的存在是不可避免的，且裂缝的出现往往是多种因素共同作用的结果，所以在既有建筑检测鉴定过程中，裂缝检测是一个极为重要且相对复杂的技术问题。根据结构裂缝理论，结合工程实例，对既有建筑裂缝的检测要点及裂缝判别进行了初步探讨。通过对房屋裂缝的探讨，旨在为工程技术人员在房屋检测工作中对裂缝的判别和分析提供借鉴。

关键词： 房屋检测，裂缝理论，裂缝判别

Crack Prediction of Existing Building and Engineering Applications

Fu Sue　Hu Youyao

1. Shanghai Building Scientific Research Institute，Shanghai 200032，China

2. Shanghai Municipal Housing Design Institute，Shanghai 200062，China

Abstract： Collapsed building or structural damage almost begins with the emergence and development of cracks，but the existence of crack is inevitable，and various factors contributed the appearance of cracks .It is a very important and relatively complex technical problems in the process of inspection and appraisal of existing buildings.The article study main points of the crack prediction and the crack detection based on the theory of structural，combine with engineering examples.The purpose of this study is to provide a reference for engineers to distinguish and analyze cracks in the inspection of buildings.

Keywords： The inspection of existing building，Crack theory，Crack detection

1　引言

在既有建筑检测鉴定过程中，房屋裂缝的检测及控制是工程技术人员不可避免的技术难题。房屋结构的破坏和倒塌几乎都始于裂缝的出现及发展，但并不是所有的裂缝都会危及房屋的结构安全，绝对不允许房屋出现裂缝（尤其是钢筋混凝土结构）既不现实也不科学。裂缝的成因非常复杂，且裂缝的正确判别为裂缝的危险性判别及修补方案提供直接依据，因此在房屋检测过程中正确认识房屋裂缝，既关系到人民生命及财产安全，又关系到房屋修缮加固的经济性和合理性。

2　裂缝检测及判别

在既有建筑裂缝检测鉴定过程中，首先我们要根据检测目的及其他相关信息判断裂缝是否稳定，如裂缝已稳定，仅需做一次性检测，其余裂缝应进行持续性周期观测，每次观测均应做好裂缝位置、裂缝宽度、裂缝长度、裂缝深度、裂缝走向及时间等相关信息记录。

结构裂缝宽度测量常用仪器有：塞尺或裂缝宽度对比卡、裂缝显微镜、裂缝宽度测试仪等。裂缝深度检测一般采用钻芯法或超声测试仪进行测试。对需要持续观察的裂缝，在工程中一般采用垂直于

作者简介：符素娥（1990 年 10 月），女，中级工程师，工学硕士。E-mail：2649093509@qq.com。通讯地址：上海市徐汇区宛平南路 75 号 2 号楼 407 室。

裂缝贴石膏饼进行观察。

一般情况下，裂缝现状调查、结构检测、结构复核验算、裂缝成因分析及制定相应的裂缝修补及处理建议，是既有建筑物裂缝检测的基本步骤。

（1）裂缝现状调查

首先需要根据图纸资料及房屋的改扩建历史初步了解房屋的基本结构形式、其易产生裂缝的部位及其成因等相关信息，然后深入现场考察，在此期间，要注意根据现场观察到的结构裂缝特征，初步判断裂缝的类型，根据初步判定结果确定需要重点调查的内容。当初步判断为温度收缩引起的裂缝时，需重点调查结构施工的季节，查阅施工日志，了解当时的气温情况、混凝土类型、配比、拆模及养护情况；当初步判断裂缝为地基沉降引起的变形裂缝时，需重点了解基础的类型、地基土质及验槽情况、相邻建筑施工情况等；当初步判定为受力裂缝时，需重点调查结构设计图纸及计算书，了解结构实际布置、构件实际截面尺寸和配筋并调查房屋实际使用荷载等。

（2）结构检测

结构检测包括房屋的结构裂缝观测及监测、地基工程地质补充勘测、房屋变形测量、材料强度检测、配筋检测、结构方案及布置，结构荷载调查等，必要时可进行静载试验、材料试验及其他相关试验。

（3）结构复核验算

根据现场调查的裂缝现状及结构试验的实测数据等资料，确认裂缝属于非地基沉降差异引起的裂缝及非受力裂缝，可不进行结构复核验算。否则，为了查明裂缝是设计、施工还是使用不当等方面的具体原因，应视情况对地基基础或主体结构、或同时对地基及主体结构进行复核验算。

（4）裂缝成因分析

在现场调查、结构检测以及结构复核的基础上，根据微裂缝理论、变形裂缝理论和荷载理论、裂缝的机理以及采用逆推法，进行综合分析，找出裂缝产生的主要原因，并对裂缝的类型做出正确的判断。

裂缝的成因非常复杂，房屋检测过程中一般将裂缝分为荷载裂缝及非荷载裂缝，荷载裂缝的成因与构件的受力状态一致，如当截面上的主拉应力超过构件抗拉强度时，会出现与构件主拉应力方向垂直的裂缝。非荷载裂缝主要指变形裂缝，这种裂缝的出现及发展主要由结构构件之间及材料内部的约束导致，变形会导致约束构件内部产生应力，当该应力大于材料的抗力时，构件就出现开裂现象。工程中常见的与约束相关的裂缝有混凝土收缩导致的裂缝、温差导致的裂缝、基础不均匀沉降导致的裂缝等。

（5）裂缝处理措施

裂缝的存在主要影响房屋的耐久性及正常使用。根据裂缝的形态及其成因综合确定是否需要修补或采取加固措施。混凝土结构构件出现荷载裂缝时可根据《混凝土结构加固设计规范》的要求进行加固。砌体结构构件出现荷载裂缝时可采用外加钢筋混凝土（钢筋网片水泥砂浆）面层等方法加固[1]，出现非荷载裂缝时，可采用表面封闭法、注射法、压力注浆法等方法进行处理。

3　某框架结构墙体开裂

该酒店建于 2007 年，房屋为一幢地上 26 层、地下 2 层的框架 - 核心筒结构，房屋建筑平面不规则，标准层东西长 19.4m，南北宽 28.9m，建筑总高 98.7m，屋面为现浇混凝土平屋面，采用桩筏基础。房屋外墙主要采用玻璃幕墙，中部分隔墙采用 MU5 加气混凝土砌块（≤ 1.0kN/m²）及 M5 混合砂浆砌筑。使用过程中发现房屋较多墙体存在开裂现象。房屋标准层建筑平面示意图如图 1 所示。

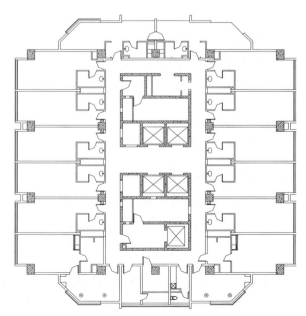

图 1　标准层建筑平面示意图

3.1　墙体开裂状况及原因

由于该房屋使用时间较短，且竣工验收合格后才投入使用，本次检测不对相关材料强度进行检测；房屋倾斜、沉降量均在规定允许范围内。现场检测发现房屋墙面存在不同程度上的斜裂缝、垂直缝等裂缝损伤。

（1）墙面斜向裂缝

墙体斜裂缝基本呈八字形分布，主要集中于顶部 3 层（24～26 层）南北方向布置的两端墙体上，裂缝宽度约 0.2～0.4mm，裂缝长度约 1.5～2.5m。

根据裂缝理论，框架填充墙产生"八"字形裂缝的原因有：

①荷载裂缝。

根据现场检测，开裂墙体区域未见明显加载，使用功能与设计基本相符，且开裂区域位于房屋顶部，竖向荷载相对较小，故可排除此原因。

②地基不均匀沉降导致的裂缝。

当房屋中间沉降大、两端沉降小时，房屋方能产生正"八"字形裂缝。但从房屋结构体系看，该房屋结构为框架 - 核心筒体系，桩筏基础，房屋基础和上部结构整体性较好、抗地基变形能力强。

从房屋损坏和裂缝分布规律来看，出现墙体裂的部位主要在顶部 3 层，且呈明显的"八"字形裂缝且对应的梁未见明显裂缝，底部基本未见明显的墙体裂缝，地下室地坪和主要受力构件未见明显损坏，且由于沉降导致墙体开裂的一般发生在房屋底部。

房屋倾斜结果表明，房屋东西向整体向东倾斜，最大倾斜率为 1.7‰；南北向整体向南倾斜，最大倾斜率为 0.6‰，倾斜率较小，且不存在中间沉降大、两边沉降小的现象。

从结构体系、裂缝现状及倾斜数据三方面分析，基本可排除该裂缝为地基不均匀沉降造成的墙体裂缝。

③温度收缩（膨胀）裂缝。

温度裂缝主要由于材料受外界温度影响而产生热胀冷缩效应，但由于其边界条件等相关因素的约束导致其应力超过结构构件拉应力，由此原因造成的房屋顶部楼层墙体开裂在实际工程中比较常见，尤其是在跨度或长度较大的房屋中出现较多。其裂缝产生的机理如图 2 所示，由于大气在升温过程中，屋面结构与墙体之间有正温差（屋面板温度高、下部墙体温度低，且混凝土的热膨胀系数比砌体的热膨胀系数大），屋面结构热胀变形对墙体产生推力（水平剪力）和相应的主拉应力，当后者大于砌体的抗拉强度，即产生墙体斜裂缝。裂缝出现位置一般位于房屋顶部。

综上所述，检测房屋顶部楼层墙体斜向裂缝为温度裂缝。

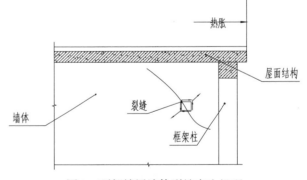

图 2　顶部楼层墙体裂缝产生机理

（2）墙面竖向裂缝

房屋墙体竖向裂缝主要分布在框架柱与填充墙体接缝位置及墙体预埋线管位置。墙面开裂程度较轻微，墙体界面裂缝主要由于不同材料收缩性能不一致及墙体预埋管线导致。

3.2　裂缝处理建议

在屋面板上增设保温隔热材料，对墙面斜裂缝采用压力注浆法进行修补；铲除竖向裂缝处墙面粉刷，增设钢丝网，重做粉刷。

4　某砖混结构墙体开裂

房屋为四层的砖混结构住宅楼，建于 20 世纪 80 年代。建筑平面呈矩形，建筑面积约 2400m²，房屋东西向总长 59.6m，南北方向总宽 11.0m，一、二层层高 2.85m，三层层高 2.75m，四层层高 3.05m，房屋建筑总高 11.6m，屋面为平屋面。房屋主要为横墙承重，承重墙厚 240mm，楼屋面板为预制多孔板，未设置构造柱和圈梁。房屋标准层建筑平面图见图 3。

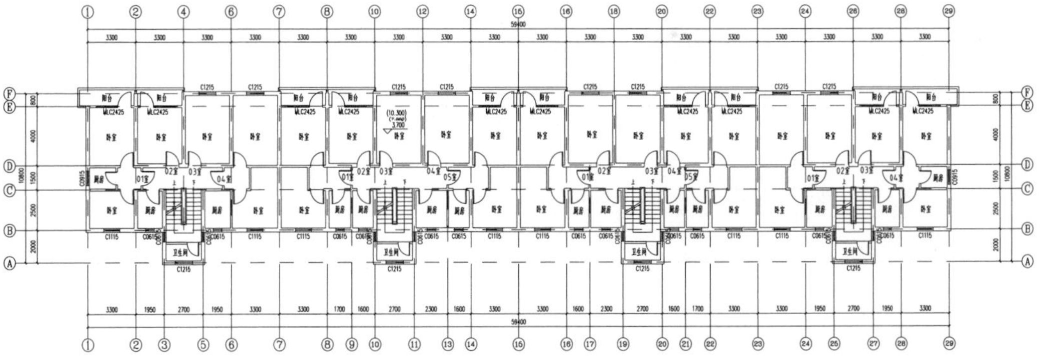

图 3　标准层建筑平面示意图

4.1　房屋开裂状况及原因

现场检测发现房屋中部出现断裂裂缝。房屋的断裂裂缝位置位于中部单元，房屋的 16 轴～20 轴之间楼梯间附近，外立面裂缝上下贯通，裂缝形态呈上宽下窄；裂缝平面走向南北连通，南面墙体开裂比北面严重，裂缝均为贯穿裂缝，裂缝曾进行了水泥砂浆嵌缝修补，目前修补部位有多处开裂。房屋的 18 轴、19 轴地坪、楼屋面板存在移位，与墙体脱开，四层楼面最大脱开宽度达 30mm，一层地坪脱开宽度约为 5mm，目前采用木柱＋槽钢对楼板进行临时支撑。

倾斜结果表明，房屋东西向整体向西倾斜，最大倾斜率为 5.9‰，平均倾斜率为 3.98‰；南北向整体向北倾斜，最大倾斜率为 13.5‰，平均倾斜率为 10.4‰。南北向倾斜超出规范限值。相对水平度测量结果与倾斜结果规律基本一致，房屋存在明显的不均匀沉降，且最大不均匀沉降出现在房屋断裂区域。因此可以初步判断该裂缝主要由房屋不均匀沉降导致。现场对房屋基础进行开挖，检测发现房屋基础为墙下条形基础，基础埋深约 1.2m，宽度 360mm，委托相关单位对房屋的地质情况进行勘探，勘探报告表明房屋底下西北区域地下大部分有暗浜分布，揭遇的暗浜最大深度约 3.6m。

综上所述，房屋地基局部存在暗浜，房屋存在一定的不均匀沉降，是导致墙体开裂的外在原因，另外房屋无圈梁和构造柱，结构整体性差，且房屋纵向长度较大、易受地基影响造成房屋的损坏，再加上楼梯间为房屋结构的薄弱环节，故房屋的结构体系薄弱是造成房屋墙体开裂的内在原因。

4.2　裂缝处理建议

采用锚杆静压桩等合适方式对地基进行处理，对房屋进行沉降监测，地基处理后且房屋沉降稳定后对开裂墙体及楼板采取相应的措施进行加固处理。

5　结语

裂缝的检测和判别是既有建筑检测工作中极为重要的内容，必须得到足够的重视。要想更加科学地做好房屋裂缝的检测，就必须了解结构裂缝理论、现场裂缝检测技术以及裂缝的判别及分析。本文通过两个工程实例对房屋裂缝的检测要点及裂缝判别进行了初步探讨。

建议：1）对结构裂缝理论进一步深化，使其更加符合实际工程。2）对工作中遇到的问题进一步分析，总结宝贵经验。3）对裂缝的检测技术进一步改进，做到更加准确和高效。

参考文献

［1］　CECS 293：2011. 房屋裂缝检测与处理技术规程［S］. 北京：中国计划出版社，2011.

［2］　罗国强，罗刚，罗诚. 编著. 混凝土与砌体结构裂缝控制技术［M］. 北京：中国建筑工业出版社，2006.7.

［3］　王铁梦. 工程结构裂缝控制［M］. 北京：中国建筑工业出版社，1997.8.

［4］　中华人民共和国建设部. GB/T 50344—2004. 建筑结构检测技术标准［S］. 2004.

某既有工业轻钢结构在风荷载下垮塌鉴定与原因分析

李 伟[1]　冉龙彬[2]　曹淑上[1]　谢传喜[1]

重庆市建筑科学研究院，重庆，400016

摘 要： 随着工业生产及经济性的需要，如集贸市场、储物仓、轻钢厂房等采用轻钢结构的建筑物越来越多的出现在我们的生活当中。但由于轻钢结构自身建设成本较低，在施工过程中，存在部分瑕疵及质量通病，近些年在重庆地区垮塌事件时有发生。本文通过对重庆地区某一厂房垮塌事例进行分析，结合轻钢结构自身的受力特点，对设计阶段、施工、使用阶段提出先关建议，防止该类事故继续发生提出相关建议。

关键词： 轻钢结构，鉴定，事故分析

Identification and Cause Analysis of Collapse of an Existing Industrial Light Steel Structure Under Wind Load

Li Wei[1]　Ran Longbin[2]　Cao Shushang[1]　Xie Chuanxi

Chongqing Construction Science Research Institute，Chongqing，400016，China

Abstract： With the need of industrial production and economy，Such as markets，storehouses，light steel factories and so on，more and more buildings with light steel structure appear in our lives. However，due to the low construction cost of the light steel structure，there are some defects and quality defects in the construction process. In recent years，the collapse of the Chongqing area has occurred. In this paper，by analyzing the collapse cases of a factory building in Chongqing and combining the stress characteristics of the light steel structure，this paper puts forward some suggestions on the design、construction and application stages to prevent the continued occurrence of this kind of accident.

Keywords： Light steel structure，Identification，Accident analysis

1　工程概况

　　某企业钢结构厂房为单层轻钢结构房屋，位于重庆市某区，最大跨度约为 38.0m，设计及施工均为某建筑单位。设计基本风压为 0.40kN/m²，抗震设防烈度为 6 度，设计地震加速度为 0.05g，场地类别为 2 类。屋面设计恒荷载为 0.2kN/m²，活荷载为 0.3kN/m²。2016 年 8 月 7 日下午 6：10 分左右（14）-（25）轴范围内建筑发生倒塌事故。现场外观见图片 1，建筑平面布置示意图见图 2。

图 1　倒塌部分现状

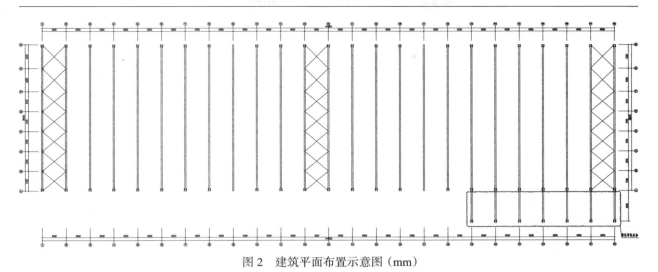

图 2　建筑平面布置示意图（mm）

2　现场检测

现场检查发现垮塌部位钢管柱插入杯口钢管柱深度约 50mm，钢管杯口柱直径为 50mm，钢柱现场锚固形式见图 3、图 4；柱脚普遍存在锈蚀现象，破坏后钢管柱普遍于锚板下锚固点断裂；倒塌后部分钢腹杆在焊接点处脱落；节点焊接质量较差，尤其钢柱底部与垫板焊接部位未焊透、未熔合、焊脚尺寸过小、焊缝长度不足；钢立柱设计柱脚须锚入混凝土 650mm 深，现场检查发现钢柱均未锚入混凝土内，设计锚固方式见图 5；倒塌部分结构柱脚锈蚀严重，部分钢柱柱脚已锈断。

图 3　现场锚固形式

图 4　钢管柱底端与基础锚固形式

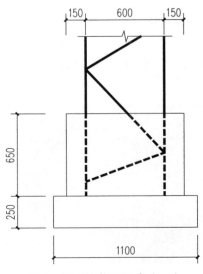

图 5　钢立柱截面尺寸（mm）

对（1）-（13）轴范围内未倒塌结构构件及施工质量进行检查，发现（1）轴设置6根抗风柱，（G）轴钢立柱柱脚使用过程中采取刷漆维护，柱脚局部埋入泥土中，未发现明显异常现象，柱脚与地基的连接方式均为钢筋与垫板焊接后锚固在基础内，与倒塌部分结构构造相同；（10）-（13）轴范围内屋面及钢桁架梁扭曲、屋面彩钢板局部翘曲、缺失、钢柱向内侧最大变形约500mm且出现扭转变形现象。该厂房屋面现已于地桁车接触，地桁车对结构侧向位移约束较大。

对截面尺寸进行检测发现，钢桁架立柱截面尺寸为540mm×570mm，基本满足设计（450～600）mm×（450～600）mm要求，截面示意图见图6；钢桁架梁截面尺寸为330mm×520mm，基本满足设计300mm×（550～850）mm要求，截面尺寸见图7；钢立柱钢管截面为A60，钢桁架梁钢管直径为A48，满足设计要求钢管壁厚约为2.5mm，不满足设计要求；腹杆钢筋为直径为A14，小于设计A16要求；检测钢柱、钢梁腹杆间距介于548～915mm之间，检测檩条间距基本满足设计要求；桁架梁下部拉条截面尺寸满足A22要求；检测檩条截面尺寸为116mm×36mm×1.38mm、117mm×34mm×18mm×1.78mm，基本满足设计C120×40×20×1.8要求。

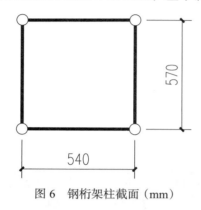

图6　钢桁架柱截面（mm）

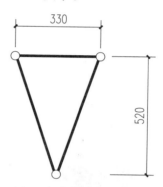

图7　钢桁架梁截面（mm）

3　计算分析

采用sap2000有限元计算软件对该厂房按照实际建设布置图进行建模计算分析。钢管采用Q235，圆钢采用一级钢；钢立柱截面尺寸采用570mm×540mm，钢桁架梁采用300mm×600mm，腹杆钢筋采用A14，下弦拉条采用A22，基本风压采用设计0.4kN/m²进行计算。根据上述信息建立建筑模型见图8。

根据计算结果表明，该建筑在设计风压作用下变形较大，结构构件刚度小，部分杆件在风荷载作用下承载力超限；在风荷载作用下（A）轴钢立柱发生扭转现象且在设计风荷载作用下扭转角度较大，（G）轴钢立柱侧向位移大于规范要求，见图9；钢柱底端在设计风荷载作用下最大剪力为13.7kN，垫板焊缝最小长度约为32mm（局部垫板点焊除外），有效焊缝厚度约1mm，焊接处应力为214.1MPa，超过焊缝强度规范允许值。根据计算结果表明该工程底部锚固不能满足现行规范要求，柱脚焊缝连接强度不满足计算要求。

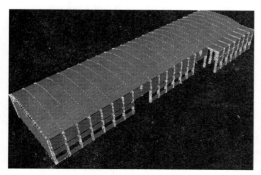

图8　钢结构厂房计算模型

图9　（A）轴、（G）轴钢柱风荷载作用下典型变形示意图

4　事故原因分析

　　轻钢结构房屋，自重较轻，构造较简单，节点焊接质量较差，尤其钢柱底部与垫板焊接部位连接不满足规范要求；柱间支撑、抗风柱、屋架、屋面系统部分及节点的连接构造措施不完善、整体性差，抗风、抗灾能力低，多处施工质量不满足设计及规范要求，在大风、暴雨及大雪等恶劣天气下容易出现安全事故；该厂房垮塌区域存在较为严重的钢柱脚锈蚀、锈断现象，使用过程中未进行有效防护及定期维护，工程所在地出现连续大风、大雨天气，受恶劣天气影响，厂房发生局部垮塌。

5　结语

　　通过对重庆地区某一轻钢仓房垮塌的原因进行鉴定及分析，从设计、施工、使用角度明确了该类轻钢结构厂房垮塌的主要原因为设计欠佳、未按照现行国家及行业法规进行施工、后期使用中未有效维护保养，为以后类似工程的检测、鉴定提供了相关经验。

参考文献

[1]　GB 50017—2003. 钢结构设计规范［S］.

[2]　钱伟. 钢结构工程倒塌事故原因分析与鉴定［J］. 施工技术，2009，38（10）：33-36.

[3]　汤建平，舒兴平，邹银生，朱正荣. 某轻钢结构厂房整体坍塌的事故分析［J］；建筑结构；2006，S1.

[4]　GB/T 50344—2004. 建筑结构检测技术标准［S］.

[5]　雷宏刚. 钢结构事故分析与处理［M］. 北京：中国建材工业出版社，2004.

学校阶梯教室钢结构网架鉴定分析

韩　娜　　刘兆瑞　　李又龙

山东省建筑科学研究院，山东济南，250031

摘　要： 通过对某中学阶梯教室空间网架工程检测鉴定的实践，制定合理高效的鉴定方案。通过现场总体结构布置检测、使用功能、钢结构支座、钢构件（管、球）尺寸、焊接质量、涂装质量等进行抽样检测，发现网架结构存在的安全问题。运用3D3S计算软件，建立了整体结构分析模型，并进行结构承载力的验算，对网架的可靠性进行了鉴定与评级。对存在的问题提出加固改造建议，从而保证结构中施工的安全质量。对类似工程的检测鉴定工作具有一定的借鉴性。

关键词： 空间网架，检测鉴定，结构安全性，极限承载能力状态，正常使用状态

Analysis of the Identification of Steel Structure Grids in School Ladder Classrooms

Han Na　　Liu Zhaorui　　Li Youlong

1. Shandong Academy of Building Research，Jinan 250031，China

Abstract： Through the practice of testing and appraisal of a space classroom for a high school ladder classroom，the article formulated a reasonable and highly effective appraisal scheme，detecting the overall structure of the site，uses functions，steel bearings，steel components（tubes，balls），and welding quality. Sample quality inspections were performed to find out the safety problems in the grid structure. Using the 3D3S calculation software，an overall structural analysis model was established，and the structural bearing capacity was checked，and the reliability of the grid was identified and rated. The proposal for reinforcement and reconstruction is proposed for the existing problems so as to ensure the safety and quality of construction in the structure. It has certain reference for the detection and appraisal of similar projects.

Keywords： Space grid，Detection and identification，Structural safety，Ultimate load capacity status，Normal use status

0　前言

　　随着经济的发展，空间网架结构在学校建设中得到了广泛的应用。目前已普遍应用在学校的体育场馆、报告厅、阶梯教室等类的大型设施的楼盖、屋架及塔架中。这种结构形式轻巧，能覆盖各种形状的平面，可设计成各种各样的造型，且美观大方，施工周期短，能有效利用空间，载荷传递良好，能充分利用钢材，自重轻，抗震性能优良。网架结构在建造过程中有时会存在无设计图纸、偷工减料、施工无监管等现象，再加上长期的锈蚀作用，使多数网架结构均存在一定程度的损伤破坏，导致学校对网架结构的承载状况担忧，对该结构能否完成当初的设计要求存在疑虑。汶川地震以后，大范围进行校舍的鉴定，不仅要保证检测速度，同时也要保证检测质量。因此，有必要采取有效的技术手段对网架结构的当前工作现状进行检测鉴定分析，优化地评估网架的结构安全性能，及时发现结构的危险部位，提出合理的加固建议，以排除危险，避免在极端天气下发生

作者简介：韩娜，女，工程师；刘兆瑞，男，工程师。

坍塌。

1　钢结构鉴定的程序

对钢结构进行检测所得到的数据是评定已有钢结构性能指标的原始依据，就像医生给病人看病要进行化验、透视，中医需要"望闻问切"一样。《建筑结构检测技术标准》（GB/T 50344）规定，建筑钢结构的检测可分为钢结构材料性能、连接、构件尺寸与偏差、变形与损伤、构造、基础沉降以及涂装等项工作，必要时可进行结构或构件性能的实荷检验或结构的动力测试。

鉴定是根据现场调查和检测结果，并考虑缺陷的影响，依据相应规范或标准的要求，对建筑结构的可靠性进行评估工作。建筑物可靠性鉴定所提供的就是对建筑物在安全性、适用性和耐久性方面存在的问题的正确评价。

当结构的可靠性不满足要求时，对已有建筑结构要进行加强，以提高其安全性、耐久性和满足使用要求。需要对已有建筑结构进行相应变化及处理，以适应新的使用功能或规划，就需要对钢结构进行加固改造。

钢结构的检测、鉴定、加固和改造具有一定的内在关系和程序。检测是基础，鉴定是结论，加固改造是对策。没有检测，就无法鉴定，更谈不上加固和改造。进行检测和鉴定且发现了问题，但不及时予以加固，可能导致结构功能丧失，甚至引发工程事故。

2　工程概况

某中学阶梯教室，该工程钢结构承重体系为空间网架结构，建筑面积约为 515m²，屋面做法为双层彩钢板屋面。钢结构设计使用年限 50 年。杆件形式为圆管规格分别为 $\phi75.5 \times 3.75$、$\phi60 \times 3.5$、$\phi48 \times 3.5$。网架节点形式采用螺栓球节点，支撑形式为多点支撑。高强螺栓采用 40Gr 钢，网架杆件、锥头、封板、支座和支托均选用 Q235B 钢材。

该阶梯教室网架结构于 2008 年设计，2010 年建成并投入使用。虽然网架结构在阶梯教室的应用实践中较为广泛，但在日常使用过程中容易发生破坏，为保证阶梯教室网架结构的安全可靠，保证广大师生正常上课和人身安全，定期对钢结构部分进行检测鉴定并进行适当的维护是十分必要的。为此我们对该网架结构进行可靠性鉴定，进而提出合理的维护方案和处理意见。

3　现场调查检测

3.1　资料的提供和鉴定方案的确定

该工程钢结构部分图纸基本齐全，该工程钢结构部分主要原材料的质量合格证明文件齐全，并提供了该工程《岩土工程勘察报告》。

依据《民用建筑可靠性鉴定标准》（GB 50292—2015）、《钢结构现场检测技术标准》（GB/T 50621—2010）、《钢结构工程施工质量验收规范》（GB 50205—2001），有关单位提供的设计图纸及相关技术资料，根据本次鉴定的目的和现场检测检查条件，确定现场检测检查项目：结构形式、建筑布置、结构布置、使用功能的检测和检查；钢结构支座的检测和检查；钢构件（管、球）尺寸的检测和检查；钢结构节点现状的检查；钢构件焊接质量的检查；钢构件涂装质量现状的检查；钢结构整体变形的测量；屋面实际做法的检查；围护结构现状的检查；其他发现的问题。现场检测和检查采用抽样方式。

依据《建筑结构荷载规范》（GB 50009—2012）、《钢结构设计规范》（GB 50017—2003）、《空间网格结构技术规程》（JGJ 7—2010）、《房屋建筑结构安全评估技术规程》（DB37/T 5045—2015），根据检测和检查结果，对该钢结构安全性现状进行评定。

3.2　现场检测和检查情况

结构形式、建筑布置、结构布置、使用功能的检测和检查。该工程上部承重结构体系采用正放四角锥螺栓球节点网架结构。检查柱网布置、层高、屋面布置基本符合设计要求。网架结构布置合理，结构整体性构造、连接符合设计要求。现场检查和抽样检测屋面网架结构跨度、高度和节点位置的布置情况，检查和抽检结果符合设计要求。表面节点周围各杆件长度、布置角度、网格尺寸等符合设计要求。网架外观如图1所示。

图1 网架外观

钢结构支座的检测和检查。现场检查网架支座质量现状，未发现支座处有明显裂缝、移位、倾斜、破坏等异常情况，表明支座工作状态正常。

钢构件（管、球）尺寸的检测和检查。现场抽测网架构件截面尺寸如图2所示，其中下划横线节点球位置为东起3排×南起3排上弦节点球。结果显示，所测构件截面尺寸满足设计要求。

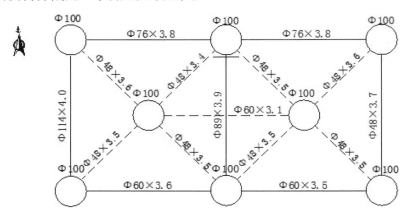

图2 部分管、球尺寸抽测结果示意图

现场检查网架支座、杆件、节点球等钢构件的质量现状，未发现构件有明显弯折、裂纹、移位、扭曲、倾斜等异常情况，表明结构构件工作状态正常。

钢结构节点现状的检查。现场检查网架构件连接节点质量现状，部分支座螺帽缺失、螺栓未拧紧，其他节点连接牢固，未发现杆件存在异常现象。

钢构件焊接质量的检查。现场检查网架焊缝质量。结果显示，所测网架杆件焊缝施工质量满足《钢结构工程施工质量验收规范》（GB 50205—2001）的要求。

钢构件涂装质量现状的检查。现场检查网架支座、杆件、节点球等钢构件的涂装质量现状，实测涂层厚度与设计涂层厚度差值较小，如表1所示，部分螺栓锈蚀，其他构件涂装良好，未见明显涂层剥落、破损现象。

表1 部分涂层厚度测量结果

构件编号	杆件类别	设计厚度（μm）	实测平均值（μm）	差值（μm）
1	下弦杆	150	172	22
2	腹杆	150	130	20
3	腹杆	150	137	13
4	上弦杆	150	168	18
5	腹杆	150	173	23
6	腹杆	150	129	21
7	上弦杆	150	169	19

钢结构整体变形的测量。现场检测网架的整体变形量，检测结果为，网架沿南北向最大下挠36mm，满足《空间网格结构技术规程》（JGJ 7—2010）的要求。屋面实际做法的检查。现场检查屋面实际做法，为双层彩钢板屋面。屋面做法符合设计要求。

围护结构现状的检查。经现场检查，该工程围护结构做法符合设计要求，未发现渗漏、破损现象。其他发现的问题。经现场检查，该工程屋面吊顶悬挂于网架弦杆上，未悬挂于节点球上，不符合设计要求。

4　结构验算分析

根据图纸及现场检测的实际情况，采用 3D3S 计算软件对该网架屋盖进行建模计算，计算参数采用上述数值。网架极限承载能力状态应力分析验算结果显示，屋盖结构在包络荷载作用下，网架杆件的最大应力比为 0.58。所有杆件均能满足极限承载能力要求。网架正常使用状态分析在标准组合下，最大变形发生在网架跨中，节点最大位移为 43mm。结构变形满足规范要求。屋面檩条承载能力分析验算结果显示，檩条截面最大应力 $\sigma_{max} < 205N/mm^2$，风吸力作用下稳定性最大应力 $\sigma_{max} < 205N/mm^2$，标准组合作用下垂直于屋面挠度值 $\gamma < l/200$，均满足规范要求。

5　结论与处理意见

依据《民用建筑可靠性鉴定标准》（GB 50292—2015）的规定，经综合分析后，对某中学阶梯教室钢结构的安全性现状评定如下：钢结构安全性现状的鉴定等级评定为 Bu 级，即尚不显著影响整体承载。对该钢结构工程检测鉴定发现的问题建议进行整改处理，对屋面吊顶进行重新布置，吊顶应悬挂于节点球上；全面检查锈蚀情况，进行除锈处理；补齐支座处缺失的螺栓，并进行紧固处理。未经有资质部门的结构鉴定和设计许可，不得随意改变建筑物的使用功能；不得拆除、损伤主体结构的承重构件；使用过程中应严格控制荷载不超出原设计及相关规范的要求，并及时清理屋面积水、积雪、积灰等。建筑物在使用过程中，随时间的推移和处于各类使用环境，结构和构件的性能会逐渐降低。依据《房屋建筑结构安全评估技术规程》（DB37/T 5045—2015）的要求，每 5 年对该结构进行一次安全检查评估。

参考文献

[1] GB/T 50621—2010. 钢结构现场检测技术标准［S］. 北京：中国建筑工业出版社，2011.
[2] GB 50205—2001. 钢结构工程施工质量验收规范［S］. 北京：中国计划出版社，2002.
[3] GB 50292—2015. 民用建筑可靠性鉴定标准［S］. 北京：中国建筑工业出版社，2016.
[4] JGJ 7—2010. 空间网格结构技术规程［S］. 北京：中国建筑工业出版社，2010.
[5] GB 50009—2012. 建筑结构荷载规范［S］. 北京：中国建筑工业出版社，2012.
[6] GB 50017—2003. 钢结构设计规范［S］. 北京：中国计划出版社，2003.

某地下车库挡土墙及框架柱开裂、后浇带钢筋变形原因分析及处理

种道坦　张道延　李新泰

山东省建筑科学研究院，山东济南，250031

摘　要： 随着城市建设的高速发展，新建工程数量呈爆炸式增长，地下车库形式得到了广泛应用，地下车库建设过程中的问题也随之增多。本文结合工程实例，详细叙述了某地下车库建设过程中挡土墙及框架柱开裂、后浇带钢筋变形原因分析及处理。首先对工程现场检测及检查情况进行描述，接着对开裂及变形原因进行分析，并给出处理建议及可行的加固措施，以期为其他类似工程提供借鉴。

关键词： 挡土墙，框架柱，开裂，钢筋变形，碳纤维布环向围束加固

Analysis and Treatment of Deformation of Retaining Wall and Frame Column of a Underground Garage and Deformation of Post Poured Steel Bar

Chong Daotan　Zhang Daoyan　Li Xintai

Shandong Academy of Building Research，Jinan 250031，China

Abstract： With the rapid development of urban construction，the number of new projects has been explosively growing，the form of underground garage has been widely used，and the problems in the construction process of underground garage are also increasing. Combined with the engineering example，this paper describes in detail the reasons for the deformation of retaining wall and frame columns and the deformation of post cast steel bars during the construction of an underground garage. First of all，it describes the inspection and inspection of the engineering site，then analyzes the causes of cracking and deformation，and gives some suggestions and feasible reinforcement measures to provide reference for other similar projects.

Keywords： Crack，Deformation of steel bar，Reinforcement of CFRP ring circumferential beam

0　引言

在混凝土工程施工过程中，应制定科学的施工组织设计，合理安排施工顺序，同时应制订行之有效的应急预案，混凝土结构及构件遭受损伤后，力学强度降低、耐久性能劣化。应予以重视。

1　工程概况

某车库为地下一层框架结构，基础采用柱下独立基础加防水板，车库顶板为钢筋混凝土现浇板，局部平面布置示意图见图 1 所示。该工程按 7 度进行抗震计算（抗震构造措施采用 7 度），抗震设防类别为标准设防类，结构安全等级为二级，地基基础设计等级为甲级，设计使用年限为 50 年，抗震等级为三级，建筑场地类别为Ⅲ类。混凝土强度：基础垫层为 C15，基础、防水板、挡土墙（车库挡土墙）、水池池壁为 C30，柱（不含车库挡土墙、车库与主楼相交柱）为 C45，梁板楼梯为 C35。

作者简介：种道坦（1988.10），男，工程师。

该车库于 2015 年 4 月开工（图 1），现已主体施工完毕，车库基坑北侧于 2015 年 9 月 15 日前后开始回填，土质为杂填土（黄泥含量较高），2015 年 9 月 21 日前后发现车库北侧后浇带钢筋变形，29 ～ 35/AE ～ AH 轴间车库挡土墙、柱顶部及根部、底板及顶板发现开裂现象，需对钢筋变形及开裂原因进行分析并予以处理。

2　现场检测及检查

为明确后浇带钢筋变形、挡土墙、柱、底板及顶板开裂现象产生的原因及程度，需对存在钢筋变形后浇带及存在开裂现象的挡土墙、柱、底板及顶板的混凝土强度、裂缝特征及损伤现状、后浇带现状、车库挡土墙填土及顶板覆土现状等因素进行调查分析。

2.1　混凝土强度

依据《回弹法检测混凝土抗压强度技术规程》（DB37/T 2366—2013），采用回弹法对该工程 29 ～ 35/AE ～ AH 后浇带范围内的车库挡土墙及基础、框架柱的混凝土强度进行检测，根据规范要求及现场的实际情况，将挡土墙及基础、框架柱的混凝土分别作为一个检测批，并按批推定其混凝土强度。经检测，车库框架柱混凝土混凝土强度推定值值为 52.8MPa，满足设计强度等级 C45 的要求；基础及挡土墙混凝土强度推定值值为 37.5MPa，满足设计强度等级 C30 的要求。

2.2　混凝土构件裂缝特征及损伤现状调查

现场对该工程 29 ～ 35/AE ～ AH 后浇带范围内混凝土构件的裂缝分布情况及裂缝特征进行检查检测。经检测，该工程 AH 轴上 29 ～ 35 轴间车库挡土墙存在多处竖向及斜向裂缝，裂缝最大宽度在 0.2 ～ 4.0mm 之间不等，较多裂缝为通长裂缝，如图 2 ～ 5 所示；AH 轴上 29 ～ 35 轴间车库挡土墙基础部分位置存在南北向贯通裂缝，裂缝最大宽度为 2.0 ～ 6.0mm 之间不等，如图 6 所示；30 ～ 31/AG ～ AH 轴间防水板存在南北向通长裂缝，裂缝最大宽度为 3.0mm；31 ～ 32/AG ～ AH 轴间防水板存在斜向裂缝，裂缝最大宽度为 1.8mm，如图 7 所示；该工程 29 ～ 35/AE ～ AH 后浇带范围内部分框架柱柱顶存在角部混凝土压碎现象，如图 8、图 9 所示；部分框架柱底部存在水平开裂现象，裂缝最大宽度在 0.16 ～ 0.8mm 之间不等，如图 10、图 11 所示。

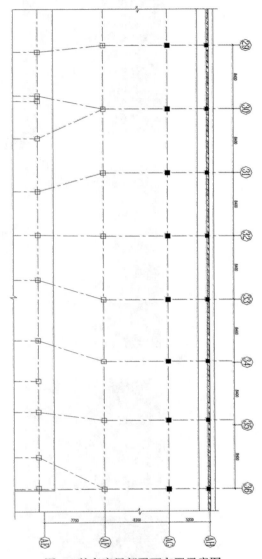

图 1　某车库局部平面布置示意图

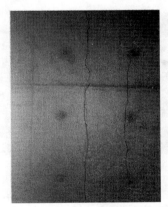

图 2　AH/29 ～ 30 车库挡土墙裂缝　　　　　　图 3　AH/30 ～ 31 车库挡土墙裂缝

图 4　AH/31 ～ 32 车库挡土墙裂缝

图 5　AD/23 ～ 24 车库挡土墙裂缝

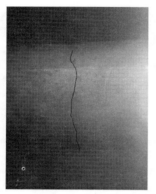

图 6　30 ～ 31/AH 挡土墙基础裂缝

图 7　31 ～ 32/AG ～ AH 轴间底板裂缝

图 8　34/AG 柱顶现状

图 9　34/AF 柱顶现状

图 10　23/AB 柱顶现状

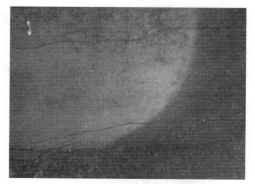

图 11　20/AB 柱底水平裂缝现状

　　经现场检查检测，该工程 19 ～ 25/AA ～ AD 后浇带范围内框架柱柱顶普遍存在向南偏移现象，后浇带范围内框架柱偏移在 2 ～ 12mm 之间，其中 25/AB 柱顶向南偏移 32mm，25/AC 柱顶向南偏移

26mm，现状如图 12 所示。

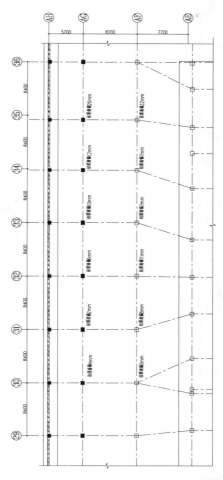

图 12　29 ～ 35/AE ～ AH 框架柱南北向偏移现状

2.3　后浇带现状

　　现场对该工程 29 ～ 35/AE ～ AH 轴间车库底板后浇带现状进行检查，经检查，该工程 AE ～ AF 轴间 35 轴东侧后浇带已浇筑，部分后浇带钢筋已切断后焊接，如图 13 所示；30 ～ 35/AE ～ AH 轴间后浇带宽度西侧较东侧大，西侧钢筋变形较东侧钢筋小，如图 14 ～图 16 所示；AE ～ AH 轴间 30 轴西侧后浇带钢筋基本无变形，如图 17 所示；29 ～ 30/AE ～ AH 轴间后浇带宽度北侧较南侧大，北段钢筋基本无变形，如图 18 ～图 20 所示；34 ～ 35/AE ～ AH 轴间后浇带宽度北侧较南侧大，北段钢筋基本无变形，如图 21、图 22 所示；车库底板后浇带现状示意图如图 25 所示。

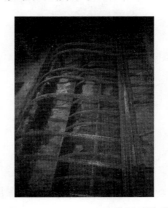

图 13　AE ～ AH 轴间 35 轴东侧后浇带已浇筑　　　　图 14　30 ～ 35/AE ～ AH 轴间后浇带中部现状

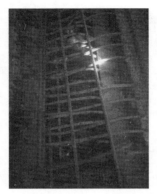

图 15　30 ～ 35/AE ～ AH 轴间后浇带东段现状

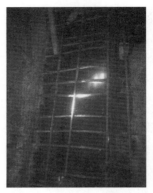

图 16　30 ～ 35/AE ～ AH 轴间后浇带西段现状

图 17　AE ～ AH 轴间 30 轴西侧后浇带现状

图 18　29 ～ 30/AE ～ AH 轴间后浇带南段现状

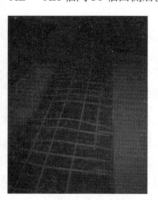

图 19　29 ～ 30/AE ～ AH 轴间后浇带中段现状

图 20　29 ～ 30/AE ～ AH 轴间后浇带北段现状

图 21　34 ～ 35/AE ～ AH 轴间后浇带北端现状

图 22　34 ～ 35/AE ～ AH 轴间后浇带南端现状

　　现场对 29 ～ 35/AE ～ AH 轴间车库顶板后浇带现状进行检查，经检查，该区域后浇带宽度西侧较东侧大，典型现状如图 23、图 24 所示。

图 23　29～35/AE～AH 轴间车库顶板后浇带现状 1

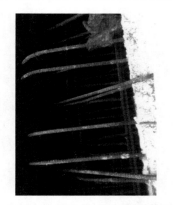
图 24　29～35/AE～AH 轴间车库顶板后浇带现状 2

2.4　车库挡土墙填土及顶板覆土现状

根经现场检查检测，至 2015 年 9 月 26 日下午，该工程 AH/30～33 轴间车库挡土墙北侧回填土已开挖至车库顶部向下约 920mm，AH/33～36 轴间车库挡土墙北侧回填土已开挖至基础底部；33～36/AE～AH 后浇带北侧车库顶板覆土深度在 1.33～1.37m 之间不等。车库挡土墙填土及顶板覆土现状示意图如图 26～图 29 所示。

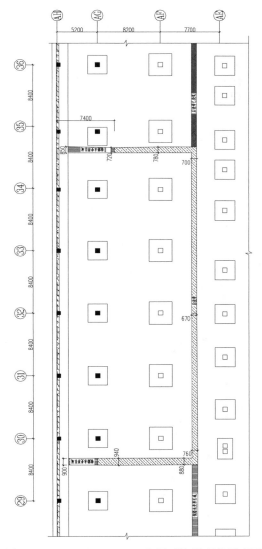

图 25　29～35/AE～AH 底板后浇带现状示意图

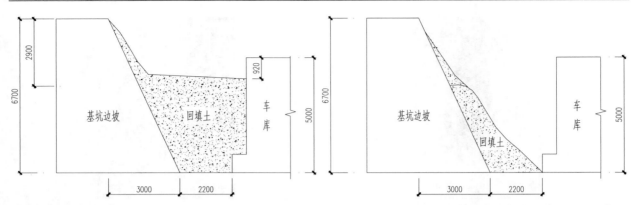

图 26　车库外墙 30 ～ 33 轴间典型部位回填土现状示意图　图 27　车库外墙 30 ～ 33 轴间典型部位回填土现状示意图

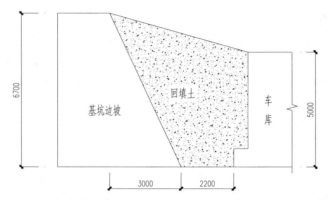

图 28　车库外墙 30 ～ 36 轴间未开挖前回填土现状示意图

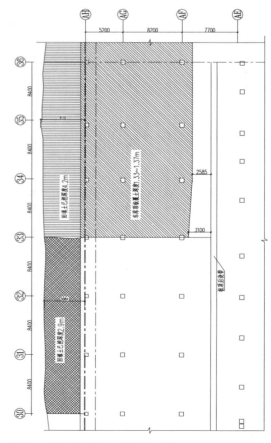

图 29　车库顶板覆土现状示意图

3　裂缝原因分析

根据裂缝形式和走向特征,该工程 29～35/AE～AH 轴间车库挡土墙、车库底板裂缝主要由超静定结构强约束引起的收缩裂缝及该区域车库侧向移动引起的,车库框架柱底部水平裂缝是由于该区域车库顶板与底板存在侧向位移差引起的[1]。

工程结构中,在非受力的收缩或温差等间接作用下,超静定的现浇混凝土结构很可能由于自由的伸缩变形收到限制而产生约束应力。由于泵送混凝土本身收缩系数大,收缩变形较大,受支座的约束作用,在混凝土构件内部产生拉应力,拉应力超过混凝土的抗拉强度时,就会在薄弱部位产生收缩裂缝。

该工程车库 29～35/AE～AH 轴间后浇带尚未完成浇筑,未形成完整结构体系,车库挡土墙在垂直于墙面的水平荷载(土体压力、水压力等)作用下,造成车库的侧向移动(后浇带区域的相对移动、顶板相对于底板的侧移),并会在弯矩最大处的受拉一侧产生裂缝。在承受荷载的面(受载面)上,支承结构边缘处会产生裂缝;而在背向荷载的面(背载面)上,则会在跨中产生裂缝。

4　后浇带钢筋变形原因分析

根据 29～35/AE～AH 后浇带范围内车库顶板与底板后浇带宽度变化规律、钢筋变形特征及框架柱的垂直度倾斜检测结果,可以判定后浇带钢筋变形是由于车库 29～35/AE～AH 轴间后浇带尚未完全浇筑,未形成完整结构体系,基坑北侧开始回填,且未做降水处理,车库北侧挡土墙(即 AD 轴挡土墙)受到侧向压力引起侧向移动造成的。

5　处理建议及加固方案选取

5.1　处理建议

彻底清除 AH 轴车库挡土墙北侧的回填土,避免现有裂缝、后浇带钢筋变形等情况的进一步发展。

增加降水井进行降水,地下水降至车库基底以下,切割后浇带钢筋后清理干净,在原有防水卷材上部增加 4+3 厚 SBS 防水卷材 1 道,卷材以上各层构造按原地下室底板防水做法重新施工。

整理调整后浇带处钢筋,对割断及存在损伤的钢筋增设同规格、同等级的附加钢筋,附加钢筋与原钢筋采用焊接连接,焊接长度为 15d(单面焊接)。

底部和顶板后浇带处浇筑混凝土,新浇筑混凝土强度等级为 C35,加适量膨胀剂。施工过程中应注意:(1)新旧混凝土结合面的处理:采用花锤或砂轮机打毛,在混凝土结合面上錾出麻点;用钢丝刷清除原混凝土表面松动的骨料、砂砾、浮渣和粉尘,并用清洁的压力水冲洗干净,刷一层混凝土界面胶[2],然后浇筑新混凝土。(2)新旧混凝土结合面混凝土界面胶,应采用改性环氧类界面胶,其安全性能指标应符合《混凝土结构加固设计规范》(GB 50367—2013)及《工程结构加固材料安全性鉴定技术规范》(GB 50728—2011)[3]的规定。依据施工规范要求,加强混凝土养护。

后浇带处混凝土达到设计强度的 70% 且裂缝稳定后,对车库挡土墙及基础、车库底板及后续发现的其它裂缝进行处理,根据裂缝的大小,分别采用压力注浆法(裂缝宽度不小于 0.2mm)和表面封闭法(裂缝宽度小于 0.2mm)进行处理[1],裂缝修补材料采用环氧树脂类裂缝修补胶对挡土墙防水进行修复[4],同时对存在损伤的车库框架柱进行加固处理。

5.2　框架柱加固方案选取

考虑到现场实际情况,所选取加固方案应不影响使用及建筑美观,受损框架柱混凝土强度推定值均达到原设计等级要求。根据现场实际条件,采用碳纤维布环向围束加固方法,首先对压碎部位的混凝土,清除后采用高性能修补砂浆进行修补,裂缝进行处理。如图 30、图 31 所示。

上述加固方案中首先应剔除柱顶压碎部位的混凝土,清除干净后采用高性能修补砂浆进行修补;对柱根部存在裂缝的部位,宽度小于 0.2mm 的裂缝进行封闭处理。宽度大于 0.2mm 的裂缝采用压力灌环氧树脂浆液进行处理[1]。

对框架柱顶部及根部箍筋加密区部位，采用两层碳纤维布环向围束加固，碳纤维宽 150mm，搭接 50mm；碳纤维片材单位面积为 300g/m²，强度等级为高强度 I 级，碳纤维片材及配套树脂类粘贴材料应具有符合相应规定的物理力学性能指标[2]。

裂缝修补材料采用改性环氧树脂类材料、碳纤维加固材料中配套树脂类粘贴材料及其它聚合物的粘结性能，应通过耐长期应力作用的检验，应具有权威质检部门的产品性能检测报告和产品合格证书且性能符合国家现行规范、标准、规程要求。所有材料应进行加固前材料复试合格后，方可继续施工。

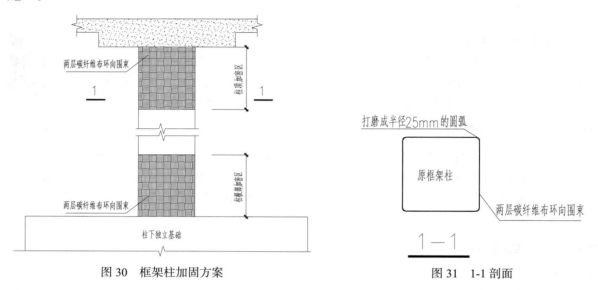

图 30 框架柱加固方案　　　　　　　　　图 31 1-1 剖面

6 结论

（1）在混凝土工程施工过程中，应制定科学合理的施工计划，严格按照施工计划顺序施工，后浇带尚未浇筑完成时，降水不应停止，且不应进行挡土墙外侧填土的回填施工，在未形成完整结构体系时，车库挡土墙在垂直于墙面的水平荷载作用下，易造成车库的侧向移动，发生事故。

（2）加固方案选择应考虑使用及建筑美观等要求，施工时应制定合理的施工顺序，确保工程安全。

（3）本工程加固方案实施后，使用状况良好，可为其它相似工程提供借鉴。

参考文献

［1］ CECS 293：2011. 房屋裂缝检测与处理技术规程［S］.
［2］ GB 50367—2013，混凝土结构加固设计规范［S］.
［3］ GB 50728—2011. 工程结构加固材料安全性鉴定技术规范［S］.
［4］ 徐有邻，顾祥林，刘刚，林峰. 混凝土结构工程裂缝的判断与处理（第二版）［M］. 北京：中国建筑工业出版社，2016.

某小学砌体结构教学楼加固设计探讨

魏常宝　钱　铭　何志锋　张海燕　宋贝贝

甘肃土木工程科学研究院有限公司，甘肃兰州，730020

摘　要：采用钢筋网喷射混凝土板墙加固砌体结构是一种合理有效的抗震加固方法，能够显著提高其抗震承载能力。本文通过对某砌体结构教学楼的抗震加固设计的工程实践，提出了对于抗震承载力不足，且层数和高度均超限的砌体结构校舍的常规的加固方法与思路，对类似工程设计具有借鉴意义。

关键词：砌体结构，教学楼，抗震加固，设计

Inquire into Seismic Reinforcement Design of a Primary School Masonry Structure Teaching Building

Wei Changbao　Qian Ming　He Zhifeng　Zhang Haiyan　Song Baibai

Gansu civil engineering science research institute co. LTD., Lan Zhou 730020, China

Abstract：Using a bar-mat reinforcement shotcrete reinforce masonry structure is a reasonable and effective seismic strengthening method, it is can significantly improve the seismic bearing capacity.In this paper, through to a masonry structure seismic strengthening design of the engineering practice for a teaching building, this conventional reinforcement method is put forward for the earthquake resistant capacity, and the number of storeys and the height of the seismic fortification category are the key to the protection of the masonry structures, they have reference significance to the similar engineering design.

Keywords：masonry structure, teaching building, Seismic reinforcement, design

0　引言

砌体结构是现阶段我国既有校舍建筑的主要结构形式之一，既有砌体结构校舍因建设年代和当时抗震设计水准，其抗震性能大都已不满足现行《建筑抗震设计规范》要求，再加之砌筑砂浆强度较低导致其局部受压承载力可能出现不足。因此，现阶段对此类砌体结构校舍进行抗震加固就显得尤为重要[1]。对于层数和高度均超现行《建筑抗震鉴定标准》和《建筑抗震设计规范》的要求的既有砌体结构校舍的抗震加固[2]，首先采用钢筋网喷射混凝土板墙加固（改变其结构形式）承重墙，从而形成新的钢筋混凝土组合承重墙的方式是一种合理、有效的方法，除了大幅度提高砌体的受压承载和抗震承载外还有助于提高结构的整体性[3-4]。

1　工程概况

某小学教学楼为四层砌体结构，建于2003年，建筑平面不规则，立面不规则。构造柱每个开间设置，圈梁每层均设置。建筑长41.0m，宽14.3m，建筑面积1549.57m²，层高均为3.60m，建筑高度15.00m。教学楼墙下基础为混凝土条形基础，柱下基础为钢筋混凝土独立基础，基础持力层为洪积碎石层。墙体砌筑用砖采用烧结多孔黏土砖，砌筑砂浆为混合砂浆。楼（屋）盖均为现浇混凝土楼（屋）

作者简介：魏常宝（1979—），高级工程师，主要从事工业与民用建筑工程检测、鉴定与加固改造的技术工作。E-mail：dable2005@126.com。

盖。经鉴定，该建筑不符合现行《建筑抗震鉴定标准》要求，需进行抗震加固。经结构计算，该教学楼墙体抗震承载力不足，局部受压承载力不足，且该教学楼层数和高度均超过现行规范限值。

2 结构现状与分析

2.1 上部结构计算分析

2.1.1 结构计算参数

结构计算按 C 类建筑进行[5]，因建筑已使用了 12 年，故后续使用年限确定为 40 年。承载力抗震调整系数按现行《建筑抗震设计规范》取值。抗震设防烈度 8 度（原设计抗震设防烈度 7 度），设计地震加速度 0.20g（原设计地震加速度 0.15g），地震分组为第三组。场地特征周期为 0.45s。多遇地震下水平地震影响系数最大值为 0.16，罕遇地震下水平地震影响系数最大值为 0.90。体系影响系数 0.95，局部影响系数 0.80。根据检测鉴定结果，砖强度等级取 MU10，砂浆强度等级取 M7.5。

2.1.2 上部结构计算软件与模型建立

结构计算软件采 PKPM2010 V2.2 版 JGJD 模块，计算模型如图 1 所示。

2.1.3 上部结构计算分析

通过对该教学楼鉴定计算，上部结构承重墙二级鉴定严重不满足规范要求，局部受压不满足计算要求，抗震承载力不满足规范要求，部分计算结果见表 1。

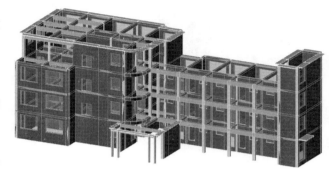

图 1　教学楼模型

Fig. 1　Model for the teaching building

表 1　一层承重结构加固前承载力计算表

Tab. 1　Load bearing capacity calculation table for bearing structure of the first floor

部位	第二级鉴定	受压承载力抗力与荷载效应之比	抗震承载抗力与效应之比	计算结果
B-C/1	0.66	4.17	1.37	受压和抗震承载力均满足
A/1-3	0.43	1.51	1.19	受压和抗震承载力均满足
B/3-4	0.59	2.60	0.95	受压承载力满足，抗震承载力不满足
C/1-2	0.44	1.11	0.68	受压承载力满足，抗震承载力不满足
D/3-4	0.64	0.83	1.12	受压承载力不满足，抗震承载力满足
D/9-10	0.34	1.06	0.88	受压承载力满足，抗震承载力不满足
E/2	0.53	1.40	1.48	受压和抗震承载力均满足
（1/D）/6	0.40	3.13	0.85	受压承载力满足，抗震承载力不满足
（1/D）/11-12	0.68	6.25	0.86	受压承载力满足，抗震承载力不满足

2.2 地基基础计算分析

根据基础设计技术参数对地基承载力特征值进行修正，修正后地基承载力特征值根据如下公式计算[6]。

$$f_a = f_{ak} + \eta_b \gamma (b - 3) + \eta_d \gamma_m (d - 0.5)$$

式中 f_{ak} 为地基承载力特征值，由岩土工程勘察资料提供。η_b、η_d 为基础宽度和埋置深度的地基承载力修正系数。γ 为基础底面以下土的重度。γ_m 为基础底面以上土的加权平均重度。d 为基础埋深。

最大轴力设计值 S（效应值）由上部整体结构计算得出的竖向最大轴力。

经计算，局部地基基础承载力不足，需加固，部分计算结果见表 2。

表 2　地基基础（条形基础）计算表

Tab. 2　Foundation（strip foundation）calculation table

部位	地基承载力特征值（kPa）	修正地基承载力特征值（kPa）	基础宽度（mm）	基础计算最大轴力值 R（kN/m）	最大轴力设计值 S（kN/m）	R/γS	计算结论
E/10-11	400.00	584.80	800.00	467.84	56.00	8.35	地基基础承载力满足
E/11-12	400.00	584.80	800.00	467.84	26.00	17.99	地基基础承载力满足
A-B/1	400.00	584.80	800.00	467.84	655.00	0.71	地基基础承载力不满足，需加固
B-C/1	400.00	584.80	800.00	467.84	294.00	1.59	地基基础承载力满足
D-E/1	400.00	584.80	800.00	467.84	417.00	1.12	地基基础承载力满足
A-B/3	400.00	584.80	800.00	467.84	573.00	0.82	地基基础承载力不满足，需加固
B-C/3	400.00	584.80	800.00	467.84	179.00	2.61	地基基础承载力满足
A-B/5	400.00	584.80	800.00	467.84	357.00	1.31	地基基础承载力满足

3　结构设计

经加固前计算分析与加固计算分析，该教学楼地基基础加固采用外包混凝土增大接触面的方式进行加固[7]，上部结构承重墙采用钢筋网喷射混凝土板墙加固[8-9]，局部柱采用外包混凝土增大截面法加固[10]，楼梯梁、墙梁采用外包钢加固，转换梁采用外包混凝土增大截面法进行加固[11]。

3.1　基础加固

墙下基础为混凝土条形基础，持力层为洪积碎石层，地基承载力特征值为 400kPa。基础加固采用外包混凝土增大接触面的方式，通过增大基础与地基的接触面而使地基基础承载力满足加固后上部结构的承载要求，基础加固详图见图 2。

3.2　墙体加固

承重墙体加固采用 60mm 厚钢筋网喷射混凝土板墙进行加固，水平钢筋遇墙肢间隔穿墙锚固，或者间隔设计水泥砂浆销键锚固，竖向钢筋在楼面处采用穿板连接筋的方式过渡与连接。墙体加固平面做法详见图 3 ～ 5，墙体加固在楼面处做法详见图 6 ～ 7，墙体加固在屋面处做法详见图 8 ～ 9。

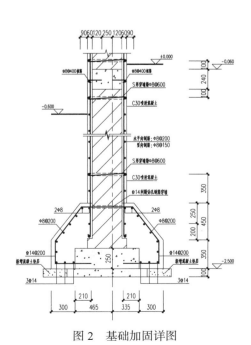

图 2　基础加固详图

Fig. 2　Detail of foundation reinforcement

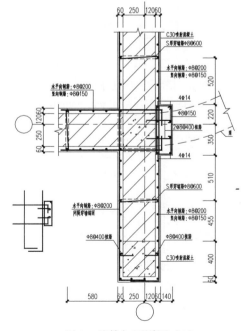

图 3　墙体加固详图（1）

Fig. 3　The wall reinforcement detail（1）

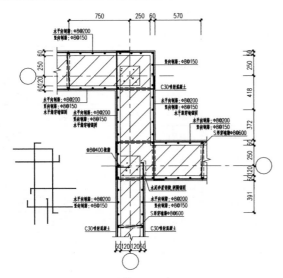

图 4　墙体加固详图（2）

Fig. 4　The wall reinforcement detail（2）

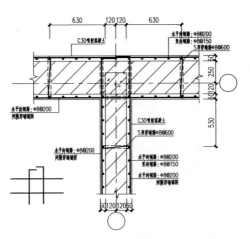

图 5　墙体加固详图（3）

Fig. 5　The wall reinforcement detail（3）

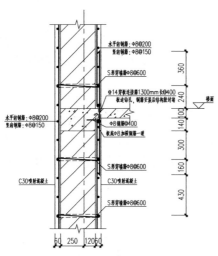

图 6　楼面处墙体加固详图（1）

Fig. 6　Detail of floor wall reinforcement（1）

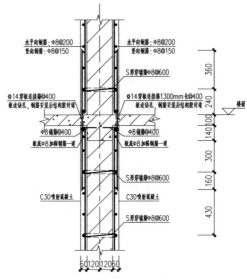

图 7　楼面处墙体加固详图（2）

Fig. 7　Detail of floor wall reinforcement（2）

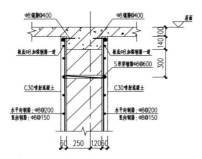

图 8　屋面处墙体加固详图（1）

Fig. 8　Detail of roof wall reinforcement（1）

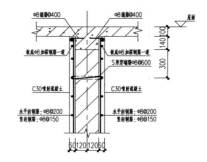

图 9　屋面处墙体加固详图（2）

Fig. 9　Detail of roof wall reinforcement（2）

3.3　柱加固

柱采用外包混凝土增大截面法进行加固，设置锚筋，使得新增混凝土与原有混凝土粘接可靠，做法如图 10 所示。

3.4　梁及转换梁加固

　　梁采用外包混凝土增大截面法和外包钢法进行加固。对于配筋不足的梁采用外包钢进行加固，梁外包钢加固做法见图 14。对于截面不足的梁采用外包混凝土的方式进行加固，梁外包混凝土增大截面法加固做法见图 12。对于三层 B/2 部位的转换结构，主梁采用外包混凝土增大截面法进行加固，次梁（墙梁）采用外包钢法加固，转换结构主梁与次梁加固做法见图 13。

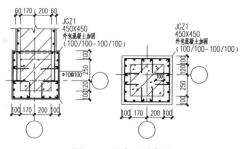

图 10　柱加固详图

Fig. 10　The column reinforcement detail

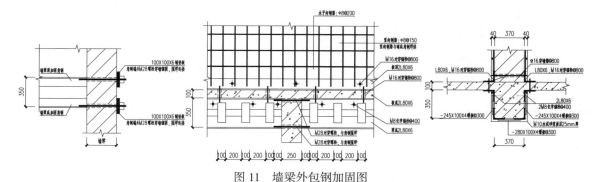

图 11　墙梁外包钢加固图

Fig. 11　Outer clad steel reinforced of concrete wall beam

图 12　梁外包混凝土加固图

Fig. 12　Details of concrete beams strengthened by outer wrapped concrete

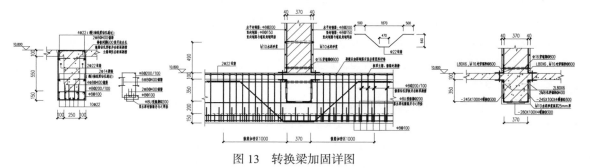

图 13　转换梁加固详图

Fig. 13　Detail of transfer beam reinforcement

4　结构加固后效果分析

　　该教学楼结构经全面结构加固后，第二级抗震鉴定计算结果有了显著的提升，加固后的承重墙受压承载力和抗震承载力均有了显著提高，均满足规范要求。结构加固后柱、梁承载力均满足设计承载要求。因此该结构加固设计方案合理有效，加固后能达到后续使用 40 年的加固目标。加固前后部分承重墙的计算对比见表 3。

表3　一层承重结构承载力加固前后计算表

Tab. 3　The first floor structure load bearing capacity of the calculation table by front and back

部位	第二级鉴定		受压承载力抗力与荷载效应之比		抗震承载抗力与效应之比		计算结果
	加固前	加固后	加固前	加固后	加固前	加固后	
B-C/1	0.66	1.07	4.17	10.75	1.37	1.87	加固后受压和抗震承载力均满足
A/1-3	0.43	0.80	1.51	3.61	1.19	1.62	加固后受压和抗震承载力均满足
B/3-4	0.59	0.95	2.60	8.08	0.95	1.29	加固后受压和抗震承载力均满足
C/1-2	0.44	0.80	1.11	5.86	0.68	1.01	加固后受压和抗震承载力均满足
D/3-4	0.64	1.04	0.83	4.39	1.12	1.49	加固后受压和抗震承载力均满足
D/4-5	0.64	1.04	0.79	4.16	1.14	1.52	加固后受压和抗震承载力均满足
D/9-10	0.34	0.90	1.06	5.60	0.88	1.18	加固后受压和抗震承载力均满足
E/2	0.53	0.95	1.40	3.36	1.48	2.01	加固后受压和抗震承载力均满足
（1/D）/6	0.40	0.86	3.13	8.30	0.85	1.16	加固后受压和抗震承载力均满足
（1/D）/11-12	0.68	1.09	6.25	15.81	0.86	1.17	加固后受压和抗震承载力均满足

5　结语

通过对该教学楼加固前的结构承载力鉴定验算、结构加固计算分析与加固设计的工程实践，该砌体结构教学楼经加固后结构抗震墙的抗震承载力改善显著[13]，结构整体的承载力满足设计承载要求，能够达到后续使用40年的要求。对于砌体结构校舍建筑，基础采用外包混凝土加固，承重墙体采用喷射混凝土板墙加固，梁采用外包混凝土增大截面、外包钢进行加固方法合理有效，能够达到安全使用之要求，对其他类似的砌体结构加固设计也有一定的借鉴意义[14]。

参考文献

[1] 周芬娟，单玉川. 砌体砖墙抗震加固与节能改造一体化的试验研究[J]. 建筑结构，2015，45（9）：73-75.
[2] GB 50011—2010. 建筑抗震设计规范[S]. 北京：中国建筑工业出版社，2010.
[3] 张广泰，于孝军. 不同高宽比的混凝土板墙加固砖墙试验研究[J]. 四川建筑科学研究，3013，39（6）：92-95.
[4] 康艳博，巩正光. 混凝土板墙加固砖墙抗震性能综述[J]. 工程抗震与加固改造，2010，32（4）：80-85.
[5] 冯立平，张敬书等. 汶川地震后建筑抗震鉴定的进展[J]. 工程抗震与加固改造，2010，32（5）：101-106.
[6] GB 50007—2011. 建筑地基基础设计规范[S]. 北京：中国建筑工业出版社，2011.
[7] 窦远明，高瑾等. 既有村镇建筑条基加固技术研究[J]. 低温建筑技术，2012，165（3）：104-106.
[8] 信任，姚继涛等. 多层砌体结构墙体典型抗震加固技术和方法[J]. 西安建筑科技大学学报（自然科学版），2010，42（2）：251-255.
[9] 于建民，王玉清等. 钢筋网喷射混凝土板墙加固砖墙试验研究[J]. 建筑结构，2014，44（11）：41-47.
[10] 季强，苏三庆等. 用外包钢筋混凝土法加固CR柱性能的试验研究[J]. 工业建筑，2005，35（增刊）：945-947.
[11] 柯昌君，朱淳钊. 钢筋混凝土梁加固方法研究[J]. 长江大学学报（自科版），2015，12（1）：66-69.
[12] 彭笑川，王磊等. 地震作用后楼梯间受损梯梁构件的破坏原因分析及加固设计[J]. 工业建筑，2011，41（8）：118-120.
[13] 黄世敏，姚秋来等. 混凝土板墙加固砖砌体墙的研究与分析[J]. 建筑结构，2011，41（11）：94-97.
[14] 薛刚，王忠明. 包头市某中学教学楼抗震鉴定与加固设计[J]. 内蒙古科技大学学报，2014，33（3）：285-289.

某老旧工业厂房结构检测与可靠性评定

钱 铭 魏常宝 张海燕 宋贝贝

甘肃土木工程科学研究院有限公司，甘肃兰州，730020

摘 要：随着工业生产的进步，产业结构的调整，有大量的老旧工业厂房面临闲置、改造或拆除。对老旧工业厂房的再利用得到工业企业的欢迎和支持，也是一个利旧的重要途径。在老旧工业厂房改造再利用之前，需对此类厂房进行检测与鉴定，评定厂房的可靠性，为后续使用提供技术依据，也为改造加固设计提供技术参考。对老旧工业厂房的检测与可靠性鉴定是必要的，通过检测与鉴定，指出结构存在的安全隐患。

关键词：单层排架结构，工业厂房，结构检测，安全性鉴定，使用性鉴定，可靠性鉴定

Structure Detection and Appraisal of Reliability for a Old Industrial Building

Qian Ming   Wei Changbao   Zhang Haiyan   Song Beibei

Gansu civil engineering science research institute co. LTD., Lan Zhou 730020

Abstract：With the development of industrial production and the adjustment of industrial structure, a large number of old industrial buildings are facing idle, transformation or demolition. The reuse of old industrial buildings is welcomed and supported by industrial enterprises. It is also an important way to utilize used equipment. Before the old industrial building is reused, it is necessary to test and identify, evaluate the reliability of the building, provide technical basis for the follow-up use, and provide technical reference for the reform and reinforcement design. It is necessary to detect and evaluate the old industrial buildings. Through testing and identification, it points out the hidden dangers of the structure.

Keywords：A single layer bent frame structure, old industrial building, detection, appraisal of security, appraisal of usability, appraisal of reliability

0 引言

工业建筑在自然环境和使用环境的双重作用下，其结构功能会逐渐出现退化，结构材料存在不同程度的劣化[1]。既有老旧工业建筑因原设计标准低，再加上建筑老龄化导致结构功能减弱[2]，使建筑存在安全隐患。通过对老旧工业建筑的病害进行"诊断"[3]，提出"隐患"所在，并在此基础上提出治理建议。这也是此类老旧工业建筑检测与鉴定的出发点。对老旧工业建筑的"病害"诊断是通过对结构构件、结构系统的检测鉴定，再通过结构计算分析[4]，对各类结构构件的安全性、使用性和可靠性进行评定[5]，后再对结构系统进行以上三项评定，最后评定出鉴定单元的可靠性等级，全面评价老旧工业建筑的"病情隐患"与"薄弱环节"[6]。

1 工程概况

某电解厂房始建于1971年，1975年竣工投入使用。原厂房分为两个系列，I系列厂房长801m，

作者简介：钱铭（1972—），高级工程师，主要研究方向为工业与民用建筑工程检测、鉴定与加固改造设计与施工。E-mail：qm8@vip.sina.com。

现已大部分拆除，剩余仅 213m，厂房外部、内部照片详见图 1、图 2；II 系列厂房长 801m，现已全部拆除。

该剩余电解厂房为单层单跨钢筋混凝土排架结构，跨度 21m，柱距 9m。现剩余厂房长度 213m，建筑面积为 4473m²。厂房屋面板采用预应力大型双 T 屋面板，下沉式井式天窗，屋架为预应力拼装梯形混凝土屋架，排架下柱为钢筋混凝土双肢管柱，上柱为矩形柱，预应力混凝土鱼腹式吊车梁，基础采用爆扩桩上作钢筋混凝土杯口基础。80 年代因地基不均匀沉降采用挖孔灌注桩进行全面加固。

图 1　厂房外部照片　　　　　　　　　　　图 2　厂房内部照片
Fig. 1　Factory building external photo　　　Fig. 2　Factory building inner photo

2　工业厂房可靠性鉴定程序

对于老旧的工业厂房，在技术改造或改变使用功能前均需进行检测与鉴定，明确厂房的安全性、使用性，进而评定其可靠性，为后续的改造、加固和使用提供技术依据。厂房可靠性鉴定程序如图 3 所示。

3　检测鉴定方案与初步调查

3.1　编制检测鉴定方案

根据现场踏勘及收集的技术资料，对拟检测厂房制定检测鉴定实施方案。方案从现场的检测、构件选取、检测项目、检测数量及现场安全为重点，辅助以结构计算模型选取、计算方案、结构鉴定方案进行实施方案的编制。

3.2　初步调查

通过现场踏勘，核对原勘察、设计文件，核对建筑的现状是否与设计相符。经初步调查，该厂房有原设计图纸、岩土工程勘察报告，现存建筑与原设计符合。厂房建于 1971 年，厂房建成后不久，部分排架柱基础下沉较大，整个厂房

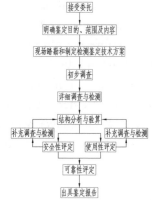

图 3　工业厂房可靠性鉴定程序框图
Fig. 3　Block diagram of appraisal of reliability program for industrial buildings

穿行不均匀沉降及局部倾斜。1978 年进行局部爆扩桩加固，1981 年进行抗震加固，1986 年以后对厂房基础采用灌注桩进行全面加固，采用挖孔灌注桩对基础进行全面加固，每个基础加固采用 2 根灌注桩进行加固。2004 年又对厂房进行了加固。2004 年后电解厂房停产闲置。后来拆除厂房 I 系列大部分和 II 系列全部，剩余 213m 厂房近几年作为仓库使用。

4　地基基础调查与检测

4.1　场地与地基基础调查

厂房所在场地位于某河下游谷地右岸，场地地势平坦，属于河右岸 III 级阶地。场地湿陷性黄土层厚度约为 29m，为自重湿陷性黄土场地，湿陷等级为 III 级。场地地层主要为晚更新世冲积和风成

地层，以及第三系的红砂岩，该场地地层自上而下依次为：①填土层、②黄土状粉土、③黄土状粉质黏土、④卵石层。

厂房排架柱基础为钢筋混凝土爆扩桩基础，埋深一般约 8m 左右，最深约 16m，穿越湿陷性较高的上部土层，爆扩桩头支承在黄土状粉质黏土层。于上世纪 80 年代采用灌注桩对基础进行全面加固。每个基础加固采用 2 根灌注桩并采用牛腿与原有承台连接，加固灌注桩基础持力层均为卵石层。地基基础加固后，厂房沉降稳定，在使用过程中未发现有不均匀沉降继续发展。

4.2　地基基础检测

对工业厂房地基基础的检测首先是采用开挖探井的方式对地基和基础进行检测，再对上部结构进行沉降变形观测，从而对地基基础进行鉴定评估。

经开挖探井检测，加固灌注桩位于杯口基础两侧，加固灌注桩与原有杯口基础采用牛腿连接，加固灌注桩牛腿与杯口基础连接良好，混凝土无缺陷。加固灌注桩尺寸及进入持力层深度基本符合设计要求。根据土工试验结果，场地湿陷性黄土层厚 29m，总湿陷量为 3 ～ 30.8cm。

通过对上部结构位移、沉降变形观测，厂房排架相邻柱的沉降差有大部分超过现行《建筑地基基础设计规范》[7] 相邻柱基的地基变形沉降差允许值限值。检测期间未发现因地基基础不均匀沉降引起的新裂缝与新破损，吊车运行正常。

5　上部结构调查与检测

5.1　结构布置调查

现存厂房为原 I 系列电解厂房拆除剩余部分，该部分厂房为单层钢筋混凝土排架结构，屋面板为预应力大型双 T 型屋面板，屋架为预应力混凝土屋架，吊车梁为预应力鱼腹式吊车梁，排架下柱为混凝土双肢管柱，上柱为矩形柱。根据现场厂房实物，与设计图纸比对，现存的结构单元与原设计图纸相符，厂房部分结构布置平面图详见图 4。

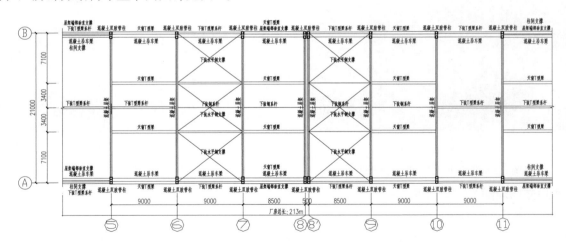

图 4　厂房结构布置平面图

Fig. 4　Sstructure layout plan of workshop

5.2　结构构件材料强度检测

厂房实测砖砌体强度为 7.5 ～ 10MPa，实测砂浆抗压强度为 2.5 ～ 3.3MPa，检测的结构构件均满足现行《建筑抗震鉴定标准》[8] 要求，砖砌筑表面基本完整，未发现明显破损、粉化现象。

经对混凝土强度龄期修正，混凝土屋面板实测强度在 25.2 ～ 32.9MPa 之间，混凝土屋架实测强度在 17.6 ～ 38.0MPa 之间，混凝土 T 型梁实测强度在 16.3 ～ 28.5MPa 之间，混凝土排架柱上柱实测强度在 13.3 ～ 23.7MPa 之间，混凝土排架柱下柱实测强度在 17.2 ～ 38.7MPa 之间。

5.3　混凝土中性化与钢筋锈蚀检测

混凝土构件的碳化检测是在混凝土构件上钻孔或局部破损，用 1% 浓度的酚酞试液喷在混凝土受检部位，根据颜色变化来测定混凝土的碳化深度。经检测，屋面板的碳化深度已超过钢筋保护层厚度。3m 平台以下混凝土构件的平均碳化深度已超过钢筋保护层厚度，3m 平台以上大部分混凝土构件碳化深度未超过钢筋保护层厚度。

根据现场观察，由于电解工序的特殊性，使得混凝土中钢筋存在杂散电流。杂散电流的存在会加剧钢筋锈蚀作用，但厂房所处地区相对干燥，绝大多数构件钢筋所处位置环境干燥，钢筋锈蚀较少。因此处于干燥环境的混凝土构件中钢筋锈蚀并不严重。

厂房 3m 平台以上混凝土构件表面已呈中性化，混凝土构件钢筋位置混凝土呈碱性，对钢筋仍有一定的保护作用。3m 平台以下混凝土构件钢筋保护层区域混凝土基本呈中性化，混凝土对钢筋已基本失去保护作用。

5.4　结构构件裂缝与损伤检测

5.4.1　混凝土结构构件裂缝与损伤检测

混凝土屋架产生不同程度裂纹，裂纹宽度基本小于 0.2mm，从裂纹的形态来分析，可分为以下几种：①沿屋架下弦纵向的顺筋裂纹；②屋架下弦横向裂纹间距几乎相等；③屋架上弦杆和受拉腹杆出现横向间距相等的裂纹。屋架裂纹详见图 5。

排架双肢管下柱未发现明显可见裂缝与裂纹；矩形上柱有不同程度的裂缝，裂缝从形态走向可以分为以下几种情况：①距构件边缘相当于保护层距离的顺筋裂缝；②上柱头产生辟裂裂缝。

5.4.2　砌体结构构件裂缝与损伤检测

厂房围护砖墙大多在排架柱部位竖向通长贯通开裂和部分斜向贯通开裂，墙体开裂宽度远超10mm，墙体裂缝视为不适于继续承载之裂缝，墙体裂缝详见图 6。

图 5　混凝土构件裂纹

Fig. 5　Cracks in concrete members

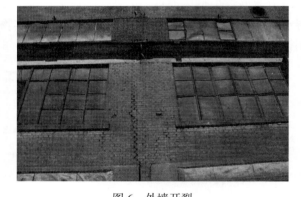

图 6　外墙开裂

Fig. 6　Exterior wall cracking

5.5　结构变形观测

5.5.1　整体位移变形观测

厂房外墙顶部水平位移最大为 15mm 混凝土结构单层厂房（有吊车）外墙顶部水平位移评定为现行《工业建筑可靠性鉴定标准》[9] A 级（外墙顶部水平位移 ≤ $H/1250$）的要求。

5.5.2　柱顶水平位移观测

厂房大部分排架柱顶水平位移观测数据不满足现行《工业建筑可靠性鉴定标准》[9]混凝土结构单层厂房（有吊车）排倾斜变形评定为 A 级规定，因厂房在使用过程中地基基础采用灌注桩进行了全面加固，也采用垫钢板和钢箱的方式对吊车梁进行调平，因此排架柱的变形已不影响现吊车的运行。

5.5.3　屋架挠度观测

该厂房混凝土屋架的挠度变形均为负值（表示起拱），其挠度变形均满足现行《工业建筑可靠性鉴定标准》[9]评定为 a 级标准的要求。

5.6　结构构件腐蚀调查与检测

混凝土屋面板检测锤击声音清脆，表面不留下明显痕迹，板肋处未见腐蚀所致表面疏松，仅有部分屋面板在端头局部破损现象。钢筋网水泥挡雨板上部明显积灰,连接钢筋已锈蚀,属于危险构件。混凝土 T 型梁、混凝土墙板、混凝土屋架、混凝土吊车梁、混凝土排架柱检测锤击声音清脆,表面不留下明显痕迹,未见腐蚀所致表面疏松现象。

屋架水平支撑、屋架垂直支撑已大面积锈蚀,但未因锈蚀导致钢构件截面损失。柱间钢支撑已部分锈蚀,但锈蚀构件未因锈蚀导致钢构件截面损失。

根据采样扫描电镜微观分析结果,排架柱、屋架表层混凝土显微结构有微小裂纹,内部混凝土显微结构较密实,未见水化物产物结晶体发生变化。

5.7 结构构件缺陷调查

5.7.1 混凝土构件缺陷调查

混凝土屋面板局部露筋,局部混凝土屋面板因边缘腐蚀破损,导致屋面渗漏水。混凝土 T 型梁、混凝土墙板、混凝土屋架、局部有缺陷和损伤,缺损深度小于保护层厚度。混凝土排架柱局部有缺陷和损伤,缺损深度小于保护层厚度,个别混凝土排架柱局部有较大的缺损,缺损导致钢筋露筋,钢筋锈蚀。

5.7.2 钢构件缺陷调查

屋架水平支撑未发现明显局部缺陷,但有较明显的弯曲变形缺陷。屋架垂直支撑未发现明显局部缺陷,无明显的弯曲变形缺陷。3m 平台以上柱间支撑未发现明显的弯曲变形缺陷,3m 平台以下部分柱间支撑发现有明显的弯曲变形缺陷。

5.8 构件钢筋保护层厚度检测

厂房双肢管柱下柱、矩形上柱、3m 平台柱、混凝土屋架、混凝土 T 型梁的钢筋保护层厚度不满足现行《混凝土结构设计规范》[10]要求,不满足现行《混凝土结构工程施工质量验收规范》[11]允许偏差要求。混凝土屋面板肋的钢筋保护层厚度满足现行《混凝土结构设计规范》[10]要求,满足现行《混凝土结构工程施工质量验收规范》[11]允许偏差要求。

5.9 结构构造与连接检测

5.9.1 混凝土结构构造与连接检测

厂房排架柱顶预埋钢板有松动现象,存在着较严重缺陷,个别混凝土屋架与柱头预埋件间的连接焊缝长度达不到要求。混凝土屋架拼接节点钢板完好,焊缝完好,仅钢板锈蚀。因地基基础不均匀沉降,现吊车梁与排架柱牛腿顶面均采用垫钢箱、垫钢板的方式进行吊车梁调平,吊车梁与调平钢箱、钢板焊接连接,连接基本完好,但钢构件有锈蚀。

混凝土屋架与 T 型梁连接之钢板有锈蚀,并发现有个别连接长度不够。屋架水平支撑与屋架连接采用螺栓连接之方式,但由于水平支撑的变形,使部分连接点的钢构件与屋架略有拉开现象。

5.9.2 砌体结构构造与连接

厂房纵向围护砖墙砌筑在墙梁上,未设置构造柱。纵墙因地基不均匀沉降导致墙体开裂严重,丧失有效的连接功能,故纵墙连接和构造不满足现行规范要求。北侧山墙设置有圈梁多道,但未设置构造柱,故北侧山墙连接和构造不满足现行规范要求。厂房南侧因拆除原因,暂无山墙,厂房墙体不封闭,围护系统不完整,不满足规范要求。

5.9.3 钢结构构造与连接检测

屋盖支撑系统中垂直支撑的细长比满足规范要求,水平支撑的长细比不满足规范要求,柱间支撑的长细比不满足规范要求。

6 结构分析与计算

对厂房选取一个典型的受力排架进行结构内力计算,计算内力时已考虑水平地震力作用,承载力验算采用检测后混凝土强度推定值。预应力构件的预应力损失考虑时间关系。各类构件计算结果汇总如下。

6.1 上部结构分析与计算

6.1.1 屋面板承载力验算

张拉控制应力:

$$\sigma_{com} = 675N/mm^2 \qquad \sigma_{com'} = 488N/mm^2$$

总预应力损失

$$\sigma_1 = 267.28N/mm^2 \qquad \sigma_{1'} = 53.64N/mm^2$$

①正截面抗弯承载力验算：

$$\frac{[M]}{\gamma_0 M} = \frac{58.84}{1 \times 48.65} = 1.21 > 1$$

正截面抗弯承载力满足。

②抗裂度验算：

在荷载短期效应组合下的截面边缘拉应力为 $\sigma_{sc} = 17.41N/mm^2$

预加应力：

$$\sigma_{pc} = 16.64N/mm^2$$

$$\sigma_{sc} - \sigma_{pc} = 0.77N/mm^2 \langle f_{tk} = 2.20N/mm^2$$

抗裂承载力满足。

③斜截面承载力验算：

$$\frac{[M]}{\gamma_0 M} = \frac{31.43}{1 \times 21.62} = 1.45 > 1$$

斜截面承载力满足。

④变形验算：

由荷载产生的挠度：

$$f_{11} = 34.05mm$$

由预应力引起的反拱：

$$f_{21} = 45.52mm$$

$$f_1 = f_{11} - f_{21} = 34.05 - 45.52 = -11.47mm$$

变形承载力满足。

6.1.2 承重 T 型梁承载力验算

张拉控制应力

$$\sigma_{com} = \sigma_{com'} = 675N/mm^2$$

总预应力损失

$$\sigma_1 = 608.67N/mm^2 \qquad \sigma_{1'} = 154.10N/mm^2$$

①正截面抗弯承载力验算：

$$\frac{[M]}{\gamma_0 M} = \frac{281.21}{1.0 \times 191.60} = 1.46$$

正截面抗弯承载力满足。

②抗裂度验算：

$$\sigma_{sc} - \sigma_{pc} = 12.58 - 12.37 = 0.21N/mm^2 < f_{tk} = 2.4N/mm^2$$

抗裂度承载力满足。

③斜截面承载力验算：

$$\frac{[V]}{\gamma_0 V} = \frac{166.28}{1.0 \times 85.15} = 1.95 > 1$$

斜截面承载力满足。

④变形验算：

$$f_1 - f_{11} - f_{21} = 30.65mm - 23.41mm = 7.24N/mm < l_o/400 = 22.5mm$$

变形承载力满足。

6.1.3　混凝土屋架承载力验算

屋架上弦按连续梁计算，其他屋架各杆件按铰接桁架计算。屋架上弦杆弯矩剪力计算详见表 1，屋架杆件轴力计算结果详见表 2。

表 1　混凝土屋架上弦杆承载力验算表
Tab. 1　Calculation table of load bearing capacity of concrete roof truss

内力	荷载效应 S	截面抗力 $[R]$	$S/\gamma_0[R]$
弯矩	35.1kN·m	38.13kN·m	0.99
剪力	63.4kN	65.48kN	0.94

表 2　混凝土屋架轴向承载力验算表
Tab. 2　Concrete roof bearing capacity checking table

杆件	荷载效应 N	截面抗力 $[N]$	$N/\gamma_0[N]$
上弦	−618.7 kN	−1163.6 kN	1.71
下弦	+607.9 kN	+524.27 kN	0.78
腹杆	−30.0 kN	−405.4 kN	12.27
	−534.5 kN	−905.4 kN	1.54
	+293.6 kN	+361.8 kN	1.12
	−103.8 kN	−626.2 kN	5.48
	+63.8 kN	+135.6 kN	1.94

经验算，屋架各腹杆承载力满足，上弦杆承载力略不满足，下弦杆承载力偏低。

6.1.4　排架柱承载力验算

排架双肢管柱按由腹杆和肢杆组成的多层框架计算，计算结果详见表 3。

表 3　混凝土排架柱承载力验算表
Tab. 3　Calculation table of bearing capacity of concrete column

位置	轴压荷载 N	轴压承载 $[N]$	$[N]/\gamma_{0N}$
上柱	483 kN	1285 kN	2.42
下柱	1405 kN	1874 kN	1.21
位置	偏压荷载 M	偏压承载 $[M]$	$[M]/\gamma_0 M$
上柱	100.5 kN·m	111.39 kN·m	1.01
下柱	85.5 kN·m	87.6 kN·m	0.93

经验算，排架矩形上柱承载力满足要求，但排架下柱双肢管承载力偏低。

6.1.5　鱼腹式吊车梁承载力验算

吊车梁承载力验算按 15 吨 2 台吊车组合计算。

张拉控制应力：

$$\sigma_{com} = 675N/mm^2 \qquad \sigma_{com'} = 450N/mm^2$$

总预应力损失：

$$\sigma_l = 309.23N/mm^2 \qquad \sigma_{l'} = 103.39N/mm^2$$

①正截面抗弯承载力验算：

$$\frac{[M]}{\gamma_0 M} = \frac{586.62}{1.1 \times 882.46} = 0.60 > 1$$

正截面抗弯承载力不满足。

②抗裂度验算

$$\sigma_{sc} - \sigma_{pc} = 6.47\text{N/mm}^2 \langle f_{tk} = 2.40\text{N/mm}^2$$

抗裂度承载力不满足。

③斜截面承载力验算

$$\frac{[V]}{\gamma_0 V} = \frac{756.52}{1.1 \times 566.85} = 1.21 > 1$$

斜截面承载力满足。

6.2　地基基础分析与计算

　　根据上部结构计算结果，导出柱底内力，对地基基础进行承载力分析计算。在忽略原有爆扩桩对地基基础承载的贡献，对后加固的2根挖孔灌注桩进行复核验算。经验算，加固后的2根灌注桩承载力满足，并有较大富裕，安全储备足够。

7　可靠性鉴定评级

7.1　安全性评级

7.1.1　构件安全性鉴定评级

　　结构构件的安全性鉴定按承载能力、构造和连接两个项目进行评定，并取其中的较低等级作为该构件的安全性等级。

　　厂房49个构件中有48个砌体构件安全性综合评定为d级，1个砌体构件安全性综合评定为c级。

　　厂房24块混凝土屋面板安全性均评定为c级，10组混凝土T型梁安全性均评定为c级，23道混凝混凝土屋架安全性均评定为d级，20组混凝土鱼腹式吊车梁安全性均评定为d级，23组混凝土双肢管柱安全性评定为c级，24组混凝土墙板安全性均评定为c级。

7.1.2　结构系统安全性鉴定评级

　　地基基础安全性评定根据地基变形观测资料和建筑物的现状进行综合评定。经评定，厂房地基基础加固后沉降稳定，无明显的发展趋势，地基基础安全性为B级。

　　上部承重结构的安全性等级评定如图7所示。经评定，该厂房上部承重结构安全性等级综合评定为D级。

　　围护结构系统安全性等级评定如图8所示。经评定，该厂房围护结构系统安全性等级评定为D级。

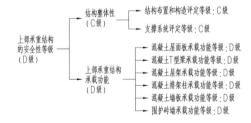

图7　上部承重结构安全性评定
Fig. 7　Safety assessment of upper bearing structure

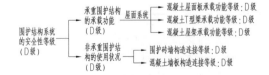

图8　围护结构系统安全性评定
Fig. 8　Safety assessment of enclosure structure system

7.2　使用性评级

7.2.1　构件使用性评级

　　砌体结构构件的使用性评级应按裂缝、缺陷和损伤、腐蚀三个项目进行评定，并取其中最低等级作为该构件的使用性等级。该厂房49个砌体构件中有23个使用性综合评定为c级，28个使用性综合评定为b级。

　　混凝土结构构件的使用性等级按裂缝、变形、缺陷和损伤、腐蚀四个项目进行评定，并取其中最低等级作为构件的使用性等级。厂房 24 块屋面板使用性评定为 c 级；10 组 T 型梁使用性评定为 c 级；23 道屋架使用性评定为 b 级；20 组吊车梁使用性评定为 c 级；23 组双肢管柱中有 16 组使用性评定为 c 级，7 组使用性评定为 b 级；24 组墙板中有 8 组使用性评定为 c 级，16 组使用性评定为 b 级；2 个抗风柱使用性评定为 b 级。

7.2.2　结构系统使用性评级

地基基础使用性等级根据上部承重结构和围护结构使用状况评定。经评定，厂房上部承重结构使用状况基本正常，围护结构使用状况基本正常，地基基础的使用性为 B 级。

上部承重结构的使用性等级评定如图 9 所示。经评定，厂房上部承重结构使用性等级评定为 C 级。

围护结构系统使用性等级评定如图 10 所示。经评定，厂房维护系统使用性等级评定为 C 级。

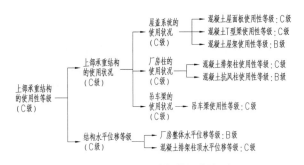

图 9　上部承重结构使用性评定

Fig. 9　Evaluation of upper load-bearing structure

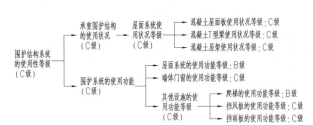

图 10　围护结构系统使用性评定

Fig. 10　Evaluation of the usability of the envelope system

8　可靠性鉴定评级

8.1　构件可靠性评级

结构构件的可靠性等级以构件的安全性、使用性两项根据现行《工业建筑可靠性鉴定标准》[9] 规定进行评定。

厂房 49 个构件中有 48 个砌体构件可靠性综合评定为 d 级，1 个砌体构件可靠性综合评定为 c 级。

厂房 24 块混凝土屋面板可靠性评定为 c 级，10 组混凝土 T 型梁可靠性评定为 c 级，23 道混凝混凝土屋架可靠性评定为 d 级，20 组混凝土鱼腹式吊车梁可靠性评定为 d 级，23 组混凝土双肢管柱可靠性评定为 c 级，24 组混凝土墙板可靠性评定为 c 级。

8.2　结构系统可靠性评级

结构系统可靠性评级根据各个结构系统的安全性和使用性进行综合评定。

经综合评定，厂房地基基础可靠性等级评定为 B 级，上部承重结构可靠性等级评定为 D 级，围护结构系统可靠性等级评定为 D 级。结构系统可靠性评定详见表 4。

表 4　结构系统可靠性评级表

Tab. 4　Structural system rating table appraisal of reliability

结构系统名称	可靠性等级评定	安全性等级	使用性等级
地基基础	B 级	B 级	B 级
上部承重结构	D 级	D 级	C 级
围护结构系统	D 级	D 级	C 级

8.3　鉴定单元可靠性评级

根据以上三个结构系统的可靠性等级评定结果，综合评定厂房可靠性等级为四级，即该厂房极不符合国家现行标准规范的可靠性要求，已严重影响整体安全。厂房鉴定单元可靠性评级如表 5。

表 5　鉴定单元可靠性评级表

Tab. 5　Evaluation unit rating table appraisal of reliability

结构系统名称	结构系统可靠性等级	鉴定单元安全性等级评定
地基基础	B 级	
上部承重结构	D 级	四级
围护结构系统	D 级	

9　结语

通过对老旧工业厂房的检测与可靠性鉴定工程实践，对老旧的工业厂房从地基基础到上部结构，从各种类型结构构件到各结构系统进行划分与取样检测。根据各项检测数据进行综合分析，汇总检测结果，再综合勘察设计文件对厂房结构进行验算分析，确定其承载功能[12]。后根据各项检测结果、结构验算结果综合对各类结构构件、结构系统进行安全性与使用性的评定，再评定其可靠性。最后根据各结构系统的可靠性评定鉴定单元的可靠性，从而对该老旧工业厂房进行全面的"体检"分析，也就能够找出老旧工业厂房所存在的安全隐患，为后续使用及治理提供技术条件[13]。对其他类似的老旧工业建筑检测鉴定也有一定的借鉴意义[14-15]。

参考文献

[1] 齐放. 有腐蚀介质厂房结构可靠性鉴定中的检测要点及等级评定 [J]. 西安建筑科技大学学报，2000，32（4）371-375.

[2] 束必清，郑娟. 某典型门式刚架厂房的检测与鉴定 [J]. 清远职业技术学院学报，2013，6（06）：42-45.

[3] 张宽权. 自贡 101 厂房可靠性鉴定与加固 [J]. 四川建筑科学研究，2000（04）：16-18.

[4] 淳庆，张策. 南京色织厂某框架厂房加固改造设计与施工 [J]. 工程抗震与加固改造，2013，6（12）：104-110.

[5] 宁迎福，白宏涛，陈光. 某工业厂房的可靠性鉴定 [J]. 山西建筑，2007，22（8）：64-65.

[6] 倪波，宗海峰，徐爱卿等. 某工业厂房吊车梁检测及可靠性分析 [J]. 江苏建筑，2016（S1）：30-32.

[7] GB 50007—2011. 建筑地基基础设计规范 [S].

[8] GB 50023—2009. 建筑抗震鉴定标准 [S].

[9] GB 50144—2008. 工业建筑可靠性鉴定标准 [S].

[10] GB 50010—2010.（2015 年版）. 混凝土结构设计规范 [S].

[11] GB 50204—2015. 混凝土结构工程施工质量验收规范 [S].

[12] 孙永民，陆建勇，蒙佳. 某厂房钢筋混凝土屋架可靠性检测鉴定与分析 [J]. 陕西建筑，2005，118（4）：17-20.

[13] 吴林. 某工业厂房的结构安全性检测鉴定 [J]. 建筑监督检测与造价，2017，10（04）：71-74.

[14] 翟馨，任浩. 某超年限工业厂房结构安全性鉴定及加固处理 [J]. 建筑技术开发，2016，43（01）：146-148.

[15] 王军强. 四川江油地震后单层工业厂房破坏和安全鉴定 [J]. 建筑结构，2008，38（10）：57-59.

框架结构整体顶升技术研究

谭天乐 [1] 王广义 [1] 李名倬 [2] 刘金忠 [2]

1. 山东建大工程鉴定加固研究院，山东济南，250013
2. 山东建筑大学土木工程学院，山东济南，250101

摘 要：根据建筑的改造要求采用整体顶升方式增大框架结构层高，既能够提升既有建筑的使用功能，相对于拆除重建又可以节约建设资金、缩短施工工期及减小建筑垃圾。通过分析框架柱截断位置选取、顶升设备选择、托换装置设计、竖向位移控制、水平位移限制、顶升到位连接等框架结构整体顶升技术环节，表明钢结构托换装置和水平位移限制方法是下一步的研究方向。

关键词：整体顶升，托换，水平位移限制

Technologies Analysis for Jacking Frame Structure Building

Tan Tianle[1]　Wang Guangyi[1]　LI Mingzhuo[2]　Liu Jinzhong[2]

1. Engineering Research Institude of Appraisal and Strengthening，Shandong Jianzhu University，Jinan 250013，China

2. School of Civil Engineering，Shandong Jianzhu University，Jinan 250101，China

Abstract：Due to the reason of architecture optimization，we need to jack the existing frame structure buildings to enlarge floor heigh. This technology can not only meet the optimization requirements，but also save the cost，shorten construction period and reduce pollution caused by construction waste. This paper analyzed the frame structure building jacking technology of column cutting position，jacking equipment，column underpinning，vertical displacement control，horizontal displacement confine and column connecting. The analysis shows that steel underpinning equipment and horizontal displacement confine methord are the future work in this research.

Keywords：jacking of building，column underpinning，horizontal displacement confine

0 前言

在城市更新过程特别是商业建筑功能提升改造工程中，既有框架结构建筑物层高不满足改造后的使用要求是比较常见的问题。框架结构整体顶升技术具有对既有结构影响小、产生建筑垃圾少、施工周期短等优点，是解决这一问题的一条有效路径[1]。框架结构是非常常见的结构形式，框架结构整体顶升技术包括：框架柱截断位置选取、顶升设备选择、托换装置设计、竖向位移控制、水平位移限制、顶升到位连接等。

1 框架柱截断位置选取

框架结构整体顶升的目的是为了增大层高，需要在框架柱的适当位置切割截断框架柱，在结构顶升完成后再接长框架柱。在进行顶升工况的结构内力计算时，一般不计入地震作用，主要的水平荷载是风荷载。在水平荷载作用下，框架柱的柱顶与柱脚的弯矩方向是相反的，弯矩为零的反弯点位于层高一半位置附近。顶升工程中，框架柱截断位置一般位于反弯点附近，一方面在反弯点截断，不至于

作者简介：谭天乐（1983—），男，山东济南人，硕士，工程师，主要从事既有建筑结构加固改造设计及研究。E-mail：15806680375@163.com；地址：山东省济南市历下区历山路 96 号山东建大工程鉴定加固研究院。

产生过大的内力释放；另一方面顶升后新接柱纵筋接头位置的弯矩相对较小，有利于新旧钢筋的连接。

2　顶升设备选择

在建筑结构重量较小的框架结构整体顶升工程中，可以采用螺旋千斤顶作为顶升设备为顶升提供动力。螺旋千斤顶又称为机械千斤顶，在施工过程中由人力传动摇杆，为千斤顶施加动力，螺旋千斤顶可以依靠螺纹的自锁作用支持重物，从而避免顶升过程中的结构沉降。应用螺旋千斤顶的顶升工程具有设备构造简单，便于控制顶升位移的特点。但螺旋千斤顶依靠人力传动效率低，各柱的顶升点顶升的同步性具有不确定性，此外螺旋千斤顶施加的顶升荷载，只能通过结构计算来进行估算，不能够准确调整各顶升点的顶升力。

随着科学技术的进步，整体顶升工程一般采用工业计算机及 PLC 同步控制的液压千斤顶作为顶升设备提供顶升动力。PLC 同步控制顶升技术是顶升力和顶升位移综合控制的方法，施工过程中以各柱顶升点的理论计算荷载作为顶升初步载荷，先进行微量、缓慢顶升，通过各液压千斤顶的传感器获得各顶升点准确实际荷载；由计算机程序调整各千斤顶加载，再按照各顶升点实际荷载顶升，同步控制各顶升点的位移一致，最大限度地减少建筑结构由顶升产生的附加应力。采用 PLC 同步控制顶升，各柱位移差一般可控制在 ±2mm。

3　托换装置设计

框架结构整体顶升工程中，一般在框架柱截断面上、下各设置一组托换装置，上、下托换装置之间采用千斤顶施加顶升力。

3.1　钢筋混凝土结构托换装置

框架结构整体顶升工程可以采用钢筋混凝土结构的托换装置，在柱的截断面上、下各浇筑一对钢筋混凝土牛腿，用千斤顶同步顶升牛腿实现结构同步顶升，见图 1。钢筋混凝土牛腿与框架柱的结合面，在浇筑前应凿毛；牛腿的水平钢筋，应贯穿框架柱并在孔内注胶，水平钢筋在柱两侧对称设置；位于千斤顶上、下的牛腿水平钢筋，是牛腿受弯的受力钢筋；柱与牛腿间的剪力，通过新旧混凝土结合面的抗剪承载力和牛腿水平钢筋的销栓抗剪作用来承担。钢筋混凝土牛腿具有计算模型明确、便于施工的特点，但顶升完成后需采用静力切割方式将牛腿拆除，拆除费用高而且会产生建筑垃圾。

3.2　钢 - 混组合结构顶升托换装置

文献［2］中提出一种"易拆卸的钢结构 - 混凝土组合结构顶升托换装置"，该托换装置的钢结构部分是由多块定型组合钢模板拼接而成，施工过程中各钢模板之间通过高强螺栓连接将柱包围，钢模板与柱间空隙浇筑素混凝土，柱四周与素混凝土的结合面应预先凿毛。该钢 - 混组合结构顶升托换装置具有可回收并重复使用的优点，但依靠钢模板与既有柱间的素混凝土传递柱的荷载，对混凝土浇筑的质量要求较高，顶升后清除素混凝土仍会产生建筑垃圾。

3.3　钢牛腿顶升托换装置

钢牛腿顶升托换装置见图 2，在柱的截断面上、下分别设置一对钢牛腿，通过穿柱的高强螺杆拉紧，一对钢牛腿在柱的两侧夹紧框架柱使得牛腿与框架柱间产生摩擦力，通过摩擦力传递柱的竖向荷载［3］。钢牛腿顶升托换装置具有便于安装、基本不产生建筑垃圾的优点。但钢牛腿作为受弯构件，在顶升受力过程中弯矩作用下接近切割面的第一排螺栓的预紧力会受到削弱，进而减弱牛腿与框架柱间的摩擦力，影响托换效果；与此同时，钢牛腿顶升托换装置的受力范围仅限于柱宽度范围内，施工工作面小不利于设置多组顶升千斤顶与垫块。

4　竖向位移控制

采用螺旋千斤顶作为顶升设备的框架结构顶升工程，一般通过控制各千斤顶摇杆同时转动相同角度，来确保各千斤顶顶升位移相同。螺旋千斤顶摇杆由人力控制，统一指挥与各柱顶升位移测量调整相结合的方式，精度相对较低，而且所需人工工作量大。

图 1　钢筋混凝土牛腿托换柱

Fig.1　Frame column underpinning bracket

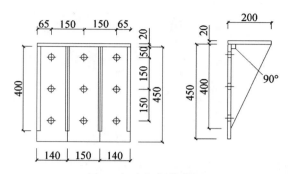

图 2　钢牛腿托换装置

Fig.2　Steel bracket underpinning

PLC(Programmable Logic Controller）技术的进步基本解决了结构顶升过程中的竖向位移控制问题，工业计算机及 PLC 同步控制的液压千斤顶系统通过传感器可获知各顶升点需要的准确顶升荷载，通过精确调整顶升荷载确保各柱竖向位移一致。

5　水平位移限制

框架结构在顶升过程中，由于框架柱已经截断，结构顶升部分抵抗水平位移能力大大削弱。一方面托换装置与千斤顶间的摩擦力对顶升结构的水平位移具有限制作用；另一方面可以在顶升结构周边设置水平限位撑或对上柱采用抱柱限位来限制顶升过程中的水平位移。

6　顶升到位连接

顶升到位后柱新增纵筋一般通过焊接的方式与截断面上、下的既有纵筋连接，但所有焊接接头往往位于同一连接区段内，不满足国家现行有关标准的要求。一般对接柱后的框架柱采用外包型钢方式进行加固，加强构件承载力的同时补强焊接接头位于同一区段的缺陷。

7　结语

随着技术的进步和设备的更新，框架结构整体顶升的工程质量和施工效率都得到了提升。钢结构托换装置具有拆装方便迅速、不产生建筑垃圾的优点，具有较大工作平面与整体刚度的钢结构托换装置是顶升托换装置的发展方向。

整体顶升过程中的水平位移限制是不容忽视的问题，整体顶升的施工误差和风荷载的作用是造成水平位移的主要原因。水平位移限制措施一方面要结合顶升部分的受力分析来进行考虑，另一方面也需考虑框架柱截断后的应力释放可能造成的结构变形。

参考文献

［1］　张鑫，岳庆霞，贾留东. 建筑物移位托换技术研究进展［J］. 建筑结构，2016，46（5）：91-96.

［2］　张原. 建（构）筑物断柱顶升成套技术研究［J］. 工业建筑，2009（12）：105-109.

［3］　朱石苇，欧阳甘霖，孔赟. 既有建筑异步顶升工程设计与核心技术［J］. 施工技术，2016，45（4）：103-106.

微型桩在处理厂房基础不均匀
沉降事故中研究与应用

祝　健

山东建大工程鉴定加固研究院，山东济南，250013

摘要：在老旧厂房改造过程中，由于地基条件考虑不全等因素，导致厂房已有基础发生不均匀沉降的情况时有发生。本文以某老旧厂房改造过程中的柱子发生不均匀沉降，考虑场地条件及施工条件限制等因素，采用微型桩加固技术，快速处理了柱子的不均匀沉降问题，效果良好。

关键词：老旧厂房改造，微型桩加固，不均匀沉降

Research and Application on the Micro-pile in the
Old Factory Retrofitting

Zhu Jian

Engineering Research Institute of Appraisal and Strengthening，Shandong Jianzhu University，Jinan 250013

Abstract：In the process of old factory retrofitting，the non-uniform settlement of the foundation of the plant has occurred frequently，due to the incomplete consideration of foundation conditions. In this paper，the non-uniform settlement of the column during the transformation of an old factory building is taken into consideration. Considering the factors of site conditions and construction conditions，the micro pile reinforcement technology is used to quickly deal with the non-uniform settlement of the column. The retrofitting effect is good.

Keywords：Old factory building retrofitting，micro pile reinforcement，non-uniform settlement

0　引言

我国目前存在的老厂房较多，随着经济建设的发展，老厂房在满足使用功能方面日渐捉襟见肘，随着设备或产能的升级面临着拆迁、改造或转变用途等方面的可能，设备改造或转变使用功能老改造加固或转变使用功能。但在改造过程中，由于荷载或工作环境改变，出现各种结构问题。

本文是关于一个老厂房在设备升级改造过程中施工沉井，由于地下水突涌，导致老厂房柱基础产生不均匀沉降，引起墙体开裂等事故的处理。

1　工程概况

济南西某厂房占地9070m²，由柴油车间、架修车间、电机车间三跨组成，始建于二十世纪八十年代，其中出工程事故的架修车间位于中跨，厂房基础为半装配式板肋杯口基础，基础埋深2.3m，下设950mm厚三七灰土，柱子为工字型钢筋混凝土，柱顶标高12.6m，屋架为直腹杆预应力钢筋混凝土空腹屋架、屋面板为预应力钢筋混凝土大型屋面板。

由于工艺改造等原因，需要在厂房内新增地坑式架车机，地坑式架车机基础尺寸为7.15m×7.89m×6.7m，因尺寸大且紧邻原厂房柱子基础，后改为为沉井施工，沉井尺寸长、宽、高分

别为 8.09m、6.55m、7.5m，需沉入现有地下 6m，如图 1 所示。沉井施工时，因距离原厂房柱子过近，无法设置止水帷幕，在沉井至 4.5m 时，地下水出现突涌，大量的泥砂涌入到沉井中，施工单位随即用素混凝土进行了反压，但靠近沉井施工的 8 根柱子还是出现了不均匀沉降，造成墙体开裂，裂缝宽度大的超过 1cm，亟需进行加固处理，如图 2 所示。

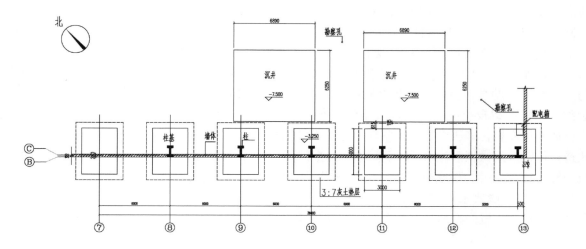

图 1　桩基础与沉井环境平面图

图 2　现场墙体及柱子开裂图

2　加固方案分析

2.1　工程地质情况

该区宏观地貌单元为黄河冲积平原，地形平坦开阔，本区地层上部为素填土，其下为第四系全新统冲洪积黄土状粉质黏土、粉土、粉质黏土、石灰岩。

（1）素填土：以粉质黏土为主，黄褐色，软塑～可塑，夹有少量碎石、砂粒、砖块等，局部为杂填土，层厚 2.6～4m。

（2）粉质黏土：褐黄色，软塑，粉粒含量高，局部黏性较大，层厚约 2m。

（3）粉质黏土：黄褐色，可塑，夹少量姜石，层厚约 4m。

（4）石灰岩：未揭穿。

该地区内地下水类型为潜水型，地下水埋深约3.5m，地下水主要受大气降水补给，水位随季节变化而变化，变化幅度1.0～1.5m。

2.2 微型桩托换方案分析

根据地质条件以及现场施工局限性要求，选用微型桩加固方案[1-4]。通过分析发现，该工程事故的特点主要由以下几点：（1）时间短但沉降量急剧增大；（2）突涌造成原基础下水土流失严重、松承载力降低；（3）事故处理完之后该沉井要继续下沉到位，因此本次事故处理必须要考虑到后期沉井施工造成的柱基础沉降问题。基于以上特点，在止水帷幕无法设置的情况下，如采取注浆加固，仅能解决目前水土流失问题不能有效消除后期的沉降隐患；如采取锚杆静压桩进行托换加固，因原基础为半装配式板肋杯口基础，肋板之间的空隙小基础板厚300mm，锚杆没有足够的锚固长度，单层半装配式厂房荷载较小不能提供较大压桩反力，基础下的三七灰土亦需要做引孔后方可进行压桩施工，桩体无法嵌岩，静压桩桩径小紧靠摩擦力提供的基桩承载力低，不能有效解决后期沉降问题。经过比选，最终采用微型灌注桩（以下简称"微型桩"）进行托换加固。微型桩成孔采取XY-100型地质钻机，穿透原柱基础，桩端进入中风化石灰岩不小于1.0m，桩长约15m，桩径220mm，该桩长径比$15/0.22 \approx 68$（一般要求≤80）接近于限值，桩体为127mm×6mm的无缝钢管，钢管内外灌装M30水泥砂浆，桩侧设置两根后压浆钢管，一根在桩体砂浆终凝之后注浆，冲洗桩侧泥皮增加桩的侧摩阻力，另一根在沉井施工到位之后作为压密注浆钢管用，对桩周围的土体进行注浆加固，桩顶新作混凝土承台与原基础连接。微型桩的特点是，小孔径对原基础破坏较小引起的附加沉降基本忽略不计，如采取大直径桩，对原基础损坏较大，托换桩施工时附加沉降增大柱基础易失稳；其次是施工速度快，采取钢管作为桩体的主筋，可快速提供承载力；其三，通过钻孔可有效查验柱基下土体的松软程度及基岩情况，对微型桩设计及时提供反馈意见。

二次压浆的微型桩参考下列公式计算[5]：

$$R_k = k_s \mu \sum_{i=1}^{n} q_s l_i + k_p q_p A_p \tag{1}$$

其中，k_s和k_p分别为微型桩侧摩阻力和端阻力修正系数，取值范围1.15～1.20。考虑到沉井施工引起的水土流失较严重，k_s和k_p可取低值，本工程取1.15进行计算，经计算单桩承载力特征值约450kN，每个基础共布设5棵微型桩。

另外根据本工程特点，为减少微型桩施工过程中的附加沉降，每个基础托换桩施工时，必须采取跳孔施工且每个微型桩在第一遍二次压浆结束24h后方可进行第二棵微型桩的施工，微型桩施工时对加固的柱进行沉降观测，一旦出现过大沉降应暂缓施工。

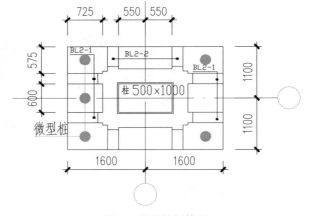

图3 微型桩托换图

3 加固后效果分析

实际处理的柱子为靠近沉井最近的6棵，由于施工期间即采取了跳孔施工，微型桩孔径小，引起的附加沉降很小。沉井施工到位之后加固处理的柱基累计沉降沉降相比较距离沉井较远的两颗未进行加固处理的柱基，沉降量小约30%～40%。微型桩在本工程事故处理过程及事后控制沉降效果显著，图4是微型桩施工期间及工后沉井到位之后监测数据，其中轴线13号柱子为测点1，轴线12号柱子为测点2，以此类推。

从监测数据可以看出，沉井施工在突涌反压之后，8棵柱基的沉降差异性不大，加固的6棵柱基在加固施工过程对土体的扰动引起的沉降不明显，在微型桩施工完毕并进行锁桩之后，沉降量减少趋势明显但滞后效应的存在并不能立即止沉；最终微型桩的持力层为中风化灰岩，故沉井施工对加固的柱基影响甚微而不加固的柱基沉降明显变大。

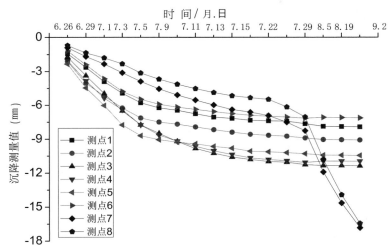

图 4　监测沉降图

4　大长径比微型桩施工要点

　　大长径比微型桩成孔一定要保持垂直度，否则桩的端阻力发挥受较大影响；桩孔的泥浆比重一定要严格控制在规范要求以内并在桩主筋下放之后一定采取二次清孔，否则主筋难以下放至孔底或缩颈引起的桩身截面损失过大影响承载力的发挥；施工过程中尤其在处理差异沉降较大的工程中，微型桩一定采取跳孔施工，降低施工引起的附加沉降。

5　结语

　　（1）微型灌注桩在周边环境复杂及空间狭小的情况下，可以很好地解决差异沉降、托换加固弥补承载力等方面的问题。

　　（2）相比较锚杆静压桩持力层，微型桩的持力层选择范围广，在需要立即止沉的工程中，可以选择嵌岩桩。

参考文献

［1］程华龙. 注浆微型桩加固软土地基的机理与设计计算［J］. 地质科技情报，1999（s1）：55-57.

［2］谷伟平，李国雄，蒋利民，等. 微型钻孔嵌岩钢管灌注桩［J］. 岩土工程学报，2000，22（3）：344-347.

［3］JGJ 94—2008. 建筑桩基技术规范［M］. 北京：中国建筑工业出版社，2008.

［4］张永钧，叶书麟. 既有建筑地基基础加固工程实例应用手册［M］. 北京：中国建筑工业出版社，2002.

［5］孙剑平，徐向东. 微型桩竖向承载力的估算［J］. 施工技术，1999，28（9）：20-21.

第5篇
加固改造与施工

农村土坯房外墙保留原貌的加固构想

朱万旭[1,2]　李明霞[1,2]　刘珣子[3]　徐荣铭[1,2]　贾克飞[1,2]

1. 桂林理工大学土木与建筑工程学院，广西桂林，541004
2. 广西有色金属隐伏矿床勘察及材料开发协同创新中心，广西桂林，541004
3. 广西蓝鲸旅游信息咨询有限公司，广西桂林，541004

摘　要：农村土坯房是最古老的建筑类型之一，很有必要对其中具备独特历史和人文特点的建筑群进行维持原状的保护。而土坯房的墙体为生土结构，因使用年限久远，出现地基承载力不足引起的墙体倾斜以及地基沉降不均和自身强度不足引起的墙体开裂、墙体倾斜、墙体腐蚀等问题，但是现提出的加固方法大多是针对出现裂缝或地震时对墙体的加固，方法单一，并没有对墙体进行一种很好的完善和保护其墙体原貌。因此，结合桂林潜经村的土坯房，分析了当前农村土坯房安全现状，提出一种农村土坯房外墙保留原貌的加固构想，即沿墙体内壁搭建钢框架，并通过拉杆、搭接钢板条或钢横梁等构件连接加固墙体；同时，钢框架托起上部屋架，土坯墙可以完全无需承受上部屋架重力，有效地保证墙体稳定性，达到保留土坯房原有样貌、保护我国传统居住文化的目的。

关键词：农村土坯房，外墙，保留原貌，加固构想

The Concept of Reinforcing the Original Appearance of the Outer Wall of Rural Adobe

Zhu Wanxu[1,2]*　　Li Mingxia[1,2]　　Liu Xunzi[3]　　Xu Rongming[1,2]　　Jia Kefei[1,2]

1. College of Civil Engineering and Architecture　Guilin University of Technology，Guangxi Guilin 541004，China；
2. Collaborative Innovation Center for Exploration of Hidden Nonferrous Metal Deposits and Development of New Materials in Guangxi，Guangxi Guilin 541004，China
3. Guangxi blue whale travel information consulting CO.，Ltd. Guangxi Guilin 541004，China

Abstract：Rural adobe houses in rural areas are one of the oldest architectural types. It is necessary to protect the buildings with unique historical and humanistic characteristics. But the wall of the earth embryo house is a raw soil structure，appearing with a series of problems for its long service life.And most of the reinforcement methods proposed now are aimed at strengthening the wall in the presence of cracks or earthquakes，which are too single to perfect the wall and protect the original appearance of the wall. Therefore，combined with the adobe houses in Guilin Qianjing Village，the present security situation of the adobe houses in rural areas is analyzed，and a reinforcement concept of retaining the original appearance of the exterior walls of the adobe houses in rural areas is put forward.It can not only effectively guarantee the stability of the walls，but also protect the original appearance and the traditional residential culture of our country .

Keywords：Rural adobe house，exterior wall，preservation of original appearance，reinforcement conception

基金项目：国家自然科学基金（51768014）；广西科技计划科技基地和人才专项项目（桂科 AD16380017）。
第一作者：朱万旭（1972—），男，博士，教授级高工，主要研究工程结构加固。E-mail：zhuwanxu@vip.163.com。

0　前言

生土结构是我国村镇民居的主要结构类型之一。生土建筑以就地取材为主，材料分布较广，且施工方便，造价低廉，融于自然，环境友好，有利于隔热保温。由于生土结构因其独特的节能环保的优势，一直备受国内外建筑学者们的关注。

在国外，其研究方向主要集中在对夯土的材料性质、施工技术和夯土标准规范制定方面的研究。瑞士对夯土墙的夯实密度和导热系数进行研究[1]；法国的工程师 F.C 发现并使用 Pise 技术使土和钢筋形成一个建筑整体[2]-[3]，既保持土原有的舒适和生态环保优势，又使房屋具有抗震性能。国外对生土结构的房屋研究大多集中在材料的建筑物理性能和房屋的建筑形式等方面，对生土结构墙体的结构和对房屋的加固维护方面的研究较少。

在国内，张宗敏，童丽萍[4]对"夯土房屋纵横墙交接部位"的受力和变形性能进行了全面研究，得到了夯土房屋在自重和地震作用下的受力变形特点。王建卫[5]采用不同的材料及方式对卧砌土坯墙进行局部受压加固试验和对卧砌、平砌土坯墙进行低周反复加固试验。王毅红，王汉伟，高航宇，惠亚楠[6]对村镇生土结构房屋墙体局部承压进行试验研究，得出在生土墙局部承压部位设置合理尺寸的垫板，可避免生土墙在集中荷载下出现竖向裂缝。张又超，王毅红，张项英，权登州[7]验证了采用钢丝网水泥砂浆面层加固夯土墙体的效果，分析了加固后墙体在地震水平荷载作用下的破坏机理。胡国庆[8]对生土结构现状提出了分析，分别对基础加固采用基础补强注浆的方法，增加圈梁构造柱和设置对称扶壁柱增加对墙体的约束，用扒钉铁件加固屋架和对生土墙设置砂浆面层来增加生土墙的耐久性。

综上可得，前人所提出的加固方法大多是针对出现裂缝或地震时对墙体的加固，方法单一，并没有对墙体进行一种很好的完善和保护其墙体原貌。因此，充分发挥生土结构优越性和保护好其建筑原貌成为当下亟待解决的问题。

1　农村土坯房现存状况

以桂林潜经村一二十座清代的土坯老宅院为研究对象，如图 1 所示。此房屋是中华民国陆军一级上将白崇禧的故乡，全乡总面积 34 万平方米，就其进行安全性分析。根据现场勘察鉴定发现，农村房屋破坏形式及原因主要有以下几点：

1.1　墙体裂缝[4]

当地基基础宽度不足或埋深较浅、承载力不足时，地基基础不均匀沉降而导致房屋主体结构产生破坏，构成墙体裂缝或墙体倾斜。潜经村老旧宅墙体裂缝是其最主要的破坏形态，墙体裂缝形式及原因分别为以下几种情况：

（1）纵横墙连接处开裂：其裂缝产生原因为很多夯土房屋没有在纵横墙交接处采取有效的构造措施，纵横墙体之间的连接薄弱，房屋的整体性较差。同时，在自重作用下，纵横墙交接处就会因相互之间拉结不足而导致开裂；在水平地震作用下，纵横墙连接处的裂缝开展更快速，严重时可导致墙倒屋塌等后果。其裂缝多从纵横墙交接处的上部开始，自上而下开展，呈现上宽下窄的特点，如图 2 所示。

（2）墙体局部受压裂缝：其裂缝产生原因为屋盖檩条或木梁直接搁置在土坯墙上，未设置木垫板或其他分散局部压力的构件，墙体的抗压强度较低，支撑受力的土坯墙体处直接承担由屋盖系统传来的竖向集中力。因此承重墙体在局部承压使用状态下就会产生竖向裂缝，如图 3 所示。

（3）檩条下裂缝：其裂缝产生原因为檩条承受了夯土房屋屋盖的重量，同时，檩条直接放置在夯土墙上。檩条的截面为圆状，并与墙体的接触面积较小但受力较大，因此导致檩条下部的墙体出现比较严重的应力集中现象。其裂缝特点为初裂缝发生在夯土墙与檩条接触部位，而后裂缝沿着竖直方向向下发展，裂缝不断增长加宽，最后在夯土墙上形成竖向的贯通裂缝。

图 1　潜经村老旧宅　　　　　　　图 2　纵横墙连接处开裂　　　　　　图 3　墙体局部受压裂缝

（4）挑梁下裂缝：其裂缝产生原因为挑梁承担了挑出的那部分屋面的重量，直接搁放在墙体时，挑梁下的夯土墙会出现应力集中现象。其裂缝特点为从与挑梁接触部位发生，而后下下开展，当应力集中较大时，挑梁下的墙体可能被压酥，如图 4 所示。

1.2　墙体大多整体朝外倾斜

经过年限久远的旧宅中，因地基夯实不足、基础宽度和埋度不足、雨水渗透等原因，导致地基基础不均匀沉降，引起地基承载力下降，加之墙体老化，承载力下降的因素，导致墙体整体倾斜，如图 5 所示。

1.3　墙体和墙角的腐蚀较为严重

生土房屋墙体大多数用泥土拌制而成，防水性差，历经风雨时，水浸入后泥浆容易流失。同时墙体又不易采取防水措施，因此下部手雨水侵蚀会使墙脚受潮剥落，剥削墙体截面，降低墙体的承载力。

图 4　挑梁下裂缝　　　　　　　图 5　墙体整体倾斜　　　　　　　图 6　墙体"碱蚀"情况

2　桂林潜经村外墙的加固构想

结合桂林潜经村住宅现有状况，提出了一种农村土坯房外墙保留原貌的加固构想，如图 7 所示。农村土坯房外墙保留原貌的加固构想，即沿墙体内壁搭建钢框架，包括主体的内部钢框架和拉杆、垫片、钢板条、钢横梁等连接构件，针对损坏墙体进行破坏形式分析并制定针对性的墙体修复，再距离土坯墙内壁 0 ～ 500mm 就近设置一钢框架并通过拉杆、搭接钢板条或钢横梁等构件连接加固墙体，与所加固旧房墙体样式保持轮廓一致；同时，钢框架托起上部屋架，土坯墙承力可以完全无需承受上部屋架重力，参见图 7，有效地保证墙体稳定性，达到保留土坯房原有样貌、保护我国传统居住文化的目的。

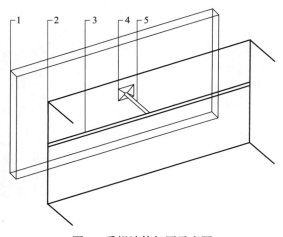
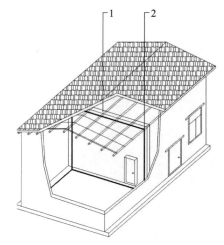

图 7　受损墙体加固示意图　　　　　　　　图 8　房屋总体布置图
1.受损墙体　2.钢框架　3.钢横梁　4.垫片　5.拉杆　　　　1.受损墙体　2.钢框架

基于农村土坯房保留原貌的加固构想，对不同的破坏情况提出了不同的加固构想：

2.1　墙体裂缝的加固

墙体裂缝是其最主要的破坏形态，受损墙体修复加强应先对墙体裂缝灌注填实环氧树脂等墙体裂缝化学填料。同时，墙体在需要拉住或支撑时，框架搭接钢板条或钢横梁，参见图7以搭接钢横梁为例，并将拉杆端部采取螺纹连接的方式与之固结，在相应位置打一拉杆与墙体相连，且拉杆端头不超出钢框架内侧面。

其中钢框架为角钢、工字梁或钢管等通过焊接、螺纹连接等措施连接而成，根据具体所加固墙体而调整进行现场安装连接，且每面墙的内部钢框架的结构根据所加固旧房样式而变化并与墙体外轮廓一致。

2.2　危险性较大的墙体加固

在危险性较大的墙体倾覆的地方，采取拉杆将其与钢框架相连，从内表面拉或托住旧墙。拉杆垂直旧墙表面穿入，拉杆与旧墙连接的措施可采取化学粘结、端部托盘和螺纹连接等措施，并设置在墙砖缝隙或距离砖体中心不到 1/4 砖体宽度的区域，其轴线与穿入点表面法向的夹角小于 30°；拉杆穿入旧墙深度大于 5mm，但不超出其外表面。

当遇到倾斜度比较大的墙体处时，可在顶部和腰部加拉杆斜撑在钢框架上；当墙体表面出现裂缝较多时，或墙体承载力明显不足时，为进一步防止旧墙坍塌，可在其采取内表面粘接碳纤维布、玻璃纤维布或钢丝网等加强措施，再用拉杆斜撑在钢框架上。

如用玻璃纤维网，加固步骤为先将墙体表面的浮土颗粒用刷子刷干净，然后在其表面抹一层均匀饱满的粘结剂，按计算好裁剪的玻璃纤维网粘贴上去，并顺纤维受力方向按压挤出气泡。如需粘贴多层则重复以上步骤，在最后一层的玻璃纤维网的表面均匀涂抹浸渍环氧树脂。

2.3　其他加固

在进行木梁、木柱加固时，可将其劈开然后采用工字钢进行装订的方法；在进行屋顶修复时，可更新清理砖瓦，更换已遭破坏的瓦片，保留被破坏瓦片的残片用于烧制新瓦片，减少破坏屋顶材料，尽量维持其完整性。

最后在钢框架侧面设置轻型装饰墙板，板材密度为 1～1000kg/m³，厚度为 0.1～20mm，形成宜居环境，参见图8，达到外旧内新且不破坏原有状貌的效果。

3　结论

结合桂林潜经村的土坯房，分析了当前农村土坯房安全现状，提出一种农村土坯房外墙保留原貌的加固构想，达到保留土坯房原有样貌、保护我国传统居住文化的目的。主要有以下几个要点：

（1）沿墙体内壁搭建钢框架，并通过拉杆、搭接钢板条或钢横梁等构件连接加固墙体；同时，钢框架托起上部屋架，土坯墙承力可以完全无需承受上部屋架重力，既有效地保证墙体稳定性，又保留土坯房原有外貌。

（2）对危险性较大的墙体，倾斜处采用在其内表面粘结碳纤维布、玻璃纤维布或钢丝网等加强措施，并在倾斜较大部位的顶部和腰部加拉杆斜撑在钢框架上进行固定。

（3）在钢框架侧面设置轻型装饰墙板，形成宜居环境，达到外旧内新的效果。

参考文献

［1］ Vasilios Maniatidis，Peter Walker. Structural Capacity of Rammed Earth in Compression［J］. Journal of Materials in Civil Engineering，2008，20（3）：230-238

［2］ C. Jayasinghe，N. Kamaladasa. Compressive strength characteristics of cement stabilized rammed earth walls［J］. Construction and Building Materials，2006，21（11）：1971-1976

［3］ K. A. Heathcote. Durability of earthwall buildings［J］. Construction and Building Materials，1995，9（3）：185-189

［4］ 张宗敏. 夯土房屋纵横墙交接处裂缝成因及其预控措施研究［D］. 郑州大学，2012.

［5］ 王建卫. 既有村镇生土结构房屋承重土坯墙体加固试验研究［D］. 长安大学，2011.

［6］ 王毅红，王汉伟，高航宇，惠亚楠. 村镇生土结构房屋墙体局部承压试验研究［J］. 建筑科学，2011，27（S2）：32-35.

［7］ 张又超，王毅红，张项英，权登州. 单面钢丝网水泥砂浆加固承重夯土墙体抗震试验研究［J］. 西安建筑科技大学学报（自然科学版），2015，47（02）：255-259.

［8］ 胡国庆. 农村生土结构房屋现状分析与研究［J］. 工程抗震与加固改造，2014，36（03）：115-119.

某框架结构加固方案比较研究

王洪波

优易特（北京）建筑结构设计事务所有限公司

摘　要：2016 年实行了新的地震动参数区划图，很多地方基本地震加速度比原来有所提高。在基本地震加速度提高的地区，建筑结构改造如果仅按传统的方法去加固设计造价会非常高。通过改变结构体系、增加消能器或采用隔震支座进行处理，很好地解决了由基本地震加速度的提升而带来的加固问题。

关键词：结构加固设计，消能减震结构，隔震结构

A CoMParative Study of a Frame Structure Reinforcement Scheme

Wang Hongbo

Abstract：In 2016，a new Seismic ground motion parameter zonation map of China was implemented. In many places，the basic acceleration of earthquakes is higher than before. In areas where the basic earthquake acceleration is increasing，the cost of the reinforcement of the building structure will be very high if it is only according to the traditional reinforcement methods. By changing the structural system，adding energy absorbers，or using vibration-isolation bearings，the problem of reinforcement caused by the acceleration of basic seismic acceleration is well solved.

Keywords：structural reinforcement design，energy dissipation structure，isolation structure

1　工程概况

本工程为三层办公楼，无地下室，于 2003 年建成。长 85m，宽 23m，檐高 11.4m，梁、柱、板混凝土强度均为 C30。原设计为办公楼（图 1），现由于重新装修改造，局部荷载变化，需要对结构进行验算并加固。加固方案应按照新的地震动参数区划图加固设计。原结构采用的基本地震加速度为 0.15g，现在地震区划图的调整改为 0.2g。

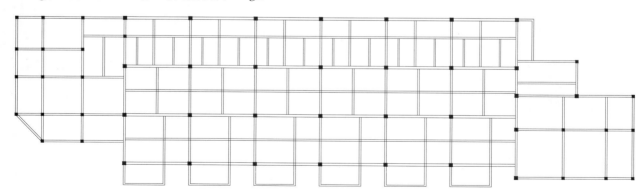

图 1　原结构平面图

2　加固方案

本工程由于基本地震加速度的调整，框架结构的框架等级由三级调整为二级。由于框架等级的调

作者简介：王洪波（1976），男，一级注册结构工程师。

整，内力增大系数、轴压比、配筋等都会不同，根据初步估算，直接加固法的工程造价约在200万左右，因此直接加固法是不经济的。

根据抗震规范可以采取以下三种方案：

方案一，新增部分剪力墙，变成框架剪力墙结构，框架的等级由三级变为二级。

方案二，新增部分消能器，当地震力减小到非消能结构的50%以下，可以降低1度确定抗震构造措施。

方案三，新增隔震垫，变成隔震结构，在 $\beta < 0.4$ 的情况下，可以按照降低1度处理。

2.1 新增剪力墙方案

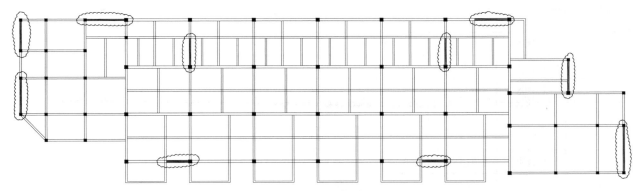

图2 剪力墙方案平面图

云线部分为新增剪力墙区域，新增剪力墙厚度为160，混凝土强度为C30（图2）。

2.2 新增消能器方案

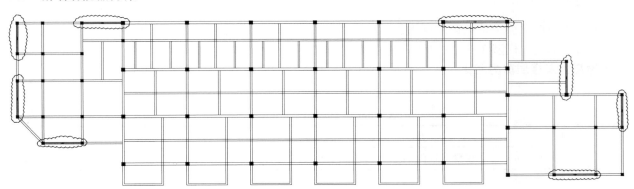

图3 消能器方案平面图

云线部分为新增阻尼器位置，阻尼器参数如下：阻尼系数：1000kN·（s/m）$^\alpha$，阻尼指数：0.5，阻尼力：500kN。

2.3 隔震方案

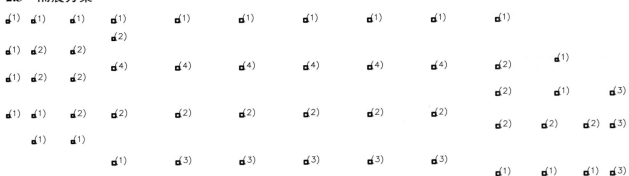

图4 隔震支座平面图

上图为基础隔震垫设置图，图中各隔震垫型号如下：（1）—LRB400；（2）—LNR500；（3）—LRB500；（4）—LNR600。

3　各方案指标比较

3.1　结构周期和阻尼比

表 1　结构周期和阻尼比表
Structure period and damping ratio table

振型号	周期				阻尼比			
	（模型 0）	（模型 1）	（模型 2）	（模型 3）	（模型 0）	（模型 1）	（模型 2）	（模型 3）
1	0.7396	0.3575	0.7394	2.6230	5.00%	5.00%	20.73%	26.02%
2	0.6721	0.2951	0.6720	2.5722	5.00%	5.00%	19.58%	27.19%
3	0.6298	0.1914	0.6292	2.1221	5.00%	5.00%	46.12%	32.10%
4	0.2753	0.1080	0.2752	0.4743	5.00%	5.00%	48.18%	12.52%
5	0.2598	0.0853	0.2598	0.4204	5.00%	5.00%	46.89%	11.41%
6	0.2408	0.0569	0.2407	0.3966	5.00%	5.00%	55.00%	14.33%
7	0.1493	0.0551	0.1493	0.2416	5.00%	5.00%	47.60%	10.21%
8	0.1471	0.0455	0.1471	0.2235	5.00%	5.00%	47.44%	9.28%
9	0.1343	0.0297	0.1343	0.2073	5.00%	5.00%	55.00%	11.49%

注：模型 0—原设计（0.15g），模型 1—新增剪力墙方案（0.2g），模型 2—新增消能器方案（0.2g），模型 3—隔震方案（0.2g）

模型 1 新增了剪力墙因此刚度增加，周期减小。模型 2 新增的是速度型阻尼器，整个结构阻尼比增加，周期不变。模型 3 新增的是隔震垫，整个结构阻尼增加，周期也增加。

3.2　地震力及楼层剪力对比

表 2　X 向地震工况下指标
X index to seismic conditions

层号	F_x (kN)				V_x (kN)			
	（模型 0）	（模型 1）	（模型 2）	（模型 3）	（模型 0）	（模型 1）	（模型 2）	（模型 3）
3	2089.5	4422.3	1656.2	528.2	2089.5	4422.3	1656.2	528.2
2	1748.7	3054.6	1445.3	574.2	3362.0	6812.7	2948.7	1095.6
1	1317.2	2047.3	1295.0	560.3	4146.9	8058.5	3802.7	1645.5

表 3　Y 向地震工况下指标
Y index to seismic conditions

层号	F_y (kN)				V_y (kN)			
	（模型 0）	（模型 1）	（模型 2）	（模型 3）	（模型 0）	（模型 1）	（模型 2）	（模型 3）
3	1957.9	4358.7	1523.0	538.7	1957.9	4358.7	1523.0	538.7
2	1676.0	2938.0	1346.9	579.4	3072.8	6709.9	2682.9	1109.5
1	1312.2	1935.2	1277.9	561.2	3785.4	7890.0	3471.9	1657.5

模型 1 由于刚度的增加，地震力变大；模型 2 刚度不变，阻尼比增加，地震力减小。消能减震结构地震力小于原结构地震力的 50%（原地震力按 8 度 0.2g 计算的地震力），因此可以降低一度。模型 3 水平向减震系数 β=0.39，构造措施可降低一度。

3.3　地震工况下的位移

表 4　X 向地震工况的位移
X displacement to seismic conditions

层号	最大层间位移角			
	（模型 0）	（模型 1）	（模型 2）	（模型 3）
3	1/763	1/1040	1/942	1/2152
2	1/640	1/1262	1/731	1/1497
1	1/682	1/1643	1/752	1/1018

表 5　Y 向地震工况的位移
Y displacement to seismic conditions

层号	最大层间位移角			
	（模型 0）	（模型 1）	（模型 2）	（模型 3）
3	1/702	1/1406	1/902	1/1539
2	1/588	1/1546	1/705	1/1142
1	1/700	1/2540	1/815	1/802

模型 1 最大层间位移角为 1/1040，模型 2 为 1/705，模型 3 为 1/802 均满足规范要求。

4　配筋对比

模型 1 剪力墙方案与原结构配筋对比仅与剪力墙相连的柱配筋变大需要加固，其他梁柱均不需要处理。

模型 2 消能器方案梁、柱均小于原设计，不需要加固。但本工程采用的速度型阻尼器，理论上来说是没有刚度，但实际情况还是有刚度的，因此与阻尼器相连的框架柱也需要采取一定的加固措施。

模型 3 隔震方案梁、柱配筋均小于原结构，隔震方案配筋比原结构小很多。

5　造价对比

表 6　造价对比表
Cost comparison table

新增剪力墙方案	新增消能器方案	隔震方案
40 万	55 万	110 万

注：隔震方案由于需要新增隔震层，隔震层施工费用约要 60 多万，因此费用较多。

6　方案选择

三个改造方案从规范的角度来说，都满足要求，各方案优缺点对比如下。

表 7　优缺对比表
Advantages and disadvantages Comparison Table

方案	优点	缺点
剪力墙方案	1. 工艺成熟，造价低	1. 采用"抗"的方式来处理，技术落后 2. 新增剪力墙对使用产生一定的影响
消能器方案	1. 造价较低，工期较短 2. 减震效果较好，技术先进	1. 新增减震器部位会对使用产生一定影响
隔震方案	1. 减震效果最好，技术先进 2. 对上部结构的使不产生影响	1. 新增一个隔震层，造价高

从造价、工艺、技术等各方面综合比较选用消能器方案是最优的。如果无法在适当的位置增加剪力墙或消能器或都是上部都已经装修完成拆除和重新装修的成本大于隔震方案的话，隔震方案也会是一个好的选择。

从性能设计方面来说，隔震方案是最优的。即使在大震的情况下，上结构大部分构件都能保持弹性，而且隔震结构对建筑物内的设备等影响也是最小的。

7　结束语

通过本工程三个方案的比较研究，希望能对地震基本加速度的高或抗震设防分类标准提高的建筑物改造，提供一个不一样的设计思路，为其他类似工程的设计提供一个参考。

参考文献

［1］《建筑抗震设计规范》GB 50011—2010（2016 年版）. 北京：中国建筑工业出版社，2016

［2］《混凝土结构加固设计规范》GB 50367—2013. 北京：中国建筑工业出版社，2013

［3］《建筑消能减震技术规程》JGJ 297—2013. 北京：中国建筑工业出版社，2013

［4］《叠层橡胶支座隔震技术规程》CECS 126—2001. 北京：中国建筑工业出版社，2001

软弱地基上的桩基沉降加固处理

胡顺昌　　阮永怀

武汉中建昌龙建筑技术有限公司，湖北武汉，430072

摘　要：由于诸多因素造成了建筑物沉管灌注桩基础的沉陷，导致二至六层的砖墙砌体大量开裂，欲阻止其裂缝继续发展，依据地质资料分析，沉管灌注桩的桩端仅落在软弱层中，未达持力层，故致沉陷。为弥补这一关键缺陷，选择三种方案分析比较，最后确定采用静压钢管桩进行加固处理。依据《建筑桩基技术规范》JGJ 94—94 的技术要求及理论计算公式，分别计算出原灌注桩所在土层的实际单桩承载力值及钢管桩伸入持力层后的单桩承载力值，最后按每柱底综合其总差值计算出各柱底应增钢管桩数。依据原桩基竣工图，在原承台布桩空位处定点钢管桩位，并利用原承台固结压桩反力装置将钢管桩压到位。实践证明，本方法施工简单、受力明确、安全可靠、效果显著，值得推广。

关键词：桩基沉降，加固，静压桩

Reinforcement Treatment of Pile Foundation Settlement on the Soft Foundation

Hu Shunchang　　Ruan Yonghuai

Wuhan Zhongjianchang Long Construction Technology Co. Ltd.. Wuhan 430072

Abstract：because of many factors caused the sinking of the foundation of the caving pile, resulting in a large number of cracks in the masonry of the brick wall of two to six storeys, in order to prevent the development of the cracks, according to the geological data analysis, the pile end of caving pile fell only in the weak layer, and did not reach the holding layer, so it sank. In order to compensate for this key defect, three schemes are chosen for analysis and coMParison. Finally, static pressure steel pipe pile is adopted for reinforcement treatment. According to the technical requirements and theoretical formula of JGJ 94—94 of the construction pile foundation, the actual bearing capacity of the soil layer where the original pile is located and the bearing capacity of the steel pipe pile after the pile is extended into the holding layer are calculated respectively. According to the completion plan of the original pile foundation, the steel pipe pile is positioned at the empty position of the original pile, and the steel pipe pile is pressed into position by the counterforce device of the original pile consolidation pile. Practice shows that the method is simple, has clear force, safe and reliable, and has significant effect.

Keywords：pile foundation, settlement reinforcement, static pile

1　工程概况

　　在西南边陲的某开发区有一栋六层商住楼，该楼底层为大空间商业用房，其上五层为住宅，全楼为底层框架、上部砖砌体的混合结构体系。地质资料显示，该楼区域地质最上层是厚度 1.5 ～ 3.5m 的

　　作者简介：胡顺昌，男，1979 年生，高级工程师，大学硕士，本论文由中建昌龙公司科研基金资助。E-mail：2067287682@qq.com。地址：武汉市洪山区珞瑜路 312 号双恒创业园行政大楼一楼 1110 室。

矿渣砂石杂填土，地基承载力为 100kPa，其下是厚 11 ～ 16m 软塑状淤泥质粉质黏土，地基承载力为 50kPa，第三层是厚 2 ～ 3m 透水性强、易软化的碎石土，地基承载力为 150kPa，最下是未钻透的微风化石灰岩，其承载力为 2000kPa。据此，所有框架柱均采用沉管灌注桩基础。

该楼竣工后不久，二至六层不同部位的墙体逐渐出现了纵横向裂缝，并有日渐扩展的趋势。缝宽一般为 0.3 ～ 4mm，最大值约 10mm，多数缝宽为 1 ～ 3mm（图 1），但底层框架梁柱均未发现裂缝。据观测，大楼仍处于日约 0.2 ～ 0.3mm 左右的沉降趋势之中。据检测报告结论，该楼墙体裂缝主要是因框架柱基础产生不均匀沉降造成的。应迅速对所有柱基进行整体加固处理，阻止沉降，防患于未然。

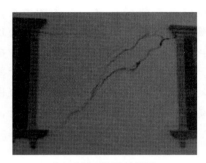
（a）大楼顶部外墙裂缝

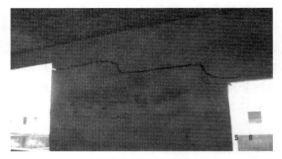
（b）大楼顶部内墙裂缝

图 1　商住楼顶部内外墙体裂缝照片

2　裂缝原因

（1）设计桩长偏短，造成多数桩体底端悬于软塑状淤泥质粉质黏土中，无法提供端阻力。

该楼原施工图为框架柱底下设承台，承台底离地面 1.5m，采用桩长 16m、桩直经 0.35m、桩距 1.05m 的混凝土沉管灌注桩基础，总桩数为 386 根。据地质剖面图显示，当桩长 16m 时，多数桩均置于淤泥质粉质黏土层。若将设计桩长均取为 20m 时，所有桩底端均落在微风化石灰岩顶，为此可为单桩提供较大值的端阻力。

（2）估计原设计时将淤泥质粉质黏土层与桩体的摩阻力取值偏大，实际产生的桩体摩阻力比计算值低，从而导致柱基下沉。即当各柱相互间桩基的沉降量不一致时，沉降量小的一侧既向沉降量大的一侧倾斜，于是楼房自上而下的墙体中便产生拉应力，当拉应力大于砌体结构强度时，砌体便出现裂缝（图 1）。

3　加固方案

为阻止桩基沉降，综合进行了三种基础加固方案的技术经济比较：一是对基底土层采用压力灌注水泥混合浆液，以提高基底土层的密实度和承载力；二是采用植筋法连接改造原基础成整体筏板基础，以使基底压力小于地基承载力；三是在原承台上的桩间钻孔，采用液压钢管桩至基底岩石层面，与原沉管灌注桩共同承力，以消除地基沉降。

根据该楼所在区域的地质情况、时间效益、政治影响、经济技术及可靠度诸方面分析比较后，第一认为注浆方案时间长，且在重压下的基底注浆造成基底承载力突然降低可能产生不良后果，不可靠；第二连接成整体筏板基础同样时间太长，而且投资大，不经济；第三采用净压钢管桩至微风化石灰岩顶层面是比较可靠的方案。该方案施工简单、速度快，钢管压到位后再向管内灌注混凝土，承力可靠；而且压管时，其钢管的耐力即可直观得知。经过市场调查后，决定采用静压钢管桩加固地基。

4　静压钢管桩设计

按实情，原沉管灌注桩承受了大楼的全部荷载，只是部分桩基的基顶压力略大于地基土的耐力，因而造成桩基的不均匀沉降导致各楼层墙体裂缝。为此，在加固设计中，首先计算出原沉管灌注桩的实际承载能力，再根据其差值计算出钢管桩的用量。

4.1　原沉管灌注桩单桩承载能力计算

据《建筑桩基技术规范》JGJ 94—94（以下简称"桩规"）第 5.2.2.2 条（本工程为两千年初设计施工，故应依据该规范），本承台底有深达十多米的淤泥，属高灵敏度的软土，该桩基承载能力计算中不考虑承台效应，故应按（5.2.8）式计算其单桩竖向极限承载力标准值，即：

$$Q_{uk} = Q_{SK} + Q_{PK} = u \sum q_{sik} l_i + q_{pk} A_p$$

本工程原桩基区域内离地表 1.5～3.5m 以下均为淤泥质土，其深度范围大多为 11～16m，原沉管灌注桩的桩端大多悬于淤泥质粉质黏土之中，因而不能考虑端阻力；只能计算桩的侧阻力，由此计算得原沉管灌注桩的单桩承载力设计值：$R = 92kN$

4.2　钢管桩单桩承载力计算

在加固设计中，拟采用反力液压装置将钢管桩端压入基底岩层面，但因钢管桩是借助原承台承力的，同样不考虑承台效应。

因钢管桩是由钢管外壁的侧阻力与桩端的端阻力共同承力的，故不同的桩长其单桩承载力是不一样的。

以 6# 承台为例：6# 承台基顶的荷载 $q = 3562kN$，承台上表面离基底岩层面的高度约为 19m，承台底离地面 1.5m，则钢管桩进入土层的长度约为 17.5m，钢管桩的外径为 219mm，查得本基底岩石单轴抗压强度为 40MPa，由此计算得钢管桩的单桩竖向极限承载力设计值：$R_g = 538kN$。

4.3　钢管桩数确定

据以上计算，6# 承台的原 16 根沉管灌注桩总设计承载能力为

$$R_H = 92 \times 16 = 1472kN$$

应增补承载力

$$R_z = 3562 - 1472 = 2090kN$$

设拟钢管柱的最大压桩力控制值为 500kN（$R_k = 500kN < R_g$），则

钢管桩数：$n = 4$（根）

4.4　钢管桩孔位确定

根据原沉管灌注桩的竣工图，按图找准方位，并用粉笔标出原承台范围及各桩位，再据加固设计图确定钢管桩孔位（图 2）。

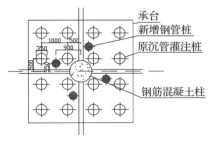
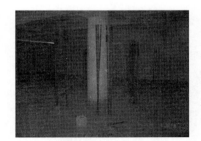

（a）6# 承台钢管桩孔位图　　　　　　（b）6# 承台钢管桩孔位现场照

图 2　6# 承台钢管桩孔位图

5　压桩

一般通过液压装置，将钢管分段压入地基土中。钢管两端要成 45 度斜向打磨，以便接头焊接。压桩时，按设计压力与压桩深度双控，当达到设计要求时，即刻将钢管顶部与承台连接件可靠焊接，使承台与钢管桩形成整体承力，再向管内灌注混凝土，最后封桩。

6 结语

本工程采用静压钢管桩对原桩基进行加固补强后，通过几年来的观测显示，该大楼十分稳定，再无沉降现象。实践证明，采用静压桩

对房屋、水工建筑物、桥梁、隧道、港口、堤岸、码头等工程建筑物或构筑物基础的沉降处理，是十分可靠和有效的。特别是一些空间环境狭小工程基础的加固处理，采用静压桩犹其方便灵活，且效果显著。

参考文献

[1] 陈希哲. 土力学地基基础 [M]. 北京：清华大学出版社，1982.

[2] 曾巧玲，崔江余. 基础工程 [M]. 北京：清华大学出版社，2007.

[3] 龚晓南等，地基处理手册 [M]. 北京：中国建筑工业出版社，2000.

某高层剪力墙结构墙体混凝土置换

张继丁　张国彬　陈　果　史保涛

重庆市建筑科学研究院，重庆，400042

摘　要： 某在建高层住宅楼为地下 2 层，地上 32 层钢筋混凝土剪力墙结构，主体结构修建至 18 层时，发现一层局部剪力墙的混凝土强度不满足设计强度的要求。按实际混凝土强度复核，局部剪力墙不满足设计规范要求，需要进行混凝土置换处理。由于须置换的混凝土位于房屋的底层角部，置换工作存在较大的施工难度和危险性。本工程采用的简单有效支撑、分步分段置换的方法，取得了良好的置换效果，为高层剪力墙结构墙体混凝土置换提供相关参考。

关键词： 剪力墙结构，混凝土强度不足，墙体混凝土置换

A High-rise Shear Wall Building's Partial Concrete Replace Process

Zhang Jiding　Zhang Guobin　Chen Guo　Shi Baotao

Chongqing construction science research institute，Chognqing，400042

Abstract： A high-rise residential building under construction is 2 underground floors and 32 ground floors of RC shear wall construction. The main structure was built to 18 floors，it found the concrete strength of the first ground is less than the design strength and the results of recalculation can not meet the design requirements..The concrete of 5 RC shear walls need to be replaced. There is great difficulty and danger in the project of replacement. This step by step and segment replacement has achieve good results，and can be reference.

Keywords： RC shear wall structure，Lower concrete strength，Concrete replacement.

1　工程概况

某在建高层住宅楼为地下 2 层，地上 32 层钢筋混凝土剪力墙结构，结构设计使用年限为 50 年，结构安全等级为二级，抗震等级为三级。抗震设防烈度为 6 度（0.05g），基本风压为 0.40kN/m²。主体结构修建至 18 层时（填充墙及装饰装修尚未施工），检测发现地上一层 5 面剪力墙（A、B、C、D、E；墙体位置见图 1）混凝土强度实测值 C30，达不到设计强度 C55 的要求。按照混凝土抗压强度实测值 C30 进行结构验算，验算结果表明，需要对实测强度值为 C30 的 5 面剪力墙进行置换。

2　置换思路

（1）按照实测混凝土强度对结构进行验算，明确需要置换混凝土的区域。

（2）置换期间采取短期效应和抗力标准值进行验算。置换期间房屋尚需继续施工，须明确每步置换时，房屋施工的层数限值。

（3）对需要进行混凝土置换的剪力墙采取分步分段法进行置换。

（4）考虑剪力墙剩余墙段承载主要荷载，设置钢柱和脚手架作为辅助支撑系统。

（5）注重置换施工的过程控制、动态设计；严格把控置换施工质量。

作者简介：张继丁（1986—），男，工程师，主要研究方向为工程检测鉴定、结构加固改造

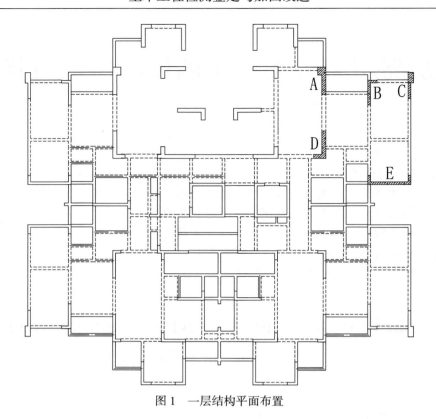

图 1　一层结构平面布置

3　置换方案

3.1　混凝土强度较低的剪力墙承载力验算

一层 5 面剪力墙（A、B、C、D、E）混凝土强度按照实测值 C30，其余结构信息按照设计图纸，对结构进行整体验算。验算结果表明，5 面剪力墙强度低于设计值，对房屋整体结构受力分布及反应无明显影响；5 面剪力墙自身的承载力满足设计的要求，但 5 面剪力墙的轴压比大于规范限值 0.6（见表 1）。考虑到不能影响房屋的使用要求及外观，需要对 5 面剪力墙的混凝土进行置换处理。

表 1　剪力墙轴压比
Table 1　Axial compression ratio of shear wall

项次	剪力墙	轴压比
1	A	0.75
2	B	0.63
3	C	0.67
4	D	0.65
5	E	0.64

3.2　置换施工期间效应和抗力计算

由于房屋整体工期要求，在混凝土置换期间，上部结构需要继续施工。要求剪力墙混凝土置换施工工期不超过 45d。第一步置换期间，施工楼层 ≤ 21 层；第二步置换期间，施工楼层 ≤ 25 层；第三步置换期间，施工楼层 ≤ 28 层。

（1）效应

恒载：因为屋面尚未抹灰和装修，尚未进行填充墙体施工，故而恒载仅包括已现浇混凝土部分的自重、脚手架自重及施工机械自重。

活荷载：房屋正在施工阶段，尚未完工，不计入房屋正常使用期间的楼面、屋面活荷载。计入施工活荷载（混凝土置换施工期间，严格控制施工荷载不超过复核值）。

风荷载：当地基本风压。

地震作用：由于一层混凝土置换施工工期不超过 2 个月，参照临时性建筑通常可不进行抗震设防的要求，混凝土置换期间，不考虑地震作用[1]。

雪荷载：重庆主城地区，雪荷载为零。

效应组合：由于混凝土置换施工工期较短，施工期间各种荷载可控，取各种荷载效应的标准组合[2]（组合值系数均取 1.0）。

（2）抗力

由于剪力墙置换工期不超过 45d，属于短期状态；材料强度设计值考虑了长期作用的可靠度要求（设计基准期为 50 年）。混凝土置换期间，结构及支撑安全验算时，钢筋和混凝土的强度指标取标准值进行计算。

3.3　墙体混凝土置换步骤

如果逐一对每面墙体进行置换，会造成上部墙体的荷载难以有效向下传达，支撑难度较大；如果依次对每面墙进行分段置换，则混凝土置换工期过长。本次采用 5 面剪力墙同时分段置换，每面剪力墙的置换均为三步（见图 2）。第一步置换的混凝土浇筑完成时，施工楼层不能大于 21 层；第二步置换的混凝土浇筑完成时，施工楼层不能大于 25 层；第三步置换的混凝土浇筑完成时，施工楼层不能大于 28 层。

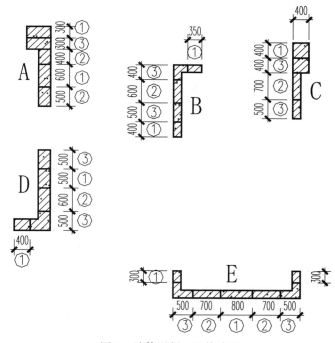

图 2　墙体混凝土置换步骤

利用剩余剪力墙承担竖向荷载，利用辅助临时支撑保证安全度。进行每步置换时，墙体剩余各段的"抗力/效应"见表 2（计算时采用的抗力和效应见 3.2 节，混凝土强度采用 C30）。

表 2　墙体剩余部分的"抗力/效应"

Table 2　"Resistance/effect" of the remaining shear wall

	A	B	C	D	E
第 1 步	1.54	1.22	2.27	1.82	1.37
第 2 步	1.33	1.52	1.85	2.08	1.43
第 3 步	3.23	2.13	1.32	1.56	1.52

3.4　辅助支撑设计

由于存在拱效应，置换墙体的上部墙体可以较好的将荷载传至置换墙体的未剔除部位。本工程采取梁端钢柱支撑（螺旋焊缝钢管 D325×8），板底脚手架支撑作为辅助支撑，支撑楼层为负二层至三层（支撑示意图见图 3，现场支撑照片见图 4）。

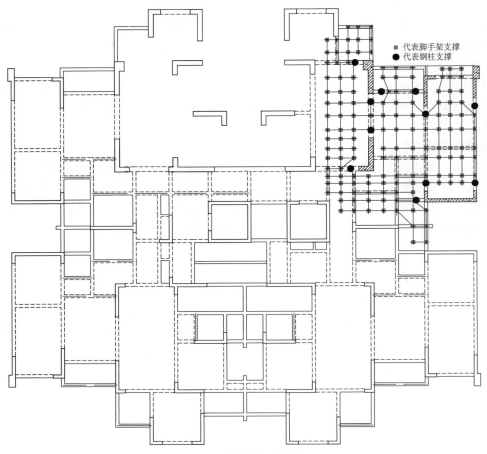

代表脚手架支撑
代表钢柱支撑

图 3　支撑系统示意图

3.5　施工控制

（1）置换材料

置换所用混凝土的强度等级为 C60，所用混凝土为早强微膨胀混凝土（为满足工期要求，混凝土 3d 强度须达到 40MPa，7d 强度须达到 55MPa）。为了减小混凝土早期收缩裂缝和确保混凝土的膨胀性正常发挥，须喷水养护 14d[4]。

增补和修复的钢筋规格同原设计图纸。

（2）置换顺序

一层混凝土置换施工期间，为保证工期，工程需要继续施工，应严格控制上部楼层的施工速度。同一墙体，上一步置换的混凝土浇筑完成 3d 后（且新置换混凝土强度标准值须达到 40MPa），才能对下一步需要置换的混凝土进行剔除（见图 4）。

每一步置换的顺序为：布设支撑体系→剔除混凝土→混凝土结合面处理→支设模板→浇筑混凝土→养护处理→下一步置换。

支撑拆除应在所有置换混凝土浇筑完成 7d 后（且新置换混

图 4　现场支撑情况

凝土强度标准值须达到 55MPa），同一位置的支撑拆除应先拆高楼层，后拆低楼层。

（3）安全控制措施

施工期间应设置专职安全员，对施工过程进行实时监控。重点监控置换剪力墙及其周边、临时支撑的异常状况。发现异常情况，立即停止施工，并通知设计单位及相关方。

（4）结合面处理

浇筑混凝土前，必须清除界面浮尘，并用清除清洗干净；然后涂刷一层与混凝土同性能的界面结合剂，随涂随浇。

（5）钢筋受损处理

在剔除强度较低混凝土时，可能会对原有钢筋造成损伤，对损伤钢筋应采用等强原则进行补强。

4　置换效果

4.1　混凝土强度

采用钻芯法对新置换混凝土的强度进行检测，检测结果表明，新置换的混凝土强度达到 C60 的要求。

4.2　新旧混凝土结合面

新旧混凝土结合面的外观质量良好（见图 5），采用超声法对新旧混凝土的结合面的结合质量进行检测，检测结果表明，新旧混凝土的结合程度良好。

4.3　房屋后续使用情况

房屋目前已基本全部投入使用，监测情况表明：未发现混凝土置换的剪力墙及周边构件存在开裂、过大变形等异常现象，房屋整体使用状况良好。

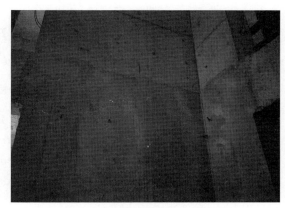

图 5　混凝土置换后剪力墙外观

5　结语

本工程采用的剪力墙分步分段同时置换的方法，支撑简单、施工难度较低、施工工期较短、施工效果良好，置换后结构整体满足设计要求。可以作为同类工程的参考。

参考文献

［1］ GB 50223—2008. 建筑工程抗震设防分类标准［S］. 北京：中国建筑工业出版社，2008.

［2］ GB 50068—2001. 建筑结构可靠度设计统一标准［S］. 北京：中国建筑工业出版社，2001.

［3］ GB 50009—2012. 建筑结构荷载规范［S］. 北京：中国建筑工业出版社，2012.

［4］ GB 50369—2013. 混凝土结构加固设计规范［S］. 北京：中国建筑工业出版社，2013.

加固改造设计中常见问题的探讨

张国彬　陈　果　张继丁　史保涛

重庆市建筑科学研究院，重庆，400042

摘　要： 对既有结构加固改造设计中的材料强度取值、楼面活荷载取值及结构安全性复核问题进行分析探讨，提出相应解决办法，可供加固改造设计中参考。

关键词： 既有结构，加固改造设计，活荷载，材料强度，安全性复核

Discussion on Common Problems In Reinforcement Design

Zhang Guobin　Chen Guo　Zhang Jiding　Shi Baotao

Chongqing Construction Science Research institute，Chongqing，400042，China

Abstract： The problems of material strength，floor live load and appraisal of safety in the design of existing structure reinforcement and reconstruction are analyzed and discussed in this paper，And put forward corresponding solutions.It can be used for reference in reinforcement design.

Keywords： existing structure，reinforcement design，live load，material strength，appraisal of safety

0　前言

大量既有建筑进入功能退化期，其安全性、耐久性、功能性、节能性和舒适性等问题突出，同时由于使用功能变化、提高安全性能、老旧建筑改造、城市提档升级等要求，需要对既有建筑进行综合改造。建筑综合改造是一个发展迅速的领域，加固改造市场前景广阔，加固改造设计在勘察设计行业中的比例逐年提升。加固改造设计因同时需要考虑原有结构性能和业主需求，面临的不确定因素远比新建建筑多且复杂。与此同时，加固改造设计方法及施工的技术也日臻完善，但加固改造设计中依然存在不少问题需引起重视。本文作者结合多年的工程经验，对加固改造设计中既有结构材料强度取值、既有结构楼面活荷载取值、结构安全性复核等问题进行分析，抛砖引玉，期望能引起广大工程界同行的讨论，以求共进！

1　既有结构材料强度取值

材料的强度是指材料或构件抵抗破坏的能力，其值为在一定的受力状态和工作条件下，材料所能承受的最大应力或构件所能承受的最大力，后者亦称之为承载力。例如：抗拉强度、抗压强度、抗弯强度、抗剪强度和抗扭强度等。材料强度是一个随机变量，故其标准值应由数理统计的方法确定，可取其概率分布的 0.05 分位值，即材料强度实测值总体中，强度的标准值应具有不小于 95% 的保证率。材料强度设计值是指材料强度的标准值除以材料的分项系数，可直接应用于结构设计计算中。

关于既有结构材料强度取值，《民用建筑可靠性鉴定标准》（GB 50292—2015）[1] 5.1.2 条做出如下规定，构件材料强度的标准值应根据结构的实际状态按下列规定确定：

作者简介：张国彬（1978—），男，高级工程师。

（1）当原设计文件有效，且不怀疑结构有严重的性能退化或设计、施工偏差时，可采用原设计的标准值；

（2）当调查表明实际情况不符合上述（1）项的规定时，应进行现场检测，并确定其标准值。

关于既有结构材料强度取值，《混凝土结构加固设计规范》（GB 50367—2013）[2] 3.2.2 条做出如下规定：既有结构、构件的混凝土强度等级和受力钢筋抗拉强度标准值应按下列规定取值：

（1）当原设计文件有效，且不怀疑结构有严重的性能退化时，可采用原设计的标准值；

（2）当结构可靠性鉴定认为应重新进行现场检测时，应采用现场检测结果推定的标准值；

（3）当原构件混凝土强度等级的检测受实际条件限制而无法取芯时，可采用回弹法检测，但强度换算值应按龄期进行修正，且可用于结构的加固设计。

由于既有结构的材料性能会随时间产生变化，即材料强度标准值和时间存在相关性，采用原设计文件材料强度标准值时应充分考虑既有结构材料强度的后续退化问题。现场检测时应考虑测试构件与未测试构件的差异，以及测量的不确定性、空间不确定性对推断结构材料强度的影响，既有结构材料强度推定值应具有充分的代表性和可靠性。因此在既有结构改造设计前，应根据现行国家标准《建筑结构检测技术标准》（GB/T 500344）等进行检测，根据现行国家标准《工程结构可靠性设计统一标准》（GB 50153—2008）、《工业建筑可靠性鉴定标准》（GB 50144—2008）、《民用建筑可靠性鉴定标准》（GB 50292—2015）等的要求对既有结构的材料强度标准值进行评定。

鉴于我国传统建筑结构设计安全度偏低以及结构耐久性不足的历史大背景，存在大量的结构评定、验算问题。基于充分利用既有建筑符合可持续发展的基本国策，在对既有结构进行改建、扩建或加固维修时，为了保证安全，承载能力极限状态计算应按照现行规范要求确定既有结构材料强度设计值；当对正常使用状态验算及构造措施鉴定时，可按照当初建造年代的设计规范确定既有结构材料强度设计值。

2　既有结构楼面活荷载取值

在对既有结构进行鉴定和加固设计时，十分重要的一个问题就是确定既有结构在后续使用年限内满足相应可靠度要求的结构荷载取值[3]，而建筑结构楼面活荷载是其中需要考虑的一个比较重要的荷载类型。活荷载的改变不但影响既有结构的内力分布，还能影响既有结构的地震作用。作用在结构上的活荷载除了具有随机分布的特点，还具有随时间变异的特性，其取值应充分考虑活荷载最大值概率模型中相关计算参数取值的变化[4-5]。特别对既有结构而言，由于既有结构已经使用一段时间，具有一定的先验信息，加固改造后结构在后续使用期内的要求较原设计时可能有所变化。对于不同的设计基准期，活荷载最大值概率模型分布也不同，这也导致楼面活荷载的取值也不同[6]。上述因素都使得既有结构的楼面荷载取值不同于新建结构，因此，既有结构加固改造时，楼面活荷载的取值直接按照《建筑结构荷载规范》（GB 50009—2012）中的规定来确定是不合理的。

关于既有结构楼面荷载标准值，《民用建筑可靠性鉴定标准》（GB 50292—2015）J.0.10 条和《混凝土结构加固设计规范》（GB 50367—2013）A.0.8 条均做出如下规定：除应按照国家标准《建筑结构荷载规范》（GB 50009—2012）的规定外，尚应按下一目标使用期，乘以修正系数 k_a 予以修正。

表 1　楼面活荷载的修正系数 k_a
Table 1　Correction factor of floor live load k_a

下一目标使用期（年）	10	20	30 ~ 50
楼面活荷载	0.85	0.90	1.0

注：对表中未列出的中间值，可按线性内插法确定，当下一目标使用期小于 10 年时，按 10 年确定 k_a 值。

既有结构楼面活荷载统计分析不能等同于新建建筑，单从荷载发生概率上讲，既有结构在剩余使用年限内面临的荷载风险也不同，特别是考虑既有结构抗力衰减后，结构的可靠度也会发生变化，而荷载基准期是结构可靠度的时间表征。因此，既有结构在剩余使用年限内楼面活荷载的取值应考虑荷载基准期后合理确定。由于既有结构已经使用一段时间，其楼面活荷载统计基准期不宜采用原设计基准期，应采用结构剩余使用年限。笔者认为，这里的结构剩余使用年限是指结构设计使用年限减去结构已经使用的时间，且应与下一目标使用年限、耐久性评定的剩余使用年限、抗震鉴定采用的年限进行统一，避免出现差异。

因此既有结构楼面荷载标准值取值时，应基于 50 年基准期的现行《建筑结构荷载规范》（GB 50009—2012）的荷载标准值，并考虑既有结构的剩余使用年限，对楼面活荷载标准值进行修正。

3 既有结构的安全性复核

既有结构的加固改造按照改造原因及规模的不同可分为结构整体改造和局部加固。因年久失修、灾害破坏、使用功能变化造成既有结构的整体安全性、适用性不满足要求，进行加固改造可称之为结构整体改造；与整体改造相对应，当结构仅因为局部构件承载力不足而进行局部构件加固处理称之为局部加固。

对持久设计状况，短暂设计状况和地震设计状况，判定结构构件的安全性，结构构件可采用承载能力极限状态表达式：

$$\gamma_0 S \leqslant R$$

上式中，γ_0 为结构重要性系数，S 为承载力极限状态下作用组合的效应设计值，R 为结构构件的抗力函数。从理论上将，只要结构构件的抗力大于荷载效应组合就可以认为结构构件是安全的。

当按现行规范标准对既有结构进行安全性验算时，往往会出现既有结构的验算结果不满足相关规范的要求，但结构构件未出现损伤现象。例如某栋房屋存在较多的钢筋混凝土梁实配钢筋量比按现行规范计算结果少 20% ~ 25% 不等，按照现行规范标准进行结构安全性复核时，可评定这些梁的承载力严重不足。然而，现场检测时，并未发现这些梁存在开裂变形等损伤现象，事实上这些梁是安全的[7]。因此在进行既有结构的安全性复核时，应区分结构整体改造和局部加固，采用不同的方法进行安全性复核。

3.1 整体改造设计安全性复核

对结构整体改造设计而言，整体改造后结构的受力模式和传力路径存在较大的改变，原有结构构件经加固处理后，与新增结构构件协同受力，共同抵抗荷载作用。既有结构经整体改造后在相关结构性能上的要求与新建结构并无差别，因此在既有结构承载力验算分析时，应按照现行规范标准进行既有结构的安全性复核。

3.2 局部加固设计安全性复核

对局部加固设计而言，局部构件加固后既有结构的受力模式和传力路径并未发生明显改变，经加固处理后的结构构件与既有结构构件共同工作。既有结构在局部加固后整体结构性能并未发生明显改变，且进行既有结构承载力验算分析时，按照现行规范标准进行既有结构的安全性复核，会造成大量原本满足当初设计规范的构件被算出来是危险的。这主要是由于不同时期建筑所采用的标准规范不同，当初建造的房屋在结构形式、建造材料、施工工艺等各个方面均无法达到现行规范的要求。现行的各种设计规范均明确其应用范围为新建建筑的设计，使得当某栋建筑在完全满足当初设计规范的情况下，采用现行设计规范验算后可能会出现大量构件的承载力不足的现象。

对比新中国成立后我国建筑设计规范发现，1974 版、1989 版及 2002 版三版设计规范的结构可靠度有明显逐步提高的趋势，在基于"满足当初建造年代时的设计规范要求及安全"的原则下，参考《危房鉴定标准》（JGJ 125—2016）[8]，进行既有结构局部加固设计安全性复核时，可按照现行规范标准的计算方法进行，验算时可不计入地震作用，且应根据建造年代的不同，引入抗力与效应之比调整系数 ϕ。

表 2　结构构件抗力与效应之比调整系数 ϕ

Table 2　Ratio adjustment coefficient between resistance and effect of structural members ϕ

房屋类型＼构件类型	砌体构件	混凝土构件	木构件	钢构件
I	1.15（1.10）	1.20（1.10）	1.15（1.10）	1.00
II	1.05（1.00）	1.10（1.05）	1.05（1.00）	1.00
III	1.00	1.00	1.00	1.00

注：1. 房屋类型按建造年代进行分类：I 类房屋指 1989 年以前建造的房屋，II 类房屋指 1989 年～2002 年间建造的房屋，III 类房屋是指 2002 年以后建造的房屋。

2. 对楼面活荷载标准值在历次《建造结构荷载规范》（GB 50009）修订中未调高的试验室、阅览室、会议室、食堂、餐厅等民用建筑及工业建筑，采用括号内数值。

4　结语

本文就加固改造设计中，工程师经常遇到的既有结构材料强度取值、既有结构楼面荷载取值、结构安全性复核等问题进行分析讨论。对既有结构材料强度取值问题，应充分考虑既有结构材料强度的后续退化，且既有结构材料强度推定值应具有充分的代表性和可靠性保证，既有结构材料强度的设计值取值时可根据验算状态的不同采用不同时期的规范；对既有结构楼面荷载取值问题，应基于 50 年基准期的现行《建筑结构荷载规范》（GB 50009—2012）的荷载标准值，并考虑既有结构的剩余使用年限，对楼面活荷载标准值进行修正；既有结构的安全性复核问题，建议按照改造原因及规模的不同，按结构整体改造和局部加固两种情况采用不同的方法进行承载力安全复核。

参考文献

［1］ GB 50292—2015. 民用建筑可靠性鉴定标准［S］. 北京：中国建筑工业出版社，2015.

［2］ GB 50367—2013. 混凝土结构加固设计规范［S］. 北京：中国建筑工业出版社，2013.

［3］ GB 50009—2012. 建筑结构荷载规范［S］. 北京：中国建筑工业出版社，2012.

［4］ 张俊之，高兑现，李贵青. 服役建筑结构可靠性评估的可变荷载取值研究［J］. 工业建筑，2000，30（12）58-61.

［5］ 姚继涛，浦聿修. 现有结构的荷载概率模型及统计推断［J］. 西安建筑科技大学学报：自然科学版，1998，30（2）：103-106.

［6］ 侯钢领，欧进萍. 建筑结构荷载标准值与灾害荷载设防水平使用年限的影响［J］. 自然灾害学报，2005，14（3）：124-129.

［7］ 梁坦. 建筑物可靠性鉴定与加固改造的发展［J］. 四川建筑科学研究，1994（3）：35-41.

［8］ JGJ 125—2016. 危房鉴定标准［S］. 北京：中国建筑工业出版社. 2016.

MR-SC 特种加固混凝土
在结构快捷加固中的工程应用

徐　凯[1]　胡克旭[2]　朱景岳[1]

1. 上海美创建筑材料有限公司，上海，200090
2. 同济大学土木工程学院结构工程与防灾研究所，上海，200092

摘　要： 粘贴碳纤维等有机加固方法有承载力提高幅度有限、耐久耐火性差、梁柱节点不易加固等问题；而目前用于加大截面法的普通混凝土、灌浆料又有养护时间长、新增截面占用空间多等缺点，以及灌浆料用于加大截面缺乏试验验证和理论依据，且它是高强度材料，用于加固低强度的构件，二者共同工作情况令人担忧。MR-SC 特种加固混凝土具有高粘结、低收缩、自密实、施工便捷、拆模快的特点，结合泵送灌注施工工艺，能够实现结构的快捷加固，已在诸多工程应用中获得良好的加固效果和工程效益。

关键词： 特种加固混凝土，快捷加固，免振捣

Engineering Application of MR-SC Special Reinforced Concrete in Rapid Reinforcement of Structures

Xu Kai[1]　Hu Kexu[2]　Zhu Jingyue[1]

1. Shanghai Mei Chuang building materials Co.，Ltd. 200090
2. Institute of structural engineering and disaster prevention，School of civil engineering，Tongji University 200092

Abstract： Organic strengthening method such as CFRP has a limited increase in bearing capacity，poor durability，poor fire resistent performance，and poor reinforcement of beam and column joints. While，the common concrete and grouting material used in the market for increasing cross section method have very large defects. The maintenance time of ordinary concrete is long and the new section takes more space，and the grouting material is used to increase the cross section for lack of test verification and theoretical basis. It is a high strength material and is used to reinforce the low strength components. The common work of the two is worrying. The special reinforced concrete of MR-SC has the characteristics of high bond，low shrinkage，self coMPacting，convenient construction and quick dismantling. Combined with the pump filling construction technology，the structure can be quickly reinforced，which has achieved good reinforcement effect and engineering benefit in many engineering applications.

Keywords： Special reinforcement concrete，quick reinforcement，free vibration

0　前言

近年来，我国建筑的加固、维护业务迅速增长。我国每年有一大批因生产规模及工艺等更新而需要技术改造和加层的建筑物，它们因结构超载而需要补强；同时，随着抗震要求，设防标准的提高和

作者简介：徐凯，男，1973 年，董事长，上海美创建筑材料有限公司。
　　　　　　胡克旭，男，1964 年，教授，长期从事工程结构抗火性能研究和建筑改造加固方法研究。

改变，许多地区现有房屋不能满足新设防的抗震要求，从而需要抗震加固；近年来社会上大量曝光的因工程质量低劣所造成的危房，它们也亟待加固处理。

市场对加固行业的"量"的需求开始增加，同时对"质"也开始有更高的要求。从最早的普通混凝土加大截面法，到 21 世纪初兴起的有机加固，如碳纤维加固、粘钢加固、外包型钢加固等等，新材料新工艺推动了我国加固技术的发展。不过，这些加固方法依然存在较多不足，比如普通混凝土加大截面法工期长、占用空间大、浇捣质量无法保证；而无机加固最共性的问题是耐久耐火性差、梁柱节点较难处理等。本文介绍一种专门用于加大截面法的 MR-SC 特种混凝土材料，与普通混凝土加大截面、常见的有机加固，作初步对比。

1　有机加固存在的问题

有机加固指采用有机胶黏剂粘贴碳纤维片材、粘贴钢板、湿法包钢等加固结构的方法，其加固设计和施工存在以下缺点：

（1）碳纤维加固、粘钢加固应用受混凝土基材强度限制。若原结构基材混凝土强度太低，碳纤维布或钢板和原结构粘结后，容易在基材本身或界面出现破坏。

（2）承载力提高幅度受限制。碳纤维加固、粘钢加固是在原构件基础上进行的，原结构的截面尺寸、配筋、混凝土强度等级限制了发挥作用的程度。由于粘贴碳纤维之前，构件已经受到应力并有一定的应变，即使粘贴材料受弯承载力幅度提高再大，也不能保证同步受力，为了避免出现受剪破坏先于受弯破坏，规范提出控制承载力提高幅度不超过 40% 的要求。

（3）耐久耐火性能差。碳纤维或钢材和原结构连接，受力性能通过结构胶传递。由于结构胶材料为环氧树脂，耐久耐火性差，导致被加固构件的耐久耐火性差。

（4）梁柱节点问题不易解决。有机加固用于柱受弯加固往往不能有效穿越节点区域；用于梁端负弯矩加固则由于碰到框架柱而无法锚固。目前一般做法是将加固材料贴于柱侧板顶间接加固，同时限制其离开加固梁的距离，现场结构却往往由于柱截面较大或是梁偏于柱侧（如边梁）而不能满足要求，因此，有机加固用于框架节点区的抗震加固效果较差，难以解决整体建筑复杂系统受力问题。

（5）碳纤维布粘贴过程中容易浸润不到位。碳纤维加固质量很大程度上取决于胶浸润布的程度。碳布每束丝由 12000 根极细的单丝组成，碳布单丝之间充满胶液才能保证应力的有效传递并分布均匀，最终让碳纤维高强特性得以发挥。操作工人一般会希望碳纤维胶固化得尽可能快，以便尽快进行下一道工序，容易造成浸润不到位。

（6）粘钢加固施工过程中，胶的厚度很难控制。如果胶多，容易出现胶的剪切破坏；如果胶少，则容易出现空鼓现象，空鼓容易出现集中应力而提前破坏。另外，加固后的效果无法检测。一般都用锤子检测钢板是否空鼓，对于胶多厚的情况则无法检测。

（7）外包钢加固的"先焊接再灌胶"和"先灌胶再焊接"的施工顺序问题。角钢和缀板之间的连接需要焊接，若缀板和角钢先焊接后灌胶，容易出现缝隙空鼓；若先灌胶后焊接，环氧砂浆在高温下则老化失去结构性能。原结构和新增结构之间的共同工作完全依靠环氧树脂传递结构内力，无论先焊接还是先灌注都会出现连接不可靠问题，其共同受力性能值得推敲。

综上所述，现有的有机加固方法存在较多不足，而在混凝土结构加固中，加大截面加固法是最为传统、最合理、最符合加固理论的方法，它的加固机理：通过增大构件的截面和配筋，达到提高结构构件的承载力、刚度、稳定性和抗裂性。其中，柱加大截面可以有效控制轴压比，提高结构的抗侧刚度，易于实现"强柱"的加固理念。结合化学植筋技术，又能较好解决框架节点加固问题，对抗震加固尤为合适。在砌体加固中，砌体结构承重墙体采用水泥砂浆面层或混凝土板墙加固，也是一种加大截面加固法，而且是目前砌体结构加固最为安全可靠的技术，可有效提高砌体的抗剪和抗压承载力。所配钢筋通过纵横墙体的穿墙拉结，还可有效解决砌体结构的抗震构造问题，加强结构的整体性。但以往市面上可选择的加大截面材料只有普通商品混凝土和灌浆料两种材料，通过近些年的工程应用两种材料的缺陷暴露无遗。

2 普通混凝土、灌浆料加大截面法存在的缺点

（1）普通混凝土加大截面，存在较多问题。新浇筑的普通混凝土在凝固过程中会产生收缩，新老混凝土的协同性很难保持一致；普通混凝土由于骨料粒径较大，为保证浇捣密实，一般加大截面处至少 100mm 以上，导致加大的截面较大，占用建筑空间较多，影响室内装修和使用；商品混凝土从泵站运送至项目现场，再到浇筑构件，混凝土往往已产生初凝，浇捣效果难以保证；许多加固项目由于被加固的部位所处位置，如地下室等，难以进入混凝土泵车，以致无法施工。而普通混凝土加大截面最大的短板，就是养护问题，28d 的养护时间，施工周期较长，在现今建设周期短、资金流回拢快的时代，业主往往无法接受。

（2）水泥基灌浆料，具有高流动性、自密实免振捣、高强度的特性，近年来在加大截面法中大量应用。但 2008 年国家推荐标准《水泥基灌浆材料应用技术规范》（GB/T 50448—2008）[1]仅对灌浆材料的抗压强度和施工性能进行要求，这种材料的剪切粘结强度、拉伸粘结强度，以及材料本身的力学性能（如作为结构材料的抗拉、抗剪和抗折强度，材料的应力应变关系、弹性模量和热膨胀性能等）尚未进行研究，用其作为结构材料大量应用于结构改造加固中尚缺乏试验验证和理论依据。尤其是，目前的水泥基灌浆材料要求高强（28d 抗压强度不低于 60MPa），用其加固实际工程中强度不高的混凝土结构（一般在 C30 以下），二者共同工作的基础令人担忧，对结构延性有要求的抗震加固工程很不合适。

3 MR-SC 特种加固混凝土的特点

加固行业的需求推动新材料新技术的发展，本文提出的 MR-SC 特种加固混凝土是一种新型高粘结、低收缩、自密实加固用的混凝土材料，采用层内泵送灌注技术、自流免振、快凝，充分体现快捷特点，最大程度解决了普通混凝土加大截面法的"短板"。它具有以下优点：

（1）强度发展快速：浇筑后 2d 即可拆模、7d 即可达到设计强度，大大缩短改造加固项目工期。

（2）强度匹配性好：可提供不同强度等级的产品选择（C30 ～ C80），与原结构强度匹配性合理，新增结构与原结构能共同受力。

（3）截面更小：选用小粒径骨料，最大限度地减少加大截面需要的尺寸。举例：考虑 $\phi25$ 的纵筋和 $\phi10$ 的箍筋，20mm 的保护层厚度，单边加大截面只需要 70mm 的尺寸即可满足浇筑。而普通混凝土浇筑至少要 100mm 的尺寸。

（4）施工便捷：现场加水搅拌即可使用，流动性非常好、自流平、免振捣，施工质量有保证。产品流水线袋装化，便于运输搬运，现场随拌随用，确保时效性。

（5）低收缩：特选级配粗细骨料及补偿收缩组份，浇筑后无收缩，新增构件与原结构的同步受力性能好。

（6）高耐火高耐久：特种混凝土属于无机胶结材料，耐火性、耐久性与普通商品混凝土相同。

（7）高粘结性：与钢筋握裹力强，粘结性好。

4 工程应用

MR-SC 特种加固混凝土近年来在多个工程中得到应用，取得了大量的结构加固试验研究数据，积累了一些成功加固的经验，不仅很好的达到加固设计目的，同时大大缩短了施工周期，实现了结构的快捷加固。

4.1 特种混凝土在加固柱方面的应用

对于加固混凝土受压构件，假定 20mm 的保护层，$\phi16$ 新增纵向受力钢筋，$\phi8$ 新增箍筋，使用特种混凝土浇筑，单侧新增混凝土层可以做到仅 60mm 的厚度。常见的柱单面、四面加固示意图如 1、图 2 所示。

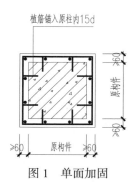

图 1　单面加固

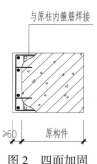

图 2　四面加固

工程案例：上海某商城地下室 10 根柱需要加大截面加固，新增纵向受力钢筋 $\phi25$，新增箍筋 $\phi10$，使用特种混凝土浇筑，单侧新增厚度仅为 75mm。施工中及加固完成后的照片如图 3、图 4 所示。

图 3　加大截面绑扎钢筋

图 4　加大截面完成

4.2　特种混凝土在加固梁方面的应用

《MR-SC 特种加固混凝土应用技术规程》(SQBJ/CT 187—2016)[2] 4.2.5.1 条规定："加固混凝土梁时，侧面不应小于 60mm，底面不应小于 100mm。对于梁拉区加固方式常见的单面加固及三面加固，示意图如图 5、图 6 所示。对于梁压区的加固，可采用如图 7 的形式。

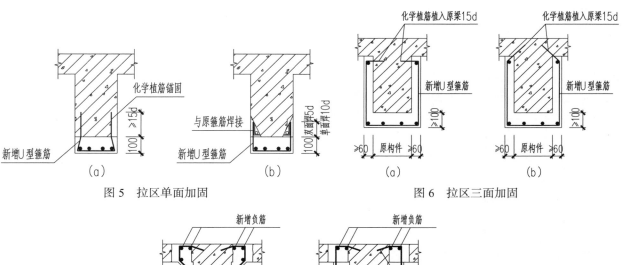

图 5　拉区单面加固　　　　　　　　　　图 6　拉区三面加固

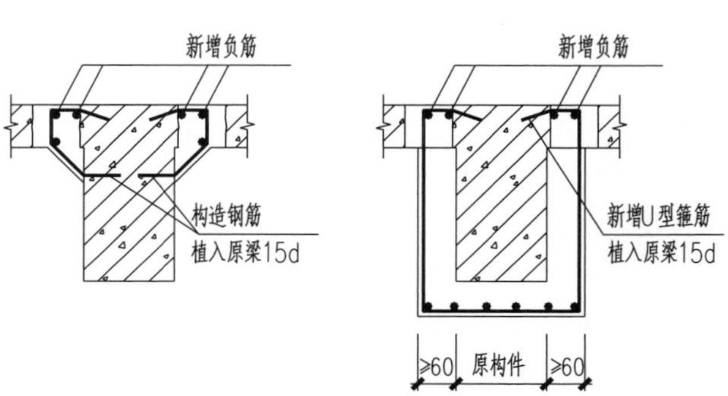

图 7　压区加固

　　工程案例：上海闵行区某厂房部分混凝土梁，由于梁体受到侵蚀，引起主筋严重锈蚀，钢筋保护层脱落，严重影响结构安全。考虑电厂原结构腐蚀的较为严重；反应炉周围温度较高，同时会产生较多腐蚀性气体，同时业主有快速恢复生产的要求，该工程采用特种加固混凝土对该梁进行加大截面处理，取得良好的加固效果。施工中及加固完成后的照片如图 8～图 10 所示。

图 8　主筋除锈、凿毛、清理　　　图 9　新增箍筋、主筋　　　　图 10　加固后梁侧效果

4.3　特种混凝土在加固砌体方面的应用

　　加固墙体时，宜采用点焊方格钢筋网片，在网格结点处设置间距不大于 900mm 的拉结筋，并呈梅花状布置，如图 11 所示。加固设计时，可根据具体情况对墙体选择单面、双面加固，常见的墙体加固示意图如图 12 所示。单侧加固厚度为 40mm 的砌体墙在应用特种混凝土材料加固时宜采用人工浇筑；厚度大于 40mm 时可采用泵送浇筑。

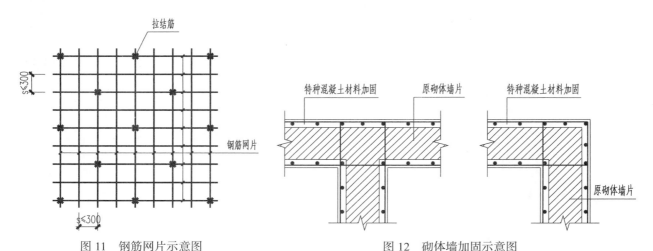

图 11　钢筋网片示意图　　　　　　　　图 12　砌体墙加固示意图

　　工程案例：上海郊区某居民住宅由于煤气泄漏引起爆炸，造成原结构大面积受损。该项目属于典型灾害损伤建筑的加固修复，通过楼板粘贴碳纤维布加固，基础和承重墙采用 MR-SC 特种混凝土夹板墙加固，使受损结构恢复到原设计要求。加固前后对比照片如图 13、图 14 所示。

4.4　特种混凝土在施工便捷方面的体现

　　在较多加固部位，由于施工空间狭窄，施工难度大，施工要求快速，常规商品混凝土浇筑工艺无法应用。特种加固混凝土浇筑采用袋装存储、现场搅拌、小型泵送系统浇筑等工艺，不仅提高了施工效率而且节约了施工成本。图 15 为袋装的特种加固混凝土材料，图 16 为小型灌注泵。

　　工程案例：上海某地铁竖井的浇筑工程，施工空间狭窄，施工难度大，并且地铁系统要求可以尽早的运营，施工要求快速。经选择采用特种加固混凝土浇筑现场照片如图 17～图 19 所示。

图 13　灾后室内照片

图 14　加固后室内照片

图 15　材料袋装化

图 16　小型灌注泵

图 17　原料吊入狭窄空间

图 18　小型泵送系统

图 19　浇筑完成面

5　结语

　　特种加固混凝土是以水泥、特选粗细骨料、功能外加剂等为组分的新型混凝土材料，是一款专门为"混凝土加固的混凝土"工法而研发的新型配套材料。与传统的加大截面加固法相结合，通过层内泵送灌注技术，有效解决传统加大截面法的不足，充分体现快捷特点，实现结构的快捷高效加固。另外，对于结构工程师来说，它本身就是混凝土，在设计计算时，可直接按普通混凝土指标套用相关规范公式。现有的主流设计软件，如 PKPM，盈建科等加固模块，加大截面法无需调整指标，均可直接使用。

参考文献

［1］　GB/T 50448—2008. 水泥基灌浆材料应用技术规范［S］. 2008.

［2］　SQBJ/CT 187—2016. MR-SC 特种加固混凝土应用技术规程［S］. 上海美创建筑材料有限公司，2016，上海.

［3］　GB 50367—2013. 混凝土结构加固设计规范［S］. 中国建筑工业出版社，2013，北京.

［4］　DGJ 08—81—2015. 现有建筑抗震鉴定与加固规程［S］. 上海市工程建设规范，2000，上海.

［5］ 胡克旭，刘春浩，李响，等. 新型材料加固钢筋混凝土框架结构性能初步研究［J］. 工程抗震与加固改造，2009，31（6）：37-41.

［6］ 胡克旭，张鹏，刘春浩. 新型材料加固钢筋混凝土框架节点的抗震试验研究［J］. 土木工程学报，2010，43（s1）：447-451.

［7］ 新型混凝土材料加固砌体墙抗震试验研究［J］. 土木工程学报，2010，43（s1）：452-457.

［8］ 吴波，万志军. 碳纤维布及胶粘剂的高温强度研究［A］. 第三届全国钢结构防火及防腐技术研讨会暨第一届全国结构抗火学术交流会论文集［C］. 福州. 2005：386-394.

［9］ 刘瑛，姜维山. 高性能灌浆料在混凝土柱加固中研究及应用［J］. 低温建筑技术，2004（2）：43-44.

智能预应力碳纤维板在赵心沟桥加固工程中的应用

白　石[1]　李明霞[2, 3]　席晓卿[1]　朱万旭[2, 3]

1. 智性纤维复合加固南通有限公司，江苏南通，226010；

2. 桂林理工大学土木与建筑工程学院，广西桂林，541004；

3. 广西有色金属隐伏矿床勘察及材料开发协同创新中心，广西桂林，541004

摘　要：以河南省南阳市西峡县内 K1243+981 赵心沟大桥加固工程为实例，介绍耦合光纤光栅的智能预应力 CFRP 板加固系统及其工程的施工工艺及其技术要点。对智能碳纤维板张拉阶段的波长、应变数据实时监测，从而保证预应力的准确施加。结果表明，光纤光栅预应力碳纤维板与混凝土梁协同工作能力良好，光纤光栅波长能实时跟随碳纤维板的应变，量程满足要求，同时，光纤光栅存活率和监测效果满足设计要求。工程竣工后，预应力碳纤维板与混凝土梁协同工作良好，具备自感知能力，被加固桥梁的承载力显著提高，结构刚度增大，桥梁结构的内力分布有较大改善，提高了被加固桥梁运营期的可靠性，充分发挥了两者的优势。实际的工程应用很好地验证了智能预应力碳纤维加固技术的先进性与可行性。

关键词：赵心沟大桥，加固，光纤光栅，预应力

Application of Intelligent Prestressed Carbon Fiber Slab in Strengthening Project of Zhaoxingou Bridge

Bai Shi[1]　　Li Mingxia[2, 3]　　Xi Xiaoqing[1]　　Zhu Wanxu[2, 3]

1. Intellectual fiber composite reinforcement Nantong Co.，Ltd.，Jiangsu Nantong，226010

2. College of Civil and Architectural Engineering，Guilin University of Technology，Guilin，541004

3. Guangxi，China. Cooperative Innovation Center for Exploration and material Development of concealed Non-ferrous Metals deposits in Guangxi　541004

Abstract：The reinforcement project of K1243+981 Zhaoxingou Bridge in Xixia County，Nanyang City，Henan Province is taken as an example to briefly introduce the prestressed intelligent CFRP plate reinforcement system，its engineering construction process and its technical points. The real-time monitoring of the wavelength and strain data of the intelligent carbon fiber sheet tensioning stage ensures the accurate application of prestress. The results show that the optical fiber grating pre-stressed carbon fiber board works well with the concrete beam，the wavelength of the fiber grating can follow the strain and measuring range of the carbon fiber board in real time，and the survival rate and the monitoring effect of the fiber grating meet the design requirements .The practical engineering application verifies the advance and feasibility of intelligent prestressed carbon fiber reinforcement technology.

Keywords：Zhaoxingou bridge，reinforcement，fiber grating，prestress

基金项目：国家自然科学基金（51768014）；广西科技计划科技基地和人才专项项目（桂科 AD16380017）。

作者简介：白石（1981—），男，博士，主要研究工程结构加固。E-mail：zhuwanxu@vip.163.com。

通讯作者：李明霞。E-mail：775057252@qq.com。通讯地址：广西桂林市七星区建干路 12 号桂林理工大学屏风校区。

1　前言

　　桥梁是道路的重要组成部分，在保证交通运输畅通安全中发挥着巨大的作用。由于近年来公路使用年限已久等因素，我国的大部分桥梁进入了维修加固时期，针对桥梁加固的研究也在逐步进行[1]。新型加固材料不断涌现，预应力碳纤维板就是其中典型代表，它因其具有轻质、高强、高弹模、耐化学腐蚀和施工方便等特有的优点，并结合预应力技术能够发挥 CFRP 高强度的优势，近几年已经广泛应用于各种加固研究中[2]-[7]。智能预应力碳纤维板作为一种新型智能加固材料，集加固与监测于一体，使用时将智能碳纤维板的外接头连入解调仪中便可获取光纤光栅的实时波长，减少了外贴传感器的复杂工序，碳板的保护保证了传感器的存活率，很好满足了工程监测需求，在桥梁加固工程中具有广阔的应用前景。

　　目前，其主要应用在实验室内模型试验中，而在实际桥梁加固工程中应用较少，因此，对其在实桥上的加固应用研究显得尤为重要。现以河南省南阳市西峡县内 K1243+981 赵心沟大桥为工程实例，运用智能碳纤维板对其进行加固，并进行加固前后效果对比，以研究智能碳纤维板的加固作用。

2　施工技术

2.1　工程简介

　　K1243+981 赵心沟大桥连接 G40 沪陕高速，该桥为梁式桥，分左右两幅，共 13 跨，在河南省南阳市西峡县内。由于近年来公路运输发展较快，传统的桥梁施工技术无法满足该桥梁的承载能力要求，因此在桥梁的设计及施工过程中加入了智能预应力碳纤维板。根据计划安排，总共需铺设 8 条智能预应力碳纤维板，8 条智能预应力碳纤维板分别安装在赵心沟大桥左幅第六跨第 2、3 片小箱梁上，每片箱梁底部安装 4 条；CFRP100-1.4 智能碳纤维板净长 19.7m，张拉控制力为 1000MPa，即张拉力为 140kN。施工现场分为 10%、20%、60%、100% 四级，逐级张拉。

2.2　施工流程

　　（1）应用前产品检测

　　在应用前，智能碳纤维板前后需要经过三次检测。出厂前，对每条智能碳纤维板逐一进行超张拉检测，保证出厂的智能碳纤维板全部合格。经物流公司运输到项目部后，现场开箱检测，结果表明，运输过程中所有智能碳板无损坏。智能纤维板从项目部运送至项目安装现场，在准备安装前，进行第三次检测，如图 1 所示。结果表明，所有智能碳纤维板均无损坏。

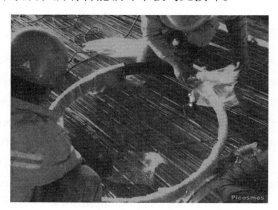

图 1　碳纤维板安装前检测

　　（2）智能碳纤维板安装

　　在施加预应力过程中，智能碳纤维板张拉时分 4 级张拉，分别为 10%，20%，60%，100%，在张拉前采集波长初始值，然后每级张拉时准确记录光纤光栅波长变化，如图 2 所示。张拉完成后，对张拉的碳纤维板编号，并在施工现场布置光纤光栅数据传输线路及数据采集箱，如图 3 所示。

图 2　碳纤维板安装时数据监测　　　　　　　　　图 3　数据传输线路的布设

2.3　遇到的问题及解决方案

（1）在施工张拉时，碳纤维布（保护铠装线）边缘碳丝易断裂；第二批智能碳纤维板（3 条），采用外贴光纤光栅封装工艺，并在预应力碳纤维板分级张拉时，每级均停留 5min，待稳定后再继续张拉。

（2）智能碳纤维板跳线头短，且施工现场环境恶劣，无法用熔接机将光纤熔接，于是采用法兰盘连接。

（3）桥墩较高，近 20m，没有固定铠装线操作条件，只能从高空悬空掉下，为此我们采购了一批 PVC 管材，将蓝色铠装线绑扎好，套在 PVC 管材内。

（4）桥墩为圆形，数据采集箱难以放在桥墩上，最后将采集箱表面钻孔，用化学锚栓固定在桥墩上。

（5）蓝色铠装线布线后，易损坏；8 根蓝色铠装线在安装前，检测正常，布线完成后，重新监测发现其中有 3 根线已损坏，无法正常监测（可能是光栅接头磨损），后重新更换 3 根，保证正常采集数据。

3　结果分析

张拉过程中，通过对智能碳纤维板光纤光栅的波长实时监测，对比获得的数据，可以知道智能碳板对张拉应变的跟随情况。其张拉过程的波长变化如图 4 所示。

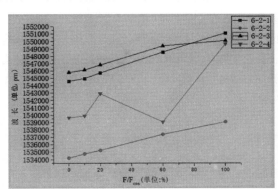

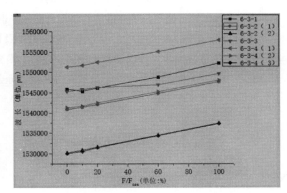

图 4　光纤光栅波长变化示意图

注：温度补偿传感器原始波长：$\lambda = 1554757$

本次试验智能碳纤维板是采用了两种不同方式生产的；5 条智能碳纤维板是光纤光栅内嵌耦合在碳板内部（编号 5-2-3、5-3-1、5-3-2、5-3-3、5-3-4）；3 条智能碳板是外贴光纤光栅封装的智能碳板（5-2-1、5-2-2、5-2-4）；其中有外贴光纤光栅 5-2-4 封装的智能碳板在张拉过程中光纤光栅损坏，根据数据可知，经过生产、运输、张拉及布线等过程，8 条智能预应力碳纤维板，其中有 7 条能实现智能监测，现场安装成功率为 87.5%。

4 结论

此次赵心沟大桥智能预应力碳纤维板的工程应用，对智能碳纤维板的推广有着深远的影响。在该项目的具体实施过程中，整体情况运行比较好，通过对现场施工所得的数据进行对比分析，可以得出如下结论：

（1）智能碳板靠近张拉端波长变化量 $\Delta\lambda$ 大于靠近固定端的波长变化量，详见图 4 中 6-3-2/6-3-4，试验结果表明：在张拉碳纤维板时，张拉预应力在传导过程中有部分损失，与实际情况相符合。

（2）由于施工原因，工人张拉碳纤维板时，千斤顶未张拉到位。6-2-3 与 6-3-3 预应力碳纤维板张拉完成后，实际监测波长变化量明显偏低，与实际情况相符合。

（3）智能碳纤维板经试验室张拉标定，波长变化 1.2pm，对应 1 个微应变，智能碳纤维板的弹性模量 E=162GPa；以 6-3-4 监测数据为例计算可知：预应力损失约为 9%。

综上所述，智能碳纤维板在桥梁加固工程中具有良好的加固效果和广阔的应用前景。预应力碳纤维板耦合光纤光栅之后，具备自感知能力，为被加固件构建全生命周期健康监测系统，提高被加固件运营期的可靠性。

参考文献

[1] 路飞，彭程. 常见桥梁加固方式的分析比较与应用研究 [J]. 公路，2013（10）：121-123.

[2] 朱万旭. 自感知预应力系统的研究现状与发展 [A]. 中国土木工程学会混凝土及预应力混凝土分会、中国土木工程学会混凝土及预应力混凝土分会预应力结构专业委员会. 第十八届全国混凝土及预应力混凝土学术会议暨第十四届预应力学术交流会论文集 [C]. 中国土木工程学会混凝土及预应力混凝土分会、中国土木工程学会混凝土及预应力混凝土分会预应力结构专业委员会. 2017，7.

[3] 陆绍辉，王红伟，孟涛，庞忠华. 基于光纤光栅的预应力碳纤维板实桥加固荷载试验研究 [J]. 预应力技术，2017（01）：8-11.

[4] 邓朗妮，梁静远，廖羚，彭来，赵思敏. 基于光纤光栅的预应力碳纤维板加固钢梁抗弯性能试验研究 [J]. 广西科技大学学报，2015，26（02）：73-77.

[5] 王珍珍，任鹏，程鸿伟，朱万旭，周智，欧进萍. 新型加固用智能碳纤维板及感知性能试验 [J]. 中国测试，2016，42（03）：113-117.

[6] 朱万旭，邓礼娇. 预应力碳纤维板锚固装置的优化研究 [J]. 建筑结构，2017，47（S2）：535-538.

[7] 覃荷瑛. 光纤光栅智能钢绞线在佛清从高速公路乐平枢纽北段互通跨线桥中的应用 [A]. 中国土木工程学会混凝土及预应力混凝土分会、中国土木工程学会混凝土及预应力混凝土分会预应力结构专业委员会. 第十八届全国混凝土及预应力混凝土学术会议暨第十四届预应力学术交流会论文集 [C]. 中国土木工程学会混凝土及预应力混凝土分会、中国土木工程学会混凝土及预应力混凝土分会预应力结构专业委员会. 2017，7.

预应力 CFRP 板在宁夏 G110 线开元桥加固工程中的应用

高　冉[1]　刘丰荣[2,3]　覃旭太[4]　刘锦州[5]　朱万旭[2,3]

1. 中设设计集团股份有限公司，江苏南京，210014
2. 桂林理工大学土木与建筑工程学院，广西桂林，541004
3. 广西有色金属隐伏矿床勘察及材料开发协同创新中心，广西桂林，541004
4. 陕西凯达公路桥梁工程建设有限公司，陕西西安，710075
5. 宁夏西道土木工程科技有限公司，宁夏银川，750006

摘　要： 通过对宁夏 G110 线开元桥的病害现状及其维修加固工程的简要介绍，表明对该桥进行预防性加固具有必要性。并针对开元桥组合箱梁底板横向裂缝、腹板竖向裂缝等病害情况，对该桥上部结构进行预防性预应力 CFRP 板加固。以此为例，简要地阐述了预应力 CFRP 板加固系统的基本结构及其加固工程中的施工工艺和技术要点，同时对该工程的加固效果进行简要分析。结果显示，针对梁底板横向裂缝和腹板竖向裂缝进行的预应力 CFRP 板加固，施工便捷，能有效提高梁截面下缘预应力储备，减小甚至消除拉应力，进而闭合裂缝，提高桥梁刚度及承载力，达到加固设计要求，该加固方法适用于中小型桥梁先期预防性维修加固和事故后的紧急抢险加固，为同类加固工程的加固设计和施工提供参考。

关键词： 开元桥，预防性加固，预应力碳纤维板

Application of Prestressed CFRP Plate in Strengthening Project of Kaiyuan Bridge on G110 Line in Ningxia

Gao Ran[1]　Liu Fengrong[2,3]　Qin Xutai[4]　Liu Jinzhou[5]　Zhu Wanxu[2,3]

1. China Design Group Co., Ltd. Jiangsu Nanjing 210014;
2. College of Civil Engineering and Architecture Guilin University of Technology, Guangxi Guilin 541004, China;
3. Collaborative Innovation Center for Exploration of Hidden Nonferrous Metal Deposits and Development of New Materials in Guangxi, Guangxi Guilin 541004, China;
4. Shanxi Kaida Highway Bridge Construction Co., Ltd. Shanxi Xian 710075;
5. Ningxia Xidao Civil Engineering Technology Co., Ltd. Ningxia Yinchuan 750006

Abstract： Through the brief introduction of the disease status and reinforcement works of Kaiyuan Bridge on the G110 line in Ningxia, the necessity of preventive strengthening of the bridge is shown. In order to prevent the disease, including the lateral cracks and the vertical cracks of the webs, preventive reinforcement of the superstructures of the bridges of Kaiyuan Bridge composite box girder with prestressed CFRP plate was done. Taking this as an example, the basic structure of the prestressed CFRP plate reinforcement system and

基金项目：国家自然科学基金（51768014）；广西科技计划科技基地和人才专项项目（桂科 AD16380017）。
作者简介：高冉（1985—），男，硕士，工程师，主要从事桥梁检测及维护加固研究。E-mail: zhuwanxu@vip.163.com。
通讯作者：刘丰荣，E-mail: 1215800677@qq.com。通讯地址：广西桂林市七星区建干路 12 号桂林理工大学屏风校区。

the construction process and technical points in the reinforcement project are briefly described. At the same time, the reinforcement effect of the project is briefly analyzed. The results show that the prestressed CFRP plate reinforcement for the transverse cracks in the girder floor and the vertical cracks in the web is easy to construct. It can effectively improve the prestress reserve at the lower edge of the beam section, reduce or eliminate the tensile stress, and then close the cracks and improve the stiffness of the bridge and bearing capacity, and meet the requirements of reinforcement design. This reinforcement method is applicable to the early preventive maintenance and reinforcement of small and medium-sized bridges and emergency reinforcement after accidents, and provides reference for reinforcement design and construction of similar reinforcement projects.

Keywords: Kaiyuan Bridge, preventive reinforcement, prestressed carbon fiber plate

1　前言

我国的已建桥梁体量庞大，据不完全统计，截止至 2017 年，我国现代桥梁总数约达 86 万座，其中公路桥约 80 万座，铁路桥约 6 万座[1]。由于日益加大的交通量、车辆超载、工程质量问题等原因，我国桥梁逐渐从建设期进入建设维护期，仅公路系统就有近 30% 的桥梁需要加固，其中，40m 跨径以下的中小型桥梁占 90% 以上。主要表现为承载力不足造成的腹板和底板开裂等病害。

碳纤维（CFRP）板是以树脂为基材，拉挤碳纤维丝制成的高性能复合材料。预应力碳纤维板加固技术是将预应力技术与 CFRP 板有效结合的主动加固技术。由于克服了包钢法和粘贴碳纤维片材法等被动加固法不容易控制施工质量、不能减少变形和封闭裂缝的缺点，提高被加固结构承载力和刚度，有较好的抗弯加固性能，是国内外学者研究的热点[2~3]。而且，相对于目前主导的主动加固技术——体外索，其无需浇筑锚固端块和设置转向装置，施工便捷[5]，同时由于 CFRP 材料自身高强、轻质、耐酸碱盐腐蚀，低蠕变等优点，更适用于预应力的施加及加固后维护和保养。随着制造和技术水平的提高[6]，碳纤维制品成本的降低，逐渐受到加固行业的青睐。

以宁夏 G110 线开元桥预防性加固工程为例，介绍预应力碳纤维加固的工程概况、施工工艺以及技术要点。

2　工程概况

2.1　工程简介

宁夏 G110 线开元桥位于宁夏回族自治区石嘴山市大武口区长兴街道枣窝旁，建成于 2007 年 10 月，桥宽 15m，全长 808.0m，是一座装配式预应力混凝土连续箱梁桥。根据桥梁定期检查报告以及中设工程质量检测中心检查报告中的桥梁受损情况，拟对该桥进行预防性加固。

2.2　病害分析

开元桥主要病害体现为梁底板横向裂缝和腹板竖向裂缝。桥梁定期检测报告显示，2015 年 4 片梁体底板出现横向裂缝，2016 年 6 片梁体底板出现横向裂缝。本次检测发现全桥共有 10 孔 15 片箱梁存在底板横向裂缝，可见裂缝逐年发展，且有加剧趋势。

此外，全桥有 6 处箱梁底板网状裂缝，裂缝周围出现锈胀；97 处腹板纵向裂缝，全跨分布，集中在腹板边缘 0.1 ~ 0.4m 处，与预应力束位置基本一致，裂缝总长 548.2m，37 条底板纵向裂缝，全跨分布，呈间断连续状，共长 217.2m；横隔板共 51 条竖向裂缝；2 片箱梁存在腹板竖向裂缝。另外部分横隔板接头混凝土破损露筋，支座开裂破损，桥墩盖梁开裂等多种病害，根据检测报告及《公路桥梁技术状况评定标准》（JGJ/TH 21—2011）的评定办法，本桥为 3 类桥梁，需对结构进行承载力和刚度预防性加固补强。

（a）底板横向裂缝 1　　　　　　（b）底板横向裂缝 2　　　　　　（c）腹板纵向裂缝

图 1　梁体主要裂缝

考虑该桥处于转弯处，第二联为转弯联，转弯角度约为 140°，且梁段按直线梁预制，通过墩顶湿接头宽度实现转弯，预应力体外索加固会对转弯梁段施加附加径向力，对结构不利，且造价为预应力碳纤维板加固的 2 倍，故不宜用预应力体外索加固，而采用无附加径向力的预应力碳纤维板加固进行预防性的加固养护。

3　预应力 CFRP 板加固

3.1　CFRP 板其锚固系统

CFRP 板是以树脂为基材，连续拉挤碳纤维丝制成的复合型材料，轻质、高强，具有耐腐蚀和抗疲劳的优异性能。碳纤维板的主要力学性能如表 1 所示。

表 1　碳纤维板主要参数

Table 1　main parameters of Carbon Fiber Board

宽度（mm）	厚度（mm）	纤维体积含量（mm）	抗拉强度（MPa）	弹性模量（GPa）	断裂伸长率（%）
50	3.0 ± 0.02	65	≥ 2400	160	1.7

CFRP 板锚固系统是预应力 CFRP 板加固技术的核心，其锚固效率决定加固体系的服役效果。

朱万旭、邓礼娇等研发的预应力碳纤维板锚固装置能较好地满足碳纤维板的施工要求，结构简单易行，减少对原有构件造成的破坏，且增大了可调节范围，能很好的解决碳纤维板锚固问题。

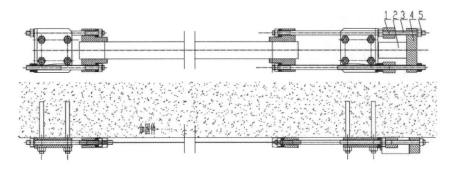

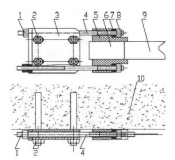

图 2　锚固系统固定端结构示意图
1. 螺母　2. 螺栓　3. 支承座　4. 长螺杆　5. 锚板　6. 楔形夹片
7. 球形垫片　8. 球形螺母　9. 碳纤维板

图 3　锚固系统张拉端结构示意图
1. 连接套　2. 千斤顶　3. 工具螺杆
4. 工具挡板　5. 螺母

CFRP 板通过楔形夹片和锚板锚固，再通过长螺杆与支承座连接，然后通过化学锚栓锚固在梁底部。张拉时先安装连接套、工具螺杆和工具挡板，通过千斤顶推动工具挡板，顺次拉动工具螺杆，连接套、长螺杆和锚具，实现对 CFRP 板的张拉，张拉完成后拧紧螺母。

3.2　施工工艺

预应力碳纤维板加固施工工艺的基本流程：施工准备→加固部位表面处理→钻孔植筋→安装锚固系统→加固部位涂刷底胶→张拉和粘贴 CFR 板→表面防护。

（1）施工准备。施工条件：环境温度 5℃～ 40℃，表层含水率 ≤ 4%。对碳纤维板进行现场外观检查，确保其无损伤。严格按照施工图图纸，对张拉端、锚固端和碳纤维加固粘贴部位进行精确定位和放线。

（2）加固部位表面处理。对加固部位混凝土进行表面处理，清除表层疏松部分至露出结构层，如有裂缝，补修、平整裂缝，确保混凝土保护层不小于 20mm。混凝土坚实后打磨平整，再用强力吹风机清除粉尘，最后用丙酮清洗剂对加固表面进行清洗。

（3）钻孔植筋。结合图纸植筋孔位置和现场钢筋探测仪探测的钢筋位置，对有冲突的孔位进行纵向整体微调，否则严格按照施工图位置钻孔。对钻孔进行孔道清理后植锚栓，锚栓采用 Fischer 品牌的 RGMM16×190 8.8 级镀锌钢，注射胶采用 RSB 16 玻璃管，锚固深度 125mm。当预应力 CFRP 板长度大于 5m 时，每 5m 在两侧布置限位卡板植筋孔。

（4）安装锚固系统。在锚固端和张拉端的支承座位置进行开槽，使固定块嵌入混凝凝土一定深度，并保证剩余混凝土保护层厚度 ≥ 15mm，且 CFRP 板中线略高于梁底面约 2.0mm。槽底面用结构胶进行整平固化后涂抹黄油，待植筋固化达到设计强度后将支承座固定在锚杆上。

（5）加固部位涂刷底胶。在混凝土粘贴 CFRP 板的部位用滚筒刷或特制的刷子涂刷底胶，要求涂覆均匀，没有气泡。

（6）张拉和粘贴 CFRP 板。裁剪 CFRP 板并对粘贴面用丙酮或酒精擦拭；用布条清理干净锚具的夹片和楔形孔道安装 CFRP 板，CFRP 板露出锚板约 3cm，楔形夹片涂抹黄油后楔入锚板，露出不超过 0.5cm；安装套筒、工具螺杆、工具挡板、千斤顶和压力传感器，在 CFRP 板上安装应变传感器检测预应力施加；预张拉无异常后，在 CFRP 板下表面涂抹粘结胶，呈中间厚、两边薄，且平均厚度在 2.5 ～ 3mm，再进行张拉：10% 张拉力→ 20% 张拉力→ 50% 张拉力→ 75% 张拉力→ 100% 张拉力→ 105% 张拉力→持荷 5min，通过伸长量和张拉控制应力双值控制。张拉结束后拧紧张拉杆螺母，最后对长度大于 5m 的 CFRP 板安装限位卡板；对 CFRP 板和梁底板之间的粘结胶进行多清少补。

（7）表面防护。待粘结胶初凝后，在 CFRP 板表面涂抹一层厚度不超过 5mm 的紫外线防护胶结剂。

3.3　加固效果分析

开元桥上部结构为先简支后连续部分预应力混凝土连续箱梁，取 5×40m 一联上部结构用软件进行建模计算，并做加固前后对比分析。考虑长期运营和交通流量增加，按原设计荷载 110% 和 10% 的永存预应力值损失计算。

假定 CFRP 板与混凝土之间不发生相对滑移；同时忽略 CFRP 板和粘胶层厚度；预应力损失总量为张拉控制力的 6%。按一片梁布置两条 CFRP 板，抗拉强度为 2400MPa，弹性模量为 160GPa，张拉控制应力为 1277MPa，预应力损失 6% 即 76MPa，永久预应力为 1200MPa。

结果显示，在长期效应组合时，加固前最小压应力为 0.18MPa，很接近规范限值；加固后梁的截面最小压应力提高到 0.93MPa。在短期效应组合时，下缘最大拉应力为 –2.32MPa，大于规范限值 –1.86MPa，不满足抗裂性验算。加固后梁截面下缘最大拉应力提高为 –1.66MPa，符合规范限值。

可见，加固后，梁体应力增幅较为明显，截面预应力储备提高，加固效果良好。

4　结论

结合宁夏 G110 线开元桥预防性加固工程，系统地阐述了预应力 CFRP 板加固技术在实际工程中应用的基本流程，包括该桥的现状的介绍和分析及其针对性的加固补强、预应力 CFRP 板加固体系及其锚固方式和施工工艺的简要介绍。结果表明，针对梁底板横向裂缝和腹板竖向裂缝进行 CFRP 板加固，施工便捷，能有效提高梁截面下缘预应力储备，减小甚至消除拉应力，进而闭合裂缝，提高桥梁刚度及承载力，达到加固设计要求，适用于同类中小型桥梁先期预防性维修加固和事故后的紧急抢险加固。

参考文献

[1] 孙红林，唐曼. 中国桥梁：科技震撼世界 [N]. 学习时报，2017-11-29（005）.

[2] Garden H N，Hollaway L C. An Experimental Study of the Failure Modes of Reinforced Concrete Beams Strengthened with Prestressed Carbon Composite Plates [J]. Composites，Part B，1998，29（4）：411-424.

[3] 彭晖，尚守平，金勇俊，等. 预应力碳纤维板加固受弯构件的试验研究 [J]. 工程力学，2008，25（5）：142-151.

[4] 朱万旭，邓礼娇. 预应力碳纤维板锚固装置的优化研究 [J]. 建筑结构，2017，S2（47）：535-538.

[5] 朱万旭，杨帆，黄颖，等. 混合型碳纤维板及其制作方法 [P]. 中国：CN102041870A. 2011.

某住宅楼地基加固纠偏技术研究

严　军　李　哲　郑海峰　柳明亮　赵　朋　王娇娇

陕西省建筑科学研究院，长安大学，陕西西安，710064

摘　要：某住宅小区由于建在大面积湿陷性黄土高填方地基上，地基处理后效果不理想，引起了建筑物地基短时间交付后产生了明显的不均匀沉降，造成建筑物主体严重倾斜。为纠偏和加固该建筑小区，针对该建筑小区的具体情况，本工程采用复合注浆加固顶升的纠偏方法，进行地基加固和纠偏。在施工期间对建筑物进行沉降和倾斜进行即时监测。得出以下结论：复合注浆加固和顶升纠偏是切实可靠的，建筑倾斜率由纠偏前的 10.3‰ 回归到 2.5‰ 以内；在复合注浆加固和纠偏前宜先在施工建筑地基周围布置帷幕桩；复合注浆加固和纠偏应分三阶段；复合注浆初期会湿化地基，产生附加沉降，应加强控制；复合注浆加固和纠偏结束后，建筑沉降不会立刻稳定；待浆液终凝后地基稳定。

关键词：不均匀沉降，倾斜，复合注浆加固，纠偏

0　前言

随着我国社会经济的发展，城市化进程的加快，大量建筑工程项目不断开展，但建筑物由于施工、设计、管理、自然环境等多重因素的影响，建筑物地基易产生不均匀沉降，造成房屋倾斜，结构开裂，影响建筑物的正常使用甚至威胁居民的生命财产安全[1]和引起群发事件。所以当既有建筑物地基出现不均匀沉降以及倾斜时，及时对其进行纠偏以及地基加固处理就变得非常重要。本文以成功实施的某小区住宅楼地基加固和纠偏为例，通过建筑物倾斜原因的分析以及纠偏和加固方法的研究，对今后类似工程具有很好的借鉴意义。

1　工程概况

西安某住宅小区 16#、18#、19# 号楼在建筑南侧回填土方时，发现楼主体产生较大的向南倾斜，且有不断加重的趋势。其中 16#、19# 楼为住宅楼，18# 楼为小区幼儿园，16# 楼、19# 楼均为剪力墙结构，地下 1 层，地下北侧有车库，地上 12+1 层，18# 楼为幼儿园，框架结构，地上 4 层。建筑平面布置见图 1。整个住宅小区地下室均采用的是连续大底盘地下结构，在连续大底盘地下结构上为各个建筑物主体结构。施工场地采用相同的地基处理方式，且 16# 楼倾斜最为严重，故以 16# 楼为研究对象。16# 楼主体高度 36.0m，总高 39.0m。建筑东西向总长 57.26m，南北向总宽 15.50m，总建筑面积 9418.92m²，基础为筏板基础，筏板厚度 650mm，基础底标高 –6.270m，因受场地地形影响，地基处理施工前基础下先回填了 6.0 ～ 5.5m 厚的填方地基，在填方地基下为Ⅲ级自重湿陷性黄土场地（中等）。为了消除场地湿陷性并提高填方地基承载力，地基处理采用 DDC 功法 3：7 灰土挤密桩复合地基，地质情况及土层物理参数如图 2、表 1。

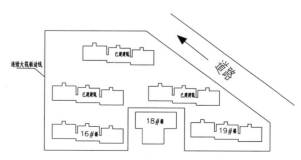

图 1　场地建筑平面布置图

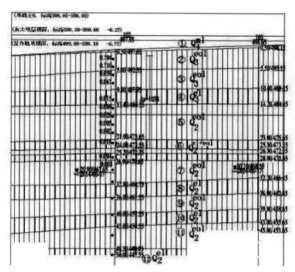

图 2　地质剖面图

表 1　土层的物理力学参数指标

土层编号	土层名称	层厚（m）	含水率 w（%）	重度 γ（kN/m³）	孔隙比 e	压缩模量 E_s（MPa）
1	素填土	0.2～7.8	17	16.6	0.901	8
2	黄土	2～7.4	19.5	15	1.158	7.4
3	黄土	2～6.2	19.7	16.9	0.924	11
4	古土壤	2.7～4.5	19	18	0.8	10.8
5	黄土	7.8～10.7	20.4	16.6	0.967	12.5
6	古土壤	3.80～5.50	22.5	18	0.855	9.5
7	黄土	4.20～6.70	27.6	19.1	0.832	6.5
8	古土壤	2.6～4	24.2	19.8	0.705	7.3
9	黄土	3.8～8.1	26.8	19.6	0.762	6.5
10	古土壤	2.1～4.6	24.4	19.8	0.718	7.5
11	黄土	3.5～6	25.1	19.8	0.718	6.7
12	古土壤	2.8～4.2	25.8	19.7	0.74	6.8

2　建筑倾斜变形状况

据业主反映，该工程 2015 年 4 月完成基础土方回填，2015 年 6 月完成桩基工程施工，2015 年 12 月主体结构封顶。主体结构封顶后以前所观测 16# 楼、19# 楼沉降量均符合要求。2017 年 2 月～3 月对 16# 楼、19# 楼南侧区域进行回填，导致集中荷载在短时间增加较快。2017 年 4 月发现该工程存在不均匀沉降变形。

从该建筑裂缝分布的部位看，16# 楼裂缝主要出现在建筑物地下室填充墙、梁及板上。建筑物受损主要表现在地基出现不均匀沉降，不均匀沉降的发生导致建筑物出现倾斜（南倾），不均匀沉降导致地下室梁、板的填充墙出现开裂，车库顶板出现开裂，地下室顶板出现明显渗漏现象，建筑物北侧室外地面地砖变形、起鼓、开裂。墙体从墙体裂缝形态看，裂缝基本呈斜向，南北横向墙体裂缝走向基本为南高北低，如图 3、图 4。

图 3　地下室顶板渗水　　　　　　　　　图 4　车库填充墙开裂

　　2017 年 4 月 25 日～ 2017 年 6 月 23 日对 16# 楼进行沉降变形以及建筑倾斜监测，历时 59 天，观测 49 次，南北差异沉降最大值 6.6mm，平均沉降速率 0.261mm/d，南侧平均值为 17.4mm，北侧平均值为 12.4mm，南北整体差异沉降 5mm。16# 楼楼角顶部相对底部目前最大偏移量 188mm，最大倾斜率为 5.2‰，超出了规范的要求[2, 3]，如图 5。

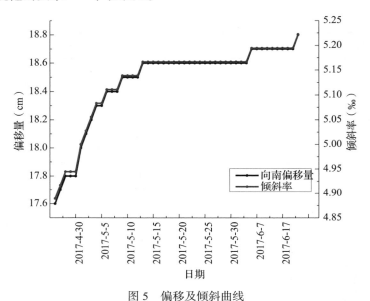

图 5　偏移及倾斜曲线

3　倾斜变形原因分析

　　经过对 16# 楼进行现场调查及查阅相关技术资料，对住宅楼的地基地层情况、建筑物结构形式、周围建筑的影响、施工的合理性等进行系统分析，发现引起建筑物倾斜的原因是各方面不利因素综合叠加的结果，主要原因如下：

　　（1）场地土地形复杂、起伏较大、同时大面积的填方地基及大厚度Ⅲ级自重湿陷性黄土场地受水，这是该场地产生不均匀沉降的主要原因。

　　（2）由于灰土挤密桩桩基施工时成桩较长、夯实桩体不均匀也会造成地基承载力降低。

　　（3）建筑不均匀沉降地下室底板及墙面开裂，地表水浸入地基土。

4　纠偏和加固方案

　　国内外常用的纠偏方法有顶升法、阻沉法、追降法、调整上部结构法和综合纠偏法等[4-6]。

　　结合该建筑地基地层情况、建筑物结构形式、周围建筑的影响，采取复合注浆加固顶升的方法进行纠偏和加固。该方法具有可控性好，对建筑结构损害小，加固效果好等优点。该方法施工顺序是

（1）建筑物南侧先施工帷幕桩（2）建筑地基注浆加固（3）建筑地基采用压力注浆进行顶升（4）建筑地基补充注浆（5）建筑物周边土体复合注浆加固。

4.1　施工帷幕桩

设置帷幕桩目的是使建筑物南侧形成止浆墙，保证地基加固过程中浆液不外渗，从而起到封闭浆液作用。帷幕桩采用高压旋喷桩的方式形成，材料为水泥和水玻璃。具体布置图及施工参数见图6、表2。

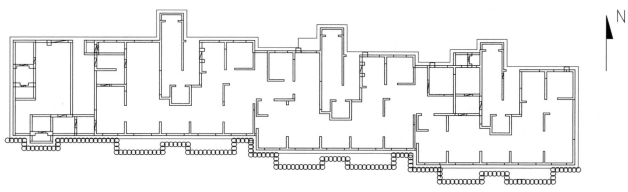

图 6　旋喷桩布置图

表 2　旋喷桩施工参数

成孔直径	成桩直径	桩间距	水灰比	水泥：水玻璃	钻孔深度	成桩深度
100mm	600mm	500mm	1：1	1：0.003	22m	16m

4.2　注浆加固及顶升

该方法的目的是在建筑物南侧基础得到可靠支撑及建筑物南侧基础外存在帷幕桩的作用下，对建筑物南侧基础采用压力注浆进行顶升。本次注浆加固分三个阶段：

第一阶段：压密加固，其目的是使建筑物沉降减缓，倾斜不继续发展，并使浆液与地基土形成具有一定强度的固结体，并为注浆纠偏提供支撑。

第二阶段：基础纠偏，其目的是通过注入高压复合浆液，分层劈裂土体，挤压地基土孔隙中的空气，使浆液填充，顶升建筑物，控制性逐步调整建筑物归位。

第三阶段：补浆调整，其目的是根据现场对沉降以及倾斜情况的监测，对纠偏完成的建筑进行补浆，将地基土中最后留有少部分孔隙进行挤压填充，稳定建筑物，保障使用期间正常工作。

注浆孔布置为三排，分布在地下室底板，第一排位于筏板南侧，第二排位于筏板南北中线，第三排位于筏板北侧，纵向间距为3m，横向间距为5m，注浆孔均均匀分布于筏板剪力墙部位，第一排布置12个注浆孔，第二、三排分别布置11个注浆孔，共34个注浆孔。具体布置及施工参数见图7、表3。

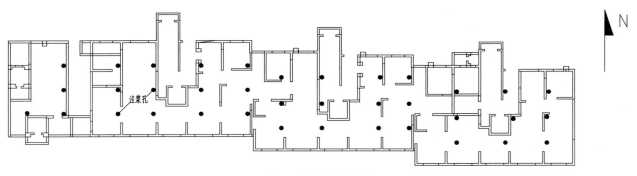

图 7　注浆孔布置图

表 3　注浆施工参数

注浆孔径	压浆深度	注浆压力	水灰比	水泥：水玻璃
50mm	25.4m	2 ～ 5MPa	0.8：1 ～ 0.7：1	1：0.3

4.3　建筑南侧及地下车库土体注浆

　　建筑周边土体注浆的目的是提高建筑物周边土体的强度和稳定性，提高整个场地的地基承载力。注浆采用单液压力注浆法，水灰比为 1：1，注浆孔位布置如图 8 所示。其中南侧四排共 104 个注浆孔，纵向及横向间距为 3m，第一、第二排注浆加固深度为 18m，第三、四注浆加固深度为 30m；东西两侧各 6 个注浆孔，间距 3m，注浆加固深度为 30m；北侧地下车库布置 11 个注浆孔，注浆加固深度为 26m。

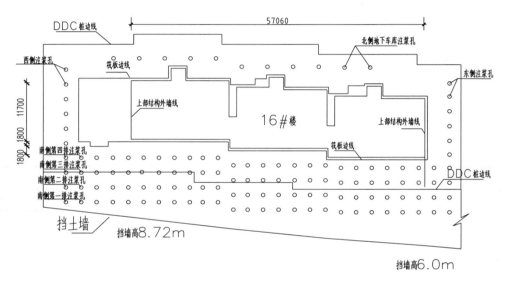

图 8　建筑周边注浆孔布置图

5　纠偏加固施工及监测分析

　　从 2017 年 9 月 1 日开始进场进行纠偏加固施工，在施工开始前，做好各项准备工作。施工监测按照全天候自动监测为主，人工监测为辅的原则进行，采用数据自动采集、数据自动处理一体化系统完成。建筑沉降采用静力水准仪进行监测，倾斜值采用倾角仪进行监测。

　　在建筑物共安装 12 个沉降观测点，记为 CJ1 ～ CJ12；12 个倾斜观测点，记为 SP1 ～ SP12，其中沉降观测点布置在一层外墙，倾斜观测点布置在顶层室内。沉降和倾斜观测点位置如图 9 所示。

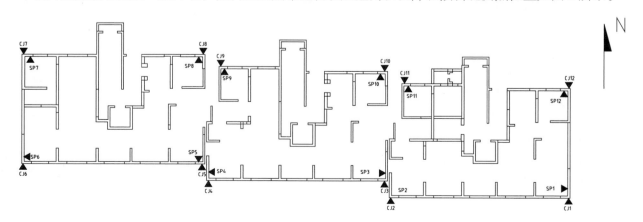

图 9　监测点布置图

2017 年 9 月 10 日～2017 年 10 月 13 日开始进行第一阶段注浆加固，首先对南侧及中部注浆孔进行跳孔注浆，最大注浆压力为 2.8MPa，注浆量为 1377m³；2017 年 10 月 13 日～2017 年 11 月 2 日进行第二阶段注浆，对南侧及中部注浆孔进行注浆，最大注浆压力为 3.85MPa，注浆量为 6607m³；2017 年 11 月 2 日～2017 年 12 月 21 日进行第三阶段注浆，对南侧、中部及北侧注浆孔进行注浆，最大注浆压力为 3.75MPa，注浆量为 1155m³。2017 年 11 月 7 日～2017 年 11 月 30 日对建筑周边土体进行注浆加固，注浆量为 3763m³。施工过程中沉降、倾斜量、倾斜率、标高变化情况见图 10、图 11、图 12、图 13。

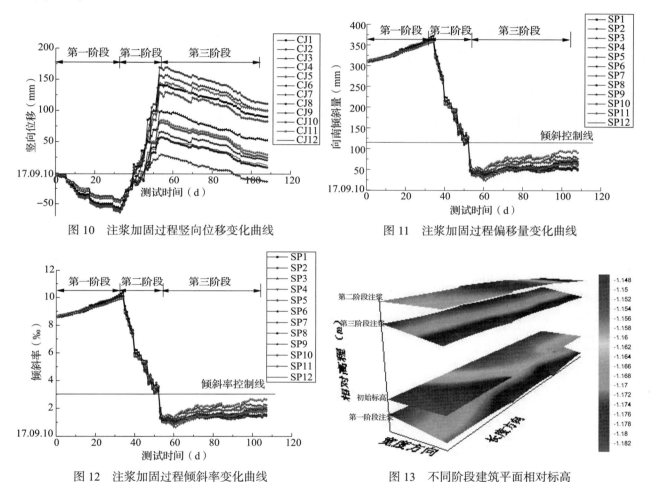

图 10　注浆加固过程竖向位移变化曲线　　　　　　　图 11　注浆加固过程偏移量变化曲线

图 12　注浆加固过程倾斜率变化曲线　　　　　　　图 13　不同阶段建筑平面相对标高

从图中可以看出在第一阶段注浆加固地基的过程中，建筑物的沉降和倾斜不断加剧，最大沉降量为 63mm，最大向南倾斜值为 372mm，此时建筑物倾斜率为又初始的 8.6‰ 发展到 10.3‰。这是因为注浆会对地基产生一定湿化效应，出现附加沉降，加快建筑下沉和倾斜；在第二阶段注浆顶升过程中，建筑物不断抬升，倾斜值不断减小，最大抬升量为 233mm，最大向南倾斜值为 55mm，此时建筑物倾斜率为 1.5‰。这是因为前期注浆已经初步具备强度，可以为抬升建筑物提供反力，再次加压注浆，分层劈裂土体，挤压地基土孔隙中的空气，使浆液填充，从而使建筑物抬升，此阶段注浆量远超过第一阶段；在第三阶段补浆调整过程中，建筑物继续沉降，而建筑物倾斜值略有增加并逐渐稳定，最大沉降量为 58mm，最大向南倾斜值为 90mm，此时建筑物倾斜率为 2.5‰。这是因为前期所注水泥浆没有到达终凝状态，地基在建筑荷载作用下，产生固结沉降，建筑物各点沉降量基本均匀一致，故倾斜值较为稳定。

6　结论及建议

西安市某住宅小区 16# 楼纠倾加固工程的成功实施，填补了陕西省在利用注浆顶升法纠偏和加固连续大底盘建筑物领域的空白，为今后该地区类似工程提供了很好的范例，通过本工程得出以下几点结论及建议：

（1）复合注浆加固顶升是一种切实可行的纠偏方法，其对环境影响小且施工方便，采用此方法使建筑物的倾斜率由纠偏前的 10.3‰ 回归到 2.5‰ 且倾斜率稳定。

（2）在注浆加固顶升开始前，宜先施工建筑周围的帷幕桩。保证注浆过程中浆液不外渗，从而起到封闭浆液作用。

（3）采用复合注浆加固顶升法进行纠偏，应分为三阶段注浆：第一阶段注浆作用是阻沉并为注浆纠偏提供支撑。第二阶段注浆作用是分层劈裂土体，挤压地基土孔隙中的空气，使浆液填充，顶升建筑物。第三阶段复合注浆作用是将地基土中剩余有少部分孔隙进行挤压填充，稳定建筑物，保障使用期间正常工作。需要注意的是第一阶段注浆会使地基湿化，产生附加沉降，此阶段应严格控制注浆量并实时监测建筑沉降倾斜情况。

（4）复合注浆加固纠偏完成后，建筑物的沉降变形不会立刻稳定，待地基中的浆液完全达到其设计强度，沉降将逐渐稳定，在此期间应加强对建筑沉降及倾斜的观测。

参考文献

［1］梁玉国，王建厂，李延涛，张玉星. 某高层筏板基础建筑纠倾迫降技术分析［J］. 建筑技术，2015，46（S2）：251-254.

［2］GB 50007—2011. 建筑地基基础设计规范［S］. 北京：中国建筑工业出版社，2011.

［3］JGJ 270—2012. 建筑物倾斜纠偏技术规程［S］. 北京：中国建筑工业出版社，2012.

［4］杨志昆，邓正定，梁收运，赵红亮，毛善根，王维龙. 某筏式基础高层建筑纠偏加固技术研究［J］. 施工技术，2017，46（04）：104-109.

［5］冯寿青. 既有建筑物整体顶升纠偏法的应用研究［D］. 西安建筑科技大学，2016.

［6］侯姝辰. 新疆某高层建筑纠偏技术研究与数值分析［D］. 新疆大学，2014.

某筒 - 柱支承式钢筋混凝土圆形筒仓加固设计

张国强　冯晓磊　邢　建　秦　浩

山东建大工程鉴定加固研究院，山东济南，250013

摘　要：目前混凝土圆形筒仓作为储存散料的构筑物，在工业生产工艺流程中占有很重要的地位。混凝土圆形筒仓通常采用滑模施工，由于滑模施工属于要求较高的特殊施工工艺，施工过程中易受不确定性因素的影响出现各种质量缺陷。本文主要是以某筒 - 柱支承式钢筋混凝土圆形筒仓为例，就该筒仓出现的混凝土疏松、环形钢筋间距偏大等问题，采用增大截面的方式进行补强加固。目前该工程已施工完毕，满足安全使用要求并产生了良好的社会效益。

关键词：混凝土筒仓，筒 - 柱支承，加固设计，耐久性

Reinforcement Design of Cylinder Reinforced Concrete Silo Supported by Columns-cylinder

Zhang Guoqiang　Feng Xiaolei　Xing Jian　Qin Hao

Engineering Research Institute of Appraisal and Strengthening，Shandong Jianzhu University Jinan 250013

Abstract：The concrete round silo is now a structure that stores the material，which is very important in the process of industrial production.Concrete circular silo is usually constructed by sliding mode.The construction of the slide is a highly specialized construction process；n the process of sliding mode construction，it is easy to be affected by the uncertainty factors，and there are various quality defects.It is mainly use to take that round silo of a column-column support reinforced concrete.The problems of loose concrete and large space between circular steel bars in the silo.Reinforcement reinforcement shall be carried out for the silo by means of an increased cross section.At present，the project has been completed，which meets the requirements of safe use and produces good social benefits.

Keywords：concrete silo，support by columns-cylinder，durability

0　前言

贮仓一般指贮存散料的直立容器，是贮存松散的粒状或小块状原材料或燃料（如谷类、水泥、沙子、矿石、煤及化工原料等）的贮仓结构，可作为生产企业调节、运转和贮存物料的设施，也可作为贮存散料的仓库[1]。贮仓按照使用材料的不同，可以分为钢筋混凝土筒仓、砌体筒仓、金属筒仓。混凝土筒仓以其建造成本低、容量大、卸料通畅等优点，被广泛的应用于粮食、建材、煤炭、化工等行业。目前大直径的混凝土筒仓在工业生产工艺流程中占有很重要的地位。但是建造过程中的产生缺陷，如筒壁竖向裂缝和水平向裂缝、混凝土疏松、蜂窝、露筋、钢筋间距偏大等，严重影响了筒仓结构的安全使用。本文针对某筒 - 柱支承式钢筋混凝土圆形筒仓存在的问题，探讨其加固设计方法。

1　工程概况

该钢筋混凝土圆形筒仓总高度为 38.50m，筒仓直径均为 15.00m，出料口均位于筒仓下部，

作者简介：张国强（1985 年），男，工程师，主要从事建筑物检测鉴定及加固设计工作。

10.70m 以下为采用筒壁和内柱共同支承的仓下支承结构，10.70m ～ 38.50m 为储料仓。筒仓的混凝土强度等级为 C30，仓壁厚度为 300mm，仓壁受拉环向钢筋按正常使用极限状态设计。在正常使用过程中，发现标高 22.0m 处筒壁的北侧和西侧出现水平向的高度约为 600mm 的混凝土大面积空鼓脱落带，竖向钢筋压曲。后经检测鉴定，发现该筒仓主要存在以下问题：

（1）标高 10.70 ～ 38.50m 范围内的筒壁外表面存在多条水平向的空鼓带，标高 22.0m 处西北角处筒壁的较为严重，混凝土严重脱落，脱落厚度达 20cm 以上，竖向钢筋压曲。

（2）标高 10.70 ～ 38.50m 范围内的筒壁混凝土外表面存在大面积的疏松不密实现象，最大疏松厚度达 80mm。

（3）标高 10.70 ～ 38.50m 范围内的筒壁存在多条环向开裂裂缝，裂缝间距约为 400mm，基本与滑模施工的提模高度一致。

（4）标高 10.70 ～ 38.50m 范围内的筒壁的环向钢筋间距远大于设计要求，最大环向钢筋间距达 490mm，约为设计值的 4 倍。

2 原因分析

（1）根据施工日志显示，该筒仓标高 10.70m 以上筒壁为冬期施工，施工过程中未采取有效措施，使的滑模提升过程中对筒壁内外侧的混凝土产生了严重扰动，产生大面积的疏松不密实现象；且滑模施工缝处未采取有效的处理措施，产生沿施工缝环向的裂缝及孔洞。

（2）由于工期紧，施工过程中各施工工序未有效配合，且缺少质检监督，使筒壁的环向钢筋间距偏大，远大于设计值；在后期使用过程中，筒壁的竖向钢筋和混凝土缺少有效约束，使的混凝土压酥剥落，竖向钢筋产生压曲变形，严重处钢筋发生压曲破坏混凝土大面积剥离脱落。

3 加固方案确定

考虑到该工程的实际情况，既要保证加固施工的安全实施，又要满足在维持最低产能的情况下的运行，决定采取以下加固处理措施：

（1）对原结构筒仓仓壁外表面存在的外观和内部缺陷进行修复处理，首先剔除筒仓表面疏松裂化的混凝土至密实处，然后采用高强灌浆料或细石混凝土进行处理。

（2）针对标高 10.70 ～ 38.50m 范围内筒壁的环向钢筋间距偏大的情况，取最不利情况，仅考虑原设计钢筋面积的 25%；采用增大截面的方式进行加固处理，筒壁厚度由 300mm 增大到 480mm；增加的混凝土筒仓仓壁的厚度，可以有效的减小混凝土的平均压应力。新增的环向钢筋，提高了筒壁的抗裂能力。

（3）针对标高 10.70 ～ 38.50m 范围内筒壁局部竖向钢筋存在压曲破坏的情况，采用同类型等直径的钢筋进行代换。

4 加固设计

4.1 筒壁的承载力计算

该筒仓顶部相对室外地坪的标高为 38.50m，储料高度为 27.80m，计算简图如图 1 所示。该筒仓的计算参数见表 1 所示。根据《钢筋混凝土筒仓设计规范》（GB 50077—2003）[2]、《混凝土结构加固设计

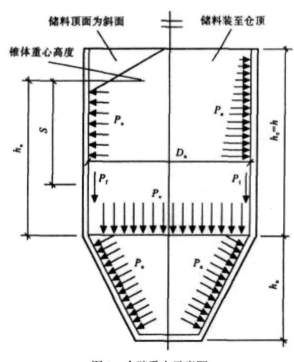

图 1　仓壁受力示意图

Fig.1　stress diagram of warehouse wall

规范》（GB 50367—2006）[3]、《混凝土结构设计规范》（GB 50010—2010）[4]、《贮仓结构设计手册》[1]等资料，该筒仓仓壁的仓壁环向拉力按照式（1）和式（2）进行计算。

表 1　筒仓计算基本参数
Table1　Calculate basic parameters of silo

参数	数值	参数	数值
筒仓类型	深仓	筒仓内径	14.7m
料仓计算高度	27.8m	仓壁厚度	300mm
仓壁高度	27.8m	加固后仓壁厚度	480mm
混凝土强度等级	C30	出料密度	14.0Kg/m³
钢筋保护层厚度	25mm	钢筋等级	HRB335
竖向压力修正系数	2	物料自然安息角	30.0⁰
钢筋相对粘结特征系数	1.0	摩擦系数	0.58
截面水力半径	3.68m	侧压力系数	0.33
混凝土弹性模量	$3.0 \times 10^4 N/mm^2$	钢筋弹性模量	$2.0 \times 10^5 N/mm^2$

$$p_h = C_h \gamma \rho (1 - e^{-\mu ks/\rho})/\mu \qquad (1)$$
$$N_{hs} = p_h d_0/2 \qquad (2)$$

式中：p_h 为水平压力；C_h 为水平压力修正系数；γ 为重力密度；μ 为摩擦系数；k 为测压力系数；S 为储料锥体重心值计算截面的距离；ρ 为截面水力半径；d_0 为内径。

经承载力复核验算，该筒仓仓壁按照储料 27.8m 的高度下，最大裂缝宽度限值 0.30mm 控制环向钢筋配筋量，原设计环向钢筋面积的按照 25% 考虑；计算结果见表 2。加固节点详图见图 2 所示。

表 2　钢筋配筋计算结果
Table 2　calculation results of reinforcement bars

S (m)	N_{hs} (kN/m)	A_{s1} (mm²/m)	A_{s2} (mm²/m)	D (mm)	S (mm)	ω_{max} (mm)
4.8	221	883	2681	16	150	0.17
9.4	509	2035	3393	18	150	0.28
14.0	680	2719	3915	18	130	0.29
18.6	814	3255	4833	20	130	0.26
23.2	919	3677	5848	22	130	0.24
27.8	1002	4008	6545	25	150	0.26

备注：S 为每段至仓顶的高度；N_{hs} 为环向拉力标准值；A_{s1} 为筒壁厚度增加后强度控制的环向钢筋面积；A_{s2} 为筒壁厚度增加后裂缝控制的环向钢筋实配钢筋面积；d 为钢筋直径；S 为钢筋间距；ω_{max} 为最大裂缝宽度。

4.2　基础承载力验算

由于该筒仓采用增大截面的方式进行加固后筒壁自重约增加 1600t，基础承载力不满足规范要求。本着尽快恢复正常生产的宗旨，决定通过减小储料高度的方式来满足基础承载力的要求，经计算，筒仓储料高度降低 5m，即总储料高度不超过 22.80m 时，基础承载力满足规范要求。

5　加固施工要求

考虑到该工程的实际情况，利用现有硬化地面搭设脚手架支撑模板的方式进行新加筒壁施工；以下主要介绍关键施工措施：

5.1　混凝土置换处理

针对该筒仓筒壁的疏松空鼓处，首先剔凿掉表面裂化的混凝土至密实处，边缘处分别延伸不小于 100mm 的长度，然后采用强度等级不低于 C35 的高强灌浆料进行处理；或结合新加筒仓的施工，采用强

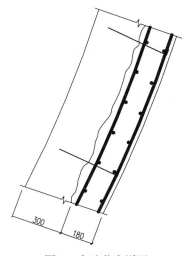

图 2　仓壁节点详图
Fig.2　Warehouse wall node detail

度等级不小于 C35 的细石混凝土进行处理。

5.2　新旧混凝土结合面处理

首先清理干净覆盖在混凝土表面的油灰等杂物，并剔除表面疏松混凝土至密实处，凿毛且打出沟槽，沟槽深度 8 ～ 10mm，间距 100mm；然后将新旧混凝土结合面清洗干净，绑扎钢筋并搭设模板；最后浇筑强度等级不小于 C35 的细石混凝土；浇筑混凝土前将新旧结合面充分润湿即可，这主要是由于新旧混凝土结合面处理完成后，钢筋绑扎和模板搭设需要一定的时间，在新旧结合面涂刷的界面剂易固化形成一层膜，影响新旧混凝土结合面性能。

5.3　植筋工程

植筋前应采用钢筋探测仪探测或去掉构件表面的混凝土保护层确定原混凝土构件内的钢筋位置，尽量减少废孔，不得损伤原有钢筋；植筋成孔应采用电锤干式成孔，严禁采用水钻成孔；成孔后应先用空压机或手动气筒彻底吹净孔内碎渣和粉尘，再用丙酮擦拭孔道并保持干燥。

5.4　钢筋连接工程

结合工程经验，为保证新加筒壁的环向钢筋有效发挥受力性能，环向钢筋的接头应采用焊接连接，接头位置应错开布置，错开距离不应小于 1m；在同一竖向截面上每隔三根钢筋允许有一个接头。

6　结语

对存在混凝土大面积疏松不密实现象和水平环向钢筋间距偏大的混凝土筒仓，在其外面新加一个新的钢筋混凝土筒壁进行加固补强。为防止新加筒壁后产生超载现象，对其后期使用提出了限制要求，要求筒仓储料高度降低 5m，即总储料高度不超过 22.80m。通过新旧混凝土结合面的处理和设置适量的插筋，可显著增强新旧筒壁的连接性能。该方案仅对筒仓筒壁的外表面进行加固处理，内侧面可不作任何修补，对维持最低产能的生产运行至关重要。目前该工程已经重新投入使用，经过一段时间的观测，未发现存在异常情况，取得了良好的社会效益和经济效益。

参考文献

［1］贮仓结构设计手册［S］. 北京：中国建筑工业出版社，1999.
［2］GB 50077—2003. 钢筋混凝土筒仓设计规范［S］. 北京：中国计划出版社，2003.
［3］GB 50367—2013. 混凝土结构加固设计规范［S］. 北京：中国建筑工业出版社，2013.
［4］GB 50010—2010. 混凝土结构设计规范［S］. 北京：中国建筑工业出版社，2015.

Safety concept for postinstalled fastenings in concrete-coMParison of the European and the Chinese guidelines

Dr.-Ing. Thilo Pregartner，coMPany fischerwerke，Feng Zhu，
coMPany fischerwerke，Bing Liu，coMPany fischerwerke

Abstract： For the design of fastenings in concrete the Chinese standard JGJ 145 and the European design standard EN 1992-4 utilize similar safety concepts with partial safety factors on the loading side and on the resistance side. While the European system utilizes 3 different levels of partial safety factors applied to the fastener resistance depending on the robustness of the fastening system，the failure mode（concrete and pullout）and the load direction，the Chinese safety concept applies 2 general partial safety factors for concrete failure modes. Besides that JGJ 145 applies 2 different safety levels for structural and non-structural applications. Additional safety is generated in both systems by applying categories on the resistance side. The current presentation explains and coMPares the background of the 2 different safety concepts.

Keywords： postinstalled fastenings，safety concept，partial safety factor，reliability index，failure probability

1　Introduction

Partial safety factors are used worldwide for the design of components in the construction industry. For fastenings in concrete in Europe EN 1992-4［2］will become in autumn 2018 the most actual design standard，whereas in China JGJ 145 is utilized. Both design standards contain a system of partial safety factors on the design and the resistance side.

In general，in both standards，the characteristic resistances are calculated utilizing similar or almost identical design equations based on the concrete capacity method（CC-method）.

There are however，major differences in the values of the partial safety factors for structural and non-structural components. In Europe additional safety factors that are product dependent are considered. These factors try to reproduce the sensitivity of the fastening products against small variations in the installation process. In the current publication the global safety level of both design guidelines is coMPared.

2　Safety concepts with partial safety factors according to EN 1990［1］

General aspects and the basis of structural design are regulated in Europe in EN 1990（［1］）. Construction codes require that constructions or buildings must be planned and constructed in a way that during the construction phase and the service life the building resists possible actions and environmental influences. Additionally the performance characteristics of the building shall be maintained. Both details must be guaranteed with appropriate reliability and profitability（［1］）.

In general，the reliability of a construction is assured with a design according to the corresponding Eurocode（e.g. for fastenings EN 1992-4（［2］）；EC2），realization of suitable measures during the construction phase and quality management procedures. Different reliability levels may be chosen for ultimate limit state and service limit state. The applied reliability level for a construction needs to consider different failure modes，different consequences of failures，if necessary the public opinion and the costs to avoid failure（［1］）.

The demanded reliability level of a construction for ultimate limit state or service limit state may be achieved by appropriate preventive measures or by appropriate measures during design: selection of representative values for actions and selection of partial safety factors. Besides these 2 measures, additional measures to secure robustness of the construction and durability in combination with a planned service life may be applied.

To determine the necessary safety level of a construction, in a first step, the planned service life of buildings needs to be determined. EN 1990 defines classes for different service life. Normal constructions are classified in class 3 with a service life of 50 years. Bridges, tunnels, and other engineering constructions fall usually in class 4 with a service life of 100 years (coMPare Table 2.1 in［1］).

A construction needs to be designed in a way that time dependent variations of properties during the planned service life do not affect negatively the properties of the whole structure. The following aspects need to be considered (amongst others): designated utilization of the construction, expected environmental influences, behavior and properties of construction materials and construction products, choice of static system, design of construction parts and construction connections（［1］）.

For the final design, EN 1990 distinguishes service limit state from ultimate limit state. Design situations may be classified as permanent situations (usual utilization of the building), temporary situations (e.g. during the construction phase or during maintenance) and extreme or exceptional situations (e.g. fire, earthquake etc.). The load classification is realized accordingly (permanent loads, temporary loads and extraordinary loads). Ultimate limit states are classified if the safety of persons or the safety of the whole construction is considered. The design needs to be performed by utilizing suitable models for the determination of the actions and the resistance of the construction part. For the design all possible design situations and load combinations need to be considered. Characteristics of materials, construction products or construction parts shall be defined as characteristic values. If it is a lower boundary the 5%-fractile is considered as adequate. For a higher boundary the 95%-fractile is proposed（［1］）.

The final design proof for construction parts, that the design value of the actions is smaller than the design value of the resistance, is shown in equation（1）.

$$E_d \leqslant R_d \tag{1}$$

with　　E_d = design value of the action, see equation（2）

　　　　R_d = design value of the resistance, see equation（3）

$$E_d = \gamma_G \cdot G_k + \gamma_Q \cdot Q_k \tag{2}$$

with　　G_k = permanent action（95% fractile）

　　　　Q_k = variable action（95% fractile）

γ_G or γ_Q = Partial safety factor for permanent action（Index G）or variable actions（index Q）

$$R_d = \frac{R_k}{\gamma_M} \tag{3}$$

with　　R_k = characteristic resistance（5% fractile）of the construction part

　　　　γ_M = Partial safety factor for the resistance

EN 1990 divides failure consequences into 3 different classes from high consequences for loss of human life to low consequences（see Table 1）and correspondingly the reliability index β is shown in Table 2 as a function of the reference service life periods. Usual failure consequence classes are CC2 with a reliability class of RC2. This yields for a service life of 50 years the reliability index $\beta = 3.8$. Table 3 shows for this combination a failure probability of 10^{-6} which is a common value for construction applications in Europe.

Table 1　Failure consequence classes according to EN 1990，Annex B[1]

Failure consequence class	Characteristics	Example
CC3	High consequence for loss of human life，or economic，social or environmental consequences very great	Public buildings with high failure consequences（concert hall）
CC2	Medium consequence for loss of human life，economic，social or environmental consequences considerable	Residential buildings，office buildings，public buildings with intermediate failure consequences
CC1	Low consequence for loss of human life and economic，social or environmental consequences small or negligible	Agricultural buildings or buildings without regular traffic of persons

Table 2　Reliability index β according to EN 1990，Annex B[1]

Reliability class	Minimum value reliability index b	
	Reference period 1 year	Reference period 50 years
RC3	5.2	4.3
RC2	4.7	3.8
RC1	4.2	3.3

Table 3　Reliability index β as a function of the failure probability P_f according to EN 1990，Annex B[1]

P_f	10^{-1}	10^{-2}	10^{-3}	10^{-4}	10^{-5}	10^{-6}	10^{-7}
β 1 year	1.28	2.32	3.09	3.72	4.27	4.75	5.20
β 50 years	—	0.21	1.67	2.55	3.21	3.83	4.41

According to EN 1990 for normal distributed material properties，the design value of the resistance can be calculated according to equation（4）. Combining equation（3）with equation（4）yields a function of the partial safety factor γ_M of the resistance depending on the coefficient of variation of the normal distributed population（equation（5））. Figure 1 shows the functions of the partial safety factor depending on the coefficient of variation（COV）for the population of the resistance（normal distribution assumed），for a reliability index of 3.8（failure probability= 10^{-6}）the equation（5）yields values of γ_M= 1.43 for a COV of 10% and γ_M= 1.83 for a COV of 15%.

$$R_d = \mu_R（1 - \alpha_R \cdot \beta \cdot \delta_R）\tag{4}$$

with　R_d= design value of the resistance of the construction part

μ_M= average value of the resistance

a_R= 0.8（relative importance factor of the resistance）

β= 3.8 reliability index for RC2，50 years lifetime

d_R= coefficient of variation of the resistance

$$\gamma_M = \frac{R_k}{R_d} = \frac{\mu_R \cdot（1 - k \cdot \delta_R）}{\mu_R \cdot（1 - \alpha_R \cdot \beta \cdot \delta_R）} = \frac{1 - k \cdot \delta_R}{1 - \alpha_R \cdot \beta \cdot \delta_R}\tag{5}$$

3　Partial safety factors for anchor design in Europe，EN1992-4，[2]

Anchor design in Europe was long time based on ETAG 001，Annex C for mechanical anchors（[4]）and TR029 for bonded anchors（[5]）. Both documents were guideline documents and not part of a standard. In autumn 2018 finally the EN 1992-4（[2]）will be published. EN 1992-4 is a part of the design standard for reinforced concrete and is dedicated especially to the design of fastenings in concrete. The scope of the new design document goes beyond that of[4]and[5]，as it covers mechanical fasteners，bonded fasteners and cast-in place fasteners as anchor channels or headed studs. EN 1992-4 covers the connection of structural and non-structural elements to structural components.

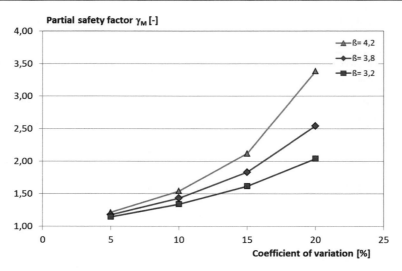

Figure 1 Partial safety factor of the resistance as a function of the coefficient of variation of a normal distributed population

In general, EN 1992-4 distinguishes for the partial safety factors on the resistance side between the different possible failure modes of fastenings. In tension these failure modes are steel failure, concrete cone failure, pullout failure and splitting failure. For shear loading the failure modes steel failure, concrete edge failure and concrete pryout failure are considered for postinstalled fastenings.

In the following only concrete related failure modes and pullout failure modes are discussed. Besides the shown partial safety factors are valid for fastening of structural and non-structural elements for static or quasi static loading. EN 1992-4 utilizes equation (5) to calculate the partial safety factors. The equation contains a general factor for concrete in tension $\gamma_c = 1.5$ and a second factor accounting for sensitivity of the anchor systems γ_{inst} against small deviations from the installation instructions supplied by the manufacturer. This so called installation safety factor is generally set to $\gamma_{inst} = 1.0$ for all concrete failure modes related to shear loading. For tension loading the value of γ_{inst} is applied to the failure modes concrete cone failure, splitting failure and pullout failure (for adhesive anchors: combined pullout and concrete cone failure). The design resistances of anchor systems that are sensitive against small deviations from the installation instructions get therefore larger partial safety factors than system that are not sensitive. The robustness against these small deviations from the installation instructions is determined during the assessment/ approval procedure of the anchor system. For torque controlled anchor systems, for example, the influence of applying only 50% of the torque moment is investigated in pullout tests in cracked concrete. The failure loads of these robustness tests are then coMPared with failure loads of tests conducted with applying the full torque moment. Depending on the observed reduction of the failure loads the installation safety factor is derived (maximum reduction 5% $\gamma_{inst} = 1.0$; maximum reduction 20% $\gamma_{inst} = 1.2$; maximum reduction 30% $\gamma_{inst} = 1.4$; [6]). For displacement controlled anchors, such as drop in anchors, the influence of the degree of expansion on the failure loads in tension is investigated. Bonded anchors are sensitive against reduced drill hole cleaning and wet installation conditions. Therefore for bonded anchors the cleaning is chosen as a parameter to determine sensitivity against deviations from the installation instructions.

$$\gamma_{Mc} = \gamma_c \cdot \gamma_{inst} \tag{5}$$

with　　γ_{Mc} = partial safety factor for concrete related failure modes and pullout failure

　　$\gamma_c = 1.5$, partial safety for concrete in tension

　　$\gamma_{inst} \geq 1.0$ factor accounting for the sensitivity to installation of post-installed fasteners (installation safety factor)(possible values $\gamma_{inst} = 1.0$; $\gamma_{inst} = 1.2$; $\gamma_{inst} = 1.4$)

In general, all parameters, such as characteristic resistances or partial safety factors, that are necessary for anchor design according to EN 1992-4 are given in the product dependent European Technical Assessments (ETA). The necessary tests are conducted at accredited independent test laboratories according to the corresponding European Assessment Documents (EAD). These tests are evaluated by an independent agency. Based on this evaluation a Technical Assessment Body (TAB) can issue a European Technical Assessments (ETA) that contains the product dependent characteristic values and partial safety factors. To be able to apply a CE marking on the product label the manufacturer requires an issued ETA and additionally annually independent factory production control (FPC). The CE mark signifies to the user that the construction product complies with a harmonized technical specification, in case of anchors with an EAD.

For actions European design guidelines usually require partial safety factors of $\gamma_G = 1.35$ and $\gamma_Q = 1.5$. To simplify further discussions, the 2 separated safety factors for permanent loads and variable loads are transferred into one partial safety factors valid for the actions γ_F utilizing equation (6). Assuming a ration of permanent load to variable load of 2 ($G/Q = 2$) for concrete constructions a safety factor $\gamma_F = 1.4$ can be derived.

$$\gamma_F \cdot (G + Q) = 1.35 \cdot G + 1.5 \cdot Q \tag{6}$$

With equations (7), (8) and (9) the global safety level of anchorages in concrete is expressed by multiplying the partial safety factor of the actions γ_F with the possible partial safety factors of the resistances. The global safety factor in tension gives values between $\gamma_{global} = 2.1$ and 2.9 depending on the robustness of the anchor system. For shear loading the global safety level yields $\gamma_{global} = 2.1$.

$$\gamma_{global} = \gamma_F \cdot \gamma_{Mc} = 1.4 \cdot 1.5 = 2.1 \tag{7}$$
$$\gamma_{global} = \gamma_F \cdot \gamma_{Mc} = 1.4 \cdot 1.8 = 2.5 \tag{8}$$
$$\gamma_{global} = \gamma_F \cdot \gamma_{Mc} = 1.4 \cdot 2.1 = 2.9 \tag{9}$$

4　Partial safety factors for anchor design in China JG145, [3]

The Chinese anchor design code JGJ 145 utilizes in general similar or identical equations to determine characteristic resistances for concrete related failure modes in tension and shear as the European code EN 1992-4. Deviating from the European qualification and assessment guidelines the failure mode pullout failure in tension is not considered for mechanical anchors. As allowed failure mode in design only concrete cone failure is considered. This implies for the qualification of anchors that mechanical anchors having a performance level below concrete cone equation are not allowed for design in accordance with JGJ 145.

In terms of the partial safety factors used for the anchor resistance the Chinese standard distinguishes between structural and non-structural elements. For non-structural elements fastened to structural components the partial safety factor is defined as $\gamma_{Rc, N} = 1.8$ for tension loading (pullout, concrete cone failure and splitting failure) and $\gamma_{Rc, V} = 1.5$ for shear loading (concrete edge failure and concrete pryout failure). For structural elements fastened to structural components the partial safety factor is defined as $\gamma_{Rc, N} = 3.0$ for tension loading and $\gamma_{Rc, V} = 2.5$ for shear loading.

For actions the Chinese design guideline [7] usually requires partial safety factors of $\gamma_G = 1.2$ and $\gamma_Q = 1.4$. Similar to equation (6) assuming a ration of permanent load to variable load of 2 ($G/Q = 2$) for concrete constructions a safety factor $\gamma_F = 1.27$ can be derived for actions. The global safety factor gives then a value for tension loading of non-structural components of $\gamma_{global} = 2.28$ independent of the robustness of the anchor system (coMPare equation (10)). For shear loading the global safety factor yields a value for non-structural components of $\gamma_{global} = 1.91$. For fastenings of structural components the safety level is 3.81 in tension and 3.18 in shear (equations (10) to (13)).

Non-structural components

$$\gamma_{global} = \gamma_F \cdot \gamma_{Mc} = 1.27 \cdot 1.8 = 2.28 \tag{10}$$

$$\gamma_{\text{global}} = \gamma_F \cdot \gamma_{Mc} = 1.27 \cdot 1.5 = 1.91 \tag{11}$$

Structural components

$$\gamma_{\text{global}} = \gamma_F \cdot \gamma_{Mc} = 1.27 \cdot 3.0 = 3.81 \tag{12}$$

$$\gamma_{\text{global}} = \gamma_F \cdot \gamma_{Mc} = 1.27 \cdot 2.5 = 3.18 \tag{13}$$

The different global safety factors for the European and the Chinese codes are coMPared in Figure 2. The difference is largest for the fasting of structural components.

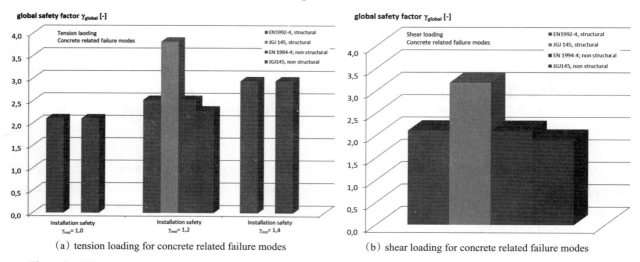

(a) tension loading for concrete related failure modes   (b) shear loading for concrete related failure modes

Figure 2   Global safety factor of the resistance, coMParison of the safety level according to EN1992-4 and JGJ 145 for structural and non-structural applications

5   Conclusions

In the current publication the global safety level for fastenings in concrete are coMPared for the current design codes JGJ 145 (anchor design in China) and the European design code EN 1992-4. The coMParison is performed for concrete related failure modes and for static or quasi-static loading. In general, both design codes use similar or identical equations to determine the characteristic resistances for concrete related failure modes. Differences occur in the fact that the Chinese design guideline limits the tension performance of fastening systems to concrete cone failure. The European design guideline allows also pullout failure modes which can show robust characteristic values that are significantly below concrete cone equation. However, these values must be derived in an independent European Assessment procedure and are finally documented in an official Europeans Assessment Document (EAD).

For the determination of the partial safety factors for the resistance the Chinese design code distinguishes between structural and non-structural components that are fastened. The global safety level for non-structural components in tension is very similar to the European global safety level. However, the European design guideline applies the same safety level for structural and non-structural elements. Besides that the European design and assessment guidelines consider different safety levels as a function of the robustness against small deviations from the manufacturer's installation instruction. These deviations are considered with so called installation safety factors γ_{inst}, that can have values between 1.0 and 1.4. The global safety level in shear is in JGJ 145 lower than in EN 1992-4.

For structural applications the Chinese global safety level is far higher than the European safety level.

Based on the European experience with anchor design guidelines the same safety level for structural and non-structural applications is considered as sufficient for a failure probability of 10^{-6}. Besides that the consideration of the installation safety and the robustness of anchor systems, which are product dependent, are considered as useful to add additional safety in the design process depending on the robustness of anchor systems.

Additionally, it would be useful to add to JGJ 145 a statement that the basic design parameters for suitable fastening products can be taken from European Assessment documents. acceptance or the requirement of ETAs would help to apply additionally a constant safety level on the qualification side of fastening products.

Literature

［1］ EN1990：2010—12："Eurocode-Basis of structural design". Beuth-Verlag GmbH, Berlin, 2010.

［2］ FprEN 1992—4：2017："EC 2-Design of concrete structures-part 4：Design of fastenings for use in concrete". CEN-TC 250, not yet published, publication expected autumn 2018, Beuth-Verlag GmbH, Berlin, 2018.

［3］ JGJ 145："Technical specification for postinstalled fastenings in concrete structures", MOHURD (Ministry of Housing and Urban-Rural Development of the People's Republic of China), 2013.

［4］ EOTA ETAG 001, Annex C："Metal anchors for use in concrete-Design methods for anchorages", European Organization for Technical Assessments (EOTA), 1997 (updated 2010).

［5］ EOTA TR 029："Technical Report-Design of bonded anchors in concrete", European Organization for Technical Assessments (EOTA), 2007 (updated 2010).

［6］ EOTA, EAD 330232："European Assessment Document-Mechanical Fasteners for Use in concrete", European Organization for Technical Assessments (EOTA), 2016.

［7］ GB 50009："Load code for the design of building structures", MOHURD (Ministry of Housing and Urban-Rural Development of the People's Republic of China), 2012.

旧有沿街建筑外立面改造的技术研究

邹　红　邱　军　李延和

南京工业大学土木工程学院，江苏南京，211816

摘　要：随着社会经济发展和人们生活水平的日益提高，旧有沿街建筑风格陈旧，已不能满足城市发展及使用功能需求。就某学校临街商住楼外立面改造，初探此类建筑改造措施及改造过程中遇到问题。对相应问题提出解决办法，希望能够对相关人员有所启发。

关键词：外立面改造，沿街建筑

The Facade Transformation of Old Buildings Along the Street

Zou Hong　　Qiu Jun　　Li Yanhe

（1 College of Civil Engineering，Nanjing University of Technology，Nanjing 211816，China）

Abstract：With the development of social economy and the improvement of people's living standard，the style of the old architectural along the street is obsolete and can't meet the demand of development and use of the urban. This article is about facade transformation of a school street commercial and residential building，the initial improvement of such measures and transformation of building problems encountered. To solve the corresponding problems，hoping to be able to inspire the relevant personnel.

Keywords：Building exterior renovation，The old architectural along the street

0　前言

旧有建筑是指建造于新中国成立之初的建筑物，由于建造年代较久，建筑外立面可能已出现破旧不堪，外立面材料由于经受各种风霜雨打的作用已老化，随着社会经济发展和人们生活水平的日益提高，此类建筑风格陈旧、设施老化，已不能满足城市发展及使用功能需求。这类建筑遍布各大城镇，但由于其不是历史性建筑并没有得到社会的足够关注，但矗立于大街小巷的此类建筑在各大城市中仍然扮演着一定的角色，并且此类建筑大部分仍居住着居民，考虑经济、社会影响等各种因素，不能对其进行拆迁重建，所以一般从外立面改造着手，通过外立面出新，改善外观形象的同时完善其使用功能。

1　旧有沿街建筑外立面改造的必要性

旧有沿街建筑，随着经济的发展，经济实力逐渐雄厚，社会不断的进步，旧有建筑已满足不了居民的使用功能，审美也跟不上时代的更新，风格也显得陈旧无比，所以在这种形式的前提下，总结了沿街旧有建筑改造的三个必要性。

1.1　使用功能完善

旧有沿街建筑风格陈旧、设施老化，其使用功能也满足不了现代居民的需求。旧有沿街建筑基础

作者简介：邹红（1992—），女，硕士研究生，主要研究方向：加固改造、高温后钢的力学性能。E-mail：1259255626@qq.com。

通信作者：李延和（1960—），男，教授级高工，博士生导师，主要从事工程结构检测鉴定与加固研究。E-mail：yanhelee@163.com。

设施陈旧，小区排水系统不畅，相应排水沟破损缺失，房屋保温隔热效果差，这些严重威胁到居民的生活质量。小区配套的垃圾收运管理不科学，虽然每幢楼配套的垃圾桶、小区配套的垃圾回收站满足了垃圾回收的便利，却给周边居民的室外环境造成一定的污染。旧有沿街建筑屋顶多为平屋顶，冬冷夏热现状明显存在，满足不了居民对房屋冬暖夏凉的要求。

1.2　城市形象改善

一个地方的沿街旧有建筑的外观形象往往体现着当地的经济发展状况，代表当地居民的生活水平的高低，越是经济发展迅速的地方，其建筑外观一般较为新颖，风格越紧跟时代进步的步伐。为了显现当地经济发展状况，对沿街旧有建筑外立面改造，使破旧的外观得到改造的同时改善当地的地区形象。

1.3　居民幸福提升

幸福感是一种心理体验，然而幸福指数的高低往往取决于人们对生活的客观条件和所处状态的一种事实判断，以及对于生活的主观意义和满足程度的一种价值判断。旧有建筑的外观影响着居民的视觉效果和心灵上的幸福感，为了广大居民的幸福指数，提升该建筑在社会中的价值地位，促进社会的整体发展，以及满足居民视觉上和心灵上的满意度，对破旧的外立面改造势在必行。

2　外立面改造的方案分析

对旧有建筑进行外立面改造，必须考虑不同改造方式取得的不同效果。以下几种为外立面改造的主要方式，下面对各方案进行分析。

2.1　更新外立面材料

对外立面结构进行更新，采用重新粉刷或外贴砖的方式进行更换，此种方式施工快捷方便，其施工造价相对低廉，技术要求相对不高，不影响原建筑的空间结构及使用功能，能改善建筑物本身的视觉效果。

2.2　增加建筑围护结构

此种方式改变了建筑物原有的建筑外形，但可以改善建筑的外观形象，施工起来也不是很方便，对居民的日常生活还有一定的影响。

2.3　附加新外立面

对旧有建筑外立面增加一层全新的外立面，这种改造方式不改变原建筑的空间结构及使用功能，对原建筑物进行全新的外体设计，使建筑物更有视觉效果，并且使原建筑更有艺术价值与艺术氛围。

3　工程实例应用：某学校临街商住楼外立面改造

3.1　工程概况

某学校临街商住楼一、二层为沿街门面，三至七层为住宅楼，地上主体为框架结构，地下一层，剪力墙结构，筏板基础。该楼外立面经过多次改造，现场仍破旧不堪，排水不畅（见现场照片如图1）。该建筑屋顶为平屋顶，冬冷夏热现状明显存在。为了扭转"冬冷夏热"现状，同时改善建筑外观形象，满足居民使用功能要求。当地政府对该楼进行出新改造以解决居民现实问题。改造后的效果图如图2。

3.2　该临街商住楼的改造方式

3.2.1　该临街商住楼排水系统改造

该建筑三层平台排水系统不畅，排水沟破损缺失。为完善排水功能，先于通往三层的楼梯加设顶棚，并使部分顶棚与三层楼地面相平，将三层地面排水引流至顶棚，如此将解决三层排水不畅的现象。同时给小区各楼层配套更大垃圾桶及及时处理小区配套的垃圾回收站。

3.2.2　旧有沿街建筑外立面改造

外立面改造方式有很多，诸如：对墙体饰面材料进行更换、外立面局部加建、更换住宅外围护、对外立面进行更换、外加附加表皮、外包立面等方式，鉴于此小区外立面已经过几次外立面改造，并考虑成本、施工便捷、建筑使用性能、采光等，现对此沿街外立面采用对墙体饰面材料进行更换，立外面重新粉刷翻新，这种方法不改变旧结构的受力方式及旧建筑门窗洞口的位置，施工起来方便快捷，不影响居民及店铺的日常，还能节约成本。

图 1　某学校临街商住楼现场照片

图 2　某学校临街商住楼改造效果图

3.2.3　屋顶"平改坡"改造

屋顶改造采用沿街旧有建筑普通平改坡，类似于设置架空保温层，做法比较常见而且简单易行，保留旧有的屋顶结构，对旧屋面做保温处理，在旧平屋顶上附加轻钢结构，其荷载小，几乎不改变旧结构的受力状况，这种改造方法不仅改善了城市立面效果，而且提高了顶层居民居住舒适度，对旧有建筑改造提供了新思路和有益借鉴。

3.3　该临街商住楼外立面改造过程中可能遇到问题及解决办法

对该学校临街商住楼进行外立面改造过程中，遇到了建筑物结构类型不清和图纸不完善、建筑使用年限不详、居民反馈及协调三大类问题。现对各问题进行具体分析并提出相应解决方法。

3.3.1　建筑物结构类型不清和图纸完善

该临街商住楼，其结构为门面与住宅房结合的综合楼，门面采用框架结构，住宅楼结构模糊（框架结构或砖混结构），结构类型并不能直接肉眼判定，特别是住宅房部分，建造时为了节省空间及改善视觉效果，梁柱多隐藏于墙中，居民也会对自己房间布置进行改造，因此需要专门仪器检测加以判定。但该临街商住楼建造年代已久，其建筑图和结构图早已丢失，并且此次改造方只提供了该建筑外围轮廓测绘图纸，并没有实际的梁柱位置的结构图，因此为了鉴定该建筑物的结构类型以及往后的加固改造等需要将其在图纸上重新测画出来。在复核建筑物外围尺寸时，误差在允许范围内，但具体梁柱位置需要检测出来。因此于改造前，需要对设计院给出的测绘图纸进行建筑图和结构图的补充完善。

解决办法：在确定结构类型时，需要采用钢筋定位仪及测距仪检测梁柱位置，并根据底层框架的梁柱位置判定上部结构的类型，同时将检测数据用 CAD 及探索者绘制出该建筑物的建筑图和结构图，其标准层柱布置图如下图 3。测绘后该临街商住楼结构可阐述为地上主体为框架结构，地下一层，剪力墙结构，筏板基础，一、二层为沿街门面，三至七层为住宅楼。

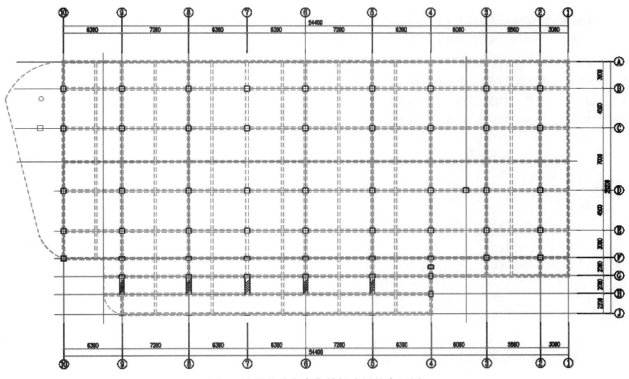

图 3　该学校临街商住楼标准层柱布置图

3.3.2　建筑使用年限不详

设计使用年限是指设计规定的结构或结构构件不需进行大修即可按其预定目的使用的时期。不同旧有沿街建筑具有不同的使用年限和建造时间，使用年限的长短决定了外立面改造所采用的材料。但由于旧有沿街建筑建造已久，建造资料可能丢失，不能直接从所提供资料中直接了解到其使用年限。

解决办法：自然寿命指建筑物主要结构构件和设备的自然老化或损坏而不能继续保证安全使用为止的时间。由于改造方没有直接提供该建筑的使用年限，那可以通过查阅该建筑的建造年限，然后根据一般情况下各类结构的使用年限确定该建筑的使用年限。钢筋混凝土结构（包括框架结构、剪力墙结构、筒体结构、框架—剪力墙结构等）：生产用房 50 年，受腐蚀的生产用房 35 年，非生产用房 60年。从而可初步认为该临街商住楼的使用年限为 60 年。

3.3.3　居民反馈及协调

旧有沿街建筑由于仍然居住着居民，改造方案及如何开展改造普遍受到居民关注，施工的进行影响着门面的日常经营及居民的生活，居民普遍关心改造过程中及改造后的自身利益问题，比如该建筑的安全性、实用性等。

解决办法：我国建筑改造逐渐受到广大人民的关注，我国政府应加强对社区居民旧房改造知识的培训，让大家积极参与其中，同时于改造前，应向改造社区居民公示改造方案，并提前阐明改造过程中会对居民产生哪些影响，让居民做好应对措施和心理准备。

4　结束语

综上所述，旧有建筑沿街普遍存在各大城市，随着社会经济发展和人们生活水平的日益提高，此类建筑风格陈旧、设施老化，已不能满足城市发展及使用功能需求，旧有沿街建筑外立面改造势在必行，并通过举例某学校临街商住楼外立面改造，介绍改造方法及改造过程中遇到的各种问题并给出相应的应对策略。

参考文献

［1］李延和. 建筑物的改造技术［J］. 南京建筑工程学院学报. 2001（3）：50-54.

［2］李延和，李树林，吴元. 高效预应力加固技术发展综述［J］. 建筑结构. 2007（1）：173-177.

［3］李延和. 高效预应力加固法理论及应用［M］. 科学出版社，2008：110.

［4］吴刚. 既有建筑加固改造的综合评价［D］. 北京交通大学，2011.

［5］夏晓敏，王轩，李琼. 既有住宅屋顶平改坡应用技术. 城市住宅，2014（05）：120-121

［6］贾瑞英，纪德云. 屋顶"平改坡"的节能经济效益分析. 工业建筑，2016（41-42、55）

某高层建筑物顶升纠偏施工技术

姜　涛[1]　李碧卿[1]　李今保[1]　邱洪兴[2]　杨才千[2]　李龙卿[3]

1. 江苏东南特种技术工程有限公司，江苏南京，210008

2. 东南大学，江苏南京，210096

3. 盐城明盛建筑加固改造技术工程有限公司，江苏盐城，224000

摘　要：顶升纠偏技术已经普遍应用到国内各大工程中。根据倾斜成因、地基类型、建筑结构形式和使用功能等的不同，其纠偏方式、工艺也有差异。该住宅楼为钢筋混凝土剪力墙结构，采用筏板基础，振冲碎石桩复合地基。该建筑竣工后一段时间内整体发生了倾斜，最大倾斜率 5.5‰。根据该建筑物情况，采用千斤顶顶升方法，对建筑物进行了纠偏加固，纠偏过程中采用计算机应力 - 应变法进行了实时监测。本文详细介绍了纠偏加固方案的选择，施工技术、施工辅助监测工艺的应用。通过施工过程的演绎，强调了建筑物顶升纠偏过程中的重点和难点，从而为后期的成功纠偏提供保障。该顶升纠偏施工技术，为其他类似纠偏工程提供了借鉴。

关键词：千斤顶顶升，纠偏加固，纠偏监测

The Construction Technology of Rectification and Reinforcement Project for a Building

Jiang Tao[1]　Li Biqing[1]　Li Jinbao[1]　Giu Hongxing[2]　Yang Caigian[1]　Li Longqing[2]

1. Jiangsu southeast special technology Engineering Co., Ltd., Nanjing 210008, China

2. Southeast University, Nanjing 210096

3. Yancheng Mingsheng building reinforcement and Reconstruction Technology Engineering Co., Ltd., Jiangsu, Yancheng 224000

Abstract：The technology of uplift rectifying has been widely used in domestic engineering. According to the difference of the inclined cause, the type of foundation, the form of building structure and the function of use, the method of rectifying deviation and the process are also different. A residential building is reinforced concrete shear wall structure, using raft foundation and composite foundation of vibroflotation gravel pile. After the completion of the building, the whole structure has been tilted for a period of time with the maximum inclination rate of 5.5‰. According to the condition of the building, the method of topping lift is adopted to reinforce the house. And In the process of rectifying, the computer stress should be used for real-time monitoring. Taking this project as an example, the selection of rectifying reinforcement plan, practical operation process of construction technology and application of construction auxiliary monitoring technology are introduced in detail. Through the deduction of the construction process, the key points and difficulties in the process of building jacking are emphasized, so as to guarantee the successful rectification of the later stage. The discussion and research of the construction technology provide reference for other similar rectifying and rectifying engineering, and also prove the feasibility of uplift rectifying technique in the practice of building rectification.

Keywords：Uplift by Jack, Rectification and reinforcement, Rectification monitoring

作者简介：姜涛，江苏东南特种技术工程有限公司，助理工程师，jataone@163.com。

通信作者：210008；南京市丹凤街 19 号 A 座恒基中心公寓四楼。电话：E-mail：jataone@163.com。

1 工程概况

　　某高层建筑物，为地下1层，地上18层住宅，剪力墙结构，筏板基础，复合地基。建筑物平面为十字形，字母轴方向宽度30.9m，数值轴方向宽度28.5m；地下室层高5.5m，1层～18层总高54.0m，筏板厚900mm。目前建筑已完成主体和部分装饰装修工程施工，倾斜率已达5.5‰（超过地基基础设计规范限值3‰），需要进行纠偏。

　　目前建筑物实测倾斜率为5.5‰，综合考虑将该建筑纠倾至1.5‰以内，最大顶升量设计值为160m。

2 纠偏方案

2.1 纠偏方案

　　为了确保纠偏过程中结构和施工安全，并尽量减小纠偏施工对既有建筑和周边环境的影响，采用千斤顶顶升法对该楼进行纠倾加固。

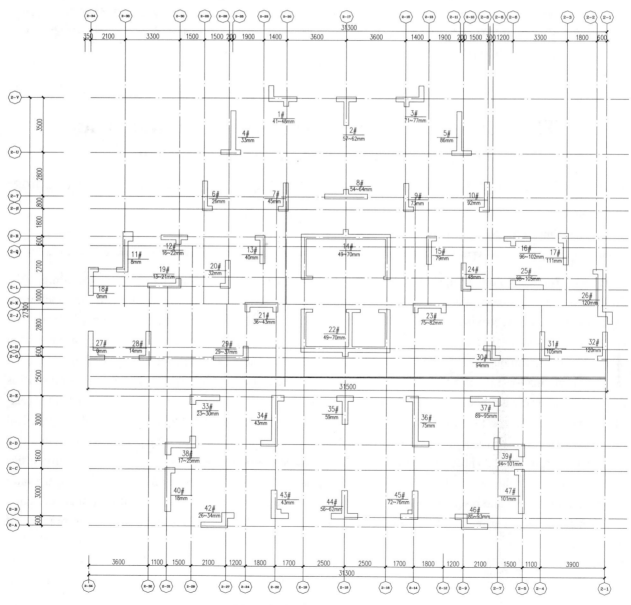

图1　各墙段设计顶升值平面图

顶升纠偏方案总体思路：对一层墙体根部混凝土剔凿，使上部结构与地下室部分分离，在分离部位设置机械式千斤顶对上部结构进行顶升纠偏，纠偏完成后，撤出千斤顶并恢复上部结构与地下室部分的连接。[1]

2.2　建筑物顶升量的确定

考虑建筑物现有倾斜率，经计算建筑物最大顶升量设计值为 160mm，回倾后建筑物倾斜率在 1.5‰ 以内，能满足规范允许的倾斜要求。

3　施工技术

3.1　施工重点难点分析

（1）纠偏施工复杂：由于是采取整体与上部结构分离进行抬升，在建筑物纠偏施工过程中，由于抬升不均容易导致上部结构变形损坏；

（2）施工过程造成建筑物附加沉降：由于施工过程中顶升反力可能会增加建筑物沉降，造成抬升难度增加；

（3）社会影响大：本工程只能成功，否则将造成极大的负面影响；

（4）勘察成果资料是否存在偏差、地基条件有差异以及提供的相关资料和现场实施实际情况是否存在差异，将导致施工中不可预见的因素多，施工难度增大。

3.2　顶升同步控制

根据本工程实际情况，考虑到顶升点多（共 261 处），顶升荷载大，并且各顶升点顶升位移相差较大（最大处 160mm），因此本次顶升采用 100 吨机械式螺旋千斤顶进行顶升，为保证顶升过程中结构整体受荷均匀，不保证在东西向顶升纠偏时，建筑物南北向同一轴线上的顶升点顶升位移同步。为保证顶升过程中顶升同步，主要采取顶升分级控制和施工同步控制。[2]

3.3　施工前预处理

上部结构处理：采用顶升法施工时，应保证上部顶升结构具有一定的刚度、整体性和抵御局部变形的能力，根据对该建筑物结构体系进行分析，该建筑物结构形式为钢筋混凝土剪力墙结构，结构刚度、整体性及抵御变形的能力很强，能够满足本次顶升要求，不需要对上部结构进行加固处理。

顶升托换体系：根据该建筑物的结构情况，本次顶升将利用结构剪力墙作为顶升传力体系，通过在剪力墙上剔凿一定数量顶升孔洞（洞口尺寸长 400mm × 宽 300mm × 高 560mm 和长 600mm × 宽 300mm × 高 560mm），并在顶升洞口中设置机械式千斤顶，将结构在顶升部位分离后，通过调节千斤顶的高度，以达到顶升纠偏的目的。

顶升千斤顶数量、参数、位置和设计顶升荷载：千斤顶选用额定荷载 1000kN 螺旋式千斤顶。顶升时设计使用最大荷载 750kN。设计要求共需布置千斤顶 225 台，实际布置 276 台。

顶升孔剔凿及千斤顶安设：

（1）顶升孔分批剔凿

纠偏顶升孔设置在一层墙体楼面底部，考虑到顶升孔剔凿后对墙体截面会产生削弱，顶升孔的剔凿将分四个批次进行，避免同一墙段多处同时剔凿。每个顶升孔剔凿完成，千斤顶安设完成并施加完顶升荷载后，再进行下一孔洞的剔凿，以确保结构安全。[2]

（2）千斤顶安设

千斤顶布置时其中心应尽量对准剪力墙中心，在顶部及底部均应放置钢垫板，并用 H40 灌浆料找平。千斤顶安装完成后，应立即对其进行施压，施压荷载根据墙体顶升孔剔凿前后的应变变化情况确定，即施压至墙体应变恢复在洞口剔凿前的应变值。每段墙体千斤顶安装完成后，应对墙体的应变情况和竖向位移情况进行调整，使其应力分布均匀，避免局部应力集中或变形过大而造成结构损伤。

结构分离：首先采用小型电锤剥离墙体钢筋保护层露出钢筋并切断，通过机械式千斤顶施压，分离该部位混凝土。分离部位选择在顶升孔高度范围的中间位置，待顶升纠倾结束后，修理分离位置，进行恢复。

3.4　顶升施工内容

顶升前要根据试顶的监测结果重新确定每级顶升的距离和顶升时间，并根据应力应变和其他变形监测数据来判断试顶的工艺是否合理，顶升的操作是否安全，如发现试顶的工艺有缺陷则采用信息化施工手段来改进顶升工艺，如发现有超过安全控制标准时，应马上停止加载，再对监测数据进行综合分拆，找出原因，采取有效措施后方可再继续顶升。每一级顶升到位后，都要对千斤顶的行程进行比较，如建筑的其他监测项目表明建筑尚处于安全状态，但各千斤顶行程有差别，也必须在下一级顶升时对千斤顶行程进行调整并消除差别，不能让顶升的千斤顶行程误差出现逐级累加，以免造成建筑损伤。[3][4]

顶升过程中需进行千斤顶监测、沉降监测、建筑物的挠度观测、建筑物的倾斜观测、建筑物裂缝观察。

（1）试抬

在正式抬升之前为检验抬升装置的工作性能、检查千斤顶的工作性能、确定每级抬升完成的距离、熟悉抬升千斤顶的同步操作、协调各个操作小组的统一行动等操作细节，确保抬升万无一失，必须先进行试抬。

由于建筑的抬升是一个动态过程，抬升的各项技术参数影响的因素较多，抬升面的标高差、天气因素（风压）等都是影响抬升各项参数确定的重要因素，因此抬升的操作必须根据抬升过程的建筑沉降观测、应力应变监测、倾斜监测、建筑的轴线偏位监测、滚轴的受力观察等监测结果来综合调整各项抬升参数并改进抬升工艺，让监测数据信息化指导抬升施工。

（2）正式抬升

正式抬升前要根据试抬的监测结果重新确定每级抬升的距离和抬升时间，并根据应力应变和其他变形监测数据来判断试抬的工艺是否合理，抬升的操作是否安全。直正做到抬升过程的每级能同步推进，抬升过程中要对建筑的应力、相对应变、变形、千斤顶行程等监测数据进行无间断的监测。每一级抬升到位后，都要对千斤顶的行程进行比较，如建筑的其他监测项目表明建筑尚处于安全状态，但各千斤顶行程有差别，也必须在下一级抬升时对千斤顶行程进行调整并消除差别，不能让抬升的千斤顶行程误差出现逐级累加，以免造成建筑损伤。在整个抬升过程中要对建筑进行全方位的监测，并通过信息化施工手段，改进抬升工艺，确保抬升安全。

3.5　后期连接恢复

建筑物顶升至设计值后，临时锁定顶升千斤顶恢复墙体连接。墙体连接将分段分批次进行（分段方式同千斤顶安设分段），焊接顶升洞口处断开钢筋，并采用加固型微膨胀混凝土进行浇筑，带浇筑混凝土强度满足设计要求后，再分段撤除下一批顶升千斤顶，直至全部完成。

为保证顶升断开处墙体连接效果，连接前先剔除连接部位墙体混凝土，沿分离缝上、下各剔凿100mm混凝土保护层，露出结构内钢筋，将钢筋清理干净后，采用同规格短筋将原结构钢筋焊接连接。钢筋连接完成后，对断开区域凿毛清理，采用高强、微膨胀加固型混凝土进行浇筑。

（1）连接材料

墙体混凝土设计强度为C40，墙体连接材料采用高强自密实混凝土进行施工，设计强度同原墙体设计强度，墙体所使用的自密实混凝土要求自密实、微膨胀，为了避免后浇筑部分与原结构连接面形成冷缝，同时为了保证恢复后剪力墙的整体受力效果，要求其竖向膨胀率不小于1%。

（2）钢筋连接

顶升孔剔凿过程中应尽量避免对结构内原有钢筋造成损伤，施工时应采用小型电动工具进行剔凿，钢筋连接时先剔除分离缝上下10cm范围混凝土保护层，露出结构内钢筋，混凝土凿除完成后，采用钢丝刷将钢筋表面粘结混凝土连接颗粒清干净，以保证钢筋与混凝土的连接握裹力。

钢筋连接方式采用焊接连接，即为在钢筋连接部位采用同规格钢筋与原结构钢筋焊接连接。

（3）新旧连接面处理

剪力墙连接面，人工采用小型电动工具将连接面凿毛，并浇水充分湿润。为了避免在顶面形成冷锋，一方面采用微膨胀自密实混凝土进行浇筑，另一方面在顶部浇筑口设置喇叭口，并使最终浇筑完成面高于连接面 10cm。本次剪力墙底面连接缝设置在置换层楼面处。

4　顶升过程中的信息化施工

4.1　计算机竖向位移监测

为了确保顶升施工安全，进一步校核顶升施工中实际顶升值，以及东西向各顶升点在顶升施工过程中的竖向位移变化线性关系，施工时将在顶升最大量墙段布置电子位移计，通过电子位移计实时反映顶升施工过程中建筑物的竖向位移变化情况，做到信息化施工。

4.2　电子倾角仪监测

通过顶升同步控制及竖向位移监测能保证所有顶升点在顶升施工过程中始终保持顶升点顶部在一个平面内围绕建筑物西侧边轴均匀转动，为了避免顶升面发生倾斜，施工将在建筑物四角角点及建筑物中部布置电子倾角仪，顶升施工过程通过对每级顶升角度进行比较、分析，确保顶升面不发生偏移。

5　纠偏监测

纠偏施工操作过程中可能存在建筑物沉降不均匀、沉降速率过快、结构重心偏移等众多不确定性等因素，在进行纠偏设计时往往不能够精确确定纠偏时的速率、建筑物回倾速率等参数。必须对建（构）筑物实施纠偏监测，通过对纠偏前和纠偏过程中建（构）筑物的沉降、倾斜、位移、结构应力应变等数据进行整理、分析后进行确定，以便及时了解和掌握施工过程中结构回倾和结构的变形情况，通过纠偏监测对纠偏施工进行指导，确保建筑物及施工人员的安全。施工主要采取如下几项监测措施。[5]

5.1　结构竖向位移监测

依据各相关规范和规程布设点位和实施观测，从纠倾施工开始起每半天进行一次观测（采用精密测微仪和钢钢尺进行水准观测，必要时采用连通水准管监测），同时采用竖向位移液面水平法进行辅助监测。施工前在楼房外侧的四周布设三通水管，要求每道承重墙靠近构造柱位置设有三通水管，作好水位原始标志，纠偏开始后每天测量记录水位线变化，分析、调整射水参数，动态控制纠偏质量楼层内部布置水准管，对建筑物的沉降变形进行实时监测。每周期观测后，应及时对观测资料进行整理，计算观测点的竖向位移量、竖向位移差以及本周期平均沉降量和竖向位移速度。

5.2　结构主体倾斜监测

建筑物主体倾斜观测，应测定建筑物顶部相对于底部或各层间上层相对于下层的水平位移与高差，分别计算整体或分层的倾斜度、倾斜方向以及倾斜速度。对具有刚性建筑物的整体倾斜，亦可通过测量顶面或基础的相对沉降间接确定。

5.3　结构应力应变监测

为确保纠偏过程中本建筑结构的安全，防止结构在纠偏过程中产生结构应力集中，导致结构损伤；并及时了解纠偏过程中结构整体受力状况，以及时调整纠偏方案。本次纠偏过程中采用计算机应力应变控制法对整个纠偏过程实行结构应力应变监控。计算机应力应变控制法采用在主要结构构件受力部位粘贴应变片，并连接到应变测试仪和计算机控制系统，通过计算机控制系统对纠偏过程中构件的应力应变情况进行实时监测，及时了解纠偏过程中结构整体受力状况，从而在结构未发生较大变形前及时调整纠偏施工方案。

6　结论

该建筑物纠偏加固前最大倾斜率 5.5‰。纠偏加固后最大倾斜率 1.50‰，均满足规范要求，纠偏施工达到了预期目标。本次施工为业主挽回了巨大经济损失，得到了业主和相关单位的一致好评。

参考文献

［1］ 李今保，邱红兴，等. 某工程整体抬升后加固方案优化研究［J］. 施工技术，2015（16）.

［2］ 李今保，胡亮亮. 某多层综合楼抬升纠倾技术［J］. 建筑技术，2010（9）.

［3］ 程小伟等. 某高层住宅楼倾斜原因及纠倾加固技术研究［J］. 岩土工程学报，2012.

［4］ JGJ 270—2012. 建筑物倾斜纠偏技术规程［J］. 北京：中国建筑工业出版社，2012.

［5］ 李今保，潘留顺，王瑞扣. 某小区住宅楼纠偏加固［J］. 工业建筑，2004（11）.

某高层建筑物倾斜分析及加固纠偏技术研究

李碧卿　姜　涛　李今保　马江杰　李风杰

江苏东南特种技术工程有限公司，江苏南京，210008

摘　要：地基托换加固和抬升纠偏技术是既有建筑物适用性很强的技术，广泛应用于国内外建筑加固工程中。针对某 19 层商住楼倾斜现状展开研究，通过基础类型、地质情况、结构受力等方面正确分析倾斜原因。在明确倾斜原因的基础上，为确保建筑安全、平稳地回归到规范要求内倾斜角度，并保证其在设计使用年限内安全稳定，本次采用两种加固措施。一是对原地基基础采用人工挖孔桩复合地基托换原薄弱地基；二是采用抬升纠偏技术对该建筑进行纠偏，使建筑由原倾斜率 5.5‰ 纠正到 1.5‰ 以内。两种加固手段灵活配合，并综合分析倾斜建筑受力特征，成功对薄弱地基进行了托换加固，并使原倾斜建筑恢复到设计要求范围。本工程的实施与研究，为建筑地基托换加固提供了指导和借鉴作用，刷新了国内抬升纠偏技术应用的新高度。

关键词：高层建筑，倾斜分析，地基加固，加固纠偏

Research on Causes of A High-rise Building's Tilt and Technology of Rectification Reinforcement

Li Biqing　Jiang Tao　Li Jinbao　Ma Jiangjie　Li Fengjie

Jiangsu southeast special technology Engineering Co., Ltd., Nanjing 210008, China

Abstract：The technology of reinforcement of foundation underpinning and uplift rectifying is a wide range technique for building, which is widely used in building reinforcement practice at home and abroad. Based on the current status of a nineteen commercial residential building' stilt conduct a study, analyzed the reasons of its inclination by three aspects, including basic types, geological conditions and structural forces. In order to ensure the construction safety and return smoothly to the angle within specification requirements, and ensure the security and stability within the design use fixed year, use two kinds of reinforcement measures based on defining the tilt reason. Firstly, the original foundation is replaced by the composite foundation of manually excavated pile；The second is to rectify the building by using uplift rectifying technique, and make the building be corrected to 1.5‰ with the original inclination rate of 5.5‰. By means of the two kinds of reinforcing means are flexibly fitted, and the stress characteristics of inclined buildings are analyzed comprehensively, The weak foundation has been successfully replaced and reinforced, and the original inclined building has been restored to the design requirements. The implementation and research of this project provide guidance and reference for the reinforcement of the foundation of the building, and the new height of the domestic application of uplift rectifying is updated.

Keywords：High-rise buildings, Tilt cause analysis, Foundation reinforcement, Reinforcement and rectification

作者简介：李碧卿（1982.4—），女，江苏南京人，江苏东南特种技术工程有限公司，工程师，E-mail：umabank@163.com。地址：南京市丹凤街 19 号 A 座恒基中心公寓四楼直管部。

0 引言

既有建筑的再加固纠偏技术是一项有益于社会影响和人民价值的重要技术。目前国内纠倾加固技术存在着起步晚、不成熟、发展慢、技术匮乏、施工经验不丰富等不足之处，尚未形成成熟的理论体系和施工技术组织[1]。但是，国内地基基础复杂、地质构造丰富、城市建筑局促等基本条件下，对该项技术挽回人民生命财产损失的需求越来越迫切。该项技术主要以土力学理论、结构力学以及丰富的施工经验为指导，综合性较强，难度较大，工艺复杂。本研究为高层建筑的纠偏加固等类似工程案例提供了很好的借鉴价值。

1 工程概况

某高层建筑物，为地下一层，地上十八层住宅，剪力墙＋大底盘地下室结构，筏板基础，振冲碎石桩复合地基。房屋为十字形，进尺长度30.9m，宽度28.5m；地下室层高5.5m，1层～18层总高54.0m，筏板厚900mm。房屋完成主体和部分装饰装修工程施工时产生的施工沉降已趋于稳定，完工后沉降还在不断继续，并造成建筑物产生明显的倾斜。

该建筑物场地地貌属天全河一级阶地和一级阶地后缘浅丘，场地总体地势呈东北高、西南低，地形起伏较大，高程介于742.99～756.99m之间，最大高差达14.00m。场地内由多条水沟通过，原为居民区。

目前房屋实测倾斜斜率为5.5‰，东西方向最大沉降差异173mm，设计将该房屋纠倾至1.5‰以内，最大顶升量设计值为160mm。

2 建筑倾斜原因分析

2.1 地基基础类型

该建筑物原基础类型为碎石桩复合地基、筏板基础。根据碎石桩复合地基加固原理，利用水平振向力挤密周侧土体形成散体桩群，组合形成复合地基。

从水压力方面分析，该加固层范围内原状土层主要为新近系填土、粉土、细砂等组成，层间水水平渗透系数远大于竖向渗透系数。成桩过程中改变了加固层的排水条件，层间挤密后排水能力降低，形成超静孔隙水压力，削弱了土骨架的有效应力，从而限制了其变形。后期随着超静孔隙水压力的逐渐消散，消散过程中伴随着土体体积的变化，从而加剧了后期建筑的沉降。

从复合地基本身固结强度分析，由于桩间土的侧限阻力低而使桩体很难达到需要的密实度，桩间土的挤密效果需要很长时间的时效作用，完全固结时间较长，达到零沉降或微小沉降的时间可能需要几百年，且桩体本身为碎石散体，桩身挤密后，在后期建筑荷载加压下会进一步产生沉降，从而导致建筑地基的持续沉降倾斜[3]。

2.2 地质情况

该建筑物地基处理前的主要地层（从上到下）：粉土、细砂、卵石层、强风化泥岩（强风化泥质砂岩）、中风化泥岩（中风化泥质砂岩）。其中，场地东侧发育有粉土和细砂层。原复合地基采用振冲碎石桩复合地基，桩长约6.0m，设计复合地基承载力特征值为300kPa。

该地基范围内东侧局部发育有粉土、细砂，该层土工程性质较差，主要表现在：（1）贯入击数较低，地基承载力较低，为建筑不良地基，使该场地地基为不均匀地基。（2）极易振动液化，其土的物理力学性质极差，在挤密桩振动作用下产生液化失水，使桩间土体强度降低。（3）土层压缩沉降量大，后期基础荷载作用下削弱复合地基强度[2]。由此可见，该建筑后期不断沉降倾斜，与该层地基土的特殊性息息相关，建筑东西向倾斜也与其分布范围相吻合。

2.3 结构受力

根据我国的《建筑抗震设计规范》（GB 50011—2010）第3.4.3条对不规则结构进行了详细的划分，该建筑为平面十字形构造，属于平面不规则结构的扭转不规则类型，根据其特性，在水平荷载作用下该建筑极易发生应力集中。从而造成建筑底板及基础受力不均，进一步造成建筑不均匀沉降。

3　加固纠偏设计方案

3.1　加固工程设计整体思路

考虑到该建筑物目前已经发生倾斜，且倾斜量在不断加剧恶化，纠倾加固工作迫在眉睫。由于该建筑具有质量大、重心高、基础持续沉降等特点，故在整体方案上分为两部分，一为原有基础加固；二为建筑整体抬升纠倾。总体思路具体为：（1）在筏板下方增设 16 根大直径人工挖孔桩加固地基基础，形成桩与土共同作用的复合桩基；（2）对一层墙体根部混凝土剔凿，使上部结构与地下室部分分离，在分离部位设置机械式千斤顶对上部结构进行抬升纠偏，纠偏至各点最大倾斜率 ≤ 1.5‰。纠偏完成后，撤出千斤顶并恢复上部结构与地下室部分的连接[4]。

3.2　地基基础加固

本工程采用人工挖孔注浆成桩工艺，在筏板下方增设大直径人工挖孔桩加固地基基础，形成桩与土共同作用的复合桩基[5]。增设 16 根人工挖孔桩，考虑桩土共同受力。要求单桩承载力特征值达到 10000kN。设计桩内径 1400mm，人工挖孔护壁 200mm，桩端采用中风化泥质砂岩作为持力层。最小桩长 13m，桩端进入持力层 1m。

刚性桩的单桩承载力根据桩身材料强度计算或根据侧摩阻力和桩端阻力计算确定，并取其中较小值。

$$R_a = \eta \cdot f_{cu} A_p \tag{1}$$

$$R_a = \mu_p \sum_{i=1}^{n} q_{sai} l_i + \alpha q_{pk} A_p \tag{2}$$

经计算得：$R_a = 11074.9\text{kN} > 10000\text{kN}$，满足要求。

刚性桩复合地基承载力计算采用面积比公式或应力比公式来进行计算，取小植。

面积比公式：

$$f_{spk} = m \frac{R_k^d}{A_p} + \beta(1 - m)f_{sk} \tag{3}$$

应力比公式：

$$f_{spk} = [1 + (n - 1)m]f_{sk} \tag{4}$$

经计算得：$f_{spk} = 358.2\text{kPa} > 300\text{kPa}$，满足要求。

3.3　顶升纠偏设计

（1）顶升荷载计算

本次通过 PKPM 软件对该建筑进行了建模受力分析，得到底层竖向荷载值，根据每段剪力墙下荷载值大小，布置适当大小的千斤顶。布置原则为千斤顶额定工作荷载的 80% ≥ 墙下荷载值。通过计算得出本次千斤顶选用额定荷载 1000kN 螺旋式千斤顶。顶升时设计使用最大荷载 750kN。

（2）顶升量计算

确定纠倾测量控制点后，现场测量各点沉降量、倾斜率，根据最大倾斜值或沉降量计算各点顶升量。最大顶升量确定为 66mm。

（3）顶升点承压计算

顶升孔尺寸 560mm × 400mm × 300mm、560mm × 600mm × 300mm，顶升孔内上下采用 H40 灌浆料找平后铺设 300mm × 300mm × 20mm 钢垫板，钢垫板之间设置 100t 机械式千斤顶。混凝土强度 C35。则顶升孔可承受的最大竖向荷载为：

$F = 300 × 300 × 16.7 = 1503\text{kN} > 1000\text{kN}$ 满足顶升要求。

（4）顶升孔剔凿对结构的影响

顶升孔尺寸为 560mm × 400mm × 300mm、560mm × 600mm × 300m，削弱部分面积为墙体总面积的 2.44%，通过计算可知一层墙体的轴压比在 0.3 ~ 0.5 之间，可忽略墙体削弱部分对其承载力的影响。

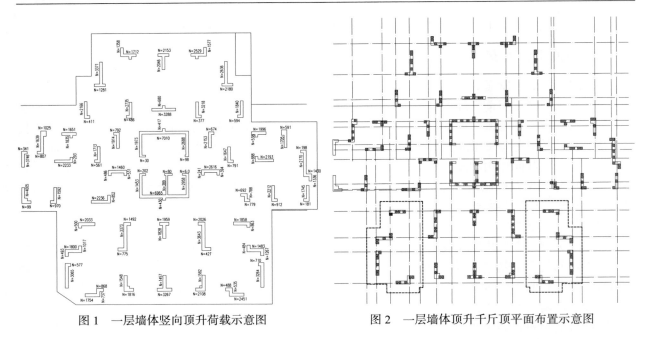

图 1　一层墙体竖向顶升荷载示意图　　　　图 2　一层墙体顶升千斤顶平面布置示意图

（5）建筑物倾斜后对顶升荷载的影响

因建筑物整体倾斜后，重心将向倾斜侧偏移，从而导致倾斜侧顶升实际荷载大于计算荷载。根据建筑物倾斜数据可知，建筑物向东侧最大倾斜率为 4.15‰。

倾斜后建筑物中心 G_1 偏移值 $x = 2 \times \sin\left[\left(\arctg\dfrac{225}{54400}\right)\middle/2\right] \times \sqrt{54400^2 + 30900^2}\,/2 = 125\text{mm}$

建筑物重心偏移后倾斜侧竖向荷载增加值 $= \left[150000 \times （30900/2+225）/30900\right]/（150000/2）=1.015$

通过计算可知建筑物倾斜侧底部端部竖向荷载增加约 1.5%，与理论计算竖向荷载基本一致，顶升荷载可以忽略倾斜导致的顶升荷载影响[5]。

（6）风荷载、地震荷载对顶升纠偏的影响

该建筑地上部分总高度为 54.4m，平面尺寸为 28.2m × 30.9m。基本风压 $w_0=0.45\text{kN/m}^2$，计算风荷载作用下一层底部顶升切断部位产生的水平剪力和一层底部产生的倾覆弯矩对结构的影响。为简化计算，将建筑沿高度划分 5 个区段，每个区段 10m，近似取中点位置的风荷载作为该区段的平均值，得出风荷载作用下各区段合力的计算结果。

表 1　风荷载作用下各区段合力计算结果

区段	H_i	H_i/H	μ_z	β_z	q_z	F_i
5	50	0.951	1.62	1.179	32.48	324.78
4	40	0.732	1.52	1.142	29.52	295.17
3	30	0.549	1.39	1.126	26.61	266.15
2	20	0.368	1.23	1.090	22.80	227.98
1	10	0.183	1.00	1.060	18.02	180.25

风荷载作用下底部一层的总剪力为 V：1294.33kN。

通过 PKPM 整体计算一层风荷载产生的总剪力为：1068kN；一层地震载产生的总剪力为：6488kN；底部一层墙体切断后摩擦阻力系数取 0.1，则水平摩擦阻力为：15000kN＞6488kN 满足要求。

风荷载、地震荷载在一层底部产生的倾覆弯矩为 M：35920.94kN·m。

通过 PKPM 整体计算一层风荷载产生的倾覆弯矩为：35977kN；一层地震荷载产生的倾覆弯矩为：209000kN；建筑物在自重作用下的抗倾覆力矩为：2115000kNm＞209000kNm 满足要求。

4　结论

该建筑物纠倾加固工程的设计思路及施工实践，挽回了人民生命财产安全，有很重大的社会影响意义，为国内纠偏加固工程领域树立了很好的楷模。地基基础托换加固的理论研究，为已建建筑的加固理论创立了新途径。通过本工程得到以下几点结论和建议：

（1）该建筑物倾斜的主要原因有三方面：一是碎石桩复合地基本身存在不稳定沉降的可能性，在后期建筑荷载加压下不断演变；二是原地基范围内土体地质情况较复杂，粉土、砂土在碎石桩挤密过程中桩间土体存在液化现象；三是建筑平面类型属于不规则十字型，结构受力容易产生应力集中，加剧了建筑的沉降倾斜。

（2）从现状筏板开洞，人工挖孔桩置换原薄弱地基的加固理论是安全可行的，是一种经济、合理、精度高、有保证的加固措施。

（3）建筑物纠倾加固是一项可变性较强、施工技术要求高的工程，因此合理地运用设计理论，计算过程中考虑多重影响因素，以及对各项参数的选取采用合理的折减，是整个设计结果安全稳定的有效保障。

（4）信息化整体控制变形监测是工程成功实施的安全保障，是完成信息化施工的必要措施[6]。

参考文献

［1］ 程小伟，等.某高层住宅楼倾斜原因及纠倾加固技术研究［J］.岩土工程学报，2012.
［2］ 龚晓南.高等土力学［M］.杭州：浙江大学出版社，1994.
［3］ JGJ 79—2012.建筑地基处理技术规范［S］.北京：中国建筑工业出版社，2013.
［4］ JGJ 123—2012.既有建筑地基基础加固技术规范［S］.北京：中国建筑工业出版社，2013.
［5］ 李今保，胡亮亮.某多层综合楼抬升纠倾技术［J］.建筑技术，2010，9.
［6］ 李今保.某小高层纠倾加固技术［J］.工业建筑，2010，3.

裙楼顶升纠偏加固技术

魏广秋[1]   李延和[1]   任亚平[2]   李   帅[1]

1. 南京工业大学土木工程学院，江苏南京，211816

2. 江苏建华建设有限公司，江苏南京，211816

摘   要：本工程为某小区纠偏加固工程，因自来水管道爆裂漏水使水土流失，从而导致局部下沉，下沉造成柱子不均匀沉降，经现场监测最大沉降量达 11.8cm，梁产生裂缝，裙楼已严重影响正常使用，主楼影响较小，仍然可正常使用。通过方案比选，采取对裙楼结构顶升纠偏的方法。考虑到顶升过程中可能对主楼产生影响，把裙楼与主楼连接的混凝土凿除，钢筋保留，使裙楼与主楼之间形成塑性铰。在顶升之前需要对地基加固处理，本工程采用压密注浆的方法加固地基。对受损部分结构进行加固处理并进行柱子的顶升纠偏。原来条基采用扩大柱截面加固法并增设新梁。本工程最终纠偏成功，可供类似工程提供借鉴。

关键词：顶升纠偏，塑性铰，压密注浆

Podium Roof Lift Correction and Reinforcement Technology

Wei Guangqiu[1]   Li Yanhe[1]   Ren Yaping[2]   Li Shuai[1]

1. College of Civil Engineering，Nanjing University of Technology，Nanjing 211816，China

2. Jiangsu Jianhua Construction Co.，Ltd，Nanjing 211816，china

Abstract：This project is a rectification and reinforcement project for a residential area. Water leakage occurs due to water leakage due to bursting of water pipes. As a result，local subsidence and subsidence cause uneven settlement of the column. The maximum subsidence measured by the site is 11.8cm. Cracks occur in the beam and the podium has become severe. Affecting normal use，the main building can have a small iMPact and can still be used normally. Through the program must choose，adopt the method of lifting and correcting the podium structure. Taking into account that the lifting process may have an iMPact on the main building，the steel concrete connecting the main building and the podium is cut and retained so that a plastic hinge is formed between the podium and the main building. Before the lifting，it is necessary to reinforce the foundation. This project adopts the method of coMPaction and grouting to reinforce the foundation. Reinforce the structure of the damaged part and perform column lift correction. The original bar base has been reinforced with an enlarged column section and new beams have been added. The project has been successfully rectified and can be used as a reference for similar projects.

Keywords：Lifting correction，plastic hinge，coMPacted grout

1   概述

　　我国已有建筑物中，有很多由于设计水平、施工质量、地质复杂等种种原因存在不同程度的损伤和变形，有的甚至已严重超出国家规定的危房鉴定标准。因此，对超出国家危房鉴定标准的房屋进行纠偏、加固已是十分紧迫的任务。据有关资料显示，我国已经进入建造与改造并重的阶段。而这些危房中，很大部分是由于房屋变形、沉降过大或整体倾斜造成的。在借鉴国外成功经验的基础上结合我国实际情况，发展了顶升纠偏法。

作者简介：魏广秋（1991—），男，硕士研究生，主要从事无粘结预应力混凝土结构抗震方面研究。

通信作者：李延和（1958—），男，教授，硕士，主要从事混凝土结构及工程结构检测与加固研究。

既有建筑物的纠偏方法主要有三类：一类是对沉降小的一侧采用迫降纠偏技术；用人工或机械的施工方法在建筑物沉降较小的一侧掏空其局部地基土或增加土体应力，迫使土体产生新的竖向变形或侧向变形，使建筑物在一定时间内加剧该侧沉降，从而纠正建筑物的倾斜。第二类则是对沉降较大的一侧采取顶升纠偏技术；第三类是这两种方法混合使用[1]。而本工程采用第二类顶升纠偏的方法进行纠偏。

2　工程概况

本工程为某小区 22 号楼纠偏工程，结构形式：第一层为框架结构，上面五层砖混结构，距离隧道约 15m。该房建于 20 世纪 80 年代，基础形式为条形基础。裙楼长为 27.2m，宽为 5m。

由于水管爆裂，网吧门口局部塌陷，塌陷部位已用混凝土填充，并进行了钻孔注浆处理。图 1 是现场的主楼与裙房之间的裂缝。根据对荷花池路口商户及居民楼检测报告，目前沉降稳定，满足要求。22# 楼裙房的建筑物倾斜率不符合《建筑地基基础设计规范》（GB 50007—2011）第 5.3.4 条及表 5.3.4 的要求，向南倾斜。现有两种方案对这两栋楼的裙房进行处理，第一种方案是顶升纠偏；第二种方案是拆除重建。通过方案比选，最终选择第一种方案顶升纠偏。施工设备及材料均可直接运至施工现场，水、电基本能满足施工需要。裙楼与主楼的裂缝如图 1。

图 1

3　顶升纠偏设计方案

3.1　基础加固

由于地基水土流失导致地基承载力不够，因此本工程拟先对地基进行压密注浆处理。压密注浆处理后，进行基坑开挖工作。挖到原有条基的位置，对原有条基进行扩大截面加固的方法。图 2 是原条形基础，图 3 是加固后的基础图。条形基础加固完后开始做牛腿，牛腿施工配筋如图 4。

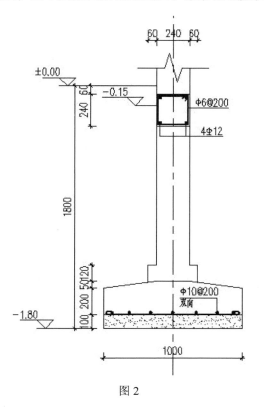

图 2

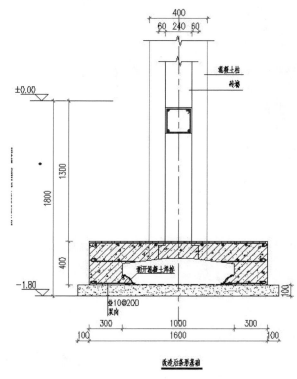

图 3

3.2 梁、板、柱加固

对条形基础加固后，然后对柱进行包钢加固，柱与柱之间并做垂直支撑和斜向支撑。柱子加固后如图5。梁采用粘钢加固，加固图如图6。板采用碳纤维布加固，T-200@400，双向，然后挂网粉刷30厚的砂浆。梁、板、柱加固之后，把裙楼与主楼连接处的混凝土凿除，钢筋保留。这样使裙楼与主楼之间形成塑性铰，塑性铰的存在使一个构件就变成了两个构件加一个塑性铰，塑性铰两边的构件都能做微转动。就减少了一个约束。计算时内力也发生了变化，当截面达到塑性流动阶段时，在极限弯矩值保持不变的情况下，两个无限靠近的相邻截面可以产生有限的相对转角[4]，这种情况与带铰的截面相似。这样就避免了裙楼顶升时对主楼的影响。混凝土凿除前需要在裙楼下设置支撑，支撑设置如图7。

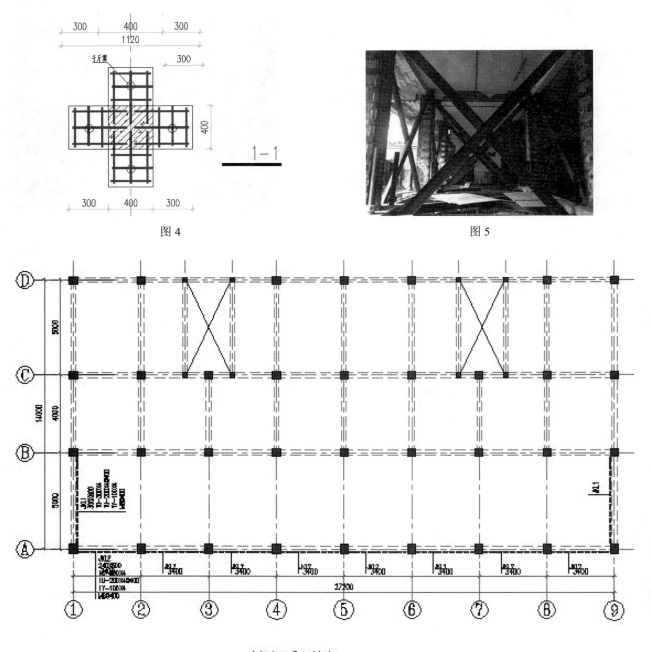

图4　　　　　　　　　　　　　　　　　　图5

一层梁加固平面布置图

图6

3.3 顶升纠偏

根据加固设计要求，结合现场实际情况，在确保结构和抬升施工安全前提下，经研究确定以下施工顺序：

采用 100t 千斤顶（局部 150t）在混凝土承台和钢牛腿之间进行抬升，在抬升之前先将建筑物临时支撑起来，确保建筑物在抬升的过程中稳定，钢牛腿安装完成后，在承台间 500mm 内安装千斤顶，并使其平整、对称、垂直；调节千斤顶对柱施加抬升力，确保所有千斤顶顶紧后，在承台和钢牛腿之间 250mm 处切断柱；继续对千斤顶同步施加抬升力，使结构整体同步平稳上升，分级抬升，直至倾斜率达到《建筑地基基础设计规范》（GB 50007—2011）要求范围内然后临时锁死抬升千斤顶，开始接柱施工，接柱施工前，应将柱头混凝土钢筋剥离使柱纵向主筋暴露出来，采用与原柱相同的纵筋与原柱主筋单面焊接连接，箍筋焊接好后，采用 C40 干混自密实混凝土进行灌注切割部位的混凝土；然后逐个撤除千斤顶，采用增大截面法加固接好的柱子[2]。顶升示意图如图 8。

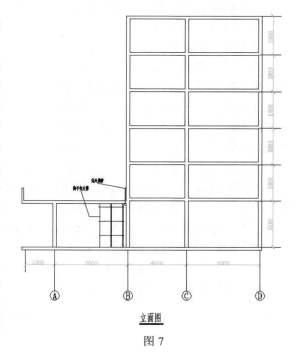

立面图

图 7

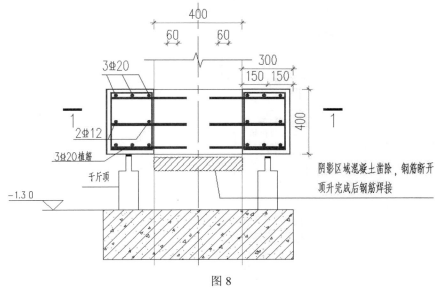

图 8

3.4 断柱修复及主楼与裙楼的断板修复

（1）将柱断开钢筋采用同一级别钢筋搭接焊接驳接好，焊缝位置错开布置，并保证焊缝长度及质量满足有关规范要求。

（2）柱断开部位重新设置加密箍，钢筋制安应按有关规范执行。

（3）根据构件尺寸进行柱断开部位模板制安，三面模板垂直设置，一面模板设置斜三角浇捣口，同时应注意模板的密封性以防止浇捣混凝土水泥浆外漏影响混凝土强度质量。

（4）采用 C40 干混自密实混凝土浇筑密实，将断柱驳接完好，浇筑完成后养护不少于 7d。

4 顶升纠偏施工方案

4.1 施工流程

（1）房屋周边 2～4m 范围内硬质封闭，安全警示。

（2）拆除建筑一层室内外玻璃门、卷帘门、地砖、吊顶、分离楼梯、平台、水电气管线、室外沥青路面、门头、天沟等。

（3）对一层地坪开挖至承台底面，并整平地面。再进行基础承台扩大施工。

（4）进场准备施工，需查看梁板墙的裂缝情况，做好标记，在施工过程严格控制裂缝程度。（每周监测一次、顶升阶段每 2 天监测一次）

（5）承台面 500mm 放置千斤顶施工准备，并在牛腿四角放置保持稳定的丝杆。千斤顶采用人工掀顶，在正式顶升前要进行试抬，以确定千斤顶正常工作顶升力，顶升前布置好相关的应力应变监测系统。准备工作做好后，在承台面 250mm 处切割分离柱[3]。

（6）分阶段开展顶升施工，顶升前算出每级顶升量，每轮次抬升级量等相关数据。顶升过程严格按照抬升数据控制。对顶升过程进行应力应变监测，防止结构出现局部应力集中，以及观察强制结构位移的影响。顶升得到验收后开始接柱。

（7）当柱子接好后，达到预定强度，进行拆除顶升系统以及临时支撑。

（8）对二楼梁、板进行碳纤维加固，对一楼柱子包钢加固。

（9）回填基础、一楼地坪恢复以及店铺内钢夹层施工。对一楼商铺内部进行恢复。

施工流程图如图 9 所示：

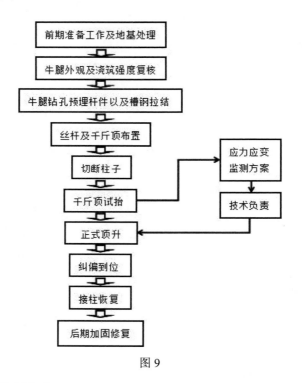

图 9

4.2　施工进度计划及质量控制方案

本纠偏抬升工程施工工期为 25d。

本工程的施工进度及工序可以参考借鉴我公司之前类似的顶升纠偏工作，对现场部分特殊区域进行工期调整。在编制现场施工计划进度表时，要考虑春夏季施工季节特点，将春夏季节雷雨、台风等特殊天气因素考虑到施工计划中。将主要工作尽量安排在良好的天气里，另外，考虑在雷雨等不利天气下如何保证现场施工进度及工程质量。

由于断柱抬升纠偏是风险性较大的施工技术，为了保证建筑物的安全性和使用性能不因施工而产生新的损伤，应按以下措施执行。

（1）为防止断柱操作时机具的动力或抬升过程不同步操作使得各个柱位之间发生相对水平位移，采用槽钢连接进行约束（详见设计方案），尤其是必须约束中柱在抬升过程中可能发生的相对水平位移。

（2）断柱后柱子及上部荷载全部由千斤顶承受，柱子可能会发生上下微小位移。断柱后抬升前，应再次测量确定标记线 A、B 之间的距离与断柱前数值一致。

（3）断柱后应立即进行抬升纠偏施工，纠偏施工完毕后应立即进行断柱驳接，以降低发生安全事故的风险。

（4）抬升纠偏过程应注意每个柱位操作的同步性，切忌局部柱位抬升过度产生结构附加内应力，因此严格要求施工操作者应按设计好的每行程抬升量进行操作，并随时感觉千斤顶的受力轻重情况以加快或减慢按压千斤顶的速度。

（5）为确保抬升纠偏整个施工过程千斤顶不发生任何问题影响建筑结构安全及施工进度，千斤顶使用前应进行仔细检查，施工现场也必须有适量的千斤顶备用。同时及时用钢板楔紧断柱之间的空隙以确保施工安全。

（6）现场应配备适量长度的钢管，当抬升纠偏过程中局部柱位抬升横梁或柱出现裂缝时，立即使用钢管加千斤顶于抬升柱位附近作临时支顶以卸除部分荷载。

5　结语

顶升纠偏技术是一项具有较高难度和较高风险的复杂工作。顶升前应重视对既有建（构）筑物现状的调查，了解被顶升建（构）筑物的结构、各部分构造、荷载分布、刚度、和受力特征，特别应注意顶升过程中的沉降情况和建筑物开裂情况等。本工程把主楼与裙楼连接的混凝土凿除，钢筋保留，使主楼与裙楼之间形成塑性铰，从而避免了对主楼的影响并且使裙楼在顶升过程中更加安全[5]。可为今后类似的顶升纠偏工程提供借鉴。

参考文献

[1] 王建平. 采用顶升纠偏方法处理下沉柱基 [J]. 工业建筑，1995，25（3）：47-49.

[2] 薛宪文，陈驰，冯勇. 既有建筑基础顶升纠偏法之应用 [J]. 浙江水利科技，2002（5）：79-80.

[3] 郑坚. 建筑物的顶升纠偏方法 [J]. 建筑技术开发，2002，29（7）：50-52.

[4] 杨春峰，郑文忠，于群. 钢筋混凝土受弯构件塑性铰的试验研究 [J]. 低温建筑技术，2003（1）：38-40.

[5] 王福明，曾建民. 钢筋混凝土压弯构件塑性铰的试验研究 [J]. 太原工业大学学报，1989（4）：20-29.

某地铁隧道穿越旧建筑物时障碍桩的清除技术

魏广秋[1]　李延和[1]　任亚平[2]　钱　程[1]

1. 南京工业大学土木工程学院，江苏南京，211816

2. 江苏建华建设有限公司，江苏南京，211816

摘　要： 某地铁隧道通过既有建筑物桩基，这些桩基影响地铁隧道盾构机施工。只有把这些障碍的桩清除，地铁隧道才能顺利施工。通过方案对比，采取把障碍桩压入地铁隧道底部的方法即压桩法。目前针对这种障碍桩的清除方法一般经常采用拔出障碍桩的方法[1]，针对把桩压入地铁隧道底部的方法很少采用。在地质条件满足要求的情况下，用压桩的方法清除障碍桩比用拔桩的方法来清除障碍桩有更多的优点，例如：施工工期短、费用更低、施工难度更低、周围环境影响小及施工期间上部楼层可继续使用并且压下去的桩可以做地铁的基础。而在既有建筑物下拔桩对工作空间要求比较高，经常采用移走建筑物的方法来腾出作业空间，这样施工的难度就大大增加。本工程的地质条件满足要求，并且采用压入法把桩清除，可供类似工程提供借鉴。

关键词： 压桩法，障碍桩，地铁隧道

Key Techniques for Cleaning Pile Foundation of a Subway Tunnel in Nanjing

Wei Guangqiu[1]　　Li Yanhe[1]　　Ren Yaping[2]　　Qian Cheng[1]

1. College of Civil Engineering，Nanjing University of Technology，Nanjing211816，China

2. Jiangsu Jianhua Construction Co.，Ltd，Nanjing 211816，china

Abstract： A subway tunnel passes through the existing building piles. These piles affect the construction of shield tunnelling machines in subway tunnels. Only by removing the piles of these obstacles can the subway tunnel be successfully constructed. Through the coMParison of the schemes，the method of pressing the obstacle piles into the bottom of the subway tunnel is adopted. At present，the removal method for such obstacle piles is often used as a method of pulling out obstacle piles[1]. The method of pressing piles into the bottom of subway tunnels is rarely used. In the case of geological conditions that meet the requirements，the use of pile-pressing methods to remove obstructed piles has more advantages than clearing obstructed piles by using pile-pulling methods，such as shorter construction period，lower cost，lower construction difficulty and the surrounding environment. Small piles with low iMPact and can continue to be used on the upper floors during construction can be used as a base for subways. However，in the existing buildings，piles are pulled out under the requirements of a relatively high working space，and often the method of removing buildings is used to make room for work，so that the difficulty of construction is greatly increased. The geological conditions of the project meet the requirements，and the piles are removed by press-in method，which can be used as a reference for similar projects.

Keywords： Piling method，obstacle piles，subway tunnels

作者简介：魏广秋（1991—），男，硕士研究生，主要从事无粘结预应力混凝土结构抗震方面研究。

通信作者：李延和（1958—），男，教授，硕士，主要从事混凝土结构及工程结构检测与加固研究。

1　概述

随着经济快速发展与城市化的不断推进，城市轨道交通系统是未来城市交通体系中不可缺少的组成部分，特别是在超大城市、大城市解决交通拥挤具有很强的优势，具有广阔的发展市场。同时，把轨道交通系统与其他交通系统综合考虑，使之相互协调，共同发展，使城市的整体交通体系更加科学、更加完善，更好的服务于市民，更好的为城市的经济建设服务。

为适应现代化城市的发展，国内众多城市正在建设地铁工程。地铁线路选线往往经过闹市区并穿越已有建筑物，而对用桩基础的建筑物，也面临障碍桩的清理问题。由于这些障碍桩多为钢筋混凝土预制桩或钢筋混凝土灌注桩，盾构机穿越时，施工非常困难，因此实际工程中，往往提前采用清除障碍桩的施工方案。因此，在我国对清除障碍桩技术发展潜力巨大。对现有的清除障碍桩关键技术进行整合研究显得尤为重要而且有巨大的商业研究价值。目前使用的清除障碍桩的多为拔桩法即把影响地铁隧道盾构的桩拔出的方法[1]，拔桩之前需要把既有建筑物移走后再进行拔桩，拔桩之后再把原建筑物移回原地，这样就大大增加的工作量。而用压桩法即把影响地铁隧道盾构的桩压入轨道底部不影响盾构的位置的方法不需要这些复杂的过程，可以直接在一层进行施工。本文以某地铁 5 号线下关至建宁路站区间隧道穿越下关区政府大楼处清理障碍桩工程作为例，介绍了清除障碍桩中压桩的方法。

2　工程概况

2.1　工点概况

某市地铁 5 号线现需穿过某区政府内 1986 年由南京市设计院设计，原下关区开发公司修建的"旅馆、饭店"建筑下部。该建筑由 1#（框架 7 层）、2#（砌体 7 层）、3#（砌体两层）组成。1#（框架 7 层）、2#（砌体 7 层）下部原设计有截面 450mm × 450mm、桩长 36m 预制方桩，现影响地铁施工，需部分清除障碍桩。3# 下部原为条形浅基础，地铁需从下方经过，可能有所影响，需要加固处理。两站之间总长度 535.803m，下穿惠民路高架桥及惠民路暗涵，下穿某楼人民来访接待中心桩基、已拆电厂宿舍遗留桩基、已拆某广播电视大学下关校区遗留桩基、侧穿下关区人民政府，到达下一站。在 K34+922.177 位置设 1 座联络通道兼泵站。施工拟采用盾构法，隧道底板埋深约 12.39 ～ 21.99m。轨道与桩基的布置图如图 1。

2.2　场地及周边环境条件

下关站～建宁路站区间东南段现状为市政公共道路及惠民路高架桥、政府办公场所，周边建筑物以多层、高层居多，以桩基础为主。西北段现状为拆迁场地及南京港集团建筑工地及龙湖地产项目工地，在建项目以高层建筑为主，采用桩基础。区间范围内地形起伏不大，局部由于附近拆迁及施工，地形略有起伏，总体西高东低，现状地面高程在 8.16 ～ 10.15m 之间，场地及周边环境见图 2。

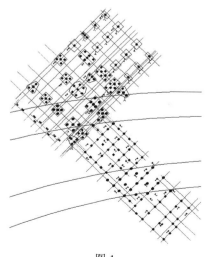

图 1

图 2

2.3 地形与地貌

本标段内地貌类型较为复杂多样，既有地质构造作用主导形成的构造剥蚀低山丘陵，又有因基准面抬升遭侵蚀而形成的堆积侵蚀波状平原，其间岗地与岗间洼地相间分布，还有长江、秦淮河堆积作用形成的河流堆积平原，不同类型地貌单元区的地质环境条件和差异较为明显。

据地面调绘结果及已有资料分析，本标段沿线地貌单元大致为长江漫滩平原区，地势较平缓，地面高程在7.0～12.0m之间，基岩面埋深约45.70～78.00m，分布标高−67.87～−36.01m之间。地势较平坦，盾构区间西侧为拆迁后建筑垃圾堆场，紧邻龙湖地产项目，东侧紧邻下关区政府办公大楼及南京港在建办公大楼，现状地面高程在8.16～10.15m之间，近地表主要由全人工填土、（淤泥质）粉质黏土等组成。具体土层分布见图3。

各种土的物理性指标见表1：

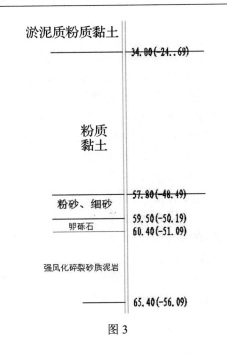

图3

表1　土的物理性能

名称	含水量	天然密度	孔隙比	液限	塑限	塑性指数	液性指数
	W	ρ	e	W_L	W_P	I_P	I_L
	%	g/cm³	—	%	%	—	—
素填土	33.3	1.89	0.924	35.5	21.0	14.5	0.80
淤泥质粉质黏土（混夹粉土、粉砂）	38.1	1.79	1.110	36.5	21.0	15.6	1.11
粉质黏土（混夹粉土、粉砂）	32.7	1.82	0.987	32.2	19.5	12.7	1.05
粉砂	22.4	1.90	0.736				

3 压桩法清除障碍桩的方案设计

3.1 设计思路

由于这些障碍桩被清除后，基础的承载力就会不够，因此本工程拟先对基础进行托换。托换时要考虑到压桩的需要及压桩的作业空间，应该做好预留孔洞和上部机构的托换。考虑到压桩的深度比较大和桩周的土已经固结，从而需要的压桩力比较大。因此，本工程拟采用高压旋喷把桩周围的土进行扰动去释放摩阻力。同时为了减少压桩量，本工程拟把桩顶凿除1m。

基础和上部结构托换完成后，对反力架进行有效锚固，用专用送桩器（即直径等于450，长度为2m的钢管）将预制桩压入地铁隧道以下，最后取出送桩器并封孔。压桩前后桩的位置见图4。

3.2 桩基托换原理及计算

本工程共有43根桩要被拔出，具体情况如图5，其中B区和D区是需要进行清除的障碍桩，B区需要被清除的桩有22根，D区需要被清除的桩有21根。

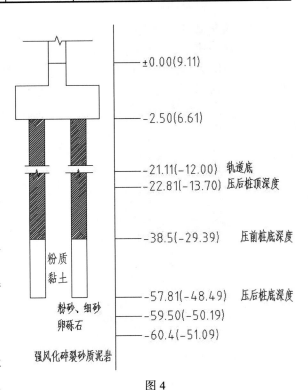

图4

本工程拟先做一个矩形的大筏板，再在 A 区、C 区和 E 区打入新的钢管桩，通过这些新打入的钢管桩承载力与被清除的障碍桩的承载力达到平衡。

3.3　压桩力的计算

查《建筑桩基技术规范》（JGJ 94—2008）得压桩力计算公式如下：

$$Q_{uk} = Q_{sk} + Q_{pk} \tag{1}$$

式中，Q_{sk} 为桩侧总极限摩阻力；

　　　Q_{pk} 为桩端总极限阻力；

$$Q_{sk} = u \sum q_{sik} l_i \tag{2}$$

式中，u 为桩周长；

　　　q_{sik} 为桩侧第 i 层土的极限侧阻力标准值；

　　　l_i 为第 i 层土厚度；

$$Q_{pk} = q_{pk} A_p \tag{3}$$

式中，Q_{pk} 为极限端阻力标准值；

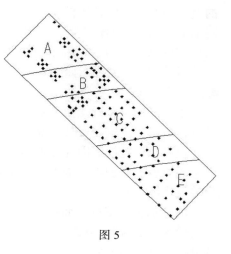

图 5

　　　A_p 为桩端面积。

桩周土被高压旋喷后，桩周土被松动，土对桩的固结力被释放，桩侧摩阻力也被释放部分。根据工程经验，土松动后桩侧摩阻力减少百分之四十。

根据土的物理学指标查《建筑桩基技术规范》[2]（JGJ 94—2008）表 5.2.8-1 可知，淤泥质粉质黏土桩的极限侧阻力标准值 q_{sk} 取 21、粉质黏土的极限侧阻力标准值 q_{sk} 取 20。查《建筑桩基技术规范》（JGJ 94—2008）表 5.2.8-2 可知，极限端阻力标准值 q_{pk} 取 2500。根据《建筑桩基技术规范》（JGJ 94—2008），对于尚未完成自重固结的填土和以生活垃圾为主的杂填土，不计算侧阻力。本工程的桩周土被高压旋喷松动，因此也不计算杂填土的侧阻力。对于预制桩，根据土层深度 h，将 q_{sk} 乘以下表修正系数见表 2。

表 2　土层深度的修正系数

土层深度 h（m）	≤ 5	10	20	≥ 30
修正系数	0.8	1.0	1.1	1.2

$$Q_{uk} = Q_{sk} + Q_{pk} = u \sum q_{sik} l_i + q_{pk} A_p = 1574.651 kN$$

通过比较上述计算出的压桩力和建筑物的自重可知，压桩力小于建筑物自重，用锚杆静压桩技术把障碍桩压入地铁隧道底部以下是允许的[3]。

3.4　对地铁隧道基础的影响

采用锚杆静压桩沉桩实际是一个挤土的过程[4]，桩在贯入过程中，逐渐地向周围排出与自己等体积的土，对于饱和土，因土在瞬间压力作用下不可压缩，在挤压的作用下，产生超空隙水压力，桩周土体一方面产生竖向位移，因改空隙水压力不易扩散，在离地表一定深度范围内，土体向上隆起，在群桩的叠加作用下，加大了水平位移和地表隆起的影响范围；对于非饱和土，沉桩过程中水容易消散，相应地减少了桩周土体的水平及竖向位移，随着孔隙水的消散桩周土体重新得到固结，沉桩结束后，扰动土体中的超静空隙水压力随时间得到消散，根据有效应力原理，有效应力叠加，桩的承载力也随之提高[5]。因此，这种施工方法对地铁隧道基础提供一个很大的承载力，可以更加有效的避免地铁隧道的下沉带来的负面影响。

4　A 桩基清理施工方案

为了控制施工质量和保证桩基清理安全有序的进行，首先要做好前期准备工作。建立既有建筑结构沉降、变形监测系统，并记录建筑的全面情况，包括沉降、裂缝、变形情况，保障施工全过程的质量和安全。

4.1　施工流程

在盾构影响范围内考虑原桩失效，需要对基础进行托换。首先本工程先做一个筏板基础，并在桩的上方预留孔洞已备压桩需要。由于建筑结构原来的柱子对清理障碍桩会造成影响，故用转换桁架法对上部结构进行抽柱扩跨。待抽柱结束后把障碍桩上方的承台凿除，在用高压旋喷使桩周土松动，从而释放桩周土应力。之后用锚杆静压桩技术把障碍桩压到轨道下 1m。把障碍桩压到指定位置后取出送桩器并封孔。流程图如图 6。

4.2　施工策划

基坑开挖及基础托换。基坑开挖后，原承台和旧桩露出，然后浇筑一块大的筏板基础与原有桩基进行托换。在浇筑筏板时，做好预留孔洞。

上部结构托换。因为原来的旧桩需要清除，所以需对上部影响旧桩清除的柱子进行托换，并且对上部的梁也进行加固。本工程拟在被托换柱的旁边添加两个托换柱，通过这两个托换柱与被托换柱形成等效代换。

破除承台。旧桩上面的承台需要破除后才能进行旧桩的清除。承台破除后，把桩顶凿除 1m。由于老建筑已经存在 30 多年，桩周围的土已经固结而导致需要的压桩力特别大，因此本工程拟用高压旋喷技术是桩周土松动。

清除障碍桩。用高压旋喷技术使土松动后，然后再用锚杆静压桩把障碍桩压到地铁轨道下 1m。此处考虑到障碍桩对隧道盾构和后面隧道施工的影响[4]，所以把障碍桩压到地铁轨道下 1m。在压桩之前，先在桩周埋设锚杆，对反力架进行有效锚固，利用建筑物自重提供的反力进行压桩。通过反力架与千斤顶，用专用送桩器将预制桩压入送至需要深度后把送桩器取出。其中专用送桩器采用法兰连接。反力架示意图如下图 7。

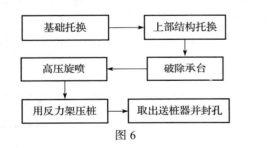

图 6

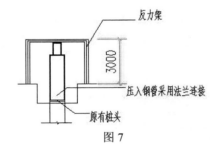

图 7

5　结论

障碍桩清理是一项具有较高难度和较高风险的复杂工作。清理前应重视对既有建（构）筑物现状的调查，了解被托换建（构）筑物的结构、各部分构造、荷载分布、刚度、被清理障碍桩桩的桩型和受力特征，特别应注意被托换建筑物的沉降情况和原有破损、开裂情况等。除此之外，还应该认真分析当地的地质条件，从而选择合理的清理障碍桩的方法。使用压桩的方法来处理障碍桩有费用更低、工期更短及对周边的环境影响更小的优点，可为今后类似的障碍桩清理工程提供借鉴。

参考文献

[1]　刘启刚. 地铁盾构隧道障碍桩拔除施工技术研究 [J]. 低碳世界，2016（22）：231-232.

[2]　中华人民共和国住房和城乡建设部. JGJ 94—2008. 建筑桩基技术规范 [S].

[3]　贾强，应惠清，张鑫. 锚杆静压桩技术在既有建筑物增设地下空间中的应用 [J]. 岩土力学，2009，30（7）：2053-2057.

[4]　梅过熊，宋林辉，宰金珉. 静压沉桩挤土机理探讨及有限元分析 [J]. 计算力学学报. 2008.10.

[5]　朱连勇. 锚杆静压桩在房屋改造加固工程中的应用研究 [D]. 南京工业大学硕士学位论文. 2007.6.

高强灌浆料置换剪力墙的应用分析

郭杰标[1]　　林悦慈[2]　　陈大川[1]

1. 湖南大学土木工程学院，湖南长沙，410082

2. 湖南大兴加固改造工程有限公司，湖南长沙，410082

摘　要： 某高层现浇钢筋混凝土剪力墙结构房屋在施工至第二十七层时，发现一层剪力墙强度低于设计强度，针对现状，为满足原设计 C50 的强度要求，选用 C80 高强钢纤维灌浆料和 C60 高强灌浆料，使用混凝土置换法对一层进行剪力墙加固，置换后的剪力墙满足设计要求，达到结构安全的目的。

关键词： 剪力墙，灌浆料

Application Analysis of High Strength Grouting Material Replacement Shear Wall

Guo Jiebiao[1]　　Lin Yueci[2]　　Chen Dachuan[1]

1. Hunan University，Department of Civil Engineering，Changsha 410082，China

2. Hunan DXIN and Reinforcement Rehabilitation Co.，LTD. Changsha 410082，China

Abstract： A cast-in-place high-rise reinforced concrete shear wall structure building when construction to the twenty-seventh floor，found that the shear wall strength of the first floor is lower than the design strength. According to the current status，in order to reach the original design strength of C50，selected using C80 high strength steel fiber grouting materials and C60 high strength grouting materials to strengthening the first floor by replace the concrete method. The shear wall after replacement can reach and forereach the design requirements，to achieve the structural safety goal.

Keywords： Shear wall，Grouting material

1　引言

剪力墙结构是用钢筋混凝土墙板来代替框架结构中的梁柱，能承担各类荷载引起的内力并能有效控制结构的水平位移，钢筋混凝土墙板能承受竖向和水平力，它的刚度很大，空间整体性好，房间内不露梁、柱，便于室内布置，方便使用。随着我国大力发展高层建筑和超高层建筑，剪力墙结构形式也成为我国高层住宅采用最为广泛的一种结构形式。

我国建筑行业起步较晚，一方面建筑业始终在探索和借鉴阶段管理模式不成熟，政府监管不到位；另一方面我国建筑行业人员专业水平低下。这些导致施工工艺不规范、管理不到位，再加上材料质量等问题，造成混凝土剪力墙强度不满足设计要求需要加固的情况频繁出现。使用灌浆料对混凝土剪力墙采取有效加固以恢复混凝土结构的承载能力并保证混凝土结构的使用寿命具有重要的现实，本文通过实例分析，阐明使用灌浆料的选择以及应用。

作者简介：郭杰标（1980—），男，工程师，主要从事结构加固与施工现场管理工作；

　　　　　林悦慈（1995—），女，湖南人，湖南大学土木工程学院研究生；

　　　　　陈大川（1967—），男，湖南大学教授。

2　灌浆料

2.1　特点

灌浆料是一种由水泥、集料（或不含集料）、外加剂及其他材料，经工厂化配置生产而成的具有合理级配可直接加水拌和而成的干混料，是混凝土的一种特殊种类。与混凝土相比具备以下特点[1-4]：

（1）早期及后期强度高：灌浆料 1d 的最高强度可以达到 20MPa 以上，28d 的强度可达到 60MPa以上。

（2）凝结时间短：灌浆料的初凝时间一般为 4h 左右，终凝时间一般为 6h 左右。

（3）自密实，不泌水：流动性好，现场只需加水搅拌均匀，直接灌入无需振捣即可自动填充所需灌注的空间。

（4）无收缩，微膨胀：有效避免裂缝的产生，我国《混凝土外加剂应用技术规范》（GBJ119—88）规定灌浆料的 1d 竖向自由膨胀率为 0.1%～0.5%，6 个月的剩余竖向自由膨胀率大于 0.05%。

（5）耐久性好：200 万次疲劳试验，50 次冻融环境试验强度无明显变化；无机灌浆材料，氯离子含量低，对钢筋无锈蚀；含碱量低，可以有效防止碱骨料反应。

由于其加水拌合均匀后具有可灌注的流动性、微膨胀、高的早期和后期强度、不泌水等优越的工作性能使灌浆料被广泛应用于地脚螺栓锚固、设备基础或钢结构柱脚底板灌浆、混凝土结构加固改造及后张预应力混凝土结构孔道灌浆等施工领域。

2.2　优点

在混凝土结构加固改造中[5]，水泥基灌浆料与传统细石混凝土相比，具有流动性更好、强度更高和施工易于控制的特点；与传统环氧砂浆相比，具有膨胀性好、施工简便快捷等特点；与聚合物混凝土相比，膨胀性好，更易与旧混凝土密切结合，黏结性好；高强无收缩灌浆料较传统产品更能耐高温、耐老化，且材料无毒性，成本低廉。实践证实，用灌浆料进行结构加固补强，具有易于施工、工期快和加固修补效果好的特点，越来越受到广大施工技术人员的肯定。

2.3　技术性能

根据规范《水泥基灌浆材料应用技术规范》（GBT 50448—2015）[6]，水泥基灌浆材料主要性能指标见下表 1。

表 1　水泥基灌浆料材料主要性能指标
Tab.1　Main performance indexes of cement-bases grouting materials

类别		I 类	II 类	III 类	IV 类
最大骨料粒径（mm）		≤ 4.75	≤ 4.75	≤ 4.75	>4.75 且 ≤ 25
截锥流动度（mm）	初始值	—	≥ 340	≥ 290	≥ 650*
	30min	—	≥ 310	≥ 260	≥ 550*
流锥流动度（mm）	初始值	≤ 35	—	—	—
	30min	≤ 50	—	—	—
竖向膨胀率（%）	3h	0.1～3.5	0.1～3.5	0.1～3.5	0.1～3.5
	24h 与 3h 的膨胀值之差	0.02～0.50	0.02～0.50	0.02～0.50	0.02～0.50
抗压强度（MPa）	1d	≥ 15	≥ 20	≥ 20	≥ 20
	3d	≥ 30	≥ 40	≥ 40	≥ 40
	28d	≥ 50	≥ 60	≥ 60	≥ 60
氯离子含量（%）		<0.1	<0.1	<0.1	<0.1
泌水率（%）		0	0	0	0

注：* 表示坍落扩展度数值。

其中 I 型灌浆料的流动度大，但是强度不如其他三类，III 型相对 I、II 性而言对流动性要求不高，但强度要求高，在混凝土结构改造和加固中，Ⅳ型灌浆料一般用于灌浆层较厚的加固中。

3　施工控制参数

3.1　时间

（1）配置：按产品合格证上推荐的水料比确定加水量，拌和用水应采用饮用水，水温以 5 ~ 40℃ 为宜，可采用机械或人工搅拌。采用机械搅拌时，搅拌时间一般为 1 ~ 2min。采用人工搅拌时，宜先加入 2/3 的用水量搅拌 2min，其后加入剩余用水量继续搅拌至均匀。

（2）浇筑：灌浆料凝结速度快，每次搅拌量应视使用量多少而定，以保证 40min 内浆料用完。灌浆完毕后 30min 内，应立即喷洒养护剂或覆盖塑料薄膜并加盖岩棉被等进行养护，或在灌浆层终凝后立即洒水保湿养护。

（3）在不同温度条件下养护时间和拆模时间表，见表 2，养护时间不得少于 7d。

表 2　养护及拆模时间表
Tab.2　Maintenance and mold removal schedule

日最低气温（℃）	拆模时间（h）	养护时间（d）
−10 ~ 0	96	14
0 ~ 5	72	10
5 ~ 15	48	7
≥ 15	24	7

3.2　温度

灌浆时，日平均温度不应低于 5℃；拆模后水泥基灌浆材料表面温度与环境温度之差大于 20℃时，应采用保温材料覆盖养护；如环境温度低于水泥基灌浆材料要求的最低施工温度或需要加快强度增长时，可采用人工加热养护方式，养护措施应符合国家现行标准《建筑工程冬期施工规程》JGJ 104 的有关规定。

3.3　湿度

灌浆完毕后裸露部分应及时喷洒养护剂或覆盖塑料薄膜，加盖湿草袋保持湿润。采用塑料薄膜覆盖时，水泥基灌浆材料的裸露表面应覆盖严密，保持塑料薄膜内有凝结水。养护时应保持灌浆材料处于湿润状态。

3.4　强度

灌浆料早强高强，浇筑后 1 ~ 3d 的强度高达 30MPa 以上。

钢纤维浇注料主要由高强度水泥、矿物掺合料、高韧性、微膨胀、高自流密实性水泥基复合材料，主要由高强度水泥、矿物掺合料、钢纤维、其它功能外加剂及适量骨料等组成，湖南固特邦钢纤维浇注料性能指标见表 3。

表 3　钢纤维浇注料性能指标表格
Tab.3　Fiber pouring performance index table

序号	检测项目		性能指标	
			A 类	B 类
1	截垂流动度（mm）	初始值	≥ 340	≥ 290
		30min	≥ 310	≥ 260
2	竖向膨胀率（%）	3h	0.1 ~ 3.5	0.1 ~ 3.5
		24h 与 3h 的膨胀率之差	0.02 ~ 0.50	0.02 ~ 0.50
3	抗折强度（MPa）	1d	≥ 7	≥ 10
		3d	≥ 10	≥ 15
		28d	≥ 15	≥ 20

续表

序号	检测项目		性能指标	
			A 类	B 类
4	抗压强度（MPa）	1d	≥ 20	≥ 30
		3d	≥ 40	≥ 50
		28d	≥ 60	≥ 80
5	拉伸强度（MPa）	28d	≥ 5	≥ 6
6	氯离子含量（%）		<0.1	<0.1
7	泌水率（%）		0	0

3.5 弹性模量

灌浆料弹性模量大于 30GPa，根据文献［7-8］可知，不同品牌和配合比的水泥基灌浆料的弹性模量值在 $3.4 \times 10^4 \sim 4.1 \times 10^4$ MPa 之间。水泥灌浆料的弹性模量大小与施工时的温度、湿度、水灰比等有关，随着温度的增加，水泥灌浆料的弹性模量有逐渐减小的趋势；随着灌浆料水灰比的减小，其弹性模量逐渐增大；在潮湿环境下测得的弹性模量和抗压强度比干燥环境下的明显增大［9］。在灌浆料施工时，应当按照产品说明严格的控制加水量等施工条件。

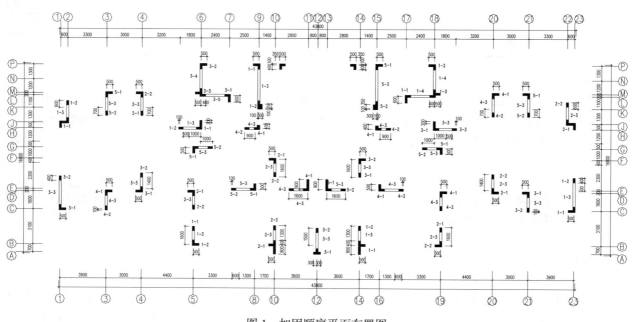

图 1　加固顺序平面布置图

4　工程实例

4.1　工程概况

某住宅楼为地下一层，地上 31 层的现浇钢筋混凝土剪力墙结构房屋，该工程结构设计使用年限为 50 年，建筑结构的安全等级为二级，抗震设防烈度为 6 度；加固前项目已施工至二十七层，该建筑一层现浇钢筋混凝土剪力墙的混凝土设计强度等级为 C50，采用的是先进行大部分墙身的浇筑、再进行墙与上层楼面交接处的浇筑的分批施工方式，在施工过程中发现混凝土构件存在外观色泽异常现象，经现场进行全面回弹平均强度换算值为 35MPa 左右，采用钻芯法对剪力墙混凝土进行检测，检测结果混凝土最大换算强度为 38MPa，最小换算强度为 11.3MPa，实测强度只达到设计强度的 22% ～ 76%，构件达不到设计要求。为保证墙体及楼板的承载力满足原设计要求，在后续使用中不留安全隐患，应对一层存在质量缺陷的混凝土墙体和楼板进行加固。

4.2 加固方案

根据项目实际情况，且为保证不影响建筑内部使用空间，不耽误住宅交付期限，以及能够满足 C50 设计强度，50 年的设计使用年限，决定采用分批分段混凝土置换法快速对该项目一层剪力墙结构混凝土进行整体置换。

根据设计计算分析，剪力墙凿除、加强分为 5 批次，每批次每面剪力墙分别 3 至 5 段不等分别进行凿除加固置换，凿除部分应承担的上部荷载的力，使用临时支撑来承担。因此置换施工工艺流程为：施工准备、搭设安全支撑、原来混凝土凿出清理（原钢筋除锈调直）、安装模板、浇筑替换混凝土、混凝土养护、模板拆除、验收。整体的一个置换顺序为：先置换外部的剪力墙，再置换内部剪力墙；单片剪力墙由先置换边缘暗柱再置换中间部分，前一阶段置换的混凝土强度达到 35MPa 后再进行下一阶段的置换施工。详细置换顺序见图 1。例如 2-1 表示第二批第一段需置换的混凝土。

4.3 材料选择

原本剪力墙设计强度为 C50，为防止由于施工环境等因素造成加固强度不足，将加固材料强度提升至 C60，暗柱是剪力墙局部加强部位，暗柱的设置可以有效提高剪力墙平面外承载能力，暗柱相对剪力墙中间部分受力较大，为保证建筑结构达到设计强度并能够承受荷强度，将剪力墙暗柱材料强度提升至 C80，使用不同等级强度的灌浆料，可以在保证强度的同时，相对应的降低费用。

使用混凝土置换法加固剪力墙，而剪力墙墙体内部配筋多，对于加固后强度要求高且与钢筋粘结能力强；又由于加固部位被模板封闭，因此对加固材料流动性、自密实性、强度要求高。为了保证工期顺利进行，材料需在短时间内达到强度，因而对加固材料早期强度要求较高。而普通混凝土不具备这些要素，因而应当选择具有高早期后期强度、微膨胀、自密实、流动性高的高强灌浆料。该材料的特点有助于缩短施工工期，在重力的作用下自密实，无须振捣，微膨胀有利于与新浇筑剪力墙有效的和上下层剪力墙连接紧密，更好地传导荷载，保证新旧混凝土之间的粘结性，防止由于混凝土收缩造成的新旧混凝土界面的裂缝，避免造成安全隐患[10]。

因此本次加固采用 C60 灌浆料、C80 钢纤维灌浆料，其中剪力墙端部暗柱采用 C80 钢纤维灌浆料，中间部分采用 C60 灌浆料进行加固置换。该项目加固时间为春季，最低期间为 5～15℃，因而拆模时间不得少于 48h，养护时间不得少于 7d，且材料 3d 强度能够达到 50MPa。早期强度即可满足设计要求

4.4 早强检测

为确保加固后材料能够达到设计要求，在配置灌浆料时，另外配置 3 组 16 个 40mm×40mm×160mm 的试块，对其 3d 的抗压强度进行检测，将每个试块 1～3 组的强度取平均值，检测结果如图 2 所示。

数据表明，3d 强度在 50MPa 左右，该材料在 3d 内能够达到预期强度。

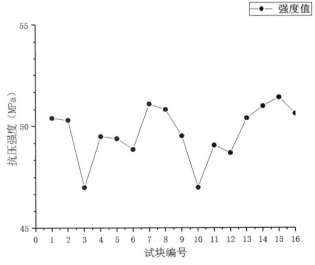

图 2　3d 抗压强度数据图

5　结论

经后续检测，加固 3d 检测其混凝土强度，强度至在 40～55MPa 之间，加固结构全部达到强度设计值。混凝土强度不足导致剪力墙承载力不满足设计要求必须进行加固处理，其中使用适当的灌浆料进行混凝土置换加固方法适用于高层住宅，且分段采用灌浆料对混凝土剪力墙的置换取得了较好的加固效果。

参考文献

［1］　高斌. 国产水泥基灌浆料在某核电站工程中的应用［J］. 施工技术，2012，41（04）：81-83.

［2］　李荣海，迟术萍，魏培生，谢晓秋. 灌浆料在公路桥涵工程中的应用［J］. 公路，2005（09）：198-202.

［3］　胡彦辉，岳清瑞，张耀凯. 高强灌浆料在结构加固修补技术中的应用［J］. 工业建筑，1999（06）：58-59.

［4］　GBJ 119—88. 混凝土外加剂应用技术规范［S］.

［5］　朱卫华. 水泥基灌浆料的发展［J］. 施工技术，2009，38（06）：76-77+80.

［6］　GBT 50448—2015. 水泥基灌浆材料应用技术规范［S］.

［7］　吴元，王凯，杨晓婧，魏彬. 水泥基灌浆料基本力学性能试验研究［J］. 建筑结构，2014，44（19）：95-98+6.

［8］　张磊，邵正明，曾银枝，黄莹. 结构加固用水泥基灌浆材料力学性能尺寸效应试验研究［J］. 混凝土，2015（05）：50-54.

［9］　李福海，周双，陈思银. 热害环境对水泥灌浆料弹性模量的影响［J］. 混凝土，2015（05）：10-13.

［10］　张小冬，黄莹，赵霄龙，冷发光. 混凝土结构加固与防护材料现状和展望［J］. 建筑科学，2013，29（11）：120-125

砌体外墙装配式抗震加固技术

饶　凯　鲍安红

西南大学工程技术学院，重庆北碚，400715

摘　要： 针对地震低烈度区老旧砖混结构墙体的抗震加固，给出了一种外墙装配式加固技术，对这种加固技术内容、施工流程和特点进行了阐述，最后介绍了实际工程应用情况，探讨了目前施工中存在的问题。

关键词： 砌体，外墙，装配式，抗震加固

Seismic Reinforcement Technology of Masonry External Wall Based on Assembly Technology

Rao Kai　Bao Anhong

College of Engineering and Technology，Southwest University，Beibei，Chongqing，400715

Abstract： In recent years，earthquakes have occurred frequently. Many of the multi-story brick-concrete structures built in the 1980s and 1990s were even more problematic. The external wall assembly type seismic strengthening technology proposed in this paper is reinforced by a reinforced concrete reinforcement layer on the external surface of the building. The reinforcement layer is connected to the prefabricated slab through cast-in-place. The reinforcement layer and the original wall body are connected together by grouting. The earthquake-resistant and anti-deformation capacity of the old brick-concrete structure wall in the low-intensity area of this type of earthquake in Chongqing，and the improvement of the earthquake-resistance of such buildings，Through the verification of experiments and actual projects，this seismic strengthening technology has become more effective and has achieved better economic and social benefits.

Keywords： Masonry，Exterior，Assembled，Seismic reinforcement

0　引言

地震科学研究表明，目前地球处于强震高发期。我国是一个地震多发的国家，很多建于上世纪 80、90 年代甚至更早的多层单元式砖混结构，由于抗震研究不够成熟，结构规范规定的抗震设防力度不够[1]，因此，该类建筑物大多没有足够抵抗地震的结构措施。随着近年来地震等自然灾害的频繁发生，特别是汶川地震的发生，旧居民住宅的抗震设防问题再次摆在人们面前，这项工作越来越引起相关领域领导和专家的重视。

在 1992 年以前，重庆地区结构规范未强行规定建筑物要有抗地震的要求，但新规范已经明确规定重庆的建筑物必须达到 6 级抗地震设防要求[2]，而且近期重庆荣昌频繁发生地震，这让已经经历过汶川地震的人们对建筑抗震问题更加关注，针对房屋抗震设防的认识和要求也不断提高，对这类以前的老旧住宅进行抗震综合改造已经迫在眉睫。

改善重庆这类地震低烈度区老旧砖混结构墙体的抗剪和抗变形能力、加强建筑整体性，从而提高这类建筑的抗震能力，同时兼顾老建筑的节能改造需求，外墙装配式抗震加固技术就是在这一背景下

作者简介：饶凯（1995），男，硕士研究生。

提出的。

1 技术简介

1.1 技术内容

本技术是在建筑外表面套一层钢筋混凝土加固层，加固层通过现浇把预制板连成整体，加固层和原墙体之间通过灌浆连成整体，这种建筑外加固方式与传统的外加圈梁构造柱相比[3]，施工便捷，加固的同时更新了建筑的外立面，加固后外观改善效果更好，施工可以带户进行，施工速度快，噪音小，对居民的生活影响微乎其微，更适用于重庆这样的低烈度地震地区的砌体房屋加固。

1.2 技术特点

1.2.1 技术简单

砌体房屋外墙装配式抗震加固施工方法以"灌浆"、"植筋"和"后浇带"等为主要技术措施，用以保证预制墙板和原墙体连接牢固。先吊装预制板，后浇筑预制板下部的混凝土，预制板吊装上去不设固定支撑，采用脚手架悬臂型钢支撑预制板并辅以脚手架斜撑临时固定预制板，设置和拆除简单，施工效率高。

1.2.2 加固效果好

在外加固方法中，与传统的外加圈梁构造柱的加固方法相比，利用外套钢筋混凝土墙片与原老旧砌体墙片组成组合结构，砌体房屋外墙装配式抗震加固技术使砌体主要承受压力，钢筋混凝土墙片承受拉力，二者复合，使结构抵抗弯剪变形能力大大增强，而连接预制混凝土墙片的水平和竖向混凝土现浇带起到了类似楼层圈梁和构造柱的作用，与外套预制墙板合成一体，形成了对既有建筑物的外套式加固层，加固后建筑整体性更佳，经过实验和实际的验证，抗震加固效果更加优异。

1.2.3 施工效率高

砌体房屋外墙装配式抗震加固施工中，预制构件由工厂预制生产，现场安装，入户工作量很少，对周围居民干扰小，施工周期短工人劳动强度低，施工人员需求少，施工速度快，因此施工效率高，操作简单。

1.2.4 加固的同时可更新建筑外立面，降低能耗

外加的预制墙板主体成条块状，由外部的钢筋混凝土面层和内部保温层（轻质填充料）复合而成，整体密封性能好，防火、保温性能优异，表面光滑平整，施工完成后不仅能显著改善既有建筑的热工性能，还可增加房屋舒适度，同时对外立面进行了更新，改善了住宅性能和建筑物外观效果。

2 施工材料和工艺流程

主要材料为预制混凝土板（底层墙板、中间层墙板、顶层墙板，外形如图1，预制板钢筋的伸出长度为300mm，厚度60mm，板的长度和高度及预留孔洞大小根据实际需要调整）及钢筋、混凝土其他建筑材料。辅助材料包括泡沫棒、混凝土模板、脚手架等材料。

图 1 施工使用的预制混凝土板和泡沫棒

Figure 1 Precast concrete slabs and foam sticks for construction

施工工艺流程见图 2：

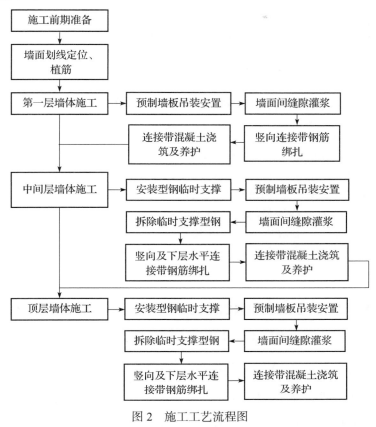

图 2　施工工艺流程图

Figure 2　Flow chart of construction process

3　应用现状和问题

采用砌体房屋外墙装配式抗震加固施工方法建设的房屋整治项目在实现了抗震加固设计意图的同时，入户工作量小，居民不必搬出，节省了大量安置费用，同时外立面进行了更新，工程综合造价适宜，经济性好。

但本技术存在的问题是施工时间受限，无法进行夜施。房屋加固施工场地狭小，临设布置困难，文明绿色施工、施工环保要求高，小区线路繁杂，防护难度大，最为重要的是与小区居民的协调。因此此工作需政府加大扶持力度，小区居民大力配合，施工单位合理安排施工工序等各方的支持与合作才能将惠民落到实处。

4　结论

目前中国存在大量的老旧砌体建筑，这些建筑的综合改造是惠及老百姓的重大民生工程，对这些建筑的加固和改造不仅将惠及大量百姓，还将带动相关配套产业的发展。本加固技术可改善砖混结构建筑的抗剪、变形能力及整体性，实现抗震加固的目的，适合重庆这类低烈度区的房屋抗震加固，加固的同时更新了建筑外立面，降低了建筑能耗，施工污染小，施工过程对住户干扰很小，科学、合理，具有很高的推广应用价值。

参考文献

［1］周锡元. 中国建筑结构抗震研究和实践六十年［J］. 建筑结构，2009（9）：1-14.

［2］李承忠. 旧建筑房屋背包应注意的问题［J］. 重庆工商大学学报（自然科学版），2001，18（1）：59-62.

［3］高海林. 建筑结构加固技术——砌体结构及钢结构［J］. 中国科技博览，2010（24）：314-314.

某旧厂房改造前的检测鉴定与加固

吴嘉欣　张　华

珠海市建设工程质量监督检测站，广东珠海，519000

摘　要： 老旧房屋改造是缓解城市土地资源紧张、改善旧城区环境、完善城市功能的重要措施。建于上世纪90年代某六层现浇钢筋混凝土框架结构厂房拟进行功能改造，经检测框架柱按检测批混凝土强度推定值不满足原设计要求，部分框架梁混凝土强度不满足原设计要求，部分梁柱箍筋加密区间距不满足原设计要求，建议由设计院根据改造后使用功能进行结构设计。经复核，提出对首层和二层柱进行扩大截面加固，其余柱进行粘钢加固和部分梁进行U型钢板加固的加固方案。重点讲述了首层柱新增受力钢筋锚固、柱加大截面混凝土浇筑质量控制、柱粘钢加固梁柱节点处理、梁加固要点等。

关键词： 厂房改造，鉴定，加固

The Detection and Identification and Reinforce of a Old Plant Before Transformation

Wu Jiaxin　Zhang Hua

Zhuhai Construction Engineering Quality Supervision and Inspection station；Zhuhai Guangdong，519000

Abstract： The policy to transform old building is a important measure to relieve the strain on the local land resources and to improve the old environment and perfecting the urban functions. A six layer reinforced concrete frame structure plant built in the 1990s want to transform the function. Via detect the concrete strength of column does not meet the design requirements，part of the concrete strength of the frame beam does not meet the design requirements，part of stirrup spacing of column and frame beam does not meet the design requirements. Recommend by the design institute according to the modified function for structural design，. by the design institute to review，put forward the reinforcement measures that enlarge section of the column for the first and the second layer and paste steel plant for the rest of column，paste U-shape hoop for the part of frame beam. The article focus on the new reinforced anchorage of the column for the first layer and the quality control of concrete for the column that need to expand section and process for the beam-column joints beam reinforcement points est.

Keywords： Plant transformation，Indentify，Reinforce

0　前言

当前，为满足城市发展和人们生活需要，越来越多的老旧建筑面临改造升级，而其中相当部分老旧建筑在改造过程中需采取加固措施才能满足安全性和使用性的要求。为充分利用原房屋结构承载力，保证房屋加固质量和改造功能的实现，可遵循建筑结构可靠性鉴定、选择加固方案、加固设计、加固施工、验收的流程开展工作，并对每一个环节进行严格把控。本文以一旧厂房的改造为例，介绍其改造全过程。

作者简介：吴嘉欣（1987—），女，工程师，硕士研究生。

1　工程概况

本工程原为珠海市前山村某厂房，1991 年设计，整体呈矩形，总长约 52.9m，宽约 20.5m，共六层，总建筑面积约 6200m²，层高 3.8m。结构类型系现浇钢筋混凝土框架结构，设计采用柱下独立基础，框架柱混凝土设计强度等级 300#（C28），框架梁和楼板混凝土设计强度等级 250#（C23），厂房使用荷载 5kN/m²。改造后使用功能为商业及办公室，结构荷载布局发生重大变化，为了解房屋实际结构质量和安全情况，委托方要求对该厂房进行检测鉴定。该厂房整体外观实况见图 1，平面图见图 2。

图 1　厂房原状图

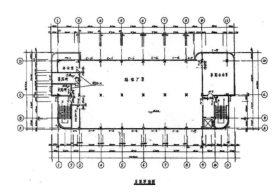

图 2　厂房平面图

2　现场检测结果

2.1　完损检测结果

本工程为六层现浇钢筋混凝土框架结构，检测前大部分空置，结构表面除抹灰层外无其它装修，其结构平面布置与原设计基本一致，未发现承重构件有明显的变形及承载力不足等异常情况。检查发现主要完损问题是个别楼板渗水，部分墙面渗水。

2.2　混凝土强度检测结果

采用钻芯法对该建筑混凝土构件抗压强度进行检测。抽检 1～6 层共 25 根柱，混凝土抗压强度推定区间上限值为 13.5MPa，下限值为 9.9MPa，按批量构件评定的检测批混凝土强度推定值为 13.5MPa，不满足设计强度等级 C28 的要求。

抽检 2 层、4 层、6 层共 9 根梁的混凝土抗压强度为 12.9～27.4MPa，其中有 5 根梁不满足设计强度等级 C23 要求。

2.3　构件截面尺寸和钢筋配置检测结果

依据《混凝土结构现场检测技术标准》（GB/T 50784—2013）[1] 及《混凝土中钢筋检测技术规程》（JGJ/T 152—2008）[2] 的相关规定对混凝土构件截面尺寸及钢筋配置进行抽检。检测结果表明，抽检的柱截面尺寸和主筋数量满足设计要求，部分加密区箍筋间距不满足设计要求；抽检的梁截面尺寸和底部纵筋数量满足设计要求，部分加密区箍筋间距部分不满足设计要求。

2.4　检测鉴定建议

该厂房在改造设计中，宜根据检测结果及新的荷载要求对其进行结构验算，视情况确定是否需要进行加固处理。

3　改造结构验算和加固方案

3.1　结构验算结果

改造后活荷载标准值：商业使用荷载为 3.5kN/m²，办公室使用荷载为 2.0kN/m²，阳台（露台）使用荷载 2.5kN/m²。

经验算，部分构件承载力不满足要求，对该部分构件进行加固；同时框架梁、柱加密区箍筋间距不满足原设计要求，但能满足《建筑抗震鉴定标准》（GB 50023—2009）[3] 6.2 中相关规定，为减少对原有结构的损伤，此类缺陷不进行加固，但使用过程中需注意观察，一旦发现任何裂缝、损伤等问题需及时通知设计单位进行处理。

3.2　加固方案

3.2.1　对首层、二层柱采用加大截面加固处理。

加固要点：

（1）首层柱柱底新增受力钢筋需锚入原基础不小于15d，柱底设置基础围套（图3）。基础开挖时应注意保护原结构不破损，并做好界面处理（图4）。

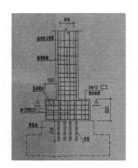

图3　新增受力钢筋在基础的锚固大样

图4　现场施工图

（2）矩形柱加大截面每边均向外扩大100mm并增加受力钢筋，原柱外表面与新模板之间空间狭小，为保证混凝土质量，应采用商品混凝土，并按加固设计混凝土强度等级加入适量膨胀剂，浇筑前对旧混凝土浇水，确保水在旧混凝土中达到饱和。在柱中部位置模板开口和上层楼板开口作为浇筑口，分段连续浇筑，不留施工缝，上下两端浇筑时采用机械方式充分震捣（图5～图8）。

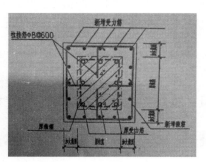

图5　柱增大截面大样图

图6　新增受力钢筋绑扎

图7　混凝土浇筑震捣

图8　混凝土浇筑震捣

3.2.2　对三层～屋面层柱粘钢加固处理。

加固要点：

（1）柱顶梁柱节点处柱四角角钢应穿过楼板，楼板凿开范围为角钢周边100mm，不能破坏框架梁，保留板钢筋，外粘型钢的注胶应在型钢焊接完成后进行，加固后用C25细石混凝土封堵（图9、图10）。

（2）钢板粘结面和混凝土粘结面均应做好处理，钢板粘贴后应立即用卡具和螺栓固定，并适当加压，以使胶层充分接触混凝土—钢板表面。用手锤沿粘贴面轻敲钢板，应保证基本无空洞、空鼓现象，胶液从钢板两侧边缝挤出少许时，表示已粘贴密实。

图 9　梁柱节点处加固

图 10　柱粘钢加固

3.2.3　对部分框架梁粘 U 型箍加固处理。

加固要点：植筋成孔时应避开原结构主筋和箍筋，不得损伤原构件钢筋和周围结构构件；U 型箍布置间距及灌胶应满足设计要求（图 11、图 12）。

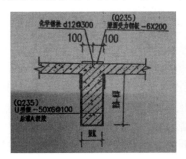
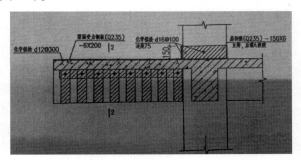
图 11　框架梁 U 型箍加固大样图

图 12　框架梁 U 型箍加固现场

4　结语

建筑结构安全性检测鉴定是建筑物改造加固设计和施工的重要依据，当不满足安全使用要求时，应根据检测鉴定结论、原设计资料、改造后使用功能和荷载等进行加固设计，综合考虑安全、经济、施工简便等因素选择合理的加固方案，并提出详细的加固构造技术和节点处理措施，保证新旧结构整体性，才能提高房屋结构的承载力，保证改造后的正常使用。

参考文献

[1] GB/T 50784—2013. 混凝土结构现场检测技术标准［S］.

[2] JGJ/T 152—2008. 混凝土中钢筋检测技术规程［S］.

[3] GB 50023—2009. 建筑抗震鉴定标准［S］.

[4] 珠海市中京国际建筑设计研究院有限公司. 乐士文化区 3# 综合楼加固图［R］. 珠海，2016.

老旧建筑物改造工程给排水设计

黄旭梁

四川省建筑科学研究院综合设计一所，四川成都　610081

摘　要： 我国改革开放以来国家经济开始了突飞猛进的发展，综合国力不断增强，经济体制不断完善，也促使了全国范围内城市化发展的速度逐年更新。随着大量人口涌入城市工作生活，使得在有限的城市建筑面积中人口密度逐年增大，城市老城区中老旧建筑物的给排水管道的功能已经远不能满足人们日常生活的需求和社会发展的需求，因此针对老旧建筑给排水管道进行改造已经是极为重要的事情。老旧建筑给排水管道的改造工程是一项便民、惠民工程，政府及相关承建单位都应对该工程引起足够的重视，以便在全国乃至全世界倡导节约水资源和保护环境的大环境下做出应有的贡献。

关键词： 老旧建筑物，给排水设计，改造

1　前言

　　21世纪是一个充满着机遇与挑战的世纪，人们正在通过努力不断地改善自身生活环境。为了能够更好地促进城市的快速发展和提升居民生活水平，对旧房屋给排水管网的改造工程迫在眉睫。尤其是在经过了一定时间的使用之后，城市老城区老旧建筑内部的给排水网络会出现给水系统耗水量剧增、排水系统容易堵塞等一系列的问题，严重的影响着人们的正常生活。本文在老旧建筑给排水改造工程的探究中将会从具体事例出发，深度思考老旧建筑给排水设计出现的常见问题的症结所在以及提出相应的解决策略。

2　工程概况

　　在城市某地区有一幢六层的办公大楼，该楼的建筑总面积是13000m²，建筑高度是23.2m，竣工于1998年并同年投入使用，是一幢典型的老旧建筑物。由于当时建造条件及施工方案设计水平有限，建筑物内部所使用的卫生器具都是较为传统的器具，与新型的卫生器具相比耗水量极大，并且在经过一定年限之后镀锌钢管供水管道已经出现了明显的锈蚀现象。导致里面的自来水水质逐渐变黄受到污染，已经不再适宜人们生活使用。楼内消防系统采用的是自动喷淋灭火系统，只是设置在了楼道内部并没有设置在办公室或房间内部，对整个楼层埋下了安全隐患。而且经过仔细的检查发现消防管道已经出现了明显的锈蚀或老化，远不能满足供水压力的要求。在建筑物排水系统方面暴露了当时受条件限制而导致的设计方案不合理，建筑内部各种管道线路交叉混杂，维修难度极大。管道埋设所用的材料也已经开始失去强度，质量问题层出不穷，经常出现水滴漏现象。

3　老旧建筑物给排水改造主要内容

　　对老旧建筑物给排水改造之前要对该建筑的所有给排水网络的具体细节了解清楚，并且针对给排水管网现状制定出详细的方案。该方案不仅要考虑到所采用的新型的供水系统能不能很好的适用于该老旧建筑之中，而且还要考虑一定的经济性。针对本文所提案例可以提出以下几个方面进行给排水管网的改造工程：

　　（1）更换给排水管道材质：将原有的、容易发生锈蚀的镀锌管道更换为PB管等新型管道。如果该供水管道对水压或水量有明确的要求时可以将供水立管更改为钢塑管。

　　（2）更换新型卫生器具：将建筑内部原有的、耗水量极大的卫生器具更换为节水水龙头、节水坐便器等新型的节水器具。

（3）适当更换消防管道：如果原有消防管道还能保持强度继续使用，就不必更换；如果损坏程度较大就进行更换。此外还要增加楼层内部消防栓的数量及合理安排摆放位置，使之能够覆盖整个楼层。在办公室内部也要加装自动喷淋的防火设施。

（4）将室外化粪池进行拆除重建。修建成成品玻璃钢化粪池。

4 老旧建筑物给排水系统改造过程中的技术要点分析

4.1 节约天花板内空间

在进行管道安装过程中要节约天花板内部空间。消防部门对天花板内部空间有明确的要求，要求在进行建筑物改造的工程中一定要增设排烟系统，而排烟管道而需要经过天花板内部空间与外部相连。如果在进行管道改造过程中将排烟风管安装在给排水管道之上，就会迫使天花板吊顶挤占室内空间的高度而往下降一定的距离，使得房间内部空间显得狭小。因此需要将排烟风管与给排水管在空间上进行交叉布局，通过合理的改变管道的安装位置来合理地避开各个管道之间在空间上的拥挤状况，使得天花板内部空间得到合理的利用，促进改造之后的房间标高能够得到业主的满意。

4.2 蹲便器的改造

对于竣工已久的办公楼而言，卫生间所使用的依旧是蹲便器。这些蹲便器在安装过程中并没有在安装位置处做降板处理，导致蹲便器的位置高出楼板大约40公分，并且将排水管设置在了板的上部。针对蹲便器进行改造过程中首先要将蹲便器进行更换，可以更换为直落式、排水口中下置式、排水口后下置式、排水口后置式等多种市面上较为常见的蹲便器。这几种蹲便器有着不同的特征，例如直落式蹲便器是没有设置存水弯的，因此没有隔绝异味的功能，但是价格便宜。对蹲便器的选择可以根据将来使用情况以及施工经费来进行合理的选择。通常情况下如果考虑到节约安装控件的情况，市面上使用最多的就是以排水口为后置式的蹲便器。由于原有建筑物板上没有设置排水口，该种蹲便器在安装过程中可以在板表面铺装排水横管，减少对建筑物楼板的破坏程度。

4.3 自动喷淋消防系统的改造

办公楼在建造之时对自动喷淋消防系统的布置不完善，仅仅布置在楼道内部，并没有布置在办公室内部。依据当前国家出台的相关建筑物防火要求等相关文件及法规，在对该办公楼进行给排水改造过程中提升消防能力，在楼道的其他房间内部也要设置自动喷淋的喷头。对老旧建筑物内部的消防管道进行打水试压测试，如果功能完好就不必进行更换，如果压力达不到标准要对其进行仔细的检查或更换新的消防水管管道。由于建筑物内部消防横管的直径最大的就是DN100，在考虑到建筑物顶层水压较大，可以将管径更改为DN150来确保管道的安全使用。

4.4 室外化粪池改造要点

建筑原有室外化粪池在原初设计时就存在一些问题，虽进行过维修但是还是出现了堵塞的现象，因此针对这种老旧建筑物化粪池应该根据实际情况进行重建改造。首先针对当前整个建筑物整体的实际情况来计算化粪池的面积大小，然后再选择修筑化粪池所使用的施工材料。老旧建筑物通常使用混凝土材料进行化粪池的修建，这样不仅施工周期会变长而且还会出现渗漏现象。对化粪池的重建所使用的材料进行调研，可使用成品玻璃钢化粪池，它与传统的混凝土所建的化粪池相比有两个优势：一是成品玻璃钢化粪池可以直接进行安装，安装完成后可以直接使用，大大减少了施工周期；二是成品玻璃钢化粪池在长期使用过程中不会出现渗透现象，对地下水的污染程度基本上可以忽略不计。如果化粪池与周围景观树木距离较近，应当在化粪池与树木根系之间用混凝土修筑一道墙来防治树木根系对化粪池外壁的破坏。

5 结语

随着城市的快速发展，老旧建筑给排水管网所暴露出的诸多问题，已经越来越难以适应于人们的生活节奏及生活方式。特别是我国部分地区城市建设发展的速度与经济发展速度不协调，城市发展的状况也已经不能满足人们对美好生活的向往与追求。老城区老旧建筑的改造是制约城市发展的因素之一，而对老旧建筑物改造需要考虑的一个重要方面就是给排水管网的改造。给排水管道的改造不仅仅有利于城市未来的发展，也深刻地影响着广大人民的正常生活质量，因此，针对当前存在的诸多问题，应该从实际出发，对老旧建筑给排水管道的所有细节进行逐一排查，对整体管网的问题进行汇总整理，系统地分析问题并提出与之适应的解决方案，把老旧建筑物给排水改造工程做好，为人民谋安心。

参考文献

［1］ 薄芳. 旧建筑物改造工程给排水设计［J］. 黑龙江科学，2014，5（10）：68.

［2］ 张涛. 论室内维修改造工程中的给排水改造研究［J］. 黑龙江科技信息，2013（08）：255.

［3］ 黄卫新. 旧住宅的给排水改造中座便器翻泡的成因及处理办法［J］. 烟台职业学院学报，2009，15（01）：87-89.

某设备机房加固改造设计

白悦笙　郑　柯　毛星明

四川省建筑科学研究院，四川成都，610081

摘　要：某办公楼因使用功能变化，使用荷载大幅度增加，需要对原有框架梁、框架柱、楼板以及基础进行加固设计。本文以此工程为背景，探讨了钢筋混凝土框架结构承载力大幅度不足时，整体加固常用的一些手段。

关键词：钢筋混凝土框架结构，增大截面加固，粘钢板加固，独立基础改条形基础，型钢支撑

Reinforcement Optimization Design of a Project by Adding Layer
Bai Yuesheng　Zheng Ke　Mao Xingming

Sichuan Institute of Building Research，Chengdu 610081，China

Abstract：The need to change the structure system to meet the specification requirements increases floor renovation project，starting from the overall structure，comprehensive consideration，It is important that how to rationally arrange the anti lateral force components，to control the dynamic characteristics of the structure，and to get the structural safety and economic rationality of the reinforcement and reconstruction project.

Keywords：story-adding reconstruction，Frame aseismic wall structure，structure system，seismic strengthening design

1　工程概况

四川省达州市某办公楼，为 4 层钢筋混凝土框架结构，无地下室，一层层高为 5.4m，其余楼层层高为 4.2m，结构总高度为 18.3m，其结构平面布置图见图 1。该房屋抗震设防烈度为 6 度，设防地震分组为第一组，框架抗震等级为四级，基础形式为柱下独立基础，以中风化泥岩层作为基础持力层，其地基承载力特征值为 600kPa。该房屋主要结构构件的的混凝土强度等级均为 C30，主要受力钢筋均为 HRB400 级钢筋。

该房屋竣工于 2005 年，此前一直作为办公楼使用。现甲方拟将该房屋增加一层，将局部房间的使用功能修改为设备用房。新增设备用房的活荷载要求为 10kN/m²，设备用房区域详见图 2；新加楼层的层高为 4.2m，加固改造后结构总高度为 22.5m。本次加固改造不改变该房屋原设计使用年限。

2　结构鉴定

为保证结构安全和改造方案的可行，受业主委托，鉴定单位对该房屋进行了抗震鉴定。鉴定单位出具的结构鉴定报告提供以下设计依据：

（1）混凝土成型及外观质量基本满足要求；

（2）梁、板、柱配筋满足原设计要求；

（3）混凝土强度及钢筋保护层厚度抽查合格。

作者简介：白悦笙（1992—），男，助理工程师，756583491@qq.com.com，成都市一环路北三段 55 号 610081

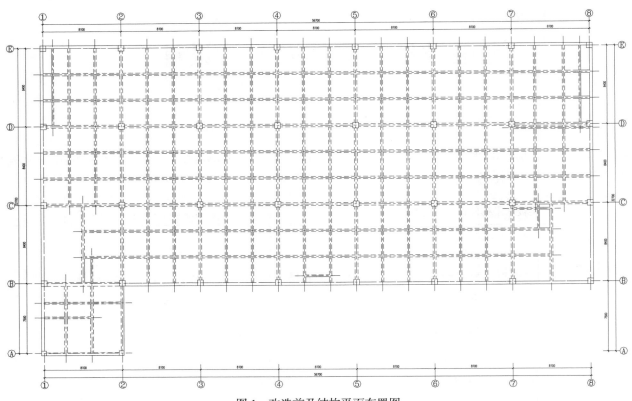

图 1　改造前及结构平面布置图

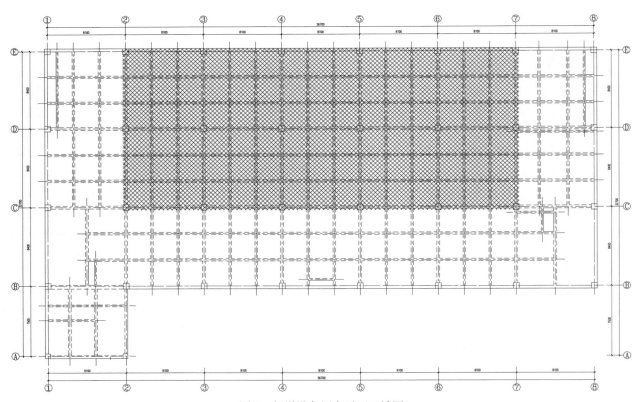

图 2　新增设备用房平面区域图

3　加固计算分析以及方案

采用中国建筑科学研究院的 PMPK 软件对该房屋进行增层后的建模分析，主要参数设置如下：建筑抗震设防类别为丙类，建筑结构的安全等级为二级，抗震设防烈度为 6 度，设计地震分组为第一组，设计基本地震加速度值为 0.05g，特征周期值为 0.35s，Ⅱ类场地，框架抗震等级为四级。

经计算分析，得出需加固改造的内容以及加固方案，详见表 1。

表 1　需加固改造的内容以及加固方案

需加固改造的内容	加固方案
大部分框架柱轴压比不满足规范要求	增大截面加固
梁板水平构件远不满足承载力要求	增大截面加固或粘钢板加固
局部基础承载力远不满足承载力要求	增大基底面积

4　抗震加固设计

加固设计时必须满足国家现行相关规范，充分考虑加固施工的难易程度和经济性，制定出经济、合理、有效的加固措施。

4.1　基础加固

原设计基础采用柱下独立基础，地基承载力特征值 f_{ak}=600kPa。由于本工程进行了加层以及设备用房修改，局部柱下独立基础的承载力远不满足远设计要求，且相邻基础之间的荷载差异巨大。

经综合考虑，针对承载力远不满足要求的独立基础，采用独立基础改条形基础的加固方式，新增条形基础与原有独立基础采用刚接的方式连接，连接部位钻孔植筋，详见图 3。这样既可以增加基地面积，满足承载力要求；又可以提高基础的整体性，加大基础刚度，减小后期不均匀沉降。

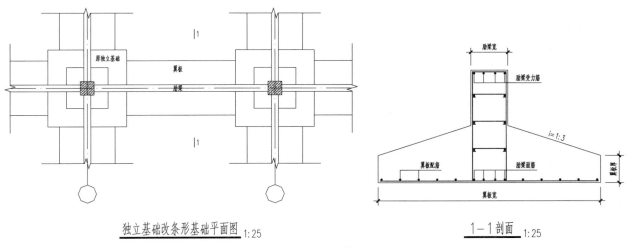

图 3　基础加固做法

4.2　框架柱加固

根据计算结果，对大部分轴压比远不满足规范要求的框架柱，采用增大截面法加固以满足规范要求；对轴压比满足要求而柱纵筋配筋不满足承载力要求的，采用外包钢板法进行加固，详见于图 4。

4.3　水平构件加固

因局部房间施工功能的改变，荷载要求由原设计的 2kN/m² 变为 10kN/m²，水平构件的承载力远不满足要求。本工程采用板面增设叠合层来进行楼板加固，对于承载力提升 40% 以内即可以满足承载力要求的梁构件，进行粘钢加固；对于承载力提升40%之后仍不能满足承载力要求的梁构件，进行增大混凝土截面加固，详见图5。

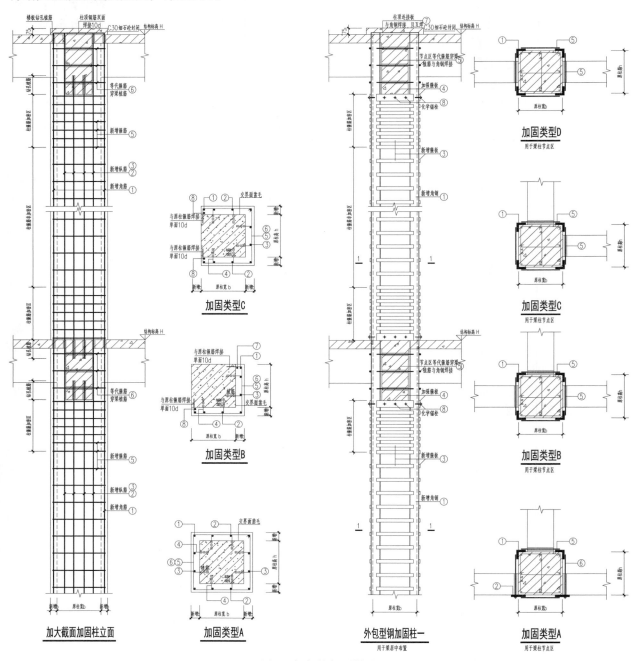

图4　框架柱加固做法

由于机房设备管网的安装要求，局部需要增大混凝土截面加固的梁，其高度增加受限，加固之后其承载力依然薄弱，对于此类梁，下设型钢支撑以提升其承载力，详见图5。

5　结语

对于承载力严重不足的加固项目，要充分收集原有工程资料，充分利用原有结构的构件，进行加固方案经济性的对比，避免不必要的拆除。加固设计时，应充分考虑加固施工的困难程度和构件连接的复杂程度，不能局限于单一构件的加固，应考虑到结构构件的协同作用，最终形成合理、满足建筑使用功能要求的方案，进行整体性加固设计。

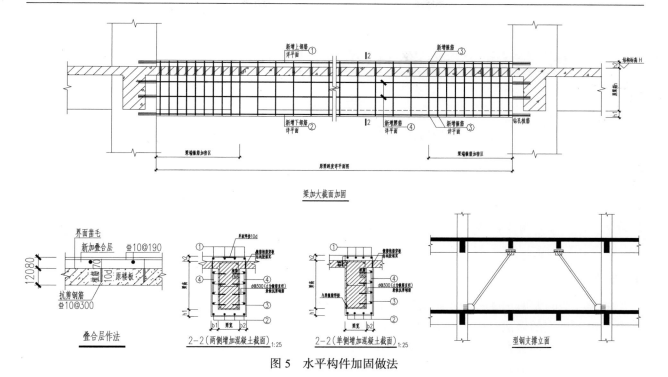

梁加大截面加固

图 5　水平构件加固做法

参考文献

［1］　李成，郑七振. 某地下车库安全性检测于加固设计［J］. 工程抗震与加固改造，2015.

［2］　胡抗，朱虹. 某厂房扩建工程中独立基础加固方案优化［J］. 工程结构鉴定与加固改造技术研究，2012.

［3］　GB 50367—2013. 混凝土结构加固设计规范［S］. 北京：中国建筑工业出版社，2013.

［4］　GB 50011—2010. 建筑抗震设计规范［S］. 北京：中国建筑工业出版社，2010.

［5］　GB 50007—2011. 建筑地基基础设计规范［S］. 北京：中国建筑工业出版社，2011.

既有建筑改造中变压器增容方案探讨

马　亮

四川省建筑科学研究院设计一所，四川成都，610081

摘　要：变压器增容是既有建筑改造中必不可少的重要组成部分。通过对众多改造项目的设计实践，提出保留主要变配电设备及房间，部分增容；保留原配电设备房间，在原有土建基础上整体增容；新建变配电房，整体增容三种解决方案。由此也给当代设计者以长远性考虑的启发。

关键词：变压器，增容，改造

0　引言

随着社会的发展，许多正在使用的老建筑已经不能满足当下人们的生活工作需求，而拆除重建是不经济也不现实的做法，因此对老建筑的改造是一个切实可行也是更优的选择。在建筑改造过程中，建筑电气工程方面存在众多问题：如设备陈旧、技术落后、管线老化、线路复杂、存在安全隐患等。现在随着社会新技术的不断涌现，建筑智能化的迅速发展，使得电气工程改造在改造项目中的地位越来越重要。

在改造项目中，最常见也是非常必需的一个问题就是对原有建筑进行变压器增容。下面会结合本人在改造项目设计过程中的经验浅谈一下变压器增容的原因、方式方法以及设计建议。

1　变压器增容的原因

既有建筑提出改造后需要变压器增容的原因有以下几个方面：

1.1　供电量的不足

结合我们的生活来说，相比过去的几十年，人们在电气设备的使用上发生了翻天覆地的变化，无论生活中还是工作中，各种电器设备从无到有，从功能单一到智能化，这一切都伴随着用电量的增长。也许当年设计的用电容量是足够满足使用需求、甚至是有富余的，然而却不能满足当今的需求。所以带给我们的直观表现就是停电、断电、跳闸以及无法增设各种当代生活办公所需的新系统及设备等。这就使得人们对建筑整体电气改造有了迫切的需求。

1.2　智能化建筑的要求

随着社会科技的进步，现代建筑引入了许多智能化建筑系统，如监控系统、出入口控制系统、综合布线系统、楼宇控制系统、停车管理系统、智能照明系统等等。这些系统中的绝大部分已经成为当代人工作和生活中不可或缺的一部分，并且其中的大部分系统也是当代建筑设计规范中的强制性要求，因此变压器增容也是这些智能系统的新增和改造的必要条件。

1.3　消除安全隐患

由于许多既有建筑设备老旧，线路老化，甚至还改变了使用功能，使得这些建筑产生了非常多的安全隐患，而且原有的建筑设施已经不能满足当代建筑消防规范的要求。这就需要我们在改造中新增各种必需的消防系统、提高消防负荷的供电等级，这也是改造项目中变压器增容的一个重要原因。

2　变压器增容的方式方法

在接到改造项目之后，进行电气改造设计之前，要做好充分的调研和准备工作，主要分两个步骤来进行：对原有设计图纸的深入了解和分析，并进行细致地现场勘察。首先我们要尽可能全面的分析研究原有设计图纸，对既有建筑电气设计的整体和细节进行把控，进而先形成一个比较完善的电气改造方案。但由于有些建筑年代久远，甚至找不到原始图纸，或者已经经过多次的改动，那就使得现场勘察成为一个非常重要且必不可少的步骤。在现场勘察的过程中，一是要核查实际情况是否与图纸相符，二是要考察现场各个设施、管网等状况，看是否能为最优方案创造有利的条件。认真完成这两个步骤之后，我们便可以开展改造项目的设计工作。

结合众多建筑改造项目的实例，我总结出变压器增容设计的方法大致有以下三种：

2.1　保留原有变配电设备，仅增加部分增容所需的变配电设备

在部分改造项目中，秉着经济最优的原则，只进行增容部分设备改造，就可基本达到改造使用目标。在这种情况下我们除了对增容设备进行设计之外，还要对各个负荷进行合理重组，尽量发挥原有设备的作用。下面举例说明：

成都市金堂县某社区宿舍楼改造，总建筑面积 2873.08m²，原设计变压器总容量为 250kVA，其中照明负荷 55kW，空调负荷 175kW，现要根据使用需要每间宿舍增加电热水器，导致原有的变压器总容量已不能满足使用需要，需要进行增容改造。在了解到该项目在两年前已经进行过一次增容改造，从更经济的角度出发，该项目便采用了保留原有变配电设备，仅根据热水器改造部分进行增容设计。经过详细计算后，另外增加了一台 200kVA 的预装式变压器，供全楼的热水使用。经过改造，完全满足了业主的使用需求，并节约了大概 40 万元的经济成本。

这种改造方式最大的优点是经济节约，其次还有施工难度小、工程周期短、对使用单位及场地的影响小。缺点是考虑不够长远，在 3 ~ 5 年可能发生二次改造；因大部分设备和线路没有更换，供电可靠性较差，存在一定的安全隐患；没有对整个项目进行统筹规划，供电合理性较差。

2.2　在原有土建条件下替换变压器设备

有些改造项目中，经现场勘察后发现，原有土建条件比较好，设备房间的尺寸和环境能够满足增容后的变配电设备的摆放和使用要求，便可以将该设备房中的原有设备进行整体替换，从而达到增容的目的，同时也节约了改造成本。下面举例说明：

成都市某办公楼项目进行翻新改造，总建筑面积 8335.78m²，由 4 栋多层办公楼组成，原设计变压器总容量为 400kVA，其中照明负荷 124kW，空调负荷 250kW，其他负荷共计 87kW，现欲将四栋楼的分体空调改为中央空调，并增加出入口控制系统和会议室系统，另外为了满足员工就餐需要，增设一个食堂，经计算，需增容至 1000kVA 才能满足此次改造需要，经现场勘测，原有变压器及低压配电设备年代久远，线路老化，存在较大安全隐患并且原有配电房满足新增设的变压器和低压柜的摆放和使用要求。故将原有变配电设备整体替换为增容后的新变配电设备。

这种改造方式的优点是设备及线路全部更新，供电可靠性得到保障，同时避免了新增变配电房造成的土建成本增加。缺点是既有被改造建筑的土建条件要求较为苛刻，不具备实践的普遍性。

2.3　经过现场勘察，原有土建条件不能完全满足变压器增容设计要求的

要求改造过程中必须扩建设备用房或者选择合适位置进行部分设备外置。下面举例说明：

雅安市某老住宅小区供电改造项目：总建筑面积 2122.15m²，原有配电线路直接由市政 400VA 引来，经过改造计算后，需要设置高低压配电设备，场地没有设置配电房，故需要在室外设置一台 125kVA 的预装式变压器。

这种改造方式的优点是设备及线路全部更新，供电可靠性得到保障；此外该种方法具有更广泛的适用性，受场地的局限性较小，设计方案更加灵活。缺点是改造成本较上一种偏高。

3　设计启示

在众多改造项目中，对于变压器增容的设计改造，我们遇到过一些问题，提高了改造的难度和成本。如果当年设计时考虑的长远一些，全面一些。如今的这些问题就能够避免。这就给了我们当代设计者一些很好的启示。在新建项目的设计中，我们应该注意以下几个方面：

（1）充分和使用方沟通，对建筑功能有较完善的设计，能满足长期的使用需要，避免短期内因沟通不当而产生的改造需要。

（2）在设计时，针对各个系统在不大量增加建设成本的前提下，考虑一定的硬件预留和土建空间预留，为今后可能产生的改造提供良好的条件，以节省更多的成本。

（3）与其他专业进行充分的沟通和配合，对项目进行更合理的整体设计和配置，避免后期改造因专业配合不当造成的浪费和施工上的冲突。

结论

以上三种变压器增容的设计方法是在实际应用过程中比较常见的。但是如今改造项目众多，既有建筑存在的问题也多种多样，改造的目标也不尽相同。在实际设计过程中，我们还是综合考虑供电的可靠性，使用的安全性，方案的合理性和建设的经济性，具体情况具体分析。此外我们设计人员在新建项目的设计中，在完成既有目标的前提下，应该适当增加一些长远性考虑。

参考文献

［1］ 施礼德. 既有居住建筑改造中电气设计和规范运用［J］. 住宅科技. 2013.

［2］ 李福星. 建筑电气在建筑改造中的应用［J］. 建筑工程技术与设计. 2017.

针对改造建筑电气线路设计问题分析

罗　莉

四川省建筑科学研究院，四川成都，610081

摘　要： 人们对美好生活的向往从来不会减弱，在社会经济快速发展的今天，居民生活水平逐渐提高，家中所使用的电器也会随之增多，以满足人们对舒适生活的追求。家用电器数量的增多和电器功率的不断增大也必然会使得对建筑电气线路的重新改造设计。建筑电气线路设计是住宅设计中的一个非常重要的构成成分，它能够直接影响着建筑物外形的美观、建筑物功能的实用性、保障居民生命安全以及施工成本等多个方面。对当前日渐成熟的建筑电气线路设计理念进行深入地研究发现在建筑物改造过程中还是有很多的问题需要解决。

关键词： 建筑电气线路设计，改造，问题

1　前言

我国建筑市场的发展空间极大，人民在物质生活得到满足的基础之上开始对更加美好的生活充满着无限的向往。随着建筑市场的不断发展和居民生活水平的不断提升高，许多家庭开始对住房进行装修改造。但是进行施工作业的部分人员对建筑住宅电气线路设计的相关知识比较匮乏，没有及时使用国内外先进的知识来进行电气线路的相关设计，使得电气线路设计已经远远地不能够高效的满足人们的更多需求。特别是线路布局的不合理、插座数量及布置位置的不合理、电气线路设计较小等一系列的问题都在严重的制约着电气设计的长远发展。在进行建筑住宅电气线路设计过程中一定要坚持以人为本的基本原则，对各个方面进行综合考虑，使得设计能够满足人们长期不断增长的需求。

2　建筑电气线路火灾产生的原因

2.1　电气线路负荷较大引起火灾

家用电器的施工功率逐渐增高，如果同时使用热水器、空调等大功率电器会极容易引起跳闸现象的发生。针对这个问题居民通常所采取的措施就是更换更大的保险丝，这样会引发线路快速老化的后果，时间一长线路因不能承受过高的功率要求而发生火灾。

2.2　违规接线

违规接线主要指的是在线路上随意的接线，使得线路接触不良、短路、断路，甚至是漏电，将会给居民带来严重的安全隐患。在进行住宅电路设计时由于考虑不周全会使得室内电源插线板数量较少，但是为了能够在使用电器时更加方便，居民会随意地接线路板。市场上流行的部分线路板的质量良莠不齐，在通电使用过程中极易产生危险。同时居民对电气相关的知识相对比较匮乏，通常会使用没有护套的双芯绝缘线与插板进行连接，在使用过程中极易因反复的挤压而受到破坏。而且在接线路板的同时又不会特别的注意接地线的布置，在电流较大的情况下极易发生火灾。

3　建筑电气线路设计方面常见问题分析

3.1　建筑电气线路设计方案不合理

在进行建筑电气线路设计过程中没有严格地按照设计的基本原则进行设计工作，导致设计方案不合理。在建筑电气线路设计过程中要综合考虑该建筑的使用功能、电气设备型号、具体的施工要求等多个方面，通过结合实际情况进行合理设计，这样才能够保障线路设计的整体性，提升线路使用效

率并防止因不合理的设计所带来的重大安全隐患。例如，在对高层住宅建筑物进行低压配电线路设计时，针对实际情况合理选择配电设备。如果在选择过程中忽视了该建筑物必须使用单相电源的要求而进行了不科学、不合理的分配相序，就容易发生三相不平衡，使得建筑物内部整个的电气线路出现不稳定，对居民安全用电产生了巨大的威胁。如今人们使用的家用电器的功率越来越大，在此情况之下如果建筑线路出现低压电网中高次谐波受到污染将会发生火灾。因此对建筑电气线路设计的方案一定要科学、合理，针对实际情况进行与之对应的设计工作，切勿过分参考已有设计方案。

3.2　建筑电气设计的深度不足

建筑电气设计工作是当今建筑物总体设计的主要工作之一，如果设计深度不够将会对该建筑的长期使用带来很多麻烦。当前建筑电气设计的初期极易出现设计重心把握不清晰而导致的线路设计功能与内容过于混乱，只能短期适用于该建筑对电气线路的使用要求，但是在长远发展角度来看的话就严重的违背了使用者更深度的使用要求。此外如果建筑电气线路设计深度不够还会导致后期施工过程中各个电气设备在安装调试时出现不可预料的麻烦与问题，导致了施工工期的增长之外甚至会严重地影响到工程质量。

3.3　建筑电气设计考虑不全

当前一些高层建筑电气设计考虑不全，没有考虑到该建筑的后期使用的经济型与实用性。例如在设计初期没有将电器系统的各种参数、负荷、电气设备类型、电气设备使用功能等多个方面与建筑物的用途相结合，就会导致在使用过程中出现了设计负荷较大、使用电气设备较复杂，影响着该系统的实用性。此外还会导致施工成本及后期使用成本的急剧增加，影响着该系统的经济性。

建筑电气设计考虑不全还包括该设计没有为今后建筑电气系统升级提供合理的改造空间。在进行建筑物改造过程中会因为前期设计的不全面而导致重复设计施工，不仅会对居民带来生活上的困扰，也会对资源产生巨大的浪费。

4　进行改造建筑电气线路设计过程中应注意的问题

4.1　遵守基本原则和要求

在进行改造建筑物电气线路设计过程中一定要严格的遵守国家出台的《民用建筑电气设计规范》中的基本原则及相关规定，并且从实际出发结合建筑物的实际情况（使用功能、要求等）进行科学化、合理化、规范化的设计工作。在满足改造建筑物电气线路施工质量的前提之下尽可能的降低改造成本和节约资源。

4.2　电气路线布局应合理

一座建筑物的布线网络是及其复杂和庞大的，不仅会包括供电线路，还包括通信线路、安保线路等多种线路。所以在进行房屋改造过程中要对原有线路进行详细的分析，对线路原设计图纸进行系统的、全面的了解，并且针对具体的改造要求制定出切实可行的线路布局设计方案，避免对原线路布局进行大量的修改，避免造成该线路更加错综复杂，为后期维修提供一个相对便利的维修环境。此外在改造过程中电气线路布局中应避免过多线路之间相互交错搭接，避免由于各个线路之间产生的不同程度的干扰而导致信号模糊问题的出现。

4.3　使用功率适配良好的设备及导线

在进行建筑物电气线路改造过程中应该对当前用户所使用的电器功率等多个方面进行调查研究，对应使用的设备功率及导线规格做详细的调查和实验，确保在使用过程中能够极大程度的保护线路用电安全和提升线路节能效率。关于导线的选择可以针对具体实际情况的需求来合理的选择，导线的材质及横截面尺寸应该符合改造要求。

4.4　满足消防要求

在进行建筑物电气线路改造过程中一定要严格的满足消防要求，建筑物的消防报警系统在改造过程中一定要谨慎对待，避免在施工过程中对其造成破坏。另外如果原有设计方案中的消防等级或设备已经不能够满足今后的使用要求，一定要对其进行升级处理，切实有效的保障用电安全。在具体的改造过程中可以在电气管道井内部安装温差报警探测器，对不同的防火分区设定与之相对应的报警按钮、消防专用电话等设备。

5　结语

我国建筑电气电路设计还处于一个上升阶段，还存在着一些问题需要处理和解决。特别是在进行建筑电气线路改造过程中如何将电气线路设计的更加智能化、节能化、信息化和高效率是当前所面临的一个重要的问题。因此在今后的工作中要及时的对该方面的信息进行分析，严格遵守相关规范的要求，在保障建筑物质量的情况下节约改造成本实现经济效益的最大化，为我国建筑电气线路改造设计做出应有的贡献。

参考文献

［1］　颜田芬，刘冲. 民用建筑电气设计中常见问题的分析和探讨［J］. 现代企业教育，2012（17）.

［2］　黄毅敏. 消防电气设计及工程实践中若干问题的探讨［J］. 建筑电气，2007（09）.

［3］　陈慧斌. 旧住宅电气设计及线路改造问题分析［J］. 中国新技术新产品，2011（03）.

［4］　颜田芬，刘冲. 民用建筑电气设计中常见问题的分析和探讨［J］. 现代企业教育，2012（17）.

住宅小区改造中配电设计及措施

罗　莉

四川省建筑科学研究院，四川成都，610081

摘　要： 在社会经济飞速发展的同时住宅小区建设也在经历着翻天覆地的变化，一些旧住宅小区已经远远的不能够很好的为人们服务，特别是旧住宅小区中配电系统的老化和原设计水平的落后使得用电高峰期极易出现断电现象，因此必须针对住宅小区的配电系统进行改造，以适应于当前住宅小区住户人均用电负荷急剧增大的现状，促使小区配电系统高效运行。

关键词： 住宅小区，配电设计，改造

1　前言

当前国内城市用地急剧紧缺，使得高层、超高层建筑层出不穷。但是目前还是存在着一些年数已久的住宅小区，小区内部旧房屋的配电系统的设计方式和运营现状已经远不能适应人们当前用电量、为了能够保障配电系统的安全运营以及提升系统的稳定性，需要对旧房屋进行配电系统的改造升级，杜绝因配电问题为小区居民的生命财产安全带来巨大的安全隐患。

2　住宅小区配电设计的基本要求

2.1　配电布局的合理化设计

与当前设计建造的新住宅小区相比，旧的住宅小区所使用的配电布局就显得尤为落后，甚至会与小区周围环境和绿化产生一定的冲突。因此在进行旧房屋电气改造时一定要注意进行合理化的配电布局设计。首先配电布局要与小区整体设计相统一，避免在小区中过于突兀而破坏小区设计美感；其次，配电布局设计要尽最大可能地保护环境和节约资源，尽量的减少对土地资源的大量使用，提升空间利用率；再者，小区配电布局设计的前期必须经过相关部门的检查和审批，对违反相关部门规定的设计坚决不使用；最后，配电布局要顾全小区，尽量使之能够辐射到最大的范围来保障每个居民用户都能够及时用电。

2.2　强弱电的合理设计

住宅小区中的强电指的是电压为 220V 的线路，主要指的是空调、热水器等的电源线；弱电指的是网络、电话等线路。一般的在房屋交付之前就已经对强弱电进行了设计安装，但是旧房屋的设计中部分的配置已经与当前国家出台的标准有所偏差，这就要求在房屋改造过程中对强弱电系统中的不合理部分进行重新的设计，设计的标准是现行的《住宅设计规范》中所明文规定的要求。在改造的同时也要注意尽量的节约资源控制成本的输出。

2.3　对小区用电负荷进行合理预测

在进行旧房屋电气改造的前期要对该小区所有用户用电量进行详细的调查和数据分析，对用户的用电负荷进行合理的预测。旧房屋中用电负荷较大的就是房间取暖、房屋给排水、以及家庭电气的使用等方面。住宅小区中的用电负荷较大的就是园林景观照明用电和公共区域用电。人们对居住环境越来越高的要求和家庭本身使用电器功率越来越大的情况之下，旧住宅小区的供电设施已经远不能适应当前社会发展的需求。而且在小区建设过程中还可能存在部分建筑开发商为谋取自身利益而使用不能达到标准的配电设备，这也将在旧屋电气改造过程中制造了巨大的麻烦。因此必须对用电负荷进行合理的预测，并依据预测范围合理进行电气改造。

2.4　供电方式的合理选择

住宅小区的供电方式的合理性选择将会直接影响着小区系统的运转效率。在进行旧房屋改造过

程，对先前的供电方式进行全面的分析，找到不合理之处进行重新的设计。在重新设计的过程中要注意合理地对稳定电压装置进行选择，并且供电方式可以选择树干式的形式，就是要保证每个用户都能够使用到可持续的用电供应。

3　住宅小区改造中配电设计要点分析

3.1　电源配置改造要点分析

在进行住宅小区配电设计改造过程中比较重要的一点就是针对电源配置进行相应的改造。其改造要点可以分为以下几个方面：①住宅小区内部设置的一级变电站的主要工作就是配送并集中管理小区内部园林绿化照明设备及道路照明设备所需电源；②在变电站中设置的两个箱变的主要作用就是负责为小区内部消防泵提供电源供应。此外供电的路径的选择要遵循经济、便捷的基本原则。可以沿着小区的主干道路，并将所有的电缆外网绑定在同一个路径的电缆沟中，这样就会便于同一管理，提升后期卫华或检修的便捷性。另外还要对强电箱和弱电箱进行区分，有效的分配配电资源，极大程度的减少施工成本的投入。在进行电源配置改造过程中最最重要的一点就是要进行监理相关的防雷保护措施，严格保护居民生命安全。

3.2　回路配置改造要点分析

回路配置设计要点主要有以下几个方面：①配置方案的选择要与小区整体规划及城市发展规划相协调，根据具体的实际情况进行相应的改造措施；②坚持以人为本的基本原则，在进行电气设计过程前期要进行详细的、系统的调研，对每家每户的实际情况进行综合考虑，选择出适宜整个小区居民的改造设计。回路配置改造要点主要包括：①对小区内部照明及插座两个回路电器系统进行分开设计改造，使得它们能够互不干扰独立工作；②对一些自身具有使用作用的插座单独设计一条与其他线路互不干扰的独立回路；③住宅内部各个房间内的电路同样需要单独分隔；④对空调插座的选用要格外注意，要求使用 15A 的带独立开关的插座。

3.3　变电站选定的改造要点分析

变电站选定的改造要点有三个方面：①变电站的选定必要严格遵循因地制宜的基本原则，针对小区当地城市发展情况做细致的分析，综合考虑城市经济发展水平及科技条件来对变电站类型做出合理的选择；②对于变压器的额定电压数值和安装位置做出详细的计划，并提供多种方案进行必选。可以根据变压器体积的大小来对安装地点进行合理的布置。例如小型变压器就可以安装在距离用电负荷中心较近的区域，这样做的优势是能够有效的将供电半径进行严格的控制，高效的减小用电损耗，从而大幅度的提升供电效率；③对控制箱式变压器内部的温度和湿度进行严格的控制，此外还要设置一定的防火措施。

3.4　供电系统保护的改造要点分析

供电系统保护的改造要点就是在对旧房屋进行改造的过程中务必要做好接地保护与相应的防雷保护接工作，这也是在进行改造过程中最重要的改造工作之一。该保护工作在具体的操作过程中应该注意以下几点：①接地电阻的电阻要尽量小一些；②在接地方式的选择方面要使用总等电位联接方式，这样就会有效的减小电磁场对配电系统中弱电系统的干扰，极大程度上的提升了家庭家用电器的安全使用概率。在进行旧房屋电气改造过程中可以选择的接地方式主要是将旧建筑物的总等电位联接线和保护线的干线、接地线的干线相连接的方式。由此可以有效的避免出现在打雷的天气或电气漏电情况下对人体所造成伤害的情况发生。

3.5　电力监控系统改造要点分析

在小区内部安装一定数量的电力监控设备可以有效的提升住宅小区内部采集用电数据的效率，极大程度的减少了人力物力的使用，也大力地推动了相关硬件应用的进程，使得数据监测更加科学化和准确化。

4　结语

在进行住宅小区改造过程中，对配电设计一定要引起足够的重视。因为如果能够保证小区用户的用电质量和供电效率，就能够很大程度上提升居民的生活质量，并且很好地改善了居住环境。但是当前由于一些原因导致小区内部配电设计存在一定的缺陷和问题，很容易影响着居民的正常生活，甚至会引发不可想象的灾难。因此在进行房屋改造的过程中就需要各个单位部门及居民用户的通力合作，对相关问题进行详细的、系统的分析，牢牢把握改造要点，为居民提供一个良好的生活环境。

参考文献

［1］ 杨军. 浅谈老旧住宅小区供配电系统改造方案［J］. 技术与市场，2012，19（04）.

［2］ 曹杰. 新建住宅小区配套电力建设供电方案优化设计及管理研究［D］. 合肥工业大学，2008.

［3］ 刘朝永. 住宅小区供配电系统探讨［J］. 安徽建筑，2005（01）.

［4］ 马红丽. 住宅小区供配电设计［J］. 住宅科技，2001（07）.

改造建筑中暖通空调系统节能改造分析

邓　丽

四川省建筑科学研究院设计一所，四川成都，610081

摘　要：我国建筑能耗占据总能耗的一半以上，而其中建筑暖通空调系统的能耗占有比例也是非常高的，这使得对暖通空调系统进行节能改造变得尤为重要。因此为了能够将建筑暖通空调系统的节能潜力充分挖掘出来，本文将对该系统的改造进行详细的分析。

关键词：建筑能耗，暖通空调系统，节能改造

Abstract： the energy consumption of buildings in China accounts for more than half of the total energy consumption，among which the energy consumption of building hvac system is also very high，which makes it particularly important to carry out energy-saving transformation for building energy consumption summary hvac system. Therefore，in order to fully explore the energy-saving potential of the building hvac system，this paper will make a detailed analysis of the system's transformation.

1　前言

建筑暖通空调系统的能耗量一直在建筑能耗中占据着很大的比例。建筑暖通空调系统的能耗与建筑空调的冷热源、空调系统的设置、空调设备的安装数量、建筑围护结构的形状朝向以及建筑墙体的保温隔热性能等多种因素息息相关，而这些因素无疑对建筑暖通空调系统的能耗产生着直接相关的影响。

2　建筑暖通空调系统的负荷概念分析

（1）建筑空调负荷的概念指的是在单位的时间内为了能够有效维持建筑室内温度和湿度，空调系统必须向室内提供制冷或制热和湿度。也就是说建筑空调负荷包括了空调制冷或制热以及湿度负荷这几部分。

（2）建筑得热的概念指的是在单位时间内向建筑室内所传递的热（冷）量，主要指的是室内和室外。室内部分的建筑得热主要指的是建筑室内所使用的设备对建筑室内提供的热量；室外部分的建筑得热主要指的是太阳光的照射或空气通过建筑墙体向室内所传递的热量。

（3）建筑得湿的概念指的是在单位时间内向建筑室内传递的水蒸气的量。

建筑暖通空调系统的负荷主要是由建筑得热和得湿这两部分所组成的。通过对建筑得热和得湿进行合理的控制，降低得热和得湿量，抑或切断或隔绝向室内的传热或传湿的途径，可以有效地降低建筑暖通空调系统的负荷。

对建筑暖通空调系统进行降低负荷的途径有两种：①减少得热：对建筑物进行合理的选址、对太阳传递到建筑室内的热进行有效的控制、合理使用建筑保温材料、对建筑内部的得热进行管理；②使用储能技术对建筑得热的模式进行调节：建筑物的结构形式要进行对热容性的比较，通过对建筑内部的储能方式进行调整，例如白天进行太阳能的储存，夜晚进行自动的放热。这样就能够有效地降低空调的负荷，以达到建筑节能的目的。此外引起建筑空调系统负荷大的另一个主要原因就是建筑围护结构的传热或传冷问题。资料显示，建筑围护结构对建筑空调系统所造成的空调系统的负荷能够占到建筑空调总负荷的一半以上。所以对建筑围护结构进行节能改造也是非常有意义的。

3　建筑中暖通空调系统常见问题分析

3.1　设计管理方面

对于建筑中暖通工程来讲，设计是其基础。如果设计方案没有将暖通工程的所有问题考虑在内，就势必会导致建筑暖通工程出现一系列的问题。在我国现阶段的建筑工程暖通设计的过程中经常会出现设计人员没有将建筑工程的节能减排问题考虑到设计之中，设计仅关注了建筑供暖系统在建筑物上面的美观性及便利性。这就使得节能减排这一基本的设计理念没有落实到暖通工程设计中，这也是建筑中暖通空调系统需要进行改造的最根本的原因。

3.2　设计实施工作方面

建筑中暖通空调系统的问题在设计方面除了设计理念的问题就是具体设计环节出现了问题。该问题的出现也是设计理念的不全面性所引起的，是建筑暖通系统设计理念发生偏离的必然结果。虽然设计理念出现的问题对建筑中暖通系统的影响很大，但是影响最大的就是当前部分单位在进行暖通空调安装过程中存在的一些违规操作。一些不法的企业为了一己私利或者仅将暖通空调系统不顾其他原因而设计出一定的目的和效果，对国家所出台的一系列建筑工程暖通空调设计规范和明文要求置之不理，严重违反设计的相关指标，使得建筑工程暖通系统的设计为建筑的安全使用和业主的生命安全带来了严重的影响。

3.3　对能源管理要求不合理

当前能够专业进行建筑暖通空调系统设计的设计院并不多见，具有相关资质的设计单位更是少而又少。更多的设计院中从事建筑暖通空调系统设计的设计师对能源管理方面没有足够的知识储备和设计方面的丰富经验，导致了建筑中暖通空调系统在实际建筑中存在了一定的不合理性，在使用的过程中会出现一些细节上的问题。

4　建筑中暖通空调系统节能改造分析

4.1　建筑暖通空调系统节能改造的主要内容

①对建筑物的周边环境进行改造，例如增加建筑物周围绿化面积，改良周围环境中对空气流通发生阻碍的区域；②对建筑物外部形体的结构进行改造，使用遮阳效果较好的外部遮阳构件；③将建筑物的窗户玻璃进行改造，例如使用具有隔热功能的窗帘、具有吸热功能的玻璃、既有反射阳光照射的玻璃、具有较好隔热性能的双层玻璃等；④对建筑物的屋顶和外墙进行保温处理，将建筑物的外墙涂刷成颜色较浅的颜色，将建筑物的屋面通风系统进行改造等。

4.2　节能改造的主要途径

①对建筑物内部空调系统的参数进行合理化的设置。在满足室内对温度的合理要求之下适当降低建筑物室内的温度与湿度的标准；②对建筑物外部的新风量进行科学化的测定。在不同的季节使用不同的新风量：夏季或冬季时使用最小的新风量，在春季或秋季时使用全新风，并且通过使用全热交换器可以对建筑物的新风量使用降低负荷；③空调方式的选择。在建筑物中使用分区式的空调控制系统，合理地对建筑物内部的不同区域进行单独的空调控制；在尽量满足建筑物室内舒适性的条件之下使用大温差的空调；选择变水量或变风量的空调系统在建筑物上的应用；对建筑物暖通空调系统中进行储能技术的应用；空调设备的使用适宜使用高效换热的设备，减少对能源的消耗；④对可再生资源进行合理利用。对建筑物内部的自然通风设计进行重新的设计，是指能够对建筑物室内的热环境进行合理的改善；利用太阳能、风能、水能等可再生的能源作为建筑暖通空调系统的能源；⑤防止空调对建筑物内部的调节出现过热或过冷的现象。对空调的自动化控制装置进行改造，加强自动化控制的能力和维护系统的管理能力，严禁将再热装置在建筑暖通空调系统中；⑥对建筑物中空调的运行模式进行合理化的调整。可以将空调控制的新技术应用于空调节能改造过程中，即对空调系统的启动和停止工作进行合理的控制，减少了对电量的消耗；此外还要对空调的水泵进行节能化的调整，将空调的运行模式设置成储能模式；⑦加强对建筑物空调系统的检查、维修和保养工作；对空调系统进行不定时的检

查和保养，对出现问题的部分进行及时的维修，尽量延长空调系统的使用寿命和提升空调系统的工作效率。

5　结语

　　近年来，随着国家对节能环保事业的重视逐年加深，人们已经充分的意识到环保对世界、对社会和对个人发展的重要性，以环保为主题的各种行动和理念已经越来越多。环保已经成为了城市生活的一种新的生活理念。空调作为一种在当前社会生活中常见的、耗能较大的电器，对其进行节能改造已经达成了人们的共识。建筑物暖通空调系统是一个耗能量较大的系统，于大型建筑物而言，如果能够将该空调系统进行节能化的改造，势必会将能源进行最大程度的利用，且大量的节约了能源，为社会的可持续发展做出了巨大的贡献。

参考文献

[1] 邹大康. 既有暖通空调系统中节能改造的方案分析 [J]. 科技资讯，2017，15（11）：93-95.

[2] 赵一博，刘昱，路祥玉，吴珊. 北京某高校暖通空调系统绿色改造效果分析 [J]. 四川建材，2016，42（03）：286-288.

[3] 李凤英，兰志东，芦洋. 基于既有建筑中暖通空调系统节能改造的分析 [J]. 科技传播，2013，5（17）：95-86.

[4] 王永东. 建筑中暖通空调系统的节能改造分析 [J]. 科技风，2013（13）：171.

[5] 周燕，龚光彩. 基于（火用）分析和生命周期评价的既有建筑围护结构节能改造 [J]. 科技导报，2010（23）：124-126.

浅谈房屋改造中供暖改造难点

邓　丽

四川省建筑科学研究院设计一所，四川成都，610081

摘　要：在我国北方城市生活的居民在冬天生活的基本条件就是房屋取暖。城市供暖工程的建设是一项非常重要的民生工程，工程质量的好坏直接影响到城市所有居民的正常生活。但是由于城市在不同的发展阶段所建设的供暖系统存在差异，部分城乡结合部及老旧城区的区域的旧房屋中供暖系统已经远不能够满足人们的生活需求，这就要求针对该问题进行房屋改造工程。本文将对房屋改造中供暖改造的难点进行分析。

关键词：房屋改造，供暖

Abstract：the basic condition for residents living in the northern cities of China in winter is house heating. The construction of urban heating project is a very important project for people's livelihood. However，due to the difference in the heating system built by cities in different development stages，the heating system in some old houses in the urban and rural junction and the old urban area has been far from meeting people's living needs，so it is required to carry out the housing reconstruction project for this problem. This paper will analyze the difficulty of heating reconstruction in housing reconstruction.

1　供暖改造特点分析

（1）房屋改造中供暖改造工程不仅能够给居民提供一个温馨舒适的居住环境，还能够为城市绿色发展做出贡献。对陈旧的供暖系统进行清除和改造，使用清洁能源进行冬季供暖，可以高效的使用能源，有效地减少城市污染。

（2）供暖改造工程的施工操作需要站在一个全局的角度进行统筹规划，应该对整个建筑物内部所有住户或办公楼的所有房间原有的供暖情况进行详细的调查和分析，依据实际情况制定供暖改造方案，特别是供暖系统中的热媒种类的选择、热源及各个用户之间管道线路的类型及布设方案的设计、工程施工过程中所使用的材料、施工方法及工艺等相关问题进行详细的分析和讨论之后才能够进行改造施工。除此之外，还要考虑房屋供暖改造对整个建筑物或小区整体布局和设计产生的影响，所设计的改造方案还要与城市未来供暖的远景规划相一致。

（3）房屋供暖改造工程的施工条件是比较复杂的，不仅要考虑建筑物内部的情况，还要考虑建筑物外部的环境影响。特别是部分地区的地质水文、气候条件等复杂多变的环境因素都会对供暖改造工程产生影响。房屋供暖改造如果是使用城市集中供暖的方案的话，就需要考虑供暖管线在城市管道布置较为密集的区域如何合理得规避管线交叉问题。如果管线的布设没有考虑到位，那么在后期维修的过程中就会出现非常大的难度，后期维修的时间成本和经济成本都会急剧上升。所以房屋供暖改造工程不但对居民的生活具有重大的意义，而且还面临着巨大的挑战。

2　工程实例分析

2.1　工程实例简介

针对房屋改造中供暖改造工程，本文将对某地区某银行办公楼的供暖改造工程进行实例分析。该银行办公楼的建筑结构是框架结构，建筑高度是48m，采用的供暖方式是锅炉供暖。

2.2　银行办公楼供暖问题分析及对策

（1）供暖设备落后：办公楼所采用的是锅炉供暖方式，在锅炉缺水时需要专门的锅炉工进行加水，如果锅炉工由于其他原因未能够及时加水就会导致供暖系统的损坏。这样的供暖方式是非常落后的，与当前社会科技发展的方向严重相悖。对该问题所提出的对策是对锅炉供水系统使用全自动电脑控制的软水器。该机器可以由电脑控制自动进行补水，如果水质不达标会自动停止，并且还会单独设置一个软水箱进行软水的储存，用来保证锅炉内部水质。

（2）原供暖系统管道的材质是铁管，在经过长时间的使用之后就会生锈从而出现多处的渗水漏水，对管道的安全使用以及建筑外部形象产生了不好的影响。此外由于办公楼建造之初材料的质量有限，在长期的用水压力和环境影响之下已经产生了功能上的缺陷。因此针对这种问题在改造的时候需要对管道的材质进行更换，即使用符合国家现行标准的管材，从材质上确保供暖系统的安全。

（3）原供暖散热器使用的是铁质或钢质的散热器，经过长期的使用极易产生锈蚀，并且目前还没有针对散热器锈蚀问题提出切实有效的保护技术。此外原有的散热器还存在一些弊端，例如水容量较小、散热较慢、保温效果不好等。在进行供暖改造的过程中需要将原有的散热器进行更换为市面上较为新颖的散热器，新的散热技术能够保证热量的高效使用。

2.3　供暖改造中的质量控制与管理

（1）针对银行办公楼的特点设计了上供下回的供暖系统，对供暖系统中的支管上面安装了三通调节锁闭阀，对主管上面不进行伸缩器的安装，只是用固定卡进行固定。经过试验发现该系统能够有效的运转，并且最底层的散热器也能达到设计要求。办公楼供暖系统的管材要使用符合国家标准的管材，对其质量进行严格的把控，避免由于使用了劣质管材对后期供暖系统的使用过程中产生不良影响。

（2）供暖系统的阀门要慎重选择，经过对以往案例进行分析发现能够影响供暖体统正常运行的因素之一就是截水阀的安装。因为截水阀的设计是单通的，虽然其内部的密封面是黄铜材质，但是其提升的杆件确是铁质的。铁质的杆件在使用的过程中会与阀芯之间生锈或者出现漏水现象。因此在改造的过程中，阀门的选择一般是带有黄铜的或不锈钢的转心阀门，其可以有效的避免生锈现象的发生。

（3）在改造的过程中要注意排水阀的安装，阀门的类型最好是手动、自动两用式的阀门。在供暖的过程中供暖系统的末端水流速度会比较慢，容易在排水阀上面产生堵塞现象。这时就可以使用手动开关对排水阀进行清淤清洗的工作，用来保障供暖管道的正常排气，促使供暖系统正常运行。对排水阀的检查应该一年一次。此外还要对供暖管道的散热器进行合理的选择，尽量避免使用钢质或铁质的散热器。

（4）对供暖管道的改造工程执行严格的验收工作。供暖管道的验收工作是改造工程的最后一关，也是对该工程质量控制的最后一关。可以通过使用现场质量检测的方法对供暖管道进行质量验收。验收的部位一般是供暖管道的各分部以及比较隐蔽的部位。验收时需要对管道进行试压操作，在打压的过程中需要有专门的质量检查人员监督整个过程。如果打压的整个过程没有出现不符合工程质量标准的情况，在双方签字之后进行管道回填土处理；供暖系统使用的锅炉需要委派专门的检查人员进厂进行监督制造；改造工程开工之前需要进行技术交底，设计人员、检察人员与施工人员针对改造过程中的一些难点要点进行分析讨论，确保施工能够正常进行。

（5）进行施工人员专业知识培训。供暖改造工程的主体是施工人员，如果他们没有对该系统的一些基础知识进行学习，就不会在施工的工程中发现问题或者对施工图纸上面的一些专业性的标注理解不深，可能导致施工要点被忽视而造成施工质量难以保证。所以对施工人员的专业知识进行培训，对施工技能进行提升是非常重要的。施工人员需要持有上岗证进行施工作业，上岗证的颁发需要由专业的职能鉴定机构对施工人员的相关知识进行鉴定，合格之后才能颁发。针对工程中不同的施工难度进行人员的分配，将施工经验丰富、专业知识扎实的人员分配到施工难度较大的地方，这样就可以确保施工的关键点被引起重视，从而确保施工质量。

3 结语

房屋改造中供暖改造的重点和难点就是对供暖系统质量的把控，可以通过对原有建筑物的供暖系统进行详细的分析，制定与实际相符的改造方案，并且对工程材料的质量进行严格的把控，使用新型的材料为供暖系统的长期安全使用保驾护航。此外还要对施工人员的专业技能进行系统的、全面的培训，保证施工的过程是科学化的、与施工规范要求相符的。供暖系统的改造过程是一个比较复杂的工程，其涉及面很广，需要考虑的因素有很多。必须综合各种因素进行考虑才能够保证供暖系统可持续使用。

参考文献

［1］ 曾亮. 西安地区既有房屋的供暖节能改造研究［J］. 建筑设计管理，2011，28（10）.

［2］ 郎四维. 标准瞄住 65%——修订北方居住建筑节能设计标准的思考［J］. 建设科技，2003（08）.

［3］ 杨西伟，李萍. 关于推进建筑节能工作的思考［J］. 建设科技，2003（08）.

［4］ 张传强. 浅谈供暖改造工程的质量控制与管理［J］. 价值工程，2013，32（30）.

［5］ 宁维梅. 老式住宅供暖改造的新尝试［J］. 山东煤炭科技，2010（01）.

［6］ 万静，李光复. 采暖地区既有建筑节能改造之若干问题［J］. 辽宁建材，2010（03）.

复合纤维网格结构加固技术简介

陆学勇　焦　峰

辛普森商贸（北京）有限公司，北京，100061

摘　要： 介绍一种采用复合纤维网格配套无机矿物质砂浆组成的用于混凝土和砌体结构修补和加固的新技术 FRCM，这种技术克服了传统碳纤维布（或板材）配套环氧树脂胶粘剂应用的局限性，在耐受高温、高湿环境、紫外线照射等方面，FRCM 技术具有独特的优势，FRCM 跟混凝土或砌体基材一样也具有更好的相容性。FRCM 技术已经在欧美一些国家大量用于混凝土和砌体结构修补和加固工程，在美国已经建立了行业标准和认证规范，FRCM 技术为加固行业提供了一种新的技术手段和选择。

关键词： 结构修补和加固，复合纤维网格，无机矿物质砂浆，FRCM

Introduction of FRCM Reinforcement System

Lu Xueyong　Jiao Feng

Simpson Trading（Beijing）Co., Ltd. Beijing，100061

Abstract： Introduction of a new technology for repairing and strengthening concrete and masonry structures using a fabric reinforced cementitous matrix（FRCM）system. CoMPared with traditional FRP reinforcement systems，FRCM technology has advantages in providing higher resistance to high temperatures，high humidity and UV radiations. Also it has a better coMPatibility with a concrete or masonry substrate. FRCM system has been used for concrete and masonry repair and reinforcement in some of western countries for many years. There are already industrial standards and certification systems in US for FRCM technology. FRCM provides a new tool and option for structure repair and reinforcement.

Keywords： Structure repair and reinforcement，Composite gird，Inorganic Mineral Mortar，FRCM

1　前言

近十几年来，碳纤维布或板材（配套环氧树脂胶）加固技术在我国越来越多应用于结构的加固和修补，这得益于碳纤维生产技术和工艺的不断提高致使材料成本不断降低，以及相关建筑规范标准的不断完善。碳纤维材料具有例如强度高、重量轻、防腐性能优越以及易于施工等特点，对于加固行业人士在目前技能工人短缺、施工时间成本加大以及客户对于耐久性更加重视的情况下有着很大的吸引力。然而，碳纤维布或板材（配套环氧树脂胶）加固技术有着很多的局限性，使得在很多情况下无法使用，例如在高温或者防火要求的环境、低温环境、高度潮湿环境、紫外线照射的环境下均无法使用，有些时候为了保证混凝土结构或砌体结构的完全透气性，也不适宜采用碳纤维布或板材（配套环氧树脂胶）加固技术。

这些局限性都与用于浸渍和粘结的环氧树脂胶粘剂有关，因此，采用无机材料（砂浆）替代环氧树脂似乎是改善体外碳纤维加固构件整体性能的最合理的解决方案，但常用的碳纤维布或板材无法与无机砂浆形成很好的锁键效果，必须开发出能与无机砂浆共同作用的碳纤维材料，由此，一种新的被称为复合纤维网格加固技术（Fabric-Reinforced Cementitious Matrix System 简称 FRCM）就诞生了，

作者简介：陆学勇，1968 年，男，吉林工业大学工学学士，E-mail: hlu@simpson-china.com
焦峰，1977 年，男，兰州理工大学结构工程硕士，E-mail: jjiao@simpson-china.com。

这种技术采用了复合纤维网格配套无机矿物质砂浆共同使用，协同作用，用于结构加固，也可以说，FRCM 是碳纤维布（或板材）加固技术的演变和进化。

FRCM 加固技术最早在欧洲应用于 20 世纪 90 年代末，最初是在新的建筑例如永久模板构件、预制外墙板、薄层罐体结构中使用，后期逐步发展应用于与混凝土和砌体结构加固和修补。目前，美国和欧洲的大学和机构在此技术上的研究处于领先地位，其中，美国迈阿密大学（University of Miami）、瑞士 S&P 公司、意大利 Kerakoll 等公司在 FRCM 加固技术上的研究和应用比较深入。

2　材料

2.1　纤维网格

FRCM 加固技术由无机砂浆和嵌入砂浆中的复合纤维网格组成，复合纤维的作用是承载拉应力，复合纤维网格通常采用碳纤维、玻璃纤维、玄武岩纤维、芳纶纤维或其他高强聚合物纤维（例如 PBO）编织成单向或双向正交网格，所有复合纤维中最具代表性的当属碳纤维（Carbon Fiber）和玄武岩纤维（Basalt Fiber）。复合纤维网格的开放结构保证了纤维受力的连续性以及与砂浆更高的接触和相互作用界面，通常网格的大小不超过 20mm，为了增加纤维网格与砂浆的粘结强度和锁键力，纤维表面以特殊防火树脂涂覆，此外，还要增加涂覆微硅粉和陶瓷粉，以达到更高的粘结强度和防火性能，最基本的表观检测，纤维网格不能燃烧并产生有毒有害气体。通过涂覆的纤维网格也更加容易定型，不至于施工时过于柔软而难以平整铺设，纤维网格也可以通过其他工艺达到一定的刚性以保证铺设平整度，意大利 Kerakoll 公司就采用不锈钢丝作为定型产品编织加到玄武岩纤维中形成新的玄武岩不锈钢丝网格。纤维网格中的纤维丝的含量决定着网格承载力的大小，纤维丝要保证一定的单位面积净重量，通常以每平方米克重作为衡量标准，而且要去除纤维涂层的重量。纤维网格的界面宽度也是影响承载力和材料使用量的重要因素，网格宽度越小，搭接面积越大，材料越加浪费，通常，作为结构加固用的碳纤维网格宽度不小于 1.5m，玄武岩、玻璃纤维、芳纶纤维网格宽度不能小于 1.0m。

2.2　无机砂浆

FRCM 加固技术中无机砂浆的作用是封闭、固持并保护纤维网格，同时把混凝土或砌体结构的应力传递到复合纤维中，应力传递是通过结构基材与无机砂浆的粘结以及网格和无机砂浆的机械锁键来实现的。无机砂浆对于整个 FRCM 加固系统的性能起着至关重要的作用，其不仅仅要达到一定的力学强度、无收缩、抗冻融等指标，还要保证不开裂、竖直不滑落、具有较好的可操作性等特点。为了无机砂浆能与复合纤维网格更好的溶合，无机砂浆的骨料级配要尽可能地细（小于 0.5mm），水与无机砂浆的重量混合比一般在 20% 左右。砂浆中增加聚丙烯等短切纤维虽然能增强砂浆的抗收缩能力，但会削弱砂浆在网格中的渗透能力，所以砂浆中不宜添加短纤维。砂浆中的各种添加剂等化学成分虽然在改善砂浆力学性能、硬化时间和可操作性上具有一定作用，但这些添加剂在不同条件下（温度、湿度等）发生的复杂化学反应也会使砂浆在实际应用中的性能与实验室结果大相径庭，这也是聚合物砂浆的致命问题，而且化学添加剂的增加也会大大削弱砂浆的防火性能和环保标准，所以，添加剂的配比要控制在很小的量（小于 5% 重量比），无机砂浆不能现场搅拌加工，要采用预拌干混砂浆，很多国家大力推广使用无机矿物质砂浆用于 FRCM 加固系统，与水泥砂浆和聚合物砂浆相比，无机矿物质砂浆因含有更多天然材料成分而具有更加优越的环保性能和综合力学性能，例如薄层修复功能，具有代表性的 Geolite 全能矿物质砂浆最小可应用于 2mm 薄层修复而不开裂，跟碳纤维网格或玄武岩不锈钢丝网格组成的 FRCM 加固系统仅具有薄至 5 ~ 8mm 的修复厚度。

3　施工

FRCM 加固技术的施工非常简单，混凝土或砌体基材表面的处理跟常规混凝土修补作业一样，不需要特殊打磨，这也是区别于 FRP 碳纤维布加固系统的特点之一，然后均匀涂抹或喷射第一层砂浆，然后人工铺设复合纤维网格，按压到砂浆层上，然后涂抹或喷射第二层砂浆，平整表面即可。依此方法，可以铺设多层网格。

4　机械性能

FRCM 复合纤维网格加固技术的性能很大程度上取决于它们的抗拉强度和粘结强度。经过研究，FRCM 加固系统受力行为可分为三个阶段（图 1），在第一阶段，载荷主要由砂浆复合体承受，由弹性变形直至砂浆开始开裂；在第二阶段中，砂浆复合体经历多重开裂过程，导致应力从增强纤维转移到砂浆复合体，在纤维和砂浆界面之间有一些剥离；在第三阶段，整个系统的表现几乎是线性的，直到由于纤维丝破坏或纤维从砂浆中完全剥离，在这个阶段，载荷几乎完全由增强纤维承担，弹性模量受纤维含量的影响。

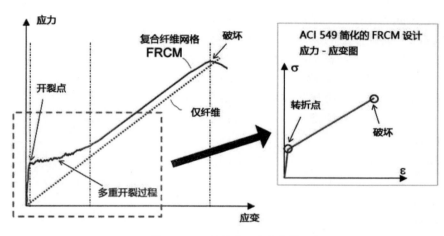

图 1　FRCM 应力 - 应变曲线

作为对比，FRP 碳纤维布加固系统具有单相线性弹性拉伸行为直至破坏，FRP 的极限拉伸应变受纤维丝的极限应变的限制。

FRCM 复合纤维网格加固系统与混凝土或砌体基材的粘结强度是难以量化的，因为它取决于纤维的类型、纤维尺寸、网格布局和砂浆的组成、基材强度和表面处理的质量。与 FRP 碳纤维布加固系统不同，FRCM 网格加固技术中的纤维不会被浸渍，因此，在混凝土基材上的正向抗拉实验有时表现为纤维增强层内破坏或纤维 - 砂浆界面上的破坏，因此，无机砂浆与混凝土基材的正拉粘结强度就显得更为重要，一般不能低于 2.5MPa，而且要通过现场试验来判定。

5　物理性能

FRCM 复合纤维网格加固技术比 FRP 碳纤维布加固系统在耐高温、高湿和紫外线辐射下具有更好的性能，其外表面无需防护，适宜有防火要求的建筑。

有些人也认为，FRCM 网格加固技术相比 FRP 碳纤维布加固技术，更能反映结构的重大隐患，例如混凝土结构的裂缝可以一定程度上可以通过网格中的砂浆反映出来，而 FRP 碳纤维布加固则不然，当结构破坏时其可能更多表现出的是脆性破坏。

6　耐久性

从材料方面，FRCM 复合纤维网格加固技术中的复合纤维相比金属材料有更优越的抗腐蚀性能，无机砂浆通常 pH 值要超过 12，以达到保护混凝土结构和抗碳化的作用。

各国以往的一些研究表明，在一些苛刻的环境下例如海水腐蚀环境、酸碱腐蚀环境、冻融环境下，FRCM 加固技术的机械能能会有所削弱，早期的防护体系在设计中需要考虑。

应用普通无机砂浆时，要对原有钢筋进行除锈阻锈并进行涂装防护，但 Geolite 全能矿物质砂浆通过了 EN1504-2/3、6/7（欧盟混凝土修补和防护产品及系统标准）三项认证，具有钢筋钝化保护和表面防护功能而不必必须使用钢筋阻锈剂和涂装体系。

FRCM 加固技术中的无机砂浆与混凝土或砌体基材更相容，很多情况下，结构基材会持续遭受潮湿侵蚀，FRP 碳纤维布加固系统会形成透气屏障，致使潮气滞留在基材内并最终导致加固系统的剥离破坏，FRCM 砂浆的孔隙率和透湿性与结构相似，水分不会被困在结构基材内，加固后形成透气性的加固体系。

7　加固应用

FRCM 复合纤维网格加固技术适用于混凝土和砌体构件抗弯、抗剪加固（图 2～图 6），一般情况下，采用 FRCM 网格加固系统的钢筋混凝土梁或板以及砌体墙与 FRP 碳纤维布加固系统具有可比性，

只是某些方面略有不同。采用 FRP 碳纤维布加固构件时，破坏表现通常是从混凝土或砌体上的剥离破坏，这种类型的脆性破坏一般不会发生在 FRCM 网格加固系统的构件上，由于砂浆内的纤维的逐渐滑动或纤维 - 砂浆界面的分层，FRCM 加固系统通常发生脆性较小的"滑移"破坏，增强纤维在弯曲或剪切裂缝方向上的滑移是由纤维与砂浆之间的粘结逐渐丧失和 / 或纤维逐渐断裂引起的（图 2）。

FRCM 复合纤维网格加固系统也可用于混凝土柱约束加固以增加其轴向强度，加固效果很大程度上取决于网格层数量和砂浆的强度，这决定了最终破坏是受纤维在砂浆内的分层还是纤维断裂来控制。

图 2　混凝土梁弯曲裂缝区纤维丝的滑移

FRCM 复合纤维网格加固技术很多时候也可替代钢筋网喷射混凝土做耐久性修复和抗震加固使用，它的好处之一是整体加固厚度不必要达到 8～12cm 那么厚，既节省了空间，又减轻了结构自重。

图 3　楼板加固

图 4　桥梁加固

图 5　柱加固

图 6　拱桥加固

8　相关规范及标准

世界范围，很多企业和机构对 FRCM-System 加固技术做了大量的研究和试验，并编制了相关的企业标准。美国国际法规委员会评估服务机构（the International Code Council Evaluation Services 简称 ICC-ES）于 2011 年建立了 FRCM 混凝土和砌体结构加固技术验收准则（AC434—Acceptance criteria for masonry and concrete strengthening using fiber reinforced cementitious matrix（FRCM）composite systems），以此评估合格供应商和产品并做出认证报告。目前，意大利 Kerakoll 公司 FRCM 技术已经获得了美国 ICC 认证。

2013 年，美国混凝土协会（ACI）建立了关于 FRCM 加固技术设计和施工的系统性标准 ACI549.4R-13（Guide to Design and Construction of Externally Bonded FRCM Systems for Repair and Strengthening Concrete and Masonry Structures 混凝土和砌体结构加固和修补外粘贴复合纤维网格系统的设计与建造指南）。

为了设计目的，ACI 549 指南将 FRCM 拉伸应力 - 应变曲线理想化为双线性，曲线的初始线段对应于 FRCM 未开裂的线性弹性行为，并且其特征在于未开裂的拉伸弹性模量，第二线性段，对应于 FRCM 开裂的线弹性行为，其特征在于开裂拉伸弹性模量（图 1）。

9　结论

总之，FRCM 复合纤维网格加固技术相比较碳纤维布加固技术具有自身独特的优势，其可以用于高温、低温环境，可以用于弯曲、潮湿基材表面，施工也更加简单方便。FRCM 技术适用于混凝土和砌体结构抗弯、抗剪和抗震加固，也可适用于结构耐久性修复。目前，国内已有少量桥梁、隧道、工民建项目采用此技术进行加固及修复，随着结构工程师和加固行业人士对此技术优势的不断深入了解，FRCM 技术的实际应用必将越来越多。我们国家有必要制定相关的行业标准，推动并规范此加固新技术在国内的发展。

参考文献

[1] ICC-Evaluation Service. Acceptancecriteria for masonry and concrete strengthening using fiber-reinforced cementitious matrix（FRCM）composite systems. AC434，2013. Whittier，CA.

[2] ICC-ES Evaluation Report ESR-3944，Kerakoll steel reinforced grout and fabric-reinforced mortar composite systems. March 2018

[3] S&P Clever Reinforcement CoMPany AG. ARMO-System Design Guideline. June 2011.

[4] Kerakoll SPA，Guida Sistemi Strutturali. 2015.

保护性历史建筑检测鉴定与加固技术

张兴伟　　颜丙山　　林文修

重庆市建筑科学研究院，重庆，400016

摘　要： 我国城市化过程中，每年新建建筑占全球 1/2 以上，同时也注重具有文化特点的历史建筑的保护，历史建筑需进行修缮和加固。通过对大量保护性历史建筑检测、鉴定以及加固修缮工程实例的归纳总结和分析，提出针对该类建筑检测鉴定过程中注意事项和结构安全性评价方法，并对保护性老旧建筑保护加固和修缮方法进行阐述，以期在保护性历史建筑工作中起到借鉴作用。

关键词： 历史建筑，鉴定，加固，保护加固和修缮

Detecting and Strengthening Design of Protective Historical Buildings

Zhang Xingwei　　Yan Bingshan　　Lin Wenxiu

Chongqing Construction Science Research Institute，Chongqing 400016，China

Abstract： In the process of urbanization in our country，the new buildings are more than 1/2 of the world each year. At the same time，we also pay attention to protection of historical buildings with cultural characteristics，these old buildings need to be repaired and reinforced. Based on the analysis and summary of the inspection，appraisal and reinforcement of a number of historic buildings，method for structural safety evaluation and some matters needing attention in the process of detection and identification of this kind of building are proposed，and the protection of old buildings protection and reinforcement methods are described in this paper. It can be used as a reference in the protection of historic buildings.

Keywords： historical building，appraisal，reinforce，protection and repair

0　前言

　　历史性建筑定义为具有一定历史、科学和艺术价值，反映城市历史风貌和地方特色的建筑物，是承载城市历史和文化、彰显城市个性和特色的重要载体，也是经济和社会发展中不可再生的宝贵资源。以前在城市建设和旧城改造过程中，出于商业目的的考虑，部分具有历史文化价值的建筑被破坏甚至拆除，对于这个城市来说丧失了突显城市特性的名片。随着人们保护意识的提高和国家相关法律、政策的出台，以及部分建筑保护性标准、规范的颁布，同时每个城市均想打造专属于本城市特点的历史街区，从而提高知名度，越来越多历史建筑受到重视并得到较好保护。

　　近现代历史建筑是指从 19 世纪中期至 20 世纪 50 年代建设的，具有历史、文化、科学、艺术价值的建筑物和构筑物，是我国近代以来，受到西方工业现代化、工业化带来的科学技术、思想观念等方面的影响而产生的建筑遗产。近现代历史建筑比较集中分布在北京、上海、南京、天津、武汉、重庆等城市，重庆于 1891 年开埠，是内地开埠最早的城市之一，在近代历史上，作为西部的政治、经济、文化中心，给城市留下了大量珍贵的近现代历史建筑。作者在实际工作中开展了大量近现代历史建筑的检测、鉴定以及加固改造等保护性工作，同时参与重庆市科委大型科研项目"重庆抗战遗址结构安全性评价与健康档案建立"的主研工作，对这类建筑相关保护、检测及修缮加固改造工作有了较

作者简介：张兴伟（1971 年），男，正高，主要从事结构检测鉴定、加固改造设计和施工。

为深刻认识和体会。现就其中存在的问题以及一般检测程序、安全性分析和修缮加固技术进行探讨，以期引起重视和进一步研究。

1　相关法规和标准

国家和地方省市近几十年来颁布了相关保护条例、文件以及管理办法。

1982 年全国人大常委会通过并颁布了《中华人民共和国文物保护法》，其中明确规定：在进行古建筑修缮、保护和迁移时，"必须遵守不改变文物原状"的原则。随后编制的国家标准《古建筑木结构维护与加固技术规范》（GB 50165—92）于 1993 年 5 月 1 日起实施，对这一重要原则如何准确理解而实施，作出了具体而明确的规定。该规范现已修编完毕，并即将颁布实施。

1988 年 11 月 10 日，建设部和文化部联合发出《关于重点调查、保护优秀近代建筑的通知》，体现了政府对近代建筑价值的认识和评价，并重视其保存与再利用问题。该通知颁布对于价值的关注突破了革命历史意义的范畴，扩大到艺术、历史和科学价值。

1991 年 12 月上海市出台了《上海市优秀近代建筑保护管理办法》，就是在历史建筑调查统计的基础上酝酿而成的。《管理办法》的制定，奠定了上海市历史建筑保护的基本框架，也对其他城市近代建筑保护工作发展产生了影响。1995 年上海市房屋土地管理局编制《上海优秀近代建筑房屋质量检测管理暂行规定》，此办法出台后相应的技术规定，将上海市优秀近代建筑的质量检测工作纳入行业规范管理。该暂行规定主要是对优秀近代建筑的质量检测工作程序和内容进行了规定，其中包含建筑历史沿革、结构可靠性、改扩建及修缮记录、检测管理程序等。

2003 年 10 月，上海颁布了上海市工程规范《优秀历史建筑修缮技术规程》（DGJ 08—108—2004）。该技术规程是 20 年建筑保护修缮实践经验和研究的总结，对优秀历史建筑的构造修缮的程序和要求作出了规范。作为国内首部该类规程，《规程》针对优秀历史建筑的保护等级和特征，与文物形成区别，是优秀历史建筑修缮技术一个很大的进步。该规程针对历史建筑的检测、设计、施工形态性地提出了要求和方法。现该规范已修编为《优秀历史建筑保护修缮技术规程》（DG/TJ 08—108—2014），名称增加了"保护"二字，真正体现建设是发展，保护也是发展。

其他相关的条例还有：《南京市重要近现代建筑和近现代建筑风貌区保护条》、《天津市历史风貌建筑保护条例》、《哈尔滨市保护建筑和保护街区条例》；建设部印发了《关于加强对城市优秀近现代建筑规划保护工作的知道意见》，北京编制了《北京优秀近现代建筑保护规划》。2007 年 5 月 28 日由国家文物局、联合国科教文组织世界遗产中心、国际文化财产保护与修复研究中心、国际古迹遗址理事会在北京共同主办的研讨会形成的木结构古建修缮的指导性国际文件《北京宣言》。

通过以上法规、条例、标准的实施，可体现出各个地方对于历史建筑保护工作的重视和支持。

2　检测鉴定主要内容

2.1　建筑专项测绘

保护性历史建筑大多年代较旧远，期间由于管理部门多次变换更替，技术资料缺失现象比较普遍，为了对建筑有更清楚了解、对结构安全进行分析、为修缮改造和加固提供依据同时后期便于主管部门存档管理，均必须进行建筑和结构测绘，因此，建筑测绘是这类保护性历史建筑检测鉴定时一项重要内容。

目前该类建筑测绘已经从传统手工测绘技术转变向全站仪、三维激光扫描仪、摄影测量等先进设备和技术进行的现代测绘技术。运用现代技术对测绘现场所采集的数据资料进行处理和表达，主要是利用计算机软件。当然传统测绘方式和现代测量仪器测量各有利弊，如传统测绘虽然操作简单，但对于大体积型和构件复杂的建筑，由于测量尺寸多，所以更容易出现误差，其次，登高测量存在危险，且对建筑物的接触容易对建筑物造成破坏。现代测绘技术中电子全站仪虽然是非接触测量的方式，但却是逐点对数据进行采集，可以测量复杂的地形、也可以对建筑的细部进行测量，但不适用于不规则的目标物等等。对于建筑测绘好的方法是采用传统测绘方法和现代技术相结合的方法。

在建筑测绘中主要应表现出以下方面的主要内容：（1）周边环境和地形示意；（2）建筑平面、立面和剖面示意图；（3）结构平面示意图；（4）屋面结构；（5）大样图。对历史建筑既有现状进行测绘外，另一重要手段可采用摄影照相方式对建筑风貌和内部情况和细部大样等部位进行存留，摄像时可采用目前比较普遍和实用的无人机设备，从而对建筑全貌、周边环境和顶部细部等部位进行详细摄像。

某建筑立面测绘结果见图 1 所示，某建筑三维激光扫描结果见图 2 所示。

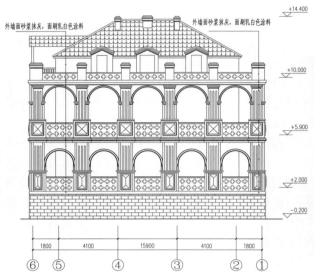

图 1　建筑立面测绘示意图　　　　　　　　　图 2　建筑三维扫描模型图

2.2　结构体系和材料

保护性老旧建筑主体结构大致分为砖木结构、砖石钢筋混凝土混合结构、钢和钢筋混凝土框架结构三种形式。最先采用的是砖石承重墙。砖石拱券、木梁楼盖、木屋架的砖（石）木混合结构，所采用的仍是传统的砖、石、木材。砖（石）木混合结构从 19 世纪中叶传入中国后，就广泛推行开来，一直是近代中小型建筑的主要结构形式。20 世纪初开始，砖石钢骨混凝土混合结构逐步兴起，以后钢筋取代钢骨，砖石钢筋混凝土混合结构便为近代多层建筑所常用。现有保护性老旧建筑当时所使用的建筑材料差别很大，更重要的是其当时生产工艺大多已经流失，材料强度等力学性能指标与现有同类产品差别很大。

在对这些历史建筑进行检测时，必须对结构体系进行检查落实，然后对主要承重结构构件材料强度等相关性能进行检测，但目前现有检测标准、规范中的检测方法和手段均不适合于该类建筑的检测，只能作为参考来考虑。

2.3　检测一般程序

结合实际检测工作相关情况，对检测过程及有关注意事项阐述如下。

2.3.1　地基基础

保护性历史建筑一般都使用了较长时间，考虑地基土常年负荷固结，其地基土承载能力有一定程度提高；在不改变其正常使用功能或增加使用荷载情况下，其地基基础安全性一般很少出现安全隐患。当对建筑改变使用功能、荷载增加幅度较大时，需要开挖探坑对地基基础情况进行检测鉴定。

2.3.2　墙体或柱

大多采用砖块（青砖或红色黏土砖）、石灰浆等砌筑，也有底部一、二层采用条石砌筑的。墙体外立面基本为清水墙，内侧有砂浆抹灰层。墙体检测时要对外观进行普查：墙体潮湿，特别是底层潮湿和屋面周边渗漏位置的墙体、墙体风化范围和厚度、墙体碱蚀；砖券拱开裂等；墙体是否有承载力或地基基础不均匀沉降而导致的开裂现象。同时还需要对墙体构造做法进行检查核实：如某建筑墙体原为木柱和木夹板墙体，后在改造过程中拆除了木夹板墙，采用砖墙体砌筑代替，同时将木柱包在了墙体内；某文物旧址外墙墙体原为 380mm 厚土墙，后期改造过程中对墙体两侧采用 60mm 厚钢筋网水泥砂浆面层进行了加固（见图 3）；有一栋房屋外墙体采用 220mm×120mm×10mm 砖块砌筑成 120mm 厚空斗墙，内部填充碎石灰土材料（见图 4）。

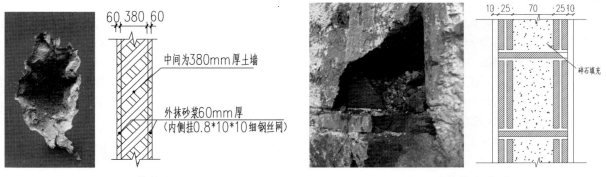

图 3 墙体构造（一）　　　　　　　　　　　　图 4 墙体构造（二）

砖块检测可采用砖回弹法、取样抗压试验检测（条件允许时）。根据多栋房屋砖抗压强度试验结果，基本可满足 MU10 抗压强度要求。采用回弹法所检测砖抗压强度离散性较大。部分砖墙体有风化脱落现象，必要时可对砖进行抗风化性能试验。条石砌筑墙体必要时可在不影响外观的部位钻取芯样进行检测。

砂浆可采用砂浆回弹法、射钉法、点荷法（一般不允许取样、允许时也比较难于取到较完整的试块）；大多砂浆强度达不到采用目前现有仪器使用的条件。回弹法检测结果砂浆强度基本小于 2.5MPa，射钉法和点荷法检测果基本在 2.5MPa 左右；上述测试数据仅作参考，不能用来确定为实际强度。

2.3.3 楼盖

楼盖主要承重构件为木梁（部分为钢筋混凝土梁），楼盖结构从下至上依次为：装饰木板条、装饰部分的承重木格栅；中间架空层；上层承重木枋格栅、楼盖面板（见图 5）。部分楼盖无下层装饰层，装饰灰板条直接与楼盖承重木枋连接。由于功能不同，部分楼板有隔音要求，做法不同，如某教学楼文物木楼盖是钢筋混凝土花篮形梁承重，木楼盖内填充有锯末隔音材料（见图 6）。

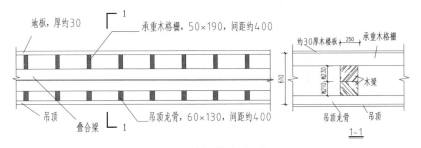

图 5 楼板构造（一）

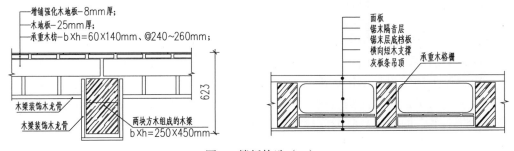

图 6 楼板构造（二）

木楼盖检测过程中，如果发现有倾斜问题应引起重视。有时由于构造不合理所致，有时由于承重木梁腐朽、弯曲破坏所致，有时是由于承重木枋端部从梁上脱开，上述现象均存在安全隐患，需高度重视。对于承重木构件，必要时可取样，在试验室内进行木材相关指标检测，如顺纹抗压强度、抗弯强度及抗弯弹性模量。

2.3.4 屋面

大多数为木屋架承重的小青瓦屋面，普遍存在的问题有：支撑体系混乱、节点松动、渗漏、杆件裂缝和潮湿；节点部位杆件脱榫、滑动；部分屋架有倾斜现象；部分屋架个别杆件被火烧过痕迹；木檩条与弯曲变形现象；屋架下面的木龙骨有下挠、变形。特别是木屋架平面外是否有倾斜现象。

对于屋面情况，还可从外观上进行仔细观察，如果屋面出现有肉眼可见不平整或其他异常现象时，此时应对对应部位木屋架及构件进行检查（见图7），可明显观察到中间两个天窗向内侧倾斜，在对屋架检查时发现该部位屋架个别节点脱开、杆件开裂、屋架有下挠、倾斜现象。

图7　屋面采光窗倾斜

图8　楼梯间槽钢平台梁

2.4　注意事项

（1）部分结构进行过改造，需对整个结构体系、主要承重构件及个别材料更换等问题进行核实清楚。如某二十世纪四十年代的保护文物楼梯间横梁为槽钢梁（见图8），且检查中有严重锈蚀现象等。

（2）对建筑垂直度和相对高差进行测量，以便确定建筑是否存在倾斜和不均匀沉降，从而可评价地基基础工作状况。除对建筑自身地基、基础和主体结构进行检测以外，对周边地形环境需进行稳定及安全评估，否则会造成保护性建筑的破坏。如2007年重庆遭受了暴雨，造成渣滓洞背面山上发生了滑坡，使得渣滓洞监狱内的部分保护性文物受到较大损伤。

（3）木楼盖如遇到拟改变使用功能，使用荷载发生变化，而木材又不能取样进行材料力学性能试验时，可通过荷载试验方法予以验证，试验荷载可采用水囊进行加载。

（4）白蚁在温度4℃以上便能生存，25～30℃最适宜白蚁的生长。潮湿是白蚁生长所需水分来源，木质纤维素类的物质是白蚁喜爱的主食，因此，在木结构检测过程中，特别要对潮湿部位进行重点检查，以便于采取加固和防治措施。

（5）当然对建筑圈梁、构造柱；支座、连接节点；构件稳定性等构造措施方面也需重点检查。

（6）现场检测工作完毕后，应对该建筑目前所存在的质量安全问题隐患进行梳理归纳总结，并一一描述，以便在安全鉴定评估和后期修缮保护设计及施工中一一对应进行处理和解决。

3　安全性和抗震性鉴定

对于保护性老旧历史建筑，由于没有专业的针对性技术标准，在进行安全性评定时如果采用和借鉴目前现行非历史保护建筑物的鉴定标准、规范或者处于文物重要性考虑提高一个安全等级，那么评定的结果将有很少历史保护建筑能满足规范要求，必须进行加固处理；甚至很多建筑整体结构体系就存在严重的先天性不足，加固起来会造成建筑原始风貌较大的保护，从而达不到保护目的。

（1）安全性鉴定分析主要参照《民用建筑可靠性鉴定标准》（GB 50292—2015）及其他规范的相关内容进行，但对于这些保护建筑，由于建筑材料不相同，差别大且种类繁多，其材料强度等力学性能指标与现在同类产品差别很大；现有鉴定标准、设计理论很难解决该类建筑结构的计算问题。实际检测过程中即使得到砌体块材和砂浆强度的参数，也不能得到砌体强度以及砌筑构件承载力的评定值，也不能破损取样检测砌体强度。因此，不能简单地依据现行的标准规范来评定这些保护性老旧建筑。

采取基于结构状态的评定方法可对该类建筑进行评定，当现有结构同时满足：（1）结构构件与连接部位未达到正常使用极限状态的限制；（2）在评估使用年限内结构上的作用不会出现明显变化时，可根据结构的状态评定结构承载力，但前提是结构体系没有问题；构件的连接无问题以及全部构件进行了全面检查。对于未出现正常使用极限状态、极限标志的构件可以评定其承载力符合要求，如砌体构件没有裂缝、倾斜等异常现象，就可认为构件安全性符合要求。根据上述，在对保护性老旧建筑的评定工作中可主要采取对结构体系、构件布置、传力途径、变形记裂缝、结构外观质量、构件损伤等情况的调查和分析为主，以结构良好工作状态对结构安全性评定的方法，仅在必要时对部分结构或构件承载力进行计算分析。

（2）二十世纪七十年代前，我国的建筑设计是不需要进行抗震设防的，而历史保护性建筑大多在这之前或者更早时间修建，因此，抗震能力几乎不能满足现行的国家抗震标准，从整体结构到结构构件、构造措施均存在抗震薄弱环节。因此，国内多数历史建筑保护专家通常不是很赞成对历史建筑过分强调抗震，这一观点与国外比较吻合。当然，国外多数历史建筑处于被保护状态不作他用，而我们国内很多历史建筑目前仍然在正常投入使用，甚至有些功能发生了变化后而作为私人会所使用。

目前对建筑抗震性能分析可参照《建筑抗震鉴定标准》（GB 50023—2009）的相关内容进行。考虑到历史保护建筑的特殊性，应从整体结构抗震概念上加以全面考虑，并不能按现行抗震设计规范严格逐条衡量。抗震鉴定时应强调综合抗震能力的评定，一是要区分整体影响因素和局部影响因素，二是要对抗震构造措施和抗震性能进行综合分析。

4　加固技术及方法

对保护性历史建筑进行安全性和抗震性鉴定评估后，就需要采取加固处理措施。目前，大多这类建筑加固往往"重局部、轻整体"，将承载力不足的构件从结构中分离出来进行专门的研究和计算，这样的加固并没有考虑局部构件改变后对整个结构的影响，因此，保护性历史建筑的抗震加固应采用基于结构体系的抗震加固，将结构视为一个整体，考虑构件之间的相互协同作用及构件改变后引起的内力重分布，避免不当的、过渡的构件加固，在提高保护性历史建筑抗震能力的同时真正的保护这些建筑。具体措施为：首先选择结构体系加固，如增设增设钢支撑、阻尼支撑、阻尼墙、加强梁柱节点或者加强结构体系的连接等，通过提高结构体系整体刚度调整内力的分布，减小构件的加固量；然后采用合适的构件加固方法对承载能力不足的构件进一步加固。

（1）结构体系加固

主要有增设抗侧力结构、改变受力形式、增设钢支撑、外墙增设圈梁构造及内墙加钢拉（改变了风貌不适合）、节点加固、加强连接措施等。

对于使用功能有特殊要求、放置贵重设备或特殊文物的房屋、纪念性建筑、特殊医院等建筑，抗震安全性要求较高，由于其特殊和重要以及文物保护的限制、使用功能的限制等而不能采取传统的加固方法时，可采用基础隔震加固技术，在基础和上部结构之间设置柔性隔震层，吸收地震能量，有效降低建筑在地震下的反应。因此，上部结构通常不用再进行抗震加固，或只对局部构件进行加固，同时避免了传统抗震加固方法对保护建筑风貌的影响。

（2）构件加固方法

对于破损构件和承载力不足承重构件加固，主要方法有钢筋混凝土单面板墙加固、钢筋网水泥砂浆面层加固、外包钢加固、粘贴钢板、粘贴碳纤维布或玻璃纤维布、增大截面等方法。

钢绞线网片聚合物砂浆技术具有高强、防火、聚合力强、无污染等特点，是近几年来在国外发展起来的绿色材料与新型应用技术。采用该技术加固结构构件，可以充分发挥钢绞线的高强度以及聚合物砂浆与原有构件的良好粘结作用。

当然根据每个具体工程的不同，可以综合采用一种或多种加固方法。

（3）其他修缮技术

对于保护性历史建筑，在对结构体系加固和构件加固之外，还需对其他部位出现的缺陷及构件破损情况进行修补修缮保护处理：对于墙体裂缝处理可采用压力灌注水泥浆液封闭或挂细钢丝封闭处理；对于外墙砖或石块风化情况的修补；对潮湿部位白蚁防治处理；屋面屋架增设支撑体系，木屋架杆件节点加固处理；可对木屋架整体更换为轻型钢屋架屋面（见图9），同时原建筑风貌不变。

对于原承重构件材料尽量保留和利用，如某保护建筑原木楼盖拟改成钢筋混凝土楼盖，综合分析后决定继续采用木楼盖。

（4）BIM技术和装配式技术的运用

近几年随着BIM技术和装配式建筑技术的推广应用，在历史建筑改造保护及修缮工作中业可考虑采用上述两项技术。通过BIM技术可对历史建筑改造、修缮方法进行可行性比较分析，也可以用于后期的运维管理。在保护性历史建筑或文物中，在不改变建筑外立面情况下内部可采用装配式木结构或钢结构进行改造，图10为某文物进行装配式木结构改造修缮外貌，土墙需保留。

图9　更换成轻钢屋面

图10　木结构改造（土墙体保留）

5　结束语

对于保护性历史建筑检测鉴定时不能完全采用现行有关国家规范和标准，而着重从基于结构良好工作状态方面对结构安全性进行评定，仅在必要时对部分结构或构件承载力进行计算分析。抗震鉴定时应强调综合抗震能力的评定。进行加固时不应改变原建筑风貌，可采用一种或几种加固修缮处理方法，对于重要建筑可采用基础隔震加固方法；也可考虑装配式木结构或钢结构进行改造修缮等。

参考文献

［1］　GB 50292—2015. 民用建筑可靠性鉴定标准［S］. 北京. 中国建筑工业出版社，2016

［2］　GB 50023—2009. 建筑抗震鉴定标准［S］. 北京. 中国建筑工业出版社，2009

［3］　武大伟，董建曦，杨佳林，杜晓燕. 上海优秀历史建筑现存主要问题及加固方法研究［J］. 江西科学，2015，33（2）：234-236.

［4］　武大伟，董建曦，杨佳林，杜晓燕. 某历史建筑抗震加固方法应用研究［J］. 工程抗震与加固改造，2015,37（2）：131-135.

［5］　黄兴棣. 建筑物鉴定加固与增层改造［M］. 北京. 中国建筑工业出版社，2008.

［6］　郑建岚. 土木工程结构检测鉴定与加固改造［M］. 北京. 中国建材工业出版社，2008：39-43.

［7］　朱大勇，完海鹰，胡成. 全国建筑物鉴定与加固学术交流会论文集［M］. 合肥. 合肥工业大学出版社，2010：65-69.

某砌体结构平移前加固方法研究

董胜华[1]　刘佳昕[2]　陈大川[1]

1. 湖南大兴加固改造工程有限公司，湖南长沙，410082

2. 湖南大学土木工程学院，湖南长沙，410082

摘　要： 建筑物整体移位技术是指为了满足城镇建设或道路规划的需求，在不妨碍建筑物使用功能的前提下，通过一系列的技术措施，整体将建筑物从原来位置移动到新位置的一种特种技术。平移的建筑物中多为近现代保护建筑，其中大部分砌体结构整体性较差，为保证平移的可靠性，需要对其进行加固。本文主要探讨某砌体结构移位前的加固的研究，综合各种加固方法，结合平移的特点进行加固，以及布设监控点并对后续平移做出加固应急预案，以保证平移的可靠性。

关键词： 砌体结构，建筑物平移，施工技术，加固研究

Pre-construction Quality Control Method for A Masonry Structure

Dong Shenghua[1]　Liu Jiaxin[2]　Chen Dachuan[1]

1. Hunan DXIN and Reinforcement Rehabilitation Co.，LTD. Changsha，410082，China

2.Hunan University，Department of Civil Engineering，Changsha，410082，China

Abstract： The overall displacement technology of a building refers to the special technology to meet the need to move the building from its original position to a new location as a whole through and using a series of technical measures to satisfy the needs of urban construction or road planning，without impeding the function of the building. Most buildings in translation are modern and protected buildings，and most of them are of poor integrity. In order to ensure the reliability of translation，they need to be reinforced. This paper mainly discusses the reinforcement of a masonry structure before displacement，integrates various reinforcement methods，combines the characteristics of translation，reinforces，and installs monitoring points and makes the emergency plan for subsequent translations to ensure translation safety.

Keywords： Masonry structure，Building translation，Construction technology，Quality control

1　工程概况

　　某宾馆中有栋保护建筑位于长沙市，该建筑于 20 世纪 50 年代兴建，由主楼（北栋）和附楼（南栋）组成，中间以连廊相接，占地面积约 1400m²，建筑面积约 3800m²，主楼三层，局部四层，附楼两层，墙下砖放脚条形基础、砖柱独立基础，如图 1 所示。后期该建筑进行了多次改造（东侧扩建并局部加一层、客房内增设卫生间、西侧扩建卫生间、西侧加建一层构架等），建筑平面图如图 2 所示。该建筑记载了长沙近现代发展的历史轨迹，历史价值极高，为长沙市近现代保护建筑。该建筑已使用 60 多年，存在一定的安全隐患，且位于繁华商业圈，对土地开发的整体布局有一定影响。现经过多方协商讨论，决定将其主体结构加固后向北直线平移 35.56m，附楼拆除后在主楼北侧镜像重建。平移示意图如图 3 所示。

作者简介：董胜华（1977—），女，工程师，主要从事结构加固与施工现场管理工作；

　　　　　刘佳昕（1995—），女，湖南大学土木工程学院硕士生；

　　　　　陈大川（1967—），男，湖南长沙人，湖南大学教授，博士。

图 1　某宾馆外部

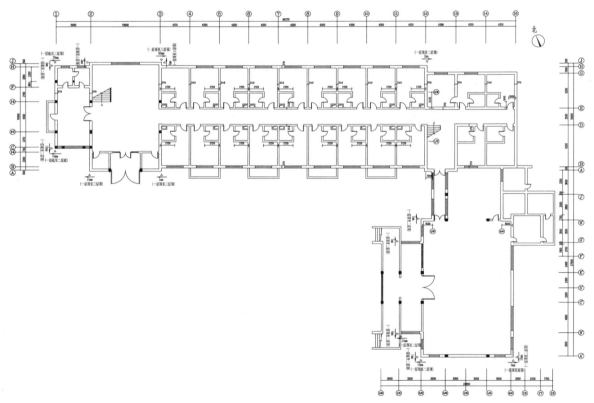

图 2　某宾馆平面布置图

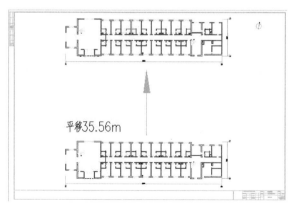

图 3　平移示意图

2 平移的加固特点

平移施工的主要思路如图 4 所示。建筑物整体迁移工程与普通的建筑工程相比主要在以下三个方面增大了工程风险：

（1）平移工程增加了影响结构安全和迁移工程安全的施工工序，这些工序将导致工程的失效概率加大，可靠度降低。如结构托换、结构分离、同步移动、就位连接等，在上述这些工序中往往存在对结构构件削弱、地基扰动等因素，可能造成结构构件局部破坏。

（2）平移的施工过程使结构承受了附加作用，而普通建筑工程则不存在这些荷载或附加变形，因此造成被平移的建筑物结构可靠度降低。如水平移动产生的振动作用、附加荷载，在轨道平移过程中轨道沉降差，纠倾工程中迫降产生的新的沉降差等。

（3）平移就位后往往在一定程度上改变了原有建筑物的受力状态，这将改变结构的受力可靠度。如托换加固改变了结构的受力简图，就位连接改变了结构局部构造，地基加固或基础托换改变了基础的受力状态等情况[1]。

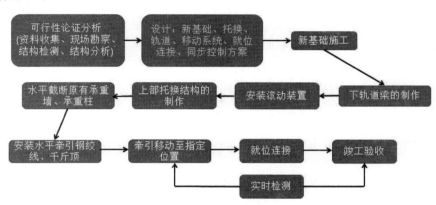

图 4 平移流程图

根据建筑物平移的要求，平移过程中处于匀速状态，建筑物趋于平稳；开始和结束平移时，建筑物在顶推力和摩擦力的作用下，处于变速运动状态，相应的结构内部构件也将由于运动而产生额外的应力。建筑物由静止到运动，由运动到静止，都将产生一个加速度，该加速度会对建筑物上部结构产生一个剪应力。当加速度过大时，可能产生较大的剪应力，导致建筑物构件开裂，出现水平裂缝，从而降低建筑物整体性和可用性[2]。故在上轨道和下轨道满足设计要求的情况下，该工程主要对承载力、变形及构造连接进行加固，其中以控制变形为主，加大上部建筑的刚度，以保证平移过程中建筑物的安全性。综合考虑托换后受力状况的改变、平移过程中可能出现的特殊情况以及检测鉴定和计算复核的结果，对该建筑物进行必要的加固与修补，按施工过程分为平移前加固设计和平移施工的监测点布设及加固应急预案。

3 加固方法研究

3.1 加固方法概述与分析

3.1.1 提高构件及建筑物刚度的加固方法有以下几种：

（1）增大截面法：增大截面法是通过增加原构件的截面面积，以达到提高原构件承载能力和刚度的加固方法。

其优点是施工简单，实用性强，适用于原构件轴压比明显偏高和原构件截面尺寸过小的情况。缺点是实际应用中由于要浇筑混凝土并养护而造成工期过长。

对平移工程而言，加固后构件截面面积增大，对于墙柱而言可谓减少了使用面积，对于梁板来说则为降低了室内净高，且增加自重，并对下部结构荷载增大，需要提高上下轨道的强度与刚度，增大了平移过程中的风险。

（2）置换混凝土加固法：置换混凝土需要凿除大量的内部砌块，施工量很大，在施工开始前还需要在柱子四周设置千斤顶与钢支撑卸载，具有一定的危险性，施工需小心谨慎。加固方案非常繁琐。

对于平移施工而言工序复杂，对原有建筑产生较大的扰动，违背保护建筑修旧如旧的原则。

（3）增设支点加固法：该方法是通过增设支承点来减小结构计算跨度，改变结构内力分布并提高其承载能力的加固方法。

增设支点加固法优点是简单可靠，缺点是使用空间会受到一定影响。

针对平移而言，该方法可以提高建筑物的整体刚度，提高平移过程中的安全系数。在平移过程中一层的空间不影响平移工程的进行，而且该方法设置的临时支撑在平移工程结束后可拆卸，保证了保护建筑可逆性的原则，效果较好。

（4）高性能水泥复合砂浆钢筋网：高性能复合砂浆和钢筋网组合，钢筋网提高构件承载能力，复合砂浆层起保护和锚固的作用。

该方法防火耐高温性能较好，延性相对较好，无污染，抗老化及耐久性能好，对结构形状和外观影响较小，施工简易，造价低廉。适用于提高建筑物整体和局部的强度与刚度，适用于平移前建筑物的加固。

（5）加固地基基础的方法：地基基础加固的方法可分为基础加宽、加深及加固，桩式托换、地基处理等。

该方法提高了地基的强度与刚度，对平移中建筑物的稳定性、传力路径的合理性以及平移的可靠度均有所改善。

3.1.2　局部构件加固及构造加固方法有：

（1）外包型钢加固法：该方法是结构构件四周包以型钢进行加固的方法，分干式外包钢和湿式外包钢两种形式。

该方法优点是可以在基本不增大构件截面尺寸的情况下提高构件承载能力，增大延性和刚度。缺点是用钢量较大，加固维修费用较高。

对平移工程而言，该方法对于提高结构刚度效果不明显，但可用于构造加固。

（2）外加预应力加固法：外加预应力加固法是在构件外部采用钢拉杆或预应力型钢撑杆对结构进行加固的方法。该方法主要适用于原构件截面偏小或需要增加使用荷载、原构件需要改善其使用性能或者原构件处于高应力、应变状态，且难以直接卸除其结构上荷载的情况。

与其他加固方法相比，体外预应力属于一种主动性的加固方法，可以有效的改善结构受力性能、提高极限承载力与结构的刚度[3]。但可能会对原建筑物产生影响，对于保护性建筑不适用。

3.2　本工程采取的加固措施

· 综上比较各加固方法的优劣及平移的特点、保护建筑加固"修旧如旧"的特点、平移的具体流程，考虑工期及平移安全性，本工程在平移前主要针对一层及基础进行加固，加固方法采用复合砂浆钢筋网加固法、增设支点加固法等。同时该建筑为保护性建筑，在加固施工过程中尽量减少对原建筑的干预，注意施工过程的保护措施。

（1）房屋各层承重墙体由于砌筑砂浆强度普遍较低，不能满足现行规范荷载下的承载力要求，加之部分承重墙体存在开裂现象，应对相关承重墙体采用高性能水泥复合砂浆钢筋网等方法进行加固处理，对外墙面应进行勾缝修缮处理，如图5、图6所示。

（2）对砌体结构的裂缝采用压力灌浆法进行修补，并根据需要在裂缝修补后进行补强加固。如对破损严重、承载力不满足要求的构件可采用高性能水泥复合砂浆钢筋网、增设支点等方法进行加固处理、如图7、图8所示。

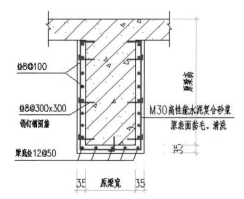

图5　混凝土复合砂浆加固大样

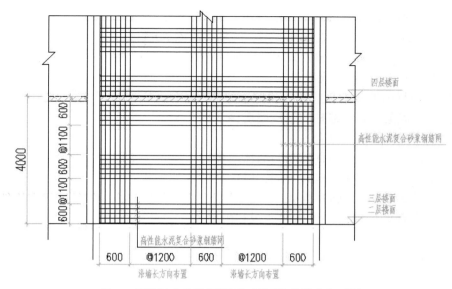

图 6　墙体复合砂浆钢筋网加固网格状做法立面图

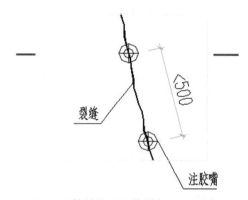

图 7　砌体结构裂缝修缮加固处理详图

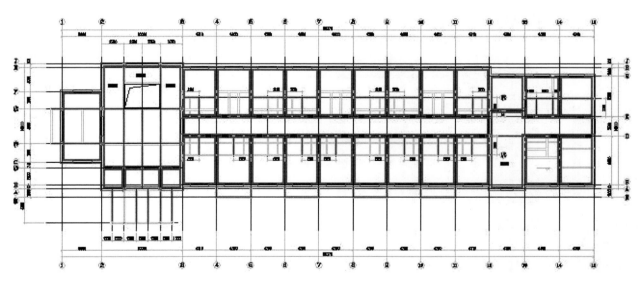

图 8　一层墙体加固平面布置图

（3）对开裂的楼板构件，建议注胶灌缝将裂缝封闭后再采用粘碳纤维、板面新增自密实混凝土叠合板等方法进行加固处理，如图 9 所示。

（4）由于木楼面构件存在局部烧损、沿纵纹开裂、腐朽，屋盖木屋架杆件存在局部沿纵纹开裂、腐朽、金属连接件锈蚀，屋面板存在局部变形、腐朽、渗漏等现象，其承载力、耐久性和防火性能等不满足现行规范安全使用的要求，建议采用整体加固修缮或局部拆除更换等方式进行处理，并对所有木制构件进行防火处理（如涂刷防火涂料）。

（5）该砌体结构整体性较差，应重视建筑物整体性加固，需采取可靠加固措施保证建筑物的安全，对房屋未按现行规范设置构造柱的纵横墙连接节点和圈梁的楼层，采用高性能抗裂复合砂浆钢筋网等方法进行加固处理；对楼面预制板、屋面檩条与墙体或梁的搁置节点，采用钢板、角钢等进行构造加固，以提高房屋的抗震能力。一层整体加固如图8所示。

（6）对检测中发现的屋顶混凝土构架开裂和破损、护栏破损、屋面瓦滑移、填充墙体裂缝等其它质量缺陷进行适当的修缮处理。

（7）对木屋盖进行维修加固，木架吊顶整体做防虫、防腐、防火处理；更换屋顶糟朽吊顶龙骨及吊顶天花面层并按原样恢复，同时采用拉网临时加固防止瓦片脱落。

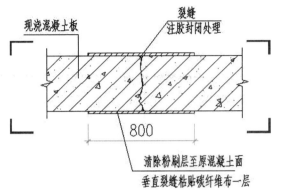

图9　混凝土板裂缝修缮加固处理详图

4　平移施工前准备

为保证平移施工的安全性，本工程布设应力应变监测点。监测点的布设考虑建筑形式特点、建筑物初始缺陷、力学计算分析结果等问题。其确定的总体原则有：

（1）上部墙体初始裂缝较宽、较密集区域。

（2）力学分析软件确定的应力变化最大、应力集中区域。

（3）结构体系传力的关键构件和关键区域。

（4）平移过程中可能出现难以把控的意外状况的区域。

结构应力 - 应变监测测点具体布设位置：在 1/2-E-G 区域上部墙体开裂严重部位布设 2 个光纤光栅传感器；在 J-5、A-5、10-J、10-D 轴托换节点布设 2 个光纤光栅传感器，共布设 8 个光纤光栅传感器；在 5-D、10-E 轴托换节点布设 8 个光纤光栅传感器，共布设 16 个光纤光栅传感器；在 3-E-G、12-E-G 托换梁截面布设 4 个光纤光栅传感器，共布设 8 个。应力 - 应变监测总共布设 34 个光纤光栅传感器。

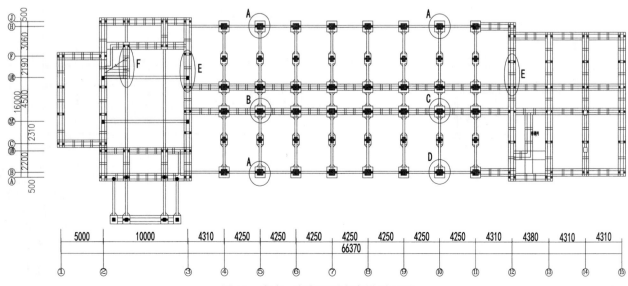

图 10　应力 - 应变监测点布设平面图

针对施工过程中监测结果及可能出现的问题，提出相应的加固处理预案。建筑物整体平移施工过程中可能出现的问题及处理措施如下：

（1）轨道出现不均匀沉降

①地基承载力不均匀，移动过程中轨道沉降差过大。施工中一旦出现，在房屋现位置立即用钢结构作临时支撑，加固不安全位置的下轨道梁。加固方法可进行地基加固，也可加宽轨道梁底面面积。

②局部沉降或差异沉降过大，解决措施是停止移位，对软弱地基进行加固[4]。

（2）施加荷载不同步

施加荷载不同步会造成上轨道内力加大，房屋偏转。调整办法是加大移动距离小的各轴推力，减小移动距离大的各轴推力。当扭矩过大时还应加固上轨道，并设置临时支撑，增加建筑物刚度（注意产生扭转的原因不只是加力大小不平衡造成的，也可能是受轨道局部不平，一些滚轴发生偏转，各轴的沉降不均等因素的影响。施工时应认真分析原因。）

（3）千斤顶与轨道接触面混凝土局部破裂

主要原因是该部位反复受压，局部破坏。解决方法是采用高强结构胶粘贴钢板进行加固处理。

（4）房屋局部开裂。出现这种情况应停止平移，分析原因，采取措施。一般裂缝产生的原因可能有三个：

①速度过大。控制措施是减小加荷速度和卸荷速度，控制轨道平整度。

②沉降差大。设计中应加以避免，施工中出现后及时加固轨道梁。上部结构开裂后影响结构安全和平移安全的，应立即加固。不影响平移安全的，就位后进行维修。

③原已存在未发现。分析对结构安全的影响，确定是否加固[5]。

5　总结

进行平移的砌体结构大部分建筑年代久远，属历史保护建筑，整体性较差，故应对平移工程进行加固；平移前进行保护性加固修补，通过方案比较选择合适的加固方案进行加固，并应做好紧急情况预急方案，为后续平移提供质量保证。本工程平移前的加固措施供以后类似平移工程参考。

参考文献

［1］崔万杰. 建筑物整体移位工程研究及其可靠性分析［D］. 河南：华北水利水电大学，2007，65-73.

［2］赵士永. 古建筑群整体移位的关键技术和理论分析［D］. 天津：天津大学，2013，63.

［3］王宇赟. 高层钢筋混凝土框架结构加固方法优化设计研究［D］. 长沙：长沙理工大学，2013.

［4］李会军，王连英. ANSYS 在建筑物平移中的应用［J］. 建筑技术，2015，46：32-33.

［5］冯永耀，芳村信义. 教堂整体平移施工技术［D］. 广州：华南理工大学，2012.5.

［6］刘涛. 建筑物移位工程托换结构水平受力分析［D］. 山东：山东建筑大学，2010.6.

［7］张晓，汪潇，刘兆瑞. 建筑物整体平移中沉降差控制的研究进展［J］. 建筑技术，2015，46：32-33.

［8］李国雄. 某古建筑物旧址整体移位保护施工技术［A］. 广东省第五次土木工程施工技术交流论文集［C］，广州：2013，323.

［9］董海林. 既有建筑整体移位安全技术性能指标分析与应用［D］. 上海：同济大学，2009.3.

某无梁楼盖式地库柱承载力不足加固案例

姜记冰

南通市建筑科学研究院有限公司，江苏南通，226000

摘　要：本文以江苏南通一个既有地库结构柱加固工程为实例，本文主要阐述了既有无梁楼盖地库结构柱因承载力不足而进行的结构加固，如何确保每个拟加固柱四个方向无梁板卸荷支撑的同步性、稳定性是该加固工程的重中之重，本文着重介绍了卸荷支撑的做法与计算及混凝土局部承压计算，同时简要介绍了柱体及柱帽加固的方法与加固工艺要求及加固后效果。

关键词：地库柱，无梁楼盖，卸荷支撑，柱加固，柱帽加固

Case study of insufficient bearing capacity of some non-beam floor roof type basement column

Jiang Jibing

Nantong construction science research institute co., LTD., Nantong, Jiangsu, 226000

Abstract：This paper takes as an example the reinforcement project of an existing basement structure column in Nantong, Jiangsu Province. This paper mainly expounds the structural reinforcement of the existing non-beam floor basement structure column due to the lack of bearing capacity. How to ensure the synchronization and stability of the load-free support in each of the four directions of the reinforced column is the most important part of the reinforcement project. At the same time, the method of column and column cap reinforcement, the requirements of the reinforcement technology and the effect after reinforcement are briefly introduced.

Keywords：basement column, non-beam floor cover, unloading support, column reinforcement, column cap reinforcement

0　前言

江苏南通某小区地库柱加固工程，拟加固区地库顶板采用无梁楼盖基数，由于业主单位地库上部景观方案调整，根据加固设计图纸要求（设计单位：南京长江都市建筑设计股份有限公司），需要对部分原地下室柱及柱帽进行加固，根据设计文件要求地库柱加固采用加大截面法、柱帽加固湿采用包钢法；卸荷支撑布点及支撑杆件计算、局部承压计算由加固实施单位出具方案后报结构设计单位审核确认。

1　基本情况

该地库基本情况为：柱网间距为7900mm×7900mm，地库底板厚度300mm，无梁楼盖区顶板厚为350mm，无梁楼盖区域板面通长钢筋为10@200双向，板底为10@110双向，柱截面为400mm×600mm，柱帽尺寸2500mm×2500mm。

作者介绍：姜记冰，男，1979 年生，高级工程师

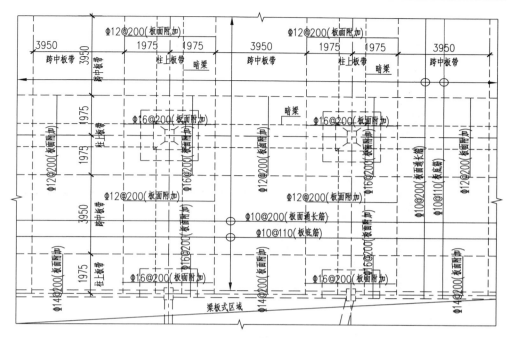

无梁楼盖配筋示意图

2 加固方案

2.1 加固设计采用的加固方法为：柱采用单侧加大截面法进行加固（为满足停车位的空间需求，在安全性确保的前提下，采用了单侧加大截面加固的方法）。做法如下图：

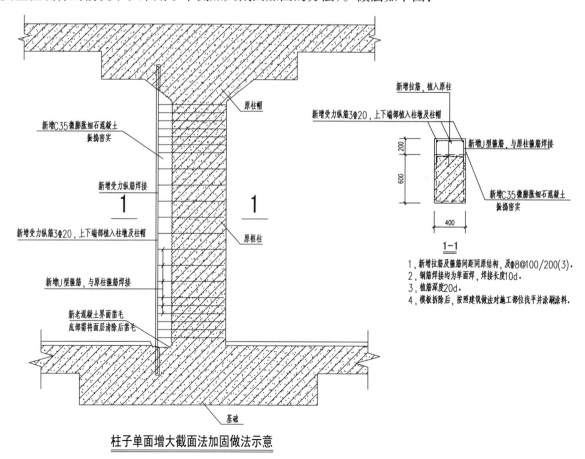

1. 新增拉筋及箍筋间距同原结构，及φ8@100/200(3)。
2. 钢筋焊接均为单面焊，焊接长度10d。
3. 植筋深度20d。
4. 模板拆除后，按照建筑做法对施工部位找平并涂刷涂料。

柱子单面增大截面法加固做法示意

2.2 柱帽采用湿包钢法加固，做法如下图：

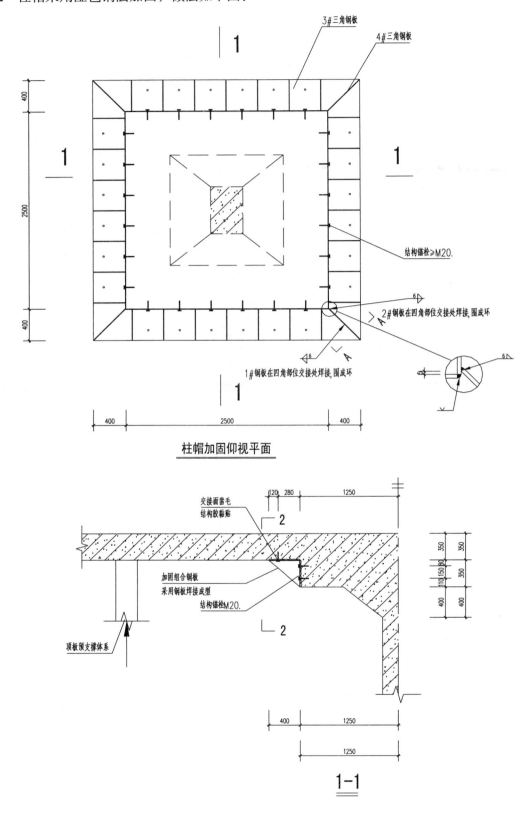

柱帽加固仰视平面

3 支撑卸荷方案

3.1 经现场勘查与荷载验算，最终确定采用板底多支撑法进行支撑卸荷。每块板下预支撑力总和不小于 1500KN，每块板下布置卸荷支撑点 9 个。

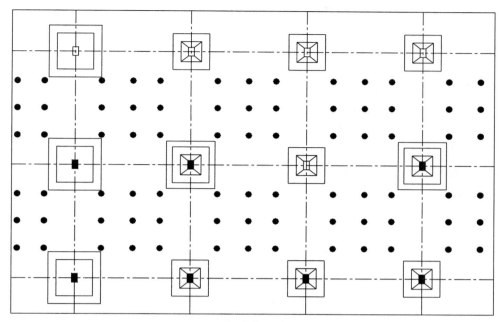

顶板支撑布置平面

图中 ● 为支撑点

3.2　该项目卸荷支撑采用南通市建筑科学研究院有限公司姜记冰等人发明的实用新型专利技术与支撑卸荷产品，专利号：ZL201720539260.5。

现场使用顶升卸荷装置如图所示：

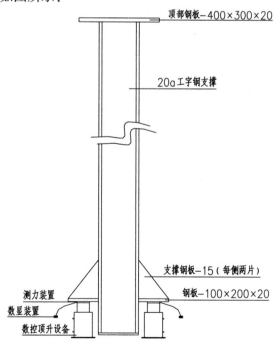

顶部钢板—400×300×20

20a 工字钢支撑

支撑钢板—15（每侧两片）

钢板—100×200×20

测力装置

数显装置

数控顶升设备

顶升卸荷（含测力）装置大样

液压油泵采用同步控制系统，确保同步供油，精确控制各油压千斤顶的受力均匀、顶升力同步上升，本工程全部采用 20T 油压千斤顶。

3.3　卸荷支撑杆承载力验算

《建筑结构荷载规范》（GB 50009—2012），本文简称《荷载规范》《钢结构设计规范》（GB 50017—2003），本文简称《钢结构规范》。

构件材料特性：材料名称：Q235、构件截面的最大厚度：11.40（mm）、设计：215.00（N/mm²）、屈服强度：235.00（N/mm²）、截面名称：工字钢（GB 706—88）：xh=I20a（型号）、工字钢型号：I20a（型号）、构件高度：2.900（m）、容许强度安全系数：1.00、容许稳定性安全系数：1.00。

端部约束信息：X-Z 平面内顶部约束类型：简支、X-Z 平面内底部约束类型：简支、X-Z 平面内计算长度系数：1.00、Y-Z 平面内顶部约束类型：简支、Y-Z 平面内底部约束类型：简支、Y-Z 平面内计算长度系数：1.00。

稳定信息：绕 X 轴弯曲、长细比：λ_x=35.58、轴心受压构件截面分类（按受压特性）：a 类、轴心受压整体稳定系数：ϕ_x=0.951、最小稳定性安全系数：4.04；最大稳定性安全系数：4.04、最小稳定性安全系数对应的截面到构件顶端的距离：0.000（m）、最大稳定性安全系数对应的截面到构件顶端的距离：0.000（m）。

绕 X 轴最不利位置稳定应力按《钢结构规范》公式（5.1.2-1）

$$\frac{N}{\varphi_x A} = \frac{180000}{0.951 \times 3558} = 53.1849 \text{N/mm}^2$$

绕 Y 轴弯曲：长细比：λ_y=136.79、轴心受压构件截面分类（按受压特性）：b 类、轴心受压整体稳定系数：ϕ_y=0.358、最小稳定性安全系数：1.52、最大稳定性安全系数：1.52、最小稳定性安全系数对应的截面到构件顶端的距离：0.000（m）、最大稳定性安全系数对应的截面到构件顶端的距离：0.000（m）

绕 X 轴最不利位置稳定应力按《钢结构规范》公式（5.1.2-1）

$$\frac{N}{\varphi_y A} = \frac{180000}{0.358 \times 3558} = 141.4148 \text{N/mm}^2$$

强度信息：最大强度安全系数：4.25、最小强度安全系数：4.25、最大强度安全系数对应的截面到构件顶端的距离：0.000(m)、最小强度安全系数对应的截面到构件顶端的距离：0.000(m)、计算荷载：180.00kN、受力状态：轴压。

最不利位置强度应力按《钢结构规范》公式（5.1.1-1）

$$\frac{N}{A_n} = \frac{180000}{3558} = 50.5902 \text{N/mm}^2$$

分析结果：

构件安全状态：稳定满足要求，强度满足要求。

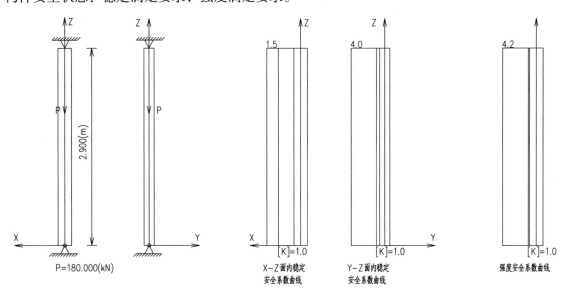

3.4　支撑面混凝土局压验算:

《混凝土结构设计规范》(GB 50010—2010),本文简称《混凝土规范》

计算简图

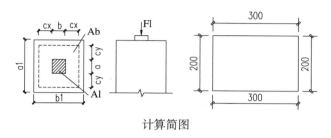

计算简图

(1)局部受压面积 A_1

$$A_1 = ab = 200 \times 300 = 60000 \text{mm}^2$$

(2)计算底面积 A_b

根据《混凝土规范》第 6.6.2 条, $c_x = c_y = \min\{a, b\} = \min\{200, 300\} = 200 \text{mm}$

$c_x = 200 \text{mm} > (b1 - b)/2 = (300 - 300)/2 = 0 \text{mm}$, 取 $c_x = 0.0 \text{mm}$

$c_y = 200 \text{mm} > (a1 - a)/2 = (200 - 200)/2 = 0.0 \text{mm}$, 取 $c_y = 0.0 \text{mm}$

$A_b = (a + 2c_y)(b + 2c_x) = (200 + 2 \times 0.0) \times (300 + 2 \times 0.0) = 60000 \text{mm}^2$

(3)强度提高系数 β_1

$$\beta_1 = \sqrt{\frac{A_b}{A_1}} = \sqrt{\frac{60000}{60000}} = 1.00$$

(4)荷载分布的影响系数 ω

根据《混凝土规范》附录 D.5,当局部受压面上的荷载为均匀分布时,

$\omega = 1$

(5)结论

$$\omega\beta_1 f_{cc} A_1 = 1.00 \times 1.00 \times 14.30 \times 0.85 \times 60000 = 729.30 \text{kN}$$

$$F_1 = 180.00 \text{kN} \leqslant 729.30 \text{kN}(满足)$$

4　结语

该工程加固施工已竣工,地库上部的景观施工也已经全部完成,经过为期 3 个月的不间断监测,加固区域的结构变形均在允许范围内,近期通过了各相关单位的联合验收,得到业主单位、监理单位、主管部门等相关单位的一致好评,认为该加固工程施工质量、感观等均达到了预期效果。

在该项目实施过程中,不难看出卸荷支撑方案的确定、验算、支撑体的安装、卸荷顶升精确控制是该项目得以顺利实施的施工关键点,借此文向一直奔走在强调和呼吁加固工程卸荷必要性的专家及业内人士致敬。

某地下车库上浮事故检测评定与加固处理

王海东[1, 2]　　罗雨佳[1]

1. 湖南大学土木工程学院，湖南长沙，410082
2. 湖南大学建筑安全与节能教育部重点实验室，湖南长沙，410082

摘　要： 针对在建的长沙某住宅小区，地下车库顶板未覆土，基坑尚未回填，基坑底部、侧壁分别为不透水板岩和粉质黏土，在罕遇强降水情况下，由于建筑周边地表水汇入基坑，水位急剧上涨，导致桩身拉断，地下车库上浮严重、构件开裂破损等事故。通过现场对地下车库梁、板、柱等构件的检测和水位监控，辅以 OpenSees 建模计算分析，得到事故发生的主要原因：地区罕见持续强降水与基底土层条件使得抗浮水位不由历史最高地下水位控制，而由实际地表汇入水位控制，导致原抗浮设计不满足实际情况；长时间的高水位及水位涨落，给实际工程造成二次破坏；而且施工现场没有及时选择合理的处理措施，加重事故。事故分析及计算结果表明，该种水文地质条件下且在雨季施工，抗浮设计水位建议取为地面标高并尽快回填基坑、顶板覆土。处理时，先加固上部构件，再忽略桩基承载能力，采用增设锚杆的方式抗浮及底板改为筏板基础。

关键词： 地下车库，不透水层，上浮，事故分析，加固处理

Accident Detection Assessment and Reinforcing Treatment of a Float Underground Garage

Wang Haidong[1, 2]　　Luo Yujia[1]

1. College of Civil Engineering, Hunan University, Changsha 410082, China
2. MOE Key Laboratory of Building Safety and Energy Efficiency, Hunan University, Changsha 410082, China

Abstract： In this paper, a floating underground garage of a residential area under construction in Changsha, which roof is not covered with soil and the foundation pit has not yet been backfilled. The bottom and side walls of the foundation pit are impervious slate and silty clay, respectively. Under the condition of rare precipitation and heavy rainfall, the water level rose sharply as a result of surface water surrounding the building flowed into the foundation pit, causing the accidents such as broken piles, floating underground garages and cracked components. Through on-site inspection and supplemented by OpenSees modeling calculations, the main causes of the accident were proposed： rare continuous heavy precipitation in the area and substrate soil conditions cause the anti-floating water level is not controlled by the historical highest groundwater level, but is controlled by the actual surface water level, resulting in the original anti-floating design does not meet the actual situation ； a long period of high water levels and fluctuations in water levels cause secondary damage to the actual project ； and the construction site did not choose reasonable treatment measures in time and aggravated the accident. According to the analysis and calculation results, under the hydrogeological conditions and during the rainy season, the anti-float design water level is recommended to be the ground elevation and backfill the foundation pit and roof covering as soon as possible. During the

基金项目：新世纪优秀人才支持计划 NCET-13-0190。

作者简介：王海东，男，（1976.01—），湖南澧县人，博士，湖南大学副教授，从事既有工程结构加固改造技术、工程结构抗震等研究。E-mail：whdwang@hnu.edu.cn。

treatment，reinforcing the upper member at first，then ignore the bearing capacity of the pile foundation，and adopt anti-floating method by adding anchor bolts，and the floor is changed to the raft foundation.

Keywords：underground garage，impervious layer，floating，analysis of accident，structural reinforcement

伴随我国经济的高速发展与人们需求的增长，用地越发紧张背景下，住宅从横向外扩转为纵向发展，高层住宅建筑成为主流，而在设计与施工过程中需要面对地下车库抗浮的问题，就目前的设计方式而言，抗浮设计仍处于结果控制的粗略设计阶段，往往采取较为单一的抗浮设计方式，而对于不同的施工环境和施工过程中可能出现的突发情况缺乏有预见的针对性措施，如何在施工过程中对不同的施工环境以及复杂水位情况采取动态分析和处理应该受到土木工程技术人员的重视。王海东[1]等对高层住宅建筑的地下车库上浮事故进行了分析，介绍了压重和排水相结合的加固处理方法；徐春国[2]、刘文竞[3]等分别对多高层建筑地下室上浮的原因进行了分析，并介绍了锚杆抗浮加固处理的方法，为工程技术人员在处理相似问题时提供了经验；曹洪[4]等提出抗浮事故出现时不能盲目排水泄压，并提出新的排水方式。笔者也希望通过对实际工程中所遇到的高层住宅建筑地下车库抗浮失效事故的现场检测与分析、处理，给类似工程以借鉴。

1 工程概况

湖南省长沙市某住宅项目位于长沙市岳麓区，为在建建筑，基坑未回填且顶板未覆土，基坑东侧有山体，其中地下车库部分建筑面积为27679m²，为地下2层钢筋混凝土框架结构；建筑结构安全等级为二级，地基基础设计等级为甲级，结构设计使用年限为50年，地震设防烈度为6度。地下车库与两小高层的负1层连通，地下车库底板标高为31.5m，层高为3.800m，底板厚度为400mm，其使用功能平时为地下停车场与大楼设备管理用房，战时为防空地下室，地下车库负一层平面布置见图1。根据地勘报告及设计要求，底板以下为板岩不透水层，基础采用旋挖成孔灌注桩，建筑桩基设计等级

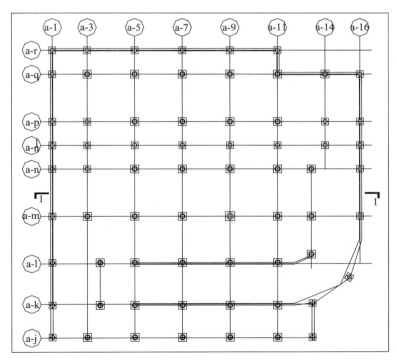

图 1 地下车库局部平面布置图
Fig.1 Plan of underground garage

为甲级，桩型采用 ZH0814、ZH1016、ZH1016a、ZH1218，单桩承载力分别为 4700kN、6300kN 和 7500kN；地下车库下土体土层分布剖面图见图 2。根据地勘报告，初期抗浮设计水位为 36.000m，2017 年 6 月下旬发生 50 年一遇强降雨，地下车库部分位置产生裂缝，至 2017 年 7 月中旬至 8 月上旬破损现象加重；破损情况集中在地下车库轴 a-1 ～轴 a-16× 轴 a-1 ～ a-r 轴及 Ⅲ 56、Ⅲ 57 栋之间的 a-a 轴。

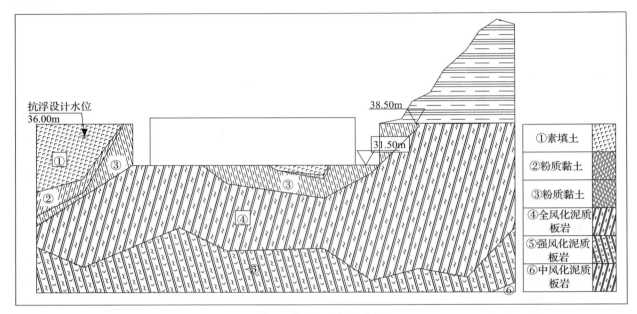

图 2　截面 1 土层分布图

Fig.2　Soil distribution of Section 1

2　现场检测

为了全面掌握构件的截面属性和变形程度，以及地下水位的实际状态，于 2017 年 7 月 17 日至 8 月 21 日在现场进行了以下几方面的检测工作。

2.1　主要结构构件混凝土强度、截面尺寸、配筋状况检测

（1）对该结构混凝土构件采用回弹法进行检测。结果表明：梁、板、柱、墙的混凝土强度均达到 C40 的设计强度要求。

（2）采用 ZBL-R650 型混凝土钢筋探测仪对混凝土构件内的钢筋大小、间距及保护层厚度等进行检测，结果表明：负一层轴 a-n× 轴 a-3 柱、轴 a-1/n× 轴 a-3 柱构件顶部加密区箍筋间距不满足设计及相关规范要求，其余被测梁、柱构件的外侧纵筋根数、箍筋间距均满足设计及相关要求。

（3）对梁、板、柱、墙构件的截面尺寸进行检测，所测构件的截面尺寸均满足设计及相关规范的要求。

2.2　构件变形情况及地下水位观测

（1）采用电子经纬仪对地下车库中的柱构件垂直度进行测量，结果表明，2017 年 7 月 17 日时所测的柱构件垂直度偏差均小于《民用建筑可靠性鉴定标准》（GB 50292—2015）规定的层间位移限值，即尚未达到正常使用极限状态；2017 年 8 月 21 日检测时，部分柱构件垂直度偏差已增大，且负一层轴 a-n× 轴 a-5 柱、a-n× 轴 a-3 柱、轴 a-1/n× 轴 a-3 柱及负二层轴 a-m× 轴 a-3 柱、轴 a-n× 轴 a-3 柱、轴 a-1/n× 轴 a-3 柱垂直度偏差达到不适于承载的层间位移值。

（2）设计抗浮水位 36.00m，经勘察单位再次确认采用最不利情况，抗浮水位改为 38.50m（地表标高）。经地下水监测显示，2017 年 6 月底至 7 月初罕遇降雨使得水位上升至 38.50m 并保持在最高水位，停止降雨后水位下降并在 7 月底 8 月初再次出现降雨使得水位回升至 38.50m，8 月上旬对被测区域进行抽水处理，最后水位自然回落至地下车库底板顶标高。

（3）采用精密水准仪对地下车库板构件的相对标高进行观测，观测显示特定位置地下室各层板构件均已产生向上的变形，且 8 月 21 日观测结果与 7 月 17 日观测结果相比，变形值仍有增大。

2.3　破损情况检测

由于地下车库部分底板明显上浮，呈现中间大、四周相对较小的趋势，经对结构详细检测，发现结构主要破损如下：

混凝土板构件开裂情况检测结果表明：地下室一层板板底未见明显开裂；负一层板板底裂缝主要集中在轴 a-q～轴 a-r×轴 a-1～轴 a-16、轴 a-q～轴 a-r×轴 a-1～轴 a-3、轴 a-l～轴 a-m×轴 a-1～轴 a-16、轴 a-14～轴 a-16×轴 a-m～轴 a-r 区域，裂缝最大宽度为 0.5mm；负二层板板面裂缝在轴 4-m～轴 4-r×轴 4-1～4-16 区域内均有分布，裂缝最大宽度为 2.4mm。具体分布情况如图 3 所示。

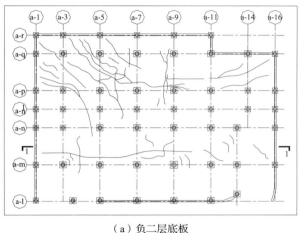
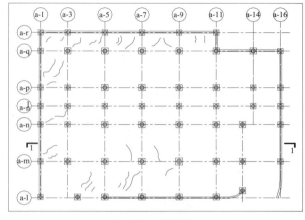

（a）负二层底板　　　　　　　　　　　　　　（b）负一层底板

图 3　底板裂缝分布图

Fig.3　Crack distribution of floor

混凝土墙构件开裂情况检测结果表明：负一层剪力墙开裂裂缝多表现为表面收缩裂缝，最大裂缝宽度为 0.15mm，负二层剪力墙裂缝多集中在轴 a-1、轴 a-r、轴 a-16 墙身，表现形式多为斜裂缝，最大裂缝宽度为 0.25mm，如图 4 所示。

（a）负一层剪力墙开裂情况　　　　　　　　（b）负二层剪力墙开裂情况

图 4　地下车库剪力墙破损情况

Fig.4　Damage details of the Shear wall members for the garage

混凝土梁、柱构件破损情况检测结果表明：被测区域内大部分混凝土柱构件出现不同程度开裂及破损，且部分混凝土柱构件柱身已发生剪切破坏：柱身 1/2 高度以上纵筋屈曲、混凝土破碎严重，如图 5 所示；被测区域负一层梁、墙端暗柱节点处大部分梁端出现剪切破坏，梁端底部及梁侧出现 U 型斜裂缝，且部分混凝土梁构件已完全破坏，如图 6 所示。

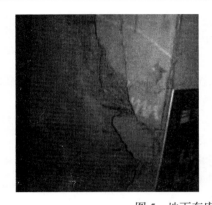

图 5　地下车库柱构件破损情况

Fig.5　Damage details of the column members for the garage

图 6　梁构件实际破损情况

Fig.6　Damage details of the beam members for the garage

　　混凝土柱构件破损情况检测结果表明：选取负二层轴 a-1/n × 轴 a-7 柱下混凝土灌注桩，使用 E36B 型管道视频检测仪及钢直尺进行检测，结果表明：被检测的旋挖灌注桩桩顶已与基础承台脱开，桩顶纵筋拉断，桩顶 0 ～ 200mm 范围内混凝土水平环向开裂，最大裂缝宽度为 1.85mm，桩顶与承台脱空高度约为 85mm；被检测的旋挖灌注桩周围混凝土底板板底与地基基础间均出现脱空，最大脱空高度约为 110mm，现场情况如图 7 所示。

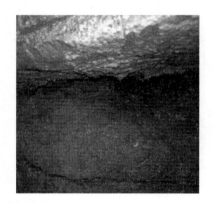

图 7　桩身破损情况

Fig.7　Damage details of the pile

3　计算与分析

3.1　建模计算

　　采用 OPENSEES 软件以地下水位的变化情况为标准对地下车库抗浮进行建模及工况计算，并与实测情况进行计对比。第 1 种工况：加载至地勘修正后的抗浮水位 38.50m 并卸载（路径 ACJ）；第 2 种工况：模拟 7 月至 8 月实际水位变化过程（路径 ACI）；第 3 种工况：在工况 2 基础上加 1.1m 设计覆土。以上 3 种工况分别对应于理想水位变化过程、实际水位动态变化过程和临时抗浮处理方案。水位变化见图 8。

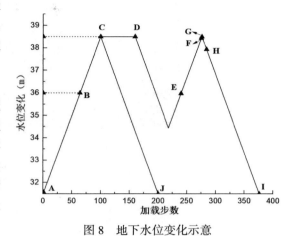

图 8　地下水位变化示意

Fig.8　Change of groundwater level

计算结果表明：

工况 1：设计水位 36.00m 时地下车库底板上浮变形情况较 7 月的实测变形幅度小很多，38.50m 时底板变形出现较大变化，但未达到两次实测变形程度，而本工况桩体内力计算结果显示未出现断桩情况。结果表示地下车库在水位初期增长过程中桩体还未出现断裂情况，同时底板变形随水位上升仍处于较为规律的增长阶段。

工况 2：随实际水位维持在 38.50m（CD 段）时在轴 a-m × 轴 a-7 处出现首根断桩，并陆续增加 9 处断桩，包括现场实测开挖的轴 a-1/n × 轴 a-7 处桩体，其中在高水位平台段 CD 出现 7 处段桩，同时底板变形程度持续加重并出现个别位置变形突变，在二次加载至 E 点（35.98m）和最终卸载至 H 点（37.74m）处基本达到实测结果。且在整个过程中底板最大竖向变形达到 193.363mm，最终底板残余变形最大值 57.64mm。底板变形情况与断桩分布见图 9、图 10。

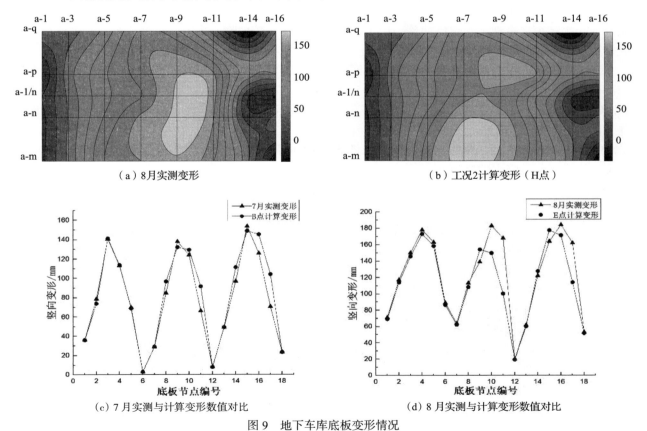

（a）8 月实测变形　　　　　　　　　　　　（b）工况 2 计算变形（H 点）

（c）7 月实测与计算变形数值对比　　　　　　（d）8 月实测与计算变形数值对比

图 9　地下车库底板变形情况

Fig.9　Deformation of Underground garage floor

工况 3：各层板变形仍然较大，但是均未超过现场实测的两次变形幅度，且桩体未出现拉断的情况。

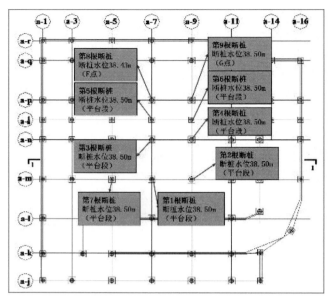

图 10　断桩分布示意

Fig.10　Distribution of broken piles

3.2　地下车库上浮原因分析

（1）抗浮水位不由历史最高地下水位控制，而由实际地表汇入水位控制。本工程东侧有山体，基坑未回填且下部为板岩不透水层，造成水头差变化的直接原因是罕遇强降水带来大量地表水汇入，因而在强降水结束之后地下水位已回落，但实际水位仍保持在较危险的程度，对地下车库产生持续的加载作用，最终导致断桩和地下车库破坏严重。

（2）基坑未回填，实际不需要太大水量即可出现长时间的高水位以及水位涨落，给实际工程造成二次破坏。

（3）施工过程中抗浮措施制定不完善。工程现场没有制定完善的抗浮处理方案，且已有排水设备并无法满足需求。

（4）施工处理不当。事故出现期间为长沙 50 年一遇强降水，在水位快速上涨情况下没有及时采取雨水排放和紧急降水的措施。

4　加固处理

处理地下车库上浮事故应根据事故原因、破坏程度并结合施工进程综合考虑。处理方案分为上部结构加固和抗浮处理。

4.1　上部结构构件的加固处理

根据地下车库上浮过程中不同构件产生的不同程度的破损，对构件采取不同的加固方式。

（1）将混凝土柱顶、底部表面混凝土破损严重处疏松混凝土凿掉，清理干净。将混凝土柱构件表面出现斜裂缝的柱构件全高范围内采用自流密实混凝土加大截面法加固。尺寸为每边加大 75mm，纵向单面钢筋配置为 7C12，筋网植筋深入 120mm。箍筋配置按裂缝宽度的不同而改变：裂缝宽度小 0.25mm 的为 C12@150；裂缝宽度大于 0.25mm 而小于 0.75mm 的为 C12@100；对于负一层轴 a-1/n × 轴 a-3 柱构件，箍筋配置为 C12@50。

（2）将混凝土梁构件端部出现 U 型斜裂缝的构件端部 0 ～ 500mm 范围将破损混凝土凿空后，采用外包 4mm 厚 U 形钢板箍注胶加固。

（3）负一层楼板及负二层剪力墙的裂缝建议采用注浆修补；负二层轴 a-1/n ～轴 a-r × 轴 a-1 ～轴 a-16、轴 a-m ～轴 a-r × 轴 a-1 ～轴 a-5、轴 m ～轴 a-n × 轴 a-1 ～轴 a-16 区域底板开裂严重，且最大裂缝宽度大于 1.5mm，建议采用 150mm 厚叠合板技术加固，钢筋配置为：板面板底均配 C12@120 双向钢筋。

4.2　抗浮处理

地下水位爆涨阶段，排水装置无法应对如此快速的水位增长，应采用底板开孔的方法减少水压。

事故发生后，由现场检测结果可知，桩身已断丧失承载力。桩基的抗拔作用采用新增抗浮锚杆（索）取代，桩基的竖向承载作用改为将底板加固作为筏板基础来处理。

5　结语与建议

（1）加强对浮力源的分析，在类似本工程的地质条件与周边环境时，抗浮水位主要由地表水汇入控制，因而抗浮水位不能简单的依照地下水位进行考虑，特别在雨季或者汛期施工的工程，建议将抗浮设计水位定于地面标高。

（2）细化施工过程中水位控制方案以及紧急情况下的应对措施，并完善现场反应机制，防止水位的快速变化所带来的对结构的持续不规律作用。

（3）雨季或汛期施工时，应该确保基坑回填进度，防止地表水汇入而出现小水量大破坏的情况出现。

（4）对现场已出现的破损情况根据不同的破损程度采取合理的加固措施。

参考文献

［1］ 王海东，周亮，曾裕林，张时如. 某地下车库上浮事故分析与加固处理［J］. 工业建筑，2012，42（03）：154-158.

［2］ 徐春国. 地下室上浮开裂事故的鉴定与加固处理［J］. 建筑结构，2002（11）：26-28.

［3］ 刘文竞，杨建中，王霓，等. 某地下室上浮事故的检测鉴定及加固处理［J］. 工业建筑，2010，40（6）：127-130.

［4］ 曹洪，潘泓，骆冠勇. 地下结构截排减压抗浮概念及应用［J］. 岩石力学与工程学报，2016，35（12）：2542-2548.

［5］ 谢东俊. 高层住宅地下室上浮事故分析及加固处理技术［J］. 建筑施工，2011，33（10）：936-937+943.

［6］ 李正川. 库水位涨落影响下建筑桩基承载力的试验研究［J］. 铁道科学与工程学报，2009，6（02）：38-42.

［7］ 景旭成，穆保岗. 某单层地下室上浮事故分析及处理［J］. 江苏建筑，2010（02）：86-87+90.

［8］ GB 50007—2011. 建筑地基基础设计规范［S］.

［9］ JGJ 123—2012. 既有建筑地基基础加固技术规范［S］.

［10］ CECS 22—2005. 岩土锚杆（索）技术规程［S］.

［11］ GB 50367—2013. 混凝土结构加固设计规范［S］.

［12］ GB 50010—2010. 混凝土结构设计规范［S］.

受限施工条件下桥梁顶升横向限位结构设计

吴二军[1]　吴　畏[1]　姬文鹏[1]　苟金成[2]

1. 河海大学土木与交通学院，江苏南京，210098
2. 上海同罡建筑工程有限公司，上海，201100

摘　要：桥梁顶升过程中可能发生水平偏移，因此应设置纵、横向水平限位结构。在施工条件受限时，通过在桥梁两侧设置限位柱来控制梁体横向位移的方法难以适用。本文通过济南市北园大街高架桥桥梁顶升工程实例，介绍了一种在桥梁下部施工的横向限位结构的设计及计算方法。

关键词：桥梁工程，顶升，横向限位

The Design of Lateral Position-limit Structure during Bridge Lifting under Restricted Conditions

Wu Erjun[1]　Wu Wei[1]　Ji Wenpeng[1]　Gou Jincheng[2]

1. College of Civil and Transportation Engineering, Hohai University, Nanjing, Jiangsu 210098, China
2. Shanghai Tonggang Building Construction Co., Ltd., Shanghai 201101, China

Abstract：Horizontal shift may occurred in the process of bridge lifting, so the position-limit structure in landscape and portrait orientation should be set. The method of putting limiting column in either side of the bridge is no longer appropriate when the construction space is restricted. This paper introduce the design and calculate method of position-limit structure which is constructed under the bridge deck through a instance of bridge lifting in Beiyuan street, Jinan.

Keywords：bridge engineering, lift-up, lateral spacing

0　前言

　　桥梁顶升过程中，由于顶升控制系统的同步误差、抄垫钢板累积的不均匀压缩及千斤顶安装误差等原因易造成桥梁横向偏移[1]，对桥梁结构和施工安全造成不利影响。因此，实际工程中一般通过在桥梁两侧设置限位柱的方法来控制横向偏移量[2]。受限于施工环境、桥梁结构特点、限位装置的经济性等因素，针对不同的桥梁顶升工程尚需设计符合工程要求的限位结构。

　　本文以济南市北园大街快速路西延建设工程桥梁顶升专项工程为例，说明施工空间受限条件下的一种横向限位结构设计及计算方法。

1　工程概况

　　北园大街快速路西延工程，是构建济南市快速路路网骨架的一部分，承担着主城区对外进出交通的快速集散任务。为与高架桥梁新建部分对接，需要将第 32 联桥梁进行整体调坡顶升，如图 1 所示（墩号下依次为该墩顶升高度和支座反力）。顶升部分全长 120.049m，桥跨布置为 30.049m+3 × 30m，横断面为双向六车道，标准宽度为 25.5m。顶升梁体以 106# 墩为旋转点，采用 PLC 控制液压同步顶升系统对梁体进行角速度一致的调坡顶升，当 106# 墩顶升高度达到设计顶升高度后顶升施工结束。

　　作者简介：吴二军（1972），男，副教授

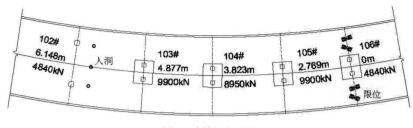

图 1　桥梁平面图

2　现场施工条件分析

该桥在 106# 墩桥面板伸缩缝位置设置了限位，能同时起到横向和纵向限位作用，参见图 1。

在桥梁另一端的 102# 墩处，顶升高度最大，横向偏移风险高，也应设置横向限位。但由于改造路段为交通集散地，车流量大，业主要求在施工期间桥梁两侧不破坏路面，不封路，正常使用。因此现场施工中，顶升系统相关结构装置的布置及工人施工操作空间必须控制在桥梁下部范围内，桥梁顶升工程中常用的在桥梁两侧做横向限位结构的方案不能适用本工程现场条件。

3　横向限位结构形式

横向限位应设置在 102#～103# 墩间桥下。经多方案对比，确定了如图 2 所示横向限位结构形式。

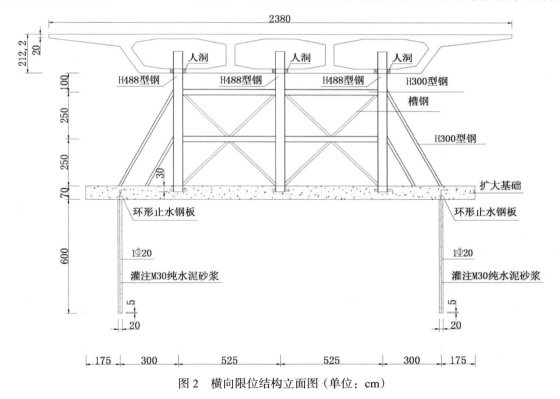

图 2　横向限位结构立面图（单位：cm）

该横向限位结构组成包括地上钢结构、混凝土基础梁及地下锚杆三部分。其中，钢结构由顶端插入桥梁底板人洞的钢立柱、两道水平钢横梁、两侧型钢拉杆及立柱间的槽钢交叉撑组成，分别选用 HM488×300×11×18 型钢、HW300×300×10×15 型钢、20a 槽钢，钢立柱底端整浇在混凝土基础梁中，并焊接一定数量的钢筋以增加固接效果；混凝土基础梁一方面固定上部钢结构，另一方面增大地基土受压面积，防止局部压力过大超过地基承载力限值；地下锚杆则保证了限位结构受力过程中，基础梁端部不至与地基土脱离。桥梁就位后底板距基础梁顶高度为 6m。

该横向限位结构设计充分利用了桥梁底部上人孔的结构构造，降低了受力高度。钢结构的使用减小了构件截面尺寸，使得结构在有限的操作空间中具备操作可行性。

4　不利工况和验算内容确定

该限位装置随桥梁顶升高度的增加分步安装，具体步骤为：（1）3m 高钢立柱安装；（2）钢立柱焊接增长至 5m，并焊接第一道钢横梁和拉杆；（3）钢立柱焊接增长至 6m，并焊接第二道钢横梁和拉杆，同时安装槽钢交叉撑。

由施工步骤可知，横向限位结构的不利工况共分为三种：（1）工况一：桥梁顶升高度至 3m；（2）工况二：桥梁顶升高度至 5m；（3）工况三：桥梁顶升高度至 6m。

针对每种不利工况条件，应计算结构各组成内力及变形。验算内容包括各型钢、槽钢不应超过最大容许应力；基础梁、地基及锚杆满足相应的承载力要求。考虑桥梁顶升高度最大时，结构受力高度最高，结构变形最大，为基础梁及锚杆设计的最不利情况，因此取工况三计算结果作为基础梁及锚杆设计的依据，并进行相应的变形验算。

5　结构建模计算

5.1　结构建模

采用 SAP2000 软件对结构每种工况进行内力、变形计算。所有杆件用梁单元模拟，地基和锚杆用弹簧单元模拟。各工况下结构模型如图 3 所示。

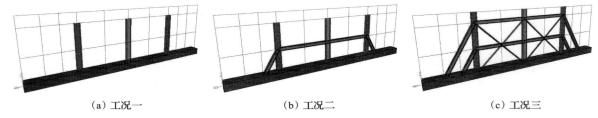

（a）工况一　　　　　　　　（b）工况二　　　　　　　　（c）工况三

图 3　各工况横向限位结构软件计算模型

5.2　参数确定

（1）横向推力计算

梁体横向最大水平推力按照梁体重量乘以 1% 的横向偏差考虑（1% 是指千斤顶的垂直度，按最大偏差为 1%），桥梁总重 38430kN，考虑 1.2 的分项系数，则限位装置顶端受到总水平力设计值为 46116kN。三根钢柱顶端受力状态相同，故每个钢立柱上部受横向推力设计值为 153.72kN。

（2）地基土及锚杆模拟弹簧刚度计算

用弹簧模拟地基土及锚杆，弹簧刚度通过计算确定。结合试验与地勘资料，锚杆弹簧刚度取 25kN/mm；地基土弹性模量取 5000kN/m³，建模时每 0.5m 布置一个弹簧支座，则单个弹簧刚度等效为 2.5kN/mm。

需要说明的是，本计算中不考虑锚杆承压，即受压区不布置锚杆弹簧支座。同时，实际中地基土对基础梁无拉力作用，因此，结构计算应分两步进行：（1）考虑地基土等效弹簧支座拉压作用，计算出受拉弹簧支座分布区域；（2）重新建模，忽略受拉区弹簧，计算结构内力及变形作为设计依据。

5.3　计算结果

（1）钢结构

三种工况条件下，HM488 型钢立柱最大正应力为 $\sigma = 183.62\text{N/mm}^2$，剪应力为 $\tau = 9.35\text{N/mm}^2$；HW300 型钢横梁最大正应力为 $\sigma = 178.5\text{N/mm}^2$，剪应力为 $\tau = 5.4\text{N/mm}^2$；槽钢拉杆最大拉应力为 $\sigma = 48.89\text{N/mm}^2$。均符合构件强度要求。

（2）地基承载力

地基土等效弹簧支座最大反力 $F_{max}=26.33kN$。则受压区最大基底净反力为

$$p_{max} = \frac{F_{max}}{bl} = \frac{26.33}{1 \times 0.5} = 52.66kN/m^2 < f_{ak} = 100kN/m^2$$

故地基满足承载力要求。

（3）基础梁及锚杆

混凝土基础梁最大内力 $M_1 = 96.13kN \cdot m$，$M_2 = -57.77kN \cdot m$，$V = 15.5kN$，锚杆承受最大拉力为 $F = 38.76kN$。基础梁及锚杆设计根据内力计算结果，参考《混凝土结构设计规范》和《建筑边坡工程技术规范》相关要求，进行相应的设计计算，此处不再赘述。

5.3.2 结构水平位移验算

钢立柱顶端最大水平位移分别为 $u_1 = 7.71mm$，$u_2 = 7.39mm$，$u_3 = 7.66mm$，均小于 10mm。基础梁最大沉降为 10.5mm，也满足要求。

6 结语

桥梁限位结构对桥梁顶升施工安全保障有重要意义。当施工条件受限时，应结合桥梁自身结构特点，充分利用现有构造和空间，选择合适的限位结构。

参考文献

[1] 王海，赵殿峰，吴二军. 限位技术在桥梁调坡顶升中的应用 [J]. 施工技术，2014，43（17）：67-69.

[2] 蓝戊己，顾远生，束学智，彭勇平. 大型桥梁整体顶升平移关键技术 [J]. 建筑结构，2010，40（S2）：687-689.

砖木结构历史教堂建筑检测鉴定及加固设计分析

王　恒[1, 2]　崔中全[3]　盛光复[1, 2]　陈国斌[1, 2]　冯晓磊[1, 2]

1. 山东建大工程鉴定加固研究院，山东济南，250014

2. 山东建筑大学，山东济南，250101

3. 济南明府城投资建设有限公司，山东济南，250001

摘　要：结合砖木结构历史教堂建筑加固工程，介绍了检测鉴定的基本内容，综合检测鉴定结果和对现有结构的计算分析确定加固方案。首先应测明建筑物的结构布置情况，检测后发现的主要问题为墙体倾斜超限、墙体开裂、木构件腐朽开裂等。于建筑物内部增设与原墙体可靠连接的组合构造柱及圈梁，并于木架下弦位置增设对拉外墙的钢拉杆以限制倾斜的发展，对腐朽、开裂的木构件采用加大截面或外包钢板的方式进行加固，对尺寸不足基础采用扩大截面的方式按刚性基础进行加固。

关键词：砖木结构，墙体倾斜，木屋架，基础加固

Detection and Design Analysis for the Strengthening of a Historic Church Building with Brick-wood Structure

Wang Heng[1, 2]　Cui Zhongquan[3]　Sheng Guangfun[1, 2]
Chen Guobin[1, 2]　Feng Xiaolei[1, 2]

1. Institute of Engineering Appraisal and Strengthening, Shandong Jianzhu University, Jinan 250014, China;

2. Shandong Jianzhu University, Jinan 250101, China

3. Jinan Ming Fucheng investment and Construction Co., Ltd, Jinan, China

Abstract：The contents of the detecting work before the strengthening design were introduced, combined with the instance of design for the strengthening of a historic church building with brick-wood structure, and structure reinforcement projects were determined based on the calculation and analysis of the detecting results. The structure layout of the building should be measured firstly, and the main problems found after detection included the overrun of wall slanting, the cracking of walls, the decaying and cracking of wooden components, and so on. Composite structure columns and girths connected with the original walls reliably were put up inside the building, and reinforcing pull rods pulling outer walls together were put up to limit the slanting development. The decaying and cracking of wooden components were strengthened with the method of enlarging section or wrapping steel. Foundations were strengthened with method of enlarging section according to the principle of the rigid foundation.

Keywords：Brick-wood structure, Wall slanting, Wooden roof truss, Foundation strengthening

0　前言

　　随着经济的快速发展，国家对历史建筑的保护更加重视，更多有价值的历史建筑被列为文物。历史建筑经历了时间的洗礼后，结构出现了不同程度的老化，继续进行加固处理。对历史建筑的进行加固前，应对建筑进行全面细致的检测鉴定，并根据检测结果采用可靠且合理的加固方案，实现文化传承。

作者简介：王恒（1985.02），男，工程师。E-mail：Wangheng_1984@163.com。通讯地址：山东省济南市历下这历山路96号。

1　工程概况

济南市经四路基督教堂建于 1924 年，1926 年竣工，时称"山东中华基督教自立会礼拜堂"，为商埠地区最大的宗教建筑（图 1）。至加固前已使用 88 年，系济南近现代中西合璧的历史优秀建筑之一。

教堂建筑平面近似"工"字形，地上二层，地下一层，建筑面积约 1300m²，由李洪根牧师设计，以文艺复兴时期建筑手法为基础，融合了中国传统部分建筑形式。正门两侧为四层塔楼，中间连接带有巴洛克色彩的大厅（图 2），顶部为方锥形塔尖。建筑结构主体为砖（石）木结构，底层为石砌墙体，二层以上为清水红砖墙，木结构屋盖，屋顶挂黏土红瓦，大厅中间挑台及塔楼楼面、楼梯均为木结构，一层建筑平面见图 3。

图 1　加固修缮完成后教堂南立面外观
Fig.1　The appearance of the southern facade of the church after strengthening and repairing

图 2　大厅内景
Fig.2　Interior view of the hall

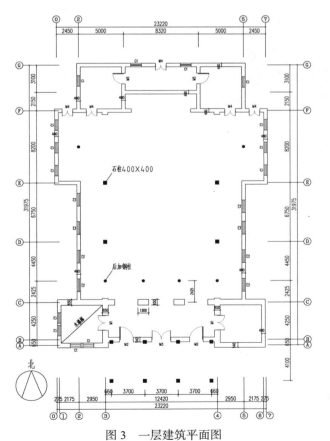

图 3　一层建筑平面图
Fig.3　The structure plan of the first layer before strengthening and transformatio

据介绍，1970年以后，教堂地下室曾作为校办工厂使用，工厂设2台25吨冲床安置在教堂地下室东北角，多年的震动，致使教堂东墙倾斜。1979年，对教堂进行了一次大修，对外倾墙体采用在室内东西木柱间拉一根钢筋的方式进行了加固，并揭瓦换箔维修了屋面。1991年进行了第二次维修，当时二楼东侧墙体外倾最大处为8cm，屋顶多处漏雨，两木柱间对拉的钢筋螺母因墙体倾斜已压入木柱体内，墙体外倾进一步加大，大梁同样倾斜，此次维修队腐朽的木梁进行了更换，屋架底部增加了二道拉筋，二楼东墙室内进行了抹灰处理，从视觉上改观了墙体倾斜度。

2 检测鉴定

2.1 房屋倾斜检测

东侧墙体整体向东倾斜，其倾斜率远超现行《建筑地基基础设计规范》中关于建筑物（$H_g \leqslant 24m$）倾斜率应 $\leqslant 4‰$ 的要求，其中5-D轴处东墙中间位置顶部相对于底层蘑菇石顶的倾斜值为154.9mm，倾斜率达26.25‰，墙顶部中间明显向东弓曲。西墙中间墙体向西倾斜，其顶部相对于底层蘑菇石顶的倾斜值为84.7mm，倾斜率达14.43‰，西侧0-E轴墙角向西倾斜，倾斜率达8.09‰。

2.2 墙体检测

南山墙顶部墙体严重开裂，裂缝自墙顶垂直向下延伸至窗顶（图4），墙体裂缝宽约20～40mm；东西墙体出现倾斜裂缝（图5）。

图4　窗顶墙体裂缝

Fig.4　Wall cracks at the top of the window

图5　山墙拉裂

Fig.5　The Cracks of the gable

2.3 屋盖木结构检测

屋盖结构为木屋架承重，木屋架上设檩条及木望板，木望板上挂瓦，木屋架下设木吊顶。木屋架主要存在的缺陷包括杆件开裂（图6）、接头处拔缝、杆件端部拔榫等。

2.4 地下室及基础检测

地下室顶部分跨度较大的木梁挠度较大，木梁端部入墙位置存在腐朽现象。通过局部开挖探坑的方式对墙下原有毛石基础进行了检测。

3 加固设计

加固设计本着修旧如旧，不改变建筑物立面外观，不影响正常使用功能的原则进行。

3.1 结构整体性加固

建筑物首要需解决的问题为东西外墙倾斜带来的安

图6　木架上弦杆纵向开裂

Fig.6　Longitudinal cracks in the upper chord of the wooden roof truss

全隐患。坐落于东西外墙顶部的原有木屋架对墙体的约束拉结较弱，不能有效限制墙体的外倾，分析后得出了整体性加固的方案（图 7）：（1）大厅周圈墙体于室内增设组合构造柱及圈梁，组合构造柱设于木屋架下及纵横墙交接处，圈梁设于各层楼面及屋架标高以下，构造柱及圈梁通过销键和插筋与原墙体可靠连接；（2）于木屋架下弦增设钢拉杆，钢拉杆端部锚入新增构造柱内，通过构造柱的过度与原有外墙可靠连接，大厅东西外墙通过钢拉杆对拉后限制墙体进一步外倾；（3）对东西外墙外倾导致的南北山墙拉裂，对山墙进行灌缝处理后，采用单面钢筋网砂浆面层对山墙加固，钢筋网四周端部锚入新增的构造柱和圈梁内。

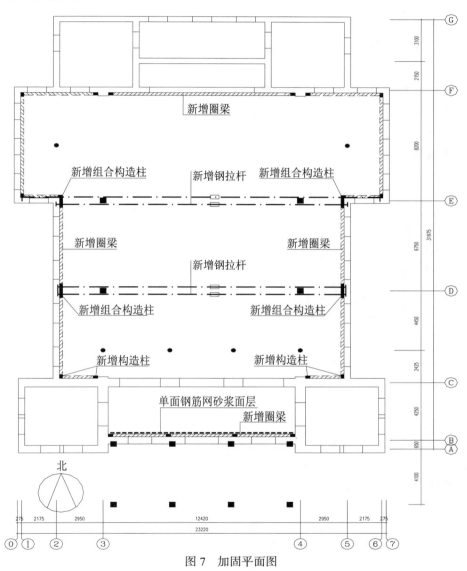

图 7　加固平面图

Fig.7　The structure plan of strengthening

3.2　木屋架加固

对木屋面进行了内力分析（图 8）及杆件复核，对开裂的杆件采用新增截面的方式进行加固处理（图 9）：采用对原有截面裂缝进行灌缝处理，在原有截面两侧新增木条，木条与原截面间涂结构胶粘结；于加固后的复合界面外围设钢板箍，钢板箍端部应预留间隙，通过螺栓对拉拧紧，保证复合界面共同工作。另外，对端部腐朽的木构件、横向开裂的木构件采用了钢板外夹的方式、螺栓拉筋的方式进行了加固。

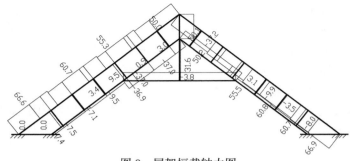

图 8　屋架恒载轴力图

Fig.8　The axial force of the wooden roof truss according to the constant load

3.3　基础加固

墙体下为条形毛石基础，计算可知基础的宽度不满足承载要求，这也是墙体产生倾斜的另一个原因。对宽度不满足要求的条形基础采用了加大截面外扩的加固方式（图 10）：在原有墙体两侧增设地梁，地梁通过销键及新旧结合面的咬合与原墙体连接，地梁外侧新浇素混凝土作为新基础，加固后的基础满足刚性基础要求。

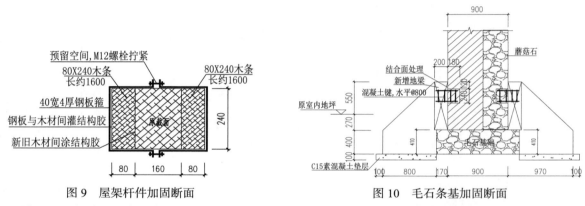

图 9　屋架杆件加固断面

Fig.9　The strengthening section of the rods in the roof truss

图 10　毛石条基加固断面

Fig10　The strengthening section of the stone strip foundation

4　结论

历史建筑的加固前应进行全面细致的检测鉴定，在保证结构安全前提下，本着修旧如旧、不改变建筑物外观风貌、优化使用功能的原则，制定加固设计方案。加固时首先应先对结构的整体性进行分析，进行必要的加固；新增叠合面层或构件应与原结构可靠结合，新增截面应与原木构件可靠叠合。

参考文献

［1］　GB 50005—2003. 木结构设计规范.［S］. 北京：中国建筑工业出版社，2003.

［2］　GB 50007—2011. 建筑地基基础设计规范.［S］. 北京：中国建筑工业出版社，2012.

地震建筑遗址保护性加固理论体系的探讨

古　松　翟文娟

西南科技大学土木工程与建筑学院，四川绵阳，621010

摘　要：基于地震发生后遗址文物保护的滞后性，现针对无任何保护措施的建筑遗址，借鉴中国古迹文物保护原则，提出了一套较为完整的加固理论体系，包括遗址结构剩余承载力的评估、加固设计方法的确定、施工技术的研究以及遗址结构后期的监控观测。该套理论体系现已应用于北川地震遗址区内的公安局大楼和曲山小学教学楼的保护，并取得了良好的加固效果，可为后续地震建筑遗址的快速加固提供理论参考。

关键词：剩余承载力，加固设计方法，施工技术，监控观测

The Discussion on Theoretical System of Protective Reinforcement of Earthquake Architectural Ruins

Gu Song　　Zhai Wenjuan

Southwest University of Science and Technology，College of Civil Engineering and Architecture，Mianyang Sichuan 621010

Abstract： Based on the hysteresis of ruin relics protection after the earthquake，for buildings ruins of no protection measures，learning from the principles for the Conservation of Heritage Sites in China，a set of complete reinforcement theory system was proposed，including the evaluation of residual strength about the building structure，the formulation of reinforcement design method，the research of construction technology and the monitoring and observation of the later building structure. the theoretical system has been applied to the protection of the Public Security Building and teaching building of Qushan Primary school in Beichuan，meanwhile has achieved good reinforcement effect，it can provide a theoretical reference for the rapid reinforcement of later earthquake building ruins.

Keywords： Residual strength，reinforcement design method，construction technology，monitoring and observation

中国是一个多发地震的国家，1976 年的唐山大地震、2008 年的汶川大地震、2010 年的玉树地震等，都对我国造成了巨大的社会经济损失和人员伤亡[1]。但由于受当时中国经济的发展限制，管理体系尚未建立，与之相配套的资金保障机制不健全，国家重视程度不高等因素，致使多数地震建筑遗址未能完好保存其震损现象，大多有趋于倒塌的迹象。

为长久保留地震造成的地质和遗址原址原貌，因此有必要开展关于地震遗址保护加固研究的工作。然而我国关于地震遗址的保护发展起始较晚，研究较浅，成果不够系统完整，不能为后续地震遗址的保护提供可依的理论方法。本文立足于当前地震发生各地建筑结构震害情况，结合现已加固的遗址状况，根据已有文献调研资料、现场震害调查、理论分析等，探讨一套较为系统完整的遗址加固理论方法。包括建筑遗址剩余承载力的评估方法，结构加固设计方法、加固思路以及具体加固方案，建筑遗址施工技术，遗址结构后期的沉降观测[1]。

1　地震建筑遗址剩余承载能力评估方法研究

1.1　剩余承载力评定方法

强大地震力致使建筑结构损坏严重，但仍具有一定的强度、刚度、稳定性。在进行加固性设计时需考

虑这部分刚度和承载力，以便准确把握震损建筑的真实受力状态，防止因过度加固，造成遗址的二次损伤。

剩余承载力是根据结构实际震损现状，分析结构当前承载力。采取基于可靠度理论的评估方法对遗址建筑进行评估，先确定结构的失效模式，如截面抗弯，抗剪等破坏模式，并确定在不同失效模式的失效准则考虑结构抗力的衰减，目标可靠指标也应随着时间不断减小，通过对结构材料特性和服役环境分析，获得遗址结构当前承载力的概率分布参数及结构抗力的衰减规律[2]；通过可靠度基本原理，利用时变可靠指标计算公式，对结构剩余承载力进行评估[3]。

1.2　计算简图简化方法

震损建筑遗址不同于新建建筑，其构件位置会有一定空间变位，截面会有一定损失，诸如梁柱连接位置出现塑性铰，主体结构与基础连接的支座简化问题，这些都将影响整体结构的力学计算结果，因此需对现场损伤构件做出评估，确定其当前真实受力状态。

1.3　建筑遗址的数值模拟

通过现场实测后获得结构基本尺寸，采用 ANSYS 有限元实体建模进行房屋结构的地震时程反应分析，完成倒塌过程的计算机数值反演，获得结构部件损伤状态及空间变位情况，便于针对性给出结构加固方案。

2　地震建筑遗址加固设计方法研究

2.1　建筑遗址加固设计方法研究

地震遗址的保护应坚持"原址保存、重点保护、区别对待"的原则，不同于一般建筑的加固，地震建筑遗址的加固需遵循文物古迹保护原则[4]：即遗址加固应符合"不改变原状"、"真实性、完整性"、"最低限度干预"、"可逆性"等要求。加固后的遗址结构需准确反映其震损现象和使用功能等特点。由于地震遗址仅做参观性使用，无需满足其功能性要求，因此加固设计时荷载仅需考虑遗址结构自重。

结构荷载取值需根据遗址当前荷载及使用功能确定，材料强度按照现场实测值确定。地震后的建筑由于结构延性较差，采用强度校核设计，荷载组合考虑重力荷载组合及常遇地震作用组合；强度校核均采用荷载标准组合及材料强度标准值[5]；对加固后的遗址进行重力荷载及纵向水平地震作用下的弹塑性分析，确保遗址结构"小震不倒"。

2.2　加固设计思路

基于以上地震建筑遗址设计方法的研究，可参考以下保护性加固设计思路：

（1）加固结构形式：为减少遗址结构的不合理承重，加固尽量采用简洁明了的结构体系和轻质高强的加固构件。

（2）荷载取值及材料强度：荷载取值应根据遗址当前荷载及使用功能确定，材料强度按照现场实测值确定。

（3）剩余承载能力的评估：为合理评估遗址结构的震损程度及残余承载力，采用 1.1 节提出的剩余承载力评定方法，准确把握遗址结构当前真实受力状态及结构性能，防止造成不符合实际的加固设计，确保遗址结构合理的加固设计。

（4）构造措施：通过调整局部或整体结构的刚度，减小结构的不规则程度或扭转效应，以及固定拉结可能发生掉落的构件及附属物等。

（5）设计注意事项：加固时应避免结构发生内力重分布，形成新的薄弱部位或导致薄弱部位转移，如若发生转移，应对新的薄弱部位进行加固处理。

（6）耐久性设计：震害遗址破坏严重，且长期暴露于外部环境，容易受到环境侵蚀，造成遗址多次损伤，因此在进行加固设计时，需对加固构件进行防锈、防腐、防火处理或设置其他有效的防水及防侵蚀措施，如为钢构件喷涂防腐涂层、对遗址结构进行遮盖处理等举措。

（7）保护性加固施工：加固是直接作用于遗址结构本体，极易改变结构的应力分布，形成结构内力重分布，造成遗址结构新的损伤。因此施工前需制定专项施工组织设计及相关应急预案，并得到设计单位的认可后方可进行遗址结构施工[6]。施工过程中对掉落的结构构件或附属物及时进行临时支护、拉结，确保施工操作精心实施。

2.3　具体加固方案

本小节立足于汶川地震后北川县城地震建筑遗址震害现状，不同的破坏形式采用不同的加固方法，但其加固原理基本类似都是通过改变结构的传力路径，提高主要承重构件的强度、刚度及稳定性，加强原有构件、加固构件、加固构件与原有构件间的相互连接，提高结构整体稳定性，防止因局部构件的突然破坏导致整体坍塌。

（1）砖混结构破坏形式：整体倒塌，局部坍塌、梁体塌落、楼板破坏、壁柱坍塌、墙体开裂及附属构件掉落等现象，如图 1 所示。

（a）曲山小学教学楼"危而不倒"　　　　（b）遗址局部坍塌变形　　　　　　（c）砖混房屋完全倒塌

图 1　砖混房屋完全倒塌

加固方法：楼体有圈梁构造柱的，加固支顶圈梁构造柱；无圈梁构造柱的，增设壁柱及圈梁；墙体裂缝采用压力灌浆法或钢丝绳网片抹压聚合物砂浆条带法等新材料进行加固[7]；楼板采取钻孔植筋进行固定；纵横梁可采用粘贴纤维复合材料进行加固。

（2）底框砖混结构："上刚下柔"的结构形式导致楼体纵向倾斜变形；底层结构垮塌、梁柱节点破坏、柱端塑性铰破坏等现象，如图 2 所示。

（a）北川 K06 商住楼底层倾斜　　　　（b）北川电信家属楼底层垮塌　　　　（c）北川酒楼底层柱子折断

图 2　底框结构房屋倾斜

加固方法：采用内置型钢结构进行梁柱节点的加固支顶处理，增设钢支撑，提高遗址结构的纵向刚度。

（3）钢筋混凝土框架结构破坏形式：楼体倾斜、填充墙倒塌、梁柱节点核心区破坏、楼梯以及剪力墙的破坏等现象[8]，如图 3 所示。

（a）绿宝宾馆楼体倾斜　　　　　（b）银行底层柱节点破坏　　　　　（c）完全倒塌现状

图 3　框架结构建筑震害现状

Figure3 Frame structure damage status quo.

加固方法：采用钢结构新增支撑体系对原有框架梁柱节点进行加固，使原框架结构转变为框架-钢支撑结构，共同受力形成双重结构体系，即同济大学所采用的"拐棍加固"法。此方法适于地震遗址的快速保护，但用钢量较大，且需要大型吊装设备进行施工，造价较高。

3 地震建筑遗址加固施工技术研究

3.1 建筑遗址的施工特点及难点

建筑遗址处于"危而不倒"的临界安全状态，施工技术应与加固设计紧密结合，施工过程中尽可能不对原损伤构件进行操作以保证其结构原貌，故不同于普通建筑结构的施工。主要有以下特点及难点：

（1）施工难度大：建筑遗址外形及内部空间多为不规则结构，曲线造型多，导致加固构件类型多，安装节点多样，分布及就位形式复杂，施工难度大大增加。除此构件安装顺序的不同，也可能导致上面的构件因安装空间不够或导致结构体系未能合理转换，因此合理的安装顺序与构件进场顺序至关重要。

（2）施工环境复杂：施工场地狭小，内部结构环境较为复杂，地面大多为生活、工作物品或破坏的楼板、墙体等构件，外部多为遗址废墟或深根性杂草、灌木等，施工机械难以发挥作用，施工作业较为复杂，存在一定的施工风险。

（3）施工风险大：地震强大的破坏力，导致遗址结构地基的不稳定、附属构件的掉落，如：混凝土块、钢筋、预制板等构件悬挂于空中，存在较大施工风险，极易造成现场施工人员的伤亡及遗址结构的二次伤害。

（4）基于文物保护的施工操作：由于地震建筑遗址属于文物保护范畴，因此施工中除满足现场施工要求外，还需遵循文物保护相关，避免对文物建筑价值造成损害。

3.2 建筑遗址的施工顺序

基于钢结构的施工规范、混凝土结构加固技术规范以及砖混结构加固与修复等相关技术标准[9-10]，参考建筑遗址结构剩余承载力及局部受力状态，对遗址结构保护性加固施工时，可从施工的安全性、可靠性以及现场实际施工环境等方面，制定合理的施工顺序。施工顺序还需满足加固构件时间和空间上的合理安排，确保原有建筑和加固构件间不发生碰撞。

加固顺序可优先选择整体加固、区段加固和构件加固三种加固形式[11]。结构内部加固顺序一般由房屋中心部位向两边依次施工，特殊情况例外。安装顺序采用先人工安装竖向构件，后安装平面构件。一般先加固梁柱节点处，后对梁体加固，其次楼板进行支顶处理，最后对墙体进行灌浆加固。内部型钢框架的安装顺序为先浇筑柱底混凝土，后固定立柱，其次焊接横梁、耳板，最后连接斜拉索。

3.3 建筑遗址的施工工艺

遵循文物保护基本原则，借鉴历史文物、古建筑、工业建筑等相关文物保护、修缮的施工工艺、注意事项等，结合遗址内部施工环境，拟定符合施工要求的工艺流程。为保证现场施工操作的安全，确保遗址的原址原貌得以保存，施工工艺需满足以下要求：

（1）选择合理的连接方式，保证加固构件与原有构件共同承重。如：原梁与钢柱卡槽顶部缝隙的处理方法：①采用湿接缝的方式，即在缝隙处浇筑细石混凝土。②采用干接缝的方式，即利用砖块进行卡缝处理，此种方式操作简单，施工方便，且符合文物保护原则，方便现场拆除与更换。

（2）加固构件梁柱节点的连接位置、方式。基于遗址结构类型、设计要求及破坏特点等，结合现场作业环境及施工人员的操作技术，从经济、安全、质量方面进行评价并考虑文物后续的维修加固，施工需遗址文物的可逆性要求，因此推荐采用螺栓连接连柱节点处。

（3）施工放样。建筑遗址大多震损严重，内部空间形态不一，导致加固构件长度、分布及就位形式复杂，为保证施工现场安全、质量以及材料的最大利用，须严格控制遗址现场的测量与定位，因此仪器的精准度及测量人员的选择至关重要。

（4）钢结构安装的基础处理。遗址结构虽处于临界安全状态，但当受到外部荷载时，比如在不稳定地基上施工时，就会产生一定的变形，极易造成遗址结构的二次伤害，因此需对基础进行一定的加固处理。

4　遗址结构的监控观测

为保证遗址结构施工安全，依据建筑遗址加固设计要求，需在施工过程中及施工完成后，对结构进行沉降、变形、位移监控观测，观测应随施工进度及现场施工安全要求定期进行。施工前需建立初始数据；施工过程中，每 10 天观测一次，如出现连续降雨或其他异常情况时应增加观测次数，施工完成后每 2 周观测一次。

5　结论

鉴于我国在地震建筑遗址保护方面研究较浅，且无相关加固规范和理论参考，尚无完整的文物保护理论，因此本文针对暂无任何防护措施的地震建筑遗址的保护，提出了一套较为完整的加固理论体系，以供后续建筑遗址快速加固参考使用。此套加固理论体系现已应用于北川老县城地震遗址区内的公安局办公楼和曲山小学教学楼的加固，并取得了不错的经济效益与加固效果，对我国文物保护的科学研究具有一定的促进作用。

参考文献

[1]　蒲秋威. 重大地震灾害灾后救助体制的比较研究 [D]. 成都：四川师范大学，2016.

[2]　彭文韬，邓志勇，佘乐卿，周祥瑞. 基于时变可靠度理论的桥梁评估和剩余寿命预测 [J]. 武汉理工大学学报，2008（05）：95-97.

[3]　刁荣亭. 在役梁桥结构模糊可靠性评价及其马尔科夫寿命预测 [D]. 西安：长安大学，2006.

[4]　国际古迹遗址理事会中国委员会. 中国文物古迹保护准则 [M]. 北京：文物出版社，2015.

[5]　孙柏涛，张昊宇，黄泉生. 震害遗址保护性加固原则探讨及实例介绍 [J]. 世界地震工程，2013（1）：1-7.

[6]　赵成江，孔德刚，王晓荣，等. 地震建筑遗址的破坏特点、加固原则和方法 [J]. 铁道工程学报. 2012，168（9）：24-29.

[7]　王凤来，陈再现. 震后受损房屋结构加固方法 [J]. 施工技术，2009，38（02）：46-50.

[8]　张鑫，徐向东. 汶川大地震钢筋混凝土框架结构震害调查 [J]. 山东建筑大学学报，2008，23（06）：547-550.

[9]　GB 50010—2010. 混凝土结构设计规范 [S]. 北京：中国建筑工业出版社，2010.

[10]　O3SG611. 砖混结构加固与修复 [S]. 北京：中国建筑标准设计研究院，2003.

[11]　林玮，李巨文. 多层砌体房屋抗震加固方法述评 [J]. 地震工程与工程振动，2006（06）：144-146.

某混凝土构筑物火灾后性能评估与加固方法研究

郑光民[1]   徐 成[2]   闫 凯[3]   王 靓[2]

1. 海南亿隆城建投资有限公司，海南文昌，571300

2. 山东建大工程鉴定加固研究院，山东济南，250013

3. 山东建筑大学土木工程学院，山东济南，250101

摘 要：以火灾后某混凝土构筑物为例，结合现场混凝土颜色、混凝土爆裂、钢筋与钢梁配置及损伤情况，从微观机理对该工程受火构件进行损伤分析。结果表明：受火未爆裂区域楼板和侧墙混凝土强度满足规范基本要求；侧墙外侧裸露钢筋火灾后强度不降低；楼板、侧墙内测裸露钢筋火灾后强度分别折减为 0.85、0.91；钢梁、烟道火灾后力学性能可基本恢复。针对楼板和侧墙局部混凝土爆裂，钢筋外露问题，提出了具体的加固处理建议，为后续构筑物火灾后结构检测鉴定提供借鉴。

关键词：吸收塔，火灾，损伤分析，加固处理

Damage Analysis and Strengthening Treatment Tuggestions of a Desulfurization Absorption Tower after fire

Zheng Guangmin[1]   Xu Cheng[2]   Yan Kai[3]   Wang Liang[2]

1. Hainan Yilong City Construction Investment Co., Ltd, Wenchang 571300, China

2. Institute of Engineering Appraisal and strengthening, Shandong 250013, China

3. School of Civil Engineering, Shandong Jianzhu University, Shandong 250101, China

Abstract：Taking a concrete structure after the fire as an example, according to relevant codes and standards, combined with the on-site concrete color, concrete burst, concrete strength, steel bar and steel beam configuration and damage situation, the damage analysis of the fire-affected components of the project was carried out from the microscopic mechanism. The results show that the concrete strength of the floor and side wall in the area where the fire did not burst meets the basic requirements of the code. The strength of exposed steel bars outside the side wall will not decrease after the fire. The strength of exposed steel bars measured in the floor and side walls after fire was reduced to 0.85 and 0.91 respectively.The mechanical properties of steel beams and flues can be basically restored after fire. In view of the local concrete bursting of the floor and side walls and the exposed reinforcing steel bars, this paper puts forward some concrete strengthening treatment suggestions. It can be used as a reference for structural inspection and identification of subsequent structures after fire.

Keywords：absorption tower, fire, damage analysis, strengthening treatment

0 引言

　　火灾是高度频发的自然灾害，火灾的发生会造成巨大的人员伤亡和财产损失。目前对建筑火灾后构件鉴定分析的研究相对较多[1-2]，规范较多[3-6]，对构筑物的损伤鉴定分析和加固处理建议却鲜有

作者简介：郑光民，工作单位：海南亿隆城建投资有限公司。联系地址：海南文昌市龙楼镇钻石大道北。邮政编码：571300。电话：17789808151。E-mail：1106848019@qq.com。

报道。本文对火灾后某脱硫塔吸收塔构件的宏观状况、混凝土损伤深度、钢筋配置及损伤情况、钢梁损伤情况鉴定分析，对损伤构件的加固方案进行了探讨。

1　工程概况

某混凝土构筑物地上一层，四周为钢筋混凝土墙，屋面为钢筋混凝土楼盖，总高度 18.5m，+8.00m 以下墙厚 400mm，+8.00m 以上墙厚 350mm。某日该构筑物内部着火，因现场有易燃材料，该火灾持续时间约为 1.5h，主要易燃物模板及木方，火灾影响建筑面积约为 200m²。

2　火作用情况调查

2.1　宏观状况

因现场有易燃材料，燃烧值较大，燃烧过程中出现约 10min 轰燃。板底面未脱落混凝土颜色呈灰白色，依据高温后混凝土颜色图谱，表层混凝土经历最高温度约 700℃。板底爆裂处混凝土表面呈浅红色，该区域混凝土经历最高温度约 400℃～500℃。吸收塔西北角、西南角、东北角混凝土墙和楼板受火情况如图 1、2、3 所示。

图 1　西北角受火情况　　　　图 2　西南角受火情况　　　　图 3　东北角受火情况

现场检测发现楼板底部和侧墙内侧表面混凝土存在爆裂现象，局部受力钢筋有外露现象，如图 4、5 所示。未发现四周承重墙体存在因承载力不足引起的受力裂缝，未发现楼板存在因承载力不足引起的受力裂缝。

图 4　楼板底部爆裂　　　　　　图 5　侧墙内侧爆裂

2.2　损伤深度检测

采用酚酞试剂对侧墙内侧表面密实混凝土的深度进行检测。结果表明，混凝土表面平均碳化深度为 0.6mm。现场对楼板和侧墙内侧表面混凝土爆裂深度进行检测，最大爆裂深度检测结果见下表 1：

表 1　混凝土最大爆裂深度检测结果

构件	爆裂深度（mm）	构件	爆裂深度（mm）
楼板	142	北墙	75
西墙	69	南墙	14
东墙	10		

2.3　钢筋配置及损伤情况

通过钢筋定位仪对楼板底部和侧墙内侧钢筋配置情况进行检测，具体检测结果见下表2。

表2　钢筋配置检测结果

构件	钢筋分类	实测间距
楼板底部	横向钢筋	Φ12@101
	纵向钢筋	Φ12@103
北侧墙内侧	水平钢筋	Φ16@135
	竖向钢筋	Φ16@100
西侧墙内侧	水平钢筋	Φ16@131
	竖向钢筋	Φ16@104
南侧墙内侧	水平钢筋	Φ16@130
	竖向钢筋	Φ16@102
东侧墙内侧	水平钢筋	Φ16@135
	竖向钢筋	Φ16@104

根据上表钢筋配置检测结果，检测构件钢筋配置情况满足《混凝土结构工程施工质量验收规范》（GB 50204—2015）表5.5.3"纵向受力钢筋，钢筋安装间距允许偏差为 ±10mm"的要求。

根据检测结果1，火灾时最高温度可判定为700℃，燃烧时间约1.5h。依据火灾时混凝土构件内部温度场分布及其随时间变化的规律，楼板顶层钢筋经历的最高温度小于150℃，钢筋抗拉强度不降低；楼板底层裸露钢筋经历的最高温度约为700℃，火灾后抗拉强度大幅度恢复，参考高温后钢筋抗拉强度与经历最高温度的关系曲线，楼板底层钢筋抗拉强度折减系数可取为0.85。

对于四周侧墙内侧，混凝土表面为暗灰色或浅红色，除爆裂区域外，混凝土有掉角现象，其经历的最高温度约400℃～600℃。依据火灾时混凝土构件内部温度场分布及其随时间变化的规律，侧墙外侧钢筋经历的最高温度小于

150℃，钢筋抗拉强度不降低；侧墙内测裸露钢筋经历的最高温度约为600℃，火灾后抗拉强度大幅度恢复，参考高温后钢筋抗拉强度与经历最高温度的关系曲线，侧墙内侧钢筋抗拉强度折减系数可取为0.91。

2.4　钢梁损伤情况

钢梁受火情况如图6所示。部分钢梁有明显挠曲变形，挠度大于跨度的1/360，钢梁表面为浅蓝色，依据钢材高温后颜色图谱分析，该区域钢梁受火最高温度约为700℃，需拆除替换。其余钢梁未见明显残余变形，挠度均小于跨度的1/360，钢梁表面颜色为浅褐色至红褐色，依据钢材高温后颜色图谱分析，钢梁受火最高温度约300℃～500℃，参考高温后钢材强度与经历最高温度的关系曲线，火灾后其力学性可基本恢复，在正常使用条件下其承载力满足安全使用要求。

图6　钢梁受火情况

2.5　烟道损伤情况检测

烟道受火情况如图7所示。烟道90°弯头处表面喷漆脱落，钢板表面为浅蓝色，依据钢材高温后颜色图谱分析，该区域钢板受火最高温度约为700℃。烟道其他区域钢板未见明显残余变形，表面颜色未见明显变化，受火最高温度小于500℃，参考高温后钢材强度与经历最高温度的关系曲线，火灾

后其力学性可基本恢复。烟道钢板仅承受自重荷载，在正常使用条件下满足安全使用要求。对于喷漆脱落区域，需重新喷涂防腐漆。

图 7　烟道受火情况

3　加固处理建议

　　该构筑物楼板和侧墙普遍存在混凝土爆裂现象，局部区域混凝土爆裂深度较大，受力钢筋外露。为确保该建筑物在使用过程中的安全性，并提升其冗余度，需对该建筑物进行加固处理。具体处理建议如下：

3.1　楼板修复方案

　　剔除板底松软混凝土，绑扎板底纵横向脱离的受力钢筋，在原钢筋网底部增设镀锌钢丝网片。钢丝网片规格如下：钢丝直径 3.0mm，钢丝间距 25mm×25mm，抗拉强度 ≥ 235MPa。钢丝网片整体尺寸以市场为准，钢丝网片布设时搭接长度应大于 100mm。钢丝与原钢筋采用钢丝绑扎连接，纵横向绑点间距均为 100mm，如图 8 所示。

　　若剔除松软混凝土深度未达到原板底受力钢筋顶部，钢丝与原钢筋不方便绑扎时，需双向植入 M8@350 锚栓，锚栓露出纵筋以下 20mm，通过焊接工艺使钢丝网片与锚栓可靠连接，如图 9 所示。

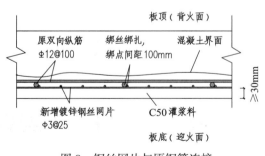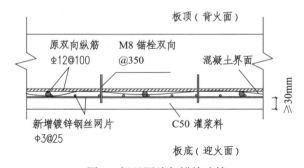

图 8　钢丝网片与原钢筋连接　　　　　　　　图 9　钢丝网片与锚栓连接

　　清理板底、原受力钢筋以及钢丝网片界面。自楼板顶向下浇筑灌浆料（强度不低于 C50）。灌注厚度应大于 30mm（30mm 为新增钢丝网片底部与新浇筑板底的净距）。为确保灌浆料浇筑密实，楼板开洞直径为 100mm，纵横向开洞间距均为 3.0m。灌浆料浇筑完成 3 天后，拆除模板。

3.2　侧墙修复方案

　　剔除侧墙受火面松软混凝土，剔除侧墙受火面松软混凝土后，对于原侧墙受力钢筋外露区域，增设镀锌钢丝网片。钢丝网片规格如下：钢丝直径 2.0mm，钢丝间距 25mm×25mm，抗拉强度 ≥ 235MPa。钢丝网片与原侧墙采用锚栓固定，锚栓间距 ≤ 350mm。对于原侧墙受力钢筋未外露区域，不需增设钢丝网片。清理侧墙、原受力钢筋以及钢丝网片界面。涂抹 I 级聚合物砂浆，恢复侧墙原设计截面尺寸。

4　结束语

（1）该构筑物混凝土结构未发现因承载力不足的受力裂缝。

（2）楼板底部、侧墙内部裸露钢筋火灾后强度折减系数取为 0.85、0.91，侧墙外侧钢筋火灾后强度不降低；

（3）部分钢梁挠度大于跨度的 1/360，受火最高温度约为 700℃，需拆除替换。其余钢梁未见明显残余变形，受火最高温度约 300℃～500℃，火灾后其力学性可基本恢复，在正常使用条件下其承载力满足安全使用要求。

（4）烟道 90° 弯头处受火最高温度约为 700℃；烟道其他区域钢板未见明显残余变形，受火最高温度小于 500℃，火灾后其力学性可基本恢复。烟道钢板仅承受自重荷载，在正常使用条件下满足安全使用要求。对于喷漆脱落区域的钢板，需重新喷涂防腐漆。

参考文献

[1]　孙永明，陆建勇. 某框架结构火灾检测鉴定与处理［J］. 西安建筑科技大学学报，2005，37（3）：1-4.

[2]　张太亮. 某综合楼火灾后的结构检测鉴定［J］. 工程质量，2010，28（11）：9-12.

[3]　胡智伟. 火灾后结构受损构件检测鉴定及受损评定［J］. 工程质量，2016，34（6）：48-52.

[4]　魏庆晨. 建筑物火灾后结构安全性检测与鉴定分析［J］. 广东土木与建筑，2010，38（4）：54-56.

[5]　王安坤，陶里，周燕. 混凝土建筑物火灾温度判定方法概述［J］. 工程质量，2005，23（3）：37-39.

[6]　中冶建筑研究总院有限公司. CECS252-2009 火灾后建筑结构鉴定标准［S］. 北京：中国计划出版社，2009.

剪力墙结构加固设计实例分析

刘松石　王　科

山东省建筑科学研究院，山东济南，250031
山东建大建筑规划设计研究院，山东济南，250013

摘　要：山东地区某剪力墙结构工程，因在房屋安全性鉴定过程中发现剪力墙中钢筋配置与原设计不符，对该工程进行整体结构复核验算，经综合分析，确定采用粘钢加固约束边缘构件设计方案。既能满足结构安全性，又取得了较好的经济及社会效益，可为类似加固工程设计提供参考。

Abstract：In a shear wall structure project in Shandong area，it was found that the steel bar configuration in the shear wall did not match the original design during the house safety appraisal process. The overall structure check and calculation of the project was carried out. After comprehensive analysis，it was determined that the steel bar reinforcement was used. Constrained edge member design. It can not only meet the structural safety，but also achieve better economic and social benefits，and can provide reference for similar reinforcement engineering design.

关键词：剪力墙加固，约束边缘构件，粘钢

Keywords：shear wall reinforcement，constrained edge member，bonded steel

0　工程概述

本工程为地上一层储藏室＋地上十一层剪力墙结构房屋，建筑面积为 5018.36m²。本工程建筑物总高度 34.0m，抗震设防类别为丙类，原抗震设防烈度 6 度，设计基本地震加速度值为 0.05g，设计地震第三组，基本风压采用 0.40kN/m²，基本雪压采用 0.35kN/m²。

因在房屋安全性鉴定过程中发现剪力墙中钢筋配置与原设计不符，对该工程进行整体结构复核验算。

1　结构分析

建筑结构底部加强区为一层至二层，约束边缘构件的设置范围为一层至三层，计算分析内容包括：各层构件轴压比的变化；地震作用及风荷载增大后剪力墙构件所受水平内力及层间位移的变化；剪力墙约束及构造边缘构件配筋变化。保证加固后结构侧向刚度及构件水平刚度的均匀性、规则性，避免竖向刚度突变及平面扭转。

2　加固设计方案

2.1　加固设计原则

考虑建筑物原使用功能、加固过程中的施工条件及甲方要求，制定加固设计方案并遵照以下原则：（1）减小对原结构及构件的影响；（2）工期缩短，加固施工便利；（3）加固完成后该工程使用功能及外观与原建筑外观尽量保持一致。

2.2　加固设计方法

在端部有明柱或暗柱的剪力墙，不仅可防止端部钢筋压屈并约束混凝土，还可以阻止腹板内斜裂缝迅速贯通；在腹板混凝土酥裂后，端柱仍可抗弯及抗剪，结构不至于倒塌。章红梅、吕西林、杨雪萍等[4]根据剪力墙抗震性能试验研究：提高剪力墙边缘构件配箍率有利于充分发挥混凝土材料强度，

作者简介：刘松石，山东省建筑科学研究院。地址：济南市天桥区无影山路 29 号山东省建筑科学研究院南楼 317 室。E-mail：qing_song_yi_xia@126.com

提高剪力墙边缘构件的抗震承载力；提高构件变形能力并增强耗能性能；构件破坏时裂缝充分发展，分布均匀，刚度退化较为缓慢，塑性变形充分发展。当轴压比较大时，应进一步加强构件边缘的变形能力。研究表明设置暗柱的剪力墙仍以弯曲变形为主；设置明柱的剪力墙的变形虽仍以弯曲变形为主，但已有明显的剪切滞回效应；设置翼墙的剪力墙剪切变形大大增加，在水平荷载达到屈服点时，剪切变形占主导地位[5]。由于增大截面法简单有效，为最普遍采用的结构加固处理措施。但是结合本工程及以上理论分析，增大截面法有可能改变结构抗震性能，对结构抗震产生不利影响。又由于该工程已投入使用，增大截面法会影响该工程居住功能，减少使用面积，故该工程适合采用粘钢法进行加固处理。采用对原剪力墙暗柱粘钢加固的方案时，既不过度增加约束边缘构件的刚度，又能使其承载力及弯曲变形能力得到保证。经综合分析认为，该工程可采用粘钢法进行加固处理。

3　工程加固示例图

本工程的结构平面布置与构件加固位置以及构件的具体加固详图如图1～图5所示。剪力墙的约束边缘构件沿墙肢有一定的长度范围，保证型钢粘贴范围不能小于该长度。

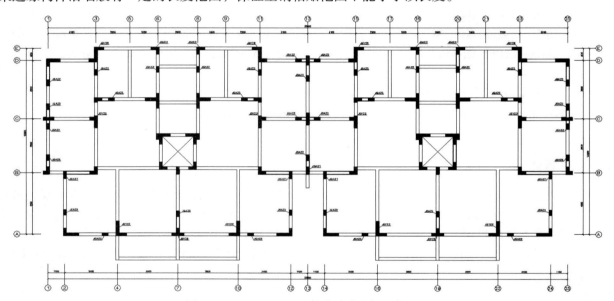

图1　4.990～33.990m 剪力墙墙柱加固布置图

粘钢加固剪力墙墙柱列表注写法

截面							
编号	JGJZ3	JGAZ1	JGAZ2	JGYZ2	JGYZ3	JGYZ5	JGYZ6
标高	4.990~33.990	4.990~33.990	4.990~33.990	4.990~33.990	4.990~33.990	4.990~33.990	4.990~33.990
竖向角钢	4∟75x5	4∟75x5	2∟75x5	6∟75x5	6∟75x5+1∟50x5+1∟56x5	6∟75x5	8∟75x5
竖向钢板	2∣-100x5	1∣-100x5	2∣-100x5	4∣-100x5	1∣-100x5	3∣-100x5	3∣-100x5
横向缀板	100x3@400	100x3@400	100x3@400	100x3@400	100x3@400	100x3@400	100x3@400
表久螺栓	M14@400	M14@400	M14@400	M14@400	-------	M14@400	M14@400

注：在标高4.990m和屋面处采用∟75x5角钢和M20@200 栽锚螺栓与楼板或屋面板连接。

图2　4.990～33.990m 加固剪力墙墙柱详图

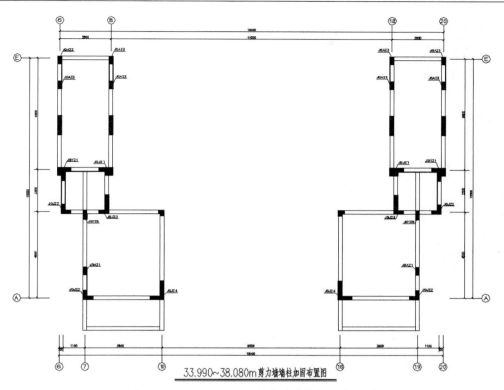

图 3　33.990～38.080m 剪力墙墙柱加固布置图

粘钢加固剪力墙墙柱列表注写法

截面								
编号	JGJZ1	JGJZ2	JGJZ3	JGJZ4	JGYZ1	JGYZ2	JGAZ1	JGAZ3
标高	33.990~38.080	33.990~38.080	33.990~38.080	33.990~38.080	33.990~38.080	33.990~38.080	33.990~38.080	33.990~38.080
竖向角钢	4L75×5	2L75×5	4L75×5	6L75×5	4L75×5	4L75×5	2L75×5	2L75×5
竖向钢板	3-100×5	4-100×5	4-100×5	3-100×5	5-100×5	2-100×5	2-100×5	2-100×5
横向钢板	100×3@400	100×3@400	100×3@400	100×3@400	100×3@400	100×3@400	100×3@400	100×3@400
永久螺栓	M14@400	M14@400	M14@400	M14@400	M14@400	M14@400	M14@400	M14@400

注：在标高4.990m和屋面处采用了75×5角钢和M20@200膨胀螺栓与楼板或屋面板连接。

图 4　33.990～38.080m 加固剪力墙墙柱详图

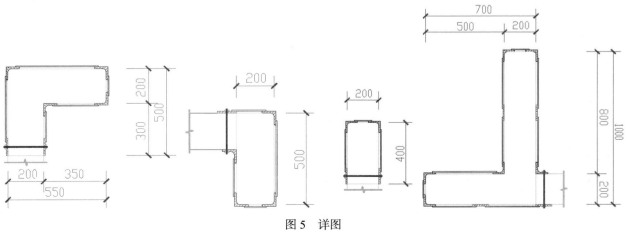

图 5　详图

4　结语

　　对增层改造在多层框架结构及砖混结构中较多，在高层剪力墙结构中相对较少，上部结构竖向重量及高度的增加尤其会导致在风荷载与地震荷载作用下结构内力、变形和位移的变化。加固方案的选择还要保证整体结构竖向刚度和水平刚度的均匀、规则。

　　该工程通过对约束边缘柱及连梁的加固，各项指标满足规范要求，同样满足了使用功能的要求。在施工中，该设计方案也取得了较好的效益，可作为类似加固工程参考。

参考文献

［1］　GB 50011—2010 建筑抗震设计规范［S］. 北京：中国建筑工业出版社，2010.

［2］　GB 50367—2006 混凝土结构加固设计规范［S］. 北京：中国建筑工业出版社，2010.

［3］　JGJ 3—2010 高层建筑混凝土结构技术规程［S］. 北京：中国建筑工业出版社，2010.

［4］　章红梅，吕西林，杨雪平，张松. 边缘构件配箍对钢筋混凝土剪力墙抗震性能的影响［J］. 结构工程师，2008，24（5）：100-104.

［5］　龚治国，吕西林，姬守中. 不同边缘构件约束剪力墙抗震性能试验研究［J］. 结构工程师，2006，22（1）：56-61.

［6］　常林润. 高层次剪力墙结构连梁抗震设计中几个问题的探讨［J］. 工业建筑，2007，37（2）：28-31.

［7］　高文皂，沙晓东，高强. 剪力墙连梁的剪压比超限问题初探［J］. 建筑结构，2101，4，40（增刊）：495-501.

震损结构修复及加固设计浅析

易　丹　毕　琼　李　波

中国建筑西南设计研究院有限公司，四川成都，610000

摘　要： 我国地震多发，且高烈度区面积较广，以往地震所造成的生命及财产损失较为严重，结构震损情况亦较为复杂，震后结构加固设计成为当务之急。对九寨沟地震中某项目主体结构的震损特征进行了分析；针对于不同类型构件，提出了相适应的加固方式；对部分加固设计参数取值提出了建议；同时强调在进行构件加固设计时，应通过计算保证整体结构的抗震性能。

关键词： 震损，加固损伤，折减系数

Analysis of Repair and Reinforcement Design of the Earthquake-Damaged Structure.

Yi Dan　Bi Qiong　Li Bo

China Southwest Architectural Design and Research Institute Corp., Ltd

Abstract： China is an earthquake-prone country with large potential high-seismic-intensity region. The loss of life and property caused by earthquakes in the past is serious and the structural damage is complicated, which makes the design of post-earthquake structural strengthening a top priority. In the article, the damage characteristics of the main structure of a project in the Jiuzhaigou earthquake are analyzed. For different types of components, a proper reinforcement method is proposed. Suggestions on how to decide the values of the parameters in the strengthening design are proposed. It is emphasized that the overall seismic performance of the structure should be ensured by calculation when conducting the component strengthening design.

Keywords： Earthquake damage, Damage strengthening, Reduction factor

1　工程概况

　　该项目位于九寨沟县中查沟，距九寨沟 7.0 级地震震中 10km 左右，由酒店 A、酒店 B 及商业建筑 C 三个项目组成。其中酒店 A 为 2 层别墅式山地建筑，采用现浇钢筋混凝土框架 - 抗震墙结构，结构总高度约为 15.0m；酒店 B 层数为 2～5 层，结构最大高度约为 16.0m，采用框架或框架抗震墙结构；商业建筑 C 层数为 2～5 层，结构最大高度为 25.0m 左右，采用框架或框架抗震墙结构（图 1～图 3）。由于酒店 A、B 为山地建筑，根据《建筑抗震设计规范》[2] 对其水平地震影响系数最大值乘以 1.2～1.4 进行结构设计。

　　九寨沟地震时，酒店 A 主体结构已完工，正在进行装修施工；酒店 B 已投入使用；商业建筑 C 主体结构正处于施工状态，部分楼栋已封顶。

2　结构震损分析

　　在九寨沟地震中，上述建筑遭受了不同程度的震损，由于不同类型构件受力特点不同，其震损特征有较大的差别。

作者简介：易丹（1979），男，高级工程师。

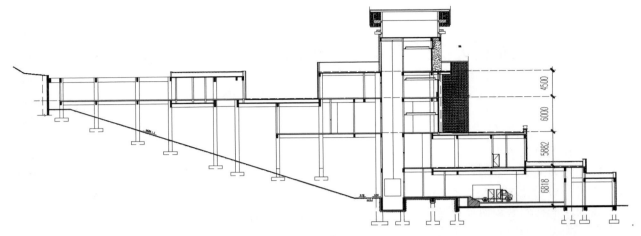

图 1　酒店 A 剖面示意图

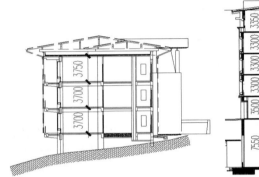

图 2　酒店 B 剖面示意图

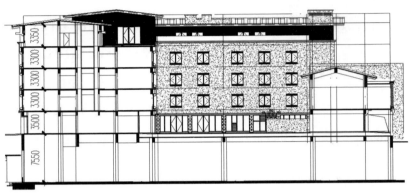

图 3　商业建筑 C 剖面示意图

2.1　钢筋混凝土短柱震损

短柱所受剪力较大，弯矩相对较小，其通常表现为剪切破坏的特征。若震损程度较轻，短柱仅出现较细的交叉（或单向）斜向剪切裂缝（图 4a）；随着地震作用增大，斜向交叉剪切裂缝发展较长，裂缝宽度增大；震损程度严重时，斜向交叉剪切裂缝分隔的混凝土块体产生错动，部分柱钢筋保护层脱落，如图 4（b）、（c）所示。

虽然本项目短柱设计均满足规范要求，但部分短柱也发生了较为严重的震损。由于竖向构件的破坏可能引起结构坍塌，在结构设计中应尽量避免出现短柱，特别是长、短柱并存的情况。若不可避免出现短柱时，应引起足够重视，采取相应的加强措施。笔者认为不论抗震等级，建议短柱均应按照实配纵筋验算其抗剪承载力，且其柱端剪力增大系数应取大于 1.20 的值；应按照较现行规范更严格的要求控制其剪压比，鼓励在短柱内采用增加型钢或芯柱等增加其抗震延性的加强措施。

（a）震损图一

（b）震损图二

（c）震损图三

图 4　短柱震损

2.2　钢筋混凝土普通柱（非短柱）震损

正常设计之普通柱的震损通常表现为柱顶或柱底截面出现弯曲水平裂缝，震损程度较轻时，柱弯曲裂缝较少，且宽度较小；随着震损程度的增加，柱弯曲裂缝较多，其宽度增大；震损程度严重，受压区混凝土压溃；更为严重时，柱筋呈灯笼状破坏。

该项目普通柱未见较严重破坏，其震损程度普遍较轻，如图 5（a）、(b)、(c) 所示。然而值得重视的是，通过该项目的震损观察，按照现行规范设计之梁柱，基本未能实现"强柱弱梁"的破坏机制，弯曲裂缝通常首先出现在柱端，这是一个值得研究、讨论的问题。

（a）震损图一　　　　　　　　　（b）震损图二　　　　　　　　　（c）震损图三

图 5　普通柱震损

2.3　钢筋混凝土抗震墙震损

钢筋混凝土抗震墙所受地震剪力及弯矩均较大，根据其破坏形式，可区分为剪切破坏及弯曲破坏。剪切破坏通常表现为在抗震墙腹板出现斜向剪切裂缝，随着震损程度的加剧，裂缝长度及跨度增加，抗震墙腹板被交叉分隔，最后剪压区混凝土被压碎，发生剪压破坏。

弯曲破坏表现为在抗震墙墙身出现水平弯曲裂缝或斜向弯剪裂缝，随着裂缝的不断发展，抗震墙两端暗柱混凝土交替受压，最后受压区混凝土压溃而破坏；当墙面外刚度较弱或墙竖向钢筋配筋较少时，也有可能发生面外失稳破坏，这种破坏模式在设计时应尽量避免。

该项目中，抗震墙震损较轻，主要表现为较为轻微的剪切及弯曲破坏模式，如图 6 所示。

（a）抗震墙弯曲裂缝　　　　　　　（b）抗震墙弯曲裂缝　　　　　　　（c）抗震墙剪切裂缝

图 6　抗震墙震损

2.4　钢筋混凝土短梁震损

短梁（本文中短梁指跨高比较小梁）受力特点与短柱类似，其所受剪力较大，弯矩相对较小，通常以剪切破坏模式为主。九寨沟地震中，该项目虽然较多的短梁遭受了震损（图 7），但其震损能够耗散地震能量；又由于短梁负荷面积小，其严重的震损也不会引起结构坍塌，且其修复较为容易，故笔者认为将结构中出现的短梁作为耗能构件是可行的，但设计中应采取比规范更严格的措施增大其抗剪承载力及延性，如不论抗震等级均按照实配纵筋验算其抗剪承载力、增大其箍筋直径、增大其腰筋配筋率、比普通梁更为严格地控制其纵筋配筋率等。

（a）震损图一　　　　　　　　　（b）震损图二　　　　　　　　　（c）震损图三

图 7　短梁震损

2.5　钢筋混凝土普通梁震损

　　九寨沟地震中该项目普通梁震损特征为梁端出现斜向剪切裂缝或竖向弯曲裂缝，其震损程度均较轻（图 8）。当梁顶与现浇板相连时，梁端弯曲裂缝通常首先出现在梁底部，随着地震弯矩的增加，裂缝向上部受压区延伸；未见与现浇板相连的梁顶出现弯曲裂缝的现象，可以预见梁端弯曲破坏的最终破坏模式为梁底受压区混凝土压溃，故适当增加梁端下部梁纵筋的数量、直径及箍筋对纵筋、混凝土的约束作用，对保证梁的抗震延性着至关重要。

（a）梁端剪切斜裂缝　　　　　　　（b）梁端剪切斜裂缝　　　　　　　（c）梁端弯曲裂缝

图 8　普通梁震损

2.6　楼梯震损

　　由于楼梯的斜撑作用，在地震作用下，楼梯梯板等斜向构件将产生较大轴向拉、压力，导致楼梯梯板及与其相连的构件震损。楼梯的震害呈现多样性的特点：部分梯板受到轴向拉力而破坏，如图 9（a）、（b）所示；部分与梯板相交梯梁剪切破坏，如图 9（c）所示；部分梯柱震损如图 9（d）、（e）所示；部分梯梁与梯柱节点区震损如图 9（f）所示。

（a）梯板震损　　　　　　　　　（b）梯板震损　　　　　　　　　（c）梯梁震损

（d）梯柱震损　　　　　　　　　（e）梯柱震损　　　　　　　（f）梯柱、梯梁节点区震损

图 9　楼梯梯板震损

　　该项目楼梯均设计为滑动楼梯，但在施工过程中，梯板与下承挑板共同浇筑（如图 10 所示），导致梯板未能滑动，梯板拉力导致多种构件震损，建议设计图纸中对滑动楼梯梯板的二次浇筑提出更为明确的要求，并要求严格按照设计图纸施工。

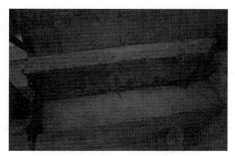

图 10　梯板与下承挑板共同浇筑

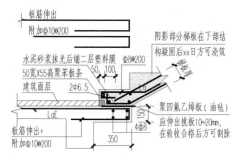

图 11　滑动楼梯梯板二次浇筑大样

图 12　梯板与下部支撑结构共同浇筑

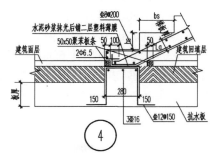

图 13　结构施工图大样

3　加固设计

　　地震作用下，构件混凝土及钢筋应力变化过程较为复杂，无法准确判断其经历的最大应力、判断其损伤状况，故《建筑震后应急评估和修复技术规程》（JGJ/T 415-2017）[5]在震损构件修复及加固设计过程中，当构件裂缝按照上述规程进行修复后，对其材料强度及弹性模量作如下规定（以下简称"震损构件强度准则"）：

　　（1）新增钢材、混凝土材料的强度设计值应乘以 0.8 的强度利用系数；

　　（2）原构件内钢筋，当钢筋颈缩或屈服时，不考虑其强度，其他钢筋的强度设计值应乘以 0.5 ～ 0.8 的损伤折减系数；

　　（3）原结构的裂缝未经修复时，原构件的计算截面应按有效截面考虑；

　　（4）原构件混凝土材料的强度设计值应乘以 0.8 ～ 0.9 的损伤折减系数；

　　（5）材料的弹性模量可不折减。

　　"震损构件强度准则"仅为原则性规定，在震损构件加固过程中有一定借鉴作用；但笔者认为对于不同震损类型、不同震损程度构件应分别取值，且其取值范围不仅限于"震损构件强度准则"之内，本文希望给出一些有益之建议。

　　此外，对于不同受力特点的构件，应根据其震损特征，应采用不同的加固方法，本文也进行了较为粗浅的讨论。

3.1　短柱加固设计

　　在加固过程中，应采取措施尽量避免增加短柱抗弯承载力及短柱线刚度，从而减小短柱剪力设计值。当震损较轻时，对裂缝进行修复后，可采用增加钢构套进行加固。为避免增加端柱抗弯承载力，此钢构套可取消柱四角外贴角钢，钢缀板间采用等强对接焊缝连接；当震损较为严重时，可采用置换混凝土及钢筋加固法。由于增加钢筋混凝土套的加固方法将增加柱截面，从而增加柱线刚度，故不宜用于短柱的加固。

　　此外，对于短柱的加固设计，笔者有如下建议：

（1）为保证加固后短柱抗剪承载力，无论采用增加钢构套或置换混凝土、钢筋加固法对短柱进行加固，均应按照实配纵筋计算其剪力设计值，对加固后构件抗剪承载力进行复核；

（2）"震损构件强度准则"第（2）点对原构件内钢筋强度取值进行了规定，但对于短柱的加固，笔者有如下建议：若柱纵筋无屈曲或颈缩现象，计算柱抗弯承载力及按照实际配筋计算其剪力设计值时，其纵筋强度不进行折减（或称折减系数为1.0），此时可不对短柱进行抗弯加固；当柱纵筋屈曲或颈缩时，可采用置换混凝土及钢筋加固法，原有柱纵筋宜切除；若加固过程中保留原有柱纵筋，应按照实际纵筋计算其剪力设计值，考虑柱原有柱纵筋的影响，且其强度折减系数宜取1.0。

当裂缝宽度较大，箍筋颈缩或屈服时，不考虑其强度；同时考虑到地震鉴定工作不能准确的判断箍筋应力状况，当箍筋未发生颈缩或屈服现象时，其强度折减系数最大值可偏安全地取值为0.5。

（3）"震损构件强度准则"第（4）点对原构件混凝土材料的强度设计值进行了规定，在裂缝修复后，其混凝土的强度损伤折减系数取值为0.8～0.9。短柱的震损通常表现为斜向剪切裂缝，当震损较轻时，其裂缝宽度较小，压力注浆等较难灌注密实；而当裂缝数量较多时，往往两方向裂缝相互交错，很难保证每条裂缝都能得到有效的修复处理，故短柱抗剪加固时，建议不考虑其原有混凝土的抗剪作用，即原有混凝土抗剪折减系数取值为0。

该项目为坡地建筑，由于建筑堆坡及刚性地坪的影响，形成了短柱（如图14所示），在地震作用下，部分短柱发生了剪切破坏，应予以特别重视。结构设计时，可偏安全地进行包络设计，模型中柱底标高可分别取为基顶标高和刚性地坪完成面标高。

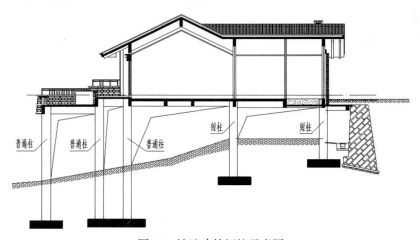

图14　坡地建筑短柱示意图

3.2　普通柱（非短柱）加固设计

当震损较轻时，可采用钢构套或钢筋混凝土套的加固方法；当震损较严重，裂缝较难修补完整，或受压区混凝土受压破坏时，可采用置换混凝土及钢筋加固法。对于钢筋混凝土普通柱的抗弯承载力加固，笔者有如下建议：

（1）当采用的加固方式增加了柱抗弯承载力时，为保证"强剪弱弯"抗震理念的实现，均应按照实配纵筋（包括外粘钢构套）计算其剪力设计值，对其抗剪承载力进行复核。

（2）柱抗弯承载力加固计算中，纵筋及混凝土强度原则上可按照"震损构件强度准则"第（2）、（4）点取值；但当柱震损较轻时，其取值可突破上限：如当柱弯曲水平裂缝较细，且其长度发展较小，受压区混凝土完整无震损时，柱纵筋及混凝土损伤折减系数可取1.0，此种情况下仅对弯曲裂缝进行修复处理即可。

（3）为充分发挥加固角钢的强度，《混凝土结构加固设计规范》（GB 50367）规定："对柱的加固，角钢下端应锚固于基础；中间应穿过各层楼板，上端应伸至加固层的上一层楼板底或屋面板底。"若采用此种构造方式，加固楼层上一层柱实际受弯承载力增加，应按照实际配筋复核其抗剪承载力，加固工作量较大，经济性较差，笔者提出下述锚固方式（如图15），供大家讨论修正。

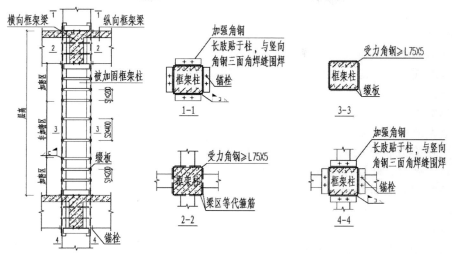

图 15　中间楼层框架柱外包型钢锚固构造大样示意图

值得注意的是，若柱底为结构嵌固端，对此柱抗弯承载力进行加固而导致其抗弯承载力增加，可能使其不满足《建筑抗震设计规范》（GB 50011）6.1.14 条第（3）点之规定，此时应计算加固后柱抗弯承载力（"震损构件强度准则"中，新增钢材、混凝土材料强度利用系数应取 1.0；原构件钢筋、混凝土损伤折减系数应取 1.0），按照上述规定对节点相关构件进行复核，必要时应对相关梁、柱进行抗弯、抗剪加固

3.3　抗震墙加固设计

3.3.1　抗震墙抗剪承载力加固

若抗震墙存在斜向（或交叉）剪切裂缝时，应对其进行抗剪加固。当震损情况较轻时，可采用水平粘贴碳纤维布、钢板的加固方法；若震损较为严重，可采取置换混凝土、钢筋加固法或采用增加钢筋混凝土板墙方法进行加固。抗震墙加固抗剪承载力计算时，有如下建议：

（1）若抗震墙仅存在斜向剪切裂缝，无水平弯曲裂缝，此时抗震墙抗剪承载力与抗弯承载力相比，相对较弱，抗震墙可能发生脆性剪切破坏。计算抗震墙剪力设计值时，剪力增大系数 η_{vw} 宜按高一抗震等级取用，采用增大后剪力设计值进行加固设计。

（2）与短柱抗剪加固相同，若抗震墙水平筋未发生颈缩或屈服现象时，其强度折减系数最大值可偏安全地取值为 0.50.

（3）"震损构件强度准则"第（4）点规定当混凝土裂缝修补完整后，混凝土损伤折减系数取值为 0.8～0.9。与短柱斜向剪切裂缝相同，其裂缝较难保证修补完整，又考虑到保证抗震墙抗剪承载力的重要性，在抗震墙抗剪加固计算时，建议混凝土损伤折减系数取值适当降低，混凝土损伤折减系数最大值取 0.50 较为合适。

3.3.2　抗震墙抗弯承载力加固

当震损情况较轻时，可采用外粘型钢加固法；若震损较为严重，如受压区混凝土受压破坏时，可采取置换混凝土、钢筋加固法或采用增加钢筋混凝土板墙方法进行加固。对抗震墙的抗弯承载力加固，有如下建议：

（1）当采用的加固方式增加了抗震墙抗弯承载力时，均应按照实配纵筋（包括外粘型钢）计算其剪力设计值，对抗震墙抗剪承载力进行复核、加固。

（2）抗震墙抗弯承载力加固计算中，纵筋及混凝土强度折减系数可按照"震损构件强度准则"第（2）、（4）点取值；但当抗震墙震损较轻时，其取值可适当增大：如当抗震墙弯曲水平裂缝较细，且其长度发展较小，受压区混凝土完整无震损时，柱纵筋及混凝土损伤折减系数可取 1.0，此种情况抗震墙可不进行抗弯承载力加固。

（3）当对底部加强区抗震墙抗弯承载力进行加固设计时，应采取措施保证其加固后实际承载力与弯矩设计值尽量接近，若加固后底部加强区抗震墙抗弯承载力超强太多，在地震作用下，其上部非加强区墙体可能发生弯曲破坏，其延性难以得到保证，这也与我国规范的抗震理念不符。

3.4 短梁加固设计

当短梁存在剪切斜裂缝或交叉斜裂缝时，应对其进行抗剪加固。若震损较轻时，可采用粘贴碳纤维布或粘贴钢板加固法；当震损较为严重时，可采用置换混凝土及钢筋加固法。对于短梁的加固设计，笔者有如下建议：

（1）当裂缝宽度较大，箍筋颈缩或屈服时，不考虑其强度；当箍筋未发生颈缩或屈服现象时，其强度折减系数最大值可偏安全地取值为 0.5；

（2）由于剪切裂缝相互交错、数量较多，且部分裂缝较为细密，采用压力灌浆等较难修复完整，短梁抗剪承载力计算时，建议原有混凝土抗剪折减系数最大值取为 0.5。

3.5 普通梁（非短梁）加固设计

3.5.1 普通梁抗剪承载力加固

若普通梁梁端发生斜向（或交叉）剪切裂缝时，应对其抗剪承载力进行加固。若剪切破坏情况较轻，可采用粘贴碳纤维布或粘贴钢板加固法；若剪切破坏较严重时，可采用置换混凝土及钢筋加固法、外加混凝土套法等进行加固。加固设计时，与短梁相同，其箍筋及原有混凝土强度折减系数最大值可取为 0.5；若箍筋颈缩或屈服，抗剪计算中不考虑其强度影响。

3.5.2 普通梁抗弯承载力加固

如前所述，当梁顶与现浇板相连时，梁端弯曲裂缝通常出现在梁底部；当震损较为严重时，梁底受压区混凝土压溃。当梁端仅出现弯曲裂缝，梁底受压区混凝土未见损伤，梁纵筋未屈服或颈缩时，可不对梁抗弯承载力进行加固，仅对裂缝进行修补即可；当梁底受压区混凝土压溃，或梁纵筋屈曲或颈缩时，可采用置换混凝土及钢筋加固法、增大截面加固法等进行加固。加固设计时，材料强度可按照"震损构件强度准则"进行取值。

4 结论

（1）不同构件受力特点不同，导致其震损特征区别显著。震损构件的加固，应根据其受力特点、震损特征及震损程度选取不同的加固方式；

（2）《建筑震后应急评估和修复技术规程》规定了"震损构件强度准则"，笔者认为其规定较为笼统，"震损构件强度准则"应根据构件受力特征、破坏程度、重要性等因素综合确定，本文针对不同类型构件给出了初步建议值，但具体取值还应通过更详细的分析、试验等方能确定；

（3）震损构件的加固，应在满足结构整体抗震性能的基础上进行，加固后的结构应与现有规范抗震理念一致，如构件进行抗弯承载力加固后，应对其抗剪承载力进行复核，应满足"强剪弱弯"的要求；对框架梁抗弯承载力加固后，应对与其相连柱抗弯承载力进行复核，满足"强柱弱梁"的要求；对嵌固层柱抗弯承载力进行加固后，应对与其相连的地下室梁、柱抗弯承载力进行复核，以满足嵌固要求；对加强区抗震墙抗弯承载力进行加固，应采取措施避免上部非加强区混凝土受弯屈服；采用增大刚度的方法对上部楼层进行加固，应避免下部楼层成为软弱层等等；

（4）本文对不同类型构件震损特点及现象进行了描述，对产生震损的因素进行了分析，对结构抗震设计给出了一些建议，笔者抛砖引玉，供大家参考讨论。

参考文献

[1] 中华人民共和国住房和城乡建设部. GB 50010—2010. 混凝土结构设计规范 [S]. 北京：中国建筑工业出版社，2010.

[2] 中华人民共和国住房和城乡建设部. GB 50011—2010. 建筑抗震设计规范 [S]. 北京：中国建筑工业出版社，2016.

[3] 中华人民共和国住房和城乡建设部. GB 50367—2013. 混凝土结构加固设计规范 [S]. 北京：中国建筑工业出版社，2014.

[4] 中华人民共和国住房和城乡建设部. JGJ 116—2009. 建筑抗震加固技术规程 [S]. 北京：中国建筑工业出版社，2009.

[5] 中华人民共和国住房和城乡建设部. JGJ/T 415—2017. 建筑震后应急评估和修复技术规程 [S]. 北京：中国建筑工业出版社，2017.

某办公楼增设密集柜档案库加固设计分析

李　鹤　孙　茹[2]　冯晓磊[1]

1. 山东建大工程鉴定加固研究院，山东济南，250014
2. 山东营特建设项目管理有限公司，山东济南，250014

摘　要： 文章通过某办公楼增设密集柜档案库加固设计实例，提出两种不同的加固方式，通过对加固设计思路的描述并结合计算结果，采用密集柜导轨下方增设次梁的思路，避免了楼板的加固，减少了大部分原楼面做法剔除及恢复的工程量，同时也比传统的梁板直接加固更加的经济、快捷。

关键词： 密集柜，档案库，加固，框架梁

Strengthening Design and Analysis for Intensive Cabinet Muniment Room of an Office Building

Li He[1]　Sun Ru[2]　Feng Xiao Lei[1]

1. Institute of Engineering Appraisal and Strengthening，Shandong Jianzhu University，Jinan 250014，China

2. Shandong International Project Management Co.，Ltd，Jinan 250014，China

Abstract： In this paper, two different strengthening methods are put forward through the reinforcement design of the intensive cabinet archives in an office building. Based on the analysis on the reinforcement design ideas and calculation results, the method of adding secondary beams under the guideway of the dense cabinet is adopted. This method avoids the reinforcement of the floor, and reduces the removal of the large part of the original floor and also the recovery of them correspondingly. Thus, it is a more economical and efficient way than beam and floor reinforcement directly.

Keywords： intensive cabinet, monuments room, reinforcing, frame beam

　　既有办公建筑在使用过程中，因业务发展需要，往往需要增设密集柜档案库，改变了原房间的使用功能。因密集柜荷载较大，一般民用建筑无法满足使用要求，需要对原有建筑进行检测鉴定、结构加固等方面的工作，才能保证结构安全。本文通过某办公楼增设密集柜档案加固设计的工程实例，通过现场检测和计算软件分析，在保证安全的情况下，提出经济合理的加固方案。

1　工程概况

　　某高层办公楼，建于 2001 年，地下 1 层、地上 10 层，钢筋混凝土框架结构，现浇混凝土楼板，基础采用桩基础；建筑面积 9182m²，一层及地下室层高 4.5m，二层及以上层高 3.6m，建筑总高度 38.1m，各层使用功能均为办公，楼面做法均为铺地砖楼面。该工程原设计抗震设防烈度为 7 度（0.10g），设计地震分组为第二组，按 7 度采取抗震措施，框架抗震等级为二级。建设单位拟在该建筑一层 4-16 ～ B-F 轴范围内增设密集柜档案库，一层结构平面布置见图 1，密集柜平面布置见图 2。根据国家规范[1]，该区域作为办公使用时，活荷载为 2.0kN/m²，改为密集柜档案库后，楼面活荷载为 12.0kN/m²。

作者简介：李鹤（1983.07），男，工学学士，工程师，从事结构检测鉴定及加固设计工作。

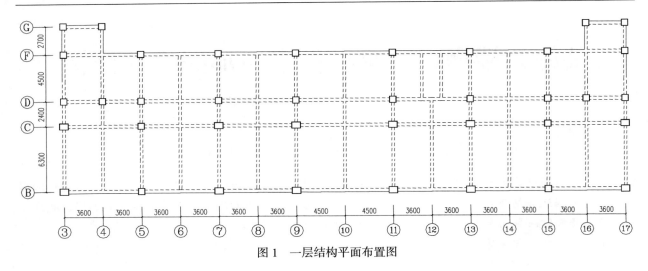

图 1　一层结构平面布置图

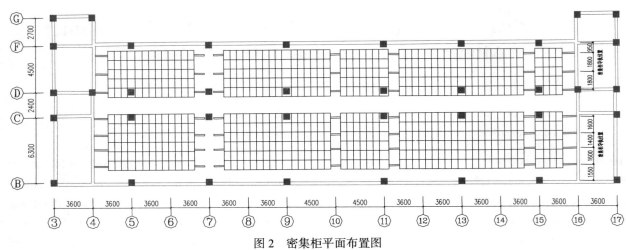

图 2　密集柜平面布置图

2　复核验算

经现场检测鉴定核实，该建筑一层 4-16 ～ B-F 轴范围内主体结构平面布置、钢筋混凝土构件的混凝土强度、钢筋配置及截面尺寸与原设计相符，密集柜范围内已铺设瓷砖地面，厚度与原设计相符。

根据已知条件，采用中国建筑科学研究院的 SATWE 计算软件对增设密集柜档案库后的该建筑物进行分析计算，对影响范围内的各个结构构件分析结果如下：

基础、框架柱：该建筑物采用桩基础，根据原地基承载力及单桩承载力验算，均满足设计要求；根据验算结果，该建筑物框架柱的抗压、抗弯、抗剪承载力均满足要求，其轴压比及配箍率也满足现行国家规范[2]的要求。

框架梁、板：验算结果显示，增设密集柜档案库范围内的框架梁、次梁，跨中及支座处均有抗弯、抗剪承载力不满足的情况；楼板抗弯承载力严重不足，跨中及支座处的裂缝、楼板挠度同时也不满足正常使用极限状态要求。

3　加固改造设计分析

综合现场情况和复核验算结果，基础及框架柱可不进行加固均可满足使用要求，因此只需对增设密集柜影响范围内不满足要求的梁、板进行处理。根据现行规范[3]，采用不同的加固思路，拟定了两种具体的加固方案：

3.1 采用直接加固梁、板的方式

（1）框架梁、次梁采用增大截面法加固，采用高标号灌浆料，在拟加固梁的梁底、梁顶增设混凝土叠合层，新增受力钢筋植入端部框架柱、梁内。

（2）因楼板承载力需要提高较大，故不适用粘贴碳纤维及钢板的方式，需采用增大截面法加固，板底、板顶同时增设后浇叠合层，板底钢筋植入端部梁内，板顶支座钢筋连续布置。

3.2 采用密集柜导轨下方增设板底次梁的方式

根据建设单位提供的密集柜布置方案，所有柜体重量均通过导轨传递至楼板上，可采取将各板面上密集柜总重量转化为导轨位置的集中线荷载，并在密集柜导轨下方新增混凝土次梁的方式进行加固。荷载平面布置如图3所示。

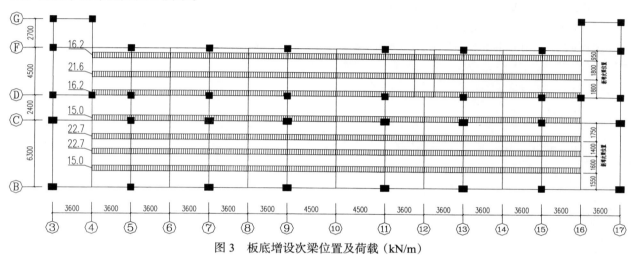

图3　板底增设次梁位置及荷载（kN/m）

将增设次梁代入结构模型中进行重新计算，经计算分析，基础及框架柱仍满足要求；增设密集柜影响范围内的原框架梁及次梁不满足要求，仍需进行加固；原楼板承载力、裂缝及挠度已满足要求，可不进行加固处理。

3.3 两种方案的对比分析

经对比，两种方案在原框架梁、次梁部位加固时区别较小，均应采取加大截面的方式进行加固，而对于楼板则存在是否需要加固的区别。

采用楼板直接加大截面加固的方式时，有如下缺点：（1）加固前，原楼面做法将不可避免的进行大面积拆除，而通常情况下铺地砖楼面的结合层较为紧密，人工拆除时或对原结构造成损伤；（2）板底后浇叠合层较薄，新增板底钢筋植筋及布置模板时，对施工质量要求较高。（3）楼板加固完成后需对楼面做法进行恢复，时间成本及施工经济成本均需要追加。

相比较而言，采用导轨下方增设板底次梁的方式时，可减少上述缺点带来的影响，新加梁钢筋植筋及支模均相对简易，可仅在新加梁上部局部楼板开孔布置灌浆口，对原楼面做法破坏较少，也省去了后期恢复的时间及费用。故最终确定采用此方案对该工程进行加固。

4 加固要点

采用板底新加次梁的方式，使密集柜重量全部传递到新加梁上，其要点是保证新加梁与原楼板的连接要密实，这样才能与原结构构件共同工作，共同受力，保证加固效果。施工时，首先应对新加梁位置的楼板板底充分凿毛，然后避开原楼板钢筋于板顶凿洞，间距1米布置一个灌浆口，浇筑时灌浆料应溢出灌浆口方可停止。板底加梁如图4所示。

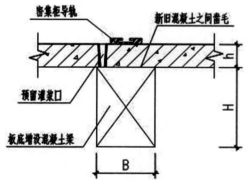

图4　密集柜下部增设板底次梁示意

5　结论

（1）本文介绍了某办公楼增设密集柜档案库时，采用增设板底次梁法加固的工程实例，通过该工程实例可以说明在密集柜导轨下部增设钢筋混凝土次梁加固是一种可行的办法，比传统的楼板加大截面加固更加容易控制施工质量，同时在存在楼面做法破除及恢复情况下，更加的经济、快捷。

（2）加固设计应充分收集现有资料，并在考虑现场情况的前提下，因地制宜，尽量采用加固技术成熟、施工较为简易的方式进行，避免不必要的拆除与更换，节省时间与成本。

参考文献

[1]　GB 50009—2012. 建筑结构荷载规范［S］. 北京：中国建筑工业出版社，2012.
[2]　GB 50011—2010. 建筑抗震设计规范（2016 年版）［S］. 北京：中国建筑工业出版社，2010.
[3]　GB 50367—2013. 混凝土结构加固设计规范［S］. 北京：中国建筑工业出版社，2013.

既有建筑旋喷桩加固地基检测评价分析

孙　文　杨全兵

甘肃省建筑科学研究院，甘肃兰州，730050

摘　要：本文对既有建筑旋喷桩加固地基的桩身完整性、直径、位置、取芯样桩体强度等进行了全面的检测，通过检测数据与旋喷桩的施工设计做了比较分析，进而对旋喷桩的施工质量做了评价，以便发现加固后的地基所存在的问题，并提出解决办法。同时通过加固施工后与施工前期的沉降观测进行对比分析，对旋喷桩的加固效果进行整体评价。

关键词：旋喷桩，沉降观测，地基加固，检测评价

Evaluation and Analysis of Foundation Reinforcement by Jet Grouting Piles of Existing Building

Sun Wen　Yang Quanbing

Gansu Academy of Building Research，Lanzhou，Gansu，730050，China

Abstract：In this paper，comprehensive detection of pile completeness，diameter，location，core sample pile strength in the existing building of jet grouting pile foundation reinforcement，through the test data and coMParative analysis to the jet grouting pile construction design，and evaluation of construction quality of jet grouting pile，in order to found after strengthening the foundation of the existing problems，and proposes the solutions.At the same time，through the coMParative analysis of settlement observation after the reinforcement construction and the early construction stage，the overall evaluation of the reinforcement effect of in the jet grouting pile.

Keywords：jet grouting pile，settlement observation，foundation reinforcement，detection and evaluation

0　前言

　　旋喷桩是一种水泥土桩，设置在软土地基中与桩间土共同承载构成旋喷桩复合地基。旋喷桩采用高压喷射注浆技术，具有桩土结合紧密、成桩形状灵活、施工设备简单和环境影响较小等优势，在工程地基加固中广泛应用[1]。我国于 20 世纪 70 年代后期首先由铁道部进行了旋喷技术的试验研究[2]，在 1992 年 9 月 1 日颁布实施《建筑地基处理技术规范》JGJ 79—91（在 JGJ 79—2012[3] 中的 7.4 条收录了旋喷桩复合地基）后才进入成熟并全面推广阶段。

1　工程与地质概况

　　该项目依托于兰州市二十一世纪初期建设的砖混结构住宅楼，基础为人工挖孔灌注桩，独立桩基础，均为单柱单桩。该场地地处黄河北岸支沟罗锅沟内，地层主要有填土、第三系泥质砂岩等，现分述如下：（1）素填土，层厚 14.6 ～ 20.2m，由泥质砂岩、砂质泥岩碎块、碎屑和黄土状粉土混合组成。一般上部以泥质砂岩、砂质泥岩碎块碎屑为主，呈浅棕红色，下部以黄土状粉土为主，含泥质砂岩碎块，结构混杂，土质不均且变化大，干～稍湿，稍密，局部中密；（2）泥质砂岩，层面高程 1603.3 ～ 1609.9m。浅棕红色，该层上部 0.7 ～ 1.0m 呈全风化状，以下呈强风化状。浸水较易软化，

　　基金项目：甘肃省建设科技攻关项目（JK2015-4）。

　　作者简介：孙文（1987），性别：男，职称：工程师。

干燥，较坚硬。

2　检测内容

由于墙体普遍出现裂缝、地基明显下沉并逐步发展，已严重影响到建筑物的安全使用，因此，对该建筑物地基进行了旋喷桩加固。为进一步确定加固效果，对该住宅楼旋喷桩桩数的1%（3根）进行了抽检。采用探井开挖检查，对旋喷桩的桩身完整性、桩身直径、桩位置进行检测评价，取芯样做抗压强度试验，对桩体强度、桩体质量等进行检测评价。

3　旋喷桩施工质量检测

旋喷桩采用双管旋喷法，桩底端以下部分采用复喷。注浆桩范围为人工挖孔灌注桩旋喷桩全桩段及桩底端以上1.0m至第三系砂岩层面之间的回填土层，旋喷桩进入砂岩层的深度不应小于0.3m。

对该加固工程3根旋喷桩进行开挖检测，开剖深度为原人工挖孔桩桩端以下0.58～0.82m，有效旋喷桩桩身剖出长度为1.58～1.82m。

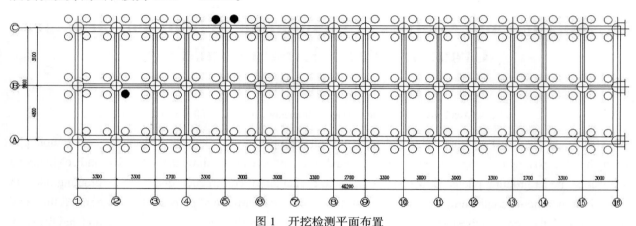

图1　开挖检测平面布置

Fig1　Plane layout of excavation detection

3.1　桩身完整性

旋喷桩B-2-②、C-5-④、C-26-①在本次检测有效旋喷桩桩身剖出长度范围内桩身均连续，未发现断桩，桩体外缘凹凸不平，桩土咬合密实，沿砂岩的裂隙有片脉状的跑、渗浆现象，有利于桩身承载，但桩体中包含的砂岩块、土颗粒较多，详见表3.1。

3.2　原人工挖孔桩桩端以下旋喷桩桩身直径

旋喷桩设计直径为800～900mm，实际检测旋喷桩B-2-②桩身直径为162～167mm，旋喷桩C-5-④桩身直径为250～270mm，旋喷桩C-26-①桩身直径为365～380mm，均不满足设计要求，详见表1。

表1　旋喷桩成桩质量汇总表

Table 1　Quality summary of pile forming of rotary jet pile

旋喷桩编号	设计直径（mm）	实测直径（mm）	测量深度（m）	桩体描述
B-2-②	800～900	162～167	15.86～16.35	旋喷桩与原人工挖孔灌注桩距为0.56m，沿砂岩的裂隙有片脉状的跑、渗浆现象，桩身较规则，原人工桩桩底未发现渗浆
C-5-④	800～900	250～270	17.85～18.25	旋喷桩将原人工挖孔灌注桩桩端以上扩底部分的人工桩桩体所覆盖，与扩底部分的人工桩桩体连为一体，沿砂岩的裂隙有片脉状的跑、渗浆现象，原人工桩桩底未发现渗浆，桩身很不规则，桩体中包含的砂岩块、土颗粒较多，呈上大下小的"胡萝卜状"

旋喷桩编号	设计直径（mm）	实测直径（mm）	测量深度（m）	桩体描述
C-26-①	800～900	365～380	16.80～17.25	旋喷桩将原人工挖孔灌注桩桩端以上扩底部分的人工桩桩体所覆盖，与扩底部分的人工桩桩体连为一体，沿砂岩的裂隙有片脉状的跑、渗浆现象，原人工桩桩底未发现渗浆，桩身很不规则，桩体中包含的砂岩块、土颗粒较多，呈上大下小的"胡萝卜状"

注：旋喷桩实测直径均为相对于原人工挖孔灌注桩桩端以下砂岩层中量测。旋喷桩在砂岩层中没有喷开，旋喷桩 C-5-④、C-26-①将原人工挖孔灌注桩桩端以上扩底部分（所处地层为土层、回填砂岩块或较软的砂岩）的人工桩桩体所覆盖，与扩底部分的人工桩桩体连为一体，其有效桩径无法量测。

3.3　桩位置

设计要求钻孔位置与原人工挖孔桩边缘的距离不宜大于 0.3m[3]，旋喷桩 C-5-④、C-26-①将原人工挖孔桩桩端以上扩底部分的人工桩桩体所覆盖，与扩底部分的人工桩桩体连为一体，满足设计要求；旋喷桩 B-2-②与原人工挖孔桩距离为 0.56m，不满足设计要求。

3.4　桩体强度

3.4.1　返浆试块试验

对 28 天龄期的旋喷桩返浆进行了试块的抗压强度检测，检测得到单轴抗压强度为 5.3～5.9MPa，平均值为 5.7MPa，满足设计要求。

3.4.2　桩身切块试验

从开挖的 3 根旋喷桩 B-2-②、C-5-④、C-26-①分别截取 1 组芯样做单轴抗压强度试验，试样的平均单轴抗压强度为 2.96MPa，旋喷体试块抗压强度汇总见表 3.2。

表 2　旋喷体试块抗压强度汇总表
Table2　A summary of the compressive strength of a rotary shotcrete block

旋喷桩编号	旋喷体试块抗压强度设计值（MPa）	旋喷体试块抗压强度（MPa）	试块采取深度（m）	备注
B-2-②	≥4	1.11	15.86～16.16	桩身连续、完整
C-5-④	≥4	5.65	17.65～18.00	桩身连续、完整
C-26-①	≥4	2.13	16.80～17.10	桩身连续、完整

试验结果表明，桩身切块旋喷体试块抗压强度离散性大，3 根旋喷桩中有 2 根（B-2-②、C-26-①）旋喷体试块抗压强度达不到设计要求（4MPa 以上），经综合分析，与这 2 根旋喷桩（尤其是 B-2-②）在砂岩里没有喷开有很大的关系，即旋喷桩与土体（砂岩）没有得到很好的搅拌混合，没有形成有效的水泥土固结体，导致旋喷体试块抗压强度偏低。

4　沉降观测

4.1　前期观测

前期的沉降观测记录表明，该住宅楼在地基加固施工前，地基沉降速度很大，103 天累计沉降 0～75mm，平均每月 20mm，局部地基沉降速度每天超过 2mm，已经超过国家标准[4]要求，该地基下沉已达到危险状态。地基加固施工期间由于土体水分瞬间增多，地基土发生附加下沉，沉降量仍较大，197 天累计沉降 0～142mm，平均每月 5～15mm。

4.2　后期观测

地基加固施工结束后，通过 3 个月沉降观测，加固区域地基沉降速度明显减小，80 天累计沉降 0～4mm，达到国家标准[4]的要求，地基沉降已达到稳定标准。

5　结论

（1）旋喷桩桩身直径普遍小于设计直径，极大的减弱了桩的承载力。

（2）旋喷桩与人工挖孔桩端扩底部分连为一体，加固工程施工注浆量偏大，根据实际情况，可以将旋喷加固处理后的地基按局部整体固化地基考虑。

（3）返浆试块抗压强度平均值为5.7MPa，桩身切块旋喷体试块抗压强度平均值为6.37MPa，均满足设计要求，但桩身切块旋喷体试块抗压强度离散性大。

（4）该住宅楼地基经过旋喷桩加固后，沉降已趋于稳定，说明旋喷桩对地基的加固产生明显的效果。

参考文献

［1］ 叶书麟. 地基处理工程实例应用手册［M］. 北京：中国建筑工业出版社，1998：420-457.

［2］ 肖焕杰. 旋喷注浆技术评述［J］. 长沙矿山研究院季刊，1987.7（4）：84-92.

［3］ 中国建筑科学研究院. JGJ 79—2012 建筑地基处理技术规范［S］. 北京：中国建筑工业出版社，2012.

［4］ 四川省住房和城乡建设厅. GB 50292—2015 民用建筑可靠性鉴定标准［S］. 北京：中国建筑工业出版社，2016.

梁开洞的鉴定和加固处理

韦安磊[1]　李军军[2]　王　莹[3]

1. 济南固德建筑加固工程有限公司，山东济南，250000

2. 山东省建筑科学研究院，山东济南，250031

3. 济宁市高耸房地产开发有限公司，山东济宁，272100

摘　要：某小区业主安装新风系统在梁上钻孔，部分梁上受力钢筋被打断，存在较大安全隐患。通过对钻孔的梁进行详细鉴定，并根据鉴定结果出具加固方案对梁进行了加固，解决了安全隐患。

关键词：钻孔，钢筋打断，鉴定，加固

0　引言

随着国内民众生活品质的提高，新风系统开始流行，越来越多的住宅楼开始使用这种系统。新风系统是根据在密闭的室内一侧用专用设备向室内送新风，再从另一侧由专用设备向室外排出，在室内会形成"新风流动场"的原理，从而满足室内新风换气的需要。安装新风系统需要布设管道，对于住宅楼，一般层高较低，业主在安装管道时，往往选择在梁上钻孔，而在框架梁腹开洞降低了梁的承载力和刚度[1]，从而对梁造成损伤。

1　工程概况

某住宅楼为四层框架结构房屋，带一层储藏室、一层阁楼，层高 2.9m。三层某业主因安装新风系统在框架梁上钻孔，部分梁受力钢筋被打断，造成较大的安全隐患。为确保工程安全，该户业主委托对钻孔的梁进行详细鉴定并出具方案进行加固。下面以设计图纸及国家现行规范为依据，从梁开洞情况检查、梁混凝土强度及钢筋配置检测、承载力验算、出具加固方案四个方面进行详细介绍，以便为类似工程提供参考[2]。

2　鉴定情况

2.1　现场检查该户钻孔的框架梁钻孔位置、钻孔数量、钻孔直径、钢筋损伤情况，详见表 1。该户平面图见图 1。

表 1

梁轴线	钻孔位置	数量	直径	受损情况
25 × D-J	梁南侧	2	$\phi 120$	5 根主筋中 2 根被切断
25-27 × E	西侧	1	$\phi 85$	3 根主筋均切断
25-27 × B	西侧	1	$\phi 85$	3 根主筋均切断

表 1 中所列为受损最为严重的梁，其余梁或箍筋、或构造腰筋均不同程度受损。

2.2　现场检测受损梁混凝土强度均满足设计要求。

2.3　现场检测受损梁截面尺寸、钢筋配置均满足设计要求。

作者简介：韦安磊，（1986—）男，山东菏泽人，工程师。E-mail：512wal@163.com。

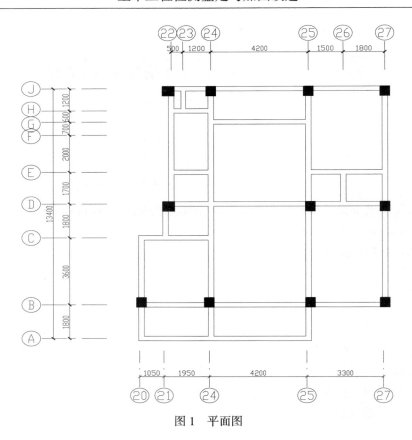

图 1　平面图

3　验算分析与评定

依据现场实测数据，其余参数参照设计图纸对该户钻孔框架梁进行复核验算，复核验算结果显示，25×D-J 轴梁、25-27×E 轴梁、25-27×B 轴梁承载力不能满足国家现行规范要求，其余框架梁钻孔对原构造措施造成损伤。

4　鉴定结论

该户 25×D-J 轴梁、25-27×E 轴梁、25-27×B 轴梁承载力不能满足国家现行规范要求，应进行加固处理。其余框架梁因钻孔对原构造措施造成损伤，应进行局部补强处理。

5　加固方案

5.1　对 25×D-J 轴梁采用剔除局部混凝土，植筋与原主筋焊接的方式进行加固处理。

5.1.1　首先对该梁上荷载进行充分卸荷，并加设可靠支撑。

5.1.2　从梁柱节点开始剔除梁底部局部混凝土，剔除范围参照图 2，并保证方便施工。

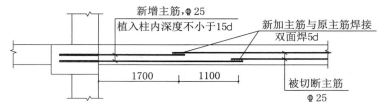

图 2　25×D-J 轴梁加固图

5.1.3　钻孔，应保证钻孔深度满足图 2 要求，并用压缩空气和毛刷进行充分清孔。将植筋胶注入孔内，排空孔内空气，使胶灌注饱满。

5.1.4　将钢筋除锈、除油污处理后，旋转插入已注胶的孔内并固定，孔内胶量以插入钢筋后溢出少许为准。待胶体固化后进行后续施工。

5.1.5　焊接钢筋，应保证焊接搭接长度满足图 2 要求。可视情况采用帮条焊或者搭接焊，但均应采用双面焊接的方式，并保证焊接质量。若施工过程中需剪断钢筋，应在主筋焊接完成后对钢筋进行补焊，可采用与原箍筋规格相同的短钢筋与原箍筋双面焊，焊接长度 5d。

5.1.6　支模板浇筑高强度灌浆料并做好后期养护。

5.2　对 25-27×B 轴梁、25-27×E 轴梁采用植筋替代原有钢筋，详见图 3、图 4。

5.2.1　拆除梁底墙体，因 25-27×B 轴梁下墙体为外墙拆除时应采取措施，避免破坏外墙装饰层。

5.2.2　新旧混凝土面凿毛，凿至露出混凝土坚实面，并用清水冲洗干净表面。

5.2.3　主筋植筋，一端植入柱内，另一端弯折 90 度植入梁内。植筋依据 5.1.3、5.1.4 条规定。后浇筑 60 厚高强度灌浆料。

5.2.4　植入 "U" 形箍筋。

5.2.5　浇筑 60 厚高强度灌浆料并做好后期养护。

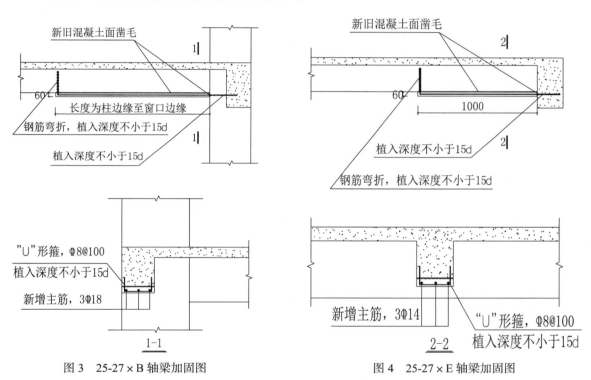

图 3　25-27×B 轴梁加固图　　　　　　图 4　25-27×E 轴梁加固图

5.3　其余钻孔梁采用粘贴 "U" 形碳纤维布的方法进行补强，详见图 5。21～27×D 轴梁在梁两侧中间通长粘贴一道 100mm 宽碳纤维布。

5.3.1　剔除粘贴部位表面装饰层。

5.3.2　混凝土基层处理，去除表面疏松、蜂窝等混凝土表层，并用修复材料将表面修复平整，将梁底棱角打磨圆滑。

5.3.3　将底层树脂均匀涂抹于混凝土表面。

5.3.4　粘贴碳纤维布，碳纤维布采用 100 宽，300g/m² 高强度 I 级碳纤维布，专用 A 级胶粘贴。碳纤维布应与梁粘贴严密，进行空鼓检查并进行处理。

5.3.5　粘贴碳纤维片后，需自然养护 24 小时达到初期固化，并应保证固化期间不受干扰。

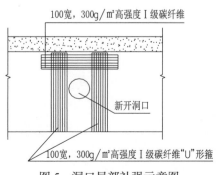

图 5　洞口局部补强示意图

6　结束语

该工程加固方法比较齐全，对类似工程具有工程指导意义。

参考文献

［1］　王冠宇. 混凝土结构开洞加固的技术措施的探讨［J］. 建筑工程技术与设计，2014（6）.

［2］　张燕，施悦. 某超市管道改造混凝土梁开洞鉴定与加固处理［J］. 江苏建筑，2014（3）.

［3］　GB 50367—2013. 混凝土结构加固设计规范［M］. 北京：中国建筑工业出版社，2013.

九寨沟地震对某框架结构房屋围护墙体破坏分析

齐年平　　刘汉昆　　唐家云

四川省建筑科学研究院，四川成都，610081

摘　要： 通过对九寨沟某九度区框架结构房屋围护墙体破坏情况，结合我国现行抗震规范进行分析，该建筑框架填充墙在地震反复作用下填充墙产生斜向裂缝大量吸收和耗散地震能量，起到耗能元件的作用，最大限度确保主体结构不受破坏。但同时存在屋顶女儿墙和局部过梁和轻质隔墙倒塌的情况，从而提出以下几点建议：（1）在高烈度地区女儿墙尽可能不采用砌体女儿墙，当无法避免时，应在女儿墙顶部采用现浇的通长钢筋混凝土压顶，加密女儿墙构造柱的间距。（2）地震逃生通道应对门窗洞口处过梁予以加强，以便于人员的疏散。（3）强轻质隔墙抗震性能的研究。

关键词： 九寨沟地震，裂缝，填充墙，女儿墙，过梁，倒塌

Analysis on Damage of Enclosure Walls of Some Frame Structure Houses Caused by Jiuzhaigou Earthquake

Qi Nianping　　Liu Hankun　　Tang Jiayun

Sichuan Institute of Building Research，Chengdu 610081，China

Abstract： according to damage of enclosure walls of frame structure houses in the area of 9 degree seismic fortification intensity in Jiuzhaigou，after taking into consideration of analysis conducted according to existing earthquake resistant code in China，the filler wall of the building framework can generate inclined crack under repeated action of earthquake and thereby absorb and dissipate seismic energy and play the role of dissipative elements，assuring that the major structure will not be damaged to the maximum extent. However，some roof parapet walls，partial lintels and light partitions have collapsed. Therefore，the following suggestions are provided：（1）As for parapet walls in the area with high seismic fortification intensity，efforts shall be made to prevent the usage of masonry parapet walls. Otherwise，cast-in-situ full-length reinforced concrete capping shall be applied on the top of parapet walls and the distance between constructional columns of parapet walls shall be intensified；（2）As for escape routes，lintels at doors，windows and openings shall be reinforced to facilitate personnel evacuation；（3）Research on seismic performance of light partition walls shall be enhanced.

Keywords： Jiuzhaigou Earthquake，Crack，Filler wall，Parapet wall，Lintel，Collapse

1　引言

　　2017 年 8 月 8 日 21 时 19 分，四川省阿坝州九寨沟县发生 7.0 级地震，震源深度为 20km，地震最大烈度为 9 度，六度区及以上总面积为 18295 平方千米，共造成四川省、甘肃省 8 个县受灾，见图 1［1］。地震发生后，通过对地震灾区房屋的调查，并结合相关资料分析发现，就钢筋混凝土框架结构而言，主体结构的震害相对较轻微，非结构构件尤其是围护墙体的破坏相对比较严重。作为非结构构件，围护墙体在地震过程中因其自重相对较大，地震破坏易导致人员和财产损失，在抗震设计和

　　基金项目："国家重点研发计划资助"（项目编号：2017YFC0702900）住房和城乡建设部资助项目（2016-K5-026）。

　　作者简介：齐年平（1984—），男，工程师，主要从事建筑结构检测、鉴定及加固设计工作。E-mail：285605039@qq.com。

施工中应该认真对待。

本文以九寨沟县漳扎镇某钢筋混凝土框架结构围护墙体的震害分析为例，对地震导致围护墙体的破坏情况进行归纳总结，以便为从事建筑抗震设计、施工及鉴定工作的同仁提供借鉴。

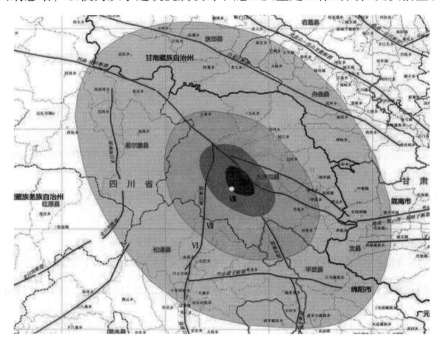

图 1   九寨沟地震烈度图

2   项目概况

本工程位于九寨沟县漳扎镇，处于地震烈度为 9 度区范围内，距离震中约 10km；为一栋五层钢筋混凝土框架结构，使用功能为酒店，于 2004 年修建，按照当时的建筑抗震设计规范进行了抗震设防。地震发生时正在进行室内装修，经现场调查发现，该工程经过合理的抗震设计，具有良好的延性和较强的整体性，未发现该工程主体结构存在开裂等现象，经受住了地震的考验。但围护墙体存在多处开裂，部分围护墙体倒塌。

3   围护墙体破坏类型

根据现场检查情况，本工程外围护墙体主要采用烧结空心砖砌体，内墙在重新装修时部分采用轻质隔墙砌筑。两种类型的围护墙体均存在不同程度的破坏，具体表现为以下几类：

（1）门窗洞口角部八字形裂缝

在水平地震作用的影响下，门窗洞口产生应力集中，于洞口角部出现八字形裂缝，见图 2。

图 2   窗洞口八字形裂缝

（2）填充墙中部 X 形裂缝

长度较大的填充墙中部出现 X 形裂缝，且出现沿砂浆灰缝的开裂破坏，见图 3。

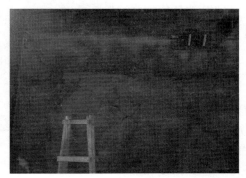 

图 3　填充墙中部 X 形裂缝

（3）界面裂缝

在梁底与填充墙、以及柱边和填充墙交接处出现拉脱型界面裂缝，导致交接处砌体损伤，见图 4。

图 4　填充墙与框架间裂缝

（4）女儿墙倒塌

　　该工程出屋顶楼梯间女儿墙倒塌，见图 5。调查中发现，该倒塌女儿墙跨度为 7.2m，仅在端部设置了构造柱，并采用拉结筋约束，墙体中部未设构造柱。其他如于墙体中部增设一根构造柱，于墙体顶部增设混凝土压顶梁等，破坏相对较小。

（5）门洞口过梁破坏

　　根据现场检查情况，过梁在墙体上的搁置长度大于 240mm，图 6 为过梁正常的破坏现象。与此相反，图 7 中过梁搁置长度虽然满足要求，但过梁梁端下部砖砌体的破坏使得过梁跌落。

图 5　女儿墙倒塌

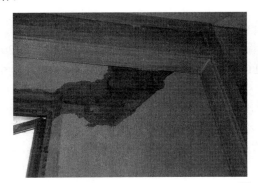 

图 6　过梁破坏

（6）轻质隔墙倒塌

现场检查发现，轻质隔墙板与框架主体结构柱、梁、顶板等主要采用水泥砂浆粘结，无其他连接措施；墙板与墙板之间也未采取其他任何加强连接措施；且局部隔墙板与风管相邻，在地震时加剧了碰撞破坏，如图8所示。

图7　过梁倒塌

4　围护墙体震害分析

在地震作用下，框架和填充墙作为一个临时的组合构件，共同受力。但因二者材料不同，在小震时，填充墙一般不发生损伤或发生轻微损伤。中震时，填充墙极易发生受剪破坏，与主体结构构件之间的联系作用不断削弱，刚度慢慢降低，从而抵抗地震的能力也会不断下降，但经修复和加固后仍能恢复其性能。大震时，填充墙极易发生严重破坏，且因与框架柱之间没有可靠的连接，而出现倒塌。

图8　轻质隔墙倒塌

围护墙体作为非结构构件，在结构使用过程中主要起围护、隔断等作用，并不承担除自重外的其他荷载。但在结构抗震设计时，其本身具有一定的自重，且与框架之间存在一定的连接，增加了结构的刚度。

建设部于2015年发布实施了《非结构构件抗震设计规范》JGJ 339—2015，第1.0.3条明确规定"建筑非结构构件及其与结构的连接，当建筑遭受到低于本地区抗震设防烈度的多遇地震影响时，可能发生轻微损坏经一般性修理后可恢复正常使用；当建筑遭受到相当于本地区抗震设防烈度的地震影响时，可能发生不致造成人员伤亡和危及主体结构安全的严重损坏；当建筑遭受到高于本地区抗震设防烈度的罕遇地震影响时，不致倒塌伤人。"

在本工程中，该场地地震烈度为9度，高于该地区抗震设防烈度8度的要求。本文所列前三种填充墙体的破坏属于地震时正常的破坏形式，围护墙体作为钢筋混凝土框架结构抗震设防的第一道防线吸收了部分地震能量，减轻了主体结构构件的震害，确保了主体结构构件的安全，但仍存在以下问题：

（1）女儿墙作为本工程屋顶的围护构件，属于悬臂构件，在长度方向上与周边柱拉结较差，且中部无相应的构造柱，在地震作用下易导致外闪甚至倒塌。我国现行的《建筑抗震设计规范（2015年版）》GB 50011—2010中对女儿墙的抗震措施并未有更详细具体的要求，但房屋顶部女儿墙要考虑鞭梢效应的影响，不利作用更加显著。

（2）门窗洞口作为地震时重要的逃生通道，我国现行的《建筑抗震设计规范（2015年版）》GB 50011—2010中要求"过梁支承长度，6～8度时不应小于240mm，9度时不应小于360mm"。过梁在墙体上的支承长度不应过小，且过梁下的墙体施工质量应有可靠的保证，以确保在地震时不产生过早破坏。

（3）轻质隔墙作为新型的隔墙材料，其种类多种多样，安装方法也不尽相同。本工程中隔墙仅通过板块间砂浆的粘结来形成整体，而无相关的榫头、榫槽及接缝槽等约束，对抵御地震作用极为不利。

（4）本工程于 2004 年修建，经过十多年的使用后又重新装修，虽然主体框架未进行改变，但拆除了部分填充墙体，继而换成轻质隔墙。在装修过程中是否考虑填充墙体刚度对抵抗地震作用的影响不得而知。极有可能因不同结构层内填充墙的数量或布置方式的差异，形成了上下层质量和刚度的不均匀或偏心，这对结构的抗震十分不利。

5　结语及建议

在过去的几十年中，人们主要致力于主体结构系统抗震性能的研究，而忽略了非结构部分（如填充墙、隔墙等构件）的影响，结果在许多震害中导致了围护墙体的严重破坏。就本工程的调查结果而言，填充墙等非结构构件的存在，总体上起到了抗震设防的第一道防线的作用，减轻了框架的震害。但局部围护墙体的破坏也存在着一些隐患，如门洞口过梁、屋顶女儿墙的倒塌等。以上震害值得我们设计、施工及鉴定人员的反思，这样才能更好的保护人民的生命财产安全。

（1）在条件允许的情况下女儿墙尽可能不采用砌体砌筑，当无法避免时，应在女儿墙顶部采用通长的现浇钢筋混凝土压顶，女儿墙构造柱间距宜为 2.0m ～ 2.5m。

（2）应对地震逃生通道的门窗洞口过梁予以加强，如增加过梁的支承长度、过梁钢筋锚入墙内等，必要时在过梁端部增设钢筋混凝土构造柱，以便于为人员疏散争取更多时间。

（3）在当前绿色建筑发展的驱动下，新型墙体类型日新月异，但应加强其抗震性能的研究，以采取措施确保隔墙与主体结构构件的有效连接，减轻地震破坏，避免人员伤亡。

参考文献

［1］　https://baike.so.com/doc/26627439-27898982.html

［2］　GB 50011—2010 建筑抗震设计规范（2016 年版）［S］. 北京：中国建筑工业出版社，2016.

［3］　JGJ 339—2015 非结构构件抗震设计规范［S］. 北京：中国建筑工业出版社，2015.

［4］　JGJ/T 157—2014 建筑轻质条板隔墙技术规程［S］. 北京：中国建筑工业出版社，2014.

［5］　肖伦斌. 汶川地震框架填充墙的震害现象及分析［J］. 四川建筑科学研究，2009，35（5）：162-164.

［6］　李敏，李小军. 汶川地震房屋震害的一些现象分析［J］. 中国地震，2010，26（3）：101-108.

［7］　王向余，王昆. 填充墙对框架结构震害特征的影响与抗震措施研究［J］. 建筑设计管理，2011，28（10）：71-73.

某项目改造结构加固设计

张建明　郑　柯　毛星明

四川省建筑科学研究院，四川成都，610081

摘　要：对于改造项目，应从结构整体出发，综合考虑，重要的是如何合理的布置抗侧力构件，合理的控制结构动力特性，经过多次计算分析与比较，从而得出结构安全、经济合理的加固改造方案。

关键词：框架结构，结构体系，抗震加固设计

Structural reinforcement design for a project

Zhang Jianming　Zheng Ke　Mao Xingming

Sichuan Institute of Building Research，Chengdu 610081，China

Abstract：For the reconstruction project，we should start from the whole structure and consider comprehensively. It is important that how to reasonably arrange the anti lateral force components and reasonably control the dynamic characteristics of the structure. After many calculations and coMParisons，the structural safety and economic rational reinforcement scheme is obtained.

Keywords：frame structure；structural system；seismic strengthening design.

1　工程概况

四川省成都市某综合楼地上 7 层，使用功能为职工住宅，建造于 1993 年，建筑平面呈矩形，总建筑面积 6300m²，1 层层高 4.2m，2 ~ 7 层层高 3.0m，总高度 22.80m；该建筑抗震设防烈度为 7 度，框架结构，框架抗震等级为三级，结构平面见图 1；基础形式采用柱下独立基础，以卵石层为基础持力层，地基承载力特征值 f_{ak}=350kPa；混凝土强度等级：3 层板面以下梁、板、柱 C30，3 层板面以上 C25；基础 C20。

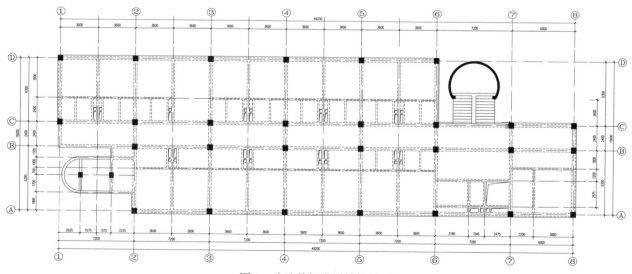

图 1　改造前标准层结构平面

作者简介：张建明（1979—），男，工程师，excesszjm@163.com，成都市一环路北三段 55 号 610081。

该建筑框架柱主要截面 500mm×550mm，其中 4 层以上变为 400mm×450mm；框架梁主要跨度为 7.2m、6.3m、2.4m，主要截面为 300mm×700mm、300mm×600mm、300mm×300mm；次梁截面 250mm×550mm、150mm×350mm，楼板均为现浇，板厚 120mm。

后甲方拟将综合楼使用功能更改为办公室和客房，为保证结构安全和改造方案的可行，受业主委托，鉴定单位对该楼进行了鉴定，在此基础上，通过计算分析，合理控制结构动力特性和位移，合理优化加固方案，为建设方节约了的工期和成本。

2　结构鉴定

鉴定单位出具的结构鉴定报告提供以下设计依据：

（1）混凝土成型及外观质量经抽查均满足规范要求；

（2）梁、板、柱配筋经抽查均满足原设计要求；

（3）混凝土强度及钢筋保护层厚度抽查均满足原设计要求。

（4）地基基础稳定，未发现上部结构构件存在危及结构安全的裂缝及变形。

3　加固方案分析

采用中国建筑科学研究院 SATWE 软件计算，原结构动力特性见表 1，可以看出，首层侧移刚度与相邻上层侧移刚度的 70% 或相邻上部三层侧移刚度平均值的 80% 的比值 X 向偏小，侧向刚度严重不足，属特别不规则结构；查阅计算简图，底层框架柱轴压比最大值为 1.12，共计 14 根框架柱轴压比超规范，二层框架柱轴压比最大值为 0.93，共计 2 根框架柱轴压比超规范，五层框架柱轴压比最大值为 0.99，共计 3 根框架柱轴压比超规范，框架柱配筋不满足计算要求。

针对原结构的上述问题，加固设计时重点应解决结构不规则问题，使得结构平面均匀有效且动力特性满足规范要求，其次在不影响建筑使用功能的前提下，逐步解决结构构件加固问题。

经综合分析结构现状和甲方使用要求，并结合成本考量，确定不改变原有框架结构体系，采用加大截面的方法对底层框架柱和二层、五层个别框架柱进行加固，解决首层侧向刚度不足问题，加固后结构动力特性见表 1。

表 1　加固前后结构计算结果

参数项目	加固前结构	加固后结构
计算结构周期（T1）	1.1901	1.0853
计算结构周期（T2）	1.1544	1.0380
计算结构周期（T3）	1.0349	0.9482
周期比（T3/T1）	0.8695	0.8736
地震作用下最大层间位移角	X：1/722；Y：1/742	X：1/1006；Y：1/745
地震作用下最大层间位移比	X：1.02；Y：1.36	X：1.02；Y：1.31
首层侧移刚度与相邻上层侧移刚度的 70% 或相邻上部三层侧移刚度平均值的 80% 的比值	X：0.5947；Y：0.8024	X：1.0740；Y：1.0602

加固后结构各项指标均满足规范要求，避免了底层薄弱层的出现，结构趋于合理，结构的整体抗震性能得到了合理的加强。

4　抗震加固设计

加固设计时必须满足国家现行相关规范，同时必须结合现场实际施工情况，并结合建筑布置和建设方要求，充分考虑加固施工的难易程度和经济性，综合比较，才能制定出经济、合理、有效的加固措施。

根据原设计图纸和现场情况，结合鉴定报告，针对存在的问题，通过分析，本次加固设计采取了如下加固措施：

（1）原设计基础采用柱下独立基础，本次使用功能改变，荷载并未明显增加，经计算，原设计基础满足改造后结构计算要求，无需进行加固。

（2）对计算中轴压比和承载力不满足的框架柱，采用了加大截面（现浇钢筋混凝土围套）方法加固，并根据建筑使用功能要求灵活选取加固方式，作法见图2、图3、图4、图5；对轴压比满足要求，配筋不足的框架柱，采用外包型钢的方式进行加固。

（3）针对承载力不足的框架梁、次梁（承载力提高幅度小于40%），采用粘钢板加固的方法进行加固处理，对承载力严重不足的框架梁和次梁（承载力提高幅度大于40%）采用增大截面加固法处理。

（4）针对改造中新增楼板、梁，采取了植筋技术进行加固处理。

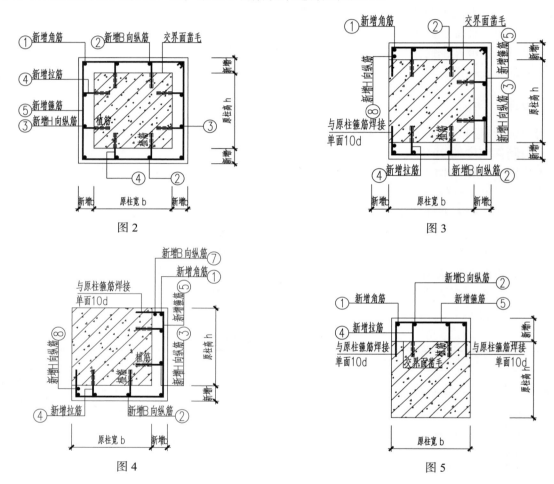

图2　　　　　　　　　　　　　　　　图3

图4　　　　　　　　　　　　　　　　图5

5　结语

对于改造加固项目，重要的从整体上把握结构的动力特性，经过多次试算比较、分析，得出合理的布置方式。在整体结构动力特性满足规范要求前提下，结合现场已建结构的实际情况，充分满足建筑功能需求，选择适当的加固方式，取得良好的经济效益和社会效益。

参考文献

［1］ 阮成堂，白杨，邱彦升. 框架结构基于整体性能的增层改造与抗震加固，土木工程与管理学报，2012.
［2］ GB 50367—2013 混凝土结构加固设计规范. 北京：中国建筑工业出版社，2013.
［3］ GB 50011—2010 建筑抗震设计规范［S］. 北京：中国建筑工业出版社，2010.
［4］ GB 50007—2011 建筑地基基础设计规范. 北京：中国建筑工业出版社，2011.

第 6 篇
新技术与原材料

某商业综合体结构变形监测方法选择与应用

杨与东　　曹桓铭

四川省建筑科学研究院，四川成都，610081

摘　要： 结构健康监测对于及时发现结构损伤，评估结构健康状况具有重要意义。结构变形作为结构健康监测的重要指标之一，越来越引起人们的重视。传统的人工观测技术已不能满足现有需求，长期无人自动化监测成为趋势。本文简单介绍了常见的变形监测方法，结合具体工程实例选择相应的监测方式，阐述了静力水准的工作原理，并将其运用于某商业综合体。

关键词： 静力水准，变形监测

The Selection and Application of Structural Deformation Monitoring Method for a Commercial Complex

Yang Yudong　　Cao Huanming

Sichuan Institute of Building Research，Chengdu 610081，China

Abstract： .Structural health monitoring is of great significance for timely detection of structural damage and assessment of structural health. As one of the important indicators of structural health monitoring, structural deformation has attracted more and more attention.Traditional manual observation technology can not satisfy the existing demand, so long term unmanned automatic monitoring has become a trend.This paper briefly introduces the common deformation monitoring methods, and combines the specific engineering examples to select the corresponding monitoring methods, expounds the working principle of the static force level, and applies it to the commercial complex.

Keywords： static force level，deformation monitoring

1　引言

结构变形是建筑检测监测的重要指标之一，也是结构健康监测的重要组成部分。通常采用百分表、千分表、经纬仪、水准仪、全站仪等传统仪器进行检测。这些方法均为人工观测技术，每次检测均离不开人，大量的重复操作增大了作业者的劳动强度。同时，操作时可能引发人为操作误差，影响检测结果的准确性。随着社会发展，大型复杂结构体的应用日益增多。加之，人们对结构安全意识的加强，传统单点单次的人工观测手段已不能满足需求，长期无人自动化监测成为趋势。本文简单介绍了常见的变形监测方法，结合具体工程实例选择相应的监测方式，阐述了静力水准的工作原理，并将其运用于某商业综合体。

2　常见变形监测方法

工程上常见的变形监测方法主要有倾斜仪测量法、位移传感器测量法、电子水准仪测量法、静力水准仪测量法、测量机器人测量法、GPS测量法等。其中倾斜仪测量法是通过测量变形截面倾角值的方式间接求出变形量，主要用于桥梁、高层建筑、边坡等的变形监测，其缺点是受环境影响大，不能受到阳光强烈照射，对制造工艺要求高[4]。位移传感器测量法，传感器往往需要安装在支架上，因此使用存在一定局限。GPS测量法，目前主流的是基于RTK技术的测量法，其需要保持4颗以上卫星相对观测值的跟踪，3台以上GPS接受机，精度可达厘米级，缺点是解算较为复杂、监测垂直位移精度不如水平位移、价格较为昂贵，主要用于大坝、大型桥梁、高层建筑物等变形监测。

2.1　测量机器人测量法

测量机器人即为自动全站仪，相比于一般全站仪，其具有自动目标识别传感装置和提供照准部转动的两个步进马达[1]。第一台测量机器人由奥地利维也纳技术大学的卡门教授等人于1983年用视觉经纬仪改制成功[6]，后广泛应用于大坝、大型桥梁、隧道、高层建筑等的变形监测。如今测量机器人测角精度可达0.2s，测距精度可达0.2 + 1ppm，监测范围能覆盖几公里。目前常见的测量机器人均为国外生产，如美国天宝、日本索佳拓普康及德国徕卡等。

单机系统由一台测量机器人、反射棱镜、无线网卡、PC和数据处理软件构成。把主体机器安置在以测站点 O 作为原点，铅垂方向指向 Z 轴方向，水平面处于 X 轴、Y 轴组成的平面的右手系空间直角坐标系下。然后，再根据极坐标定位原理获得目标待测点 P 的 X，Y，Z 三个空间坐标分量[8]。

$$X = s \cdot \cos\beta \cdot \cos\alpha$$
$$Y = s \cdot \cos\beta \cdot \sin\alpha \tag{1}$$
$$Z = s \cdot \sin\beta + \frac{1-k}{2R} \cdot s^2$$

其中，s 为斜距，m；β、α 分别为垂直角、水平角，(°)；R 为地球曲率半径值，km；k 为大气折光系数；Z 中的第二项为球气差的影响值，而当距离较短，此项可以选择忽略不计。对式（1）通过误差传播定律进行处理，得到：

$$m_x^2 = (\cos\beta \cdot \cos\alpha)^2 \cdot m_s^2 + \left(\frac{s \cdot \cos\beta \cdot \sin\alpha}{\rho}\right)^2 \cdot m_\alpha^2 + \left(\frac{s \cdot \sin\beta \cdot \cos\alpha}{\rho}\right)^2 \cdot m_\beta^2$$
$$m_y^2 = (\cos\beta \cdot \sin\alpha)^2 \cdot m_s^2 + \left(\frac{s \cdot \cos\beta \cdot \cos\alpha}{\rho}\right)^2 \cdot m_\alpha^2 + \left(\frac{s \cdot \sin\beta \cdot \sin\alpha}{\rho}\right)^2 \cdot m_\beta^2 \tag{2}$$
$$m_z^2 = \sin^2\beta \cdot m_s^2 + \left(\frac{s \cdot \cos\beta}{\rho}\right)^2 \cdot m_\beta^2 + \left(\frac{s^2}{2R}\right)^2 \cdot m_k^2$$

其中，m_s 为测距误差，mm；m_β 和 m_α 均为测角误差，s；ρ 为角度化弧度的常数值；m_k 为大气折光误差参数，mm[7]。此时对球气差改正数影响可以忽略，并且在变形监测中，主要关注高差值的变化，并且不加入目标高、仪器高等量取误差值，此时将不同的距离、垂直角代入到式（2）中，可以得到测量的高程中误差。

2.2　静力水准仪测量法

静力水准仪变形监测系统依据连通管原理的方法，用电容传感器测量每个测点容器内液面的相对变化，再通过计算求得各点相对于基点的相对沉陷量[2]。其广泛应用于大坝、核电站、高层建筑、基坑、隧道、桥梁、地铁、地质沉降等垂直位移和倾斜的监测。

如图1所示，共布置有 n 个静力水准测点，1#为相对基准点。初始状态（0）时，各个测点可以测得各自的初始读数 h_{0i}，即当前各自液面高度下的数据。同理任意一次测量 j 次时各自测点读数为 h_{ji}，i 为测点序号。那么，每一测点相对于自身的变形量为

$$\Delta h_j = h_{ji} - h_{0i} \tag{3}$$

如求相对于1#测点的相对变形量，则

$$H_{i1} = \Delta h_j - \Delta h_1 = (h_{ji} - h_{0i}) - (h_{j1} - h_{01}) = (h_{ji} - h_{j1}) - (h_{0i} - h_{01}) \tag{4}$$

3　变形监测方式选择与运用

某商业综合体南北长约538m，东西长约423m，如图2所示。变形监测针对两部分进行，即围护结构与钢结构壳体部分。

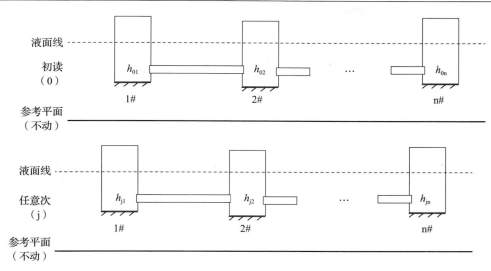

图 1　静力水准测量原理图

图 2　商业综合体示意图

3.1　钢结构壳体

钢结构壳体部分沿长方向分为三个结构单元，每个单元长度为 154.4m、143.3m、141.4m，共由 19 榀倒三角形钢管主桁架组成，跨度约 155 ～ 194m，19 榀主桁架支撑于混凝土底板，中间布置纵向钢拉杆。主桁架之间采用倒三角形次桁架连接，间距约 13m，次桁架之间再设置次梁，间距约 3m。

钢结构壳体部分由于竖直方向高度跨度大，水准仪由于量程原因则不满足需求。其外表面布置有双层钢化玻璃，GPS 测量法则不便对结构进行监测。再考虑现场操作难度，倾斜仪、位移传感器等测量方式均不便用于该结构变形监测。

将测量机器人布置于钢结构壳体下部，结构下表面布置测点所需的棱镜，则一台测量机器人即可监测所有测点，因此选用测量机器人对其进行变形监测。选取 6 榀主桁架，每榀设置三个测点，分别位于桁架的最高点与最低点，测点布置如图 3，测量机器人如图 4。本项目由于测量机器人安装进度问题，暂未获得钢结构壳体变形实测数据。

3.2　围护结构

该商业中心围护结构为网架结构，其上布置有彩钢瓦，因此 GPS 测量法不适用于该结构。若采用位移传感器测量，其安装与防护存在问题。若使用测量机器人，则只能布置于混凝土结构部分，通视条件差，需要多台测量机器人才能满足要求，性价比过低。由于每层弦杆的标高变化不大，因此采用静力水准仪来监测围护结构变形。由于该围护结构是由多个相互独立的网架结构组合而成，因此变形监测只对其中一个区域进行描述。

3.3　围护测点布置方法

该结构变形监测系统由静力水准传感器、采集仪、458 转换模块及工控机组成再通过网络上传云端，使得用户可以远程实时观察各个测点实时动态。测点布置于第一层弦杆的球节点处，共布置 4 个测点，以 4A-S-B-1 号测点相对基准点，现场如图 5，测点如图 6。

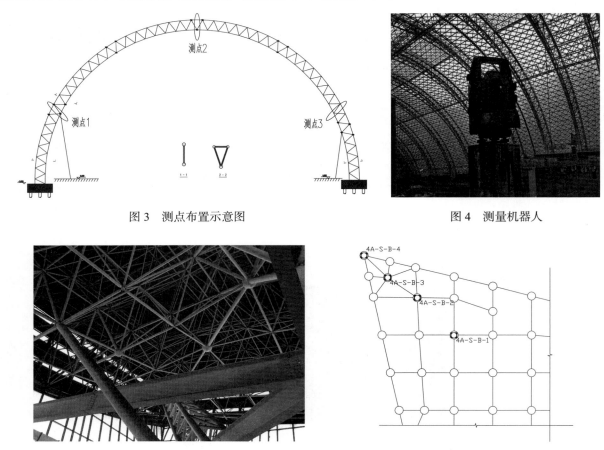

图 3　测点布置示意图　　　　　　　　　　　图 4　测量机器人

图 5　现场环境　　　　　　　　　　　图 6　测点布置

3.4　围护结构试验数据处理分析

根据 2.2 中的计算公式对数据进行处理，以下是 3 个测点相对于测点 1 的相对变形时程曲线图。

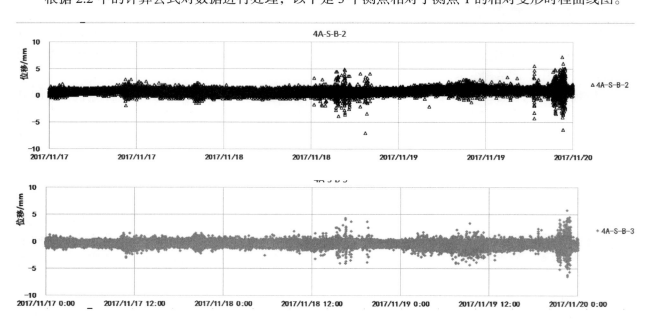

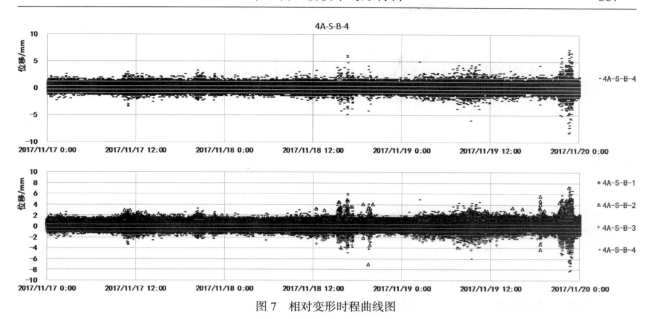

图 7　相对变形时程曲线图

通过 3 个测点同一时刻幅值对比也可以看出，最大变形均在测点 4，最小变形在测点 2，与结构特点相符。各测点变形时程曲线趋势具有一致性，幅值波动较大均在在同一时刻，随后又有回复减小，变形量最大均在 8mm 以内，其挠度最大 <1/1100，满足结构变形要求。

4　总结

结构健康监测对于及时发现结构损伤，评估结构健康状况具有重要意义。结构变形能够直观地反映结构当前服役状态，作为结构健康监测的重要一环，实时的、无人值守的自动化监测变得尤为必要。从本文可以看出，根据工程实际选择经济的、合理的监测方式，是监测成功的第一步。

参考文献

[1] 卫建东. 现代变形监测技术的发展现状与展望 [J]. 测绘科学，2007，32（6）：10-13.

[2] 戴加东. 静力水准自动化监测系统在某工程中的应用 [J]. 工程勘察，2009，5：80-84.

[3] 罗尧治. 空间结构健康监测与预警技术 [J]. 施工技术，2009，38（3）：4-8.

[4] 雷园. 关头坝大桥变形监测系统研究 [D]. 长安大学，2012.

[5] 王洽亲. 2010 上海世博会英国馆结构健康监测研究 [D]. 浙江大学，2011.

[6] 郭际明. 测量机器人系统构成与精度研究 [J]. 武汉测绘科技大学学报，2000，25（5）：421-425.

[7] 张正禄. 测量机器人 [J]. 测绘通报，2001，13（5）：204-211.

[8] 黄建学. 测量机器人单点测量精度试验研究 [J]. 山西建筑. 2015，41（19）：198-212.

探析砖混结构危房动态安全监测

杨俊英　　鲍安红　　黄　金　　张弘扬　　陈　林

西南大学，重庆北碚，400715

摘　要：以重庆市某砖混结构危房作为监测体，利用专业化、自动化、信息化监测系统对其进行沉降、倾斜、应力、裂缝等监测，并针对监测数据进行处理以及利用时间序列预测法建立预测模型进行分析，为其危房提出可靠的安全处理依据，减少人身和财产的损失；也为砖混结构危房进行动态监测提供参考依据。

关键词：砖混结构，动态监测，数据分析

Discussion on Dynamic Safety Monitoring of Dangerous Buildings with Brick and Concrete Structure

Yang Junying　　Bao Anhong　　Huang Jin　　Zhang Hongyang　　Chen Lin

Southwest University, Chongqing, Beibei, 400715

Abstract：In this paper, a brick-concrete building in Chongqing is used as a monitoring body. It uses specialization, automation, and information monitoring systems to monitor its settlement, tilt, stress, and cracks. It also processes monitoring data and uses time series forecasting to establish predictions. The model is analyzed to provide a reliable basis for safe handling of dangerous buildings and to reduce the loss of people and property. It also provides a reference for the dynamic monitoring of dangerous brick-concrete structures.

Keywords：brick-concrete structure, dangerous house, dynamic monitoring, data analysis

0　前言

近年来，危房垮塌事件在全国各地频繁出现，造成的负面影响极大，引起了各级政府的高度重视[1]。由于不能对城镇地区所有的危房进行撤拆或改造[2]，因此需要对其变形进行时实动态监测，通过监测达到安全预警[3]。本文以重庆市某砖混结构危房为例，通过专业化、自动化、信息化等手段监测砖混结构危房的形变规律及发展趋势，为危房垮塌及时做出预警，也为砖混结构危房进行动态监测提供依据。

1　砖混结构房屋监测原则

1.1　砖混结构房屋特点

砖混结构具有易于取材、施工方便[4, 5]、材料性能稳定、保温隔热性能好等特点，分布较广。砖混结构因自重大、延性和抗震性能较差、抗拉能力差、抗弯性能差、抗剪强度低[6]等影响，其薄弱之处在受力比较集中的部位。同时由于倾斜、周围环境变化、温度变异、地基不均匀沉降等因素影响，会引起砖混结构开裂和产生较大位移。

作者简介：杨俊英（1994—），女，在读硕士生；E-mail：1156679171@qq.com。

通讯作者：鲍安红（1969—），女，博士，教授；E-mail：baoanhong1969@163.com。通讯地址：重庆市北碚区天生路二号西南大学工程技术学院 301 实验室。

1.2　砖混结构房屋监测内容

根据砖混结构特点，砌体结构房屋的监测，应包括板、梁、墙、柱，重点监测内容包括地基不均匀沉降，主体承重墙内力变化，梁、板、柱、墙体的倾斜、变形及裂缝，屋面、楼地面变形及裂缝等。

2　动态监测方案设计

2.1　监测危房概况

该危房位于武隆县巷口镇芙蓉西路，地处芙蓉江边，其结构类型为砖混结构，共六层，平面呈矩形，建筑面积 1300m²，该工程基础采用独立柱基带毛石天性基础，基础深度大于 5m，地基持力层为页岩，没有基础和顶层圈梁。危房等级为 C 级，据该房屋鉴定报告可知存在以下问题：（1）地基基础结构构件有明显的不均匀沉降；（2）房屋负一楼、一楼横梁出现拉裂缝，裂缝位置均靠近中间承重柱一侧。

2.2　监测危房方案

结合实地踏勘情况，该危房的安全专业监测拟选择：沉降监测、应力监测、裂缝监测、倾斜监测。具体方案如下：（1）沉降监测：该危房沉降监测主要是监测房屋地基基础，在负 1 楼布置 4 个沉降监测点，编号为 S1-S4，采用静力水准仪自动化实时监测；（2）应力监测：需对房屋上部承重结构、横梁进行应力监测，在 1 楼横梁及负 1 楼布置应力监测仪，编号：YL1-YI6，选用振弦试表面应力计自动化实时监测；（3）裂缝监测：主要是针对房屋地面、墙体裂缝进行监测，在 4 楼、3 楼、1 楼、负 1 楼共布置 5 个裂缝监测点，编号为：LF1-LF5，选用振弦式位移计自动化实时监测；（4）倾斜监测：在 5 楼的两个墙角布置 2 个倾斜检测仪，编号为 QX1-QX2，采用倾斜仪自动化实时监测。

3　动态监测分析及模型建立

3.1　动态监测数据分析

该危房安全动态监测共为 220d（2016.11.18-2017.6.27），监测数据采集为自动化实时采集，每隔 10d 做一次监测数据的记录，各监测点历史监测数据详见图 1 ～图 4。

在本监测阶段数据图表可知：4 个静力水准监测点累计变化量最大的是 S4（–0.363mm），无明显整体沉降和不均匀沉降；2 个倾斜监测点累计倾斜角度最大的是 QX2（–0.060°）（倾斜率为 1.05‰），房屋倾斜没有明显发展；6 个应力监测点累计变化量最大的为 YL2（328με），其中除应力监测点 1 处在 2016 年 12 月 18 日至 2017 年 2 月 6 日时间段内发生了小范围的波动，但这个波动仍然在安全范围以内，而后又归于稳定，因此应力监测点 1 处应力的变化是安全的；5 个裂缝监测点累计变化量最大的为 LF3（–0.401mm），房屋墙体裂缝没有明显的变长变宽现象。

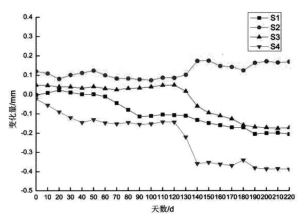

图 1　沉降 - 时间 - 变化量曲线图
Dig1　Settlement-time-change curve

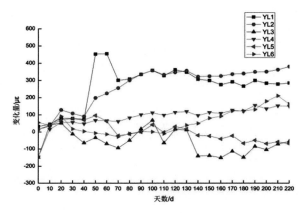

图 2　应力 - 时间 - 变化量曲线图
Dig2　Stress-time-change curve

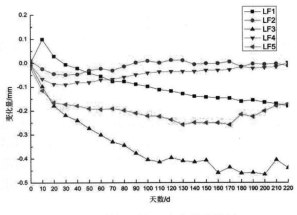

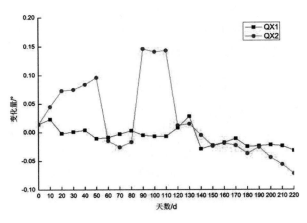

图 3　裂缝 - 时间 - 变化量曲线图
Dig3　Crack-time-change curve

图 4　倾斜 - 时间 - 变化量曲线图
Dig4　Tilt-time-change curve

3.2　监测预警模型建立

基于监测结果分析，尚应对各个危险因素最终变化量做出预测，以便对危房是否需要进行处理提供依据。时间序列预测法是一种回归预测方法，利用历史数据进行统计分析，并对数据进行适当处理，进行趋势预测。利用时间序列预测法对监测数据进行拟合、分析等并进行了各项数据未来 90d 内的预测，趋势图如图 5 ～图 8。

从预测图可以发现：S1 和 S2 的走势较为平缓，在未来 90d 内会保持稳定。S3 和 S4 的预测数据有下滑趋势，在未来 90d 内会不断发展，但仍然在安全范围内；YL1 处的预测数据较平缓，在未来 90d 内会保持稳定。YL2、4、5、6 处的应力呈现出了增长的态势，其中 YL2 不仅增长速度最快，且应力值也最大，达到了预警的条件，此处在不久后很可能会成为一处危险点，甚至将会导致危房事故的发生；由裂缝预测图可知在未来 90d 内，LF3 处的裂缝发展速度相对最快，但仍然在安全范围以内，其余几处几处裂缝的发展都很缓慢，相对稳定；由倾斜预测图可知，虽 QX2 的倾斜值略大于 QX1 处的倾斜值，但是两处的倾斜值都非常小，因此在未来 90d 内将比较健康。本文对砖混结构危房进行监测并可根据预测数据可知：房屋负 1 楼和 2 楼的横梁梁体混凝土结构已经存在裂缝，梁体已由钢筋受力，应及时委托有资质的单位对危房进行加固设计、处理。YL2 处应提前增大该点的监测频率和人工巡查频率，并查明此处应力增大的原因，在条件允许的情况下做适当的加固处理。

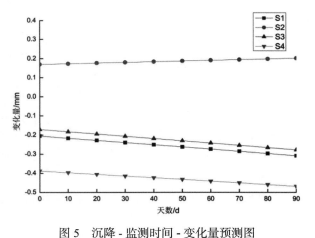

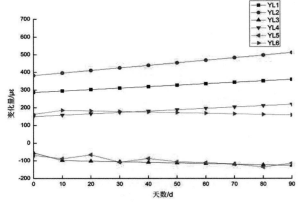

图 5　沉降 - 监测时间 - 变化量预测图
Dig5　Settlement-monitoring time-change forecast

图 6　应力 - 监测时间 - 变化量预测图
Dig6　Stress-monitoring time-prediction map

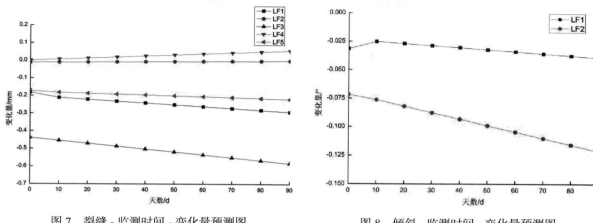

图 7　裂缝 - 监测时间 - 变化量预测图　　　　　　　图 8　倾斜 - 监测时间 - 变化量预测图
Dig7　Cracks-monitoring time-variation forecasting　Dig8　Tilt-monitoring time-variation forecasting chart

4　结语

通过对砖混结构危房进行动态监测以及利用时间序列预测法进行预警分析能够及时掌控危房的安全状况，这对于城镇中砖混结构危房安全监测具有重要的意义。但由于危房已经具有初始应力和变形，在后期监测中只有阶段累积数据，没有建筑的全使用过程累积数据，因此如果按照设计规范或者测量标准要求的限值来预警是不适合的。而我国目前对危房的预警阈值没有规定，因此要做到安全预警，还有待于对砖混结构的预警阈值进行研究。

参考文献

［1］董家浩. 房屋建筑工程施工质量管理的研究［J］. 智能城市，2018，4（04）：85-86.
［2］张永红. 浅谈城市危房的安全监测［J］. 江西测绘，2013（02）：45-46 + 51.
［3］高艳滨. 老旧危房动态监测和安全管理［A］. 第十一届建筑物改造与病害处理学术研讨会暨第六届工程质量学术会议论文集［C］. 中国老教授协会土木建筑专业委员会、中国土木工程学会工程质量分会、北京交通大学土木建筑工程学院：，2016：3.
［4］牛志强. 关于砖混结构房屋墙体裂缝问题的探讨［J］. 煤，2011，20（S1）：83-84.
［5］赵美楼. 论民用建筑砖混结构主体施工的技术［J］. 赤子（上中旬），2014（15）：331.
［6］莎廖.《混凝土结构及砌体结构》学习指导［M］. 武汉：武汉工业大学出版社，2000.

混凝土界面粗糙度检测评定方法
研究与应用进展

吴二军　　丁芸芸　　吴　畏

河海大学土木与交通学院，江苏南京，210098

摘　要：新旧混凝土粘结面的粗糙度检测是量化评价界面粘结性能的基础。本文介绍了现有混凝土界面粗糙度的评定指标及检测评定方法，从定量性、精确性、操作难易度、界面影响及检测成本等角度分析了各种测量方法的优缺点。基于现有粗糙度检测方法存在的问题，提出了一种新型表面特征测量仪，能够有效地在工程中推广应用。

关键词：新旧混凝土，粗糙度，评定指标，测量方法

Research and Application Progress of Detection and Evaluation Methods for Interfacial Roughness of Concrete

Wu Erjun　　Ding Yunyun　　Wu Wei

College of Civil and Transportation Engineering，Hohai university，Nanjing，jiangsu 210098，China

Abstract：The measurement of the surface roughness of the new-old concrete is the basis for the quantitative evaluation of the interface bonding properties. This paper presents the evaluation indexes and methods of concrete interface roughness. The advantages and disadvantages of various measuring methods are analyzed from the aspects of quantitativeness, accuracy, ease of operation, interface influence and detection cost. Based on the problems and deficiencies of the existing equipment, a new type of surface measuring instrument is designed, which can be effectively applied in the projects.

Keywords：new-old concrete，surface roughness，evaluation indexes，measuring method

0　前言

新旧混凝土界面协同受力问题普遍存在于混凝土结构加固改造工程中，而界面粗糙度是影响其粘结性能的重要因素，对此国内外学者进行了大量研究。研究表明，适当的粗糙度能够有效地提高界面的粘结性能，粗糙度过大、过小均达不到预期的粘结效果[1]。现有混凝土粗糙度的评定方法虽然很多，但在工程现场的实用性和对新旧混凝土粘结性能科学定量评估方面，都未能达到令人满意的效果。当前国内外众多国家的建筑业已经进入加固改造为主阶段，混凝土结构加固改造工程日益增多，新旧混凝土界面粗糙度的现场科学评定成为当前一项迫切的技术需求。

本文对现有国内外提出的新旧混凝土界面粗糙度检测与评定方法进行系统梳理，对比分析其优缺点和适用范围，在此基础上提出改进的评定方法。

1　混凝土粗糙度评定指标

国内外目前尚未有相关的规范或规程对混凝土表面的粗糙度处理及评定作出明确规定，欧洲规

作者简介：吴二军，E-mail：243067860@qq.com，通讯地址：江苏省南京市鼓楼区西康路1号河海大学土木与交通学院。

范 EN1992-1-1[2] 在计算粘结面受剪承载力时，粗略地将粘结面分为非常光滑、光滑、粗糙和非常粗糙四类，没有进行定量分析。目前，常用的混凝土界面粗糙度评定指标有几何特征参数指标、分形维数等。

1.1　几何特征参数

几何特征参数是从界面的二维轮廓曲线或三维界面获得的几何指标[3-6]，包括平均深度、最大轮廓峰高 - 谷深，以及微观不平度十点高度等，下面以图 1 所示粗糙界面解释各参数的含义。

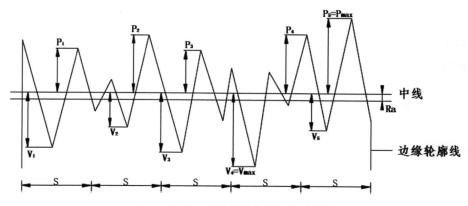

图 1　粗糙表面及几何特征参数示意图

（1）平均粗糙度 R_a

平均深粗糙度 R_a 表示的是混凝土表面边缘轮廓相对于中线的平均偏差，其中中线是轮廓的平分线，在中线上下，轮廓所包围的面积总和相等。用公式 $R_a = \dfrac{1}{n}\sum_{i=1}^{n} |z_i|$ 表示，z_i 是每个测量段的幅值。

（2）最大轮廓峰高 R_p、谷深 R_v

最大轮廓峰高 R_p、谷深 R_v 表示的是在一段确定的长度内以中线为基线，表面轮廓的峰值或谷值，用公式 $R_p = \max\{p_i\}$ 及 $R_v = \max\{v_i\}$ 表示。

（3）微观不平度十点高度 R_z

微观不平度十点高度 R_z 表示的是在一段确定的长度内表面轮廓峰谷高度差最大值 $R_{zi} = P_i + V_i$ 的平均值，一般测量 5 个峰谷，用公式 $R_z = \dfrac{1}{5}\sum_{i=1}^{5} R_{zi}$ 表示。

1.2　分形维数

分形维数是基于尺度测量的思想，去刻画分形不规则性的一种度量。对于一般二维曲线，可看做 N 条等长直线段接成的折线段，若此折线段，两端的距离与这些直线段长度之比为 $1/r$，则曲线的维数 $D = \lg N / \lg(1/r)$[7]。三维分形计算的方法主要有三角棱柱表面积法、投影覆盖法、数盒子法等。研究表明，新旧混凝土粘结界面的迹线具有分形结构，因此可用其分形维数来定量描述粘结面的粗糙程度[8-9]。分维值越小，表面相对平缓；分维值越大，粗糙度越大。

1.3　其他指标

除上述几何指标、分形维数外，在实际应用中尚有一些与检测仪器相匹配的特定粗糙度评定指标，如空气压力、灰度值等。

（1）空气压力是空气泄露法的测量内容，通过装置内部空气压力的改变与已有参数对比，从而确定界面粗糙情况。

（2）灰度值是指黑白图像中点的颜色深度，灰度级是指采集到的图像中显示像素点的亮暗差别，灰度级越多，图像层次越清晰，反映出界面的特征信息更精确。现有技术能够通过灰度实现界面的三维重建。

1.4 现有指标的不足

现有混凝土界面粗糙度评定指标尚存在以下不足：

（1）部分指标不能反映界面的局部微观特性。

（2）现有的粗糙度评定多采用单一指标，不能全面反映界面粗糙情况。

（3）工程中有时将新旧混凝土界面处理成倾斜界面来提高其抗剪承载力，但在现有的检测评定方法中没有考虑基线倾角这一指标。

2 混凝土粗糙度检测方法

目前测量混凝土粗糙度的方法有很多，常规方法有灌砂法、触针法、硅粉堆落法、粗骨料暴露比例法、分数维法等。随着对界面无损检测和精确度要求的提高，出现了一些测量的新方法和新仪器。

2.1 粗糙度检测常规方法

（1）粗骨料暴露比例法

粗骨料暴露比例法[10-11]是利用界面粗骨料裸露的百分比来区分界面粗糙度，靠检测人员直观分级评定。这种方法易于操作，但结果受检测人员主观影响较大，仅是对界面粗糙度的定性评估。

（2）灌砂法

灌砂法[7-8、11]是用灌砂平均深度表示界面粗糙度的方法。用四片塑料板围绕待测混凝土的粗糙表面，使塑料板的最高平面和处理面的凸部最高点齐平，往其中灌注标准砂且将塑料板顶面抹平。

灌砂法操作简单，但无法精确描述粘结面的局部凹凸不均匀性，不同的粗糙界面可能具有相同的平均深度，且该方法仅适用于四周有较规则边缘的水平界面检测。另外，检测表面易残留砂子，影响界面后续使用。

（3）硅粉堆落法

欧洲标准建议，将 50g 粒径在 $50 \sim 100 \mu m$ 的硅粉颗粒自然堆落于粘结面上，形成一个圆锥体，圆锥体的底圆半径被称为粘结面的粗糙度指数。粗糙度指数越大，表明粘结面越光滑。这种方法对于所用材料的要求比较严格，不足之处与灌砂法相同。

（4）触针法

触针法[11]是利用机械触针在被测粗糙面水平移动时，由于粗糙面凹凸不平而上下运动，通过计算机记录触针运动情况，即可得到界面轮廓曲线。每条曲线与水平面围成的面积为 A_i，测定断面的间隔为 B_i，则该界面的粗糙度为 $d = \dfrac{\sum A_i B_i}{A}$，式中 A 为检测界面的面积。

这种方法的精确度取决于触针尖端的尺寸、硬度和移动速度，以及计算系统对数据的处理效果等。

（5）分维仪法

分维仪法是与分形维数指标相对应的检测方法[12-14]。利用分维仪沿着待测表面某方向移动，并测得一组平行的剖面迹线，根据分维理论求得剖面迹线的分维值来表征表面粗糙度。该方法受检测仪器及数据处理程序性能影响较大。

2.2 粗糙度检测新方法和新仪器

（1）空气泄露法

2006 年 Ozkul T 发明了空气泄漏法测量界面粗糙度[15]。空气泄露法是通过空气流动改变装置内部压力参数来预测混凝土表面的粗糙度。测量装置如图 2 所示，测量时，装置放置在混凝土表面上，泵入空气。由于混凝土界面不规则，刚性外壁支架与混凝土表面不完全接触，因此装置内部的压力会变化。将压力变化与已有的九个具体标准剖面测量的参数进行对比，得到界面粗糙度参数。

（2）水流计法

2005 年美国材料与试验协会提出水流计法测量界面粗糙度[16]。水流计法是将测量装置内水流过混凝土界面之间空隙所需时间与表面粗糙度相关联，得出粗糙平均值来评定界面粗糙度的方法。测量装置如图 3 所示。

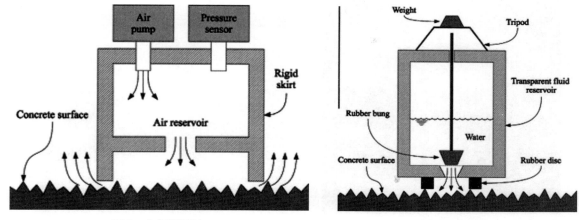

图 2　空气泄露法　　　　　　　　　　　　　　　　图 3　水流计法

水流计法的缺点是待测界面的渗透性对排水时间有显著影响，光滑表面的水流速慢，测量时间比粗糙表面长。此外，这种方法仅限于水平构件界面的粗糙度测量。

（3）激光三角测距法

2013 年张雄采用激光三角测距装置实现界面的三维重建[14]。激光三角测距装置用来采集试件界面的形貌数据，如图 4 所示。光束投射到物面上的一点，当物面深度改变时，相应像点在 CCD 上的位置也发生变化，由此可以计算出被测物体的位移大小。

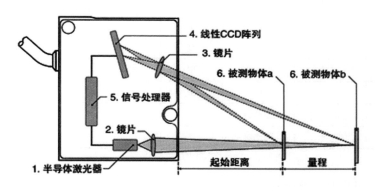

图 4　激光三角测距原理

根据上述原理，可实现 2D、3D 激光粗糙度分析，采集界面特征信息，通过 MATLAB 进行界面的三维重建。

（4）图像灰度分析方法

2014 年李东华等人利用图像灰度分析界面粗糙度[17]。图像灰度分析方法是对待测粗糙度界面进行图像采集，通过计算灰度数来表示粗糙度的方法。采用摄像或扫描设备对粗糙面进行图像采集。利用计算机对所采集到的图像识别出混凝土表面相对较平整及粗糙的区域，计算平整区域及粗糙区域的灰度值，则粗糙度 = 相对粗糙区域的灰度 / 相对平整区域的灰度。利用 MATLAB 仿真软件，可以实现基于单幅灰度图像三维表面形状的恢复，如图 5 所示。

3　粗糙度检测方法的对比

混凝土界面的粗糙度检测方法需要根据实际条件选择。表 1 从评价类型、界面影响、精确度、操作难易等方面将各种粗糙度检测方法进行了比较。

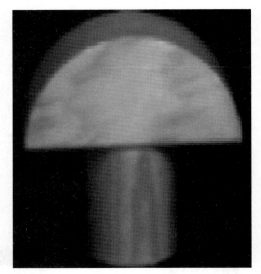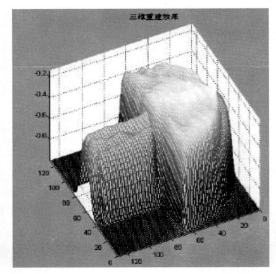

图 5　图像灰度三维重建

表 1　粗糙度检测方法的对比

Table 1　comparison of measuring methods of the surface roughness

粗糙度检测方法	评价类型	界面影响	精确度	操作难易	工作耗时	工程适用	成本
粗骨料暴露比例法	定性	无伤害	低	简单	短	不适用	低
灌砂法	定量	微伤害	中	中等	中	不适用	低
硅粉堆落法	定量	微伤害	中	中等	中	不适用	低
触针法	定量	微伤害	中	困难	长	不适用	中
分维仪法	定量	微伤害	高	困难	长	适用	中
空气泄露法	定量	无伤害	中	中等	中	不适用	中
水流计法	定量	无伤害	中	中等	长	不适用	中
激光三角测距法	定量	无伤害	高	中等	中	适用	高
图像灰度分析方法	定量	无伤害	高	中等	中	适用	高

4　改进的触针法表面特征测量仪

针对上述混凝土界面几何特征现有测量方法的不足，本文设计开发了一种新型表面特征测量仪，不仅能测量不同精度的混凝土表面局部凹凸，还能测定混凝土界面基线倾角[11、18]。

4.1　新型表面特征测量仪的构造及使用方法

新型表面特征测量仪如图 6（a）所示，主要由支架、X 向行走体系、Y 向行走体系、测量位移计及其固定装置组成，测量仪实物图如图 6（b）所示。

新型表面特征测量仪的使用方法：

（1）基线倾角测量：该装置可用于任意倾斜角度的粗糙界面基线倾角的测量。在标准水平面上标定并使四个可升降支座等高后，将测量仪四个可升降支座支撑在测区表面，保持水平水准管水平，旋转可旋转带角刻度盘水准管使其水平，刻度盘读数即为基线倾斜角。

（2）界面轮廓测量：通过观察测量仪上部的水准管中的水准泡的位置，调整测量仪底部的支座，保证测量仪上部与被测界面保持水平；确定最小测量精度，逐行逐列移动齿轮，使位移计在 X、Y 向行走，读出凹凸深度值。根据测量仪采集的数据，绘制粗糙面轮廓曲线，并进一步计算相应的粗糙度评价指标。

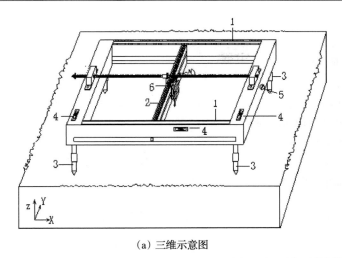
　　　　　　　　　　　　　　　　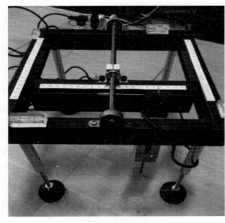

（a）三维示意图　　　　　　　　　　　　　　　　　（b）实物图

图 6　新型表面特征测量仪

4.2　新型表面特征测量仪的优点

　　新型表面特征测量仪相比于现有的测量方法具有的优点有：（1）能够实现不同精度的局部凹凸二维测量和混凝土界面基线夹角的测定；（2）测量结果的精度较灌砂法高，能够真实反映界面的凹凸特征；（3）设备可拆卸，可操作性强，成本低，能在一定范围内连续测量，适用于实际工程。

5　结语

　　传统混凝土界面粗糙度的检测评定方法，如粗骨料暴露比例法、灌砂法等，在定量评估的精确性及工程实用性上存在较大不足。激光测距、图像分析等技术的出现，使得检测方法向精确、无损、便携等方向发展。然而，目前粗糙度的评定多采用单一指标，如平均深度、灰度值等，无法全面反映粗糙面凹凸分布特征。与各类粗糙面匹配的多参数粗糙评价方法有待系统研究。本文设计开发的新型表面特征测量仪，不仅能测量不同精度的混凝土表面局部凹凸，还能测定混凝土界面基线倾角，弥补了界面倾角指标的缺失。

参考文献

［1］郭进军，张雷顺，蔺新艳. 混凝土表面粗糙度评测新方法［J］. 工业建筑，2003（06）：52-54.

［2］EN 1992-1-1，"Eurocode 2—Design of Concrete Structures—Part 1：General Rules and Rules for Buildings," European Committee for Standardization, Brussels, Belgium, 2004，225pp.

［3］Pedro M. D. Santos, Eduardo N. B. S. Júlio. A state-of-the-art review on roughness quantification methods for concrete surfaces［J］. Construction and Building Materials. 2013. March：912-923.

［4］Pedro M. D. Santos, Eduardo N. B. S. Júlio. Comparison of Methods for Texture Assessment of Concrete Surfaces［J］. ACI materials journal. 2010. March：433-440.

［5］赵勇，邹仁博，王晓锋. 预制混凝土构件结合面粗糙化处理与评价［J］. 施工技术，2014，43（22）：37-39＋64.

［6］张泰昌. 微观不平度十点高度 R-Z 值的测量研究［J］. 宇航计测技术，1995（06）：19-20＋29.

［7］赵志芳，于跃海，赵国藩. 测量新老混凝土粘结面粗糙度的方法［J］. 建筑结构，2000（01）：26-29.

［8］闫国新，张晓磊，张雷顺. 新老混凝土黏结面粗糙度评价方法综述［J］. 混凝土，2010（01）：25-26＋29.

［9］李成贵，张国雄，袁长良. 分形维数与表面粗糙度参数的关系［J］. 工具技术，1997（12）：36-38.

［10］Fiebrich M. H. Influence of the surface roughness on adherence between concrete and guite mortar overlays［J］. Adherence of Yong on Old Concrete，1994.

［11］张盼. 接触面分布特征对新旧混凝土界面强度的影响分析［D］. 南京：河海大学，2016.

［12］林娜，尹健，张雄，周士琼. 分形理论在新 - 老混凝土粘结强度研究中的应用［J］. 建筑材料学报，2006（04）：

399-403.

［13］葛世荣. 粗糙表面的分形特征与分形表达研究［J］. 摩擦学学报，1997（01）：74-81.

［14］张雄，张蕾. 新老混凝土粘结面人造粗糙度表征及性能研究［J］. 同济大学学报（自然科学版），2013，41（05）：753-758.

［15］Ozkul T. Design of an embedded device for surface roughness measurement. In：Proceedings of the 4th ICS/IEEE international conference on computer systems and applications, Sharjah UAE; 2006. p.511-14.

［16］ASTM E 2380. Standard test method for measuring pavement texture drainage using an outflow meter. West Conshohocken（PA）: ASTM International; 2005.

［17］李东华，王立，白伟亮. 用于混凝土表面粗糙度检测的图像分析方法［P］. 中国专利：CN103630093A，2014-03-12.

［18］吴二军，张盼，陈幸等. 一种混凝土表面特征测量仪及其测试方法［P］. 中国专利：CN104807390A，2015-07-29.

常温固化耐温建筑结构胶

李红旭　王文军　蒲国民　孙　勇

大连凯华新技术工程有限公司，辽宁大连，116318

摘　要：利用多官能度环氧树脂、改性芳香胺和酚醛胺等为主要原料，研究开发了常温固化耐温建筑结构胶，各项指标满足《工程结构加固材料安全性鉴定技术规范》（GB/T 50728—2011）以混凝土为基材粘贴钢材用结构胶Ⅲ类胶的全部要求，成本下降为耐温建筑结构胶的广泛应用创造了有利条件。

关键词：环氧树脂，建筑结构胶，耐温，固化剂

JGN-W Temperature-resistant Building Structural Adhesive

Li Hongxu　Wang Wenjun　Pu Guomin　Sun Yong

Dalian Kaihua New Technology Engineering Co., Ltd., Dalian, Liaoning 116318, China

Abstract：using the compound multi-functional epoxy resin, modified aromatic amines and phenolamines as the main raw materials, he temperature curing and temperature resistant building adhesive is developed. All the indexes meet the GB/T 50728—2011 " technical specification for the safety appraisal of the strengthening material of the engineering structure ". The decline in cost has created favorable conditions for the wide application of heat resistant building structural adhesives.

Keywords：Epoxy resin, Building structural adhesive, Heat resistance, Curing agent.

1　前言

　　建筑结构胶在我国应用有几十年的历史，取得了良好的经济和社会效益，在建筑物加固补强时经常会遇到需长期在较高温度下使用的情况，例如发电厂、化工厂、石化厂的高温车间、冶金车间、铸造车间，水泥厂，南方建筑物的房顶等，普通建筑结构胶的耐温等级通常在80℃以下，就不再适用，大连化学物理研究所研究开发了 JGN-HT 耐高温结构胶。胶的性能良好，但缺点就是价格比较高，影响了应用范围，通过努力，研究开发出低成本的耐温建筑结构胶。

2　试验部分

2.1　试验原料

表 1　原材料规格及生产厂家

品名	规格	生产厂家
多官能度环氧树脂	工业级	大连凯华新技术工程有限公司
增韧剂	工业级	大连凯华新技术工程有限公司
石英粉	工业级	东海硅微粉有限责任公司
滑石粉	工业级	锦州市滑石粉厂

作者简介：李红旭（1975—），男，高级工程师，从事胶粘剂研究工作 20 余年。E-mail：86190110@qq.com。

品名	规格	生产厂家
白炭黑	气相法	德固萨
炭黑	油墨级	日本进口
钛白粉	金红石型	美国杜邦
偶联剂	工业级	盖州市化学工业有限责任公司
防老剂	食品级	大唐化工有限责任公司
芳香胺	工业级	大连凯华新技术工程有限公司
酚醛胺	工业级	大连凯华新技术工程有限公司
促进剂	工业级	常州山峰化工有限公司

2.2　试验仪器

NDJ-4 型旋转黏度计，上海精科天平。

TD20002A 型电子天平，力辰科技。

W-20 微机控制电子万能试验机，上海华龙测试仪器有限公司。

2.3　研发思路

2.3.1　环氧树脂的合成

提高环氧树脂胶的耐热主要思路是提高环氧树脂的官能度，通过研究开发了多种多官能度的液态环氧树脂。通过不同多官能度环氧树脂复配使用，有效降低成本，优化工艺性能。

2.3.2　增韧剂的选择

多官能度环氧的固化物通常比较脆，粘接效果也不是特别出色，增韧剂的加入可以降低脆性、增加韧性，提高其粘接强度和本体强度。

但增韧剂的加入通常会带来一个副作用，就是降低整个体系的耐温等级，所以增韧剂的种类和用量的选择要十分谨慎。

2.3.3　防老剂的选择

由于耐温建筑结构是在高温下工作，热老化是其重要的老化形式，而建筑物的使用寿命都很长，所以防老剂的选择必不可少，只有在添加到一定量的防老化剂后才能保证粘接结构的长久有效。

2.3.4　填料的选择

建筑结构胶中填料一般选用石英砂、碳酸钙、滑石粉、硫酸钡晶须等，这些无机填料本身的耐热性能通常比较好，能有效的提高结构胶的耐热性能。

有些文献报道纳米无机填料能有效的提高结构胶的耐热性能，由于纳米材料比表面能大，极易团聚，在环氧树脂基体中达到纳米尺度的分散非常困难，目前在结构胶中应用的纳米材料只有气相法二氧化硅，主要用途是触变剂，用来改善胶的施工工艺性能，而不是用来改善耐热性能。

2.3.5　固化剂的合成与复配

固化剂在结构胶的耐热性能中所处的地位非常重要，固化剂的特性直接决定了固化产物的综合性能，当固化剂中含有苯环、萘环或者蒽环结构，以及带有苯并咪唑或噁唑环结构的时候，通常都能表现出较好的耐热性能。

另外固化剂的活性也是非常重要的因素，建筑结构胶要求常温固化，不能加温固化，如果常温下和环氧树脂反应活性不足，同样不能得到良好的固化产物，耐热性能更无从谈起。

实际操作中，通常采用两种或者两种以上的固化剂进行复配，来达到良好的固化效果，提高建筑结构胶的耐热性能。

固化剂采用的是改性芳香胺和酚醛胺复配，两种固化剂都有比较好的耐热性，并且都能在常温固化。

3　配方与性能

3.1　配方（表 2、表 3）

表 2　甲组分配方

品名	份数
复合多官能度环氧	80
增韧剂	20
石英粉	140
滑石粉	50
钛白粉	10
白炭黑	5
偶联剂	2
防老剂	0.5

表 3　乙组分配方

品名	份数
酚醛胺	50
芳香胺	45
促进剂	5
偶联剂	2
石英粉	170
滑石粉	40
钛白粉	10

甲组份：乙组份 = 3：1

3.2　性能（表 4、表 5）

表 4　固化条件与温度的关系

固化条件	钢 - 钢拉伸剪切强度（MPa）
48hr@25℃	16.2
168hr@25℃	18.8
24hr@50℃	19.0
6hr@80℃	18.7
12hr@80℃	19.6

表 5　常温固化 168hr 不同温度下的拉伸剪切强度

温度（℃）	钢 - 钢拉伸剪切强度（MPa）
—18	18.5
25	18.8
80	18.6
100	17.5
125	15.3
150	5.6

　　经全面测试，本建筑结构胶满足《工程结构加固材料安全性鉴定技术规范》（GB/T 50728—2011）以混凝土为基材粘贴钢材用结构胶Ⅲ类胶的全部要求。

4　结论

　　（1）新开发的建筑结构胶满足《工程结构加固材料安全性鉴定技术规范》（GB/T 50728—2011）以混凝土为基材，粘贴钢材用结构胶Ⅲ类胶的全部要求。

　　（2）由于配方采用了自制的多官能度环氧树脂、改性芳香胺固化剂和酚醛胺固化剂，成本大副度降低，为耐温建筑结构胶的广泛应用创造了条件。

　　（3）经在中国工商银行湖北分行大楼等多项加固工程的应用，工艺性能优良，达到设计和施工的各项要求，加固后几年内使用正常。

参考文献

[1] 裴丽英，居仁贤. 间苯二酚缩甲醛四缩水甘油醚的合成 [J]. 热固性树脂，2006（03）：15-17.

[2] 贺曼罗. JGN 型耐温建筑结构胶与应用 [J]. 建筑结构，1995（02）：44-46.

[3] 孙旭龙，宋江选，李齐方. 高耐热环氧树脂杂化体系研究 [J]. 大连理工大学学报，2011：36-39.

[4] 王文军，岳彩艳，李红旭. 建筑结构胶耐湿热老化性能测试方法研究 [J]. 粘接，2009（11）：51-53.

[5] 杨明学，孙婉贞. JGN-HT 建筑结构胶的研制 [J]. 中国胶粘剂，1994（01）：25-28.

高性能耐久性砂浆的研究

吴长龙　王　建　荀武举

大连市建筑科学研究设计院股份有限公司，辽宁大连，116000

摘　要： 我国早期修建和近年来新建的工业与民用建筑出现了不同程度的损坏，采用传统砂浆修复的效果不佳，本文准备研究高性能耐久性砂浆，对以上建筑工程进行修复或直接应用于特殊要求建筑，选用丙烯酸乳液、改性剂、消泡剂等有机物对普通砂浆进行改性，以工作性能、力学性能、耐久性能等为主要考核指标。

关键词： 高性能，耐久性，丙烯酸乳液，改性

Abstract： The early construction of China and the newly built industrial and civil buildings in recent years have been damaged in different degrees. The effect of traditional mortar repair is not good. This article is prepared to study the high performance durability mortar, repair the above construction projects or directly apply to the construction of special requirements, with acrylic emulsion, modifier and elimination. Foam agents and other organic matters are used to modify ordinary mortar, and the main indexes are performance, mechanical properties and durability.

Keywords： high performance, durability, acrylic emulsion, modification

1　前言

　　由于混凝土结构受到环境侵蚀等原因，我国早期修建和近年来新建的工业与民用建筑出现了不同程度的损坏，采用传统砂浆修复的效果不佳，因此，我们研究高性能耐久性砂浆，以工作性能、力学性能、耐久性能等作为设计高性能耐久性砂浆的主要考核指标，对民用建筑、市政道路、桥梁、水工建筑等混凝土进行修补或直接应用于特殊要求建筑（如地铁、水库、地下室等），延长建筑物使用年限。

2　实验部分

2.1　高性能耐久性砂浆的原材料

　　（1）普通硅酸盐水泥 42.5R。

　　（2）石英砂：20-140 目。

　　（3）聚合物乳液：丙烯酸乳液。

　　（4）改性剂 A。

　　（5）减水剂：

　　①密胺减水剂；

　　②聚羧酸减水剂。

　　（6）消泡剂：

　　①固体消泡剂 B；

　　②液体消泡剂 C。

　　（7）自来水。

2.2　主要仪器和设备

　　（1）微机控制电液伺服万能试验机；

　　（2）电动抗折试验机；

（3）数显粘接强度仪；

（4）收缩仪；

（5）扫描电镜。

2.3　实验方法

参照《混凝土结构修复用聚合物水泥砂浆》（JG/T 336—2011）测试方法。

3　高性能耐久性砂浆的配合比设计

3.1　不同类型消泡剂对砂浆性能的影响

从表1结果分析，液体消泡剂C可以明显改善砂浆的抗折强度和抗压强度；液体消泡剂C和固体消泡剂B复合使用后，可以更好地改善砂浆性能，综合施工性能、抗压强度和抗折强度，N18配比较好。

表1　不同类型消泡剂对砂浆性能的影响

编号	消泡剂（克）	初始状态	7d 标养抗折强度（MPa）	7d 标养抗压强度（MPa）
N12	0	施工性较好	4.1	15.0
N13	液体消泡剂 C 0.25	施工性好	4.5	15.8
N14	液体消泡剂 C 0.5	施工性一般，略发粘	4.6	16.5
N15	液体消泡剂 C 1.0	施工性较好，略发粘	4.9	16.6
N16	液体消泡剂 C 0.5　固体消泡剂 B 1.5	施工性较好，略发粘	4.8	17.9
N17	液体消泡剂 C 0.5　固体消泡剂 B 3.0	施工性较差，发粘	5.1	19.8
N18	液体消泡剂 C 0.25　固体消泡剂 B 1.5	施工性好	4.6	16.2
N19	液体消泡剂 C 0.25　固体消泡剂 B 3.0	施工性较好，略发粘	4.7	18.0

备注：每组水泥700g，石英砂（20-140目）1300g，丙烯酸乳液120g，改性剂A 1g，用水量210g。

3.2　不同用量丙烯酸乳液对砂浆性能的影响

表2显示了聚灰比与砂浆抗压强度的关系。从中可知，聚合物掺量对砂浆抗折强度、抗压强度有显著影响。从表2结果分析，随着丙烯酸乳液用量的增加，砂浆的28d抗折强度先减小后增大，当聚灰比为10%和15%时，砂浆的抗折强度高于普通砂浆（未加入丙烯酸乳液），添加丙烯酸乳液的砂浆抗压强度低于普通砂浆，加入丙烯酸乳液的砂浆压折比（反映砂浆韧性的重要指标）都低于普通砂浆（N18F），说明加入丙烯酸乳液砂浆的韧性得到明显改善。

表2　不同丙烯酸乳液对耐候型砂浆力学性能的影响

编号	水泥（g）	丙烯酸乳液（g）	聚灰比（%）	用水量（g）	初始状态及扩展度（mm）	28d 抗折强度（MPa）	28 天抗压强度（MPa）	压折比
N18F	700	0	0	383	和易性较好 120×120	11.6	47.0	4.0
N18I	700	37.5	2.5	306	和易性较好 115×120	8.9	27.2	3.0
N18H	700	75	5	248	和易性较好 105×110	10.0	28.2	2.8
N18	700	120	8	210	和易性较好 110×110	11.1	34.8	3.1
N18G	700	150	10	184	和易性较好 100×105	12	35.7	2.8
N18J	700	225	15	100	和易性较好 110×110	12.6	42.9	3.4

注：每组水泥700g，石英砂（20-140目）1300g，丙烯酸乳液120g，改性剂A 1g，聚羧酸减水剂1.4g，液体消泡剂C 0.25g，固体消泡剂B 1.5g，用水量210g。

综合成本和性能因素，对 N18 进行了测试［参考标准《混凝土结构修复用聚合物水泥砂浆》JG/T 336—2011］，结果如下：

表 3　N18 测试结果

序号	项目			标准要求技术指标	N18 测试结果
1	抗压强度（MPa）		7d	≥ 10.0	16.2
			28d	≥ 15.0	34.8
2	抗折强度（MPa）		7d	≥ 4.0	4.6
			28d	≥ 6.0	11.1
3	拉伸粘结强度（MPa）	未处理	28d	≥ 1.00	1.12
		浸水	28d	≥ 0.80	0.90
		25 次冻融循环	28d	≥ 0.80	0.84
4	收缩率（%）		28d	≤ 0.10	0.07

因此，本项目研制的高性能耐久性砂浆具有粘结强度高、收缩率低、施工性好、耐久性好（耐冻融循环效果好）等突出优点。

4　结论

（1）本项目通过使用各种助剂（减水剂、消泡剂、改性剂等）、丙烯酸乳液对水泥砂浆进行改性，研制了耐候型高性能砂浆，并确定了砂浆配合比。

（2）各种助剂（减水剂、消泡剂、改性剂等）可以明显改善砂浆的施工性能和力学性能。

（3）丙烯酸乳液可以明显改善砂浆的拉伸粘结强度、收缩率、韧性等指标。

（4）本项目研制的高性能耐久性砂浆具有粘结强度高、收缩率低、施工性好、耐久性好等突出优点，可用于建筑物的修补工程中。

参考文献

［1］刘大智，储洪强，蒋林华. 聚合物水泥砂浆的耐久性能试验［J］. 水利水电科技进展，2010，30（6）：39-42

［2］徐峰，刘林军. 聚合物水泥基建材与应用. 第一版［M］. 北京：中国建筑工业出版社，2010，3：111-211

［3］王茹，聚丙烯酸酯乳液在水泥砂浆中的应用［J］. 硅酸盐学报，2008，3（7）：949

［4］钟世云，陈志源，刘雪莲. 三种乳液改性水泥砂浆性能的研究［J］. 混凝土与水泥制品，2008，2（1）：18-19

新型水下结构胶的性能研究

孙　勇　李红旭　蒲国民　王文军

大连凯华新技术工程有限公司，辽宁大连，116011

摘　要：目前可用于水下粘接的结构胶所用固化剂的种类不多。分别以聚醚胺和聚酰胺为原料制备 2 种水下固化剂作为研究对象，着重探讨了干燥下（A）/水下（W）固化体系的剪切强度，以及干燥下固化体系的其他性能。研究结果表明：聚醚胺和聚酰胺复配的固化剂体系具有较好的粘接性能，在水下剪切强度下降很少。放置 7 天，干燥下（A）/水下（W）拉伸剪切强度均大于 18.0MPa；干燥下压缩强度大于 65MPa，弯曲强度大于 65MPa，拉伸强度大于 45MPa，断裂伸长率大于 2.5%；水温及水下放置时间对粘接性能影响较大，最长放置 60 天，水下（W）固化体系的剪切强度大于 14.0MPa。

关键词：水下固化，环氧树脂，改性胺，结构胶

Study on the Properties of a New Underwater Structure Adhesive

Sun Yong　Li Hongxu　Pu Guomin　Wang Wenjun

Dalian Kaihua New Technology Engineering Co., Ltd., Dalian, Liaoning 116011, China

Abstract：At present, a few kinds of commercially available underwater curing agents for structural adhesive. With polyether amine and polyamide as material preparation of two kinds of underwater curing agents as the research objects, discussed some properties of tensile shear strengths in the underwater and dry, and other performance in the dry. The research results showed that Polyether amine and polyamide compound with the curing agent system has good bonding properties, The decrease of underwater shear strength is very little.In the underwater and dry 7 days the shear strengths are more than 18.0 MPa. and In the dry the compressive strengths is more than 65.0 MPa, the bending strength is greater than 65.0 MPa, the tensile strength is greater than 45.0 MPa. the elongation at break is greater than 2.5%. Water temperature and time make a great differentces on adhesive performance. The shear strengths of curing system in the underwater is greater than 14.0 MPa for 60 days.

Keywords：Underwater curing, Epoxy resin, Modified amine, Structural adhesive.

　　普通结构胶，通常只能在干燥的被粘物表面进行粘接，当其在遇水、表面潮湿或水下使用时，粘接强度往往会急剧下降，有的甚至无法粘接[1]。水下结构胶因其具有良好的憎水性可以水下涂胶、水下粘接、水下固化[2]，能够广泛应用于各类带水粘接工程中，例如港湾工程的修补和加固，地下及海底遂道的防渗堵漏、船舶壳体的水下堵漏、建筑水坝与桥梁等水工建筑物的修补与加固等[3~6]；水下结构胶因其在干燥下综合性能较好，可替代普通结构胶。

　　本研究通过分子结构设计，采用含有活性羟基的长链物质改性复合胺，制备了一种新型的水下结构胶，探讨水下结构胶的粘接性能。

1　实验部分

1.1　主要原料

　　E-51，E-44 环氧树脂（EP），工业级；改性聚醚胺固化剂 K，大连凯华新技术工程有限公司；改

作者简介：孙勇（1987—），女，硕士，主要研究方向：有机合成（改性胺类）。E-mail：408835626@qq.com。

性聚酰胺固化剂 H，大连凯华新技术工程有限公司；促进剂 A（DMP-30），工业级；稀释剂 B（苯甲醇），工业级，湖北绿色家园材料技术股份有限公司；消泡剂（BYKA530），工业级；流平剂（BYKP104S），工业级。

1.2　仪器与设备

树脂浇铸体性能试样方法（GB/T 2567—2008）中所规定的三种浇铸件模具，自制；NDJ-4 型旋转黏度计，上海精科天平；TD20002A 型电子天平，力辰科技；W-20 微机控制电子万能试验机，上海华龙测试仪器有限公司。

1.3　水下结构胶的制备

（1）甲组分的制备

E-51 与 E-44 复配，增韧剂、稀释剂、偶联剂、消泡剂、触变剂均适量。

（2）乙组分（KH88）的制备

改性聚醚胺固化剂 K 90 ～ 100 份，促进剂 0 ～ 7 份，稀释剂 0 ～ 15 份，其他助剂 0 ～ 1.6 份；改性聚酰胺固化剂 H 100 ～ 130 份。

1.4　性能测试

（1）胶体粘接性能试件制备

按照甲组分：乙组分 = x：1 均匀混合（$1 < x < 3$），按 GB/T 7124 胶粘剂直接涂抹在钢片上，两钢片搭接粘接，在（23 ± 2）℃下养护 7d 后，进行胶体力学性能测试。

特殊说明：在本文中干燥下粘接为干态涂胶、粘接、固化，用 A 表示；水下粘接是指钢片提前浸湿，取出后马上涂胶、粘接、压实、固化，用 W 表示；水下固化无特殊说明时指在水下（20 ± 2℃）固化，养护 7d 后测试。

（2）胺值测定：采用乙醇—盐酸法测定固化剂的胺值。

（3）黏度：按照 GB/T 2794—1995 标准采用旋转黏度计进行测定。

（4）拉伸剪切强度测试

根据国标 GB/T 7124—2008 胶粘剂拉伸剪切强度的测定（刚性材料对刚性材料），制作金属片搭接试件。使用万能材料试验机按 2mm/s 恒定速率加载拉伸载荷，粘接面长度为（12.5 ± 0.25）mm。

（5）水下结构胶力学性能测试

按照甲组分：乙组分 = x：1 均匀混合（$1 < x < 3$），按 GB/T 2567—2008 树脂浇铸体性能试样方法的要求，分别制备拉伸强度、弯曲强度、压缩强度试样，在（23 ± 2）℃下养护 7d 后，进行胶体力学性能测试。

2　结果与讨论

2.1　水下固化剂胺值、黏度

胺值、黏度是固化剂的基本参数。从表 1 中可以看出，乙组分（KH88）的胺值和黏度均较低。胺值低是由于使用长链酚改性，随着改性后分子量的显著升高，固化剂内活泼氢含量降低，胺值变小。黏度越大越不利于胶粘剂对被粘物表面进行浸润、流变、扩散等，特别是在水下进行粘接，粘接物与被粘物表面的水较难较慢排开，降低粘接性能。

表 1　不同固化剂的胺值、黏度

Tab.1　Amine value and viscosity of different curing agents

编号	胺值 /（mgKOH/g）	黏度（mPa·s）	温度（℃）
K	200 ～ 230	450 ～ 550	25
H	285 ～ 325	6000 ～ 10000	25
KH88	280 ～ 320	1600 ～ 1800	25

2.2 不同固化剂体系对水下结构胶性能的影响

在水下粘接环境中，水隔离了胶粘剂与被粘物表面的直接接触，往往会使粘接强度降低。本文采用具有良好憎水性和亲水性的固化剂复配体系，能够有效提升粘接性能。

不同固化体系在 A（干燥下）/ W（水下）的拉伸剪切强度，见图 1。甲组分 /K 体系、甲组分 /H 体系、甲组分 /KH88 体系（K 与H 按照 1∶1 复配成 KH88），以上 3 个体系甲乙组分质量比均为 2∶1，在 W 的剪切强度均大于 13MPa，均满足 GB/T 50728—2011中规定的不小于 10MPa；K 和 H 体系单独使用综合粘接性能均表现一般，K 体系在 A 的剪切强度略低，水下剪切强度不降低；H 体系则相反，在 A 的剪切强度较好，水下剪切强度下降很明显；复配后（甲组分 /KH88）

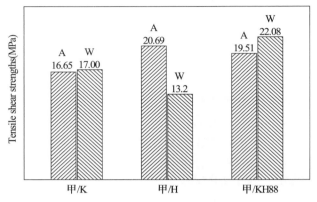

图 1　不同固化体系在 A/W 下的剪切强度
Fig.1　Shear strength of different curing systems at A/W

的体系，水下剪切强度明显提升，在 A/W 的剪切强度均超过 18MPa，表现了较强的粘接性能。

2.3 K/H 固化剂不同配比对水下结构胶的影响

通过 2.2 实验可以看出，改性聚醚胺固化剂体系在水下剪切强度较高，而改性聚酰胺固化剂体系在干燥下剪切强度较高，复配时起到一定的促进协同作用，比分别单独使用时粘接效果明显提高，保持甲组分与 KH88 配比（2∶1）不变，KH88 总量不变，K 和 H 不同复配比例进行测试分析，综合各个性能，K 与 H 在 5∶5 时最适宜，具体数据见表 2。

表 2　不同 K/H 配比的水下结构胶的综合性能
Tab.2　Different K/H ratio of the comprehensive performance of underwater structure adhesive

编号	A 剪切强度（MPa）	W 剪切强度（MPa）	压缩强度（MPa）	弯曲强度（MPa）	拉伸强度（MPa）
K/H = 3/7	18.87	15.47	62.77	78.75	33.76
K/H = 4/6	19.62	15.72	61.02	78.04	45.92
K/H = 5/5	21.36	20.56	67.68	69.09	46.19
K/H = 6/4	24.44	19.52	57.33	72.44	43.51
K/H = 7/3	24.03	17.58	56.68	74.52	46.03

2.4 甲乙组分配比对结构胶的影响

通过 2.3 实验已经确定了 K∶H = 1∶1 时，综合性能最好。保持 K∶H = 1∶1 不变，甲组分含量不变，微调乙组分的含量（1.5<X<2.5）；干燥下，1—5 号样品剪切强度均较高；水下，4 号和 6 号样品剪切强度较高；1—4 号样品压缩强度均达到 65MPa 以上，综合各个性能，当甲∶乙 = 100∶50（K∶H = 1∶1）时，性能较好。具体数据见下表 3。

表 3　甲 / 乙配比不同的结果
Tab.3　A/B mix of different results

编号	甲组分含量	乙组分含量	A 剪切强度（MPa）	W 剪切强度（MPa）	压缩强度（MPa）
1	100	41	20.04	10.93	67.41
2	100	44	20.41	10.49	65.62
3	100	47	19.24	12.51	69.60
4	100	50	19.77	20.57	65.48
5	100	53	20.15	15.29	62.86
6	100	56	17.70	20.11	57.32

2.5　水的温度和时间对结构胶的影响

水的温度及水下放置时间对结构胶均有一定的影响，温度低和长时间水下放置都会在一定程度上减弱粘接性能。

水下放置时间对剪切强度的影响见图 2，固化体系为甲组分∶乙组分（K∶H＝1∶1）＝2∶1，放置前 7d 是在 W 恒温下（20±2℃），剩余均是在 W 室温下（–15 至 13℃），分别放置 0d、7d、23d、53d 共 4 个不同时间，同时做 2 组实验（图 2 中 C、D2 条曲线）。图 2 中可以看出，随着在 W 放置时间的增加，在 W 剪切强度均下降，放置 60d 对比 30d 基本不下降，说明到一定时间，剪切强度趋于稳定，大于 14MPa，所测试的结果均高于 GB/T 50728—2011 中规定的不小于 10MPa。

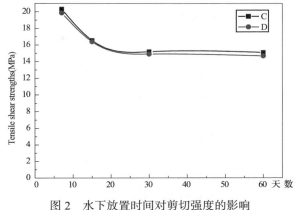

图 2　水下放置时间对剪切强度的影响
Fig.2　Effect of underwater placement time on shear strength

水的温度对剪切强度的影响见表 4，固化体系为甲组分∶乙组分（K∶H＝1∶1）＝2∶1，放置时间均为水下 7d，水温分别为 0℃、室温（–15～13℃）、恒温（20±2℃）3 种条件下，各做 2 组实验，随着水温度的升高，水下剪切强度逐渐升高。

表 4　水温对剪切强度的影响
Tab.4　Effect of underwater temperature on shear strength

编号	水的温度（℃）	剪切强度（MPa）
1	0	14.73
	0	14.21
2	室温（–15～13）	17.56
	室温（–15～13）	16.70
3	恒温（20±2）	20.11
	恒温（20±2）	19.12

2.6　新型水下结构胶综合性能测试

通过实验验证，甲/乙＝2∶1，K/H＝1∶1 复配时，综合性能最优异，通过几组平衡实验数据能够看出实验稳定性较好。在 A/W 的剪切强度均大于 18.0MPa；在 A 的压缩强度均大于 65MPa，弯曲强度大于 65MPa，拉伸强度大于 45MPa，断裂伸长率大于 2.5%，见表 5。

表 5　水下结构胶的综合性能
Tab.5　Comprehensive performance of underwater structural glue

编号	A 剪切强度（MPa）	W 剪切强度（MPa）	压缩强度（MPa）	弯曲强度（MPa）	拉伸强度（MPa）	断裂伸长率（%）
1	19.51	22.08	72.89	74.42	50.09	3.26
2	20.56	21.36	67.68	69.09	46.19	3.25
3	21.73	19.14	68.76	68.01	45.25	3.24
4	20.32	18.24	70.21	69.98	43.35	2.54
5	21.44	20.11	67.32	68.54	45.88	2.75
6	19.98	19.12	68.78	67.95	47.82	3.23

3　结论

（1）甲/乙配比和 K/H 配比影响均较大，当甲∶乙＝2∶1，K∶H＝1∶1 时，其综合性能最好，同时稳定性也较好。

（2）最终得到的水下结构胶；放置 7d，干燥下 / 水下拉伸剪切强度均大于 18.0MPa；干燥下压缩强度大于 65MPa，弯曲强度大于 65MPa，拉伸强度大于 45MPa，断裂伸长率大于 2.5%；7d（恒温（20±2℃）+ 53d（室温（-15～13℃）共固化 60d，水下剪切强度大于 14.0MPa；0℃固化 7d，水下剪切强度大于 14.0MPa。

参考文献

［1］ 朱华，张晓华，陈晓龙. 水下环氧树脂胶粘剂用水下固化剂的性能研究［J］. 中国胶粘剂，2013，22（4）：17-20.

［2］ 陈小双，段华军，胡智枫. Mannich 改性间苯二甲胺环氧树脂固化剂的制备及水下粘接性能［J］. 粘接，2016，37（5）：43-47.

［3］ 谢建军，黄凯，贺国京，等. 水中固化环氧树脂胶黏剂制备与性能研究［J］. 化学与黏合，2014，36（1）：5-10.

［4］ 刘秀. 水下施工固化环氧建筑结构胶粘剂制备与应用［D］. 大连理工大学，2012.

［5］ 李福志，张新建，李欢. 纳米橡胶改性环氧水下结构胶的研制及应用［J］. 粘接，2013，33（11）：36-38.

［6］ 胡飞龙，邱建华. 新型水下环氧锚固胶的研究［J］. 粘接，2015，36（12）：64-67.

基于探地雷达和电磁感应的混凝土内钢筋智能检测方法

刘　海[1]　崔　杰[1]　陈忠昌[2]　周　峰[2]　方广有[3]

1. 广州大学, 广东, 广州, 510000
2. 中国地质大学（武汉）, 湖北武汉, 430074
3. 中国科学院, 北京, 100190

摘　要： 在混凝土结构中, 钢筋直径及保护层厚度是重要检测对象。现有的钢筋扫描仪利用电磁感应原理实现对金属物的探测, 基于标定数据能够在已知待测钢筋直径或保护层厚度的前提下测量另一项, 需要较高的劳力成本。针对此问题, 提出了一种结合电磁感应和探地雷达的同时测定混凝土钢筋直径和保护层厚度检测方法。采用深度学习方法, 对探地雷达剖面中钢筋的抛物线反射信号进行自动识别, 确定钢筋的数量、位置和埋深。基于此, 自动读取钢筋的电磁感应信号, 并计算出钢筋的直径, 最终达到同时测定钢筋直径、保护层厚度的目的。实验的结果表明, 所述方法保护层厚度估计误差在 3% 以内, 所提出的人工智能检测方法可大大提高检测效率, 具有较高的实用价值。

关键词： 钢筋检测, 探地雷达, 电磁感应, 人工智能

Automatic Detection of Reinforcing Rebar using GPR and EMI

Liu Hai[1]　Cui Jie[1]　Chen Zhongchang[2]　Zhou Feng[2]　Fang Guangyou[3]

1. School of Civil Engineering, Guangzhou University, Guangzhou, 510000, China
2. School of Mechanical Engineering and Electronic Information, China University of Geosciences, Wuhan, 430074, China
3. Institute of Electronics, Chinese Academy of Sciences, Beijing, 100190, China

Abstract： This paper proposes to integrate ground penetrating radar（GPR）and electromagnetic induction（EMI）for simultaneously estimation of rebar diameter and cover thickness in a robust way. A deep learning algorithm, which is an advanced artificial intelligence（AI）algorithm, is developed to process the GPR image, and the hyperbolic reflection from the buried rebar can be automatically recognized in real time. In such a way, the labor-consuming field inspection work can be drastically alleviated. From the peak of the hyperbolic curve, the location, number and spacing of the reinforcing rebars in concrete structures can be accurately determined. Besides, their cover thicknesses can also be roughly estimated and can be used as an input for the further processing of the EMI data. From the location of the reinforcing rebar, the effective EMI data is extracted. Then, the rebar diameter and cover thickness are simultaneously estimated from the least-square error between the measured and calibrated EMI data. A laboratory experiment was carried out on four reinforced concrete specimens, in which rebars with varying diameter and different cover thickness are buried. The results validate that both the rebar diameter and cover thickness can be accurately estimated by the proposed algorithm using the proposed method.

作者简介：刘海（1986—），男，副教授，博士，广州大学城外环西路 230 号广州大学土木工程学院，E-mail：109320855@qq.com。

Keywords：non-destructive testing（NDT），ground penetrating radar（GPR），electromagnetic induction（EMI），artificial intelligence.

1　引言

在钢筋混凝土结构中，钢筋直径及保护层厚度是保证结构质量的重要指标，影响着结构的使用寿命和承载能力，是建筑物竣工验收和健康评估中的重要检测对象。目前市场上主流的钢筋检测仪基于电磁感应原理（electromagnetic induction，EMI），工作频率范围为 1kHz 至 10kHz 之间，通过记录感应电压值估计钢筋直径和埋深。此类仪器在检测过程中操作人员需获得待测建筑的原设计图纸，通过预设钢筋直径或保护层厚度才能测定另一项[1]。并且在现场测量时，探头需置于两根箍筋的中间且平行于钢筋，沿待测钢筋的垂线方向扫描，确定待测钢筋位置后将探头平行放置在被测钢筋正上方，检测钢筋的直径。繁琐的操作步骤增加了实际操作过程中的劳力，降低了生产效率，并产生人为误差。

探地雷达（ground penetrating radar，GPR）作为一种高效的无损检测和成像工具，其工作原理是通过发射天线向地下发射高频电磁波脉冲信号（几十 MHz 至 5GHz 之间），该信号在地下介质传播过程中遇到存在介电差异的界面时会发生反射并被接收天线所记录。发射天线和接收天线在地表同时移动可实现对地下结构和埋藏目标的扫描和成像，并确定目标的几何形状、埋深和介电参数等[2]。使用 GPR 信号估计钢筋或其他圆柱体直径的研究大多基于从 GPR 剖面图中提取钢筋的双曲线反射信号的特征进行估计。例如，Shihab 等人先对掩埋的圆柱体进行数学建模，然后对雷达剖面图进行最小二乘法拟合，由拟合的双曲线方程 a 和 b 计算半径、波速和埋深[3]。Aleksandar 等人在不使用介质介电常数等先验信息条件下，首先采用列文伯格 - 马夸尔特最优化算法和迭代法得到更为精确的波速估计值 v_0，最后采用一阶最优准则同时估计半径与波速，达到计算圆柱体半径和埋深的目的[4]。另外 Chang 等人通过计算 GPR 信号的功率反射率长度估计钢筋直径，然而钢筋间距较小时将增加功率反射率长度估计误差，进而影响直径估计精度[5]。这些方法都需要人为框定目标体反射信号，无法实时、自动地识别钢筋位置、埋深和直径。目前，数据图像实时人工智能自动检测与解释是一种趋势与需求，在车辆目标检测、人脸识别等自动目标检测研究和实用中已经取得不错的效果[6]。与人工检测相比，人工智能检测不仅能提高检测效率，还能降低对操作者经验和劳力的需求。

鉴于电磁感应和探地雷达在用于钢筋检测时各自的特点，本文提出一种结合探地雷达和电磁感应的混凝土内钢筋无损检测方法，采用人工智能技术，可自动快速地估计钢筋的位置、数量、直径和保护层厚度。

2　钢筋直径和保护层厚度估计方法

2.1　整体算法流程

本文采用电磁感应与探地雷达相结合的方法来检测混凝土钢筋直径与保护层厚度，具体实现步骤为：（1）首先对仪器获取的探地雷达和感应线圈数据进行除噪等预处理；（2）使用训练好的深度学习模型自动识别探地雷达剖面可获取钢筋抛物线的数目、位置信息和保护层厚度的大致范围；（3）根据探地雷达剖面中获得钢筋位置信息，提取感应线圈在相应位置的感应电压曲线，并将获取的线圈感应电压曲线与标定数据进行最小二乘法拟合误差分析，得到在步骤（2）获取的保护层厚度范围内钢筋直径与保护层厚度组合的最优解。

2.2　探地雷达剖面的人工智能识别

在深度学习样本训练方面，本文采用了一种基于 R-CNN 模型来自动检测混凝土中钢筋抛物线，获取钢筋抛物线数目、位置信息和埋深。首先，其底层使用卷积神经网络对图像进行原始特征提取，再训练候选区域生成候选区域与训练快速区域卷积网络，最后进行窗口分类和位置精修。区域生成网络和快速区域卷积网络共享提取的原始特征避免了以往算法重复生成候选区域的时间，从而保证探地雷达图像检测目标的实时性。

3　实验与结果

3.1　电磁感应线圈标定实验

为了从感生电动势曲线中提取更多受钢筋直径和埋深影响的因素，更好地估计钢筋直径与保护层厚度，本文进行了一批钢筋的标定实验。其中钢筋为中国规范规定的建筑常用钢筋，钢筋直径分别为 6mm、8mm、10mm、12mm、14mm、16mm、18mm、20mm、22mm、25mm、28mm 等。依据标准《混凝土中钢筋检测技术规程》，选取非铁磁性物质的干沙作为保护层介质，且实测实验表明，空气与干砂等非铁磁性物质，在钢筋相同直径与埋深下，电磁感应响应几乎不存在差别。测量平台具有 1mm 步进精度的扫描架，测量方法为通过扫描架上下移动测量平台来控制平台与钢筋表面的距离，进而得到不同的保护层厚度，待平台稳定后推动仪器测量，测线与钢筋走向垂直。

3.2　人工智能目标识别实验

使用 GPR 对测试样本进行扫描采集探地雷达剖面，再使用训练好的模型对采集的图像进行检测，而后对目标区域进行抛物线拟合，根据拟合曲线与能量反射强弱得到抛物线顶点位置，其结果如图 1 所示，其中黑线为自动识别得到的钢筋反射抛物线曲线，白点为得到的钢筋位置，训练好的模型检测出来了 14 个钢筋抛物线目标仅有 1 个为误检（箭头所示），结果表明该模型能有效地自动检测混凝土中钢筋抛物线，获取钢筋抛物线数目、位置信息和埋深等。

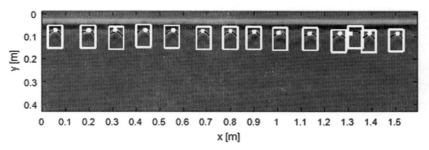

图 1　探地雷达剖面的人工智能识别结果

3.3　室内模型实验

本次实验所用钢筋如图 2（a）所示，有 11 种直径。根据《普通混凝土配合比设计规程》(JGJ 55—2011)，此次试件设计混凝土强度等级为 C20，水泥为普通硅酸盐水泥。图 2（b）所示为实验所用的 4 个试件，其长宽高为 1000mm、250mm 和 150mm。浇筑混凝土后的试件在自然环境中养护 28d 以上。

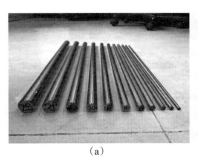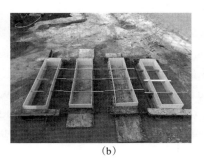

　　　　　　（a）　　　　　　　　　　　　　　　　　（b）

图 2　室内模型试验所使用的钢筋（a）和浇筑混凝土之前的试件（b）

图 3（a）、（b）为试件的探地雷达与感应线圈扫描结果。图 3（c）为采用本文提出的方法对图 3（a）所示的③号钢筋误差分析的结果，其中正方形标识点为钢筋直径与保护层厚度组合的最优解。图 3（a）所示①至③号钢筋估计结果与误差汇总如表 1 所示，结果表明本文提出的方法能有效地同时估计钢筋

直径和保护层厚度。

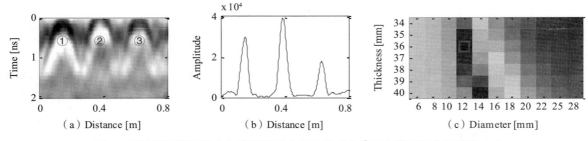

图 3　探地雷达剖面图（a）感应线圈响应曲线（b）③号钢筋误差分析结果（c）

表 1　混凝土试件钢筋直径和保护层厚度估计结果与误差

Table 1

编号	钢筋直径		保护层厚度		
	设计值	估计值	设计值	估计值	相对误差
①	16mm	16mm	42mm	41mm	2.4%
②	14mm	14mm	35mm	35mm	0%
③	12mm	12mm	37mm	36mm	2.7%

4　结论与展望

　　本文提出了一种结合电磁感应和探地雷达的同时测定混凝土钢筋直径和保护层厚度的方法。采用深度学习对探地雷达剖面中钢筋的抛物线反射信号进行自动识别，确定钢筋的数量、位置和埋深。基于此，自动读取钢筋的电磁感应信号，并计算出钢筋的直径，最终达到同时测定钢筋直径、保护层厚度的目的。实验结果表明，所述方法直径估计结果准确，保护层厚度估计误差在 3% 以内，所提出的人工智能检测方法可大大提高检测效率，具有较高的实用价值。

参考文献

［1］葛洲坝集团基础工程有限公司. 混凝土钢筋检测仪在快速查找灌浆预埋管中的应用［P］. 中国专利：CN 104101317A，2014-10-15.

［2］LIu H，Sato M. In situ measurement of pavement thickness and dielectric permittivity by GPR using an antenna array［J］. NDT and E International，Elsevier，2014，64：65-71.

［3］Shihab S，Al-Nuaimy W. Radius estimation for cylindrical objects detected by ground penetrating radar［J］. Subsurface Sensing Technologies and Applications，2005，6（2）：151-166.

［4］Ristic A V，Dusan p，Miro G，et al. A new method to simultaneously estimate the radius of a cylindrical object and the wave propagation velocity from GPR data［J］. Computers and Geosciences，2009，35（8）：1620-1630.

［5］Chang C W，Chen H L，HUNG S L. Measurement radius of reinforcing steel bar in concrete using digital image GPR［J］. Construction and Building Materials，Elsevier Ltd，2009，23（2）：1057-1063.

［6］Ren S，He Km，Girshick R，et al. Faster r-cnn：Towards real-time object detection with region proposal networks［J］. IEEE Transactions on Pattern Analysis and Machine Intelligence，2017，39（6）：91-99.

浅析 SPMT 平板车在砌体结构移位中的应用

王　靓　张　于

山东建大工程鉴定加固研究院，山东济南，250013

摘　要： 由于城市化改造等原因将既有砌体结构建筑物移位至距离较远的新位置，采用 SPMT 平板车对砌体结构进行移位，既能够有效保护既有建筑物，相对于传统轨道移位方式又可以节约建设资金、缩短施工工期及减小建筑垃圾带来的污染。采用 SPMT 平板车对砌体结构进行移位的关键技术为：上部结构托换，建筑移位，就位连接。SPMT 平板车用于砌体结构特别是文物建筑的移位工程，具有良好的可操作性和社会效益。

关键词： 自行式模块运输车，托换结构，建筑移位

Technologies Analysis for Moving Masonry Structures by SPMT

Wang Liang　　Zhang Yu

Engineering Research Institude of Appraisal and Strengthening，Shandong Jianzhu University，Jinan 250013，China

Abstract： Due to the reason of urbanization optimization，we need to move the existing masonry structure building to a new site，where there more suitable. Moving masonry structure building by SPMT can not only protect the building，but also save the cost，shorten construction period and reduce pollution caused by construction waste. The key procedures of moving masonry structure building by SPMT such as underpinning structure，structure moving，and connecting at the destination. The analysis shows that moving masonry structures by SPMT has good maneuverability and social benefit.

Keywords： SPMT，underpinning structure，structure moving

　　SPMT 是英文 Self-propelled modular transporter 的缩写，该类运输车的中文名称为自行式模块运输车，又称为自行式液压平板车，如图 1 所示。SPMT 平板车主要应用于重、大、高、异型结构物的运输，具有使用灵活、装卸方便、载重量大等优点，在装备制造业、石油、化工、海洋石油、桥梁建造等工程领域应用广泛。在城市化进程特别是既有城市更新改造过程中，因既有建筑物所在的位置不满足新规划要求需进行移位是比较常见的问题，砌体结构作为一种常见的结构形式，砌体结构建筑物特别是历史建筑采用 SPMT 平板车进行移位，得到了越来越广泛的应用。

1　上部结构托换

　　砌体结构建筑物是用砖砌体、石砌体和砌块砌体建造的建筑结构，墙体是结构的主要竖向承重构件，砌体结构建筑物移位工程中应先在底部对承重墙体进行可靠托换，利用托换结构在移位过程中承担上部建筑结构的荷载。对于砌体结构历史建筑的移位工程来说，由于历史建筑建造年代一般比较久远，砌体材料的强度相对较低，上部建筑结构的刚度和整体性一般较弱，更需要在移位工程中注重上部结构托换方式的选择。

作者简介：王靓（1988.6），女，经济师，主要从事既有建筑加固改造及研究。E-mail：609239094@qq.com；地址：山东省济南市历下区历山路 96 号山东建大工程鉴定加固研究院。

图 1　自行式模块运输车

砌体结构建筑物采用 SPMT 平板车进行移位的工程中，托换结构的设置可以与砌体结构建筑物的既有基础相结合。一般采用钢筋混凝土托换结构，施工过程中先将砌体结构建筑物的既有基础开挖，基础表面清理干净并剔除疏松部分；托换结构构件与基础之间采用化学植筋方式连接，在浇筑托换结构混凝土之前，既有结构表面涂刷一层界面胶；在将 SPMT 平板车驶入托换结构下方之前，一般应先对托换结构及以上建筑物进行顶升，从而提供足够的空间确保 SPMT 平板车驶入托换结构以下，各车轴受力点同步承载托换结构各支点及以上建筑物。

SPMT 平板车各车轴之间的距离是固定的，因此在设置托换结构时应根据 SPMT 平板车的车轴间距来确定托换结构各支点的位置。由于托换结构承载的建筑物传至托换结构各支点的荷载是不均匀的，应将荷载相近的托换结构支点归为一组，所有支点根据竖向荷载大小分为三组。与托换结构支点荷载分组相匹配的是将 SPMT 平板车所有车轴分为三个小组，每小组的所有车轴的液压油缸都连接在同一个液压系统上，液压油可以在同小组的各个车轴的液压油缸之间不停地流动，从而保证运输过程中建筑物的稳定。同小组各车轴的液压油缸的同步性与托换结构各支点荷载的离散性，要求托换结构本身应具有较大的刚度和抗变形能力，能够抵消不利荷载，尽量减小上部砌体结构在移位过程中的变形。

2　建筑移位

采用 SPMT 平板车进行的建筑移位工程，一般移位路线较长，需要经过转向、爬坡等特殊工况。应根据沿途地质勘察情况，对 SPMT 平板车移位建筑物行驶经过的道路进行验算和加固处理，例如采用换填垫层法、注浆法或路面铺设钢板等；如果 SPMT 平板车移位建筑物行驶经过市政道路，需根据移位建筑物和车辆的重量，对既有市政道路的承载力进行验算，确保移位不会破坏既有道路和移位安全。

SPMT 平板车各车轴具有一定的高度调节能力，建筑移位爬坡过程中托换结构及建筑物应保持水平，根据移位路线坡度情况，在建筑移位装车后统一调整各车轴油缸高度，确保移位爬坡过程中车轴高度具有充分的调节范围。

3　就位连接

采用 SPMT 平板车将建筑物移位至新址后，先采用降落支撑承担托换结构及建筑物的荷载，再将 SPMT 平板车降低高度驶出建筑物范围，通过迫降的方式将建筑物降低至既定高度，托换结构与新基础之间浇筑混凝土或者采用隔震连接。

4　结语

采用 SPMT 平板车进行砌体结构特别是历史建筑移位，相对于传统的轨道移位方式，具有移位工期短，沿途道路造价低的特点，特别适用于体量较小、建筑高度较低、距离较远的建筑移位，具有广阔的应用前景。

一种高强度聚合物水泥防水砂浆的研制

辛德胜　吴长龙　荀武举　王　建

大连市建筑科学研究设计院股份有限公司，辽宁大连，116000

摘　要： 针对建筑防水出现的问题，本文选择合适的聚合物乳液和助剂对砂浆进行改性，明显改善了防水砂浆的施工性能和力学性能、抗渗性能等，研制了高强度聚合物水泥防水砂浆，并确定了砂浆配合比。高强度聚合物水泥防水砂浆28天抗折强度可达到15.8MPa，28天抗压强度可达到59.8MPa。本文运用扫描电镜、能谱等方法对高强度聚合物水泥防水砂浆的形貌结构和作用机理进行了研究。

关键词： 聚合物水泥防水砂浆，高强度，丁苯乳液，抗渗性能，收缩率

Abstract： In view of the problem of building waterproof, this paper selects suitable polymer emulsion and auxiliary agent to modify mortar, obviously improves the construction performance, mechanical properties and permeability resistance of waterproof mortar, and develops high strength polymer cement waterproof mortar and determines the mix ratio of mortar. The flexural strength of high strength polymer cement waterproofing mortar can reach 15.8MPa for 28 days, and the compressive strength of 28 days can reach 59.8MPa. The morphology and mechanism of high strength polymer cement waterproof mortar were studied by SEM and ED.

Keywords： Polymer cement waterproof mortar, high strength, styrene butadiene emulsion, impermeability, shrinkage rate

1　前言

由于建筑工程的日益复杂化，对建筑防水也提出了更高的要求。近年来，由于建筑材料的问题导致外墙渗漏、瓷砖鼓包脱落、砸伤人等事故频繁，已经引起人们的高度重视，制备高强高性能化聚合物水泥防水砂浆是十分必要的[1]。目前关于聚合物水泥防水砂浆的研究也颇多[2-5]，本文采用硅酸盐水泥-丁苯乳液体系作为聚合物水泥防水砂浆的主要组成，辅以各种助剂，研制了高强度聚合物水泥防水砂浆，可应用于防水工程中。

2　实验部分

2.1　原材料

（1）水泥

普通硅酸盐水泥：42.5R

（2）砂

石英砂：40-120目

（3）聚合物乳液或胶粉

①丁苯乳液

② VAE可再分散乳胶粉5044

（4）改性剂

（5）消泡剂

固体消泡剂

（6）水

2.2 主要仪器和设备

（1）电动抗折试验机

（2）微机控制电液伺服万能试验机

（3）数显粘接强度仪

（4）收缩仪

（5）砂浆渗透仪

（6）扫描电镜

2.3 实验方法

参照 JC/T 984—2011《聚合物水泥防水砂浆》测试方法执行。

3 高强度聚合物水泥防水砂浆的配合比设计

3.1 丁苯乳液对砂浆性能的影响

从表 1 数据分析，随着丁苯乳液用量的增加（聚灰比逐渐增大），砂浆的 28 天抗折强度逐渐增加，28 天抗压强度先增加后减少，当聚灰比为 20% 时，砂浆的抗折强度增加到 16.3MPa；当聚灰比为 15%（S2D）时，丁苯乳液配制防水砂浆的抗折强度增加到 15.8MPa，大于同价格可再分散乳胶粉 5044（S2F）配制防水砂浆的抗折强度 12.7MPa，而且二者的 28 天抗压强度分别为 59.8MPa 和 42.3MPa，说明丁苯乳液配制防水砂浆比可再分散乳胶粉 5044 配制防水砂浆具有更加优异的抗折强度、抗压强度和密实度，这是水泥水化和丁苯乳液干燥成膜形成空间网状结构共同作用的结果。

表 1　丁苯乳液用量对聚合物水泥防水砂浆性能的影响

编号	水泥	丁苯乳液（克）	聚灰比（%）	用水量（克）	初始状态（和易性、扩展度）	28 天抗折强度（MPa）	28 天抗压强度（MPa）
S2A	800	0	0	342	和易性良好，扩展度 110*110	10.8	51.5
S2B	800	80	5	270	和易性良好，扩展度 115*110	12.1	57.9
S2C	800	160	10	205	和易性良好，扩展度 120*120	14.1	59.1
S2D	800	240	15	132	和易性良好，扩展度 115*115	15.8	59.8
S2E	800	320	20	75	和易性良好，扩展度 115*115	16.3	52.4
S2F	800	180（可再分散乳胶粉）	15	305	和易性良好，扩展度 120*120	12.7	42.3

备注：石英砂 40-120 目 1000 克，改性剂 2 克，固体消泡剂 2 克.

3.2 不同砂浆防水性能测试

从表 2 可以看出，空白砂浆（不加聚合物改性）的抗渗压力为 0.3MPa，达不到标准要求（0.5MPa），可再分散乳胶粉 5044 配制防水砂浆（S2F）和丁苯乳液配制防水砂浆（S2D）的抗渗压力为 0.6MPa 和 0.7MPa，说明丁苯乳液配制防水砂浆（S2D）的抗渗性能优于可再分散乳胶粉 5044 配制防水砂浆（S2F）的抗渗性能。

表 2　不同砂浆防水性能测试

序号	样品	抗渗压力，MPa	抗渗压力要求指标，MPa
1	S2A	0.3	
2	S2D	0.7	≥ 0.5
3	S2F	0.6	

3.3 高强度聚合物水泥防水砂浆性能测试

综合上述试验结果，将 S2D 作为高强度聚合物水泥防水砂浆的初始配方，并进行了性能测试（参考标准 JC/T 984—2011《聚合物水泥防水砂浆》），结果如下：

从表 3 可以看出，高强度聚合物水泥防水砂浆（S2D）满足《聚合物水泥防水砂浆》标准要求，并且抗压强度和抗折强度远高于标准指标要求。

表 3　高强度聚合物水泥防水砂浆性能测试结果

序号	项目		标准要求指标	S2 测试结果
1	抗渗压力 /MPa	涂层试件（7d）	≥ 0.5	0.7
2	抗压强度 /MPa	28d	≥ 24.0	59.8
3	抗折强度 /MPa	28d	≥ 8.0	15.8
4	粘结强度 /MPa	7d	≥ 1.0	1.13
		28d	≥ 1.2	1.47
5	耐碱性		无开裂、剥落	无开裂、剥落
6	耐热性		无开裂、剥落	无开裂、剥落
7	抗冻性		无开裂、剥落	无开裂、剥落
8	收缩率 /%		≤ 0.15	0.10

3.4　高强度聚合物水泥防水砂浆的微观形貌结构和机理分析

3.4.1　微观形貌结构

图 1 和图 2 分别是 S2D 和 S2A 扫描电镜照片。S2A 为普通砂浆（没有添加聚合物乳液改性），扫描电镜照片中结构连续性较差，发现有较大裂缝存在，S2D 为丁苯乳液改性防水砂浆，扫描电镜照片中结构连续性较好，未发现大裂缝存在，说明丁苯乳液填充在水泥砂浆中可起到填充和粘结作用，增强水泥基体抵抗裂缝扩展的能力。

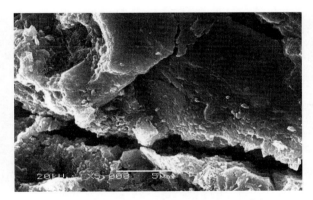

图 1　S2D 扫描电镜照片（放大 5000 倍）　　　图 2　S2A 扫描电镜照片（放大 5000 倍）

4　结论

（1）本研究使用丁苯乳液可以改善砂浆的和易性和施工性能。

（2）本研究通过使用丁苯乳液改性砂浆的力学性能（抗折强度、抗压强度）、抗渗性能、收缩率、耐碱性、耐热性、抗冻性、韧性等研究，研制了高强度聚合物水泥防水砂浆（S2D），并确定了砂浆配合比。丁苯乳液改性水泥砂浆的力学性能较为理想，砂浆 28 天抗折强度可达到 15.8MPa，同时砂浆的 28 天抗压强度可达到 59.8MPa。

（3）本项目运用扫描电镜、能谱等方法对高强度聚合物水泥防水砂浆的形貌结构和作用机理进行了研究。

（4）本项目通过加入丁苯乳液，显著改善砂浆的工作性能、力学性能和耐久性能，制备了高强度聚合物水泥防水砂浆，可用于建筑防水工程中。

参考文献

［1］　曹新华. 浅析高性能化聚合物水泥防水砂浆和浆料的制备与应用［A］. 全国第十七届防水材料技术交流大会［C］2015 年.

［2］　李豪，陈建波，闫娟娟等. 低环境负荷聚合物改性防水砂浆的开发［J］. 新型建筑材料，2010（3）：60-80.

［3］　方楚燕，翟金清. 三元复合胶凝体系聚合物水泥防水砂浆的性能与应用［J］. 新型建筑材料，2012（10）：66-68.

［4］　褚建军，沈春林，刘天存. JC/T 984《聚合物水泥防水砂浆》新旧标准对比［J］. 新型建筑材料，2010（9）：70-74.

［5］　王辉，王霞，孙冬娟. 丙烯酸可再分散乳胶粉在刚性防水砂浆中应用［J］. 新型建筑材料，2011（2）：87-89.